# COURS D'ALGÈBRE
# ET D'ANALYSE

COULOMMIERS.
Imprimerie PAUL BRODARD.

# COURS D'ALGÈBRE

# ET D'ANALYSE



PAR

CH. MICHEL

Docteur ès sciences
Professeur de mathématiques spéciales au lycée Saint-Louis

AVEC 91 FIGURES DANS LE TEXTE
ET 345 EXERCICES ET PROBLÈMES PROPOSÉS

PARIS
LIBRAIRIE FÉLIX ALCAN
108, BOULEVARD SAINT-GERMAIN, 108

1916

# PRÉFACE

Le présent ouvrage traite des matières inscrites depuis 1904 au programme d'Algèbre pour la classe de Mathématiques spéciales. J'ai toutefois volontairement omis la condition, donnée par Euler, pour que deux polynomes en $x$ aient un diviseur commun et l'extension de la méthode d'approximation de Newton au cas de deux équations à deux inconnues. Fort justement, depuis 1914, ces deux questions ne sont plus exigées au concours d'admission à l'École polytechnique. La première n'a d'intérêt qu'en raison de l'application qu'on peut en faire à l'élimination ; or, la méthode d'élimination par les fonctions symétriques est incontestablement préférable à toute autre, et elle suffit. Quant à la seconde, c'est une question de peu d'importance, dont, au surplus, la solution complète ne va pas sans quelque complication.

Si, à ces deux exceptions près, j'ai fidèlement suivi le programme officiel quant au choix des sujets, je m'en suis assez nettement écarté quant à leur coordination. Je voudrais donner quelques raisons de l'ordre que j'ai adopté.

Il est de toute nécessité d'exposer dès le début les généralités qui concernent les fonctions et les limites des fonctions ; de la sorte, il est possible d'en faire un emploi systématique dans toutes les parties du cours. A ces généralités se rattachent tout naturellement les principes relatifs aux infiniment petits et aux infiniment grands, que l'ordre traditionnel place, sans raison valable, immédiatement avant la théorie des dérivées. Je n'ai pas voulu rompre l'unité de l'admirable déduction qui va de la notion de puissance entière et positive d'un nombre à la définition des puissances irrationnelles, et j'ai été ainsi amené à commencer l'étude des fonctions particulières non par les polynomes, mais par la fonction exponentielle. Il est alors tout indiqué de continuer par les fonctions circulaires, dont j'ai tenu à reprendre la théorie dès l'origine. Les polynomes et les fractions rationnelles ne viennent ainsi qu'en troisième lieu; je ne vois pas de désavantage à cela, d'autant qu'il ne convient pas de donner ici à la théorie de ces fonctions la forme purement algébrique qu'elle a dans les éléments : pour l'harmonie du cours, il faut y utiliser la notion de limite, y faire jouer un rôle prépondérant à ce fait qu'un polynome est une fonction continue et à cet autre fait que deux puissances positives inégales de $x$ sont des infiniment petits ou des infiniment grands d'ordres différents; en un mot, il faut étudier les polynomes dans l'esprit même où sont étudiées, plus loin, les séries entières. Il est alors tout naturel d'en rapprocher les développements limités des fonctions, dont la division des polynomes fournit d'ailleurs les premiers exemples. J'ai rattaché à l'analyse combinatoire, pour faire suite au binome de Newton, les fonctions symétriques rationnelles, dont la théorie n'est parfaitement claire que si on les considère comme portant non sur les racines d'une équation entière à coefficients numériques, mais sur des variables indépendantes. Le programme, d'accord avec la tradition, place les séries numériques avant les dérivées, cette disposition étant nécessitée par la manière habituelle de définir le nombre $e$ comme somme d'une série. Or, il faut reconnaître qu'une telle définition est assez artificielle et qu'elle ne fait guère comprendre, ni même deviner, le rôle fondamental que joue le nombre $e$ en Analyse. A mon sens, il vaut mieux, comme on le fait pour le nombre $\pi$ dans la théorie géométrique classique des fonctions circulaires, n'introduire le nombre $e$ qu'au moment précis où sa définition est nécessaire, c'est-à-dire lorsque se pose le problème de la dérivation de la fonction exponentielle et qu'il s'agit non de démontrer l'existence de la dérivée de cette fonction, mais d'en calculer l'expression. J'ai donc pu rejeter les séries numériques à la fin du cours, pour les rapprocher des séries entières, qui ne peuvent être traitées complètement qu'après les dérivées et les intégrales et qu'il est, du reste, assez logique de rapprocher elles-mêmes des équations différentielles. J'ajoute qu'il est bon de ne pas présenter les développements en série entière avant d'avoir épuisé les applications des développements limités, de façon à bien marquer la distinction nécessaire entre ces deux sortes de développements, les uns servant à l'étude des infiniment petits, des infiniment grands et des formes indéterminées, les autres servant au calcul approché des valeurs numériques des fonctions. Et c'est une nouvelle raison pour exposer avant la théorie des séries celle des dérivées dont l'un des plus importants résultats est cette identité, dite *formule de Taylor*, qui donne le développement limité des fonctions pourvues de dérivées successives. Quant à la résolution des équations entières, à laquelle est liée étroitement la décomposition des fractions rationnelles en fractions simples, une seule place est possible pour elle, entre les dérivées et le calcul intégral.

J'ai voulu rendre les diverses parties du programme autant que possible solidaires les unes des autres. Dans chaque chapitre, je me suis attaché à ne laisser échapper aucune occasion d'utiliser des résultats antérieurement établis et à exposer tous les faits susceptibles d'applications dans quelque chapitre ultérieur; j'ai écarté de plus bien des développements, fussent-ils intéressants en eux-mêmes, fussent-ils consacrés par la tradition, quand ils m'ont paru pourtant d'une importance secondaire, en ce sens qu'ils étaient sans liens avec le reste du cours. C'est ainsi, notamment, en ce qui concerne les séries, que j'ai fait une place à la comparaison d'une série numérique avec une intégrale définie et que, d'autre part, je n'ai rien dit ni de la règle de Duhamel ni du changement de l'ordre des termes dans une série absolument convergente ou semi-convergente.

J'ai pris pour règle de ne traiter chaque question que par une seule méthode, de ne donner de chaque théorème qu'une seule démonstration. Pourtant, exceptionnellement, j'ai fait précéder la méthode de résolution des équations linéaires par les déterminants de la méthode de résolution par substitution, et j'ai établi de deux manières le développement de $e^x$ en série entière. J'ai supprimé tout ce qui, d'une manière générale, fait double emploi, notamment les règles, dites *de l'Hospital*, relatives aux formes indéterminées, qui ont occupé longtemps dans les cours une place importante et dont peu à peu l'on a reconnu la complète inutilité.

Le but de l'enseignement mathématique étant, selon moi, moins d'énoncer des résultats que de montrer comment des faits d'un même ordre se relient les uns aux autres par une logique rigoureuse, je n'ai rien admis sans démonstration et je n'ai accepté, telle est du moins ma prétention, aucune démonstration qui ne fût parfaitement correcte et explicite. C'est dans cet esprit que j'ai, par exemple, exposé la théorie des nombres irrationnels et celle de l'intégrale définie d'une fonction continue d'une variable. Toutefois, voulant éviter de trop longs développements, j'ai dû me montrer, exceptionnellement, moins exigeant à l'égard des applications géométriques du calcul intégral; en particulier, j'ai passé sur la démonstration de l'existence de l'intégrale triple et je me suis borné à constater l'analogie qu'elle présente avec la démonstration de l'existence de l'intégrale simple.

Chaque chapitre est suivi d'exercices se rapportant aux questions qui y sont traitées. Ces exercices sont pour la plupart nouveaux, au moins dans la forme. Dans les dernières pages de cet ouvrage, j'ai réuni un assez grand nombre de problèmes plus importants, susceptibles d'être pris comme sujets de composition écrite. Quelques-uns d'entre eux ont été proposés à divers concours d'admission à l'École polytechnique; les autres me sont personnels, mais je dois dire que j'ai emprunté la matière de plusieurs de ceux-ci à des résultats connus.

Ch. M.

1er août 1916.

## ERRATA

Page 233, dernière ligne, *au lieu de* $S_{3x}$, *lire* $S_{\overline{3x}}$.

— 293, ligne 13, *au lieu de* $x^3+1$, *lire* $x^2+1$.

— 507, ligne 7, *au lieu de* $S(x)$, lire $S(x)=0$.

— 573, identité (4) de l'exercice 205, *lire* $(1+x^2)^{n-p}$.

— 724, ligne 19, *au lieu de* inférieure à S, *lire* inférieure ou égale à S.

— 725, ligne 4, *au lieu de* inférieure à, *lire* inférieure ou égale à.

— 725, lignes 7 et 9, remplacer chaque signe $<$ par le signe $\leqslant$.

— 749, ligne 13, *au lieu de* somme de la dérivée seconde, *lire* somme de la série dérivée seconde.

— 790, ligne 5, *au lieu de* $\frac{2}{+x}$, *lire* $\frac{2}{1+x}$.

p. 139, [illegible]

— [illegible] ligne [illegible]

— [illegible], ligne [illegible]

— [illegible] (1) [illegible]

— [illegible], ligne 12, au lieu de [illegible]

— [illegible]

— [illegible], ligne [illegible] par le signe [illegible]

— [illegible]

[illegible] de la dérivée seconde.

[illegible]

# ALGÈBRE ET ANALYSE



## CHAPITRE PREMIER

## NOMBRES IRRATIONNELS. LIMITES. CONTINUITÉ

### I. — NOMBRES IRRATIONNELS

**1. Notion de nombre irrationnel.** — Soit l'ensemble des nombres rationnels, c'est-à-dire entiers ou fractionnaires, positifs, nul ou négatifs.

Supposons qu'on puisse partager l'ensemble des nombres rationnels en deux ensembles A et B de telle manière que tout nombre $a$ de l'ensemble A soit plus petit que tout nombre $b$ de l'ensemble B. Remarquons tout de suite qu'il est impossible que, simultanément, il y ait parmi les $a$ un nombre $\alpha$ plus grand que tous les autres et parmi les $b$ un nombre $\beta$ plus petit que tous les autres. Si, en effet, $\alpha$ et $\beta$ existaient simultanément, on aurait d'abord $\alpha < \beta$; ensuite, le nombre rationnel $\frac{\alpha+\beta}{2}$ ne serait ni dans l'ensemble A, étant plus grand que $\alpha$, ni dans l'ensemble B, étant plus petit que $\beta$, ce qui est contraire à l'hypothèse.

Deux cas seulement sont dès lors à examiner.

1° Ou bien il existe parmi les $a$ un nombre $\alpha$ plus grand que tous les autres et alors il n'existe pas parmi les $b$ de nombre plus petit que tous les autres, ou bien il existe parmi les $b$ un nombre $\beta$ plus petit que tous les autres et alors il n'existe pas parmi les $a$ de nombre plus grand que tous les autres. Dans l'une et l'autre hypothèses, il existe un nombre rationnel $x$ égal soit à $\alpha$, soit à $\beta$ et tel que, quels que soient $a$ et $b$, on ait

$$a \leqslant x, \quad x \leqslant b.$$

Nous dirons que le partage effectué *définit le nombre rationnel* $x$.

Ce cas est possible. A tout nombre rationnel $x$ il correspond deux tels partages, $x$ appartenant dans l'un à l'ensemble A et dans l'autre à l'ensemble B.

2° Il n'existe ni parmi les $a$ de nombre plus grand que tous les autres, ni parmi les $b$ de nombre plus petit que tous les autres. Nous dirons alors que le partage *définit un nombre irrationnel* qui est, par définition, plus grand que tout nombre rationnel $a$, tout $a$ étant dit plus petit que lui, et plus petit que tout nombre rationnel $b$, tout $b$ étant dit plus grand que lui. En désignant le nombre irrationnel par $x$, on pose, quels que soient $a$ et $b$,

$$a < x \quad \text{ou} \quad x > a, \qquad x < b \quad \text{ou} \quad b > x.$$

Il faut montrer qu'un tel partage est possible; il suffit de donner un exemple.

Soit le nombre 2 qui n'est le carré d'aucun nombre rationnel. Considérons l'ensemble A de nombres $a$ formé 1° des nombres rationnels négatifs, 2° de 0, 3° des nombres rationnels positifs dont le carré est plus petit que 2, et considérons l'ensemble B formé des autres nombres rationnels $b$, c'est-à-dire des nombres rationnels positifs dont le carré est plus grand que 2.

Quels que soient $a$ et $b$, on a $a < b$. C'est évident si $a \leqslant 0$. Si $a > 0$, on a $a^2 < 2$, $2 < b^2$, par suite, $a^2 < b^2$; c'est-à-dire, $a$ et $b$ étant positifs, $a < b$. Démontrons que dans A il n'y a pas de nombre plus grand que tous les autres, c'est-à-dire qu'étant donné un nombre $a$ de A, on peut trouver dans A un nombre plus grand que $a$. C'est évident si $a < 0$; supposons donc $a \geqslant 0$. Il suffit de montrer qu'on peut trouver un nombre positif $h$ tel qu'on ait

$$(a + h)^2 < 2,$$

c'est-à-dire

$$a^2 + 2ah + h^2 < 2$$

ou

$$h(2a + h) < 2 - a^2.$$

Il suffit de prendre $h < 1$, de façon qu'en outre on ait

$$h(2a + 1) < 2 - a^2,$$

c'est-à-dire de prendre $h$ positif et inférieur à la fois à 1 et au nombre positif $\frac{2-a^2}{2a+1}$.

Démontrons aussi que dans B il n'y a pas de nombre plus petit que tous les autres, c'est-à-dire qu'étant donné un nombre $b$ de B, on peut trouver dans B un nombre plus petit que $b$, de la forme $b-h$, $h$ étant positif. On doit avoir

$$(b-h)^2 > 2,$$

c'est-à-dire

$$b^2 - 2bh + h^2 > 2;$$

il suffit pour cela qu'on ait

$$b^2 - 2bh > 2,$$

c'est-à-dire $h$ positif et inférieur au nombre positif $\frac{b^2-2}{2b} (< b)$.

Le partage précédent de l'ensemble des nombres rationnels en les deux ensembles A et B définit bien, au sens indiqué, un irrationnel.

Nous appellerons *nombre réel* ou seulement *nombre* tout nombre rationnel ou irrationnel.

2. **Inégalité des nombres réels.** — On sait définir et reconnaître l'inégalité de deux nombres rationnels. Par définition, un nombre rationnel quelconque et un nombre irrationnel quelconque sont *inégaux;* par définition encore, deux nombres irrationnels sont dits *inégaux* s'ils sont définis par des partages différents de l'ensemble des nombres rationnels.

On a le théorème suivant :

*Pour que deux nombres réels soient inégaux, il faut et il suffit qu'il existe un nombre rationnel plus grand que l'un et plus petit que l'autre.*

*La condition est nécessaire.* Soient, en effet, les deux nombres réels inégaux $x$ et $y$.

1° Si $x$ et $y$ sont rationnels, il existe au moins un nombre rationnel plus grand que l'un et plus petit que l'autre, par exemple $\frac{x+y}{2}$.

2° Supposons que l'un des nombres donnés $x$ soit rationnel et que l'autre $y$ soit irrationnel. Si $x < y$, d'après la définition même de l'irrationnel $y$, il existe un rationnel plus grand que $x$ et plus petit que $y$. Si $x > y$, d'après la définition de l'irrationnel $y$, il existe un rationnel plus petit que $x$ et plus grand que $y$.

3° Supposons enfin que $x$ et $y$ soient tous deux irrationnels. Désignons par A et B l'ensemble des nombres rationnels plus petits que $x$ et l'ensemble des nombres rationnels plus grands que $x$, par C et D l'ensemble des nombres rationnels plus petits que $y$ et l'ensemble des nombres rationnels plus grands que $y$. Si les nombres $x$ et $y$ sont inégaux, les ensembles A et C ne sont pas identiques; si, en effet, les ensembles A et C étaient identiques, les ensembles B et D le seraient aussi, et les nombres $x$ et $y$ seraient définis par le même partage des nombres rationnels, ce qui est contraire à l'hypothèse. Les ensembles A et C étant donc différents, il existe au moins un nombre rationnel $h$ appartenant à l'un, A par exemple, et n'appartenant pas à l'autre C. Puisque $h$ est dans A, on a $h < x$. Puisqu'il n'est pas dans C, il est dans D et, par suite, on a $h > y$.

*La condition est* évidemment *suffisante.*

*Par définition, étant donnés deux irrationnels inégaux $x$ et $y$, on dit que $x$ est plus petit que $y$ et on pose $x < y$ s'il existe un rationnel plus grand que $x$ et plus petit que $y$, on dit que $x$ est plus grand que $y$ et on pose $x > y$ s'il existe un rationnel plus petit que $x$ et plus grand que $y$.*

Il convient de montrer qu'il est impossible qu'on ait à la fois $x < y$ et $x > y$. En effet, il existerait dans ces conditions deux rationnels $h$ et $k$ tels que l'on eût à la fois

$$x < h, \quad h < y, \quad x > k, \quad k > y.$$

De la première et de la troisième inégalité, on déduirait $k < h$; de la seconde et de la quatrième, on déduirait $h < k$, ce qui est absurde.

La définition étant dès lors valable, on voit que si $x < y$, on a $y > x$ et que si $x > y$, on a $y < x$.

On a alors le théorème suivant :

Théorème. — *Étant donnés deux nombres réels quelconques $x$ et $y$, pour que l'on ait $x < y$, il faut et il suffit qu'il existe un rationnel plus grand que $x$ et plus petit que $y$; pour que l'on ait $x > y$, il faut et il suffit qu'il existe un rationnel plus petit que $x$ et plus grand que $y$.*

Le théorème est vrai si $x$ et $y$ sont tous deux rationnels ou tous deux irrationnels. Il suffit de l'établir lorsque des deux nombres $x$ et $y$ l'un $x$ est rationnel et l'autre $y$ irrationnel. 1° Si $x < y$, par définition même de l'irrationnel $y$, il existe un rationnel $h$ plus grand que $x$ et plus petit que $y$. Réciproquement, s'il existe un rationnel $h$ tel que l'on ait $x < h$ et $h < y$, $h$ appartient à l'ensemble des nombres rationnels inférieurs à l'irrationnel $y$; $x$, rationnel et plus petit que $h$, appartient aussi à cet ensemble. 2° Démonstration analogue, si $x$ est plus grand que $y$.

Les nombres plus grands que 0 sont dits *positifs*; les nombres plus petits que 0 sont dits *négatifs*.

Remarquons qu'étant donnés deux nombres réels quelconques inégaux, il existe une infinité de rationnels plus grands que l'un et plus petits que l'autre.

THÉORÈME. — *Étant donnés trois nombres réels $x$, $y$, $z$, si l'on a $x < y$, $y < z$, on a $x < z$.*

En effet, il existe deux rationnels $h$ et $k$ tels que l'on ait

$$x < h, \quad h < y, \quad y < k, \quad k < z.$$

De $h < y$, $y < k$, il résulte, par définition de $y$, $h < k$. De $h < k$ et de $k < z$, il résulte $h < z$. Enfin, de $x < h$ et de $h < z$, il résulte $x < z$.

**3. Notion d'écart.** — Nous dirons que *deux nombres $x$ et $y$ $(x \leqslant y)$ s'écartent de moins d'un nombre positif $\varepsilon$ s'il est possible de trouver deux rationnels $h$ et $k$ tels que l'on ait*

$$h < x \leqslant y < k, \quad k - h < \varepsilon.$$

Nous dirons que *deux nombres $x$ et $y$ $(x < y)$ s'écartent de plus d'un nombre positif $\varepsilon$ s'il est possible de trouver deux rationnels $h$ et $k$ tels que l'on ait*

$$x < h < k < y, \quad k - h > \varepsilon.$$

Il convient de montrer qu'il est impossible que simultanément deux nombres $x$ et $y$ $(x < y)$ s'écartent de plus du nombre positif $\varepsilon$ et de moins de $\varepsilon$. Si c'était possible, il existerait quatre nombres rationnels $h$, $k$, $h_1$, $k_1$ entre lesquels on aurait les inégalités

$$h < x < h_1 < k_1 < y < k, \quad k - h < \varepsilon, \quad k_1 - h_1 > \varepsilon.$$

D'après les premières inégalités, on aurait $k - h > k_1 - h_1$, ce qui est absurde.

Il est évident que si deux nombres $x$ et $y$ s'écartent de moins de $\varepsilon > 0$ et si $\varepsilon < \varepsilon_1$, les deux nombres $x$ et $y$ s'écartent de moins de $\varepsilon_1$.

De même, si deux nombres $x$ et $y$ s'écartent de plus de $\varepsilon > 0$ et si $\varepsilon > \varepsilon_1 > 0$, $x$ et $y$ s'écartent de plus de $\varepsilon_1$.

THÉORÈME. — *Pour que deux nombres rationnels $x$ et $y$ $(x \leqslant y)$ s'écartent de moins de $\varepsilon > 0$, il faut et il suffit que $y - x$ soit plus petit que $\varepsilon$. Pour que deux nombres rationnels $x$ et $y$ $(x < y)$ s'écartent de plus de $\varepsilon > 0$, il faut et il suffit que $y - x$ soit plus grand que $\varepsilon$.*

1° Si $x$ et $y$ $(x \leqslant y)$ s'écartent de moins de $\varepsilon > 0$, il existe deux rationnels $h$ et $k$ tels que l'on ait

$$h < x \leqslant y < k, \quad k - h < \varepsilon.$$

Des premières inégalités, on déduit $y - x < k - h$. Comme on a $k - h < \varepsilon$, on a, par suite, $y - x < \varepsilon$.

Réciproquement, soient $x$ et $y$ $(x \leqslant y)$ deux rationnels tels que $y - x < \varepsilon$. Il existe deux rationnels $\alpha$ et $\beta$ tels que l'on ait

$$y - x < \alpha < \beta < \varepsilon.$$

Posons

$$h = x - \frac{\beta - \alpha}{2}, \quad k = y + \frac{\beta - \alpha}{2}.$$

On a

$$h < x \leqslant y < k;$$

on a en outre

$$k - h = y - x + \beta - \alpha < \beta,$$

et, par suite, $k - h < \varepsilon$. Donc, $x$ et $y$ s'écartent de moins de $\varepsilon$.

2° Démonstration analogue de la condition nécessaire et suffisante pour que deux rationnels $x$ et $y$ s'écartent de plus de $\varepsilon$, $\varepsilon$ étant un nombre positif.

## II. — BORNES D'UN ENSEMBLE

**4. Ensembles limités ou illimités.** — On dit qu'un ensemble de nombres est *limité supérieurement* s'il existe un nombre A tel que tout nombre de l'ensemble soit inférieur ou égal à A. Le nombre A est dit une *limite supérieure* de l'ensemble. Il est clair que si A est une limite supérieure d'un ensemble, tout nombre plus grand que A est aussi une limite supérieure de cet ensemble. On dit qu'un ensemble est *illimité supérieurement* s'il n'est pas limité supérieurement, autrement dit, s'il n'existe pas de nombre A qui soit supérieur ou égal à tout nombre de l'ensemble, autrement dit encore, si, quel que soit le nombre A, il existe au moins un nombre de l'ensemble supérieur à A.

On dit qu'un ensemble de nombres est *limité inférieurement* s'il existe un nombre B tel que tout nombre de l'ensemble soit supérieur ou égal à B. Le nombre B est dit une *limite inférieure* de l'ensemble. Tout nombre plus petit que B est aussi une limite inférieure de cet ensemble. On dit qu'un ensemble est *illimité inférieurement* s'il n'est pas limité inférieurement.

5. Théorème. — *Étant donné un ensemble de nombres $u$ limité supérieurement, parmi les limites supérieures de l'ensemble, il en existe une plus petite que toutes les autres.*

Soit A une limite supérieure de l'ensemble des $u$. Il existe des rationnels qui sont limites supérieures de l'ensemble, ne fût-ce que les rationnels supérieurs ou égaux à A; désignons l'un quelconque de ces rationnels par $b$. Il existe des rationnels qui n'appartiennent pas à l'ensemble des $b$; en effet, étant donné un $u$, il existe des rationnels plus petits que $u$, et ces rationnels ne sont pas des $b$. Désignons par $a$ l'un quelconque des rationnels qui n'appartiennent pas à l'ensemble des $b$; dire qu'un rationnel est un $a$, c'est dire qu'il existe un $u$ qui lui est supérieur ou égal.

Cela posé, *tout $a$ est inférieur à tout $b$*. En effet, étant donnés un $a$ et un $b$, il existe un $u$ tel que l'on ait $a \leqslant u$. Mais on a $u < b$; donc, $a < b$. On a ainsi partagé l'ensemble des rationnels en deux ensembles, l'ensemble des $a$ et l'ensemble des $b$, de façon que tout $a$ soit inférieur à tout $b$. Donc, il existe un nombre rationnel ou irrationnel M supérieur ou égal à tout $a$ et inférieur ou égal à tout $b$. Je dis que M est une limite supérieure de l'ensemble des $u$ et qu'il n'en existe pas une autre plus petite.

1° M *est une limite supérieure*. En effet, s'il existait un $u$ supérieur à M, il existerait un rationnel $h$ plus grand que M et plus petit que $u$. Étant plus grand que M, $h$ appartiendrait aux $b$; étant plus petit que $u$, il appartiendrait aux $a$; il y a contradiction.

2° *Il n'existe pas de limite supérieure plus petite que* M, *autrement dit, si $\lambda <$ M, il existe au moins un $u$ plus grand que $\lambda$*. En effet, si tout $u$ était inférieur ou égal à $\lambda$, un rationnel $h$ plus grand que $\lambda$ et plus petit que M serait plus grand que tout $u$ et, par suite, serait un $b$; mais il serait aussi un $a$, étant plus petit que M, ce qui est absurde.

Le nombre M est dit la *borne supérieure* de l'ensemble des $u$. Si un ensemble est limité supérieurement par le nombre A, sa borne supérieure M est inférieure ou égale à A.

Théorème. — *Étant donné un ensemble de nombres $u$ limité inférieurement, parmi les limites inférieures de l'ensemble, il en existe une plus grande que toutes les autres.*

Démonstration analogue.

Le nombre $m$ ainsi défini est dit la *borne inférieure* de l'ensemble des $u$. Si un ensemble est limité inférieurement par le nombre B, sa borne inférieure est supérieure ou égale au nombre B.

*Remarques.* — Si dans un ensemble de nombres $u$ ayant pour borne supérieure M, on supprime, s'ils existent, tous les nombres qui sont inférieurs ou égaux à un nombre $\lambda$ plus petit que M, il reste un ensemble de nombres, lequel a aussi pour borne supérieure M.

En effet, il reste des $u$, puisque, $\lambda$ étant plus petit que la borne supérieure M, il existe au moins un $u$ supérieur à $\lambda$; ces $u$ forment un nouvel ensemble limité supérieurement par M. Mais, si on considère un nombre $\lambda'$ compris entre $\lambda$ et M, il existe au moins un $u$ plus grand que $\lambda'$; un tel $u$, étant plus grand que $\lambda$, appartient au nouvel ensemble; $\lambda'$ n'est donc pas une limite supérieure de cet ensemble, lequel a, par suite, pour borne supérieure M.

De même, si dans un ensemble ayant pour borne inférieure $m$, on supprime, s'ils existent, tous les nombres qui sont supérieurs ou égaux à un nombre plus grand que $m$, il reste un ensemble, lequel a aussi pour borne inférieure $m$.

6. Définitions. — Si un ensemble est illimité supérieurement, nous conviendrons de dire qu'il a pour borne supérieure $+\infty$; si un ensemble est illimité inférieurement, nous conviendrons de dire qu'il a pour borne inférieure $-\infty$.

Il convient de regarder $+\infty$ et $-\infty$ comme deux éléments ajoutés à l'ensemble des nombres réels, $+\infty$ étant, par définition, plus grand que tout nombre réel, $-\infty$ étant, par définition, plus petit que tout nombre réel, $-\infty$ étant, par définition, plus petit que $+\infty$. Tout nombre réel est dit *fini*; $-\infty$ et $+\infty$ sont dits *infinis*.

D'après cela, tout ensemble de nombres finis a une borne supérieure finie ou infinie et une borne inférieure finie ou infinie. En outre, dans tous les cas, la borne inférieure est inférieure ou égale à la borne supérieure.

7. *Exemples.* — L'ensemble formé du seul nombre $\frac{1}{2}$ a pour borne inférieure $\frac{1}{2}$ et pour borne supérieure $\frac{1}{2}$. L'ensemble formé des nombres $-\frac{3}{4}$, 0, 1 a pour borne inférieure $-\frac{3}{4}$ et pour borne supérieure 1. L'ensemble des rationnels inférieurs à 1 a pour borne supérieure 1; dans ce cas, la borne supérieure n'appartient pas à l'ensemble. L'ensemble des rationnels inférieurs ou égaux à 1 a pour borne supérieure 1; dans ce cas, la borne supérieure appartient à l'ensemble. L'ensemble des nombres entiers positifs, nul ou négatifs, l'ensemble des nombres réels ont pour borne inférieure $-\infty$ et pour borne supérieure $+\infty$.

8. Théorème. — *Si l'on a deux ensembles de nombres, les uns u et les autres v, et si tout u est inférieur ou égal à tout v, la borne supérieure de l'ensemble des u est inférieure ou égale à la borne inférieure de l'ensemble des v.*

En effet, prenons un nombre $v$. Par hypothèse, tous les $u$ sont inférieurs ou égaux à ce nombre $v$. Par suite, en désignant par $\lambda$ la borne supérieure de l'ensemble des $u$, on a

$$\lambda \leqslant v,$$

c'est-à-dire

$$v \geqslant \lambda.$$

Cette inégalité s'applique à tout nombre $v$; autrement dit, l'ensemble des $v$ est limité inférieurement par $\lambda$. Donc, en désignant par $\mu$ la borne inférieure de l'ensemble des $v$, on a

$$\mu \geqslant \lambda.$$

9. **Notion de coupure.** — On dit qu'il y a *coupure* entre deux ensembles de nombres s'il existe un nombre $\lambda$, nécessairement unique, simultanément borne supérieure de l'un des ensembles et borne inférieure de l'autre. On dit aussi que le nombre $\lambda$ *forme coupure* entre les deux ensembles.

Par exemple, tout nombre réel forme coupure entre l'ensemble des rationnels inférieurs à lui et l'ensemble des rationnels supérieurs à lui ; il forme aussi coupure entre l'ensemble des rationnels inférieurs ou égaux à lui et l'ensemble des rationnels supérieurs ou égaux à lui. Tout nombre réel forme coupure entre l'ensemble des nombres réels inférieurs à lui et l'ensemble des nombres réels supérieurs à lui.

THÉORÈME. — *Pour qu'il y ait coupure entre deux ensembles de nombres, il faut et il suffit : 1° que tout nombre de l'un des ensembles soit inférieur ou égal à tout nombre de l'autre, 2° que, quel que soit le nombre positif* $\varepsilon$, *il existe au moins un nombre de l'un des ensembles et un nombre de l'autre s'écartant de moins de* $\varepsilon$.

*Les conditions sont nécessaires.* Soient, en effet, deux ensembles de nombres, les uns $u$, les autres $v$, tels que le nombre $\lambda$ soit à la fois borne supérieure de l'ensemble des $u$ et borne inférieure de l'ensemble des $v$. Quels que soient $u$ et $v$, on a $u \leqslant \lambda$, $\lambda \leqslant v$, et, par suite, $u \leqslant v$.

D'autre part, soit un nombre positif $\varepsilon$. Désignons par $\alpha$ la moitié d'un rationnel compris entre 0 et $\varepsilon$ ; on a $2\alpha < \varepsilon$. Formons, à partir d'un rationnel $a$ plus petit que $\lambda$, la suite de nombres rationnels

$$a,\ a+\alpha,\ a+2\alpha,\ \ldots,\ a+n\alpha,\ \ldots,$$

$n$ étant un entier positif ou nul. Le premier terme est plus petit que $\lambda$. Il est possible de déterminer $n$ de façon que $a+n\alpha$ soit plus grand que $\lambda$ ; il suffit que $a+n\alpha$ soit plus grand qu'un rationnel $b$ plus grand que $\lambda$, c'est-à-dire que l'on prenne $n$ supérieur à $\dfrac{b-a}{\alpha}$. D'après cela, parmi les nombres de la suite précédente qui sont au plus égaux à $\lambda$, il en est un plus grand que tous les autres, soit $a+p\alpha$. On a ainsi

$$a+p\alpha \leqslant \lambda < a+(p+1)\alpha.$$

On en déduit

$$a+(p-1)\alpha < \lambda < a+(p+1)\alpha.$$

Puisque $a+(p-1)\alpha$ est plus petit que $\lambda$, borne supérieure de l'ensemble des $u$, il existe au moins un $u$ plus grand que $a+(p-1)\alpha$. Puisque $a+(p+1)\alpha$ est plus grand que $\lambda$, borne inférieure de l'ensemble des $v$, il existe au moins un $v$ plus petit que $a+(p+1)\alpha$. Ainsi, il existe au moins un $u$ et un $v$ tels que l'on ait

$$a+(p-1)\alpha < u \leqslant v < a+(p+1)\alpha.$$

Or, la différence entre $a+(p+1)\alpha$ et $a+(p-1)\alpha$ est $2\alpha$, elle est plus petite que $\varepsilon$ ; donc, $u$ et $v$ s'écartent de moins de $\varepsilon$.

*Les conditions sont suffisantes.* Soient deux ensembles de nombres, les uns $u$ et les autres $v$. Si tout $u$ est inférieur ou égal à tout $v$, la borne supérieure $\lambda$ de l'ensemble des $u$ est inférieure ou égale à la borne inférieure $\mu$ de l'ensemble des $v$. Il s'agit de montrer que si, quel que soit le nombre positif $\varepsilon$, il existe un $u$ et un $v$ s'écartant de moins de $\varepsilon$, $\lambda$ est égal à $\mu$.

Si, en effet, $\lambda$ était plus petit que $\mu$, il existerait un rationnel $h$ plus grand que $\lambda$ et plus petit que $\mu$ et il existerait aussi un rationnel $k$ plus grand que $h$ et plus petit que $\mu$. On aurait

$$\lambda < h < k < \mu.$$

Mais, quel que soit $u$, on a $u \leqslant \lambda$ et, quel que soit $v$, on a $\mu \leqslant v$. Par suite, quels que soient $u$ et $v$, on aurait

$$u < h < k < v.$$

Si l'on prend un nombre rationnel positif $\varepsilon$ plus petit que $k - h$, $u$ et $v$ s'écarteraient de plus de $\varepsilon$, et par suite, il serait impossible de trouver un $u$ et un $v$ s'écartant de moins de $\varepsilon$.

Donc, $\lambda = \mu$; donc, il y a coupure entre les $u$ et les $v$.

Remarquons que, dans le théorème précédent, on peut supposer $\varepsilon$ rationnel; sinon, il n'y aurait qu'à le remplacer par un nombre rationnel $\varepsilon_1$, compris entre 0 et $\varepsilon$.

*Conséquence. — Pour qu'il y ait coupure entre deux ensembles de nombres rationnels, il faut et il suffit : 1° que tout nombre de l'un des ensembles soit inférieur ou égal à tout nombre de l'autre, 2° que, quel que soit le nombre positif rationnel $\varepsilon$, il existe un nombre de l'un des ensembles et un nombre de l'autre dont la différence soit en valeur absolue plus petite que $\varepsilon$.*

C'est un résultat immédiat.

THÉORÈME. — *S'il y a coupure entre deux ensembles de nombres et si, d'autre part, $\rho$ est un nombre à la fois supérieur ou égal à tout nombre de l'un des ensembles et inférieur ou égal à tout nombre de l'autre, $\rho$ coïncide avec le nombre $\lambda$ qui forme la coupure entre les deux ensembles.*

En effet, $\rho$ étant supérieur ou égal à tout nombre de l'ensemble qui a pour borne supérieure $\lambda$, on a $\rho \geqslant \lambda$; $\rho$ étant inférieur ou égal à tout nombre de l'ensemble qui a pour borne inférieure $\lambda$, on a $\rho \leqslant \lambda$. Par suite, $\rho = \lambda$.

**10. Valeurs décimales approchées d'un nombre réel.** — Soit $x$ un nombre réel. Si $n$ est un entier positif, soit la double suite

$$\ldots, -\frac{2}{10^n}, \quad -\frac{1}{10^n}, \quad 0, \quad \frac{1}{10^n}, \quad \frac{2}{10^n}, \ldots,$$

dont le terme général est de la forme $\frac{A}{10^n}$, A étant un entier quelconque négatif, nul ou positif. Soient deux rationnels $a$ et $b$ tels que l'on ait $a < x < b$ et prenons, ce qui est possible, deux entiers $p$ et $q$ tels que l'on ait

$$\frac{p}{10^n} < a, \qquad \frac{q}{10^n} > b.$$

Il en résulte

$$\frac{p}{10^n} < x < \frac{q}{10^n}.$$

En ne considérant que la partie de la suite qui va de $\frac{p}{10^n}$ à $\frac{q}{10^n}$, on voit qu'on passe d'un nombre plus petit que $x$ à un nombre plus grand que $x$. On en déduit que dans la double suite il existe une infinité de nombres inférieurs ou égaux à $x$ et que, parmi ces nombres, il en existe un qui est plus grand que tous les autres, soit $\frac{h}{10^n}$. On a

$$\frac{h}{10^n} \leqslant x < \frac{h+1}{10^n}.$$

Le nombre $\frac{h}{10^n}$ est appelé *valeur approchée de $x$ à $\frac{1}{10^n}$ près par défaut*; le nombre $\frac{h+1}{10^n}$ est appelé *valeur approchée de $x$ à $\frac{1}{10^n}$ près par excès.*

Si l'on forme la double suite analogue à la précédente obtenue en remplaçant $n$ par $n+1$, on voit qu'elle contient tous les termes de celle-ci, puisqu'un nombre de la forme $\frac{A}{10^n}$, A étant un entier, peut s'écrire $\frac{10A}{10^{n+1}}$, 10A étant un entier; en particulier, cette nouvelle double suite contient $\frac{h}{10^n}$ et $\frac{h+1}{10^n}$. Il en résulte que *la valeur approchée de $x$ à $\frac{1}{10^{n+1}}$ près par défaut est supérieure ou égale à la valeur approchée à $\frac{1}{10^n}$ près par défaut et que la valeur approchée de $x$ à*

$\frac{1}{10^{n+1}}$ *près par excès est inférieure ou égale à la valeur approchée à* $\frac{1}{10^n}$ *près par excès.*

Si l'on désigne par $u_n$ et $v_n$ les valeurs approchées à $\frac{1}{10^n}$ près par défaut et par excès de $x$, on a

$$u_1 \leqslant u_2 \leqslant \ldots \leqslant u_n \leqslant \ldots,$$
$$v_1 \geqslant v_2 \geqslant \ldots \geqslant v_n \geqslant \ldots.$$

*Le nombre $x$ forme coupure entre l'ensemble de ses valeurs approchées par défaut à $\frac{1}{10^n}$ près et l'ensemble de ses valeurs approchées par excès à $\frac{1}{10^n}$ près.* En effet, quels que soient $u$ et $v$, on a

$$u \leqslant x, \quad x < v,$$

et, par suite,

$$u < v.$$

Il suffit alors de montrer qu'étant donné un nombre positif rationnel $\varepsilon$, il est possible de trouver un entier $n$ tel que l'on ait

$$v_n - u_n < \varepsilon.$$

Or, $v_n - u_n = \frac{1}{10^n}$. On a donc à déterminer $n$ de façon que l'on ait

$$\frac{1}{10^n} < \varepsilon$$

ou

$$10^n > \frac{1}{\varepsilon}.$$

Or, on reconnaît facilement que l'on a $10^n > n$. Il suffit donc que l'on ait

$$n > \frac{1}{\varepsilon},$$

ce qui est possible.

Il y a donc coupure entre les $u$ et les $v$, et comme le nombre $x$ est supérieur ou égal à tous les $u$ et inférieur à tous les $v$, c'est ce nombre qui forme la coupure.

## III. — OPÉRATIONS SUR LES NOMBRES RÉELS

**11. Addition.** — Soient $x$ formant coupure entre deux ensembles de rationnels, les uns $u$, les autres $v$; $y$ formant coupure entre deux ensembles de rationnels, les uns $u'$, les autres $v'$ :

$$u \leqslant x \leqslant v, \quad u' \leqslant y \leqslant v'.$$

Considérons l'ensemble des nombres de la forme $u+u'$ et l'ensemble des nombres de la forme $v+v'$. Je dis qu'il y a coupure entre ces deux ensembles. En effet :

1° Quels que soient $u, v, u', v'$, on a

$$u \leqslant v, \quad u' \leqslant v'$$

et, par suite,

$$u+u' \leqslant v+v'.$$

Ainsi, tout nombre du premier ensemble est inférieur ou égal à tout nombre du second.

2° Il s'agit de montrer qu'étant donné le nombre rationnel positif $\varepsilon$, il est possible de trouver $u, v, u', v'$ de façon que l'on ait

$$(v+v')-(u+u')<\varepsilon,$$

c'est-à-dire

$$(v-u)+(v'-u')<\varepsilon,$$

$v-u$ et $v'-u'$ étant des rationnels positifs ou nuls. Il suffit pour cela qu'on puisse trouver $u$ et $v$, $u'$ et $v'$ tels que l'on ait

$$v-u<\frac{\varepsilon}{2}, \quad v'-u'<\frac{\varepsilon}{2},$$

ce qui est possible, puisque, par hypothèse, il y a coupure entre les $u$ et les $v$, d'une part, entre les $u'$ et les $v'$, d'autre part.

Soit $\lambda$ le nombre qui forme la coupure. Il est nécessaire de montrer qu'il est indépendant des ensembles des rationnels $u$, $v$, $u'$ et $v'$ entre lesquels respectivement $x$ et $y$ forment coupure. Considérons l'ensemble des rationnels qui sont inférieurs ou égaux à $x$ et l'ensemble des rationnels qui sont supérieurs ou égaux à $x$; désignons par U l'un quelconque des nombres du premier ensemble et par V l'un quelconque des nombres du second. De même, considérons les ensembles des rationnels U' et V' analogues relativement à $y$. Le nombre $x$ forme coupure entre les U et les V, le nombre $y$ forme coupure entre les U' et les V'. Par suite, d'après le résultat précédent, il existe un nombre Λ qui forme coupure entre l'ensemble des rationnels de la forme $U+U'$ et l'ensemble des rationnels de la forme $V+V'$. Or, dans l'ensemble des rationnels de la forme $U+U'$, se trouvent les nombres de la forme $u+u'$ et dans l'ensemble des rationnels de la forme $V+V'$ se trouvent les nombres de la forme $v+v'$, puisque parmi les U se trouvent les $u$, parmi les V, les $v$, parmi les U', les $u'$ et parmi les V', les $v'$. Il en résulte que, quels que soient $u$, $v$, $u'$ et $v'$, on a

$$u+u' \leqslant \Lambda \leqslant v+v'.$$

Donc, d'après un théorème établi (§ 9), $\Lambda=\lambda$, et ainsi, quels que soient les ensembles de rationnels qui servent à définir les nombres $x$ et $y$, le nombre $\lambda$ défini à partir de ces ensembles est égal à un nombre $\Lambda$ défini d'une manière unique.

Dans le cas particulier où $x$ et $y$ sont rationnels, on peut réduire l'ensemble des $u$ et l'ensemble des $v$ au seul nombre $x$, et, de même, l'ensemble des $u'$ et l'ensemble des $v'$ au seul nombre $y$. Les ensembles des nombres de la forme $u+u'$ et de la forme $v+v'$ se réduisent alors au seul nombre $x+y$, qui forme coupure entre les deux ensembles; ainsi, $\Lambda=x+y$.

Dans tous les cas, par généralisation, $\Lambda$ est appelé *somme des deux nombres réels $x$ et $y$* et est représenté par la notation $x+y$.

Ayant défini la somme de deux nombres, on définira la somme des trois nombres $x, y, z$ comme étant la somme des deux nombres $x+y$ et $z$, et on la représentera par la notation $x+y+z$, puis la somme des quatre nombres $x, y, z, t$ comme étant la somme des deux nombres $x+y+z$ et $t$, et on la représentera par la notation $x+y+z+t$, et ainsi de suite, de proche en proche.

**12. Soustraction.** — Nous définirons d'abord ce que l'on entend par le nombre *opposé* au nombre $x$.

Soit le nombre réel $x$ donné comme formant coupure entre l'ensemble des rationnels $u$ et l'ensemble des rationnels $v$, de façon que, quels que soient $u$ et $v$, on ait $u \leqslant x \leqslant v$. Posons, d'une façon générale, $u'=-u$, $v'=-v$. Je dis qu'il y a coupure entre l'ensemble des $v'$ et l'ensemble des $u'$. En effet :

1° Quels que soient $v'$ et $u'$, on a $v' \leqslant u'$, puisque, quels que soient $u$ et $v$, on a $u \leqslant v$.

2° Il s'agit de montrer que, quel que soit le nombre positif $\varepsilon$, il est possible de trouver un $v'$ et un $u'$ tels que l'on ait $u'-v'<\varepsilon$. Or, on a $u'-v'=v-u$, et puisqu'il y a coupure entre les $u$ et les $v$, il est possible de trouver un $u$ et un $v$ tels que l'on ait $v-u<\varepsilon$.

Soit $\lambda$ le nombre qui forme coupure entre les $u'$ et les $v'$. Il est nécessaire de montrer qu'il est indépendant des ensembles des rationnels $u$ et $v$ qui servent à déterminer le nombre réel $x$. Considérons l'ensemble des rationnels qui sont inférieurs ou égaux à $x$, soit U l'un quelconque d'entre eux, et l'ensemble des rationnels qui sont supérieurs ou égaux à $x$, soit V l'un quelconque d'entre eux. Posons $U'=-U$, $V'=-V$. Il y a coupure entre les U et les V; donc, d'après le résultat précédent, il existe aussi un nombre $\Lambda$ qui forme coupure entre les V' et les U'. Puisque parmi les V' se trouvent les $v'$ et parmi les U', les $u'$, on a, quels que soient $u'$ et $v'$,

$$v'\leqslant\Lambda\leqslant u'.$$

Donc, d'après un théorème établi (§ 9), $\Lambda=\lambda$, ce qui montre bien que $\lambda$ ne dépend pas des ensembles de rationnels entre lesquels $x$ forme coupure.

Dans le cas particulier où $x$ est rationnel, on peut réduire les ensembles de rationnels $u$ et $v$ au seul nombre $x$; il en résulte immédiatement que $\Lambda$ est alors égal à $-x$.

Par généralisation, dans tous les cas, $\Lambda$ est dit le nombre *opposé* à $x$ et est représenté par la notation $-x$.

Il est immédiat que le nombre opposé à $-x$ est $x$ :

$$-(-x)=x.$$

Par raison de réciprocité, $x$ et $-x$ sont dits *opposés* l'un à l'autre.

D'autre part, si un nombre n'est pas nul, le nombre qui lui est opposé n'est pas nul, et de ces deux nombres, l'un est positif, l'autre négatif.

Enfin, le nombre opposé à 0 est 0.

On appelle *valeur absolue* d'un nombre réel, s'il est positif ou nul, le nombre lui-même, et s'il est négatif, le nombre qui lui est opposé; c'est un nombre positif ou nul.

Cela posé, on appelle *différence entre le nombre réel $y$ et le nombre réel $x$* la somme du nombre $y$ et du nombre $-x$, et on la représente par la notation $y-x$ :

$$y-x=y+(-x).$$

**13. Multiplication.** — Soient d'abord deux nombres positifs $x$ et $y$, le premier donné comme formant coupure entre l'ensemble des rationnels $u$ et l'ensemble des rationnels $v$, le second donné comme formant coupure entre l'ensemble des rationnels $u'$ et l'ensemble des rationnels $v'$; quels que soient $u$, $v$, $u'$, $v'$, on a

$$u \leqslant x \leqslant v, \quad u' \leqslant y \leqslant v'.$$

Puisque 0 est plus petit que $x$, borne supérieure des $u$, et que $y$, borne supérieure des $u'$, il existe au moins un $u$ et un $u'$ positifs; nous ne prendrons dans ce qui suit que les $u$ positifs, dont l'ensemble a pour borne supérieure $x$ (§ 5) et que les $u'$ positifs, dont l'ensemble a pour borne supérieure $y$. Quant aux $v$ et aux $v'$, ils sont tous positifs. Considérons l'ensemble des nombres de la forme $uu'$ $(u > 0,\ u' > 0)$ et l'ensemble des nombres de la forme $vv'$. Je dis qu'il y a coupure entre ces deux ensembles de rationnels. En effet :

1° De ce que l'on a simultanément $u \leqslant v$, $u' \leqslant v'$, il résulte, par multiplication, que, quels que soient $uu'$ et $vv'$, on a $uu' \leqslant vv'$.

2° Il s'agit de montrer qu'étant donné le nombre rationnel positif $\varepsilon$, il est possible de trouver $u$, $v$, $u'$, $v'$ tels que l'on ait

$$vv' - uu' < \varepsilon.$$

Or,

$$vv' - uu' = v(v' - u') + u'(v - u).$$

Il suffit que l'on ait à la fois

$$v(v' - u') < \frac{\varepsilon}{2}, \quad u'(v - u) < \frac{\varepsilon}{2}.$$

Soit A un rationnel plus grand que $x$ et que $y$; tout $u'$ est inférieur à A; d'autre part, A étant supérieur à la borne inférieure $x$ des $v$, il existe un ensemble de $v$ inférieurs à A, qui a encore pour borne inférieure $x$ (§ 5); nous ne prendrons que ces nombres $v$. D'après cela, pour satisfaire aux deux dernières inégalités, il suffit de satisfaire aux suivantes :

$$A(v' - u') < \frac{\varepsilon}{2}, \quad A(v - u) < \frac{\varepsilon}{2},$$

c'est-à-dire

$$v' - u' < \frac{\varepsilon}{2A}, \quad v - u < \frac{\varepsilon}{2A}.$$

Or, ces inégalités peuvent être satisfaites, puisque, par hypothèse, il y a coupure entre les $u$ et les $v$, ainsi qu'entre les $u'$ et les $v'$.

Soit $\lambda$ le nombre qui forme coupure entre les $uu'$ et les $vv'$. Il est nécessaire de démontrer qu'il ne dépend pas des ensembles des rationnels $u$, $v$, $u'$, $v'$ qui servent à déterminer $x$ et $y$. Considérons l'ensemble des rationnels positifs inférieurs ou égaux à $x$ et l'ensemble des rationnels supérieurs ou égaux à $x$; soient U l'un quelconque des nombres du premier ensemble, V l'un quelconque des nombres du second. Considérons de même les ensembles analogues de rationnels U′ et V′ relatifs à $y$. Le nombre $x$ forme coupure entre les U et les V, le nombre $y$ forme coupure entre les U′ et les V′. Par suite, d'après le résultat précédent, il existe un nombre $\Lambda$ qui forme coupure entre l'ensemble des rationnels de la forme UU′ et l'ensemble des rationnels de la forme VV′. Or, dans l'ensemble des UU′ se trouvent les $uu'$ ($u > 0$, $u' > 0$) et dans l'ensemble des VV′ se trouvent les $vv'$. Il en résulte que, quels que soient $u$, $v$, $u'$, $v'$, on a

$$uu' \leqslant \Lambda \leqslant vv'.$$

Donc, d'après un théorème établi (§ 9), $\Lambda = \lambda$, et ainsi, quels que soient les ensembles de rationnels qui déterminent $x$ et $y$, le nombre $\lambda$ défini à partir de ces ensembles est égal à un nombre $\Lambda$ défini d'une manière unique.

Dans le cas particulier où $x$ et $y$ sont rationnels, on peut réduire l'ensemble des $u$ et l'ensemble des $v$ au seul nombre $x$, et, de même, l'ensemble des $u'$ et l'ensemble des $v'$ au seul nombre $y$. Les ensembles des nombres de la forme $uu'$ et de la forme $vv'$ se réduisent au seul nombre $xy$, qui forme coupure entre les deux ensembles; ainsi, $\Lambda = xy$.

Dans tous les cas, par généralisation, $\Lambda$ est appelé *produit des deux nombres réels positifs $x$ et $y$* et est représenté par la notation $xy$. Ce produit est positif.

Nous avons supposé $x$ et $y$ positifs. Si $x$ est négatif et $y$ positif, on appelle *produit de $x$ et de $y$*, représenté par $xy$, le nombre opposé au produit du nombre opposé à $x$ et de $y$ :

$$xy = -[(-x)y].$$

De même, si $x$ est positif et $y$ négatif, on pose

$$xy = -[x(-y)].$$

Si $x$ et $y$ sont tous deux négatifs, on pose

$$xy = (-x)(-y).$$

Si l'un au moins des nombres $x$ et $y$ est nul, on pose

$$xy = 0.$$

Ayant défini le produit de deux nombres, on définira le produit des trois nombres $x$, $y$, $z$ comme étant le produit des deux nombres $xy$ et $z$, et on le représentera par la notation $xyz$, puis le produit des quatre nombres $x$, $y$, $z$, $t$ comme étant le produit des deux nombres $xyz$ et $t$, et on le représentera par la notation $xyzt$, et ainsi de suite, de proche en proche.

**14. Division.** — Nous commencerons par définir l'*inverse* d'un nombre *non nul* $x$.

Supposons-le d'abord positif et donné comme formant coupure entre un ensemble de rationnels $u$ que nous pouvons supposer positifs (§ 5) et un ensemble de rationnels $v$, de façon qu'on ait, quels que soient $u$ et $v$,

$$u \leqslant x \leqslant v.$$

Considérons l'ensemble des rationnels de la forme $\frac{1}{u}$ et l'ensemble des rationnels de la forme $\frac{1}{v}$. Je dis qu'il y a coupure entre ces deux ensembles. En effet :

1° De ce que, quels que soient $u$ et $v$, on a $u \leqslant v$, il résulte que l'on a $\frac{1}{v} \leqslant \frac{1}{u}$.

2° Il s'agit de montrer qu'étant donné le nombre rationnel positif $\varepsilon$, il est possible de trouver un $u$ et un $v$ tels que l'on ait

$$\frac{1}{u} - \frac{1}{v} < \varepsilon.$$

Or, cette inégalité s'écrit, $u$ et $v$ étant positifs,

$$v - u < \varepsilon uv.$$

Soit un rationnel $a$ compris entre 0 et $x$ ; les $v$ sont tous supérieurs à $a$ ; d'autre part, $a$ étant inférieur à la borne supérieure $x$ des $u$, il existe un ensemble de nombres $u$ supérieurs à $a$, dont la borne supérieure est encore $x$ (§ 5) ; nous ne prendrons que ces $u$. D'après cela, pour satisfaire à la précédente inégalité, il suffit de satisfaire à la suivante :

$$v - u < \varepsilon a^2,$$

et, $\varepsilon a^2$ étant un nombre donné, ceci est possible, puisque, par hypothèse, il y a coupure entre les $u$ et les $v$.

Soit $\lambda$ le nombre qui forme coupure entre les rationnels de la forme $\frac{1}{u}$ et les rationnels de la forme $\frac{1}{v}$. Il convient de montrer que $\lambda$ ne dépend pas des ensembles des rationnels $u$ et $v$ qui servent à déterminer $x$. Considérons l'ensemble des rationnels positifs inférieurs ou égaux à $x$ et l'ensemble des rationnels supérieurs à $x$; soient U l'un quelconque des nombres du premier ensemble, V l'un quelconque des nombres du second. Le nombre $x$ forme coupure entre les U et les V. Donc, d'après le résultat précédent, il existe un nombre $\Lambda$ formant coupure entre l'ensemble des $\frac{1}{V}$ et l'ensemble des $\frac{1}{U}$. Or, parmi les $\frac{1}{V}$ se trouvent les $\frac{1}{v}$ et parmi les $\frac{1}{U}$ se trouvent les $\frac{1}{u}$. Il en résulte que, quels que soient $u$ et $v$, on a

$$\frac{1}{v} \leqslant \Lambda \leqslant \frac{1}{u}.$$

Donc, d'après un théorème établi (§ 9), $\Lambda = \lambda$, et le nombre $\lambda$ est bien unique.

Dans le cas particulier où $x$ est rationnel, les $u$ et les $v$ peuvent être réduits au seul nombre $x$, et alors $\Lambda = \frac{1}{x}$.

Par généralisation, lorsque $x$ est un nombre réel quelconque positif, on appelle $\Lambda$ l'*inverse* du nombre $x$, et on le représente par la notation $\frac{1}{x}$.

Si $x$ est un nombre réel négatif, on appelle *inverse* de ce nombre le nombre opposé à l'inverse de l'opposé à $x$; on le représente encore par $\frac{1}{x}$:

$$\frac{1}{x} = -\frac{1}{(-x)}.$$

Si $x$ est défini comme formant coupure entre deux ensembles de rationnels négatifs, les $u$ et les $v$, $\frac{1}{x}$ forme coupure entre l'ensemble des rationnels de la forme $\frac{1}{v}$ et l'ensemble des rationnels $\frac{1}{u}$.

Il est immédiat que l'inverse de l'inverse du nombre non nul $x$ est $x$ lui-même. Deux nombres inverses l'un de l'autre sont tous deux positifs ou négatifs; leurs valeurs absolues sont inverses l'une de l'autre.

Cela posé, on appelle *quotient du nombre réel x par le nombre réel y* (*supposé non nul*) le produit de $x$ et de l'inverse de $y$; on le représente par la notation $\frac{x}{y}$ :

$$\frac{x}{y}=x\frac{1}{y}.$$

**15. Lois du calcul algébrique.** — Le calcul algébrique qui consiste dans la transformation et la combinaison des égalités et des inégalités par addition, soustraction, multiplication, division entre nombres réels repose sur les principes fondamentaux suivants, que nous traduirons seulement par des formules :

$$\begin{aligned} x+y&=y+x,\\ x+(y+z)&=x+y+z,\\ x+0&=x,\\ x-x&=0,\\ xy&=yx,\\ x(yz)&=xyz,\\ x.1&=x,\\ \frac{x}{x}&=1,\ (x\neq 0). \end{aligned}$$

D'autre part, si $x>y$, on a $x-y>0$; si $x<y$, on a $x-y<0$. Enfin, on a

$$(x+y)z=xz+yz.$$

Ces principes ont été établis en algèbre élémentaire lorsque $x$, $y$, $z$ sont rationnels. Il s'agit de montrer qu'ils s'appliquent aux nombres réels.

Je laisse de côté les principes

$$\begin{aligned} x+y&=y+x,\\ x+(y+z)&=x+y+z,\\ x+0&=x,\\ xy&=yx,\\ x(yz)&=xyz,\\ x.1&=x, \end{aligned}$$

qui résultent immédiatement des propriétés correspondantes de l'addi tion et de la multiplication des nombres rationnels et des définitions de ces deux opérations relativement aux nombres réels.

Je vais établir les autres principes.

1° $x - x = 0$. Définissons $x$ comme formant coupure entre l'ensemble des rationnels $u$ et l'ensemble des rationnels $v$; quels que soient $u$ et $v$, on a

$$u \leqslant x \leqslant v;$$

$-x$ forme coupure entre l'ensemble des rationnels $-v$ et l'ensemble des rationnels $-u$. Il s'ensuit que $x - x$, c'est-à-dire $x + (-x)$, forme coupure entre l'ensemble des rationnels de la forme $u - v$ et l'ensemble des rationnels de la forme $v - u$. Or, 0 est supérieur ou égal à tout rationnel de la forme $u - v$ et inférieur ou égal à tout rationnel de la forme $v - u$; donc, d'après un théorème établi (§ 9), il coïncide avec $x - x$.

2° $\frac{x}{x} = 1$, si $x \neq 0$. Il suffit de supposer $x$ positif. Définissons $x$ comme formant coupure entre l'ensemble des rationnels positifs $u$ et l'ensemble des rationnels positifs $v$; quels que soient $u$ et $v$, on a

$$u \leqslant x \leqslant v;$$

$\frac{1}{x}$ forme coupure entre l'ensemble des rationnels de la forme $\frac{1}{v}$ et l'ensemble des rationnels de la forme $\frac{1}{u}$; quels que soient $u$ et $v$, on a

$$\frac{1}{v} \leqslant \frac{1}{x} \leqslant \frac{1}{u}.$$

Il s'ensuit que $\frac{x}{x}$, c'est-à-dire $x\frac{1}{x}$, forme coupure entre l'ensemble des rationnels de la forme $\frac{u}{v}$ et l'ensemble des rationnels de la forme $\frac{v}{u}$. Or, 1 est supérieur ou égal à tout rationnel de la forme $\frac{u}{v}$, et il est inférieur ou égal à tout rationnel de la forme $\frac{v}{u}$. Donc, d'après un théorème établi (§ 9), il coïncide avec $\frac{x}{x}$.

3° Si $x > y$, on a $x - y > 0$. Définissons $x$ comme formant coupure entre l'ensemble des rationnels $u$ et l'ensemble des rationnels $v$, et $y$ comme formant coupure entre l'ensemble des rationnels $u'$ et l'ensemble des rationnels $v'$; quels que soient $u$, $v$, $u'$, $v'$, on a

$$u \leqslant x \leqslant v, \quad u' \leqslant y \leqslant v'.$$

Le nombre $x - y$ est la borne supérieure de l'ensemble des rationnels de la forme $u - v'$. Or, puisque $y$ est, par hypothèse, inférieur à $x$, borne supérieure de l'ensemble des $u$, il existe au moins un $u$, soit $u_0$, supérieur à $y$, et puisque $u_0$ est supérieur à $y$, borne inférieure de l'ensemble des $v'$, il existe au moins un $v'$, soit $v'_0$, inférieur à $u_0$. Le nombre $u_0 - v'_0$ est positif, et, comme il appartient à l'ensemble des rationnels de la forme $u - v'$ qui a pour borne supérieure $x - y$, il s'ensuit que $x - y$ est lui-même positif.

Si $x < y$, on a $x - y < 0$. Démonstration analogue.

4° $(x + y)z = xz + yz$. C'est évident si l'un au moins des nombres $x$, $y$, $z$ est nul. Supposons qu'aucun d'eux ne soit nul, et d'abord que $x$, $y$, $z$ soient simultanément positifs, $x$ formant coupure entre l'ensemble des rationnels positifs $u$ et l'ensemble des rationnels $v$, $y$ formant coupure entre l'ensemble des rationnels positifs $u'$ et l'ensemble des rationnels $v'$, $z$ enfin formant coupure entre l'ensemble des rationnels positifs $u''$ et l'ensemble des rationnels $v''$. Le nombre $(x + y)z$ forme coupure entre l'ensemble des rationnels de la forme $(u + u')u''$, c'est-à-dire $uu'' + u'u''$, et l'ensemble des rationnels $(v + v')v''$, c'est-à-dire $vv'' + v'v''$. Or, $uu''$ et $u'u''$ sont inférieurs ou égaux respectivement à $xz$ et à $yz$; donc, tout rationnel de la forme $uu'' + u'u''$ est inférieur ou égal à $xz + yz$; de même, tout rationnel de la forme $vv'' + v'v''$ est supérieur ou égal à $xz + yz$. Par suite, $xz + yz$ coïncide avec $(x + y)z$.

Si $x$ et $y$ sont positifs et si $z$ est négatif, posons $z = -z'$. On a

$$(x + y)z = -[(x + y)z'] = -(xz' + yz') = -xz' - yz' = xz + yz.$$

Si $x$ et $y$ sont négatifs, posons $x = -x'$, $y = -y'$. On a

$$(x + y)z = -(x' + y')z = -(x'z + y'z) = -x'z - y'z = xz + yz.$$

Supposons $x$ et $y$ de signes contraires, par exemple $x > 0$, $y < 0$. Posons $y = -y'$. Si $x + y$ est positif ou nul, on a

$$xz = [(x + y) + y']z = (x + y)z + y'z = (x + y)z - yz,$$

d'où

$$(x + y)z = xz + yz;$$

si $x + y$ est négatif, on a

$$y'z = [x - (x + y)]z = xz - (x + y)z,$$

d'où

$$(x+y)z = xz - y'z = xz + yz.$$

**16. Extension de résultats précédents.** — Les lois du calcul algébrique étant ainsi applicables aux nombres quelconques, nous pouvons étendre immédiatement des résultats qui ont été établis précédemment et qui reposaient sur les propriétés des égalités et inégalités entre nombres rationnels. Il suffit de supprimer, lorsqu'il y a lieu, dans les démonstrations cette restriction que les nombres considérés sont rationnels.

On a ainsi le théorème suivant :

THÉORÈME. — *Pour que deux nombres réels $x$ et $y$ ($x \leqslant y$) s'écartent de moins de $\varepsilon > 0$, il faut et il suffit que $y - x$ soit plus petit que $\varepsilon$. Pour que deux nombres réels $x$ et $y$ ($x < y$) s'écartent de plus de $\varepsilon > 0$, il faut et il suffit que $y - x$ soit plus grand que $\varepsilon$.*

Grâce à ce théorème, nous n'aurons plus à nous servir de la notion d'écart.

Le théorème fondamental relatif aux coupures prend alors la nouvelle forme suivante :

*Pour qu'il y ait coupure entre deux ensembles de nombres, il faut et il suffit : 1° que tout nombre de l'un des ensembles soit inférieur ou égal à tout nombre de l'autre, 2° que, quel que soit le nombre positif $\varepsilon$, il existe au moins un nombre de l'un des ensembles et un nombre de l'autre dont la différence soit, en valeur absolue, plus petite que $\varepsilon$.*

Comme applications de ce théorème, nous avons les résultats suivants relatifs aux opérations fondamentales sur les nombres réels :

1° *Si deux nombres $x$ et $y$ sont définis comme formant coupure, le nombre $x$, entre l'ensemble des nombres $u$ et l'ensemble des nombres $v$, le nombre $y$, entre l'ensemble des nombres $u'$ et l'ensemble des nombres $v'$, le nombre $x+y$ forme coupure entre l'ensemble des nombres de la forme $u+u'$ et l'ensemble des nombres de la forme $v+v'$.*

2° *Si deux nombres positifs $x$ et $y$ sont définis comme formant coupure, le nombre $x$, entre l'ensemble des nombres positifs $u$ et l'ensemble des nombres positifs $v$, le nombre $y$, entre l'ensemble des nombres positifs $u'$ et l'ensemble des nombres positifs $v'$, le nombre $xy$ forme coupure entre l'ensemble des nombres de la forme $uu'$ et l'ensemble des nombres de la forme $vv'$.*

En particulier, si $x$ forme coupure entre l'ensemble des nombres $u$

et l'ensemble des nombres $v$, $x+\lambda$ forme coupure entre l'ensemble des nombres $u+\lambda$ et l'ensemble des nombres $v+\lambda$. Si $x$ forme coupure entre l'ensemble des nombres positifs $u$ et l'ensemble des nombres $v$, $\lambda x$, $\lambda$ étant positif, forme coupure entre l'ensemble des nombres $\lambda u$ et l'ensemble des nombres $\lambda v$.

**17. Calcul pratique.** — Étant donné un nombre $x$, un nombre quelconque $x'$ est dit *valeur approchée de $x$ par défaut* si l'on a $x' \leqslant x$, *par excès* si l'on a $x' > x$. On appelle *erreur* la différence $x - x'$.

Dans la pratique, on détermine un nombre quelconque $x$ comme formant coupure entre un premier ensemble de valeurs rationnelles approchées par défaut et un second ensemble de valeurs rationnelles approchées par excès. D'après cela, quel que soit le nombre positif rationnel $\varepsilon$, il existe au moins une de ces valeurs approchées par défaut ou par excès, soit $x'$, telle que l'on ait $|x - x'| < \varepsilon$.

Par exemple, on donnera l'ensemble des valeurs approchées de $x$ à $\frac{1}{10^n}$ près par défaut et l'ensemble des valeurs approchées de $x$ à $\frac{1}{10^n}$ près par excès. Si $x'$ est l'une des valeurs approchées à $\frac{1}{10^p}$ près, on a $|x - x'| < \frac{1}{10^p}$. Si l'on veut que le premier membre de cette inégalité soit plus petit que $\varepsilon$, il suffit de déterminer $p$ de façon que l'on ait $\frac{1}{10^p} < \varepsilon$, c'est-à-dire $10^p > \frac{1}{\varepsilon}$, ce qui est pratiquement possible.

1° Soient deux nombres $x$ et $y$ et supposons qu'on ait déterminé deux valeurs approchées rationnelles $x'$ et $y'$ de ces deux nombres. Si l'on sait calculer des limites supérieures rationnelles $\varepsilon$ et $\varepsilon'$ des valeurs absolues des erreurs commises quand on remplace $x$ et $y$ par $x'$ et $y'$, on sait aussi calculer une limite supérieure rationnelle de la valeur absolue de l'erreur commise quand on remplace $x+y$ par $x'+y'$, $x-y$ par $x'-y'$, $xy$ par $x'y'$ et $\frac{x}{y}$ par $\frac{x'}{y'}$.

En effet, relativement à l'addition, on a

$$(x+y)-(x'+y')=(x-x')+(y-y').$$

Par suite,

$$|(x+y)-(x'+y')| \leqslant |x-x'|+|y-y'|.$$

d'où

$$|(x+y)-(x'+y')|<\varepsilon+\varepsilon.$$

Relativement à la soustraction, on a

$$(x-y)-(x'-y')=(x-x')-(y-y').$$

Par suite,

$$|(x-y)-(x'-y')|\leqslant|x-x'|+|y-y'|,$$

d'où

$$|(x-y)-(x'-y')|<\varepsilon+\varepsilon'.$$

Pour la multiplication et la division, supposons $x$ et $y$ positifs; il existe parmi les valeurs approchées données de $x$ et de $y$ des valeurs positives approchées par défaut différant de $x$ et de $y$ de moins d'un nombre positif quelconque donné à l'avance. Nous ne prendrons que des valeurs approchées positives.

On a

$$xy-x'y'=(x-x')y+(y-y')x'$$

et, par suite,

$$|xy-x'y'|\leqslant y|x-x'|+x'|y-y'|,$$

d'où, si $a$ est une valeur rationnelle approchée par excès de $y$,

$$|xy-x'y'|\leqslant a\varepsilon+x'\varepsilon'.$$

On a aussi

$$\frac{x}{y}-\frac{x'}{y'}=\frac{xy'-x'y}{yy'}=\frac{x(y'-y)+y(x-x')}{yy'},$$

et, par suite,

$$\left|\frac{x}{y}-\frac{x'}{y'}\right|\leqslant\frac{x|y-y'|+y|x-x'|}{yy'}.$$

Soient $a$ et $b$ deux valeurs rationnelles approchées par excès de $x$ et de $y$; soit encore $c$ une valeur rationnelle et positive approchée par défaut de $y$; on a

$$\left|\frac{x}{y}-\frac{x'}{y'}\right|\leqslant\frac{a\varepsilon'+b\varepsilon}{cy'}.$$

2° Inversement, étant donné le nombre rationnel positif $\varepsilon$, il est possible de déterminer $x'$ et $y'$ de manière que l'erreur commise quand on remplace $x+y$ par $x'+y'$, $x-y$ par $x'-y'$, $xy$ par $x'y'$ et $\frac{x}{y}$ par $\frac{x'}{y'}$ soit en valeur absolue plus petite que $\varepsilon$.

En effet, on a

$$|(x+y)-(x'+y')|\leqslant|x-x'|+|y-y'|.$$

Pour que le premier membre soit plus petit que $\varepsilon$, il suffit que l'on ait $|x - x'| < \frac{\varepsilon}{2}$, $|y - y'| < \frac{\varepsilon}{2}$, ce qui est possible.

De même, on a

$$|(x-y)-(x'-y')| \leqslant |x-x'| + |y-y'|$$

et il suffit de prendre $x'$ et $y'$ tels que l'on ait

$$|x - x'| < \frac{\varepsilon}{2}, \quad |y - y'| < \frac{\varepsilon}{2}.$$

Pour la multiplication et la division, nous pouvons supposer que $x$ et $y$ soient positifs, ainsi que $x'$ et $y'$. On a

$$|xy - x'y'| \leqslant y|x - x'| + x'|y - y'|.$$

Soient $a$ et $b$ deux valeurs rationnelles approchées par excès de $x$ et de $y$. On a $y < b$. Si $x'$ est approché par défaut de $x$, on a $x' < a$; si $x'$ est approché par excès, comme, parmi les valeurs données approchées par excès de $x$, il en est qui sont plus petites que $a$ et qui diffèrent de $x$ de moins d'un nombre positif quelconque donné à l'avance, nous pouvons choisir $x'$ plus petit que $a$. D'après cela, on aura

$$|xy - x'y'| \leqslant b|x - x'| + a|y - y'|,$$

et pour que le premier membre de cette inégalité soit plus petit que $\varepsilon$, il suffit que l'on ait à la fois

$$b|x - x'| < \frac{\varepsilon}{2}, \quad a|y - y'| < \frac{\varepsilon}{2},$$

c'est-à-dire

$$|x - x'| < \frac{\varepsilon}{2b}, \quad |y - y'| < \frac{\varepsilon}{2a},$$

ce qui est possible.

On a d'autre part

$$\left|\frac{x}{y} - \frac{x'}{y'}\right| \leqslant \frac{x|y - y'| + y|x - x'|}{yy'}.$$

Soient encore $a$ et $b$ deux valeurs rationnelles approchées par excès de $x$ et $y$ et soit $c$ une valeur positive rationnelle approchée par défaut de $y$. Parmi les valeurs données approchées par défaut de $y$, il en est qui sont plus grandes que $c$ et qui diffèrent de $y$ de moins d'un nombre positif quelconque donné à l'avance; nous pouvons ainsi choisir $y'$ plus grand que $c$. D'après cela, on aura

$$\left|\frac{x}{y} - \frac{x'}{y'}\right| \leqslant \frac{a|y - y'| + b|x - x'|}{c^2}$$

et pour que le premier membre de cette inégalité soit plus petit que $\varepsilon$, il suffit que l'on ait à la fois

$$\frac{a|y-y'|}{c^2} < \frac{\varepsilon}{2}, \qquad \frac{b|x-x'|}{c^2} < \frac{\varepsilon}{2},$$

c'est-à-dire

$$|x-x'| < \frac{\varepsilon c^2}{2b}, \qquad |y-y'| < \frac{\varepsilon c^2}{2a},$$

ce qui est possible.

## IV. — APPLICATION A LA GÉOMÉTRIE

**18.** — Soit une demi-droite $Ox$. Étant donnés les deux segments de droite A et B, appliquons-les sur $Ox$ dans les positions OM et OP. Si M coïncide avec P, on dit que les segments A et B sont *égaux*, $A = B$; si M est du même côté que O par rapport à P (à gauche de P), on dit que A est *plus petit que* B, $A < B$; si M est par rapport à P du côté opposé à O (à droite de P), on dit que A est *plus grand que* B, $A > B$. Si $A < B$, on a $B > A$; si $A > B$, on a $B < A$. Étant donnés les trois segments A, B, C, si l'on a $A < B$ et $B < C$, il résulte immédiatement des postulats de la géométrie que l'on a $A < C$; de même, $A > B$ et $B > C$ entraînent $A > C$.

Étant donnés les deux segments de droite A et B, appliquons sur $Ox$ d'abord A dans la position OM, puis B de façon qu'une extrémité soit en M et que l'autre extrémité soit en un point Q situé à droite de M. Tout segment égal à OQ est dit la *somme* du segment A et du segment B et est représenté par $A + B$. Si, sur la demi-droite qui a pour origine Q et qui passe par le point O, on applique d'abord B de façon qu'une extrémité soit en Q, l'autre extrémité vient en M, et si on applique ensuite A de façon qu'une extrémité soit en M et que l'autre extrémité ne soit pas par rapport à M du même côté que Q, cette dernière extrémité vient justement en O, ce qui montre que l'on a $A + B = B + A$.

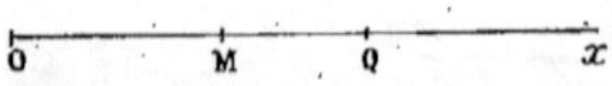


Fig. 1.

Par généralisation, on définit la somme de plusieurs segments A, B, C, représentée par $A + B + C$.

Il est immédiat que l'on a $A + B > A$ et que si l'on a $B > C$, on a $A + B > A + C$, ou encore $B + A > C + A$.

La somme de $n$ segments égaux à A se représente par $nA$. Si l'on a

$A > B$, on a $nA > nB$; si l'on a $A > B$ et $n > p$, $n$ et $p$ étant deux entiers positifs, on a $nA > pB$.

Il y a lieu de considérer des segments dont les extrémités coïncident; on les dit *nuls* ou égaux à 0. Tout segment dont les extrémités sont distinctes est dit plus grand que 0. On a $A + 0 = 0 + A = A$. Par extension de la notation $nA$, où $n$ est un entier, on a à considérer la notation $0A$; on la regardera comme une manière de représenter 0.

19. Axiome. — *Étant donnés le segment* A *et l'entier* $n$ *positif, il existe un segment* B *tel que l'on ait* $nB = A$.

Ce segment est nécessairement unique; car, s'il existait deux tels segments différents B et B', on aurait, par exemple, $B > B'$ et, par suite, $nB > nB'$, c'est-à-dire $A > A$, ce qui est absurde. Ce segment unique s'appelle la $n^{\text{ième}}$ *partie* de A et se représente par $\frac{A}{n}$.

Si l'on a $A < B$, on a $\frac{A}{n} < \frac{B}{n}$, car si l'on avait $\frac{A}{n} \geqslant \frac{B}{n}$, on aurait $n\frac{A}{n} \geqslant n\frac{B}{n}$, c'est-à-dire $A \geqslant B$, ce qui n'est pas.

Si $n > p$, on a $n\frac{A}{n} > p\frac{A}{n}$, c'est-à-dire $A > p\frac{A}{n}$ et, par suite, $\frac{A}{p} > \frac{A}{n}$.

Axiome d'Archimède. — *Étant donnés les deux segments non nuls* A *et* B, *il existe un entier* $p$ *positif tel que* $pB$ *soit plus grand que* A.

Il en résulte qu'étant donnés les deux segments A et B, il existe un entier $n$ tel que $\frac{A}{n}$ soit plus petit que B. En effet, prenons $n$ de façon que $nB$ soit plus grand que A; $\frac{A}{n}$ est plus petit que B, car si l'on avait $\frac{A}{n} \geqslant B$, on aurait $n\frac{A}{n} \geqslant nB$, c'est-à-dire $A \geqslant nB$, ce qui n'est pas.

20. **Rapport de deux segments de droite.** — Soient les deux segments A et B, B n'étant pas nul. Prenons un entier $n$ et considérons la suite des segments $0\frac{B}{n}, \frac{B}{n}, 2\frac{B}{n}, \ldots$. En vertu de l'axiome d'Archimède, parmi ces segments, il en existe un, $h\frac{B}{n}$, qui est plus grand que A; d'autre part, il en existe, ne fût-ce que $0\frac{B}{n}$, qui sont inférieurs ou égaux à A; ils sont plus petits que $h\frac{B}{n}$, par suite leur nombre est au plus égal à $h$,

et parmi eux il en existe un qui est plus grand que tous les autres, soit $p\frac{B}{n}$. On voit ainsi qu'il existe un entier $p$ positif ou nul et un seul tel que l'on ait

$$p\frac{B}{n} \leqslant A < (p+1)\frac{B}{n}.$$

Faisons $n=1, 2, 3, \ldots$. Considérons l'ensemble des rationnels de la forme $\frac{p}{n}$ et l'ensemble des rationnels de la forme $\frac{p+1}{n}$. Je dis qu'il y a coupure entre ces deux ensembles. Pour cela, deux faits sont à établir.

1° Tout nombre $\frac{p}{n}$ du premier ensemble est inférieur à tout nombre $\frac{p'+1}{n'}$ du second. C'est évident si $n=n'$; supposons $n \neq n'$. Il existe un entier $q$ tel que l'on ait

$$q\frac{B}{nn'} \leqslant A < (q+1)\frac{B}{nn'}.$$

Or, il est immédiat que l'on a

$$p\frac{B}{n} = pn'\frac{B}{nn'}, \qquad (p'+1)\frac{B}{n'} = (p'+1)n\frac{B}{nn'}.$$

Puisque $pn'\frac{B}{nn'}$ est inférieur ou égal à A, on a $pn' \leqslant q$; puisque $(p'+1)n\frac{B}{nn'}$ est supérieur à A et, par suite, à $q\frac{B}{nn'}$, on a $(p'+1)n > q$ et, par suite,

$$(p'+1)n > pn',$$

d'où

$$\frac{p}{n} < \frac{p'+1}{n'}.$$

2° Quel que soit le nombre positif $\varepsilon$, il est possible de trouver un nombre de l'un des ensembles et un nombre de l'autre différant entre eux de moins de $\varepsilon$. En effet, il suffit de prendre les nombres $\frac{p}{n}$ et $\frac{p+1}{n}$, dont la différence $\frac{1}{n}$ est plus petite que $\varepsilon$ lorsque l'on a $n > \frac{1}{\varepsilon}$.

Il existe donc un nombre qui forme coupure entre les deux ensembles; ce nombre est dit le *rapport de* A *à* B et est représenté par $\frac{A}{B}$. On a

$$\frac{p}{n} \leqslant \frac{A}{B} \leqslant \frac{p+1}{n}.$$

Il est immédiat que l'on a

$$\frac{A}{A}=1, \quad \frac{nA}{A}=n, \quad \frac{A}{\left(\frac{A}{n}\right)}=n$$

et que si A est nul, $\frac{A}{B}$ est égal à 0.

Théorème. — *Étant donnés le segment* A *et les segments non nuls* B *et* B′, *on a*

$$\frac{A}{B}=\frac{A}{B'}\times\frac{B'}{B}.$$

Soit, en effet, l'entier positif $n$; il existe un entier $p$ positif ou nul tel que l'on ait

$$p\frac{B}{n}\leqslant A<(p+1)\frac{B}{n}.$$

Si $n$ est assez grand pour que $\frac{B}{n}$ soit plus petit que B′, il existe un entier positif $n'$ tel que l'on ait

$$n'\frac{B}{n}\leqslant B'<(n'+1)\frac{B}{n}.$$

Enfin, il existe deux entiers $q$ et $r$ tels que l'on ait

$$q\frac{B'}{n'}\leqslant A<(q+1)\frac{B'}{n'}$$

et

$$r\frac{B'}{n'+1}\leqslant A<(r+1)\frac{B'}{n'+1}.$$

On a $q\leqslant p$, car, si l'on avait $q>p$, on aurait $q\geqslant p+1$ et comme on a $\frac{B'}{n'}\geqslant\frac{B}{n}$, on aurait $q\frac{B'}{n'}\geqslant(p+1)\frac{B}{n}$ et, par suite, $q\frac{B'}{n'}>A$, ce qui n'est pas. On a aussi $r\geqslant p$, car si l'on avait $r<p$, on aurait $r+1\leqslant p$ et comme on a $\frac{B'}{n'+1}<\frac{B}{n}$, on aurait $(r+1)\frac{B'}{n'+1}<p\frac{B}{n}$ et, par suite, $(r+1)\frac{B'}{n'+1}<A$, ce qui n'est pas.

On voit ainsi que l'on a

$$\frac{q}{n}\leqslant\frac{A}{B}\leqslant\frac{r+1}{n},$$

c'est-à-dire

$$\frac{q}{n'}\cdot\frac{n'}{n}\leqslant\frac{A}{B}\leqslant\frac{r+1}{n'+1}\cdot\frac{n'+1}{n}.$$

Le nombre $\frac{A}{B}$ forme coupure entre l'ensemble des nombres tels que $\frac{q}{n}$ et l'ensemble des nombres tels que $\frac{r+1}{n}$. En effet, d'abord, tout nombre du premier ensemble est inférieur ou égal à $\frac{A}{B}$ et tout nombre du second ensemble est supérieur à $\frac{A}{B}$. Ensuite, étant donné le nombre positif $\varepsilon$, quel qu'il soit, il est possible de déterminer $n$ de façon que la différence entre $\frac{r+1}{n}$ et $\frac{q}{n}$ soit plus petite en valeur absolue que $\varepsilon$; car, on a à la fois

$$r \leqslant (n'+1)\frac{A}{B'}, \qquad q+1 \geqslant n'\frac{A}{B'},$$

d'où, en retranchant membre à membre,

$$r-q-1 \leqslant \frac{A}{B'},$$

par suite,

$$r+1-q \leqslant 2+\frac{A}{B'}, \qquad \frac{r+1}{n}-\frac{q}{n} \leqslant \frac{1}{n}\left(2+\frac{A}{B'}\right),$$

et pour que le premier membre de cette dernière inégalité soit plus petit que $\varepsilon$, il suffit que $n$ soit plus grand que $\frac{1}{\varepsilon}\left(2+\frac{A}{B'}\right)$, ce qui est possible.

Or, on a

$$\frac{q}{n'} \leqslant \frac{A}{B'}, \qquad \frac{n'}{n} \quad \frac{B'}{B}, \qquad \text{d'où} \qquad \frac{q}{n} \leqslant \frac{A}{B'} \times \frac{B}{B'},$$

et comme l'ensemble des nombres tels que $\frac{q}{n}$ a pour borne supérieure $\frac{A}{B}$, il s'ensuit que l'on a

$$\frac{A}{B} \leqslant \frac{A}{B'} \times \frac{B'}{B}.$$

De même, on a

$$\frac{r+1}{n'+1} \geqslant \frac{A}{B'}, \qquad \frac{n'+1}{n} \geqslant \frac{B'}{B}, \qquad \text{d'où} \qquad \frac{r+1}{n} \geqslant \frac{A}{B'} \times \frac{B'}{B},$$

et comme l'ensemble des nombres tels que $\frac{r+1}{n}$ a pour borne inférieure $\frac{A}{B}$, il s'ensuit que l'on a

$$\frac{A}{B} \geqslant \frac{A}{B'} \times \frac{B'}{B}.$$

Finalement, on a bien

$$\frac{A}{B'} \times \frac{B'}{B} = \frac{A}{B}.$$

*Conséquences.* — On a

$$\frac{A}{B} \times \frac{B}{A} = \frac{A}{A} = 1;$$

ainsi, le rapport de A à B est inverse du rapport de B à A.

On a

$$\frac{A}{B} = \frac{A}{C} \times \frac{C}{B} = \frac{A}{C} : \frac{B}{C}.$$

D'autre part, on a

$$\frac{nA}{B} = \frac{nA}{A} \times \frac{A}{B} = n\frac{A}{B},$$

$$\frac{\left(\frac{A}{n}\right)}{A} = 1 : \frac{A}{\left(\frac{A}{n}\right)} = \frac{1}{n},$$

$$\frac{\left(p\frac{A}{n}\right)}{A} = p\frac{\left(\frac{A}{n}\right)}{A} = p\frac{1}{n} = \frac{p}{n}.$$

Mesure d'un segment. — Soit un segment de droite U que nous appellerons *unité*. Considérons un segment de droite quelconque X; le nombre $x$ égal au rapport de X à U s'appelle la *mesure* de X par rapport à l'unité U ou la *longueur* de X. Si l'on change l'unité U en l'unité U', la mesure $x'$ du même segment par rapport à la nouvelle unité est liée à la mesure $x$ par la relation

$$x' = x \times \frac{U}{U'}.$$

Ainsi, dans un changement d'unité, les nouvelles mesures se déduisent des anciennes par multiplication par un nombre fixe, qui est le rapport de l'ancienne unité à la nouvelle.

21. Théorème. — *Étant donnés les segments de droite* A, A' *et* B, B *n'étant pas nul, on a*

$$\frac{A + A'}{B} = \frac{A}{B} + \frac{A'}{B}.$$

Étant donné l'entier $n$, il existe un entier $p$ et un entier $p$, positifs ou nuls, tels que l'on ait

$$p\frac{B}{n} \leqslant A < (p+1)\frac{B}{n},$$

$$p'\frac{B}{n} \leqslant A' < (p'+1)\frac{B}{n}.$$

On en déduit

$$p\frac{B}{n}+p'\frac{B}{n}\leqslant A+A'<(p+1)\frac{B}{n}+(p'+1)\frac{B}{n},$$

c'est-à-dire

$$(p+p')\frac{B}{n}\leqslant A+A'<(p+1+p'+1)\frac{B}{n}.$$

Il existe un entier $q$ positif ou nul tel que l'on ait

$$q\frac{B}{n}\leqslant A+A'<(q+1)\frac{B}{n}.$$

On a évidemment

$$p+p'\leqslant q, \quad p+1+p'+1\geqslant q+1$$

et, par suite,

$$\frac{p+p'}{n}\leqslant\frac{q}{n}\leqslant\frac{A+A'}{B}\leqslant\frac{q+1}{n}\leqslant\frac{p+1}{n}+\frac{p'+1}{n}.$$

Faisons $n=1, 2, \ldots$; considérons l'ensemble des rationnels de la forme $\frac{p+p'}{n}$ et l'ensemble des rationnels de la forme $\frac{p+1}{n}+\frac{p'+1}{n}$. Le nombre $\frac{A+A'}{B}$ forme coupure entre ces deux ensembles. En effet, d'abord tout nombre du premier ensemble est inférieur ou égal à $\frac{A+A'}{B}$ et tout nombre du second ensemble est supérieur ou égal à $\frac{A+A'}{B}$. Ensuite, étant donné un nombre positif $\varepsilon$, quel qu'il soit, il existe un nombre de l'un des ensembles et un nombre de l'autre différant entre eux de moins de $\varepsilon$; il suffit de prendre les nombres $\frac{p+p'}{n}$ et $\frac{p+1}{n}+\frac{p'+1}{n}$ dont la différence $\frac{2}{n}$ est plus petite que $\varepsilon$ si l'on choisit $n$ supérieur à $\frac{2}{\varepsilon}$.

Cela posé, on a

$$\frac{p}{n}\leqslant\frac{A}{B}, \quad \frac{p'}{n}\leqslant\frac{A'}{B}, \quad \text{d'où} \quad \frac{p+p'}{n}\leqslant\frac{A}{B}+\frac{A'}{B},$$

et comme l'ensemble des nombres tels que $\frac{p+p'}{n}$ a pour borne supérieure $\frac{A+A'}{B}$, il s'ensuit que l'on a

$$\frac{A+A'}{B}\leqslant\frac{A}{B}+\frac{A'}{B}.$$

De même, on a

$$\frac{p+1}{n} \geqslant \frac{A}{B}, \quad \frac{p'+1}{n} \geqslant \frac{A'}{B}, \quad \text{d'où} \quad \frac{p+1+p'+1}{n} \geqslant \frac{A}{B}+\frac{A'}{B},$$

et comme l'ensemble des nombres tels que $\frac{p+1}{n}+\frac{p'+1}{n}$ a pour borne inférieure $\frac{A+A'}{B}$, il s'ensuit que l'on a

$$\frac{A+A'}{B} \geqslant \frac{A}{B}+\frac{A'}{B}.$$

Finalement, on a bien

$$\frac{A+A'}{B}=\frac{A}{B}+\frac{A'}{B}.$$

D'après cela, *une unité étant donnée, la somme de deux segments a pour mesure la somme des mesures de ces deux segments.*

22. **Représentation géométrique des nombres.** — Soient la demi-droite $Ox$ et l'unité U. A tout point M de la demi-droite $Ox$ il correspond un nombre $x$ qui est la mesure du segment OM par rapport à U; nous dirons que *$x$ représente analytiquement* le point M. Si M est autre que O, $x$ est positif; si M coïncide avec O, $x$ est égal à 0.

Inversement, étant donné un nombre $x$ positif ou nul, existe-t-il un point M représenté analytiquement par $x$? Remarquons tout de suite qu'il ne saurait en exister plus d'un. En effet, supposons que deux points M et M′ soient représentés analytiquement par le même nombre $x$; si M, par exemple, est entre O et M′, OM′ est la somme de OM et de MM′; par suite, en désignant par $\mu$ la mesure, non nulle, de MM′, on aurait $x=x+\mu$, ce qui est inexact.

Cela posé, supposons que $x$ soit rationnel; s'il est nul, il représente analytiquement le point O; s'il n'est pas nul, on a $x=\frac{p}{n}$, $p$ et $n$ étant deux entiers. Considérons le segment $p\frac{U}{n}$ et appliquons-le sur $Ox$, de façon qu'une extrémité soit en O; si M est l'autre extrémité, le segment OM a pour mesure $\frac{p}{n}$, et $x$ représente analytiquement le point M.

Supposons que $x$ soit irrationnel; soient $\frac{p}{n}$ un rationnel positif plus petit que $x$, P le point qu'il représente, $\frac{p'}{n'}$ un rationnel plus grand que $x$, P′ le point qu'il représente. On a $\frac{p}{n} < \frac{p'}{n'}$; il s'ensuit qu'on a $p\frac{U}{n} < p'\frac{U}{n'}$, car $p\frac{U}{n}$ est égal à $pn'\frac{U}{nn'}$ et $p'\frac{U}{n'}$, à $p'n\frac{U}{nn'}$; or, $pn' < p'n$. Donc, $OP < OP'$; donc, tout point P′ est situé sur $Ox$ à droite de tout point P.

Posons l'axiome suivant, dit *axiome de continuité* : *Il existe sur* $Ox$ *un point* M *qui est à la fois situé à droite de tout point* P *et à gauche de tout point* P′, *c'est-à-dire tel que le segment* OM *soit supérieur à tout segment* OP *et inférieur à tout segment* OP′.

Je dis que ce point est représenté analytiquement par $x$. Soit $\lambda$ le nombre qui représente le point M. Étant donné l'entier $n$, il existe un entier $q$ positif ou nul tel que l'on ait

$$q\frac{U}{n} \leqslant OM < (q+1)\frac{U}{n}.$$

Or, on a $p\frac{U}{n} < OM$; donc,

$$p \leqslant q, \quad \frac{p}{n} \leqslant \frac{q}{n},$$

et comme on a $\frac{q}{n} \leqslant \lambda$, on a $\frac{p}{n} \leqslant \lambda$. Ainsi, tout nombre rationnel positif inférieur à $x$ est inférieur ou égal à $\lambda$. Étant donné l'entier $n'$, il existe un entier $q'$ positif ou nul tel que l'on ait

$$q'\frac{U}{n'} \leqslant OM < (q'+1)\frac{U}{n'}.$$

Or, on a $p'\frac{U}{n'} > OM$; donc,

$$p' \geqslant q'+1, \quad \frac{p'}{n'} \geqslant \frac{q'+1}{n'},$$

et comme on a $\frac{q'+1}{n'} \geqslant \lambda$, on a $\frac{p'}{n'} \geqslant \lambda$. Ainsi, tout nombre rationnel supérieur à $x$ est supérieur ou égal à $\lambda$. Mais, $x$ forme coupure entre l'ensemble des rationnels qui sont plus petits que lui et l'ensemble des rationnels qui sont plus grands que lui; donc, d'après un résultat établi (§ 9), $\lambda = x$.

Le point M dont l'axiome de continuité affirme l'existence est unique.

Nous voyons que, grâce à l'axiome de continuité, à tout nombre positif ou nul $x$, rationnel ou irrationnel, il correspond un point unique M de la demi-droite $Ox$, représenté analytiquement par $x$. Nous dirons que M *représente géométriquement* le nombre $x$ ; nous dirons aussi que le segment OM représente géométriquement le nombre $x$.

Étant donnés deux points M et M′ de la demi-droite $Ox$, représentés par $x$ et $x'$, si M′ est à droite de M, autrement dit, si OM′ est plus grand que OM, on a $x' > x$, car on a $OM' = OM + MM'$ et, en désignant par $\mu$ la mesure de MM′, on a $x' = x + \mu$. Inversement, étant donnés deux nombres positifs ou nuls $x$ et $x'$ représentés géométriquement par M et M′, si $x' > x$, M′ est à droite de M.

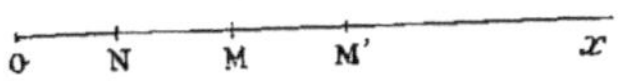

Fig. 2.

Posons en effet $\mu = x' - x$. Soit N le point de $Ox$ qui représente géométriquement le nombre positif $\mu$. Il existe sur $Ox$ un point M″ tel que $OM'' = OM + ON$, le nombre qui le représente est $x + \mu$, c'est-à-dire $x'$ ; donc, M″ coïncide avec M′. Ainsi, $OM' = OM + ON$ et, par suite, $OM' > OM$ ; M′ est à droite du point M.

23. — Voici d'importantes conséquences.

Indiquons d'abord rapidement comment on *oriente* une droite D. Un point O quelconque de cette droite la partage en deux demi-droites opposées, dites *de sens contraires*, $\Delta$ et $\Delta_1$, d'origine O. Si, sur D, $\Delta'$ et $\Delta'_1$ sont les deux demi-droites qui ont pour origine un autre point O′, des deux demi-droites $\Delta$ et $\Delta_1$, une et une seule contient le point O′, des deux demi-droites $\Delta'$ et $\Delta'_1$, une et une seule contient le point O. Il suit de là qu'étant données sur D deux demi-droites, $\Delta$ d'origine O et $\Delta'$ d'origine O′, deux cas et deux seulement se présentent : 1° O′ est sur la demi-droite $\Delta$ et O est sur la demi-droite $\Delta'$, ou bien O′ n'est pas sur $\Delta$ et O n'est pas sur $\Delta'$, nous dirons alors que $\Delta$ et $\Delta'$ sont *de sens contraires* ; 2° O′ est sur $\Delta$ et O n'est pas sur $\Delta'$, ou bien O′ n'est pas sur $\Delta$ et O est sur $\Delta'$, nous dirons alors que $\Delta$ et $\Delta'$ sont *de même sens*.

Étant données deux demi-droites $\Delta$ et $\Delta'$ de même sens, si l'on remplace l'une d'elles par la demi-droite opposée, on obtient deux demi-droites de sens contraires ; si l'on remplace simultanément $\Delta$ et $\Delta'$ par leurs demi-droites opposées, on obtient deux demi-droites de même sens. Étant données deux demi-droites $\Delta$ et $\Delta'$ de sens contraires, si l'on remplace l'une d'elles par la demi-droite opposée, on obtient deux demi-droites de même sens ; si l'on remplace simultanément $\Delta$ et $\Delta'$ par leurs demi-droites opposées, on obtient deux demi-droites de sens contraires.

On peut alors démontrer les théorèmes suivants :

Étant données sur D trois demi-droites $\Delta$, $\Delta'$, $\Delta''$ d'origines O, O', O'', si $\Delta$ et $\Delta'$ sont de même sens ainsi que $\Delta'$ et $\Delta''$, $\Delta$ et $\Delta''$ sont aussi de même sens.

Étant données sur D trois demi-droites $\Delta$, $\Delta'$, $\Delta''$ d'origines O, O', O'', parmi les trois combinaisons de ces demi-droites prises deux à deux il en existe 1 ou 3 formées de demi-droites de même sens, 2 ou 0 formées de demi-droites de sens contraires.

Pour établir ces théorèmes, il suffit d'examiner les divers cas qui se présentent dans la position relative des origines O, O', O'' sur la droite D.

Il suit de là qu'avec les demi-droites situées sur la droite D, il est possible de former deux ensembles tels que deux demi-droites d'un même ensemble soient de même sens et que deux demi-droites, l'une d'un ensemble, l'autre de l'autre ensemble, soient de sens contraires.

*Orienter* une droite, c'est distinguer ces deux ensembles l'un de l'autre, par exemple en se servant de dénominations différentes : nous dirons que les demi-droites d'un ensemble sont *positives* et que les demi-droites de l'autre sont *négatives*. D'après cela, il y a deux orientations possibles d'une droite. Une droite orientée prend le nom d'*axe*; sur toute droite, il y a deux axes, dits *opposés*.

Cela posé, soit un segment U pris comme unité. Considérons une droite $x'x$ et orientons-la de façon à la convertir en axe. Choisissons sur cet axe un point O dit *origine*; soient $Ox$ la demi-droite positive et $Ox'$ la demi-droite négative d'origine O. A un point M quelconque de la droite faisons correspondre le nombre $x$ égal à 0 si M est en O, à la mesure du segment OM si M est sur la demi-droite $Ox$, au nombre opposé à la mesure du segment OM si M est sur la demi-droite $Ox'$. Le nombre $x$ est dit l'*abscisse du point* M *par rapport à l'origine* O. Inversement, à un nombre quelconque $x$ il correspond un point M et un seul ayant pour abscisse $x$; si $x$ est nul, M coïncide avec O; si $x$ est positif, M est le point de la demi-droite $Ox$ qui représente géométriquement $x$; si $x$ est négatif, M est le point de la demi-droite $Ox'$ qui représente géométriquement $-x$.

**24.** — Imaginons que sur l'axe donné nous remplacions l'origine O par une autre origine O'. L'unité U étant conservée, il est possible de définir l'abscisse $x'$ du point M par rapport à l'origine O'. Je dis qu'on a la relation fondamentale

$$x = x' + a.$$

Plusieurs cas sont à examiner. Supposons d'abord $a > 0$. Si O′ est entre O et M, on a $OM = OO' + O'M$; d'autre part, O′ et M étant d'un même côté de O, $x$ est positif, O et M étant de part et d'autre de O′, $x'$ est positif. Par suite, OM, OO′ et O′M ont respectivement pour mesures $x$, $a$ et $x'$, et l'on a $x = x' + a$. Si M est entre O et O′, on a $OO' = OM + MO'$, $x$ est positif, $x'$ est négatif, OO′, OM et MO′ ont respectivement pour mesures $a$, $x$, $-x'$, et l'on a $a = x - x'$, d'où $x = x' + a$. Si O est entre M et O′, on a $MO' = MO + OO'$, $x$ et $x'$ sont négatifs, MO′, MO, OO′ ont respectivement pour mesures $-x'$, $-x$, $a$, et l'on a

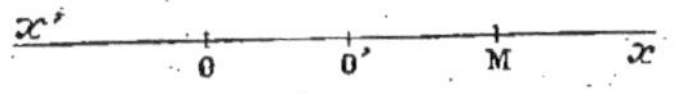

Fig. 3.

$$-x' = -x + a, \quad \text{d'où} \quad x = x' + a.$$

L'égalité $x = x' + a$ est encore vraie quand M est en O′ ou en O.

Supposons ensuite $a < 0$. Si O est entre O′ et M, on a $O'M = O'O + OM$; d'autre part, $x$ et $x'$ sont positifs, O′M, O′O et OM ont respectivement pour mesures $x'$, $-a$, $x$, et l'on a $x' = -a + x$, d'où $x = x' + a$. Si M est entre O et O′, on a $OO' = O'M + MO$, $x$ est négatif, $x'$ est positif, OO′, O′M et MO ont respectivement pour mesures $-a$, $x'$ et $-x$, et l'on a $-a = x' - x$, d'où $x = x' + a$. Si O′ est entre O et M, on a $MO = MO' + O'O$, $x$ et $x'$ sont négatifs, MO, MO′, O′O ont respectivement pour mesures $-x$, $-x'$, $-a$ et l'on a $-x = -x' - a$, d'où $x = x' + a$. Cette égalité est encore vraie quand M est en O ou en O′.

Finalement, l'égalité $x = x' + a$ est établie dans tous les cas.

Soient deux points A et B sur l'axe donné. Nous représenterons par la notation AB l'abscisse du point B quand on place l'origine O en A. Ce nombre prend aussi le nom de *mesure algébrique* du vecteur d'origine A et d'extrémité B. Si l'on remplace l'axe donné par l'axe opposé, la notation AB représente le nombre opposé au précédent.

Par application de l'égalité précédente, si $a$ et $b$ sont les abscisses de A et de B par rapport à un point O quelconque de l'axe, on a l'égalité

$$b = a + AB, \quad \text{d'où} \quad AB = b - a.$$

On a $AB = b - a$ et, de même, $BA = a - b$; donc, $AB = -BA$, $AB + BA = 0$. Soient les trois points A, B, C, d'abscisses $a$, $b$, $c$ par rapport à O; on a

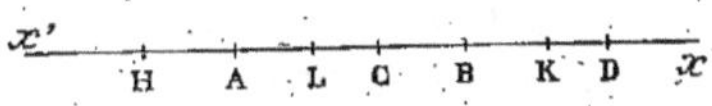

Fig. 4.

$$AB = b - a, \quad BC = c - b, \quad CA = a - c.$$

Par addition, on a

$$AB + BC + CA = b - a + c - b + a - c = 0.$$

Plus généralement, étant donnés les points A, B, ..., H, K, L, on a

$$AB + BC + \dots + HK + KL + LA = 0.$$

On en déduit immédiatement, puisque $AL = -LA$,

$$AB + BC + \dots + KL = AL,$$

en particulier, $AB + BC = AC$.

25. — Soient deux demi-droites situées sur deux droites parallèles. Nous dirons qu'elles sont *de même sens* si elles sont d'un même côté de la droite qui joint leurs origines, *de sens contraires* si elles sont de part et d'autre de la droite qui joint leurs origines. On voit immédiatement qu'étant données deux demi-droites $\Delta$ et $\Delta'$ sur une même droite et une demi-droite $\Delta''$ sur une droite parallèle à la précédente, des trois couples de demi-droites formés avec $\Delta$, $\Delta'$, $\Delta''$, il en existe 1 ou 3 dans lesquels les demi-droites sont de même sens, 2 ou 0 dans lesquels les demi-droites sont de sens contraires. Il s'ensuit que si l'on considère deux axes situés sur deux droites parallèles, ou bien l'une quelconque des demi-droites positives de l'un est de même sens que l'une quelconque des demi-droites positives de l'autre, ou bien l'une quelconque des demi-droites positives de l'un est de sens contraire à l'une quelconque des demi-droites positives de l'autre; dans le premier cas, on dit que les deux axes sont *de même sens*, dans le second cas, on dit qu'ils sont *de sens contraires*. Enfin, si l'on considère trois axes situés sur trois droites parallèles, des trois couples d'axes formés avec ces trois axes, il en existe 1 ou 3 dans lesquels les axes sont de même sens, 2 ou 0 dans lesquels les axes sont de sens contraires. Il s'ensuit qu'il est possible de partager l'ensemble des axes situés sur les droites du plan qui sont parallèles à une droite donnée en deux ensembles tels que deux axes de l'un quelconque des deux ensembles soient de même sens et que deux axes, l'un appartenant à l'un des ensembles et l'autre à l'autre ensemble, soient de sens contraires. *Orienter* la direction d'une droite, c'est distinguer ces deux ensembles l'un de l'autre, en se servant de dénominations différentes; nous dirons que les axes d'un ensemble sont *positifs* et que les axes de l'autre ensemble sont *négatifs*.

D'après cela, il y a deux orientations possibles d'une direction de droite.

En géométrie, on démontre que si l'on a deux axes rencontrés par quatre droites parallèles respectivement aux points A et A′, B et B′, C et C′, D et D′, on a

$$\frac{AB}{CD}=\frac{A'B'}{C'D'}.$$

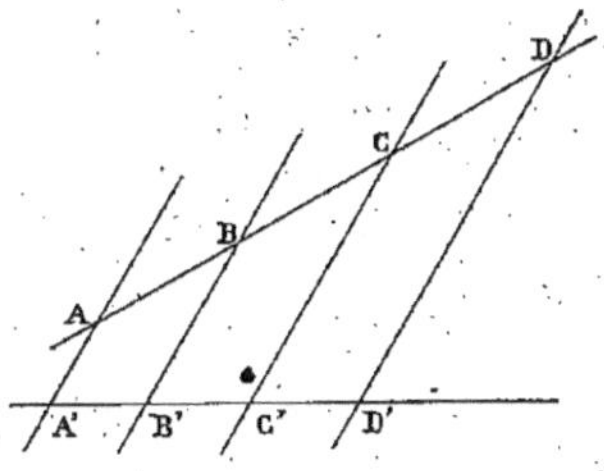

Fig. 5.

C'est le théorème dit *théorème de Thalès*, qui est le principe des théorèmes relatifs à la similitude des triangles et du théorème des projections. Rappelons que des théorèmes relatifs à la similitude des triangles, résultent les propriétés métriques du triangle rectangle, dont nous aurons à nous servir.

## V. — LIMITES DE SUITES

**26. Suites limitées, suites illimitées.** — Faisons correspondre à l'entier 1 le nombre $u_1$, à l'entier 2 le nombre $u_2$,..., à l'entier $n$ le nombre $u_n$,.... L'ensemble des nombres $u_1, u_2, \ldots, u_n, \ldots$ prend le nom de *suite de terme général* $u_n$ ou simplement *suite* $u_n$.

La suite $u_n$ est dite *limitée supérieurement* s'il existe un nombre A tel que, quel que soit $n$, on ait $u_n \leqslant A$; sinon, elle est dite *illimitée supérieurement*. La suite $u_n$ est dite *limitée inférieurement* s'il existe un nombre B tel que, quel que soit $n$, on ait $u_n \geqslant B$; sinon, elle est dite *illimitée inférieurement*.

La suite $u_n$ est dite *limitée en valeur absolue* si la suite $|u_n|$ est limitée supérieurement; sinon, elle est dite *illimitée en valeur absolue*. Il est immédiat que si une suite est limitée à la fois supérieurement et inférieurement, elle est limitée en valeur absolue, et réciproquement.

Entre autres résultats dont la démonstration est facile, indiquons les suivants :

Si $u_n$ est limité supérieurement, $u_n + a$, $a$ étant fixe, est aussi limité supérieurement; si $u_n$ est limité inférieurement, $u_n + a$ est aussi limité inférieurement; si $u_n$ est illimité supérieurement, il en est de même de $u_n + a$; si $u_n$ est illimité inférieurement, il en est de même de $u_n + a$.

Si $a$ est fixe et positif, $au_n$ est limité ou illimité supérieurement en même temps que $u_n$, limité ou illimité inférieurement en même temps que $u_n$. Si $a$ est fixe et négatif, $au_n$ est limité supérieurement si

$u_n$ est limité inférieurement, illimité supérieurement si $u_n$ est illimité inférieurement, limité ou illimité inférieurement si $u_n$ est limité ou illimité supérieurement.

Si on a, à partir d'un certain rang, $u_n \leqslant v_n$ et si $v_n$ est limité supérieurement, il en est de même de $u_n$; si $u_n$ est limité inférieurement, il en est de même de $v_n$; si $u_n$ est illimité supérieurement, il en est de même de $v_n$, et si $v_n$ est illimité inférieurement, il en est de même de $u_n$.

Si $u_n$ est limité ou illimité en valeur absolue, il en est de même de $u_n + a$, car on a

$$|u_n| - |a| \leqslant |u_n + a| \leqslant |u_n| + |a|;$$

il en est aussi de même de $au_n$, $a$ étant non nul.

Si $u_n$ et $v_n$ sont simultanément limités ou bien supérieurement ou bien inférieurement, il en est de même de $u_n + v_n$. Si $u_n$ et $v_n$ sont simultanément limités en valeur absolue, $u_nv_n$ l'est également. Si $u_n$ est illimité en valeur absolue et si $|v_n|$ est limité inférieurement par un nombre positif, $u_nv_n$ est illimité en valeur absolue. Si $u_n$ est limité à la fois inférieurement et supérieurement par deux nombres de même signe, il en est de même de $\frac{1}{u_n}$.

**27. Limite d'une suite.** — DÉFINITION. — On dit que *la suite $u_n$ a une limite ou que $u_n$ a une limite (ou tend vers une limite), s'il existe un nombre $\lambda$, dit limite de la suite, tel qu'à tout nombre positif $\varepsilon$ il soit possible de faire correspondre un entier $p$, de façon que la condition $n > p$ entraîne la double inégalité*

$$\lambda - \varepsilon < u_n < \lambda + \varepsilon,$$

*équivalente à*

$$|u_n - \lambda| < \varepsilon.$$

La limite d'une suite, si elle existe, est unique. Supposons, en effet, que $u_n$ tende à la fois vers $\lambda$ et $\lambda'$, $\lambda < \lambda'$. Soient deux nombres positifs $\varepsilon$ et $\varepsilon'$ tels que l'on ait $\lambda < \lambda + \varepsilon < \lambda' - \varepsilon' < \lambda'$; il existerait deux entiers $p$ et $p'$ tels que, si $n$ est un entier supérieur à la fois à $p$ et $p'$, on eût

$$u_n < \lambda + \varepsilon \quad \text{et} \quad u_n > \lambda' - \varepsilon',$$

ce qui est évidemment impossible.

THÉORÈMES. — On a les résultats élémentaires suivants :

*Si $u_n$ a pour limite $\lambda$, $u_n + a$, a étant fixe, a pour limite $\lambda + a$.*

Il suffit de remarquer que l'on a $u_n + a - (\lambda + a) = u_n - \lambda$.

*Si $u_n$ a pour limite $\lambda$, $au_n$ a pour limite $a\lambda$.*

Si, en effet, $a$ n'est pas nul et si l'on a $|u_n - \lambda| < \frac{\varepsilon}{|a|}$, on a $|au_n - a\lambda| < \varepsilon$. Si $a$ est nul, on a évidemment $|au_n - a\lambda| < \varepsilon$.

En particulier, si $u_n$ a pour limite $\lambda$, $-u_n$ a pour limite $-\lambda$.

*Si $u_n$ a pour limite $\lambda$, $|u_n|$ a pour limite $|\lambda|$.*

En effet, on a

$$\Big||u_n| - |\lambda|\Big| \leqslant \Big|u_n - \lambda\Big|.$$

Si le second membre est plus petit que $\varepsilon$, il en est *a fortiori* de même du premier.

THÉORÈME. — *Si $u_n$ a une limite $\lambda$, il est limité supérieurement et inférieurement et, par suite, en valeur absolue.*

Soit en effet un nombre positif quelconque $\varepsilon$; il existe un entier $p$ tel que $n > p$ entraîne

$$\lambda - \varepsilon < u_n < \lambda + \varepsilon.$$

Il s'ensuit que $u_n$ est limité supérieurement par le plus grand des nombres $u_1, u_2, \ldots, u_p, \lambda + \varepsilon$ et inférieurement par le plus petit des nombres $u_1, u_2, \ldots, u_p, \lambda - \varepsilon$.

THÉORÈME. — *Si $u_n$ est limité supérieurement par A et a une limite $\lambda$, on a $\lambda \leqslant A$; si $u_n$ est limité inférieurement par A et a une limite $\lambda$, on a $\lambda \geqslant A$.*

Supposons $u_n \leqslant A$. Si l'on avait $\lambda > A$, il existerait un nombre positif $\varepsilon$ tel que l'on eût $\lambda > \lambda - \varepsilon > A$ et un entier $p$ tel que pour $n > p$ on eût $u_n > \lambda - \varepsilon$, par suite, $u_n > A$, ce qui n'est pas; donc, $\lambda \leqslant A$.

Démonstration analogue de la seconde partie de l'énoncé.

En particulier, si $u_n$ est positif ou nul et a une limite, cette limite est positive ou nulle; si $u_n$ est négatif ou nul et a une limite, cette limite est négative ou nulle.

THÉORÈME. — *Étant données deux suites $u_n$ et $v_n$ ayant respectivement pour limites $\lambda$ et $\mu$, si, à partir d'un certain rang $k$, on a $u_n \leqslant v_n$, on a $\lambda \leqslant \mu$.*

Si l'on avait $\lambda > \mu$, on pourrait choisir deux nombres positifs $\varepsilon$ et $\varepsilon'$ vérifiant les inégalités $\lambda > \lambda - \varepsilon > \mu + \varepsilon' > \mu$. Il existerait alors deux entiers $p$ et $p'$ tels que pour $n$ plus grand à la fois que $p$ et $p'$ on eût $u_n > \lambda - \varepsilon$, $\mu + \varepsilon' > v_n$ et, par suite, $u_n > v_n$, ce qui est contraire à l'hypothèse, si $n$ est en même temps plus grand que $k$. Donc, $\lambda \leqslant \mu$.

Théorème. — *Étant données deux suites $u_n$ et $v_n$, si $u_n$ a pour limite $\lambda$ et si, à partir d'un certain rang, on a $|v_n - \mu| \leqslant |u_n - \lambda|$, $\mu$ étant un nombre fixe, $v_n$ a pour limite $\mu$.*

Il suffit de remarquer que si $|u_n - \lambda|$ est plus petit que $\varepsilon$, il en est de même de $|v_n - \mu|$.

En particulier, si à partir d'un certain rang, on a $\lambda \leqslant v_n \leqslant u_n$ ou bien $u_n \leqslant v_n \leqslant \lambda$, et si $u_n$ a pour limite $\lambda$, $v_n$ a aussi pour limite $\lambda$, car on a évidemment $|v_n - \lambda| \leqslant |u_n - \lambda|$.

Théorème. — *Étant données trois suites $u_n$, $v_n$, $w_n$ telles qu'à partir d'un certain rang on ait $u_n \leqslant v_n \leqslant w_n$, si $u_n$ et $w_n$ ont une même limite $\lambda$, $v_n$ a aussi pour limite $\lambda$.*

Étant donné le nombre positif $\varepsilon$, il existe deux entiers $p$ et $p'$ tels que, $n$ étant plus grand qu'un entier $q$ supérieur à la fois à $p$ et à $p'$, $u_n$ et $w_n$ et, par suite aussi, $v_n$ soient simultanément compris entre $\lambda - \varepsilon$ et $\lambda + \varepsilon$.

Théorème. — *Étant données deux suites $u_n$ et $v_n$, si tout terme de la première suite est inférieur ou au plus égal à tout terme de la seconde, si, de plus, quel que soit le nombre positif $\varepsilon$, il est possible d'y faire correspondre un entier $p$ tel que la condition $n > p$ entraîne l'inégalité $v_n - u_n < \varepsilon$, les deux suites ont une limite commune $\lambda$, qui est supérieure ou égale à tout terme de la première suite, inférieure ou égale à tout terme de la seconde.*

De l'énoncé, il résulte immédiatement qu'il existe un nombre $\lambda$ formant coupure entre la suite $u_n$ et la suite $v_n$. Je dis que $\lambda$ est limite commune des deux suites. En effet, on a $u_n \leqslant \lambda \leqslant v_n$ et par suite $0 \leqslant \lambda - u_n \leqslant v_n - u_n$, $0 \leqslant v_n - \lambda \leqslant v_n - u_n$. Si donc la condition $n > p$ entraîne l'inégalité $v_n - u_n < \varepsilon$, elle entraîne *a fortiori* les inégalités $|\lambda - u_n| < \varepsilon$ et $|\lambda - v_n| < \varepsilon$, ce qui exprime que $u_n$ et $v_n$ ont pour limite $\lambda$.

**28. Extension de la notion de limite.** — On dit que $u_n$ *a pour limite $+\infty$ (ou tend vers $+\infty$) si à tout nombre $\varepsilon$ il est possible de faire correspondre un entier $p$ tel que la condition $n > p$ entraîne l'inégalité $u_n > \varepsilon$.* On dit que $u_n$ *a pour limite $-\infty$ (ou tend vers $-\infty$) si à tout nombre $\varepsilon$ il est possible de faire correspondre un entier $p$ tel que la condition $n > p$ entraîne l'inégalité $u_n < \varepsilon$.*

On dit enfin que $u_n$ *a pour limite $\infty$ si $|u_n|$ a pour limite $+\infty$.*

Il est immédiat que si $u_n$ a pour limite $+\infty$, il est illimité supérieurement, et que si $u_n$ a pour limite $-\infty$, il est illimité inférieurement; il en résulte que si $u_n$ a pour limite $+\infty$ ou $-\infty$ ou $\infty$, il ne peut avoir en même temps pour limite un nombre fini et que, inversement, si $u_n$ a pour limite un nombre fini, il ne peut avoir en même temps pour limite $+\infty$, $-\infty$ ou $\infty$.

D'autre part, $u_n$ ne peut avoir simultanément pour limites $+\infty$ et $-\infty$; sinon, étant donné le nombre $\varepsilon$, il existerait deux entiers $p$ et $p'$ tels que si $n$ est plus grand à la fois que $p$ et $p'$, on eût $u_n > \varepsilon$, $u_n < \varepsilon$, ce qui est absurde.

Si $u_n$ a pour limite $+\infty$ ou $-\infty$, il a aussi pour limite $\infty$, car on a, à partir d'un certain rang, dans le premier cas, $u_n = |u_n|$ et, dans le second cas, $u_n = -|u_n|$.

On a les résultats suivants :

Si $u_n$ est illimité supérieurement ou inférieurement et s'il a une limite (autre que $\infty$), cette limite est égale à $+\infty$ ou à $-\infty$.

Si $u_n$ a pour limite $+\infty$ ou $-\infty$, $u_n + a$, $a$ étant fixe, a aussi pour limite $+\infty$ ou $-\infty$. Si $u_n$ a pour limite $+\infty$ ou $-\infty$, $a$ étant positif, $au_n$ a pour limite $+\infty$ ou $-\infty$, $a$ étant négatif, $au_n$ a pour limite $-\infty$ ou $+\infty$.

Si l'on a, à partir d'un certain rang, $u_n \geqslant v_n$ et si $v_n$ tend vers $+\infty$, il en est de même de $u_n$; si $u_n$ tend vers $-\infty$, il en est de même de $v_n$.

Si $u_n$ tend vers $\infty$, $u_n + a$, $a$ étant fixe, $au_n$, $a$ étant fixe et non nul, tendent vers $\infty$.

Étant données trois suites $u_n$, $v_n$, $w_n$ telles que l'on ait à partir d'un certain rang $u_n \leqslant v_n \leqslant w_n$, si $u_n$ et $w_n$ tendent simultanément ou vers $+\infty$ ou vers $-\infty$, $v_n$ tend aussi ou vers $+\infty$ ou vers $-\infty$.

Remarquons, en outre, que la suite de terme général $n$ a pour limite $+\infty$.

Théorème. — *Étant donnée la suite $u_n$ ayant une limite finie ou infinie, si $n'$ est un entier correspondant à $n$ et tendant vers $+\infty$ quand $n$ tend vers $+\infty$, la suite de terme général $v_n = u_{n'}$ a même limite que la suite $u_n$.*

Supposons que $u_n$ ait pour limite $\lambda$. Étant donné le nombre positif $\varepsilon$, il existe un entier $p$ tel que $n > p$ entraîne $|u_n - \lambda| < \varepsilon$. Mais, étant donné un nombre quelconque $\varepsilon'$ supérieur à $p$, il existe un entier $q$ tel que $n > q$ entraîne $n' > \varepsilon'$ et, par suite, $n' > p$. Mais, si $n' > p$, on a $|u_{n'} - \lambda| < \varepsilon$, c'est-à-dire $|v_n - \lambda| < \varepsilon$. Ainsi, étant donné le nombre positif $\varepsilon$, il y correspond un entier $q$ tel que $n > q$ entraîne $|v_n - \lambda| < \varepsilon$; autrement dit, $v_n$ a pour limite $\lambda$.

Démonstration analogue si $u_n$ a pour limite ou bien $+\infty$, ou bien $-\infty$, ou enfin $\infty$.

Théorème. — *Étant données les deux suites $u_n$ et $v_n$, si $u_n$ tend vers $+\infty$ et si à l'entier n il correspond l'entier n' tendant vers $+\infty$ quand n tend vers $+\infty$ et tel que l'on ait $v_n \geqslant u_{n'}$, la suite $v_n$ tend aussi vers $+\infty$. Si $u_n$ tend vers $-\infty$ et si on a $v_n \leqslant u_{n'}$, $v_n$ tend vers $-\infty$.*

Supposons que $u_n$ tende vers $+\infty$ et que l'on ait $v_n \geqslant u_{n'}$. Étant donné le nombre $\varepsilon$, il existe un entier $p$ tel que $n > p$ entraîne $u_n > \varepsilon$. Mais étant donné un nombre quelconque $\varepsilon'$ supérieur à $p$, il existe un entier $q$ tel que $n > q$ entraîne $n' > \varepsilon'$ et par suite $n' > p$. Mais si $n' > p$, on a $u_{n'} > \varepsilon$ et, par suite, $v_n > \varepsilon$. Ainsi, étant donné le nombre $\varepsilon$, il y correspond l'entier $q$ tel que $n > q$ entraîne $v_n > \varepsilon$; autrement dit, $v_n$ tend vers $+\infty$.

Démonstration analogue de la deuxième partie de l'énoncé.

Théorème. — *Étant données les trois suites $u_n$, $v_n$, $w_n$, si $u_n$ et $w_n$ ont une même limite finie ou infinie avec le signe + ou — et si à l'entier n, il correspond deux entiers n' et n'' tendant vers $+\infty$ quand n tend vers $+\infty$ et tels que l'on ait $u_{n'} \leqslant v_n \leqslant w_{n''}$, la suite $v_n$ tend aussi vers la limite commune de $u_n$ et de $w_n$.*

Supposons que $u_n$ et $w_n$ tendent vers $\lambda$. Étant donné le nombre positif $\varepsilon$, il existe un entier $p$ tel que $n > p$ entraîne simultanément les inégalités $|u_n - \lambda| < \varepsilon$, $|w_n - \lambda| < \varepsilon$. Mais étant donné un nombre quelconque $\varepsilon'$ supérieur à $p$, il existe un entier $q$ tel que $n > q$ entraîne simultanément $n' > \varepsilon'$ et $n'' > \varepsilon'$ et, par suite, $n' > p$, $n'' > p$. Mais, si $n' > p$ et si $n'' > p$, on a $|u_{n'} - \lambda| < \varepsilon$, $|w_{n''} - \lambda| < \varepsilon$; autrement dit, $u_{n'}$ et $w_{n''}$ sont compris tous deux entre $\lambda - \varepsilon$ et $\lambda + \varepsilon$. Puisque l'on a $u_{n'} \leqslant v_n \leqslant w_{n''}$, $v_n$ est lui-même compris entre $\lambda - \varepsilon$ et $\lambda + \varepsilon$, autrement dit, $|v_n - \lambda| < \varepsilon$. Ainsi, au nombre positif $\varepsilon$ il correspond l'entier $q$ tel que $n > q$ entraîne $|v_n - \lambda| < \varepsilon$; donc, $v_n$ tend vers $\lambda$.

Démonstration analogue si $u_n$ et $w_n$ tendent simultanément ou vers $+\infty$, ou vers $-\infty$.

Dans l'énoncé, on peut supposer que $u_n$ ou $w_n$ est constant à partir d'un certain rang, en remarquant que si $u_n$, par exemple, est, à partir d'un certain rang, égal à $\lambda$, $u_n$ a évidemment pour limite $\lambda$.

**29. Suites constantes, croissantes ou décroissantes.** — On dit que la suite $u_n$ est *constante* si, à partir d'un certain rang, $u_n$ est égal à un nombre fixe $\lambda$. Il est évident que $u_n$ a pour limite $\lambda$.

On dit que la suite $u_n$ est *croissante* s'il existe un entier fixe $k$ tel que pour toute valeur de $n$ supérieure à $k$, on ait $u_{n+1} \geqslant u_n$ et si, en outre, à tout entier $n$ supérieur à $k$ il est possible de faire correspondre un entier $n'$ supérieur à $n$ tel que l'on ait $u_{n'} > u_n$.

On dit que la suite $u_n$ est *décroissante* s'il existe un entier $k$ tel que pour toute valeur de $n$ supérieure à $k$, on ait $u_{n+1} \leqslant u_n$ et si, en outre, à tout entier $n$ supérieur à $k$ il est possible de faire correspondre un entier $n'$ supérieur à $n$ tel que l'on ait $u_{n'} < u_n$.

Si $u_n$ est constant, ou croissant, ou décroissant, il en est de même de $u_n + a$, $a$ étant fixe, de $au_n$, $a$ étant fixe et positif. Si $a$ est négatif, $au_n$ est constant, ou croissant, ou décroissant selon que $u_n$ est constant, ou décroissant, ou croissant.

Si $u_n$ et $v_n$ sont simultanément croissants, ou décroissants, $u_n + v_n$ est croissant, ou décroissant. Si $v_n$ et $v_n$ sont positifs et simultanément croissants, ou décroissants, $u_n v_n$ est croissant, ou décroissant. Si $u_n$ est positif et croissant, ou décroissant, $\frac{1}{u_n}$ est décroissant, ou croissant.

THÉORÈME. — *Si une suite croissante $u_n$ est limitée supérieurement par le nombre A, elle a une limite $\lambda$ inférieure ou égale à A; en outre, on a $u_n < \lambda$, pour $n > k$. Si une suite décroissante $u_n$ est limitée inférieurement par le nombre A, elle a une limite $\lambda$ supérieure ou égale à A; on a, pour $n > k$, $u_n > \lambda$.*

Démontrons seulement la première partie. L'ensemble des termes $u_n$, $(n > k)$, limité supérieurement par A, admet une borne supérieure $\lambda$, qui est inférieure ou égale à A. Je dis que $u_n$ tend vers $\lambda$. En effet, $\varepsilon$ étant un nombre positif quelconque, par définition même de la borne supérieure d'un ensemble, il existe un entier $p$ supérieur à $k$ tel que l'on ait $u_p > \lambda - \varepsilon$. Mais, la suite $u_n$ étant croissante, la condition $n > p$ entraîne $u_n \geqslant u_p$ et, par suite, $u_n > \lambda - \varepsilon$; d'autre part, on a $u_n \leqslant \lambda$ et, par suite, $u_n < \lambda + \varepsilon$. Donc, on a $\lambda - \varepsilon < u_n < \lambda + \varepsilon$, pour toute valeur de $n$ supérieure à $p$. On voit ainsi que $u_n$ a pour limite $\lambda$. En outre, pour $n > k$ on a $u_n < \lambda$; en effet, d'abord on a $u_n \leqslant \lambda$, et si l'on avait $u_n = \lambda$, comme il existe un entier $n'$ plus grand que $n$ tel que l'on ait $u_{n'} > u_n$, on aurait $u_{n'} > \lambda$, ce qui est impossible.

En particulier, si $u_n$ est positif et en outre décroissant, il a une limite positive ou nulle; si $u_n$ est négatif et en outre croissant, il a une limite négative ou nulle.

*Application*. — La suite des valeurs $u_n$ approchées d'un nombre $x$

à $\frac{1}{10^n}$ près par défaut est une suite constante ou croissante qui a pour borne supérieure $x$; donc, elle a pour limite $x$.

Considérons aussi la suite des valeurs $v_n$ approchées de $x$ à $\frac{1}{10^n}$ près par excès; elle a pour borne inférieure $x$. Remarquons que cette suite n'est pas constante; si, en effet, $v_n$ était constant à partir d'un certain rang, sa valeur serait nécessairement la borne inférieure $x$, ce qui est impossible. Elle est décroissante et elle a pour limite $x$.

THÉORÈME. — *Si une suite croissante est illimitée supérieurement, elle a pour limite $+\infty$. Si une suite décroissante est illimitée inférieurement, elle a pour limite $-\infty$.*

Démonstration immédiate.

THÉORÈME. — *Étant données deux suites $u_n$ et $v_n$ simultanément croissantes, si, à partir d'un certain rang, on a $v_n \leqslant u_n$, et si en outre la suite $u_n$ a une limite $\lambda$, la suite $v_n$ a une limite $\mu$, inférieure ou égale à $\lambda$.*

*Étant données deux suites $u_n$ et $v_n$ simultanément décroissantes, si, à partir d'un certain rang, on a $v_n \geqslant u_n$, et si en outre la suite $u_n$ a une limite $\lambda$, la suite $v_n$ a une limite $\mu$, supérieure ou égale à $\lambda$.*

Démontrons seulement la première partie. Si $u_n$ a pour limite $\lambda$, $u_n$ étant croissant, à partir d'un certain rang on a $u_n < \lambda$ et $v_n \leqslant u_n$, par suite, $v_n < \lambda$. La suite $v_n$, étant croissante et étant limitée supérieurement, admet une limite $\mu$, inférieure ou égale à $\lambda$.

**30. Opérations sur les suites.** — ADDITION. — THÉORÈME. — *Si deux suites $u_n$ et $v_n$ ont pour limites $\lambda$ et $\mu$, la suite $u_n + v_n$ a pour limite $\lambda + \mu$.*

En effet, on a

$$u_n + v_n - (\lambda + \mu) = (u_n - \lambda) + (v_n - \mu),$$

d'où

$$|(u_n + v_n) - (\lambda + \mu)| \leqslant |u_n - \lambda| + |v_n - \mu|.$$

Étant donné le nombre positif $\varepsilon$, il existe un entier $p$ tel que $n > p$ entraîne simultanément $|u_n - \lambda| < \frac{\varepsilon}{2}$, $|v_n - \lambda| < \frac{\varepsilon}{2}$ et, par suite, *a fortiori*, d'après l'inégalité précédente,

$$|(u_n + v_n) - (\lambda + \mu)| < \varepsilon,$$

d'où le théorème.

*Conséquence.* — Si $u_n$ et $v_n$ ont pour limites $\lambda$ et $\mu$, $au_n + bv_n$, $a$ et $b$ étant fixes, a pour limite $a\lambda + b\mu$.

MULTIPLICATION. — THÉORÈME. — *Si $u_n$ et $v_n$ ont pour limites $\lambda$ et $\mu$, $u_n v_n$ a pour limite $\lambda\mu$.*

Montrons d'abord que si $u_n$ a pour limite 0 et si $v_n$ est limité en valeur absolue, $u_n v_n$ a pour limite 0. En effet, si $v_n$ est limité en valeur absolue, c'est que l'on a $|v_n| < A$, A étant un nombre fixe positif. Par suite, on a

$$0 \leqslant |u_n v_n| < A\,|u_n|.$$

Or, $|u_n|$, comme $u_n$, tend vers 0; donc, $A|u_n|$ tend vers 0; par suite, en vertu d'un théorème établi, $|u_n v_n|$ tend lui-même vers 0, et $u_n v_n$ tend vers 0.

D'après cela, revenant aux hypothèses de l'énoncé, on a

$$u_n v_n - \lambda\mu = (u_n - \lambda)\, v_n + \lambda\,(v_n - \mu).$$

Or, $v_n$ tendant vers $\mu$, $v_n - \mu$ tend vers 0, et $\lambda\,(v_n - \mu)$ tend vers 0. D'autre part, $v_n$, ayant une limite, est limité en valeur absolue; comme $u_n - \lambda$ tend vers 0, $(u_n - \lambda)\, v_n$, d'après la démonstration précédente, tend vers 0. Les deux parties du second membre de l'égalité tendant vers 0, le second membre tend lui-même vers 0; il en est de même du premier, d'où il résulte que $u_n v_n$ tend vers $\lambda\mu$.

DIVISION. — THÉORÈME. — *Si $u_n$, différent de 0, a une limite $\lambda$ différente de 0, $\frac{1}{u_n}$ a pour limite $\frac{1}{\lambda}$.*

Remarquons d'abord que $|u_n|$ est, quel que soit $n$, compris entre deux nombres positifs A et B. En effet, $u_n$ tendant vers $\lambda$, $|u_n|$ tend vers $|\lambda|$. Si $\varepsilon$ est un nombre positif inférieur à $|\lambda|$, il existe un entier $p$ tel que, pour $n > p$, $|u_n|$ soit compris entre $|\lambda| - \varepsilon$ et $|\lambda| + \varepsilon$. Il s'ensuit que $|u_n|$ est compris entre le nombre positif A égal au plus petit des nombres $|u_1|, |u_2|, \ldots, |u_p|$ et $|\lambda| - \varepsilon$ et le nombre positif B égal au plus grand des nombres $|u_1|, |u_2|, \ldots, |u_p|$ et $|\lambda| + \varepsilon$. D'après cela, $\frac{1}{|u_n|}$ est compris entre $\frac{1}{A}$ et $\frac{1}{B}$; par suite, $\frac{1}{u_n}$ est limité en valeur absolue.

Or, on a

$$\frac{1}{u_n} - \frac{1}{\lambda} = \frac{\lambda - u_n}{\lambda u_n} = \frac{1}{\lambda}(\lambda - u_n)\frac{1}{u_n}.$$

Dans le second membre, $\lambda - u_n$ tend vers 0, $\frac{1}{u_n}$ est limité en valeur absolue; donc, le produit tend vers 0; le premier membre tend donc vers 0; autrement dit, $\frac{1}{u_n}$ tend vers $\frac{1}{\lambda}$.

*Conséquence.* — *Si $u_n$ tend vers $\lambda$ et si $v_n$, différent de* 0, *tend vers $\mu$ différent de* 0, $\frac{u_n}{v_n}$ *tend vers* $\frac{\lambda}{\mu}$.

En effet, on a

$$\frac{u_n}{v_n} = u_n \frac{1}{v_n},$$

et il suffit d'appliquer le théorème relatif à la multiplication.

**31. Extension des théorèmes précédents.** — En introduisant la notion de limite infinie, on a relativement à l'addition, à la multiplication et à la division les nouveaux théorèmes suivants :

1° Si $u_n$ tend ou vers $+\infty$ ou vers $-\infty$ ou vers $\infty$ et si $v_n$ est limité en valeur absolue, en particulier, a une limite finie, $u_n + v_n$ tend ou vers $+\infty$ ou vers $-\infty$ ou vers $\infty$.

Si $u_n$ et $v_n$ tendent simultanément ou vers $+\infty$ ou vers $-\infty$, $u_n + v_n$ tend ou vers $+\infty$ ou vers $-\infty$.

2° Si $u_n$ tend vers $+\infty$ et si $v_n$ est limité inférieurement par un nombre positif fixe, $u_n v_n$ tend vers $+\infty$.

Si $u_n$ tend vers $+\infty$ et si $v_n$ a une limite positive, $u_n v_n$ tend vers $+\infty$; si $u_n$ tend vers $-\infty$ et si $v_n$ a une limite positive, $u_n v_n$ tend vers $-\infty$ ; si $u_n$ tend vers $+\infty$ et si $v_n$ a une limite négative, $u_n v_n$ tend vers $-\infty$; enfin, si $u_n$ tend vers $-\infty$ et si $v_n$ a une limite négative, $u_n v_n$ tend vers $+\infty$. Si $u_n$ et $v_n$ tendent vers $+\infty$, $u_n v_n$ tend vers $+\infty$. Si $u_n$ et $v_n$ tendent vers $\infty$, $u_n v_n$ tend vers $\infty$, etc.

3° Si $u_n$ est limité en valeur absolue, en particulier, admet une limite finie et si $v_n$ tend vers $\infty$, $\frac{u_n}{v_n}$ tend vers 0.

Si $|u_n|$ est, à partir d'un certain rang, supérieur à un nombre fixe positif, en particulier si $u_n$ admet une limite non nulle finie ou infinie, et si $v_n$ tend vers 0, si $u_n$ admet une limite infinie et si $v_n$ admet une limite finie, $\frac{u_n}{v_n}$ tend vers $\infty$.

Les démonstrations de ces divers résultats sont immédiates.

**31 *bis*. Formes indéterminées.** — 1° Quand $u_n$ et $v_n$ tendent l'un vers $+\infty$ et l'autre vers $-\infty$, on ne peut rien dire de général quant à l'existence d'une limite finie ou infinie pour $u_n + v_n$. C'est ce qu'on exprime en disant que $u_n + v_n$ *prend la forme indéterminée* $\infty - \infty$ pour $n$ infini.

2° Quand $u_n$ et $v_n$ tendent l'un vers 0 et l'autre vers $+\infty$, ou $-\infty$, ou $\infty$, on ne peut rien dire de général quant à l'existence d'une limite finie ou infinie pour $u_nv_n$. C'est ce qu'on exprime en disant que $u_nv_n$ *prend la forme indéterminée* $0 \times \infty$ pour $n$ infini.

3° Quand $u_n$ et $v_n$ tendent simultanément vers 0 ou vers $\infty$, avec des signes quelconques ou sans désignation de signes, on ne peut rien dire de général quant à l'existence d'une limite finie ou infinie pour $\frac{u_n}{v_n}$. C'est ce qu'on exprime en disant que $\frac{u_n}{v_n}$ *prend*, pour $n$ infini, *la forme indéterminée* $\frac{0}{0}$ ou *la forme indéterminée* $\frac{\infty}{\infty}$.

## VI. — GÉNÉRALITÉS SUR LES FONCTIONS

**32. Variables et fonctions.** — Si on considère plusieurs nombres, on peut les regarder comme les différentes valeurs d'une même quantité qui prend le nom de *variable* et que l'on représente par une lettre.

En particulier, il y a lieu de considérer une variable dont toutes les valeurs sont égales ou une variable qui n'a qu'une valeur; la variable est alors dite *constante*.

Si aux différentes valeurs d'une variable $x$ on fait correspondre différents nombres, ces nombres sont les valeurs d'une variable $y$ qui est dite *fonction* de $x$; $x$ prend alors le nom de *variable indépendante* ou d'*argument* de la fonction.

Par exemple, le terme général $u_n$ d'une suite est fonction de son rang $n$. La valeur absolue d'un nombre $x$ est fonction de $x$; $x$ est lui-même fonction de $x$.

De même, si l'on considère simultanément plusieurs variables et si aux différents systèmes de valeurs attribuées arbitrairement à ces variables on fait correspondre différents nombres, ces nombres sont les valeurs d'une variable qui est dite *fonction* des premières, lesquelles sont dites les *variables indépendantes*.

Par exemple, la somme, la différence et le produit de deux nombres $x$ et $y$ sont des fonctions de $x$ et de $y$. Le quotient des deux nombres $x$ et $y$ est une fonction de $x$ et de $y$ qui est définie à condition que $y$ ne soit pas nul. La somme, la différence ou le produit de deux fonctions des mêmes variables indépendantes est une fonction de ces variables. Le quotient de ces deux fonctions est une fonction qui est définie sauf pour les systèmes de valeurs des variables indépendantes pour lesquelles le dénominateur est nul.

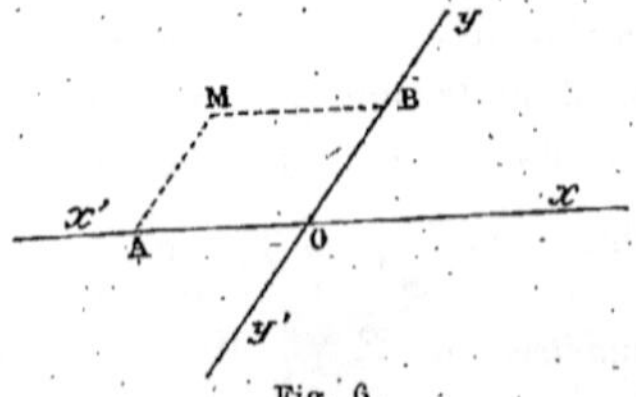


Fig. 6.

Représentations géométriques. — On sait comment, ayant fait choix d'une unité de longueur, on représente les différentes valeurs d'une variable $x$ par des points situés sur un axe d'origine donnée.

Soient deux variables indépendantes $x$ et $y$. Traçons dans un plan deux axes d'origine O, $x'Ox$ et $y'Oy$; représentons une valeur de $x$ par un point A de $x'Ox$ et une valeur de $y$ par un point B de $y'Oy$. Menons par A la parallèle à $y'Oy$ et par B la parallèle à $x'Ox$; ces deux droites se coupent en un point M; la valeur de $x$ est dite l'*abscisse* du point M, celle de $y$ est dite l'*ordonnée* de M, celles de $x$ et de $y$, désignées dans cet ordre, sont dites les *coordonnées rectilignes* du point M. On voit ainsi qu'à tout système de valeurs des variables indépendantes $x$ et $y$ il correspond un point M du plan, qui représente géométriquement ce système; on dit, par abréviation, qu'un système de deux valeurs de $x$ et de $y$, données dans cet ordre, est un *point* du plan.

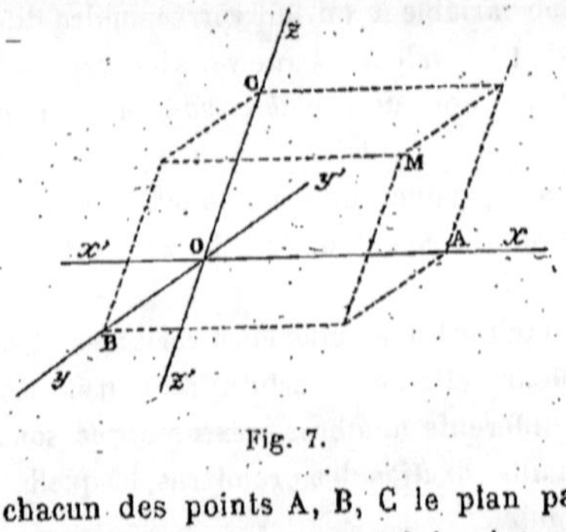


Fig. 7.

Si l'on a trois variables indépendantes $x$, $y$, $z$, on tracera dans l'espace trois axes d'origine O et non dans un même plan, $x'Ox$, $y'Oy$, $z'Oz$; on représentera une valeur de $x$ par un point A de $x'Ox$, une valeur de $y$ par un point B de $y'Oy$, une valeur de $z$ par un point C de $z'Oz$. Menons par chacun des points A, B, C le plan parallèle au plan déterminé par les deux axes autres que celui qui contient le point; on a ainsi trois plans qui se coupent en un point M, qui représente ainsi géométriquement le système des valeurs considérées de $x$, $y$, $z$. On dit, par abréviation, que ce système de trois nombres est un *point* de l'espace.

Plus généralement, on dira conventionnellement qu'un système de valeurs attribuées à $n$ variables indépendantes données dans un ordre est un *point* de l'espace à $n$ dimensions.

Soit une fonction $y$ d'une variable indépendante $x$. Traçons dans un plan deux axes $x'Ox$, $y'Oy$ d'origine commune O. Une unité de longueur étant choisie, soit A le point de $x'Ox$ qui représente géométriquement une valeur de $x$ et soit B le point de $y'Oy$ qui représente géométriquement la valeur correspondante de $y$. Menons par A la parallèle à $y'Oy$ et par B la parallèle à $x'Ox$; ces deux droites se coupent en un point M. Quand $x$ varie, M varie dans le plan. L'ensemble des différents points M qui correspondent aux différentes valeurs de la variable $x$ s'appelle la *courbe représentative* de la fonction $y$.

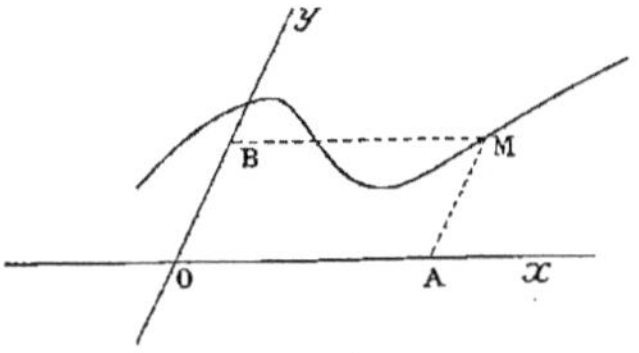

Fig. 8.

33. Fonctions inverses. — Soient une variable $x$ dont les valeurs sont toutes distinctes et une fonction $y$ de cette variable dont les valeurs sont aussi toutes distinctes. A une valeur quelconque $y_0$ de $y$ il correspond une et une seule valeur $x_0$ de $x$, qui est celle pour laquelle $y$ prend la valeur $y_0$, et ainsi $x$ est fonction de $y$. Les deux fonctions l'une $y$ de la variable $x$, l'autre $x$ de la variable $y$ sont dites *inverses* l'une de l'autre.

Fonction de fonction. Fonction composée. — 1° Soient une variable $x$, une variable $u$ fonction de $x$ et une variable $y$ fonction de $u$. A toute valeur de $x$ il correspond une valeur de $u$ à laquelle il correspond une valeur de $y$. Donc, à toute valeur de $x$ il correspond une valeur de $y$ qui est ainsi fonction de $x$. On dit que $y$ est *fonction de fonction* de $x$, par l'intermédiaire de $u$.

Plus généralement, soient une variable $x$, une variable $u_1$ fonction de $x$, une variable $u_2$ fonction de $u_1$, ..., une variable $u_n$ fonction de $u_{n-1}$, enfin une variable $y$ fonction de $u_n$. On voit alors qu'à toute valeur de $x$ il correspond des valeurs de $u_1, u_2, \ldots, u_n$ et, par suite, une valeur de $y$ qui est ainsi fonction de $x$. On dit que $y$ est *fonction de fonction* de $x$, par l'intermédiaire de $u_1, u_2, \ldots, u_n$.

Soient plusieurs variables indépendantes $x, y, \ldots$, soient $u$ une fonction de ces variables et $\omega$ une fonction de $u$; à tout système de valeurs attribuées à $x, y, \ldots$ il correspond une valeur de $u$ et, par suite, une valeur de $\omega$ qui est ainsi fonction des variables $x$, $y$ .... On dit que $\omega$ est *fonction de fonction* des variables $x, y, \ldots$, par l'intermédiaire de $u$.

Plus généralement, soient plusieurs variables indépendantes, $x, y, \ldots$; soient $u_1$ une fonction de ces variables, $u_2$ une fonction de $u_1, \ldots, u_n$ une fonction de $u_{n-1}$, enfin $\omega$ une fonction de $u_n$; $\omega$ est fonction de $x, y, \ldots$, et l'on dit que c'est une *fonction de fonction* des variables $x, y, \ldots$, par l'intermédiaire de $u_1, u_2, \ldots, u_n$.

2° Soient plusieurs fonctions $u, v, w, \ldots$ de la variable indépendante $x$ et soit $y$ une fonction de $u, v, w, \ldots$. A chaque valeur de $x$, il correspond des valeurs de $u, v, w, \ldots$, auxquelles il correspond une valeur de $y$; $y$ est ainsi fonction de $x$, et l'on dit que $y$ est *fonction composée* de $x$ par l'intermédiaire de $u, v, w, \ldots$.

Plus généralement, soient plusieurs fonctions $u, v, w, \ldots$ des variables indépendantes $x, y, \ldots$, et soit $\omega$ une fonction de $u, v, w, \ldots$. A tout système de valeurs attribuées à $x, y, \ldots$ il correspond des valeurs de $u, v, w, \ldots$, auxquelles il correspond une valeur de $\omega$; ainsi, $\omega$ est fonction de $x, y, \ldots$; on dit que $\omega$ est *fonction composée* de $x, y, \ldots$, par l'intermédiaire de $u, v, w, \ldots$.

**34. Limites de variables et de fonctions.** — Une variable $x$ est dite *limitée supérieurement* s'il existe un nombre fixe A tel que, quelle que soit la valeur $x_0$ de $x$, on ait $x_0 \leqslant A$; sinon, elle est dite *illimitée supérieurement*. Une variable $x$ est dite *limitée inférieurement* s'il existe un nombre fixe B tel que, quelle que soit la valeur $x_0$ de $x$, on ait $x_0 \geqslant B$; sinon, elle est dite *illimitée inférieurement*. Une variable $x$ est dite *limitée en valeur absolue* si la variable $|x|$ est limitée supérieurement; sinon, elle est dite *illimitée en valeur absolue*. Il est immédiat que si une variable est limitée à la fois supérieurement et inférieurement, elle est limitée en valeur absolue, et réciproquement.

Par exemple, la variable qui a pour valeurs les différents nombres entiers positifs est illimitée supérieurement et elle est limitée inférieurement; la variable qui a pour valeurs tous les nombres réels est illimitée supérieurement et inférieurement.

Étant donnés la variable $x$ et le nombre fixe $a$, la variable $x + a$ est limitée ou illimitée supérieurement ou inférieurement, selon que la variable $x$ est elle-même limitée ou illimitée supérieurement ou inférieurement; si $a$ est positif, la variable $ax$ est limitée ou illimitée supérieurement ou inférieurement, selon que la variable $x$ est elle-même limitée ou illimitée supérieurement ou inférieurement; si $a$ est négatif, $ax$ est limité ou illimité, selon que $x$ est limité ou illimité, inférieurement ou supérieurement, selon que $x$ est limité ou illimité supérieurement ou inférieurement.

Soient deux variables $x$ et $y$. Supposons qu'étant donnée une valeur quelconque de $y$, il existe une valeur de $x$ qui lui soit supérieure ou égale; si $x$ est limité supérieurement, il en est de même de $y$ et si $y$ est illimité supérieurement, il en est de même de $x$. Supposons qu'étant donnée une valeur quelconque de $y$, il existe une valeur de $x$ qui lui soit inférieure ou égale; si $x$ est limité inférieurement, il en est de même de $y$ et si $y$ est illimité inférieurement, il en est de même de $x$.

Si $x$ est limité ou illimité en valeur absolue, il en est de même de $x+a$, $a$ étant un nombre fixe; il en est de même aussi de $ax$, $a$ étant non nul.

Si $x$ et $y$ sont simultanément limités ou bien supérieurement ou bien inférieurement, il en est de même de $x+y$. Si $x$ et $y$ sont simultanément limités en valeur absolue, il en est de même de $xy$. Si $x$ est illimité en valeur absolue et si $|y|$ est limité inférieurement par un nombre positif, $xy$ est illimité en valeur absolue. Si $x$ est limité à la fois inférieurement et supérieurement par deux nombres de même signe, il en est de même de $\frac{1}{x}$.

Définitions. — On dit que *la fonction $y$ de la variable $x$ a pour limite $\mu$ (ou tend vers $\mu$) quand $x$ a pour limite $\lambda$ (ou tend vers $\lambda$) si à tout nombre positif $\varepsilon$ il est possible de faire correspondre un nombre positif $\alpha$ tel que la condition $|x-\lambda|<\alpha$ entraîne l'inégalité $|y-\mu|<\varepsilon$.*

On dit que *la fonction $y$ de $x$ a pour limite $\mu$ (ou tend vers $\mu$) quand $x$ a pour limite $+\infty$ (ou tend vers $+\infty$) si à tout nombre positif $\varepsilon$ il est possible de faire correspondre un nombre $\alpha$ tel que la condition $x>\alpha$ entraîne l'inégalité $|y-\mu|<\varepsilon$.*

On dit que *la fonction $y$ de $x$ a pour limite $\mu$ quand $x$ tend vers $-\infty$ si à tout nombre positif $\varepsilon$ il est possible de faire correspondre un nombre $\alpha$ tel que la condition $x<\alpha$ entraîne $|y-\mu|<\varepsilon$.*

On dit que *la fonction $y$ de $x$ a pour limite $\mu$ quand $x$ tend vers $\infty$ si à tout nombre positif $\varepsilon$ il est possible de faire correspondre un nombre positif $\alpha$ tel que la condition $|x|>\alpha$ entraîne $|y-\mu|<\varepsilon$.*

On dit que *la fonction $y$ de $x$ a pour limite ou $+\infty$ ou $-\infty$ quand $x$ a pour limite $\lambda$ si à tout nombre $\varepsilon$ il est possible de faire correspondre un* *nombre positif* $\alpha$ *tel que la condition* $|x-\lambda|<\alpha$ *entraine ou* $y>\varepsilon$ *ou* $y<\varepsilon$.

On dit que *la fonction y de x a pour limite* $\infty$ *quand x a pour limite* $\lambda$ *si à tout nombre positif* $\varepsilon$ *il est possible de faire correspondre un nombre positif* $\alpha$ *tel que la condition* $|x-\lambda|<\alpha$ *entraine* $|y|>\varepsilon$, *autrement dit, si la fonction* $|y|$ *de x a pour limite* $+\infty$ *quand x a pour limite* $\lambda$.

On dit que *la fonction y de x a pour limite ou* $+\infty$ *ou* $-\infty$ *quand x tend vers* $+\infty$ *si à tout nombre* $\varepsilon$ *il est possible de faire correspondre un nombre* $\alpha$ *tel que la condition* $x>\alpha$ *entraine ou* $y>\varepsilon$ *ou* $y<\varepsilon$.

On dit que *la fonction y de x a pour limite ou* $+\infty$ *ou* $-\infty$ *quand x tend vers* $-\infty$ *si à tout nombre* $\varepsilon$ *il est possible de faire correspondre un nombre* $\alpha$ *tel que la condition* $x<\alpha$ *entraine ou* $y>\varepsilon$ *ou* $y<\varepsilon$.

On dit que *la fonction y de x a pour limite ou* $+\infty$ *ou* $-\infty$ *quand x tend vers* $\infty$ *si à tout nombre* $\varepsilon$ *il est possible de faire correspondre un nombre positif* $\alpha$ *tel que la condition* $|x|>\alpha$ *entraine ou* $y>\varepsilon$ *ou* $y<\varepsilon$.

On dit que *la fonction y de x a pour limite* $\infty$ *quand x tend ou vers* $+\infty$, *ou vers* $-\infty$, *ou vers* $\infty$ *si* $|y|$ *a pour limite* $+\infty$.

Remarquons que, d'après ces définitions, quand $x$ tend vers $\lambda$, ou $+\infty$, ou $-\infty$, ou $\infty$, $x$, considéré comme fonction de $x$, tend vers $\lambda$, ou $+\infty$, ou $-\infty$, ou $\infty$.

Il est facile de voir que si la fonction $y$ de $x$ a pour limite $\mu$, ou $+\infty$, ou $-\infty$, ou $\infty$ séparément quand $x$ tend vers $\lambda$ par valeurs plus petites que $\lambda$ et quand $x$ tend vers $\lambda$ par valeurs plus grandes que $\lambda$, elle a aussi pour limite $\mu$, ou $+\infty$, ou $-\infty$, ou $\infty$ quand $x$ tend vers $\lambda$, et que si la fonction $y$ de $x$ a pour limite $\mu$, ou $+\infty$, ou $-\infty$, ou $\infty$ séparément quand $x$ tend vers $+\infty$ et quand $x$ tend vers $-\infty$, elle a aussi pour limite $\mu$, ou $+\infty$, $-\infty$, ou $\infty$, quand $x$ tend vers $\infty$.

Par généralisation, des définitions analogues s'appliquent aux fonctions de plusieurs variables indépendantes. Par exemple, on dit que *la fonction u des variables x, y, ... a pour limite* $\omega$ *quand x, y, ... ont respectivement pour limites* $\lambda$, $\mu$, ..., *ou quand le point* $(x, y, ...)$ *tend vers le point* $(\lambda, \mu, ...)$, *si à tout nombre positif* $\varepsilon$ *il est possible de faire correspondre un nombre positif* $\alpha$ *tel que les conditions* $|x-\lambda|<\alpha$, $|y-\mu|<\alpha$, ... *entrainent* $|u-\omega|<\varepsilon$.

On pourra remplacer dans cette définition $\omega$ par $+\infty$, ou par $-\infty$ ou par $\infty$, à la condition de remplacer en même temps la dernière inégalité $|u-\omega|<\varepsilon$ par $u>\varepsilon$, ou $u<\varepsilon$, $\varepsilon$ n'étant plus nécessairement positif, ou $|u|>\varepsilon$, $\varepsilon$ étant alors positif.

THÉORÈME. — *Lorsqu'une fonction a une limite égale à un nombre fini, ou à $+\infty$, ou à $-\infty$, cette limite est unique.*

Nous nous bornerons à établir ce résultat dans le cas d'une fonction $y$ de $x$ ayant une limite finie quand $x$ a pour limite $\lambda$. Les autres cas se traiteraient d'une manière analogue.

Supposons que $y$ ait deux limites finies $\mu$ et $\mu'$ ($\mu < \mu'$). Soient deux nombres positifs $\varepsilon$ et $\varepsilon'$ tels que l'on ait $\mu < \mu + \varepsilon < \mu' - \varepsilon' < \mu'$. Il existerait deux nombres positifs $\alpha$ et $\alpha'$ tels que, si $\beta$ est un nombre positif inférieur à la fois à $\alpha$ et à $\alpha'$, la condition $|x - \lambda| < \beta$ entraînât simultanément

$$y < \mu + \varepsilon, \quad y > \mu' - \varepsilon',$$

ce qui est évidemment impossible.

D'autre part, $y$ tendant vers $\mu$ ne peut tendre ni vers $+\infty$, ni vers $-\infty$. Si, par exemple, $y$ tendait vers $+\infty$, étant donnés un nombre positif $\varepsilon$ et un nombre $\varepsilon'$ tels que l'on ait $\mu + \varepsilon < \varepsilon'$, il existerait deux nombres positifs $\alpha$ et $\alpha'$ tels que, si $\beta$ est un nombre positif inférieur à la fois à $\alpha$ et $\alpha'$, la condition $|x - \lambda| < \beta$ entraînât simultanément

$$y < \mu + \varepsilon, \quad y > \varepsilon',$$

ce qui est impossible.

THÉORÈMES. — On a les résultats élémentaires suivants :

*Si une fonction $u$ d'une ou de plusieurs variables a une limite $\lambda$, $u + a$ a pour limite $\lambda + a$, au a pour limite $a\lambda$, a étant un nombre fixe.*

*Si une fonction $u$ a une limite $\lambda$, la fonction $|u|$ a pour limite $|\lambda|$.*

Car on a

$$||u| - |\lambda|| \leqslant |u - \lambda|.$$

Si le second membre est plus petit que $\varepsilon$, il en est *a fortiori* de même du premier.

*Si une fonction $u$ a pour limite $+\infty$ ou $-\infty$, $u + a$ a pour limite $+\infty$ ou $-\infty$, a étant un nombre fixe.*

*Si $a$ est positif, au a pour limite $+\infty$ ou $-\infty$ selon que $u$ a pour limite $+\infty$ ou $-\infty$ ; si $a$ est négatif, au a pour limite $-\infty$ ou $+\infty$ selon que $u$ a pour limite $+\infty$ ou $-\infty$.*

*Si une fonction $u$ a pour limite $+\infty$ ou $-\infty$, $|u|$ a pour limite $+\infty$.*

*Étant données deux fonctions $u$ et $v$ des mêmes variables indépendantes, si, quand ces variables tendent vers des limites, $u$ tend vers $\lambda$ et si l'on a, $\mu$ étant fixe,*

$$|v - \mu| \leqslant |u - \lambda|,$$

*la fonction $v$ tend vers $\mu$ quand les variables indépendantes tendent vers les mêmes limites.*

Si, en effet, le second membre est plus petit que $\varepsilon$, il en est de même du premier.

*Étant données deux fonctions $u$ et $v$ des mêmes variables indépendantes, si, quand ces variables tendent vers des limites, $u$ tend vers $+\infty$ et si l'on a $v \geqslant u$, $v$ tend aussi vers $+\infty$; si $u$ tend vers $-\infty$ et si l'on a $v \leqslant u$, $v$ tend vers $-\infty$.*

*Étant données trois fonctions $u$, $v$, $w$ des mêmes variables indépendantes, si l'on a $u \leqslant v \leqslant w$ et si, quand les variables indépendantes tendent vers des limites, $u$ et $w$ ont une même limite finie ou infinie avec un signe, $v$ admet aussi cette limite.*

Si, en effet, on a $|u - \lambda| < \varepsilon$ et $|w - \lambda| < \varepsilon$, on a aussi $|v - \lambda| < \varepsilon$. Si on a $u > \varepsilon$, $w > \varepsilon$, on a $v > \varepsilon$; si on a $u < \varepsilon$, $w < \varepsilon$, on a $v < \varepsilon$.

Théorème. — *Si une fonction est limitée supérieurement par le nombre A et si la fonction a une limite (quand les variables indépendantes ont des limites), cette limite est inférieure ou au plus égale à A; si une fonction est limitée inférieurement par le nombre A et si elle a une limite, cette limite est supérieure ou égale à A.*

Nous nous bornerons à établir le théorème dans le cas d'une fonction $y$ d'une variable $x$, limitée supérieurement par A et ayant une limite finie $\mu$ quand $x$ a une limite finie $\lambda$. Les autres cas se traiteraient d'une manière analogue.

Si l'on avait $\mu > A$, il existerait un nombre positif $\varepsilon$ tel que l'on eût $\mu > \mu - \varepsilon > A$, et à ce nombre $\varepsilon$ il correspondrait un nombre positif $\alpha$ tel que, si l'on prenait $x$ vérifiant la condition $|x - \lambda| < \alpha$, on eût

$$\mu - \varepsilon < y < \mu + \varepsilon$$

et, par suite, $y > A$, ce qui est absurde. Donc, $\mu \leqslant A$.

En particulier, si une fonction est positive ou nulle et admet une limite, cette limite est positive ou nulle; si une fonction est négative ou nulle et admet une limite, cette limite est négative ou nulle.

Théorème. — *Étant données deux fonctions $u$ et $v$ des mêmes variables indépendantes $x$, $y$,..., ayant respectivement pour limites $\lambda$ et $\mu$ quand ces variables tendent vers des limites, si l'on a $u \leqslant v$, on a $\lambda \leqslant \mu$.*

Si l'on avait $\lambda > \mu$, on pourrait choisir deux nombres positifs $\varepsilon$ et $\varepsilon'$ vérifiant les inégalités $\lambda > \lambda - \varepsilon > \mu - \varepsilon' > \mu$. Si $x$, $y$,... ont pour limites $a$, $b$,..., il existerait deux nombres positifs $\alpha$ et $\beta$ tels que, si $\gamma$ est un nombre positif plus petit que $\alpha$ et que $\beta$, pour $x$, $y$,... vérifiant les conditions $|x - a| < \gamma$, $|y - b| < \gamma$,..., on eût à la fois $u > \lambda - \varepsilon$ et $v < \mu - \varepsilon'$ et, par suite, $u > v$, ce qui est contraire à l'hypothèse.

**35. Limite d'une fonction de fonction, d'une fonction composée.** — THÉORÈME. — *Si $u$ est une fonction de $x$ tendant vers $\mu$ fini ou infini quand $x$ tend vers $\lambda$ fini ou infini, et si $y$ est une fonction de $u$ tendant vers $\nu$ fini ou infini quand $u$ tend vers $\mu$, $y$ est une fonction de fonction de $x$ tendant vers $\nu$ quand $x$ tend vers $\lambda$.*

Faisons la démontration dans le cas où $\lambda$, $\mu$, $\nu$ sont finis. Les autres cas se traitent d'une manière analogue.

D'après l'hypothèse, étant donné le nombre positif $\varepsilon$, il existe un nombre positif $\eta$ tel que la condition $|u - \mu| < \eta$ entraîne $|y - \nu| < \varepsilon$; étant donné $\eta$, il existe un nombre positif $\alpha$ tel que la condition $|x - \lambda| < \alpha$ entraîne la condition $|u - \mu| < \eta$ et, par suite, $|y - \nu| < \varepsilon$. On voit bien que quand $x$ tend vers $\lambda$, $y$, fonction de $x$, tend vers $\nu$.

Plus généralement, si $u_1$ est une fonction de $x_1, x_2,...$ tendant vers $\mu_1$ quand $x_1, x_2,...$ tendent vers $\lambda_1, \lambda_2,...$, si $u_2$ est une fonction de $u_1$, tendant vers $\mu_2$ quand $u_1$ tend vers $\mu_1$,..., si $u_n$ est une fonction de $u_{n-1}$ tendant vers $\mu_n$ quand $u_{n-1}$ tend vers $\mu_{n-1}$, enfin si $y$ est une fonction de $u_n$ tendant vers $\nu$ quand $u_n$ tend vers $\mu_n$, $y$ est une fonction de fonction de $x_1,...$ tendant vers $\nu$ quand $x_1, x_2,...$ tendent vers $\lambda_1, \lambda_2,...$. Les limites peuvent être finies ou infinies. Pour établir ce résultat, il n'y a qu'à appliquer de proche en proche le théorème précédent.

Relativement aux fonctions composées, on a le théorème suivant qui généralise le théorème relatif aux fonctions de fonction et qui se démontre de la même manière :

*Si $u_1, u_2,...$ sont des fonctions de $x_1, x_2,...$ tendant vers $\mu_1, \mu_2,...$ quand $x_1, x_2,...$ tendent vers $\lambda_1, \lambda_2,...$, et si $y$ est une fonction de $u_1, u_2,...$ tendant vers $\nu$ quand $u_1, u_2,...$ tendent vers $\mu_1, \mu_2,...$, $y$ est une fonction composée de $x_1, x_2,...$ tendant vers $\nu$ quand $x_1, x_2,...$ tendent vers $\lambda_1, \lambda_2,...$.*

D'après cela, on a le théorème suivant :

*Soient des variables $x_1, x_2,...$ tendant vers $\lambda_1, \lambda_2,...$ et des fonctions $y_1, y_2,...$ de ces variables tendant vers $\mu_1, \mu_2,...$; étant données deux fonctions $f(x_1, x_2,...)$ et $g(y_1, y_2,...)$, si l'on a*

$$|f(x_1, x_2, \ldots) - \nu| \leqslant |g(y_1, y_2, \ldots) - \theta|,$$

*$\nu$ et $\theta$ étant des nombres fixes, et si $g$ a pour limite $\theta$ quand $y_1, y_2,...$ tendent vers $\mu_1, \mu_2,...$, $f$ a pour limite $\nu$ quand $x_1, x_2,...$ tendent vers $\lambda_1, \lambda_2,...$.*

*Si l'on a* $f(x_1, x_2, \ldots) \geqslant g(y_1, y_2, \ldots)$ *et si g tend vers* $+\infty$, *f tend vers* $+\infty$ ; *si l'on a* $f(x_1, x_2, \ldots) \leqslant g(y_1, y_2, \ldots)$ *et si g tend vers* $-\infty$, *f tend vers* $-\infty$.

Les limites des variables peuvent être finies ou infinies.

Il n'y a qu'à remarquer que $g(y_1, y_2, \ldots)$ est une fonction de fonction ou une fonction composée de $x_1, x_2, \ldots$ et à appliquer un théorème précédent, relatif aux limites de deux fonctions des mêmes variables.

On a encore le résultat suivant :

*Soient des variables* $x_1, x_2, \ldots$, *tendant vers* $\lambda_1, \lambda_2, \ldots$, *des fonctions* $y_1, y_2, \ldots$ *de ces variables tendant vers* $\mu_1, \mu_2, \ldots$, *et des fonctions* $z_1, z_2, \ldots$ *de ces variables tendant vers* $\nu_1, \nu_2, \ldots$ ; *étant données trois fonctions* $f(x_1, x_2, \ldots)$, $g(y_1, y_2, \ldots)$ *et* $h(z_1, z_2, \ldots)$, *si l'on a*

$$g(y_1, y_2, \ldots) \leqslant f(x_1, x_2, \ldots) \leqslant h(z_1, z_2, \ldots),$$

*et si quand* $y_1, y_2, \ldots$, *tendent vers* $\mu_1, \mu_2, \ldots$ *et quand* $z_1, z_2, \ldots$ *tendent vers* $\nu_1, \nu_2, \ldots$, $g(y_1, y_2, \ldots)$ *et* $h(z_1, z_2, \ldots)$ *tendent vers une même limite* $\theta$ *finie, ou vers* $+\infty$ *ou vers* $-\infty$, $f(x_1, x_2, \ldots)$ *tend aussi vers* $\theta$ *quand* $x_1, x_2, \ldots$ *tendent vers* $\lambda_1, \lambda_2, \ldots$

Les limites des variables peuvent être finies ou infinies.

*Remarque.* — Ces résultats comprennent comme cas particuliers des résultats établis antérieurement sur les suites.

**36. Fonctions croissantes, fonctions décroissantes.** — On dit qu'une fonction $f(x)$ de la variable $x$ est *croissante* si, quelles que soient les valeurs $x_0$ et $x_1$ de $x$, $x_0 < x_1$, on a $f(x_0) < f(x_1)$, autrement dit, si, quelles que soient les valeurs $x_0$ et $x_1$ de $x$, $f(x_1) - f(x_0)$ est de même signe que $x_1 - x_0$. On dit qu'une fonction $f(x)$ est *décroissante* si, quelles que soient les valeurs $x_0$ et $x_1$ de $x$, $x_0 < x_1$, on a $f(x_0) > f(x_1)$, autrement dit, si quelles que soient les valeurs $x_0$ et $x_1$ de $x$, $f(x_1) - f(x_0)$ et $x_1 - x_0$ sont de signes contraires. Nous avons adopté toutefois, relativement aux suites, des définitions moins restrictives (§ 29).

On a les résultats immédiats suivants :

Si $a$ est fixe, $f(x) + a$ est croissant (ou décroissant) en même temps que $f(x)$ ; si $a$ est fixe et positif, $af(x)$ est croissant (ou décroissant) en même temps que $f(x)$.

Si $f(x)$ est croissant (ou décroissant), $-f(x)$ est décroissant (ou croissant).

Si $f(x)$ et $g(x)$ sont simultanément croissants (ou simultanément décroissants), $f(x) + g(x)$ est aussi croissant (ou décroissant).

Si $f(x)$ et $g(x)$ sont positifs et simultanément croissants (ou décroissants), $f(x)\,g(x)$ est aussi croissant (ou décroissant).

Si $f(x)$ est positif et croissant (ou décroissant), $\frac{1}{f(x)}$ est décroissant (ou croissant).

Si $u$ est une fonction croissante de $x$ et si $y$ est une fonction croissante (ou décroissante) de $u$, $y$ est une fonction croissante (ou décroissante) de $x$.

Si $u$ est une fonction décroissante de $x$ et si $y$ est une fonction décroissante (ou croissante) de $u$, $y$ est une fonction croissante (ou décroissante) de $x$.

THÉORÈME. — *Étant donnée une fonction de $x$, $f(x)$, croissante et limitée supérieurement (ou inférieurement) par le nombre* A, *si* $\lambda$ *est borne supérieure (ou inférieure), finie ou infinie, de l'ensemble des valeurs de $x$, ne faisant pas partie de cet ensemble, quand $x$ tend vers $\lambda$, $f(x)$ a une limite $\mu$ inférieure ou égale à* A *(ou supérieure ou égale à* A*), et on a, quel que soit $x$, $f(x) < \mu$ [ou $f(x) > \mu$].*

Supposons, par exemple, que la fonction $f(x)$ soit croissante et limitée supérieurement par A et que $\lambda$ soit la borne supérieure, finie, de l'ensemble des valeurs de $x$. La fonction $f(x)$ étant limitée supérieurement par A, l'ensemble de ses valeurs admet une borne supérieure $\mu$ inférieure ou au plus égale à A. Soit un nombre positif $\varepsilon$; il existe une valeur $x_0$ de $x$ telle que l'on ait $f(x_0) > \mu - \varepsilon$; $x_0$ est plus petit que $\lambda$ et il existe des valeurs de $x$ comprises entre $x_0$ et $\lambda$, et pour une telle valeur $x_1$ de $x$, on a $f(x_1) > f(x_0)$ et, par suite, $f(x_1) > \mu - \varepsilon$. Si donc nous posons $\lambda - x_0 = \alpha$, nous voyons que la condition $|x - \lambda| < \alpha$ entraîne $|f(x) - \mu| < \varepsilon$. Par suite, $f(x)$ a pour limite $\mu$ quand $x$ a pour limite $\lambda$, et quel que soit $x$, on a $f(x) \leqslant \mu$. Mais, pour aucune valeur $x_0$ de $x$ on ne peut avoir $f(x_0) = \mu$. Si l'on avait en effet $f(x_0) = \mu$, comme il existe une valeur $x_1$ de $x$ supérieure à $x_0$, on aurait $f(x_1) > \mu$, ce qui est impossible. Donc, quel que soit $x$, $f(x)$ est plus petit que $\mu$.

On a un énoncé analogue relatif aux fonctions décroissantes.

THÉORÈME. — *Étant donnée une fonction de $x$, $f(x)$, croissante et illimitée supérieurement (ou inférieurement), si $\lambda$ est borne supérieure (ou inférieure), finie ou infinie, de l'ensemble des valeurs de $x$, ne faisant pas partie de cet ensemble, quand $x$ tend vers $\lambda$, $f(x)$ a pour limite $+\infty$ (ou $-\infty$).*

Démonstration immédiate, analogue à la précédente.

On a un énoncé analogue relatif aux fonctions décroissantes.

Théorème. — *Étant données deux fonctions $f(x)$ et $g(x)$ simultanément croissantes, $\lambda$ étant borne supérieure (ou inférieure), finie ou infinie, de l'ensemble des valeurs de $x$, ne faisant pas partie de cet ensemble, si l'on a $g(x) \leqslant f(x)$ [ou $g(x) \geqslant f(x)$] et si $f(x)$ a une limite $\mu$ quand $x$ tend vers $\lambda$, $g(x)$ a aussi une limite $\nu$ quand $x$ tend vers $\lambda$, et l'on a $\nu \leqslant \mu$ (ou $\nu \geqslant \mu$).*

Supposons que $\lambda$ soit borne supérieure de $x$. D'après les théorèmes précédents, on a $f(x) < \mu$; donc, $g(x) < \mu$. La fonction $g(x)$ étant limitée supérieurement admet une limite $\nu$ quand $x$ tend vers $\lambda$, et l'on a $\nu \leqslant \mu$.

On a un énoncé analogue relatif aux fonctions décroissantes.

**37. Opérations sur les limites de fonctions.** — Addition. — Théorème. — *Si, quand les variables indépendantes ont des limites finies ou infinies, les fonctions $f$ et $g$ ont des limites finies $\lambda$ et $\mu$, la fonction $f+g$ a pour limite $\lambda+\mu$.*

Supposons qu'il s'agisse de deux fonctions $f(x)$ et $g(x)$ d'une même variable $x$ qui a pour limite $a$. On a

$$|(f+g)-(\lambda+\mu)| \leqslant |f-\lambda| + |g-\mu|.$$

Étant donné un nombre positif $\varepsilon$, il existe deux nombres positifs $\beta$ et $\gamma$ tels que, si $\alpha$ est positif et plus petit que $\beta$ et que $\gamma$, la condition $|x-a| < \alpha$ entraîne simultanément

$$|f-\lambda| < \frac{\varepsilon}{2}, \quad |g-\mu| < \frac{\varepsilon}{2},$$

et, par suite, $|(f+g)-(\lambda+\mu)| < \varepsilon$, ce qui montre que, quand $x$ tend vers $a$, $f+g$ tend vers $\lambda+\mu$.

Les autres cas se traitent d'une manière analogue.

*Conséquence* : $af+bg$, $a$ et $b$ étant fixes, a pour limite $a\lambda+b\mu$.

Théorème. — *Si, quand les variables indépendantes ont des limites finies ou infinies, $f$ a pour limite $+\infty$, $-\infty$ ou $\infty$ et si $g$ est limité en valeur absolue ou a une limite finie $\mu$, $f+g$ a pour limite $+\infty$, $-\infty$ ou $\infty$.*

Démonstration immédiate, analogue à la précédente.

Théorème. — *Si, quand les variables indépendantes ont des limites finies ou infinies, $f$ et $g$ ont simultanément pour limite $+\infty$ (ou $-\infty$), $f+g$ a pour limite $+\infty$ (ou $-\infty$).*

Démonstration immédiate.

MULTIPLICATION. — THÉORÈME. — *Si, quand les variables indépendantes ont des limites finies ou infinies, $f$ et $g$ ont pour limites $\lambda$ et $\mu$, $fg$ a pour limite $\lambda\mu$.*

Supposons, pour simplifier, qu'il s'agisse de deux fonctions d'une variable $x$ tendant vers un nombre fini $a$. On a

$$fg - \lambda\mu = (f - \lambda)g + \lambda(g - \mu)$$

et, par suite,

$$|fg - \lambda\mu| \leqslant |f - \lambda||g| + |\lambda||g - \mu|.$$

Soit A un nombre plus grand que $|\mu|$. Puisque $g$ tend vers $\mu$, $|g|$ tend vers $|\mu|$ et, par suite, il existe un nombre positif $\eta$ tel que la condition $|x - a| < \eta$ entraîne $|g| < A$. Si $x$ vérifie la condition $|x - a| < \eta$, on a $|f - \lambda||g| < A|f - \lambda|$. Or, $A|f - \lambda|$ tend vers 0, quand $x$ tend vers $a$; par suite, étant donné le nombre positif $\varepsilon$, il existe un nombre positif $\beta$ tel que, si $\alpha$ est positif et plus petit à la fois que $\beta$ et que $\eta$, la condition $|x - a| < \alpha$ entraîne $A|f - \lambda| < \varepsilon$ et, par suite, $|f - \lambda||g| < \varepsilon$. Autrement dit, $|f - \lambda||g|$ tend vers 0 quand $x$ tend vers $a$; $|\lambda||g - \mu|$, d'autre part, tend aussi vers 0, quand $x$ tend vers $a$; donc, la somme de ces deux fonctions tend vers 0 et, par suite, $|fg - \lambda\mu|$ tend vers 0. D'après cela, $fg - \lambda\mu$ tend vers 0 et $fg$ tend vers $\lambda\mu$, quand $x$ tend vers $a$.

On a aussi les résultats suivants :

Si $f$ tend vers $+\infty$ et si $g$ est limité inférieurement par un nombre positif, $fg$ tend vers $+\infty$ ; si $f$ tend vers $+\infty$ et si $g$ a une limite positive, $fg$ tend vers $+\infty$ ; si $f$ et $g$ tendent vers $+\infty$, $fg$ tend vers $+\infty$, etc.

DIVISION. — THÉORÈME. — *Si, quand les variables indépendantes ont des limites finies ou infinies, la fonction $f$ a une limite finie et non nulle $\lambda$, $\frac{1}{f}$ a pour limite $\frac{1}{\lambda}$.*

Remarquons d'abord que, $f$ ayant pour limite $\lambda$, $|f|$ a pour limite $|\lambda|$, nombre positif. Soit $\varepsilon$ un nombre positif plus petit que $|\lambda|$. En prenant des valeurs des variables indépendantes suffisamment voisines de leurs limites, on peut supposer que $|f|$ est compris entre $|\lambda| - \varepsilon$ et $|\lambda| + \varepsilon$. Dès lors, $|f|$ est positif, $f$ n'est pas nul, et il est possible de définir la fonction $\frac{1}{f}$ pour des valeurs des variables indépendantes suffisamment voisines de leurs limites.

Cela posé, on a

$$\left|\frac{1}{f} - \frac{1}{\lambda}\right| = \frac{1}{|\lambda|}|\lambda - f|\frac{1}{|f|} \leqslant \frac{1}{|\lambda|}\frac{|f - \lambda|}{|\lambda| - \varepsilon}.$$

Or, $|f-\lambda|$ tendant vers 0, le second membre de l'inégalité tend vers 0; il en est de même du premier; autrement dit, $\frac{1}{f}$ tend vers $\frac{1}{\lambda}$.

*Conséquence. — Si $f$ tend vers $\lambda$ et si $g$ tend vers $\mu$ $(\mu \neq 0)$, $\frac{f}{g}$ tend vers $\frac{\lambda}{\mu}$.*

En effet, on a $\frac{f}{g}=f\frac{1}{g}$, et il suffit alors d'appliquer le théorème relatif à la multiplication.

On a aussi les résultats suivants :

Si $f$ est limité en valeur absolue ou s'il admet une limite finie et si $g$ tend vers $\infty$, $\frac{f}{g}$ tend vers 0. Si $f$ admet une limite non nulle, finie ou infinie et si $g$ tend vers 0, si $f$ admet une limite infinie et si $g$ admet une limite finie, $\frac{f}{g}$ tend vers $\infty$.

**38. Formes indéterminées.** — 1° Quand $f$ et $g$, fonctions des mêmes variables indépendantes ayant des limites, tendent l'une vers $+\infty$, l'autre vers $-\infty$, on ne peut rien dire de général quant à l'existence d'une limite pour $f+g$. On dit que *$f+g$ prend la forme indéterminée $\infty-\infty$*.

2° Quand $f$ et $g$ tendent l'une vers 0, l'autre vers $+\infty$, ou $-\infty$, ou $\infty$, on ne peut rien dire de général quant à l'existence d'une limite pour $fg$. On dit que *$fg$ prend la forme indéterminée $0\times\infty$*.

3° Quand $f$ et $g$ tendent simultanément vers 0 ou vers $\infty$, avec des signes ou sans désignation de signes, on ne peut rien dire de général quant à l'existence d'une limite pour $\frac{f}{g}$. On dit que *$\frac{f}{g}$ prend la forme indéterminée $\frac{0}{0}$ ou la forme indéterminée $\frac{\infty}{\infty}$*.

*Remarque générale.* — Les résultats obtenus comprennent comme cas particuliers des résultats établis antérieurement sur les suites.

## VII. — INFINIMENT PETITS ET INFINIMENT GRANDS

**39. Définitions d'un infiniment petit et d'un infiniment grand.** — Dire qu'une variable est *infiniment petite*, c'est dire qu'elle tend vers 0; dire qu'elle est *infiniment grande*, c'est dire qu'elle tend vers $+\infty$, ou $-\infty$, ou $\infty$.

Deux fonctions des mêmes variables indépendantes sont dites *infiniment petites simultanées*, ou *infiniment grandes simultanées*, ou *infiniment grande et infiniment petite simultanées*, si, quand les variables indépendantes tendent vers leurs limites, ces fonctions tendent simultanément vers 0, vers $+\infty$, $-\infty$ ou $\infty$, ou vers 0 et $+\infty$, $-\infty$, ou $\infty$.

Des deux fonctions $f$ et $\frac{1}{f}$ des mêmes variables indépendantes, si l'une est infiniment petite, l'autre est infiniment grande, et réciproquement. Cette remarque permet de ramener l'étude des infiniment grands à celle des infiniment petits, l'étude des infiniment grands et infiniment petits simultanés à celle des infiniment petits simultanés.

Soient $y$, $z$,... des fonctions d'une même variable $x$. Si lorsque $x$ est infiniment petit, $y$, $z$,... sont infiniment petits, $x$, $y$, $z$,... sont infiniment petits simultanés; l'infiniment petit $x$ est dit l'*infiniment petit principal*; l'infiniment grand $\frac{1}{x}$ est dit l'*infiniment grand principal*. Si $y$, $z$,..., fonctions de $x$, sont infiniment petits quand $x$ tend vers $x_0$, $x-x_0$, $y$, $z$,... sont infiniment petits simultanés et sont tous fonctions de $x-x_0$, qui est dit l'*infiniment petit principal*; $\frac{1}{x-x_0}$ est dit l'*infiniment grand principal*. Si l'on pose $x-x_0=x'$, d'où $x=x_0+x'$, $y$, $z$,..., deviennent fonctions de l'infiniment petit principal $x'$. Si $y$, $z$,..., fonctions de $x$, sont infiniment petits quand $x$ tend vers $+\infty$, $-\infty$, ou $\infty$, $y$, $z$,..., $\frac{1}{x}$ sont infiniment petits simultanés, tous fonctions de l'infiniment petit $\frac{1}{x}$. Celui-ci est dit l'*infiniment petit principal*, $x$ est dit l'*infiniment grand principal*. Si l'on pose $\frac{1}{x}=x'$, $y$, $z$,... sont fonctions de $x'$, qui est l'infiniment petit principal. Dans tous les cas, on peut prendre l'infiniment petit principal comme variable indépendante.

40. **Comparaison des infiniment petits et des infiniment grands.** — Étant donnés les deux infiniment petits simultanés $y$ et $z$, on dit que *$y$ est de même ordre que $z$* si $\frac{y}{z}$ a une limite non nulle et non infinie. Il est immédiat que $\frac{z}{y}$ a aussi une limite non nulle et non infinie; donc, $z$ est aussi de même ordre que $y$. On dit alors que *$y$ et $z$ sont de même ordre.*

En particulier, $y$ et $ay$, $a$ étant fixe et non nul, sont de même ordre.

On dit que *y est d'ordre supérieur à z* si $\frac{y}{z}$ a pour limite 0, et que *y est d'ordre inférieur à z* si $\frac{y}{z}$ a pour limite $+\infty$, $-\infty$ ou $\infty$. Il est immédiat que si $y$ est d'ordre supérieur à $z$, $z$ est d'ordre inférieur à $y$, et que si $y$ est d'ordre inférieur à $z$, $z$ est d'ordre supérieur à $y$. On dit que *y et z ne sont pas de même ordre.*

Ces définitions s'excluent les unes les autres.

Étant donnés les deux infiniment grands simultanés $y$ et $z$, on dit que *y est de même ordre que z* si $\frac{y}{z}$ a une limite non nulle et non infinie. Il est immédiat que $\frac{z}{y}$ a aussi une limite non nulle et non infinie; donc, $y$ est aussi de même ordre que $z$. On dit alors que *y et z sont de même ordre.*

On dit que *y est d'ordre supérieur à z* si $\frac{y}{z}$ a pour limite $+\infty$, $-\infty$ ou $\infty$, et que *y est d'ordre inférieur à z* si $\frac{y}{z}$ a pour limite 0. Si $y$ est d'ordre supérieur à $z$, $z$ est d'ordre inférieur à $y$, et si $y$ est d'ordre inférieur à $z$, $z$ est d'ordre supérieur à $y$. On dit que *y et z ne sont pas de même ordre.*

Ces définitions s'excluent les unes les autres.

Dire que les infiniment grands $y$ et $z$ sont de même ordre, c'est dire que les infiniment petits $\frac{1}{y}$ et $\frac{1}{z}$ sont de même ordre. Dire que l'infiniment grand $y$ est d'ordre supérieur à $z$, c'est dire que l'infiniment petit $\frac{1}{y}$ est d'ordre supérieur à l'infiniment petit $\frac{1}{z}$; dire que $y$ est d'ordre inférieur à $z$, c'est dire que $\frac{1}{y}$ est d'ordre inférieur à $\frac{1}{z}$.

Étant donnés trois infiniment petits simultanés $y$, $z$, $u$, ou trois infiniment grands simultanés $y$, $z$, $u$, on a les résultats suivants :

Si $z$ est de même ordre que $y$ et si $u$ est de même ordre que $z$, $u$ est de même ordre que $y$.

Si $z$ est de même ordre que $y$ et si $u$ est d'ordre supérieur à $z$, $u$ est d'ordre supérieur à $y$.

Si $z$ est d'ordre supérieur à $y$ et si $u$ est d'ordre supérieur à $z$, $u$ est d'ordre supérieur à $z$.

Il suffit, pour les établir, de considérer l'égalité

$$\frac{u}{y}=\frac{u}{z}\times\frac{z}{y}$$

et d'appliquer au second membre les résultats relatifs à la limite d'un produit.

Équivalence. — Soient deux infiniment petits simultanés $y$ et $z$, ou deux infiniment grands simultanés $y$ et $z$. On dit que *$y$ est équivalent à $z$* si $\frac{y}{z}$ a pour limite 1. Comme $\frac{z}{y}$ a aussi pour limite 1, $z$ est équivalent à $y$. On dit que *$y$ et $z$ sont équivalents*. En particulier, $y$ est équivalent à $y$.

Remarquons qu'étant données deux fonctions $y$ et $z$ telles que $\frac{z}{y}$ ait pour limite 1, si l'une $y$ est infiniment petite (ou grande), il en est de même de l'autre $z$, car $z$ est le produit de $y$ qui a pour limite 0 (ou $\infty$) et de $\frac{z}{y}$ qui a pour limite 1.

Si $y$ et $z$ sont équivalents, $\frac{1}{y}$ et $\frac{1}{z}$ sont équivalents.

Si $y$ et $z$ sont équivalents, ils sont de même ordre.

Soient trois infiniment petits simultanés $y$, $z$, $u$, ou trois infiniment grands simultanés $y$, $z$, $u$. *Si $z$ est équivalent à $y$ et si $u$ est équivalent à $z$, $u$ est équivalent à $y$.* En effet, on a

$$\frac{u}{y}=\frac{u}{z}\times\frac{z}{y};$$

$\frac{u}{z}$ et $\frac{z}{y}$ tendant vers 1, leur produit $\frac{u}{y}$ tend aussi vers 1.

**41. Opérations sur les infiniment petits ou infiniment grands.** — Multiplication et division. — 1° *Le produit de deux infiniment petits (ou grands) simultanés est infiniment petit (ou grand) d'ordre supérieur à chacun d'eux.*

2° *Si dans une expression égale au produit ou au rapport de deux produits d'infiniment petits et d'infiniment grands simultanés, on remplace chacun de ces infiniment petits ou infiniment grands respectivement par un infiniment petit ou un infiniment grand équivalent, on remplace l'expression par une autre ayant même limite, et, si cette limite est nulle ou infinie, par un infiniment petit ou un infiniment grand équivalent.*

Soit en effet, par exemple, le rapport

$$E=\frac{yzu\ldots}{rst\ldots}.$$

Si $y_1, z_1, u_1, \ldots, r_1, s_1, t_1, \ldots$ sont des infiniment petits ou des infiniment grands respectivement équivalents à $y, z, u, \ldots, r, s, t, \ldots$, formons le rapport

$$E_1 = \frac{y_1 z_1 u_1 \ldots}{r_1 s_1 t_1 \ldots}.$$

On a

$$\frac{E}{E_1} = \frac{\frac{y}{y_1} \cdot \frac{z}{z_1} \cdot \frac{u}{u_1} \ldots}{\frac{r}{r_1} \cdot \frac{s}{s_1} \cdot \frac{t}{t_1} \ldots}.$$

Comme les rapports $\frac{y}{y_1}, \frac{z}{z_1}, \frac{u}{u_1}, \ldots, \frac{r}{r_1}, \frac{s}{s_1}, \ldots$ ont pour limite 1, $\frac{E}{E_1}$ a aussi pour limite 1. Si E a pour limite non nulle et non infinie $\lambda$, $E_1$ a aussi pour limite $\lambda$. Si E a pour limite 0 ou $\infty$, $E_1$ a aussi pour limite 0 ou $\infty$; E et $E_1$ sont alors des infiniment petits ou infiniment grands équivalents.

Addition et soustraction des infiniment petits. — 1° *La somme de deux infiniment petits est infiniment petite.*

2° *La somme de plusieurs infiniment petits de même ordre est de même ordre ou d'ordre supérieur.*

Soient plusieurs infiniment petits de même ordre $y, z, u$. Comparons à $y$ la somme $y + z + u$. On a

$$\frac{y + z + u}{y} = 1 + \frac{z}{y} + \frac{u}{y}.$$

$\frac{z}{y}$ et $\frac{u}{y}$ ont des limites $\lambda$ et $\mu$, finies et non nulles. Donc, $\frac{y+z+u}{y}$ a une limite finie, $1 + \lambda + \mu$. Si $1 + \lambda + \mu \neq 0$, $y + z + u$ est de même ordre que $y$ et, par suite, de même ordre que $y, z, u$. Si $1 + \lambda + \mu = 0$, $y + z + u$ est d'ordre supérieur à $y$ et, par suite, d'ordre supérieur à $y, z, u$.

3° *La somme d'un infiniment petit et d'un infiniment petit d'ordre supérieur est un infiniment petit équivalent au premier et, par suite, de même ordre que celui-ci.*

Soient $y$, puis $z$ d'ordre supérieur à $y$. On a

$$\frac{y+z}{y} = 1 + \frac{y}{z}.$$

Comme $\frac{y}{z}$ tend vers 0, $\frac{y+z}{y}$ tend vers 1, $y + z$ est équivalent à $y$.

4° *La somme de plusieurs infiniment petits respectivement d'ordres supé-*

*rieurs à un même infiniment petit est elle-même d'ordre supérieur à cet infiniment petit.*

On a

$$\frac{y+z}{u} = \frac{y}{u} + \frac{z}{u}.$$

Si $y$ et $z$ sont respectivement d'ordres supérieurs à $u$, $\frac{y}{u}$ et $\frac{z}{u}$ tendent vers 0; par suite, $\frac{y+z}{u}$ tend vers 0, et $y+z$ est aussi d'ordre supérieur à $u$.

5° *Si on remplace dans une somme d'infiniment petits de même ordre ces infiniment petits par des infiniment petits équivalents, on obtient une somme équivalente à la première, exception faite du cas où la somme donnée est d'ordre supérieur à chacune de ses parties.*

Soient en effet les infiniment petits de même ordre $y$, $z$, $u$, et $y_1$, $z_1$, $u_1$ des infiniment petits qui leur sont respectivement équivalents. On a

$$\frac{y+z+u}{y_1+z_1+u_1} = \frac{y}{y_1} \cdot \frac{1+\frac{z}{y}+\frac{u}{y}}{1+\frac{z_1}{y_1}+\frac{u_1}{y_1}}.$$

Par hypothèse, $\frac{z}{y}$ et $\frac{u}{y}$ ont pour limites $\lambda$ et $\mu$, finis et non nuls. Par suite, $\frac{z_1}{y_1}$ et $\frac{u_1}{y_1}$ ont aussi pour limites $\lambda$ et $\mu$, $1+\frac{z}{y}+\frac{u}{y}$ et $1+\frac{z_1}{y_1}+\frac{u_1}{y_1}$ ont pour limite $1+\lambda+\mu$. Si $1+\lambda+\mu \neq 0$, c'est-à-dire si $y+z+u$ est de même ordre que $y$ et, par suite, de même ordre que $y$, $z$, $u$, le rapport de $1+\frac{z}{y}+\frac{u}{y}$ et de $1+\frac{z_1}{y_1}+\frac{u_1}{y_1}$ tend vers 1, $\frac{y+z+u}{y_1+z_1+u_1}$ tend vers 1 et les infiniment petits $y+z+u$ et $y_1+z_1+u_1$ sont équivalents. Si $1+\lambda+\mu=0$, c'est-à-dire si $y+z+u$ est d'ordre supérieur à chacune de ses parties, la conclusion précédente n'est plus valable.

Par application, si on a une somme d'infiniment petits de même ordre, $y, z, \ldots$, et d'infiniment petits d'ordres supérieurs à ceux-ci, $r, s, \ldots$, cette somme est équivalente à la somme $y+z+\ldots$, si celle-ci est de même ordre que chacune de ses parties. Il n'y a qu'à appliquer le théorème précédent, en remarquant que l'infiniment petit $y+r+s+\ldots$ est équivalent à $y$.

6° *Pour que deux infiniment petits $y$ et $z$ soient équivalents, il faut et il suffit que leur différence soit d'ordre supérieur à chacun d'eux.*

1° *C'est nécessaire.* Si $\frac{y}{z}$ tend vers 1, $\frac{y}{z}-1$ tend vers 0, autrement dit, $\frac{y-z}{z}$ tend vers 0, ce qui exprime que $y-z$ est d'ordre supérieur à $z$, et, par suite aussi, d'ordre supérieur à $y$.

2° *C'est suffisant.* Si $y-z$ est d'ordre supérieur à $z$, $\frac{y-z}{z}$ tend vers 0, $\frac{y}{z}-1$ tend vers 0, $\frac{y}{z}$ tend vers 1, $y$ et $z$ sont équivalents.

ADDITION ET SOUSTRACTION DES INFINIMENT GRANDS. — 1° *La somme de plusieurs infiniment grands de même signe est un infiniment grand de même signe. Il n'est pas vrai que la somme de plusieurs infiniment grands de signes quelconques soit nécessairement un infiniment grand.*

2° *Si la somme de plusieurs infiniment grands de même ordre est infiniment grande, c'est un infiniment grand de même ordre ou d'ordre inférieur.*

Soit la somme $y+z+u$. On a

$$\frac{y+z+u}{y}=1+\frac{z}{y}+\frac{u}{y}.$$

$\frac{z}{y}$ et $\frac{u}{y}$ ont des limites finies et non nulles $\lambda$ et $\mu$. Si $1+\lambda+\mu$ n'est pas nul, $y+z+u$ est de même ordre que $y$; si $1+\lambda+\mu$ est nul, $y+z+u$ est d'ordre inférieur à $y$.

3° *La somme d'un infiniment grand et d'un infiniment grand d'ordre inférieur est un infiniment grand équivalent au premier et, par suite, de même ordre que celui-ci.*

Soient $y$, puis $z$ d'ordre inférieur à $y$. On a

$$\frac{y+z}{y}=1+\frac{z}{y}.$$

Comme $\frac{z}{y}$ tend vers 0, $\frac{y+z}{y}$ tend vers $1$, $y+z$ est donc un infiniment grand équivalent à $y$.

4° *Si la somme de plusieurs infiniment grands respectivement d'ordres inférieurs à un même infiniment grand est infiniment grande, elle est elle-même d'ordre inférieur à cet infiniment grand.*

On a

$$\frac{y+z}{u}=\frac{y}{u}+\frac{z}{u}.$$

Si $y$ et $z$ sont d'ordres inférieurs à $u$, $\frac{y}{u}$, $\frac{z}{u}$ et, par suite, $\frac{y+z}{u}$ tendent vers 0; si donc $y+z$ est infiniment grand, il est d'ordre inférieur à $u$.

5° *Si, dans une somme infiniment grande d'infiniment grands de même ordre, on remplace ces infiniment grands par des infiniment grands équivalents, on obtient une somme infiniment grande équivalente à la pre-*

*mière, exception faite du cas où la somme donnée est d'ordre inférieur à chacune de ses parties.*

Même démonstration que pour le théorème correspondant relatif aux infiniment petits.

Par application, si on a une somme d'infiniment grands de même ordre, $y$, $z$,..., et d'infiniment grands d'ordres inférieurs à ceux-ci, $r$, $s$,..., la somme donnée est infiniment grande et équivalente à la somme $y+z+...$, si celle-ci est infiniment grande et de même ordre que chacune de ses parties. Il n'y a qu'à appliquer le théorème précédent, en remarquant que l'infiniment grand $y+r+s+...$ est équivalent à $y$.

## VIII. — CONTINUITÉ DES FONCTIONS

**42. Intervalle. Champ.** — Si $a$ et $b$ sont deux nombres tels que l'on ait $a < b$, on appelle *intervalle* $(a, b)$ l'ensemble des nombres $x$ tels que l'on ait $a \leqslant x \leqslant b$. Cet ensemble a pour borne inférieure $a$ et pour borne supérieure $b$; $a$ et $b$ sont dits les *extrémités* de l'intervalle. On appelle *intérieur* de l'intervalle l'ensemble des nombres $x$ tels que l'on ait $a < x < b$.

On appelle *intervalle* $(-\infty, a)$ l'ensemble des nombres $x$ tels que l'on ait $x \leqslant a$; on appelle *intérieur* de cet intervalle l'ensemble des nombres $x$ tels que l'on ait $x < a$; le nombre $a$ est dit l'*extrémité supérieure* de l'intervalle $(-\infty, a)$, c'est la borne supérieure de cet intervalle.

On appelle *intervalle* $(a, +\infty)$ l'ensemble des nombres $x$ tels que l'on ait $x \geqslant a$; on appelle *intérieur* de cet intervalle l'ensemble des nombres $x$ tels que l'on ait $x > a$; $a$ est dit l'*extrémité inférieure* de l'intervalle, c'est la borne inférieure de cet intervalle.

On appelle *intervalle* $(-\infty, +\infty)$ l'ensemble de tous les nombres.

L'intervalle $(a, b)$ est dit *limité*; les intervalles $(-\infty, a)$, $(a, +\infty)$, $(-\infty, +\infty)$ sont dits *illimités*.

Étant données plusieurs variables indépendantes $x$, $y$, ... et des intervalles correspondant à ces variables, on appelle *champ* l'ensemble des systèmes de valeurs attribuées aux variables $x$, $y$, ..., et telles que chacune de ces valeurs appartienne à l'intervalle correspondant.

Un champ est dit *limité* si tous les intervalles qui le définissent sont *limités*; sinon, le champ est dit *illimité*.

On appelle *intérieur* du champ l'ensemble des systèmes de valeurs attribuées aux variables $x$, $y$,... et telles que chacune d'elles soit intérieure à l'intervalle correspondant.

Avec les représentations géométriques déjà indiquées, un intervalle se représente, suivant les cas, par l'ensemble des points d'un segment situé sur un axe; ou par l'ensemble des points d'une demi-droite située sur cet axe; ou par l'ensemble des points d'un axe. Un champ relatif à deux variables se représente, suivant les cas, par l'ensemble des points appartenant soit à l'intérieur soit au contour d'un parallélogramme dont les côtés sont parallèles à deux axes $x'Ox$ et $y'Oy$; ou par l'ensemble des points situés soit sur deux droites parallèles à $x'Ox$ ou à $y'Oy$, soit entre ces deux droites; ou par l'ensemble des points d'un segment de droite parallèle à l'un des axes $x'Ox$ et $y'Oy$, des points de deux demi-droites parallèles à l'autre axe menées par les extrémités du segment, d'un même côté de la droite qui le porte, et des points situés à l'intérieur du contour ainsi formé; ou par l'ensemble des points situés soit sur deux demi-droites parallèles aux axes $x'Ox$ et $y'Oy$ menées par un point, soit à l'intérieur de l'angle que forment ces demi-droites; ou par l'ensemble des points situés soit sur une droite parallèle à $x'Ox$ ou à $y'Oy$, soit d'un côté de cette droite; ou par l'ensemble de tous les points du plan. On aura de même des représentations géométriques des champs relatifs à trois variables.

On dit qu'une fonction est *définie dans un intervalle* ou *à l'intérieur d'un intervalle, dans un champ* ou *à l'intérieur d'un champ*, si elle est définie en tous les points appartenant à l'intervalle ou à l'intérieur de l'intervalle, en tous les points appartenant au champ ou à l'intérieur du champ.

La somme et le produit de deux fonctions définies dans un intervalle ou un champ sont définis dans cet intervalle ou ce champ. Le quotient de ces deux fonctions est défini dans cet intervalle ou ce champ, pourvu qu'en aucun point de l'intervalle ou du champ le dénominateur ne soit nul.

**43. Fonctions paires ou impaires.** — On dit qu'une fonction $f(x)$, définie dans l'intervalle $(-a, +a)$, est *paire* si, pour toute valeur de $x$, on a $f(-x) = f(x)$, qu'elle est *impaire* si, pour toute valeur de $x$, on a $f(-x) = -f(x)$.

Pour qu'une fonction $f(x)$ soit à la fois paire et impaire, il faut et il suffit qu'elle soit nulle, quel que soit $x$; la condition est évidemment suffisante; elle est nécessaire, car si on a simultanément $f(-x) = f(x)$

et $f(-x)=-f(x)$, on en déduit, en ajoutant membre à membre, $2f(x)=0$, c'est-à-dire $f(x)=0$, quel que soit $x$.

La courbe représentative d'une fonction paire est, en coordonnées rectangulaires, symétrique par rapport à l'axe $y'Oy$; la courbe représentative d'une fonction impaire a pour centre l'origine des coordonnées.

Toute fonction $f(x)$ définie dans l'intervalle $(-a, +a)$ est décomposable, et d'une seule manière, en la somme d'une fonction paire et d'une fonction impaire. En effet, on a

$$f(x)=\frac{f(x)+f(-x)}{2}+\frac{f(x)-f(-x)}{2}.$$

Or, la fonction $f_1(x)=\dfrac{f(x)+f(-x)}{2}$ est évidemment paire et la fonction $f_2(x)=\dfrac{f(x)-f(-x)}{2}$ est évidemment impaire. Ainsi, la décomposition est possible. Elle n'est possible que d'une seule manière. En effet, si on a simultanément

$$f(x)=f_1(x)+f_2(x), \quad f(x)=\varphi_1(x)+\varphi_2(x),$$

$f_1(x)$ et $\varphi_1(x)$ étant paires, $f_2(x)$ et $\varphi_2(x)$ étant impaires, on en déduit

$$f_1(x)+f_2(x)=\varphi_1(x)+\varphi_2(x),$$

c'est-à-dire

$$f_1(x)-\varphi_1(x)=\varphi_2(x)-f_2(x).$$

Le premier membre est une fonction paire, le second est une fonction impaire. D'après une remarque précédente, chacun d'eux est nécessairement nul, quel que soit $x$. Ainsi, $f_1(x)=\varphi_1(x)$, $f_2(x)=\varphi_2(x)$, ce qu'il fallait démontrer.

**44. Définition de la continuité.** — On dit qu'*une fonction $f(x, y, \ldots)$ d'une ou de plusieurs variables, définie dans un intervalle ou dans un champ, est continue en un point $(x_0, y_0, \ldots)$ de cet intervalle ou de ce champ, si $f(x, y, \ldots)$ a pour limite $f(x_0, y_0, \ldots)$ quand le point $(x, y, \ldots)$ tend vers le point $(x_0, y_0, \ldots)$.*

On dit qu'une fonction est *continue dans un intervalle* ou *dans un champ, à l'intérieur d'un intervalle* ou *d'un champ*, si elle est continue en tout point de l'intervalle ou du champ, en tout point intérieur à l'intervalle ou au champ.

Des théorèmes généraux sur les limites, on déduit, comme cas particuliers, les théorèmes suivants sur la continuité.

1° *Si $f$ est une fonction continue en un point, dans un intervalle ou dans un champ, $f \pm a$ et $af$, $a$ étant constant, sont continues en ce point, dans cet intervalle ou dans ce champ.*

2° *La somme, le produit et le quotient (s'il est défini) de deux fonctions des mêmes variables indépendantes, continues en un même point, dans un même intervalle ou dans un même champ, sont des fonctions continues en ce point, dans cet intervalle ou dans ce champ.*

3° *La valeur absolue d'une fonction continue en un point, dans un intervalle ou dans un champ est continue en ce point, dans cet intervalle ou dans ce champ.*

Car, si $f(x, y, \ldots)$ tend vers $f(x_0, y_0, \ldots)$, $|f(x, y, \ldots)|$ tend vers $|f(x_0, y_0, \ldots)|$.

**45. Continuité d'une fonction de fonction, d'une fonction composée.** — Théorèmes. — *Soit $f(u)$ une fonction de $u$, définie dans un intervalle de variation de $u$ et continue au point $u_0$. Supposons qu'on y remplace $u$ par une fonction $\varphi(x, y, \ldots)$ définie dans un intervalle ou dans un champ et telle que lorsque le point $(x, y, \ldots)$ varie dans cet intervalle ou dans ce champ la valeur de $\varphi$ soit contenue dans l'intervalle précédent de variation de $u$. Si au point $(x_0, y_0, \ldots)$ la fonction $\varphi$ prend la valeur $u_0$ et si la fonction $\varphi$ est continue en ce point, la fonction $f$ devient une fonction de fonction de $x, y, \ldots$, définie dans l'intervalle ou le champ de variation du point $(x, y, \ldots)$, qui est continue au point $(x_0, y_0, \ldots)$.*

2° *Soit $f(u, v, \ldots)$ une fonction de plusieurs variables, définie dans un champ et continue au point $(u_0, v_0, \ldots)$ Supposons qu'on y remplace $u, v, \ldots$ respectivement par des fonctions $\varphi(x, y, \ldots)$, $\psi(x, y, \ldots)$, ..., définies dans un intervalle ou dans un champ et telles que lorsque le point $(x, y, \ldots)$ varie dans cet intervalle ou dans ce champ, les valeurs de $\varphi$, de $\psi$, ..., forment un point du champ précédent de variation du point $(u, v, \ldots)$. Si au point $(x_0, y_0, \ldots)$, les fonctions $\varphi$, $\psi$ ..., prennent les valeurs $u_0, v_0, \ldots$, et si les fonctions $\varphi$, $\psi$, ... sont continues en ce point, la fonction $f$ devient une fonction composée de $x, y, \ldots$, définie dans l'intervalle ou le champ de variation du point $(x, y, \ldots)$, qui est continue au point $(x_0, y_0, \ldots)$.*

Ce sont des cas particuliers des théorèmes établis sur la limite d'une fonction de fonction et sur la limite d'une fonction composée (§ 35).

46. Théorème. — *Soit une fonction $f(x, y, \ldots)$ d'une ou de plusieurs variables, définie dans un intervalle ou dans un champ et continue au point $(a, b, \ldots)$. Si le point $(x_n, y_n, \ldots)$ dépendant de l'entier $n$ est, quel que soit $n$, situé dans l'intervalle ou dans le champ et tend vers le point $(a, b, \ldots)$, c'est-à-dire si simultanément $x_n$ tend vers $a$, $y_n$ tend vers $b$, ..., la suite $f(x_n, y_n, \ldots)$ a pour limite $f(a, b, \ldots)$.*

C'est un cas particulier du théorème sur la limite d'une fonction composée, la fonction composée étant ici la fonction $f(x_n, y_n, ...)$ composée de $n$, par l'intermédiaire de $x_n, y_n, ...$ (§ 35).

47. Théorème. — *Toute fonction définie dans un intervalle ou dans un champ limité et continue dans cet intervalle ou dans ce champ est limitée supérieurement et inférieurement.*

Démontrons qu'elle est limitée supérieurement; on démontrera d'une manière analogue qu'elle est limitée inférieurement.

Supposons qu'il s'agisse d'une fonction $f(x)$ d'une seule variable, définie et continue dans l'intervalle $(a, b)$. Nous allons démontrer qu'il est absurde de supposer qu'elle soit illimitée supérieurement.

Divisons l'intervalle $(a, b)$ par le nombre $\frac{a+b}{2}$. Si $f(x)$ est illimitée supérieurement dans $(a, b)$, elle est illimitée supérieurement dans l'un au moins des intervalles $\left(a, \frac{a+b}{2}\right)$ et $\left(\frac{a+b}{2}, b\right)$. Si elle est illimitée supérieurement dans le premier intervalle, posons $a_1 = a$, $b_1 = \frac{a+b}{2}$; si elle n'est pas illimitée supérieurement dans le premier intervalle, elle l'est dans le second, posons alors $a_1 = \frac{a+b}{2}$, $b_1 = b$. Dans l'un ou l'autre cas, on a $a_1 \geqslant a$, $b_1 \leqslant b$. Divisons l'intervalle $(a_1, b_1)$ par le nombre $\frac{a_1+b_1}{2}$; $f(x)$ est illimitée supérieurement dans l'un au moins des intervalles $\left(a_1, \frac{a_1+b_1}{2}\right)$ et $\left(\frac{a_1+b_1}{2}; b_1\right)$. Soit $(a_2, b_2)$ l'intervalle déduit de $(a_1, b_1)$ comme $(a_1, b_1)$ a été déduit de $(a, b)$. On a $a_2 \geqslant a_1$, $b_2 \leqslant b_1$. Et ainsi de suite, indéfiniment. Nous obtenons ainsi deux suites $a, a_1, a_2, ..., a_n, ...$ et $b, b_1, b_2, ..., b_n, ...$, telles que dans chacun des intervalles $(a_n, b_n)$ la fonction $f(x)$ soit illimitée supérieurement. Or, puisque l'on a, quel que soit $n$, $a_{n+1} \geqslant a_n$, la suite $a_n$ est constante ou croissante; comme on a $a_n < b_n$ et $b_n \leqslant b$, on a $a_n < b$; donc, la suite $a_n$ a une limite $\lambda$ qui est inférieure à $b$, et comme on a $a_n \geqslant a$, $\lambda$ est supérieur à $a$; $\lambda$ appartient à l'intervalle $(a, b)$, et l'on a $a_n \leqslant \lambda$. De même, la suite $b_n$ est constante ou décroissante, et elle admet une limite $\mu$ appartenant à l'intervalle $(a, b)$; on a $b_n \geqslant \mu$. Enfin, $\lambda = \mu$, car si l'on forme la différence $b_n - a_n$, on a

$$b_n - a_n = \frac{b-a}{2^n} < \frac{b-a}{n}.$$

La différence positive $b_n - a_n$ tend donc vers 0; d'autre part, elle tend vers $\lambda - \mu$; donc, $\lambda - \mu = 0$, $\lambda = \mu$. Ainsi, il existe un nombre $\lambda$, appartenant à l'intervalle $(a, b)$, limite commune des suites $a_n$ et $b_n$, supérieur ou égal à tout nombre de la suite $a_n$, inférieur ou égal à tout nombre de la suite $b_n$.

La fonction $f(x)$ est continue pour $x = \lambda$; par suite, étant donné le nombre positif $\varepsilon$, il existe un nombre positif $\alpha$ tel que la condition

$$\lambda - \alpha < x < \lambda + \alpha$$

entraîne

$$f(\lambda) - \varepsilon < f(x) < f(\lambda) + \varepsilon.$$

Puisque les suites $a_n$ et $b_n$ ont pour limite $\lambda$, étant donné le nombre $\alpha$, il existe deux entiers $p$ et $p'$ tels que, si $n$ est un entier supérieur à la fois à $p$ et à $p'$, on ait

$$\lambda - \alpha < a_n < b_n < \lambda + \alpha.$$

Si $x$ appartient à l'intervalle $(a_n, b_n)$, on a

$$\lambda - \alpha < a_n \leqslant x \leqslant b_n < \lambda + \alpha$$

et, par suite,

$$f(\lambda) - \varepsilon < f(x) < f(\lambda) + \varepsilon,$$

d'où l'on déduit que dans l'intervalle $(a_n, b_n)$ la fonction $f(x)$ est limitée supérieurement par le nombre $f(\lambda) + \varepsilon$. On aboutit à une contradiction. Donc, l'hypothèse faite est absurde, et la fonction $f(x)$ est limitée supérieurement dans l'intervalle $(a, b)$.

Nous avons raisonné sur une fonction d'une variable. S'il s'agit d'une fonction de plusieurs variables, par exemple de deux variables $x$, $y$, définie dans le champ limité correspondant aux intervalles $a \leqslant x \leqslant b$, $c \leqslant y \leqslant d$, on diviserait simultanément des intervalles $(a, b)$, $(c, d)$ en deux parties égales, de façon à obtenir des intervalles $(a_1, b_1)$, $(c_1, d_1)$, puis ceux-ci en deux parties égales, et ainsi de suite.

Comme conséquence du théorème précédent, on voit que l'ensemble des valeurs d'une fonction définie et continue dans un intervalle ou dans un champ admet une borne supérieure fixe M et une borne inférieure finie $m$. On a évidemment $m \leqslant M$. La différence $M - m$, qui est positive ou nulle, est dite l'*oscillation* de la fonction dans l'intervalle ou le champ considéré. Il est immédiat que l'oscillation d'une fonction continue dans un intervalle I ou dans un champ C est supérieure ou égale à l'oscillation de cette fonction dans un intervalle I' contenu dans I ou dans un champ C' contenu dans C.

48. Théorème. — *Toute fonction définie et continue dans un intervalle ou dans un champ limité atteint ses bornes supérieure et inférieure.*

Montrons qu'elle atteint sa borne supérieure. La démonstration est la même pour la borne inférieure.

Supposons qu'il s'agisse d'une fonction $f(x)$ d'une variable, définie et continue dans l'intervalle $(a, b)$ et ayant pour borne supérieure M.

Divisons l'intervalle $(a, b)$ par le nombre $\frac{a+b}{2}$. Dans chacun des intervalles $\left(a, \frac{a+b}{2}\right)$ et $\left(\frac{a+b}{2}, b\right)$, la fonction admet une borne supérieure qui est au plus égale à M; mais, dans l'un au moins de ces intervalles la borne supérieure est égale à M, car si dans les deux intervalles partiels les deux bornes supérieures étaient simultanément plus petites que M, la borne supérieure dans l'intervalle $(a, b)$, qui est égale à la plus grande de ces deux bornes, serait plus petite que M, ce qui n'est pas. Si la borne supérieure de $f(x)$ dans l'intervalle $\left(a, \frac{a+b}{2}\right)$ est M, posons $a_1 = a$, $b_1 = \frac{a+b}{2}$; si dans cet intervalle la borne supérieure de $f(x)$ est plus petite que M, elle est égale à M dans l'intervalle $\left(\frac{a+b}{2}, b\right)$; nous poserons alors $a_1 = \frac{a+b}{2}$, $b_1 = b$. Dans l'un ou l'autre cas, la borne supérieure de $f(x)$ dans $(a_1, b_1)$ est M, et l'on a $a_1 \geqslant a$, $b_1 \leqslant b$. En divisant $(a_1, b_1)$ par le nombre $\frac{a_1+b_1}{2}$, nous déduisons de l'intervalle $(a_1, b_1)$ l'intervalle $(a_2, b_2)$, comme nous avons déduit $(a_1, b_1)$ de $(a, b)$. Et ainsi de suite, indéfiniment. Nous obtenons ainsi deux suites $a, a_1, a_2, \ldots, a_n, \ldots$ et $b, b_1, \ldots, b_n, \ldots$. Un raisonnement précédemment fait (§ 47) montre que les suites $a_n$ et $b_n$ ont une limite commune $\lambda$ appartenant à l'intervalle $(a, b)$ et, d'une façon générale, à tout intervalle $(a_n, b_n)$.

Je dis que l'on a $f(\lambda) = M$. En effet, on a $f(\lambda) \leqslant M$; il suffit alors de montrer que l'on ne peut avoir $f(\lambda) < M$. Si l'on avait $f(\lambda) < M$, on pourrait choisir un nombre positif $\varepsilon$ tel que l'on eût $f(\lambda) + \varepsilon < M$. Or, la fonction $f(x)$ étant continue pour $x = \lambda$, étant donné le nombre $\varepsilon$, il existerait un nombre positif $\alpha$ tel que la condition

$$\lambda - \alpha < x < \lambda + \alpha$$

entraînât

$$f(\lambda) - \varepsilon < f(x) < f(\lambda) + \varepsilon.$$

Puisque $a_n$ et $b_n$ ont pour limite $\lambda$, il existerait deux entiers $p$ et $p'$ tels que si $n$ est plus grand que $p$ et que $p'$, on eût

$$\lambda - \alpha < a_n < b_n < \lambda + \alpha.$$

Pour tout nombre $x$ de l'intervalle $(a_n, b_n)$, on aurait alors

$$f(\lambda) - \varepsilon < f(x) < f(\lambda) + \varepsilon;$$

$f(x)$ étant dans cet intervalle limitée supérieurement par $f(\lambda) + \varepsilon$, sa borne supérieure M dans cet intervalle serait inférieure ou au plus égale à $f(\lambda) + \varepsilon$. Il y a donc contradiction. Donc, on ne peut avoir $f(\lambda) < \mathrm{M}$; on a $f(\lambda) = \mathrm{M}$, et le théorème est démontré.

S'il s'agit d'une fonction de plusieurs variables $x, y, \ldots$, définie dans le champ correspondant aux intervalles $a \leqslant x \leqslant b, c \leqslant y \leqslant d, \ldots$, on divisera simultanément les intervalles $(a, b), (c, d), \ldots$, en deux parties égales, de façon à en déduire des intervalles $(a_1, b_1), (c_1, d_1), \ldots$, puis ceux-ci en deux parties égales, et ainsi de suite. La démonstration se fait comme la précédente.

Par application, si une fonction est continue et positive en tout point d'un champ, sa borne inférieure est positive; si elle est continue et négative, sa borne supérieure est négative.

**49. Autre définition de la continuité dans un intervalle ou dans un champ.** — Nous avons dit qu'une fonction est continue dans un intervalle ou dans un champ limité si elle est continue en tout point de l'intervalle ou du champ. Voici une autre définition :

On dit que *la fonction $f(x, y, \ldots)$ est continue dans un intervalle ou dans un champ limité si à tout nombre positif $\varepsilon$ il est possible de faire correspondre un nombre positif $\alpha$ tel que, quels que soient les points $(x, y, \ldots)$ et $(x', y', \ldots)$ de l'intervalle ou du champ vérifiant les conditions*

$$|x' - x| < \alpha, \quad |y' - y| < \alpha, \ldots,$$

*on ait*

$$|f(x', y', \ldots) - f(x, y, \ldots)| \leqslant \varepsilon.$$

Il convient de montrer que cette seconde définition est équivalente à la première. D'abord, il est clair que toute fonction satisfaisant aux conditions de la seconde définition satisfait aussi aux conditions de la première. Il reste donc à montrer que toute fonction satisfaisant aux conditions de la première définition satisfait aussi aux conditions de la seconde.

Pour simplifier les écritures, raisonnons sur une fonction $f(x)$ définie et continue, suivant la première définition, dans l'intervalle $(a, b)$. Il s'agit de montrer qu'étant donné le nombre positif $\varepsilon$, il existe un nombre positif $\alpha$ tel que la condition $|x'-x| < \alpha$ entraîne $|f(x')-f(x)| \leqslant \varepsilon$. Écartons le cas où $f(x)$ est constant dans l'intervalle $(a, b)$; le théorème est évident dans ce cas. La fonction, n'étant pas constante, admet dans l'intervalle $(a, b)$ une oscillation positive $\omega$. Le théorème est évident si $\varepsilon \geqslant \omega$; supposons donc $\varepsilon < \omega$.

Soit $x$ un point quelconque de $(a, b)$. Si $h$ est un nombre positif quelconque, désignons par I l'intervalle commun aux deux intervalles $(a, b)$ et $(x-h, x+h)$, par $M(h)$, $m(h)$ et $\omega(h)$ la borne supérieure, la borne inférieure et l'oscillation de $f(x)$ dans I. Si $h' > h$, l'intervalle I' correspondant à $h'$ contient évidemment en entier l'intervalle I correspondant à $h$, d'où l'on déduit $\omega(h') \geqslant \omega(h)$.

Cela posé, il existe des valeurs de $h$ pour lesquelles on a $\omega(h) < \varepsilon$. En effet, il existe un nombre positif $\theta$ tel que pour tout nombre $x'$ vérifiant la condition $|x'-x| < \theta$, on ait $|f(x')-f(x)| < \frac{\varepsilon}{2}$. Si $h$ est plus petit que $\theta$, pour tout point $x'$ de l'intervalle I, cette dernière inégalité sera satisfaite, et, par suite, on aura

$$|M(h)-f(x)| < \frac{\varepsilon}{2}, \quad |m(h)-f(x)| < \frac{\varepsilon}{2},$$

d'où, si l'on remarque que l'on a $\omega(h) = [M(h)-f(x)] - [m(h)-f(x)]$, $\omega(h) < \varepsilon$. D'autre part, il existe des valeurs de $h$ pour lesquelles $\omega(h)$ est plus grand que $\varepsilon$; si en effet $h$ est suffisamment grand, I coïncide avec $(a, b)$, dans lequel l'oscillation de $f$ est $\omega$, supérieur à $\varepsilon$.

D'après cela, il est possible de partager l'ensemble des nombres positifs en deux ensembles, l'un formé des nombres $h$ pour lesquels l'oscillation $\omega(h)$ est inférieure ou au plus égale à $\varepsilon$, l'autre formé des nombres $h'$ pour lesquels l'oscillation $\omega(h')$ est supérieure à $\varepsilon$. D'après une remarque faite, tout $h$ est inférieur à tout $h'$; si l'on avait, en effet, $h' < h$, on aurait $\omega(h') \leqslant \omega(h)$; or, $\omega(h) \leqslant \varepsilon$ et $\omega(h') > \varepsilon$. L'ensemble des $h$ a, par suite, une borne supérieure $\beta$, et l'ensemble des $h'$ a une borne inférieure $\beta'$ supérieure ou égale à $\beta$. Mais, si l'on avait $\beta' > \beta$, il y aurait des nombres compris entre $\beta$ et $\beta'$ qui n'appartiendraient à aucun des deux ensembles. Donc, il existe un nombre positif $\beta$ et un seul tel que si $0 < k < \beta$, on ait $\omega(k) \leqslant \varepsilon$ et si $k > \beta$, on ait $\omega(k) > \varepsilon$.

A tout point $x$ de l'intervalle $(a, b)$, il correspond ainsi un nombre $\beta$, qui est fonction de $x$ dans l'intervalle $(a, b)$. Je dis que *cette fonction est continue pour toute valeur de $x$*. Soient $\beta_0$ la valeur de $\beta$ en $x_0$ et

$\beta_1$ la valeur de $\beta$ en un autre point $x_1$. Prenons un nombre positif $2\eta$, que nous pouvons supposer plus petit que $\beta_0$. Je dis que pour tout nombre $x_1$ vérifiant la condition $|x_1 - x_0| < \eta$, on a $|\beta_1 - \beta_0| \leqslant 2\eta$. En effet, on a

$$x_0 - (\beta_0 - \eta) < x_1 - (\beta_0 - 2\eta) < x_1 + (\beta_0 - 2\eta) < x_0 + (\beta_0 - \eta)$$

et

$$x_1 - (\beta_0 + 2\eta) < x_0 - (\beta_0 + \eta) < x_0 + (\beta_0 + \eta) < x_1 + (\beta_0 + 2\eta).$$

Tout point de l'intervalle $I_1$ commun à l'intervalle $(a, b)$ et à l'intervalle $[x_1 - (\beta_0 - 2\eta), x_1 + (\beta_0 - 2\eta)]$ est contenu dans l'intervalle I commun à $(a, b)$ et à l'intervalle $[x_0 - (\beta_0 - \eta), x_0 + (\beta_0 - \eta)]$; l'oscillation dans $I_1$ est, par suite, au plus égale à $\varepsilon$; donc, $\beta_0 - 2\eta \leqslant \beta_1$. L'intervalle $I_1'$ commun à l'intervalle $(a, b)$ et à l'intervalle $[x_1 - (\beta_0 + 2\eta), x_1 + (\beta_0 + 2\eta)]$ contient tout point de l'intervalle I' commun à $(a, b)$ et à l'intervalle $[x_0 - (\beta_0 + \eta), x_0 + (\beta_0 + \eta)]$; l'oscillation dans $I_1'$ est, par suite, supérieure à $\varepsilon$; donc, $\beta_0 + 2\eta \geqslant \beta_1$. On a donc bien $|\beta_1 - \beta_0| \leqslant 2\eta$.

La fonction $\beta$ de $x$, définie dans l'intervalle $(a, b)$, étant continue dans cet intervalle, admet une borne inférieure $\gamma$ qu'elle atteint et qui est par suite positive. D'après cela, dans tout intervalle $(p, q)$ contenu dans l'intervalle $(a, b)$ et tel que l'on ait $q - p < 2\gamma$, l'oscillation de $f(x)$ est au plus égale à $\varepsilon$. Par suite, étant donnés deux nombres quelconques $x$ et $x'$ de l'intervalle $(a, b)$ tels que l'on ait $|x' - x| < 2\gamma$, on aura *a fortiori* $|f(x') - f(x)| \leqslant \varepsilon$.

S'il s'agissait d'une fonction des variables $x, y, \ldots$, définie et continue en tout point d'un champ limité, au lieu de l'intervalle I, on aurait à considérer le champ commun au champ considéré et au champ défini par les intervalles $(x - h, x + h)$, $(y - h, y + h), \ldots$, $h$ étant un nombre positif arbitraire. La démonstration se poursuivrait comme la précédente.

50. Théorème (Cauchy). — *Si $f(x)$ est une fonction d'une variable $x$, continue dans l'intervalle limité $(a, b)$, elle y prend au moins une fois toute valeur comprise entre $f(a)$ et $f(b)$.*

Supposons, pour fixer les idées, $f(a) < f(b)$, et soit $u$ tel que l'on ait

$$f(a) < u < f(b).$$

Je dis qu'il existe au moins un nombre $x$ de l'intervalle $(a, b)$ tel que l'on ait $f(x) = u$.

Divisons l'intervalle $(a, b)$ par le nombre $\frac{a+b}{2}$. Si $f\left(\frac{a+b}{2}\right)=u$, le nombre $\frac{a+b}{2}$ est un nombre $x$ cherché. Si $f\left(\frac{a+b}{2}\right)\neq u$, deux cas se présentent : ou bien $f\left(\frac{a+b}{2}\right)>u$, et nous poserons alors $a_1=a$, $b_1=\frac{a+b}{2}$, ou bien $f\left(\frac{a+b}{2}\right)<u$, et nous poserons alors $a_1=\frac{a+b}{2}$, $b_1=b$. Dans l'un ou l'autre cas, on a

$$f(a_1)<u<f(b_1).$$

Si $f\left(\frac{a_1+b_1}{2}\right)=u$, le nombre $\frac{a_1+b_1}{2}$ est un nombre $x$ cherché; sinon, on déduira de $(a_1, b_1)$ l'intervalle $(a_2, b_2)$, comme l'intervalle $(a_1, b_1)$ a été déduit de $(a, b)$. En continuant ainsi, ou bien nous trouverons au bout de $k+1$ divisions un nombre $\frac{a_k+b_k}{2}$ pour lequel la fonction prend la valeur $u$, et ce sera un nombre cherché, ou bien nous formerons deux suites $a, a_1, a_2, \ldots, a_n, \ldots$ et $b, b_1, b_2, \ldots, b_n, \ldots$, la première constante ou croissante, la seconde constante ou décroissante. Un raisonnement employé dans des démonstrations précédentes (§§ 47 et 48) montre que ces deux suites ont une limite commune $\lambda$ appartenant à l'intervalle $(a, b)$.

La fonction $f(x)$ étant continue pour $x=\lambda$, $f(a_n)$ et $f(b_n)$ ont pour limite $f(\lambda)$. Or, $f(a_n)$ étant toujours inférieur à $u$, sa limite est inférieure ou égale à $u$, $f(\lambda)\leqslant u$; $f(b_n)$ étant toujours supérieur à $u$, sa limite est supérieure ou égale à $u$, $f(\lambda)\geqslant u$. Donc, $f(\lambda)=u$, $\lambda$ est un nombre $x$ cherché. Le théorème est établi.

En particulier, si $f(a)$ et $f(b)$ sont de signes contraires, la fonction $f(x)$ prend au moins une fois la valeur 0 dans l'intervalle $(a, b)$. Autrement dit, *étant donnée une équation $f(x)=0$, dont le premier membre est une fonction continue de $x$, si $f(x)$ prend des valeurs de signes contraires en $a$ et $b$, l'équation a au moins une racine comprise entre $a$ et $b$.* C'est le *théorème des substitutions.*

On a, plus généralement, le résultat suivant :

*Si $f(x)$ est définie et continue à l'intérieur d'un intervalle limité ou illimité et si elle a des limites finies ou infinies quand $x$ tend vers les extrémités inférieure et supérieure de cet intervalle, elle prend au moins une fois à l'intérieur de l'intervalle toute valeur comprise entre ces limites.*

Soit l'intervalle $(a, b)$ limité ou illimité et soient A et B les limites finies ou infinies de $f(x)$ quand $x$ tend vers $a$ et quand $x$ tend vers $b$. Supposons, pour fixer les idées, $A < B$, et considérons le nombre $u$ vérifiant la condition $A < u < B$. Puisque $f(x)$ tend vers A quand $x$ tend vers $a$, il existe à l'intérieur de $(a, b)$ un nombre $a'$ tel que l'on ait $f(a') < u$. De même, puisque $f(x)$ tend vers B quand $x$ tend vers $b$, il existe à l'intérieur de $(a', b)$ un nombre $b'$ tel que l'on ait $f(b') > u$. La fonction $f(x)$ est définie et continue dans l'intervalle $(a', b')$; donc, d'après le théorème précédent, elle prend au moins une fois dans cet intervalle et, par suite, à l'intérieur de l'intervalle $(a, b)$ la valeur $u$ qui est comprise entre $f(a')$ et $f(b')$. Le théorème est établi.

En particulier, *étant donnée une équation $f(x) = 0$, dont le premier membre est une fonction continue, définie à l'intérieur d'un intervalle et admettant des limites quand $x$ tend vers les extrémités de cet intervalle, si ces limites sont de signes contraires, l'équation admet au moins une racine à l'intérieur de cet intervalle.* C'est l'extension du théorème des substitutions.

*Conséquence.* — Soit une fonction $f(x)$, définie et continue dans un intervalle limité $(a, b)$, non constante. Si $m$ et M sont ses bornes inférieure et supérieure dans l'intervalle, il existe au moins un nombre $x'$ et un nombre $x''$ tels que l'on ait $f(x') = m$ et $f(x'') = M$. $f(x)$ prend toute valeur comprise entre $m$ et M au moins pour une valeur de $x$ comprise entre $x'$ et $x''$, par suite appartenant à l'intervalle $(a, b)$.

51. Théorème. — *Si une fonction $f(x)$ définie dans l'intervalle $(a, b)$, croissante ou décroissante, prend toute valeur comprise entre $f(a)$ et $f(b)$, elle est continue dans l'intervalle $(a, b)$.*

Supposons, par exemple, la fonction $f$ croissante; on a $f(a) < f(b)$. Soit $x_0$ un nombre de l'intervalle $(a, b)$ que nous supposerons d'abord distinct de $a$ et de $b$. On a $f(a) < f(x_0) < f(b)$. Soit $\varepsilon$ un nombre positif assez petit pour que l'on ait

$$f(a) < f(x_0) - \varepsilon < f(x_0) < f(x_0) + \varepsilon < f(b).$$

Par hypothèse, $f(x)$ prend la valeur $f(x_0) - \varepsilon$ pour une valeur de $x$ appartenant à $(a, b)$, qui doit être plus petite que $x_0$, soit $x_0 - \alpha_1$, $\alpha_1$ étant positif; de même, $f(x)$ prend la valeur $f(x_0) + \varepsilon$ pour une valeur de $x$ de la forme $x_0 + \alpha_2$, $\alpha_2$ étant positif. Si $\alpha$ est un nombre positif plus petit que $\alpha_1$ et que $\alpha_2$, on a

$$x_0 - \alpha_1 < x_0 - \alpha < x_0 + \alpha < x_0 + \alpha_2.$$

Si $x$ est compris entre $x_0 - \alpha$ et $x_0 + \alpha$, $f(x)$ est compris entre $f(x_0) - \varepsilon$ et $f(x_0) + \varepsilon$. La fonction $f(x_0)$ est donc continue pour $x_0$.

Si $x_0 = a$, le même raisonnement s'applique, mais on ne considérera que les inégalités de droite; si $x_0 = b$, on ne considérera que les inégalités de gauche.

Démonstration analogue, si la fonction $f(x)$ est décroissante.

On a, plus généralement, le résultat suivant :

*Si une fonction $f(x)$, définie à l'intérieur d'un intervalle, croissante ou décroissante, ayant, par suite, des limites quand $x$ tend vers les extrémités inférieure et supérieure de l'intervalle (§ 36), prend toute valeur comprise entre ces limites, elle est continue à l'intérieur de l'intervalle.*

Supposons que $f(x)$ soit croissante à l'intérieur de l'intervalle $(a, b)$ et ait pour limites finies ou infinies A et B quand $x$ tend vers $a$ et quand $x$ tend vers $b$. On a $A < B$, et, quel que soit $x$, $A < f(x) < B$. Étant donnée la valeur $x_0$ de $x$, soient $a'$ compris entre $a$ et $x_0$ et $b'$ compris entre $x_0$ et $b$; la fonction $f(x)$ est définie dans l'intervalle $(a', b')$, elle est croissante et elle prend toute valeur comprise entre $f(a')$ et $f(b')$; donc, elle est continue en $x_0$. Le théorème est établi.

**52. Fonctions inverses continues et croissantes (ou décroissantes).** — Soit une fonction $y = f(x)$, définie et continue dans l'intervalle limité $(a, b)$ et supposons qu'elle soit croissante. Posons $f(a) = A$, $f(b) = B$; on a $A < B$.

A toute valeur de $x$ appartenant à l'intervalle $(a, b)$ il correspond une valeur de $y$ appartenant à l'intervalle (A, B). Réciproquement, puisque $f(x)$ est une fonction continue, à toute valeur de $y$ appartenant à l'intervalle (A, B) il correspond au moins un nombre $x$ appartenant à l'intervalle $(a, b)$, tel que l'on ait $f(x) = y$, et, puisque la fonction $f(x)$ est croissante, ce nombre $x$ est unique. On peut donc considérer $x$ comme une fonction de $y$, définie dans l'intervalle (A, B). Posons $x = \varphi(y)$. La fonction $\varphi(y)$ est croissante, car des deux conditions $x_0 < x_1$ et $f(x_0) < f(x_1)$, l'une entraîne l'autre. De plus, $\varphi(y)$ prend toute valeur appartenant à l'intervalle $(a, b)$; elle prend en effet la valeur $x$ appartenant à cet intervalle pour la valeur de $y$ égale à $f(x)$. Donc, d'après le théorème précédent, cette fonction $\varphi(y)$ est continue dans l'intervalle (A, B).

Si la fonction $f(x)$ est décroissante, on définit encore une fonction $\varphi(y)$, qui est décroissante.

Dans la démonstration précédente, on peut supposer que les nombres $a$ et $b$ sont finis ou infinis et que A et B sont les limites de $f(x)$ quand $x$ tend vers $a$ et quand $x$ tend vers $b$. Au lieu de fonctions inverses l'une de l'autre définies respectivement *dans* les intervalles $(a, b)$ et $(A, B)$, on aura des fonctions définies *à l'intérieur* de ces intervalles.

53. **Variation de fonctions simples.** — Pour nombre de fonctions simples, il est possible et commode, afin de se rendre compte de la manière dont varie une telle fonction, d'appliquer les règles suivantes :

1° On met en évidence les intervalles I dans lesquels ou à l'intérieur desquels la fonction $f(x)$ est définie et continue.

2° On décompose chacun des intervalles I par des nombres tels que $\alpha, \beta, \ldots$ en intervalles partiels dans lesquels ou à l'intérieur desquels la fonction est ou croissante ou décroissante.

3° On calcule les valeurs de $f(x)$ pour les valeurs telles que $\alpha, \beta, \ldots$ de $x$.

4° On calcule les limites de $f(x)$ quand $x$, variant à l'intérieur des intervalles I, tend vers les extrémités de ces intervalles.

Si, lorsque $x$ intérieur à un intervalle I tend vers l'extrémité supposée finie $a$ de cet intervalle, $f(x)$ tend vers $+\infty$ ou vers $-\infty$, on dit que le point M, d'abscisse $x$ et d'ordonnée $f(x)$, de la courbe représentative de $f(x)$ décrit une *branche infinie* de cette courbe. La pente de la droite OM qui joint l'origine O des coordonnées au point M de cette branche, qui est égale à $\frac{f(x)}{x}$, tend vers $+\infty$ ou vers $-\infty$, quand $x$, intérieur à l'intervalle I, tend vers $a$; la droite OM a pour position limite la droite $y'Oy$, ce qu'on exprime en disant que $y'Oy$ est *direction asymptotique* de la branche infinie. Le segment qui a pour origine le point M et pour extrémité le point P où la parallèle à $x'Ox$ menée par M rencontre la parallèle $\Delta$ à $y'Oy$ menée par le point de l'axe $x'Ox$ qui a pour abscisse $a$ a pour mesure algébrique, comptée sur un axe de même sens que $x'Ox$, $a - x$; MP tend donc vers 0 quand $x$ tend vers $a$; *a fortiori*, la distance de M à $\Delta$ tend vers 0 quand $x$ tend vers $a$, ce qu'on exprime en disant que $\Delta$ est *asymptote* de la branche infinie.

S'il existe un intervalle I ayant une extrémité infinie, $-\infty$ ou $+\infty$, quand $x$ tend vers cette extrémité, on dit encore que le point M d'abscisse $x$ et d'ordonnée $f(x)$ décrit une *branche infinie*. Si $\frac{f(x)}{x}$ a une limite finie ou infinie, la droite OM a une position limite qui est dite encore *direction asymptotique* de la branche infinie. Si cette limite est infinie, on dit que la branche infinie est *parabolique*, ayant pour direction asymptotique $y'Oy$. Si cette limite est finie et égale à $c$, et s'il arrive que $f(x) - cx$ ait une limite quand $x$ tend vers l'extrémité infinie considérée de l'intervalle I, deux cas se présentent : 1° cette limite est infinie; on dit alors que la branche infinie est *parabolique*, ayant pour direction asymptotique la droite, menée par O, qui a pour pente $c$; 2° cette limite est finie et égale à $d$; alors, si l'on considère la droite $\Delta$ représentative de la fonction $cx + d$, on voit que le segment qui a pour origine le point M de la courbe représentative de $f(x)$ et pour extrémité le point M′ de rencontre de la droite $\Delta$ et de la parallèle à $y'Oy$ menée par M, lequel segment a pour mesure algébrique, sur un axe de même sens que $y'Oy$, $cx + d - f(x)$, tend vers 0 quand $x$ tend vers l'extrémité infinie de l'intervalle I; *a fortiori*, la distance de M à $\Delta$ tend vers 0, ce qu'on exprime en disant que $\Delta$ est *asymptote* de la branche infinie.

On reconnaîtra la position de la courbe par rapport à son asymptote en étudiant le signe de l'infiniment petit $f(x) - cx - d$, ce signe étant, pour des valeurs de $x$ suffisamment grandes en valeur absolue, celui de la partie principale de l'infiniment petit.

54. **Résolution graphique d'équations simples.** — Soit à résoudre une équation de la forme $f(x) = g(x)$, où $f(x)$ et $g(x)$ sont deux fonctions données de $x$. Si l'on construit les courbes représentatives C et C′ de ces deux fonctions, on voit que pour que $x_0$ soit une racine de l'équation donnée, il faut et il suffit que ce soit l'abscisse d'un point d'intersection des courbes C et C′. En déterminant les points de rencontre des courbes C et C′, on obtiendra par un procédé graphique des valeurs approchées des racines de l'équation donnée.

## EXERCICES

1. Montrer que si l'on partage l'ensemble des nombres réels en deux ensembles tels que tout nombre $a$ de l'un des ensembles soit plus petit que tout nombre $b$ de l'autre, il existe nécessairement ou bien parmi les $a$ un nombre plus grand que tous les autres, ou bien parmi les $b$ un nombre plus petit que tous les autres.

2. Montrer que si $x$ est irrationnel et $a$ rationnel, $x+a$, $ax$, $\frac{x}{a}$ sont irrationnels. Si $x$ est irrationnel et si $a$, $b$, $c$, $d$ sont rationnels, le nombre $\frac{ax+b}{cx+d}$ est-il rationnel ou irrationnel?

3. Sachant qu'il existe un nombre irrationnel, en déduire qu'il existe une infinité de nombres irrationnels compris entre deux nombres rationnels donnés.

4. En supposant

$$\pi = 3,14159\ldots, \qquad e = 2,71828\ldots,$$

calculer les valeurs approchées à 0,001 près par défaut de $\frac{1}{\pi}$, de $\frac{1}{e}$, de $\pi e$ et de $\frac{\pi}{e}$.

5. On considère la suite $u_0$, $u_1$, ..., $u_n$, ..., telle que pour toute valeur de l'entier positif $n$ supérieure ou égale à 2 on ait

$$2u_n = u_{n-2} + u_{n-1}.$$

Calculer $u_n$ en fonction de $n$. Montrer que la suite a une limite finie.

6. Si la suite $u_n$ a une limite finie, ou égale à $+\infty$, ou égale à $-\infty$, la suite

$$v_n = \frac{u_1 + u_2 + \ldots + u_n}{n}$$

a aussi une limite, qui est égale à la limite de la suite $u_n$.

Étant donnée la suite $u_n$, si $u_{n+1} - u_n$ a une limite finie, ou égale à $+\infty$, ou égale à $-\infty$, $\frac{u_n}{n}$ a aussi une limite, égale à celle de $u_{n+1} - u_n$.

7. Soit une fonction $f(x)$ définie dans l'intervalle $(0, +\infty)$, positive ou nulle, croissante et telle que $\frac{f(x)}{x}$ ait une limite inférieure à 1 quand $x$ tend vers $+\infty$.

Montrer que, $u_1$ étant un nombre positif quelconque, la suite

$$u_1, \; u_2 = f(u_1), \; \ldots, \; u_n = f(u_{n-1}), \; \ldots$$

a une limite finie.

(DESAINTS.)

8. Soit à déterminer les fonctions $f(x)$, définies et continues dans l'intervalle $(-\infty, +\infty)$, telles que, quels que soient $x$ et $x'$, on ait la relation

$$(1) \qquad f(x) + f(x') = 2f\left(\frac{x+x'}{2}\right).$$

1° Montrer que si $f(x)$ vérifie la condition (1), il en est de même de la fonction $Cf(x)$, $C$ étant une constante.

2° Montrer que si deux fonctions $f(x)$ et $g(x)$ vérifient la condition (1), il en est de même de la fonction $f(x) + g(x)$.

3° Montrer que si une fonction $f(x)$ vérifie la condition (1) et s'annule pour deux valeurs distinctes $x_0$ et $x_1$ de $x$, cette fonction est nulle quel que soit $x$.

4° Déduire de ce qui précède que toutes les fonctions $f(x)$ qui vérifient la condition (1) sont de la forme $Cx + C'$, $C$ et $C'$ étant deux constantes arbitraires.

# CHAPITRE II

## FONCTIONS PUISSANCE, EXPONENTIELLE ET LOGARITHMIQUE

### I. — FONCTION $x^n$

55. Définition. — On appelle *puissance* $n$ de $x$, $n$ étant un entier, si $n > 1$, le produit de $n$ nombres égaux à $x$, si $n = 1$, le nombre $x$ lui-même, si $n = 0$, le nombre 1. On représente la puissance $n$ de $x$ par la notation $x^n$. D'après cela, $x^1 = x$, $x^0 = 1$.

Écartons le cas de $n = 0$, la fonction $x^0$ de $x$ étant constante. Si $n$ est un entier donné positif, $x^n$ est une fonction de $x$ définie dans l'intervalle $(-\infty, +\infty)$; comme $x$ est une fonction continue de $x$ tendant vers $+\infty$ quand $x$ tend vers $+\infty$ et vers $-\infty$ quand $x$ tend vers $-\infty$, $x^n$ est aussi une fonction continue de $x$, tendant vers $+\infty$ quand $x$ tend vers $+\infty$ et, quand $x$ tend vers $-\infty$, tendant vers $+\infty$ si $n$ est pair, vers $-\infty$ si $n$ est impair.

Dans l'intervalle $(0, +\infty)$, la fonction $x^n$ est croissante; dans l'intervalle $(-\infty, 0)$, si $n$ est pair, elle est décroissante, si $n$ est impair, elle est croissante; $x^n$ est nul pour $x = 0$.

La courbe représentative de $x^n$ passe par l'origine des coordonnées; elle a l'origine pour centre si $n$ est impair, et, les axes de coordonnées étant supposés rectangulaires, elle admet l'axe $y'Oy$ comme axe de symétrie si $n$ est pair.

Théorème. — *Si $n$ et $p$ sont des entiers positifs ou nuls, on a* $x^n x^p = x^{n+p}$.

Ce théorème est évident si l'un au moins des nombres $n$ et $p$ est nul. Si $n$ et $p$ sont différents de 0, $x^n$ étant le produit de $n$ nombres égaux à $x$ et $x^p$ étant le produit de $p$ nombres égaux à $x$, $x^n x^p$ est le produit de $n + p$ nombres égaux à $x$ et, par suite, est égal à $x^{n+p}$.

THÉORÈME. — *Si $n$ et $p$ sont des entiers positifs ou nuls, on a* $(x^n)^p = x^{np}$.

Ce théorème est immédiat si l'un au moins des entiers $n$ et $p$ est nul. Si $n$ et $p$ sont différents de 0, $x^n$ étant le produit de $n$ nombres égaux à $x$ et $(x^n)^p$ étant le produit de $p$ nombres égaux à $x^n$, $(x^n)^p$ est le produit de $np$ nombres égaux à $x$ et, par suite, est égal à $x^{np}$.

THÉORÈME. — *On a* $x^n x'^n = (xx')^n$.

Ce théorème est évident si $n = 0$. Si $n \neq 0$, $x^n x'^n$ est le produit de $n$ nombres égaux à $x$ et de $n$ nombres égaux à $x'$. D'autre part, $(xx')^n$ est le produit de $n$ nombres égaux à $xx'$, c'est-à-dire le produit de $n$ nombres égaux à $x$ et de $n$ nombres égaux à $x'$. Donc, $x^n x'^n = (xx')^n$.

56. THÉORÈME. — *On a l'égalité*

$$x'^n - x^n = (x' - x)(x'^{n-1} + x'^{n-2}x + \ldots + x^{n-1}).$$

Posons en effet

$$S = x'^{n-1} + x'^{n-2}x + \ldots + x^{n-1}.$$

On en déduit

$$Sx' = x'^n + x'^{n-1}x + \ldots + x'x^{n-1}$$

et

$$Sx = x'^{n-1}x + x'^{n-2}x^2 + \ldots + x'x^{n-1} + x^n.$$

En retranchant membre à membre, on trouve

$$S(x' - x) = x'^n - x^n.$$

Cette égalité peut servir à établir que la fonction $x^n$ est continue pour toute valeur de $x$.

En particulier, on a

$$x^n - 1 = (x - 1)(x^{n-1} + x^{n-2} + \ldots + x + 1).$$

## II. — FONCTION $\sqrt[n]{x}$

57. — Soit un nombre positif ou nul $x$. Je dis qu'il existe un nombre positif ou nul et un seul $y$ dont la puissance $n$ ($n$ positif) est égale à $x$.

D'abord, ce nombre, s'il existe, est unique. En effet, s'il existait deux nombres positifs ou nuls $y$ et $y'$ de puissances $n$ égales à $x$, on aurait, en supposant $y < y'$, $y^n < y'^n$ et, par suite, $x < x$, ce qui est absurde.

Reste donc à démontrer qu'un tel nombre existe. Si $x = 0$, $y$ est égal à 0. Supposons $x > 0$.

Considérons l'ensemble des nombres rationnels positifs ou nul. S'il existe un nombre de cet ensemble dont la puissance $n$ soit égale à $x$, c'est le nombre $y$ cherché. Supposons qu'il n'existe pas un tel nombre. Remarquons d'abord que 0 est un nombre de l'ensemble dont la puissance $n$ est inférieure à $x$. Je dis ensuite qu'il existe au moins un nombre de l'ensemble dont la puissance $n$ est supérieure à $x$. En effet, puisque la fonction $X^n$ de la variable X, définie dans l'intervalle $(-\infty, +\infty)$, tend vers $+\infty$ quand X tend vers $+\infty$, il existe au moins un nombre positif $X_0$ tel que l'on ait $X_0^n > x$, et tout nombre rationnel plus grand que $X_0$ a une puissance $n$ supérieure à $x$. D'après cela, il est possible de partager l'ensemble considéré en deux ensembles formés l'un, des rationnels $u$ dont la puissance $n$ est inférieure à $x$, l'autre, des rationnels $v$ dont la puissance $n$ est supérieure à $x$. Tout $u$ est inférieur à tout $v$, car on a $u^n < x$, $x < v^n$ et, par suite, $u^n < v^n$, d'où $u < v$. Il s'ensuit qu'il existe un nombre irrationnel $y$ qui forme coupure entre l'ensemble des $u$ et l'ensemble des $v$. Je dis que l'on a $y^n = x$.

D'après un résultat établi, relatif à la multiplication des nombres réels (ch. I, § 13), $y^n$ forme coupure entre l'ensemble des rationnels de la forme $u_1u_2 \ldots u_n$ obtenus en prenant $n$ nombres quelconques parmi les $u$ et l'ensemble des rationnels de la forme $v_1v_2 \ldots v_n$ obtenus en prenant $n$ nombres quelconques parmi les $v$. Par suite, étant donné le nombre positif $\varepsilon$, il est possible de déterminer $n$ nombres $u_1, u_2, \ldots, u_n$ pris parmi les $u$ et $n$ nombres $v_1, v_2, \ldots, v_n$ pris parmi les $v$, tels que l'on ait

$$v_1v_2 \ldots v_n - u_1u_2 \ldots u_n < \varepsilon.$$

Désignons par $u'$ le plus grand des $n$ nombres $u$, par $v'$ le plus petit des $n$ nombres $v$. On aura *a fortiori*

$$v'^n - u'^n < \varepsilon.$$

Par suite, il existe un nombre qui forme coupure entre l'ensemble des nombres de la forme $u^n$ et l'ensemble des nombres de la forme $v^n$. Comme $y^n$ et $x$ sont simultanément supérieurs à tout nombre du premier ensemble et simultanément inférieurs à tout nombre du second, ils coïncident avec le nombre qui forme la coupure entre ces deux ensembles et, par suite, ils sont égaux, ce qu'il fallait démontrer.

Le nombre $y$ ainsi défini s'appelle *racine d'indice n* de $x$ et se représente par $\sqrt[n]{x}$. On a évidemment $\sqrt[1]{x} = x$.

58. Théorème. — *La variable $\sqrt[n]{x}$, n étant donné, est une fonction de x,*

*définie dans l'intervalle* $(0, +\infty)$, *nulle pour* $x=0$, *croissante et tendant vers* $+\infty$ *quand* $x$ *tend vers* $+\infty$.

A tout nombre $x$ positif ou nul il correspond le nombre $\sqrt[n]{x}$, qui est ainsi fonction de $x$ dans l'intervalle $(0, +\infty)$; en particulier, $\sqrt[n]{0}=0$.

Si, $x$ et $x'$ étant positifs, on a $x < x'$, on a $\sqrt[n]{x} < \sqrt[n]{x'}$. En effet, si l'on avait $\sqrt[n]{x} \geqslant \sqrt[n]{x'}$, on aurait $(\sqrt[n]{x})^n \geqslant (\sqrt[n]{x'})^n$, c'est-à-dire $x \geqslant x'$, ce qui est contraire à l'hypothèse. Par suite, la fonction $\sqrt[n]{x}$ est croissante.

$\varepsilon$ étant un nombre donné que nous pouvons supposer positif, si l'on a $x > \varepsilon^n$, on a $\sqrt[n]{x} > \varepsilon$. Donc, $\sqrt[n]{x}$ tend vers $+\infty$ quand $x$ tend vers $+\infty$.

59. Théorème. — *La fonction* $\sqrt[n]{x}$ *est continue dans l'intervalle* $(0, +\infty)$.

D'abord, $\varepsilon$ étant un nombre positif donné, si l'on a $0 \leqslant x < \varepsilon^n$, on a $0 \leqslant \sqrt[n]{x} < \varepsilon$. Donc, la fonction $\sqrt[n]{x}$ est continue pour $x=0$.

Soit $x_0$ une valeur positive de $x$. Donnons-nous le nombre positif $\varepsilon$ que nous pouvons supposer plus petit que $\sqrt[n]{x_0}$. La double inégalité

$$\sqrt[n]{x_0} - \varepsilon < \sqrt[n]{x} < \sqrt[n]{x_0} + \varepsilon$$

est équivalente à la double inégalité

$$(\sqrt[n]{x_0} - \varepsilon)^n < x < (\sqrt[n]{x_0} + \varepsilon)^n.$$

Le premier membre de cette double inégalité est plus petit que $x_0$; on peut l'écrire $x_0 - \beta$, $\beta > 0$; le dernier membre de cette double inégalité est plus grand que $x_0$, on peut l'écrire $x_0 + \gamma$, $\gamma > 0$. Soit $\alpha$ un nombre positif quelconque plus petit que $\beta$ et que $\gamma$. Si l'on a $x_0 - \alpha < x < x_0 + \alpha$, on a $\sqrt[n]{x_0} - \varepsilon < \sqrt[n]{x} < \sqrt[n]{x_0} + \varepsilon$. Donc, $\sqrt[n]{x}$ est continue pour $x = x_0$.

60. — Plus généralement, étant donné un nombre $x$ négatif, nul ou positif, proposons-nous de trouver un nombre $y$ tel que l'on ait $y^n = x$. Si $x=0$, $y$ est unique et égal à 0; si $x$ est différent de 0, $y$ ne peut être nul.

Supposons $n$ impair. Si $x$ est positif, $y$, s'il existe, est positif; c'est alors le nombre défini précédemment et représenté par la notation $\sqrt[n]{x}$. Si $x$ est négatif, $y$, s'il existe, est négatif. Posons $x = -x'$, $y = -y'$, $x'$ et $y'$ étant positifs. On doit avoir $(-y')^n = -x'$, c'est-à-dire $(-1)^n y'^n = -x'$, d'où, puisque $n$ est impair, $y'^n = x'$. Donc, $y'$ est égal à $\sqrt[n]{x'}$; $y$ existe, d'une façon unique, et est égal à $-\sqrt[n]{(-x)}$. On pose encore, dans ce cas, $y = -\sqrt[n]{(-x)} = \sqrt[n]{x}$.

Supposons $n$ pair. Si $x$ est négatif, $y$ n'existe pas. Supposons $x$ positif. Il existe d'abord, parmi les nombres positifs, un nombre $y$ et un seul. Cherchons-en un parmi les nombres négatifs, et posons $y=-y'$, $y'$ étant positif. On doit avoir $(-1)^n y'^n = x$, d'où, puisque $n$ est pair, $y'^n = x$. Donc, $y' = \sqrt[n]{x}$; $y$ existe, d'une façon unique, et est égal à $-\sqrt[n]{x}$. Finalement, il existe, parmi les nombres positifs et les nombres négatifs, deux nombres $y$, opposés, $\sqrt[n]{x}$ et $-\sqrt[n]{x}$.

$n$ étant impair, $y=\sqrt[n]{x}$ est une fonction de $x$, définie dans l'intervalle $(-\infty, +\infty)$, croissante, continue, tendant vers $-\infty$ quand $x$ tend vers $-\infty$, vers $+\infty$ quand $x$ tend vers $+\infty$. La courbe représentative de cette fonction passe par l'origine des coordonnées et admet cette origine comme centre de symétrie. Les fonctions $y=\sqrt[n]{x}$ et $x=y^n$ sont inverses l'une de l'autre.

$n$ étant pair, il existe deux fonctions $y$ de $x$, définies et continues dans l'intervalle $(0, +\infty)$, qui sont inverses, l'une, $\sqrt[n]{x}$, de la fonction $x=y^n$, $y$ étant positif ou nul, l'autre, $-\sqrt[n]{x}$, de la fonction $x=y^n$, $y$ étant négatif ou nul. Quand $x$ tend vers $+\infty$, la première tend vers $+\infty$, la seconde tend vers $-\infty$. Leurs courbes représentatives sont symétriques par rapport à l'axe $x'Ox$ (les axes des coordonnées étant rectangulaires); elles se joignent à l'origine, de façon à former un trait d'un seul tenant. On dit alors que $\sqrt[n]{x}$ et $-\sqrt[n]{x}$ sont les deux *branches* d'une même fonction $y$, dite *inverse* de la fonction $x=y^n$.

## III. — FONCTION EXPONENTIELLE

61. — Soit un nombre positif $a$. Nous nous proposons de définir pour toute valeur de $x$ un nombre que l'on représente par la notation $a^x$ et que l'on énonce *a puissance x*. Nous le définirons d'abord pour $x$ rationnel, ensuite pour $x$ irrationnel.

62. **Définition de $a^x$, $x$ étant rationnel.** — 1° Si $x$ est entier et positif, $a^x$ est, par définition, le produit de $x$ nombres égaux à $a$.

2° Si $x$ est positif et rationnel, égal à $\frac{p}{q}$, $p$ et $q$ étant entiers et positifs, $a^x$ est, par définition, égal à $\sqrt[q]{a^p}$. Cette définition comprend la précédente comme cas particulier, si $q=1$.

Pour que la définition posée soit légitime, il faut qu'elle soit indépendante de la forme donnée au nombre rationnel $x$. Il faut donc que, si l'on a $\frac{p}{q}=\frac{p'}{q'}$, on ait $a^{\frac{p}{q}}=a^{\frac{p'}{q'}}$. Il suffit de montrer que l'on a

$$\left(a^{\frac{p}{q}}\right)^{qq'}=\left(a^{\frac{p'}{q'}}\right)^{qq'}.$$

Or, on a successivement

$$\left(a^{\frac{p}{q}}\right)^{qq'}=\left[\left(a^{\frac{p}{q}}\right)^{q}\right]^{q'}=\left[\left(\sqrt[q]{a^p}\right)^{q}\right]^{q'}=(a^p)^{q'}=a^{pq'}$$

et de même

$$\left(a^{\frac{p'}{q'}}\right)^{qq'}=a^{p'q}.$$

Mais, puisque $\frac{p}{q}$ est égal à $\frac{p'}{q'}$, on a $pq'=p'q$ et, par suite, $a^{pq'}=a^{p'q}$. L'égalité est donc établie.

3° Par définition, $a^0=1$.

4° Si $x$ est un nombre rationnel négatif, par définition, on a

$$a^x=\frac{1}{a^{-x}}.$$

63. Théorème. — *Quels que soient les rationnels $x$ et $y$, positifs, nuls ou négatifs, on a*

$$a^x a^y=a^{x+y}.$$

Le théorème a été établi quand $x$ et $y$ sont entiers et positifs. Il est évident quand l'un au moins des nombres $x$ et $y$ est nul. Il reste alors à examiner les cas suivants :

1° $x$ et $y$ sont rationnels et positifs, soient $x=\frac{p}{q}$, $y=\frac{r}{s}$. Il s'agit de montrer que l'on a l'égalité

$$a^{\frac{p}{q}}a^{\frac{r}{s}}=a^{\frac{p}{q}+\frac{r}{s}}.$$

Pour cela, il suffit de montrer que les puissances $qs$ des deux membres sont égales. Or, on a successivement

$$\left(a^{\frac{p}{q}}a^{\frac{r}{s}}\right)^{qs}=\left(a^{\frac{p}{q}}\right)^{qs}\left(a^{\frac{r}{s}}\right)^{qs}=\left[\left(a^{\frac{p}{q}}\right)^{q}\right]^{s}\left[\left(a^{\frac{r}{s}}\right)^{s}\right]^{q}$$
$$=(a^p)^s(a^r)^q=a^{ps}a^{rq}=a^{ps+rq}.$$

D'autre part, on a

$$\left(a^{\frac{p}{q}+\frac{r}{s}}\right)^{qs}=\left(a^{\frac{ps+rq}{qs}}\right)^{qs}=a^{ps+rq}.$$

L'égalité est établie.

2° L'un des deux nombres $x$ et $y$ est négatif, par exemple $x$, l'autre $y$ est positif. Posons $x=-x'$, $x'$ étant positif. On a

$$a^x a^y = \frac{a^y}{a^{x'}}.$$

Supposons $y > x'$. Alors

$$a^x a^y = \frac{a^y}{a^{x'}} = a^{y-x'} = a^{y+x} = a^{x+y}.$$

Supposons $y = x'$. Alors

$$a^x a^y = \frac{a^y}{a^{x'}} = 1 = a^0 = a^{y-x'} = a^{x+y}.$$

Supposons $y < x'$. Alors

$$a^x a^y = \frac{a^y}{a^{x'}} = \frac{1}{a^{x'-y}} = a^{-(x'-y)} = a^{y-x'} = a^{x+y}.$$

3° Les deux rationnels $x$ et $y$ sont négatifs. Posons $x=-x'$, $y=-y'$, $x'$ et $y'$ étant positifs. On a

$$a^x a^y = \frac{1}{a^{x'}}\,\frac{1}{a^{y'}} = \frac{1}{a^{x'}a^{y'}} = \frac{1}{a^{x'+y'}} = a^{-(x'+y')} = a^{x+y}.$$

Théorème. — *Le nombre rationnel $x$ étant positif, $a^x$ est plus grand que 1 si $a$ est plus grand que 1, plus petit que 1 si $a$ est plus petit que 1.*

1° Supposons $x$ entier et égal à $n > 0$. On a

$$a^n - 1 = (a-1)(a^{n-1} + a^{n-2} + \ldots + a + 1),$$

et, par suite, $a^n - 1$ est du signe de $a - 1$. Le théorème est donc établi pour $x$ entier.

2° Supposons $x$ de la forme $\frac{1}{n}$, $n$ étant entier et positif. En remplaçant dans l'égalité précédente $a$ par $a^{\frac{1}{n}}$, on obtient

$$a - 1 = \left(a^{\frac{1}{n}} - 1\right)\left[\left(a^{\frac{1}{n}}\right)^{n-1} + \left(a^{\frac{1}{n}}\right)^{n-2} + \ldots + a^{\frac{1}{n}} + 1\right],$$

et on voit alors que $a^{\frac{1}{n}} - 1$ est du signe de $a - 1$. Le théorème est établi dans ce cas particulier.

3° Supposons $x = \frac{p}{q}$, $p$ et $q$ étant deux entiers positifs. On a

$$a^{\frac{p}{q}} = (a^p)^{\frac{1}{q}}.$$

D'après 1°, $a^p - 1$ est du signe de $a - 1$ et d'après 2°, $(a^p)^{\frac{1}{q}} - 1$ est du signe de $a^p - 1$. Donc, $a^{\frac{p}{q}} - 1$ est du signe de $a - 1$, ce qui démontre le théorème dans le cas général.

Remarquons que si $a = 1$, $a^{\frac{p}{q}} = 1$.

THÉORÈME. — *La fonction $a^x$, d'argument $x$ rationnel, positif, nul ou négatif, est croissante si $a$ est plus grand que 1, décroissante si $a$ est plus petit que 1.*

Soient $x$ et $x'$, $x' > x$, deux rationnels quelconques, positifs, nuls ou négatifs. On a

$$a^{x'} - a^x = a^x (a^{x'-x} - 1).$$

Supposons $a > 1$. Comme $x' - x$ est positif, $a^{x'-x} - 1$ est positif. Par suite, on a

$$a^{x'} - a^x > 0, \quad a^{x'} > a^x.$$

La fonction $a^x$, d'argument rationnel, est croissante.

Supposons $a < 1$. Comme $x' - x$ est positif, $a^{x'-x} - 1$ est négatif. Par suite, on a

$$a^{x'} - a^x < 0, \quad a^{x'} < a.$$

La fonction $a^x$, d'argument rationnel, est décroissante.

Remarquons que si $a = 1$, la fonction $a^x$, d'argument rationnel, est constamment égale à 1.

THÉORÈME. — *Si $a$ est différent de 1, on a la double inégalité*

$$n(a-1) < a^n - 1 < na^n (a-1),$$

*$n$ étant entier et plus grand que 1.*

Si $a$ est différent de 1, on a l'égalité

$$\frac{a^n - 1}{a - 1} = a^{n-1} + a^{n-2} + \ldots + a + 1.$$

Supposons $a > 1$. Le second membre est formé de $n$ termes dont les $n - 1$ premiers sont plus grands que 1, le dernier étant 1 ; il est donc plus grand que $n$. D'autre part, chacun de ces $n$ termes est plus petit que $a^n$ ; le second membre est donc plus petit que $na^n$. Ainsi, on a la double inégalité

$$n < \frac{a^n - 1}{a - 1} < na^n,$$

et, par suite, $a - 1$ étant positif,

$$n(a-1) < a^n - 1 < na^n (a-1).$$

Supposons $a < 1$. Le second membre de l'égalité est formé de $n$ termes dont les $n - 1$ premiers sont plus petits que 1, le dernier étant 1 ; il est donc plus petit que $n$. D'autre part, chacun de ces $n$

termes est plus grand que $a^n$, le second membre est donc plus grand que $na^n$. Ainsi, on a la double inégalité

$$n > \frac{a^n - 1}{a - 1} > na^n,$$

et, par suite, $a-1$ étant négatif,

$$n(a-1) < a^n - 1 < na^n(a-1).$$

THÉORÈME. — *La fonction $a^x$ $(a \neq 1)$, d'argument rationnel $x$, positif, nul ou négatif, tend vers 1 quand $x$ tend vers 0.*

Je dis d'abord que, $n$ étant un entier positif, $a^{\frac{1}{n}}$ tend vers 1 quand $n$ tend vers l'infini. En effet, remplaçons dans la double inégalité précédente $a$ par $a^{\frac{1}{n}}$. Il vient, si l'on a $n > 1$,

$$n(a^{\frac{1}{n}} - 1) < a - 1 < na(a^{\frac{1}{n}} - 1),$$

c'est-à-dire

$$\frac{1}{a}\,\frac{a-1}{n} < a^{\frac{1}{n}} - 1 < \frac{a-1}{n}.$$

Quand $n$ tend vers l'infini, les membres extrêmes de cette double inégalité tendent vers 0; il en est donc de même du membre intermédiaire $a^{\frac{1}{n}} - 1$.

Cela posé, soit $x$ un nombre rationnel positif variable que nous faisons tendre vers 0 et que, par suite, nous pouvons supposer plus petit que 1. A toute valeur de $x$ il correspond un entier $n$ tel que l'on ait

$$\frac{1}{n} \geqslant x > \frac{1}{n+1}.$$

Que $a$ soit plus grand ou plus petit que 1, $a^x - 1$ est compris entre $a^{\frac{1}{n}} - 1$ et $a^{\frac{1}{n+1}} - 1$. Quand $x$ tend vers 0, $n$ et $n+1$ tendent vers l'infini, $a^{\frac{1}{n}} - 1$ et $a^{\frac{1}{n+1}} - 1$ tendent vers 0; $a^x - 1$ tend, par suite, aussi vers 0.

Soit un nombre rationnel négatif variable tendant vers 0. Posons $x = -x'$; $x'$ est positif et tend aussi vers 0. On a

$$a^x - 1 = a^{-x'} - 1 = \frac{1}{a^{x'}} - 1 = -\frac{a^{x'} - 1}{a^{x'}}.$$

$a^{x'} - 1$ tend vers 0, $a^{x'}$ tend vers 1; donc, le dernier membre de cette suite d'égalités tend vers 0; il en est de même de $a^x - 1$.

De ce qui précède, il résulte que si $x$ est une variable rationnelle positive, nulle ou négative tendant vers 0, $a^x - 1$ tend vers 0.

**64. Définition de $a^x$, $x$ étant un nombre quelconque.** — Soit $x$ un nombre défini comme formant coupure entre un ensemble de rationnels $u$ inférieurs ou égaux à $x$ et un ensemble de rationnels $v$ supérieurs ou égaux à $x$. Je dis qu'*il existe un nombre formant coupure entre l'ensemble des nombres $a^u$ et l'ensemble des nombres $a^v$*.

Le théorème est immédiat si $a = 1$ : les $a^u$ et les $a^v$ sont tous égaux à 1 et 1 forme coupure entre les uns et les autres.

Supposons $a \neq 1$ et, pour fixer les idées, $a > 1$. Si $a < 1$, il suffit de changer le sens de quelques inégalités dans la démonstration qui suit.

1° Quels que soient $u$ et $v$, on a $a^u \leqslant a^v$, puisque l'on a $u \leqslant v$.

2° Il reste à montrer que, étant donné un nombre positif quelconque $\varepsilon$, il est possible de trouver un $u$ et un $v$ tels que l'on ait l'inégalité

$$a^v - a^u < \varepsilon.$$

Or, cette inégalité peut s'écrire

$$a^u(a^{v-u} - 1) < \varepsilon.$$

Soit $v_0$ un nombre déterminé de l'ensemble des $v$. Quel que soit $u$, on a $a^u < a^{v_0}$. Pour que l'inégalité ait lieu, il suffit que l'on ait

$$a^{v_0}(a^{v-u} - 1) < \varepsilon, \quad a^{v-u} - 1 < \frac{\varepsilon}{a^{v_0}}.$$

Or, la fonction $a^x$, d'argument rationnel, tendant vers 1 quand $x$ tend vers 0, il existe un nombre positif $\alpha$ tel que, si $x$ est compris 0 et $\alpha$, on ait

$$a^x - 1 < \frac{\varepsilon}{a^{v_0}}.$$

Mais, il y a coupure entre les $u$ et les $v$; il est donc possible de trouver un $u$ et un $v$ tels que l'on ait $v - u < \alpha$. Ces deux nombres satisfont à l'inégalité posée.

On voit ainsi qu'il existe un nombre $\lambda$ formant coupure entre les $a^u$, auxquels il est supérieur ou égal, et les $a^v$, auxquels il est inférieur ou égal.

Je dis en outre que *le nombre $\lambda$ est indépendant des ensembles de rationnels $u$ et $v$ choisis pour définir la coupure formée par le nombre $x$.*

Considérons en effet l'ensemble des rationnels qui sont inférieurs ou égaux à $x$ et l'ensemble des rationnels qui sont supérieurs ou égaux à $x$; désignons par U l'un quelconque des nombres du premier ensemble et par V l'un quelconque des nombres du second. $x$ forme coupure entre ces deux ensembles; il existe donc, d'après ce qui précède, un nombre $\Lambda$ formant coupure entre les deux ensembles formés l'un des nombres $a^u$, l'autre des nombres $a^v$, $\Lambda$ étant supérieur ou égal à tout $a^u$ et inférieur ou égal à tout $a^v$. Mais, un $u$ quelconque se trouve parmi les U, un $v$ quelconque se trouve parmi les V. On a donc, quels que soient $u$ et $v$,

$$a^u \leqslant \Lambda \leqslant a^v.$$

Il s'ensuit que $\Lambda$ coïncide avec $\lambda$ (ch. I, § 9). Autrement dit, quels que soient les $u$ et les $v$ choisis pour déterminer la coupure formée par $x$, $\lambda$ reste le même et est égal à $\Lambda$.

Je dis enfin que *si $x$ est rationnel, $\Lambda$ est égal à $a^x$.*

En effet, si $x$ est rationnel, on peut former l'ensemble des $u$ et l'ensemble des $v$ du seul nombre $x$. On a ainsi

$$a^x \leqslant \Lambda \leqslant a^x;$$

donc, $\Lambda = a^x$.

A toute valeur réelle de $x$ il correspond un nombre $\Lambda$ qui est une fonction de $x$. Cette fonction est égale à $a^x$ pour toute valeur rationnelle de $x$; il n'est pas contradictoire avec ce résultat de la désigner par $a^x$ pour toute valeur de $x$, rationnelle ou irrationnelle. La fonction $a^x$, définie pour tout nombre réel $x$, est dite la *fonction exponentielle de base $a$*, $a$ étant essentiellement positif.

Si $a = 1$, on pose $a^x = 1$, quel que soit $x$.

65. Théorème. — *Quels que soient $x$ et $y$, on a $a^x a^y = a^{x+y}$.*

Le théorème est évident si $a = 1$. Supposons donc $a \neq 1$.

Soient $x$ et $y$ définis comme formant coupure, le premier, entre un ensemble de rationnels $u$ inférieurs ou égaux à $x$ et un ensemble de rationnels $v$ supérieurs ou égaux à $x$, le second, entre un ensemble de rationnels $u'$ inférieurs ou égaux à $y$ et un ensemble de rationnels $v'$ supérieurs ou égaux à $y$.

$a^x$ forme coupure entre les $a^u$ et les $a^v$, $a^y$ forme coupure entre les $a^{u'}$ et les $a^{v'}$. Par suite, $a^x a^y$ forme coupure entre les $a^u a^{u'}$ ou $a^{u+u'}$ et les $a^v a^{v'}$ ou $a^{v+v'}$. D'autre part, $x + y$ forme coupure entre les $u + u'$ et les $v + v'$; donc, $a^{x+y}$ forme coupure entre les $a^{u+u'}$ et les $a^{v+v'}$. On voit ainsi que $a^x a^y$ et $a^{x+y}$ forment coupure entre les deux mêmes ensembles de nombres; ils sont donc égaux.

66. Théorème. — *La fonction $a^x$ est croissante si $a > 1$, décroissante si $a < 1$.*

Supposons $a > 1$. Soient $x$ et $x'$, $x < x'$, deux nombres quelconques.

Si $h$ et $k$, $h < k$, sont des rationnels compris entre $x$ et $x'$, en vertu de la définition même de la fonction exponentielle d'argument réel, on a

$$a^x \leqslant a^h < a^k \quad \text{et} \quad a^h < a^k \leqslant a^{x'}.$$

On en déduit l'inégalité $a^x < a^{x'}$. La fonction $a^x$, de base $a$ plus grande que 1, est donc croissante.

Si $a < 1$, on a

$$a^x \geqslant a^h > a^k \quad \text{et} \quad a^h > a^k \geqslant a^{x'},$$

d'où $a^x > a^{x'}$. La fonction $a^x$, de base $a$ plus petite que 1, est donc décroissante.

67. Théorème. — *La fonction $a^x$ est continue pour tout nombre réel $x$.*

Supposons $a \neq 1$. Montrons d'abord que $a^x$ tend vers 1 quand $x$ tend vers 0. Supposons que $x$ tende vers 0 par valeurs positives; nous pouvons le supposer plus petit que 1, et il existe alors un entier $n$ positif tel que l'on ait

$$\frac{1}{n} \geqslant x > \frac{1}{n+1};$$

la fonction $a^x$ étant croissante ou décroissante, $a^x$ est compris entre $a^{\frac{1}{n}}$ et $a^{\frac{1}{n+1}}$. Quand $x$ tend vers 0, $\frac{1}{n}$ et $\frac{1}{n+1}$ tendent vers 0, $a^{\frac{1}{n}}$ et $a^{\frac{1}{n+1}}$ tendent vers 1; par suite, $a^x$ tend vers 1. Supposons maintenant que $x$ tende vers 0 par valeurs négatives; posons $x = -x'$, $x'$ tendant vers 0 par valeurs positives. On a $a = \frac{1}{a^{x'}}$, et comme $a^{x'}$ tend vers 1, $a^x$ tend aussi vers 1. On en déduit que lorsque $x$ tend vers 0 par valeurs de signes quelconques, $a^x$ tend vers 1.

Cela posé, soit le nombre $x_0$. On a

$$a^x - a^{x_0} = a^{x_0}(a^{x-x_0} - 1).$$

Quand $x$ tend vers $x_0$, $x - x_0$ tend vers 0, $a^{x-x_0} - 1$ tend vers 0 et, par suite, $a^x - a^{x_0}$ tend vers 0. La fonction $a^x$ est continue au point $x_0$.

La fonction $a^x$ de base 1, qui est constante, est évidemment continue pour tout nombre réel $x$.

68. Théorème. — *Si $a > 1$, $a^x$ tend vers $+\infty$ quand $x$ tend vers $+\infty$ et vers 0 quand $x$ tend vers $-\infty$. Si $a < 1$, $a^x$ tend vers 0 quand $x$ tend vers $+$, et vers $+\infty$ quand $x$ tend vers $-\infty$.*

Partons de la double inégalité ($n$ entier $> 1$)

$$n(a-1) < a^n - 1 < na^n(a-1).$$

1° $a > 1$. On a

$$a^n > 1 + n(a-1).$$

Quand $n$ tend vers $+\infty$, le second membre tend vers $+\infty$; il en est de même du premier.

Cela posé, soit $x$ un nombre variable que nous faisons tendre vers $+\infty$ et que nous pouvons, par suite, supposer $> 2$. Il existe alors un entier $n > 1$ tel que l'on ait $n \leqslant x < n+1$. On a $a^n \leqslant a^x < a^{n+1}$. Quand $x$ tend vers $+\infty$, $n$ et $n+1$ tendent vers $+\infty$, $a^n$ et $a^{n+1}$ tendent vers $+\infty$, et il en est de même de $a^x$.

Soit maintenant $x$ un nombre variable que nous faisons tendre vers $-\infty$. Posons $x = -x'$. Quand $x$ tend vers $-\infty$, $x'$ tend vers $+\infty$. On a $a^x = \frac{1}{a^{x'}}$. Quand $x'$ tend vers $+\infty$, $a^{x'}$ tend vers $+\infty$, $\frac{1}{a^{x'}}$ tend vers 0. Donc, quand $x$ tend vers $-\infty$, $a^x$ tend vers 0.

2° $a < 1$. On a l'inégalité

$$a^n < \frac{1}{1+n(1-a)}.$$

Quand $n$ tend vers $+\infty$, le second membre tend vers 0; il en est de même du premier.

Cela posé, soit $x$ un nombre variable que nous faisons tendre vers $+\infty$ et que, par suite, nous pouvons supposer $> 2$. Il existe alors un entier $n > 1$ tel que l'on ait $n \leqslant x < n+1$. On a $a^n \geqslant a^x > a^{n+1}$. Quand $x$ tend vers $+\infty$, $n$ et $n+1$ tendent vers $+\infty$, $a^n$ et $a^{n+1}$ tendent vers 0, et il en est de même de $a^x$.

Soit maintenant $x$ un nombre variable que nous faisons tendre vers $-\infty$. Posons $x = -x'$. Quand $x$ tend vers $-\infty$, $x'$ tend vers $+\infty$. On a $a^x = \frac{1}{a^{x'}}$. Quand $x'$ tend vers $+\infty$, $a^{x'}$ tend vers 0, $\frac{1}{a^{x'}}$ tend vers $+\infty$. Donc, quand $x$ tend vers $-\infty$, $a^x$ tend vers $+\infty$.

**69. Représentation graphique.** — On a, suivant que $a$ est plus grand ou plus petit que 1, les représentations graphiques ci-contre. L'axe $x'Ox$ est asymptote.

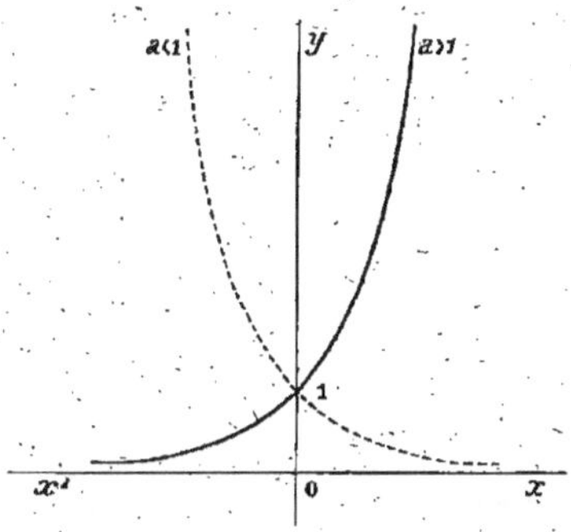

Fig. 9.

**70. Autres propriétés de la fonction exponentielle.** — Théorème. — *Si $a$ et $b$ sont deux nombres positifs, on a, quel que soit $x$, $a^x b^x = (ab)^x$.*

1° Le théorème est vrai si $x$ est un entier positif.

2° Supposons que $x$ soit un nombre rationnel positif, égal à $\frac{p}{q}$. Il s'agit de montrer qu'on a

$$a^{\frac{p}{q}} b^{\frac{p}{q}} = (ab)^{\frac{p}{q}}.$$

Pour cela, il suffit de montrer que les puissances $q$ des deux membres sont égales. Or, on a successivement

$$\left(a^{\frac{p}{q}} b^{\frac{p}{q}}\right)^q = \left(a^{\frac{p}{q}}\right)^q \left(b^{\frac{p}{q}}\right)^q = a^p b^p = (ab)^p.$$

D'autre part, on a

$$\left[(ab)^{\frac{p}{q}}\right]^q = (ab)^p.$$

L'égalité est établie.

3° Le théorème est évident si $x = 0$.

4° Supposons que $x$ soit un nombre rationnel négatif. Posons $x = -x'$, $x'$ étant un nombre rationnel positif. On a

$$a^x b^x = \frac{1}{a^{x'}} \frac{1}{b^{x'}} = \frac{1}{a^{x'} b^{x'}} = \frac{1}{(ab)^{x'}} = (ab)^{-x'} = (ab)^x.$$

5° Supposons que $x$ soit un nombre quelconque. Nous pouvons toujours le regarder comme la limite d'une suite de rationnels $x_n$, par exemple comme la limite de la suite de ses valeurs approchées par défaut à $\frac{1}{10^n}$ près. Quel que soit $n$, on a

$$a^{x_n} b^{x_n} = (ab)^{x_n}.$$

Faisons tendre $x_n$ vers $x$. Les fonctions exponentielles de bases $a$, $b$ et $ab$ étant continues, $a^{x_n}$, $b^{x_n}$ et $(ab)^{x_n}$ tendent respectivement vers $a^x$, $b^x$ et $(ab)^x$. On a donc $a^x b^x = (ab)^x$.

THÉORÈME. — *Si $a$ et $b$ sont deux nombres positifs quelconques, on a, quel que soit $x$,*

$$\frac{a^x}{b^x} = \left(\frac{a}{b}\right)^x.$$

En effet, on a

$$a = b\frac{a}{b}.$$

Par suite, d'après le théorème précédent,

$$a^x = b^x \left(\frac{a}{b}\right)^x,$$

d'où l'on déduit

$$\frac{a^x}{b^x} = \left(\frac{a}{b}\right)^x.$$

THÉORÈME. — *Si $a$ et $b$ sont deux nombres positifs, $a < b$, on a, pour $x$ positif, $a^x < b^x$ et, pour $x$ négatif, $a^x > b^x$.*

On a $\frac{b}{a} > 1$. La fonction exponentielle de base $\frac{b}{a}$ est donc croissante. Par suite, si $x > 0$, on a

$$\left(\frac{b}{a}\right)^x > 1 \quad \text{ou} \quad \frac{b^x}{a^x} > 1 \quad \text{ou} \quad b^x > a^x$$

Si $x < 0$, on a

$$\left(\frac{b}{a}\right)^x < 1 \quad \text{ou} \quad \frac{b^x}{a^x} < 1 \quad \text{ou} \quad b^x < a^x.$$

THÉORÈME. — *Si $a$ est un nombre positif, on a, quels que soient $x$ et $y$.*

$(a^x)^y = a^{xy}$.

1° Le théorème est vrai si $x$ et $y$ sont des entiers positifs.

2° Supposons que $x$ et $y$ soient des rationnels positifs, respectivement égaux à $\frac{p}{q}$ et à $\frac{p'}{q'}$. Il s'agit de montrer que l'on a

$$\left(a^{\frac{p}{q}}\right)^{\frac{p'}{q'}} = a^{\frac{pp'}{qq'}}.$$

Pour cela, il suffit de montrer que les puissances $qq'$ des deux membres sont égales. Or, on a successivement

$$\left[\left(a^{\frac{p}{q}}\right)^{\frac{p'}{q'}}\right]^{qq'} = \left[\left[\left(a^{\frac{p}{q}}\right)^{\frac{p'}{q'}}\right]^{q'}\right]^{q} = \left[\left(a^{\frac{p}{q}}\right)^{p'}\right]^{q} = \left(a^{\frac{p}{q}}\right)^{p'q}$$
$$= \left[\left(a^{\frac{p}{q}}\right)^{q}\right]^{p'} = (a^p)^{p'} = a^{pp'}.$$

D'autre part, on a

$$\left(a^{\frac{pp'}{qq'}}\right)^{qq'} = a^{pp'}.$$

L'égalité est établie.

3° Supposons que $x$ et $y$ soient des nombres positifs, définis comme formant coupure, le premier, entre un ensemble de rationnels $u$ inférieurs ou égaux à $x$, que nous pouvons supposer positifs, et un ensemble de rationnels $v$ supérieurs ou égaux à $x$, le second, entre un ensemble de rationnels $u'$ inférieurs ou égaux à $x$, que nous pouvons supposer positifs, et un ensemble de rationnels $v'$ supérieurs ou égaux à $x$.

Le théorème est évident si $a = 1$. Supposons donc $a \neq 1$ et par exemple $a > 1$. La démonstration est analogue si $a < 1$.

Le produit $xy$ forme coupure entre les nombres $uu'$ et les nombres $vv'$.

Donc, $a^{xy}$ forme coupure entre les $a^{uu'}$ et les $a^{vv'}$. D'autre part, on a, quels que soient $u$, $v$, $u'$, $v'$,

$$a^u \leqslant a^x \leqslant a\ ,$$
$$(a^u)^{u'} \leqslant (a^x)^{u'} \leqslant (a^x)^y \leqslant (a^x)^{v'} \leqslant (a^v)^{v'},$$

d'où, en remarquant que l'on a $(a^u)^{u'} = a^{uu'}$ et $(a^v)^{v'} = a^{vv'}$,

$$a^{uu'} \leqslant (a^x)^y \leqslant a^{vv'}.$$

Cette double inégalité, qui a lieu quels que soient $uu'$ et $vv'$, montre que $(a^x)^y$ coïncide avec $a^{xy}$ (ch. I, § 9).

4° Le théorème est évident si l'un au moins des deux nombres $x$ et $y$ est nul.

5° Supposons $x > 0$ et $y < 0$. Posons $y = -y'$. On a

$$(a^x)^y = \frac{1}{(a^x)^{y'}} = \frac{1}{a^{xy'}} = a^{-xy'} = a^{xy}.$$

6° Supposons $x < 0$ et $y \neq 0$. Posons $x = -x'$. On a

$$(a^x)^y = \left(\frac{1}{a^{x'}}\right)^y = \frac{1^y}{(a^{x'})^y} = \frac{1}{a^{x'y}} = a^{-x'y} = a^{xy}.$$

Le théorème est ainsi établi dans tous les cas.

## IV. — FONCTION $x^\alpha$

71. — *Supposons* $x > 0$. Quel que soit le nombre fixe $\alpha$, la fonction $x^\alpha$ est définie pour toute valeur positive de $x$. Si $\alpha = 0$, elle est constante et égale à 1. Supposons $\alpha \neq 0$. Soient $x_1$ et $x_2$ deux valeurs positives de $x$, $x_1 < x_2$. On a

$$\frac{x_1}{x_2} < 1$$

et, par suite, si $\alpha > 0$,

$$\left(\frac{x_1}{x_2}\right)^\alpha = \frac{x_1^\alpha}{x_2^\alpha} < 1,$$

ou $x_1^\alpha < x_2^\alpha$. Donc, *la fonction* $x^\alpha$ $(\alpha > 0)$ *est croissante à l'intérieur de l'intervalle* $(0, +\infty)$. Si $\alpha < 0$, on a $x_1^\alpha > x_2^\alpha$. *La fonction* $x^\alpha$ $(\alpha < 0)$ *est décroissante à l'intérieur de l'intervalle* $(0, +\infty)$.

Théorème. — *La fonction $x^\alpha$ est continue pour toute valeur positive de $x$.*

Le théorème est évident si $\alpha = 0$. Supposons $\alpha \neq 0$, et par exemple $\alpha > 0$. Soit $x_0$ un nombre positif quelconque. Prenons un nombre positif $\varepsilon$ plus petit que $x_0^\alpha$. La double inégalité

$$x_0^\alpha - \varepsilon < x^\alpha < x_0^\alpha + \varepsilon$$

est équivalente à la double inégalité

$$(x_0^\alpha - \varepsilon)^{\frac{1}{\alpha}} < x < (x_0^\alpha + \varepsilon)^{\frac{1}{\alpha}},$$

puisque $\frac{1}{\alpha}$ est positif. Or, $(x_0^\alpha - \varepsilon)^{\frac{1}{\alpha}}$ est plus petit que $(x_0^\alpha)^{\frac{1}{\alpha}}$, c'est-à-dire $x_0$, et $(x_0^\alpha + \varepsilon)^{\frac{1}{\alpha}}$ est plus grand que $x_0$. On peut donc poser, $\eta_1$ et $\eta_2$ étant positifs,

$$(x_0^\alpha - \varepsilon)^{\frac{1}{\alpha}} = x_0 - \eta_1, \quad (x_0^\alpha + \varepsilon)^{\frac{1}{\alpha}} = x_0 + \eta_2.$$

Désignons par $\eta$ un nombre positif plus petit que $\eta_1$ et que $\eta_2$. La condition $x_0 - \eta < x < x_0 + \eta$ entraîne la double inégalité

$$x_0^\alpha - \varepsilon < x^\alpha < x_0^\alpha + \varepsilon.$$

Donc, la fonction $x^\alpha$ est continue au point $x_0$.

Démonstration analogue si $\alpha < 0$.

Théorème. — *Si $\alpha > 0$, la fonction $x^\alpha$, $x > 0$, tend vers 0 quand $x$ tend vers 0 et vers $+\infty$ quand $x$ tend vers $+\infty$. Si $\alpha < 0$, $x^\alpha$, $x > 0$, tend vers $+\infty$ quand $x$ tend vers 0 et vers 0 quand $x$ tend vers $+\infty$.*

Soit en effet un nombre $\varepsilon$ que nous pouvons supposer positif. Si $\alpha > 0$, pour toute valeur de $x$ plus grande que $\varepsilon^{\frac{1}{\alpha}}$, on a $x^\alpha > \varepsilon$, et pour toute valeur de $x$ comprise entre 0 et $\varepsilon^{\frac{1}{\alpha}}$, on a $x^\alpha < \varepsilon$. Si $\alpha < 0$, pour toute valeur de $x$ plus grande que $\varepsilon^{\frac{1}{\alpha}}$, on a $x^\alpha < \varepsilon$, et pour toute valeur de $x$ comprise entre 0 et $\varepsilon^{\frac{1}{\alpha}}$, on a $x^\alpha > \varepsilon$. Le théorème en résulte.

72. — *Supposons* $x = 0$. Si $\alpha$ est un entier positif, on a $0^\alpha = 0$. Si $\alpha$ est un nombre rationnel positif égal à $\frac{p}{q}$, on pose $0^{\frac{p}{q}} = \sqrt[q]{0^p}$ et ainsi on a $0^{\frac{p}{q}} = 0$. Par extension, si $\alpha$ est un nombre positif quelconque, on pose $0^\alpha = 0$.

Si $\alpha = 0$, $0^\alpha = 0^0 = 1$. Si $\alpha$ est négatif, $0^\alpha$ n'a pas de sens.

73. — *Supposons* $x < 0$. Posons $x = -x'$. Si $\alpha$ est un entier positif, ou bien il est de la forme $2p$ et alors on a

$$x^\alpha = (-x')^{2p} = x'^{2p} = x'^\alpha,$$

ou bien il est de la forme $2p+1$, et alors on a

$$x^\alpha = (-x')^{2p+1} = -x'^{2p+1} = -x'^\alpha.$$

Si, plus généralement, $\alpha$ est un nombre rationnel positif, égal à la *fraction irréductible de dénominateur impair* $\frac{p}{q}$, ou bien $p$ est pair, et alors on pose, par définition,

$$x^{\frac{p}{q}} = \sqrt[q]{x^p} = \sqrt[q]{x'^p} = x'^{\frac{p}{q}},$$

ou bien $p$ est impair, et alors on pose, par définition,

$$x^{\frac{p}{q}} = \sqrt[q]{x^p} = \sqrt[q]{-x'^p} = -\sqrt[q]{x'^p} = -x'^{\frac{p}{q}}.$$

Si $\alpha$ est un entier négatif ou un nombre rationnel négatif dont la valeur absolue est égale à une fraction irréductible de dénominateur impair, on pose

$$x^\alpha = \frac{1}{x^{-\alpha}}.$$

Dans tout autre cas, $x^\alpha$ n'a pas de sens.

Quand, $x$ étant négatif, $x^\alpha$ a un sens, on a tantôt $x^\alpha = x'^\alpha$, tantôt $x^\alpha = -x'^\alpha$. On voit alors que la fonction $x^\alpha$ est continue à l'intérieur de l'intervalle $(-\infty, 0)$, qu'elle est, suivant les cas, croissante ou décroissante à l'intérieur de cet intervalle et que, suivant les cas, elle tend vers $+\infty$, $-\infty$ ou 0 quand $x$ tend vers $-\infty$ ou 0.

**74.** — D'après cela, on a les résultats suivants :

Si $\alpha$ est égal à un entier pair positif ou, plus généralement, à une fraction irréductible positive de dénominateur impair et de numérateur pair, la fonction $x^\alpha$ est définie et continue dans l'intervalle $(-\infty, +\infty)$, décroissante dans l'intervalle $(-\infty, 0)$ et croissante dans l'intervalle $(0, +\infty)$, tend vers $+\infty$ quand $x$ tend vers $+\infty$ ou vers $-\infty$.

Si $\alpha$ est égal à un entier impair positif ou, plus généralement, à une fraction irréductible positive de dénominateur impair et de numérateur impair, la fonction $x^\alpha$ est définie, continue et croissante dans l'intervalle $(-\infty, +\infty)$ et elle tend vers $-\infty$ quand $x$ tend vers $-\infty$ et vers $+\infty$ quand $x$ tend vers $+\infty$.

Si $\alpha$ est égal à un entier pair négatif ou, plus généralement, à une fraction irréductible négative de dénominateur impair et de numérateur pair, la fonction $x^\alpha$ est définie pour toute valeur de $x$ autre que 0, continue à l'intérieur de chacun des intervalles $(-\infty, 0)$ et $(0, +\infty)$, croissante à l'intérieur du premier intervalle, décroissante à l'intérieur du second, tend vers 0 quand $x$ tend vers $+\infty$ ou $-\infty$ et tend vers $+\infty$ quand $x$ tend vers 0.

Si $\alpha$ est égal à un entier impair négatif ou, plus généralement, à une fraction irréductible négative de dénominateur impair et de numérateur impair, la fonction $x^\alpha$ est définie pour toute valeur de $x$ autre que 0, continue et décroissante à l'intérieur de chacun des intervalles $(-\infty, 0)$ et $(0, +\infty)$, tend vers 0 quand $x$ tend vers $+\infty$ ou vers $-\infty$, tend vers $-\infty$ quand $x$ tend vers 0 par valeurs négatives, tend vers $+\infty$ quand $x$ tend vers 0 par valeurs positives.

Si $\alpha = 0$, $x^\alpha$ est défini dans l'intervalle $(-\infty, +\infty)$, constant et égal à 1.

Pour toute autre valeur de $\alpha$, la fonction $x^\alpha$ est définie et continue, si $\alpha > 0$, dans l'intervalle $(0, +\infty)$; si $\alpha < 0$, à l'intérieur de l'intervalle $(0, +\infty)$. Si $\alpha > 0$, la fonction est croissante et tend vers $+\infty$ quand $x$ tend vers $+\infty$; si $\alpha < 0$, elle est décroissante, tend vers $+\infty$ quand $x$ tend vers 0 et tend vers 0 quand $x$ tend vers $+\infty$.

75. — Grâce aux définitions posées, on voit que, si $x^\alpha$ et $x'^\alpha$ ont un sens, il en est de même de $(xx')^\alpha$, et que l'on a

$$x^\alpha x'^\alpha = (xx')^\alpha.$$

Si l'on remarque que la somme ou la différence de deux fractions irréductibles à dénominateur impair est égale à une fraction irréductible à dénominateur impair, dont le numérateur est pair ou impair suivant que les numérateurs des deux premières fractions sont de même parité ou de parités différentes, on voit que, $x$ étant négatif, si $x^\alpha$ et $x^\beta$ ont un sens, il en est de même de $x^{\alpha+\beta}$ et que l'on a

$$x^\alpha x^\beta = x^{\alpha+\beta}.$$

Si l'on remarque que le produit de deux fractions irréductibles à dénominateur impair est égal à une fraction irréductible à dénominateur impair, dont le numérateur est pair si l'un au moins des numérateurs des deux premières fractions est pair, impair si les deux numérateurs sont impairs, on voit que, $x$ étant négatif et $\alpha$, $\beta$ rationnels et égaux en valeur absolue à des fractions irréductibles à dénominateur impair, on a

$$(x^\alpha)^\beta = x^{\alpha\beta}.$$

76. — Quand $x$ est infiniment petit (ou infiniment grand), si $\alpha$ est positif, $x^\alpha$ est infiniment petit (ou infiniment grand); $x$ peut être posi-

tif ou négatif, mais, si $x$ est négatif, il faut que $\alpha$ soit tel que $x^\alpha$ ait un sens.

$\alpha$ et $\beta$ étant positifs, pour que les infiniment petits (ou infiniment grands) $x^\alpha$ et $x^\beta$ soient de même ordre, il faut et il suffit que $\alpha$ et $\beta$ soient égaux. Pour que $x^\alpha$ soit d'ordre supérieur à $x^\beta$, il faut et il suffit que $\alpha$ soit supérieur à $\beta$. Pour que $x^\alpha$ et $x^\beta$ ne soient pas de même ordre, il faut et il suffit que $\alpha$ et $\beta$ soient inégaux.

Si $y$ et $z$ sont des infiniment petits (ou infiniment grands) équivalents, $y^\alpha$ et $z^\alpha$, $\alpha > 0$, sont aussi des infiniment petits (ou infiniment grands) équivalents. En effet, on a

$$\frac{y^\alpha}{z^\alpha} = \left(\frac{y}{z}\right)^\alpha.$$

Or, $\frac{y}{z}$ tendant vers 1, $\left(\frac{y}{z}\right)^\alpha$ tend aussi vers 1.

On dit que l'infiniment petit (ou infiniment grand) $y$ est *d'ordre $\alpha$ par rapport à l'infiniment petit (ou infiniment grand) principal $x$* si $y$ est de même ordre que $x^\alpha$, $\alpha$ étant nécessairement positif, autrement dit, si $\frac{y}{x^\alpha}$ a une limite $\lambda$ non infinie et non nulle. Le nombre $\alpha$, s'il existe, est nécessairement unique, car, si $\alpha$ et $\alpha'$ sont inégaux, $x^\alpha$ et $x^{\alpha'}$ ne sont pas de même ordre et ne peuvent être, par suite, simultanément de même ordre que $y$.

L'infiniment petit (ou infiniment grand) $\lambda x^\alpha$ est dit la *partie principale* de l'infiniment petit (ou infiniment grand) $y$. Un infiniment petit (ou infiniment grand) est équivalent à sa partie principale, si celle-ci existe, car $\frac{y}{x^\alpha}$ ayant pour limite $\lambda$, $\frac{y}{\lambda x^\alpha}$ a pour limite 1. Réciproquement, si $y$ est équivalent à $\lambda x^\alpha$, $\lambda \neq 0$, $y$ est d'ordre $\alpha$ par rapport à $x$ et sa partie principale est $\lambda x^\alpha$.

On dit que l'infiniment petit (ou infiniment grand) $y$ est *d'ordre supérieur à $\alpha$ par rapport à l'infiniment petit (ou infiniment grand) principal $x$* si $y$ est d'ordre supérieur à $x^\alpha$, $\alpha > 0$, autrement dit, si, lorsque $x$ et $y$ sont infiniment petits, $\frac{y}{x^\alpha}$ a pour limite 0, si, lorsque $x$ et $y$ sont infiniment grands, $\frac{y}{x^\alpha}$ a pour limite $\infty$. On dit que $y$ est *d'ordre inférieur à $\alpha$ par rapport à $x$* si $y$ est d'ordre inférieur à $x^\alpha$, $\alpha > 0$, autrement dit, si, lorsque $x$ et $y$ sont infiniment petits, $\frac{y}{x^\alpha}$ a pour limite $\infty$, si, lorsque $x$ et $y$ sont infiniment grands, $\frac{y}{x^\alpha}$ a pour limite 0.

77. — Étant donnés deux infiniment petits (ou infiniment grands) $y$ et $z$, respectivement d'ordres $\alpha$ et $\beta$ par rapport à l'infiniment petit (ou infiniment grand) principal $x$, pour que $y$ soit de même ordre que $z$, il faut et il suffit que $\alpha$ et $\beta$ soient égaux; pour que $y$ soit d'ordre supérieur à $z$, il faut et il suffit que $\alpha$ soit supérieur à $\beta$. En effet, $y$ et $z$ sont respectivement de même ordre que $x^{\alpha}$ et $x^{\beta}$, et pour que $y$ et $z$ soient de même ordre, il faut et il suffit que $x^{\alpha}$ et $x^{\beta}$ soient de même ordre; pour que $y$ soit d'ordre supérieur à $z$, il faut et il suffit que $x^{\alpha}$ soit d'ordre supérieur à $x^{\beta}$.

Si une expression E est égale au produit ou au quotient de deux produits d'infiniment petits et d'infiniment grands simultanés ayant des parties principales, ou bien elle a une limite non infinie et non nulle, ou bien c'est un infiniment grand ou un infiniment petit ayant une partie principale; si on y remplace les infiniment grands et les infiniment petits par leurs parties principales, on obtient une nouvelle expression E' qui est ou bien constante et alors égale à la limite non infinie et non nulle de E, ou bien variable et alors égale à la partie principale de E. En effet, l'expression E' prend, toutes réductions faites, la forme $Ax^p$, $x$ étant l'infiniment petit principal, A et $p$ étant deux nombres fixes et A n'étant pas nul. Le rapport $\frac{E}{Ax^p}$ tend vers 1. Si $p$ est nul, $Ax^p$ est égal à A, et E tend vers A. Si $p$ est positif, $Ax^p$ est infiniment petit, E est aussi infiniment petit, équivalent à $Ax^p$, qui est ainsi la partie principale de E, $x$ étant l'infiniment petit principal. Si $p$ est négatif, $Ax^p$, qui s'écrit $A\left(\frac{1}{x}\right)^{-p}$, est infiniment grand, E est aussi infiniment grand, équivalent à $Ax^p$, qui est ainsi la partie principale de E, $\frac{1}{x}$ étant l'infiniment grand principal.

Si $y$ est infiniment petit (ou infiniment grand) d'ordre $\alpha$ par rapport à $x$, la puissance positive $\beta$ de $y$ est un infiniment petit (ou infiniment grand) d'ordre $\alpha\beta$ par rapport à $x$, et la partie principale de $y^{\beta}$ est la puissance $\beta$ de la partie principale de $y$. En effet, $\lambda x^{\alpha}$ étant la partie principale de $y$, $y$ et $\lambda x^{\alpha}$ sont équivalents, par suite, $y^{\beta}$ et $(\lambda x^{\alpha})^{\beta}$ sont équivalents. Or, $(\lambda x^{\alpha})^{\beta} = \lambda^{\beta} x^{\alpha\beta}$.

Si $y$ est infiniment petit (ou infiniment grand) d'ordre supérieur (ou inférieur) à $\alpha$, par rapport à $x$, $y^{\beta}$ est infiniment petit (ou infiniment grand) d'ordre supérieur (ou inférieur) à $\alpha\beta$ par rapport à $x$.

Étant donnés plusieurs infiniment petits de même ordre $\alpha$ par rapport à $x$, si la somme de leurs parties principales n'est pas identiquement nulle, elle est équivalente à la somme des infiniment petits eux-mêmes; si elle est identiquement nulle, la somme des infiniment petits est d'ordre supérieur à $\alpha$. En effet, soient $y$, $z$, ..., ayant pour parties principales $\lambda x^\alpha$, $\mu x^\alpha$, .... Le rapport $\frac{y+z+\ldots}{x^\alpha}$, qui est égal à la somme des rapports $\frac{y}{x^\alpha}$, $\frac{z}{x^\alpha}$, ..., a pour limite $\lambda+\mu+\ldots$. Si $\lambda+\mu+\ldots$ n'est pas nul, $y+z+\ldots$ est d'ordre $\alpha$ et a pour partie principale $(\lambda+\mu+\ldots)x^\alpha$; si $\lambda+\mu+\ldots$ est nul, $y+z+\ldots$ est d'ordre supérieur à $\alpha$.

Étant donnés plusieurs infiniment grands de même ordre $\alpha$ par rapport à $x$, si la somme de leurs parties principales n'est pas identiquement nulle, elle est équivalente à la somme des infiniment grands eux-mêmes. La somme des parties principales étant identiquement nulle, si la somme des infiniment grands est elle-même infiniment grande, elle est d'ordre inférieur à $\alpha$. Démonstration analogue à la précédente.

## V. — FONCTION LOGARITHMIQUE

**78. Définition de la fonction logarithmique.** — Soit $a$ un nombre positif, différent de 1. La fonction $a^y$ de la variable $y$, définie dans l'intervalle $(-\infty, +\infty)$, étant continue dans cet intervalle et ayant pour limites 0 et $+\infty$ quand $x$ tend vers $\pm\infty$, prend toute valeur comprise entre ses limites 0 et $+\infty$, c'est-à-dire toute valeur positive, et comme elle est croissante ou décroissante, elle ne prend une valeur positive que pour une seule valeur de la variable. Autrement dit, à tout nombre $x$ positif il correspond un nombre $y$ et un seul tel que l'on ait $a^y = x$. Ce nombre $y$ s'appelle le *logarithme de $x$ dans le système de base $a$*, et l'on pose $y = \log_a x$. Cette relation est équivalente à la relation $a^y = x$.

$y$ est une fonction de $x$, définie à l'intérieur de l'intervalle $(0, +\infty)$, qu'on appelle la *fonction logarithmique de $x$, de base $a$*. La condition $x_1 < x_2$ qui s'écrit $a^{y_1} < a^{y_2}$ entraîne, si $a > 1$, $y_1 < y_2$, et si $a < 1$, $y_1 > y_2$; par suite, *la fonction* $\log_a x$ *est croissante si $a > 1$, décroissante si $a < 1$.*

On a les résultats suivants :

1° $\log_a 1 = 0$.

2° $\log_a a = 1$

3° Si $a > 1$, quand $x > 1$, $\log_a x > 0$ et quand $x < 1$, $\log_a x < 0$.
Si $a < 1$, quand $x > 1$, $\log_a x < 0$ et quand $x < 1$, $\log_a x > 0$.

79. Théorème. — *La fonction $\log_a x$ est continue à l'intérieur de l'intervalle* $(0, +\infty)$. Soit en effet le point $x_0$, $x_0 > 0$. Supposons, pour fixer les idées, $a > 1$. Si $\varepsilon$ est un nombre positif d'ailleurs quelconque, la double inégalité

$$\log_a x_0 - \varepsilon < \log_a x < \log_a x_0 + \varepsilon$$

est équivalente à la double inégalité

$$a^{\log_a x_0 - \varepsilon} < x < a^{\log_a x_0 + \varepsilon}.$$

Or, $a^{\log_a x_0 - \varepsilon}$ est plus petit que $a^{\log_a x_0}$, c'est-à-dire $x_0$, et $a^{\log_a x_0 + \varepsilon}$ est plus grand que $x_0$. On peut donc poser, $\alpha_1$ et $\alpha_2$ étant positifs,

$$a^{\log_a x_0 - \varepsilon} = x_0 - \alpha_1, \quad a^{\log_a x_0 + \varepsilon} = x_0 + \alpha_2.$$

Désignons par $\alpha$ un nombre positif plus petit que $\alpha_1$ et que $\alpha_2$. La condition $x_0 - \alpha < x < x_0 + \alpha$ entraîne $\log_a x_0 - \varepsilon < \log_a x < \log_a x_0 + \varepsilon$. Donc, $\log_a x$ est continue en $x_0$ et, par suite, à l'intérieur de l'intervalle $(0, +\infty)$.

Démonstration analogue si $a < 1$.

80. Théorème. — *Si $a > 1$, $\log_a x$ tend vers $+\infty$ quand $x$ tend vers $+\infty$ et il tend vers $-\infty$ quand $x$ tend vers 0. Si $a < 1$, $\log_a x$ tend vers $-\infty$ quand $x$ tend vers $+\infty$ et il tend vers $+\infty$ quand $x$ tend vers 0.*

1° $a > 1$. Si $\varepsilon$ est un nombre quelconque, pour toute valeur de $x$ supérieure à $a^{\varepsilon}$, $\log_a x$ est supérieur à $\varepsilon$ et pour toute valeur de $x$ inférieure à $a^{\varepsilon}$, $\log_a x$ est inférieur à $\varepsilon$.

2° $a < 1$. Si $\varepsilon$ est un nombre quelconque, pour toute valeur de $x$ supérieure à $a^{\varepsilon}$, $\log_a x$ est plus petit que $\varepsilon$, et pour toute valeur de $x$ inférieure à $a^{\varepsilon}$, $\log_a x$ est plus grande que $\varepsilon$.

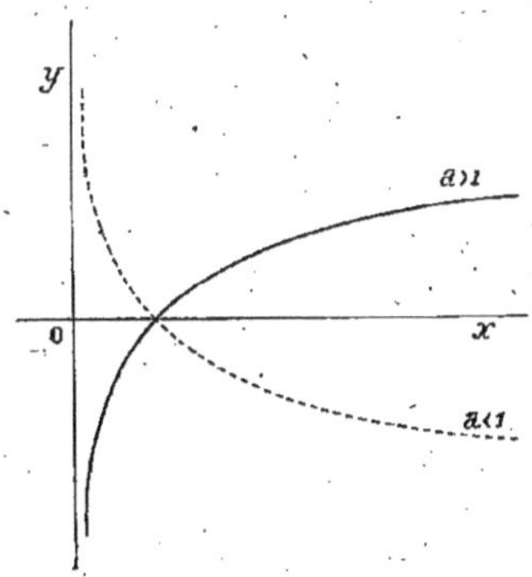


Fig. 10.

81. **Représentation graphique.** — On a, d'après cela, les courbes représentatives ci-contre, suivant que $a$ est plus grand ou plus petit que 1.

82. **Autres propriétés de la fonction logarithmique.** — Théorèmes. — 1° *Le logarithme d'un produit de plusieurs nombres positifs est égal à la somme des logarithmes de ces nombres.*

2° *Le logarithme du quotient de deux nombres positifs est égal à la différence des logarithmes de ces nombres.*

3° *Le logarithme d'une puissance d'un nombre positif est égal au logarithme de ce nombre multiplié par l'exposant de la puissance.*

1° Soient $y_1$, $y_2$, $y_3$ les logarithmes des nombres positifs $x_1$, $x_2$, $x_3$. On a

$$a^{y_1} = x_1, \quad a^{y_2} = x_2, \quad a^{y_3} = x_3,$$

d'où, par multiplication,

$$a^{y_1+y_2+y_3} = x_1 x_2 x_3,$$

et, par suite,

$$y_1 + y_2 + y_3 = \log(x_1 x_2 x_3) = \log x_1 + \log x_2 + \log x_3.$$

2° On a aussi, par division,

$$a^{y_1-y_2} = \frac{x_1}{x_2},$$

d'où

$$y_1 - y_2 = \log\frac{x_1}{x_2} = \log x_1 - \log x_2.$$

En particulier, *si deux nombres positifs sont inverses l'un de l'autre, leurs logarithmes sont opposés* :

$$\log\frac{1}{x} = \log 1 - \log x = -\log x.$$

3° Élevons à la puissance $\alpha$, $\alpha$ étant quelconque, les deux membres de l'égalité $a^y = x$, $x > 0$; il vient

$$(a^y)^\alpha = x^\alpha = a^{\alpha y},$$

d'où

$$\alpha y = \log(x^\alpha) = \alpha \log x.$$

**83. Changement de base.** — Supposons que nous ayons calculé le logarithme d'un nombre positif quelconque $x$ dans le système de base $a$, et proposons-nous d'en déduire le logarithme de ce nombre dans un autre système de base $b$. En désignant par $\alpha$ et $\beta$ les logarithmes de $x$ dans les systèmes de bases $a$ et $b$, on a

$$a^\alpha = x, \quad b^\beta = x$$

et, par suite,

$$a^\alpha = b^\beta.$$

Prenons les logarithmes des deux membres dans le système de base $a$; il vient

$$\alpha = \beta \log_a b,$$

d'où l'on tire

$$\beta = \alpha \frac{1}{\log_a b}.$$

On voit ainsi que, connaissant $\alpha$, pour calculer $\beta$, on n'a qu'à multiplier $\alpha$ par un nombre fixe, indépendant de $x$, égal à $\frac{1}{\log_a b}$, qu'on appelle le *module* du système de base $b$ par rapport au système de base $a$.

Le module du système de base $a$ par rapport au système $b$ est évidemment inverse du précédent; on a

$$\frac{1}{\log_a b} \times \frac{1}{\log_b a} = 1$$

ou

$$\log_a b \times \log_b a = 1.$$

## VI. — FONCTION $x^y$.

84. — A tout système de nombres $x$ et $y$, dans lequel on a $x > 0$, il correspond le nombre $x^y$, qui est ainsi une fonction des deux variables indépendantes $x$ et $y$, définie à l'intérieur du champ illimité $x \geqslant 0$.

THÉORÈME. — *La fonction $x^y$ est continue à l'intérieur du champ $x \geqslant 0$.*

En effet, $a$ étant un nombre positif quelconque autre que 1, on a

$$x^y = a^z, \quad z = y \log_a x.$$

Or, $y$ et $\log_a x$ sont des fonctions des variables $x$ et $y$, continues à l'intérieur du champ $x \geqslant 0$; il en est de même de leur produit $z$, et, comme la fonction exponentielle est continue, d'après le théorème relatif à la continuité d'une fonction de fonction (ch. I, § 45), $a^z$, c'est-à-dire $x^y$, est aussi une fonction continue.

Si $(x_0, y_0)$ est un point intérieur au champ considéré et si le point $(x, y)$ intérieur à ce champ tend vers le point $(x_0, y_0)$, c'est-à-dire si $x$ et $y$ tendent simultanément et respectivement vers $x_0$ et $y_0$, $x^y$ tend vers $x_0^{y_0}$.

D'après le théorème relatif à la continuité d'une fonction composée (ch. I, § 45), si $u$ et $v$ sont des fonctions des mêmes variables indépendantes, définies dans un même champ, avec la condition $u > 0$, et continues dans ce champ, la fonction composée $u^v$ est elle-même continue.

85. **Formes indéterminées exponentielles.** — Supposons que, lorsque les variables dont dépendent $u$ et $v$ ont des limites, $u$ et $v$ aient respectivement des limites $u_0$ et $v_0$, finies ou infinies. $u_0$ étant limite d'une fonction positive, si $u_0$ est fini, il est positif ou nul, si $u_0$ est infini, il est égal à $+\infty$.

1° Supposons $u_0$ fini et positif, $v_0$ fini. Alors, en vertu de la continuité de la fonction composée $u^v$, $u^v$ tend vers $u_0^{v_0}$.

2° Supposons $u_0$ fini et positif, $v_0 = +\infty$ ou $-\infty$. On a $u^v = a^{v \log_a u}$; $\log_a u$ tend vers $\log_a u_0$. Si $u_0 \neq 1$, $v \log_a u$ tend vers $+\infty$ ou vers $-\infty$, $u^v$ tend vers $+\infty$ ou vers 0. Si $u_0 = 1$, $v \log_a u$ prend la forme indéterminée $\infty \times 0$; on dit alors que $u^v$ *prend la forme indéterminée* $1^\infty$.

3° Supposons $u_0 = 0$. On a $u^v = a^{v \log_a u}$; si nous prenons $a > 1$, $\log_a u$ tend vers $-\infty$. Si $v_0 \neq 0$, fini ou infini, $v \log_a u$ tend vers $+\infty$ ou vers $-\infty$, $u^v$ tend vers $+\infty$ ou vers 0. Si $v_0 = 0$, $v \log_a u$ prend la forme indéterminée $0 \times \infty$; on dit alors que $u^v$ *prend la forme indéterminée* $0^0$.

4° Supposons $u_0 = +\infty$. On a $u^v = a^{v \log_a u}$. Si nous prenons $a > 1$, $\log_a u$ tend vers $+\infty$. Si $v_0 \neq 0$, $v \log_a u$ tend vers $+\infty$ ou vers $-\infty$, $u^v$ tend vers $+\infty$ ou vers 0. Si $v_0 = 0$, $v \log_a u$ prend la forme indéterminée $0 \times \infty$; on dit alors que $u^v$ *prend la forme indéterminée* $\infty^0$.

## VII. — COMPARAISON D'INFINIMENT GRANDS ET D'INFINIMENT PETITS PUISSANCES, EXPONENTIELS ET LOGARITHMIQUES

86. Théorème. — *Si* $a > 1$, $\frac{a^n}{n}$ *tend vers* $+\infty$ *quand l'entier positif* $n$ *tend vers* $+\infty$.

En effet, on a l'égalité

$$a^n - 1 = (a - 1)(a^{n-1} + a^{n-2} + \dots + a + 1)$$

dont on déduit, $a$ étant plus grand que 1, l'inégalité

$$a^n > (a - 1)(a^{n-1} + a^{n-2} + \dots + a).$$

D'autre part, on en tire $a^n > n(a - 1)$; de même, on a

$$a^{n-1} > (n - 1)(a - 1), \quad a^{n-2} > (n - 2)(a - 1), \; \dots, \; a > a - 1.$$

Par suite,

$$a^n > (a - 1)^2[(n - 1) + (n - 2) + \dots + 2 + 1],$$

c'est-à-dire

$$a^n > \frac{n(n-1)}{2}(a - 1)^2,$$

d'où

$$\frac{a^n}{n} > (n - 1)\frac{(a - 1)^2}{2}.$$

Quand $n$ tend vers $+\infty$, le second membre tend vers $+\infty$, il en est de même *a fortiori* du premier.

THÉORÈME. — *Si $a > 1$, $\frac{a^x}{x}$ tend vers $+\infty$ quand $x$ tend vers $+\infty$.*

Puisque $x$ tend vers $+\infty$, nous pouvons le supposer $> 1$ ; soit $n$ sa partie entière ; on a

$$n \leqslant x < n+1.$$

On a, par suite,

$$\frac{a^n}{n+1} < \frac{a^x}{x} < \frac{a^{n+1}}{n},$$

c'est-à-dire

$$\frac{1}{a}\frac{a^{n+1}}{n+1} < \frac{a^x}{x} < a\frac{a^n}{n}.$$

Quand $x$ tend vers $+\infty$, $n+1$ et $n$ tendent vers $+\infty$ ; $a\frac{a^n}{n}$ et $\frac{1}{a}\frac{a^{n+1}}{n+1}$ tendent vers $+\infty$ ; il en est de même de $\frac{a^x}{x}$.

De ce théorème, il résulte que la branche infinie de la courbe représentative (§ 69) de la fonction $a^x$, $a > 1$, lorsque $x$ tend vers $+\infty$, a pour direction asymptotique $y'Oy$. La branche infinie est parabolique.

THÉORÈME. — *Si $a > 1$, $\frac{a^x}{x^\alpha}$, où l'on a $\alpha > 0$, tend vers $+\infty$ quand $x$ tend vers $+\infty$.*

En effet, on a $a = \left(a^{\frac{1}{\alpha}}\right)^\alpha$. Or, $a$ étant plus grand que 1 et $\alpha$ étant positif, $a^{\frac{1}{\alpha}}$ est plus grand que 1 ; par suite, d'après le théorème précédent,

$$\frac{\left(a^{\frac{1}{\alpha}}\right)^x}{x}$$

tend vers $+\infty$, quand $x$ tend vers $+\infty$. Comme $\alpha$ est positif,

$$\left[\frac{\left(a^{\frac{1}{\alpha}}\right)^x}{x}\right]^\alpha \quad \text{ou} \quad \frac{a^x}{x^\alpha}$$

tend aussi vers $+\infty$.

*Conséquences.* — Si $a < 1$, $xa^x$ tend vers 0 quand $x$ tend vers $+\infty$, $x^\alpha a^x$, $\alpha$ étant positif, tend vers 0 quand $x$ tend vers $+\infty$, $\frac{a^x}{x}$ tend vers $-\infty$ quand $x$ tend vers $-\infty$, $\frac{a^x}{x^\alpha}$, $\alpha$ étant positif et tel que $x^\alpha$ ait un sens pour $x$ négatif, tend vers $\infty$ quand $x$ tend vers $-\infty$.

On n'a qu'à poser $a = \frac{1}{a'}$, $a' > 1$, et, si $x$ tend vers $-\infty$, $x = -x'$, $x'$ tendant vers $+\infty$. On est ramené immédiatement aux théorèmes précédents.

87. THÉORÈME. — *Si* $a > 1$, $\frac{[\log_a x]^\beta}{x^\alpha}$, *α et β étant positifs, tend vers* 0 *quand x tend vers* $+\infty$.

Posons en effet $\log_a x = y$, d'où $x = a^y$. On a ainsi

$$\frac{[\log_a x]^\beta}{x^\alpha} = \frac{y^\beta}{(a^y)^\alpha} = \frac{y^\beta}{a^{\alpha y}} = \frac{1}{\alpha^\beta}\frac{(\alpha y)^\beta}{a^{\alpha y}}.$$

Quand $x$ tend vers $+\infty$, $y$ tend vers $+\infty$ et, par suite, $\frac{(\alpha y)^\beta}{a^{\alpha y}}$ tend vers 0. Donc, $\frac{[\log_a x]^\beta}{x^\alpha}$ tend vers 0.

De ce théorème, il résulte que la branche infinie de la courbe représentative (§ 81) de la fonction $\log_a x$, $a > 1$, quand $x$ tend vers $+\infty$, a pour direction asymptotique $x'Ox$; la branche infinie est parabolique.

THÉORÈME. — *Si* $a > 1$, $x^\alpha[\log_a x]^\beta$, *α et β étant positifs et β étant choisi de façon que* $[\log_a x]^\beta$ *ait un sens quand* $\log_a x$ *est négatif, tend vers* 0 *quand x tend vers* 0.

Posons $x = \frac{1}{y}$; $x$ tendant vers 0 par valeurs positives, $y$ tend vers $+\infty$. On a

$$x^\alpha[\log_a x]^\beta = (-1)^\beta \frac{[\log_a y]^\beta}{y^\beta},$$

et, d'après le théorème précédent, quand $y$ tend vers $+\infty$, le second membre et, par suite, le premier tendent vers 0.

*Application.* — *Quand x tend vers* 0, $x^x$ *tend vers* 1.

En effet, on a, en prenant $a > 1$,

$$x^x = a^{x \log_a x}.$$

Or, d'après le théorème précédent, $x \log_a x$ tend vers 0; donc, $x^x$ tend vers $a^0$, c'est-à-dire 1.

D'après cela, $n$ étant un entier positif, $\sqrt[n]{n}$ tend vers 1 quand $n$ tend vers $+\infty$. En effet, on a

$$\sqrt[n]{n} = n^{\frac{1}{n}} = \frac{1}{\left(\frac{1}{n}\right)^{\frac{1}{n}}}.$$

$\frac{1}{n}$ tend vers 0, le dénominateur tend vers 1; donc, $\sqrt[n]{n}$ tend vers 1.

## EXERCICES

9. $a$ étant un nombre positif, montrer que la suite

$$u_1 = \sqrt{a}, \quad u_2 = \sqrt{a + u_1}, \; \ldots, \quad u_n = \sqrt{a + u_{n-1}}, \; \ldots$$

a une limite finie et calculer cette limite.

10. On considère la suite

$$u_1 = 1,\ u_2 = 2,\ u_3 = 3,\ u_4 = 5,\ \ldots,\ u_n = u_{n-1} + u_{n-2},\ \ldots.$$

1° Montrer que l'on a

$$u_n^2 - u_{n-1}u_{n+1} = (-1)^n.$$

2° Montrer que $\frac{u_{n+1}}{u_n}$ a une limite finie, quand $n$ tend vers $+\infty$. Calculer cette limite.

11. Si l'on désigne par $E(x)$ la partie entière du nombre positif ou nul $x$, montrer que la fonction

$$f(x) = E(x) + \sqrt{x - E(x)}$$

est une fonction continue de $x$. Tracer la courbe représentative.

12. Étudier la variation de la fonction $a^{\frac{1}{\log_a x}}$. Discuter suivant les valeurs du nombre fixe positif $a$. Tracer la courbe représentative.

13. Résoudre l'équation $a^{b^x} = b^{a^x}$, $a$ et $b$ étant deux nombres positifs donnés.

[D'une manière générale, on pose $a^{b^c} = a^{\left(b^c\right)}$].

14. Déterminer les valeurs positives de $x$ et de $y$ qui vérifient les deux équations

$$x^y = y^x, \qquad y = ax,$$

$a$ étant un nombre positif donné.

15. Démontrer que la fonction $a^x$, où $a$ est une constante positive quelconque, est la seule fonction $f(x)$ autre que 0, définie et continue dans l'intervalle $(-\infty, +\infty)$, telle que, quels que soient $x$ et $x'$, on ait l'égalité

$$f(x)f(x') = f(x + x').$$

[On montrera d'abord que cette égalité entraîne les suivantes :

$$f(0) = 1, \quad f(x)f(-x) = 1; \quad f(x) = \left[f\left(\frac{x}{2}\right)\right]^2.$$

Puis, on établira les égalités

$$f(x_1)f(x_2)\ldots f(x_n) = f(x_1 + x_2 + \ldots + x_n),$$
$$[f(x)]^n = f(nx).$$

On montrera ensuite que l'on a $[f(x)]^\alpha = f(\alpha x)$ pour tout nombre rationnel $\alpha$, puis, en tenant compte de la continuité de $f(x)$, pour tout nombre réel $\alpha$. On établira enfin l'égalité

$$f(x) = [f(1)]^x$$

pour tout nombre $x$.]

16. Si $a, b, c, \ldots, k, l$ sont des nombres positifs, différents de 1, montrer que l'on a l'égalité

$$\log_a b \times \log_b c \times \ldots \times \log_k l \times \log_l a = 1.$$

17. Démontrer que si $u$ et $v$ sont des infiniment petits ou infiniment grands positifs équivalents, $\log_a u$ et $\log_a v$, où $a$ est un nombre fixe positif et différent de 1, sont des infiniment grands qui sont aussi équivalents.

# CHAPITRE III

## FONCTIONS CIRCULAIRES

### I. — ARCS DE CERCLE ET ANGLES

**88. Orientation du plan.** — Par définition, *orienter* un angle droit, c'est ranger ses côtés dans un ordre. Nous représenterons l'angle droit orienté qui a pour premier côté la demi-droite $Ox$ et pour second côté la demi-droite $Oy$ par la notation $(Ox, Oy)$. Deux demi-droites rectangulaires $Ox$ et $Oy$ définissent deux angles droits orientés, $(Ox, Oy)$ et $(Oy, Ox)$.

Soient deux droites rectangulaires se coupant en un point O, qui détermine sur l'une d'elles les demi-droites opposées $Ox$ et $Ox'$ et sur l'autre les demi-droites opposées $Oy$ et $Oy'$. Il existe huit angles droits orientés dont un côté est l'une des demi-droites $Ox$ et $Ox'$ et dont l'autre côté est l'une des demi-droites $Oy$ et $Oy'$. Étant donnés deux quelconques de ces angles, il est possible de passer de l'un à l'autre par une suite d'opérations prises parmi les opérations suivantes : 1° permutation des côtés d'un angle droit orienté, 2° remplacement d'un côté d'un angle droit orienté par la demi-droite opposée. Si le nombre des opérations de la suite est pair, nous dirons que les deux angles considérés sont *de même sens*, s'il est impair, nous dirons que les deux angles considérés sont *de sens contraires*, ces définitions étant exclusives l'une de l'autre. L'ensemble des huit angles précédents se partage alors en deux ensembles tels que deux angles quelconques de l'un quelconque des deux ensembles soient de même sens, deux angles quelconques appartenant l'un à l'un des ensembles, l'autre à l'autre ensemble soient de sens contraires. L'un des ensembles contient les quatre angles droits orientés $(Ox, Oy)$, $(Oy, Ox')$, $(Ox', Oy')$, $(Oy', Ox)$, l'autre contient $(Oy, Ox)$, $(Ox, Oy')$, $(Oy', Ox')$, $(Ox', Oy)$.

Soient deux angles droits $(Ox, Oy)$ et $(Ox', Oy')$, dont les côtés sont portés par quatre droites distinctes. Supposons d'abord que $Ox'$ soit intérieur à $(Ox, Oy)$. Si alors $Ox$ est extérieur à $(Ox', Oy')$, nous dirons que $(Ox', Oy')$ est *de même sens* que $(Ox, Oy)$; si $Ox$ est intérieur à $(Ox', Oy')$, nous dirons que $(Ox', Oy')$ est *de sens contraire* à $(Ox, Oy)$. Supposons ensuite que $Ox'$ soit extérieur à $(Ox, Oy)$; des quatre demi-droites déterminées par le point O sur les droites qui

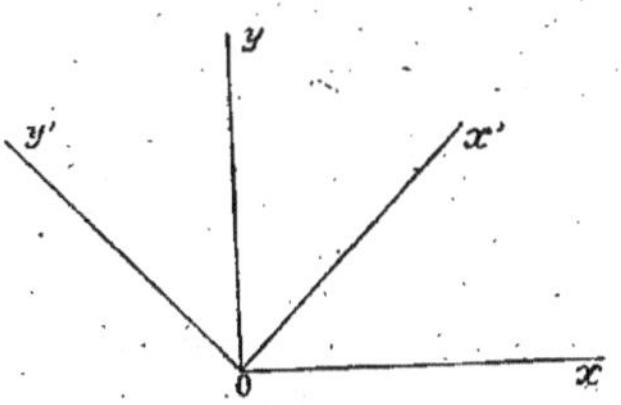

Fig. 11.

portent les côtés de $(Ox', Oy')$, une seule est intérieure à $(Ox, Oy)$, et il existe un angle droit $(Ox'', Oy'')$ ayant cette demi-droite pour premier côté $Ox''$ et de même sens que $(Ox', Oy')$. Nous dirons alors que $(Ox', Oy')$ est *de même sens* que $(Ox, Oy)$ si $(Ox'', Oy'')$ est, conformément à la définition précédente, de même sens que $(Ox, Oy)$; nous dirons que $(Ox', Oy')$ est *de sens contraire* à $(Ox, Oy)$ si $(Ox'', Oy'')$ est, conformément à cette même définition, de sens contraire à $(Ox, Oy)$.

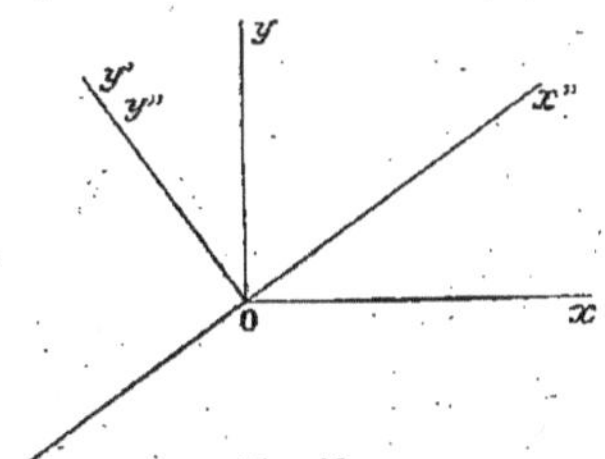

Fig. 12.

Il est possible de démontrer que si $(Ox', Oy')$ est de même sens que $(Ox, Oy)$, $(Ox, Oy)$ est aussi de même sens que $(Ox', Oy')$ et que si $(Ox', Oy')$ est de sens contraire à $(Ox, Oy)$, $(Ox, Oy)$ est aussi de sens contraire à $(Ox', Oy')$. Il est d'autre part possible de démontrer qu'étant donnés trois angles droits orientés quelconques de sommet O, parmi les trois combinaisons de ces angles pris deux à deux, il en existe 1 ou 3 formées d'angles droits de même sens, 2 ou 0 formées d'angles droits de sens contraires.

Il suit de là qu'avec les angles droits orientés de sommet O, il est possible de former deux ensembles tels que deux angles droits d'un même ensemble soient de même sens et que deux angles droits, l'un d'un ensemble, l'autre de l'autre ensemble, soient de sens contraires.

*Orienter* le plan *autour du point* O, c'est distinguer ces deux ensembles, par exemple en se servant de dénominations différentes. Nous dirons que les angles droits d'un ensemble sont *positifs* et que les angles droits de l'autre ensemble sont *négatifs*. D'après cela, il y a deux orientations possibles du plan autour de O ; nous dirons qu'elles sont *de sens contraires*.

Étant donnés deux angles droits de sommet O, si par un point O′ du plan, autre que O, on mène les demi-droites respectivement parallèles aux côtés de ces deux angles droits, et de même sens, on forme deux angles droits de sommet O′, qui sont de même sens ou de sens contraires, selon que les angles de sommet O sont eux-mêmes de même sens ou de sens contraires. Il s'ensuit que si l'on considère deux orientations du plan, l'une autour de O, l'autre autour de O′, de deux choses l'une : ou bien les angles droits positifs dans l'une ont leurs côtés respectivement parallèles à ceux des angles droits positifs dans l'autre, et de même sens, et nous dirons que les deux orientations sont *de même sens* ; ou bien les angles droits positifs dans l'une ont leurs côtés respectivement parallèles à ceux des angles droits négatifs dans l'autre, et de même sens, et nous dirons que les deux orientations sont *de sens contraires*.

Il est immédiat qu'étant données trois orientations du plan autour de trois points O, O′, O″, parmi les 3 combinaisons de ces orientations prises deux à deux, il en existe 1 ou 3 formées d'orientations de même sens, 2 ou 0 formées d'orientations de sens contraires. D'après cela, avec les orientations du plan autour des différents points de ce plan, il est possible de former deux ensembles tels que deux orientations d'un même ensemble soient de même sens et que deux orientations l'une de l'un des ensembles, l'autre de l'autre ensemble soient de sens contraires. *Orienter le plan*, c'est, par définition, orienter ce plan dans le même sens autour de ses différents points.

**89. Orientation du cercle.** — Soit dans un plan orienté un cercle Γ de centre O. Considérons sur ce cercle un point A. Le diamètre perpendiculaire à OA rencontre le cercle en deux points B et B′. Des deux angles droits (OA, OB) et (OA, OB′), l'un, (OA, OB) par exemple, est positif, l'autre, (OA, OB′), est négatif. Nous appellerons *demi-cercle positif d'origine* A le demi-cercle qui a pour extrémités le point A et le point diamétralement opposé A′, et qui contient le point B, et *demi-cercle négatif d'origine* A le demi-cercle d'extrémités A

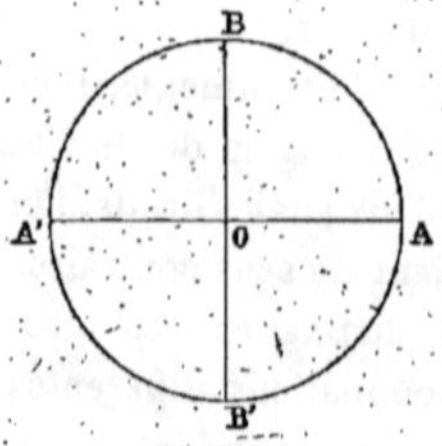

Fig. 13.

et A' et contenant le point B'. Le demi-cercle positif ayant pour origine un point A du cercle coïncide avec le demi-cercle négatif ayant pour origine le point A' diamétralement opposé au point A.

Il est possible de démontrer qu'étant donnés sur le cercle deux points A et B, non diamétralement opposés, si B est sur le demi-cercle positif d'origine A, A est sur le demi-cercle négatif d'origine B, et si B est sur le demi-cercle négatif d'origine A, A est sur le demi-cercle positif d'origine B.

Soient sur le cercle plusieurs points $A_1$, $A_2$, ..., $A_n$, parmi lesquels il n'y en ait pas deux consécutifs diamétralement opposés. Nous dirons que ce sont *des positions successives* d'un point variable parcourant le cercle dans le sens positif si $A_2$ est sur le demi-cercle positif d'origine $A_1$, $A_3$ sur le demi-cercle positif d'origine $A_2$, et ainsi de suite. Nous dirons que ce sont *des positions successives* d'un point variable parcourant le cercle dans le sens négatif si $A_2$ est sur le demi-cercle négatif d'origine $A_1$, $A_3$ sur le demi-cercle négatif d'origine $A_2$, et ainsi de suite. Si $A_1$, $A_2$, ..., $A_n$ sont des positions successives d'un point variable parcourant le cercle dans le sens positif (ou négatif), $A_n$, $A_{n-1}$, ..., $A_2$, $A_1$ sont des positions successives d'un point parcourant ce cercle dans le sens négatif (ou positif).

Étant donné un arc du cercle Γ limité aux points A et B, il est possible, et d'une infinité de manières, de définir sur cet arc des positions successives A, $M_1$, $M_2$, ..., $M_{n-1}$, $M_n$, B d'un point se déplaçant sur le cercle Γ toujours dans le même sens, ce sens restant d'ailleurs le même, quelles que soient les positions considérées. Nous dirons que l'arc *orienté* d'*origine* A et d'*extrémité* B est *de sens positif* si le point mobile de positions successives A, $M_1$, ..., $M_n$, B se déplace sur le cercle dans le sens positif, qu'il est *de sens négatif* si ce point mobile se déplace sur le cercle dans le sens négatif.

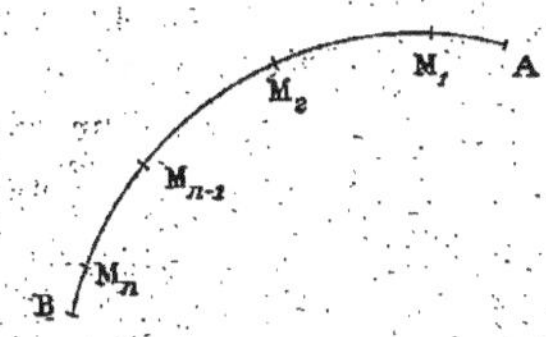


Fig. 14.

A l'aide d'un même arc de cercle limité aux points A et B, il est possible de définir deux arcs orientés de sens contraires, l'un d'origine A et d'extrémité B, l'autre d'origine B et d'extrémité A.

Deux points A et B sur un cercle déterminent deux arcs limités aux points A et B; les deux arcs orientés correspondants d'origine A et d'extrémité B sont de sens contraires; il en est de même des deux arcs orientés correspondants d'origine B et d'extrémité A.

Soient plusieurs demi-droites issues d'un même point O, $OD_1$, $OD_2$,..., $OD_n$. Nous dirons que ce sont *des positions successives* d'une demi-droite tournant toujours dans le même sens (positif ou négatif) autour de O, si leurs points de rencontre $M_1$, $M_2$,..., $M_n$ avec un cercle Γ de centre O sont des positions successives d'un point se déplaçant toujours dans le même sens (positif ou négatif) sur ce cercle, la propriété des points M étant d'ailleurs indépendante du cercle Γ tracé.

**90. Longueur d'un arc de cercle.** — Soient un arc de cercle AB et une unité de longueur U. Considérons sur l'arc des positions successives $M_0 = A$, $M_1$, $M_2$, ..., $M_n$, $M_{n+1} = B$ d'un point mobile se déplaçant toujours dans le même sens de A vers B, qui sont aussi, prises dans l'ordre inverse, les positions successives d'un point mobile se déplaçant toujours dans le même sens de B vers A. Traçons les tangentes en ces divers points et désignons par $T_k$ le point de rencontre des tangentes aux points $M_{k-1}$ et $M_k$.

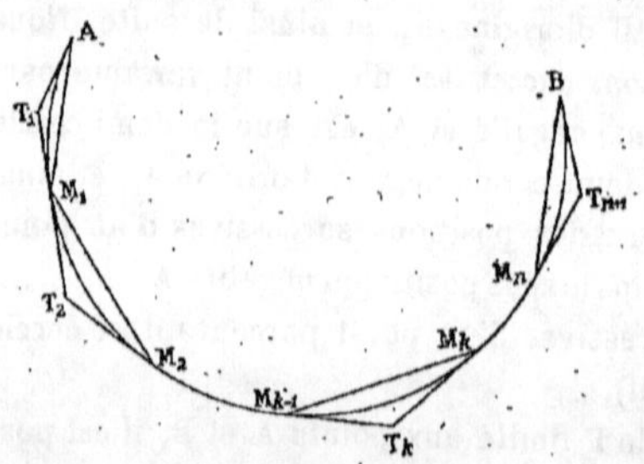

Fig. 15.

Formons le contour polygonal inscrit dans l'arc AB ayant pour sommets successifs A, $M_1$, $M_2$, ..., $M_n$, B et le contour polygonal circonscrit à l'arc AB ayant pour sommets successifs A, $T_1$, $T_2$, ..., $T_n$, $T_{n+1}$, B; soient $l$ et L les sommes respectives des longueurs des côtés de ces deux contours, que, pour abréger, nous appellerons les *longueurs* de ces deux contours.

A toute division D de l'arc AB constituée comme il vient d'être dit par les points A, $M_1$, $M_2$, ..., $M_n$, B il correspond ainsi deux nombres positifs $l$ et L. En considérant toutes les divisions D possibles, on forme deux ensembles, l'un de tous les nombres $l$ possibles, l'autre de tous les nombres L possibles. Nous allons montrer qu'il y a coupure entre ces deux ensembles. En effet :

1° *Tout nombre de l'ensemble des $l$ est plus petit que tout nombre de l'ensemble des* L.

Supposons d'abord qu'il s'agisse de deux nombres $l$ et L définis à l'aide de la même division D de l'arc AB. On a, d'une manière générale, dans le triangle $M_{k-1}T_kM_k$, l'inégalité

$$M_{k-1}M_k < M_{k-1}T_k + T_kM_k.$$

En y faisant successivement $k = 1, 2, \ldots, n+1$ et en ajoutant membre à membre les $n+1$ inégalités obtenues, on trouve immédiatement $l < L$.

Supposons ensuite qu'il s'agisse de deux nombres $l$ et $L'$ définis à l'aide de deux divisions différentes D et D' de l'arc AB. Si l'on considère simultanément les points des divisions D et D', il est possible de les ranger de telle manière qu'ils soient des positions successives d'un point mobile se déplaçant toujours dans le même sens de A vers B; ces positions définissent ainsi une troisième division D'' de l'arc AB, à laquelle il correspond deux nombres $l''$ et $L''$, l'un de l'ensemble des $l$, l'autre de l'ensemble des L.

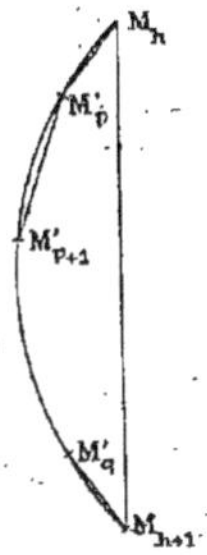

Fig. 16.

Or, on a $l < l''$. En effet, pour effectuer la division de l'arc AB à l'aide des points de D'', on peut d'abord effectuer la division de cet arc à l'aide des points de D, puis effectuer la division des divers arcs obtenus à l'aide des points de D'. Supposons que sur l'arc limité par les points $M_h$ et $M_{h+1}$ de la division D se trouvent les points $M'_p, M'_{p+1}, \ldots, M'_q$ de la division D'. Remplacer la division D par la division D'' revient à remplacer les divers côtés tels que $M_hM_{h+1}$ par les contours polygonaux correspondants tels que $M_hM'_pM'_{p+1} \ldots M'_qM_{h+1}$. Mais, la longueur du côté $M_hM_{h+1}$ est plus petite que celle du contour polygonal qui le remplace. Il apparaît alors que $l$ est lui-même plus petit que $l''$.

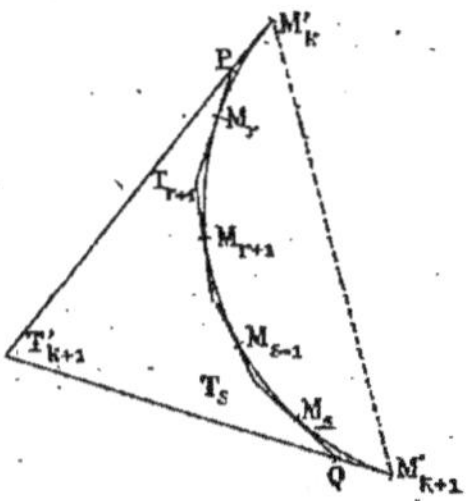

Fig. 17.

D'autre part, on a $L' > L''$. En effet, pour effectuer la division de l'arc à l'aide des points de D'', on peut d'abord effectuer la division de cet arc à l'aide des points de D', puis effectuer la division des divers arcs obtenus à l'aide des points de D. Supposons que sur l'arc limité par les points $M'_k$ et $M'_{k+1}$ de la division D', se trouvent les points $M_r, M_{r+1}, \ldots, M_s$ de la division D. Soient $T'_{k+1}$ le point de rencontre des tangentes en $M'_k$ et $M'_{k+1}$, P le point de rencontre des tangentes en $M'_k$ et $M_r$, Q le point de rencontre des tangentes en $M_s$ et $M'_{k+1}$, $T_{r+1}$ le point de rencontre des tangentes en $M_r$ et $M_{r+1}$, .... Remplacer la division D' par la division D'' revient à remplacer les divers contours polygonaux tels que $M'_k T'_{k+1} M'_{k+1}$ par les contours polygonaux correspondants tels que $M'_k PT_{r+1} \ldots T_s QM'_{k+1}$. Mais, le contour $M'_k PT_{r+1} \ldots T_s QM'_{k+1}$ étant intérieur au triangle $M'_k T'_{k+1} M_{k+1}$, sa longueur est plus petite que celle du contour $M'_k T'_{k+1} M'_{k+1}$. Il apparaît alors que L'' est lui-même plus petit que L'.

D'après cela, on a simultanément

$$l < l'', \quad l'' < L'', \quad L'' < L'.$$

Il en résulte bien que l'on a $l < L'$.

2° *Quel que soit le nombre positif* $\varepsilon$, *il existe un nombre de l'ensemble des* $l$ *et un nombre de l'ensemble des* L *dont la différence est en valeur absolue plus petite que* $\varepsilon$.

Si nous nous rappelons que des postulats de la géométrie résulte la possibilité de diviser un arc de cercle en 2 arcs égaux, il suffit de montrer qu'il existe un entier $n$ tels que, si $l$ et L sont les nombres qui correspondent à la division D de l'arc AB en $2^n$ arcs égaux, on ait $L - l < \varepsilon$.

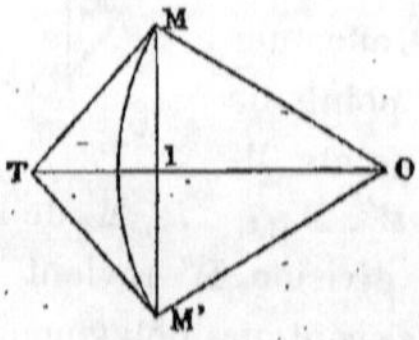

Fig. 18.

En effet, $n$ étant un entier quelconque, soient M et M' deux points consécutifs de la division de l'arc AB en $2^n$ arcs égaux. Menons les tangentes en M et M'; si T est leur point de rencontre, menons OT, rencontrant MM' en I. On a

$$l = 2^n . MM' = 2^{n+1} . MI,$$
$$L = 2^n (MT + TM') = 2^{n+1} . MT,$$

et, par suite,

$$L - l = 2^{n+1}(MT - MI).$$

Mais, on a, dans les triangles semblables MTI et OMI,

$$\frac{MT}{OM} = \frac{MI}{OI} = \frac{MT - MI}{OM - OI},$$

d'où l'on déduit, en désignant par R la longueur du rayon de l'arc de cercle,

$$MT - MI = \frac{R - OI}{OI} . MI.$$

Or, on a, dans le triangle MOI,

$$OM - OI < MI.$$

Par suite, on a

$$MT - MI < \frac{\overline{MI}^2}{OI},$$

d'où

$$L - l < 2^{n+1}\frac{\overline{MI}^2}{OI},$$

c'est-à-dire, en remplaçant MI par $\frac{l}{2^{n+1}}$,

$$L - l < \frac{1}{OI} \cdot \frac{l^2}{2^{n+1}}.$$

Désignons par $L_0$ un nombre quelconque de l'ensemble des L; on a $l < L_0$. Par suite, on a

$$0 < L - l < \frac{1}{OI} \cdot \frac{L_0^2}{2^{n+1}}.$$

Quand $n$ tend vers $+\infty$, $\frac{L_0^2}{2^{n+1}}$ tend vers 0. D'autre part, on a

$$OI = \sqrt{R^2 - \overline{MI}^2}.$$

Quand $n$ tend vers $+\infty$, MI, qui est plus petit que $\frac{L_0}{2^{n+1}}$, tend vers 0; par suite, OI tend vers R et la quantité $\frac{1}{OI} \cdot \frac{L_0^2}{2^{n+1}}$ tend vers 0. Il en est de même de $L - l$. Par suite, il est bien possible de disposer de l'entier $n$ de façon que $L - l$ soit plus petit que le nombre donné à l'avance $\varepsilon$.

De ce qui précède, il résulte qu'il existe un nombre positif $\lambda$ formant coupure entre l'ensemble des $l$ et l'ensemble des L. C'est ce nombre qui est dit la *longueur* de l'arc AB par rapport à l'unité de longueur U choisie; nous le représenterons aussi par la notation Arc AB ou Arc BA.

On a, quel que soit $l$, $\lambda \geqslant l$. Mais les raisonnements précédents ont montré incidemment que parmi les nombres $l$ il n'en existe pas un qui soit plus grand que tous les autres; il s'ensuit que, d'une manière plus précise, on a nécessairement $\lambda > l$. De même, quel que soit L, on a nécessairement $\lambda < L$.

Le nombre $\lambda$ ainsi défini dépend de l'unité de longueur U. Si l'on remplace l'unité U par une autre unité U' telle que la mesure de U par rapport à U' soit le nombre $a$, les nombres tels que $l$ et les nombres tels que L sont remplacés par des nombres tels que $l'$ et des nombres tels que L' qui se déduisent des premiers par multiplication par $a$. Il s'ensuit que le nombre $\lambda'$ qui forme coupure entre l'ensemble des $l'$ et l'ensemble des L' et qui remplace le nombre $\lambda$ se déduit lui-même de $\lambda$ par multiplication par $a$; $\lambda' = \lambda a$.

En particulier, si l'on regarde un cercle comme un arc dont les extrémités sont confondues en un point A de ce cercle, on voit qu'il existe un nombre C, indépendant du point A choisi, qui forme coupure entre l'ensemble des longueurs des polygones convexes inscrits dans le cercle et l'ensemble des longueurs des polygones convexes circonscrits au cercle. Ce nombre, qui dépend de l'unité de longueur U, est dit la *longueur du cercle*.

Théorème. — *Si* I *est un point pris sur un arc de cercle* AB, *on a*

$$\text{Arc AB} = \text{Arc AI} + \text{Arc IB}.$$

Soient, en effet, A, $M_1$, $M_2$, ..., $M_h$, I des positions successives d'un point mobile sur l'arc AI, et I, $P_1$, $P_2$,..., $P_k$, B des positions successives d'un point mobile sur l'arc IB. Il est clair que A, $M_1$, $M_2$,..., $M_h$, I, $P_1$, $P_2$,..., $P_k$, B sont des positions successives d'un point mobile sur l'arc AB. Soient $l$ et L les longueurs par rapport à une unité U des contours polygonaux inscrit et circonscrit correspondant à la division de l'arc AI par les points M, $l'$ et L' les longueurs par rapport à U des contours polygonaux inscrit et circonscrit correspondant à la division de l'arc IB par les points P; $l + l'$ et L + L' sont les longueurs par rapport à U des contours polygonaux inscrit et circonscrit correspondant à la division de l'arc AB par les points M, le point I et les points P. Or, les ensembles des nombres $l$ et des nombres $l'$ ayant respectivement pour bornes supérieures Arc AI et Arc IB, l'ensemble des nombres $l + l'$ a pour borne supérieure Arc AI + Arc IB; mais, quel que soit le nombre $l + l'$, on a $l + l' <$ Arc AB. Par suite, on a

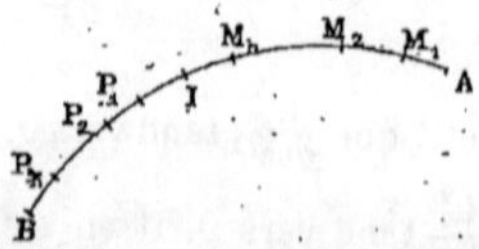


Fig. 19.

$$\text{Arc AI} + \text{Arc IB} \leqslant \text{Arc AB}.$$

De même, les ensembles des L et des L' ayant respectivement pour bornes inférieures Arc AI et Arc IB, l'ensemble des nombres L + L' a pour borne inférieure Arc AI + Arc IB; mais, quel que soit le nombre L + L', on a L + L' > Arc AB. Par suite, on a

$$\text{Arc AI} + \text{Arc IB} \geqslant \text{Arc AB}.$$

On a donc bien finalement, quelle que soit l'unité U,

$$\text{Arc AI} + \text{Arc IB} = \text{Arc AB}.$$

D'après cela, on a Arc AI < Arc AB.

Plus généralement, on démontre de la même manière que si A, $I_1$, $I_2$, ..., $I_n$, B sont des positions successives d'un point mobile sur l'arc AB, on a, quelle que soit l'unité U,

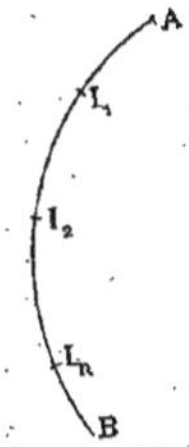

Fig. 20.

$$\text{Arc}\,AB = \text{Arc}\,AI_1 + \text{Arc}\,I_1I_2 + \ldots + \text{Arc}\,I_{n-1}I_n + \text{Arc}\,I_nB.$$

Par application de ce théorème, on reconnaît que la longueur d'un arc limité par deux points diamétralement opposés d'un cercle de longueur C (demi-cercle) est égale à $\frac{C}{2}$, que la longueur d'un arc de ce cercle limité par les extrémités de deux rayons rectangulaires est égale à $\frac{C}{4}$.

Il existe deux arcs d'un même cercle ayant pour extrémités deux points de ce cercle; ce qui précède montre que la somme de leurs longueurs est égale à la longueur du cercle.

**91. Extension de la définition de la longueur d'un arc de cercle.** — Soient donnés deux points A et B d'un cercle Γ, un sens de parcours sur ce cercle, et un entier $k$ positif ou nul. Considérons des positions successives A, $M_1$, $M_2$, ..., $M_n$, B d'un point se déplaçant dans le sens donné sur le cercle, de façon qu'il existe $k$ arcs, plus petits qu'un demi-cercle, limités par deux positions consécutives telles que $M_\alpha$ et $M_{\alpha+1}$ du point, qui contiennent le point A. Désignons par $l$ la longueur du contour polygonal inscrit ayant pour sommets successifs A, $M_1$, $M_2$, ..., $M_n$, B et par L la longueur du contour polygonal circonscrit ayant pour sommets les points d'intersection des tangentes à Γ en deux positions consécutives du point mobile. Il existe deux ensembles formés l'un des nombres tels que $l$, l'autre des nombres tels que L; ces deux ensembles dépendent de l'entier $k$. Il est possible d'appliquer à ces deux ensembles le raisonnement même qui nous a conduit à la définition du nombre Arc AB; il existe un nombre Λ qui forme coupure entre l'ensemble des $l$ et l'ensemble des L. Nous désignerons ce nombre par la notation arc AB; il dépend du sens de parcours choisi sur le cercle et de l'entier $k$. Il dépend aussi de l'unité de longueur U; si l'on remplace l'unité U par l'unité U' telle que l'on ait $\frac{U}{U'} = a$, Λ est remplacé par Λ' tel que l'on ait $\Lambda' = \Lambda a$.

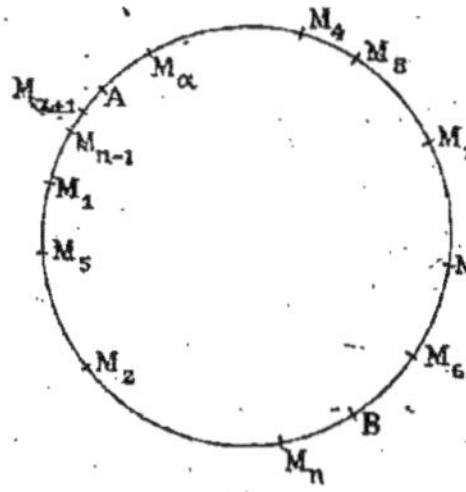

Fig. 21.

Si $A, I_1, I_2, \ldots, I_{n-1}, I_n, B$ sont des positions successives d'un point mobile se déplaçant dans le sens donné sur le cercle $\Gamma$, de façon que $k$ des arcs, plus petits qu'un demi-cercle, limités par deux positions consécutives contiennent le point A, on a, par généralisation immédiate d'une égalité précédemment établie,

$$\text{arc}\,AB = \text{Arc}\,AI_1 + \text{Arc}\,I_1I_2 + \ldots + \text{Arc}\,I_{n-1}I_n + \text{Arc}\,I_nB,$$

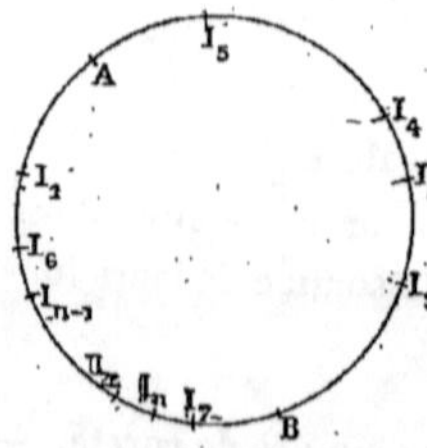

Fig. 22.

les termes du second membre étant tous plus petits que la longueur du demi-cercle.

Cette égalité est encore valable si l'on suppose que $k$ des points $I_1, I_2, \ldots, I_{n-1}, I_n$ coïncident avec A, et on reconnaît immédiatement que si l'on désigne par C la longueur du cercle, on a l'égalité

$$\text{arc}\,AB = \text{Arc}\,AB + kC,$$

Arc AB désignant la longueur de celui des deux arcs ayant pour extrémités A et B, sur lequel on peut placer des positions successives d'un point mobile se déplaçant de A en B dans le sens donné.

On déduit immédiatement de ce qui précède que si $A, A_1, A_2, \ldots, B, B_1, \ldots, C, C_1, \ldots, D, D_1, \ldots, K, K_1, \ldots, L$ sont des positions successives d'un point mobile M se déplaçant toujours dans le même sens sur le cercle $\Gamma$ de longueur C, on a une égalité de la forme

$$\text{arc}\,AL = \text{arc}\,AB + \text{arc}\,BC + \ldots + \text{arc}\,KL + mC,$$

$m$ étant un entier, les divers termes des deux membres étant définis à l'aide d'entiers $k$ arbitrairement choisis et à l'aide du sens dans lequel le point mobile M se déplace sur le cercle $\Gamma$.

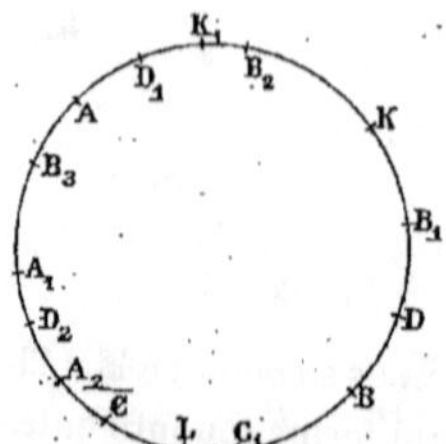

Fig. 23.

92. Théorème. — *Si A est un point fixe et M un point variable d'un cercle $\Gamma$, Arc AM, au plus égal à la moitié de la longueur du cercle, est un infiniment petit équivalent à AM.*

Soit T le point d'intersection de la tangente en M, et de la tangente en A. Si O est le centre du cercle $\Gamma$, OT est perpendiculaire à AM, au milieu I de AM. On a la double inégalité

$$AM < \text{Arc}\,AM < AT + TM,$$

c'est-à-dire

$$2AI < \text{Arc}\,AM < 2AT.$$

En désignant par R la longueur du rayon du cercle Γ, on a, dans les triangles semblables OAT et OIA,

$$\frac{AT}{R}=\frac{AI}{OI}, \quad \text{d'où} \quad AT=\frac{R}{OI}AI.$$

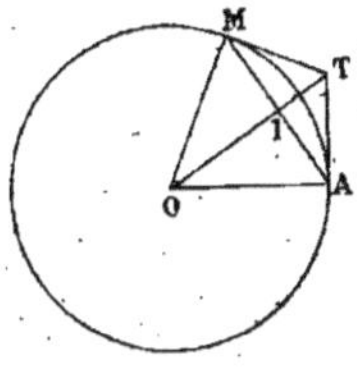

Fig. 24.

Or, on a $OI=\sqrt{R^2-\overline{AI}^2}$. Quand AM tend vers 0, AI tend aussi vers 0 et OI tend vers R; donc, $\frac{R}{OI}$ tend vers 1.

Par suite, AT tend vers 0, et Arc AM, plus petit que 2AT qui tend vers 0, tend vers 0. D'autre part, on a

$$1<\frac{\text{Arc AM}}{AM}<\frac{AT}{AI},$$

c'est-à-dire

$$1<\frac{\text{Arc AM}}{AM}<\frac{R}{OI}.$$

Comme $\frac{R}{OI}$ tend vers 1, $\frac{\text{Arc AM}}{AM}$ tend aussi vers 1; les infiniment petits Arc AM et AM sont équivalents.

93. **Mesure des angles.** — Soit un angle ayant pour côtés les deux demi-droites $Ox$ et $Oy$ (1). Traçons un cercle Γ quelconque de centre O rencontrant les demi-droites $Ox$ et $Oy$ respectivement aux points A et B. Une unité de longueur U étant choisie, soient R et λ les longueurs du rayon du cercle Γ et de l'arc AB intérieur à l'angle.

1° *Le rapport* $\frac{\lambda}{R}$ *est indépendant de l'unité de longueur* U. Si l'on remplace en effet l'unité U par l'unité U′ telle que la mesure de U par rapport à U′ soit égale à $a$, les nombres λ et R sont respectivement remplacés par les nombres λ′ et R′ tels que l'on ait $\lambda'=\lambda a$, $R'=Ra$, d'où l'on déduit $\frac{\lambda'}{R'}=\frac{\lambda}{R}$.

2° *Le rapport* $\frac{\lambda}{R}$ *est indépendant du cercle* Γ. Remplaçons le cercle Γ par le cercle $\Gamma_1$ de centre O rencontrant respectivement $Ox$ et $Oy$ en $A_1$ et $B_1$; les nombres λ et R sont remplacés par les nombres $\lambda_1$ et $R_1$. Il s'agit de montrer que l'on a $\frac{\lambda_1}{R_1}=\frac{\lambda}{R}$. En effet, soient A, M, N, P, ...,

(1) Nous regarderons ici un angle comme une portion du plan limitée par deux demi-droites issues d'un même point.

B des positions successives d'un point mobile se déplaçant toujours dans le même sens sur l'arc AB; les droites OM, ON, OP, ... rencontrent l'arc de cercle $A_1B_1$ en des points $M_1$, $N_1$, $P_1$..., et $A_1$, $M_1$, $N_1$, $P_1$,..., $B_1$ sont des positions successives d'un point mobile se déplaçant toujours dans le même sens sur l'arc $A_1B_1$. Désignons par $l$ et L les longueurs des contours polygonaux inscrit et circonscrit correspondant à la division de l'arc AB par les points M, N, P, ..., par $l_1$ et $L_1$ les longueurs des contours polygonaux inscrit et circonscrit correspondant à la division de l'arc $A_1B_1$ par les points $M_1$, $N_1$, $P_1$, .... Par homothétie par rapport à O, on a manifestement les égalités

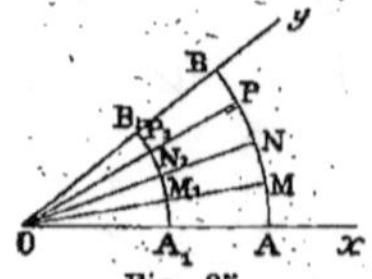

Fig. 25.

$$\frac{l_1}{R_1}=\frac{l}{R} \quad \text{et} \quad \frac{L_1}{R_1}=\frac{L}{R}.$$

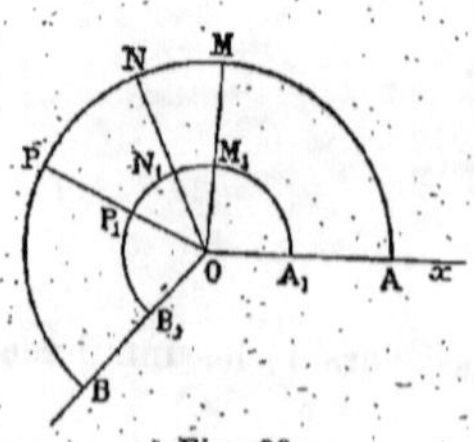

Fig. 26.

L'ensemble des nombres tels que $l$ correspondant aux diverses divisions de l'arc AB a pour borne supérieure $\lambda$; celui des nombres tels que $\frac{l}{R}$, c'est-à-dire celui des nombres tels que $\frac{l_1}{R_1}$, a pour borne supérieure $\frac{\lambda}{R}$. Or, l'ensemble des $l_1$ est limité supérieurement par $\lambda_1$; l'ensemble des nombres $\frac{l_1}{R_1}$ est donc limité supérieurement par $\frac{\lambda_1}{R_1}$ et, puisque $\frac{\lambda}{R}$ est la borne supérieure de cet ensemble, on a

$$\frac{\lambda}{R}\leqslant\frac{\lambda_1}{R_1}.$$

De même, l'ensemble des nombres tels que $\frac{L_1}{R_1}$ a pour borne inférieure $\frac{\lambda}{R}$, et il est limité inférieurement par $\frac{\lambda_1}{R_1}$; donc, on a

$$\frac{\lambda}{R}\geqslant\frac{\lambda_1}{R_1}.$$

Finalement, on a bien

$$\frac{\lambda}{R}=\frac{\lambda_1}{R_1}.$$

C'est la valeur du rapport $\frac{\lambda}{R}$, à la fois indépendante de l'unité de longueur U et du cercle $\Gamma$ de centre O, qu'on appelle la *mesure de l'angle des demi-droites* $Ox$ et $Oy$ et que nous représenterons par la notation Angle$(Ox, Oy)$, où l'on pourra permuter $x$ et $y$.

On a l'égalité

$$\text{Arc}\,\widehat{AB} = R \times \text{Angle}(Ox, Oy).$$

En faisant subir à la figure une translation quelconque, on voit que si $O_1x_1$ et $O_1y_1$ sont des demi-droites respectivement parallèles à $Ox$ et à $Oy$, et de même sens, on a

$$\text{Angle}(O_1x_1, O_1y_1) = \text{Angle}(Ox, Oy).$$

Définition du nombre $\pi$. — En particulier, si l'on regarde le plan comme un angle de sommet O dont les deux côtés sont confondus avec une même demi-droite $Ox$, on voit que si C et R sont les longueurs d'un cercle $\Gamma$ de centre O et de son rayon, par rapport à une unité de longueur U, le rapport $\frac{C}{R}$ a une valeur indépendante 1° de l'unité de longueur U, 2° du cercle $\Gamma$ tracé de centre O, 3° de la position du point O lui-même dans le plan.

On désigne par la lettre $\pi$ le nombre égal à la moitié de cette valeur de $\frac{C}{R}$. On a, d'après cela, quel que soit le cercle $\Gamma$ et quelle que soit l'unité de longueur, l'égalité

$$C = 2\pi R.$$

La longueur du demi-cercle est égal à $\pi R$; celle de l'arc qui est limité par les extrémités de deux rayons rectangulaires est égale à $\frac{\pi}{2}R$.

94. **Extension de la définition de la mesure d'un angle.** — Soient deux demi-droites $Ox$ et $Oy$, un sens de rotation autour de O et un entier $k$ positif ou nul. Traçons un cercle $\Gamma$ quelconque de centre O rencontrant $Ox$ en A et $Oy$ en B. Une demi-droite d'origine O tournant autour de O dans le sens de rotation donné rencontre le cercle $\Gamma$ en un point variable M qui se déplace toujours dans le même sens sur le cercle. A ce sens de parcours et à l'entier donné $k$ il correspond un nombre défini sous le nom de arc AB. Le raisonnement même qui nous a conduits à la définition de la mesure de l'angle montre que le rapport $\frac{\text{arc}\,AB}{R}$, où R est la longueur du rayon du cercle $\Gamma$, est indépendant 1° de l'unité U de longueur choisie, 2° du cercle tracé $\Gamma$ de

centre O. C'est la valeur du rapport $\frac{\text{arc AB}}{R}$ que nous représenterons par la notation angle $(Ox, Oy)$ ou angle $(Oy, Ox)$. Il est immédiat que l'on a

$$\text{angle}(Ox, Oy) = \text{Angle}(Ox, Oy) + 2k\pi,$$

Angle $(Ox, Oy)$ étant la mesure de celui des deux angles (au sens géométrique) qui ont pour côtés $Ox$ et $Oy$, à l'intérieur duquel on peut placer des positions successives d'une demi-droite mobile d'origine O, se déplaçant de $Ox$ à $Oy$ dans le sens de rotation donné.

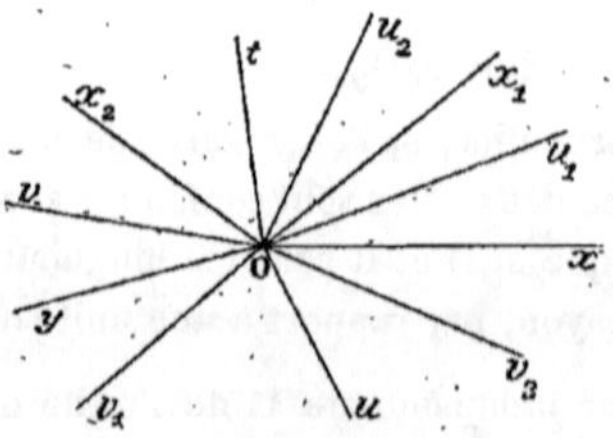

Fig. 27.

Si $Ox$, $Ox_1$, $Ox_2$, ..., $Ou$, $Ou_1$, ..., $Ov$, $Ov_1$, ..., $Ot$, ..., $Oy$ sont des positions successives d'une demi-droite tournant toujours dans le même sens autour de O, on a une égalité de la forme

$$\text{angle}(Ox, Oy) = \text{angle}(Ox, Ou) + \text{angle}(Ou, Ov) + \dots$$
$$+ \text{angle}(Ot, Oy) + 2m\pi,$$

$m$ étant un entier, les divers termes des deux membres étant définis à l'aide d'entiers $k$ arbitrairement choisis et à l'aide du sens de rotation choisi autour de O.

En faisant subir à la figure une translation, on voit que si $O_1x_1$ et $O_1y_1$ sont respectivement parallèles à $Ox$ et à $Oy$, et de même sens, on a

$$\text{angle}(Ox, Oy) = \text{angle}(O_1x_1, O_1y_1) + 2m\pi,$$

$m$ étant un entier quelconque.

95. **Mesure algébrique d'un arc de cercle et mesure algébrique d'un angle.** — 1° Soit un cercle $\Gamma$ orienté, de rayon R. Étant donnés deux points A et B de ce cercle, il existe deux arcs du cercle $\Gamma$ ayant pour extrémités A et B, l'un de longueur $\lambda$, sur lequel on peut placer des positions successives d'un point mobile se déplaçant de A à B dans le sens de parcours choisi sur $\Gamma$ comme sens positif, l'autre, de longueur $\lambda'$, sur lequel on peut placer des positions successives d'un point mobile se déplaçant de A à B dans le sens de parcours choisi sur $\Gamma$ comme sens négatif. On a $\lambda + \lambda' = 2\pi R$. Étant donnés l'un de ces arcs et le sens positif de parcours sur $\Gamma$, il existe une infinité de nombres

que nous avons désignés sous le nom d'arc AB et dont l'expression générale est $\lambda + 2k\pi R$, $k$ étant un entier quelconque positif ou nul. Étant donnés l'autre arc d'extrémités A et B et le sens négatif de parcours sur $\Gamma$, il existe également une infinité de nombres que nous avons encore désignés sous le nom d'arc AB et dont l'expression générale est $\lambda' + 2k'\pi R$, $k'$ étant un entier quelconque positif ou nul.

Considérons l'ensemble des nombres algébriques qui sont de la forme $+(\lambda + 2k\pi R)$ et l'ensemble des nombres algébriques qui sont de la forme $-(\lambda' + 2k'\pi R)$. On a

$$\begin{aligned} -(\lambda' + 2k'\pi R) &= -\lambda' - 2k'\pi R = -(2\pi R - \lambda) - 2k'\pi R \\ &= \lambda - 2(k' + 1)\pi R = \lambda + 2k_1\pi R, \end{aligned}$$

si l'on pose $k_1 = -(k' + 1)$. Si $k'$ est un entier quelconque positif ou nul, $k_1$ est un entier quelconque négatif. Les nombres algébriques des deux ensembles précédents ont donc une commune expression générale de la forme

$$\lambda + 2K\pi R,$$

où K est un entier quelconque positif, nul ou négatif.

Soit $\lambda_0$ l'un de ces nombres, correspondant à la valeur $K_0$ attribuée à K. On a

$$\lambda + 2K\pi R = \lambda_0 + 2(K - K_0)\pi R.$$

Si K est un entier quelconque, $K - K_0$ est aussi un entier quelconque. Les nombres algébriques considérés ont ainsi pour commune expression générale

$$\lambda_0 + 2m\pi R,$$

où $\lambda_0$ désigne l'un d'entre eux, choisi une fois pour toutes, arbitrairement d'ailleurs, et où $m$ est un entier quelconque. Nous représenterons l'un quelconque de ces nombres par la notation $\widehat{AB}$ et nous lui donnerons le nom de *mesure algébrique d'un arc d'origine* A *et d'extrémité* B.

On peut supposer que A et B sont confondus; alors, on a

$$\widehat{AA} = 2m\pi R,$$

$m$ étant un entier quelconque.

Remarquons que la définition de l'ensemble des nombres $\widehat{AB}$ dépend de l'orientation du cercle $\Gamma$. Si l'orientation choisie est remplacée par l'orientation contraire, les nombres $\widehat{AB}$ sont remplacés par leurs opposés.

2° Soient, dans un plan orienté, deux demi-droites $Ox$ et $Oy$. Il existe deux angles ayant pour côtés $Ox$ et $Oy$, l'un de mesure $\omega$, à l'intérieur duquel on peut tracer des positions successives d'une demi-droite mobile tournant autour de O, de $Ox$ à $Oy$, dans le sens de rotation choisi comme sens positif, l'autre, de mesure $\omega'$, à l'intérieur duquel on peut tracer des positions successives d'une demi-droite mobile tournant autour de O, de $Ox$ à $Oy$, dans le sens de rotation choisi comme sens négatif. On a $\omega + \omega' = 2\pi$. Étant donnés le premier de ces angles et le sens positif de rotation, il existe une infinité de nombres que nous avons désignés sous le nom d'angle $(Ox, Oy)$ et dont l'expression générale est $\omega + 2k\pi$, $k$ étant un entier quelconque positif ou nul. Étant donnés le second de ces angles et le sens négatif de rotation, il existe une infinité de nombres que nous avons désignés encore sous le nom d'angle $(Ox, Oy)$ et dont l'expression générale est $\omega' + 2k'\pi$, $k'$ étant un entier quelconque positif ou nul.

Considérons l'ensemble contenant les nombres algébriques qui sont de la forme $+(\omega + 2k\pi)$ et les nombres algébriques qui sont de la forme $-(\omega' + 2k'\pi)$. On voit que si $\omega_0$ désigne l'un d'entre eux, choisi une fois pour toutes, arbitrairement d'ailleurs, les nombres de cet ensemble ont pour commune expression générale

$$\omega_0 + 2m\pi,$$

où $m$ désigne un entier quelconque positif, nul ou négatif. Nous représenterons l'un quelconque de ces nombres par la notation $(Ox, Oy)$ et nous lui donnerons le nom de *mesure algébrique de l'angle qui a pour premier côté* $Ox$ *et pour second côté* $Oy$.

On peut supposer que $Ox$ et $Oy$ soient confondus ; alors on a

$$(Ox, Ox) = 2m\pi,$$

$m$ étant un entier quelconque.

Si l'on remplace l'orientation choisie du plan par l'orientation contraire, les nombres $(Ox, Oy)$ sont remplacés par leurs opposés.

Si $O_1x_1$ et $O_1y_1$ sont respectivement parallèles à $Ox$ et à $Oy$, et de même sens, on a

$$(O_1x_1, O_1y_1) = (Ox, Oy) + 2m\pi,$$

$m$ étant un entier quelconque.

Soient $\Delta$ et $\Delta'$ deux axes. Par un point O, menons les axes respectivement parallèles à $\Delta$ et à $\Delta'$, et de même sens. Si $Ox$ et $Oy$ sont, sur ces axes, les demi-droites positives d'origine O, on pose

$$(\Delta, \Delta') = (Ox, Oy).$$

La définition de $(\Delta, \Delta')$ est indépendante de la position du point O.

Soit un cercle $\Gamma$ de centre O et de rayon R, rencontrant $Ox$ en A et $Oy$ en B. Choisissons comme sens positif sur le cercle $\Gamma$ le sens dans lequel se déplace le point d'intersection de ce cercle avec une demi-droite tournant autour de O dans le sens positif de rotation. Il est immédiat que l'on obtient toutes les déterminations du nombre $\widehat{AB}$ en multipliant par R toutes les déterminations du nombre $(Ox, Oy)$. Nous poserons l'égalité

$$\widehat{AB} = R \times (Ox, Oy),$$

d'où

$$(Ox, Oy) = \frac{\widehat{AB}}{R}.$$

96. Théorème. — *Si* A, B, C, ..., K, L *sont des points du cercle orienté* $\Gamma$, *de rayon* R, *on a*

$$\widehat{AB} + \widehat{BC} + \ldots + \widehat{KL} + \widehat{LA} = 2m\pi R,$$

*m étant un entier, quelles que soient les déterminations données pour* $\widehat{AB}$, $\widehat{BC}$, ..., $\widehat{KL}$ *et* $\widehat{LA}$.

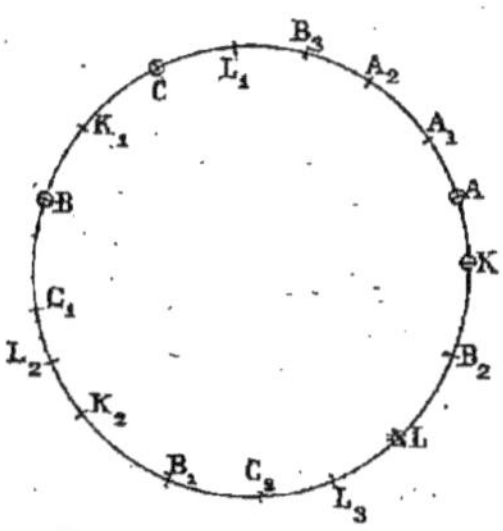


Fig. 28.

Considérons des positions successives A, $A_1$, $A_2$, ..., B, $B_1$, ..., C, $C_1$, $C_2$, ..., K, $K_1$, $K_2$, $K_3$, ..., L, $L_1$, ..., A d'un point mobile se déplaçant dans le sens positif sur $\Gamma$. Comme nous l'avons vu, on a

$$\text{arc}\,AB + \text{arc}\,BC + \ldots + \text{arc}\,KL + \text{arc}\,LA = 2h\pi R,$$

$h$ étant un entier. Or, le sens de parcours étant positif, arc AB est une détermination de $\widehat{AB}$; par suite, on a une égalité de la forme

$$\widehat{AB} = \text{arc}\,AB + 2\alpha\pi R,$$

$\alpha$ étant un entier. De même, on a

$$\widehat{BC} = \text{arc}\,BC + 2\beta\pi R,$$

.................,

$$\widehat{LA} = \text{arc}\,LA + 2\lambda\pi R,$$

$\beta$, ..., $\lambda$ étant des entiers. Ajoutons ces égalités membre à membre; il vient

$$\begin{aligned}\widehat{AB}+\widehat{BC}+\ldots+\widehat{LA} &= (\text{arc}\,AB+\text{arc}BC+\ldots+\text{arc}LA)+2(\alpha+\beta+\ldots+\lambda)\pi R\\ &= 2h\pi R+2(\alpha+\beta+\ldots+\lambda)\pi R\\ &= 2(h+\alpha+\beta+\ldots+\lambda)\pi R = 2m\pi R,\end{aligned}$$

$m$ étant un entier.

Par convention, on écrit l'égalité

$$\widehat{AB}+\widehat{BC}+\ldots+\widehat{KL}+\widehat{LA}=0,$$

pour exprimer que le premier nombre diffère de 0 par un nombre de la forme $2m\pi R$, où $m$ est un entier quelconque.

*Conséquences.* — 1° On a

$$\widehat{AB}+\widehat{BA}=0,$$

d'où l'on déduit

$$\widehat{AB}=-\widehat{BA}.$$

2° On a

$$\widehat{AB}+\widehat{BC}+\widehat{CA}=0,$$

et puisque l'on a aussi

$$0=\widehat{CA}+\widehat{AC},$$

on en déduit, par addition membre à membre,

$$\widehat{AB}+\widehat{BC}=\widehat{AC}$$

et, par suite,

$$\widehat{BC}=\widehat{AC}-\widehat{AB}.$$

Plus généralement, on a l'égalité

$$\widehat{AB}+\widehat{BC}+\ldots+\widehat{KL}=\widehat{AL}.$$

Il faut entendre qu'une détermination quelconque du premier membre de l'une de ces égalités et une détermination quelconque du second membre ont une différence de la forme $2m\pi R$, $m$ étant entier.

THÉORÈME. — *Si* OA, OB,..., OK, OL *sont des demi-droites d'un plan orienté, on a l'égalité*

$$(OA, OB)+(OB, OC)+\ldots+(OK, OL)+(OL, OA)=2m\pi,$$

*$m$ étant un entier, quelles que soient les déterminations des termes du premier membre.*

La démonstration se fait à partir des angles comme la démonstration du théorème précédent à partir des arcs.

*Conséquences.* — 1° On a

$$(OA, OB)+(OB, OA)=0,$$

d'où

$$(OA, OB) = -(OB, OA).$$

2° On a

$$(OA, OB) + (OB, OC) + (OC, OA) = 0,$$

et puisque l'on a aussi

$$0 = (OC, OA) + (OA, OC),$$

on en déduit, par addition membre à membre,

$$(OA, OB) + (OB, OC) = (OA, OC)$$

et, par suite,

$$(OB, OC) = (OA, OC) - (OA, OB).$$

Plus généralement, on a

$$(OA, OB) + (OB, OC) + \dots + (OK, OL) = (OA, OL).$$

Il est entendu que les égalités précédentes expriment qu'une détermination quelconque de leur premier membre et une détermination quelconque de leur second membre ont une différence de la forme $2m\pi$, $m$ étant entier.

97. **Angle polaire d'un point d'un cercle.** — Soit dans un plan orienté un cercle $\Gamma$, de centre O et de rayon R. Choisissons comme sens positif de parcours sur $\Gamma$ le sens dans lequel se déplace le point d'intersection de $\Gamma$ avec une demi-droite d'origine O tournant autour de O dans le sens positif de rotation. Soit, d'autre part, un point fixe A du cercle $\Gamma$.

A tout point M de $\Gamma$ il correspond une infinité de nombres qui sont les diverses mesures algébriques, représentées par la notation (OA, OM), des angles ayant pour premier côté OA et pour second côté OM. Nous désignerons l'un quelconque de ces nombres par $x$; un tel nombre est dit *angle polaire* du point M. Le point M a une infinité d'angles polaires qui se déduisent de l'un d'eux par addition d'un multiple quelconque de $2\pi$, positif, nul ou négatif.

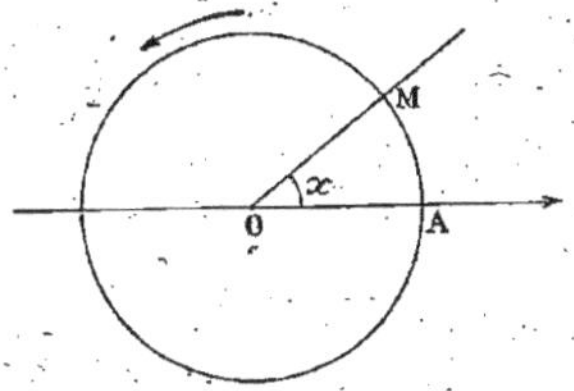

Fig. 20.

On a les résultats suivants :

1° Les angles polaires $x$ et $x'$ de deux points M et M' diamétralement opposés sur $\Gamma$ ont une différence égale à un multiple impair de $\pi$.

2° Si $x$ est angle polaire de M, $-x$ est angle polaire du point M' symétrique de M par rapport au diamètre qui passe par A. En effet, si l'un des points, M par exemple, appartient au demi-cercle positif ayant pour origine A et pour extrémité le point A′ diamétralement opposé à A, l'autre, M′, est situé sur le demi-cercle négatif d'origine A et d'extrémité A′. Si $\omega$ est la mesure de l'angle de côtés OA et OM, au sens strict, dans lequel on peut tracer des positions successives d'une demi-droite d'origine O tournant autour de O dans le sens positif, de OA à OM, $\omega$ est aussi la mesure de l'angle de côtés OA et OM′, au sens strict, dans lequel on peut tracer des positions successives d'une demi-droite d'origine O tournant autour de O dans le sens négatif, de OA à OM′. Un des angles polaires de M est $+\omega$; un des angles polaires de M′ est $-\omega$. Il s'ensuit que les angles polaires de l'un des points M et M′ sont les opposés des angles polaires de l'autre.

Nous allons maintenant établir les deux théorèmes suivants :

1° *Étant donné un nombre algébrique quelconque $x_0$, il existe au moins un point $M_0$ de $\Gamma$ ayant pour angle polaire $x_0$.*

Pour démontrer ce théorème, nous distinguerons plusieurs cas :

$\alpha$) *Le nombre $x_0$ appartient à l'intervalle* $(0, \pi)$. Soit M un point variable sur le demi-cercle positif d'origine A. Projetons le point M sur le diamètre A′A en P et désignons par $u$ la mesure algébrique du segment OP comptée sur l'axe ayant pour origine le point O et pour demi-droite positive la demi-droite d'origine O qui passe par le point A. A tout nombre $u$ de l'intervalle $(-R, +R)$, il correspond un point P du segment A′A tel que OP ait pour mesure algébrique $u$. En P, menons la perpendiculaire à AA′; elle rencontre le cercle $\Gamma$ et il existe un point M d'intersection situé sur le demi-cercle positif d'origine A. Ce point M admet un angle polaire $x$ appartenant à l'intervalle $(0, \pi)$, qui est égal à la mesure de l'angle qui a pour côtés OA et OM et à l'intérieur duquel on peut tracer des positions successives d'une demi-droite d'origine O tournant autour de O dans le sens positif de OA à OM. Ce nombre $x$ est une fonction de $u$, définie pour toute valeur de $u$ appartenant à l'intervalle $(-R, +R)$ : $x = \varphi(u)$. Je dis que *cette fonction est continue dans l'intervalle* $(-R, +R)$. En effet, soient deux nombres $u$ et $u'$ de l'intervalle $(-R, +R)$, P et P′ les points tels que $OP = u$, $OP' = u'$, M et M′ les points du demi-cercle positif d'origine A qui se projettent en P et P′, $x$ et $x'$ les angles polaires de ces points apparte-

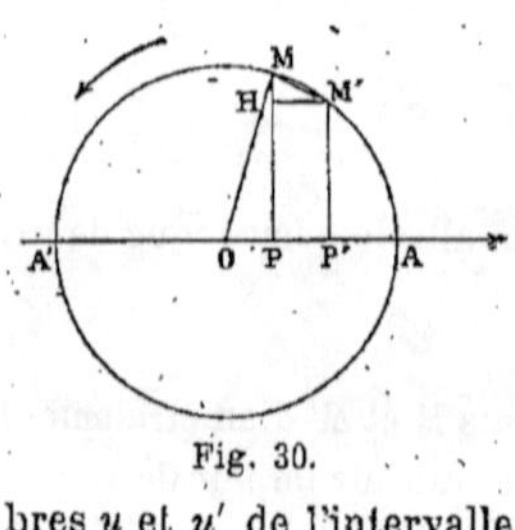


Fig. 30.

nant à l'intervalle $(0, \pi)$. Projetons orthogonalement M' en H sur PM. Dans le triangle MHM', on a $MM' < HM' + HM$, c'est-à-dire

$$MM' < PP' + |P'M' - PM|.$$

Or, on a $PM = \sqrt{R^2 - u^2}$. Donc, PM est une fonction de $u$ définie et continue dans l'intervalle $(-R, +R)$. Donc, si, $u$ étant fixe, $u'$ varie et tend vers $u$, $|P'M' - PM|$ tend vers 0. D'autre part, PP', qui est égal à $|u' - u|$, tend vers 0. Donc, MM' tend vers 0. Par suite, Arc MM', plus petit que la moitié de la longueur du cercle, tend vers 0, et comme Arc MM' est égal à $R|x' - x|$, on voit que $x' - x$ tend vers 0; $x'$ tend vers $x$. La fonction $\varphi(x)$ est bien continue dans l'intervalle $(-R, +R)$. Or, cette fonction prend la valeur 0 pour $u = +R$ et la valeur $\pi$ pour $u = -R$. Donc, d'après le théorème de Cauchy (ch. I, § 50), elle prend au moins une fois toute valeur appartenant à l'intervalle $(0, \pi)$ et en particulier la valeur $x_0$.

β) *Le nombre $x_0$ appartient à l'intervalle* $(-\pi, 0)$. Posons $x_1 = \pi + x_0$. Le nombre $x_1$ appartient à l'intervalle $(0, \pi)$. Il existe un point $M_1$ d'angle polaire $x_1$. Le point $M_0$ diamétralement opposé à $M_1$ a pour angles polaires les nombres $x_1 + (2k+1)\pi$, $k$ étant entier, parmi lesquels se trouve $x_0$.

γ) *Le nombre $x_0$ est quelconque.* Il existe un entier $k$, positif, nul ou négatif, tel que la différence $x'_0 = x_0 - 2k\pi$ appartienne à l'intervalle $(-\pi, +\pi)$. Il existe un point $M_0$ d'angle polaire $x'_0$ et par suite aussi d'angle polaire $x_0$, puisque l'on a $x_0 = x'_0 + 2k\pi$.

2° *Le point $M_0$ qui a pour angle polaire un nombre donné $x_0$ est unique.*

En effet, supposons qu'il existe deux points distincts $M_0$ et $M'_0$ ayant tous deux pour angle polaire $x_0$. On a des égalités de la forme

$$(OA, OM_0) = x_0 + 2k\pi, \quad (k \text{ entier}),$$
$$(OA, OM'_0) = x_0 + 2k'\pi, \quad (k' \text{ entier}),$$

d'où, en retranchant membre à membre,

$$(OM_0, OM'_0) = 2k''\pi, \quad (k'' \text{ entier}).$$

Désignons par $\omega$ la mesure de l'angle qui a pour côtés $OM_0$ et $OM'_0$ et à l'intérieur duquel on peut tracer des positions successives d'une demi-droite d'origine O tournant autour de O, de $OM_0$ à $OM'_0$, dans le sens positif. Ce nombre $\omega$ est compris entre 0 et $2\pi$ et est une détermination de $(OM_0, OM'_0)$. On a donc une égalité de la forme

$$\omega = 2h\pi,$$

$h$ étant entier, ce qui n'est pas. Donc, $M_0$ est unique.

La définition de l'angle polaire $x$ d'un point M de $\Gamma$ dépend du choix du point A. Si on remplace A par $A_1$, ayant pour angle polaire $a$, $x$ est remplacé par $x_1$, et l'on a

$$x_1 = x - a,$$

chacun des deux membres étant défini à un multiple de $2\pi$ près.

## II. — FONCTIONS CIRCULAIRES DIRECTES

### 1° FONCTION COSINUS.

98. **Définition de la fonction cosinus.** — Soit dans le plan orienté le cercle $\Gamma$ précédemment défini, de centre O. Prenons pour unité de longueur le rayon de ce cercle : $R = 1$. Soit le nombre $x$. Il existe un point M du cercle qui a pour angle polaire $x$. Si P est la projection orthogonale du point M sur le diamètre AA', la mesure algébrique du segment OP, comptée sur l'axe d'origine O et de demi-droite positive OA, est fonction de $x$; on la représente par la notation $\cos x$, qu'on énonce *cosinus de x* ou encore *cosinus x*.

99. **Propriétés de la fonction cosinus.** — Cette fonction a les propriétés suivantes :

1° *Elle est définie pour tout nombre réel x.*

2° *Si k est un entier quelconque, on a* $\cos(2k\pi + x) = \cos x$. On exprime cette propriété en disant que la fonction $\cos x$ est *périodique*, ayant pour périodes les nombres de la forme $2k\pi$, où $k$ est entier.

3° *La fonction* $\cos x$ *est paire;* autrement dit, $\cos(-x) = \cos x$. En effet, les points M et M' qui ont respectivement pour angles polaires $x$ et $-x$ sont symétriques par rapport à AA' et se projettent orthogonalement sur AA' au même point P.

On en déduit que, quel que soit l'entier $k$, on a $\cos(2k\pi \pm x) = \cos x$.

4° *On a* $\cos(\pi + x) = -\cos x$. En effet, les points M et $M_1$ qui ont respectivement pour angles polaires $x$ et $\pi + x$ sont symétriques par rapport à O; leurs projections P et $P_1$ sur le diamètre AA' sont elles-mêmes symétriques par rapport à O; les mesures algébriques des segments OP et $OP_1$ sont opposées.

Plus généralement, $k$ étant entier, on a $\cos[(2k+1)\pi \pm x] = -\cos x$. Par suite, quel que soit l'entier $k$, on a l'égalité générale, qui comprend toutes les précédentes, $\cos(k\pi \pm x) = (-1)^k \cos x$

5° *La fonction* $\cos x$ *est décroissante dans l'intervalle* $[2k\pi, (2k+1)\pi]$ *et croissante dans l'intervalle* $[(2k-1)\pi, 2k\pi]$, $k$ *entier*. En effet, supposons d'abord que $x$ varie dans l'intervalle $(0, \pi)$. Soient $x$ et $x'$ deux nombres de cet intervalle $(x < x')$, M et M' les points du demi-cercle positif d'origine A qui ont pour angles polaires $x$ et $x'$, P et P' leurs projections sur AA'. Puisque l'on a $x < x'$, le point M est situé sur l'arc d'extrémités A et M' qui appartient au demi-cercle positif d'origine A. Il s'ensuit que P est un point situé sur la portion de droite qui a pour extrémités A et P' et que la mesure algébrique de OP est plus grande que la mesure algébrique de OP'; autrement dit, $\cos x$ est plus grand que $\cos x'$. La fonction $\cos x$ est bien décroissante dans l'intervalle $(0, \pi)$.

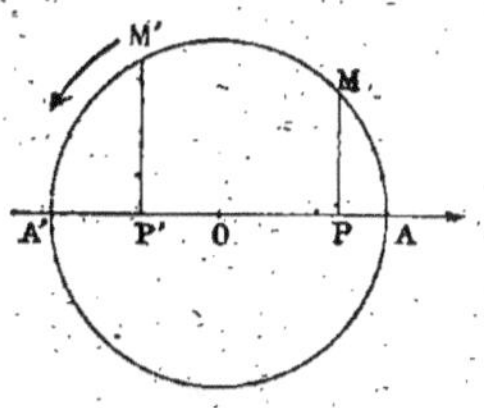


Fig. 31.

Comme on a $\cos(-x) = \cos x$ et que $-x$ est une fonction décroissante de $x$, $\cos x$ est une fonction croissante de $x$ dans l'intervalle $(-\pi, 0)$.

En raison de la périodicité de $\cos x$, on voit que $\cos x$ est bien une fonction décroissante dans l'intervalle $[2k\pi, (2k+1)\pi]$ et croissante dans l'intervalle $[(2k-1)\pi, 2k\pi]$.

6° $\cos x$ *est positif à l'intérieur de l'intervalle* $\left(-\frac{\pi}{2}, +\frac{\pi}{2}\right)$ *et, d'une manière générale, à l'intérieur de l'intervalle* $\left(2k\pi - \frac{\pi}{2}, 2k\pi + \frac{\pi}{2}\right)$, $k$ *entier*; *il est négatif à l'intérieur de l'intervalle* $\left(\frac{\pi}{2}, \frac{3\pi}{2}\right)$ *et, d'une manière générale, à l'intérieur de l'intervalle* $\left(2k\pi + \frac{\pi}{2}, 2k\pi + \frac{3\pi}{2}\right)$, $k$ *entier*; $\cos x$ *est nul en tout point* $x = (2k+1)\frac{\pi}{2}$.

7° *La fonction* $\cos x$ *est continue pour tout nombre réel* $x$.

Supposons d'abord que $x$ varie dans l'intervalle $(0, \pi)$.

1° La fonction $\cos x$ est décroissante dans cet intervalle. 2° Elle prend toute valeur $u$ comprise entre les valeurs $-1$ et $+1$ qu'elle prend respectivement aux extrémités $\pi$ et 0 de cet intervalle. En effet, il existe un point P du diamètre AA' tel que l'on ait $\text{OP} = u$, et ce point appartient à la portion de droite limitée aux points A et A'; la perpendiculaire en P à la droite AA' rencontre le demi-cercle positif d'origine A en un point M ayant un angle polaire $x$ appartenant à l'intervalle $(0, \pi)$. D'après cela, en vertu d'un théorème établi antérieurement (ch. I, § 51), la fonction $\cos x$ est continue dans l'intervalle $(0, \pi)$. En particulier, $\cos x$ tend vers $+1$ quand $x$ tend vers 0 par valeurs positives, $\cos x$ tend vers $-1$ quand $x$ tend vers $\pi$ par valeurs plus petites que $\pi$.

Comme l'on a $\cos(2k\pi + x) = \cos x$, $k$ entier, on voit que $\cos x$ est continue dans tout intervalle de la forme $[2k\pi, (2k+1)\pi]$, que $\cos x$ tend vers $+1$ quand $x$ tend vers $2k\pi$ par valeurs plus grandes que $2k\pi$, tend vers $-1$ quand $x$ tend vers $(2k+1)\pi$ par valeurs plus petites que $(2k+1)\pi$.

Comme l'on a $\cos[(2k-1)\pi + x] = -\cos x$, $k$ entier, on voit que $\cos x$ est continue dans tout intervalle de la forme $[(2k-1)\pi, 2k\pi]$, que $\cos x$ tend vers $-1$ quand $x$ tend vers $(2k-1)\pi$ par valeurs plus grandes que $(2k-1)\pi$, tend vers $+1$ quand $x$ tend vers $2k\pi$ par valeurs plus petites que $2k\pi$.

Il en résulte que $\cos x$ est continue en tout point $x_0$ autre qu'un multiple de $\pi$. Si $x_0 = 2k\pi$, on voit que $\cos x$ tend vers $+1$, c'est-à-dire vers $\cos 2k\pi$, quand $x$ tend vers $x_0$ par valeurs plus grandes que $x_0$ et aussi quand $x$ tend vers $x_0$ par valeurs plus petites que $x_0$, donc quand $x$ tend vers $x_0$ par valeurs quelconques; autrement dit, $\cos x$ est continue au point $2k\pi$. Si $x_0 = (2k+1)\pi$, on voit que $\cos x$ tend vers $-1$, c'est-à-dire vers $\cos(2k+1)\pi$, quand $x$ tend vers $x_0$ par valeurs plus grandes que $x_0$ et aussi quand $x$ tend vers $x_0$ par valeurs

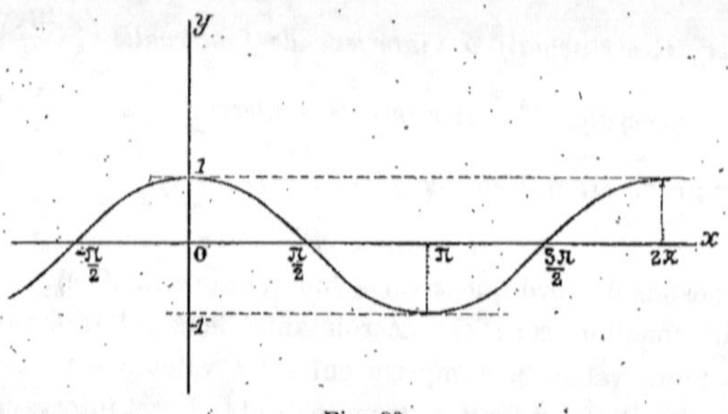


Fig. 32.

plus petites que $x_0$, donc, quand $x$ tend vers $x_0$ par valeurs quelconques; autrement dit, $\cos x$ est continue au point $(2k+1)\pi$.

Finalement, $\cos x$ est continue pour tout nombre réel $x$.

8° *La fonction* $\cos x$ *est bornée supérieurement par le nombre* 1, et prend la valeur 1 aux divers points $2k\pi$; *elle est bornée inférieurement par le nombre* $-1$, et prend la valeur $-1$ aux divers points $(2k+1)\pi$, $k$ entier.

On a ci-contre la courbe représentative de la fonction $\cos x$.

2° Fonction sinus.

100. **Définition de la fonction sinus.** — Soit dans le plan orienté le cercle $\Gamma$ précédemment défini, de centre O. Prenons pour unité de longueur le rayon de ce cercle : $R=1$. Traçons le diamètre BB′ perpendiculaire au diamètre AA′, B étant l'extrémité située sur le demi-cercle positif d'origine A. Soit le nombre $x$. Il existe un point M du cercle qui a pour angle polaire $x$. Si Q est la projection orthogonale du point M sur BB′, la mesure algébrique du segment

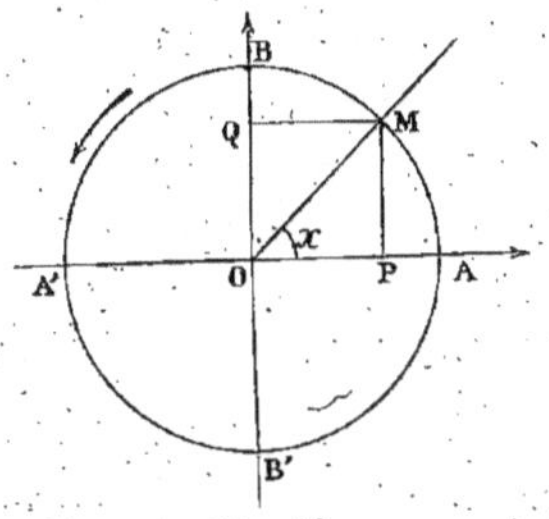

Fig. 33.

OQ, comptée sur l'axe d'origine O et de demi-droite positive OB, est fonction de $x$; on la représente par la notation $\sin x$ qu'on énonce *sinus de x* ou encore *sinus x*. On voit que la fonction $\sin x$ est définie pour tout nombre réel $x$. D'autre part, si $k$ est entier, on a $\sin(2k\pi + x) = \sin x$; on exprime cette propriété en disant que la fonction $\sin x$ est *périodique*, ayant pour périodes les nombres de la forme $2k\pi$, où $k$ est entier.

On peut continuer l'étude directe de $\sin x$, comme celle de $\cos x$; mais on peut aussi déduire les propriétés de $\sin x$ de celles de $\cos x$, d'après le théorème suivant :

101. Théorème. — *On a, quel que soit* $x$,

$$\sin x = \cos\left(\frac{\pi}{2} - x\right).$$

En effet, soit $x'$ l'angle polaire du point M, quand on remplace sur le cercle $\Gamma$ le point A par le point B. On a l'égalité

$$x = \frac{\pi}{2} + x', \quad \text{d'où} \quad x' = x - \frac{\pi}{2}.$$

Puisque Q est la projection de M sur le diamètre BB′ qui remplace le diamètre AA′, il est clair que la mesure algébrique du segment OQ sur l'axe de demi-droite positive OB est égale à $\cos x'$. Donc,

$$\sin x = \cos x' = \cos\left(\frac{\pi}{2} - x\right).$$

**102. Propriétés de la fonction sinus.** — En vertu de ce théorème, $\sin x$ apparaît comme une fonction de fonction de $x$ par l'intermédiaire de $z' = \frac{\pi}{2} - x$. Or, $z'$ est une fonction de $x$ continue pour tout nombre réel $x$ et décroissante, variant dans l'intervalle $\left[(2k-1)\frac{\pi}{2}, (2k+1)\frac{\pi}{2}\right]$ quand $x$ varie dans l'intervalle $[-k\pi, (-k+1)\pi]$.

Il suit de là que l'on a les propriétés suivantes de $\sin x$ :

1° *La fonction* $\sin x$ *est impaire;* autrement dit, $\sin(-x) = -\sin x$. Par suite, quel que soit l'entier $k$, on a

$$\sin(2k\pi - x) = -\sin x.$$

2° On a $\sin(\pi + x) = -\sin x$, et, par suite, $k$ étant entier,

$$\sin[(2k+1)\pi + x] = -\sin x.$$

On en déduit l'égalité

$$\sin[(2k+1)\pi - x] = -\sin(-x) = \sin x.$$

D'une façon générale, on a

$$\sin(k\pi + x) = (-1)^k \sin x, \quad \sin(k\pi - x) = (-1)^{k+1} \sin x.$$

3° *La fonction* $\sin x$ *est croissante dans l'intervalle* $\left(-\frac{\pi}{2}, +\frac{\pi}{2}\right)$ *et, d'une manière générale, dans l'intervalle* $\left(2k\pi - \frac{\pi}{2}, 2k\pi + \frac{\pi}{2}\right)$, *k entier; elle est décroissante dans l'intervalle* $\left(\frac{\pi}{2}, \frac{3\pi}{2}\right)$ *et, d'une manière générale, dans l'intervalle* $\left(2k\pi + \frac{\pi}{2}, 2k\pi + \frac{3\pi}{2}\right)$, *k entier.*

4° $\sin x$ *est positif à l'intérieur de l'intervalle* $(0, \pi)$ *et, d'une manière*

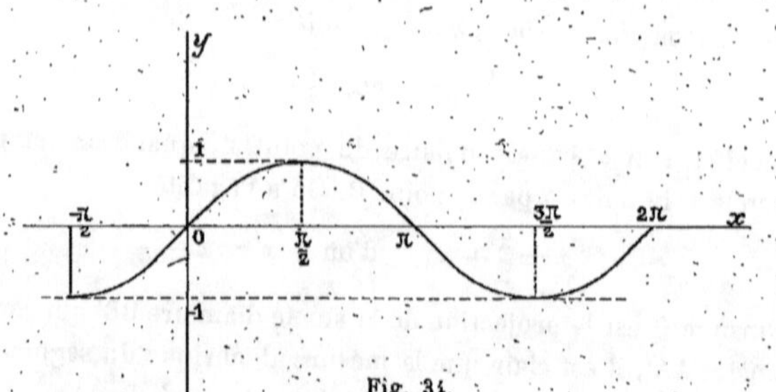


Fig. 31.

*générale, à l'intérieur de l'intervalle* $[2k\pi, (2k+1)\pi]$; *il est négatif à l'intérieur de l'intervalle* $(-\pi, 0)$ *et, d'une manière générale, à l'intérieur de l'intervalle* $[(2k-1)\pi, 2k\pi]$; $\sin x$ *est nul en tout point* $x = k\pi$, *k entier.*

5° *La fonction* $\sin x$ *est continue pour tout nombre réel* $x$. Il suffit d'appliquer à la fonction $\cos\left(\frac{\pi}{2}-x\right)$ le théorème relatif à la continuité d'une fonction de fonction.

6° *La fonction* $\sin x$ *est bornée supérieurement par* 1 et prend la valeur 1 en tout point $\left(2k\pi+\frac{\pi}{2}\right)$; *elle est bornée inférieurement par* $-1$ et prend la valeur $-1$ en tout point $\left(2k\pi-\frac{\pi}{2}\right)$, $k$ entier.

On a ci-contre la courbe représentative de la fonction $\sin x$.

103. Théorème. — *On a la relation*

$$\cos^2 x+\sin^2 x=1.$$

En effet, si M est sur le cercle $\Gamma$ le point d'angle polaire $x$, P sa projection sur le diamètre AA′ et Q sa projection sur le diamètre BB′, on a

$$\mathrm{OP}=\cos x, \qquad \mathrm{OQ}=\sin x$$

et, dans le triangle rectangle OMP,

$$\overline{\mathrm{OM}}^2=\overline{\mathrm{OP}}^2+\overline{\mathrm{PM}}^2=\overline{\mathrm{OP}}^2+\overline{\mathrm{OQ}}^2,$$

c'est-à-dire

$$1=\sin^2 x+\cos^2 x.$$

On en déduit

$$\sin x=\pm\sqrt{1-\cos^2 x}, \qquad \cos x=\pm\sqrt{1-\sin^2 x}.$$

### 3° Fonction tangente.

104. **Définition de la fonction tangente.** — Menons la tangente en A au cercle $\Gamma$ précédemment considéré. Soit, sur cette tangente parallèle à BB′, $\Delta$ l'axe de même sens que l'axe choisi sur BB′. Étant donné le nombre $x$, il existe sur le cercle $\Gamma$ un point M d'angle polaire $x$. Si M ne coïncide ni avec B ni avec B′, c'est-à-dire si $x$ n'est pas de la forme $(2k+1)\frac{\pi}{2}$, $k$ entier, la droite OM n'est pas parallèle à la tangente en A, elle la rencontre en un point T. La mesure algébrique du segment AT, comptée sur l'axe $\Delta$, est une fonction de $x$, définie pour

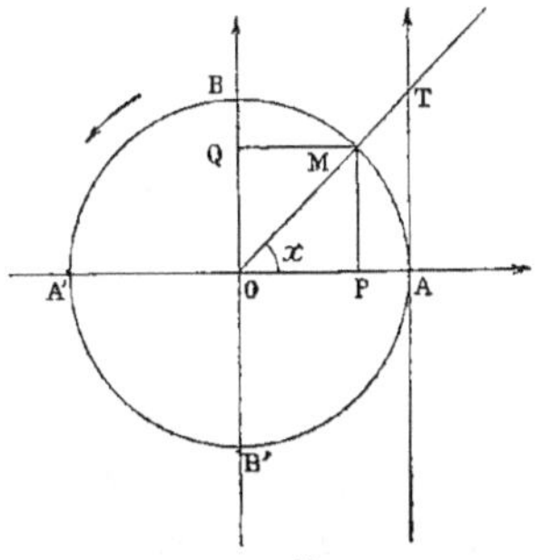

Fig. 35.

tout nombre réel $x$ autre que les nombres de la forme $(2k+1)\frac{\pi}{2}$; on la représente par la notation $\operatorname{tg} x$ et on l'énonce *tangente de $x$* ou encore *tangente $x$*. D'après cela, $\operatorname{tg}\left[(2k+1)\frac{\pi}{2}\right]$ n'a pas de sens.

105. Théorème. — *Pour tout nombre réel $x$ non égal à un multiple impair de $\frac{\pi}{2}$, on a*

$$\operatorname{tg} x = \frac{\sin x}{\cos x}.$$

Soit en effet le point M d'angle polaire $x$ sur le cercle $\Gamma$. Projetons-le en P sur AA′ et en Q sur BB′. Les deux triangles OPM et OAT sont semblables et, par suite, on a

$$\frac{\text{AT}}{\text{OA}} = \frac{\text{PM}}{\text{OP}} = \frac{\text{OQ}}{\text{OP}},$$

d'où

$$\frac{|\operatorname{tg} x|}{1} = \frac{|\sin x|}{|\cos x|},$$

c'est-à-dire

$$|\operatorname{tg} x| = \left|\frac{\sin x}{\cos x}\right|.$$

D'autre part, supposons d'abord que P soit situé entre O et A; alors M et T sont situés d'un même côté du diamètre AA′, il en est de même de Q et de T; $\sin x$ et $\operatorname{tg} x$ sont donc de même signe, et, comme $\cos x$ est positif, $\frac{\sin x}{\cos x}$ et $\operatorname{tg} x$ sont aussi de même signe, et l'on a

$$\operatorname{tg} x = \frac{\sin x}{\cos x}.$$

Supposons ensuite que P soit situé entre O et A′; alors M et T sont situés de part et d'autre du diamètre AA′, il en est de même de Q et de T; $\sin x$ et $\operatorname{tg} x$ sont donc de signes contraires, et, comme $\cos x$ est négatif, $\frac{\sin x}{\cos x}$ et $\operatorname{tg} x$ sont encore de même signe, et l'on a encore

$$\operatorname{tg} x = \frac{\sin x}{\cos x}.$$

Si P est en A ou en A′, $\operatorname{tg} x$ et $\frac{\sin x}{\cos x}$ sont encore égaux, comme étant simultanément nuls.

**106. Propriétés de la fonction tangente.** — De ce théorème fondamental, découlent les propriétés suivantes :

1° *On a* $\operatorname{tg}(k\pi + x) = \operatorname{tg} x$, *k entier*. En effet, on a

$$\operatorname{tg}(k\pi + x) = \frac{\sin(k\pi + x)}{\cos(k\pi + x)} = \frac{(-1)^k \sin x}{(-1)^k \cos x} = \frac{\sin x}{\cos x} = \operatorname{tg} x.$$

On exprime cette propriété en disant que la fonction $\operatorname{tg} x$ est *périodique*, ayant pour périodes les divers nombres de la forme $k\pi$, $k$ entier.

2° *La fonction* $\operatorname{tg} x$ *est impaire*; autrement dit, on a $\operatorname{tg}(-x) = -\operatorname{tg} x$. Car on a $\sin(-x) = -\sin x$, $\cos(-x) = \cos x$.

On déduit de là l'égalité générale $\operatorname{tg}(k\pi - x) = -\operatorname{tg} x$, $k$ entier.

3° *La fonction* $\operatorname{tg} x$ *est croissante à l'intérieur de tout intervalle* $\left(k\pi - \frac{\pi}{2}, k\pi + \frac{\pi}{2}\right)$, *k entier*.

En raison de la périodicité de $\operatorname{tg} x$, il suffit d'établir la propriété pour l'intervalle $\left(-\frac{\pi}{2}, \frac{\pi}{2}\right)$. A l'intérieur de l'intervalle $\left(0, \frac{\pi}{2}\right)$, la fonction $\sin x$ est positive et croissante, la fonction $\cos x$ est positive et décroissante, leur quotient $\operatorname{tg} x$ est donc positif et croissant. On a $\operatorname{tg}(-x) = -\operatorname{tg} x$; par suite, à l'intérieur de l'intervalle $\left(-\frac{\pi}{2}, 0\right)$, $\operatorname{tg} x$ est négatif et croissant. Comme $\operatorname{tg} x$ s'annule pour $x = 0$, on voit bien que $\operatorname{tg} x$ est une fonction croissante à l'intérieur de l'intervalle $\left(-\frac{\pi}{2}, \frac{\pi}{2}\right)$.

4° *La fonction* $\operatorname{tg} x$ *est continue en tout point où elle est définie*. En effet, elle est le quotient de deux fonctions continues, $\sin x$ et $\cos x$, $\cos x$ n'étant pas nul en un point où la fonction $\operatorname{tg} x$ est définie.

5° $\operatorname{tg} x$ *tend vers* $+\infty$ *quand* $x$ *tend vers* $k\pi + \frac{\pi}{2}$ *par valeurs plus petites que* $k\pi + \frac{\pi}{2}$, *et tend vers* $-\infty$ *quand* $x$ *tend vers* $k\pi + \frac{\pi}{2}$ *par valeurs plus grandes que* $k\pi + \frac{\pi}{2}$.

En raison de la périodicité de $\operatorname{tg} x$, il suffit de faire tendre $x$ d'abord vers $\frac{\pi}{2}$ par valeurs plus petites que $\frac{\pi}{2}$, ensuite vers $-\frac{\pi}{2}$ par valeurs plus grandes que $-\frac{\pi}{2}$. Dans le premier cas, $\sin x$ tend vers $+1$ et $\cos x$ tend vers 0 par valeurs positives, $\operatorname{tg} x$ tend donc vers $+\infty$; dans le second cas, $\sin x$ tend vers $-1$ et $\cos x$ tend vers 0 par valeurs positives, $\operatorname{tg} x$ tend donc vers $-\infty$.

Traçons la courbe représentative de la fonction quand $x$ est compris entre $-\frac{\pi}{2}$ et $+\frac{\pi}{2}$. Cette courbe passe par l'origine qu'elle admet comme centre de symétrie ; elle est tout entière comprise entre les deux parallèles à l'axe $Oy$ menées par les points de $Ox$ qui ont pour abscisses $-\frac{\pi}{2}$ et $+\frac{\pi}{2}$. Ces droites sont des *asymptotes* de la courbe. La courbe représentative de la fonction, quand $x$ est compris entre $k\pi-\frac{\pi}{2}$ et $k\pi+\frac{\pi}{2}$, se déduit de la précédente par une translation parallèle à $Ox$, les abscisses étant augmentées de $k\pi$.

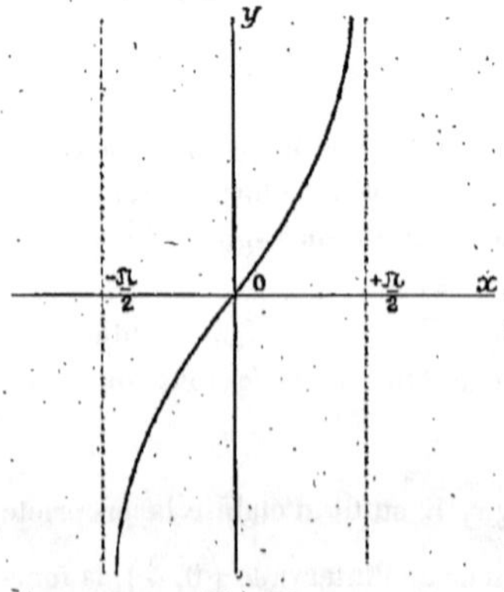

Fig. 36.

**107.** Théorème. — *On a*

$$\sin x = \frac{\operatorname{tg} x}{\pm\sqrt{1+\operatorname{tg}^2 x}}, \qquad \cos x = \frac{1}{\pm\sqrt{1+\operatorname{tg}^2 x}},$$

*les signes + et — se correspondant dans les deux formules.*

En effet, on a

$$\frac{\sin x}{\operatorname{tg} x} = \frac{\cos x}{1} = \pm\frac{\sqrt{\cos^2 x+\sin^2 x}}{\sqrt{1+\operatorname{tg}^2 x}} = \frac{\pm 1}{\sqrt{1+\operatorname{tg}^2 x}}.$$

## 4° Fonction cotangente.

**108. Définition de la fonction cotangente.** — Pour tout nombre réel $x$ autre que $k\pi$, $k$ entier, $\sin x$ n'est pas nul et, par suite, $\frac{\cos x}{\sin x}$ a un sens. Ce nombre apparait ainsi comme une fonction de $x$, définie pour tout nombre réel non de la forme $k\pi$, $k$ entier. On donne à cette fonction le nom de *cotangente de $x$* et on la représente par la notation $\cot x$.

**109. Propriétés de la fonction cotangente.** — On a les propriétés immédiates suivantes :

1° $\cot(k\pi+x)=\cot x$. La fonction $\cot x$ est dite *périodique*, ayant pour périodes $k\pi$, $k$ entier.

2° *La fonction* $\cot x$ *est impaire.*

3° *La fonction* $\cot x$ *est décroissante à l'intérieur de tout intervalle* $[k\pi, (k+1)\pi]$, *k entier.*

4° *La fonction* $\cot x$ *est continue en tout point où elle est définie.*

5° $\cot x$ *tend vers* $+\infty$ *quand* $x$ *tend vers* $k\pi$ *par valeurs plus grandes que* $k\pi$, *et tend vers* $-\infty$ *quand* $x$ *tend vers* $k\pi$ *par valeurs plus petites que* $k\pi$.

6° *Pour toute valeur de* $x$ *non de la forme* $\frac{k\pi}{2}$, *on a*

$$\cot x = \frac{1}{\operatorname{tg} x}.$$

7° *Pour toute valeur de* $x$ *non de la forme* $k\pi$, *on a*

$$\cot x = \operatorname{tg}\left(\frac{\pi}{2} - x\right).$$

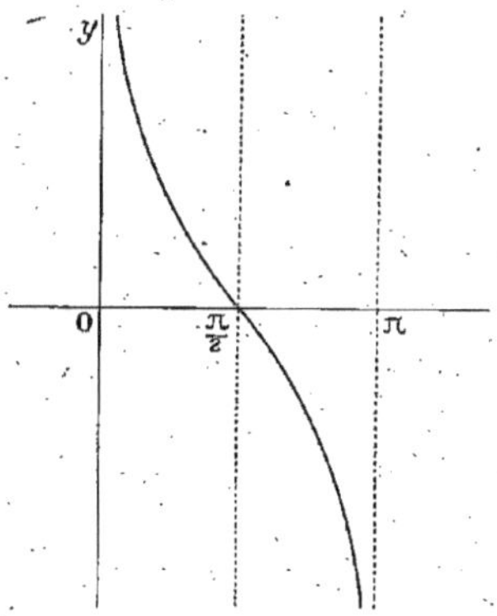

Fig. 37.

Traçons la courbe représentative de la fonction quand $x$ est compris entre 0 et $\pi$. La courbe admet pour centre le point de $Ox$ qui a pour abscisse $+\frac{\pi}{2}$; elle est comprise entre l'axe $Oy$ et la droite menée parallèlement à $Oy$ par le point de $Ox$ qui a pour abscisse $\pi$. Ces deux droites sont des *asymptotes* de la courbe. Quand $x$ est compris entre $k\pi$ et $(k+1)\pi$, la courbe représentative de la fonction se déduit de la précédente par une translation parallèle à $Ox$, les abscisses étant augmentées de $k\pi$.

## III. — FONCTIONS CIRCULAIRES INVERSES

### 1° Fonction arc cosinus.

**110. Définition de la fonction arc cosinus.** — La définition de la fonction $\operatorname{arc} \cos x$ résulte du théorème suivant :

*Étant donné un nombre* $x$ *appartenant à l'intervalle* $(-1, +1)$, *il existe un nombre* $y$ *et un seul appartenant à l'intervalle* $(0, \pi)$, *tel que l'on ait* $\cos y = x$.

Traçons en effet le cercle $\Gamma$, de centre O, défini précédemment et le diamètre AA′ de ce cercle. Le rayon du cercle étant pris comme unité de longueur, il existe un point P du segment AA′ tel que la mesure algébrique du segment OP sur l'axe qui a pour demi-droite positive OA soit égale à $x$. En P élevons la perpendiculaire à AA′; elle rencontre le demi-cercle positif d'origine A en un point M. Ce point M admet un angle polaire $y$ appartenant à l'intervalle $(0, \pi)$, lequel est tel que l'on ait $\cos y = x$.

D'autre part, il n'existe pas de nombre $y'$ autre que $y$, de l'intervalle $(0; \pi)$, tel que l'on ait $\cos y' = x$, car, la fonction $\cos Y$ étant décroissante quand Y varie dans l'intervalle $(0, \pi)$, si l'on a $y' < y$, on a $\cos y' > \cos y$, c'est-à-dire $\cos y' > x$, et si l'on a $y' > y$, on a $\cos y' < x$.

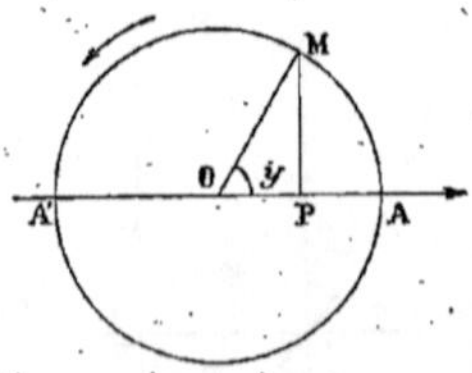

Fig. 38.

Le nombre $y$ que détermine ce théorème est une fonction de $x$ définie dans l'intervalle $(-1, +1)$, que l'on énonce *arc cosinus* $x$ et que l'on écrit $\text{arc}\cos x$.

**111. Propriétés de la fonction arc cosinus.** — 1° *La fonction* $\text{arc}\cos x$ *est décroissante dans l'intervalle* $(-1, +1)$. Posons en effet

$$y = \text{arc}\cos x, \quad y' = \text{arc}\cos x'.$$

Si $x$ est plus petit que $x'$, $y$ est plus grand que $y'$, car si l'on avait $y \leqslant y'$, en vertu de la décroissance de la fonction $\cos Y$ quand Y varie dans l'intervalle $(0, \pi)$, on aurait $\cos y \geqslant \cos y'$, c'est-à-dire $x \geqslant x'$, ce qui est contraire à l'hypothèse.

2° *La fonction* $\text{arc}\cos x$ *est continue dans l'intervalle* $(-1, +1)$. En effet, soit d'abord $x_0$ un nombre compris entre $-1$ et $+1$. On a

$$0 < \text{arc}\cos x_0 < \pi.$$

Soit $\varepsilon$ un nombre positif quelconque tel que l'on ait

$$0 < \varepsilon < \text{arc}\cos x_0 < \text{arc}\cos x_0 + \varepsilon < \pi.$$

Il s'agit de montrer qu'il est possible de déterminer un nombre positif $\alpha$ tel que l'on ait

$$-1 < x_0 - \alpha < x_0 < x_0 + \alpha < 1$$

et tel que la double inégalité

$$x_0 - \alpha < x < x_0 + \alpha$$

entraîne la double inégalité

$$\text{arc}\cos x_0 - \varepsilon < \text{arc}\cos x < \text{arc}\cos x_0 + \varepsilon.$$

Or, en raison de la décroissance de la fonction $\cos y$ quand $y$ varie dans l'intervalle $(0, \pi)$, cette dernière double inégalité est équivalente à la double inégalité

$$\cos(\text{arc}\cos x_0 + \varepsilon) < x < \cos(\text{arc}\cos x_0 - \varepsilon).$$

Mais, $\text{arc}\cos x_0 + \varepsilon$ est plus grand que $\text{arc}\cos x_0$; par conséquent, $\cos(\text{arc}\cos x_0 + \varepsilon)$ est plus petit que $\cos(\text{arc}\cos x_0)$, c'est-à-dire $x_0$; de même, $\cos(\text{arc}\cos x_0 - \varepsilon)$ est plus grand que $x_0$; on peut donc poser

$$\cos(\text{arc}\cos x_0 + \varepsilon) = x_0 - \alpha', \qquad \cos(\text{arc}\cos x_0 - \varepsilon) = x_0 + \alpha'',$$

$\alpha'$ et $\alpha''$ étant deux nombres positifs. Donc, la double inégalité

$$\text{arc}\cos x_0 - \varepsilon < \text{arc}\cos x < \text{arc}\cos x_0 + \varepsilon$$

est équivalente à une double inégalité de la forme

$$x_0 - \alpha' < x < x_0 + \alpha'';$$

elle est vérifiée pour toute valeur de $x$ telle que l'on ait

$$x_0 - \alpha < x < x_0 + \alpha,$$

$\alpha$ étant un nombre positif à la fois plus petit que $\alpha'$ et que $\alpha''$.

Il s'ensuit que la fonction $\text{arc}\cos x$ est continue au point $x_0$.

Si $x_0 = -1$, le raisonnement précédent prouve qu'étant donné un nombre positif quelconque $\varepsilon$, il est possible de déterminer un nombre positif $\alpha$ tel que la double inégalité

$$x_0 < x < x_0 + \alpha$$

entraîne la double inégalité

$$\text{arc}\cos x_0 - \varepsilon < \text{arc}\cos x < \text{arc}\cos x_0.$$

Si $x_0 = +1$, le même raisonnement prouve qu'étant donné un nombre positif quelconque $\varepsilon$, il est possible de déterminer un nombre positif $\alpha$ tel que la double inégalité

$$x_0 - \alpha < x < x_0$$

entraîne la double inégalité

$$\text{arc}\cos x_0 < \text{arc}\cos x < \text{arc}\cos x_0 + \varepsilon.$$

Il s'ensuit que la fonction $\text{arc}\cos x$ est continue aux points $-1$ et $+1$.

Remarquons que les deux variables $x$ et $y$, l'une $x$ appartenant à l'intervalle $(-1, +1)$, l'autre $y$ appartenant à l'intervalle $(0, \pi)$, liées par la relation $x = \cos y$ ou par la relation $y = \text{arc}\cos x$ sont fonctions inverses l'une de l'autre. Les deux propriétés précédentes de la fonction $\text{arc}\cos x$ se déduisent des propriétés correspondantes de la fonction $\cos y$ par application d'un théorème antérieurement établi sur les fonctions inverses (ch. I, § 52); la démonstration est l'application à ce cas particulier de la démonstration du théorème général.

**112. Extension de la fonction arc cosinus.** — Il existe une infinité de nombres Y tels que l'on ait $\cos Y = x$. En posant $y = \text{arc}\cos x$, on a

$$Y = 2k\pi + y \quad \text{ou} \quad Y = 2k\pi - y,$$

$k$ étant un entier quelconque. Ce sont les angles polaires du point M précédemment défini sur le cercle Γ et du point M′ symétrique de M par rapport au diamètre AA′.

Si l'on fait choix de l'entier $k$, le nombre $2k\pi + y$ et le nombre $2k\pi - y$ sont, comme $y$, des fonctions de $x$ définies dans l'intervalle $(-1, +1)$. Il existe ainsi une infinité de fonctions Y de $x$ définies dans l'intervalle $(-1, +1)$, dont l'expression générale est $2k\pi \pm y$, où $k$ est entier, qui sont telles que, pour toute valeur de $x$, on ait $\cos Y = x$. Par extension, on donne à l'une quelconque de ces fonctions le nom de *arc cosinus x* et on la représente par la notation arc cos $x$. Pour distinguer, parmi ces fonctions, celle qui varie dans l'intervalle $(0, \pi)$, on la désigne, quand c'est nécessaire, par la notation Arc cos$x$.

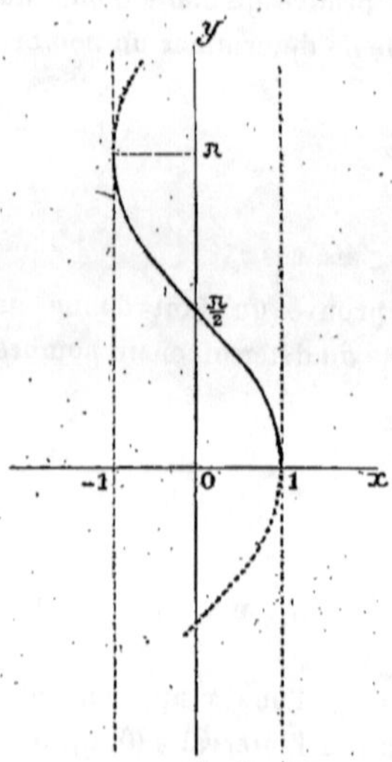

Fig. 39

On reconnait immédiatement que les courbes représentatives des diverses fonctions Y forment un seul trait *continu*, qui est la courbe représentative de la fonction $x = \cos y$ de la variable $y$ variant dans l'intervalle $(-\infty, +\infty)$.

### 2° Fonction arc sinus.

**113. Définition de la fonction arc sinus.** — La définition de arc sin $x$ repose sur le théorème suivant :

*Étant donné un nombre x appartenant à l'intervalle* $(-1, +1)$, *il existe un nombre y et un seul appartenant à l'intervalle* $\left(-\frac{\pi}{2}, +\frac{\pi}{2}\right)$, *tel que l'on ait* $\sin y = x$.

Traçons en effet le cercle Γ orienté, de centre O, le diamètre AA′ et le diamètre BB′ perpendiculaire à AA′, B étant l'extrémité située sur le demi-cercle positif d'origine A. Le rayon du cercle étant pris comme unité de longueur, il existe un point Q du segment BB′ tel que la mesure algébrique du segment OQ sur l'axe qui a pour demi-droite positive

OB soit égale à $x$. En Q menons la perpendiculaire à BB'; elle rencontre le demi-cercle négatif d'origine B en un point M. Ce point M admet un angle polaire $y$ appartenant à l'intervalle $\left(-\frac{\pi}{2}, +\frac{\pi}{2}\right)$, lequel est tel que l'on ait $\sin y = x$.

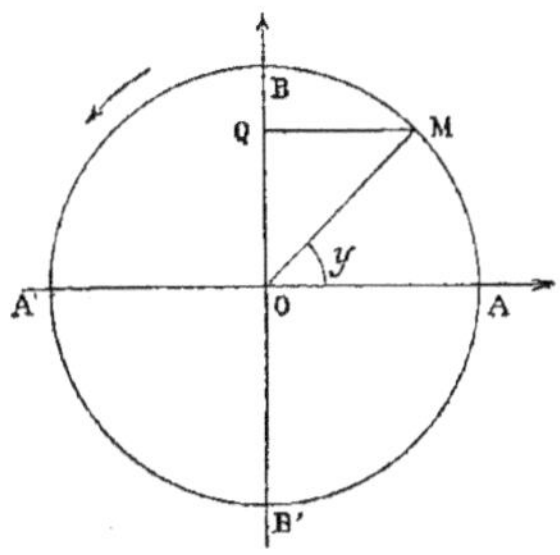


Fig. 40.

D'autre part, il n'existe pas de nombre $y'$ autre que $y$, de l'intervalle $\left(-\frac{\pi}{2}, +\frac{\pi}{2}\right)$, qui soit tel que l'on ait $\sin y' = x$, car, la fonction $\sin$ Y étant croissante quand Y varie dans l'intervalle $\left(-\frac{\pi}{2}, +\frac{\pi}{2}\right)$, si l'on a $y' < y$, on a $\sin y' < \sin y$, c'est-à-dire $\sin y' < x$, et si l'on a $y' > y$, on a $\sin y' > x$.

Le nombre $y$ que détermine ce théorème est une fonction de $x$ définie dans l'intervalle $(-1, +1)$, que l'on énonce *arc sinus* $x$ et que l'on écrit arc sin $x$.

114. **Propriétés de la fonction arc sinus.** — 1° *La fonction* arc sin $x$ *est croissante dans l'intervalle* $(-1, +1)$. Posons en effet

$$y = \text{arc sin}\, x, \qquad y' = \text{arc sin}\, x'.$$

Si $x$ est plus petit que $x'$, $y$ est plus petit que $y'$, car si l'on avait $y \geqslant y'$, en vertu de la croissance de la fonction sin Y quand Y varie dans l'intervalle $\left(-\frac{\pi}{2}, +\frac{\pi}{2}\right)$, on aurait $\sin y \geqslant \sin y'$, c'est-à-dire $x \geqslant x'$, ce qui est contraire à l'hypothèse.

2° *La fonction* arc sin $x$ *est continue dans l'intervalle* $(-1, +1)$. En effet, soit d'abord $x_0$ compris entre $-1$ et $+1$. On a

$$-\frac{\pi}{2} < \text{arc sin}\, x_0 < \frac{\pi}{2}.$$

Soit $\varepsilon$ un nombre positif quelconque tel que l'on ait

$$-\frac{\pi}{2} + \varepsilon < \text{arc sin}\, x_0 < \frac{\pi}{2} - \varepsilon.$$

Il s'agit de montrer que l'on peut déterminer un nombre positif $\alpha$ tel que l'on ait

$$-1 < x_0 - \alpha < x_0 < x_0 + \alpha < 1$$

et tel que la double inégalité

$$x_0 - \alpha < x < x_0 + \alpha$$

entraîne la double inégalité

$$\text{arc sin}\, x_0 - \varepsilon < \text{arc sin}\, x < \text{arc sin}\, x_0 + \varepsilon.$$

Or, en raison de la croissance de la fonction sin $y$ dans l'intervalle $\left(-\frac{\pi}{2}, +\frac{\pi}{2}\right)$, cette dernière double inégalité est équivalente à la double inégalité

$$\sin(\text{arc sin}\, x_0 - \varepsilon) < x < \sin(\text{arc sin}\, x_0 + \varepsilon).$$

Mais, arc $\sin x_0 - \varepsilon$ est plus petit que arc sin $x_0$; il en résulte que sin (arc sin $x_0 - \varepsilon$) est plus petit que $x_0$; de même, sin (arc sin $x_0 + \varepsilon$) est plus grand que $x_0$; on peut donc poser

$$\sin(\text{arc sin}\, x_0 - \varepsilon) = x_0 - \alpha', \qquad \sin(\text{arc sin}\, x_0 + \varepsilon) = x_0 + \alpha'',$$

et $\alpha''$ étant deux nombres positifs. Donc, la double inégalité

$$\text{arc sin}\, x_0 - \varepsilon < \text{arc sin}\, x < \text{arc sin}\, x_0 + \varepsilon$$

est équivalente à

$$x_0 - \alpha' < x < x_0 + \alpha'';$$

elle est vérifiée pour toute valeur de $x$ telle que l'on ait

$$x_0 - \alpha < x < x_0 + \alpha,$$

$\alpha$ étant un nombre positif à la fois plus petit que $\alpha'$ et que $\alpha''$.

Il s'ensuit que la fonction arc sin $x$ est continue au point $x_0$.

Si $x_0 = -1$, le raisonnement précédent prouve qu'étant donné un nombre positif quelconque $\varepsilon$, il est possible de déterminer un nombre positif $\alpha$ tel que la double inégalité

$$x_0 < x < x_0 + \alpha$$

entraîne

$$\text{arc sin}\, x_0 < \text{arc sin}\, x < \text{arc sin}\, x_0 + \varepsilon.$$

Si $x_0 = +1$, le même raisonnement prouve qu'étant donné un nombre positif quelconque $\varepsilon$, il est possible de déterminer un nombre positif $\alpha$ tel que la condition

$$x_0 - \alpha < x < x_0$$

entraîne

$$\text{arc sin}\, x_0 - \varepsilon < \text{arc sin}\, x < \text{arc sin}\, x_0.$$

l s'ensuit que la fonction arc sin $x$ est continue aux points $-1$ et $+1$.

Remarquons que les variables $x$ et $y$,

$$\left(-1 \leqslant x \leqslant +1 \quad \text{et} \quad -\frac{\pi}{2} \leqslant y \leqslant +\frac{\pi}{2}\right),$$

liées par la relation $x = \sin y$ ou par la relation $y = \text{arc}\sin x$ sont fonctions inverses l'une de l'autre. On a ici un cas particulier d'un théorème général relatif aux fonctions inverses (ch. I, § 52).

**115. Extension de la fonction arc sinus.** — Il existe une infinité de nombres Y tels que l'on ait $\sin Y = x$. En posant $y = \text{arc}\sin x$, on a

$$Y = 2k\pi + y \quad \text{ou} \quad Y = (2k+1)\pi - y,$$

$k$ étant un entier quelconque. Ce sont les angles polaires du point M précédemment défini sur le cercle Γ et du point $M_1$ symétrique de M par rapport au diamètre BB'.

Si l'on fait choix de l'entier $k$, le nombre $2k\pi + y$ et le nombre $(2k+1)\pi - y$ sont, comme $y$, des fonctions de $x$ définies dans l'intervalle $(-1, +1)$. Il existe ainsi une infinité de fonctions Y de $x$ définies dans l'intervalle $(-1, +1)$, dont l'expression générale est ou $2k\pi + y$ ou $(2k+1)\pi - y$, $k$ entier, qui sont telles que, pour toute valeur de $x$, on ait $\sin Y = x$. Par extension, on donne à l'une quelconque de ces fonctions le nom de *arc sinus x* et on la représente par la notation $\text{arc}\sin x$. Pour distinguer, parmi ces fonctions, celle qui varie dans l'intervalle $\left(-\frac{\pi}{2}, +\frac{\pi}{2}\right)$, on la désigne, quand c'est nécessaire, par la notation $\text{Arc}\sin x$.

On reconnaît facilement que les courbes représentatives des diverses fonctions Y forment un seul trait *continu*, qui est la courbe représentative de la fonction $x = \sin y$ de la variable $y$ variant de $-\infty$ à $+\infty$.

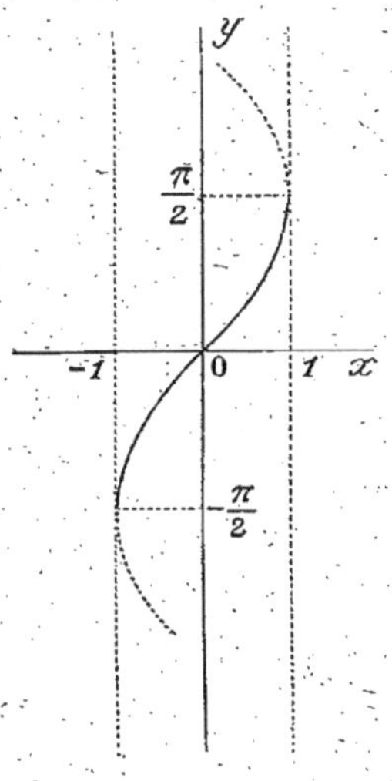

Fig. 41.

### 3° Fonction arc tangente.

**116. Définition de la fonction arc tangente.** — La définition de $\text{arc}\,\text{tg}\, x$ repose sur le théorème suivant :

*Étant donné un nombre $x$, il existe un nombre $y$ et un seul intérieur à l'intervalle $\left(-\frac{\pi}{2}, +\frac{\pi}{2}\right)$, tel que l'on ait $\text{tg}\, y = x$.*

Traçons en effet le cercle Γ, de centre O, défini précédemment, le diamètre AA' de ce cercle, le diamètre BB' perpendiculaire à AA', B étant situé sur le demi-cercle positif d'origine A, la tangente en A sur laquelle nous choisissons l'axe $\Delta$ de même sens que celui qui a pour demi-droite positive OB. Le rayon du cercle étant pris comme unité de longueur, il existe un point T de l'axe $\Delta$ tel que la mesure algébrique du segment AT sur l'axe $\Delta$ soit égale à $x$. La droite OT rencontre le cercle $\Gamma$ en deux points diamétralement opposés, dont l'un M est situé sur le demi-cercle négatif d'origine B. Ce point M admet un angle polaire $y$ intérieur à l'intervalle $\left(-\frac{\pi}{2}, +\frac{\pi}{2}\right)$, lequel vérifie l'égalité $\operatorname{tg} y = x$.

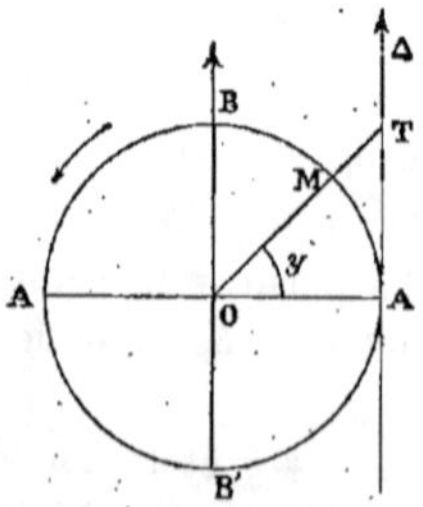

Fig. 42.

D'autre part, il n'existe pas de nombre $y'$ autre que $y$, intérieur à l'intervalle $\left(-\frac{\pi}{2}, +\frac{\pi}{2}\right)$, tel que l'on ait $\operatorname{tg} y' = x$, car, la fonction $\operatorname{tg} Y$ étant croissante quand Y varie à l'intérieur de l'intervalle $\left(-\frac{\pi}{2}, +\frac{\pi}{2}\right)$, si l'on a $y' < y$, on a $\operatorname{tg} y' < \operatorname{tg} y$, c'est-à-dire $\operatorname{tg} y' < x$, si l'on a $y' > y$, on a $\operatorname{tg} y' > x$.

Le nombre $y$ que détermine ce théorème est une fonction de $x$ définie dans l'intervalle $(-\infty, +\infty)$, que l'on énonce *arc tangente* $x$ et que l'on écrit $\operatorname{arc\,tg} x$.

**117. Propriétés de la fonction arc tangente.** — 1° *La fonction* $\operatorname{arc\,tg} x$ *est croissante dans l'intervalle* $(-\infty, +\infty)$. Posons en effet

$$y = \operatorname{arc\,tg} x, \quad y' = \operatorname{arc\,tg} x'.$$

Si $x$ est plus petit que $x'$, $y$ est plus petit que $y'$, car si l'on avait $y \geqslant y'$, en vertu de la croissance de la fonction $\operatorname{tg} Y$ quand Y varie à l'intérieur de l'intervalle $\left(-\frac{\pi}{2}, +\frac{\pi}{2}\right)$, on aurait $\operatorname{tg} y \geqslant \operatorname{tg} y'$, c'est-à-dire $x \geqslant x'$, ce qui est contraire à l'hypothèse.

2° *La fonction* $\operatorname{arc\,tg} x$ *est continue dans l'intervalle* $(-\infty, +\infty)$. En effet, soit $x_0$ une valeur de $x$. Étant donné le nombre positif $\varepsilon$, il s'agit de déterminer un nombre positif $\alpha$ tel que la double inégalité

$$x_0 - \alpha < x < x_0 + \alpha$$

entraîne

$$\operatorname{arc\,tg} x_0 - \varepsilon < \operatorname{arc\,tg} x < \operatorname{arc\,tg} x_0 + \varepsilon.$$

Nous pouvons supposer $\varepsilon$ tel que l'on ait

$$-\frac{\pi}{2} < \operatorname{arc\,tg} x_0 - \varepsilon < \operatorname{arc\,tg} x_0 + \varepsilon < \frac{\pi}{2}.$$

Or, en raison de la croissance de la fonction $\operatorname{tg} y$ quand $y$ varie à l'intérieur de l'intervalle $\left(-\frac{\pi}{2}, +\frac{\pi}{2}\right)$, la double inégalité qu'il s'agit de vérifier est équivalente à la double inégalité

$$\operatorname{tg}(\operatorname{arc}\operatorname{tg} x_0 - \varepsilon) < x < \operatorname{tg}(\operatorname{arc}\operatorname{tg} x_0 + \varepsilon).$$

Mais, $\operatorname{tg}(\operatorname{arc}\operatorname{tg} x_0 - \varepsilon)$ est plus petit que $\operatorname{tg}(\operatorname{arc}\operatorname{tg} x_0)$ qui est égal à $x_0$; de même, $\operatorname{tg}(\operatorname{arc}\operatorname{tg} x_0 + \varepsilon)$ est plus grand que $x_0$; on peut donc poser

$$\operatorname{tg}(\operatorname{arc}\operatorname{tg} x_0 - \varepsilon) = x_0 - \alpha', \qquad \operatorname{tg}(\operatorname{arc}\operatorname{tg} x_0 + \varepsilon) = x_0 + \alpha'',$$

$\alpha'$ et $\alpha''$ étant deux nombres positifs. Donc, la double inégalité

$$\operatorname{arc}\operatorname{tg} x_0 - \varepsilon < \operatorname{arc}\operatorname{tg} x < \operatorname{arc}\operatorname{tg} x_0 + \varepsilon$$

est équivalente à la double inégalité

$$x_0 - \alpha' < x < x_0 + \alpha'',$$

laquelle est vérifiée pour toute valeur de $x$ telle que l'on ait

$$x_0 - \alpha < x < x_0 + \alpha,$$

$\alpha$ étant un nombre positif à la fois plus petit que $\alpha'$ et que $\alpha''$.

3° $\operatorname{arc}\operatorname{tg} x$ *tend vers* $\pm\frac{\pi}{2}$ *quand* $x$ *tend vers* $\pm\infty$. C'est immédiat.

Remarquons que les deux variables $x$ et $y$,

$$\left(-\infty < x < +\infty, \quad -\frac{\pi}{2} < y < +\frac{\pi}{2}\right),$$

liées par la relation $x = \operatorname{tg} y$ ou par la relation $y = \operatorname{arc}\operatorname{tg} x$ sont fonctions inverses l'une de l'autre. Ce qui précède est une application d'un théorème général sur les fonctions inverses (ch. I, § 52).

**118. Extension de la fonction arc tangente.** — Il existe une infinité de nombres Y tels que l'on ait $\operatorname{tg} Y = x$. En posant $y = \operatorname{arc}\operatorname{tg} x$, on a $Y = k\pi + y$, $k$ étant un entier quelconque. Ce sont les angles polaires du point M précédemment défini sur le cercle Γ et du point M' diamétralement opposé à M sur ce cercle.

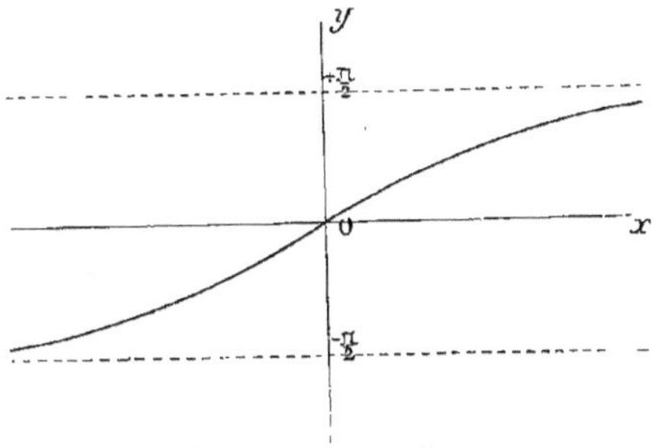


Fig. 43.

Si l'on fait choix de l'entier $k$, le nombre $k\pi + y$ est, comme $y$, une fonction de $x$ définie dans l'intervalle $(-\infty, +\infty)$. Il existe ainsi une infinité de fonctions Y de $x$ définies dans cet intervalle, dont l'expression générale est $k\pi + y$, $k$ entier, qui sont telles que, pour toute valeur de $x$, on ait $\operatorname{tg} Y = x$. Par extension, on donne à l'une quelconque d'entre elles le nom de *arc tangente* $x$ et on la représente par la notation arctg$x$. Pour distinguer, parmi ces fonctions, celle qui varie à l'intérieur de l'intervalle $\left(-\frac{\pi}{2}, +\frac{\pi}{2}\right)$, on la désigne, quand c'est nécessaire, par la notation Arc tg$x$.

On reconnaît que les courbes représentatives des diverses fonctions Y sont les diverses branches de la courbe représentative de la fonction $x = \operatorname{tg} y$ de la variable $y$ variant de $-\infty$ à $+\infty$.

## IV. — FORMULES D'ADDITION

**119.** Théorème. — *Étant donnés dans un plan deux points* A *et* B *sur un axe* $\Delta$ *et leurs projections orthogonales* $a$ *et* $b$ *sur la droite qui porte un axe* $\delta$, *on a*

$$ab = \text{AB} \cos(\delta, \Delta),$$

AB *et* $ab$ *désignant respectivement les mesures algébriques des segments* AB *et* $ab$.

Menons en effet par le point A l'axe $\delta_1$ parallèle à $\delta$ et de même sens, rencontrant B$b$ en H. Les segments AH et $ab$ ont des mesures algébriques égales respectivement sur l'axe $\delta_1$ et sur l'axe $\delta$; d'autre part, on a $(\delta_1, \Delta) = (\delta, \Delta)$. L'égalité à établir revient donc à la suivante :

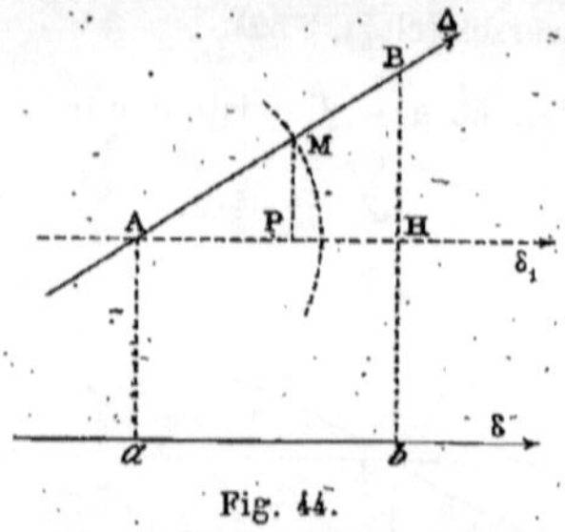

Fig. 44.

$$\text{AH} = \text{AB} \cos(\delta_1, \Delta).$$

Traçons le cercle $\Gamma$ de centre A ayant pour rayon l'unité de longueur. Il rencontre la demi-droite positive d'origine A sur l'axe $\Delta$ en un point M se projetant orthogonalement en P sur $\delta_1$. On a, en grandeur et en signe,

$$\text{AP} = \cos(\delta_1, \Delta).$$

Les deux triangles semblables APM et AHB donnent

$$\frac{|\text{AH}|}{|\text{AP}|} = \frac{|\text{AB}|}{|\text{AM}|},$$

c'est-à-dire

$$\left|\frac{AH}{AP}\right| = \left|\frac{AB}{AM}\right|.$$

Mais, si M et B sont d'un même côté de A sur $\Delta$, P et H sont d'un même côté de A sur $\delta_1$, et les deux rapports $\frac{AH}{AP}$ et $\frac{AB}{AM}$ sont tous deux positifs. Si M et B sont de part et d'autre de A sur $\Delta$, P et H sont de part et d'autre de A sur $\delta_1$, et les deux rapports précédents sont tous deux négatifs. Dans l'un et l'autre cas, ces deux rapports sont de même signe; comme ils ont en outre même valeur absolue, ils sont égaux :

$$\frac{AH}{AP} = \frac{AB}{AM},$$

c'est-à-dire

$$\frac{AH}{\cos(\delta_1, \Delta)} = \frac{AB}{+1},$$

d'où

$$AH = AB \cos(\delta_1, \Delta),$$

et le théorème est établi.

Remarquons que le raisonnement suppose que $\delta$ et $\Delta$ ne sont pas rectangulaires. Si $\delta$ et $\Delta$ sont rectangulaires, $\cos(\delta, \Delta) = 0$; d'autre part, $a$ et $b$ se confondent, $ab = 0$; l'énoncé est encore valable.

Théorème. — *Soit un contour polygonal formé des segments* $A_1A_2$,

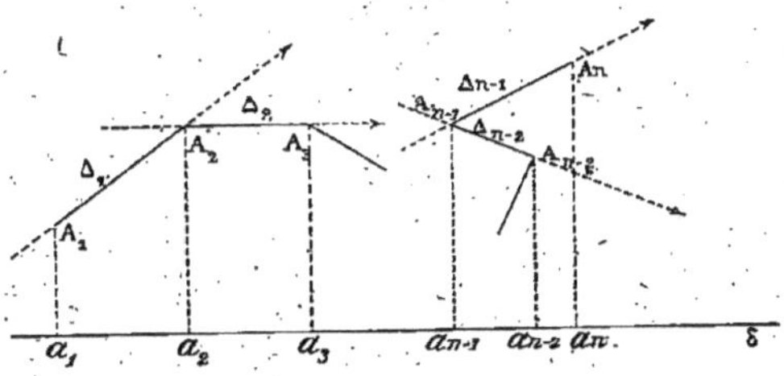


Fig. 45.

$A_2A_3, \ldots, A_{n-2}A_{n-1}, A_{n-1}A_n$ *portés respectivement par les axes* $\Delta_1, \Delta_2, \ldots, \Delta_{n-2}, \Delta_{n-1}$. *Si* $\Delta$ *désigne un axe choisi sur la droite* $A_1A_n$, *on a, quel que soit l'axe* $\delta$,

$$A_1A_n\cos(\delta, \Delta) = A_1A_2\cos(\delta, \Delta_1) + A_2A_3\cos(\delta, \Delta_2) + \ldots + A_{n-1}A_n\cos(\delta, \Delta_{n-1}).$$

En effet, désignons par $a_1, a_2, \ldots, a_{n-1}, a_n$ les projections orthogonales des points $A_1, A_2, \ldots, A^n$ sur l'axe $\delta$. On a, d'après le théorème précédent,

$$A_1A_2 \cos(\delta, \Delta_1) = a_1a_2,$$

$$A_2A_3 \cos(\delta, \Delta_2) = a_2a_3,$$
$$\cdots\cdots\cdots$$
$$A_{n-1}A_n \cos(\delta, \Delta_{n-1}) = a_{n-1}a_n,$$

et aussi

$$A_1A_n \cos(\delta, \Delta) = a_1a_n.$$

Or, on a

$$a_1a_n = a_1a_2 + a_2a_3 + \ldots + a_{n-1}a_n.$$

Le théorème en résulte immédiatement.

120. Théorème. — *Étant donnés deux nombres quelconques $x$ et $x'$, on a*

$$\cos(x - x') = \cos x \cos x' + \sin x \sin x'.$$

Traçons le cercle $\Gamma$ de centre O, de rayon égal à l'unité de longueur, le diamètre AA' et le diamètre BB' perpendiculaire à AA', B étant sur le demi-cercle positif d'origine A. Soient $\Delta$ l'axe qui a pour demi-droite positive d'origine O la demi-droite OA, $\Delta'$ l'axe qui a pour demi-droite positive d'origine O la demi-droite OB. Prenons sur le cercle $\Gamma$ les points M et M' ayant respectivement pour angles polaires $x$ et $x'$, ces angles étant comptés à partir de l'axe $\Delta$; soient D et D' les axes qui ont respectivement pour demi-droites positives d'origine O les demi-droites OM et OM'. Projetons M en P sur AA' et en Q sur BB'; soit $\Delta'_1$ l'axe de même sens que $\Delta'$ situé sur la droite MP.

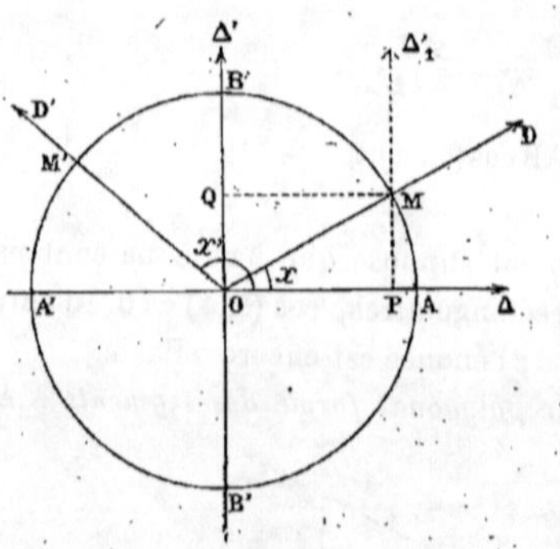

Fig. 46.

Par application du théorème précédent, on a

$$OM \cos(D', D) = OP \cos(D', \Delta) + PM \cos(D', \Delta'_1).$$

Or, $OM = +1$; $(D', D) = x - x'$; donc, le premier membre est égal à $\cos(x - x')$. D'autre part, $OP = \cos x$, $PM = OQ = \sin x$; en outre, $(D', \Delta) = -(\Delta, D') = -x'$, $(D', \Delta_1) = (D', \Delta') = (\Delta, \Delta') - (\Delta, D') = \frac{\pi}{2} - x'$; donc, le second membre est égal à

$$\cos x \cos(-x') + \sin x \cos\left(\frac{\pi}{2} - x'\right),$$

c'est-à-dire à

$$\cos x \cos x' + \sin x \sin x'.$$

Le théorème est établi.

THÉORÈME. — *On a*

$$\cos(x+x') = \cos x \cos x' - \sin x \sin x'.$$

En effet, il suffit de remplacer dans l'égalité que nous venons d'établir $x'$ par $-x'$ et de remarquer que l'on a $\sin(-x') = -\sin x'$.

THÉORÈME. — *On a*

$$\sin(x+x') = \sin x \cos x' + \sin x' \cos x$$

*et*

$$\sin(x-x') = \sin x \cos x' - \sin x' \cos x.$$

En effet, on a

$$\sin(x+x') = \cos\left(\frac{\pi}{2} - x - x'\right) = \cos\left[\left(\frac{\pi}{2} - x\right) - x'\right]$$
$$= \cos\left(\frac{\pi}{2} - x\right)\cos x' + \sin\left(\frac{\pi}{2} - x\right)\sin x'$$
$$= \sin x \cos x' + \cos x \sin x'.$$

Puis, en remplaçant $x'$ par $-x'$, on a

$$\sin(x-x') = \sin x \cos(-x') + \cos x \sin(-x')$$
$$= \sin x \cos x' - \cos x \sin x'.$$

THÉORÈME. — *On a*

$$\operatorname{tg}(x+x') = \frac{\operatorname{tg} x + \operatorname{tg} x'}{1 - \operatorname{tg} x \operatorname{tg} x'}$$

*et*

$$\operatorname{tg}(x-x') = \frac{\operatorname{tg} x - \operatorname{tg} x'}{1 + \operatorname{tg} x \operatorname{tg} x'}.$$

En effet, on a

$$\operatorname{tg}(x+x') = \frac{\sin(x+x')}{\cos(x+x')} = \frac{\sin x \cos x' + \sin x' \cos x}{\cos x \cos x' - \sin x \sin x'},$$

et il suffit de diviser les deux termes de la dernière fraction par $\cos x \cos x'$. Démonstration analogue de la seconde égalité.

*Conséquences.* — En faisant $x' = x$ dans les formules qui donnent $\cos(x+x')$, $\sin(x+x')$, $\operatorname{tg}(x+x')$, on obtient

$$\cos 2x = \cos^2 x - \sin^2 x,$$
$$\sin 2x = 2 \sin x \cos x,$$
$$\operatorname{tg} 2x = \frac{2 \operatorname{tg} x}{1 - \operatorname{tg}^2 x}.$$

Des deux égalités

$$\cos 2x = \cos^2 x - \sin^2 x \quad \text{et} \quad 1 = \cos^2 x + \sin^2 x,$$

on tire, par addition et soustraction,

$$1 + \cos 2x = 2\cos^2 x, \quad 1 - \cos 2x = 2\sin^2 x.$$

D'autre part, on a

$$\cos 2x = \frac{\cos^2 x - \sin^2 x}{1} = \frac{\cos^2 x - \sin^2 x}{\cos^2 x + \sin^2 x} = \frac{1 - \operatorname{tg}^2 x}{1 + \operatorname{tg}^2 x}$$

et

$$\sin 2x = \frac{2 \sin x \cos x}{1} = \frac{2 \sin x \cos x}{\cos^2 x + \sin^2 x} = \frac{2 \operatorname{tg} x}{1 + \operatorname{tg}^2 x}.$$

On a immédiatement

$$\sin(x + x') + \sin(x - x') = 2 \sin x \cos x',$$
$$\sin(x + x') - \sin(x - x') = 2 \sin x' \cos x,$$
$$\cos(x + x') + \cos(x - x') = 2 \cos x \cos x',$$
$$\cos(x + x') - \cos(x - x') = -2 \sin x \sin x'$$

Posons $x + x' = u$, $x - x' = v$; nous avons $x = \frac{u+v}{2}$, $x = \frac{u-v}{2}$ et les formules précédentes deviennent

$$\sin u + \sin v = 2 \sin \frac{u+v}{2} \cos \frac{u-v}{2},$$

$$\sin u - \sin v = 2 \sin \frac{u-v}{2} \cos \frac{u+v}{2},$$

$$\cos u + \cos v = 2 \cos \frac{u+v}{2} \cos \frac{u-v}{2},$$

$$\cos u - \cos v = -2 \sin \frac{u+v}{2} \sin \frac{u-v}{2}.$$

121. Problème. — *Transformer un produit de n cosinus ou sinus en une somme.* — Soit d'abord à transformer en une somme le produit $\cos x_1 \cos x_2 \cos x_3 \ldots \cos x_n$.

On a

$$2 \cos x_1 \cos x_2 = \cos(x_1 + x_2) + \cos(x_1 - x_2).$$

On en déduit

$$\begin{aligned} 2^2 \cos x_1 \cos x_2 \cos x_3 &= 2 \cos(x_1 + x_2) \cos x_3 + 2 \cos(x_1 - x_2) \cos x_3 \\ &= \cos(x_1 + x_2 + x_3) + \cos(x_1 + x_2 - x_3) + \cos(x_1 - x_2 + x_3) \\ &\quad + \cos(x_1 - x_2 - x_3). \end{aligned}$$

On est ainsi conduit par induction à l'égalité

$$2^{n-1} \cos x_1 \cos x_2 \ldots \cos x_n = \Sigma \cos(x_1 \pm x_2 \pm x_3 \pm \ldots \pm x_n),$$

le second membre étant la somme des cosinus de tous les angles obtenus en prenant toutes les combinaisons de signes possibles devant $x_2, x_3, \ldots, x_n$.

Pour établir cette égalité, il suffit de montrer que si on la suppose vraie pour $n$, elle est encore vraie pour $n+1$. On a

$$2^n \cos x_1 \cos x_2 \ldots \cos x_n \cos x_{n+1} = 2^{n-1} \cos x_1 \cos x_2 \ldots \cos x_n . 2 \cos x_{n+1}$$
$$= \Sigma\, 2 \cos x_{n+1} \cos(x_1 \pm x_2 \pm x_3 \pm \ldots \pm x_n)$$
$$= \Sigma \cos(x_1 \pm x_2 \pm x_3 \pm \ldots \pm x_n \pm x_{n+1}),$$

ce qui montre que l'égalité est générale.

S'il s'agit ensuite de transformer un produit de $n$ sinus ou cosinus en une somme, on remplacera $\sin x$ par $-\cos\left(\frac{\pi}{2}+x\right)$, et on appliquera la formule précédente.

## EXERCICES

18. Simplifier les sommes

$$\operatorname{arc tg}\frac{1}{2} + \operatorname{arc tg}\frac{1}{3}, \qquad 2\operatorname{arc tg}\frac{1}{3} + \operatorname{arc tg}\frac{1}{7},$$
$$\operatorname{arc tg}\frac{1}{3} + \operatorname{arc tg}\frac{1}{5} + \operatorname{arc tg}\frac{1}{7} + \operatorname{arc tg}\frac{1}{8}.$$

19. Quelles sont les valeurs de la fonction $\operatorname{arc tg} x + \operatorname{arc tg}\frac{1}{x}$ quand $x$ varie de $-\infty$ à $+\infty$? Quelles sont les valeurs de la fonction $\arccos x + \arcsin x$ quand $x$ varie de $-1$ à $+1$?

20. Démontrer les identités

$$\frac{\sin 2^n x}{\sin x} = 2^n \cos x \cos 2x \cos 4x \ldots \cos 2^{n-1}x$$
$$= 2[\cos x + \cos 3x + \cos 5x + \ldots + \cos(2^n - 1)x].$$

21. Démontrer les identités

$$\operatorname{tg}\frac{x}{2} = \frac{1-\cos x}{\sin x} = \frac{\sin x}{1+\cos x},$$
$$\operatorname{tg}\left(\frac{\pi}{4}+\frac{x}{2}\right) = \frac{1+\sin x}{\cos x} = \frac{\cos x}{1-\sin x} = \cot\left(\frac{\pi}{4}-\frac{x}{2}\right).$$

22. Démontrer les identités

$$1 + \operatorname{tg} x \operatorname{tg}\frac{x}{2} = \frac{1}{\cos x},$$
$$1 - \cot x \operatorname{tg}\left(\frac{\pi}{4}+\frac{x}{2}\right) = -\frac{1}{\sin x}.$$

23. Démontrer les identités

$$\operatorname{tg}\left(\frac{\pi}{8}+\frac{x}{2}\right) = \frac{\cos x + \sin x}{\cos x - \sin x + \sqrt{2}} = \frac{\sin x - \cos x + \sqrt{2}}{\cos x + \sin x}.$$

24. Résoudre l'équation

$$\operatorname{arc tg} 2x = \frac{\pi}{4} - \operatorname{arc tg} x.$$

# CHAPITRE IV

## POLYNOMES. FRACTIONS RATIONNELLES. DÉVELOPPEMENTS LIMITÉS

### I. — POLYNOMES ET IDENTITÉ DES POLYNOMES

**122. Monomes et polynomes.** — DÉFINITIONS. — On appelle *monome à une variable* $x$ toute fonction de la forme $Ax^n$, où $n$ est un entier positif ou nul qu'on appelle le *degré* du monome et où A est un nombre fixe nul ou non nul qu'on appelle le *coefficient* du monome.

D'après une convention déjà posée, si $n=0$, le monome se réduit à A; il est constant. Si $n \neq 0$ et si $A \neq 0$, le monome est variable en même temps que $x$; c'est une telle fonction que nous considérerons plus particulièrement sous le nom de monome.

Le monome $Ax^n$ (A et $n$ différents de 0) ne s'annule que pour $x=0$; pour $x \neq 0$, il est d'un signe qui dépend du signe de $x$, de la parité de $n$ et du signe de A. C'est une fonction croissante ou décroissante dans chacun des intervalles $(-\infty, 0)$ et $(0, +\infty)$, la croissance ou la décroissance dépendant de la parité de $n$ et du signe de A. Cette fonction est, comme la fonction $x^n$, continue dans l'intervalle $(-\infty, +\infty)$. Enfin, quand $x$ tend vers $+\infty$ ou $-\infty$, $Ax^n$ tend aussi vers $\pm\infty$, le signe dépendant de la parité de $n$ et du signe de A.

On appelle *monome à plusieurs variables* $x$, $y$, $z$ toute fonction de la forme $Ax^n y^p z^q$, où $n$, $p$, $q$ sont des entiers positifs ou nuls qu'on appelle les *degrés* du monome *respectivement par rapport aux variables* $x$, $y$, $z$ et où A est un nombre fixe, nul ou non nul, qu'on appelle le *coefficient* du monome. Le nombre $n+p+q$ s'appelle le *degré* du monome *par rapport à l'ensemble des variables*. Si $n=0$, le monome se réduit à $Ay^p z^q$; si $n=0$, $p=0$, il se réduit à $Az^q$; si $n=0$, $p=0$, $q=0$, il se réduit à A. Nous considérerons plus particulièrement les monomes dans lesquels l'un au moins des entiers $n$, $p$, $q$ n'est pas nul.

On dit que deux monomes sont *semblables* s'ils sont respectivement de mêmes degrés par rapport aux variables, tels que les monomes $Ax\,y^pz$ et $Bx^ny^pz^q$.

Le monome $Ax^ny^pz^q$ est une fonction continue de $x$, $y$, $z$ en tout point de l'espace. En effet, comme nous l'avons établi, $x^n$ est une fonction continue de $x$ pour toute valeur de $x$; cette fonction peut être regardée comme une fonction de $x$, $y$, $z$ et elle est continue en tout point $(x, y, z)$. Il en est de même de $y^p$ et de $z^q$. Il s'ensuit que le produit $x^ny^pz^q$ est une fonction continue de $x$, $y$, $z$ en tout point de l'espace, et il en est de même évidemment de la fonction $Ax^ny^pz^q$.

On appelle *polynome en* $x$ la somme de plusieurs monomes entiers où entre la seule variable $x$. Ces monomes sont dits les *termes* du polynome. Il convient de regarder un monome en $x$ comme un polynome en $x$ n'ayant qu'un seul terme.

On appelle *polynome en* $x$, $y$, $z$ la somme de plusieurs monomes entiers où n'entrent pas d'autres variables que des variables prises parmi les variables $x$, $y$, $z$. Ces monomes sont dits les *termes* du polynome. Il convient de regarder un monome en $x$, $y$, $z$ comme un polynome en $x$, $y$, $z$ à un seul terme.

On dit qu'un polynome est *identiquement égal à* 0 ou *identiquement nul* si sa valeur numérique est nulle quelles que soient les valeurs numériques attribuées aux variables. On dit que deux polynomes sont *identiquement égaux* si leurs valeurs numériques sont égales quelles que soient les valeurs numériques attribuées aux variables.

Il est clair que si dans un polynome on introduit un ou plusieurs termes à coefficients nuls, on change le polynome en un polynome qui lui est identiquement égal.

Il est facile de reconnaître que si dans un polynome il existe plusieurs termes respectivement de mêmes degrés par rapport aux variables, tels que $Ax^ny^pz^q$, $Bx^ny^pz^q$, $Cx^ny^pz^q$, lorsqu'on les remplace par le terme unique $(A + B + C)x^ny^pz^q$, on change le polynome donné en un polynome qui lui est identiquement égal. Cette opération prend le nom de *réduction des termes semblables*.

En faisant dans un polynome de toutes les façons possibles la réduction des termes semblables et en supprimant ensuite tous les termes dont les coefficients sont nuls, on remplace le polynome par un polynome identiquement égal, qui est 0 ou qui est formé de termes non semblables deux à deux, tous affectés de coefficients différents de 0.

Nous dirons, dans l'un et l'autre cas, que le polynome est *mis sous forme réduite.*

*Ordonner* un polynome en $x$, mis sous forme réduite autre que 0, *par rapport aux puissances décroissantes*, c'est l'écrire sous la forme

$$Ax^n + Bx^p + \ldots + Kx^r + Lx^s,$$

de façon que l'on ait $n > p > \ldots > r > s$. Cela est évidemment possible, et d'une seule manière. Quand on l'écrit sous la forme

$$Lx^s + Kx^r + \ldots + Bx^p + Ax^n,$$

on dit qu'il est *ordonné par rapport aux puissances croissantes.*

L'entier $n$, le plus grand des degrés des termes de la forme réduite, s'appelle le *degré maximum* ou simplement le *degré* du polynome. L'entier $s$, le plus petit des degrés des termes de la forme réduite, s'appelle le *degré minimum* du polynome.

Tout polynome de degré $n$ peut se mettre sous la forme

$$a_0x^n + a_1x^{n-1} + a_2x^{n-2} + \ldots + a_{n-1}x + a_n,$$

$a_0$ étant différent de 0, les coefficients $a_1, a_2, \ldots, a_{n-1}, a_n$ étant nuls ou non nuls. Nous dirons encore que le polynome ainsi écrit est ordonné par rapport aux puissances décroissantes de $x$. De même, nous pouvons écrire un polynome de degré minimum $p$ sous la forme

$$a_0x^p + a_1x^{p+1} + a_2x^{p+2} + \ldots,$$

$a_0$ étant différent de 0, les coefficients $a_1, a_2, \ldots$ étant nuls ou non nuls; le polynome est encore dit ordonné par rapport aux puissances croissantes de $x$.

On peut définir l'*ordination* des polynomes à plusieurs variables. Pour cela, *donnons un ordre aux variables*, soit l'ordre $x, y, z$.

Deux monomes semblables seront dits *de même hauteur*. Soient deux monomes non semblables, $Ax^ny^pz^q$ et $A'x^{n'}y^{p'}z^{q'}$. Nous dirons que $Ax^ny^pz^q$ est *plus haut* que $A'x^{n'}y^{p'}z^{q'}$ si $n$ est plus grand que $n'$, ou bien, $n$ étant égal à $n'$, si $p$ est plus grand que $p'$, ou bien, $n$ étant égal à $n'$ et $p$ étant égal à $p'$, si $q$ est plus grand que $q'$. Il est clair que, grâce à cette définition, de deux monomes non semblables donnés, il en existe un qui est plus haut que l'autre. Il résulte d'autre part de la définition qu'étant donnés trois monomes non semblables deux à deux, P, Q, R, si P est plus haut que Q et si Q est lui-même plus haut que R, P est plus haut que R.

D'après cela, étant donné un polynome entier en $x, y, z$, mis sous forme réduite, il est possible, et d'une seule manière, de l'écrire sous la forme

$$P + Q + R + \dots + S + T,$$

de façon que le monome P soit plus haut que le monome Q, plus haut lui-même que R,..., plus haut que S, plus haut lui-même que T. On dit que le polynome est *ordonné en $x, y, z$.*

Il convient d'insister sur ce point que l'ordination d'un polynome à plusieurs variables change lorsqu'on change l'ordre attribué aux variables.

On appelle *degré par rapport à $x$* d'un polynome en $x, y, z,\dots$ le plus grand des degrés par rapport à $x$ des monomes de la forme réduite du polynome. On appelle *degré d'un polynome* à plusieurs variables le plus grand des degrés par rapport à l'ensemble des variables des monomes de la forme réduite du polynome. Dans le cas particulier où tous les termes de la forme réduite ont même degré par rapport à l'ensemble des variables, le polynome est dit *homogène.*

**123. Continuité. Polynomes infiniment petits et polynomes infiniment grands.** — Théorème. — *Un polynome à une ou à plusieurs variables est une fonction continue en tout point.*

En effet, il est la somme de plusieurs monomes qui sont des fonctions continues en tout point.

Théorème. — *Étant donné un polynome en $x$ ayant une forme réduite autre que 0, il est possible de trouver des valeurs de $x$ pour lesquelles le polynome prend des valeurs non nulles et de même signe que le terme de moindre degré.*

Soit

$$a_0x^p + a_1x^{p+1} + \dots$$

le polynome donné, ordonné suivant les puissances croissantes de $x$; $a_0$ est différent de 0, les coefficients $a_1,\dots$ sont nuls ou non nuls. Ce polynome est égal au produit

$$a_0x^p\left(1 + \frac{a_1}{a_0}x + \frac{a_2}{a_0}x^2 + \dots\right).$$

Or, le polynome

$$1 + \frac{a_1}{a_0}x + \frac{a_2}{a_0}x^2 + \dots$$

est continu et prend la valeur 1 pour $x=0$; étant dès lors donné le nombre $\varepsilon$ positif et plus petit que 1, il est possible de déterminer un nombre positif $\alpha$ tel que pour toute valeur de $x$ comprise entre $-\alpha$ et

$+\alpha$, la valeur de ce polynome soit comprise entre $1-\varepsilon$ et $1+\varepsilon$ et, par suite, positive. Il en résulte que pour toute valeur de $x$ (autre que 0, si $p$ n'est pas nul) comprise entre $-\alpha$ et $+\alpha$, le polynome donné a une valeur non nulle et du signe de $a_0 x^p$.

*Remarque.* — Si $p$ n'est pas nul, le polynome donné est infiniment petit en même temps que $x$, et il a pour partie principale son terme de moindre degré. Il suffit de remarquer que le polynome $1+\frac{a_1}{a_0}x+\ldots$ tend vers 1 quand $x$ tend vers 0.

THÉORÈME. — *Étant donné un polynome en $x$ ayant une forme réduite autre qu'une quantité constante, il est possible de trouver des valeurs de $x$ pour lesquelles le polynome prend des valeurs non nulles et de même signe que le terme de plus haut degré.*

Soit

$$a_0x^n+a_1x^{n-1}+\ldots$$

le polynome donné, ordonné suivant les puissances décroissantes de $x$; $a_0$ n'est pas nul, les coefficients $a_1, a_2, \ldots$ sont nuls ou non nuls. Pour toute valeur de $x$ autre que 0, ce polynome est égal au produit

$$a_0x^n\left(1+\frac{a_1}{a_0}\frac{1}{x}+\frac{a_2}{a_0}\frac{1}{x^2}+\ldots\right).$$

Quand $x$ tend vers $\infty$, chacune des fonctions $\frac{a_1}{a_0}\frac{1}{x}, \frac{a_2}{a_0}\frac{1}{x^2}, \ldots$ tend vers 0. L'expression

$$\varphi(x)=1+\frac{a_1}{a_0}\frac{1}{x}+\frac{a_2}{a_0}\frac{1}{x^2}+\ldots$$

tend donc vers 1. Il est donc possible, étant donné le nombre $\varepsilon$ positif et plus petit que 1, de trouver un nombre positif $\alpha$ tel que pour toute valeur de $x$ vérifiant la condition $|x|>\alpha$, la fonction $\varphi(x)$ ait une valeur comprise entre $1-\varepsilon$ et $1+\varepsilon$ et, par suite, positive. Il en résulte que pour toute valeur de $x$ vérifiant cette condition $|x|>\alpha$, le polynome donné a une valeur non nulle et du signe de $a_0x^n$.

*Remarque.* — Le polynome considéré est infiniment grand en même temps que $x$, et il admet pour partie principale son terme de plus haut degré.

**124. Identité des polynomes.** — THÉORÈME. — *Pour qu'un polynome à une variable soit identiquement nul, il faut et il suffit que sa forme réduite soit 0.*

1° *La condition est nécessaire.* Si, en effet, le polynome étant supposé identiquement nul, la forme réduite était autre que 0, le polynome admettrait un terme de moindre degré, et, d'après un théorème qui vient d'être établi, il serait possible de trouver une valeur de $x$ pour laquelle le polynome prendrait une valeur non nulle; le polynome ne serait donc pas identiquement nul.

2° *La condition est suffisante.* Si la forme réduite est 0, il est clair que, quelle soit la valeur de $x$, la valeur du polynome est nulle.

D'après cela, pour que le polynome

$$a_0x^n + a_1x^{n-1} + \ldots + a_px^{n-p} + \ldots + a_n$$

soit identiquement nul, il faut et il suffit que $a_0, a_1, \ldots, a_n$ soient simultanément nuls. La condition est évidemment suffisante; d'autre part, la condition est nécessaire, car si $a_p$ n'était pas nul, le monome $a_p x^{n-p}$ appartiendrait à la forme réduite du polynome, et cette forme réduite serait autre que 0.

Théorème. — *Pour qu'un polynome à plusieurs variables soit identiquement nul, il faut et il suffit que sa forme réduite soit* 0.

Comme pour les polynomes à une variable, il est clair que la condition est suffisante. Il reste à montrer qu'elle est nécessaire. Pour cela, le fait étant établi pour les polynomes à une variable, il suffit de montrer que s'il est vrai pour les polynomes à $k-1$ variables, il l'est encore pour les polynomes à $k$ variables. Pour simplifier, supposons le théorème vrai pour les polynomes à 2 variables, et montrons qu'il l'est, par suite, pour les polynomes à 3 variables.

Soit le polynome identiquement nul $f(x, y, z)$ et supposons qu'il ait une forme réduite autre que 0. Prenons un terme qui soit d'un degré par rapport à $x$ au moins égal aux degrés de tous les autres termes, soit $Ax^ny^pz^q$, A étant non nul. En formant avec les termes de la forme réduite de $f(x, y, z)$ divers groupes, de façon que les termes d'un même groupe aient même degré par rapport à $x$, on voit que $f(x, y, z)$ est égal à une fonction de la forme

$$x^n\varphi_0(y, z) + x^{n-1}\varphi_1(y, z) + \ldots + \varphi_n(y, z),$$

où $\varphi_0, \varphi_1, \ldots, \varphi_n$ sont des polynomes en $y$, $z$, le polynome $\varphi_0$ ayant une forme réduite autre que 0 qui contient le terme $Ay^pz^q$, $\varphi_1, \ldots, \varphi_n$ ayant une forme réduite autre que 0 ou coïncidant avec 0.

Cela posé, remplaçons dans $f(x, y, z)$ les variables $y$ et $z$ par les nombres $y'$ et $z'$ arbitrairement choisis; on obtient ainsi un polynome en $x$ qui a pour expression

$$x^n\varphi_0(y', z') + x^{n-1}\varphi_1(y', z') + \ldots + \varphi_n(y', z').$$

Mais, $f(x, y, z)$ étant supposé identiquement nul, ce polynome en $x$ est lui-même identiquement nul; d'après un théorème établi, sa forme réduite est 0; il est donc nécessaire que $\varphi_0(y', z')$ soit nul. Ainsi, $\varphi_0(y, z)$ est un polynome en $y$ et $z$ qui est nul quelles que soient les valeurs $y'$ et $z'$ attribuées respectivement à $y$ et à $z$; il est identiquement nul, et, le théorème énoncé étant supposé vrai pour les polynomes à deux variables, sa forme réduite est 0. Or, nous venons de voir que sa forme réduite contient le terme $Ay^pz^q$; il y a donc contradiction. Il est donc absurde de supposer que la forme réduite de $f(x, y, z)$ soit autre que 0. Le théorème est vrai pour les polynomes à trois variables.

D'après cela, pour qu'un polynome somme de monomes non semblables deux à deux soit identiquement nul, il faut et il suffit que les coefficients de ces monomes soient simultanément nuls. La condition est évidemment suffisante; d'autre part, elle est nécessaire, car si le coefficient d'un de ces monomes n'était pas nul, ce monome appartiendrait à la forme réduite du polynome, et cette forme réduite serait autre que 0.

Théorème. — *Pour que deux polynomes soient identiquement égaux, il faut et il suffit que leurs formes réduites soient composées avec les mêmes termes.*

La condition est évidemment suffisante. Il reste à démontrer qu'elle est nécessaire. Soient les polynomes $f$ et $g$ supposés identiquement égaux. Considérons le polynome P formé d'abord à l'aide des termes de la forme réduite de $f$, ensuite à l'aide des termes de la forme réduite de $g$ dans chacun desquels le coefficient a été remplacé par le nombre opposé. Ce polynome P est évidemment identiquement nul. S'il y avait un terme de la forme réduite de $f$ qui n'eût pas son semblable dans la forme réduite de $g$, ce terme subsisterait dans la forme réduite de P, lequel aurait une forme réduite autre que 0, ce qui est impossible. De même, s'il y avait un terme de la forme réduite de $g$ qui n'eût pas son semblable dans la forme réduite de $f$, le monome déduit de ce terme par substitution au coefficient du nombre qui lui est opposé subsisterait dans la forme réduite de P, ce qui est encore impossible. Ainsi, les termes des formes réduites de $f$ et de $g$ sont semblables deux à deux. D'autre part, si deux termes semblables, l'un dans $f$ et l'autre dans $g$, avaient respectivement des coefficients A et B inégaux, il subsisterait après la réduction de P un terme semblable à chacun d'eux, ayant pour coefficient le nombre non nul $A - B$; ainsi encore, P aurait une forme réduite autre que 0, ce qui est impossible. Finalement, les formes réduites de $f$ et de $g$ sont composées avec les mêmes termes.

Si l'une des formes réduites est 0, l'autre est 0.

D'après cela, pour que les deux polynomes

$$a_0x^n + a_1x^{n-1} + \ldots + a_n \quad \text{et} \quad b_0x^n + b_1x^{n-1} + \ldots + b_n$$

soient identiquement égaux, il faut et il suffit que l'on ait

$$a_0 = b_0, \quad a_1 = b_1, \quad \ldots, \quad a_n = b_n.$$

Si en effet $a_p$ n'est pas nul, $a_px^{n-p}$ fait partie de la forme réduite du premier polynome, donc de la forme réduite du second, et $b_p = a_p$; si $a_p$ est nul, $a_px^{n-p}$ ne fait pas partie de la forme réduite du premier polynome; il n'existe donc pas de terme de degré $n - p$ dans la forme réduite du second; par suite, $b_p = 0$, et l'on a encore $a_p = b_p$.

Plus généralement, soient deux polynomes à plusieurs variables formés chacun de monomes non semblables deux à deux, à coefficients nuls ou non nuls, les termes de l'un de ces polynomes étant respectivement semblables aux termes de l'autre. Pour que ces deux polynomes soient identiquement égaux, il faut et il suffit que les coefficients des divers termes semblables des deux polynomes soient égaux.

**125. Opérations sur les polynomes.** — Addition. — *Il existe un polynome* qui est égal à la somme de deux polynomes donnés. On l'obtient en prenant pour termes les termes de l'un et de l'autre de ces deux polynomes.

Je n'insiste pas sur l'addition de plusieurs polynomes.

Remarquons que tout polynome non homogène est la somme de plusieurs polynomes homogènes, chacun de ces polynomes homogènes étant formé avec tous les termes d'un même degré du polynome considéré et les degrés de ces polynomes homogènes étant deux à deux inégaux.

Soustraction. — *Il existe un polynome* qui, pour toutes les valeurs attribuées aux variables, a pour valeur le nombre opposé à la valeur d'un polynome donné. On l'obtient en prenant pour termes les termes du polynome donné dans chacun desquels on remplace le coefficient par le nombre opposé. Le polynome ainsi obtenu est dit l'*opposé* du polynome donné. Il y a réciprocité entre ces deux polynomes.

*Il existe un polynome* qui est égal à la différence entre un premier et un second polynome. C'est la somme du premier polynome et du polynome opposé au second.

Multiplication. — 1° *Il existe un monome* qui est égal au produit de deux monomes donnés. Il a pour coefficient le produit des coefficients; il est formé avec les variables qui entrent dans l'un et dans l'autre monome, le degré par rapport à chaque variable étant égal à la somme des degrés des deux monomes donnés par rapport à cette variable, à condition de regarder un monome qui ne contient pas une variable comme étant de degré 0 par rapport à cette variable.

2° *Il existe un polynome* qui est égal au produit de deux polynomes donnés. C'est la somme des monomes obtenus en faisant le produit de chacun des termes de l'un des polynomes et de chacun des termes de l'autre.

Je n'insiste pas sur la multiplication de plusieurs polynomes et en particulier sur l'élévation à une puissance entière d'un polynome.

Les propriétés d'égalité de l'addition, de la soustraction et de la multiplication des nombres, que nous avons établies antérieurement, sont évidemment applicables aux valeurs numériques des polynomes pour les mêmes valeurs arbitraires attribuées aux variables; d'autre part, le résultat de chacune des trois opérations, addition, soustraction, multiplication, effectuées sur des polynomes est un polynome, de même que le résultat de chacune de ces trois opérations effectuées sur des nombres est un nombre; il s'ensuit évidemment que des *énoncés* des propriétés d'égalité de l'addition, de la soustraction et de la multiplication des nombres, on peut déduire des *énoncés* correspondants de propriétés de l'addition, de la soustraction et de la multiplication des polynomes, en remplaçant tout simplement le mot *nombre* par le mot *polynome*.

De la règle qui conduit à la formation du produit de deux polynomes, on déduit immédiatement les résultats suivants :

Étant donnés deux polynomes en $x$ non identiquement nuls, le produit admet une forme réduite, autre que 0, dans laquelle le terme de plus haut degré est égal au produit des termes de plus haut degré des formes réduites des deux polynomes donnés, et dans laquelle le terme de moindre degré est égal au produit des termes de moindre degré des formes réduites des deux polynomes donnés. En particulier, le degré maximum (ou minimum) du produit est égal à la somme des degrés maximums (ou minimums) des deux polynomes.

Plus généralement, étant donnés deux polynomes non identiquement nuls, aux variables $x$, $y$, $z$ données dans l'ordre $x$, $y$, $z$, le produit admet une forme réduite, autre que 0, dans laquelle le terme le plus haut en $x$, $y$, $z$ est égal au produit des termes les plus hauts en $x$, $y$, $z$ des formes réduites des deux polynomes donnés, et dans laquelle le terme le moins haut en $x$, $y$, $z$ est égal au produit des termes les moins hauts en $x$, $y$, $z$ des formes réduites des deux polynomes donnés. Il s'ensuit, en particulier, que le degré du produit par rapport à l'une quelconque des variables $x$, $y$, $z$ est égal à la somme des degrés des deux polynomes par rapport à cette variable.

Comme le produit de deux polynomes dont l'un est nul est lui-même nul, on voit que, de ce qui précède, résulte le théorème suivant :

*Pour que le produit de deux polynomes soit identiquement nul, il faut et il suffit que l'un des polynomes soit identiquement nul.*

THÉORÈME. — *Étant donnés trois polynomes* A, B, C, *si l'on a l'identité* $AB = AC$ *et si* A *n'est pas identiquement nul, on a l'identité* $B = C$.

En effet, de l'identité $AB = AC$, on déduit, en vertu des propriétés de l'addition, de la soustraction et de la multiplication des polynomes, $AB - AC = 0$, c'est-à-dire $A(B - C) = 0$. Comme A n'est pas identiquement nul, d'après le théorème précédent, on en déduit $B - C = 0$, c'est-à-dire $B = C$ (1).

## II. — DIVISION DES POLYNOMES

126. DÉFINITION. — Étant donnés deux polynomes, l'un A et l'autre B supposé non nul, on dit que A est *divisible par* B, ou encore que B est *diviseur* de A, ou encore que A est *multiple* de B, s'il existe un polynome Q tel que l'on ait $A = BQ$.

Si un tel polynome Q existe, il est nécessairement unique. Soit en effet un polynome $Q_1$ tel que l'on ait $A = BQ_1$. Comme on a, par hypo-

(1) Désormais, quand aucune confusion ne sera possible, nous nous bornerons à dire que deux polynomes sont *égaux* pour dire qu'ils sont *identiquement égaux*.

thèse, $A = BQ$, on a $BQ_1 = BQ$, et comme B est supposé non nul, on en déduit $Q_1 = Q$.

THÉORÈME. — *Étant donnés trois polynomes* A, B, C, *si* C *est diviseur de* B *et si* B *est diviseur de* A, C *est diviseur de* A.

En effet, par hypothèse, il existe deux polynomes Q et Q′ tels que l'on ait $B = CQ$ et $A = BQ'$; de ces identités, on déduit $A = CQQ'$, ce qui montre bien que A est divisible par C.

THÉORÈME. — *Si le polynome* C *est à la fois diviseur des polynomes* A *et* B, *il est diviseur de leur somme* $A + B$ *et de leur différence* $A - B$.

En effet, par hypothèse, il existe deux polynomes Q et Q′ tels que l'on ait $A = CQ$ et $B = CQ'$. Par addition ou soustraction de ces identités membre à membre, on obtient

$$A \pm B = CQ \pm CQ' = C(Q \pm Q'),$$

ce qui montre bien que $A \pm B$ est divisible par C.

THÉORÈME. — *Pour qu'un monome* A *non nul soit divisible par un monome non nul* B, *il faut et il suffit que les variables qui entrent dans* B *entrent toutes dans* A *et que, par rapport à chacune de ces variables, le degré de* A *soit au moins égal au degré de* B.

1° *La condition est nécessaire.* S'il existe un polynome Q tel que l'on ait $A = BQ$, un ordre étant donné aux variables, d'après un théorème établi, le monome A est égal au produit du monome B et du terme le plus haut de la forme réduite de Q. Il suit de là que le monome A contient toutes les variables qui entrent dans B et que le degré de A par rapport à l'une quelconque de ces variables est égal à la somme du degré de B et du degré du terme le plus haut de Q par rapport à cette variable, et, par suite, au moins égal au degré de B par rapport à cette variable.

2° *La condition est suffisante.* Si les variables qui entrent dans B entrent dans A et si, par rapport à chacune d'elles, le degré de A est au moins égal à celui de B, il existe un monome Q tel que l'on ait $A = BQ$. Son coefficient est égal au quotient du coefficient de A par le coefficient de B supposé non nul; il contient les variables de A, le degré par rapport à l'une quelconque de ces variables étant égal à la différence, positive ou nulle, entre le degré de A et le degré, nul ou non nul, de B par rapport à cette variable.

Le monome Q ainsi défini s'appelle le *quotient* du monome A par le monome B.

En particulier, pour qu'un monome A en $x$ soit divisible par un monome B en $x$, il faut et il suffit que le degré de A soit au moins égal à celui de B.

**127. Division des polynomes à une variable.** — THÉORÈME. — *Étant donnés deux polynomes en $x$, A et B, B étant non nul, il existe un polynome Q en $x$ et un seul tel que le polynome $A - BQ$ soit identiquement nul ou de degré inférieur au degré de B.*

1° *Il existe un polynome* Q. En effet, si A est nul ou de degré inférieur au degré de B, il suffit de prendre $Q = 0$. Alors, $A - BQ$ se réduit à A, qui est nul ou de degré inférieur au degré de B. Supposons que A soit non nul et de degré au moins égal au degré de B. Ordonnons A et B par rapport aux puissances décroissantes de $x$. Soient $a$ et $b$ les premiers termes de A et de B; le degré de $a$ étant au moins égal à celui de $b$, $a$ est divisible par $b$; soit $q$ le quotient de $a$ par $b$. Formons le polynome $A_1 = A - Bq$, réduisons-le et, s'il n'est pas nul, ordonnons-le suivant les puissances décroissantes de $x$. S'il est nul, il suffit de prendre $Q = q$. S'il n'est pas nul, remarquons d'abord qu'il est de degré inférieur au degré de A; en effet, A et $Bq$ ont mêmes termes de plus haut degré, qui se réduisent à 0 dans la soustraction qui donne $A_1$. Si le degré de $A_1$ est inférieur à celui de B, on prendra $Q = q$. Si le degré de $A_1$ est encore supérieur ou égal à celui de B, le premier terme $a_1$ de $A_1$ est divisible par $b$; soit $q_1$ le quotient de $a_1$ par $b$. Formons le polynome $A_2 = A_1 - Bq_1$; ce polynome est égal à $A - Bq - Bq_1$, c'est-à-dire à $A - B(q + q_1)$. Si $A_2$ est nul, il suffit de prendre $Q = q + q_1$. Si $A_2$ n'est pas nul, comme $A_1$ et $Bq$ ont mêmes termes de plus haut degré, il est de degré inférieur au degré de $A_1$. Si le degré de $A_2$ est inférieur au degré de B, il suffit encore de prendre $Q = q + q_1$. Si ce degré est supérieur ou égal à celui de B, le terme de plus haut degré de $A_2$, soit $a_2$, est divisible par $b$; si $q_2$ est le quotient de $a_2$ par $b$, on formera le polynome $A_3 = A_2 - Bq_2$, lequel est égal à $A - B(q + q_1 + q_2)$, polynome nul ou de degré moindre que celui de $A_2$, et ainsi de suite.

On est ainsi conduit à former une suite de polynomes A, $A_1$, $A_2$, ..., dont les degrés vont en décroissant. Il est clair qu'il existe un entier $\alpha$ tel que le polynome $A_\alpha$ soit nul ou bien de degré moindre que celui de B. Ce polynome $A_\alpha$ a pour expression

$$A - B(q + q_1 + q_2 + \dots + q_{\alpha-1}),$$

et on voit alors que le polynome $Q = q + q_1 + \dots + q_{\alpha-1}$ répond aux conditions de l'énoncé.

2° *Le polynome Q est unique.* Supposons en effet qu'il y ait un autre polynome Q′ répondant aux conditions de l'énoncé. Posons $A - BQ = R$, $A - BQ' = R'$. On a

$$A = BQ + R = BQ' + R',$$

d'où l'on déduit

$$B(Q' - Q) = R - R'.$$

Q′ étant supposé différent de Q, B (Q′ — Q) est un polynome non nul, dont le degré est au moins égal à celui de B. Mais, d'autre part, R — R′, différence de deux polynomes dont chacun est nul ou de degré plus petit que celui de B, est lui-même de degré plus petit que celui de B. Il y a donc contradiction. Donc, il ne peut exister de polynome Q′, autre que Q, répondant aux conditions de l'énoncé. Le polynome Q est unique.

Définitions et remarque. — La démonstration même de l'existence du polynome Q donne un procédé pour le calculer. C'est ce procédé qu'on appelle l'*opération de la division du polynome* A *par le polynome* B. A est dit le *dividende* de la division, les polynomes $A_1$, $A_2$, ... sont dits respectivement le *premier*, le *second*, ... *dividendes partiels*, B est dit le *diviseur*, Q est dit le *quotient*. Le polynome A — BQ est dit le *reste*; il est ou bien nul ou de degré inférieur au degré de B. En désignant le reste par R, on a l'identité

$$A = BQ + R,$$

qui est possible, et d'une seule manière, quand on ajoute que R est nul ou de degré inférieur au degré de B.

Remarquons que le quotient Q est obtenu, par la division, tout ordonné par rapport aux puissances décroissantes de $x$. En effet, les degrés de $a$, $a_1$, ... allant en décroissant, les degrés de leurs quotients $q$, $q_1$, ... par le même monome $b$ vont eux-mêmes en décroissant.

Théorème. — *Pour que le polynome* A *en x soit divisible par le polynome* B *en x, non nul, il faut et il suffit que le reste de la division de* A *par* B *soit nul.*

1° *La condition est nécessaire.* Si en effet B divise A, il existe un polynome Q tel que l'on ait $A = BQ$. Par suite, A — BQ est nul, Q est donc le quotient de la division de A par B, et le reste de cette division est nul.

2° *La condition est suffisante.* Si le reste de la division de A par B est nul, Q étant le quotient de la division, A — BQ est nul; donc, on a $A = BQ$; autrement dit, A est divisible par B.

THÉORÈME. — *Si on multiplie deux polynomes A et B par un même polynome C, non nul, le quotient de la division de A par B ne change pas et le reste de la division est multiplié par C.*

Soient Q et R le quotient et le reste de la division de A par B; on a

$$A = BQ + R,$$

d'où l'on déduit

$$AC = BC.Q + RC.$$

Si R est nul, il en est de même de RC, et l'identité précédente exprime que Q est le quotient de la division de AC par BC. Si R n'est pas nul, il en est de même de RC; mais, le degré de R étant plus petit que celui de B, le degré de RC est plus petit que celui de BC, et l'identité considérée exprime que Q et RC sont le quotient et le reste de la division de AC par BC. Dans l'un et l'autre cas, le théorème est établi.

THÉORÈME. — *Si deux polynomes A et B sont divisibles par un polynome C, le reste de la division de A par B est divisible par C; si l'on divise A et B par C, le quotient de la division de A par B ne change pas et le reste est divisé par C.*

Soient Q et R le quotient et le reste de la division de A par B; on a

$$A = BQ + R,$$

d'où $R = A - BQ$; C est diviseur de B, par suite, de BQ; il est aussi diviseur de A; il est donc diviseur de $A - BQ$, c'est-à-dire de R. Il existe alors trois polynomes $A_1$, $B_1$ et $R_1$ tels que l'on ait

$$A = CA_1, \quad B = CB_1, \quad R = CR_1.$$

De l'identité $A = BQ + R$, on déduit, par suite,

$$CA_1 = CB_1Q + CR_1,$$

c'est-à-dire

$$CA_1 = C(B_1Q + R_1),$$

et comme C n'est pas nul, on en déduit

$$A_1 = B_1Q + R_1.$$

Si R est nul, il en est de même de $R_1$, et l'identité précédente prouve que Q est le quotient de la division de $A_1$ par $B_1$. Si R n'est pas nul, il en est de même de $R_1$; comme R est de degré plus petit que celui de B, $R_1$ est de degré plus petit que celui de $B_1$, et l'identité considérée montre que Q et $R_1$ sont le quotient et le reste de la division de $A_1$ par $B_1$.

**128. Division des polynomes à plusieurs variables.** — Soient les polynomes à plusieurs variables A et B (non nuls). Supposons que A soit divisible par B et proposons-nous de calculer le polynome Q tel que l'on ait $A = BQ$. Pour cela, attribuons un ordre aux variables et ordonnons les polynomes A, B, Q par rapport aux variables données dans cet ordre. Soit $Q = q + q_1 + \ldots + q_\alpha$ le polynome Q ainsi ordonné. Si $a$ est le premier terme de A et si $b$ est le premier terme de B, on a $a = bq$ ; ainsi, $a$ est divisible par $b$, et $q$ est le quotient de $a$ par $b$. Le terme $q$ étant calculé, formons le polynome $A_1 = A - Bq$. On a

$$A_1 = BQ - Bq = B(Q - q) = B(q_1 + q_2 + \ldots + q_\alpha);$$

le polynome $q_1 + q_2 + \ldots + q_\alpha$ est ordonné. Si $a_1$ est le plus haut terme de $A_1$, on a $a_1 = bq_1$ ; ainsi, $a_1$ est divisible par $b$, et $q_1$ est le quotient de $a_1$ par $b$. Le terme $q_1$ étant calculé, formons

$$A_2 = A_1 - Bq_1 = B(q_2 + \ldots + q_\alpha),$$

et ainsi de suite. Finalement, formons $A_\alpha = Bq_\alpha$. Le plus haut terme $a_\alpha$ de $A_\alpha$ est divisible par $b$, le quotient étant $q_\alpha$. Si l'on forme ensuite $A_\alpha - Bq_\alpha$, on obtient 0. Ainsi, se trouvent successivement calculés les termes du polynome ordonné Q, supposé existant.

Remarquons que le degré d'un terme de Q par rapport à l'une quelconque des variables $x$, ..., est au plus égal à la différence $\delta$, positive ou nulle, entre les degrés de A et de B par rapport à cette variable.

Si l'on ne sait pas que A est divisible par B, rien n'empêche d'essayer d'effectuer l'opération précédente. Supposons que, par rapport à chaque variable, la différence $\delta$ entre les degrés de A et de B soit positive ou nulle ; sinon, A n'est pas divisible par B. Ordonnons A et B par rapport aux variables prises dans un ordre. Si le premier terme $a$ de A n'est pas divisible par le premier terme $b$ de B, A n'est pas divisible par B. Le monome $a$ étant supposé divisible par $b$, formons le quotient $q$ de $a$ par $b$. Si le degré de $q$ par rapport à l'une au moins des variables est supérieur au nombre $\delta$ relatif à cette variable, autrement dit, si, par rapport à l'une au moins des variables, le degré de $a$ est supérieur à la somme de $\delta$ et du degré de $b$, A n'est pas divisible par B. Si, par rapport à chaque variable, le degré de $a$ est au plus égal à la somme de $\delta$ et du degré de $b$, formons le polynome $A_1 = A - Bq$, réduisons-le et, s'il n'est pas nul, ordonnons-le. Si $A_1$ est nul, A est divisible par B. $A_1$ étant supposé non nul, si, par rapport à une variable, le degré de son premier terme $a_1$ n'est pas à la fois au moins égal au degré de $b$ et au plus égal à la somme de $\delta$ et du degré de $b$, A n'est pas divisible par B. Si, par rapport à chaque variable, le degré de $a_1$

est à la fois au moins égal au degré de $b$ et au plus égal à la somme de $\delta$ et du degré de $b$, formons le quotient $q_1$ de $a_1$ par $b$, puis le polynome $A_2 = A_1 - Bq_1 = A - B(q + q_1)$, réduisons ce polynome et, s'il n'est pas nul, ordonnons-le. Et ainsi de suite. Nous formons ainsi une suite de polynomes $A, A_1, A_2, \ldots$ ordonnés, dont les premiers termes $a, a_1, a_2, \ldots$ sont de moins en moins hauts. Il existe évidemment un entier $\alpha$ tel que le polynome $A_{\alpha+1}$ ou bien soit identiquement nul ou bien ait un premier terme $a_{\alpha+1}$ dont, par rapport à une variable, le degré n'est pas à la fois au moins égal au degré de $b$ et au plus égal à la somme de $\delta$ et du degré de $b$. Dans le premier cas, A est divisible par B; dans le second cas, A n'est pas divisible par B.

## III. — DIVISIBILITÉ DES POLYNOMES

**129. Plus grand commun diviseur de deux polynomes.** — Dans ce qui suit, nous ne nous occuperons que de polynomes à une seule et même variable $x$.

Nous nous proposons de déterminer les diviseurs communs à plusieurs polynomes donnés, c'est-à-dire les polynomes qui sont diviseurs à la fois de ces polynomes donnés. Remarquons tout de suite que si D est diviseur de A, $\lambda D$, où $\lambda$ est une constante non nulle, est aussi diviseur de A, car l'égalité $A = DQ$, où Q est un polynome, peut s'écrire $A = \lambda D \frac{Q}{\lambda}$, où $\frac{Q}{\lambda}$ est aussi un polynome. D'après cela, nous ne distinguerons pas deux diviseurs d'un même polynome qui se déduisent l'un de l'autre par multiplication par un facteur constant non nul; nous les regarderons comme un même diviseur.

D'autre part, une constante non nulle est un polynome qui est diviseur de tout polynome. D'après la convention précédente, nous ne la distinguerons pas de 1. Tout polynome a un diviseur et un seul de degré 0, qui est 1; plusieurs polynomes quelconques ont au moins un diviseur commun qui est 1.

THÉORÈME. — *Deux polynomes* A *et* B *non nuls admettent un diviseur commun et un seul tel qu'il n'existe pas d'autre diviseur commun qui soit de degré égal ou supérieur au sien.* (Ce diviseur commun est dit le *plus grand commun diviseur* des polynomes A et B.)

D'abord, nous pouvons supposer que le degré de A est au moins égal au degré de B.

1° Si A est divisible par B, A et B ont un plus grand commun diviseur, et ce plus grand commun diviseur est B. En effet, si B est diviseur de A, tout diviseur de B est diviseur de A; les diviseurs communs à A et à B sont donc les mêmes que les diviseurs de B, parmi lesquels se trouve B. Or, il n'existe pas de diviseur de B de degré supérieur au degré de B; d'autre part, si D est un diviseur de B de même degré que B, le quotient de la division de B par D est une constante non nulle; D se déduit donc de B par multiplication par un facteur constant non nul, D n'est pas *distinct* de B. Ainsi, A et B ont bien un plus grand commun diviseur, et ce plus grand commun diviseur est B.

2° Supposons que A ne soit pas divisible par B. Soient Q et R le quotient et le reste de la division de A par B, vérifiant l'identité $A = BQ + R$. Je dis que *les diviseurs communs à* A *et à* B *sont les mêmes que les diviseurs communs à* B *et à* R. En effet, tout diviseur commun à A et à B est un diviseur commun à A et à BQ, par suite, un diviseur de $A - BQ$, c'est-à-dire de R; donc, tout diviseur commun à A et à B est un diviseur commun à B et à R. Réciproquement, tout diviseur commun à B et à R est un diviseur commun à BQ et à R, par suite, un diviseur de $BQ + R$, c'est-à-dire de A; donc, tout diviseur commun à B et à R est un diviseur commun à A et à B. On voit bien que les diviseurs communs à A et à B sont les mêmes que les diviseurs communs à B et à R. Pour établir l'existence du plus grand commun diviseur de A et de B, il suffit d'établir l'existence du plus grand commun diviseur de B et de R. Nous recommencerons sur les polynomes B et R le raisonnement que nous venons de faire sur les polynomes A et B. Le degré de R est plus petit que le degré de B. Si B est divisible par R, les polynomes B et R, par suite, les polynomes A et B ont un plus grand commun diviseur, qui est R. Si B n'est pas divisible par R, soit $R_1$ le reste de la division de B par R. Il suffit de recommencer le même raisonnement, en remplaçant les polynomes B et R par les polynomes R et $R_1$, le degré de $R_1$ étant plus petit que celui de R. Si R est divisible par $R_1$, les polynomes R et $R_1$, par suite, les polynomes B et R, par suite, les polynomes A et B ont un plus grand commun diviseur, qui est $R_1$. Si R n'est pas divisible par $R_1$, soit $R_2$ le reste de la division de R par $R_1$, et ainsi de suite. Nous formons ainsi une suite de restes $R, R_1, R_2, \ldots$, dont les degrés vont en décroissant, car l'un quelconque d'entre eux est le reste d'une division dont le diviseur est celui qui le précède. Il existe évidemment un entier $\alpha$ tel que le reste non nul $R_\alpha$, contenant $x$ ou se réduisant à une constante non nulle, soit diviseur de $R_{\alpha-1}$. $R_{\alpha-1}$ et $R_\alpha$ ont alors un plus grand commun diviseur, qui est $R_\alpha$. Il est alors établi que A et B ont eux-mêmes un plus grand commun diviseur et que ce plus grand commun diviseur est $R_\alpha$.

*Remarques.* — La démonstration du théorème précédent donne un procédé pour calculer le plus grand commun diviseur de deux polynomes. On divise A par B, puis B par le reste R de la division de A par B, puis R par le reste $R_1$ de la division de B par R, et ainsi de suite; le reste qui divise le reste précédent est le plus grand commun diviseur de A et de B.

Il peut être commode de modifier le procédé précédent, en vertu de la remarque suivante. Le raisonnement qui permet de démontrer que les diviseurs communs au dividende et au diviseur d'une division sont les mêmes que les diviseurs communs au diviseur de cette division et au reste permet aussi de démontrer qu'ils sont les mêmes que les diviseurs communs au diviseur de la division et à un dividende partiel quelconque, lesquels diviseurs communs ne changent pas si l'on multiplie le dividende partiel par un facteur constant non nul. Il suit de là qu'il est possible, sans changer le résultat, de multiplier l'un quelconque des dividendes partiels de l'une quelconque des divisions qui conduisent au plus grand commun diviseur par un facteur constant quelconque non nul, le calcul se poursuivant comme si le dividende partiel n'avait pas été changé. Cette remarque trouve en particulier une application utile dans le cas où les deux polynomes donnés A et B ont pour coefficients des nombres entiers; les dividendes partiels des diverses divisions à effectuer ont alors des coefficients entiers ou fractionnaires; par multiplication par un nombre entier convenablement choisi, il est possible de remplacer un dividende partiel à coefficients fractionnaires par un polynome à coefficients entiers, jouant le même rôle dans l'opération.

**130. Propriétés du plus grand commun diviseur.** — Théorème. — *Les diviseurs communs à deux polynomes* A *et* B *sont les mêmes que les diviseurs de leur plus grand commun diviseur* $\Delta$.

En effet, si nous reprenons les notations qui ont servi dans la démonstration du théorème précédent, les diviseurs communs à A et à B sont les mêmes que les diviseurs communs à B et à R, que les diviseurs communs à R et à $R_1$, et ainsi de suite, que les diviseurs communs à $R_{\alpha-1}$ et à $R_\alpha$, lesquels, puisque $R_{\alpha-1}$ est divisible par $R_\alpha$, sont les mêmes que les diviseurs de $R_\alpha$, qui est le plus grand commun diviseur $\Delta$ de A et de B.

En particulier, si $\Delta$ est une constante non nulle, ce polynome n'admet pas d'autre diviseur que 1. Dans ce cas, les polynomes A et B sont dits *premiers entre eux*; on peut supposer que leur plus grand commun diviseur est 1.

Théorème. — *Si on multiplie deux polynomes* A *et* B *par un même polynome* C, *le plus grand commun diviseur de* A *et de* B *est multiplié par* C.

Reprenons les notations employées dans la démonstration de l'existence du plus grand commun diviseur de A et de B. Si A et B sont multipliés par C, R est multiplié par C (§ 127); B et R étant multipliés par C, $R_1$ est multiplié par C. Les restes R, $R_1$, .. sont multipliés par C. Finalement, le plus grand commun diviseur $R_\alpha$ est multiplié par C.

Théorème. — *Deux polynomes* A *et* B *ayant pour diviseur commun* C, *leur plus grand commun diviseur* $\Delta$ *est divisible par* C, *et si l'on divise* A *et* B *par* C, *le plus grand commun diviseur est divisé par* C.

En effet, il existe deux polynomes $A_1$ et $B_1$ tels que l'on ait $A = CA_1$, $B = CB_1$. Soit $\Delta_1$ le plus grand commun diviseur de $A_1$ et de $B_1$. Si on multiplie $A_1$ et $B_1$ par C, $\Delta_1$ est multiplié par C. Autrement dit, A et B ont pour plus grand commun diviseur $C\Delta_1$; ainsi, $\Delta = C\Delta_1$, et $\Delta_1$ est bien le quotient de la division de $\Delta$ par C.

Théorème. — *Pour qu'un diviseur commun à deux polynomes* A *et* B *soit le plus grand commun diviseur de ces deux polynomes, il faut et il suffit que les quotients des divisions de* A *et de* B *par ce diviseur commun soient des polynomes premiers entre eux.*

1° *La condition est nécessaire.* Si on divise A et B par leur plus grand commun diviseur, ce plus grand commun diviseur est divisé par $\Delta$, c'est-à-dire par lui-même; autrement dit, il est remplacé par 1; les quotients des divisions de A et de B par $\Delta$ sont bien premiers entre eux.

2° *La condition est suffisante.* Soit D un diviseur commun aux polynomes A et B, tel que les quotients des divisions de A et de B par D soient premiers entre eux, c'est-à-dire aient pour plus grand commun diviseur 1. Si on multiplie ces quotients par D, on obtient A et B;

le plus grand commun diviseur 1 est multiplié par D, autrement dit, devient D. D est bien le plus grand commun diviseur de A et de B.

Théorème. — *Si un polynome divise le produit de deux polynomes et s'il est premier avec l'un d'eux, il divise l'autre.*

Supposons que C divise AB et qu'il soit premier avec A ; je dis qu'il est diviseur de B. En effet, C et A ont pour plus grand commun diviseur 1 ; donc, CB et AB ont pour plus grand commun diviseur B. Or, C est, par hypothèse, diviseur de AB ; d'autre part, il est évidemment diviseur de CB ; donc, il est diviseur de B.

**131. Plus grand commun diviseur de plusieurs polynomes.** — Théorème. — *Plusieurs polynomes* A, B, C, D *non nuls admettent un diviseur commun et un seul tel qu'il n'existe pas d'autre diviseur commun qui soit de degré égal ou supérieur au sien.* (Ce diviseur commun est dit le *plus grand commun diviseur* des polynomes A, B, C, D.)

En effet, soit $\Delta_1$ le plus grand commun diviseur des polynomes A et B. Les diviseurs communs à A et à B sont les mêmes que les diviseurs de $\Delta_1$ ; donc, les diviseurs communs à A, B, C, D sont les mêmes que les diviseurs communs à $\Delta_1$, C, D. Soit $\Delta_2$ le plus grand commun diviseur de $\Delta_1$ et de C. Les diviseurs communs à $\Delta_1$, C, D sont les mêmes que les diviseurs communs à $\Delta_2$, D. Comme l'on sait que les deux polynomes $\Delta_2$, D ont un plus grand commun diviseur $\Delta$, on en conclut que les polynomes A, B, C, D ont aussi un plus grand commun diviseur, qui est $\Delta$.

La démonstration de l'existence de $\Delta$ donne un moyen de calculer $\Delta$.

Quand $\Delta$ est une quantité constante non nulle, qu'on peut regarder comme égale à 1, on dit que les polynomes A, B, C, D sont *premiers entre eux dans leur ensemble.*

Théorème. — *Les diviseurs communs à plusieurs polynomes sont les mêmes que les diviseurs de leur plus grand commun diviseur.*

En effet, si nous reprenons les notations du théorème précédent, les diviseurs communs à A, B, C, D sont les mêmes que les diviseurs communs à $\Delta_1$, C, D, qui sont les mêmes que les diviseurs communs à $\Delta_2$, D, qui sont les mêmes que les diviseurs de $\Delta$.

Lorsque plusieurs polynomes sont premiers entre eux dans leur ensemble, ils n'ont pas d'autre diviseur commun que 1.

Théorème. — *Si on multiplie plusieurs polynomes* A, B, C, D *par un même polynome* P, *le plus grand commun diviseur* $\Delta$ *est multiplié par ce polynome.*

En effet, A et B étant multipliés par le polynome P, $\Delta_1$ est multiplié par P; $\Delta_1$ et C étant multipliés par P, $\Delta_2$ est multiplié par P; $\Delta_2$ et D étant multipliés par P, $\Delta$ est multiplié par P.

THÉORÈME. — *Si* P *est un diviseur commun à plusieurs polynomes* A, B, C, D, P *est un diviseur du plus grand commun diviseur* $\Delta$, *et si l'on divise* A, B, C, D *par* P, *le plus grand commun diviseur* $\Delta$ *est divisé par* P.

En effet, P est un diviseur de $\Delta_1$, et $\Delta_1$ est divisé par P; P est un diviseur de $\Delta_2$, et $\Delta_2$ est divisé par P. Finalement, P est un diviseur de $\Delta$, et $\Delta$ est divisé par P.

THÉORÈME. — *Pour qu'un diviseur commun à plusieurs polynomes soit le plus grand commun diviseur, il faut et il suffit que les quotients des divisions de ces polynomes par leur diviseur commun soient des polynomes premiers entre eux.*

Même démonstration que pour deux polynomes.

**132. Plus petit commun multiple.** — On dit qu'un polynome est *multiple commun* à plusieurs polynomes s'il est divisible par chacun de ces polynomes.

Si M est un multiple commun à plusieurs polynomes, il est clair que $\lambda$M, où $\lambda$ est une constante non nulle, est aussi un multiple commun à ces polynomes. Nous ne distinguerons pas deux multiples communs à plusieurs polynomes qui se déduisent l'un de l'autre par multiplication par un facteur constant non nul.

Plusieurs polynomes ont toujours des multiples communs, ne fût-ce que les multiples de leur produit.

THÉORÈME. — *Deux polynomes* A *et* B *non nuls admettent un multiple commun et un seul tel qu'il n'existe pas d'autre multiple commun qui soit de degré égal ou inférieur au sien.* (Ce multiple commun est dit *le plus petit commun multiple* des polynomes A et B.)

Soit M un multiple commun à A et à B. Il existe deux polynomes Q et R tels que l'on ait

$$M = AQ, \quad M = BR.$$

On en déduit $AQ = BR$. Soit $\Delta$ le plus grand commun diviseur de A et de B. Posons $A = \Delta A'$, $B = \Delta B'$; les polynomes $A'$ et $B'$ sont premiers entre eux. De la relation $AQ = BR$, on déduit $\Delta A'Q = \Delta B'R$, et, puisque $\Delta$ est non nul, $A'Q = B'R$; $B'$ est diviseur de $B'R$, donc de $A'Q$;

comme il est premier avec $A'$, il est diviseur de $Q$, et ainsi il existe un polynome $H$ tel que l'on ait $Q = B'H$.

De la relation $A'Q = B'R$, on déduit alors $A'B'H = B'R$ et, par suite, $R = A'H$. De là, on déduit une double expression de $M$ :

$$M = AB'H = A'BH,$$

ce qui implique l'identité $AB' = A'B$.

Réciproquement, tout polynome de la forme $AB'H$ ou $A'BH$ est multiple commun à $A$ et à $B$ ; la première expression montre qu'il est multiple de $A$, la seconde, qu'il est multiple de $B$.

Nous avons ainsi l'expression générale, $AB'H$ ou $A'BH$, des multiples communs à $A$ et à $B$, dans laquelle $H$ est un polynome arbitraire. Il apparaît alors que parmi ces multiples communs il en existe un et un seul qui est de degré inférieur aux degrés des autres multiples communs ; on l'obtient en prenant pour $H$ une constante non nulle, qu'on peut supposer être 1. Il existe donc bien un plus petit commun multiple $\mu$, et l'on a

$$\mu = AB' = A'B.$$

On en déduit $\mu\Delta = AB'\Delta = AB$, ce qui montre que le plus petit commun multiple est le quotient de la division du produit des deux polynomes par leur plus grand commun diviseur.

Théorème. — *Les multiples communs à deux polynomes sont les mêmes que les multiples de leur plus petit commun multiple.*

En effet, si nous reprenons les notations précédentes, on a $M = \mu H$, $H$ étant un polynome arbitraire, ce qui montre bien que tout multiple commun $M$ est multiple du plus petit commun multiple, et réciproquement.

Théorème. — *Plusieurs polynomes $A$, $B$, $C$, $D$ non nuls admettent un multiple commun et un seul tel qu'il n'existe pas d'autre multiple commun qui soit de degré égal ou inférieur au sien.* (Ce multiple commun est dit *le plus petit commun multiple* des polynomes $A$, $B$, $C$, $D$.)

En effet, soit $\mu_1$ le plus petit commun multiple de $A$ et de $B$. Les multiples communs à $A$ et à $B$ sont les mêmes que les multiples de $\mu_1$ ; donc, les multiples communs à $A$, $B$, $C$, $D$ sont les mêmes que les multiples communs à $\mu_1$, $C$, $D$. Soit $\mu_2$ le plus petit commun multiple de $\mu_1$ et de $C$. Les multiples communs à $\mu_1$, $C$, $D$ sont les mêmes que les multiples communs à $\mu_2$, $D$. Comme on sait que les polynomes $\mu_2$ et $D$

ont un plus petit commun multiple $\mu$, on en conclut que les polynomes A, B, C, D ont aussi un plus petit commun multiple, qui est $\mu$.

La démonstration de l'existence de $\mu$ donne un moyen de calculer $\mu$.

THÉORÈME. — *Les multiples communs à plusieurs polynomes sont les mêmes que les multiples de leur plus petit commun multiple.*

En effet, les multiples communs à A, B, C, D sont les mêmes que les multiples communs à $\mu_1$, C, D, qui sont les mêmes que les multiples communs à $\mu_2$, D, qui sont les mêmes que les multiples de $\mu$.

## IV. — DIVISION PAR $x - a$

**133. Reste de la division par $x - a$.** — THÉORÈME. — *Le reste de la division du polynome $f(x)$ par $x - a$, a étant un nombre fixe, est $f(a)$.*

Soient Q et R le quotient et le reste de la division de $f(x)$ par $x - a$; on a l'identité

$$f(x) = (x - a)\,Q + R.$$

Puisque le diviseur $x - a$ est de degré 1, le reste R est de degré 0, autrement dit, R est une constante. Dans l'identité précédente, remplaçons $x$ par $a$; le premier membre prend la valeur numérique $f(a)$. Le polynome $x - a$ prend la valeur numérique 0, et il en est de même du polynome $(x - a)\,Q$; donc, le second membre prend la valeur numérique R; par suite, $f(a) = R$.

THÉORÈME. — *Pour que $f(x)$ soit divisible par $x - a$, a étant un nombre fixe, il faut et il suffit que $f(a)$ soit nul.*

En effet, il faut et il suffit que le reste de la division de $f(x)$ par $x - a$ soit nul.

**134. Calcul du quotient de la division de $f(x)$ par $x - a$.** — Soit

$$f(x) = A_0x^n + A_1x^{n-1} + \ldots + A_n,$$

le quotient Q de la division de $f(x)$ par $x - a$ est un polynome de degré $n - 1$, dont le premier terme est $A_0x^{n-1}$ et qui est de la forme

$$A_0x^{n-1} + B_1x^{n-2} + B_2x^{n-3} + \ldots + B_{n-1}.$$

Nous nous proposons de calculer les coefficients $B_1, B_2, \ldots, B_{n-1}$.

Si R est le reste de la division, on a l'identité

$$A_0x^n + A_1x^{n-1} + \ldots + A_n = (x - a)(A_0x^{n-1} + B_1x^{n-2} + \ldots + B_{n-1}) + R.$$

Écrivons que les coefficients des mêmes puissances de $x$ dans les formes réduites des deux membres sont égaux; nous obtenons

$$A_1 = B_1 - aA_0,$$
$$A_2 = B_2 - aB_1,$$
$$\dots\dots\dots$$
$$A_h = B_h - aB_{h-1},$$
$$\dots\dots\dots$$
$$A_n = R - aB_{n-1},$$

d'où l'on tire

$$B_1 = aA_0 + A_1,$$
$$B_2 = aB_1 + A_2,$$
$$\dots\dots\dots$$
$$B_h = aB_{h-1} + A_h,$$
$$\dots\dots\dots$$
$$R = aB_{n-1} + A_n.$$

L'égalité $B_h = aB_{h-1} + A_h$, qui permet de calculer $B_h$ quand on a calculé $B_{h-1}$, conduit à la règle suivante :

*Pour calculer le coefficient d'un terme quelconque du quotient, on ajoute au produit par a du coefficient du terme précédent du quotient le coefficient du terme du dividende qui est de même degré que ce dernier terme.*

Pour l'application de cette règle, il est entendu que le dividende et le quotient sont formés de termes à coefficients nuls ou non nuls dont les degrés sont des entiers consécutifs décroissants.

De plus, pour calculer le reste R, il suffit d'ajouter au produit par $a$ du terme constant du quotient le terme constant du dividende.

*Remarque.* — On a

$$B_1 = A_0 a + A_1;$$

puis, on a $B_2 = B_1 a + A_2$, c'est-à-dire

$$B_2 = (A_0 a + A_1)a + A_2 = A_0 a^2 + A_1 a + A_2,$$

et ainsi de suite. D'une façon générale, on a

$$B_h = A_0 a^h + A_1 a^{h-1} + \dots + A_h.$$

En dernier lieu, on a

$$B_{n-1} = A_0 a^{n-1} + A_1 a^{n-2} + \dots + A_{n-1},$$

puis

$$R = A_0 a^n + A_1 a^{n-1} + \dots + A_{n-1} a + A_n = f(a).$$

DIVISIONS REMARQUABLES. — 1° $x^n - a^n$ est divisible par $x - a$, et le quotient de la division est

$$x^{n-1} + ax^{n-2} + a^2x^{n-3} + \ldots + a^{n-1}.$$

2° $x^n - a^n$ est divisible par $x + a$ quand $n$ est pair, et le quotient de la division est

$$x^{n-1} - ax^{n-2} + a^2x^{n-3} - \ldots - a^{n-1}.$$

3° $x^n + a^n$ est divisible par $x + a$ quand $n$ est impair, et le quotient de la division est

$$x^{n-1} - ax^{n-2} + a^2x^{n-3} - \ldots + a^{n-1}.$$

135. THÉORÈME. — *Les nombres $a$, $b$, $c$ étant différents, si $f(x)$ est divisible séparément par $x - a$, $x - b$, $x - c$, il est divisible par le produit $(x-a)(x-b)(x-c)$.*

Puisque $f(x)$ est divisible par $x - a$, il existe un polynome $f_1(x)$ tel que l'on ait

$$f(x) = (x - a)\, f_1(x).$$

$f(x)$ est aussi divisible par $x - b$; donc, $f(b) = 0$. Mais, on a

$$f(b) = (b - a) f_1(b);$$

comme $b - a$ n'est pas nul, il faut que $f_1(b)$ le soit, ce qui montre que $f_1(x)$ est divisible par $x - b$. Il existe un polynome $f_2(x)$ tel que l'on ait

$$f_1(x) = (x - b)\, f_2(x);$$

on a, par suite,

$$f(x) = (x - a)\, f_1(x) = (x - a)(x - b)\, f_2(x).$$

$f(x)$ est aussi divisible par $x - c$; donc, $f(c) = 0$. Mais, on a

$$f(c) = (c - a)(c - b) f_2(c);$$

comme $c - a$ et $c - b$ ne sont pas nuls, il faut que $f_2(c)$ le soit, ce qui montre que $f_2(x)$ est divisible par $x - c$. Il existe un polynome $\varphi(x)$ tel que l'on ait

$$f_2(x) = (x - c)\, \varphi(x);$$

on a, par suite,

$$f(x) = (x - a)(x - b)\, f_2(x) = (x - a)(x - b)(x - c)\, \varphi(x),$$

ce qui établit que $f(x)$ est divisible par $(x - a)(x - b)(x - c)$.

D'une façon générale, $a$, $b$,..., $l$ étant des nombres différents, si $f(x)$ est divisible séparément par $x - a$, $x - b$,..., $x - l$, il est divisible par $(x-a)(x-b)\ldots(x-l)$.

THÉORÈME. — *Si un polynome $f(x)$, de degré $n$, prend une valeur numérique nulle quand on y remplace $x$ par l'un quelconque des $n$ nombres $a_1, a_2, \ldots, a_n$, supposés différents, on a*

$$f(x) = A_0(x-a_1)(x-a_2)\ldots(x-a_n),$$

*$A_0$ étant le coefficient de son terme de plus haut degré.*

En effet, $f(x)$ est divisible séparément par les polynomes $(x-a_1)$, $(x-a_2), \ldots, (x-a_n)$, et, comme les nombres $a_1, a_2, \ldots, a_n$ sont supposés différents, d'après le théorème précédent, il est divisible par leur produit; il existe un polynome $\varphi(x)$ tel que l'on ait

$$f(x) = (x-a_1)(x-a_2)\ldots(x-a_n)\varphi(x).$$

Comme $f(x)$ est de degré $n$, ainsi que le produit

$$(x-a_1)(x-a_2)\ldots(x-a_n),$$

il faut que $\varphi(x)$ soit une constante, nécessairement non nulle, sans quoi $f(x)$ serait identiquement nul. En égalant les coefficients des termes de plus haut degré des deux membres de l'identité précédente, on trouve que cette constante n'est autre que $A_0$.

136. THÉORÈME. — *Étant donné un polynome $f(x)$ qui est ou identiquement nul ou de degré au plus égal à $n$, s'il s'annule pour $n+1$ valeurs distinctes attribuées à $x$, il est identiquement nul.*

Soient $a_1, a_2, \ldots, a_{n+1}$ les $n+1$ valeurs distinctes attribuées à $x$. Si $f(x)$ n'était pas identiquement nul, il serait d'un degré $p$ au plus égal à $n$ et par suite inférieur à $n+1$; désignons par $A_0$ le coefficient du terme de degré $p$ de sa forme réduite. Puisque $f(x)$ s'annule pour $x = a_1, a_2, \ldots, a_p$, on aurait, d'après le théorème précédent,

$$f(x) = A_0(x-a_1)(x-a_2)\ldots(x-a_p).$$

Remplaçons $x$ par $a_{n+1}$, distinct de $a_1, a_2, \ldots, a_p$. On aurait

$$f(a_{n+1}) = 0 = A_0(a_{n+1}-a_1)(a_{n+1}-a_2)\ldots(a_{n+1}-a_p).$$

Il y a évidemment contradiction, aucun des nombres $A_0$, $a_{n+1}-a_1$, $a_{n+1}-a_2, \ldots, a_{n+1}-a_p$ n'étant nul. Donc, $f(x)$ est nécessairement identiquement nul.

THÉORÈME. — *Étant donnés deux polynomes $f(x)$ et $g(x)$ qui sont ou bien identiquement nuls ou bien de degrés au plus égaux à $n$, si ces polynomes prennent des valeurs numériques égales pour $n+1$ valeurs distinctes attribuées à $x$, ils sont identiquement égaux.*

En effet, le polynome $f(x)-g(x)$ est identiquement nul ou de degré au plus égal à $n$, et il prend des valeurs numériques nulles pour $n+1$ valeurs distinctes attribuées à $x$. D'après le théorème précédent, ce polynome est identiquement nul; $f(x)$ et $g(x)$ sont des polynomes identiquement égaux.

## V. — DIVISION DE $f(x, y, z,...)$ PAR $x-\varphi(y, z,...)$

137. Théorème. — *Pour que le polynome $f(x, y, z,...)$ soit divisible par le polynome $x-\varphi(y, z,...)$, il faut et il suffit que le polynome qu'on obtient en remplaçant dans $f(x, y, z,...)$ $x$ par $\varphi(y, z,...)$ soit identiquement nul.*

Pour cela, nous allons démontrer qu'il est possible de trouver un polynome Q tel que l'on ait

$$f(x, y, z, \ldots)=[x-\varphi(y, z, \ldots)]Q+f[\varphi(y, z), y, z, \ldots].$$

En effet, il est possible d'écrire le polynome $f$ sous la forme

$$A_0x^n+A_1x^{n-1}+\ldots+A_n,$$

où $A_0, A_1, \ldots, A_n$ sont des polynomes en $y, z, \ldots$. Regardons, dans $f$ et dans $x-\varphi(y, z, \ldots)$, les variables $y, z, \ldots$ comme remplacées par des valeurs numériques; ces deux polynomes peuvent être considérés comme des polynomes en $x$. Effectuons la division du premier par le second et appliquons la règle précédemment établie de formation du quotient. On obtient ainsi successivement des polynomes $B_1, B_2, \ldots, B_{n-1}$ et R en $y, z, \ldots$, définis par les égalités

$$\begin{aligned}
B_1&=A_0\varphi(y, z)+A_1,\\
B_2&=B_1\varphi(y, z)+A_2,\\
&\ldots\ldots\ldots\\
B_{n-1}&=B_{n-2}\varphi(y, z)+A_{n-1},\\
R&=B_{n-1}\varphi(y, z)+A_n=f[\varphi(y, z), y, z, \ldots],
\end{aligned}$$

et si l'on pose

$$Q=A_0x^{n-1}+B_1x^{n-2}+\ldots+B_{n-1},$$

Q est un polynome tel que l'on ait

$$f(x, y, z, \ldots)=[x-\varphi(y, z, \ldots)]Q+f[\varphi(y, z), y, z, \ldots].$$

Cela posé, supposons que $f[\varphi(y, z), y, z, \ldots]$ soit identiquement nul. L'identité précédente devient

$$f(x, y, z, \ldots)=[x-\varphi(y, z, \ldots)]Q,$$

ce qui exprime bien que $f$ est divisible par $x-\varphi(y, z, \ldots)$.

Réciproquement, supposons que $f$ soit divisible par $x - \varphi(y, z, \ldots)$. Il existe un polynome $Q_1$ tel que l'on ait l'identité

$$f = (x - \varphi)Q_1.$$

Si dans les deux membres on remplace la variable $x$ par le polynome $\varphi$, on obtient évidemment deux polynomes en $y, z,...$ qui sont identiquement égaux. Or, le second membre devient évidemment nul; donc $f$ devient nul quand on y remplace $x$ par $\varphi$.

THÉORÈME. — *Pour qu'un polynome $f(x, y, z)$ soit divisible par $x - y$, il faut et il suffit qu'il devienne nul quand on y remplace $x$ par $y$.*

C'est un cas particulier du théorème précédent.

THÉORÈME. — *Si un polynome $f$ est divisible séparément par $x - y$, $x - z$, $x - u$, il est divisible par $(x - y)(x - z)(x - u)$.*

En effet, on peut poser

$$f(x, y, z,...) = (x - y) f_1(x, y, z,...),$$

$f_1$ étant un polynome. $f$ est aussi divisible par $x - z$; donc, $f(z, y, z,...)$ est nul. Mais, on a évidemment

$$f(z, y, z,...) = (z - y) f_1(z, y, z,...);$$

donc, le produit $(z - y) f_1(z, y, z,...)$ est nul; comme le polynome $z - y$ n'est pas nul, il faut que $f_1(z, y, z,...)$ le soit, ce qui montre que $f_1(x, y, z,...)$ est divisible par $x - z$. Il est donc possible de poser

$$f_1(x, y, z,...) = (x - z) f_2(x, y, z,...),$$

$f_2$ étant un polynome. On a, par suite,

$$f = (x - y) f_1 = (x - y)(x - z) f_2.$$

$f$ est aussi divisible par $x - u$; donc, $f(u, y, z,...)$ est nul. Mais, on a évidemment

$$f(u, y, z,...) = (u - y)(u - z) f_2(u, y, z,...);$$

donc, le produit $(u - y)(u - z) f_2(u, y, z,...)$ est nul; comme aucun des facteurs $u - y$ et $u - z$ n'est nul, il faut que $f_2(u, y, z,...)$ le soit, ce qui montre que $f_2(x, y, z,...)$ est divisible par $x - u$. Il est donc possible de poser

$$f_2(x, y, z,...) = (x - u)\varphi(x, y, z,...),$$

$\varphi$ étant un polynome. On a, par suite,

$$f = (x - y)(x - z) f_2 = (x - y)(x - z)(x - u)\varphi,$$

ce qui établit que $f(x, y, z,...)$ est divisible par $(x - y)$, $(x - z)$, $(x - u)$.

Plus généralement, on a le théorème suivant :

*Si* $f(x, y, z, \ldots)$ *est divisible séparément par* $x - \varphi(y, z, \ldots)$, $x - \psi(y, z, \ldots)$, $x - \theta(y, z, \ldots)$, $\varphi(y, z, \ldots)$, $\psi(y, z, \ldots)$, $\theta(y, z, \ldots)$ *étant des polynomes non identiques, il est divisible par le produit* $(x - \varphi)(x - \psi)(x - \theta)$.

Démonstration analogue.

138. Théorème. — *Si un polynome* $f$ *est divisible séparément par* $x - y$, $y - z$, $z - x$, *il est divisible par* $(x - y)(y - z)(z - x)$.

En effet, $f$ étant divisible par $x - y$ et par $x - z$, est divisible par $(x - y)$, $(x - z)$; il existe un polynome $\varphi$ tel que l'on ait

$$f = (x - y)(x - z)\varphi(x, y, z, \ldots).$$

$f$ est aussi divisible par $y - z$; donc, $f(x, z, z, \ldots)$ est nul. Mais, on a évidemment

$$f(x, z, z, \ldots) = (x - z)(x - z)\varphi(x, z, z, \ldots);$$

donc, $(x - z)^2\varphi(x, z, z, \ldots)$ est nul. Comme $x - z$ et, par suite, $(x - z)^2$ ne sont pas nuls, il faut que $\varphi(x, z, z, \ldots)$ le soit, ce qui montre que le polynome $\varphi(x, y, z, \ldots)$ est divisible par $y - z$. Il est donc possible de poser

$$\varphi(x, y, z, \ldots) = (y - z)\psi(x, y, z, \ldots),$$

$\psi$ étant un polynome. On a, par suite,

$$f = (x - y)(x - z)\varphi = (x - y)(x - z)(y - z)\psi,$$

ce qui établit que $f$ est divisible par $(x - y)$, $(x - z)$, $(y - z)$ et aussi, évidemment, par $(x - y)(y - z)(z - x)$.

D'une façon générale, *si un polynome est divisible séparément par les différences de plusieurs variables combinées deux à deux de toutes les façons possibles, il est divisible par le produit de ces différences.*

## VI. — FRACTIONS RATIONNELLES

**139. Définition des fractions rationnelles.** — Soient deux polynomes $f(x)$ et $g(x)$, $g(x)$ n'étant pas identiquement nul. Les valeurs de $x$ pour lesquelles $g(x)$ s'annule sont, d'après un théorème précédent, en nombre au plus égal au degré de $g(x)$; nous les appellerons *valeurs singulières* de $x$. A toute valeur non singulière de $x$ il correspond un nombre égal au quotient de la valeur numérique de $f(x)$ par la valeur numérique non nulle de $g(x)$; c'est une fonction de $x$, définie pour toute valeur non singulière de $x$, qui est dite *fraction rationnelle*, de *numérateur* $f(x)$ *et de dénominateur* $g(x)$, et qu'on représente par $\frac{f(x)}{g(x)}$. Le numérateur et le dénominateur sont dits les *termes* de la fraction rationnelle. En particulier, un polynome en $x$ est une fraction rationnelle définie pour toute valeur de $x$, dont le numérateur est le polynome et dont le dénominateur est 1.

Plus généralement, il est possible de définir une fraction rationnelle de numérateur $f(x, y, z, \ldots)$ et de dénominateur $g(x, y, z, \ldots)$, $f$ et $g$ étant deux polynomes à plusieurs variables, en écartant les points de l'espace en lesquels $g$ s'annule.

Nous étudierons seulement dans ce qui suit les fractions rationnelles à une variable.

140. Théorème. — *Étant donné un nombre quelconque $x_0$, la fraction rationnelle $\frac{f(x)}{g(x)}$ admet une limite finie ou infinie quand $x$ tend vers $x_0$.*

1° Supposons $g(x_0)$ non nul. En vertu de la continuité de $g(x)$, il est possible de trouver un intervalle $(x_0 - \alpha, x_0 + \alpha)$ dans lequel $g(x)$ n'est pas nul, et, par suite, dans lequel $\frac{f(x)}{g(x)}$ est défini. Quand $x$, variant dans cet intervalle, tend vers $x_0$, $f(x)$ et $g(x)$ tendent respectivement vers $f(x_0)$ et $g(x_0)$, et, puisque $g(x_0)$ n'est pas nul, $\frac{f(x)}{g(x)}$ tend vers $\frac{f(x_0)}{g(x_0)}$, limite finie. La fraction rationnelle est continue en $x_0$.

2° Supposons $g(x_0)$ nul. Le polynome $g(x)$ est donc divisible par $x - x_0$. En divisant $g(x)$ par $x - x_0$, puis, si le quotient s'annule en $x_0$, en divisant le quotient par $x - x_0$, et ainsi de suite, jusqu'à ce qu'on obtienne un quotient qui ne s'annule pas en $x_0$, fût-il une constante non nulle, on voit qu'il existe un entier $p$ tel que l'on ait l'identité $g(x) \equiv (x - x_0)^p g_1(x)$, $g_1$ étant un polynome non nul en $x_0$. Les valeurs de $x$ qui annulent $g(x)$ étant en nombre limité, il est possible de trouver un intervalle $(x_0 - \alpha, x_0 + \alpha)$ dans lequel, sauf pour $x_0$, $g(x)$ n'est pas nul, et, par suite, dans lequel, sauf en $x_0$, la fonction $\frac{f(x)}{g(x)}$ est définie.

Distinguons alors plusieur cas.

Supposons d'abord $f(x_0)$ non nul. Quand $x$, variant dans l'intervalle précédent et distinct de $x_0$, tend vers $x_0$, $f(x)$ tend vers $f(x_0)$, $g(x)$ tend vers 0; donc, $\frac{f(x)}{g(x)}$ tend vers $\infty$.

Supposons ensuite $f(x_0)$ nul. Comme on l'a vu pour $g(x)$, il existe un entier $n$ tel que l'on ait $f(x) = (x - x_0)^n f_1(x)$; $f_1$ étant un polynome non nul en $x_0$. Si $n$ est inférieur à $p$, pour toute valeur de $x$, autre que $x_0$, appartenant à l'intervalle $(x_0 - \alpha, x_0 + \alpha)$, on a

$$\frac{f(x)}{g(x)} = \frac{f_1(x)}{(x - x_0)^{p-n} g_1(x)}.$$

Le second membre est une fraction rationnelle dont le numérateur tend vers $f_1(x_0)$, non nul, et le dénominateur, vers 0; elle tend donc vers $\infty$, et il en est de même de $\frac{f(x)}{g(x)}$. Si $n$ est supérieur ou égal à $p$, pour toute valeur de $x$, autre que $x_0$, appartenant à l'intervalle précédent, on a

$$\frac{f(x)}{g(x)} = \frac{(x - x_0)^{n-p} f_1(x)}{g_1(x)}.$$

Le second membre est une fraction rationnelle dont le dénominateur tend vers $g_1(x_0)$, nombre non nul; cette fonction tend donc vers une limite finie, et il en est de même de $\frac{f(x)}{g(x)}$.

**141. Extension de la définition d'une fraction rationnelle.** — S'il existe des valeurs singulières de $x$ telles que, lorsque $x$ tend vers l'une d'elles, la fraction rationnelle $\frac{f(x)}{g(x)}$ ait une limite finie, il est possible de définir une fonction de $x$, pour ces valeurs singulières en même temps que pour les valeurs non singulières de $x$, égale à $\frac{f(x)}{g(x)}$ pour toute valeur non singulière de $x$, égale à la limite finie de $\frac{f(x)}{g(x)}$ pour chacune des valeurs singulières considérées de $x$.

Nous désignerons cette fonction sous le nom de *fraction rationnelle, au sens étendu*, la fonction primitivement définie étant dite, par opposition, *fraction rationnelle, au sens strict*.

La fraction rationnelle, au sens étendu, est évidemment continue en tout point où elle est définie.

142. THÉORÈME. — *Quand $x$ tend vers $\infty$, la fraction rationnelle $\frac{f(x)}{g(x)}$ a une limite finie ou infinie : finie et nulle si le degré du numérateur est inférieur à celui du dénominateur, finie et non nulle si le degré du numérateur est égal à celui du dénominateur, infinie si le degré du numérateur est supérieur à celui du dénominateur.*

Soient $ax^n$ et $bx^p$ les termes de plus haut degré de $f(x)$ et de $g(x)$;

$f(x)$ et $g(x)$ sont, si $n$ et $p$ sont positifs, des infiniment grands respectivement équivalents à $ax^n$ et à $bx^p$; pour établir l'existence de la limite de $\frac{f}{g}$ et pour la calculer, on peut remplacer $\frac{f}{g}$ par $\frac{ax^n}{bx^p}$.

1° Supposons $n < p$. On a $\frac{ax^n}{bx^p} = \frac{a}{bx^{p-n}}$. Quand $x$ tend vers $\infty$, $bx^{p-n}$ tend vers $\infty$. Donc, $\frac{ax^n}{bx^p}$ et, par suite, $\frac{f}{g}$ tendent vers 0; $\frac{f}{g}$ est un infiniment petit ayant pour partie principale $\frac{a}{bx^{p-n}}$.

2° Supposons $n = p$. On a $\frac{ax^n}{bx^p} = \frac{a}{b}$. Donc, $\frac{ax^n}{bx^p}$ et, par suite, $\frac{f}{g}$ tendent vers $\frac{a}{b}$, quotient des coefficients des termes de plus haut degré.

3° Supposons enfin $n > p$. On a $\frac{ax^n}{bx^p} = \frac{ax^{n-p}}{b}$. Quand $x$ tend vers $\infty$, $ax^{n-p}$ tend vers $\infty$. Donc, $\frac{f}{g}$ tend vers $\infty$; $\frac{f}{g}$ est un infiniment grand ayant pour partie principale $\frac{ax^{n-p}}{b}$.

**143. Identité des fractions rationnelles.** — Définition. — On dit que deux fractions rationnelles $\frac{A}{B}$ et $\frac{C}{D}$ sont *identiquement égales* si elles prennent des valeurs numériques égales pour chacune des valeurs de $x$ pour lesquelles elles sont définies simultanément. Si deux fractions rationnelles sont identiquement égales, considérées au sens strict, elles le sont aussi, considérées au sens étendu. Désormais, nous ne considérerons les fractions rationnelles qu'au sens étendu.

Théorème. — *Pour que les deux fractions* $\frac{A}{B}$ *et* $\frac{C}{D}$ *soient identiquement égales, il faut et il suffit que les polynomes* AD *et* BC *soient égaux.*

1° *La condition est nécessaire.* Pour toute valeur de $x$ autre que les valeurs qui annulent B ou D, on a

$$\frac{A}{B} = \frac{C}{D},$$

et, par suite, AD = BC. Les deux polynomes AD et BC ont les mêmes valeurs numériques pour une infinité de valeurs de $x$; c'est plus qu'il n'en faut pour que ces deux polynomes soient identiquement égaux.

2° *La condition est suffisante.* Si les polynomes AD et BC sont identiquement égaux, pour *toute* valeur de $x$ autre que celles qui annulent

B ou D, ils prennent des valeurs numériques égales : $AD = BC$, d'où l'on déduit, B et D n'étant pas nuls pour une telle valeur de $x$,

$$\frac{A}{B} = \frac{C}{D},$$

ce qui prouve que les deux fractions $\frac{A}{B}$ et $\frac{C}{D}$ sont identiquement égales.

Si deux fractions rationnelles ont des valeurs égales pour une infinité de valeurs de $x$, elles sont identiquement égales [1].

Théorème. — *Si on multiplie les deux termes d'une fraction rationnelle par un même polynome, on obtient une fraction qui lui est égale.*

Soit la fraction $\frac{A}{B}$. Multiplions A et B par le polynome C et posons $A_1 = AC$, $B_1 = BC$. On a

$$A_1B = ABC, \qquad B_1A = ABC;$$

donc, $A_1B = B_1A$, ce qui montre, d'après le théorème précédent, que la fraction $\frac{A_1}{B_1}$ est égale à la fraction $\frac{A}{B}$.

Théorème. — *Si on divise les deux termes d'une fraction rationnelle par un diviseur commun, on obtient une fraction qui lui est égale.*

Soit la fraction $\frac{A}{B}$. Divisons A et B par un diviseur commun C; soient $A_1$ et $B_1$ les quotients des divisions. On a $A = A_1C$, $B = B_1C$. D'après le théorème précédent, la fraction $\frac{A}{B}$ est égale à la fraction $\frac{A_1}{B_1}$.

Définition. — On dit qu'une fraction rationnelle est *irréductible* si toute fraction rationnelle qui lui est égale a ses termes de degrés respectivement au moins égaux aux degrés des termes de la proposée.

Théorème. — *Pour qu'une fraction rationnelle soit irréductible, il faut et il suffit que ses termes soient premiers entre eux.*

1° *La condition est nécessaire.* Soit la fraction irréductible $\frac{A}{B}$. Si A et B n'étaient pas premiers entre eux, ils auraient un plus grand commun diviseur $\Delta$, de degré plus grand que 0. Si $A_1$ et $B_1$ sont les quotients des divisions de A et de B par $\Delta$, la fraction $\frac{A_1}{B_1}$ est égale à la fraction donnée, et les degrés de $A_1$ et de $B_1$ sont respectivement plus

[1] Quand il n'y aura pas à craindre de confusion, nous dirons désormais que deux fractions rationnelles sont *égales* pour dire qu'elles sont *identiquement égales*.

petits que ceux de A et de B; la fraction $\frac{A}{B}$ ne serait donc pas irréductible.

2° *La condition est suffisante.* Soit la fraction $\frac{A}{B}$ dont les termes sont premiers entre eux. Si $\frac{C}{D}$ est une fraction qui lui est égale, on a $AD = BC$. A divise AD, donc BC; comme il est, par hypothèse, premier avec B, il divise C; ainsi, il existe un polynome Q tel que l'on ait $C = AQ$. On en déduit

$$BC = ABQ \quad \text{et} \quad AD = ABQ,$$

d'où, comme A n'est pas nul, $D = BQ$. Ainsi, C *et* D *sont équimultiples respectivement de* A *et de* B; par suite, C et D ont des degrés au moins égaux respectivement à ceux de A et de B. La fraction $\frac{A}{B}$ est donc irréductible.

*Remarque.* — Il est possible de *rendre une fraction irréductible*, c'est-à-dire de former une fraction irréductible qui lui est égale; cette fraction irréductible s'obtient par division des deux termes de la fraction donnée par leur plus grand commun diviseur.

**144. Réduction de plusieurs fractions au même dénominateur.** — Il est possible de *réduire plusieurs fractions rationnelles au même dénominateur*, c'est-à-dire de les remplacer par des fractions qui leur sont respectivement égales et qui ont même dénominateur. Il suffit pour cela de faire choix d'un multiple commun $\mu$ des dénominateurs des fractions données, et de multiplier les deux termes de chaque fraction par le quotient de la division de $\mu$ par le dénominateur de la fraction.

On peut, dans l'application de cette règle, remplacer une des fractions par une fraction qui lui est égale; en particulier, on peut rendre cette fraction irréductible.

Réduire plusieurs fractions au plus petit dénominateur commun, c'est les réduire au dénominateur commun de plus petit degré possible. On voit immédiatement que le plus petit dénominateur commun n'est autre que le plus petit commun multiple des dénominateurs des fractions irréductibles égales respectivement aux fractions données.

**145. Opérations.** — ADDITION. — *Il existe* une fraction rationnelle égale à la somme de deux ou de plusieurs fractions rationnelles données. En particulier, la somme des fractions rationnelles $\frac{A}{B}$ et $\frac{A'}{B}$

est la fraction rationnelle $\frac{A+A'}{B}$. La somme des fractions rationnelles $\frac{A}{B}$ et $\frac{C}{D}$ est la fraction rationnelle $\frac{AD+BC}{BD}$.

Soustraction. — *Il existe* une fraction rationnelle égale à la différence entre une première et une seconde fractions rationnelles. La différence entre $\frac{A}{B}$ et $\frac{A'}{B}$ est la fraction rationnelle $\frac{A-A'}{B}$; la différence entre $\frac{A}{B}$ et $\frac{C}{D}$ est la fraction rationnelle $\frac{AD-BC}{BD}$.

Multiplication. — *Il existe* une fraction rationnelle égale au produit de deux ou plusieurs fractions rationnelles. Le produit des fractions rationnelles $\frac{A}{B}$, $\frac{A'}{B'}$, $\frac{A''}{B''}$ est la fraction rationnelle $\frac{AA'A''}{BB'B''}$.

Je n'insiste pas sur l'élévation d'une fraction rationnelle à une puissance entière et positive, qui est un cas particulier de la multiplication.

Division. — *Il existe* une fraction rationnelle égale au quotient d'une fraction rationnelle par une fraction rationnelle. Le quotient de la fraction rationnelle $\frac{A}{B}$ par la fraction rationnelle $\frac{C}{D}$ est la fraction rationnelle $\frac{AD}{BC}$.

**146. Partie entière d'une fraction rationnelle.** — Théorème. — *Pour qu'une fraction rationnelle soit égale à un polynome, il faut et il suffit que le numérateur de la fraction soit divisible par le dénominateur.*

Dire en effet qu'il existe un polynome Q tel que l'on ait $\frac{A}{B}=Q$, c'est dire que l'on a $A=BQ$.

Théorème. — *Pour qu'une fraction rationnelle soit constante, il faut et il suffit que les coefficients des termes de même degré au numérateur et au dénominateur soient proportionnels.*

Si l'on a $\frac{A}{B}=\lambda$, $\lambda$ étant une constante, on a $A=\lambda B$, d'où il résulte que les coefficients des termes d'un même degré quelconque dans A et dans B sont dans le rapport $\lambda$, le même quel que soit le degré. Réciproquement, si les coefficients des termes d'un même degré dans A et dans B sont proportionnels, c'est-à-dire sont, quel que soit le degré, dans le même rapport $\lambda$, on a évidemment $A=\lambda B$, d'où $\frac{A}{B}=\lambda$.

THÉORÈME. — *Il est possible, et d'une seule manière, de mettre une fraction rationnelle sous la forme de la somme d'un polynome, nul ou non nul, et d'une fraction rationnelle ayant pour limite* 0 *pour $x$ infini.*

1° La décomposition est possible. Soit en effet la fraction rationnelle $\frac{A}{B}$. Si Q et R sont le quotient et le reste de la division de A par B, on a

$$A = BQ + R$$

et, par suite,

$$\frac{A}{B} = \frac{BQ + R}{B} = \frac{BQ}{B} + \frac{R}{B} = Q + \frac{R}{B}.$$

Si R est nul, $\frac{R}{B}$ est nul quel que soit $x$ et, par suite, a pour limite 0 pour $x$ infini. Si R n'est pas nul, son degré est moindre que celui de B, et la fraction $\frac{R}{B}$ a encore pour limite 0 pour $x$ infini.

2° La décomposition n'est possible que d'une manière. Supposons que l'on ait

$$\frac{A}{B} = Q' + \frac{C}{D},$$

Q′ étant un polynome, $\frac{C}{D}$ une fraction rationnelle ayant pour limite 0 pour $x$ infini. Comme on a aussi

$$\frac{A}{B} = Q + \frac{R}{B},$$

on a

$$Q' + \frac{C}{D} = Q + \frac{R}{B},$$

et, par suite,

$$Q' - Q = \frac{R}{B} - \frac{C}{D}.$$

Si Q′ était différent de Q, le polynome $Q' - Q$ serait ou bien une constante non nulle ou bien un polynome contenant $x$. Dans l'un et l'autre cas, il aurait une limite non nulle, finie ou infinie, pour $x$ infini. Or, $\frac{R}{B}$ et $\frac{C}{D}$ ayant pour limite 0 pour $x$ infini, il en est de même de leur différence. Il y a donc contradiction. Il est donc nécessaire d'avoir $Q' = Q$ et, par suite, $\frac{R}{B} = \frac{C}{D}$.

Le polynome Q, nul ou non nul, mis en évidence dans le théorème précédent, est dit la *partie entière* de la fraction rationnelle $\frac{A}{B}$. Pour que la partie entière soit nulle, il faut et il suffit que le degré de A soit inférieur à celui de B.

THÉORÈME. — *La somme de plusieurs fractions rationnelles a pour partie entière la somme des parties entières de ces fractions rationnelles.*

Prenons par exemple deux fractions rationnelles $\frac{A}{B}$ et $\frac{C}{D}$, ayant respectivement pour parties entières E et F. On a

$$\frac{A}{B}=E+\frac{A'}{B'},\qquad \frac{C}{D}=F+\frac{C'}{D'},$$

les fractions rationnelles $\frac{A'}{B'}$ et $\frac{C'}{D'}$ tendant vers 0 quand $x$ tend vers $\infty$. On en déduit

$$\frac{A}{B}+\frac{C}{D}=(E+F)+\left(\frac{A'}{B'}+\frac{C'}{D'}\right).$$

La fraction rationnelle $\frac{A'}{B'}+\frac{C'}{D'}$ a aussi pour limite 0 pour $x$ infini. Par suite, $E+F$ est la partie entière de $\frac{A}{B}+\frac{C}{D}$.

**147. Développements d'une fraction rationnelle.** — THÉORÈME. — *Étant donnée une fraction rationnelle définie, au sens strict ou étendu, pour $x=0$, il est possible, et d'une seule manière, pour un entier $n$ donné positif ou nul, de mettre cette fonction sous la forme $Q+\varepsilon x^n$, Q étant un polynome nul ou de degré au plus égal à $n$ et $\varepsilon$ étant une fraction rationnelle qui tend vers 0 quand $x$ tend vers 0.*

1° *Q et $\varepsilon$ existent.* — En effet, la fraction rationnelle étant supposée définie pour $x=0$, il est possible de la mettre sous la forme $\frac{A}{B}$, B étant un polynome qui ne s'annule pas pour $x=0$.

Si le degré minimum de A est plus grand que $n$, il existe un polynome H, s'annulant pour $x=0$, tel que l'on ait $A=x^nH$. On a $\frac{A}{B}=\frac{H}{B}x^n$, $\frac{H}{B}$ tendant vers 0 quand $x$ tend vers 0. On peut alors poser

$$Q=0,\quad \varepsilon=\frac{H}{B}.$$

Supposons le degré minimum de A au plus égal à $n$. Ordonnons A et B suivant les puissances croissantes de $x$; soient $a$ et $b$ les premiers termes de A et de B; $b$ est une constante non nulle. Divisons le monome $a$ par la constante non nulle $b$; soit $q$ le quotient de $a$ par $b$. Formons le polynome $A_1=A-Bq$, réduisons-le et ordonnons-le, s'il y a lieu, suivant les puissances croissantes de $x$. Si $A_1 = 0$, on a $\frac{A}{B} = q$. On prend alors $\varepsilon = 0$, $Q = q$ dont le degré est égal au degré minimum de A, par suite, au plus égal à $n$. Si $A_1$ n'est pas nul, remarquons que son degré minimum est plus grand que celui de A : en effet, A et B$q$ ont mêmes termes de moindre degré, qui se réduisent à 0 dans la soustraction qui donne $A_1$. Si le degré minimum de $A_1$ est plus grand que $n$, il est possible de poser $A_1 = x^n H_1$, $H_1$ étant un polynome qui s'annule pour $x = 0$; on en déduit

$$\frac{A}{B} = q - \frac{H_1}{B} x^n,$$

$\frac{H_1}{B}$ tendant vers 0 quand $x$ tend vers 0. On prend alors $\varepsilon = \frac{H_1}{B}$, $Q = q$ dont le degré est au plus égal à $n$. Si le degré minimum de $A_1$ est encore inférieur ou égal à $n$, divisons par $b$ le terme de moindre degré $a_1$ de $A_1$; soit $q_1$ le quotient, dont le degré est plus grand que celui de $q$. Formons $A_2 = A_1 - Bq_1$; ce polynome est égal à $A - Bq - Bq_1$, c'est-à-dire à $A - B(q - q_1)$. Si $A_2$ est nul, on prend $\varepsilon = 0$, $Q = q - q_1$ dont le degré est égal à celui de $q_1$, c'est-à-dire au degré minimum de $A_1$, c'est-à-dire au plus égal à $n$. Si $A_2$ n'est pas nul, son degré minimum est plus grand que celui de $A_1$. Si ce degré minimum est supérieur à $n$, il existe un polynome $H_2$ tel que l'on ait

$$\frac{A}{B} = (q + q_1) - \frac{H_2}{B} x^n,$$

$\frac{H_2}{B}$ tendant vers 0 quand $x$ tend vers 0. On prend alors $\varepsilon = \frac{H_2}{B}$, $Q = q + q_1$ dont le degré est au plus égal à $n$. Si $A_2$, non nul, est de degré minimum inférieur ou égal à $n$, divisons son terme de moindre degré $a_2$ par $b$; soit $q_2$ le quotient, dont le degré est plus grand que celui de $q_1$. On forme $A_3 = A_2 - Bq_2 = A - B(q + q_1 - q_2)$, polynome nul ou de degré minimum supérieur à celui de $A_2$, et ainsi de suite.

On est ainsi conduit à former une suite de polynomes A, $A_1$, $A_2$, ... dont les degrés minimums vont en croissant. Il est clair qu'il existe un entier $\alpha$ tel que $A_{\alpha-1}$ soit non nul et de degré minimum au plus égal à $n$ et que $A_\alpha$ soit ou bien nul ou bien de degré minimum supérieur à $n$. Ce polynome $A_\alpha$ a pour expression $A - B(q - q_1 - \ldots - q_{\alpha-1})$. Si $A_\alpha = 0$, on prend $\varepsilon = 0$, $Q = q - q_1 + \ldots + q_{\alpha-1}$ dont le degré est celui de $q_{\alpha-1}$, par suite égal au degré minimum de $A_{\alpha-1}$, par suite au plus égal à $n$. Si $A_\alpha$ n'est pas nul, il existe un polynome $H_\alpha$, s'annulant pour $x=0$, tel que l'on ait $A_\alpha = x H_\alpha$ et, par suite,

$$\frac{A}{B} = q + q_1 + \ldots + q_{\alpha-1} + \frac{H_\alpha}{B} x^n,$$

$\frac{H_\alpha}{B}$ tendant vers 0 quand $x$ tend vers 0. On prendra alors $\varepsilon = \frac{H_\alpha}{B}$, puis $Q = q + \ldots + q_{\alpha-1}$, dont le degré est au plus égal à $n$.

2° $Q$ *et* $\varepsilon$ *sont uniques*. — En effet, supposons qu'il y ait un autre polynome $Q'$ et une autre fraction rationnelle $\varepsilon'$ répondant aux conditions de l'énoncé. On a à la fois

$$\frac{A}{B} = Q + \varepsilon x^n, \quad \frac{A}{B} = Q' + \varepsilon' x^n,$$

et, par suite,

$$Q - Q' = (\varepsilon' - \varepsilon) x^n.$$

Si $Q' \neq Q$, $Q - Q'$ admet un terme de moindre degré; le degré minimum $p$ de $Q - Q'$ est positif, puisque $Q - Q'$ est infiniment petit comme $(\varepsilon' - \varepsilon) x^n$, mais au plus égal à $n$, puisque $Q$ et $Q'$ sont ou bien nuls ou de degrés maximums au plus égaux à $n$; $Q - Q'$ est ainsi un infiniment petit d'ordre au plus égal à $n$ par rapport à l'infiniment petit $x$. Quant à $(\varepsilon' - \varepsilon) x^n$, puisque $\varepsilon' - \varepsilon$ est infiniment petit, c'est un infiniment petit d'ordre supérieur à $n$. Il y a donc contradiction. Donc, $Q' = Q$ et, par suite, $\varepsilon' = \varepsilon$.

Quand on a mis $\frac{A}{B}$ sous la forme précédente $Q + \varepsilon x^n$, $Q$ étant ordonné suivant les puissances croissantes de $x$, on dit qu'on a formé *le développement de* $\frac{A}{B}$ *suivant les puissances croissantes de* $x$, *limité à l'ordre* $n$. $Q$ est dit le *développement proprement dit* et $\varepsilon x^n$ est dit le *terme complémentaire*. Un tel développement dépend de l'entier $n$ positif ou nul.

Les divers développements correspondant aux divers entiers positifs ou nuls s'obtiennent par une seule et même opération, définie au cours de la démonstration précédente, qu'on appelle la *division suivant les puissances croissantes du polynome* A *par le polynome* B. A est dit le *dividende*, B le *diviseur*, les polynomes $A_1, A_2 \ldots$, sont dits le *premier*, le *second*,... *dividendes partiels*. Le polynome Q est dit le *quotient* relatif à l'ordre $n$, et le polynome $R = A - BQ$, dernier dividende partiel calculé, est dit le *reste* relatif à l'ordre $n$ [1].

(1) Quand il y aura lieu de distinguer de l'opération qui vient d'être définie l'opération définie antérieurement sous le nom de *division de deux polynomes*, nous donnerons à celle-ci le nom de *division suivant les puissances décroissantes*.

Il peut arriver qu'on obtienne un dividende partiel nul; alors la division ne peut être prolongée. Il peut arriver aussi qu'on n'obtienne jamais de dividende partiel nul, la division étant indéfiniment prolongée. On a le théorème suivant :

*Pour qu'il existe un dividende partiel nul, il faut et il suffit que* A *soit divisible par* B.

1° *La condition est nécessaire.* Si dans la division de A par B on obtient un dividende partiel nul, en désignant par Q la somme des termes $q$, $q_1$,... calculés au quotient, on a $A - BQ = 0$, d'où $A = BQ$, ce qui exprime que A est divisible par B.

2° *La condition est suffisante.* Si A est divisible par B, on peut poser $A = BQ$, Q étant un polynome. On en déduit $\frac{A}{B} = Q$, relation qui peut s'écrire

$$\frac{A}{B} = Q + \varepsilon x^n,$$

$\varepsilon$ étant égal à 0, $n$ étant le degré de Q. L'identité montre que Q est le développement proprement dit de $\frac{A}{B}$, limité à l'ordre $n$; Q est donc égal à un des quotients obtenus par la division de A par B. Le dividende partiel ou reste correspondant est $A - BQ$, c'est-à-dire 0. Ainsi, au cours de la division, on rencontre bien un dividende partiel nul.

Généralisation des divisions de deux polynomes. — Considérons, par généralisation des monomes entiers en $x$, des fonctions de la forme $Ax^n$, où A est une quantité fixe et où $n$ est un entier quelconque, positif, nul ou négatif, $x^n$, quand $n$ est négatif, étant, par convention, égal à $\frac{1}{x^{-n}}$. Nous dirons encore que $n$ est le *degré* de la fonction.

Considérons de même, par généralisation des polynomes entiers en $x$, des sommes de fonctions de la forme précédente. Les définitions et les résultats relatifs à la mise sous forme réduite, à l'ordination, à l'identité des polynomes s'appliquent sans modification à ces fonctions plus générales. En particulier, on définira le degré maximum et le degré minimum d'une telle fonction de la manière dont on a défini les degrés maximum et minimum d'un polynome.

Il est possible d'étendre à ces fonctions les résultats établis relativement aux polynomes au moyen de la division de deux polynomes ordonnés soit par rapport aux puissances décroissantes de $x$, soit par rapport aux puissances croissantes de $x$.

Remarquons d'abord que le produit et le quotient de deux fonctions de la forme $Ax^n$ sont des fonctions de même forme, le degré du produit étant égal à la somme des degrés, le degré du quotient étant égal à la différence des degrés.

Cela posé, soient A et B deux sommes de fonctions de la forme $\lambda x^\alpha$, $\alpha$ étant un entier. On a les deux résultats suivants :

1° *$h$ étant la différence entre le degré maximum de A et le degré maximum de B, si $n$ est un entier inférieur ou égal à $h$, il est possible, et d'une seule manière, de mettre la fraction rationnelle $\frac{A}{B}$ sous la forme*

$$c_0x^h + c_1x^{h-1} + c_2x^{h-2} + \dots + c_{h-n}x^n + \varepsilon x^n,$$

*$\varepsilon$ étant une fraction rationnelle qui tend vers 0 quand $x$ tend vers $\infty$.*

2° *$k$ étant la différence entre le degré minimum de A et le degré minimum de B, si $n$ est un entier supérieur ou égal à $k$, il est possible, et d'une seule manière, de mettre la fraction rationnelle $\frac{A}{B}$ sous la forme*

$$d_0x^k + d_1x^{k+1} + d_2x^{k+2} + \dots + d_{n-k}x^n + \eta x^n,$$

*$\eta$ étant une fraction rationnelle qui tend vers 0 quand $x$ tend vers 0.*

La démonstration de l'un et de l'autre de ces théorèmes se fait comme celle des cas particuliers déjà obtenus par application de la division de deux polynomes ordonnés par rapport aux puissances décroissantes et de la division de deux polynomes ordonnés par rapport aux puissances croissantes. Nous n'y insisterons pas.

## VII. — DÉVELOPPEMENTS LIMITÉS DES FONCTIONS D'UNE VARIABLE

**148. Définition des développements limités des fonctions.** — On dit qu'une fonction $f(x)$, définie à l'intérieur d'un intervalle dont une extrémité est 0, admet un *développement limité à l'ordre n au voisinage de $x = 0$* s'il est possible de la mettre sous la forme

$$a_0 + a_1x + a_2x^2 + \dots + a_nx^n + \varepsilon x^n,$$

$a_0, a_1, \dots, a_n$ étant des nombres fixes et $\varepsilon$ étant une fonction de $x$ qui tend vers 0 quand $x$ tend vers 0.

Plus généralement, on dit qu'une fonction $f(x)$, définie à l'intérieur d'un intervalle dont une extrémité est $x_0$, admet un *développement limité* *à l'ordre n au voisinage de $x=x_0$* s'il est possible de la mettre sous la forme

$$a_0+a_1(x-x_0)+\ldots+a_n(x-x_0)^n+\varepsilon(x-x_0)^n,$$

$a_0, a_1,\ldots, a_n$ étant des quantités fixes et $\varepsilon$ étant une fonction de $x$ qui tend vers 0 quand $x$ tend vers 0.

S'il en est ainsi, la fonction $f(x_0+x')$ admet un développement limité à l'ordre $n$ au voisinage de $x'=0$. Inversement, si $f(x)$ admet un développement limité à l'ordre $n$ au voisinage de $x=0$, $f(x'-x'_0)$ admet un développement limité à l'ordre $n$ au voisinage de $x'=x'_0$.

On dit qu'une fonction $f(x)$ admet un *développement limité à l'ordre n au voisinage de x infini* s'il est possible de la mettre sous la forme

$$a_0+\frac{a_1}{x}+\frac{a_2}{x^2}+\ldots+\frac{a_n}{x^n}+\frac{\varepsilon}{x^n},$$

$a_0, a_1, \ldots, a_n$ étant des quantités fixes et $\varepsilon$ étant une fonction de $x$ qui tend vers 0 quand $x$ tend vers $\infty$. On voit tout de suite que si $f(x)$ admet un développement limité à l'ordre $n$ pour $x$ infini, $f\left(\frac{1}{x'}\right)$ admet un développement limité à l'ordre $n$ au voisinage de $x'=0$, et, inversement, que si $f(x)$ admet un développement limité à l'ordre $n$ au voisinage de $x=0$, $f\left(\frac{1}{x'}\right)$ admet un développement limité à l'ordre $n$ pour $x'$ infini.

D'après ce qui précède, on pourra toujours supposer qu'il s'agisse de fonctions admettant un développement limité au voisinage de $x=0$. Remarquons qu'une telle fonction a nécessairement une limite finie pour $x=0$; cette limite est $a_0$, terme indépendant de $x$ dans le développement.

Les polynomes

$$a_0+a_1x+\ldots+a_nx^n \quad \text{et} \quad a_0+a_1(x-x_0)+\ldots+a_n(x-x_0)^n$$

et la somme

$$a_0+\frac{a_1}{x}+\ldots+\frac{a_n}{x^n}$$

constituent ce que l'on appelle les *développements proprement dits*; les fonctions $\varepsilon x^n$, $\varepsilon(x-x_0)^n$ et $\frac{\varepsilon}{x^n}$ constituent ce qu'on appelle les *termes complémentaires*.

**149. Propriétés des développements limités.** — Théorème. — *Si une fonction $f(x)$ admet un développement limité à l'ordre n soit au voi-*

*sinage de $x = x_0$, soit au voisinage de $x$ infini, ce développement est unique.*

Raisonnons sur une fonction $f(x)$ admettant un développement limité au voisinage de $x = 0$. Supposons que l'on ait, quel que soit $x$ différent de 0,

$$f(x) = a_0 + a_1x + \ldots + a_nx^n + \varepsilon x^n = b_0 + b_1x + \ldots + b_nx^n + \eta x^n,$$

$a_0$, $a_1$, ..., $a_n$, $b_0$, $b_1$, ..., $b_n$ étant des quantités fixes, $\varepsilon$ et $\eta$ étant des fonctions de $x$ qui ont pour limite 0 quand $x$ tend vers 0. On en déduit

$$(a_0 - b_0) + (a_1 - b_1)x + \ldots + (a_n - b_n)x^n = (\eta - \varepsilon)x^n.$$

Supposons $n > 0$. Si le premier membre n'était pas identiquement nul, il aurait un degré minimum $p$ au plus égal à $n$ et positif, puisque ce polynome est, comme $(\eta - \varepsilon)x^n$, infiniment petit avec $x$. Ledit polynome serait ainsi un infiniment petit d'ordre au plus égal à $n$ par rapport à $x$. Quant à $(\eta - \varepsilon)x^n$, puisque $\eta - \varepsilon$ est infiniment petit, c'est un infiniment petit d'ordre supérieur à $n$. Il y aurait donc contradiction. Donc, le premier membre est identiquement nul et l'on a

$$a_0 = b_0,\ a_1 = b_1,\ \ldots,\ a_n = b_n, \quad \text{puis} \quad \eta = \varepsilon.$$

Supposons $n = 0$. On a alors $a_0 - b_0 = \eta - \varepsilon$. Si l'on avait $a_0 \neq b_0$, $\eta - \varepsilon$ ne serait pas infiniment petit avec $x$, ce qui est absurde. Donc, $a_0 = b_0$, $\eta = \varepsilon$.

En particulier, si le développement limité

$$a_0 + a_1x + \ldots + a_nx^n + \varepsilon x^n$$

est nul quel que soit $x$, on a

$$a_0 = 0, \quad a_1 = 0, \quad \ldots, \quad a_n = 0,$$

et, de plus, la fonction $\varepsilon$ est elle-même nulle quel que soit $x$.

THÉORÈME. — *Si une fonction $f(x)$ admet un développement limité à l'ordre positif $n$, elle admet aussi un développement limité à tout ordre plus petit que $n$.*

Raisonnons sur une fonction $f(x)$ admettant un développement limité à l'ordre $n$ au voisinage de $x = 0$. Ainsi, on peut poser

$$f(x) = a_0 + a_1x + \ldots + a_{n-1}x^{n-1} + a_nx^n + \varepsilon x^n,$$

d'où

$$f(x) = a_0 + a_1x + \ldots + a_{n-1}x^{n-1} + x^{n-1}(a_nx + \varepsilon x).$$

Mais, $a_nx + \varepsilon x$ tend vers 0 quand $x$ tend vers 0. Donc, $f(x)$ admet un développement limité à l'ordre $n - 1$.

Il s'ensuit que $f(x)$ admet aussi un développement limité à l'ordre $n - 2$, et ainsi de suite.

Si $f(x)$ admet un développement limité à l'ordre $p$ et un développement limité à l'ordre $n$, $n$ étant plus grand que $p$, les $p+1$ coefficients de la partie proprement dite du premier développement sont les $p+1$ premiers coefficients de la partie proprement dite du second.

THÉORÈME. — *Si, dans le développement limité à l'ordre $n$ d'une fonction $f(x)$, le coefficient $\varepsilon$ du terme complémentaire admet un développement limité à l'ordre $p$, la fonction $f(x)$ admet un développement limité à l'ordre $n+p$.*

S'il s'agit de développements limités au voisinage de $x=0$, on a

$$f(x)=a_0+a_1x+\ldots+a_nx^n+\varepsilon x^n$$

et

$$\varepsilon=\alpha_1x+\ldots+\alpha_px^p+\eta x^p,$$

d'où

$$f(x)=a_0+a_1x+\ldots+a_nx^n+\alpha_1x^{n+1}+\ldots+\alpha_px^{n+p}+\eta x^{n+p},$$

ce qui démontre le théorème.

THÉORÈME. — *Si une fonction admet un développement limité au voisinage de $x=0$, ou de $x=x_0$, ou de $x$ infini, et est infiniment petite en même temps que $x$, ou $x-x_0$, ou $\frac{1}{x}$, elle admet une partie principale par rapport à l'infiniment petit principal $x$, ou $x-x_0$, ou $\frac{1}{x}$, égale au terme de moindre degré de son développement proprement dit.*

Soit la fonction

$$f(x)=a_0+a_1x+\ldots+a_nx^n+\varepsilon x^n,$$

ayant un développement limité à l'ordre $n$ au voisinage de $x=0$. Par hypothèse, $f(x)$ est infiniment petit en même temps que $x$; donc, $a_0=0$. Soit $a_px^p$ le terme de moindre degré du développement proprement dit; $p$ est positif. On a

$$f(x)=a_px^p+a_{p+1}x^{p+1}+\ldots+\varepsilon x^n,$$

d'où

$$f(x)=a_px^p\left(1+\frac{a_{p+1}}{a_p}x+\ldots+\frac{\varepsilon}{a_p}x^{n-p}\right)=a_px^p\varphi(x).$$

Les fonctions $\frac{a_{p+1}}{a_p}x, \ldots, \frac{\varepsilon}{a_p}x^{n-p}$ tendent vers 0 quand $x$ tend vers 0. Donc, $\varphi(x)$ tend vers 1 quand $x$ tend vers 0. Par suite, $f(x)$ est un infiniment petit équivalent à $a_px^p$, ce qui démontre le théorème, dans le cas où il s'agit d'un développement au voisinage de $x=0$. Dans les autres cas, le théorème se démontre de la même manière.

**150. Opérations sur les développements limités.** — THÉORÈME. — *Si deux fonctions $f(x)$ et $g(x)$ ont des développements limités à l'ordre $n$, toute somme algébrique de ces deux fonctions admet un développement limité à l'ordre $n$, dont la partie proprement dite est égale à la somme algébrique des parties proprement dites des développements des fonctions* $f(x)$ et $g(x)$.

En effet, soient les deux fonctions $f(x)$ et $g(x)$ ayant des développements limités à l'ordre $n$ au voisinage de $x = 0$. On a à la fois

$$f(x) = a_0 + a_1x + a_2x^2 + \ldots + a_nx^n + \varepsilon x^n,$$
$$g(x) = b_0 + b_1x + b_2x^2 + \ldots + b_nx^n + \eta x^n,$$

d'où, A et B étant des facteurs constants,

$$\mathrm{A}f(x) + \mathrm{B}g(x) = \mathrm{A}(a_0 + a_1x + \ldots + a_nx^n) + \mathrm{B}(b_0 + b_1x + \ldots + b_nx^n) + x^n(\mathrm{A}\varepsilon + \mathrm{B}\eta).$$

Or, la fonction $\mathrm{A}\varepsilon + \mathrm{B}\eta$ tend vers 0, comme $\varepsilon$ et $\eta$, quand $x$ tend vers 0. Donc, $\mathrm{A}f(x) + \mathrm{B}g(x)$ admet bien un développement limité à l'ordre $n$, dont la partie proprement dite est égale à la somme algébrique des parties proprement dites de $f(x)$ et de $g(x)$.

Ce théorème s'applique en particulier à la somme et à la différence des deux fonctions $f(x)$ et $g(x)$.

THÉORÈME. — *Si deux fonctions $f(x)$ et $g(x)$ ont des développements limités à l'ordre $n$ au voisinage de $x = 0$, leur produit admet un développement limité à l'ordre $n$ au voisinage de $x = 0$, dont on obtient la partie proprement dite en formant le produit des parties proprement dites des développements de $f(x)$ et de $g(x)$ et en n'y conservant que les termes de degrés au plus égaux à $n$ par rapport à $x$.*

On a

$$f(x) = \mathrm{P} + \varepsilon x^n, \quad g(x) = \mathrm{Q} + \eta x^n,$$

P et Q étant les parties proprement dites. On en déduit

$$f(x)g(x) = \mathrm{PQ} + x^n(\eta \mathrm{P} + \varepsilon \mathrm{Q} + \varepsilon\eta x^n).$$

D'autre part, PQ est un polynome de degré au plus égal à $2n$ qui peut se mettre sous la forme

$$\mathrm{R} + x^{n+1}\mathrm{S},$$

R désignant la somme des termes de ce polynome qui sont de degrés au plus égaux à $n$. D'après cela, on a

$$f(x)g(x) = \mathrm{R} + x^n(x\mathrm{S} + \eta\mathrm{P} + \varepsilon\mathrm{Q} + \varepsilon\eta x^n).$$

Or, P, Q, S sont des fonctions qui ont des limites finies pour $x=0$. Donc, $x\mathrm{S}+\eta\mathrm{P}+\varepsilon\mathrm{Q}+\varepsilon\eta x^n$ tend vers 0 quand $x$ tend vers 0, ce qui prouve que $f(x)g(x)$ admet bien un développement limité à l'ordre $n$, dont la partie proprement dite est R.

*Corollaire. — Si $f(x)$ admet un développement limité à l'ordre $n$ au voisinage de $x=0$, $[f(x)]^k$, $k$ étant un entier positif, admet un développement limité à l'ordre $n$, dont on obtient la partie proprement dite en calculant la puissance $k$ de la partie proprement dite du développement de $f(x)$ et en supprimant au cours et à la fin du calcul tout terme de degré supérieur à $n$ par rapport à $x$.*

Il n'y a qu'à appliquer plusieurs fois de suite le théorème précédent.

THÉORÈME. — *Si deux fonctions $f(x)$ et $g(x)$ ont des développements limités à l'ordre $n$ au voisinage de $x=0$ et si, en outre, $g(x)$ a une limite différente de 0 pour $x=0$, la fonction $\frac{f(x)}{g(x)}$ admet aussi un développement limité à l'ordre $n$ au voisinage de $x=0$, dont on obtient la partie proprement dite en divisant la partie proprement dite du développement de $f(x)$ par celle du développement de $g(x)$, les polynomes étant ordonnés par rapport aux puissances croissantes de $x$, et en ne conservant au quotient que les termes de degrés au plus égaux à $n$ par rapport à $x$.*

On a

$$f(x)=a_0+a_1x+\ldots+a_nx^n+\varepsilon x^n=\mathrm{P}+\varepsilon x^n,$$
$$g(x)=b_0+b_1x+\ldots+b_nx^n+\eta x^n=\mathrm{Q}+\eta x^n,$$

$b_0$ étant différent de 0.

Si l'on divise P par Q, en ordonnant les polynomes P et Q par rapport aux puissances croissantes de $x$ et en poursuivant l'opération tant que le degré du terme obtenu au quotient ne dépasse pas $n$, on obtient une identité de la forme

$$\mathrm{P}=\mathrm{QR}+\rho x^{n+1},$$

R et $\rho$ étant des polynomes en $x$. D'après cela, on a

$$\mathrm{P}+\varepsilon x^n=(\mathrm{Q}+\eta x^n)\mathrm{R}+x^n(\rho x+\varepsilon-\eta\mathrm{R}).$$

et, par suite,

$$\frac{f(x)}{g(x)}=\mathrm{R}+x^n\frac{\rho x+\varepsilon-\eta\mathrm{R}}{g(x)}.$$

Or, $\rho x+\varepsilon-\eta\mathrm{R}$ tend vers 0 quand $x$ tend vers 0, $g(x)$ a une limite non nulle. Donc, le quotient de $\rho x+\varepsilon-\eta\mathrm{R}$ par $g(x)$ tend vers 0 quand $x$ tend vers 0. Par suite, $\frac{f(x)}{g(x)}$ admet un développement limité à l'ordre $n$ au voisinage de $x=0$, dont la partie proprement dite est R.

THÉORÈME. — *Si une fonction $f(u)$ admet un développement limité à l'ordre $n$ au voisinage de $u=a_0$ et si, d'autre part, $u$ est remplacé par une fonction de $x$ admettant un développement limité à l'ordre $n$ au voisinage de $x=x_0$, ou de $x$ infini, et ayant pour limite $a_0$, $f(u)$ est une fonction de fonction de $x$ qui admet un développement limité à l'ordre $n$ au voisinage de $x=x_0$, ou de $x$ infini, dont on forme la partie proprement dite en remplaçant dans la partie proprement dite du développement de $f(u)$ $u$ par la partie proprement dite de son développement et en ne conservant que les termes de degrés au plus égaux à $n$ par rapport à l'infiniment petit principal.*

Nous pouvons supposer que $u$ admette un développement limité au voisinage de $x=0$. On a alors

$$f(u)=A_0+A_1(u-a_0)+\dots+A_n(u-a_0)^n+\varepsilon(u-a_0)^n$$

et

$$u-a_0=a_1x+\dots+a_nx^n+\eta x^n=P+\eta x^n.$$

Par suite, on a

$$f(u)=A_0+A_1(P+\eta x^n)+\dots+A_n(P+\eta x^n)^n+\varepsilon(P+\eta x^n)^n.$$

Comme nous l'avons vu, $(P+\eta x^n)^k$ admet un développement limité à l'ordre $n$ dont la partie proprement dite s'obtient en formant la puissance $k$ de P et en n'y conservant que la somme $P_k$ des termes de degrés au plus égaux à $n$. On a ainsi

$$f(u)=A_0+A_1(P+\eta x^n)+A_2(P_2+\eta_2x^n)+\dots$$
$$+A_n(P_n+\eta_nx^n)+\varepsilon(P_n+\eta_nx^n),$$

c'est-à-dire, en remarquant que $P_n$ est égal à $a_1^nx^n$,

$$f(u)=A_0+A_1P+A_2P_2+\dots+A_nP_n$$
$$+x^n(A_1\eta+A_2\eta_2+\dots+A_n\eta_n+\varepsilon a_1^n+\eta_n).$$

Or, $\eta$, $\eta_2$, ..., $\eta_n$ tendent vers 0 quand $x$ tend vers 0. D'autre part, quand $x$ tend vers 0, $u$ tend vers $a_0$ et quand $u$ tend vers $a_0$, $\varepsilon$ tend vers 0. Donc, la somme $A_1\eta+A_2\eta_2+\dots+A_n\eta_n+\varepsilon a_1^n+\eta_n$ admet elle-même pour limite 0 quand $x$ tend vers 0. Par suite, $f(u)$ admet bien un développement limité à l'ordre $n$, dont la partie proprement dite est $A_0+A_1P+A_2P_2+\dots+A_nP_n$.

## EXERCICES

25. Calculer le plus grand commun diviseur des deux polynomes

$$x^5+x^3+3x^2-x+2 \quad \text{et} \quad x^4+2x^2+x+2.$$

26. Montrer, en effectuant la division suivant les puissances décroissantes, que les polynomes en $x$

$$x^n \sin\varphi - x\sin n\varphi + \sin(n-1)\varphi$$

et

$$x^{2n} - 2x^n \cos n\varphi + 1$$

sont divisibles par $x^2 - 2x\cos\varphi + 1$.

27. Montrer, en effectuant la division suivant les puissances décroissantes, d'abord par $x-1$, puis encore par $x-1$, que le polynome $nx^{n+1} - (n+1)x^n + 1$ est divisible par $(x-1)^2$.

28. Démontrer l'identité

$$\frac{1}{a-x} = \frac{1}{a} + \frac{x}{a^2} + \ldots + \frac{x^n}{a^{n+1}} + \frac{x^{n+1}}{a^{n+1}(a-x)},$$

$a$ étant un nombre fixe non nul.

29. Diviser, suivant les puissances croissantes, 1 par $(1-x)^2$. Expression générale des termes du quotient et des dividendes partiels. Déduire de là une expression simple de

$$1 + 2x + 3x^2 + \ldots + nx^{n-1}.$$

30. Effectuer les divisions, suivant les puissances croissantes, de $1 - x\cos\theta$ et de $x\sin\theta$ par $1 - 2x\cos\theta + x^2$. Expression générale des termes du quotient et des dividendes partiels, pour chacune des divisions.

Déduire de là des expressions simples de

$$1 + \cos\theta + \cos 2\theta + \ldots + \cos n\theta$$

et

$$\sin\theta + \sin 2\theta + \ldots + \sin n\theta.$$

31. Démontrer que si trois nombres $x$, $y$, $z$ sont tels que l'on ait

$$(xy + yz + zx)^3 = xyz(x + y + z)^3,$$

ces trois nombres sont en progression géométrique.

[On établira l'identité

$$(xy + yz + zx)^3 - xyz(x + y + z)^3 = -(x^2 - yz)(z^2 - xy)(y^2 - zx).]$$

32. Soit $f(x, y)$ un polynome en $x$ et $y$.

1° Si l'on a $f(x, y) = -f(y, x)$, $f(x, y)$ est divisible par $x - y$.

2° Si l'on a $f(x, y) = f(y, x)$ et si $f(x, y)$ est divisible par $x - y$, il est divisible par $(x - y)^2$.

33. Démontrer que $x^3(y-z) + y^3(z-x) + z^3(x-y)$ est divisible par le produit $(x-y)(y-z)(z-x)$ et calculer le quotient.

34. 1° Étant donnés un polynome $f(x)$ et un entier $p$ positif, montrer qu'il existe un ensemble de polynomes $f_0(x), f_1(x), f_2(x), \ldots, f_{p-1}(x)$ tels que l'on ait l'identité

$$f(x) = f_0(x^p) + xf_1(x^p) + x^2f_2(x^p) + \ldots + x^{p-1}f_{p-1}(x^p).$$

2° Démontrer que le reste de la division, suivant les puissances décroissantes de $f(x)$ par $x^p - a$, $a$ étant un nombre fixe, est

$$f_0(a) + xf_1(a) + \ldots + x^{p-1}f_{p-1}(a).$$

3° Déduire de ce qui précède que si $\varphi_0(x)$, $\varphi_1(x)$, $\ldots$, $\varphi_{p-1}(x)$ sont des polynomes tels que le polynome

$$\varphi_0(x^p) + x\varphi_1(x^p) + x^2\varphi_2(x^p) + \ldots + x^{p-1}\varphi_{p-1}(x^p)$$

soit identiquement nul, les polynomes $\varphi_0(x)$, $\varphi_1(x)$, $\ldots$, $\varphi_{p-1}(x)$ sont eux-mêmes identiquement nuls. Montrer qu'étant donné un polynome $f(x)$, il existe *un seul* ensemble de polynomes $\varphi_0(x)$, $\varphi_1(x)$, $\ldots$, $\varphi_{p-1}(x)$ tel que l'on ait

$$f(x) = \varphi_0(x^p) + x\varphi_1(x^p) + \ldots + x^{p-1}\varphi_{p-1}(x^p).$$

4° Par application de ce qui précède, montrer que, $a$ étant un nombre non nul, le reste de la division de $x^n - a^n$ par $x^p - a^p$ est $a^{n-r}(x^r - a^r)$, $r$ étant le reste de la division de l'entier $n$ par l'entier $p$. En déduire que le plus grand commun diviseur de $x^n - a^n$ et de $x^p - a^p$ est $x^\delta - a^\delta$, $\delta$ étant le plus grand commun diviseur des entiers $n$ et $p$. Montrer que pour que $x^n - a^n$ soit divisible par $x^p - a^p$, il faut et il suffit que $n$ soit divisible par $p$.

Montrer enfin que pour que $x^n + a^n$ soit divisible par $x^p + a^p$, il faut et il suffit que $n$ soit divisible par $p$ et que le quotient de $n$ par $p$ soit impair.

35. Soient $n$ nombres $a_1, a_2, \ldots, a_n$. Montrer que tout polynome $f(x)$ au plus de degré $n$ peut être mis, et d'une seule manière, sous la forme
$A_0 + A_1(x - a_1) + A_2(x - a_1)(x - a_2) + \ldots + A_n(x - a_1)(x - a_2)\ldots(x - a_n)$,
$A_0, A_1, \ldots, A_n$ étant des nombres fixes.

Si l'on suppose $a_1, a_2, \ldots, a_n$ inégaux, les nombres $A_1, A_2, \ldots, A_n$ peuvent être calculés quand on connait les valeurs que prend le polynome $f(x)$ pour $x = a_1$, $x = a_2$, $\ldots$, $x = a_n$.

36. Soit un polynome U non identiquement nul, de degré $p$. Montrer qu'étant donné un polynome $f(x)$ quelconque, il existe un ensemble de polynomes $\varphi_0(x)$, $\varphi_1(x)$, $\ldots$, $\varphi_k(x)$ identiquement nuls ou de degrés moindres que $p$, tels que l'on ait l'identité

$$f(x) = \varphi_0(x) + \varphi_1(x)U + \varphi_2(x)U^2 + \ldots + \varphi_k(x)U^k. \tag{1}$$

Montrer que si $\varphi_0(x)$, $\varphi_1(x)$, $\ldots$, $\varphi_k(x)$ sont des polynomes identiquement nuls ou de degrés moindres que $p$ tels que le polynome

$$\varphi_0(x) + \varphi_1(x)U + \ldots + \varphi_k(x)U^k$$

soit identiquement nul, $\varphi_0(x)$, $\varphi_1(x)$, $\ldots$, $\varphi_k(x)$ sont simultanément identiquement nuls.

Déduire de là qu'étant donné un polynome $f(x)$ quelconque, l'ensemble des polynomes $\varphi$ tels que l'on ait l'identité (1) est unique.

Si $\alpha$ est un paramètre variable, le reste de la division suivant les puissances décroissantes de $f(x)$ par $U - \alpha$ est un polynome en $x$ et $\alpha$. Montrer que, si on ordonne ce polynome suivant les puissances croissantes de $\alpha$, les coefficients des puissances successives de $\alpha$ sont $\varphi_0(x)$, $\varphi_1(x)$, $\varphi_2(x)$, $\ldots$.

37. Si un polynome en $x$ est premier avec chacun des polynomes A, B, C, il est premier avec ABC.

38. Si deux polynomes en $x$, A et B, sont premiers entre eux, $A^n$ et $B^p$ ($n$ et $p$ entiers positifs) sont aussi premiers entre eux.

39. Si un polynome en $x$ est divisible par chacun des polynomes A, B, C premiers entre eux deux à deux, il est divisible par ABC.

40. Si $\Delta$ et $\mu$ sont le plus grand commun diviseur et le plus petit commun multiple des polynomes A et B en $x$, $\Delta^2$ et $\mu^2$ sont le plus grand commun diviseur et le plus petit commun multiple de $A^2$ et de $B^2$.

41. Démontrer que si le produit et la somme de deux polynomes A et B en $x$ sont premiers entre eux, il en est de même des polynomes A et B.

Déduire de là que le plus grand commun diviseur de deux polynomes est égal au plus grand commun diviseur de leur somme et de leur plus petit commun multiple.

42. Pour qu'un multiple commun M à plusieurs polynomes A, B, C en $x$ soit le plus petit commun multiple de ces polynomes, il faut et il suffit que les quotients des divisions, suivant les puissances décroissantes, de M par A, par B, par C soient premiers entre eux.

En déduire que si $\delta$ est le plus grand commun diviseur des trois polynomes AB, BC, CA, le plus petit commun multiple des polynomes A, B, C est le quotient de la division, suivant les puissances décroissantes, de ABC par $\delta$.

43. Étudier la variation de la fonction, dite *homographique*,

$$\frac{ax+b}{cx+d},$$

où $a$, $b$, $c$, $d$ sont quatre nombres fixes tels que l'on ait $ad - bc \neq 0$. Courbe représentative, en examinant les principaux cas possibles.

44. Étudier la variation de la fraction rationnelle

$$\frac{A^2}{x-a}+\frac{B^2}{x-b}+\frac{C^2}{x-c},$$

A, B, C étant des nombres fixes non nuls, $a$, $b$, $c$ étant des nombres fixes inégaux. Courbe représentative. Branches infinies de cette courbe.

Montrer que l'équation

$$\frac{A^2}{x-a}+\frac{B^2}{x-b}+\frac{C^2}{x-c}=h,$$

$h$ étant une constante, a trois racines si $h$ n'est pas nul, et deux racines si $h$ est nul.

# CHAPITRE V

## ANALYSE COMBINATOIRE. BINOME DE NEWTON. FONCTIONS SYMÉTRIQUES RATIONNELLES.

### I. — PERMUTATIONS. COMBINAISONS. ARRANGEMENTS

**151. Permutations.** — Étant donnés $n$ objets, que nous désignerons par des lettres $a, b, \ldots$, quand on les a placés dans un ordre les uns à la suite des autres, on dit qu'on a formé une *permutation* de ces $n$ objets.

Nous allons montrer que si on a formé sans omission ni répétition les permutations de $n-1$ objets, il est possible d'en déduire sans omission ni répétition les permutations de $n$ objets. Soit à former les permutations des $n$ objets $a, b, \ldots, k, l$ et supposons formées les permutations des $n-1$ objets $a, b, \ldots, k$. Considérons une de ces permutations et plaçons séparément de toutes les façons possibles par rapport aux $n-1$ objets de la permutation le $n^{\text{ième}}$ objet donné $l$. Nous obtenons ainsi $n$ permutations des $n$ objets donnés. Il s'agit de montrer qu'en opérant de la même manière sur toutes les permutations des $n-1$ objets $a, b, \ldots, k$, supposées formées sans omission ni répétition, on forme les permutations des $n$ objets $a, b, \ldots, k, l$ sans omission ni répétition. D'abord, il n'y a pas d'omission. Considérons en effet une permutation des $n$ objets $a, b, \ldots, k, l$ et supprimons-y l'objet $l$; les objets qui restent constituent une permutation des $n-1$ objets $a, b, \ldots, k$. Or, celle-ci a été supposée formée, on y a inséré l'objet $l$ à toutes les places possibles, en particulier à la place où il se trouvait avant la suppression dans la permutation considérée des $n$ objets $a, b, \ldots, k, l$, laquelle a donc été formée par le procédé décrit. Ensuite, il n'y a pas de répétition. En effet, deux permutations des $n$ objets $a, b, \ldots, l$ proviennent soit de la même permutation des $n-1$ objets $a, b, \ldots, k$, et elles diffèrent par le rang de l'objet $l$, soit de deux permutations différentes des $n-1$ objets $a, b, \ldots, k$, et elles diffèrent par l'ordre de ces $n-1$ objets.

D'après cela, pour former les permutations des $n$ objets $a, b, \ldots, k, l$, nous partirons de l'unique permutation $a$ de l'objet $a$. Par application du résultat précédent, nous en déduirons les permutations des objets $a$ et $b$, soient $ab$, $ba$. De celles-ci, nous déduirons les permutations des objets $a$, $b$, $c$, soient

$$cab,\ acb,\ abc,\ cba,\ bca,\ bac;$$

et ainsi de suite.

Le procédé précédent de formation des permutations de $n$ objets permet de calculer le nombre $P_n$ de ces permutations. Une permutation des $n-1$ objets $a, b, \ldots, k$ permet de former $n$ permutations des $n$ objets $a, b, \ldots, k, l$; donc, on a, quel que soit $n$,

$$P_n = nP_{n-1}.$$

Faisons dans cette égalité $n$ égal successivement à 2, 3, .... On a ainsi, en remarquant que $P_1$ est évidemment égal à 1,

$$P_1 = 1, \quad P_2 = 2P_1, \quad P_3 = 3P_2, \ \ldots, \ P_n = nP_{n-1}.$$

En multipliant ces égalités membre à membre, on obtient

$$P_n = 1 \times 2 \times 3 \times \ldots \times n.$$

*Le nombre des permutations de $n$ objets est égal au produit des $n$ premiers nombres entiers.*

On désigne ce produit sous le nom de *factorielle de $n$* et on le représente par la notation $n!$.

**152. Combinaisons.** — Étant donnés $n$ objets, que nous représenterons par des lettres $a, b, \ldots$, quand on a pris $p$ de ces objets, $p \leqslant n$, on dit qu'on a formé une *combinaison* des $n$ objets. Pour rappeler que les combinaisons ainsi définies dépendent de l'entier $p$, on dit que ce sont les *combinaisons $p$ à $p$* des $n$ objets donnés.

Nous allons montrer que si on a formé sans omission ni répétition les combinaisons $p-1$ à $p-1$ de $n$ objets, il est possible d'en déduire sans omission ni répétition les combinaisons $p$ à $p$ de ces $n$ objets. Soit à former les combinaisons $p$ à $p$ des $n$ objets $a, b, \ldots, k, l$ et supposons formées les combinaisons $p-1$ à $p-1$ de ces objets. Faisons choix, une fois pour toutes, d'une permutation des $n$ objets. Considérons une des combinaisons $p-1$ à $p-1$ et rangeons les $p-1$ objets qui y entrent dans l'ordre qu'ils présentent dans la permutation choisie.

Plaçons de toutes les façons possibles à la suite du dernier objet de la combinaison ainsi rangée un des objets, s'il en existe, qui le suivent dans la permutation considérée. Nous obtenons ainsi des combinaisons $p$ à $p$. Il s'agit de montrer qu'en opérant de la même manière sur les combinaisons $p-1$ à $p-1$ supposées formées sans omission ni répétition, on forme les combinaisons $p$ à $p$ sans omission ni répétition. D'abord, il n'y a pas d'omission. Considérons en effet une des combinaisons $p$ à $p$, rangeons-y les $p$ objets qui la constituent dans l'ordre qu'ils présentent dans la permutation choisie une fois pour toutes. Si nous supprimons dans la combinaison ainsi rangée le dernier objet, il reste une des combinaisons $p-1$ à $p-1$ des $n$ objets donnés. Or, cette combinaison a été supposée formée; d'autre part, cette combinaison étant rangée, on a placé à la suite du dernier objet chacun des objets qui le suivent dans la permutation choisie; en particulier, on a placé l'objet qui vient d'être supprimé. La combinaison $p$ à $p$ a donc été formée. Ensuite, il n'y a pas de répétition. En effet, deux combinaisons $p$ à $p$ proviennent soit de la même combinaison $p-1$ à $p-1$, et elles diffèrent par la nature du $p^{\text{ième}}$ objet introduit, soit de deux combinaisons $p-1$ à $p-1$ différentes, et elles diffèrent par la nature des $p-1$ premiers objets.

D'après cela, pour former les combinaisons $p$ à $p$ des $n$ objets $a$, $b$, $c$, ..., $k$, $l$, on partira des combinaisons 1 à 1 constituées par les objets eux-mêmes. Par application du résultat précédent, on déduira des combinaisons les combinaisons 2 à 2, de celles-ci, les combinaisons 3 à 3, et ainsi de suite.

Le procédé de formation qui vient d'être décrit ne permet pas de calculer facilement le nombre $C_n^p$ des combinaisons $p$ à $p$ de $n$ objets. Pour calculer $C_n^p$, nous allons établir une relation entre $C_n^p$ et $C_{n-1}^{p-1}$.

Il est clair que le nombre de fois qu'un des $n$ objets est répété dans les combinaisons $p$ à $p$ de ces $n$ objets est le même pour les $n$ objets, les combinaisons ne changeant pas quand on y échange entre eux deux quelconques des $n$ objets donnés. Il s'ensuit que le nombre de fois que l'objet $a$ est répété dans les $C_n^p$ combinaisons est égal à $\frac{pC_n^p}{n}$. D'autre part, ce nombre est évidemment égal au nombre des combinaisons $p$ à $p$ qui contiennent l'objet $a$. Il est facile de démontrer que si dans les combinaisons $p$ à $p$ qui contiennent $a$, supposées formées sans omission ni répétition, on supprime $a$, on obtient sans omission ni répétition les combinaisons $p-1$ à $p-1$ des $n-1$ objets autres que $a$. Le nombre des combinaisons $p$ à $p$ qui contiennent $a$ est donc égal à $C_{n-1}^{p-1}$, et ainsi on a la relation $\frac{pC_n^p}{n}=C_{n-1}^{p-1}$, d'où l'on déduit

$$C_n^p=\frac{n}{p}C_{n-1}^{p-1}.$$

Cette relation est générale; elle subsiste si on y remplace successivement $n$ et $p$ par $n-1$ et $p-1$, $n-2$ et $p-2$, .... On a ainsi

$$C_n^p=\frac{n}{p}C_{n-1}^{p-1},$$

$$C_{n-1}^{p-1}=\frac{n-1}{p-1}C_{n-2}^{p-2},$$

$$\cdots\cdots\cdots\cdots$$

$$C_{n-p+2}^{2}=\frac{n-p+2}{2}C_{n-p+1}^{1},$$

et il est évident que l'on a en outre

$$C_{n-p+1}^{1}=n-p+1.$$

En multipliant ces égalités membre à membre, on obtient

$$C_n^p=\frac{n(n-1)(n-2)\ldots(n-p+2)(n-p+1)}{1.2.3\ldots(p-1)p}.$$

*Le nombre des combinaisons $p$ à $p$ de $n$ objets est égal au quotient du produit de $p$ entiers consécutifs décroissants à partir de $n$ par le produit des $p$ premiers entiers.*

En supposant $p<n$, multiplions par $(n-p)!$ le numérateur et le dénominateur de $C_n^p$; nous obtenons

$$C_n^p=\frac{n!}{p!(n-p)!}.$$

Si on suppose $p=n$, on a évidemment $C_n^p=1=\frac{n!}{p!}$. On peut regarder la formule précédente comme étant applicable encore dans ce cas, à la condition de poser, par convention, $0!=1$.

Propriétés de $C_n^p$. — 1° *On a ($p<n$) l'égalité*

$$C_n^p=C_n^{n-p}.$$

Cette égalité résulte immédiatement de la formule qui donne $C_p^n$; le dénominateur $p!\,(n-p)!$ de l'expression de $C_n^p$ ne change pas quand on y change $p$ en $n-p$.

L'égalité énoncée peut s'établir directement. Étant donnée une combinaison $p$ à $p$, les $n-p$ objets qui n'y entrent pas constituent une combinaison $n-p$ à $n-p$. Ainsi, à toute combinaison $p$ à $p$ il correspond une combinaison $n-p$ à $n-p$; et réciproquement. Le nombre des combinaisons $p$ à $p$ est donc égal à celui des combinaisons $n-p$ à $n-p$.

2° *On a l'égalité*

$$C_n^p = C_{n-1}^p + C_{n-1}^{p-1}.$$

Partageons les combinaisons $p$ à $p$ des $n$ objets $a, b, \ldots, l$ en deux groupes, l'un formé des combinaisons qui contiennent $a$, l'autre formé des combinaisons qui ne contiennent pas $a$. Nous avons vu que le nombre des premières combinaisons est égal à $C_{n-1}^{p-1}$. Quant aux combinaisons qui ne contiennent pas $a$, il est facile de voir que ce sont, sans omission ni répétition, les combinaisons $p$ à $p$ des $n-1$ objets autres que $a$; leur nombre est donc $C_{n-1}^p$. Il suit de là qu'on a bien

$$C_n^p = C_{n-1}^p + C_{n-1}^{p-1}.$$

**153. Arrangements.** — Étant donnés $n$ objets $a, b, \ldots, l$ et un entier $p$ inférieur à $n$, quand on a formé une combinaison $p$ à $p$ de ces $n$ objets, puis une permutation des $p$ objets de cette combinaison, on dit qu'on a formé un *arrangement* des $n$ objets donnés. Pour rappeler que les arrangements ainsi définis dépendent de l'entier $p$, on dit que ce sont les *arrangements $p$ à $p$* des $n$ objets donnés.

De la définition des arrangements, il résulte immédiatement que pour les former sans omission ni répétition, il suffit de former sans omission ni répétition les combinaisons $p$ à $p$ des $n$ objets, puis, à partir de chaque combinaison, les permutations des $p$ objets qu'elle contient. De plus, le nombre $A_n^p$ des arrangements $p$ à $p$ de $n$ objets est égal au produit de $C_n^p$ et de $P_p$, d'où

$$A_n^p = n(n-1)(n-2)\ldots(n-p+1).$$

*Le nombre des arrangements $p$ à $p$ de $n$ objets est égal au produit de $p$ entiers consécutifs décroissants à partir de $n$.*

Autre méthode. — On peut effectuer d'une autre manière la formation des arrangements $p$ à $p$ de $n$ objets. Nous allons montrer qu'elle peut se déduire de la formation des arrangements $p-1$ à $p-1$ de ces $n$ objets. Considérons en effet un des arrangements $p-1$ à $p-1$ des $n$ objets, supposés formés, et plaçons séparément à la suite de cet arrangement chacun des $n-p+1$ objets qui n'y entrent pas. Nous obtenons ainsi $n-p+1$ arrangements $p$ à $p$ des $n$ objets. Il s'agit de montrer qu'en opérant de la même manière sur tous les arrangements $p-1$ à $p-1$ des $n$ objets, on obtient sans omission ni répétition les arrangements $p$ à $p$ des mêmes objets. D'abord, il n'y a pas d'omission. Soit en effet un arrangement $p$ à $p$; supprimons-y le dernier objet; il reste un arrangement $p-1$ à $p-1$; or, celui-ci a été supposé formé; à la suite de cet arrangement on a placé chacun des $n-p+1$ objets qui n'y entrent pas, en particulier, l'objet supprimé. L'arrangement $p$ à $p$ considéré a donc été obtenu par le procédé précédent. Ensuite, il n'y a pas de répétition. En effet, deux arrangements $p$ à $p$ proviennent soit du même arrangement $p-1$ à $p-1$, et ils diffèrent par le dernier objet, soit de deux arrangements $p-1$ à $p-1$ différents, et ils diffèrent par l'ordre ou par la nature des $p-1$ premiers objets.

D'après cela, pour former les arrangements $p$ à $p$ des $n$ objets $a, b, \ldots, l$, nous partirons des arrangements 1 à 1 constitués par les objets eux-mêmes; par application du procédé précédent, des arrangements 1 à 1, nous déduirons les arrangements 2 à 2, de ceux-ci, les arrangements 3 à 3, et ainsi de suite.

Le mode de formation qui vient d'être décrit permet de calculer $A_n^p$. Puisqu'un arrangement $p-1$ à $p-1$ permet de former $n-p+1$ arrangements $p$ à $p$, on a

$$A_n^p = (n-p+1)A_n^{p-1}.$$

Remplaçons $p$ par 1, 2, .... On a successivement, en remarquant que $A_n^1$ est égal à $n$,

$$A_n^1 = n, \quad A_n^2 = (n-1)A_n^1, \quad \ldots, \quad A_n^p = (n-p+1)A_n^{p-1}.$$

En multipliant ces égalités membre à membre, on obtient

$$A_n^p = n(n-1)\ldots(n-p+1).$$

## II. — BINOME DE NEWTON ET GÉNÉRALISATION

154. **Formule du binome.** — Étant données les variables $x$ et $y_1, y_2, \ldots, y_n$, considérons le produit $P = (x+y_1)(x+y_2)\ldots(x+y_n)$. C'est un polynome en $x, y_1, y_2, \ldots, y_n$. Pour le calculer, il suffit de prendre de toutes les façons possibles un terme dans chacun des $n$ facteurs, soit le terme $x$, soit le terme autre que $x$, de former le produit des $n$ termes ainsi choisis et d'additionner les monomes ainsi obtenus. Si l'on prend $x$ dans les $n$ facteurs, on obtient le monome $x^n$;

si l'on prend de toutes les façons possibles $x$ dans $n-1$ facteurs et le terme autre que $x$ dans l'autre, on obtient les monomes $x^{n-1}y_1$, $x^{n-1}y_2$, ..., $x^{n-1}y_n$; leur somme peut s'écrire $x^{n-1}(y_1+y_2+\ldots+y_n)$. D'une manière générale, si l'on prend $x$ dans $n-p$ facteurs et le terme autre que $x$ dans les $p$ autres, on obtient un monome égal au produit de $x^{n-p}$ par le produit de $p$ variables prises parmi les variables $y_1$, $y_2$, ... $y_n$. L'ensemble de ces $p$ variables constitue une combinaison $p$ à $p$ des variables $y_1$, $y_2$, ..., $y_n$. Donc, à toute manière de former un terme de degré $n-p$ par rapport à $x$ il correspond une combinaison $p$ à $p$ des variables $y_1$, $y_2$, ..., $y_n$. Réciproquement, à toute combinaison $p$ à $p$ des variables $y$ il correspond une manière de former un terme de degré $n-p$ par rapport à $x$; on l'obtient en prenant les variables $y$ qui constituent la combinaison dans les $p$ facteurs qui les contiennent et en prenant la variable $x$ dans les $n-p$ autres facteurs. Il suit de là que la somme des termes de P qui sont de degré $n-p$ par rapport à $x$ est égale à $x^{n-p}S_p$, $S_p$ étant la somme des produits obtenus de toutes les manières possibles en multipliant entre elles les variables d'une combinaison $p$ à $p$ des variables $y_1$, $y_2$, ..., $y_n$. $S_p$ est un polynome par rapport aux variables $y$, homogène et de degré $p$; le nombre de ses termes est égal à $C_n^p$. Nous le désignerons sous le nom de *somme des produits $p$ à $p$ des variables $y_1$, $y_2$, ..., $y_n$*. Ce résultat est applicable quel que soit l'entier $p$ inférieur à $n$. Finalement, il existe un seul terme du produit P qui ne contient pas $x$; c'est le produit $y_1y_2\ldots y_n$, que nous représenterons par $S_n$.

D'après cela, on a l'identité

$$(x+y_1)(x+y_2)\ldots(x+y_n)$$
$$=x_n+S_1x^{n-1}+S_2x^{n-2}+\ldots+S_px^{n-p}+\ldots+S_n.$$

Dans cette identité, remplaçons simultanément les $n$ variables $y_1$, $y_2$, ..., $y_n$ par la variable $y$. Les termes de $S_p$ deviennent simultanément égaux à $y^p$, et, leur nombre étant égal à $C_n^p$, $S_p$ devient égal à $C_n^py^p$. On obtient alors l'identité, dite *formule du binome*,

$$(x+y)^n=x^n+C_n^1x^{n-1}y+\ldots+C_n^px^{n-p}y^p+\ldots+C_n^{n-1}xy^{n-1}+y^n.$$

Le développement de $(x+y)^n$ a $n+1$ termes.

Ce développement s'écrit aussi

$$x^n+\frac{n!}{1!(n-1)!}x^{n-1}y+\ldots+\frac{n!}{p!(n-p)!}x^{n-p}y^p+\ldots$$
$$+\frac{n!}{(n-1)!1!}xy^{n-1}+y_n,$$

c'est-à-dire, sous forme abrégée, et en adoptant la convention $0! = 1$,

$$\sum_{p=0}^{p=n} \frac{n!}{p!(n-p)!} x^{n-p} y^p.$$

155. **Propriétés des coefficients du binome.** — 1° *Les coefficients des termes du développement qui sont équidistants des extrêmes sont égaux.*

D'abord, les coefficients des termes extrêmes sont tous deux égaux à 1. Ensuite, on a, comme on l'a démontré,

$$C_n^1 = C_n^{n-1}, \quad C_n^2 = C_n^{n-2}, \quad \ldots, \quad C_n^p = C_n^{n-p}, \ldots.$$

2° *Le coefficient d'un terme quelconque du développement s'obtient en multipliant le coefficient du terme précédent par l'exposant de $x$ dans ce dernier terme et en divisant le produit ainsi calculé par l'exposant, augmenté de* **1**, *de $y$ dans ce même terme.*

En effet, on a

$$C_n^p = \frac{n}{1} \cdot \frac{n-1}{2} \cdots \frac{n-p+2}{p-1} \cdot \frac{n-p+1}{p} = C_n^{p-1} \frac{n-p+1}{p}.$$

Or, le terme qui a pour coefficient $C_n^{p-1}$ est de degré $n-p+1$ par rapport à $x$ et de degré $p-1$ par rapport à $y$.

3° *Si $n$ est pair, il existe un terme du milieu; les coefficients des termes du développement vont en croissant depuis 1 jusqu'au coefficient du terme du milieu, puis en décroissant depuis ce coefficient jusqu'à 1. Si $n$ est impair, il existe deux termes du milieu dont les coefficients sont égaux; les coefficients des termes du développement vont en croissant depuis 1 jusqu'au coefficient du premier terme du milieu, puis en décroissant depuis le coefficient du second terme du milieu jusqu'à 1.*

En effet, pour qu'on ait $C_n^p > C_n^{p-1}$, il faut et il suffit que $p$ vérifie l'inégalité

$$\frac{n-p+1}{p} > 1,$$

ce qui donne

$$p > \frac{n+1}{2}.$$

Si

$$p = \frac{n+1}{2},$$

on a

$$C_n^p = C_n^{p-1}$$

et si

$$p < \frac{n+1}{2},$$

on a

$$C_n^p < C_n^{p-1}.$$

1° Supposons $n$ pair. Le développement a un nombre impair de termes, il y a un terme du milieu dont le coefficient est $C_n^{\frac{n}{2}}$. Lorsque $p$ est inférieur ou égal à $\frac{n}{2}$, il est plus petit que $\frac{n+1}{2}$; donc les coefficients croissent jusqu'à $C_n^{\frac{n}{2}}$. Lorsque $p$ est supérieur à $\frac{n}{2}$, il est supérieur ou égal à $\frac{n}{2}+1$, par suite, supérieur à $\frac{n+1}{2}$; les coefficients décroissent à partir de $C_n^{\frac{n}{2}}$.

2° Supposons $n$ impair. Le développement a un nombre pair de termes, il y a deux termes du milieu dont les coefficients sont $C_n^{\frac{n-1}{2}}$ et $C_n^{\frac{n+1}{2}}$. Lorsque $p$ est inférieur ou égal à $\frac{n-1}{2}$, il est inférieur à $\frac{n+1}{2}$; les coefficients croissent donc jusqu'à $C_n^{\frac{n-1}{2}}$. Si $p=\frac{n+1}{2}$, on a

$$C_n^{\frac{n-1}{2}} = C_n^{\frac{n+1}{2}};$$

les coefficients des termes du milieu sont égaux. Enfin, lorsque $p$ est supérieur à $\frac{n+1}{2}$, les coefficients décroissent à partir de $C_n^{\frac{n+1}{2}}$.

**156. Développement de $(x+y+z)^n$.** — On a

$$(x+y+z)^n = [x+(y+z)]^n = \sum_{\alpha=0}^{\alpha=n} \frac{n!}{\alpha!(n-\alpha)!} x^\alpha (y+z)^{n-\alpha}.$$

Mais, on a, quel que soit $\alpha$ variant de 0 à $n$,

$$(y+z)^{n-\alpha} = \sum_{\beta=0}^{\beta=n-\alpha} \frac{(n-\alpha)!}{\beta!(n-\alpha-\beta)!} y^\beta z^{n-\alpha-\beta}.$$

En portant dans la première somme, on obtient

$$(x+y+z)^n = \sum_{\alpha=0}^{\alpha=n} \sum_{\beta=0}^{\beta=n-\alpha} \frac{n!}{\alpha!\beta!(n-\alpha-\beta)!} x^\alpha y^\beta z^{n-\alpha-\beta}.$$

Les entiers $\alpha$ et $\beta$ sont soumis à la seule condition d'avoir une somme au plus égale à $n$; posons $n-\alpha-\beta=\gamma$, $\gamma$ étant positif ou nul. On a finalement

$$(x+y+z)^n = \sum \frac{n!}{\alpha!\beta!\gamma!} x^\alpha y^\beta z^\gamma,$$

la sommation s'étendant aux termes obtenus en prenant de toutes les façons possibles trois entiers $\alpha$, $\beta$, $\gamma$ positifs ou nuls dont la somme est égale à $n$.

On a une formule analogue donnant le développement de la puissance $n$ de la somme de variables en nombre quelconque.

*Cas particuliers* :

$$(x+y+z)^2=x^2+y^2+z^2+xy+yz+zx,$$
$$(x+y+z)^3=x^3+y^3+z^3+3x^2y+3x^2z+3y^2x+3y^2z+3z^2x+3z^2y+6xyz.$$

## III. — FONCTIONS SYMÉTRIQUES RATIONNELLES

157. **Définition des fonctions symétriques.** — Soit $f(a, b, \ldots, l)$ une fonction des $n$ variables $a, b, \ldots, l$. Si l'on y *transpose* deux des variables, c'est-à-dire si l'on y remplace une des variables par l'autre et en même temps celle-ci pour celle-là, on obtient une autre fonction des $n$ variables $a$, $b$, ..., $l$. Si, dans cette autre fonction, on transpose encore deux variables, on obtient encore une autre fonction, et ainsi de suite. On obtient ainsi, d'une manière générale, des fonctions qui se déduisent de la fonction $f$ par une suite quelconque de transpositions entre les variables.

Je dis que la fonction $f$ et les fonctions qui s'en déduisent ainsi sont en nombre égal à $n!$. En effet, choisissons la permutation $ab \ldots l$ des $n$ variables $a$, $b$, ..., $l$. Une suite de transpositions a pour effet de remplacer quelques-unes des variables de cette permutation par d'autres variables prises parmi les $n$ variables données, et, par conséquent, de remplacer la permutation choisie par une autre permutation des $n$ variables. D'autre part, si l'on n'effectue aucune transposition, la permutation choisie ne change pas. On voit donc qu'à chacune des fonctions considérées il correspond une permutation des $n$ variables. Réciproquement, si on se donne une permutation de ces $n$ variables, on se donne par le fait même au moins une suite de transpositions entre les variables permettant de passer de la permutation primitivement choisie à cette permutation ; on se donne donc une des fonctions considérées. Il suit de là que le nombre de ces fonctions est égal au nombre des permutations des $n$ variables, c'est-à-dire à $n!$.

On dit que la fonction $f(a, b, \ldots, l)$ est *symétrique* si les $n!$ fonctions qui viennent d'être définies sont égales, c'est-à-dire, pour préciser, si, quelles que soient les valeurs numériques des variables, elles prennent des valeurs numériques égales. Plus généralement, on dit qu'une fonction de $n$ variables est *symétrique par rapport à $p$ de ces variables* si cette fonction et les fonctions qui s'en déduisent par des transpositions en nombre quelconque effectuées sur ces $p$ variables sont égales.

Si une fonction $f$ n'est pas symétrique, il existe au moins deux variables telles qu'en les transposant on obtienne une fonction non égale à $f$. Sinon, en effectuant une première transposition quelconque, on obtiendrait la fonction $f$; en effectuant une seconde transposition quelconque, on obtiendrait encore la fonction $f$, et ainsi de suite; toute fonction déduite de $f$ par une suite quelconque de transpositions serait égale à $f$; la fonction $f$ serait symétrique, ce qui est contraire à l'hypothèse.

La somme, la différence, le produit et le quotient de deux fonctions symétriques par rapport à des variables sont symétriques par rapport à ces variables.

Dans ce qui suit, nous nous occuperons particulièrement des fonctions symétriques rationnelles. En ce qui concerne les polynomes symétriques, remarquons que puisque deux polynomes égaux ont même forme réduite, un polynome symétrique ne change pas de forme réduite quand on effectue sur les variables une suite quelconque de transpositions.

158. Théorème. — *Toute fraction rationnelle symétrique est égale au quotient de deux polynomes symétriques.*

Soit la fonction F $(a, b, c, d)$ égale à

$$\frac{f(a, b, c, d)}{g(a, b, c, d)},$$

$f$ et $g$ étant deux polynomes.

Si $g$ est symétrique, $f$, qui est égal à $g$F, est égal au produit de deux fonctions symétriques; il est donc symétrique, et F est égal au quotient de deux polynomes symétriques.

Supposons que $g$ ne soit pas symétrique. Il existe au moins deux variables telles qu'en les transposant on obtienne un polynome non égal à $g$; soient, par exemple, les variables $a$ et $c$, et ainsi, le polynome $g\ (a, b, c, d)$ est différent du polynome $g\ (c, b, a, d)$. Comme F est symétrique, on a

$$F = \frac{f(a, b, c, d)}{g(a, b, c, d)} = \frac{f(c, b, a, d)}{g(c, b, a, d)}.$$

et. par suite, la différence des dénominateurs n'étant pas nulle,

$$F = \frac{f(a, b, c, d) - f(c, b, a, d)}{g(a, b, c, d) - g(c, b, a, d)}.$$

Le numérateur et le dénominateur de la nouvelle expression de F s'annulent quand on y fait $a = c$; ils sont donc divisibles par $a - c$, et l'on peut poser

$$F = \frac{(a-c)f_1(a, b, c, d)}{(a-c)g_1(a, b, c, d)} = \frac{f_1(a, b, c, d)}{g_1(a, b, c, d)},$$

$f_1$ et $g_1$ étant des polynomes dont les degrés sont respectivement inférieurs au moins d'une unité aux degrés de $f$ et de $g$.

Si $g_1$ est symétrique, $f_1$ l'est aussi, F est égal au quotient de deux polynomes symétriques. Si $g_1$ n'est pas symétrique, il existe deux polynomes $f_2$ et $g_2$ de degrés respectivement inférieurs au moins d'une unité aux degrés de $f_1$ et de $g_1$, tels que l'on ait

$$F = \frac{f_2(a, b, c, d)}{g_2(a, b, c, d)};$$

et ainsi de suite. On est ainsi amené à former une suite de fractions rationnelles $\frac{f}{g}, \frac{f_1}{g_1}, \frac{f_2}{g_2}, \ldots,$ les degrés des numérateurs allant en décroissant ainsi que les degrés des dénominateurs. Il existe nécessairement un entier $\alpha$ tel que le polynome $g_\alpha$ soit symétrique, se réduisit-il à une constante non nulle; alors, $f_\alpha$ est symétrique et F est bien égal au quotient de deux polynomes symétriques.

Ce théorème permet de ramener l'étude des fonctions rationnelles symétriques à celle des polynomes symétriques.

Étant données $n$ variables $a_1, a_2, \ldots, a_n$, parmi les polynomes symétriques en $a_1, a_2, \ldots, a_n$, on distingue les $n$ polynomes suivants : la somme $P_1$ des variables $a$, la somme $P_2$ des produits 2 à 2 des variables $a$, d'une façon générale, la somme $P_k$ des produits $k$ à $k$ des variables $a$, finalement le produit $P_n$ de ces variables. Ces fonctions sont dites les *fonctions symétriques élémentaires* des variables $a_1, a_2, \ldots, a_n$. Chaque polynome $P_k$ est homogène et de degré $k$ par rapport à l'ensemble des variables et de degré 1 par rapport à chacune des variables.

Le problème fondamental consiste à exprimer tout polynome symétrique en $a_1, a_2, \ldots, a_n$ au moyen des fonctions symétriques élémentaires de ces variables.

Un polynome symétrique en $a_1, a_2, \ldots, a_n$ a évidemment même degré par rapport à chacune des variables; ce degré unique est dit l'*ordre* du polynome symétrique. On appelle *poids* d'un polynome symétrique homogène le degré constant de ses termes par rapport à l'ensemble des variables. L'ordre d'une fonction symétrique élémentaire est 1, son poids est égal à son indice.

**159. Théorème fondamental.** — *Étant donné un polynome symétrique $f(a_1, a_2, \ldots, a_n)$ d'ordre $\omega$, il est possible et d'une seule manière de l'exprimer par un polynome de degré $\omega$, de la forme $\varphi(P_1, P_2, \ldots, P_n)$, $P_1, P_2, \ldots, P_n$ étant les fonctions symétriques élémentaires de $a_1, a_2, \ldots, a_n$. Si $f$ est homogène et de poids $\varpi$, la somme des indices (ou des poids) des P dans chaque terme de $\varphi$ est égale à $\varpi$.*

Pour ne pas compliquer les notations, prenons trois variables $a$, $b$, $c$ et introduisons les fonctions symétriques élémentaires P, Q, R de ces trois variables :

$$P = a + b + c, \quad Q = ab + ac + bc, \quad R = abc.$$

Soit le polynome symétrique $f(a, b, c)$, d'ordre $\omega$, et proposons-nous de démontrer qu'il existe un polynome en P, Q, R, et un seul, de degré $\omega$, $\varphi(P, Q, R)$, tel que, quelles que soient les valeurs de $a$, $b$, $c$, on ait $f(a, b, c) = \varphi(P, Q, R)$.

1° *Il existe un polynome* $\varphi(P, Q, R)$. — Donnons un ordre aux variables, soit l'ordre $a$, $b$, $c$, et ordonnons le polynome $f(a, b, c)$ par rapport aux variables $a$, $b$, $c$ prises dans cet ordre (ch. IV, § 122). Soit $Aa^{\alpha}b^{\beta}c^{\gamma}$ le plus haut terme de $f$. Faisons relativement à $\alpha, \beta, \gamma$ les remarques suivantes. D'abord, $\alpha$ est le plus grand des degrés par rapport à $a$ des termes de $f$; donc, $\alpha = \omega$. Ensuite, on a $\alpha \geqslant \beta$. En effet, le polynome $f$, étant symétrique, contient le terme $Aa^{\beta}b^{\alpha}c^{\gamma}$, et si on avait $\alpha < \beta$, ce terme serait plus haut que $Aa^{\alpha}b^{\beta}c^{\gamma}$. De la même manière, on voit que l'on a $\beta \geqslant \gamma$. Par suite, $\alpha, \beta, \gamma$ sont au plus égaux à $\omega$. Cela posé, il est possible de trouver trois entiers positifs ou nuls, $\lambda, \mu, \nu$, tels que le polynome $AP^{\lambda}Q^{\mu}R^{\nu}$, symétrique en $a$, $b$, $c$, ait même plus haut terme que $f$. En effet, les plus hauts termes de P, Q, R sont respectivement $a$, $ab$, $abc$; le plus haut terme de $AP^{\lambda}Q^{\mu}R^{\nu}$ est donc $Aa^{\lambda}(ab)^{\mu}(abc)^{\nu}$, c'est-à-dire $Aa^{\lambda+\mu+\nu}b^{\mu+\nu}c^{\nu}$. Pour qu'il soit égal au plus haut terme de $f$, il faut et il suffit que l'on ait

$$\lambda + \mu + \nu = \alpha, \quad \mu + \nu = \beta, \quad \nu = \gamma;$$

de ces équations en $\lambda$, $\mu$, $\nu$, on tire, par soustractions successives membre à membre,

$$\lambda = \alpha - \beta, \quad \mu = \beta - \gamma, \quad \nu = \gamma;$$

or, comme on l'a vu, $\alpha - \beta$, $\beta - \gamma$ sont, comme $\gamma$, des entiers positifs ou nuls.

Les entiers $\lambda$, $\mu$, $\nu$ étant ainsi calculés, formons le polynome

$$f_1(a, b, c) = f(a, b, c) - \mathrm{A}\mathrm{P}^\lambda \mathrm{Q}^\mu \mathrm{R}^\nu.$$

Ce polynome est symétrique en $a$, $b$, $c$. S'il est nul, on a

$$f(a, b, c) = \mathrm{A}\mathrm{P}^\lambda \mathrm{Q}^\mu \mathrm{R}^\nu,$$

et le second membre de cette identité peut être pris pour polynome $\varphi$. Si $f_1$ n'est pas nul, il admet un plus haut terme en $a$, $b$, $c$, soit $\mathrm{A}_1 a^{\alpha_1} b^{\beta_1} c^{\gamma_1}$, dans lequel on a encore $\alpha_1 \geqslant \beta_1 \geqslant \gamma_1$. Ce terme est moins haut que le plus haut terme de $f$; en effet, $f(a, b, c)$ et $\mathrm{A}\mathrm{P}^\lambda \mathrm{Q}^\mu \mathrm{R}^\nu$ ont mêmes plus hauts termes en $a$, $b$, $c$ qui se réduisent à 0 dans la soustraction qui donne $f_1$. Par suite, $\alpha_1$ est au plus égal à $\alpha$, et ainsi $\alpha_1$, $\beta_1$, $\gamma_1$ sont au plus égaux à $\omega$. Il est possible de trouver trois entiers $\lambda_1, \mu_1$, $\nu_1$, positifs ou nuls, tels que le polynome $\mathrm{A}_1 \mathrm{P}^{\lambda_1} \mathrm{Q}^{\mu_1} \mathrm{R}^{\nu_1}$, symétrique en $a$, $b$, $c$, ait même plus haut terme que $f_1$; on doit avoir

$$\lambda_1 + \mu_1 + \nu_1 = \alpha_1, \quad \mu_1 + \nu_1 = \beta_1, \quad \nu_1 = \gamma_1,$$

d'où l'on déduit

$$\lambda_1 = \alpha_1 - \beta_1, \quad \mu_1 = \beta_1 - \gamma_1, \quad \nu_1 = \gamma_1.$$

Les entiers $\lambda_1$, $\mu_1$, $\nu_1$ étant ainsi calculés, formons le polynome symétrique en $a$, $b$, $c$

$$f_2(a, b, c) = f_1(a, b, c) - \mathrm{A}_1 \mathrm{P}^{\lambda_1} \mathrm{Q}^{\mu_1} \mathrm{R}^{\nu_1} = f(a, b, c) - \mathrm{A}\mathrm{P}^\lambda \mathrm{Q}^\mu \mathrm{R}^\nu - \mathrm{A}_1 \mathrm{P}^{\lambda_1} \mathrm{Q}^{\mu_1} \mathrm{R}^{\nu_1}.$$

S'il est nul, on a

$$f(a, b, c) = \mathrm{A}\mathrm{P}^\lambda \mathrm{Q}^\mu \mathrm{R}^\nu + \mathrm{A}_1 \mathrm{P}^{\lambda_1} \mathrm{Q}^{\mu_1} \mathrm{R}^{\nu_1},$$

et le second membre de cette identité peut être pris pour polynome $\varphi$. Si $f_2$ n'est pas nul, il admet un plus haut terme en $a$, $b$, $c$, soit $\mathrm{A}_2 a^{\alpha_2} b^{\beta_2} c^{\gamma_2}$, moins haut que le plus haut terme de $f_1$ et dans lequel on a $\alpha_2 \geqslant \beta_2 \geqslant \gamma_2$; $\alpha_2$ étant au plus égal à $\alpha_1$, $\alpha_2$, $\beta_2$, $\gamma_2$ sont au plus égaux à $\omega$. Il existe trois entiers positifs ou nuls, $\lambda_2$, $\mu_2$ et $\nu_2$, tels que $\mathrm{A}_2 \mathrm{P}^{\lambda_2} \mathrm{Q}^{\mu_2} \mathrm{R}^{\nu_2}$ ait même plus haut terme que $f_2$. Formons $f_3 = f_2 - \mathrm{A}_2 \mathrm{P}^{\lambda_2} \mathrm{Q}^{\mu_2} \mathrm{R}^{\nu_2}$; et ainsi de suite.

On est ainsi conduit à former une suite de polynomes symétriques, $f, f_1, f_2, \ldots$, dont les plus hauts termes en $a$, $b$, $c$ sont de moins en moins hauts, et dont les degrés par rapport à chacune des variables $a$, $b$, $c$ sont au plus égaux à $\omega$. Il est clair qu'il existe un entier $k$ tel que, ou bien $f_k$ soit nul, ou bien $f_k$, étant non nul, ait un plus haut terme $A_k a^{\alpha_k} b^{\beta_k} c^{\gamma_k}$, dans lequel on ait $\alpha_k = 0$; mais alors, comme on a $\alpha_k \geqslant \beta_k \geqslant \gamma_k$, on a $\alpha_k = \beta_k = \gamma_k = 0$; le plus haut terme de $f_k$ se réduit à une constante non nulle, à laquelle se réduit $f_k$ lui-même. Dans l'un et l'autre cas, $f_k$ est une constante C nulle ou non nulle, et on a

$$f(a, b, c) = AP^{\lambda}Q^{\mu}R^{\nu} + A_1 P^{\lambda_1}Q^{\mu_1}R^{\nu_1} + \ldots + A_{k-1}P^{\lambda_{k-1}}Q^{\mu_{k-1}}R^{\nu_{k-1}} + C.$$

Le second membre de cette relation peut être pris pour polynome $\varphi$.

Ce polynome $\varphi$ est obtenu sous forme réduite. En effet, si deux termes étaient semblables, par exemple, $AP^{\lambda}Q^{\mu}R^{\nu}$ et $A_2 P^{\lambda_2}Q^{\mu_2}R^{\nu_2}$, on aurait

$$\lambda_2 = \lambda, \quad \mu_2 = \mu, \quad \nu_2 = \nu.$$

et, par suite,

$$\alpha_2 = \alpha, \quad \beta_2 = \beta, \quad \gamma_2 = \gamma;$$

les deux monomes $Aa^{\alpha}b^{\beta}c^{\gamma}$ et $A_2 a^{\alpha_2}b^{\beta_2}c^{\gamma_2}$ seraient semblables, ce qui n'est pas, puisque le second est moins haut que le premier.

Le degré du premier terme de $\varphi$ est égal à $\lambda + \mu + \nu$, c'est-à-dire à $\omega$; le degré du second terme de $\varphi$ est égal à $\lambda_1 + \mu_1 + \nu_1$, c'est-à-dire à $\alpha_1$, nombre au plus égal à $\omega$; les degrés des termes qui suivent le premier sont au plus égaux à $\omega$. Comme les divers termes de $\varphi$ sont ceux de la forme réduite de $\varphi$, on voit bien que le degré de $\varphi$ par rapport à l'ensemble des variables P, Q, R est égal à $\omega$.

D'autre part, supposons que $f(a, b, c)$ soit homogène et de poids $\varpi$. Le degré de $Aa^{\alpha}b^{\beta}c^{\gamma}$ est égal à $\varpi$. Comme le polynome $AP^{\lambda}Q^{\mu}R^{\nu}$ en $a$, $b$, $c$ est homogène et a pour plus haut terme le plus haut terme de $f$, le poids de ce polynome est $\varpi$; autrement dit, la somme des poids des fonctions symétriques élémentaires qui entrent en facteurs dans $AP^{\lambda}Q^{\mu}R^{\nu}$ est égale à $\varpi$; on a $\lambda + 2\mu + 3\nu = \varpi$. Le polynome $f_1(a, b, c)$ est homogène et de poids $\varpi$; il s'ensuit que la somme des poids des fonctions symétriques élémentaires qui entrent en facteur dans $A_1 P^{\lambda_1}Q^{\mu_1}R^{\nu_1}$ est égale à $\varpi$; on a $\lambda_1 + 2\mu_1 + 3\nu_1 = \varpi$. Et ainsi de suite. Dans le cas particulier où $f$ est homogène, on a nécessairement $f_k = 0$.

2° *Le polynome $\varphi$ est unique.* — Supposons en effet qu'il y ait un autre polynome $\psi(P, Q, R)$ ayant les propriétés énoncées du polynome $\varphi$. Le polynome $\varphi - \psi$ a une forme réduite autre que 0. Quelles que soient les valeurs numériques de $a$, $b$, $c$, on a $\varphi(P, Q, R) = f(a, b, c)$

$\psi(P, Q, R) = f(a, b, c)$; donc, quelles que soient les valeurs numériques de $a$, $b$, $c$, le polynome $\varphi - \psi$ en P, Q, R a une valeur numérique nulle. En se servant d'un raisonnement qui vient d'être fait dans la première partie de la démonstration, on voit que si l'on considère deux termes distincts, c'est-à-dire non semblables, de la forme réduite de $\varphi - \psi$, si on les développe par rapport aux variables $a$, $b$, $c$ et si on les ordonne en $a$, $b$, $c$, les termes les plus hauts des deux polynomes en $a$, $b$, $c$ ainsi obtenus sont eux-mêmes non semblables. Il suit de là que parmi les termes en P, Q, R de la forme réduite de $\varphi - \psi$, il en existe un et un seul tel que le plus haut terme de son développement par rapport à $a$, $b$, $c$ soit plus haut que les plus hauts termes des développements par rapport à $a$, $b$, $c$ des autres termes en P, Q, R de cette forme réduite. Le plus haut terme du développement de ce terme en P, Q, R par rapport à $a$, $b$, $c$ est le plus haut terme du développement du polynome $\varphi - \psi$ par rapport à $a$, $b$, $c$; il subsiste dans la mise sous forme réduite du développement de $\varphi - \psi$ par rapport à $a$, $b$, $c$. Or, ce développement est un polynome en $a$, $b$, $c$ qui est nul quelles que soient les valeurs numériques de $a$, $b$, $c$; sa forme réduite est donc 0. Il y a, par suite, contradiction; le polynome $\varphi$ est donc unique.

*Conséquences.* — La démonstration précédente donne le moyen de calculer le polynome $\varphi$ (P, Q, R). Dans des cas simples, il peut être avantageux de calculer $\varphi$ d'une autre manière.

Remarquons d'abord que tout polynome symétrique est ou bien homogène ou bien une somme de polynomes symétriques homogènes. En effet, si la somme des termes de degré $k$ contient un certain monome, elle contient aussi tous les monomes, de degré $k$, que l'on déduit de ce monome par des suites quelconques de transpositions effectuées sur les variables; cette somme est donc un polynome symétrique. D'après cela, nous pouvons nous borner au calcul des polynomes en P, Q, R qui expriment les polynomes symétriques et homogènes en $a$, $b$, $c$.

Par application du théorème fondamental, étant donné un polynome symétrique et homogène $f(a, b, c)$, d'ordre $\omega$ et de poids $\varpi$, le polynome $\varphi(P, Q, R)$ qui lui est égal est une somme de monomes de la forme $AP^\lambda Q^\mu R^\nu$, $\lambda$, $\mu$ et $\nu$ vérifiant les deux conditions

$$\lambda + \mu + \nu \leqslant \omega, \qquad \lambda + 2\mu + 3\nu = \varpi.$$

Pour calculer $\varphi$, il suffit de former tous les systèmes de nombres entiers positifs ou nuls, $\lambda$, $\mu$, $\nu$, vérifiant les deux conditions précédentes, et d'écrire la somme des monomes $AP^{\lambda}Q^{\mu}R^{\nu}$ qui correspondent à ces divers systèmes de nombres $\lambda$, $\mu$, $\nu$, les coefficients A étant des quantités indéterminées, nulles ou non nulles. Pour déterminer ces coefficients, on attribuera aux variables $a$, $b$, $c$ des valeurs numériques, en nombre suffisant et convenablement choisies, on calculera les valeurs numériques de P, Q, R, de $f(a, b, c)$, et on exprimera que les valeurs numériques du polynome indéterminé en P, Q, R sont égales aux valeurs numériques correspondantes de $f(a, b, c)$. On obtient ainsi des équations, par rapport aux inconnues A, qu'il est aisé de résoudre.

Par exemple, soit la fonction symétrique

$$f(a, b, c) = a^2(b-c)^2 + b^2(c-a)^2 + c^2(a-b)^2.$$

Elle est d'ordre 2; en outre, elle est homogène et de poids 4. Par suite, tout monome $AP^{\lambda}Q^{\mu}R^{\nu}$ du polynome $\varphi(P, Q, R)$ qui est égal à $f(a, b, c)$ satisfait aux deux conditions

$$\lambda + 2\mu + 3\nu = 4, \quad \lambda + \mu + \nu \leqslant 2.$$

Les seules solutions possibles sont

$$\nu = 1, \quad \mu = 0, \quad \lambda = 1;$$
$$\nu = 0, \quad \mu = 2, \quad \lambda = 0.$$

Par suite, on a une identité de la forme

$$f(a, b, c) = APR + BQ^2,$$

A et B étant des constantes nulles ou non nulles. Pour calculer ces deux nombres A et B, remplaçons d'abord chacune des variables $a$, $b$, $c$ par 1; $f(a, b, c)$ prend la valeur 0; P, Q, R prennent les valeurs 3, 3, 1; on a ainsi l'égalité

$$0 = 3A + 9B \quad \text{ou} \quad A + 3B = 0.$$

Remplaçons ensuite $a$ par 0, chacune des variables $b$ et $c$ par 1; $f(a, b, c)$ prend la valeur 2, P, Q, R prennent les valeurs 2, 1, 0; on a ainsi l'égalité

$$B = 2.$$

On a donc $A = -6$, d'où l'identité

$$f(a, b, c) = 2Q^2 - 6PR.$$

Nous allons maintenant exposer des procédés particuliers de calcul applicables à certaines fonctions symétriques.

160. **Formules de Newton.** — Soient les $n$ variables $a, b, c, \ldots, l$, $P_1$, $P_2$, …, $P_n$ les $n$ fonctions symétriques élémentaires de ces variables. $\alpha$ étant un entier quelconque, positif, nul ou négatif, posons

$$S_\alpha = a^\alpha + b^\alpha + c^\alpha + \ldots + l^\alpha.$$

Proposons-nous de calculer $S_\alpha$ en fonction de $P_1, P_2, \ldots, P_n$. Pour cela, introduisons les fonctions symétriques élémentaires $A_1, A_2, \ldots, A_{n-1}$ des $n-1$ variables autres que $a$, $B_1, B_2, \ldots, B_{n-1}$ des $n-1$ variables autres que $b$, ..., $L_1, L_2, \ldots, L_{n-1}$ des $n-1$ variables autres que $l$.

D'abord, si on suppose $\alpha = 0$, on a évidemment $S_\alpha = S_0 = n$. Supposons ensuite $\alpha$ positif et au plus égal à $n$. Si dans $P_1, P_2, \ldots, P_{\alpha-1}$ on sépare les termes qui ne contiennent pas $a$ et les termes qui contiennent $a$ en facteur, on obtient les identités

$$P_1 = a + A_1, \quad P_2 = aA_1 + A_2, \quad \ldots, \quad P_{\alpha-1} = aA_{\alpha-2} + A_{\alpha-1}.$$

De la première identité on tire

$$A_1 = P_1 - a.$$

De la seconde, on tire

$$A_2 = P_2 - A_1 a = P_2 - a(P_1 - a) = P_2 - aP_1 + a^2.$$

De la troisième, on tire

$$A_3 = P_3 - A_2 a = P_3 - a(P_2 - aP_1 + a^2) = P_3 - aP_2 + a^2P_1 - a^3,$$

et ainsi de suite. Finalement, de la dernière identité on tire

$$A_{\alpha-1} = P_{\alpha-1} - aP_{\alpha-2} + a^2P_{\alpha-3} + \ldots + (-1)^{\alpha-2}a^{\alpha-2}P_1 + (-1)^{\alpha-1}a^{\alpha-1}.$$

De même, on a

$$B_{\alpha-1} = P_{\alpha-1} - bP_{\alpha-2} + b^2P_{\alpha-3} + \ldots + (-1)^{\alpha-2}b^{\alpha-2}P_1 + (-1)^{\alpha-1}b^{\alpha-1},$$

. . . . . . . . . . . . . . . . . . . . . . . . . . . . . . . . . .

$$L_{\alpha-1} = P_{\alpha-1} - lP_{\alpha-2} + l^2P_{\alpha-3} + \ldots + (-1)^{\alpha-2}l^{\alpha-2}P_1 + (-1)^{\alpha-1}l^{\alpha-1}.$$

Multiplions les deux membres de ces égalités respectivement par $a$, $b$, ..., $l$ et ajoutons. Il vient

$$aA_{\alpha-1} + bB_{\alpha-1} + \ldots + lL_{\alpha-1} = P_{\alpha-1}S_1 - P_{\alpha-2}S_2 + P_{\alpha-3}S_3 + \ldots$$
$$+ (-1)^{\alpha-2}P_1S_{\alpha-1} + (-1)^{\alpha-1}S_\alpha.$$

Les termes de chaque partie de la somme $aA_{\alpha-1} + bB_{\alpha-1} + \ldots + lL_{\alpha-1}$ sont des produits de $\alpha$ des variables $a, b, c, \ldots, l$; si on considère un produit quelconque de $\alpha$ variables prises parmi les variables $a, b, c \ldots, l$, en le considérant successivement comme égal au produit de chacune de ces variables et du produit des $\alpha - 1$ autres, on reconnaît que ce produit de $\alpha$ variables est contenu $\alpha$ fois dans la somme précédente. On a ainsi

$$aA_{\alpha-1} + bB_{\alpha-1} + \ldots + lL_{\alpha-1} = \alpha P_\alpha.$$

Par suite, on a

$$S_\alpha - P_1S_{\alpha-1} + P_2S_{\alpha-2} + \ldots + (-1)^{\alpha-1}P_{\alpha-1}S_1 + (-1)^\alpha \alpha P_\alpha = 0,$$

identité générale qui permet de calculer $S_\alpha$ quand on a calculé $S_1$, $S_2$, ..., $S_{\alpha-2}$, $S_{\alpha-1}$. On a les identités successives

$$S_1 - P_1 = 0,$$
$$S_2 - P_1S_1 + 2P_2 = 0,$$
$$S_3 - P_1S_2 + P_2S_1 - 3P_3 = 0,$$
$$\dots\dots\dots\dots$$
$$S_n - P_1S_{n-1} + P_2S_{n-2} + \dots + (-1)^{n-1}P_{n-1}S_1 + (-1)^n nP_n = 0.$$

De la première, on tire $S_1$ en fonction de $P_1$; portant l'expression de $S_1$ dans la seconde identité, on tire de cette identité $S_2$ en fonction de $P_1$, $P_2$; ...; portant l'expression de $S_{\alpha-1}$ dans la $\alpha^{\text{ième}}$ identité, de cette identité on tire $S_\alpha$ en fonction de $P_1$, $P_2$, ..., $P_\alpha$; ...; de la $n^{\text{ième}}$ identité, on tire $S_n$ en fonction de $P_1$, $P_2$, ..., $P_n$. Il est facile de voir que l'expression de $S_\alpha$ en fonction de $P_1$, $P_2$, ..., $P_\alpha$ a les propriétés énoncées dans le théorème fondamental (¹).

Supposons $\alpha$ plus grand que $n$. On a

$$P_n = aA_{n-1}$$
$$= a[P_{n-1} - aP_{n-2} + a^2P_{n-3} + \dots + (-1)^{n-2}a^{n-2}P_1 + (-1)^{n-1}a^{n-1}],$$

c'est-à-dire, en divisant les deux membres par $(-1)^{n-1}$,

$$a^n - P_1a^{n-1} + P_2a^{n-2} + \dots + (-1)^{n-1}P_{n-1}a + (-1)^nP_n = 0.$$

Multiplions les deux membres par $a^{\alpha-n}$; on a

$$a^\alpha - P_1a^{\alpha-1} + P_2a^{\alpha-2} + \dots + (-1)^{n-1}P_{n-1}a^{\alpha-n+1} + (-1)^nP_na^{\alpha-n} = 0.$$

De même, on a

$$b^\alpha - P_1b^{\alpha-1} + P_2b^{\alpha-2} + \dots + (-1)^{n-1}P_{n-1}b^{\alpha-n+1} + (-1)^nP_nb^{\alpha-n} = 0,$$
$$\dots\dots\dots\dots$$
$$l^\alpha - P_1l^{\alpha-1} + P_2l^{\alpha-2} + \dots + (-1)^{n-1}P_{n-1}l^{\alpha-n+1} + (-1)^nP_nl^{\alpha-n} = 0.$$

Ajoutons ces identités membre à membre; nous obtenons

$$S_\alpha - P_1S_{\alpha-1} + P_2S_{\alpha-2} + \dots + (-1)^{n-1}P_{n-1}S_{\alpha-n+1} + (-1)^nP_nS_{\alpha-n} = 0.$$

Si dans cette identité générale on fait successivement $\alpha = n+1$, $n+2$, ..., on obtient les identités

$$S_{n+1} - P_1S_n + P_2S_{n-1} + \dots + (-1)^{n-1}P_{n-1}S_2 + (-1)^nP_nS_1 = 0,$$
$$S_{n+2} - P_1S_{n+1} + P_2S_n + \dots + (-1)^{n-1}P_{n-1}S_3 + (-1)^nP_nS_2 = 0,$$
$$\dots\dots\dots\dots$$

(¹) Cf. MÉRAY, *Sur la théorie classique des fonctions symétriques* (*Revue de l'Enseignement des Sciences*, février 1912).

La première identité permet de calculer $S_{n+1}$, puisqu'on a déjà calculé $S_n, S_{n-1}, \ldots, S_2, S_1$; $S_{n+1}$ étant calculé, la seconde identité permet de calculer $S_{n+2}$, et ainsi de suite. Il est facile encore de reconnaître que l'expression de $S_\alpha (\alpha > n)$ en fonction de $P_1, P_2, \ldots, P_n$ a les propriétés énoncées dans le théorème fondamental.

Il est possible de se servir des résultats qui viennent d'être obtenus pour calculer $S_\alpha$ quand $\alpha$ est négatif; $S_\alpha$ est alors une fonction symétrique rationnelle, non entière.

Partons de l'identité

$$a^n - P_1 a^{n-1} + P_2 a^{n-2} + \ldots + (-1)^{n-1} P_{n-1} a + (-1)^n P_n = 0$$

et multiplions les deux membres par $a^\alpha$; nous avons

$$a^{n+\alpha} - P_1 a^{n+\alpha-1} + P_2 a^{n+\alpha-2} + \ldots + (-1)^{n-1} P_{n-1} a^{\alpha+1} + (-1)^n P_n a^\alpha = 0.$$

De même, on a

$$b^{n+\alpha} - P_1 b^{n+\alpha-1} + P_2 b^{n+\alpha-2} + \ldots + (-1)^{n-1} P_{n-1} b^{\alpha+1} + (-1)^n P_n b^\alpha = 0,$$

. . . . . . . . . . . . . . . . . . . . . . . . . . . . . . . . . . .

$$l^{n+\alpha} - P_1 l^{n+\alpha-1} + P_2 l^{n+\alpha-2} + \ldots + (-1)^{n-1} P_{n-1} l^{\alpha+1} + (-1)^n P_n l^\alpha = 0.$$

Ajoutons ces identités membre à membre; il vient

$$S_{n+\alpha} - P_1 S_{n+\alpha-1} + P_2 S_{n+\alpha-2} + \ldots + (-1)^{n-1} P_{n-1} S_{\alpha+1} + (-1)^n P_n S_\alpha = 0.$$

Si dans cette identité générale, on fait successivement $\alpha = -1$, $-2, \ldots$, on obtient les identités

$$S_{n-1} - P_1 S_{n-2} + P_2 S_{n-3} + \ldots + (-1)^{n-1} P_{n-1} S_0 + (-1)^n P_n S_{-1} = 0,$$

$$S_{n-2} - P_1 S_{n-1} + P_2 S_{n-2} + \ldots + (-1)^{n-1} P_{n-1} S_{-1} + (-1)^n P_n S_{-2} = 0,$$

. . . . . . . . . . . . . . . . . . . . . . . . . . . . . . . . . . .

La première identité permet de calculer $S_{-1}$, puisqu'on a déjà calculé $S_0, S_1, \ldots, S_{n-1}$; $S_{-1}$ étant calculé, la seconde identité permet de calculer $S_{-2}$, et ainsi de suite.

161. **Les fonctions symétriques** $\Sigma a^\alpha b^\beta c^\gamma \ldots$ — Nous représenterons par la notation $\Sigma a^\alpha b^\beta$, $\alpha$ et $\beta$ étant deux entiers positifs, la somme du monome $a^\alpha b^\beta$ et des différents autres monomes qui s'en déduisent en remplaçant $a$ et $b$ par deux quelconques des variables $a, b, \ldots, l$. Si $\alpha \neq \beta$, les termes de la somme correspondent aux arrangements 2 à 2 des variables $a, b, \ldots, l$, ou aux permutations dans le cas de 2 variables; si $\alpha = \beta$, les termes de la somme correspondent aux combinaisons 2 à 2 de ces variables.

Il est facile de calculer $\Sigma a^\alpha b^\beta$ en fonction de $P_1, P_2, \ldots, P_n$, en passant par l'intermédiaire des fonctions S.

Posons

$$S_\alpha = a^\alpha + b^\alpha + \ldots + l^\alpha,$$
$$S_\beta = a^\beta + b^\beta + \ldots + l^\beta.$$

Multiplions ces égalités membre à membre. Il vient une égalité dont le premier membre est $S_\alpha S_\beta$; quant au second membre, il est formé de deux sortes de monomes, selon qu'on multiplie entre eux deux termes de $S_\alpha$ et de $S_\beta$ contenant la même variable ou deux variables différentes. On a ainsi tous les monomes tels que $a^{\alpha+\beta}$ et tous les monomes tels que $a^\alpha b^\beta$. Les monomes tels que $a^{\alpha+\beta}$ sont obtenus d'une seule manière; leur somme $S_{\alpha+\beta}$ figure dans le second membre avec le coefficient 1. Si $\alpha \neq \beta$, les monomes tels que $a^\alpha b^\beta$ sont aussi obtenus d'une seule manière; $a^\alpha b^\beta$ ne peut être obtenu qu'en multipliant le monome $a^\alpha$ de $S_\alpha$ par le monome $b^\beta$ de $S_\beta$. La somme $\Sigma a^\alpha b^\beta$ figure dans le second membre avec le coefficient 1, et l'on a alors l'identité

$$S_\alpha S_\beta = S_{\alpha+\beta} + \Sigma a^\alpha b^\beta,$$

d'où

$$\Sigma a^\alpha b^\beta = S_\alpha S_\beta - S_{\alpha+\beta}.$$

Si $\alpha = \beta$, les monomes tels que $a^\alpha b^\beta$, c'est-à-dire $a^\alpha b^\alpha$, sont obtenus de deux manières; $a^\alpha b^\alpha$ peut être obtenu soit en multipliant $a^\alpha$ pris dans le second membre de la première égalité par $b^\alpha$ pris dans le second membre de la seconde, soit en multipliant $a^\alpha$ pris dans le second membre de la seconde égalité par $b^\alpha$ pris dans le second membre de la première. La somme $\Sigma a^\alpha b^\alpha$ figure donc dans le second membre de la troisième égalité avec le coefficient 2, et l'on a ainsi

$$S_\alpha^2 = S_{2\alpha} + 2\Sigma a^\alpha b^\alpha,$$

d'où

$$\Sigma a^\alpha b^\alpha = \frac{1}{2}(S_\alpha^2 - S_{2\alpha}).$$

On déduit de là les expressions de $\Sigma a^\alpha b^\beta$ et de $\Sigma a^\alpha b^\alpha$ en fonction de $P_1, P_2, \ldots, P_n$. Il est facile de voir que les expressions trouvées ont la propriété relative au poids énoncée dans le théorème fondamental.

Nous représenterons par la notation $\Sigma a^\alpha b^\beta c^\gamma$, $\alpha$, $\beta$, $\gamma$ étant des entiers positifs, la somme du monome $a^\alpha b^\beta c^\gamma$ et des différents autres monomes qui s'en déduisent en remplaçant $a$, $b$, $c$ par trois quelconques des variables $a, b, c, \ldots, l$.

Pour calculer $\Sigma a^\alpha b^\beta c^\gamma$ en fonction de $P_1, P_2, \ldots, P_n$, formons le produit de $\Sigma a^\alpha b^\beta$ par $S_\gamma$. Supposons d'abord $\alpha \neq \beta \neq \gamma$. Si on a en outre $\alpha + \gamma \neq \beta$,

$\beta+\gamma\neq\alpha$, on voit, par un raisonnement analogue au précédent, que l'on a

$$\Sigma a^\alpha b^\beta S_\gamma = \Sigma a^\alpha b^\beta c^\gamma + \Sigma a^{\alpha+\gamma} b^\beta + \Sigma a^\alpha b^{\beta+\gamma}.$$

Mais, d'autre part, on a

$$\Sigma a^{\alpha+\gamma} b^\beta = S_{\alpha+\gamma} S_\beta - S_{\alpha+\beta+\gamma},$$
$$\Sigma a^\alpha b^{\beta+\gamma} = S_{\beta+\gamma} S_\alpha - S_{\alpha+\beta+\gamma},$$
$$\Sigma a^\alpha b^\beta = S_\alpha S_\beta - S_{\alpha+\beta}.$$

On obtient, d'après cela,

$$\Sigma a^\alpha b^\beta c^\gamma = (S_\alpha S \;\; - S_{\alpha+\beta}) S_\gamma - (S_{\alpha+\gamma} S_\beta - S_{\alpha+\beta+\gamma}) - (S_{\beta+\gamma} S_\alpha - S_{\alpha+\beta+\gamma}),$$

c'est-à-dire

$$\Sigma a^\alpha b^\beta c^\gamma = S_\alpha S_\beta S_\gamma - S_\alpha S_{\beta+\gamma} - S_\beta S_{\gamma+\alpha} - S_\gamma S_{\alpha+\beta} + 2 S_{\alpha+\beta+\gamma}.$$

Si l'on a $\alpha+\gamma=\beta$, l'identité précédente est encore vraie. En effet, dans le produit $\Sigma a^\alpha b^\beta S_\gamma$, le coefficient de $\Sigma a^{\beta+\gamma} b^\beta$ est non plus 1, mais 2, et, d'autre part, l'expression de $\Sigma a^{\alpha+\gamma} b^\beta$ est non plus $S_{\alpha+\gamma} S_\beta - S_{\alpha+\beta+\gamma}$, mais $\frac{1}{2}(S_{\alpha+\gamma} S_\beta - S_{\alpha+\beta+\gamma})$. De même, l'identité obtenue est vraie, si on a $\beta+\gamma=\alpha$. Finalement, cette identité est valable avec les seules conditions $\alpha\neq\beta\neq\gamma$.

Si $\alpha=\beta\neq\gamma$, on a

$$\Sigma a^\alpha b^\alpha S_\gamma = \Sigma a^\alpha b^\alpha c^\gamma + \Sigma a^{\alpha+\gamma} b^\alpha.$$

Mais, on a

$$\Sigma a^\alpha b^\alpha = \frac{1}{2}(S_\alpha - S_{2\alpha}),$$
$$\Sigma a^{\alpha+\gamma} b^\alpha = S_{\alpha+\gamma} S_\alpha - S_{2\alpha+\gamma}.$$

On obtient, d'après cela,

$$\Sigma a^\alpha b^\alpha c^\gamma = \frac{1}{2}(S_\alpha^2 - S_2 \;) S_\gamma - (S_{\alpha+\gamma} S_\alpha - S_{2\alpha+\gamma})$$
$$= \frac{1}{2}(S_\alpha^2 S_\gamma - 2 S_{\alpha+\gamma} S_\alpha - S_{2\alpha} S_\gamma + 2 S_{2\alpha+\gamma}).$$

Si $\alpha=\beta=\gamma$, on a

$$\Sigma a^\alpha b^\alpha S_\alpha = 3 \Sigma a^\alpha b^\alpha c^\alpha + \Sigma a^{2\alpha} b^\alpha;$$

un terme de $\Sigma a^\alpha b^\alpha c^\alpha$, par exemple $a^\alpha b^\alpha c^\alpha$, est obtenu trois fois, par multiplication de $a^\alpha b^\alpha$ par $c^\alpha$, de $a^\alpha c^\alpha$ par $b^\alpha$, de $b^\alpha c^\alpha$ par $a^\alpha$. Mais on a

$$\Sigma a^\alpha b^\alpha = \frac{1}{2}(S \; - S_{2\alpha}),$$
$$\Sigma a^{2\alpha} b^\alpha = S_{2\alpha} S_\alpha - S_{3\alpha}.$$

On obtient, d'après cela,

$$\Sigma a^\alpha b^\alpha c^\alpha = \frac{1}{6}(S_\alpha^3 - 3S_{2\alpha}S_\alpha + 2S_{3\alpha}).$$

Comme on sait calculer les S en fonction des P, on peut, à l'aide des identités précédentes, calculer dans tous les cas $\Sigma a^\alpha b^\beta c^\gamma$ en fonction des P. Il est facile de reconnaître que l'expression trouvée a la propriété relative au poids énoncée dans le théorème fondamental.

De même, on définira $\Sigma a^\alpha b^\beta c^\gamma d^\delta$, $\alpha, \beta, \gamma, \delta$ étant quatre entiers positifs, et du calcul de $\Sigma a^\alpha b^\beta c^\gamma$ en fonction des S on déduira celui de $\Sigma a^\alpha b^\beta c^\gamma d^\delta$, en multipliant $\Sigma a^\alpha b^\beta c^\gamma$ par $S_\delta$. Et ainsi de suite.

Nous avons supposé, dans tout ce qui précède, $\alpha, \beta, \gamma, \delta, \ldots$ positifs; mais les résultats obtenus s'appliquent sans modification aux divers cas dans lesquels plusieurs des entiers $\alpha, \beta, \gamma, \delta, \ldots$ sont négatifs. Les expressions trouvées en fonction des P sont rationnelles, mais non plus entières.

Remarquons que tout polynome symétrique en $a, b, \ldots, l$ est la somme de fonctions $\Sigma a^\alpha b^\beta \ldots$, respectivement multipliées par des coefficients numériques. Pour le voir, il n'y a qu'à partager les termes du polynome en divers groupes, chaque groupe étant formé d'un terme et des différents autres termes qui s'en déduisent par des transpositions effectuées sur les variables $a, b, \ldots, l$. D'après cela, le calcul de tout polynome symétrique en fonction de $P_1, P_2, \ldots, P_n$ peut se faire à l'aide du calcul en fonction de $P_1, P_2, \ldots, P_n$ des fonctions $\Sigma a^\alpha b^\beta \ldots$.

**162. Généralisation.** — Soient deux systèmes de variables, $a_1, a_2, \ldots, a_n$ d'une part, $b_1, b_2, \ldots, b_p$ d'autre part. Désignons par $P_1, P_2, \ldots, P_n$ les fonctions symétriques élémentaires des $a$, par $Q_1, Q_2, \ldots, Q_p$ les fonctions symétriques élémentaires des $b$. Nous pouvons étendre aux fonctions des $a$ et des $b$ séparément symétriques par rapport aux $a$ et par rapport aux $b$ les résultats que nous venons d'obtenir relativement aux fonctions symétriques. Nous nous occuperons seulement des fractions rationnelles.

D'abord, s'il s'agit d'un polynome en $a_1, a_2, \ldots, a_n, b_1, b_2, \ldots, b_p$, sa forme réduite ne change pas quand on effectue sur les $a$ ou sur les $b$ une suite quelconque de transpositions.

Ensuite, on a le théorème suivant qui généralise un théorème établi relativement aux fonctions rationnelles symétriques (§ 158) : *toute frac-*

*tion rationnelle symétrique séparément par rapport aux a et par rapport aux b est égale au quotient de deux polynomes symétriques séparément par rapport aux a et par rapport aux b.* Pour le démontrer, il suffit de reprendre la démonstration du théorème qui concerne les fractions rationnelles symétriques, en établissant d'abord que la fraction rationnelle considérée est égale au quotient de deux polynomes symétriques par rapport aux $a$ et en établissant ensuite que ce quotient est égal au quotient de deux polynomes symétriques séparément par rapport aux $a$ et par rapport aux $b$.

Ce théorème permet de ramener l'étude des fractions rationnelles symétriques séparément par rapport aux $a$ et par rapport aux $b$ à celle des polynomes symétriques séparément par rapport aux $a$ et par rapport aux $b$.

Étant donné un tel polynome, le degré $\omega$ de ce polynome par rapport à l'un quelconque des $a$ est dit l'*ordre du polynome par rapport aux a*; le degré $\omega'$ de ce polynome par rapport à l'un quelconque des $b$ est dit l'*ordre du polynome par rapport aux b.* Si la somme des degrés par rapport aux $a$ est la même dans tous les termes du polynome, cette quantité $\varpi$ est dite le *poids du polynome par rapport aux a*; si la somme des degrés par rapport aux $b$ est la même dans tous les termes du polynome, cette quantité $\varpi'$ est dite le *poids du polynome par rapport aux b.*

En particulier, les ordres des fonctions P par rapport aux $a$ et par rapport aux $b$ sont respectivement 1 et 0; les P ont des poids par rapport aux $a$ égaux à leurs indices et des poids par rapport aux $b$ égaux à 0. De même, pour les fonctions Q.

On a enfin un théorème fondamental qui généralise le théorème fondamental établi relativement aux polynomes symétriques : *étant donné un polynome $f(a_1, a_2, \ldots, a_n, b_1, b_2, \ldots, b_p)$ symétrique séparément par rapport aux a et par rapport aux b, d'ordre $\omega$ par rapport aux a, d'ordre $\omega'$ par rapport aux b, il est possible et d'une seule manière de l'exprimer par un polynome en $P_1, P_2, \ldots, P_n, Q_1, Q_2, \ldots, Q_p$, soit $\varphi(P_1, P_2, \ldots, P_n, Q_1, Q_2, \ldots, Q_p)$, de degré $\omega$ par rapport à l'ensemble des P, de degré $\omega'$ par rapport à l'ensemble des Q. Si f est homogène et de poids $\varpi$ par rapport aux a, la somme des indices (ou des poids) des P dans chaque terme de $\varphi$ est égale à $\varpi$; si f est homogène et de poids $\varpi'$ par rapport aux b, la somme des indices (ou des poids) des Q dans chaque terme de $\varphi$ est égale à $\varpi'$. Enfin, si f est homogène et de degré $\mho$ par rapport à* *l'ensemble des a et des b, la somme des indices (ou des poids) des P et des Q dans chaque terme de φ est égale à ϖ.*

J'esquisserai seulement la démonstration, qui, avec des modifications faciles, se fait comme celle du théorème fondamental relatif aux polynomes symétriques.

1° *Il existe un polynome* φ. — Donnons un seul et même ordre $a_1, a_2, \ldots, a_n, b_1, b_2, \ldots, b_p$ aux variables $a$ et $b$. Ordonnons le polynome $f$ par rapport à l'ensemble des variables prises dans cet ordre. Le plus haut terme de $f$ est de degré $\omega$ par rapport à $a_1$; les degrés successifs de ce terme par rapport à $a_1, a_2, \ldots, a_n$ forment une suite dans laquelle un nombre est au plus égal au précédent; il en est de même des degrés successifs par rapport aux $b$, au plus égaux à $\omega'$. D'après cela, A étant le coefficient de ce terme, il est possible de trouver un monome entier T en $P_1, P_2, \ldots, P_n, Q_1, Q_2, \ldots, Q_p$, de coefficient A, tel que le plus haut terme de son développement par rapport aux $a$ et aux $b$ soit égal au plus haut terme de $f$. Le monome T étant calculé, formons

$$f_1 = f(a_1, a_2, \ldots, a_n, b_1, b_2, \ldots, b_p) - T.$$

Le polynome $f_1$ est symétrique séparément par rapport aux $a$ et par rapport aux $b$. S'il est nul, le monome T peut être pris pour polynome φ. Si $f_1$ n'est pas nul, il admet un plus haut terme en $a_1, \ldots, a_n, b_1, \ldots, b_p$, qui est moins haut que le plus haut terme de $f$ et dont les degrés sont, par rapport à chacun des $a$, au plus égaux à $\omega$ et, par rapport à chacun des $b$, au plus égaux à $\omega'$. Il est possible de trouver un monome $T_1$ en $P_1, \ldots, P_n, Q_1, \ldots, Q_p$ tel que le plus haut terme de son développement par rapport aux $a$ et par rapport aux $b$ soit égal au plus haut terme de $f_1$. Le monome $T_1$ étant calculé, nous formerons

$$f_2 = f_1 - T_1 = f - T - T_1;$$

et ainsi de suite.

On est ainsi conduit à former une suite de polynomes symétriques séparément par rapport aux $a$ et par rapport aux $b$, dont les plus hauts termes sont de moins en moins hauts, dont les degrés sont, par rapport à chacun des $a$, au plus égaux à $\omega$ et, par rapport à chacun des $b$, au plus égaux à $\omega'$. Il existe un entier $k$ tel que, ou bien $f_k$ soit nul, ou bien $f_k$, étant non nul, ait un plus haut terme de degré 0 par rapport à $a_1$ et, par suite, de degré 0 par rapport à chacun des $a$; $f_k$ se réduit alors à un polynome symétrique par rapport aux $b$ qui peut se réduire lui-même à une constante non nulle. D'après le théorème relatif aux polynomes symétriques, il existe un polynome $\theta$ en $Q_1, Q_2, \ldots, Q_p$ qui est égal à $f_k$, quelles que soient les valeurs attribuées aux $b$. Si $f_k$ est nul, on prendra pour polynome $\varphi$ la somme $T + T_1 + T_2 + \ldots + T_{k-1}$; si $f_k$ n'est pas nul, on posera

$$\varphi = T + T_1 + \ldots + T_{k-1} + \theta.$$

Les plus hauts termes de deux quelconques des polynomes $f, f_1, \ldots, f_{k-1}$ étant non semblables, il en est de même de deux quelconques des termes $T, T_1, \ldots, T_{k-1}$ du polynome $\varphi$. S'il existe un polynome $\theta$, aucun des monomes $T, T_1, \ldots, T_{k-1}$ n'est semblable à un terme de $\theta$. On reconnaît d'après cela que le degré de $\varphi$ par rapport à l'ensemble des $a$ est $\omega$, que, si $f$ est homogène et de poids $\varpi$ par rapport aux $a$, la somme des indices des P dans chacun des termes $T, T_1, \ldots, T_{k-1}$ est égale à $\varpi$, $f_k$ étant égal à 0. Enfin, si $f$ est homogène et de degré $\varpi$ par rapport à l'ensemble des $a$ et des $b$, la somme des indices des P et des Q dans chacun des termes de $\varphi$ est égale à $\varpi$.

2° *Le polynome $\varphi$ est unique.* — S'il existe un autre polynome $\psi$ par rapport aux P et aux Q ayant les propriétés énoncées du polynome $\varphi$, le polynome $\varphi - \psi$ a une forme réduite autre que 0. Le développement de ce polynome par rapport aux $a$ et par rapport aux $b$ a une valeur numérique nulle, quelles que soient les valeurs numériques attribuées aux $a$ et aux $b$. Étant donnés deux termes de la forme réduite de $\varphi - \psi$, les plus hauts termes de leurs développements par rapport aux $a$ et aux $b$ ne sont pas semblables; par suite, parmi les termes de la forme réduite de $\varphi - \psi$, il en existe un et un seul tel que le plus haut terme de son développement en $a_1, a_2, \ldots, a_n, b_1, b_2, \ldots, b_p$ soit plus haut que les plus hauts termes des développements des autres termes de cette forme réduite. Le plus haut terme du développement de ce terme en $P_1, P_2, \ldots, P_n, Q_1, Q_2, \ldots, Q_p$ est le plus haut terme du développement de $\varphi - \psi$ en $a_1, a_2, \ldots, a_n, b_1, b_2, \ldots, b_p$; il subsiste dans la mise sous forme réduite de ce développement. Mais ce développement est identiquement nul; il y a donc contradiction; le polynome $\varphi$ est donc unique.

On aurait obtenu, d'après cela, le même polynome $\varphi$ si on avait choisi comme ordre des variables l'ordre $b_1, b_2, \ldots, b_p, a_1, a_2, \ldots, a_n$. Il s'ensuit que $\varphi$ est de degré $\omega'$ par rapport à l'ensemble des $b$ et que si $f$ est homogène et de poids $\varpi'$ par rapport aux $b$, la somme des indices des Q dans chaque terme de $\varphi$ est égale à $\varpi'$.

La démonstration précédente donne le moyen de calculer le polynome $\varphi$. Mais on peut aussi obtenir $\varphi$ en calculant en fonction des P des polynomes symétriques en $a_1, a_2, \ldots, a_n$ et en fonction des Q des polynomes symétriques en $b_1, b_2, \ldots, b_p$. Si en effet le polynome $f$ contient le terme $Aa_1^{\alpha_1} a_2^{\alpha_2} \ldots a_n^{\alpha_n} b_1^{\beta_1} b_2^{\beta_2} \ldots b_p^{\beta_p}$, il contient aussi tous les termes qui s'en déduisent par des transpositions effectuées sur les $b$; la somme de ce terme et de ceux qui s'en déduisent ainsi est égale à

$$Aa_1^{\alpha_1} a_2^{\alpha_2} \ldots a_n^{\alpha_n} \Sigma b_1^{\beta_1} b_2^{\beta_2} \ldots b_p^{\beta_p}.$$

On sait exprimer $\Sigma b_1^{\beta_1} b_2^{\beta_2} \ldots b_p^{\beta_p}$ par un polynome en $Q_1, Q_2, \ldots, Q_p$, $U(Q_1, Q_2, \ldots, Q_p)$. La somme des termes considérés de $f$ est donc égale à $Aa_1^{\alpha_1} a_2^{\alpha_2} \ldots a_n^{\alpha_n} U(Q_1, Q_2, \ldots, Q_p)$. Mais $f$ contient aussi tous les termes qui se déduisent de ceux-ci par des transpositions effectuées sur les $a$. La somme du terme primitivement considéré et des termes qui s'en déduisent par des transpositions effectuées séparément ou simultanément les unes sur les $a$, les autres sur les $b$ est égale à

$$AU(Q_1, Q_2, \ldots, Q_p) \Sigma a_1^{\alpha_1} a_2^{\alpha_2} \ldots a_n^{\alpha_n}.$$

Mais, on sait exprimer $\Sigma a_1^{\alpha_1} a_2^{\alpha_2} \ldots a_n^{\alpha_n}$ par un polynome en $P_1, P_2, \ldots, P_n$, $V(P_1, P_2, \ldots, P_n)$. La somme précédente est égale au produit

$$AV(P_1, P_2, \ldots, P_n) U(Q_1, Q_2, \ldots, Q_p).$$

Le polynome $\varphi$ est égal à une somme de produits de cette forme.

**163. Calcul du produit $\Pi(a_i - b_j)$.** — Soient les $n$ variables $a_1, a_2, \ldots, a_n$ et les $p$ variables $b_1, b_2, \ldots, b_p$. Considérons le produit $\Pi(a_i - b_j)$ égal à

$$\begin{array}{c}(a_1 - b_1)(a_1 - b_2) \ldots (a_1 - b_p)\\ (a_2 - b_1)(a_2 - b_2) \ldots (a_2 - b_p)\\ \ldots\ldots\ldots\ldots\ldots\\ (a_n - b_1)(a_n - b_2) \ldots (a_n - b_p).\end{array}$$

Ce produit est symétrique séparément par rapport aux $a$ et par rapport aux $b$; il est d'ordre $p$ par rapport aux $a$ et d'ordre $n$ par rapport aux $b$; enfin, il est homogène et de degré $np$ par rapport à l'ensemble des variables $a$ et des variables $b$.

D'après ce qui précède, il est possible d'exprimer $\Pi(a_i - b_j)$ par un polynome entier par rapport aux fonctions symétriques élémentaires $P_1, P_2, \ldots, P_n$ des $a$ et aux fonctions symétriques élémentaires $Q_1, Q_2, \ldots, Q_p$ des $b$. Ce polynome $\varphi$ a les propriétés suivantes qu'il suffit d'énoncer :

1° *il est unique*; 2° *il est de degré p par rapport à l'ensemble des variables* $P_1, P_2, \ldots, P_n$ *et de degré n par rapport à l'ensemble des variables* $Q_1, Q_2, \ldots, Q_p$; 3° *la somme des indices des P et des Q dans chacun des termes de* $\varphi$ *est égale à np*.

On a

$$(a_1 - b_1)(a_1 - b_2)\ldots(a_1 - b_p) = a_1^p - Q_1 a_1^{p-1} + Q_2 a_1^{p-2} + \ldots + (-1)^p Q_p.$$

$$\ldots\ldots\ldots\ldots\ldots\ldots\ldots\ldots\ldots$$

$$(a_n - b_1)(a_n - b_2)\ldots(a_n - b_p) = a_n^p - Q_1 a_n^{p-1} + Q_2 a_n^{p-2} + \ldots + (-1)^p Q_p.$$

On a donc

$$\Pi(a_i - b_j) = \Pi[a_i^p - Q_1 a_i^{p-1} + Q_2 a_i^{p-2} + \ldots + (-1)^p Q_p].$$

On a d'autre part

$$(a_1 - b_1)(a_2 - b_1)\ldots(a_n - b_1) = (-1)^n (b_1 - a_1)(b_1 - a_2)\ldots(b_1 - a_n)$$
$$= (-1)^n [b_1^n - P_1 b_1^{n-1} + P_2 b_1^{n-2} + \ldots + (-1)^n P_n];$$

$$\ldots\ldots\ldots\ldots\ldots\ldots\ldots\ldots\ldots$$

$$(a_1 - b_p)(a_2 - b_p)\ldots(a_n - b_p) = (-1)^n [b_p^n - P_1 b_p^{n-1} + P_2 b_p^{n-2} + \ldots + (-1)^n P_n];$$

On a donc

$$\Pi(a_i - b_j) = (-1)^{np}\Pi[b_j^n - P_1 b_j^{n-1} + P_2 b_j^{n-2} + \ldots + (-1)^n P_n].$$

Pour calculer $\varphi$, il suffit de développer le produit

$$\Pi[a_i^p - Q_1 a_i^{p-1} + \ldots + (-1)^p Q_p];$$

on obtient ainsi une somme de termes de la forme

$$\pm a_1^{\alpha_1} a_2^{\alpha_2} \ldots a_n^{\alpha_n} Q_1^{\lambda_1} Q_2^{\lambda_2} \ldots Q_p^{\lambda_p}.$$

Si l'on groupe les termes de cette forme qui se déduisent de l'un d'entre eux par des suites quelconques de transpositions effectuées sur les $a$, on voit que $\Pi(a_i - b_j)$ est égal à une somme d'expressions de la forme $\pm Q_1^{\lambda_1} Q_2^{\lambda_2} \ldots Q_p^{\lambda_p} \Sigma a_1^{\alpha_1} a_2^{\alpha_2} \ldots a_n^{\alpha_n}$. Dans chacune de ces expressions, il reste à exprimer $\Sigma a_1^{\alpha_1} \ldots a_n^{\alpha_n}$ par un polynome entier en $P_1, P_2, \ldots, P_n$.

Remarquons que pour obtenir un terme $\pm a_1^{\alpha_1} a_2^{\alpha_2} \ldots a_n^{\alpha_n} Q_1^{\lambda_1} Q_2^{\lambda_2} \ldots Q_p^{\lambda_p}$ qui soit de degré $n$ par rapport à l'ensemble des Q, il faut prendre un terme contenant un Q dans chacun des $n$ facteurs $a_i^p - \ldots + (-1)^p Q_p$. Mais alors, on ne pourra prendre un $a$ à un degré supérieur à $p - 1$. Autrement dit, si $\lambda_1 + \lambda_2 + \ldots + \lambda_p = n$, les entiers $\alpha_1, \alpha_2, \ldots, \alpha_n$ sont tous plus petits que $p$. La fonction symétrique $\Sigma a_1^{\alpha_1} a_2^{\alpha_2} \ldots a_n^{\alpha_n}$ est donc d'ordre plus petit que $p$, et son expression par rapport à $P_1, P_2, \ldots, P_n$

est un polynome de degré plus petit que $p$. On voit d'après cela que si un terme de $\varphi$ est de degré $n$ par rapport à l'ensemble des Q, il est de degré moindre que $p$ par rapport à l'ensemble des P. Pour la même raison, si un terme de $\varphi$ est de degré $p$ par rapport à l'ensemble des P, il est de degré moindre que $n$ par rapport à l'ensemble des Q. Finalement, *il n'existe pas dans le polynome $\varphi$ de terme qui soit à la fois de degré $p$ par rapport à l'ensemble des P et de degré $n$ par rapport à l'ensemble des Q.*

## EXERCICES

**45.** On donne dans un plan $n$ points distincts tels qu'il n'y en ait pas trois en ligne droite. On considère toutes les droites qui passent par deux de ces points. Calculer le nombre des points d'intersection de ces droites autres que les $n$ points donnés, en supposant que par un de ces points il ne passe que deux des droites considérées et en supposant aussi que deux quelconques de ces droites ne sont pas parallèles.

**46.** On donne dans un plan $n$ points distincts tels qu'il n'y en ait ni trois en ligne droite, ni quatre sur une même circonférence. On considère toutes les circonférences qui passent par trois de ces points. Calculer le nombre des points d'intersection autres que les $n$ points donnés, en supposant que par un de ces points il ne passe que deux des circonférences considérées et en supposant aussi que deux quelconques de ces circonférences se coupent en deux points.

**47.** Démontrer les égalités

$$1 + C_n^2 + C_n^4 + \ldots = C_n^1 + C_n^3 + C_n^5 + \ldots = 2^{n-1}.$$

[On partira du développement de $(1+x)^n$, dans lequel on fera successivement $x=1$, $x=-1$.]

**48.** Démontrer l'égalité

$$C_n^p = C_{n-k}^p + C_k^1 C_{n-k}^{p-1} + C_k^2 C_{n-k}^{p-2} + \ldots + C_k^{k-1} C_{n-k}^{p-k+1} + C_{n-k}^{p-k}.$$

En déduire une expression simple de la somme

$$1 + (C_n^1)^2 + (C_n^2)^2 + \ldots + (C_n^p)^2 + \ldots + (C_n^n)^2.$$

[On posera l'identité $(x+y)^n = (x+y)^{n-k}(x+y)^k$ et on égalera les coefficients de $x^{n-p}y^p$ dans les deux membres.]

**49.** On pose, d'une manière générale,

$$S_k = 1^k + 2^k + \ldots + (n-1)^k + n^k,$$

où $k$ est un entier positif ou nul.

1° Du développement de $(x+1)^{k+1}$ par la formule du binome, déduire la relation de récurrence

$$(n+1)^{k+1} - 1 = C_{k+1}^1 S_k + C_{k+1}^2 S_{k-1} + \ldots + C_{k+1}^k S_1 + S_0.$$

2° Montrer, d'après cela, que l'on a

$$S_0 = n, \quad S_1 = \frac{n(n+1)}{2}, \quad S_2 = \frac{n(n+1)(2n+1)}{6}, \quad S_3 = \frac{n^2(n+1)^2}{4} = (S_1)^2.$$

3° Soit le polynome

$$f(x) = A_0x^k + A_1x^{k-1} + \dots + A_{k-1}x + A_k.$$

Calculer, au moyen de $S_0, S_1, \dots, S_k$, la somme

$$f(1) + f(2) + \dots + f(n-1) + f(n).$$

4° Par application, calculer la somme

$$1^3 + 3^3 + 5^3 + \dots + (2n-1)^3.$$

50. Calculer la somme

$$\frac{n(n+1)}{2} + \frac{(n-1)n}{2} + \dots + \frac{2.3}{2} + \frac{1.2}{2}.$$

51. On donne les deux polynomes

$$1 + 3x + 5x^2 + 7x^3 + \dots + (2n+1)x^n$$

et

$$1 + \frac{3.2}{1.2}x + \frac{4.3}{1.2}x^2 + \dots + \frac{(n+2)(n+1)}{1.2}x^n.$$

Calculer le coefficient du terme de degré $n$ du produit.

52. Calculer la somme

$$1.1 + 2.3 + 2^2.5 + \dots + 2^n(2n+1).$$

53. 1° Dans le développement de $(u-v)^{2n-1}$ suivant la formule du binome, on remplace $u$ par $x-a$ et $v$ par $x-b$, $a$ et $b$ étant deux nombres différents. Déterminer d'après cela deux polynomes $f(x)$ et $g(x)$ de degrés au plus égaux à $n-1$, tels que l'on ait l'identité

$$(x-a)^n f(x) + (x-b)^n g(x) = (b-a)^{2n-1}.$$

2° Démontrer que $(x-a)^n$ et $(x-b)^n$ sont premiers entre eux.

3° Déterminer tous les polynomes $F(x)$ et $G(x)$ tels que l'on ait l'identité

$$(x-a)^n F(x) + (x-b)^n G(x) = (b-a)^{2n-1}.$$

Montrer que si ces polynomes sont de degrés au plus égaux à $n-1$, ils sont respectivement égaux à $f(x)$ et à $g(x)$.

4° Démontrer que l'on a

$$f(a+b-x) = (-1)^n g(x), \quad g(a+b-x) = (-1)^n f(x).$$

54. Calculer, en fonction des fonctions symétriques élémentaires de $x$, $y$, $z$, les fonctions symétriques

$$(x+y)(y+z)(z+x),$$
$$(x+y)^3 + (y+z)^3 + (z+x)^3 - 3(x+y)(y+z)(z+x),$$
$$(x^2-yz)^2 + (y^2-zx)^2 + (z^2-xy)^2,$$
$$(x-y)^4 + (y-z)^4 + (z-x)^4;$$

en fonction des fonctions symétriques élémentaires de $x, y, z, t$,

$$x^3 + y^3 + z^3 + t^3 - (x + y + z + t)(x^2 + y^2 + z^2 + t^2),$$
$$(x + y + z - t)^3 + (y + z + t - x)^3 + (z + t + x - y)^3 + (t + x + y - z)^3.$$

55. Reconnaître que les fonctions

$$(x + y - z - t)^2 + (x + z - t - y)^2 + (x + t - y - z)^2,$$
$$(x + y - z - t)(x + z - t - y)(x + t - y - z),$$
$$(xy - zt)(xz - ty)(xt - yz)$$

sont des fonctions symétriques de $x, y, z, t$ et calculer leurs expressions en fonction des fonctions symétriques élémentaires de $x, y, z, t$.

56. Étant données les quatre variables $x, y, z, t$, on considère les trois polynômes

$$U = xy + zt, \quad V = xz + ty, \quad W = xt + yz.$$

Montrer que

$$U + V + W, \quad UV + VW + WU, \quad UVW$$

sont des fonctions symétriques de $x, y, z, t$. Déterminer leurs expressions en fonction des fonctions symétriques élémentaires P, Q, R, S des variables $x$, $y$, $z$, $t$.

57. Démontrer, en introduisant les fonctions symétriques élémentaires de $x, y, z$, l'identité

$$x^3 + y^3 + z^3 - 3xyz = (x + y + z)(x^2 + y^2 + z^2 - xy - yz - zx).$$

En déduire l'identité

$$(x - y)^3 + (y - z)^3 + (z - x)^3 = 3(x - y)(y - z)(z - x).$$

58. Démontrer les identités

$$x^4 + y^4 + z^4 - 2y^2z^2 - 2z^2x^2 - 2x^2y^2 = -(x+y+z)(y+z-x)(z+x-y)(x+y-z),$$
$$(x + y + z)^5 - (x^5 + y^5 + z^5)$$
$$= \frac{5}{3}[(x + y + z)^3 - (x^3 + y^3 + z^3)][x^2 + y^2 + z^2 + xy + yz + zx].$$

# CHAPITRE VI

## DÉTERMINANTS. ÉQUATIONS LINÉAIRES. FORMES LINÉAIRES

### I. — DÉTERMINANTS

**164. Permutations paires et permutations impaires.** — DÉFINITIONS. — Étant donnée une permutation des $n$ premiers nombres entiers, on dit que deux nombres, dans cette permutation, présentent une *inversion* lorsque le plus petit de ces deux nombres est placé après le plus grand.

Une permutation est dite *paire* si le nombre des inversions qu'elle présente est 0 ou un nombre pair, *impaire* si le nombre des inversions qu'elle présente est impair. La seule permutation qui ne présente pas d'inversions est la permutation $1\ 2\ 3 \ldots n$.

THÉORÈME. — *Si dans une permutation des n premiers nombres entiers, on transpose deux nombres, la permutation change de parité.*

1° Supposons d'abord que les nombres transposés $a$ et $b$ soient consécutifs dans la permutation. La transposition de $a$ et de $b$ ne supprime ni n'introduit d'inversions présentées par le nombre $a$ et le nombre $b$ avec les nombres qui les précèdent dans la permutation, s'il en existe, non plus qu'avec les nombres qui les suivent dans la permutation, s'il en existe; elle introduit une inversion entre $a$ et $b$, s'ils n'en présentaient pas une primitivement, elle supprime une inversion entre $a$ et $b$, s'ils en présentaient une primitivement. La transposition de $a$ et de $b$ a donc pour effet d'augmenter ou de diminuer de 1 le nombre des inversions de la permutation; dans l'un et l'autre cas, le nombre change de parité; la permutation elle-même change de parité.

2° Supposons ensuite que les nombres transposés $a$ et $b$ ne soient pas consécutifs dans la permutation. Désignons par A l'ensemble des $k$ nombres qui sont placés entre $a$ et $b$. Pour effectuer la transposition de $a$ et de $b$, on peut effectuer une suite de transpositions de deux nombres consécutifs dans la permutation : il suffit de transposer $a$ successivement avec chacun des $k$ nombres de A, puis de transposer $a$ et $b$ devenus consécutifs, enfin de transposer $b$ successivement avec chacun des $k$ nombres de A. La transposition de $a$ et $b$ peut donc être remplacée par $2k+1$ transpositions de 2 nombres consécutifs; ces $2k+1$ transpositions font changer le nombre des inversions $2k+1$ fois de parité, c'est-à-dire un nombre impair de fois de parité; le nombre des inversions de la permutation change en définitive de parité; la permutation elle-même change de parité.

165. **Déterminants.** — Soient $n^2$ nombres, disposés sur $n$ lignes et suivant $n$ colonnes, que nous représenterons par une même lettre $a$, chacun étant affecté d'un indice inférieur égal au rang de la ligne qui le contient et d'un indice supérieur égal au rang de la colonne qui le contient. On a ainsi le tableau

$$\begin{array}{ccccccc} a_1^1 & a_1^2 & \ldots & a_1^p & \ldots & a_1^n \\ a_2^1 & a_2^2 & \ldots & a_2^p & \ldots & a_2^n \\ \ldots & \ldots & \ldots & \ldots & \ldots & \ldots \\ a_q^1 & a_q^2 & \ldots & a_q^p & \ldots & a_q^n \\ \ldots & \ldots & \ldots & \ldots & \ldots & \ldots \\ a_n^1 & a_n^2 & \ldots & a_n^p & \ldots & a_n^n. \end{array}$$

Les $n^2$ nombres considérés sont dits les *éléments* du tableau.

Parmi ces $n^2$ éléments, il est possible d'en choisir $n$ tels qu'il y en ait un dans chaque ligne et un dans chaque colonne. Pour cela, il suffit de prendre un élément dans le tableau précédent, de barrer la ligne et la colonne qui le contiennent, de prendre un nouvel élément dans le tableau ainsi modifié, de barrer la ligne et la colonne qui le contiennent, et ainsi de suite, jusqu'à ce qu'on ait barré les $n$ lignes et les $n$ colonnes du tableau. Les $n$ éléments ainsi choisis ont des indices inférieurs différents et aussi des indices supérieurs différents. Si on forme une permutation de ces $n$ éléments, on forme en même temps avec les indices inférieurs et avec les indices supérieurs deux permutations des $n$ premiers nombres entiers. On a le résultat suivant : quelle que soit la permutation des $n$ éléments, les permutations des indices inférieurs et des indices supérieurs sont toujours de même parité ou toujours de parités différentes. En effet, on passe d'une permutation des $n$ éléments à une autre permutation de ces éléments en effectuant sur lesdits éléments une suite de transpositions. Une transposition de deux de ces éléments entraîne une transposition de leurs indices inférieurs et une transposition de leurs indices supérieurs. Les deux transpositions effectuées simultanément dans les permutations formées par les indices inférieurs et les indices supérieurs changent simultanément la parité de ces permutations; donc, si elles étaient de même parité, elles restent de même parité, si elles étaient de parités différentes, elles restent de parités différentes. Elles restent finalement de même parité ou de parités différentes, quelles que soient les transpositions effectuées sur les $n$ éléments. Cela posé, multiplions le produit $a_{\alpha_1}^{\beta_1} a_{\alpha_2}^{\beta_2} \ldots a_{\alpha_n}^{\beta_n}$ de ces $n$ éléments par $\varepsilon$, $\varepsilon$ étant égal à $+1$ si les permutations formées par les indices $\alpha$ et les indices $\beta$ sont de même parité, à $-1$ si ces permutations sont de parités différentes. On appelle *déterminant* déduit du tableau considéré la somme de tous les produits de la forme $\varepsilon a_{\alpha_1}^{\beta_1} a_{\alpha_2}^{\beta_2} \ldots a_{\alpha_n}^{\beta_n}$ formés d'après la définition précédente, pris chacun une seule fois.

Chacun de ces produits est dit un *terme* du déterminant $\Delta$. L'entier $n$ est dit l'*ordre* de $\Delta$. On pose

$$\Delta = \begin{vmatrix} a_1^1 & \ldots & a_1^n \\ \cdot & \cdot & \cdot \\ a_n^1 & \ldots & a_n^n \end{vmatrix}$$

Il s'agit de former sans omission ni répétition les termes de $\Delta$. Étant donné un terme, rangeons-y les $n$ éléments qu'il contient en facteurs de façon que les indices inférieurs forment la permutation $1\ 2\ 3\ \ldots\ n$; ce terme prend la forme $(-1)^I a_1^{\gamma_1} a_2^{\gamma_2} \ldots a_n^{\gamma_n}$, $\gamma_1\, \gamma_2 \ldots \gamma_n$ étant une permutation des $n$ premiers nombres entiers, I étant le nombre des inversions de cette permutation. Ainsi, au terme considéré de $\Delta$ il correspond la permutation $\gamma_1\, \gamma_2 \ldots \gamma_n$ des $n$ premiers nombres entiers. Réciproquement, à une permutation $\gamma_1\, \gamma_2 \ldots \gamma_n$ des $n$ premiers nombres entiers il correspond le produit $(-1)^I a_1^{\gamma_1} a_2^{\gamma_2} \ldots a_n^{\gamma_n}$ qui est un terme de $\Delta$. Pour former sans omission ni répétition les termes de $\Delta$, il suffit de former sans omission ni répétition les permutations des $n$ premiers nombres entiers; c'est un problème que nous savons résoudre (ch. v, § 151).

Le nombre des termes de $\Delta$ est, d'après cela, égal à $n!$. D'autre part, il y a autant de permutations paires que de permutations impaires des $n$ premiers nombres entiers; il suffit, pour le démontrer, de considérer les permutations paires, supposées formées sans omission ni répétition, et de transposer dans chacune d'elles les nombres qui occupent les deux premiers rangs, de façon à obtenir des permutations impaires; il est aisé de reconnaître qu'on obtient par ce procédé les permutations impaires sans omission ni répétition. D'après cela, il y a dans le développement de $\Delta$ autant de termes pour lesquels $\varepsilon$ est égal à $+1$ que de termes pour lesquels $\varepsilon$ est égal à $-1$.

Développons, comme application, les déterminants d'ordres 1, 2 et 3.

Si $n=1$, l'unique élément étant $a_1^1$, on a $\Delta = a_1^1$.

Soit $n=2$; alors

$$\Delta = \begin{vmatrix} a_1^1 & a_1^2 \\ a_2^1 & a_2^2 \end{vmatrix}.$$

Les permutations des nombres 1 et 2 sont 1 2 et 2 1. Le déterminant $\Delta$ a deux termes, l'un $+a_1^1 a_2^2$, l'autre $-a_1^2 a_2^1$, d'où $\Delta = a_1^1 a_2^2 - a_1^2 a_2^1$.

Soit encore $n=3$; alors

$$\Delta = \begin{vmatrix} a_1^1 & a_1^2 & a_1^3 \\ a_2^1 & a_2^2 & a_2^3 \\ a_3^1 & a_3^2 & a_3^3 \end{vmatrix}.$$

Les permutations des nombres 1, 2, 3 sont 1 2 3, 2 3 1, 3 1 2 et 3 2 1, 2 1 3, 1 3 2. Le déterminant $\Delta$ a six termes, d'abord les trois termes $+a_1^1 a_2^2 a_3^3$, $+a_1^2 a_2^3 a_3^1$, $+a_1^3 a_2^1 a_3^2$, ensuite les termes $-a_1^3 a_2^2 a_3^1$, $-a_1^2 a_2^1 a_3^3$, $-a_1^1 a_2^3 a_3^2$. On a ainsi

$$\Delta = a_1^1 a_2^2 a_3^3 + a_1^2 a_2^3 a_3^1 + a_1^3 a_2^1 a_3^2 - a_1^3 a_2^2 a_3^1 - a_1^2 a_2^1 a_3^3 - a_1^1 a_2^3 a_3^2.$$

Il est facile de former ce développement en écrivant le tableau

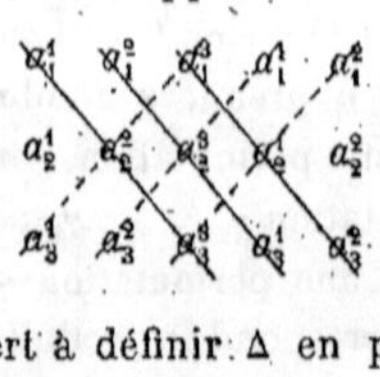

déduit du tableau qui sert à définir $\Delta$ en plaçant à droite les deux premières colonnes de ce tableau. Les termes pour lesquels $\varepsilon$ est égal à $+1$ s'obtiennent en multipliant les éléments placés sur chacune des trois lignes parallèles qui sont tracées en traits pleins; les termes pour lesquels $\varepsilon$ est égal à $-1$ s'obtiennent en multipliant les éléments placés sur chacune des trois lignes parallèles qui sont tracées en pointillé.

**166. Propriétés des déterminants.** — Théorème. — *Si dans un déterminant Δ on transpose chaque ligne avec la colonne de même rang, on obtient un déterminant égal à Δ et formé des mêmes termes que Δ.*

Soit en effet le déterminant

$$\Delta = \begin{vmatrix} a_1^1 & a_1^2 & \ldots & a_1^n \\ \ldots & \ldots & \ldots & \ldots \\ a_n^1 & a_n^2 & \ldots & a_n^n \end{vmatrix}.$$

Transposons chaque ligne avec la colonne de même rang; on obtient ainsi le déterminant

$$\Delta' = \begin{vmatrix} b_1^1 & b_1^2 & \ldots & b_1^n \\ \ldots & \ldots & \ldots & \ldots \\ b_n^1 & b_n^2 & \ldots & b_n^n \end{vmatrix},$$

dans lequel on a, quels que soient les rangs $p$ et $q$, $b_p^q = a_q^p$.

Soit le terme $\varepsilon\, a_{\alpha_1}^{\beta_1} a_{\alpha_2}^{\beta_2} \ldots a_{\alpha_n}^{\beta_n}$ du déterminant Δ, $\varepsilon$ étant égal à $+1$ ou à $-1$ selon que les permutations $\alpha_1 \alpha_2 \ldots \alpha_n$ et $\beta_1 \beta_2 \ldots \beta_n$ sont de même parité ou de parités différentes. Il est égal à $\varepsilon\, b_{\beta_1}^{\alpha_1} b_{\beta_2}^{\alpha_2} \ldots b_{\beta_n}^{\alpha_n}$ qui est un terme de Δ'. Ainsi, tout terme de Δ appartient à Δ'. De même, tout terme de Δ' appartient à Δ. Les déterminants Δ et Δ' sont donc formés des mêmes termes; par suite, ils sont égaux.

Théorème. — *Si dans un déterminant Δ on transpose deux lignes (ou deux colonnes), on obtient un déterminant opposé à Δ et dont les termes sont respectivement opposés à ceux de Δ.*

D'après le théorème précédent, il suffit de supposer qu'on transpose deux lignes, les lignes de rangs $p$ et $q$.

Soit le déterminant

$$\Delta = \begin{vmatrix} a_1^1 & a_1^2 & \ldots & a_1^n \\ \ldots & \ldots & \ldots & \ldots \\ a_p & a_p^2 & \ldots & a_p^n \\ \ldots & \ldots & \ldots & \ldots \\ a_q & a_q^2 & \ldots & a_q^n \\ \ldots & \ldots & \ldots & \ldots \\ a_n^1 & a_n^2 & \ldots & a_n^n \end{vmatrix}.$$

Transposons les lignes de rangs $p$ et $q$; on obtient ainsi le déterminant

$$\Delta' = \begin{vmatrix} b_1^1 & b_1^2 & \dots & b_1^n \\ \dots & \dots & \dots & \dots \\ b_p^1 & b_p^2 & \dots & b_p^n \\ \dots & \dots & \dots & \dots \\ b_q^1 & b_q^2 & \dots & b_q^n \\ \dots & \dots & \dots & \dots \\ b_n^1 & b_n^2 & \dots & b_n^n \end{vmatrix},$$

dans lequel on a

$$b_r^\alpha = a_r^\alpha, \ (r \neq p, \ r \neq q), \qquad b_p^\alpha = a_q^\alpha, \qquad b_q^\alpha = a_p^\alpha.$$

Soit le terme $\varepsilon a_1^{\alpha_1} a_2^{\alpha_2} \dots a_p^{\alpha_p} \dots a_q^{\alpha_q} \dots a_n^{\alpha_n}$ du déterminant $\Delta$, $\varepsilon$ étant égal à $+1$ si la permutation $\alpha_1\alpha_2 \dots \alpha_p \dots \alpha_q \dots \alpha_n$ est paire, à $-1$ si cette permutation est impaire. Il est égal à $\varepsilon b_1^{\alpha_1} b_2^{\alpha_2} \dots b_q^{\alpha_p} \dots b_p^{\alpha_q} b_n^{\alpha_n}$, c'est-à-dire à $\varepsilon b_1^{\alpha_1} b_2^{\alpha_2} \dots b_p^{\alpha_q} \dots b_q^{\alpha_p} \dots b_n^{\alpha_n}$. Les deux permutations $\alpha_1\alpha_2 \dots \alpha_p \dots \alpha_q \dots \alpha_n$ et $\alpha_1\alpha_2 \dots \alpha_q \dots \alpha_p \dots \alpha_n$ se déduisant l'une de l'autre par transposition des entiers $\alpha_p$ et $\alpha_q$ sont de parités différentes; si donc $\varepsilon'$ est un nombre égal à $+1$ quand la permutation $\alpha_1\alpha_2 \dots \alpha_q \dots \alpha_p \dots \alpha_n$ est paire, à $-1$ quand cette permutation est impaire, on a $\varepsilon' = -\varepsilon$. Mais, $\varepsilon' b_1^{\alpha_1} b_2^{\alpha_2} \dots b_p^{\alpha_q} \dots b_q^{\alpha_p} \dots b_n^{\alpha_n}$ est un terme de $\Delta'$. Finalement, le terme considéré de $\Delta$ est opposé à un terme de $\Delta'$. De même, tout terme de $\Delta'$ est opposé à un terme de $\Delta$. Les déterminants $\Delta$ et $\Delta'$ ont donc leurs termes respectivement opposés; par suite, ils sont eux-mêmes opposés.

Théorème. — *Si un déterminant $\Delta$ a deux lignes (ou deux colonnes) identiques, il est nul et ses termes sont deux à deux opposés.*

Il suffit de supposer, d'après le premier théorème, que le déterminant $\Delta$ a deux lignes identiques. Si on transpose ces deux lignes, ce déterminant conserve les mêmes termes; d'autre part, il est remplacé par un déterminant dont les termes sont respectivement opposés aux siens; par conséquent, les termes de $\Delta$ sont deux à deux opposés. Il en résulte que le déterminant est nul.

**167. Mineurs d'un déterminant.** — On appelle *déterminant premier mineur* ou simplement *premier mineur* d'un déterminant $\Delta$ tout déterminant représenté par le tableau obtenu après suppression d'une ligne et d'une colonne dans le tableau qui représente $\Delta$. Un premier mineur d'un déterminant d'ordre $n$ est un déterminant d'ordre $n-1$. A l'élément $a_p^q$ du déterminant $\Delta$ il correspond un premier mineur, que nous désignerons par $\Delta_p^q$, obtenu après suppression de la ligne et de la colonne qui contiennent l'élément $a_p^q$.

Plus généralement, on appelle *déterminant $k^{ième}$ mineur* ou simplement *$k^{ième}$ mineur* d'un déterminant $\Delta$ tout déterminant représenté par le tableau obtenu après suppression de $k$ lignes et de $k$ colonnes dans le tableau qui représente $\Delta$. Un $k^{ième}$ mineur d'un déterminant d'ordre $n$ est un déterminant d'ordre $n-k$. Le nombre des $k^{ièmes}$ mineurs d'un déterminant d'ordre $n$ est égal à $(C_n^k)^2$.

Il est clair qu'un $\alpha^{ième}$ mineur d'un $\beta^{ième}$ mineur de $\Delta$ est un $(\alpha+\beta)^{ième}$ mineur de $\Delta$.

COEFFICIENTS DES ÉLÉMENTS D'UN DÉTERMINANT. — Soit le déterminant

$$\Delta = \begin{vmatrix} a_1^1 & . & . & . & a^n \\ . & . & . & . & . \\ . & . & a_p^q & . & . \\ . & . & . & . & . \\ a_n^1 & . & . & . & a_n^n \end{vmatrix}.$$

Considérons la somme des termes qui contiennent l'élément $a_p^q$; si nous y mettons $a_p^q$ en facteur, nous pouvons l'écrire sous la forme $a_p^q A_p^q$; $A_p^q$ est dit le *coefficient* de l'élément $a_p^q$.

THÉORÈME. — *On a l'égalité*

$$A_p^q = (-1)^{p+q} \Delta_p^q.$$

Nous allons d'abord démontrer que l'on a

$$A_n^n = \Delta_n^n.$$

En effet, on a

$$\Delta = \Sigma(-1)^{I} a_1^{\alpha_1} a_2^{\alpha_2} \ldots a_{n-1}^{\alpha_{n-1}} a_n^{\alpha_n},$$

$\alpha_1, \alpha_2 \ldots \alpha_{n-1} \alpha_n$ étant une permutation quelconque des $n$ premiers nombres entiers, I étant le nombre des inversions de cette permutation. Les termes de $\Delta$ qui contiennent l'élément $a_n^n$ sont ceux pour lesquels on a $\alpha_n = n$, $\alpha_1 \alpha_2 \ldots \alpha_{n-1}$ étant une permutation quelconque des $n-1$ premiers nombres entiers. Mais, quand $\alpha_n$ est égal à $n$, il ne présente aucune inversion avec les nombres de la permutation $\alpha_1 \alpha_2 \ldots \alpha_{n-1}$; par suite, I est aussi le nombre des inversions de la permutation $\alpha_1 \alpha_2 \ldots \alpha_{n-1}$. On voit ainsi que le coefficient $A_n^n$ de $a_n^n$ est égal à

$$\Sigma(-1)^{I} a_1^{\alpha_1} a_2^{\alpha_2} \ldots a_{n-1}^{\alpha_{n-1}};$$

$\alpha_1 \alpha_2 \ldots \alpha_{n-1}$ étant une permutation quelconque des $n-1$ premiers nombres entiers, I étant le nombre des inversions de cette permutation. Il est donc égal au déterminant $\Delta_n^n$ représenté par le tableau obtenu après suppression de la $n^{\text{ième}}$ ligne et de la $n^{\text{ième}}$ colonne dans le tableau qui représente $\Delta$.

Passons au cas général et, pour préciser, supposons que $p$ et $q$ soient simultanément plus petits que $n$. Si, dans le tableau qui représente $\Delta$, on transpose la $p^{\text{ième}}$ ligne successivement avec la $(p+1)^{\text{ième}}$, la $(p+2)^{\text{ième}}$, ..., la $n^{\text{ième}}$, on obtient un nouveau déterminant $\Delta_1$ dont les termes sont ceux de $\Delta$ multipliés par $(-1)^{n-p}$. L'élément $a_p^q$ de $\Delta$ est à la fois sur la $n^{\text{ième}}$ ligne et dans la $q^{\text{ième}}$ colonne du tableau qui représente $\Delta_1$; le premier mineur de $\Delta_1$ correspondant à cet élément est encore $\Delta_p^q$. Si ensuite, dans le tableau qui représente $\Delta_1$, on transpose la $q^{\text{ième}}$ colonne successivement avec la $(q+1)^{\text{ième}}$, la $(q+2)^{\text{ième}}$, ..., la $n^{\text{ième}}$, on obtient un nouveau déterminant $\Delta_2$ dont les termes sont ceux de $\Delta_1$ multipliés par $(-1)^{n-q}$ et, par suite, ceux de $\Delta$ multipliés par $(-1)^{2n-p-q}$. L'élément $a_p^q$ de $\Delta$ est à la fois sur la $n^{\text{ième}}$ ligne et dans la $n^{\text{ième}}$ colonne du tableau qui représente $\Delta_2$; le premier mineur de $\Delta_2$ correspondant à cet élément est encore $\Delta_p^q$. D'après le résultat précédent, le coefficient de $a_p^q$ dans $\Delta_2$ est $\Delta_p^q$; les termes de $\Delta_2$ étant ceux de $\Delta$ multipliés par $(-1)^{2n-p-q}$, le coefficient de $a_p^q$ dans $\Delta$ est

$$\frac{\Delta_p^q}{(-1)^{2n-p-q}} \text{ ou } (-1)^{p+q}\Delta_p^q.$$

Si $p=n$, $q<n$, on transposera seulement la $q^{\text{ième}}$ colonne successivement avec la $(q+1)^{\text{ième}}$, la $(q+2)^{\text{ième}}$, ..., la $n^{\text{ième}}$; si $q=n$, $p<n$, on transposera seulement la $p^{\text{ième}}$ ligne successivement avec la $(p+1)^{\text{ième}}$, la $(p+2)^{\text{ième}}$, ..., la $n^{\text{ième}}$. Le théorème est vrai encore dans ces deux cas.

168. **Développement d'un déterminant par rapport aux éléments d'une ligne (ou d'une colonne).** — Soient les éléments $a_p^1, a_p^2, \ldots, a_p^q, \ldots, a_p^n$ de la $p^{\text{ième}}$ ligne. Chaque terme du déterminant $\Delta$ contient un de ces éléments et un seul; il s'ensuit que les termes de $\Delta$ peuvent être partagés en $n$ groupes, de façon que les termes d'un même groupe contiennent un même élément de la $p^{\text{ième}}$ ligne. La somme des termes de $\Delta$ qui contiennent l'élément $a_p^q$ est $a_p^q A_p^q$. On a, par suite,

$$\begin{aligned}\Delta &= a_p^1 A_p^1 + a_p^2 A_p^2 + \ldots + a_p^q A_p^q + \ldots + a_p^n A_p^n \\ &= (-1)^{p+1} a_p^1 \Delta_p^1 + (-1)^{p+2} a_p^2 \Delta_p^2 + \ldots + (-1)^{p+q} a_p^q \Delta_p^q + \ldots + (-1)^{p+n} a_p^n \Delta_p^n.\end{aligned}$$

De même, en considérant les éléments de la $q^{\text{ième}}$ colonne, on a

$$\Delta=(-1)^{q+1}a_1^q\Delta_1^q+(-1)^{q+2}a_2^q\Delta_2^q+\ldots+(-1)^{q+p}a_p^q\Delta_p^q+\ldots+(-1)^{q+n}a_n^q\Delta_n^q.$$

Si les éléments de la $p^{\text{ième}}$ ligne autres que $a_p^q$ sont nuls, on a

$$\Delta=(-1)^{p+q}a_p^q\Delta_p^q;$$

pour calculer $\Delta$, on met $(-1)^{p+q}a_p^q$ en facteur, puis on supprime dans $\Delta$ la ligne et la colonne qui contiennent $a_p^q$, de façon à obtenir $\Delta_p^q$. Résultat analogue si les éléments de la $q^{\text{ième}}$ colonne autres que $a_p^q$ sont nuls.

Les relations précédentes montrent que si l'on sait écrire le développement d'un déterminant d'ordre $n-1$, on sait écrire le développement d'un déterminant d'ordre $n$. Pour calculer, d'après cela, un déterminant d'ordre $n$, on pourra le développer par rapport aux éléments d'une ligne ou d'une colonne; on sera ramené ainsi à calculer des déterminants d'ordre $n-1$; on développera chacun de ceux-ci par rapport aux éléments d'une ligne ou d'une colonne, on sera ramené ainsi à calculer des déterminants d'ordre $n-2$, et ainsi de suite. Finalement, on sera ramené à calculer des déterminants d'ordre 1 qui se réduisent chacun à leur unique élément.

Par exemple, soit à calculer

$$\Delta=\begin{vmatrix} a & b \\ c & d \end{vmatrix}.$$

Développons-le par rapport aux éléments de la première ligne; on obtient

$$\Delta=a\,|d|-b\,|c|=ad-bc.$$

Soit à calculer

$$\Delta'=\begin{vmatrix} a & b & c \\ d & e & f \\ g & h & k \end{vmatrix}.$$

Développons-le par rapport aux éléments de la première colonne; on obtient

$$\begin{aligned}\Delta'&=a\begin{vmatrix} e & f \\ h & k \end{vmatrix}-d\begin{vmatrix} b & c \\ h & k \end{vmatrix}+g\begin{vmatrix} b & c \\ e & f \end{vmatrix}\\ &=a(ek-fh)-d(bk-hc)+g(bf-ec)\\ &=aek-afh-bdk+cdh+bfg-cge.\end{aligned}$$

THÉORÈME. — *Si dans un déterminant on multiplie les éléments d'une ligne (ou d'une colonne) par un même nombre, le déterminant est multiplié par ce nombre.*

En effet, chacun des termes du déterminant, contenant un élément et un seul de la ligne (ou de la colonne) considérée, est multiplié par ce nombre.

THÉORÈME. — *Si dans un déterminant les éléments de deux lignes (ou de deux colonnes) sont proportionnels, le déterminant est nul.*

Supposons que les éléments de la $p^{\text{ième}}$ et de la $q^{\text{ième}}$ ligne soient proportionnels ; il existe un nombre $\lambda$ tel que l'on ait

$$a_q^1 = \lambda a_p^1, \quad a_q^2 = \lambda a_p^2, \quad \ldots, \quad a_q^n = \lambda a_p^n.$$

Les éléments de la $q^{\text{ième}}$ ligne étant les produits par $\lambda$ des éléments de la $p^{\text{ième}}$, le déterminant $\Delta$ est le produit par $\lambda$ d'un déterminant dans lequel la $q^{\text{ième}}$ ligne est identique à la $p^{\text{ième}}$ et qui, par suite, est nul ; $\Delta$ est donc lui-même nul.

THÉORÈME. — *Si dans un déterminant les éléments d'une ligne (ou d'une colonne) sont des sommes de k nombres, le déterminant est la somme de k déterminants obtenus en remplaçant dans la ligne (ou colonne) considérée chacun des éléments successivement par un des k nombres dont il est la somme.*

Supposons que les éléments de la $p^{\text{ième}}$ ligne du déterminant $\Delta$ soient des sommes de deux nombres, par exemple ; on a

$$a_p^1 = \alpha_1 + \beta_1, \quad a_p^2 = \alpha_2 + \beta_2, \ \ldots, \ a_p^q = \alpha_q + \beta_q, \ \ldots, \ a_p^n = \alpha_n + \beta_n.$$

Si $A_p^1, A_p^2, \ldots, A_p^n$ sont les coefficients de ces éléments, on a

$$\begin{aligned}\Delta &= a_p^1 A_p^1 + a_p^2 A_p^2 + \ldots + a_p^q A_p^q + \ldots + a_p^n A_p^n \\ &= (\alpha_1 + \beta_1) A_p^1 + (\alpha_2 + \beta_2) A_p^2 + \ldots + (\alpha_q + \beta_q) A_p^q + \ldots + (\alpha_n + \beta_n) A_p^n \\ &= (\alpha_1 A_p^1 + \alpha_2 A_p^2 + \ldots + \alpha_q A_p^q + \ldots + \alpha_n A_p^n) \\ &\qquad + (\beta_1 A_p^1 + \beta_2 A_p^2 + \ldots + \beta_q A_p^q + \ldots + \beta_n A_p^n).\end{aligned}$$

Comme $A_p^1, A_p^2, \ldots, A_p^n$ sont formés avec des éléments de $\Delta$ autres que ceux de la $p^{\text{ième}}$ ligne, si dans $\Delta$ on remplace les éléments $a_p^1, a_p^2, \ldots, a_p^n$ respectivement par $\alpha_1, \alpha_2, \ldots, \alpha_n$ ou par $\beta_1, \beta_2, \ldots, \beta_n$, on obtient un déterminant dans lequel $\alpha_1, \alpha_2, \ldots, \alpha_n$ ou $\beta_1, \beta_2, \ldots, \beta_n$ ont aussi pour coefficients $A_p^1, A_p^2, \ldots, A_p^n$. D'après cela, on voit que

$$\alpha_1 A_p^1 + \alpha_2 A_p^2 + \ldots + \alpha_n A_p^n$$

et

$$\beta_1 A_p^1 + \beta_2 A_p^2 + \ldots + \beta_n A_p^n$$

ne sont autres que les développements, par rapport aux éléments de leurs $p^{\text{ièmes}}$ lignes, des déterminants obtenus en remplaçant dans $\Delta$ les éléments de la $p^{\text{ième}}$ ligne par $\alpha_1, \alpha_2, \ldots, \alpha_n$, puis par $\beta_1, \beta_2, \ldots, \beta_n$.

THÉORÈME. — *Si dans un déterminant on ajoute aux éléments d'une ligne (ou colonne) respectivement les éléments de même rang d'une ou de plusieurs autres lignes (ou colonnes), les éléments de cette ligne (ou colonne) ou de chacune de ces lignes (ou colonnes) étant multipliés par un même nombre, on obtient un déterminant égal au déterminant considéré.*

Soient, par exemple, les trois colonnes

$$\begin{matrix} a_1^p & a_1^q & a_1^r \\ a_2^p & a_2^q & a_2^r \\ \cdot & \cdot & \cdot \\ \cdot & \cdot & \cdot \\ \cdot & \cdot & \cdot \\ a_n^p & a_n^q & a_n^r \end{matrix}$$

du déterminant $\Delta$. Si on remplace dans $\Delta$ la $p^{\text{ième}}$ colonne par

$$\begin{matrix} a_1^p + \lambda a_1^q + \mu a_1^r \\ a_2^p + \lambda a_2^q + \mu a_2^r \\ \cdot\ \cdot\ \cdot\ \cdot\ \cdot\ \cdot\ \cdot \\ a_n^p + \lambda a_n^q + \mu a_n^r \end{matrix}$$

on obtient un déterminant $\Delta_1$ qui est la somme de trois déterminants. L'un s'obtient quand on remplace la $p^{\text{ième}}$ colonne de $\Delta_1$ par la $p^{\text{ième}}$ colonne de $\Delta$; c'est donc le déterminant $\Delta$. Les deux autres s'obtiennent quand on remplace la $p^{\text{ième}}$ colonne de $\Delta_1$ par la $q^{\text{ième}}$ colonne de $\Delta$, après multiplication des éléments de cette colonne par $\lambda$, et par la $r^{\text{ième}}$ colonne de $\Delta$, après multiplication des éléments de cette colonne par $\mu$; chacun de ces déterminants est nul, comme ayant deux colonnes proportionnelles. Finalement, on a $\Delta_1 = \Delta$.

Plus généralement, *étant choisies plusieurs lignes (ou colonnes) d'un déterminant $\Delta$, si aux éléments de chacune de ces lignes (ou colonnes) on ajoute respectivement les éléments de même rang d'une ou de plusieurs des autres lignes (ou colonnes) non choisies, les éléments de celle-ci ou de chacune de celles-ci étant multipliés par un même nombre, on obtient un déterminant égal au déterminant considéré.*

Par exemple, étant donné le déterminant

$$\Delta = \begin{vmatrix} a & b & c \\ a' & b' & c' \\ a'' & b'' & c'' \end{vmatrix},$$

le déterminant

$$\Delta_1 = \begin{vmatrix} a + \lambda c & b + \mu c & c \\ a' + \lambda c' & b' + \mu c' & c' \\ a'' + \lambda c'' & b'' + \mu c'' & c'' \end{vmatrix}$$

est égal à $\Delta$. Il n'y a qu'à montrer, comme précédemment, qu'il est égal à la somme de plusieurs déterminants dont l'un est $\Delta$, chacun des autres étant nul comme ayant deux colonnes proportionnelles.

**169. Multiplication des déterminants.** — Soient deux déterminants que nous supposerons tous deux d'ordre $n$ :

$$A = \begin{vmatrix} a_1^1 & a_1^2 & \dots & a_1^n \\ \cdot & \cdot & \cdot & \cdot \\ a_n^1 & a_n^2 & \dots & a_n^n \end{vmatrix}, \quad B = \begin{vmatrix} b_1^1 & b_1^2 & \dots & b_1^n \\ \cdot & \cdot & \cdot & \cdot \\ b_n^1 & b_n^2 & \dots & b_n^n \end{vmatrix}.$$

Considérons le déterminant

$$C = \begin{vmatrix} c_1^1 & c_1^2 & \dots & c_1^n \\ \cdot & \cdot & \cdot & \cdot \\ c_n^1 & c_n^2 & \dots & c_n^n \end{vmatrix}$$

dans lequel on a, quels que soient les rangs $p$ et $q$,

$$c_p^q = a_p^1 b_q^1 + a_p^2 b_q^2 + \dots + a_p^n b_q^n.$$

Nous allons démontrer que l'on a

$$C = AB.$$

Chacun des éléments de C est une somme de $n$ nombres que nous supposerons écrits dans l'ordre des indices supérieurs croissants. Chacune des colonnes de C contient, séparées par des signes $+$, $n$ files de nombres obtenus en multipliant un élément de A par un élément de B. Si l'on remplace la première colonne de C successivement par la file de rang 1, la file de rang 2,..., la file de rang $n$, on obtient $n$ déterminants; si dans chacun de ces déterminants on remplace la seconde colonne, qui est la seconde colonne de C, successivement par la file de rang 1, la file de rang 2,... la file de rang $n$, on obtient $n \times n$ ou $n^2$ déterminants; et ainsi de suite. Finalement, on voit que C est la somme de $n^n$ déterminants élémentaires obtenus en remplaçant chacune des $n$ colonnes de C par une des $n$ files qu'elle contient. Or, les files de rang $\alpha$ dans les $p^{\text{ième}}$ et $q^{\text{ième}}$ colonnes de C sont

$$\begin{matrix} a_1^\alpha b_p^\alpha \\ a_2^\alpha b_p^\alpha \\ \cdot \\ \cdot \\ \cdot \\ a_n^\alpha b_p^\alpha \end{matrix} \quad \text{et} \quad \begin{matrix} a_1^\alpha b_q^\alpha \\ a_2^\alpha b_q^\alpha \\ \cdot \\ \cdot \\ \cdot \\ a_n^\alpha b_q^\alpha. \end{matrix}$$

Ces deux files sont proportionnelles; le déterminant qui admet ces files comme $p^{\text{ième}}$ et $q^{\text{ième}}$ colonnes est nul. Pour calculer C, il suffit d'ajouter ceux des $n^n$ déterminants élémentaires précédents qu'on obtient en remplaçant les $n$ colonnes de C respectivement par des files qui y sont contenues avec des rangs tous différents, ces rangs formant une permutation quelconque des $n$ premiers nombres entiers. Soit un de ces déterminants :

$$\Delta = \begin{vmatrix} a_1^\alpha b_1^\alpha & a_1^\beta b_2^\beta & . & a_1^\lambda b_n^\lambda \\ a_2^\alpha b_1^\alpha & a_2^\beta b_2^\beta & . & a_2^\lambda b_n^\lambda \\ . & . & . & . \\ . & . & . & . \\ . & . & . & . \\ a_n^\alpha b_1^\alpha & a_n^\beta b_2^\beta & . & a_n^\lambda b_n^\lambda \end{vmatrix},$$

$\alpha\beta\ldots\lambda$ étant une permutation des $n$ premiers nombres entiers. Il est égal à

$$b_1^\alpha b_2^\beta \ldots b_n^\lambda \begin{vmatrix} a_1^\alpha & a_1^\beta & . & a_1^\lambda \\ a_2^\alpha & a_2^\beta & . & a_2^\lambda \\ . & . & . & . \\ . & . & . & . \\ . & . & . & . \\ a_n^\alpha & a_n^\beta & . & a_n^\lambda \end{vmatrix}.$$

Le déterminant qui entre dans cette seconde expression admet pour colonnes les colonnes de A. Si l'on peut passer de la permutation $\alpha\beta\ldots\lambda$ à la permutation $1\,2\,3\ldots n$ par des transpositions en nombre égal à T, on voit que ce déterminant est égal à $(-1)^{\mathrm{T}}\mathrm{A}$. Mais, puisque chacune de ces transpositions change la parité de la permutation, T est de même parité que le nombre I des inversions de la permutation $\alpha\beta\ldots\lambda$. Par conséquent, $(-1)^{\mathrm{T}}=(-1)^{\mathrm{I}}$, et le déterminant qui entre dans la seconde expression de $\Delta$ est égal à $(-1)^{\mathrm{I}}\mathrm{A}$; on a

$$\Delta = (-1)^{\mathrm{I}} b_1^\alpha b_2^\beta \ldots b_n^\lambda \mathrm{A}.$$

Par suite,

$$C = A\Sigma(-1)^I b_1^\alpha b_2^\beta \ldots b_n^\lambda,$$

$\alpha\beta\ldots\lambda$ étant une permutation quelconque des $n$ premiers entiers. Mais, on a

$$\Sigma(-1)^I b_1^\alpha b_2^\beta \ldots b_n^\lambda = B.$$

Par suite,

$$C = AB.$$

*Remarques.* — 1° Si les deux déterminants ne sont pas de même ordre, il est possible de trouver un déterminant égal au produit de ces deux déterminants, par application du théorème précédent, en remplaçant celui des deux déterminants qui est de l'ordre le moins grand par un déterminant qui lui est égal et qui est du même ordre que l'autre. Ainsi, par exemple, on a

$$\begin{vmatrix} a & b \\ a' & b' \end{vmatrix} = \begin{vmatrix} 1 & 0 & 0 \\ 0 & a & b \\ 0 & a' & b' \end{vmatrix} = \begin{vmatrix} 1 & 0 & 0 & 0 \\ 0 & 1 & 0 & 0 \\ 0 & 0 & a & b \\ 0 & 0 & a' & b' \end{vmatrix}, \text{ etc.}$$

2° Pour former un élément de C, nous faisons la somme des produits obtenus en multipliant chaque élément d'une *ligne* de A par l'élément de même rang d'une *ligne* de B; c'est ce que nous exprimerons en disant que C est le produit *lignes par lignes* des déterminants A et B. Mais, puisqu'un déterminant ne change pas quand on y transpose chaque ligne avec la colonne de même rang, on pourra obtenir de quatre manières un déterminant égal au produit des déterminants A et B; l'un sera le produit lignes par lignes de A et de B; un second sera le produit *lignes par colonnes*, un troisième sera le produit *colonnes par lignes*, le quatrième sera le produit *colonnes par colonnes*.

Ainsi, on a, en particulier,

$$\begin{vmatrix} a & b \\ a' & b' \end{vmatrix} \times \begin{vmatrix} \alpha & \beta \\ \alpha' & \beta' \end{vmatrix} = \begin{vmatrix} a\alpha + b\beta & a\alpha' + b\beta' \\ a'\alpha + b'\beta & a'\alpha' + b'\beta' \end{vmatrix}$$
$$= \begin{vmatrix} a\alpha + b\alpha' & a\beta + b\beta' \\ a'\alpha + b'\alpha' & a'\beta + b'\beta' \end{vmatrix}$$
$$= \begin{vmatrix} a\alpha + a'\beta & a\alpha' + a'\beta' \\ b\alpha + b'\beta & b\alpha' + b'\beta' \end{vmatrix}$$
$$= \begin{vmatrix} a\alpha + a'\alpha' & a\beta + a'\beta' \\ b\alpha + b'\alpha' & b\beta + b'\beta' \end{vmatrix}.$$

**170. Déterminant adjoint d'un déterminant.** — Soit le déterminant

$$\delta = \begin{vmatrix} a_1^1 & a_1^2 & \dots & a_1^n \\ \cdot & \cdot & \cdot & \cdot \\ a_n^1 & a_n^2 & \dots & a_n^n \end{vmatrix}.$$

Si $A_p^q$ est le coefficient de $a_p^q$ dans le déterminant $\delta$, on appelle *déterminant adjoint* du déterminant $\delta$ le déterminant

$$\Delta = \begin{vmatrix} A_1^1 & A_1^2 & \dots & A_1^n \\ \cdot & \cdot & \cdot & \cdot \\ A_n^1 & A_n^2 & \dots & A_n^n \end{vmatrix}.$$

Entre les éléments de $\delta$ et de $\Delta$ on a les relations suivantes :

1° Quel que soit le rang $p$,

$$\delta = a_p^1 A_p^1 + a_p^2 A_p^2 + \dots + a_p^n A_p^n$$

et

$$\delta = a_1^p A_1^p + a_2^p A_2^p + \dots + a_n^p A_n^p.$$

2° Quels que soient les rangs $p$ et $q$ supposés différents,

$$0 = a_q^1 A_p^1 + a_q^2 A_p^2 + \dots + a_q^n A_p^n$$

et

$$0 = a_1^q A_1^p + a_2^q A_2^p + \dots + a_n^q A_n^p.$$

En effet, le second membre de la première relation n'est autre que le développement, par rapport aux éléments de la $p^{\text{ième}}$ ligne, d'un déterminant représenté par le tableau obtenu en remplaçant dans le tableau qui représente $\delta$ les éléments de la $p^{\text{ième}}$ ligne respectivement par les éléments de même rang de la $q^{\text{ième}}$, et un tel déterminant est nul, comme ayant deux lignes identiques; de même, le second membre de la seconde relation est le développement, suivant les éléments de la $p^{\text{ième}}$ colonne, d'un déterminant d'ordre $n$ dont les $p^{\text{ième}}$ et $q^{\text{ième}}$ colonnes sont identiques et qui, par suite, est nul.

Pour ne pas compliquer l'écriture, nous raisonnerons sur un déterminant $\delta$ du 4$^e$ ordre, en posant

$$\delta = \begin{vmatrix} a & b & c & d \\ a' & b' & c' & d' \\ a'' & b'' & c'' & d'' \\ a''' & b''' & c''' & d''' \end{vmatrix}, \quad \Delta = \begin{vmatrix} A & B & C & D \\ A' & B' & C' & D' \\ A'' & B'' & C'' & D'' \\ A''' & B''' & C''' & D''' \end{vmatrix}.$$

Nous allons démontrer les théorèmes suivants :

1° *Si* $\delta = 0$, *deux lignes (ou colonnes) quelconques de* $\Delta$ *sont formées d'éléments proportionnels; autrement dit, les mineurs du deuxième ordre de* $\Delta$ *sont tous nuls.*

Démontrons, par exemple, que le mineur

$$\begin{vmatrix} A & B \\ A' & B' \end{vmatrix}$$

est égal à 0. C'est évident si les quatre éléments de ce déterminant sont simultanément nuls. Il reste à démontrer le théorème dans le cas où l'un au moins de ces éléments n'est pas nul; supposons, par exemple, $A \neq 0$.

Formons le produit lignes par lignes des déterminants

$$\begin{vmatrix} 1 & 0 & 0 & 0 \\ a' & b' & c' & d' \\ a'' & b'' & c'' & d'' \\ a''' & b''' & c''' & d''' \end{vmatrix} \quad \text{et} \quad \begin{vmatrix} A & B & C & D \\ A' & B' & C' & D' \\ 0 & 0 & 1 & 0 \\ 0 & 0 & 0 & 1 \end{vmatrix}.$$

En supprimant dans le premier déterminant la ligne et la colonne qui contiennent l'élément 1, on voit que ce déterminant est égal à A; en supprimant dans le second déterminant les lignes et les colonnes qui contiennent les deux éléments 1, on voit que ce déterminant est égal à

$$\begin{vmatrix} A & B \\ A' & B' \end{vmatrix}.$$

Appliquons la règle de multiplication de deux déterminants; nous obtenons

$$A \begin{vmatrix} A & B \\ A' & B' \end{vmatrix} = \begin{vmatrix} A & A' & 0 & 0 \\ 0 & 0 & c' & d' \\ 0 & 0 & c'' & d'' \\ 0 & 0 & c''' & d''' \end{vmatrix}.$$

Si l'on supprime dans le déterminant produit la première ligne et la première colonne, A se mettant en facteur, on obtient un déterminant nul comme ayant une colonne dont tous les éléments sont nuls. On a donc

$$A \begin{vmatrix} A & B \\ A' & B' \end{vmatrix} = 0$$

et, par suite, puisque A est supposé non nul,

$$\begin{vmatrix} A & B \\ A' & B' \end{vmatrix} = 0.$$

2° *On a l'égalité* $\Delta = \delta^{n-1}$.

En effet, formons le produit lignes par lignes des déterminants $\delta$ et $\Delta$. Nous obtenons

$$\begin{vmatrix} a & b & c & d \\ a' & b' & c' & d' \\ a'' & b'' & c'' & d'' \\ a''' & b''' & c''' & d''' \end{vmatrix} \times \begin{vmatrix} A & B & C & D \\ A' & B' & C' & D' \\ A'' & B'' & C'' & D'' \\ A''' & B''' & C''' & D''' \end{vmatrix} = \begin{vmatrix} \delta & 0 & 0 & 0 \\ 0 & \delta & 0 & 0 \\ 0 & 0 & \delta & 0 \\ 0 & 0 & 0 & \delta \end{vmatrix} = \delta^4.$$

Ainsi, on a $\delta\Delta = \delta^4$. Si l'on suppose $\delta \neq 0$, en divisant les deux membres de l'égalité par $\delta$, on a $\Delta = \delta^3$, et, d'une façon générale, $\Delta = \delta^{n-1}$. Si $\delta = 0$, $\Delta$ est nul comme ayant, d'après le théorème précédent, deux lignes proportionnelles ; on a encore $\Delta = \delta^{n-1}$.

3° *Les éléments du déterminant* $\delta_1$ *adjoint de* $\Delta$ *sont égaux aux éléments correspondants de* $\delta$ *multipliés par* $\delta^{n-2}$.

Posons

$$\delta_1 = \begin{vmatrix} a_1 & b_1 & c_1 & d_1 \\ a'_1 & b'_1 & c'_1 & d'_1 \\ a''_1 & b''_1 & c''_1 & d''_1 \\ a'''_1 & b'''_1 & c'''_1 & d'''_1 \end{vmatrix}.$$

Démontrons, par exemple, le théorème pour l'élément $a_1$ de $\delta_1$ et l'élément correspondant $a$ de $\delta$.

Supposons d'abord $\delta = 0$. Alors deux lignes quelconques de $\Delta$ sont formées d'éléments proportionnels; il s'ensuit que tout premier mineur de $\Delta$ a deux lignes formées d'éléments proportionnels et par suite est nul; en particulier, $a_1$ est nul, et l'on a bien $a_1 = a\delta^{n-2}$.

Supposons ensuite $\delta \neq 0$. Formons le produit lignes par lignes des deux déterminants

$$\begin{vmatrix} a & b & c & d \\ a' & b' & c' & d \\ a'' & b'' & c'' & d'' \\ a''' & b''' & c''' & d''' \end{vmatrix} \quad \text{et} \quad \begin{vmatrix} 1 & 0 & 0 & 0 \\ A' & B' & C' & D' \\ A'' & B'' & C'' & D'' \\ A''' & B''' & C''' & D''' \end{vmatrix}.$$

Le premier est égal à $\delta$ et le second, comme on le voit en y supprimant la première ligne formée de zéros à l'exception de l'élément 1 et la première colonne, est égal à $a_1$. Par application de la règle de multiplication, on trouve

$$\delta a_1 = \begin{vmatrix} a & 0 & 0 & 0 \\ a' & \delta & 0 & 0 \\ a'' & 0 & \delta & 0 \\ a''' & 0 & 0 & \delta \end{vmatrix} = a\delta^3.$$

En divisant les deux membres de l'égalité $\delta a_1 = a\delta^3$ par $\delta$ supposé non nul, on trouve bien $a_1 = a\delta^2$, et, d'une manière générale, $a_1 = a\delta^{n-2}$.

**171. Tableaux.** — Considérons $np$ nombres placés suivant $p$ lignes et suivant $n$ colonnes, que nous représenterons par une même lettre $a$, chacun étant affecté d'un indice inférieur égal au rang de la ligne qui le contient et d'un indice supérieur égal au rang de la colonne qui le contient. On a ainsi le tableau T

$$\begin{matrix} a_1^1 & a_1^2 & \dots & a_1^n \\ a_2^1 & a_2^2 & \dots & a_2^n \\ \dots & \dots & \dots & \dots \\ a_p^1 & a_p^2 & \dots & a_p^n. \end{matrix}$$

On appelle *déterminant mineur* ou simplement *mineur* déduit de ce tableau T tout déterminant représenté par le tableau obtenu en prenant dans le tableau T les éléments communs à $k$ lignes et à $k$ colonnes. L'ordre maximum d'un mineur déduit de T est égal au plus petit des deux entiers $p$ et $n$.

On appelle *déterminant principal* déduit du tableau T tout mineur non nul déduit de ce tableau tel qu'il n'existe pas de mineur non nul d'ordre supérieur.

Si le tableau T a au moins un élément non nul, il admet au moins un déterminant principal. Considérons en effet les mineurs d'ordre égal au plus petit des entiers $p$ et $n$. S'il en existe un non nul, c'est un déterminant principal. Si tous ces mineurs sont nuls, considérons les mineurs d'ordre inférieur d'une unité. S'il en existe un non nul, c'est un déterminant principal. Si tous ces mineurs sont nuls, considérons les mineurs d'ordre inférieur d'une unité, et ainsi de suite. Les éléments du tableau n'étant pas tous nuls, on finira par obtenir au moins un déterminant principal, dût-on aller jusqu'aux mineurs du premier ordre qui se réduisent aux éléments du tableau.

Un tableau peut admettre plusieurs déterminants principaux; il est clair qu'ils sont tous de même ordre. L'ordre $r$ de l'un quelconque des déterminants principaux est dit le *rang* du tableau; c'est un entier au plus égal au plus petit des deux entiers $p$ et $n$.

Si un tableau a tous ses éléments nuls, il est dit de *rang* 0.

## II. — ÉQUATIONS LINÉAIRES

**172. Résolution des équations linéaires.** — Définitions. — On appelle *équation linéaire* ou *du premier degré* aux inconnues $x$, $y$, ... toute équation de la forme

$$ax + by + \ldots + h = 0,$$

où $a$, $b$, ..., $h$ sont des nombres donnés.

On appelle *solution* d'un système formé d'une ou de plusieurs équations linéaires aux inconnues $x$, $y$, ... tout ensemble de nombres qui, mis dans les équations à la place des inconnues $x$, $y$, ..., transforment les équations en égalités.

On dit que deux systèmes d'équations du premier degré aux mêmes inconnues sont *équivalents* si l'un ne peut admettre une solution qui ne soit en même temps solution de l'autre, et inversement.

En principe, pour résoudre un système d'équations linéaires, on forme un système qui lui est équivalent et dont la résolution est immédiate.

Résolution d'une équation linéaire à une ou à plusieurs inconnues. — 1° Soit l'équation linéaire à une inconnue

$$ax + h = 0.$$

Si $a$ est différent de 0, elle a une solution et une seule,

$$x = -\frac{h}{a}.$$

Si $a$ est égal à 0 et si $h$ est différent de 0, l'équation n'a pas de solutions. Si $a$ et $h$ sont égaux à 0, tout nombre est solution.

2° Soit l'équation linéaire à plusieurs inconnues

$$ax + by + \ldots + h = 0.$$

Si l'un des coefficients des inconnues, $a$ par exemple, n'est pas nul, l'équation a une infinité de solutions qu'on obtient en prenant pour les inconnues autres que $x$ des valeurs arbitraires et en prenant ensuite pour $x$ la solution de l'équation linéaire en $x$ qu'on déduit de l'équation donnée en y remplaçant les inconnues autres que $x$ par leurs valeurs respectives.

Si les coefficients des inconnues sont tous nuls et si le terme indépendant des inconnues $h$ n'est pas nul, l'équation n'a pas de solutions.

Si les coefficients des inconnues et $h$ sont nuls, tout ensemble de valeurs attribuées aux inconnues est solution de l'équation.

D'une manière générale, si un système d'équations linéaires a une solution et une seule, il est dit *déterminé*; s'il n'a pas de solutions, il est dit *impossible*; s'il a une infinité de solutions dans lesquelles plusieurs inconnues (et même toutes les inconnues) peuvent prendre des valeurs arbitraires, les valeurs des autres inconnues (s'il y en a) étant déterminées après le choix des valeurs des précédentes, il est dit *indéterminé*.

Résolution d'un système quelconque d'équations linéaires. Méthode par substitution. — Soit un système formé de plusieurs équations linéaires

$$a_1x + b_1y + \dots + h_1 = 0,$$
$$a_2x + b_2y + \dots + h_2 = 0,$$
$$\dots\dots\dots$$

Nous désignerons par $U_1$, $U_2$, ... les polynomes en $x$, $y$, ... premiers membres.

Distinguons deux cas.

1° Supposons que les coefficients des inconnues soient tous nuls. Ou bien l'un des termes indépendants $h$ n'est pas nul et alors l'équation correspondante n'a pas de solutions, le système donné est impossible; ou bien les termes $h$ sont tous nuls, et alors tout ensemble de nombres est solution du système; le système est indéterminé.

2° Supposons que l'un des coefficients des inconnues soit différent de 0, par exemple le coefficient $a_1$ de $x$ dans l'équation $U_1 = 0$. Résolvons l'équation $U_1 = 0$ par rapport à $x$, en supposant connues les autres inconnues contenues dans l'équation, s'il en existe. On a ainsi pour $x$ l'expression

$$x = -\frac{b_1y + \dots + h_1}{a_1}.$$

Remplaçons ensuite par l'expression obtenue $x$ dans $U_2$, $U_3$, ..., qui deviennent respectivement les polynomes $V_2$, $V_3$, ... ne contenant plus $x$. On voit immédiatement que l'on a les identités

$$V_2 = U_2 - \frac{a_2}{a_1} U_1, \quad V_3 = U_3 - \frac{a_3}{a_1} U_1, \ldots$$

D'après cela, si un ensemble de valeurs attribuées aux inconnues annule simultanément $U_1$, $U_2$, $U_3$, ..., il annule aussi $V_2$, $V_3$, ..., et inversement, si un ensemble de valeurs attribuées aux inconnues annule simultanément $U_1$, $V_2$, $V_3$, ..., il annule $U_2$, $U_3$, .... Il s'ensuit que le système donné des équations linéaires

$$U_1 = 0, \quad U_2 = 0, \quad U_3 = 0, \ldots$$

est équivalent au système d'équations linéaires

$$U_1 = 0, \quad V_2 = 0, \quad V_3 = 0, \ldots.$$

On est ramené à résoudre ce système, et, pour cela, il suffit de résoudre le système

$$V_2 = 0, \quad V_3 = 0, \ldots,$$

aux inconnues autres que $x$; car, une fois déterminée une solution de ce système partiel, en la portant dans l'équation $U_1 = 0$, on tire de cette équation la valeur correspondante de $x$.

Le système des équations $V_2 = 0$, $V_3 = 0$, ... contient une équation et une inconnue de moins que le système donné. Reprenons la même discussion. Si les coefficients des inconnues $y$, ... sont tous nuls, le système des équations $V = 0$ est impossible ou indéterminé; le système donné est lui-même impossible ou indéterminé; s'il y a indétermination, on peut choisir arbitrairement les valeurs des inconnues autres que $x$, la valeur de $x$ étant ensuite déterminée.

S'il y a plusieurs équations $V = 0$ et si le coefficient de l'une des inconnues, $y$ par exemple, dans l'une des équations, $V_2 = 0$ par exemple, est différent de 0, on tirera $y$ de l'équation $V_2 = 0$ et on remplacera ensuite par l'expression trouvée $y$ dans les autres équations qui deviendront ainsi des équations linéaires aux inconnues autres que $x$ et $y$, $W_3 = 0$, .... Le système des équations $W = 0$ contient deux équations et deux inconnues de moins que le système donné. On est ramené à résoudre ce système; car, une fois déterminée une de ses solutions, en la portant dans $V_2 = 0$, on en déduit la valeur de $y$ et en la portant dans $U_1 = 0$ en même temps que la valeur de $y$ que l'on vient de trouver, on en déduit la valeur de $x$.

Et ainsi de suite. Si l'on répète assez de fois l'opération précédente, il se présentera nécessairement l'un des deux cas suivants :

1° Dans les équations formées après la dernière substitution, les coefficients des inconnues non encore employées sont simultanément nuls. Alors, ou bien, l'un des termes indépendants n'est pas nul, et le système donné est impossible, ou bien, les termes indépendants sont tous nuls, et le système donné est indéterminé, l'indétermination étant telle qu'on puisse choisir arbitrairement les valeurs des inconnues non employées, les valeurs des autres étant déterminées d'une manière unique par le choix des précédentes.

2° On est ramené à la résolution d'une seule équation contenant effectivement une des inconnues non employées. Si cette inconnue est seule, l'équation est déterminée et il en est de même du système donné; si l'équation contient plusieurs inconnues, elle est indéterminée et il en est de même du système donné.

Nous voyons ainsi qu'il y a trois cas à distinguer dans la résolution du système le plus général d'équations du premier degré : ou bien le système est déterminé, ou bien il est impossible, ou bien il est indéterminé.

Si un système d'équations linéaires admet deux solutions distinctes, il est indéterminé, autrement dit, il admet une infinité de solutions. En effet, il n'est ni déterminé, ni impossible.

**173. Emploi des déterminants.** — Pour représenter le système le plus général formé de $p$ équations linéaires à $n$ inconnues, nous placerons dans un ordre d'une part les inconnues, d'autre part les équations, nous désignerons les inconnues par une même lettre $x$ que nous affecterons successivement d'un indice inférieur égal au rang de chacune d'elles, nous désignerons chacun des coefficients des inconnues par une même lettre $a$ que nous affecterons d'un indice inférieur égal au rang de l'équation où il se trouve et d'un indice supérieur égal au rang de l'inconnue correspondante; enfin, nous désignerons les termes indépendants des inconnues par $-b$, successivement affecté d'un indice inférieur égal au rang de l'équation correspondante. Nous avons ainsi le système

$$\begin{gathered}a_1^1 x_1 + a_1^2 x_2 + \ldots + a_1^n x_n - b_1 = 0,\\ a_2^1 x_1 + a_2^2 x_2 + \ldots + a_2^n x_n - b_2 = 0,\\ \cdots\cdots\cdots\cdots\\ a_p^1 x_1 + a_p^2 x_2 + \ldots + a_p^n x_n - b_p = 0.\end{gathered}$$

Le tableau des coefficients des inconnues

$$\begin{matrix} a_1^1 & a_1^2 & \dots & a_1^n \\ a_2^1 & a_2^2 & \dots & a_2^n \\ \cdot & \cdot & \cdot & \cdot \\ a_p^1 & a_p^2 & \dots & a_p^n \end{matrix}$$

est formé de $p$ lignes et de $n$ colonnes. Si on change l'ordre des inconnues ou l'ordre des équations, les colonnes ou les lignes de ce tableau s'échangent entre elles.

Si on change l'ordre des colonnes ou des lignes du tableau, les colonnes ou les lignes s'échangent entre elles dans chaque déterminant déduit de ce tableau. Un tel déterminant reste nul, s'il était nul; il reste différent de 0, s'il était différent de 0. Il s'ensuit que le rang, nul ou non nul, du tableau est indépendant de l'ordre de ses lignes et de l'ordre de ses colonnes, c'est-à-dire indépendant de l'ordre des équations et de l'ordre des inconnues. C'est ce nombre $r$ qu'on appelle le *rang* du système des équations données. On a évidemment $r \leqslant p$ et $r \leqslant n$.

Ayant choisi dans le tableau, si $r > 0$, un déterminant principal, nous dirons qu'une équation du système donné est *principale* s'il existe une ligne du déterminant principal qui soit formée de $r$ de ses coefficients; nous dirons qu'une inconnue est *principale* s'il existe une colonne du déterminant principal qui soit formée de $r$ de ses coefficients dans les $p$ équations du système donné. Dans un système d'équations linéaires de rang $r$, il y a évidemment $r$ équations principales et $r$ inconnues principales.

Si $r < p$, chacune des $p - r$ équations autres que les équations principales est dite *non principale*. Si $r < n$, chacune des $n - r$ inconnues autres que les inconnues principales est dite *non principale*.

On peut choisir l'ordre des équations et l'ordre des inconnues de façon que les éléments du déterminant principal choisi soient dans les $r$ premières lignes et dans les $r$ premières colonnes du tableau des coefficients des inconnues. Alors, les équations principales seront les $r$ premières et les inconnues principales seront les inconnues $x_1, x_2, \dots, x_r$.

Théorème. — *Étant donné un système de $n$ équations linéaires à $n$ inconnues, si le déterminant représenté par le tableau des coefficients des inconnues est différent de 0, le système admet une solution et une seule. Autrement dit, si $r = p = n$, le système est déterminé.*

Soit le système

$$
\text{(I)} \qquad
\begin{array}{l}
a_1^1 x_1 + a_1^2 x_2 + \ldots + a_1^n x_n - b_1 = 0, \\
a_2^1 x_1 + a_2^2 x_2 + \ldots + a_2^n x_n - b_2 = 0, \\
\ldots\ldots\ldots\ldots\ldots\ldots\ldots\ldots \\
a_n^1 x_1 + a_n^2 x_2 + \ldots + a_n^n x_n - b_n = 0.
\end{array}
$$

Posons

$$
\Delta = \begin{vmatrix}
a_1^1 & a_1^2 & \ldots & a_1^n \\
a_2^1 & a_2^2 & \ldots & a_2^n \\
\ldots & \ldots & \ldots & \ldots \\
a_n^1 & a_n^2 & \ldots & a_n^n
\end{vmatrix} \neq 0
$$

et désignons par $A_i^j$ le coefficient de $a_i^j$ dans $\Delta$.

Multiplions les deux membres de la première équation par $A_1^1$, les deux membres de la seconde par $A_2^1$, ..., les deux membres de la $n^{\text{ième}}$ par $A_n^1$; ajoutons membre à membre et, dans le premier membre, ajoutons colonne par colonne. Il est évident que toute solution du système (I) est solution de l'équation linéaire ainsi formée. Or, dans le premier membre de cette équation, le coefficient de $x_1$ est égal à

$$A_1^1 a_1^1 + A_2^1 a_2^1 + \ldots + A_n^1 a_n^1,$$

ce qui est le développement de $\Delta$ par rapport aux éléments de la première colonne; le coefficient de $x_2$ est égal à

$$A_1^1 a_1^2 + A_2^1 a_2^2 + \ldots + A_n^1 a_n^2;$$

c'est le développement, par rapport aux éléments de la première colonne, du déterminant qu'on déduit de $\Delta$ en y remplaçant les éléments de la première colonne par ceux de la seconde, lequel est, par suite, égal à 0; de même, les coefficients de $x_3, \ldots, x_n$ sont nuls; enfin, le terme indépendant des inconnues est égal à

$$-(A_1^1 b_1 + A_2^1 b_2 + \ldots + A_n^1 b_n).$$

L'équation formée est donc

$$\Delta x_1 - (A_1^1 b_1 + A_2^1 b_2 + \ldots + A_n^1 b_n) = 0.$$

De même, en multipliant les deux membres des équations du système (I) respectivement par $A_1^2, A_2^2, \ldots, A_n^2$, on forme l'équation

$$\Delta x_2 - (A_1^2 b_1 + A_2^2 b_2 + \ldots + A_n^2 b_n) = 0,$$

qui admet comme solution toute solution du système (I), etc. On forme ainsi le système

$$
\text{(II)}\quad
\begin{cases}
\Delta x_1 - (A_1^1 b_1 + A_2^1 b_2 + \ldots + A_n^1 b_n) = 0,\\
\Delta x_2 - (A_1^2 b_1 + A_2^2 b_2 + \ldots + A_n^2 b_n) = 0,\\
\ldots\ldots\ldots\ldots\ldots\ldots\ldots\ldots\\
\Delta x_n - (A_1^n b_1 + A_2^n b_2 + \ldots + A_n^n b_n) = 0,
\end{cases}
$$

qui admet comme solution toute solution du système (I).

Montrons que, réciproquement, toute solution du système (II) est solution du système (I). En effet, multiplions les deux membres de la première équation du système (II) par $a_1^1$, les deux membres de la seconde par $a_1^2$, ..., les deux membres de la $n^{\text{ième}}$ par $a_1^n$; ajoutons membre à membre et, dans le premier membre, ajoutons colonne par colonne. Dans la première colonne, on trouve

$$\Delta(a_1^1 x_1 + a_1^2 x_2 + \ldots + a_1^n x_n).$$

Dans la seconde colonne, on trouve

$$-b_1(A_1^1 a_1^1 + A_1^2 a_1^2 + \ldots + A_1^n a_1^n);$$

la quantité entre parenthèses est le développement de $\Delta$ par rapport aux éléments de la première ligne; on trouve donc $-b_1\Delta$. Dans la troisième colonne, on trouve

$$-b_2(A_2^1 a_1^1 + A_2^2 a_1^2 + \ldots + A_2^n a_1^n);$$

la quantité entre parenthèses est le développement, par rapport aux éléments de la seconde ligne, du déterminant qu'on déduit de $\Delta$ en y remplaçant les éléments de la seconde ligne par ceux de la première; ce déterminant étant nul, on trouve donc 0, etc. Dans la $n^{\text{ième}}$ colonne, on trouve 0. Finalement, l'équation formée est

$$\Delta(a_1^1 x_1 + a_1^2 x_2 + \ldots + a_1^n x_n) - \Delta b_1 = 0,$$

c'est-à-dire

$$\Delta(a_1^1 x_1 + a_1^2 x_2 + \ldots + a_1^n x_n - b_1) = 0.$$

Toute solution du système (II) est évidemment solution de cette équation, laquelle est, puisque $\Delta$ est différent de 0, équivalente à l'équation

$$a_1^1 x_1 + a_1^2 x_2 + \ldots + a_1^n x_n - b_1 = 0,$$

première équation du système (I). De même, en multipliant les deux membres des équations du système (II) respectivement par $a_2^1, a_2^2, \ldots, a_2^n$ et en ajoutant membre à membre, on voit que toute solution du système (II) est solution de la seconde équation du système (I), etc. Finalement, toute solution du système (II) est solution du système (I);

*les systèmes* (I) *et* (II) *sont équivalents.* Pour résoudre l'un, il suffit de résoudre l'autre. Or, la résolution du système (II) est immédiate; on trouve la solution unique

$$x_1 = \frac{A_1^1 b_1 + A_2^1 b_2 + \ldots + A_n^1 b_n}{\Delta},$$

$$x_2 = \frac{A_1^2 b_1 + A_2^2 b_2 + \ldots + A_n^2 b_n}{\Delta},$$

$$\ldots\ldots\ldots\ldots\ldots\ldots$$

$$x_n = \frac{A_1^n b_1 + A_2^n b_2 + \ldots + A_n^n b_n}{\Delta}.$$

Le théorème est démontré.

Le numérateur de $x_k$ n'est autre que le développement, par rapport aux éléments de la $k^{\text{ième}}$ colonne, du déterminant qu'on déduit de $\Delta$ en y remplaçant les éléments de la $k^{\text{ième}}$ colonne respectivement par $b_1, b_2, \ldots, b_n$.

Les formules précédentes qui définissent la solution unique du système donné sont dues à Cramer.

Théorème. — *Étant donné un système de $p$ équations linéaires à $n$ inconnues, $n > p$, si son rang est égal à $p$, il admet une infinité de solutions dans lesquelles on peut choisir arbitrairement les valeurs de $n-p$ inconnues non principales, celles des inconnues principales en résultant d'une manière unique.*

Soit le système

$$a_1^1 x_1 + a_1^2 x_2 + \ldots + a_1^n x_n - b_1 = 0,$$

$$a_2^1 x_1 + a_2^2 x_2 + \ldots + a_2^n x_n - b_2 = 0,$$

$$\ldots\ldots\ldots\ldots\ldots\ldots$$

$$a_p^1 x_1 + a_p^2 x_2 + \ldots + a_p^n x_n - b_p = 0.$$

Nous pouvons supposer que le déterminant principal d'ordre $p$ soit formé des éléments des $p$ premières colonnes du tableau des coefficients des inconnues :

$$\delta = \begin{vmatrix} a_1^1 & \ldots & a_1^p \\ \ldots & \ldots & \ldots \\ a_p^1 & \ldots & a_p^p \end{vmatrix} \neq 0.$$

Les inconnues non principales sont alors $x_{p+1}, x_{p+2}, \ldots, x_n$.

Si nous supposons ces inconnues remplacées par des nombres donnés, d'ailleurs arbitraires, le système donné devient un système de $p$ équations linéaires aux $p$ inconnues $x_1, x_2, \ldots, x_p$, dans lequel le déterminant représenté par le tableau des coefficients des inconnues est différent de 0. D'après le théorème précédent, ce système admet une solution et une seule. Le système donné aux $n$ inconnues $x_1, x_2, \ldots, x_n$ admet donc une infinité de solutions qu'on obtient en remplaçant dans les équations $x_{p+1}, x_{p+2}, \ldots, x_n$ par des nombres arbitraires et en résolvant ensuite le système par rapport à $x_1, x_2, \ldots, x_p$.

Montrons que le système n'admet pas d'autres solutions que celles qu'on obtient par le procédé précédent. Soit en effet une solution quelconque

$$x_1 = x'_1, \quad x_2 = x'_2, \quad \ldots, \quad x_p = x'_p, \quad x_{p+1} = x'_{p+1}, \quad \ldots, \quad x = x'_n.$$

Si l'on remplace dans les équations données $x_{p+1}, \ldots, x_n$ respectivement par $x'_{p+1}, \ldots, x'_n$, on obtient un système de $p$ équations aux $p$ inconnues $x_1, x_2, \ldots, x_p$ qui admet une solution unique, coïncidant nécessairement avec la solution $x_1 = x'_1, \ldots, x_p = x'_p$.

THÉORÈME. — *Si le rang d'un système d'équations linéaires est égal au nombre des équations, le système est ou déterminé ou indéterminé; il n'est pas impossible.*

Cet énoncé résume les deux précédents; il y a détermination si le nombre des inconnues est égal au nombre des équations, indétermination si le nombre des inconnues est plus grand que le nombre des équations.

THÉORÈME (MM. Rouché et Fontené). — *Étant donné un système d'équations linéaires, si le rang, non nul, est plus petit que le nombre des équations, pour qu'il existe une solution du système formé par les équations principales qui soit aussi solution d'une équation non principale, il faut et il suffit que le déterminant, dit déterminant caractéristique, obtenu en bordant le déterminant principal d'une ligne formée des coefficients des inconnues principales dans l'équation non principale considérée et d'une colonne formée des termes tout connus dans les équations principales et dans l'équation non principale considérée soit égal à 0.*

*En outre, si le déterminant caractéristique est nul, toute solution du système formé par les équations principales est solution de l'équation non principale considérée.*

Soit le système

$$\begin{array}{l} a_1^1 x_1 + a_1^2 x_2 + \ldots + a_1^n x_n - b_1 = 0, \\ a_2^1 x_1 + a_2^2 x_2 + \ldots + a_2^n x_n - b_2 = 0, \\ \ldots\ldots\ldots\ldots\ldots\ldots\ldots\ldots \\ a_p^1 x_1 + a_p^2 x_2 + \ldots + a_p^n x_n - b_p = 0. \end{array}$$

Supposons que le déterminant principal $\delta$, d'ordre $r$, ait ses éléments dans les $r$ premières lignes et dans les $r$ premières colonnes du tableau des coefficients des inconnues :

$$\delta = \begin{vmatrix} a_1^1 & a_1^2 & \dots & a_1^r \\ a_2^1 & a_2^2 & \dots & a_2^r \\ \dots & \dots & \dots & \dots \\ a_r^1 & a_r^2 & \dots & a_r^r \end{vmatrix} \neq 0.$$

Désignons par $U_1, U_2, \dots, U_p$ les premiers membres des équations proposées. Les équations principales sont $U_1 = 0$, $U_2 = 0, \dots$, $U_r = 0$; une équation non principale est de la forme $U^s = 0$, $s$ étant plus grand que $r$. Formons le déterminant

$$H = \begin{vmatrix} & & & & U_1 \\ & & & & U_2 \\ & & \delta & & \vdots \\ & & & & \vdots \\ \dots & \dots & \dots & \dots & U_r \\ a_s^1 & a_s^2 & \dots & a_s^r & U_s \end{vmatrix}.$$

Quelles que soient les valeurs attribuées à $x_1, x_2, \dots, x_n$, H a une valeur constante qui est égale au déterminant caractéristique

$$\delta_s = \begin{vmatrix} & & & & -b_1 \\ & & & & -b_2 \\ & & \delta & & \vdots \\ & & & & \vdots \\ \dots & \dots & \dots & \dots & -b_r \\ a_s^1 & a_s^2 & \dots & a_s^r & -b_s \end{vmatrix}.$$

En effet, les éléments de la dernière colonne de H sont des sommes de $n+1$ termes; par suite, H est la somme de $n+1$ déterminants, dont le $(n+1)^{\text{ième}}$ est justement le déterminant caractéristique, chacun des $n$ premiers étant de la forme

$$\begin{vmatrix} & & & & a_1^k x_k \\ & & & & a_2^k x_k \\ & & \delta & & \vdots \\ & & & & \vdots \\ \dots & \dots & \dots & \dots & a_r^k x_k \\ a_s^1 & a_s^2 & \dots & a_s^r & a_s^k x_k \end{vmatrix} = x_k \begin{vmatrix} & & & & a_1^k \\ & & & & a_2^k \\ & & \delta & & \vdots \\ & & & & \vdots \\ \dots & \dots & \dots & \dots & a_r^k \\ a_s^1 & a_s^2 & \dots & a_s^r & a_s^k \end{vmatrix},$$

$k$ étant égal à $1, 2, \dots, n$. Or, si $k \leqslant r$, le déterminant qui forme le coefficient de $x_k$ est égal à 0, comme ayant deux colonnes identiques; si $k > r$, le coefficient de $x_k$ est encore égal à 0, car c'est un mineur d'ordre $r+1$ déduit du tableau des coefficients des inconnues, qui, par hypothèse, est de rang $r$. H est donc bien constamment égal au déterminant caractéristique.

Cela posé, donnons dans H à $x_1, x_2, \ldots, x_n$ les valeurs qui constituent une solution du système formé par les $r$ équations principales; $U_1$, $U_2, \ldots, U_r$ prennent alors des valeurs nulles. Si on désigne par $U'_s$ la valeur que prend $U_s$, on a l'égalité

$$\begin{vmatrix} & & & \cdot & 0 \\ & & & \cdot & 0 \\ & \delta & & \cdot & \cdot \\ & & & \cdot & \cdot \\ \cdot & \cdot & \cdot & \cdot & 0 \\ a_s^1 & a_s^2 & \ldots & a_s^r & U'_s \end{vmatrix} = \delta_s,$$

c'est-à-dire

$$\delta U'_s = \delta_s,$$

d'où, puisque $\delta$ n'est pas nul,

$$U'_s = \frac{\delta_s}{\delta}.$$

On voit ainsi que pour que $U'_s$ soit nul, c'est-à-dire pour que la solution considérée du système formé par les équations principales soit aussi solution de l'équation non principale $U_s = 0$, il faut et il suffit que $\delta_s$ soit nul. On voit aussi que si $\delta_s$ est nul, *toute* solution du système formé par les équations principales est solution de l'équation principale considérée.

*Corollaire. — Pour qu'un système d'équations linéaires, dont le rang, non nul, est plus petit que le nombre des équations, admette au moins une solution, il faut et il suffit que les déterminants caractéristiques relatifs aux équations non principales soient simultanément nuls.*

*Si les déterminants caractéristiques sont tous nuls, le système donné est équivalent au système de ses équations principales; il est déterminé si le nombre des inconnues est égal au rang, indéterminé si le nombre des inconnues est plus grand que le rang, l'indétermination étant telle qu'on puisse choisir arbitrairement les valeurs des inconnues non principales, les valeurs des inconnues principales en résultant d'une manière unique.*

**174. Équations linéaires et homogènes.** — On dit qu'une équation linéaire est *homogène* si son terme tout connu est nul, c'est-à-dire si elle est de la forme

$$ax + by + \ldots + kt = 0,$$

$x, y, \ldots, t$ étant les inconnues.

Toute équation linéaire et homogène aux inconnues $x, y, \ldots, t$ admet évidemment la solution $x = 0,\ y = 0,\ \ldots,\ t = 0,$ qu'on appelle la *solution nulle*.

Un système formé d'équations linéaires et homogènes admet la solution nulle; donc, un tel système n'est pas impossible; il est ou déterminé ou indéterminé. S'il est déterminé, il admet comme solution unique la solution nulle; s'il est indéterminé, il admet une infinité de solutions autres que la solution nulle, et, réciproquement, s'il admet une solution autre que la solution nulle, il est indéterminé.

*Pour qu'un système d'équations linéaires et homogènes soit déterminé, c'est-à-dire n'admette que la solution nulle, il faut et il suffit que son rang soit égal au nombre des inconnues. Pour qu'un système d'équations linéaires et homogènes soit indéterminé, c'est-à-dire admette une solution et par suite une infinité de solutions autres que la solution nulle, il faut et il suffit que son rang soit plus petit que le nombre des inconnues.*

Théorème. — *Un système de $n$ équations linéaires et homogènes à $n$ inconnues, de rang $n-1$, admet une infinité de solutions proportionnelles entre elles.*

Soit en effet le système

$$\begin{aligned}
a_1^1 x_1 + a_1^2 x_2 + \ldots + a_1^n x_n &= 0,\\
a_2^1 x_1 + a_2^2 x_2 + \ldots + a_2^n x_n &= 0,\\
\ldots\ldots\ldots\ldots\ldots\ldots\ldots\ldots\ldots&\\
a_n^1 x_1 + a_n^2 x_2 + \ldots + a_n^n x_n &= 0.
\end{aligned}$$

Par hypothèse, le déterminant $\Delta$ des coefficients des inconnues est nul et un de ses premiers mineurs $\delta$ n'est pas nul. Nous pouvons supposer que ce soit le déterminant qu'on déduit de $\Delta$ en y supprimant la dernière et la dernière colonne. D'après le théorème de Rouché-Fontené, on a la solution la plus générale du système en donnant à l'unique inconnue non principale $x_n$ une valeur arbitraire et en résolvant ensuite, à l'aide des formules de Cramer, le système formé par les $n-1$ premières équations, par rapport aux inconnues principales $x_1, x_2, \ldots, x_{n-1}$. Les numérateurs des formules de Cramer étant linéaires et homogènes par rapport aux termes tout connus, lesquels contiennent $x_n$ en facteur, on trouve pour $x_1, x_2, \ldots, x_{n-1}$ des expressions de la forme

$$x_1 = H_1 x_n, \quad x_2 = H_2 x_n, \quad \ldots, \quad x_{n-1} = H_{n-1} x_n,$$

$H_1, H_2, \ldots, H_n$ étant des quantités fixes. En faisant varier $x_n$, on obtient une infinité de solutions, et il est immédiat que si $x'_1, x'_2, \ldots, x'_n$, d'une part, $x''_1, x''_2, \ldots, x''_n$, d'autre part, sont deux solutions du système donné, on a

$$\frac{x''_1}{x'_1} = \frac{x''_2}{x'_2} = \ldots = \frac{x''_{n-1}}{x'_{n-1}} = \frac{x''_n}{x'_n}.$$

Deux solutions quelconques sont proportionnelles.

Les coefficients $A_p^1, A_p^2, \ldots, A_p^n$ des éléments de la $p^{\text{ième}}$ ligne de $\Delta$ constituent une solution de ce système. En effet, en remplaçant d'abord les inconnues respectivement par ces quantités dans le premier membre de la $p^{\text{ième}}$ équation, on trouve

$$a_p^1 A_p^1 + a_p^2 A_p^2 + \ldots + a_p^n A_p^n,$$

c'est-à-dire 0, car c'est le développement de $\Delta$, qui, par hypothèse, est nul, par rapport aux éléments de la $p^{\text{ième}}$ ligne. En remplaçant ensuite les inconnues respectivement par les mêmes quantités dans le premier membre de l'une quelconque des autres équations, par exemple, de celle de rang $q \neq p$, on trouve

$$a_q^1 A_p^1 + a_q^2 A_p^2 + \ldots + a_q^n A_p^n,$$

c'est-à-dire 0, car c'est le développement, par rapport aux éléments de la $p^{\text{ième}}$ ligne, du déterminant qu'on déduit de $\Delta$ en y remplaçant les éléments de la $p^{\text{ième}}$ ligne par ceux de la $q^{\text{ième}}$. Ainsi, $A_p^1, A_p^2, \ldots, A_p^n$ constituent une solution du système considéré. De même, $A_q^1, A_q^2, \ldots, A_q^n$ constituent une solution de ce système. Donc,

$$\frac{A_p^1}{A_q^1} = \frac{A_p^2}{A_q^2} = \ldots = \frac{A_p^n}{A_q^n}.$$

Nous retrouvons ainsi une propriété antérieurement établie du déterminant adjoint de $\Delta$, quand $\Delta$ est nul.

Résolution d'un système de $n-1$ équations linéaires et homogènes a $n$ inconnues, de rang $n-1$. — Soit le système

$$
(\mathrm{I}) \qquad \begin{aligned}
&a_1^1 x_1 + a_1^2 x_2 + \ldots + a_1^n x_n = 0, \\
&a_2^1 x_1 + a_2^2 x_2 + \ldots + a_2^n x_n = 0, \\
&\ldots\ldots\ldots\ldots\ldots\ldots\ldots\ldots \\
&a_{n-1}^1 x_1 + a_{n-1}^2 x_2 + \ldots + a_{n-1}^n x_n = 0,
\end{aligned}
$$

de rang $n-1$. Il est équivalent au système (II) formé des $n-1$ équations du système (I) et d'une $n^{\text{ième}}$ équation linéaire et homogène aux inconnues $x_1, x_2, \ldots, x_n$, dans laquelle les coefficients sont tous nuls. Le système (II) est lui-même de rang $n-1$. Considérons le déterminant $\Delta$ des coefficients des inconnues dans le système (II) :

$$
\Delta = \begin{vmatrix} a_1^1 & a_1^2 & \ldots & a_1^n \\ \ldots & \ldots & \ldots & \ldots \\ a_{n-1}^1 & a_{n-1}^2 & \ldots & a_{n-1}^n \\ 0 & 0 & \ldots & 0 \end{vmatrix}.
$$

Soient $A_n^1, A_n^2, \ldots, A_n^n$ les coefficients des éléments de la dernière ligne. D'après l'hypothèse, ils ne sont pas tous nuls, car ce sont, au signe près, les déterminants d'ordre $n-1$ déduits du tableau des coefficients des inconnues dans le système (I). De ce qui précède, il résulte que ces quantités constituent une solution, autre que la solution nulle, du système (II) et par suite du système (I). Les systèmes (I) et (II) admettent une infinité de solutions proportionnelles à cette solution, c'est-à-dire de la forme

$$
x_1 = \lambda A_n^1, \quad x_2 = \lambda A_n^2, \quad \ldots, \quad x_n = \lambda A_n^n,
$$

$\lambda$ étant un nombre arbitraire.

Théorème. — *Pour qu'un déterminant soit nul, il faut et il suffit qu'il y ait entre les éléments des lignes (ou colonnes) une même relation linéaire et homogène.*

Soit le déterminant

$$
\Delta = \begin{vmatrix} a_1^1 & a_1^2 & \ldots & a_1^n \\ \ldots & \ldots & \ldots & \ldots \\ a_n^1 & a_n^2 & \ldots & a_n^n \end{vmatrix}.
$$

S'il est nul, le système

$$
\begin{aligned}
&a_1^1 x_1 + a_1^2 x_2 + \ldots + a_1^n x_n = 0, \\
&\ldots\ldots\ldots\ldots\ldots\ldots\ldots\ldots \\
&a_n^1 x_1 + a_n^2 x_2 + \ldots + a_n^n x_n = 0
\end{aligned}
$$

est d'un rang plus petit que $n$; il est donc indéterminé et, par suite, il admet au moins une solution autre que la solution nulle; autrement dit, il existe entre les éléments des lignes de $\Delta$ une même relation linéaire et homogène.

Réciproquement, s'il existe entre les éléments des lignes de $\Delta$ une même relation linéaire et homogène, le système précédent admet une solution autre que la solution nulle, et $\Delta$ est nul.

La démonstration est valable pour les colonnes de $\Delta$.

On a la conséquence importante suivante :

*S'il y a une même relation linéaire et homogène entre les éléments des lignes (ou colonnes) d'un déterminant, il y a aussi une même relation linéaire et homogène entre les éléments des colonnes (ou lignes) de ce déterminant.*

## III. — FORMES LINÉAIRES

175. Définitions. — On appelle *forme linéaire* tout polynome homogène et du premier degré à un nombre quelconque de variables. Si les variables sont $x, y, \ldots, t$, une forme linéaire est de la forme

$$f = ax + by + \ldots + kt.$$

Un système d'équations linéaires est de la forme

$$f_1 - b_1 = 0, \quad f_2 - b_2 = 0, \ \ldots, f_p - b_p = 0,$$

$f_1, f_2, \ldots, f_p$ étant des formes linéaires où les inconnues $x_1, x_2, \ldots, x_n$ jouent le rôle de variables. Un système d'équations linéaires et homogènes est de la forme

$$f_1 = 0, \quad f_2 = 0, \ldots, f_p = 0.$$

On appelle *rang* d'un système de formes linéaires le rang du tableau des coefficients des variables dans ces formes, nombre qui ne dépend ni de l'ordre des variables ni de l'ordre des formes.

**176. Dépendance ou indépendance.** — Soient $p$ formes linéaires $f_1, f_2, \ldots, f_p$ aux variables $x_1, x_2, \ldots, x_n$ :

$$\begin{aligned} f_1 &= a_1^1 x_1 + a_1^2 x_2 + \ldots + a_1^n x_n, \\ f_2 &= a_2^1 x_1 + \ldots\ldots\ldots + a_2^n x_n, \\ &\ldots\ldots\ldots\ldots\ldots\ldots \\ f_p &= a_p^1 x_1 + \ldots\ldots\ldots + a_p^n x_n. \end{aligned}$$

On dit que ces $p$ formes sont *indépendantes* si, quels que soient les nombres $b_1, b_2, \ldots, b_p$, il est possible d'attribuer aux variables $x_1, x_2, \ldots, x_n$ des valeurs pour lesquelles $f_1, f_2, \ldots, f_p$ prennent respectivement les valeurs $b_1, b_2, \ldots, b_p$, autrement dit, si, quels que soient $b_1, b_2, \ldots, b_p$, le système d'équations linéaires

$$f_1 - b_1 = 0, \quad f_2 - b_2 = 0, \quad \ldots, \quad f_p - b_p = 0$$

n'est pas impossible.

Si les formes ne sont pas indépendantes, elles sont dites *dépendantes*.

THÉORÈME. — *Pour que $p$ formes linéaires $f_1, f_2, \ldots, f_p$, aux variables $x_1, x_2, \ldots, x_n$, soient indépendantes, il faut et il suffit que le rang $r$ du système qu'elles constituent soit égal à $p$.*

D'abord, $r$ ne peut être nul. Nous pouvons supposer que le déterminant principal $\delta$ choisi dans le tableau des coefficients des variables est formé avec les $r$ premières lignes et les $r$ premières colonnes.

1° Si les $p$ formes sont indépendantes, il est impossible que l'on ait $r < p$. En effet, $b_1, b_2, \ldots, b_p$ étant des nombres arbitraires, considérons le système d'équations linéaires

$$f_1 - b_1 = 0, \ldots, f_p - b_p = 0.$$

Supposons $r < p$. Les $p - r$ dernières équations sont équations non principales. Pour que le système admette une solution, il faut en particulier que l'on ait, en vertu du théorème de Rouché-Fontené,

$$\begin{vmatrix} & & & b_1 \\ & \delta & & b_2 \\ & & & \vdots \\ \cdot & \cdot & \cdot & b_r \\ a_{r+1}^1 & \ldots & a_{r+1}^r & b_{r+1} \end{vmatrix} = 0.$$

Si on développe le premier membre par rapport aux éléments de la dernière colonne, cette égalité prend la forme

$$\delta b_{r+1} = \alpha_1 b_1 + \alpha_2 b_2 + \ldots + \alpha_r b_r$$

ou, puisque $\delta$ est différent de 0,

$$b_{r+1} = \frac{\alpha_1 b_1 + \alpha_2 b_2 + \ldots + \alpha_r b_r}{\delta}.$$

Il suffit que, $b_1, b_2, \ldots, b_r$ étant choisis, $b_{r+1}$ ne soit pas égal au second membre de cette égalité pour que le système soit impossible.

Donc, si $r < p$, les $p$ formes données ne sont pas indépendantes. Donc, si les formes sont indépendantes, $r = p$.

2° Réciproquement, si $r = p$, les formes sont indépendantes. En effet, quels que soient $b_1, b_2, \ldots, b_p$, le système

$$f_1 - b_1 = 0, \ldots, f_p - b_p = 0,$$

dont le rang est égal au nombre des équations, admet une solution.

THÉORÈME. — *Étant donné un système de $p$ formes linéaires, de rang $r$ non nul et plus petit que $p$, $r$ de ces formes sont indépendantes, et chacune des $p - r$ autres s'exprime par un polynome linéaire et homogène par rapport à ces $r$ formes.*

Si nous reprenons les notations précédentes, le déterminant principal $\delta$ choisi dans le tableau des coefficients des variables $x_1, x_2, \ldots, x_n$ étant formé avec les $r$ premières lignes et les $r$ premières colonnes, d'après le théorème précédent, les $r$ formes $f_1, f_2, \ldots, f_r$ sont indépendantes.

Désignons par $b_1, b_2, \ldots, b_r$ et $b_{r+1}$ les valeurs que prennent les formes $f_1, f_2, \ldots, f_r$ et la forme $f_{r+1}$ quand on y remplace les variables par un ensemble de valeurs $x'_1, x'_2, \ldots, x'_n$. Si l'on considère le système d'équations linéaires

$$f_1 - b_1 = 0, \quad f_2 - b_2 = 0, \ldots, f_r - b_r = 0, \quad f_{r+1} - b_{r+1} = 0,$$

les $r$ premières équations sont équations principales et admettent la solution

$$x_1 = x'_1, \quad x_2 = x'_2, \quad \ldots, \quad x_n = x'_n.$$

Cette solution étant aussi solution de la $(r+1)^{\text{ième}}$ équation, d'après le théorème de Rouché-Fontené, le déterminant caractéristique relatif à cette équation est nul ; ainsi, on a l'égalité

$$\begin{vmatrix} & & & \cdot & b_1 \\ & \delta & & \cdot & b_2 \\ & & & \cdot & \cdot \\ & & & \cdot & \cdot \\ \cdot & \cdot & \cdot & \cdot & b_r \\ a^1_{r+1} & \ldots & & a^r_{r+1} & b_{r+1} \end{vmatrix} = 0,$$

qui, après développement par rapport aux éléments de la dernière colonne, prend, $\delta$ étant différent de 0, la forme

$$b_{r+1} = k_1 b_1 + k_2 b_2 + \ldots + k_r b_r,$$

$k_1, k_2, \ldots, k_r$ ne dépendant que des coefficients des formes données.

Cela posé, considérons la forme linéaire

$$k_1 f_1 + k_2 f_2 + \ldots + k_r f_r.$$

Quelles que soient les valeurs attribuées à $x_1, x_2, \ldots, x_n$, cette forme prend la même valeur que $f_{r+1}$; elle lui est donc identique, et l'on a, quelles que soient les valeurs attribuées aux variables,

$$f_{r+1} = k_1 f_1 + k_2 f_2 + \ldots + k_r f_r.$$

La démonstration s'applique aussi aux formes $f_{r+2}, \ldots, f_p$.

THÉORÈME. — *Étant données $p$ formes linéaires, aux variables $x_1$, $x_2, \ldots, x_n$, si l'on peut trouver des nombres non tous nuls $\lambda_1, \lambda_2, \ldots, \lambda_p$, tels que l'on ait, quels que soient $x_1, x_2, \ldots, x_n$, l'identité*

$$\lambda_1 f_1 + \lambda_2 f_2 + \ldots + \lambda_p f_p = 0,$$

*les formes $f_1, f_2, \ldots, f_p$ ne sont pas indépendantes.*

Si, en effet, elles étaient indépendantes, il existerait, quels que soient les nombres $b_1, b_2, \ldots, b_p$, des valeurs des variables pour lesquelles $f_1, f_2, \ldots, f_p$ prendraient respectivement les valeurs $b_1, b_2, \ldots, b_p$, et l'on aurait

$$\lambda_1 b_1 + \lambda_2 b_2 + \ldots + \lambda_p b_p = 0.$$

Le premier membre de cette relation, qui est une forme linéaire en $b_1, b_2, \ldots, b_p$, étant nul quels que soient $b_1, b_2, \ldots, b_p$, serait identiquement nul; autrement dit, $\lambda_1, \lambda_2, \ldots, \lambda_p$ seraient simultanément nuls, ce qui est contraire à l'hypothèse. Donc, les formes ne sont pas indépendantes.

THÉORÈME. — *Si des formes linéaires $f_1, f_2, \ldots, f_p$ sont des fonctions linéaires et homogènes des formes $\varphi_1, \varphi_2, \ldots, \varphi_q$ en nombre $q$ plus petit que $p$, elles ne sont pas indépendantes.*

Soient en effet les relations

$$\begin{aligned} f_1 &= c_1^1 \varphi_1 + c_1^2 \varphi_2 + \ldots + c_1^q \varphi_q, \\ f_2 &= c_2^1 \varphi_1 + c_2^2 \varphi_2 + \ldots + c_2^q \varphi_q, \\ &\ldots\ldots\ldots\ldots\ldots \\ f_p &= c_p^1 \varphi_1 + c_p^2 \varphi_2 + \ldots + c_p^q \varphi_q. \end{aligned}$$

Si les formes $f_1, f_2, \ldots, f_p$ étaient indépendantes, il existerait, quels que soient les nombres $b_1, b_2, \ldots, b_p$, des valeurs de $x_1, x_2, \ldots, x_n$ pour lesquelles $f_1, f_2, \ldots, f_p$ prendraient respectivement les valeurs

$b_1, b_2, \ldots, b_p$, et pour ces valeurs, $\varphi_1, \varphi_2, \ldots, \varphi_q$ prendraient des valeurs qui formeraient une solution des équations

$$\begin{aligned} b_1 &= c_1^1 y_1 + c_1^2 y_2 + \ldots + c_1^q y_q, \\ b_2 &= c_2^1 y_1 + c_2^2 y_2 + \ldots + c_2^q y_q, \\ &\ldots\ldots\ldots\ldots\ldots \\ b_p &= c_p y_1 + \ldots\ldots\ldots + c_p^q y_q. \end{aligned}$$

Les formes linéaires qui constituent les seconds membres de ces équations seraient donc indépendantes. Le rang du système de ces $p$ formes en $y_1, y_2, \ldots, y_q$ serait donc égal à $p$. Mais, d'autre part, il est au plus égal à $q$, qui est plus petit que $p$, par hypothèse. Il y a donc contradiction. Donc, les formes $f_1, f_2, \ldots, f_p$ ne sont pas indépendantes.

177. Théorème. — *Étant donné le tableau*

$$\begin{matrix} a_1^1 & a_1^2 & \ldots & a_1^n \\ a_2^1 & a_2^2 & \ldots & a_2^n \\ \ldots & \ldots & \ldots & \ldots \\ a_p^1 & a_p & \ldots & a_p^n \end{matrix}$$

*pour qu'un déterminant d'ordre $r$ déduit de ce tableau soit principal, il faut et il suffit : 1° que ce déterminant soit non nul, 2° que dans ce tableau les déterminants d'ordre $r+1$ obtenus en bordant le déterminant d'ordre $r$ d'une ligne et d'une colonne soient simultanément nuls.*

Nous pouvons toujours supposer qu'il s'agit du déterminant

$$\delta = \begin{vmatrix} a_1^1 & a_1^2 & \ldots & a_1^r \\ \ldots & \ldots & \ldots & \ldots \\ a_r^1 & a_r^2 & \ldots & a_r^r \end{vmatrix}.$$

De la définition même d'un déterminant principal, il résulte que les conditions énoncées sont nécessaires. Il n'y a qu'à montrer qu'elles sont suffisantes.

Considérons les formes linéaires

$$\begin{aligned} f_1 &= a_1^1 x_1 + \ldots + a_1^n x_n, \\ &\ldots\ldots\ldots\ldots \\ f_p &= a_p^1 x_1 + \ldots + a_p^n x_n. \end{aligned}$$

Formons le déterminant

$$\begin{vmatrix} & & & f_1 \\ & & & f_2 \\ & \delta & & \vdots \\ & & & \vdots \\ \cdots & \cdots & \cdots & f_r \\ a_{r+1}^1 & \cdots & a_{r+1}^r & f_{r+1} \end{vmatrix}$$

Je dis qu'il est nul. En effet, les éléments de la dernière colonne sont des sommes de $n$ termes; par conséquent, le déterminant est lui-même la somme de $n$ déterminants, le $k^{\text{ième}}$ déterminant étant

$$\begin{vmatrix} & & & a_1^k x_k \\ & & & a_2^k x_k \\ & \delta & & \vdots \\ & & & \vdots \\ \cdots & \cdots & \cdots & a_r^k x_k \\ a_{r+1}^1 & \cdots & a_{r+1}^r & a_{r+1}^k x_k \end{vmatrix} = x_k \begin{vmatrix} & & & a_1^k \\ & & & a_2^k \\ & \delta & & \vdots \\ & & & \vdots \\ \cdots & \cdots & \cdots & a_r^k \\ a_{r+1}^1 & \cdots & a_{r+1}^r & a_{r+1}^k \end{vmatrix}.$$

Si $k \leqslant r$, le coefficient de $x_k$ est nul, comme ayant deux colonnes identiques; si $k > r$, le coefficient de $x_k$ est encore nul, étant un déterminant d'ordre $r+1$ déduit du tableau donné et obtenu en bordant le déterminant $\delta$ d'une ligne et d'une colonne. Ainsi, on a l'identité

$$\begin{vmatrix} & & & f_1 \\ & & & f_2 \\ & \delta & & \vdots \\ & & & \vdots \\ \cdots & \cdots & \cdots & f_r \\ a_{r+1}^1 & \cdots & a_{r+1}^r & f_{r+1} \end{vmatrix} = 0,$$

d'où l'on déduit, en développant par rapport aux éléments de la dernière colonne et tenant compte de ce que $\delta$ est différent de 0, une identité de la forme

$$f_{r+1} = \mu_1 f_1 + \mu_2 f_2 + \ldots + \mu_r f_r.$$

Le résultat précédent s'applique à l'une quelconque des formes $f_{r+2}, \ldots, f_p$. Ainsi, les formes $f_1, f_2, \ldots, f_p$ s'expriment par des fonctions linéaires et homogènes des formes $f_1, f_2, \ldots, f_r$. D'après le théorème précédent, parmi ces $p$ formes il ne peut y en avoir $r+1$ qui soient indépendantes. Donc, les déterminants d'ordre $r+1$ déduits du tableau des coefficients des variables dans les formes $f_1, f_2, \ldots, f_p$ sont tous nuls, et le déterminant $\delta$, d'ordre $r$, qui est différent de 0, est un déterminant principal.

## EXERCICES

59. Calculer le déterminant

$$\begin{vmatrix} a & b & c \\ d & e & f \\ g & h & k \end{vmatrix},$$

sachant que les nombres $a$, $b$, $c$, $d$, $e$, $f$, $g$, $h$, $k$ sont en progression arithmétique.

60. Démontrer les identités

$$\begin{vmatrix} 0 & a & b & c \\ a & 0 & c & b \\ b & c & 0 & a \\ c & b & a & 0 \end{vmatrix} = a^4 + b^4 + c^4 - 2b^2c^2 - 2c^2a^2 - 2a^2b^2$$

$$= -(a+b+c)(b+c-a)(c+a-b)(a+b-c).$$

61. Démontrer l'identité

$$\begin{vmatrix} 0 & a & b & c \\ a & 0 & c' & b' \\ b & c' & 0 & a' \\ c & b' & a' & 0 \end{vmatrix} = a^2a'^2 + b^2b'^2 + c^2c'^2 - 2bb'cc' - 2cc'aa' - 2aa'bb'.$$

62. Démontrer que le déterminant

$$\begin{vmatrix} 0 & a & b & c \\ a & 0 & c & b \\ -b & c & 0 & a \\ c & -b & a & 0 \end{vmatrix}$$

est carré parfait.

63. Démontrer l'identité

$$\begin{vmatrix} a & 0 & a' & 0 \\ b & a & b' & a' \\ c & b & c' & b' \\ 0 & c & 0 & c' \end{vmatrix} = (ac' - ca')^2 - (ab' - ba')(bc' - cb').$$

64. Démontrer l'égalité

$$\begin{vmatrix} 1 & \cos c & \cos b \\ \cos c & 1 & \cos a \\ \cos b & \cos a & 1 \end{vmatrix} = 4 \sin\frac{a+b+c}{2} \sin\frac{b+c-a}{2} \sin\frac{c+a-b}{2} \sin\frac{a+b-c}{2}.$$

65. Dans toute permutation des $n$ premiers nombres entiers, le nombre des nombres qui ne sont pas de même parité que leur rang est pair. (On commencera par démontrer que si dans une permutation des $n$ premiers nombres entiers on transpose deux nombres consécutifs, le nombre des nombres qui ne sont pas de même parité que leur rang ne change pas de parité.)

Si $\alpha\beta\gamma \ldots \lambda$ et $\alpha'\beta'\gamma' \ldots \lambda'$ sont deux permutations des $n$ premiers nombres entiers, le nombre des nombres impairs parmi les nombres

$$\alpha + \alpha', \quad \beta + \beta', \quad \gamma + \gamma', \quad \ldots, \quad \lambda + \lambda'$$

est pair.

On ne change pas un déterminant si on y remplace tous les éléments dont les indices ont pour somme un nombre impair respectivement par les nombres opposés.

66. On appelle déterminant *symétrique gauche* tout déterminant dans lequel $a_p^p$ est nul quel que soit $p$, et dans lequel $a_p^q$ et $a_q^p$, $p$ étant différent de $q$, sont opposés quels que soient $p$ et $q$.

Démontrer que tout déterminant symétrique gauche d'ordre impair est nul. (On multipliera tous les éléments du déterminant par $-1$.) Vérifier, dans le cas de $n=2$ et de $n=4$, qu'un déterminant symétrique gauche d'ordre pair est le carré d'un polynome entier par rapport aux éléments du déterminant.

67. Étant donnés les six nombres $a$, $b$, $c$, $a'$, $b'$, $c'$, si parmi les trois nombres $a$, $b$, $c$ il n'y en a pas deux égaux et s'il n'y en a pas deux égaux parmi les trois nombres $a'$, $b'$, $c'$, le tableau

$$\begin{matrix} aa' & a & a' & 1 \\ bb' & b & b' & 1 \\ cc' & c & c' & 1 \end{matrix}$$

est de rang 3.

68. Soient $n$ variables indépendantes $a, b, \ldots, h, k, l$ et le déterminant d'ordre $n$ (*déterminant de Vandermonde*)

$$\Delta = \begin{vmatrix} 1 & 1 & 1 & \ldots & 1 & 1 \\ a & b & c & \ldots & k & l \\ a^2 & b^2 & c^2 & \ldots & k^2 & l^2 \\ \ldots & \ldots & \ldots & \ldots & \ldots & \ldots \\ a^{n-2} & b^{n-2} & c^{n-2} & \ldots & k^{n-2} & l^{n-2} \\ a^{n-1} & b^{n-1} & c^{n-1} & \ldots & k^{n-1} & l^{n-1} \end{vmatrix}.$$

Démontrer que $\Delta$ est un polynome en $a, b, c, \ldots, l$ égal au produit

$$\begin{aligned} \Pi(b-a) = (b-a)(c-a)\ldots(h-a)(k-a)(l-a) \\ (c-b)\ldots(h-b)(k-b)(l-b) \\ \ldots\ldots\ldots\ldots\ldots\ldots \\ (k-h)(l-h) \\ (l-k). \end{aligned}$$

[On montrera d'abord que $\Delta$ est divisible par $\Pi(b-a)$, puis que le quotient de $\Delta$ par $\Pi(b-a)$ est une constante A; enfin, en cherchant dans $\Delta$ et dans $\Pi(b-a)$ les coefficients du terme $bc^2 \ldots h^{n-3}k^{n-2}l^{n-1}$, on reconnaîtra que A est égal à 1.]

69. On dit qu'une fonction de plusieurs variables $a, b, \ldots, k, l$ est *alternée* si, quand on y transpose deux variables, quelles qu'elles soient, on obtient une nouvelle fonction opposée à la première.

Démontrer que tout polynome alterné en $a, b, \ldots$, est divisible par le produit $\Pi(b-a)$ et que le quotient est un polynome symétrique en $a, b, c, \ldots, l$.

70. Reconnaître que les fonctions

$$a(b-c)^3 + b(c-a)^3 + c(a-b)^3,$$
$$a^2(b-c)^3 + b^2(c-a)^3 + c^2(a-b)^3$$

sont alternées et calculer les quotients des divisions par $(b-c)(c-a)(a-b)$.

[On déterminera ces quotients par identification en tenant compte de leur ordre et de leur poids.]

71. Soit le déterminant de Vandermonde

$$\Delta = \begin{vmatrix} 1 & 1 & 1 & \dots & 1 \\ a & b & c & \dots & l \\ \dots & \dots & \dots & \dots & \dots \\ a^{n-2} & b^{n-2} & c^{n-2} & \dots & l^{n-2} \\ a^{n-1} & b^{n-1} & c^{n-1} & \dots & l^{n-1} \end{vmatrix}.$$

1° Démontrer que si dans le tableau précédent on remplace les puissances $n-1$ de $a, b, \dots, l$ respectivement par les puissances $n$ de $a, b, \dots, l$, $\Delta$ est remplacé par un déterminant $\Delta_1$ tel que l'on ait $\Delta_1 = \Delta \Sigma a$.

2° Démontrer que si dans le même tableau on remplace les puissances $n-2$ de $a, b, \dots, l$ respectivement par les puissances $n-1$ de $a, b, \dots, l$ et les puissances $n-1$ de $a, b, \dots, l$ respectivement par les puissances $n$ de $a, b, \dots, l$, $\Delta$ est remplacé par un déterminant $\Delta_2$ tel que l'on ait $\Delta_2 = \Delta \Sigma ab$.

3° Démontrer que si dans le tableau qui représente $\Delta$ on remplace les puissances $n-1$ de $a, b, \dots, l$ respectivement par les puissances $n+1$ de $a, b, \dots, l$, $\Delta$ est remplacé par un déterminant $\Delta_3$ tel que l'on ait

$$\Delta_3 = \Delta(\Sigma a^2 + \Sigma ab).$$

72. Résoudre le système

$$x + ay + a^2z + a^3 = 0,$$
$$x + by + b^2z + b^3 = 0,$$
$$x + cy + c^2z + c^3 = 0,$$

$a, b, c$ étant des nombres différents.

73. Soit le système $E = 0$, $F = 0$, $G = 0$ de trois équations du premier degré aux trois inconnues $x, y, z$. Si le système

$$\lambda_1 E + \mu_1 F + \nu_1 G = 0,$$
$$\lambda_2 E + \mu_2 F + \nu_2 G = 0,$$
$$\lambda_3 E + \mu_3 F + \nu_3 G = 0,$$

où $\lambda_1, \lambda_2, \lambda_3, \mu_1, \mu_2, \mu_3, \nu_1, \nu_2, \nu_3$ sont des nombres fixes, admet une solution et une seule, il en est de même du premier système.

74. Discuter le système d'équations linéaires

$$bz - cy = l, \quad cx - az = m, \quad ay - bx = n,$$

$a, b, c, l, m, n$ étant des nombres fixes et $a, b, c$ n'étant pas simultanément nuls.

Montrer que si ce système admet une solution $(x_0, y_0, z_0)$, il en admet une infinité dont l'expression générale est

$$x = x_0 + a\rho, \quad y = y_0 + b\rho, \quad z = z_0 + c\rho,$$

où $\rho$ est une quantité arbitraire.

**75.** Résoudre le système

$$\frac{l - bz + cy}{a} = \frac{m - cx + az}{b} = \frac{n - ay + bx}{c},$$

$a$, $b$, $c$, $l$, $m$, $n$ étant des nombres fixes et $a$, $b$, $c$ n'étant pas simultanément nuls.

**76.** Résoudre le système

$$\frac{l - bz + cy}{l' - b'z + c'y} = \frac{m - cx + az}{m' - c'x + a'z} = \frac{n - ay + bx}{n' - a'y + b'x},$$

$a$, $b$, $c$, $l$, $m$, $n$, $a'$, $b'$, $c'$, $l'$, $m'$, $n'$ étant des quantités fixes.

[On déterminera d'abord la valeur commune des trois rapports précédents.

**77.** Soient les deux systèmes d'équations linéaires

$$f_1 = b_1, \quad f_2 = b_2, \quad \ldots, \quad f_p = b_p,$$

et

$$\varphi_1 = c_1, \quad \varphi_2 = c_2, \quad \ldots, \quad \varphi_q = c_q,$$

$f_1, \ldots, f_p, \varphi_1, \ldots, \varphi_q$ étant des formes linéaires en $x_1, x_2, \ldots, x_n$ et $b_1, \ldots, b_p$, $c_1, \ldots, c_q$ étant des constantes. Démontrer que si ces deux systèmes sont possibles et équivalents, le tableau des coefficients de $f_1, f_2, \ldots, f_p$ et celui des coefficients de $\varphi_1, \varphi_2, \ldots, \varphi_q$ sont de même rang. Démontrer que les formes $f_1, f_2, \ldots, f_p$ sont des fonctions linéaires et homogènes de $\varphi_1, \varphi_2, \ldots, \varphi_q$ et inversement.

# CHAPITRE VII

## NOMBRES IMAGINAIRES

178. **Définition des nombres imaginaires.** — Quand on définit plusieurs nombres placés dans un ordre, soient $a, b, \ldots, k, l$, on dit qu'on définit un *nombre imaginaire* ou une *imaginaire* A, et l'on pose

$$A = [a, b, \ldots, k, l].$$

Si l'on désigne par $x$ une variable, on définit en même temps le polynome

$$P = a + bx + \ldots + kx^{n-1} + lx^n,$$

qui est dit le *polynome représentant l'imaginaire* A. Réciproquement, tout polynome en $x$ tel que P représente une imaginaire telle que A.

On dit que deux imaginaires sont *identiques* si elles sont définies par les mêmes nombres placés dans le même ordre.

Étant données deux imaginaires A et B représentées respectivement par les polynomes P et Q, on dit que B est *égale à* A si $Q - P$ est identiquement nul ou divisible par $x^2 + 1$. Comme $P - Q$ est, en même temps que $Q - P$, identiquement nul ou divisible par $x^2 + 1$, il s'ensuit que si B est égal à A, A est aussi égal à B ; on dit que A et B sont *égales*, et on pose $A = B$.

On voit, en particulier, qu'étant donnée l'imaginaire représentée par le polynome P, si on place un ou plusieurs nombres égaux à 0 à la suite du dernier nombre donné $l$, on obtient une imaginaire B égale à l'imaginaire A, car le polynome Q qui la représente est identique au polynome P, le polynome $Q - P$ est identiquement nul. De même, étant donnée l'imaginaire A dans laquelle les derniers nombres $h, k, l$, par exemple, sont nuls, si on les supprime, on obtient une imaginaire B égale à l'imaginaire A.

Deux imaginaires identiques sont égales.

THÉORÈME. — *Étant donnée une imaginaire* A, *il existe une imaginaire et une seule de la forme* $[\alpha, \beta]$ *qui lui est égale.*

En effet, soit P le polynome que représente l'imaginaire A. Divisons P par $x^2+1$. Le diviseur étant du second degré, le reste de la division est nul ou de degré au plus égal à 1; dans tous les cas, il est de la forme $\alpha+\beta x$, $\alpha$ et $\beta$ étant nuls ou non nuls. Si $\varphi(x)$ est le quotient de la division, on a

$$P=(x^2+1)\varphi(x)+(\alpha+\beta x),$$

d'où

$$P-(\alpha+\beta x)=(x^2+1)\varphi(x).$$

Le second membre est identiquement nul ou multiple de $x^2+1$; par suite, l'imaginaire $[\alpha, \beta]$ représentée par le polynome $\alpha+\beta x$ est égale à l'imaginaire A.

D'autre part, une imaginaire telle que $[\alpha, \beta]$ est unique. En effet, si $[\alpha', \beta']$ est égale à A, le polynome $P-(\alpha'+\beta' x)$ est identiquement nul ou multiple de $x^2+1$; dans tous les cas, il existe un polynome $\psi(x)$, nul ou non nul, tel que l'on ait

$$P-(\alpha'+\beta' x)=(x^2+1)\psi(x),$$

d'où

$$P=(x^2+1)\psi(x)+(\alpha'+\beta' x).$$

Comme $\alpha'+\beta' x$ est nul ou de degré au plus égal à 1, il est le reste de la division de P par $x^2+1$; il est donc identique à $\alpha+\beta x$; autrement dit, on a $\alpha'=\alpha$, $\beta'=\beta$.

THÉORÈME. — *Étant données trois imaginaires* A, B, C, *si l'on a* $A=B$ *et* $B=C$, *on a aussi* $A=C$.

En effet, soient P, Q, R les polynomes qui représentent respectivement les imaginaires A, B, C. On a

$$P-R=(P-Q)+(Q-R).$$

Si l'on a $A=B$ et $B=C$, c'est que simultanément les polynomes $P-Q$ et $Q-R$ sont nuls ou divisibles par $x^2+1$. Leur somme $P-R$ est donc elle-même nulle ou divisible par $x^2+1$; par suite, on a $A=C$.

On regarde les imaginaires égales à une imaginaire A (parmi lesquelles est A), qui, d'après le théorème précédent, sont telles que deux quelconques d'entre elles soient égales, comme les diverses *formes* d'une même imaginaire représentée par les divers polynomes obtenus en ajoutant à un polynome représentant une imaginaire égale à A un polynome quelconque dont les coefficients sont tous nuls ou un polynome quelconque multiple de $x^2+1$.

La forme $[\alpha, \beta]$ qui est égale à A et, par suite, à toute imaginaire égale à A est dite la *forme réduite* de l'imaginaire dont les diverses formes sont les imaginaires égales à A.

IMAGINAIRE NULLE. — On appelle *imaginaire nulle* l'imaginaire qui est représentée par les divers polynomes dont les coefficients sont nuls et par les divers polynomes qui sont multiples de $x^2+1$. Elle a pour formes particulières

$$[0], [0, 0], [0, 0, 0], \ldots.$$

La forme réduite est $[0, 0]$. Nous représenterons plus particulièrement l'imaginaire nulle par la forme $[0]$.

Nous allons définir des opérations à effectuer sur plusieurs imaginaires données, qui ont cette propriété commune d'avoir chacune pour résultat, sous diverses formes, une seule et même imaginaire, quelles que soient les formes des imaginaires données.

179. **Addition.** — Soient plusieurs imaginaires, par exemple, trois imaginaires, ayant respectivement les formes A, B, C représentées respectivement par les polynomes P, Q, R. Le polynome $P+Q+R$ représente une imaginaire U. Si l'on remplace les formes A, B, C respectivement par les formes égales A′, B′, C′ représentées respectivement par les polynomes P′, Q′, R′, le polynome $P+Q+R$ est remplacé par le polynome $P'+Q'+R'$ représentant une imaginaire U′. Comme P′, Q′, R′ sont respectivement identiques à P, Q, R ou diffèrent respectivement de P, Q, R par des multiples de $x^2+1$, $P'+Q'+R'$ est identique à $P+Q+R$ ou en diffère par un multiple de $x^2+1$, et, par suite, on a $U'=U$. Ainsi, quelles que soient les formes, telles que A, B, C, des imaginaires données, on obtient, par la définition précédente, diverses formes, telles que U, d'une seule et même imaginaire, qui est dite la *somme* des imaginaires données, cette somme étant indépendante de l'ordre dans lequel on donne les imaginaires. On représente la somme des imaginaires A, B, C par la notation $A+B+C$.

Si A, B, C sont les formes réduites, les polynomes P, Q, R qui les représentent sont identiquement nuls ou de degrés au plus égaux à 1; il en est de même de leur somme $P+Q+R$ qui représente la forme réduite de la somme des imaginaires données. On a ainsi

$$[a, a']+[b, b']+[c, c']=[(a+b+c), (a'+b'+c')].$$

On a, d'autre part,

$$[a]+[b]+[c]=[a+b+c].$$

L'addition des imaginaires a les propriétés suivantes qui résultent des propriétés correspondantes de l'addition des polynomes :

1° $A + B = B + A$; 2° $A + (B + C) = A + B + C$; 3° $A + [0] = A$.

**180. Soustraction.** — Soit la forme A d'une imaginaire donnée; il y correspond la forme B d'une autre imaginaire, que l'on obtient en remplaçant les nombres qui définissent A respectivement par leurs opposés; si P et Q sont les polynomes qui représentent respectivement A et B, on a $Q = -P$. Remplaçons A par une autre forme $A'$ de l'imaginaire donnée; B est remplacé par $B'$ obtenu en remplaçant dans $A'$ les divers nombres respectivement par leurs opposés. Si $P'$ et $Q'$ sont les polynomes qui représentent $A'$ et $B'$, on a $Q' = -P'$. Mais, puisque l'on a $A = A'$, on a $P' = P$ et, par suite, $Q' = Q$; donc, $B' = B$. Ainsi, aux diverses formes, telles que A, d'une imaginaire il correspond, par la définition précédente, diverses formes, telles que B, d'une seule et même imaginaire qui est dite *l'opposée* de l'imaginaire donnée. Il est immédiat que l'imaginaire donnée est l'opposée de cette seconde imaginaire; les deux imaginaires sont dites *opposées*. Si A et $B'$ sont des formes de ces deux imaginaires, on pose $A = -B'$.

Si une imaginaire a pour forme réduite $[a, b]$, son opposée a pour forme réduite $[-a, -b]$.

On a, d'autre part,

$$[-a] = -[a].$$

Pour qu'une imaginaire coïncide avec son opposée, il faut et il suffit qu'elle soit nulle.

On appelle *différence* entre une première et une seconde imaginaire la somme de la première et de l'opposée de la seconde. Si A et B sont des formes de la première et de la seconde imaginaire, on représente la différence par la notation $A - B$; on a $A - B = A + (-B)$.

En particulier, on a

$$[a, a'] - [b, b'] = [(a - b), (a' - b')].$$

On a, d'autre part,

$$[a] - [b] = [a - b].$$

**181. Multiplication.** — Soient plusieurs imaginaires, par exemple, trois imaginaires ayant respectivement pour formes A, B, C représentées respectivement par les polynomes P, Q, R. Le polynome PQR représente une imaginaire U. Si l'on remplace les formes A, B, C par les formes respectivement égales A′, B′, C′ représentées par les polynomes P′, Q′, R′, le polynome PQR est remplacé par le polynome P′Q′R′ représentant une imaginaire U′. Comme P′, Q′, R′ sont respectivement identiques à P, Q, R ou en diffèrent respectivement par des multiples de $x^2+1$, P′Q′R′ est identique à PQR ou en diffère par un multiple de $x^2+1$, et, par suite, on a U′ = U. Ainsi, quelles que soient les formes, telles que A, B, C, des imaginaires données, on obtient, par la définition précédente, diverses formes, telles que U, d'une seule et même imaginaire, qui est dite le *produit* des imaginaires données, le produit étant indépendant de l'ordre dans lequel on donne les imaginaires. On représente le produit des imaginaires A, B, C par la notation ABC.

La multiplication a les propriétés suivantes qui résultent des propriétés correspondantes de la multiplication des polynomes :

$$1^\circ\ AB = BA;\quad 2^\circ\ A(BC) = ABC;\quad 3^\circ\ A[0] = [0];$$
$$4^\circ\ A[1] = A;\quad 5^\circ\ A(B+C) = AB + AC.$$

On a

$$[a]\,[b]\,[c] = [abc].$$

182. **Puissance $n$ d'une imaginaire.** — Si $n$ est un entier positif, on appelle *puissance* $n$ d'une imaginaire donnée le produit de $n$ imaginaires égales à cette imaginaire. Si A est une forme de l'imaginaire donnée, on représente la puissance $n$ de cette imaginaire par la notation $A^n$; on a $AAA = A^3$. Si A, A′, A″ sont trois formes de l'imaginaire donnée, on a $AA'A'' = A^3 = A'^3 = A''^3$.

On a $[a]^n = [a^n]$.

On a les propriétés suivantes : $n$ et $p$ étant deux entiers positifs,

$$1^\circ\ A^nA^p = A^{n+p};\quad 2^\circ\ (A^n)^p = A^{np};\quad 3^\circ\ A^nA'^n = (AA')^n.$$

Il est commode de définir la puissance 0 de A; on pose $A^0 = [1]$. Les propriétés précédentes ont lieu quand $n$ et $p$ sont deux entiers positifs ou nuls.

183. **Propriétés de l'imaginaire $i = [0, 1]$.** — Théorème. — *On a, quel que soit l'entier $k$ positif ou nul,*

$$i^{2k} = [(-1)^k] \quad et \quad i^{2k+1} = [(-1)^k]i.$$

Supposons $k > 0$. L'imaginaire $i^{2k}$ est représentée par le polynome $x^{2k}$ et l'imaginaire $[(-1)^k]$, par le polynome $(-1)^k$. Considérons le polynome $x^{2k} - (-1)^k$; on le déduit de $y^k - (-1)^k$ en remplaçant $y$ par $x^2$. Or, le polynome $y - (-1)^k$, s'annulant pour $y = -1$, est divisible par $y+1$; il est facile d'en déduire que $x^{2k}-(-1)^k$ est divisible par $x^2+1$. Par suite, on a $i^{2k}=[(-1)^k]$.

Si $k=0$, on a, par définition, $i^{2k}=[1]$ et, d'autre part, $(-1)^k=1$; on a bien encore $i^{2k}=[(-1)^k]$.

On déduit de ce qui précède

$$i^{2k+1}=i^{2k}i=[(-1)^k]i.$$

Théorème. — *L'imaginaire* $A=[a, b, \ldots, l]$ *représentée par le polynome*

$$f(x)=a+bx+\ldots+lx^n$$

*est égale à*

$$[a]+[b]i+[c]i^2+\ldots+[l]i^n.$$

En effet, l'imaginaire A est égale à la somme des imaginaires représentées respectivement par les polynomes $a$, $bx$, $cx^2$, ..., $lx^n$. L'imaginaire représentée par le polynome $a$ est égale à $[a]$; l'imaginaire représentée par le polynome $bx$ est égale au produit de l'imaginaire $[b]$ représentée par le polynome $b$ et de l'imaginaire $i=[0, 1]$ représentée par le polynome $x$; l'imaginaire représentée par $cx^2$ est égale au produit de l'imaginaire $[c]$ et de l'imaginaire représentée par $x^2$, qui est le carré de l'imaginaire $i$ représentée par $x$; donc, l'imaginaire représentée par $cx^2$ est égale à $[c]i^2$. Et ainsi de suite. On a donc bien

$$A=[a]+[b]i+[c]i^2+\ldots+[l]i^n.$$

Pour simplifier l'écriture, si

$$f(x)=a+bx+\ldots+lx^n,$$

nous poserons

$$f(i)=[a]+[b]i+\ldots+[l]i^n.$$

On passe de $f(x)$ à $f(i)$ en remplaçant $x$ par $i$ et en plaçant les coefficients de $f(x)$ entre crochets. Dans $f(x)$, les signes de l'addition, de la soustraction, de la multiplication et de l'élévation à une puissance entière positive sont des signes d'opérations sur des nombres réels; dans $f(i)$, les signes correspondants sont des signes d'opérations sur des nombres imaginaires.

Si $A=f(i)$, $B=g(i)$, $C=h(i)$, en désignant par $\varphi(x)$ la somme des polynomes $f(x)$, $g(x)$ et $h(x)$, on a $A+B+C=\varphi(i)$. En posant $f_1(x)=-f(x)$, on a $-A=f_1(i)$. Si $\psi(x)$ est la différence entre le polynome $f(x)$ et le polynome $g(x)$, on a $A-B=\psi(i)$. Si $\theta(x)$ est le produit des polynomes $f(x)$, $g(x)$ et $h(x)$, on a $ABC=\theta(i)$. Enfin, si $\chi(x)$ est la puissance $n$ de $f(x)$, on a $A^n=\chi(i)$.

D'autre part, on a $i^2+[1]=[0]$. Par suite,

$$(i^2+[1])^n=[0] \qquad \text{et} \qquad (i^2+[1])^n\varphi(i)=[0].$$

D'après cela, on a

$$f(i)=f(i)+(i^2+[1])^n\varphi(i).$$

Pour que l'on ait $f(i)=g(i)$, il faut et il suffit que $f(x)-g(x)$ soit identiquement nul ou égal à un multiple de $x^2+1$.

Une imaginaire quelconque

$$A=[a]+[b]i+[c]i^2+\ldots+[l]i^n$$

admet une forme réduite $[\alpha, \beta]$; autrement dit, il existe deux nombres $\alpha$ et $\beta$ tels que l'on ait

$$A=[\alpha]+[\beta]i.$$

Pour mettre l'imaginaire A sous cette seconde forme, il suffit de remplacer dans la première forme, autant de fois que c'est possible, $i^2$ par $[-1]$.

Ainsi, on a

$$\begin{aligned} A &= [a]+[b]i+[c][-1]+[d][-1]i+[e][1]+[f][1]i+\ldots \\ &= [a]+[b]i+[-c]+[-d]i+[e]+[f]i+\ldots \\ &= [a]+[-c]+[e]+\ldots \\ &\quad +[b]i+[-d]i+[f]i+\ldots \\ &= [a-c+e-\ldots]+[b-d+f-\ldots]i, \end{aligned}$$

et, par suite,

$$\alpha=a-c+e-\ldots, \qquad \beta=b-d+f-\ldots.$$

Dans l'addition, la soustraction, la multiplication et l'élévation à la puissance $n$, on peut remplacer une imaginaire par une imaginaire égale sans changer le résultat de l'opération.

On reconnaît ainsi que le calcul des imaginaires, limité aux opérations précédentes, suit les mêmes règles que le calcul des polynomes, limité aux opérations correspondantes, avec cette possibilité de remplacer dans toute opération une imaginaire $f(i)$ par une imaginaire égale $g(i)$, telle que $f(x)-g(x)$ soit nul ou égal à un multiple de $x^2+1$; en particulier, on pourra remplacer dans le calcul autant de fois qu'on le veut $i^2$ par $[-1]$.

Dans la pratique, pour rapprocher le calcul des imaginaires du calcul des polynomes, on néglige de mettre dans chaque imaginaire telle que $f(i)$ représentée par le polynome $f(x)$ les coefficients de $f(x)$

entre crochets. De la sorte, les imaginaires s'écrivent comme des polynomes en $i$ où l'on suppose que $i$ représente non plus une variable indépendante, mais l'imaginaire $[0, 1]$.

Grâce à cette simplification d'écriture, les imaginaires telles que $[a]$ se représentent par des nombres réels tels que $a$; on dit alors que l'imaginaire $[a]$ est *réelle*. Quand on effectue l'une quelconque des opérations précédemment définies sur des imaginaires simultanément réelles, on obtient comme résultat une imaginaire réelle; le nombre réel qui représente ce résultat est égal au résultat de l'opération correspondante effectuée sur les nombres réels qui représentent les imaginaires réelles données. C'est ce qu'on exprime en disant que le calcul des imaginaires, limité aux opérations précédemment définies, *généralise* le calcul des nombres réels, limité aux opérations correspondantes.

Une imaginaire de la forme $bi$ qui est égale au produit d'une imaginaire réelle $b$ et de l'imaginaire $i$ est dite *purement imaginaire* ou *imaginaire pure*. Le nombre réel $b$ est dit le *coefficient* de cette imaginaire.

Toute imaginaire, étant égale à une imaginaire de la forme $a + bi$, est la somme d'une imaginaire réelle $a$ et d'une imaginaire pure $bi$; $a$ est dit la *partie réelle* de l'imaginaire $a + bi$ et $bi$ est dit la *partie imaginaire* de cette imaginaire. Pour qu'une imaginaire soit réelle, il faut et il suffit que le coefficient de sa partie imaginaire soit nul; pour qu'une imaginaire soit purement imaginaire, il faut et il suffit que sa partie réelle soit nulle. Pour qu'une imaginaire soit nulle, il faut et il suffit que sa partie réelle et le coefficient de sa partie imaginaire soient simultanément nuls.

*Applications.* — 1° On a

$$\begin{aligned}(a+bi)(c+di) &= ac + (bc+ad)i + bdi^2 \\ &= ac - bd + (bc+ad)i.\end{aligned}$$

2°

$$\begin{aligned}(a+bi)^n &= a^n + C_n^1 a^{n-1}bi + C_n^2 a^{n-2}b^2i^2 + C_n^3 a^{n-3}b^3i^3 + \dots \\ &= a^n - C_n^2 a^{n-2}b^2 + C_n^4 a^{n-4}b^4 - \dots \\ &\quad + (C_n^1 a^{n-1}b - C_n^3 a^{n-3}b^3 + \dots)i.\end{aligned}$$

**184. Imaginaires conjuguées.** — Soit la forme A d'une imaginaire donnée, représentée par le polynome

$$f(x) = a + bx + cx^2 + \dots + lx^n;$$

il y correspond la forme $A_0$ d'une autre imaginaire, représentée par le polynome

$$f_0(x) = f(-x) = a - bx + cx^2 - \ldots + (-1)^n lx^n.$$

Remplaçons A par une autre forme B de l'imaginaire donnée, représentée par le polynome $g(x)$; $A_0$ est remplacée par la forme $B_0$ représentée par le polynome $g_0(x) = g(-x)$. Or, on a une identité de la forme

$$f(x) - g(x) = (x^2 + 1) Q(x),$$

$Q(x)$ étant un polynome nul ou non nul. On en déduit

$$f(-x) - g(-x) = (x^2 + 1) Q(-x),$$

c'est-à-dire

$$f_0(x) - g_0(x) = (x^2 + 1) Q(-x),$$

$x^2 + 1$ ne changeant pas quand on y remplace $x$ par $-x$. Cette dernière identité prouve que $A_0$ et $B_0$ sont deux formes d'une même imaginaire. Ainsi, aux diverses formes, telles que A, d'une imaginaire il correspond, par la définition précédente, diverses formes, telles que $A_0$, d'une seule et même imaginaire, qui est dite *conjuguée* de l'imaginaire donnée. Il est immédiat que l'imaginaire donnée est conjuguée de cette seconde imaginaire; les deux imaginaires sont dites *conjuguées*.

Si une des imaginaires est égale à $a + bi$, l'autre est égale à $a - bi$; les parties réelles sont égales et les coefficients des parties imaginaires sont opposés.

On voit immédiatement que pour qu'une imaginaire soit égale à sa conjuguée, il faut et il suffit qu'elle soit réelle.

Les imaginaires respectivement opposées à deux imaginaires conjuguées sont elles-mêmes imaginaires conjuguées.

Si dans une somme, une différence, un produit d'imaginaires, on remplace ces imaginaires respectivement par leurs imaginaires conjuguées, la somme, la différence et le produit sont remplacés eux-mêmes par leurs imaginaires conjuguées; les puissances $n$ de deux imaginaires conjuguées sont imaginaires conjuguées. En effet, si dans une somme, une différence, un produit de polynomes en $x$, on remplace ces polynomes respectivement par les polynomes qu'on en déduit en y changeant $x$ en $-x$, la somme, la différence et le produit sont remplacés eux-mêmes par les polynomes qu'on en déduit en y changeant $x$ en $-x$; de même, les puissances $n$ de deux polynomes qui se déduisent l'un de l'autre par le changement de $x$ en $-x$ sont des polynomes qui se déduisent l'un de l'autre par le changement de $x$ en $-x$.

Si, dans une somme et dans un produit d'imaginaires, ces imaginaires sont deux à deux conjuguées, la somme et le produit sont réels; en effet, ils ne changent pas quand on y remplace les imaginaires par leurs imaginaires conjuguées; ils sont donc égaux à leurs imaginaires conjuguées, et, par suite, ils sont réels.

En particulier, la somme des imaginaires conjuguées $a+bi$ et $a-bi$ est égale à $2a$; le produit de ces deux imaginaires est égal à $a^2+b^2$.

**185. Module d'une imaginaire.** — On appelle *module* d'une imaginaire égale à $a+bi$ le nombre réel $\sqrt{a^2+b^2}$; il est essentiellement positif ou nul.

Le module d'un nombre réel $a$ est sa valeur absolue, car

$$\sqrt{a^2}=|a|.$$

Par généralisation, on écrira

$$\sqrt{a^2+b^2}=|a+bi|.$$

Deux imaginaires conjuguées $a+bi$ et $a-bi$ ont évidemment même module; il en est de même de deux imaginaires opposées.

Le produit de deux imaginaires conjuguées, comme on le reconnaît immédiatement, est égal au carré de leur module commun.

Théorème. — *Pour qu'une imaginaire soit nulle, il faut et il suffit que son module soit nul.*

En effet, si l'imaginaire $a+bi$ est nulle, on a $a=0$ et $b=0$, d'où l'on déduit $\sqrt{a^2+b^2}=0$. Réciproquement, si le module de $a+bi$ est nul, on a $a^2+b^2=0$; comme $a^2$ et $b^2$ sont positifs ou nuls, on a nécessairement $a^2=0$, $b^2=0$, c'est-à-dire $a=0$, $b=0$, et l'imaginaire est nulle.

Théorème. — *Le module de la somme ou de la différence de deux imaginaires est supérieur ou au moins égal à la valeur absolue de la différence des modules de ces imaginaires et inférieur ou au plus égal à la somme des modules de ces imaginaires.*

Soient les imaginaires $a+bi$ et $a'+b'i$ et leur somme

$$(a+a')+(b+b')i.$$

Supposons

$$\sqrt{a^2+b^2}\geqslant\sqrt{a'^2+b'^2}.$$

Il s'agit d'établir la double inégalité

$$\sqrt{a^2+b^2}-\sqrt{a'^2+b'^2}\leqslant\sqrt{(a+a')^2+(b+b')^2}\leqslant\sqrt{a^2+b^2}+\sqrt{a'^2+b'^2}.$$

Les trois membres étant positifs ou nuls, on peut élever au carré, et on est ramené à établir la double inégalité

$$a^2+b^2+a'^2+b'^2-2\sqrt{(a^2+b^2)(a'^2+b'^2)}\leqslant(a+a')^2+(b+b')^2$$
$$\leqslant a^2+b^2+a'^2+b'^2+2\sqrt{(a^2+b^2)(a'^2+b'^2)},$$

c'est-à-dire, après simplifications,

$$-\sqrt{(a^2+b^2)(a'^2+b'^2)}\leqslant aa'+bb'\leqslant\sqrt{(a^2+b^2)(a'^2+b'^2)}.$$

Cette double inégalité s'écrit encore

$$|aa'+bb'|\leqslant\sqrt{(a^2+b^2)(a'^2+b'^2)}.$$

Puisque les deux membres de cette inégalité sont positifs ou nuls, on peut élever au carré, et il s'agit d'établir l'inégalité

$$(aa'+bb')^2\leqslant(a^2+b^2)(a'^2+b'^2),$$

c'est-à-dire, après développements et simplifications,

$$0\leqslant a^2b'^2+b^2a'^2-2aa'bb',$$

c'est-à-dire enfin

$$0\leqslant(ab'-ba')^2,$$

inégalité qui est évidente.

Le théorème relatif à la différence se déduit immédiatement du théorème relatif à la somme, la différence de deux imaginaires étant la somme de l'une et de l'opposée à l'autre, et le module de l'opposée d'une imaginaire étant égal au module de cette imaginaire.

THÉORÈME. — *Le module de la somme de plusieurs imaginaires est inférieur ou au plus égal à la somme des modules des ces imaginaires.*

Ce théorème se déduit par récurrence du théorème précédent. Étant données les imaginaires A, B, C, ..., on a

$$|A|+|B|\geqslant|A+B|,$$

d'où

$$|A|+|B|+|C|\geqslant|A+B|+|C|\geqslant|A+B+C|,$$

et ainsi de suite.

THÉORÈME. — *Le module du produit de plusieurs imaginaires est égal au produit des modules de ces imaginaires.*

Soient les imaginaires A, B, C et leur produit P. Considérons les imaginaires $A_0$, $B_0$, $C_0$, $P_0$ respectivement conjuguées de A, B, C, P. On a

$$P=ABC,\qquad P_0=A_0B_0C_0,$$

d'où

$$PP_0=(AA_0)(BB_0)(CC_0),$$

c'est-à-dire

$$|P|^2=|A|^2|B|^2|C|^2.$$

Les deux membres de cette égalité entre nombres réels sont positifs ou nuls; on a, par suite,

$$|P| = |A||B||C|.$$

THÉORÈME. — *Pour qu'un produit de plusieurs imaginaires soit nul, il faut et il suffit qu'une de ces imaginaires soit nulle.*

Pour que le produit soit nul, il faut et il suffit que son module soit nul, c'est-à-dire que le produit des modules des imaginaires données soit nul; et pour cela, il faut et il suffit qu'un de ces modules soit nul, c'est-à-dire qu'une des imaginaires données soit nulle.

THÉORÈME. — *Si entre trois imaginaires* A, B, C *on a l'égalité* $AB = AC$ *et si* A *n'est pas nulle, on a* $B = C$.

En effet, de l'égalité $AB = AC$, on déduit successivement

$$AB - AC = 0, \quad A(B - C) = 0.$$

Comme A n'est pas nul, $B - C$ est nul; donc, $B = C$.

*Remarque.* — Grâce aux deux derniers théorèmes, il est établi que toutes les propriétés d'égalité relatives à l'addition, à la soustraction, à la multiplication des nombres réels sont applicables à l'addition, à la soustraction, à la multiplication des nombres imaginaires.

186. Division. — THÉORÈME. — *Étant donnée une imaginaire* A *et une imaginaire non nulle* B, *il existe une imaginaire* Q *et une seule telle que l'on ait* $A = BQ$.

Soient les imaginaires $A = a + bi$, $B = c + di$.

1° *Il existe au moins une imaginaire* Q *telle que l'on ait* $A = BQ$. — En effet, supposons d'abord que B soit réel; ainsi, $d = 0$, $c \neq 0$. Il est clair que l'imaginaire

$$\frac{a}{c} + \frac{b}{c} i,$$

est une imaginaire Q telle que l'on ait $A = BQ$.

Supposons ensuite que B soit imaginaire; désignons par $B_0$ l'imaginaire conjuguée de B. Puisque B n'est pas nul, il en est de même de $B_0$. D'après un théorème précédemment établi, pour que l'imaginaire Q vérifie l'égalité $A = BQ$, il faut et il suffit qu'elle vérifie l'égalité $AB_0 = (BB_0)Q$. Or, $BB_0$ est réel et non nul. On est ainsi ramené au premier cas, et il existe une imaginaire Q vérifiant cette égalité. Développons le calcul; on a

$$AB_0 = (a + bi)(c - di) = ac + (bc - ad)i - bdi^2 = (ac + bd) + (bc - ad)i,$$

et, par suite,

$$Q = \frac{ac + bd}{c^2 + d^2} + \frac{bc - ad}{c^2 + d^2} i.$$

2° *L'imaginaire* Q *est unique.* — En effet, si deux imaginaires Q et Q' sont telles que l'on ait simultanément $A = BQ$ et $A = BQ'$, on a $BQ = BQ'$, et, puisque B n'est pas nul, d'après un théorème précédemment établi, on a $Q = Q'$.

On désigne cette imaginaire Q sous le nom de *quotient* de A par B, et on la représente par la notation $\frac{A}{B}$, B étant supposé non nul. On dit que $\frac{A}{B}$ est une *fraction imaginaire de numérateur* A *et de dénominateur* B.

Si C est une imaginaire non nulle, on a $\frac{AC}{BC} = \frac{A}{B}$, car de l'égalité $A = BQ$ on déduit l'égalité $AC = BCQ$, qui exprime, puisque BC n'est pas nul, que Q est le quotient de AC par BC.

On a aussi, B, D, F étant non nuls,

$$\frac{A}{B} \cdot \frac{C}{D} \cdot \frac{E}{F} = \frac{ACE}{BDF},$$

et en particulier, $n$ étant entier et positif,

$$\left(\frac{A}{B}\right)^n = \frac{A^n}{B^n}.$$

Cette dernière égalité est encore valable si $n$ est nul.

Les propriétés d'égalité du calcul des fractions algébriques s'appliquent aux fractions imaginaires.

Si, dans un quotient de deux imaginaires, on remplace ces deux imaginaires par leurs imaginaires conjuguées, le quotient est lui-même remplacé par son imaginaire conjuguée. Soient en effet $A_0$, $B_0$, $Q_0$ les imaginaires conjuguées de A, B, Q. Si l'on a $A = BQ$, on a aussi $A_0 = B_0 Q_0$, ce qui exprime, puisque $B_0$ est, comme B, non nul, que $Q_0$ est le quotient de $A_0$ par $B_0$.

THÉORÈME. — *Le module du quotient de deux imaginaires est égal au quotient des modules de ces deux imaginaires.*

En effet, si Q est le quotient de A par B, on a

$$A = BQ \quad \text{et, par suite,} \quad |A| = |B|\,|Q|,$$

d'où l'on déduit

$$|Q| = \frac{|A|}{|B|}.$$

**187. Puissance entière et négative d'une imaginaire.** — Par définition, $n$ étant un entier positif, on appelle *puissance* $-n$ d'une imaginaire non nulle A le quotient de 1 par la puissance $n$ de cette imaginaire :

$$A^{-n} = \frac{1}{A^n}.$$

Le module de $A^{-n}$ est égal à la puissance $-n$ du module de A.

On démontre, comme pour les nombres réels, les égalités suivantes, où $\alpha$ et $\beta$ sont deux entiers quelconques positifs, nuls ou négatifs :

$$A^\alpha A^\beta = A^{\alpha+\beta};\ (A^\alpha)^\beta = A^{\alpha\beta};\ (AB)^\alpha = A^\alpha B^\alpha.$$

Le calcul des imaginaires suit les mêmes règles d'addition, de soustraction, de multiplication et de division et a les mêmes propriétés d'égalité que le calcul des nombres réels.

**188. Représentations géométrique et trigonométrique d'une imaginaire. Argument.** — Soient, dans un plan orienté, deux axes de coordonnées rectangulaires $x'Ox$ et $y'Oy$, tels que $(Ox, Oy) = +\frac{\pi}{2}$, et faisons choix d'une unité de longueur U.

A toute imaginaire $a + bi$ il correspond un point M du plan, se projetant orthogonalement en A et B respectivement sur $x'Ox$ et sur $y'Oy$, tel que $OA = a$, $OB = b$. Réciproquement, à tout point M du plan il correspond une imaginaire $a + bi$ telle que, si A et B sont les projections de M sur $x'Ox$ et sur $y'Oy$, on ait $OA = a$, $OB = b$. On dit que le point M *représente géométriquement* l'imaginaire $a + bi$, et on dit que $a + bi$ est l'*affixe* du point M.

En particulier, si l'imaginaire est réelle, le point représentatif est sur $x'Ox$; si l'imaginaire est purement imaginaire, le point représentatif est sur $y'Oy$.

Les points représentatifs de deux imaginaires opposées sont symétriques par rapport à O; les points représentatifs de deux imaginaires conjuguées sont symétriques par rapport à $x'Ox$.

A tout point M du plan il correspond un vecteur d'origine O et d'extrémité M; réciproquement, à tout vecteur d'origine O il correspond un point M qui est son extrémité. Si M est le point représentatif de l'imaginaire $a + bi$, on dit que OM est le *vecteur représentatif* de cette imaginaire.

Dans le triangle rectangle OAM, on a

$$\overline{OM}^2 = \overline{OA}^2 + \overline{AM}^2 = \overline{OA}^2 + \overline{OB}^2 = a^2 + b^2,$$

d'où $OM = \sqrt{a^2 + b^2}$. Ainsi, *le vecteur représentatif d'une imaginaire a pour mesure par rapport à l'unité de longueur* U *le module de cette imaginaire*; autrement dit, si K est le point représentatif de l'imaginaire 1, *le rapport des longueurs* OM *et* OK *est égal au module de l'imaginaire représentée par le vecteur* OM.

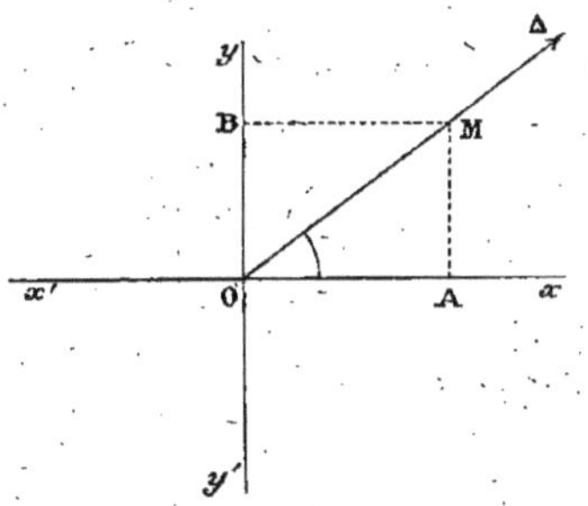

Fig. 47.

Soit Δ la demi-droite, d'origine O, qui contient le point M, autre que O. On appelle *argument* de l'imaginaire non nulle représentée par M l'angle $(Ox, \Delta)$. Toute imaginaire non nulle a une infinité d'arguments qui se déduisent de l'un d'entre eux par addition d'un multiple quelconque de $2\pi$. Si l'imaginaire est nulle, on regarde tout angle comme argument de cette imaginaire.

En particulier, les arguments d'un nombre réel et positif sont de la forme $2k\pi$, $k$ entier; les arguments d'un nombre réel et négatif sont de la forme $(2k+1)\pi$, $k$ entier; les arguments d'une imaginaire pure sont les multiples impairs de $\frac{\pi}{2}$.

Les arguments de deux imaginaires opposées ont une différence égale à un multiple impair de $\pi$; les arguments de deux imaginaires conjuguées sont opposés.

Théorème. — *Une imaginaire de module* $\rho$ *et d'argument* $\omega$ *est égale à* $\rho(\cos\omega + i\sin\omega)$.

En effet, on a, OM étant mesuré sur l'axe Δ,

$$OA = a = OM\cos(Ox, \Delta) = \rho\cos\omega,$$

$$OB = b = OM\cos(Oy, \Delta) = OM\cos\left(-\frac{\pi}{2} + \omega\right) = \rho\sin\omega.$$

Donc,

$$a + bi = \rho\cos\omega + \rho\sin\omega . i = \rho(\cos\omega + i\sin\omega).$$

Théorème. — *Si une imaginaire est égale à* $\rho(\cos\omega + i\sin\omega)$, $\rho$ *étant positif, elle a pour module* $\rho$ *et pour argument* $\omega$.

Il existe une demi-droite $\Delta$ d'origine O telle que $(Ox, \Delta)$ soit égal à $\omega$, et sur cette demi-droite il existe un point M tel que OM ait pour mesure arithmétique le nombre positif $\rho$. Soient A et B les projections orthogonales de M sur $x'Ox$ et sur $y'Oy$, et posons $\overline{OA} = a$, $\overline{OB} = b$. On a

$$a = \rho \cos\omega, \qquad b = \rho \sin\omega;$$

par suite, l'imaginaire $\rho(\cos\omega + i\sin\omega)$ est égale à $a + bi$. On voit donc que M est le point représentatif de l'imaginaire donnée; par suite, cette imaginaire a pour module OM, c'est-à-dire $\rho$, et pour argument $(Ox, \Delta)$, c'est-à-dire $\omega$.

Remarquons que si une imaginaire est égale à $\rho(\cos\omega + i\sin\omega)$, où $\rho$ est négatif, l'imaginaire a pour module $-\rho$ et pour argument $\pi + \omega$. En effet, on a

$$\rho(\cos\omega + i\sin\omega) = (-\rho)[\cos(\pi + \omega) + i\sin(\pi + \omega)],$$

et il suffit d'appliquer à cette seconde forme le théorème précédent.

189. Problème. — *Construire le vecteur représentatif de la somme de plusieurs imaginaires, connaissant les vecteurs représentatifs de ces imaginaires.*

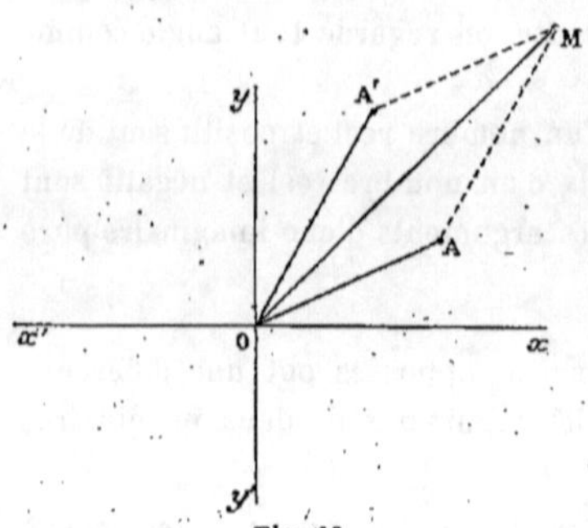

Fig. 48.

Soient d'abord les deux imaginaires $a + bi$ et $a' + b'i$ représentées par les vecteurs OA et OA'.

Construisons le vecteur d'origine A et d'extrémité M équipollent au vecteur d'origine O et d'extrémité A'. Je dis que OM représente la somme des imaginaires données. En effet, si l'on projette A, A' et M orthogonalement sur $x'Ox$, on obtient

$$\text{pr. OM} = \text{pr. OA} + \text{pr. AM}.$$

Les vecteurs OA' et AM étant équipollents, on a pr. AM $=$ pr. OA'; par suite,

$$\text{pr. OM} = \text{pr. OA} + \text{pr. OA'} = a + a'.$$

De même, si l'on projette A, A' et M orthogonalement sur $y'Oy$, on obtient

$$\text{pr. OM} = b + b'.$$

Donc, OM représente géométriquement l'imaginaire $a+a'+(b+b')i$, c'est-à-dire la somme des deux imaginaires données.

Pour construire le vecteur représentatif de la somme de plusieurs imaginaires, on construira d'abord le vecteur représentatif de la somme de deux d'entre elles, puis le vecteur représentatif de la somme d'une troisième imaginaire et de la somme des deux premières, et ainsi de suite.

La construction du vecteur OM montre que l'on a, dans tous les cas,

$$|OA - AM| \leqslant OM \leqslant OA + AM,$$

c'est-à-dire

$$|OA - OA'| \leqslant OM \leqslant OA + OA'.$$

Autrement dit, le module de la somme de deux imaginaires est inférieur ou au plus égal à la somme des modules des deux imaginaires et supérieur ou au moins égal à la valeur absolue de la différence de ces modules.

190. PROBLÈME. — *Construire le vecteur représentatif de la différence de deux imaginaires, connaissant les vecteurs représentatifs de ces deux imaginaires.*

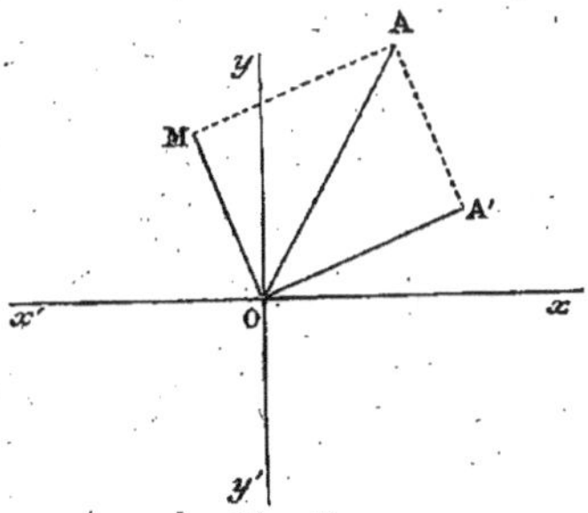

Fig. 49.

Soient les deux imaginaires $a+bi$ et $a'+b'i$ représentées par les vecteurs OA et OA'. Construisons le vecteur d'origine O et d'extrémité M équipollent au vecteur d'origine A' et d'extrémité A. Je dis que OM est le vecteur représentant la différence entre $a+bi$ et $a'+b'i$.

En effet, si l'on projette A, A' et M orthogonalement sur $x'Ox$, on obtient

$$\text{pr. } OA = \text{pr. } OA' + \text{pr. } A'A = \text{pr. } OA' + \text{pr. } OM,$$

d'où

$$\text{pr. } OM = \text{pr. } OA - \text{pr. } OA' = a - a'.$$

De même, si l'on projette A, A' et M orthogonalement sur $y'Oy$, on obtient

$$\text{pr. } OM = \text{pr. } OA - \text{pr. } OA' = b - b'.$$

OM représente donc géométriquement l'imaginaire $a-a'+(b-b')i$, c'est-à-dire la différence entre $a+bi$ et $a'+b'i$.

191. Théorème. — *Le produit de plusieurs imaginaires non nulles a pour argument la somme des arguments de ces imaginaires.*

Soient d'abord les deux imaginaires

$$\rho(\cos\omega + i\sin\omega) \quad \text{et} \quad \rho'(\cos\omega' + i\sin\omega'),$$

$\rho$ et $\rho'$ étant positifs. Leur produit est égal à

$$\rho\rho'(\cos\omega + i\sin\omega)(\cos\omega' + i\sin\omega'),$$

c'est-à-dire

$$\rho\rho'[(\cos\omega\cos\omega' - \sin\omega\sin\omega') + i(\sin\omega\cos\omega' + \sin\omega'\cos\omega)],$$

c'est-à-dire enfin, d'après les formules d'addition relatives aux fonctions circulaires,

$$\rho\rho'[\cos(\omega + \omega') + i\sin(\omega + \omega')].$$

Comme $\rho$ et $\rho'$ sont positifs, il en est de même de $\rho\rho'$. Il en résulte que $\omega + \omega'$ est argument du produit des deux imaginaires données.

Cela posé, soient plusieurs imaginaires A, B, C, .... On a successivement

$$\text{arg.}(AB) = \text{arg.}\,A + \text{arg.}\,B,$$
$$\text{arg.}(ABC) = \text{arg.}(AB) + \text{arg.}\,C = \text{arg.}\,A + \text{arg.}\,B + \text{arg.}\,C,$$

et ainsi de suite.

*Cas particulier. — La puissance entière et positive n d'une imaginaire a pour argument le produit par n de l'argument de cette imaginaire.*

D'après cela, on a, le module de la puissance $n$ d'une imaginaire étant égal à la puissance $n$ du module de cette imaginaire,

$$(\cos\omega + i\sin\omega)^n = \cos n\omega + i\sin n\omega.$$

En passant aux imaginaires conjuguées, on a aussi

$$(\cos\omega - i\sin\omega)^n = \cos n\omega - i\sin n\omega.$$

Ces formules sont dites *formules de Moivre*.

Théorème. — *Le quotient de deux imaginaires non nulles a pour argument la différence des arguments de ces imaginaires.*

Soient en effet les imaginaires A et B; si Q est le quotient de A par B, on a $A = BQ$ et, par suite,

$$\text{arg.}\,A = \text{arg.}\,B + \text{arg.}\,Q,$$

d'où

$$\text{arg.}\,Q = \text{arg.}\,A - \text{arg.}\,B.$$

En particulier, l'argument de l'imaginaire 1 étant 0, à un multiple de $2\pi$ près, on voit que les arguments de deux imaginaires inverses l'une de l'autre sont opposés.

Comme conséquence de ce qui précède, on voit que la puissance entière et négative $-n$ d'une imaginaire non nulle a pour argument le produit par $-n$ de l'argument de cette imaginaire.

D'après cela, quel que soit l'entier $\alpha$ positif ou négatif, on a

$$(\cos\omega + i\sin\omega)^\alpha = \cos\alpha\omega + i\sin\alpha\omega$$

et

$$(\cos\omega - i\sin\omega)^\alpha = \cos\alpha\omega - i\sin\alpha\omega.$$

Ces formules sont dites encore *formules de Moivre*. Elles subsistent évidemment pour $\alpha = 0$.

192. Problème. — *Construire le vecteur représentatif du produit de plusieurs imaginaires, connaissant les vecteurs représentatifs de ces imaginaires.*

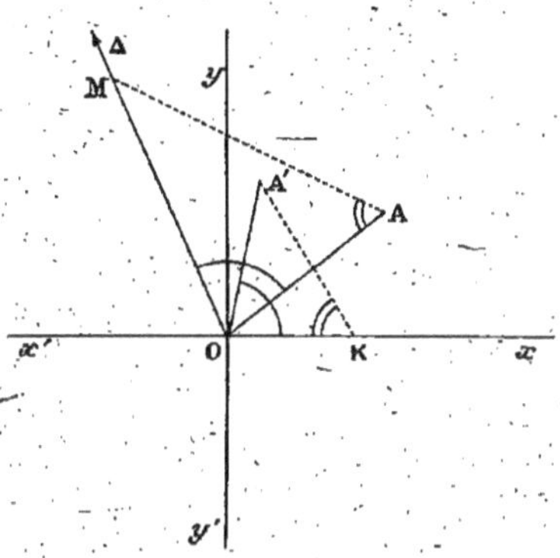

Fig. 50.

Considérons d'abord les deux imaginaires $\rho(\cos\omega + i\sin\omega)$ et $\rho'(\cos\omega' + i\sin\omega')$, $\rho$ et $\rho'$ étant positifs, représentées par les vecteurs OA et OA'. Soit K le point représentatif de l'imaginaire 1. Menons la demi-droite Δ d'origine O telle que $(OA, \Delta) = (OK, OA')$ et construisons sur cette demi-droite le point M tel que l'on ait

$$\frac{OM}{OA} = \frac{OA'}{OK};$$

ce point M est tel que le triangle OMA est directement semblable au triangle OA'K; on l'obtiendra donc en construisant l'angle (AO, AM) égal à l'angle (KO, KA') et de même sens.

Je dis que OM représente géométriquement le produit des deux imaginaires données. En effet, on a

$$(Ox, OM) = (Ox, OA) + (OA, \Delta) = (Ox, OA) + (Ox, OA') = \omega + \omega'.$$

D'autre part, on a $OM . OK = OA . OA'$, c'est-à-dire, puisque $OK = 1$, $OM = \rho\rho'$. L'imaginaire représentée par OM est donc égale à

$$\rho\rho'[\cos(\omega + \omega') + i\sin(\omega + \omega')];$$

c'est donc le produit des deux imaginaires données.

Pour construire le vecteur représentatif du produit de plusieurs imaginaires, on construira d'abord le vecteur représentatif du produit de deux d'entre elles, puis le vecteur représentatif du produit d'une troisième imaginaire et du produit des deux premières, et ainsi de suite.

193. Problème. — *Construire le vecteur représentatif du quotient de deux imaginaires, connaissant les vecteurs représentatifs de ces imaginaires.*

Soient les imaginaires $\rho(\cos\omega + i\sin\omega)$ et $\rho'(\cos\omega' + i\sin\omega')$, $\rho$ et $\rho'$ étant positifs, représentées par les vecteurs OA et OA'. Soit K le point représentatif de l'imaginaire 1. Menons la demi-droite $\Delta$ d'origine O telle que $(Ox, \Delta) = (OA', OA)$ et construisons sur cette demi-droite le point M tel que l'on ait

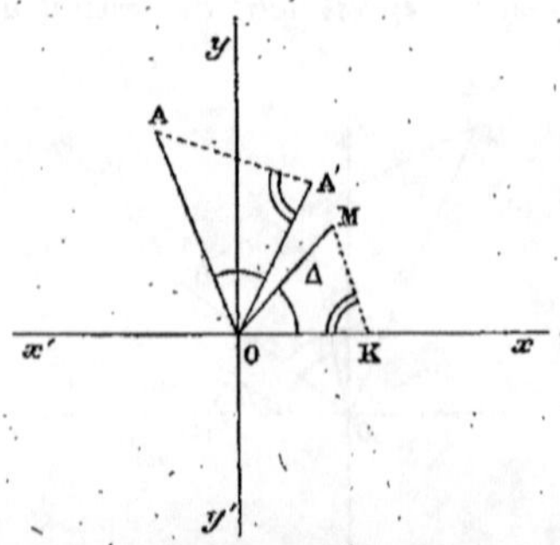

Fig. 51.

$$\frac{OM}{OK} = \frac{OA}{OA'};$$

ce point M est tel que le triangle OMK est directement semblable au triangle OAA'; on l'obtiendra donc en construisant l'angle (KO, KM) égal à l'angle (A'O, A'A) et de même sens.

Je dis que OM représente géométriquement le quotient de l'imaginaire représentée par OA par l'imaginaire représentée par OA'. En effet, on a

$$(Ox, OM) = (OA', OA) = (Ox, OA) - (Ox, OA') = \omega - \omega'.$$

D'autre part, on a, puisque $OK = 1$,

$$OM = \frac{\rho}{\rho'}.$$

L'imaginaire représentée par OM est donc égale à

$$\frac{\rho}{\rho'}[\cos(\omega - \omega') + i \sin(\omega - \omega')],$$

qui a pour module $\frac{\rho}{\rho'}$ et pour argument $\omega - \omega'$; c'est donc le quotient de l'imaginaire représentée par OA par l'imaginaire représentée par OA'.

**194. Généralisation des formules d'addition relatives aux fonctions circulaires.** — Soient les imaginaires

$$\cos a + i\sin a, \quad \cos b + i\sin b, \quad \ldots, \quad \cos l + i\sin l;$$

leur produit a pour module 1 et pour argument $a + b + \ldots + l$; on a ainsi

$$\begin{aligned}
&\cos(a+b+\ldots+l) + i\sin(a+b+\ldots+l)\\
&= (\cos a + i\sin a)(\cos b + i\sin b)\ldots(\cos l + i\sin l)\\
&= \cos a\cos b\ldots\cos l + i\Sigma\sin a\cos b\ldots\cos l\\
&+ i^2\Sigma\sin a\sin b\cos c\ldots\cos l + i^3\Sigma\sin a\sin b\sin c\cos d\ldots\cos l + \ldots\\
&= \cos a\cos b\ldots\cos l - \Sigma\sin a\sin b\cos c\ldots\cos l + \ldots\\
&+ i(\Sigma\sin a\cos b\ldots\cos l - \Sigma\sin a\sin b\sin c\cos d\ldots\cos l + \ldots).
\end{aligned}$$

Nous désignons par $\Sigma\sin a\cos b\ldots\cos l$ la somme de tous les produits obtenus en multipliant le sinus d'un des arguments $a, b, \ldots, l$ par les cosinus des autres arguments, par $\Sigma\sin a\sin b\cos c\ldots\cos l$ la somme de tous les produits obtenus en multipliant les sinus de deux des arguments $a, b, \ldots, l$ par les cosinus des autres arguments, etc.

D'après cela, on a

$$\cos(a+b+\ldots+l) = \cos a\cos b\ldots\cos l - \Sigma\sin a\sin b\cos c\ldots\cos l + \ldots,$$
$$\sin(a+b+\ldots+l) = \Sigma\sin a\cos b\ldots\cos l - \Sigma\sin a\sin b\sin c\cos d\ldots\cos l + \ldots.$$

Dans l'expression de $\cos(a+b+\ldots+l)$, entrent, précédées alternativement des signes + et —, toutes les sommes $\Sigma$ dont les termes contiennent un nombre pair de sinus; dans celle de $\sin(a+b+\ldots+l)$, entrent, précédées alternativement des signes + et —, toutes les sommes $\Sigma$ dont les termes contiennent un nombre impair de sinus.

Si les tangentes des arguments $a, b, \ldots, l$ sont toutes définies, on peut transformer les deux expressions de $\cos(a+b+\ldots+l)$ et de $\sin(a+b+\ldots+l)$. Si, d'une manière générale, on désigne par $S_p$ la somme des produits $p$ à $p$ des nombres $\operatorname{tg} a, \operatorname{tg} b, \ldots, \operatorname{tg} l$, on a

$$\cos(a+b+\ldots+l) = \cos a\cos b\ldots\cos l(1 - S_2 + S_4 - S_6 + \ldots)$$

et

$$\sin(a+b+\ldots+l) = \cos a\cos b\ldots\cos l(S_1 - S_3 + S_5 - \ldots).$$

On en déduit

$$\operatorname{tg}(a+b+\ldots+l) = \frac{S_1 - S_3 + S_5 - \ldots}{1 - S_2 + S_4 - \ldots}.$$

Si, dans ce qui précède, nous supposons $a, b, \ldots, l$ égaux à un même argument $x$, nous sommes conduits à déduire d'une formule de Moivre des expressions de $\cos nx$, de $\sin nx$ et de $\operatorname{tg} nx$, $n$ étant entier et positif. On trouve ainsi

$$\cos nx = \cos^n x - C_n^2 \sin^2 x \cos^{n-2} x + C_n^4 \sin^4 x \cos^{n-4} x - \ldots,$$

$$\sin nx = C_n^1 \sin x \cos^{n-1} x - C_n^3 \sin^3 x \cos^{n-3} x + C_n^5 \sin^5 x \cos^{n-5} x - \ldots,$$

$$\operatorname{tg} nx = \frac{C_n^1 \operatorname{tg} x - C_n^3 \operatorname{tg}^3 x + C_n^5 \operatorname{tg}^5 x - \ldots}{1 - C_n^2 \operatorname{tg}^2 x + C_n^4 \operatorname{tg}^4 x - \ldots}.$$

Nous généralisons ainsi les formules d'addition relatives aux fonctions circulaires, établies d'abord pour deux arguments (ch. III, § 120). En particulier, on a

$$\cos 3x = \cos^3 x - 3\sin^2 x \cos x = \cos^3 x - 3(1 - \cos^2 x)\cos x$$
$$= 4\cos^3 x - 3\cos x,$$
$$\sin 3x = 3\sin x \cos^2 x - \sin^3 x = 3\sin x(1 - \sin^2 x) - \sin^3 x$$
$$= 3\sin x - 4\sin^3 x,$$
$$\operatorname{tg} 3x = \frac{3\operatorname{tg} x - \operatorname{tg}^3 x}{1 - 3\operatorname{tg}^2 x}.$$

**195. Autres formules relatives aux fonctions circulaires.** — Posons

$$\cos x + i\sin x = u, \qquad \cos x - i\sin x = v.$$

On en déduit

$$\cos x = \frac{u+v}{2}, \qquad \sin x = \frac{u-v}{2i},$$

et, par suite, $n$ étant un entier positif,

$$\cos^n x = \frac{1}{2^n}(u+v)^n, \qquad \sin^n x = \frac{1}{2^n}\frac{1}{i^n}(u-v)^n.$$

On a, la formule du binome étant valable,

$$(u+v)^n = u^n + C_n^1 u^{n-1} v + C_n^2 u^{n-2} v^2 + \ldots + C_n^{n-2} u^2 v^{n-2} + C_n^{n-1} u v^{n-1} + v^n$$
$$= v^n + C_n^1 v^{n-1} u + C_n^2 v^{n-2} u^2 + \ldots + C_n^{n-2} v^2 u^{n-2} + C_n^{n-1} v u^{n-1} + u^n$$
$$= \frac{1}{2}\left[(u^n + v^n) + C_n^1 uv(u^{n-2} + v^{n-2}) + C_n^2 u^2v^2(u^{n-4} + v^{n-4}) + \ldots\right].$$

Mais, on a

$$uv = (\cos x + i\sin x)(\cos x - i\sin x) = 1,$$

et, d'autre part, $p$ étant un entier positif ou nul,

$$u^p + v^p = (\cos x + i\sin x)^p + (\cos x - i\sin x)^p$$
$$= (\cos px + i\sin px) + (\cos px - i\sin px) = 2\cos px.$$

Donc,

$$(u+v)^n = \cos nx + C_n^1 \cos(n-2)x + C_n^2 \cos(n-4)x + \ldots.$$

On a, par suite, la première formule

$$\cos^n x = \frac{1}{2^n}[\cos nx + C_n^1 \cos(n-2)x + C_n^2 \cos(n-4)x + \ldots].$$

D'autre part, on a

$$(u-v)^n = u^n - C_n^1 u^{n-1}v + C_n^2 u^{n-2}v^2 - \ldots$$
$$+ (-1)^{n-2}C_n^{n-2}u^2v^{n-2} + (-1)^{n-1}C_n^{n-1}uv^{n-1} + (-1)^n v^n.$$

Distinguons deux cas.

1° $n$ est pair. On a alors

$$(u-v)^n = u^n - C_n^1 u^{n-1}v + C_n^2 u^{n-2}v^2 - \ldots + C_n^{n-2}u^2v^{n-2} - C_n^{n-1}uv^{n-1} + v^n$$
$$= v^n - C_n^1 v^{n-1}u + C_n^2 v^{n-2}u^2 - \ldots + C_n^{n-2}v^2u^{n-2} - C_n^{n-1}vu^{n-1} + u^n$$
$$= \frac{1}{2}[(u^n+v^n) - C_n^1 uv(u^{n-2}+v^{n-2}) + C_n^2 u^2v^2(u^{n-4}+v^{n-4}) - \ldots].$$

Donc,

$$(u-v)^n = \cos nx - C_n^1 \cos(n-2)x + C_n^2 \cos(n-4)x - \ldots.$$

On a, par suite, la seconde formule, pour $n$ pair,

$$\sin^n x = \frac{(-1)^{\frac{n}{2}}}{2^n}[\cos nx - C_n^1 \cos(n-2)x + C_n^2 \cos(n-4)x - \ldots].$$

2° $n$ est impair. On a alors

$$(u-v)^n = u^n - C_n^1 u^{n-1}v + C_n^2 u^{n-2}v^2 - \ldots - C_n^{n-2}u^2v^{n-2} + C_n^{n-1}uv^{n-1} - v^n$$
$$= -v^n + C_n^1 v^{n-1}u - C_n^2 v^{n-2}u^2 + \ldots + C_n^{n-2}v^2u^{n-2} - C_n^{n-1}vu^{n-1} + u^n$$
$$= \frac{1}{2}[(u^n - v^n) - C_n^1 uv(u^{n-2}-v^{n-2}) + C_n^2 u^2v^2(u^{n-4}-v^{n-4}) - \ldots].$$

Mais, $p$ étant un entier positif ou nul, on a

$$u^p - v^p = (\cos px + i\sin px) - (\cos px - i\sin px) = 2i\sin px.$$

Donc,

$$(u-v)^n = i\sin nx - iC_n^1 \sin(n-2)x + iC_n^2 \sin(n-4)x - \ldots.$$

On a, par suite, la troisième formule, pour $n$ impair,

$$\sin^n x = \frac{(-1)^{\frac{n-1}{2}}}{2^n}[\sin nx - C_n^1 \sin(n-2)x + C_n^2 \sin(n-4)x - \ldots].$$

En particulier, on a

$$\cos^3 x = \frac{1}{4}(3\cos x + \cos 3x), \qquad \sin^3 x = \frac{1}{4}(3\sin x - \sin 3x).$$

**196. Racines d'indice $n$ d'une imaginaire.** — THÉORÈME. — *Si $n$ est un entier positif, il existe $n$ imaginaires distinctes telles que la puissance $n$ de chacune d'elles soit égale à une imaginaire donnée non nulle.*

En effet, soit l'imaginaire donnée

$$r(\cos\alpha + i\sin\alpha), \quad r > 0.$$

Proposons-nous de trouver une imaginaire, nécessairement non nulle, de la forme $\rho(\cos\omega + i\sin\omega)$; $(\rho > 0)$, dont la puissance $n$ soit égale à l'imaginaire donnée. On veut avoir

$$\rho^n(\cos n\omega + i\sin n\omega) = r(\cos\alpha + i\sin\alpha).$$

Comme $\rho^n$ est positif, pour que cette égalité ait lieu, il faut et il suffit que l'on ait les deux égalités

$$\rho^n = r; \quad n\omega = \alpha + 2k\pi,$$

$k$ désignant un entier quelconque, positif, nul ou négatif. Ces deux égalités donnent

$$\rho = r^{\frac{1}{n}}, \quad \omega = \frac{\alpha}{n} + \frac{2k\pi}{n}.$$

Si l'on donne à $k$ deux valeurs différant par un multiple de $n$, les valeurs correspondantes de $\omega$ diffèrent par un multiple de $2\pi$, et les deux imaginaires correspondantes telles que $\rho(\cos\omega + i\sin\omega)$ sont égales. Pour avoir toutes les solutions du problème, il suffit donc de donner à $k$ $n$ valeurs entières consécutives quelconques, par exemple, les valeurs $0, 1, 2, \ldots, n-1$. D'ailleurs, les imaginaires correspondantes de module $\rho$ et d'argument $\omega$ sont différentes, car les valeurs de $\omega$ correspondant à deux de ces valeurs de $k$ ont une différence dont la valeur absolue est plus petite que $2\pi$.

Les $n$ imaginaires trouvées ont pour expression générale

$$r^{\frac{1}{n}}\left[\cos\left(\frac{\alpha}{n} + \frac{2k\pi}{n}\right) + i\sin\left(\frac{\alpha}{n} + \frac{2k\pi}{n}\right)\right],$$

$k$ prenant $n$ valeurs entières consécutives quelconques. Ces imaginaires sont dites les *$n$ racines d'indice $n$* de l'imaginaire donnée. Elles ont même module. Les points représentatifs de ces $n$ imaginaires sont les sommets d'un polygone régulier inscrit dans un cercle de rayon $r^{\frac{1}{n}}$ ayant pour centre l'origine O des coordonnées.

En particulier, toute imaginaire non nulle a deux racines d'indice 2 opposées, représentées par des points symétriques par rapport au point O.

Si l'imaginaire donnée est nulle, il n'y a qu'une imaginaire, l'imaginaire nulle, dont la puissance $n$ soit égale à cette imaginaire. On dit que 0 a *une racine d'indice $n$* égale à 0.

Soit $a+bi$ une imaginaire. Si $x+yi$ est une racine d'indice $n$, on a

$$(x+yi)^n=a+bi,$$

c'est-à-dire

$$x^n+C_n^1x^{n-1}yi+C_n^2x^{n-2}y^2i^2+\ldots+C_n^{n-1}xy^{n-1}i^{n-1}+y^ni^n=a+bi,$$

c'est-à-dire

$$x^n-C_n^2x^{n-2}y^2+C_n^4x^{n-4}y^4-\ldots$$
$$+i(C_n^1x^{n-1}y-C_n^3x^{n-3}y^3+\ldots)=a+bi,$$

d'où

$$x^n-C_n^2x^{n-1}y^2+C_n^4x^{n-4}y^4-\ldots=a,$$
$$C_n^1x^{n-1}y-C_n^3x^{n-3}y+C_n^5x^{n-5}y^5-\ldots=b.$$

Les nombres $x$ et $y$ qui définissent une racine d'indice $n$ constituent une solution réelle de ce système de deux équations en $x$ et $y$. Ce qui précède prouve que ce système d'équations a $n$ solutions réelles distinctes, si $a$ et $b$ ne sont pas simultanément nuls.

Dans certains cas particuliers, on peut *effectuer* la résolution du système. Soit à trouver, par le calcul précédent, les racines d'indice 2 (racines carrées) de l'imaginaire $a+bi$. On veut avoir

$$(x+yi)^2=a+bi,$$

c'est-à-dire

$$x^2-y^2+2xyi=a+bi,$$

ce qui donne les deux équations

$$x^2-y^2=a,\qquad 2xy=b.$$

1° $b\neq 0$. Alors, $x$ et $y$ sont différents de 0. De la seconde équation, tirons $y=\frac{b}{2x}$ et portons la valeur de $y$ dans la première qui devient

$$x^2-\frac{b^2}{4x^2}=a,$$

c'est-à-dire

$$x^4-ax^2-\frac{b^2}{4}=0$$

ou

$$\left(x^2-\frac{a}{2}\right)^2=\frac{a^2+b^2}{4}.$$

On en déduit

$$x^2=\frac{a}{2}\pm\frac{\sqrt{a^2+b^2}}{2}.$$

Comme le second membre doit être positif ou nul, il faut prendre le signe $+$ devant le radical. On trouve pour $x$ les valeurs

$$\varepsilon\sqrt{\frac{a+\sqrt{a^2+b^2}}{2}},\qquad (\varepsilon=\pm 1).$$

$x$ étant calculé, on a

$$y = \frac{b}{2x} = \varepsilon \frac{b}{2\sqrt{\frac{a+\sqrt{a^2+b^2}}{2}}}.$$

On obtient deux racines carrées qui ont pour expression

$$\varepsilon\left[\sqrt{\frac{a+\sqrt{a^2+b^2}}{2}} + \frac{b}{2\sqrt{\frac{a+\sqrt{a^2+b^2}}{2}}}\,i\right], \quad (\varepsilon = \pm 1).$$

On peut les écrire autrement. Multiplions le numérateur et le dénominateur du coefficient de $i$ par

$$\sqrt{\frac{\sqrt{a^2+b^2}-a}{2}};$$

ce coefficient devient

$$b\frac{\sqrt{\frac{\sqrt{a^2+b^2}-a}{2}}}{2\sqrt{\frac{b^2}{4}}} \quad \text{ou} \quad \frac{b}{|b|}\sqrt{\frac{\sqrt{a^2+b^2}-a}{2}}.$$

Deux cas se présentent.

Si $b > 0$, $\frac{b}{|b|} = 1$. Alors, les deux racines carrées sont

$$\varepsilon\left(\sqrt{\frac{\sqrt{a^2+b^2}+a}{2}} + i\sqrt{\frac{\sqrt{a^2+b^2}-a}{2}}\right), \quad (\varepsilon = \pm 1).$$

Si $b < 0$, $\frac{b}{|b|} = -1$. Alors, les deux racines carrées sont

$$\varepsilon\left(\sqrt{\frac{\sqrt{a^2+b^2}+a}{2}} - i\sqrt{\frac{\sqrt{a^2+b^2}-a}{2}}\right), \quad (\varepsilon = \pm 1).$$

2° $b = 0$. Alors, l'un au moins des nombres $x$ et $y$ est nul. Si $a > 0$, $y$ est nécessairement nul, et l'on a $x = \pm\sqrt{a}$; il y a deux racines carrées réelles du nombre réel et positif $a$, qui sont $+\sqrt{a}$ et $-\sqrt{a}$. Si $a < 0$, $x$ est nécessairement nul, et l'on a $y = \pm\sqrt{-a}$; il y a deux racines carrées purement imaginaires du nombre réel et négatif $a$, qui sont $+i\sqrt{-a}$ et $-i\sqrt{-a}$. Enfin, si $a = 0$, il y a une seule racine carrée qui est 0.

La possibilité de la résolution effective du système d'équations en $x$ et $y$ pour $n = 2$ se rattache à la possibilité de construire, par la règle et le compas, les vecteurs représentatifs des racines carrées d'une imaginaire, connaissant le vecteur représentatif de cette imaginaire.

Soit OA le vecteur représentatif d'une imaginaire de module $r$ et d'argument $\omega$. Soit K le point représentatif de l'imaginaire 1. Traçons la bissectrice $\Delta$ de l'angle qui a pour côtés les demi-droites $Ox$ et OA, et construisons sur cette bissectrice un point M tel que $OM = \sqrt{OA . OK}$. Je dis que OM est le vecteur représentatif d'une racine carrée de l'imaginaire représentée par OA.

En effet, soient $\rho$ et $\omega$ le module et l'argument de l'imaginaire représentée par OM. On a

$$\begin{aligned}\alpha = (Ox, OA) &= (OK, OM) + (OM, OA) \\ &= 2(Ox, OM) = 2\omega.\end{aligned}$$

D'autre part, OK étant égal à 1, on a $\rho^2 = r$. Ces deux égalités prouvent que $\rho(\cos\omega + i \sin\omega)$ est une racine carrée de $r(\cos\alpha + i \sin\alpha)$.

Reste à construire le point M. Il est facile de voir qu'on obtient ce point en menant par K la parallèle à la droite $\Delta$, en prenant le point L d'intersection de cette droite avec OA, et en prenant les deux points d'intersection du cercle qui passe par les points A, K, L avec la droite $\Delta$; ce sont les deux positions cherchées du point M.

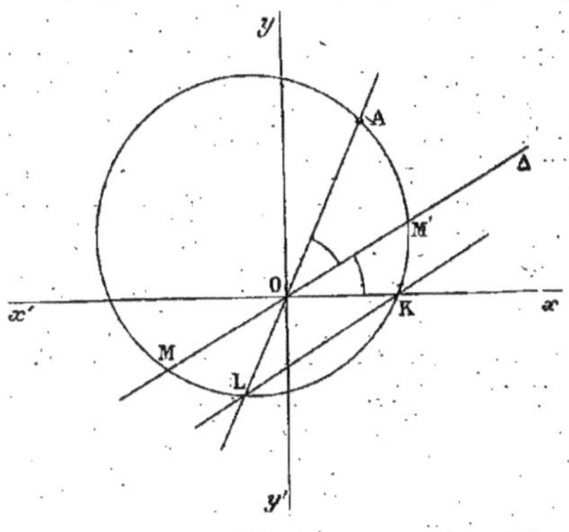

Fig. 52.

197. Théorème. — *Les racines d'indice n de deux imaginaires non nulles conjuguées sont deux à deux imaginaires conjuguées.*

Soient en effet les imaginaires conjuguées A et $A_0$. Si X est une racine d'indice $n$ de A, on a $X^n = A$; $X_0$ étant l'imaginaire conjuguée de X, on a $X_0^n = A_0$, ce qui prouve que $X_0$ est une racine d'indice $n$ de $A_0$. D'autre part, les $n$ imaginaires conjuguées des $n$ racines d'indice $n$ de A sont différentes; ce sont donc bien les $n$ racines d'indice $n$ de $A_0$.

Les polygones qui ont pour sommets les points représentatifs des racines d'indice $n$ de A et les points représentatifs des racines d'indice $n$ de $A_0$ sont symétriques par rapport à $x'Ox$.

*Conséquences.* — En particulier, une imaginaire réelle étant égale à sa conjuguée, les racines d'indice $n$ imaginaires d'une imaginaire réelle sont deux à deux imaginaires conjuguées. D'autre part, une telle imaginaire peut admettre des racines d'indice $n$ réelles. Si $n$ est impair, il existe une racine d'indice $n$ réel; si $n$ est pair, il n'existe pas de racine d'indice $n$ réelle, quand le nombre donné est négatif; il en existe deux opposées, quand le nombre donné est positif. Le polygone qui a pour sommets les points représentatifs des $n$ racines d'indice $n$ d'un nombre réel est symétrique par rapport à $x'Ox$.

Le nombre 1 a $n$ racines d'indice $n$, dont une est réelle et égale à 1, les $n-1$ autres étant imaginaires, conjuguées deux à deux, quand $n$ est impair, ou dont deux sont réelles et égales à $+1$ et à $-1$, les $n-2$ autres étant imaginaires, conjuguées deux à deux, quand $n$ est pair. Leur expression générale est $\cos\frac{2k\pi}{n}+i\sin\frac{2k\pi}{n}$, $k$ ayant $n$ valeurs entières consécutives quelconques. Par exemple, 1 a une racine d'indice 3 (racine cubique) réelle égale à 1 et deux racines cubiques imaginaires, conjuguées l'une de l'autre. Les deux racines cubiques imaginaires de 1 sont

$$\alpha=\cos\frac{2\pi}{3}+i\sin\frac{2\pi}{3},\quad \beta=\cos\frac{4\pi}{3}+i\sin\frac{4\pi}{3}.$$

On reconnaît facilement que l'on a $\alpha^2=\beta$ et $\beta^2=\alpha$.

THÉORÈME. — *Les $n$ racines d'indice $n$ d'une imaginaire non nulle s'obtiennent en multipliant l'une quelconque d'entre elles respectivement par les $n$ racines d'indice $n$ de 1.*

Soient en effet l'imaginaire A et une de ses racines d'indice $n$,

$$B=\rho(\cos\omega_0+i\sin\omega_0).$$

On a

$$A=\rho^n(\cos n\omega_0+i\sin n\omega_0).$$

Les $n$ racines d'indice $n$ de A ont pour expression générale

$$\rho\left(\cos\frac{n\omega_0+2k\pi}{n}+i\sin\frac{n\omega_0+2k\pi}{n}\right),$$

c'est-à-dire

$$\rho\left[\cos\left(\omega_0+\frac{2k\pi}{n}\right)+i\sin\left(\omega_0+\frac{2k\pi}{n}\right)\right],$$

où $k$ prend $n$ valeurs entières consécutives quelconques. Mais, cette expression générale s'écrit encore

$$\rho(\cos\omega_0+i\sin\omega_0)\left(\cos\frac{2k\pi}{n}+i\sin\frac{2k\pi}{n}\right),$$

c'est-à-dire

$$B\left(\cos\frac{2k\pi}{n}+i\sin\frac{2k\pi}{n}\right).$$

Or, les valeurs de $\cos\frac{2k\pi}{n}+i\sin\frac{2k\pi}{n}$, quand $k$ prend $n$ valeurs entières consécutives, sont les $n$ racines d'indice $n$ de 1. Le théorème est donc établi.

Si, en particulier, A est réel et s'il existe une racine d'indice $n$ de A qui soit réelle, on pourra prendre cette racine d'indice $n$ pour B; en tenant compte du signe de B, on aura ainsi mis en évidence les arguments des $n$ racines d'indice $n$ de A.

**198. Sommes des puissances entières $\alpha$ des racines d'indice $n$ de 1.** — Désignons par $S_\alpha$ la somme des puissances $\alpha$ des $n$ racines d'indice $n$ de 1. Posons

$$A=\cos\frac{2\pi}{n}+i\sin\frac{2\pi}{n};$$

$k$ étant l'un des entiers 0, 1, 2, ..., $n-1$, on a

$$\cos\frac{2k\pi}{n}+i\sin\frac{2k\pi}{n}=A^k.$$

Par suite, les racines d'indice $n$ de 1 sont

$$1,\ A,\ A^2,\ \ldots,\ A^{n-1},$$

et l'on a, $\alpha$ étant un entier positif, nul ou négatif,

$$S_\alpha=1+A^\alpha+(A^2)^\alpha+\ldots+(A^{n-1})^\alpha$$

ou

$$S_\alpha=1+A^\alpha+(A^\alpha)^2+\ldots+(A^\alpha)^{n-1}.$$

Multiplions les deux membres par $A^\alpha$; il vient

$$A^\alpha S_\alpha=A^\alpha+(A^\alpha)^2+\ldots+(A^\alpha)^n.$$

Par soustraction membre à membre, on obtient

$$S_\alpha(A^\alpha-1)=(A^\alpha)^n-1=(A^n)^\alpha-1=0.$$

Deux cas sont à distinguer.

1° *$\alpha$ n'est pas multiple de $n$.* — L'imaginaire $A^\alpha$ a pour argument $\frac{2\alpha\pi}{n}$, qui n'est pas un multiple de $2\pi$; donc, $A^\alpha$ n'est pas égal à 1, $A^\alpha-1$ n'est pas nul. Il en résulte que $S_\alpha$ *est nul.*

2° *$\alpha$ est multiple de $n$.* — Alors, $A^\alpha-1$ est nul; le calcul précédent ne conduit à rien. Mais, puisque $A^{\alpha}$ est égal à 1, une puissance entière quelconque de $A^{\alpha}$ est égale à 1. Par suite, $S_{\alpha}$ *est égal à n*.

En particulier, si $j$ est une racine cubique imaginaire de 1, on a

$$1+j+j^2=0.$$

199. **Variables imaginaires.** — Nombre de définitions et de résultats relatifs aux variables réelles s'étendent aux variables imaginaires.

Faisons correspondre à l'entier 1 le nombre réel ou imaginaire $u_1$, à l'entier 2 le nombre réel ou imaginaire $u_2$, ..., à l'entier $n$ le nombre réel ou imaginaire $u_n$, .... L'ensemble des nombres $u_1, u_2, \ldots, u_n, \ldots$ prend le nom de *suite de terme général* $u_n$ ou simplement de *suite* $u_n$.

On dit que la suite $u_n$ a une limite ou que $u_n$ a une limite (ou tend vers une limite) s'il existe un nombre réel ou imaginaire $\lambda$, appelé limite de la suite, tel que la suite $|u_n-\lambda|$ ait pour limite 0.

Posons $u_n=a_n+b_ni$, $a_n$ et $b_n$ étant réels. Si $u_n$ a pour limite $\lambda=\alpha+\beta i$, $\alpha$ et $\beta$ étant réels, simultanément $a_n$ a pour limite $\alpha$ et $b_n$ a pour limite $\beta$. En effet, on a

$$|u_n-\lambda|=|a_n-\alpha+(b_n-\beta)i|=\sqrt{(a_n-\alpha)^2+(b_n-\beta)^2},$$

et l'on a évidemment

$$|a_n-\alpha|\leqslant|u_n-\lambda|,\qquad |b_n-\beta|\leqslant|u_n-\lambda|.$$

Si le second membre de chacune de ces inégalités tend vers 0, il en est de même du premier; ainsi, $a_n-\alpha$ et $b_n-\beta$ tendent vers 0; autrement dit, $a_n$ tend vers $\alpha$ et $b_n$ tend vers $\beta$.

Réciproquement, si $a_n$ tend vers $\alpha$ et si $b_n$ tend vers $\beta$, $a_n+b_ni$ tend vers $\lambda=\alpha+\beta i$. Partons, en effet, de l'égalité

$$|u_n-\lambda|=\sqrt{(a_n-\alpha)^2+(b_n-\beta)^2};$$

$a_n-\alpha$ et $b_n-\beta$ tendent vers 0; $(a_n-\alpha)^2+(b_n-\beta)^2$ tend donc vers 0 et, par suite, $|u_n-\lambda|$ tend vers 0; autrement dit, $u_n$ tend vers $\lambda$.

Les limites de $a_n$ et de $b_n$, si elles existent, étant uniques, il s'ensuit que si la suite $u_n$ a une limite, cette limite est unique.

Si $u_n$ a pour limite $\lambda$, $a$ étant un nombre fixe réel ou imaginaire, $u_n+a$ a pour limite $\lambda+a$, $au_n$ a pour limite $a\lambda$; en particulier, $-u_n$ a pour limite $-\lambda$.

Si $u_n$ a pour limite $\lambda$, $|u_n|$ a pour limite $|\lambda|$, car on a

$$\big||u_n|-|\lambda|\big|\leqslant|u_n-\lambda|.$$

On dit que $u_n$ a pour limite $\infty$ si $|u_n|$ tend vers $+\infty$.

Une suite qui a une limite finie ne peut avoir pour limite $\infty$ et une suite qui a pour limite $\infty$ ne peut avoir de limite finie.

Si $u_n$ tend vers $\infty$, $a$ étant un nombre fixe, $u_n + a$ a pour limite $\infty$ et il en est de même de $au_n$, si $a$ n'est pas nul.

Si deux suites $u_n$ et $v_n$ ont pour limites $\lambda$ et $\mu$, la suite $u_n + v_n$ a pour limite $\lambda + \mu$. En effet, on a

$$|(u_n + v_n) - (\lambda + \mu)| \leqslant |u_n - \lambda| + |v_n - \mu|;$$

$|u_n - \lambda|$, $|v_n - \mu|$ et, par suite, $|u_n - \lambda| + |v_n - \mu|$ tendent vers 0; il en est de même, *a fortiori*, du premier membre de l'inégalité, ce qui établit le théorème.

Par suite, $a$ et $b$ étant des nombres fixes, $au_n + bv_n$ a pour limite $a\lambda + b\mu$.

En même temps, $u_n v_n$ tend vers $\lambda\mu$. En effet, on a

$$u_n v_n - \lambda\mu = v_n(u_n - \lambda) + \lambda(v_n - \mu)$$

et, par suite,

$$|u_n v_n - \lambda\mu| \leqslant |v_n||u_n - \lambda| + |\lambda||v_n - \mu|;$$

$|v_n|$ tend vers $|\mu|$ et $|u_n - \lambda|$ tend vers 0; donc, $|v_n||u_n - \lambda|$ tend vers 0; $|v_n - \mu|$ et, par suite, $|\lambda||v_n - \mu|$ tendent vers 0; le second membre de l'inégalité tend vers 0, et il en est de même du premier, ce qui établit le théorème.

Si $\mu \neq 0$, $\frac{u_n}{v_n}$ tend vers $\frac{\lambda}{\mu}$. En effet, on a

$$\frac{u_n}{v_n} - \frac{\lambda}{\mu} = \frac{\mu u_n - \lambda v_n}{\mu v_n} = \frac{\mu(u_n - \lambda) - \lambda(v_n - \mu)}{\mu v_n}$$

et, par suite,

$$\left|\frac{u_n}{v_n} - \frac{\lambda}{\mu}\right| = \frac{|\mu(u_n - \lambda) - \lambda(v_n - \mu)|}{|\mu||v_n|};$$

$\mu(u_n - \lambda) - \lambda(v_n - \mu)$ tend vers 0; il en est de même de son module; d'autre part, $|\mu||v_n|$ tend vers $|\mu|^2$, nombre non nul. Donc, le second membre de l'égalité et, par suite, le premier tendent vers 0, ce qui établit le théorème.

Si $u_n$ a pour limite $\infty$ et si $v_n$ a pour limite $\mu$, $u_n + v_n$ a pour limite $\infty$; si $u_n$ a pour limite $\infty$ et si $v_n$ a une limite non nulle finie ou infinie, $u_n v_n$ a pour limite $\infty$. Si $u_n$ a une limite non nulle et si $v_n$ a une limite nulle, si $u_n$ a une limite infinie et si $v_n$ a une limite finie, $\frac{u_n}{v_n}$ a pour limite $\infty$; si $u_n$ a une limite finie et si $v_n$ a pour limite $\infty$, $\frac{u_n}{v_n}$ tend vers 0.

On ne peut rien dire de général quant à la limite de $u_n \pm v_n$ quand $u_n$ et $v_n$ tendent vers $\infty$; on dit que $u_n \pm v_n$ prend la forme indéterminée $\infty \pm \infty$. On ne peut rien dire de général quant à la limite de $u_n v_n$ quand $u_n$ tend vers 0 et $v_n$ vers $\infty$; on dit que $u_n v_n$ prend la forme indéterminée $0 \times \infty$. On ne peut enfin rien dire de général quant à la limite de $\frac{u_n}{v_n}$ quand $u_n$ et $v_n$ tendent simultanément vers 0 ou simultanément vers $\infty$; on dit que $\frac{u_n}{v_n}$ prend la forme indéterminée $\frac{0}{0}$ ou la forme indéterminée $\frac{\infty}{\infty}$.

Si on considère plusieurs nombres réels ou imaginaires, il est commode de les regarder comme les divers états ou les diverses valeurs d'un même nombre qui prend le nom de variable. Si aux diverses valeurs d'une variable $x$ on fait correspondre divers nombres, ces nombres sont les diverses valeurs d'une variable $y$ qui est dite fonction de $x$, $x$ étant dite la variable indépendante. De même, si l'on considère simultanément plusieurs variables et si aux divers systèmes de valeurs de ces variables on fait correspondre divers nombres, ces nombres sont les valeurs d'une variable qui est dite fonction des premières, celles-ci étant dites les variables indépendantes.

Les définitions relatives aux fonctions inverses, aux fonctions de fonction, aux fonctions composées, aux fonctions d'une variable paires ou impaires, posées pour les fonctions réelles de variables réelles, s'appliquent sans modification aux fonctions réelles ou imaginaires de variables réelles ou imaginaires.

Une fonction réelle ou imaginaire d'une variable réelle $x$ est de la forme $f(x)+ig(x)$, $f(x)$ et $g(x)$ étant des fonctions réelles de $x$. On dit qu'une telle fonction $u$ a pour limite $\lambda$ quand $x$ tend vers le nombre réel $a$ ou vers $\infty$ si $|u-\lambda|$ tend vers 0 quand $x$ tend vers $a$ ou vers $\infty$.

Si $\lambda = \alpha + \beta i$, $\alpha$ et $\beta$ étant réels, $f(x)$ tend vers $\alpha$ et $g(x)$ tend vers $\beta$ quand $x$ tend vers $a$ ou vers $\infty$, et, réciproquement, si $f(x)$ tend vers $\alpha$ et $g(x)$ vers $\beta$ quand $x$ tend vers $a$ ou vers $\infty$, $f(x)+ig(x)$ tend vers $\alpha+\beta i$ quand $x$ tend vers $a$ ou vers $\infty$. Il suffit, pour le voir, de se servir de l'égalité

$$|u-\lambda| = \sqrt{[f(x)-\alpha]^2+[g(x)-\beta]^2},$$

d'où l'on déduit

$$|f(x)-\alpha| \leqslant |u-\lambda| \quad \text{et} \quad |g(x)-\beta| \leqslant |u-\lambda|.$$

Ces résultats montrent que, comme pour une fonction réelle de variable réelle, si une fonction réelle ou imaginaire de variable réelle a une limite, cette limite est unique.

On dit que $u$ a pour limite $\infty$ quand $x$ tend vers $a$, réel, ou vers $\infty$ si $|u|$ tend vers $+\infty$ quand $x$ tend vers $a$ ou vers $\infty$.

Une fonction $u$ réelle ou imaginaire de plusieurs variables réelles $x$, $y$ est de la forme $f(x, y) + ig(x, y)$, $f(x, y)$ et $g(x, y)$ étant réels. On dit qu'une telle fonction $u$ a pour limite $\lambda = \alpha + \beta i$ quand le point $(x, y)$ tend vers le point $(a, b)$ si $|u - \lambda|$ tend vers 0 quand le point $(x, y)$ tend vers le point $(a, b)$, ce qui revient à dire que simultanément $f(x, y)$ tend vers $\alpha$ et $g(x, y)$ vers $\beta$ quand $(x, y)$ tend vers $(a, b)$. La limite de $u$ est unique.

On dit que, dans les mêmes conditions, $u$ tend vers $\infty$ si, dans ces conditions, $|u|$ tend vers $+\infty$.

Une fonction $u$ réelle ou imaginaire d'une variable $z$ réelle ou imaginaire, égale à $x + yi$, $x$ et $y$ étant deux variables réelles, est de la forme $f(x, y) + ig(x, y)$, $f$ et $g$ étant réels. On dit que $u$ a pour limite $\lambda$ ou pour limite $\infty$ quand $z$ tend vers $a + bi$, ($a$ et $b$ réels), si $|u - \lambda|$ tend vers 0 ou si $|u|$ tend vers $+\infty$ quand le point $(x, y)$ tend vers le point $(a, b)$.

Une fonction $u$ réelle ou imaginaire de plusieurs variables $z$, $z'$, réelles ou imaginaires, égales respectivement à $x + yi$ et à $x' + y'i$, $x$, $y$, $x'$, $y'$ étant des variables réelles, est de la forme $f(x, y, x', y') + ig(x, y, x', y')$, $f$ et $g$ étant réels. On dit que $u$ a pour limite $\lambda$ ou $\infty$ quand $z$ tend vers $a + bi$ et quand $z'$ tend vers $a' + b'i$ si $|u - \lambda|$ tend vers 0 ou si $|u|$ tend vers $+\infty$ quand le point $(x, y, x', y')$ tend vers le point $(a, b, a', b')$.

Si une fonction $u$ a pour limite $\lambda$, $a$ étant un nombre fixe, $u + a$ a pour limite $\lambda + a$ et $au$ a pour limite $a\lambda$.

Si $u$ a pour limite $\lambda$, $|u|$ a pour limite $|\lambda|$.

Si deux fonctions $u$ et $v$ ont pour limites $\lambda$ et $\mu$, $u + v$ a pour limite $\lambda + \mu$, $u - v$ a pour limite $\lambda - \mu$, $uv$ a pour limite $\lambda\mu$, et, si $\mu$ n'est pas nul, $\frac{u}{v}$ a pour limite $\frac{\lambda}{\mu}$.

Si $u$ a pour limite $\infty$ et si $v$ a une limite finie, $u \pm v$ a pour limite $\infty$. Si $u$ a pour limite $\infty$ et si $v$ a une limite non nulle, finie ou infinie, $uv$ a pour limite $\infty$. Si $u$ a pour limite $\infty$ et si $v$ a une limite finie, si $u$ a une limite non nulle et si $v$ a pour limite 0, $\frac{u}{v}$ a pour limite $\infty$ ;

si $u$ a une limite finie et si $v$ a une limite infinie, $\frac{u}{v}$ a pour limite 0.

Mêmes démonstrations que pour les théorèmes correspondants relatifs aux suites imaginaires.

Ces théorèmes sur les limites conduisent encore aux formes indéterminées $\infty \pm \infty$, pour $u \pm v$, quand $u$ et $v$ tendent simultanément vers $\infty$, $0 \times \infty$, pour $uv$, quand $u$ tend vers 0 et $v$ vers $\infty$; $\frac{0}{0}$ et $\frac{\infty}{\infty}$, pour $\frac{u}{v}$, quand $u$ et $v$ tendent simultanément vers 0 ou vers $\infty$.

Les théorèmes relatifs à la limite d'une fonction de fonction et à la limite d'une fonction composée, quand il s'agit de fonctions réelles de variables réelles, s'appliquent sans modification aux fonctions réelles ou imaginaires de variables réelles ou imaginaires.

On dit que la fonction $f(x) + ig(x)$ de la variable réelle $x$ est définie dans un intervalle ou à l'intérieur d'un intervalle si les fonctions réelles $f(x)$ et $g(x)$ sont définies simultanément dans cet intervalle ou à l'intérieur de cet intervalle. On dit que la fonction $f(x, y) + ig(x, y)$ est définie dans un champ ou à l'intérieur d'un champ des variables réelles $x$ et $y$ si les fonctions réelles $f(x, y)$ et $g(x, y)$ sont définies simultanément dans ce champ ou à l'intérieur de ce champ. On dit que la fonction $u$ de la variable imaginaire $z = x + yi$ est définie dans un champ ou à l'intérieur d'un champ si, considérée comme fonction des variables réelles $x$ et $y$, elle est définie dans un champ ou à l'intérieur d'un champ décrit par le point $(x, y)$. De même, on dit que la fonction $u$ des variables imaginaires $z$ et $z'$, égales à $x + yi$ et à $x' + y'i$, est définie dans un champ ou à l'intérieur d'un champ si, considérée comme fonction des variables réelles $x, y, x', y'$, elle est définie dans un champ ou à l'intérieur d'un champ décrit par le point $(x, y, x', y')$.

On dit qu'une fonction $f(z, z', \ldots)$ réelle ou imaginaire des variables réelles ou imaginaires $z, z', \ldots$, définie dans un champ, est continue pour $z = z_0$, $z' = z'_0, \ldots$ si $f(z, z', \ldots)$ tend vers $f(z_0, z'_0, \ldots)$ quand $z$ tend vers $z_0$, $z'$ vers $z'_0, \ldots$.

Pour que la fonction $f(x) + ig(x)$ de la variable réelle $x$ soit continue pour $x = x_0$, il faut et il suffit que $f(x)$ et $g(x)$ soient simultanément continues pour $x = x_0$. Pour que la fonction $f(x, y) + ig(x, y)$ des variables réelles $x$ et $y$ soit continue pour $x = x_0$, $y = y_0$, il faut et il suffit que $f(x, y)$ et $g(x, y)$ soient simultanément continues pour $x = x_0$, $y = y_0$.

Pour que la fonction $u$ des variables imaginaires $z = x + yi$ et $z' = x' + y'i$ soit continue pour $z = z_0 = x_0 + y_0 i$ et pour $z' = z'_0 = x'_0 + y'_0 i$, il faut et il suffit que, si on la met sous la forme $f(x, y, x', y') + ig(x, y, x', y')$, les fonctions réelles $f$ et $g$ soient simultanément continues pour $x = x_0$, $y = y_0$, $x' = x'_0$, $y' = y'_0$.

Si $u$ est une fonction continue, $u + a$ et $au$, $a$ étant une constante, sont des fonctions continues, $|u|$ est une fonction continue. La somme, la différence, le produit de deux fonctions continues $u$ et $v$ sont des fonctions continues; si $v$ n'est pas nul, $\frac{u}{v}$ est aussi une fonction continue.

Les définitions et les résultats relatifs aux infiniment petits et aux infiniment grands réels s'appliquent sans modification aux infiniment petits et aux infiniment grands imaginaires, à condition toutefois de ne considérer que des puissances entières, positives ou négatives, de ces infiniment petits et de ces infiniment grands.

Soit une variable imaginaire $z = x + yi$. On appelle monome entier en $z$ une fonction de la forme $Az^n$, $n$ étant un entier positif ou nul, appelé degré, A étant une constante appelée coefficient. Cette fonction est continue en tout point $(x, y)$, d'affixe $z$. Si $n$ est positif et si A n'est pas nul, $Az^n$ tend vers $\infty$ quand $z$ tend vers $\infty$. Plus généralement, soient plusieurs variables imaginaires $z = x + yi$, $z' = x' + y'i$. On appelle monome entier en $z$ et $z'$ toute fonction de la forme $Az^n z'^p$, $n$ et $p$ étant deux entiers positifs ou nuls appelés degrés du monome respectivement par rapport à $z$ et à $z'$, A étant une constante appelée coefficient. Une telle fonction est continue en tout point $(x, y, x', y')$. On a, $n$ et $p$ étant des entiers positifs ou nuls,

$$z^n z^p = z^{n+p}, \qquad (z^n)^p = z^{np}, \qquad z^n z'^n = (zz')^n,$$

$$z^n - z'^n = (z - z')(z'^{n-1} + zz'^{n-2} + z^2 z'^{n-3} + \dots + z^{n-1}).$$

On appelle polynome entier en $z$, $z'$, ... une somme de monomes entiers en $z$, $z'$, .... Une telle fonction est continue pour tout système de valeurs attribuées aux variables.

Les règles relatives à la mise sous forme réduite et à l'ordination des polynomes réels s'appliquent sans modification aux polynomes imaginaires.

Si un polynome en $z$ a une forme réduite autre que 0, il est possible de trouver une valeur de $z$ pour laquelle ce polynome a une valeur non nulle. En effet, le polynome $f(z)$ a un terme de moindre degré, et l'on a

$$f(z) = a_0 z^p + a_1 z^{p+1} + \ldots,$$

$a_0$ étant non nul. On en déduit

$$f(z) = a_0 z^p \left(1 + \frac{a_1}{a_0} z + \frac{a_2}{a_0} z^2 + \ldots\right) = a_0 z^p \varphi(z).$$

Le polynome $\varphi(z)$, étant continu, tend vers 1 quand $z$ tend vers 0; $|\varphi(z)|$ tend en même temps vers 1. Par suite, étant donné un nombre réel $\varepsilon$ positif et plus petit que 1, il est possible de déterminer un nombre réel et positif $\alpha$ tel que pour toute valeur de $z$ vérifiant la condition $|z| < \alpha$ on ait

$$1 - \varepsilon < |\varphi(z)| < 1 + \varepsilon,$$

et, par suite, $|\varphi(z)|$ différent de 0. Comme on a

$$|f(z)| = |a_0| |z|^p |\varphi(z)|,$$

on voit que si $z$ n'est pas nul et a un module plus petit que $\alpha$, $f(z)$ n'est pas nul.

Si $p > 0$, $f(z)$ est infiniment petit en même temps que $z$, et il a une partie principale égale à $a_0 z^p$, $z$ étant pris comme infiniment petit principal.

Si un polynome en $z$ a une forme réduite autre qu'une constante, il est infiniment grand en même temps que $z$, et, $z$ étant pris comme infiniment grand principal, il a une partie principale égale à son terme de plus haut degré.

Pour qu'un polynome en $z, z', \ldots$ soit identiquement nul, c'est-à-dire nul quelles que soient les valeurs de $z, z', \ldots$, il faut et il suffit que sa forme réduite soit 0; pour que deux polynomes en $z, z', \ldots$ soient identiquement égaux, c'est-à-dire égaux quelles que soient les valeurs de $z, z', \ldots$, il faut et il suffit que leurs formes réduites soient formées des mêmes termes.

Les règles de l'addition, de la soustraction, de la multiplication, de l'élévation à une puissance entière et positive, posées antérieurement pour les polynomes réels, s'étendent aux polynomes imaginaires. En particulier, on a, $z$ et $z'$ étant deux variables imaginaires,

$$(z + z')^n = z^n + C_n^1 z^{n-1} z' + C_n^2 z^{n-2} z'^2 + \ldots + C_n^{n-2} z^2 z'^{n-2} + C_n^{n-1} z z'^{n-1} + z'^n.$$

Le produit de deux polynomes non identiquement nuls en $z, z', \ldots$ n'est pas identiquement nul et a pour plus haut terme en $z, z', \ldots$ le produit des plus hauts termes en $z$, $z'$, ... des deux polynomes, et pour moins haut terme en $z$, $z'$, ... le produit des moins hauts termes en $z$, $z'$, ... de ces deux polynomes.

Pour que le produit de deux polynomes soit identiquement nul, il faut et il suffit que l'un de ces polynomes soit identiquement nul.

Si entre trois polynomes A, B, C on a l'identité $AB = AC$, et si A n'est pas identiquement nul, on a $B = C$.

Les résultats relatifs à la divisibilité des polynomes, établis pour les polynomes réels en $x$, s'appliquent sans modification aux polynomes imaginaires en $z$; il en est de même des résultats relatifs à la divisibilité des polynomes à plusieurs variables.

La définition des fractions rationnelles réelles s'étend aux fractions rationnelles imaginaires, les résultats que nous avons établis relativement aux fractions rationnelles réelles s'appliquent aux fractions rationnelles imaginaires.

La théorie des développements limités posée pour les fonctions réelles d'une variable réelle est valable pour les fonctions d'une variable imaginaire.

Les résultats qui constituent les théories des déterminants, des équations linéaires, des formes linéaires, des fonctions symétriques rationnelles sont valables encore quand les nombres réels sont remplacés par des nombres imaginaires.

## EXERCICES

78. Déterminer le module et l'argument de l'imaginaire $1 + \cos a + i \sin a$, de l'imaginaire $\cos a + i \sin a - i$, de l'imaginaire $\cos a + i \sin a + j$, $j$ étant une racine cubique imaginaire de 1.

79. Simplifier l'expression

$$\frac{\cos a + i \sin a + 1}{\cos b + i \sin b + i}.$$

80. Effectuer le produit

$$(x + y + z)(x + jy + j^2 z)(x + j^2 y + jz),$$

$j$ et $j^2$ étant les racines cubiques imaginaires de 1.

81. Montrer que toute imaginaire ayant pour module 1 peut être mise sous la forme

$$\frac{1 + ix}{1 - ix},$$

$x$ étant un nombre réel.

82. Résoudre l'équation

$$(1 + ix)^n + (1 - ix)^n = 0.$$

83. Montrer que l'équation

$$\left(\frac{1 + ix}{1 - ix}\right)^n = \frac{1 + ia}{1 - ia},$$

où $a$ est un nombre réel, a $n$ racines réelles distinctes.

84. Soient $\alpha$ et $\beta$ les racines cubiques imaginaires de 1. Montrer que les points qui ont pour affixes $\alpha - \beta$, $\beta - 1$, $1 - \alpha$ sont les sommets d'un triangle équilatéral.

85. Calculer

$$(1 + i)^n + (1 - i)^n, \qquad (1 + j)^n + (1 + j^2)^n,$$

$j$ et $j^2$ étant les racines cubiques imaginaires de 1.

86. Calculer

$$(1 + i\sqrt{3})^n + (1 - i\sqrt{3})^n.$$

Déduire de là que la somme

$$1 - 3C_n^2 + 3^2C_n^4 - 3^3C_n^6 + \dots$$

est égale à $(-1)^{n-1}2^{n-1}$ si $n$ n'est pas multiple de 3, à $(-1)^n 2^n$ si $n$ est multiple de 3.

87. Calculer les sommes

$$S_1 = 1 + C_n^3 + C_n^6 + \dots,$$
$$S_2 = C_n^1 + C_n^4 + C_n^7 + \dots,$$
$$S_3 = C_n^2 + C_n^5 + C_n^8 + \dots.$$

[On partira du développement de $(1 + x)^n$ dans lequel on remplacera successivement $x$ par les racines cubiques de 1.]

88. Calculer algébriquement et trigonométriquement les racines cubiques de $1 + i$ et de $1 - i$. Déduire du calcul les valeurs de $\cos\frac{\pi}{12}$ et de $\sin\frac{\pi}{12}$.

89. Calculer algébriquement et trigonométriquement les racines quatrièmes de $i$.

90. Calculer le reste de la division par $x^2 + 1$ du produit

$$(\cos a + x \sin a).(\cos b + x \sin b) \dots (\cos l + x \sin l).$$

91. Calculer les deux sommes

$$S = \cos a + \cos(a + h) + \cos(a + 2h) + \dots + \cos(a + \overline{n-1}\, h),$$
$$S' = \sin a + \sin(a + h) + \sin(a + 2h) + \dots + \sin(a + \overline{n-1}\, h).$$

[On formera $S + iS'$ et on se servira des théorèmes sur l'argument d'un produit et sur l'argument d'un quotient. On trouve

$$S = \frac{\sin \frac{nh}{2}}{\sin \frac{h}{2}} \cos\left(a + \overline{n-1}\,\frac{h}{2}\right), \quad S' = \frac{\sin \frac{nh}{2}}{\sin \frac{h}{2}} \sin\left(a + \overline{n-1}\,\frac{h}{2}\right).]$$

92. Calculer les sommes

$$\cos a - \cos(a+h) + \cos(a+2h) + \ldots + (-1)^{n-1}\cos(a + \overline{n-1}\,h),$$
$$\sin a - \sin(a+h) + \sin(a+2h) + \ldots + (-1)^{n-1}\sin(a + \overline{n-1}\,h).$$

[On remplacera $h$ par $h + \pi$ dans les sommes de l'exercice précédent.]

93. Soient deux imaginaires fixes $a$ et $b$. Déterminer :

1° Le lieu du point M qui a pour affixe une imaginaire $z$ telle que le module de $\frac{z-a}{z-b}$ ait une valeur donnée;

2° Le lieu du point M qui a pour affixe une imaginaire $z$ telle que l'argument de $\frac{z-a}{z-b}$ ait une valeur donnée.

94. Soient les deux points A et B qui ont respectivement pour affixes $a$ et $b$. Connaissant le point M d'affixe $z$, construire le point M' d'affixe $z'$, tel que l'on ait

$$\frac{z'-a}{z'-b} = -\frac{z-a}{z-b}.$$

Montrer que si I est le milieu de AB, la droite AB est la bissectrice de l'angle des deux demi-droites IM et IM', et que l'on a $\text{IM}.\text{IM}' = \frac{\overline{\text{AB}}^2}{4}$.

95. Soient deux imaginaires $z$ et $z'$ et $u$ une racine carrée de $zz'$. Montrer qu'on a

$$\text{mod.}\,z + \text{mod.}\,z' = \text{mod.}\left(\frac{z+z'}{2} + u\right) + \text{mod.}\left(\frac{z+z'}{2} - u\right).$$

96. Soient, dans un plan orienté, quatre points fixes $M_1$, $M_2$, $M_3$, $M_4$. Démontrer que, quels que soient les axes de coordonnées $x'Ox$ et $y'Oy$ tracés dans le plan et tels que l'on ait $(Ox, Oy) = +\frac{\pi}{2}$, si l'on désigne par $z_1, z_2, z_3, z_4$ les affixes des quatre points $M_1, M_2, M_3, M_4$, la quantité

$$\frac{z_3 - z_1}{z_3 - z_2} : \frac{z_4 - z_1}{z_4 - z_2}$$

a une valeur constante.

97. Soient les quatre imaginaires $z_1$, $z_2$, $z_3$, $z_4$. Montrer que pour que la quantité

$$\frac{z_3 - z_1}{z_3 - z_2} : \frac{z_4 - z_1}{z_4 - z_2}$$

soit réelle, il faut et il suffit que les quatre points $M_1$, $M_2$, $M_3$, $M_4$ représentatifs des quatre imaginaires soient sur un cercle ou sur une droite.

98. Soient une imaginaire fixe $a$ représentée par le point A, deux imaginaires variables $z$ et $z'$ représentées par les points M et M'. Montrer que si l'on a $z' = z + a$, M' se déduit de M par une translation, que si l'on a $z' = az$, M' se déduit de M par une rotation autour de l'origine O, suivie d'une homothétie par rapport à l'origine, que si l'on a $z' = \frac{1}{z}$, M' se déduit de M par une inversion de pôle O, suivie d'une symétrie par rapport à l'axe $x'Ox$.

Comment peut-on construire géométriquement le point M' connaissant le point M et sachant que $z'$, affixe de M', est définie en fonction de l'affixe $z$ de M par la relation

$$z' = \frac{az + b}{cz + d},$$

$a$, $b$, $c$, $d$ étant quatre imaginaires fixes telles que $ad - bc$ ne soit pas nul?

[On montrera que l'on peut passer de $z$ à $z'$ par une suite de transformations prises parmi les transformations de la forme $z' = z + \alpha$, $z' = \beta z$, $z' = \frac{1}{z}$, $\alpha$, $\beta$ étant des imaginaires fixes.]

99. Déterminer une imaginaire $z$ telle que les imaginaires $z$, $\frac{1}{z}$, $1 - z$ soient toutes trois de même module.

100. Soient trois imaginaires inégales $a$, $b$, $c$ et une quatrième imaginaire $z$ distincte des trois premières. On considère l'imaginaire

$$\frac{z - a}{z - b} : \frac{c - a}{c - b}$$

et les imaginaires analogues correspondant aux diverses permutations formées par $a$, $b$, $c$.

1° Montrer que ces imaginaires ont pour valeurs, $\lambda$ désignant l'une d'entre elles,

$$\lambda,\ 1 - \lambda,\ \frac{1}{1 - \lambda},\ \frac{\lambda}{\lambda - 1},\ \frac{\lambda - 1}{\lambda},\ \frac{1}{\lambda}.$$

2° Déterminer $z$ de manière que ces six imaginaires aient toutes même module.

101. Si $\alpha$ est une racine cubique imaginaire de 1, montrer que toute imaginaire peut être mise sous la forme $a + b\alpha$, $a$ et $b$ étant réels. Calculer le module de $a + b\alpha$. Montrer que pour que cette imaginaire soit nulle, il faut et il suffit que $a$ et $b$ soient simultanément nuls.

Étant donnés deux polynomes en $x$, à coefficients réels, $f(x)$ et $g(x)$, montrer que pour que les deux imaginaires $f(\alpha)$ et $g(\alpha)$ soient égales, il faut et il suffit que $f(x) - g(x)$ soit nul ou égal à un multiple de $x^2 + x + 1$.

Mettre sous la forme $A + B\alpha$, A et B étant réels, le produit et le quotient des deux imaginaires $a + b\alpha + c\alpha^2$, $a' + b'\alpha + c'\alpha^2$, $a$, $b$, $c$ et $a'$, $b'$, $c'$ étant réels.

102. Nous poserons, d'une manière générale,

$$D(x_1, x_2, \ldots, x_n) = \begin{vmatrix} x_1 & x_2 & \ldots & x_{n-1} & x_n \\ x_n & x_1 & \ldots & x_{n-2} & x_{n-1} \\ \ldots & \ldots & \ldots & \ldots & \ldots \\ x_2 & x_3 & \ldots & x_n & x_1 \end{vmatrix}$$

1° Montrer que si $\alpha_1, \alpha_2, \ldots, \alpha_n$ sont les $n$ racines de l'équation binome $x^n - 1 = 0$, on a

$$D(a_1, a_2, \ldots, a_n) = \Pi_{i=1}^{i=n}(a_1 + \alpha_i a_2 + \alpha_i^2 a_3 + \ldots + \alpha_i^{n-1} a_n).$$

2° Montrer qu'étant donnés les deux déterminants $D(a_1, a_2, \ldots, a_n)$ et $D(b_1, b_2, \ldots, b_n)$, il est possible, en les multipliant colonnes par lignes, de déterminer un déterminant $D(c_1, c_2, \ldots, c_n)$ tel que l'on ait

$$D(c_1, c_2, \ldots, c_n) = D(a_1, a_2, \ldots, a_n) D(b_1, b_2, \ldots, b_n).$$

3° Démontrer que le polynome $c_1 + c_2 x + \ldots + c_n x^{n-1}$ est le reste de la division par $x^n - 1$ du produit des deux polynomes $a_1 + a_2 x + \ldots + a_n x^{n-1}$ et $b_1 + b_2 x + \ldots + b_n x^{n-1}$, et en déduire que, si $\alpha$ est une racine de l'équation binome $x^n - 1 = 0$, on a

$$(a_1 + a_2\alpha + \ldots + a_n\alpha^{n-1})(b_1 + b_2\alpha + \ldots + b_n\alpha^{n-1}) = c_1 + c_2\alpha + \ldots + c_n\alpha^{n-1}.$$

# CHAPITRE VIII

# DÉRIVÉES ET DIFFÉRENTIELLES

## I. — DÉRIVÉES

**200. Définition des dérivées des fonctions d'une ou de plusieurs variables.** — 1° Soit une fonction réelle $f(x)$ d'une variable réelle $x$, définie dans un intervalle. $x_0$ étant une valeur donnée de la variable, si le rapport $\frac{f(x)-f(x_0)}{x-x_0}$ de l'accroissement de la fonction à l'accroissement de la variable a une limite finie ou infinie quand $x$ tend vers $x_0$, cette limite est dite la *dérivée pour* $x_0$ de la fonction $f(x)$.

Si la fonction $f(x)$ admet une dérivée finie pour $x_0$, elle est continue pour $x_0$. En effet, on a l'égalité

$$f(x)-f(x_0)=(x-x_0)\,\frac{f(x)-f(x_0)}{x-x_0};$$

quand $x$ tend vers $x_0$, le premier facteur du second membre tend

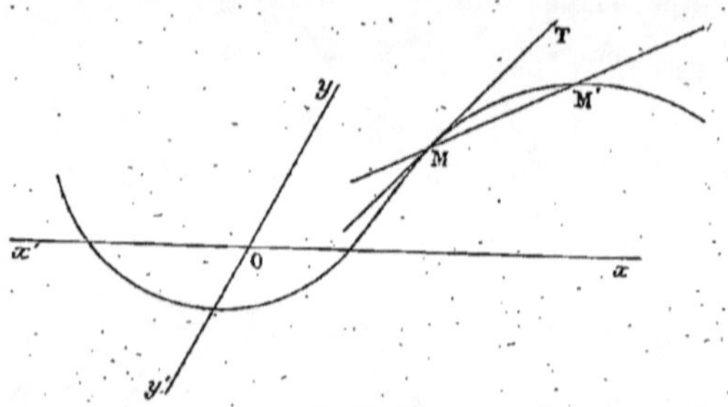


Fig. 53.

vers 0, le second facteur a une limite finie; donc, le second membre tend vers 0; il en est de même du premier, et la fonction $f(x)$ est bien continue pour $x_0$.

Considérons la courbe représentative de $f(x)$. Le rapport $\frac{f(x)-f(x_0)}{x-x_0}$ est la *pente* de la corde qui joint les points M et M′ de cette courbe, dont les abscisses sont $x_0$ et $x$. Si, $x_0$ étant donné, $x$ tend vers $x_0$, $f(x)$ tend vers $f(x_0)$ et le point M′ tend vers M. Dire que le rapport précédent a une limite, c'est dire que MM′ a une position limite, qu'on appelle la *tangente* en M à la courbe. Cette limite, qui est la dérivée de $f(x)$ pour $x_0$, est la pente de la tangente en M. Si la dérivée est finie, la tangente n'est pas parallèle à $y'Oy$; si elle est infinie, la tangente est parallèle à $y'Oy$.

Si la fonction $f(x)$, définie dans un intervalle, admet une dérivée finie pour tout point de cet intervalle, il existe une fonction de $x$, définie dans l'intervalle et ayant pour valeur, en tout point de l'intervalle, la dérivée correspondante de $f(x)$. Cette fonction est dite la *dérivée* de $f(x)$ et se représente par la notation $f'(x)$. En tout point $x_0$ de l'intervalle considéré, on a

$$f'(x_0) = \lim. \frac{f(x)-f(x_0)}{x-x_0},$$

quand $x$ tend vers $x_0$.

Si, dans le même intervalle, la fonction $f'(x)$ admet elle-même une dérivée, cette dérivée est dite la *dérivée seconde* de $f(x)$ et se représente par la notation $f''(x)$. Si, à son tour, $f''(x)$ admet une dérivée, cette dérivée est dite la *dérivée troisième* de $f(x)$ et se représente par la notation $f'''(x)$. Et ainsi de suite. On est ainsi conduit à la définition de la *dérivée d'ordre n* ou *dérivée $n^{\text{ième}}$* de $f(x)$ qui se représente par la notation $f^{(n)}(x)$. La dérivée $f'(x)$ est dite *dérivée première*.

Il est clair que la dérivée d'ordre $p$ de la dérivée d'ordre $q$ de la fonction $f(x)$ est la dérivée d'ordre $p+q$ de cette fonction.

2° Soit $f(x, y, z)$ une fonction réelle de plusieurs variables réelles, définie dans un champ. Si l'on donne à toutes les variables, sauf une, $x$ par exemple, des valeurs déterminées, $y_0$, $z_0$, $f$ devient fonction de la seule variable $x$, $f(x, y_0, z_0)$. Supposons que cette fonction de $x$ admette une dérivée pour $x_0$; cette dérivée est dite la *dérivée partielle par rapport à $x$* de la fonction $f(x, y, z)$ *pour le point* $(x_0, y_0, z_0)$.

Supposons que la fonction $f$ admette une dérivée partielle finie par rapport à $x$ pour tout point du champ. Il existe alors une fonction de $x, y, z$, définie dans ce champ et ayant pour valeur, en chaque point du champ, la dérivée partielle par rapport à $x$ correspondante de $f$.

Cette fonction est dite la *dérivée partielle par rapport à $x$* de la fonction $f$ et se représente par la notation $f'_x(x, y, z)$. Sa valeur au point $(x_0, y_0, z_0)$ est $f'_x(x_0, y_0, z_0)$; elle est égale à la limite de

$$\frac{f(x, y_0, z_0) - f(x_0, y_0, z_0)}{x - x_0},$$

quand $x$ tend vers $x_0$.

On peut de même définir, s'il y a lieu, des dérivées partielles par rapport à $y$, par rapport à $z$, qui se représentent par $f'_y(x, y, z)$, $f'_z(x, y, z)$.

Chacune des dérivées partielles de $f$ par rapport à $x$, par rapport à $y$, par rapport à $z$, peut elle-même admettre des dérivées partielles par rapport à $x$, par rapport à $y$, par rapport à $z$. Ces dérivées sont dites *dérivées partielles secondes* ou *dérivées partielles d'ordre* 2 de la fonction $f$. Soit par exemple la dérivée partielle $f'_x$ de $f$ par rapport à $x$; si $f'_x$ a une dérivée partielle par rapport à $x$, cette dérivée est dite *dérivée partielle seconde* de $f$ *par rapport à $x$, $x$* et se représente par $f''_{x^2}$; si $f'_x$ a une dérivée partielle par rapport à $y$, cette dérivée est dite *dérivée partielle seconde* de $f$ *par rapport à $x$, $y$* et se représente par $f''_{xy}$. D'une manière générale, on est conduit à la définition de la *dérivée partielle d'ordre $n$* de $f$ *par rapport à $n$ variables*, prises dans un ordre déterminé parmi les variables $x$, $y$, $z$, chacune de ces variables pouvant être répétée jusqu'à $n$ fois. Cette dérivée est représentée par $f^{(n)}_{xyxxz\ldots}$, l'indice inférieur étant formé avec les variables écrites dans l'ordre considéré. Les dérivées partielles par rapport à $x$, ..., sont dites *dérivées partielles premières*.

3° Soit une fonction imaginaire $F(x) = f(x) + ig(x)$ d'une variable réelle $x$, définie dans un intervalle. $x_0$ étant une valeur donnée de la variable, si le rapport $\frac{F(x) - F(x_0)}{x - x_0} = \frac{f(x) - f(x_0)}{x - x_0} + i\frac{g(x) - g(x_0)}{x - x_0}$ a une limite finie ou infinie quand $x$ tend vers $x_0$, cette limite est dite la *dérivée pour $x_0$* de la fonction $f(x)$. Pour que $F(x)$ ait une dérivée finie pour $x_0$, il faut et il suffit que $f(x)$ et $g(x)$ aient simultanément des dérivées finies pour $x_0$. La dérivée de $F(x)$ a alors pour partie réelle la dérivée de $f(x)$ et pour coefficient de la partie imaginaire la dérivée de $g(x)$.

Si la fonction $F(x)$ admet une dérivée finie pour $x_0$, elle est continue pour $x_0$, car $f(x)$ et $g(x)$, admettant des dérivées finies pour $x_0$, sont continues pour $x_0$.

Si la fonction $F(x)$, définie dans un intervalle, admet une dérivée finie pour tout point de cet intervalle, il existe une fonction de $x$, définie dans l'intervalle et ayant pour valeur, en tout point de l'intervalle, la dérivée correspondante de $F(x)$. Cette fonction est dite la *dérivée* de $F(x)$ et se représente par la notation $F'(x)$. Les deux fonctions $f(x)$ et $g(x)$ ont des dérivées $f'(x)$ et $g'(x)$ dans l'intervalle, et l'on a

$$F'(x) = f'(x) + ig'(x).$$

Si, dans le même intervalle, la fonction $F'(x)$ admet elle-même une dérivée, cette dérivée est dite la *dérivée seconde* de $F(x)$ et se représente par la notation $F''(x)$. Les deux fonctions $f(x)$ et $g(x)$ ont nécessairement des dérivées secondes $f''(x)$ et $g''(x)$ dans l'intervalle, et l'on a

$$F''(x) = f''(x) + ig''(x).$$

Et ainsi de suite. On est ainsi conduit à la définition de la *dérivée d'ordre* $n$ ou *dérivée* $n^{\text{ième}}$ de $F(x)$, qui se représente par $F^{(n)}(x)$. Les fonctions $f(x)$ et $g(x)$ ont des dérivées $n^{\text{ièmes}}$, $f^{(n)}(x)$ et $g^{(n)}(x)$, dans l'intervalle considéré, et l'on a

$$F^{(n)}(x) = f^{(n)}(x) + ig^{(n)}(x).$$

La fonction $F'(x)$ est dite *dérivée première.*

4° Soit une fonction imaginaire $F(x, y, z) = f(x, y, z) + ig(x, y, z)$ de plusieurs variables réelles, définie dans un champ. Si l'on donne à toutes les variables, sauf une, $x$ par exemple, des valeurs déterminées, $y_0$, $z_0$, F devient fonction imaginaire de la variable réelle $x$, $F(x, y_0, z_0)$. Supposons que cette fonction de $x$ admette une dérivée pour $x_0$, ce qui revient à dire, si cette dérivée est finie, que les fonctions $f(x, y_0, z_0)$ et $g(x, y_0, z_0)$ ont des dérivées finies pour $x_0$; cette dérivée est dite la *dérivée partielle par rapport à* $x$ de la fonction $F(x, y, z)$ *pour le point* $(x_0, y_0, z_0)$; si elle est finie, elle a pour partie réelle la dérivée partielle par rapport à $x$ de $f(x, y, z)$ pour $(x_0, y_0, z_0)$ et pour coefficient de la partie imaginaire la dérivée partielle par rapport à $x$ de $g(x, y, z)$ pour $(x_0, y_0, z_0)$.

Supposons que F admette une dérivée partielle finie par rapport à $x$ en tout point du champ. Il existe alors une fonction de $x, y, z$ définie dans ce champ et ayant pour valeur, en chaque point du champ, la dérivée partielle par rapport à $x$ correspondante de F. Cette fonction est dite la *dérivée partielle par rapport à* $x$ de la fonction F et se représente par $F'_x(x, y, z)$. Les fonctions $f(x, y, z)$ et $g(x, y, z)$ ont nécessairement des dérivées partielles par rapport à $x$, définies dans le champ, $f'_x(x, y, z)$ et $g'_x(x, y, z)$, et l'on a

$$F'_x = f'_x + ig'_x.$$

On peut de même définir, s'il y a lieu, des dérivées partielles par rapport à $y$, par rapport à $z$, qui se représentent par $F'_y$ et $F'_z$.

Chacune des dérivées partielles de $f$ par rapport à une des variables $x$, $y$, $z$ peut elle-même admettre des dérivées partielles par rapport à $x$, par rapport à $y$, par rapport à $z$. Ces dérivées sont dites *dérivées partielles secondes* ou *dérivées partielles d'ordre* 2 de la fonction F. Et ainsi de suite. D'une manière générale, on est conduit à la définition de la *dérivée partielle d'ordre* $n$ de F *par rapport à* $n$ *variables* prises dans un ordre déterminé parmi les variables $x, y, z$, chacune de ces variables pouvant être répétée jusqu'à $n$ fois. Cette dérivée est représentée par $F^{(n)}_{xyzzz...}$, l'indice inférieur étant formé avec les $n$ variables écrites dans l'ordre considéré. Nécessairement, $f(x, y, z)$ et $g(x, y, z)$ ont des dérivées partielles d'ordre $n$ par rapport aux mêmes variables, et l'on a

$$F^{(n)}_{xyzzz...} = f^{(n)}_{xyzzz...} + ig^{(n)}_{xyzzz...}$$

Les dérivées partielles par rapport à $x$, ou $y$, ou $z$, sont dites *dérivées partielles premières.*

5° Soit une fonction $f(z)$ d'une variable imaginaire $z = x + yi$, définie dans un champ décrit par le point $(x, y)$, d'affixe $z$. $z_0 = x_0 + y_0 i$ étant une valeur donnée de la variable, si le rapport $\dfrac{f(z) - f(z_0)}{z - z_0}$ a une limite finie ou infinie quand $z$ tend vers $z_0$, cette limite est dite la *dérivée pour* $z_0$ de la fonction $f(z)$.

Si la fonction $f(z)$ admet une dérivée finie pour $z_0$, elle est continue pour $z_0$. En effet, on a l'égalité

$$f(z) - f(z_0) = (z - z_0)\frac{f(z) - f(z_0)}{z - z_0};$$

quand $z$ tend vers $z_0$, le second membre, qui est le produit de deux fonctions dont l'une a une limite finie et dont l'autre tend vers 0, tend vers 0.

Si la fonction $f(z)$, définie dans le champ, admet une dérivée finie en tout point du champ, il existe une fonction de $z$, définie dans le champ et ayant pour valeur, en tout point du champ, la dérivée correspondante de $f(z)$. Cette fonction est dite la *dérivée* de $f(z)$ et se représente par la notation $f'(z)$.

Si, dans le même champ, la fonction $f'(z)$ a elle-même une dérivée, cette dérivée est dite la *dérivée seconde* de $f(z)$ et se représente par $f''(z)$. Et ainsi de suite. On est ainsi conduit à la définition de la *dérivée d'ordre n* ou *dérivée $n^{\text{ième}}$* de $f(z)$, qui se représente par $f^{(n)}(z)$.

6° Soit $f(z, u)$ une fonction de plusieurs variables imaginaires $z = x + yi$, $u = s + ti$, définie dans un champ décrit par le point $(x, y, s, t)$. Si l'on donne à toutes les variables $z, u$, sauf une, $z$ par exemple, des valeurs déterminées, $u_0$, $f$ devient fonction de la seule variable imaginaire $z$, $f(z, u_0)$. Supposons que cette fonction de $z$ admette une dérivée pour $z_0$; cette dérivée est dite la *dérivée partielle par rapport à* $z$ de la fonction $f(z, u)$ *pour* $(z_0, u_0)$.

Supposons que $f$ admette une dérivée partielle finie par rapport à $z$ en tout point du champ. Il existe alors une fonction de $z, u$ définie dans ce champ et ayant pour valeur, en chaque point du champ, la dérivée partielle par rapport à $z$ correspondante de $f$. Cette fonction est dite la *dérivée partielle par rapport à $z$* de la fonction $f$ et se représente par $f'_z(z, u)$.

On peut de même définir, s'il y a lieu, une dérivée partielle par rapport à $u$.

Chacune des dérivées partielles de $f$, par rapport à $z$, par rapport à $u$, peut elle-même admettre des dérivées partielles par rapport à $z$, par rapport à $u$. Ces dérivées partielles sont dites *dérivées partielles secondes ou d'ordre* 2 de $f$. Et ainsi de suite. D'une manière générale, on est conduit à la définition de la *dérivée partielle d'ordre $n$* de $f$ *par rapport à $n$ variables* prises dans un ordre déterminé parmi les variables $z, u$, chacune d'elles pouvant être répétée jusqu'à $n$ fois. Cette dérivée est représentée par $f^{(n)}_{zuzzu\ldots}$, l'indice inférieur étant formé avec les $n$ variables écrites dans l'ordre considéré.

201. Relativement aux dérivées, on a les principes immédiats suivants :

1° Une constante, considérée comme fonction d'une ou de plusieurs variables, admet des dérivées ou des dérivées partielles de tous les ordres qui sont toutes nulles.

2° Si à une fonction $f$ on ajoute une constante $a$, on ne change pas les dérivées des divers ordres de $f$.

3° Si on multiplie une fonction $f$ par une constante $a$, on multiplie les dérivées des divers ordres de $f$ par $a$.

4° $x$, considéré comme fonction de $x$, admet une dérivée égale à 1.

**202. Dérivées des fonctions inverses.** — Soient deux variables, réelles ou imaginaires, $x$ et $y$. Supposons qu'à toute valeur de $x$ intérieure à un intervalle ou à un champ il corresponde une valeur de $y$ intérieure à un intervalle ou à un champ, et que, inversement, à toute valeur de $y$ intérieure à cet intervalle ou à ce champ il corresponde une valeur de $x$ intérieure au premier intervalle ou au premier champ. Les variables $x$ et $y$ sont fonctions inverses l'une de l'autre.

*Soient $x_0$ et $y_0$ deux valeurs correspondantes de $x$ et de $y$. Si $y$ est une fonction de $x$ continue et admettant une dérivée finie ou infinie en $x_0$ et si en outre $x$ est une fonction continue de $y$ en $y_0$, $x$ admet pour $y_0$ une dérivée finie ou infinie, inverse de la dérivée de $y$ en $x_0$.*

En effet, supposons d'abord que la dérivée de $y$ en $x_0$ soit un nombre fini et non nul $\lambda$. Le rapport $\frac{y-y_0}{x-x_0}$ tend vers $\lambda$ quand $x$ tend vers $x_0$. Or, $x$ étant une fonction continue de $y$ en $y_0$, quand $y$ tend vers $y_0$, $x$ tend vers $x_0$. Mais quand $x$ tend vers $x_0$, $\frac{y-y_0}{x-x_0}$ tend vers $\lambda$; donc, quand $y$ tend vers $y_0$, $\frac{y-y_0}{x-x_0}$ tend vers $\lambda$ et $\frac{x-x_0}{y-y_0}$ tend vers $\frac{1}{\lambda}$, ce qui prouve que $x$, fonction de $y$, admet en $y_0$ une dérivée égale à $\frac{1}{\lambda}$.

Si $\lambda=0$, $\frac{x-x_0}{y-y_0}$ tend vers $\infty$, quand $y$ tend vers $y_0$; $x$ a une dérivée infinie en $y_0$. Si $\lambda=\infty$, $\frac{x-x_0}{y-y_0}$ tend vers 0, quand $y$ tend vers $y_0$; $x$ a une dérivée nulle en $y_0$.

En particulier, ce théorème s'applique à deux variables réelles $x$ et $y$, appartenant chacune à un intervalle, fonctions inverses l'une de l'autre, croissantes ou décroissantes, et continues.

**203. Dérivée d'une fonction de fonction.** — Théorème. — *Si $y$ est une fonction $f(u)$ de $u$ admettant une dérivée et si, dans $y$, on remplace $u$ par une fonction $\varphi(x)$ de $x$ admettant une dérivée, $y$ devient une fonction* $F(x)$ *de $x$ qui admet aussi une dérivée égale à $f'(u)\,\varphi'(x)$.*

Soient en effet une valeur $x_0$ de $x$, $u_0$ et $y_0$ les valeurs correspondantes de $u$ et de $y$, $x_0+\Delta x$ une nouvelle valeur de $x$, $u_0+\Delta u$, $y_0+\Delta y$ les valeurs correspondantes de $u$ et de $y$.

1° Supposons $\varphi'(x_0)\neq 0$. Alors, quand $|\Delta x|$ est plus petit qu'un certain nombre positif $\alpha$, $\Delta u$ est différent de 0. On a

$$\frac{\Delta y}{\Delta x}=\frac{\Delta y}{\Delta u}\cdot\frac{\Delta u}{\Delta x}.$$

La fonction $\varphi(x)$ étant continue, quand $\Delta x$ tend vers 0, $\Delta u$ tend vers 0, et, la fonction $f(u)$ étant continue, quand $\Delta u$ tend vers 0, $\Delta y$ tend vers 0. D'ailleurs, quand $\Delta x$ tend vers 0, $\frac{\Delta u}{\Delta x}$ tend vers $\varphi'(x_0)$, et quand $\Delta u$ tend vers 0, $\frac{\Delta y}{\Delta u}$ tend vers $f'(u_0)$. Donc, le premier membre tend vers $f'(u_0)\varphi'(x_0)$, qui est la dérivée de la fonction $F(x)$.

2° Supposons $\varphi'(x_0)=0$. Alors, quand $\Delta x$ tend vers 0, les accroissements $\Delta u$ peuvent être nuls ou non nuls. Si $\Delta x$ tend vers 0 de façon que $\Delta u$ ne soit pas nul, on peut encore écrire

$$\frac{\Delta y}{\Delta x}=\frac{\Delta y}{\Delta u}\cdot\frac{\Delta u}{\Delta x},$$

et l'on voit que $\frac{\Delta y}{\Delta x}$ a pour limite $f'(u_0)\,\varphi'(x_0)$. Si $\Delta x$ tend vers 0 de façon que $\Delta u$ soit nul, $\Delta y$ est nul et $\frac{\Delta y}{\Delta x}$ a une limite nulle. Mais $f'(u_0)\,\varphi'(x_0)$ est nul. Donc, quand $\Delta x$ tend vers 0 d'une manière quelconque, $\frac{\Delta y}{\Delta x}$ tend vers $f'(u_0)\,\varphi'(x_0)$.

Le théorème est démontré. Il s'étend de proche en proche au cas de plusieurs fonctions intermédiaires. Par exemple, $y$ étant une fonction $f(u)$ de $u$ qui admet une dérivée, si on y remplace $u$ par une fonction $\varphi(v)$ de $v$ admettant une dérivée, et si on remplace encore $v$ par une fonction $\psi(x)$ de $x$ admettant une dérivée, $y$ est une fonction de $x$ qui a une dérivée égale à $f'(u)\,\varphi'(v)\,\psi'(x)$.

Ce théorème s'applique aussi aux fonctions de fonction de plusieurs variables $x$, $y$, $z$. Si $\omega$ est une fonction $f(u)$ de $u$ admettant une dérivée et si on remplace $u$ par une fonction $\varphi(x, y, z)$ des variables $x, y, z$, admettant une dérivée partielle par rapport à l'une des variables, par exemple $x$, $\omega$ devient une fonction de $x, y, z$, qui admet une dérivée partielle par rapport à $x$ égale à $f'(u)\ \varphi'_x(x, y, z)$. Le théorème s'étend au cas de plusieurs fonctions intermédiaires $u$, $v$ et $w$, $\omega$

étant fonction de $u$, $u$ étant fonction de $v$, $v$ étant fonction de $w$ et $w$ étant fonction des variables $x$, $y$, $z$.

204. **Dérivées de fonctions composées simples.** — THÉORÈME. — *Si plusieurs fonctions d'une variable $x$ ou de plusieurs variables $x$, $y$, $z$ admettent simultanément des dérivées d'un même ordre $n$ ou des dérivées partielles par rapport au même ensemble de variables, leur somme admet aussi une dérivée d'ordre $n$ ou une dérivée partielle par rapport à cet ensemble de variables, égale à la somme des dérivées.*

Supposons d'abord qu'il s'agisse de plusieurs fonctions $u$, $v$, $w$ de $x$, admettant des dérivées premières $u'$, $v'$, $w'$, pour une valeur de $x$; soit $y$ leur somme. Donnons à $x$ l'accroissement $\Delta x$; soient $\Delta u$, $\Delta v$, $\Delta w$ et $\Delta y$ les accroissements correspondants des fonctions $u$, $v$, $w$ et $y$. On a

$$y = u + v + w,$$
$$y + \Delta y = (u + \Delta u) + (v + \Delta v) + (w + \Delta w),$$

d'où l'on tire, par soustraction membre à membre,

$$\Delta y = \Delta u + \Delta v + \Delta w$$

et, par suite,

$$\frac{\Delta y}{\Delta x} = \frac{\Delta u}{\Delta x} + \frac{\Delta v}{\Delta x} + \frac{\Delta w}{\Delta x}.$$

Quand $\Delta x$ tend vers 0, $\frac{\Delta u}{\Delta x}$, $\frac{\Delta v}{\Delta x}$, $\frac{\Delta w}{\Delta x}$ tendent respectivement vers $u'$, $v'$, $w'$; le second membre a pour limite $u' + v' + w'$. Par conséquent, $\frac{\Delta y}{\Delta x}$ a une limite, $y$ a une dérivée $y'$, définie par l'égalité

$$y' = u' + v' + w'.$$

Si on suppose que $u$, $v$, $w$ aient simultanément des dérivées secondes $u''$, $v''$, $w''$, en appliquant à $y'$ le résultat précédent, on voit que $y$ a une dérivée seconde $y''$, définie par l'égalité

$$y'' = u'' + v'' + w''.$$

D'une façon générale, on a

$$y^{(n)} = u^{(n)} + v^{(n)} + w^{(n)}.$$

Si on suppose qu'il s'agisse de fonctions $u$, $v$, $w$ de plusieurs variables $x$, $y$, $z$, admettant simultanément des dérivées partielles, d'ordre $n \geqslant 1$, par rapport à un ensemble A de $n$ variables prises parmi les variables $x$, $y$, $z$, en posant

$$\omega = u + v + w,$$

on a

$$\omega_{(\mathrm{A})}^{(n)} = u_{(\mathrm{A})}^{(n)} + v_{(\mathrm{A})}^{(n)} + w_{(\mathrm{A})}^{(n)}.$$

THÉORÈME. — *Si deux fonctions $u$ et $v$ d'une variable $x$ ont respectivement des dérivées $u'$ et $v'$, leur produit $y$ a aussi une dérivée $y'$, et l'on a*

$$y' = uv' + vu'.$$

Donnons à $x$ l'accroissement $\Delta x$; soient $\Delta u$, $\Delta v$ et $\Delta y$ les accroissements correspondants de $u$, de $v$ et de $y$. On a

$$y = uv,$$
$$y + \Delta y = (u + \Delta u)(v + \Delta v),$$

d'où, par soustraction membre à membre,

$$\Delta y = u\,\Delta v + v\,\Delta u + \Delta u\,\Delta v.$$

Divisons les deux membres par $\Delta x$; il vient

$$\frac{\Delta y}{\Delta x} = u\frac{\Delta v}{\Delta x} + v\frac{\Delta u}{\Delta x} + \frac{\Delta u}{\Delta x}\,\Delta v.$$

Quand $\Delta x$ tend vers 0, $\frac{\Delta u}{\Delta x}$ et $\frac{\Delta v}{\Delta x}$ tendent respectivement vers $u'$ et $v'$; comme la fonction $v$ est continue, $\Delta v$ tend vers 0, et il en est de même du produit $\frac{\Delta u}{\Delta x}\Delta v$. Par suite, le premier membre $\frac{\Delta y}{\Delta x}$ de l'égalité tend vers $uv' + vu'$; autrement dit, $y$ a une dérivée $y'$, définie par l'égalité

$$y' = uv' + vu'.$$

Si $u$ et $v$ sont des fonctions des variables $x, y, \ldots$, admettant des dérivées partielles par rapport à l'une des variables, $x$ par exemple, leur produit $\omega$ admet aussi une dérivée partielle par rapport à $x$, égale à $uv'_x + vu'_x$. Il suffit d'appliquer le théorème précédent, en supposant qu'on attribue aux variables autres que $x$ des valeurs fixes.

THÉORÈME. — *Si plusieurs fonctions $u, v, w, \ldots, s, t$ d'une même variable $x$ admettent des dérivées $u', v', w', \ldots, s', t'$, leur produit $y$ admet aussi une dérivée, définie par l'égalité*

$$y' = u'vw\ldots st + uv'w\ldots st + uvw'\ldots st + \ldots$$
$$+ uvw\ldots s't + uvw\ldots st'.$$

Il suffit d'appliquer de proche en proche le théorème précédent. On a

$$(uv)' = u'v + uv',$$

puis

$$(uvw)' = (uv)'w + uvw' = (u'v + uv')w + uvw' = u'vw + uv'w + uvw',$$

et ainsi de suite.

Si $u, v, w, \ldots, s, t$ sont des fonctions de plusieurs variables $x, y, \ldots$ admettant des dérivées partielles par rapport à $x$, leur produit $\omega$ admet une dérivée partielle par rapport à $x$, définie par l'égalité

$$\omega'_x = u'_x vw \ldots st + uv'_x w \ldots st + \ldots + uvw \ldots st'_x.$$

Formule de Leibniz. — *Si $u$ et $v$ sont des fonctions de $x$ ayant des dérivées jusqu'à l'ordre $n$, leur produit $y$ a des dérivées jusqu'à l'ordre $n$, et la dérivée $y^{(n)}$ est définie par l'égalité*

$$y^{(n)} = u^{(n)}v + C_n^1 u^{(n-1)}v' + C_n^2 u^{(n-2)}v'' + \ldots + C_n^{p-1} u^{(n-p+1)}v^{(p-1)}$$
$$+ C_n^p u^{(n-p)}v^{(p)} + \ldots + uv^{(n)}.$$

Le théorème est évident pour la dérivée première. Supposons-le établi jusqu'à la dérivée d'ordre $n$ et montrons qu'il est vrai pour la dérivée d'ordre $n+1$. Il est clair que $y^{(n+1)}$ existe si les dérivées de $u$ et de $v$ jusqu'à l'ordre $n+1$ existent, et l'on a

$$y^{(n+1)} = u^{(n+1)}v + \left.\begin{array}{r}1\\+C_n^1\end{array}\right| u^{(n)}v' + \left.\begin{array}{r}C_n^1\\+C_n^2\end{array}\right| u^{(n-1)}v'' + \ldots + \left.\begin{array}{r}C_n^{p-1}\\+C_n^p\end{array}\right| u^{(n-p+1)}v^{(p)}$$
$$+ \ldots + \left.\begin{array}{r}C_n^{n-1}\\+1\end{array}\right| u'v^{(n)} + uv^{(n+1)}.$$

Mais, on a

$$C_n^{p-1} + C_n^p = C_{n+1}^p.$$

Donc,

$$y^{(n+1)} = u^{(n+1)}v + C_{n+1}^1 u^{(n)}v' + \ldots + C_{n+1}^p u^{(n-p+1)}v^{(p)} + \ldots + uv^{(n+1)},$$

et le théorème est bien vrai pour la dérivée d'ordre $n+1$. Étant vrai pour $n = 1$, il est vrai pour $n = 2$, puis pour $n = 3$, et ainsi de suite; il est vrai quel que soit $n$.

On peut poser symboliquement

$$y^{(n)} = (u+v)_{(n)}$$

pour exprimer que le développement de $y^{(n)}$ s'obtient à partir du développement de $(u+v)^n$ par la formule du binome, dans lequel le terme $u^n$ est écrit sous la forme $u^n v^0$ et le terme $v^n$ sous la forme $v^n u^0$, en y remplaçant la puissance positive $\alpha$ de $u$ par la dérivée d'ordre $\alpha$ de $u$, la puissance positive $\beta$ de $v$ par la dérivée d'ordre $\beta$ de $v$, $u^0$ et $v^0$ respectivement par $u$ et $v$.

Théorème. — *Si $n$ est un entier positif et si $u$ est une fonction de $x$ admettant une dérivée $u'$, $u^n$ admet aussi une dérivée, égale à $nu^{n-1}u'$.*

En effet, $u^n$ est le produit de $n$ fonctions égales à $u$ et ayant une dérivée commune $u'$. Si l'on applique à cette fonction le théorème relatif à la dérivée d'un produit de $n$ fonctions, on voit que les $n$ termes du développement de la dérivée de $u^n$ sont égaux à $u^{n-1}u'$. Par suite, en posant $y = u^n$, on a $y' = nu^{n-1}u'$.

Si $u$ est une fonction de plusieurs variables $x, \ldots$ admettant une dérivée partielle $u'_x$ par rapport à $x$, $u^n$ admet aussi une dérivée partielle par rapport à $x$, égale à $nu^{n-1}u'_x$.

Théorème. — *Si $u$ et $v$ sont deux fonctions de $x$ admettant des dérivées $u'$ et $v'$, leur quotient $y = \frac{u}{v}$ (où $v$ n'est pas nul) admet aussi une dérivée $y'$, égale à*

$$\frac{u'v - v'u}{v^2}.$$

Donnons en effet à $x$ l'accroissement $\Delta x$; soient $\Delta u$, $\Delta v$ et $\Delta y$ les accroissements correspondants de $u$, de $v$ et de $y$. On a

$$y = \frac{u}{v},$$

$$y + \Delta y = \frac{u + \Delta u}{v + \Delta v},$$

d'où, par soustraction membre à membre,

$$\Delta y = \frac{u + \Delta u}{v + \Delta v} - \frac{u}{v} = \frac{v\Delta u - u\Delta v}{v(v + \Delta v)}.$$

Divisons les deux membres par $\Delta x$; il vient

$$\frac{\Delta y}{\Delta x} = \frac{v\,\frac{\Delta u}{\Delta x} - u\,\frac{\Delta v}{\Delta x}}{v(v + \Delta v)}.$$

Quand $\Delta x$ tend vers 0, $\frac{\Delta u}{\Delta x}$ et $\frac{\Delta v}{\Delta x}$ tendent respectivement vers $u'$ et $v'$. Comme la fonction $v$ est continue, $\Delta v$ tend vers 0; le second membre de l'égalité a donc pour limite $\frac{vu' - uv'}{v^2}$. Donc, $y$ a une dérivée $y'$, définie par l'égalité

$$y' = \frac{vu' - uv'}{v^2}.$$

Si $u$ et $v$ sont des fonctions de plusieurs variables $x, \ldots$, ayant des dérivées partielles par rapport à $x$, $\frac{u}{v}$ a aussi une dérivée partielle par rapport à $x$, égale à

$$\frac{vu'_x - uv'_x}{v^2}, \quad (v \neq 0).$$

THÉORÈME. — *Si $\alpha$ est un entier négatif et si $u$, non nul, a une dérivée $u'$, $u^\alpha$ a aussi une dérivée, égale à $\alpha u^{\alpha-1}u'$.*

Posons en effet $\alpha = -n$, $n$ étant positif. On a

$$y = u^\alpha = \frac{1}{u^n}.$$

D'après le théorème précédent, $y$ a une dérivée $y'$ donnée par l'égalité

$$y' = -\frac{nu^{n-1}u'}{u^{2n}} = -nu^{-n-1}u' = \alpha u^{\alpha-1}u'.$$

On a la formule déjà obtenue pour $\alpha$ entier et positif.

## II. — PROPRIÉTÉS DES DÉRIVÉES DES FONCTIONS DE VARIABLES RÉELLES

**205. Théorème de Rolle.** — *Si une fonction $f(x)$, continue dans un intervalle $(a, b)$, s'annule pour les valeurs $a$ et $b$ données à $x$ et a une dérivée à l'intérieur de l'intervalle, cette dérivée s'annule au moins une fois à l'intérieur de cet intervalle.*

La fonction $f(x)$, étant continue dans l'intervalle $(a, b)$, y admet une borne supérieure M et une borne inférieure $m$, et, comme on a, par hypothèse, $f(a) = 0$, $f(b) = 0$, on a nécessairement $M \geqslant 0$, $m \leqslant 0$. Deux cas alors se présentent.

1° $M = 0$ et $m = 0$. Alors, quel que soit $x$, dans l'intervalle $(a, b)$, on a $f(x) = 0$. Par suite, la dérivée est nulle quel que soit $x$ intérieur à l'intervalle $(a, b)$.

2° L'un au moins des deux nombres M et $m$ n'est pas nul. Supposons que ce soit M. La fonction continue $f(x)$ atteint la valeur M pour une valeur au moins de la variable. Soit $x_0$ une telle valeur, nécessairement distincte de $a$ et de $b$ et, par suite, intérieure à l'intervalle $(a, b)$. Dans tout cet intervalle, on a $f(x) \leqslant f(x_0)$.

Cela posé, formons le rapport $\frac{f(x) - f(x_0)}{x - x_0}$. Si $x$ tend vers $x_0$, ce rapport tend, par hypothèse, vers $f'(x_0)$. Mais, si $x > x_0$, le numérateur est négatif ou nul, le dénominateur est positif, le rapport est donc négatif et sa limite est négative ou nulle : $f'(x_0) \leqslant 0$ ; si $x < x_0$, le rapport est positif et sa limite est positive ou nulle : $f'(x_0) \geqslant 0$. Donc, $f'(x_0) = 0$.

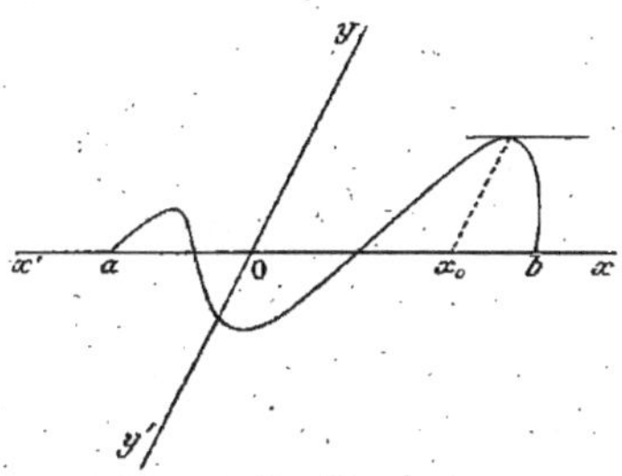

Fig. 54.

**206. Formule des accroissements finis.** — THÉORÈME. — *Si une fonction $f(x)$ est continue dans un intervalle $(a, b)$ ou $(b, a)$ et admet une dérivée à l'intérieur de cet intervalle, il existe au moins un nombre $c$, compris entre $a$ et $b$, tel que l'on ait*

$$f(b) - f(a) = (b - a) f'(c).$$

Posons en effet

$$A = \frac{f(b) - f(a)}{b - a}$$

et considérons la fonction de $x$

$$\varphi(x) = f(x) - f(a) - A(x - a).$$

Cette fonction est définie et continue dans l'intervalle $(a, b)$ ou $(b, a)$ et elle s'annule pour les valeurs $a$ et $b$ de $x$. De plus, elle admet, comme $f(x)$, à l'intérieur de l'intervalle considéré, une dérivée, et cette dérivée est égale à $f'(x) - A$. Par application du théorème de Rolle, $\varphi'(x)$ s'annule pour une valeur $c$ de $x$ comprise entre $a$ et $b$, et l'on a ainsi

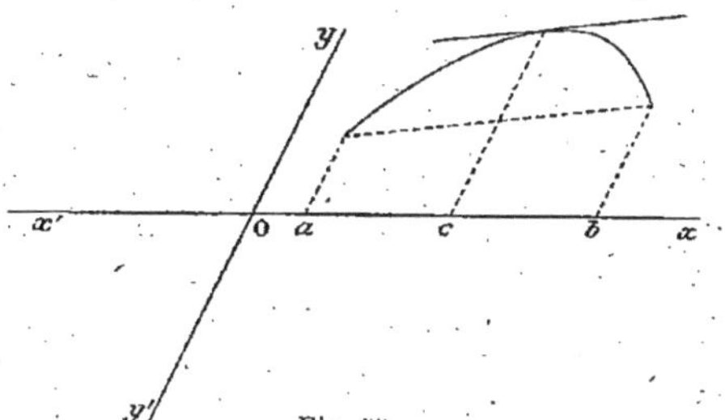

Fig. 55.

$$f'(c) - A = 0,$$

d'où

$$A = f'(c),$$

ce qui donne l'égalité

$$f(b) - f(a) = (b - a) f'(c), \qquad a < c < b \text{ ou } b < c < a.$$

Puisque $c$ est compris entre $a$ et $b$, le rapport $\frac{c-a}{b-a}$ est compris entre 0 et 1. En le désignant par $\theta$, on a

$$c = a + \theta(b-a),$$

et la formule des accroissements finis devient

$$f(b) - f(a) = (b-a) f'[a + \theta(b-a)], \quad 0 < \theta < 1.$$

207. Théorème. — *Pour qu'une fonction définie et continue dans un intervalle et admettant une dérivée à l'intérieur de cet intervalle soit constante, il faut et il suffit que la dérivée soit nulle pour toute valeur de $x$ intérieure à l'intervalle.*

Soit la fonction $f(x)$, définie et continue dans l'intervalle $(a, b)$ et admettant une dérivée $f'(x)$ pour toute valeur de $x$ comprise entre $a$ et $b$.

1° Si la fonction $f(x)$ est constante, elle admet une dérivée nulle quel que soit $x$.

2° Réciproquement, supposons que $f'(x)$ soit nul pour toute valeur de $x$ comprise entre $a$ et $b$. Soient $x'$ et $x''$ deux nombres de l'intervalle $(a, b)$. Comme on peut appliquer à $f(x)$ la formule des accroissements finis, on a

$$f(x'') - f(x') = (x'' - x') f'(\xi),$$

$\xi$ étant compris entre $a$ et $b$. D'après l'hypothèse, $f'(\xi) = 0$. Donc, $f(x'') = f(x')$, quels que soient $x'$ et $x''$. Donc, $f(x)$ est constant dans l'intervalle $(a, b)$.

Théorème. — *Pour qu'une fonction définie et continue dans un intervalle et admettant une dérivée à l'intérieur de cet intervalle soit croissante dans l'intervalle, il faut et il suffit que la dérivée soit positive ou nulle pour toute valeur de $x$ intérieure à l'intervalle, à condition qu'il n'existe pas un intervalle, appartenant à l'intervalle considéré, dans lequel la dérivée soit constamment nulle.*

1° Si la fonction $f(x)$ est croissante dans l'intervalle $(a, b)$, on a, quels que soient $x'$ et $x''$, à l'intérieur de cet intervalle,

$$\frac{f(x'') - f(x')}{x'' - x'} > 0.$$

Fixons $x'$ et faisons tendre $x''$ vers $x'$. Le premier membre de l'inégalité a une limite $f'(x')$ qui est positive ou nulle. Ainsi, quel que soit $x$ intérieur à l'intervalle $(a, b)$, on a $f'(x) \geqslant 0$. Mais, il n'existe pas, dans l'intervalle $(a, b)$, un intervalle dans lequel on ait constamment

$f'(x)=0$; sinon, la fonction $f(x)$ serait constante dans cet intervalle et ne serait pas, par suite, croissante dans l'intervalle $(a, b)$.

2° Réciproquement, soient deux nombres quelconques $x'$ et $x''$ de l'intervalle $(a, b)$, $x'$ étant plus petit que $x''$. En appliquant à $f(x)$ la formule des accroissements finis, on a une égalité de la forme

$$f(x'') - f(x') = (x'' - x') f'(\xi),$$

$\xi$ étant intérieur à l'intervalle $(a, b)$. Comme $x'' - x'$ est positif et comme, d'après l'hypothèse, $f'(\xi)$ est positif ou nul, on a

$$f(x'') - f(x') \geqslant 0.$$

Il reste à montrer qu'il est impossible que l'on ait $f(x'') - f(x') = 0$. Supposons, en effet, que cette égalité ait lieu. Soit alors un nombre $x$ quelconque compris entre $x'$ et $x''$. On a aussi

$$f(x) - f(x') \geqslant 0, \quad f(x'') - f(x) \geqslant 0.$$

Mais, on a

$$f(x'') - f(x') = [f(x'') - f(x)] + [f(x) - f(x')];$$

si donc le premier membre était nul, on aurait nécessairement à la fois

$$f(x'') = f(x), \quad f(x) = f(x');$$

autrement dit, la fonction $f(x)$ serait constante dans l'intervalle $(x', x'')$, et sa dérivée serait nulle dans tout cet intervalle, ce qui est contraire à l'hypothèse. Donc, si $x' < x''$, on a $f(x') < f(x'')$. La fonction $f(x)$ est croissante dans l'intervalle $(a, b)$.

Théorème. — *Pour qu'une fonction définie et continue dans un intervalle et admettant une dérivée à l'intérieur de cet intervalle soit décroissante dans l'intervalle, il faut et il suffit que la dérivée soit négative ou nulle pour toute valeur de $x$ intérieure à l'intervalle, à condition qu'elle ne soit pas nulle dans tout un intervalle appartenant à l'intervalle considéré.*

Démonstration analogue.

*Remarque.* — Les trois théorèmes précédents ont été établis dans le cas d'une fonction définie dans un intervalle *fini*. Ils s'étendent au cas d'une fonction définie dans un intervalle *non fini*; il suffit, pour le reconnaître, de remplacer cet intervalle par un intervalle fini arbitraire qui y est contenu.

208. **Première extension de la formule des accroissements finis.** — Soit une fonction $f(x, y, z)$ de plusieurs variables $x$, $y$, $z$ définie dans

un champ C, admettant dans ce champ une dérivée partielle par rapport à une des variables, par exemple $x$. Soient deux points du champ, $(x_0, y_0, z_0)$ et $(x_0+h, y_0, z_0)$. La fonction $f(x, y_0, z_0)$ de la variable $x$ est définie dans l'intervalle qui a pour extrémités $x_0$ et $x_0+h$, et elle admet dans cet intervalle une dérivée, $f'_x(x, y_0, z_0)$. Il est donc possible d'appliquer à cette fonction la formule des accroissements finis, et l'on a

$$f(x_0+h, y_0, z_0) - f(x_0, y_0, z_0) = hf'_x(x_0+\theta h, y_0, z_0),$$

$\theta$ étant un nombre compris entre 0 et 1. Telle est une première extension de la formule des accroissements finis.

209. Théorème. — *Si une fonction $f(x, y)$ des deux variables $x, y$, définie à l'intérieur d'un champ C, admet à l'intérieur de ce champ une dérivée partielle seconde continue $f''_{xy}$ et une dérivée partielle seconde continue $f''_{yx}$, ces deux dérivées partielles sont égales.*

Soit un point $(x_0, y_0)$ intérieur à C. Nous pouvons toujours supposer le champ C limité; sinon, nous le remplacerions par un autre champ intérieur à C et comprenant à son intérieur le point $(x_0, y_0)$. Le champ C étant supposé limité, soient $(a, b)$ l'intervalle dans lequel varie la variable $x$ et $(c, d)$ l'intervalle dans lequel varie la variable $y$. Il est possible de trouver un nombre positif $\alpha$ tel que l'on ait simultanément

$$a < a+\alpha < x_0-\alpha < x_0 < x_0+\alpha < b-\alpha < b$$

et

$$c < c+\alpha < y_0-\alpha < y_0 < y_0+\alpha < d-\alpha < d;$$

il suffit que le nombre positif $2\alpha$ soit plus petit que chacun des quatre nombres $x_0-a$, $b-x_0$, $y_0-c$, $d-y_0$; soit $C_1$ le champ défini par les deux intervalles $(a+\alpha, b-\alpha)$ et $(c+\alpha, d-\alpha)$. Soient deux nombres $h$ et $k$ non nuls soumis aux seules conditions $|h| < \alpha$ et $|k| < \alpha$. Il est clair que, quel que soit le point $(x, y)$ appartenant au champ $C_1$, les points $(x+h, y+k)$, $(x+h, y)$, $(x, y+k)$ sont intérieurs au champ C.

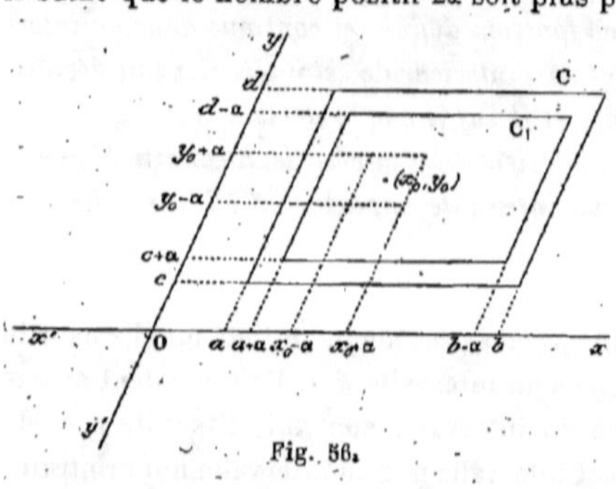

Fig. 56.

D'après cela, la fonction des deux variables $x$ et $y$

$$\varphi(x, y) = f(x+h, y) - f(x, y)$$

est définie dans le champ $C_1$ et elle admet dans ce champ une dérivée partielle par rapport à $y$,

$$\varphi'_y(x, y) = f'_y(x+h, y) - f'_y(x, y).$$

Les points $(x_0, y_0)$ et $(x_0, y_0+k)$ appartenant au champ $C_1$, d'après la formule des accroissements finis étendue, on a

$$\begin{aligned}\varphi(x_0, y_0+k) - \varphi(x_0, y_0) &= k\varphi'_y(x_0, y_0+\theta k)\\ &= k\,[f'_y(x_0+h, y_0+\theta k) - f'_y(x_0, y_0+\theta k)],\end{aligned}$$

$\theta$ étant un nombre compris entre 0 et 1. Mais, $f'_y(x, y)$ a, par hypothèse, dans le champ $C_1$, une dérivée partielle par rapport à $x$, $f''_{yx}$. En appliquant à $f'_y(x, y)$ la formule des accroissements finis étendue, on a

$$f'_y(x_0+h, y_0+\theta k) - f'_y(x_0, y_0+\theta k) = hf''_{yx}(x+\theta_1 h, y_0+\theta k),$$

$\theta_1$ étant compris entre 0 et 1. Par suite, on a

$$\varphi(x_0, y_0+k) - \varphi(x_0, y_0) = khf''_{yx}(x+\theta_1 h, y_0+\theta k).$$

De même, la fonction

$$\psi(x, y) = f(x, y+k) - f(x, y)$$

est définie dans le champ $C_1$. En faisant un raisonnement analogue au précédent, on voit que l'on a

$$\psi(x_0+h, y_0) - \psi(x_0, y_0) = hkf''_{xy}(x+\theta_2 h, y+\theta_3 k),$$

$\theta_2$ et $\theta_3$ étant compris entre 0 et 1.

Or, on a

$$\varphi(x_0, y_0+k) - \varphi(x_0, y_0) = \psi(x_0+h, y_0) - \psi(x_0, y_0),$$

les deux membres étant tous deux égaux à

$$f(x_0+h, y_0+k) - f(x_0+h, y_0) - f(x_0, y_0+k) + f(x_0, y_0).$$

Par suite, on a

$$khf''_{yx}(x_0+\theta_1 h, y_0+\theta k) = hkf''_{xy}(x_0+\theta_2 h, y_0+\theta_3 k),$$

d'où

$$f''_{yx}(x_0+\theta_1 h, y_0+\theta k) = f''_{xy}(x_0+\theta_2 h, y_0+\theta_3 k).$$

Puisque $f''_{yx}$ et $f''_{xy}$ sont des fonctions continues de $x$ et de $y$, quand $h$ et $k$ tendent vers 0, $\theta_1 h$, $\theta k$, $\theta_2 h$, $\theta_3 k$ tendant en même temps vers 0, les deux membres de l'égalité précédente tendent respectivement vers $f''_{yx}(x_0, y_0)$ et vers $f''_{xy}(x_0, y_0)$. On a donc

$$f''_{yx}(x_0, y_0) = f''_{xy}(x_0, y_0),$$

ce qui démontre le théorème.

La même démonstration prouve aussi que si une fonction de plusieurs variables $x$, $y$, $z$ est définie à l'intérieur d'un champ et admet à l'intérieur de ce champ des dérivées partielles secondes continues $f''_{xy}$ et $f''_{yx}$, ces dérivées partielles sont égales.

Théorème. — *Une dérivée partielle d'ordre $n$ d'une fonction de plusieurs variables obtenue en effectuant $\alpha$ dérivations par rapport à $x$, $\beta$ dérivations par rapport à $y$, $\gamma$ dérivations par rapport à $z$ ne change pas quand on change l'ordre dans lequel on effectue ces dérivations, les dérivées partielles successivement formées étant supposées continues.*

Nous décomposerons la démonstration en plusieurs parties.

1° Supposons qu'on transpose les deux dernières dérivations. Le théorème est évident si les deux variables par rapport auxquelles sont effectuées ces dérivations sont identiques. Supposons alors que ces deux variables soient différentes, soient $x$ et $y$, par exemple. Si $\varphi(x, y, z)$ est la dérivée partielle d'ordre $n-2$ de $f(x, y, z)$ par rapport aux $n-2$ premières variables, les deux dérivées d'ordre $n$ de $f$ qui se déduisent l'une de l'autre par transposition des deux dernières dérivations sont $\varphi''_{xy}(x, y, z)$ et $\varphi''_{yx}(x, y, z)$, et, d'après le théorème précédent, ces deux fonctions étant continues, elles sont égales.

2° Supposons qu'on transpose deux dérivations consécutives. Soient $p-1$ et $p$ les rangs de ces deux dérivations. Pour définir la dérivée partielle d'ordre $n$ considérée, on définit d'abord une dérivée partielle d'ordre $p$, puis une dérivée partielle d'ordre $n-p$ de cette dérivée par rapport à des variables formant un ensemble A. Or, si l'on transpose les $(p-1)^{\text{ième}}$ et $p^{\text{ième}}$ dérivations, la dérivée partielle d'ordre $p$, d'après la première partie de la démonstration, ne change pas; par suite, la dérivée partielle d'ordre $n$ de $f(x, y, z)$, qu'on obtient en dérivant cette dérivée d'ordre $p$ successivement par rapport aux variables de l'ensemble A, elle-même ne change pas.

3° Supposons qu'on transpose deux dérivations non consécutives. On peut réaliser cette transposition en effectuant une suite de transpositions entre deux dérivations consécutives, lesquelles, d'après la seconde partie de la démonstration, ne changent pas la dérivée partielle d'ordre $n$ considérée.

4° Supposons qu'on change d'une façon quelconque l'ordre des dérivations qui ont conduit à la définition de la dérivée partielle d'ordre $n$. On peut réaliser ce changement en effectuant une suite de transpositions entre deux dérivations, lesquelles, d'après la troisième partie de la démonstration, ne changent pas cette dérivée d'ordre $n$. Le théorème est établi.

D'après cela, pour calculer la dérivée d'ordre $n$ considérée, on pourra effectuer d'abord $\alpha$ dérivations successives par rapport à $x$, puis $\beta$ dérivations successives par rapport à $y$, puis $\gamma$ dérivations successives par rapport à $z$. On pourra ainsi représenter cette dérivée par la notation

$$f^{(n)}_{\underbrace{xx\ldots}_{\alpha}\underbrace{yyy\ldots}_{\beta}\underbrace{zz\ldots}_{\gamma}};$$

on la modifiera en écrivant $f^{(n)}_{x^\alpha y^\beta z^\gamma}$, qu'on énonce *dérivée d'ordre $n$ par rapport à $x$ puissance symbolique $\alpha$, par rapport à $y$ puissance symbolique $\beta$, par rapport à $z$ puissance symbolique $\gamma$.*

210. **Dérivée d'une fonction composée.** — THÉORÈME. — *Si $\omega$ est une fonction $f(u, v, \ldots)$ de plusieurs variables, admettant des dérivées partielles premières continues par rapport à ces variables et si on y remplace $u, v, \ldots$ par des fonctions d'une même variable $x$ admettant des dérivées, $\omega$ est une fonction composée de $x$ qui admet une dérivée $\omega'$, donnée par la formule*

$$\omega' = f'_u u' + f'_v v' + f'_w w' + \ldots.$$

Supposons, par exemple, que $f$ soit fonction de trois variables $u, v, w$. Donnons à $x$ l'accroissement $\Delta x$; soient $\Delta u, \Delta v, \Delta w, \Delta\omega$ les accroissements correspondants des fonctions $u, v, w, \omega$. On a

$$\begin{aligned}\Delta\omega &= f(u+\Delta u, v+\Delta v, w+\Delta w) - f(u, v, w)\\ &= [f(u+\Delta u, v+\Delta v, w+\Delta w) - f(u, v+\Delta v, w+\Delta w)]\\ &\quad + [f(u, v+\Delta v, w+\Delta w) - f(u, v, w+\Delta w)]\\ &\quad + [f(u, v, w+\Delta w) - f(u, v, w)].\end{aligned}$$

Le second membre est la somme de trois différences dont chacune est l'accroissement d'une fonction d'une seule variable, $u$ pour la première différence, $v$ pour la seconde, $w$ pour la troisième. En appliquant à chaque différence la formule des accroissements finis étendue, on a, après division des deux membres par $\Delta x$,

$$\begin{aligned}\frac{\Delta\omega}{\Delta x} = \frac{\Delta u}{\Delta x} f'_u(u+\theta\Delta u, v+\Delta v, w+\Delta w) + \frac{\Delta v}{\Delta x} f'_v(u, v+\theta_1\Delta v, w+\Delta w)\\ + \frac{\Delta w}{\Delta x} f'_w(u, v, w+\theta_2\Delta w),\end{aligned}$$

$\theta$, $\theta_1$ et $\theta_2$ étant trois nombres compris entre 0 et 1.

Faisons tendre $\Delta x$ vers 0. Les fonctions $u, v, w$ étant continues, $\Delta u$, $\Delta v$, $\Delta w$ tendent vers 0 et, de même, $\theta\Delta u$, $\theta_1\Delta v$, $\theta_2\Delta w$. Comme les dérivées partielles de $f$ sont continues, les coefficients de $\frac{\Delta u}{\Delta x}, \frac{\Delta v}{\Delta x}, \frac{\Delta w}{\Delta x}$ dans le second membre tendent vers $f'_u(u, v, w)$, $f'_v(u, v, w)$, $f'_w(u, v, w)$. Les rapports $\frac{\Delta u}{\Delta x}, \frac{\Delta v}{\Delta x}, \frac{\Delta w}{\Delta x}$ tendent vers les dérivées $u'$, $v'$, $w'$ de $u$, $v$, $w$. Il s'ensuit que $\frac{\Delta\omega}{\Delta x}$ a une limite $\omega'$, dérivée de la fonction $\omega$ de $x$; on a

$$\omega' = u' f'_u(u, v, w) + v' f'_v(u, v, w) + w' f'_w(u, v, w).$$

C'est la règle de dérivation des fonctions composées. Elle comprend comme cas particuliers les règles de dérivation d'une somme, d'un produit, d'un quotient de deux fonctions de $x$.

Plus généralement, supposons que dans $\omega = f(u, v, w, \ldots)$ on remplace $u, v, w, \ldots$ par des fonctions de plusieurs variables $x$, $y$, $z$, admettant des dérivées partielles premières par rapport à ces variables; $\omega$ est alors une fonction composée des variables $x$, $y$, $z$, qui admet des dérivées partielles, la dérivée partielle par rapport à $x$, par exemple, ayant pour valeur

$$f'_u u'_x + f'_v v'_x + f'_w w'_x + \ldots.$$

Pour le voir, il suffit de donner à $y$, $z$,... des valeurs déterminées et d'appliquer le théorème précédent à la fonction composée de la seule variable $x$ que devient alors $\omega$.

Dérivées successives d'une fonction composée lorsque les fonctions intermédiaires sont des polynomes du premier degré en $x$. — Soit d'abord $\omega = f(u, v, w)$, $u, v, w$ étant des fonctions de $x$. Si $f$ admet des dérivées partielles premières continues par rapport à $u, v, w$ et si $u, v, w$ admettent des dérivées $u'$, $v'$, $w'$, la fonction $\omega$ de $x$ admet une dérivée, $u'f'_u + v'f'_v + w'f'_w$. Si $f(u, v, w)$ admet aussi des dérivées partielles secondes continues par rapport à $u$, $v$, $w$ et si $u$, $v$, $w$ admettent des dérivées secondes $u''$, $v''$, $w''$, la fonction $\omega$ de $x$ admet une dérivée seconde; il suffit de remarquer en effet que $f'_u$, $f'_v$, $f'_w$ sont des fonctions composées de $x$ admettant des dérivées, par application du théorème précédent. Et ainsi de suite. Si $f$ admet des dérivées partielles continues par rapport à $u, v, w$ depuis l'ordre 1 jusqu'à l'ordre $p$ et si $u, v, w$ admettent des dérivées depuis l'ordre 1 jusqu'à l'ordre $p$, $\omega$, fonction composée de $x$, admet aussi des dérivées depuis l'ordre 1 jusqu'à l'ordre $p$.

Calculons effectivement ces dérivées lorsque $u$, $v$, $w$ sont des polynomes du premier degré en $x$; alors, $u'$, $v'$, $w'$ sont des constantes, et les dérivées d'ordre supérieur à 1 de $u$, $v$, $w$ sont nulles.

Partons de l'égalité

$$\omega' = u'f'_u + v'f'_v + w'f'_w.$$

Prenons les dérivées des deux membres, en remarquant que $f'_u$, $f'_v$, $f'_w$ sont des fonctions composées de $x$ par l'intermédiaire de $u$, $v$, $w$. Nous avons ainsi

$$\begin{aligned}\omega'' &= u'(u'f''_{u^2} + v'f''_{uv} + w'f''_{uw}) + v'(u'f''_{vu} + v'f''_{v^2} + w'f''_{vw}) \\ &\qquad + w'(u'f''_{wu} + v'f''_{wv} + w'f''_{w^2}) \\ &= u'^2f''_{u^2} + v'^2f''_{v^2} + w'^2f''_{w^2} + 2v'w'f''_{vw} + 2w'u'f''_{wu} + 2u'v'f''_{vu}.\end{aligned}$$

Comparons l'expression de $\omega''$ au développement du carré de $\omega'$; on a

$$\omega'^2 = u'^2f'^2_u + v'^2f'^2_v + w'^2f'^2_w + 2v'w'f'_vf'_w + 2w'u'f'_wf'_u + 2u'v'f'_uf'_v,$$

et l'on voit qu'on déduit $\omega''$ du développement de $\omega'^2$ en remplaçant le produit de deux dérivées partielles premières par une dérivée partielle seconde, $f'^2_u$ par $f''_{u^2}$, ..., $f'_vf'_w$ par $f''_{vw}$, ....

Je dis que, d'une manière générale, on déduit la dérivée $\omega^{(n)}$ de $\omega$ du développement de $\omega'^n$ en remplaçant dans celui-ci chaque produit $f'^\alpha_u f'^\beta_v f'^\gamma_w$, $(\alpha+\beta+\lambda=n)$, par $f^{(n)}_{u^\alpha v^\beta w^\gamma}$. Le théorème est vrai pour la dérivée seconde; nous allons démontrer que si on le suppose vrai pour la dérivée d'ordre $n$, il est encore vrai pour la dérivée d'ordre $n+1$; dès lors, étant vrai pour $n=2$, il le sera pour $n=3$, puis pour $n=4$, et ainsi de suite.

Soit donc

$$\omega'^n = (u'f'_u + v'f'_v + w'f'_w)^n = \Sigma A u'^\alpha v'^\beta w'^\gamma f'^\alpha_u f'^\beta_v f'^\gamma_w,$$

$\alpha+\beta+\lambda$ étant égal à $n$, A étant un coefficient numérique, et supposons que l'on ait

$$\omega^{(n)} = \Sigma A u'^\alpha v'^\beta w'^\gamma f^{(n)}_{u^\alpha v^\beta w^\gamma}.$$

Prenons les dérivées des deux membres, en remarquant que $f^{(n)}_{u^\alpha v^\beta w^\gamma}$ est une fonction composée de $x$ par l'intermédiaire de $u$, $v$, $w$. Nous avons ainsi

$$\omega^{(n+1)} = \Sigma A u'^\alpha v'^\beta w'^\gamma [u'f^{(n+1)}_{u^{\alpha+1} v^\beta w^\gamma} + v'f^{(n+1)}_{u^\alpha v^{\beta+1} w^\gamma} + w'f^{(n+1)}_{u^\alpha v^\beta w^{\gamma+1}}].$$

Remplaçons dans le second membre les dérivées d'ordre $n+1$ par les produits correspondants de dérivées premières ; nous obtenons

$$(u'f'_u + v'f'_v + w'f'_w)\Sigma A u'^\alpha v'^\beta w'^\gamma f'^\alpha_u f'^\beta_v f'^\gamma_w,$$

c'est-à-dire $(u'f'_u + v'f'_v + w'f'_w)^{n+1}$. Il est donc établi qu'on déduit $\omega^{(n+1)'}$ du développement de $(u'f'_u + v'f'_v + w'f'_w)^{n+1}$ en remplaçant, inversement, les produits de $n+1$ dérivées premières par les dérivées d'ordre $n+1$ correspondantes. Le théorème est démontré.

Pour exprimer ce théorème, on pose

$$\omega^{(n)} = (u'f'_u + v'f'_v + w'f'_w)_{(n)}$$

qu'on énonce $u'f'_u + v'f'_v + w'f'_w$ *puissance symbolique* $n$.

**211. Seconde extension de la formule des accroissements finis.** — Théorème. — *Si une fonction* $f(x, y, z,...)$ *est définie dans un champ et admet à l'intérieur du champ des dérivées partielles premières continues,* $(x, y, z,...)$ *et* $(x+h, y+k, z+l,...)$ *étant deux points du champ, il existe un nombre* $\theta$ *compris entre* 0 *et* 1 *tel que l'on ait*

$$\begin{aligned} f(x+h, y+k, z+l,...) - f(x, y, z,...) = & \; hf'_x(x+\theta h, y+\theta k, z+\theta l,...) \\ & + kf'_y(x+\theta h, y+\theta k, z+\theta l,...) \\ & + lf'_z(x+\theta h, y+\theta k, z+\theta l,...) \\ & + .... \end{aligned}$$

Supposons, par exemple, que $f$ soit fonction des trois variables $x, y, z$ ; fixons $x, y, z$ et considérons la fonction de $t$

$$\varphi(t) = f(x+ht, y+kt, z+lt).$$

Les points $(x, y, z)$ et $(x+h, y+k, z+l)$ appartenant au champ, quel que soit $t$ dans l'intervalle $(0, 1)$, le point $(x+ht, y+kt, z+lt)$ appartient aussi au champ. La fonction $\varphi(t)$ est donc définie dans l'intervalle $(0, 1)$. De plus, $f(x, y, z)$ ayant des dérivées partielles continues et $x+ht$, $y+kt$, $z+lt$ étant des fonctions de $t$ admettant des dérivées, respectivement égales à $h, k, l$, par application du théorème relatif à la dérivation des fonctions composées, $\varphi(t)$ admet à l'intérieur de l'intervalle $(0, 1)$ une dérivée $\varphi'(t)$, et l'on a

$$\begin{aligned} \varphi'(t) = & \; hf'_x(x+ht, y+kt, z+lt) \\ & + kf'_y(x+ht, y+kt, z+lt) \\ & + lf'_z(x+ht, y+kt, z+lt). \end{aligned}$$

Il est possible alors d'appliquer la formule des accroissements finis à la fonction $\varphi(t)$, ce qui donne

$$\varphi(1)-\varphi(0)=\varphi'(\theta),$$

$\theta$ étant compris entre 0 et 1, c'est-à-dire

$$\begin{aligned} f(x+h,\ y+k,\ z+l)-f(x,\ y,\ z)=&\ hf'_x(x+\theta h,\ y+\theta k,\ z+\theta l)\\ &+kf'_y(x+\theta h,\ y+\theta k,\ z+\theta l)\\ &+lf'_z(x+\theta h,\ y+\theta k,\ z+\theta l). \end{aligned}$$

212. **Dérivée d'une fonction implicite.** — THÉORÈME. — *Étant donnée une fonction $f(x, y)$ de deux variables $x$ et $y$, définie dans un champ et admettant dans ce champ des dérivées partielles premières continues, s'il existe deux nombres $x_0$ et $y_0$ tels que l'on ait $f(x_0, y_0)=0$, de façon que $f'_y(x_0, y_0)$ ne soit pas nul, il existe une fonction $y$ de $x$ définie dans un intervalle contenant $x_0$, prenant pour $x_0$ la valeur $y_0$ et telle que l'on ait, pour chaque valeur de $x$ et la valeur correspondante de $y$, $f(x, y)=0$. En outre, $y$ a une dérivée*

$$y'=-\frac{f'_x(x, y)}{f'_y(x, y)}.$$

La fonction $f_y(x, y)$ étant continue et étant différente de 0 au point $(x_0, y_0)$, il est possible de trouver un champ C

$$|x-x_0|\leqslant\beta,\quad |y-y_0|\leqslant\beta,$$

dans lequel $f'_y(x, y)$ est constamment différent de 0 et du signe de $f'_y(x_0, y_0)$. Dans ce champ, $|f'_y(x,y)|$ est une fonction continue non nulle, bornée inférieurement par un nombre positif.

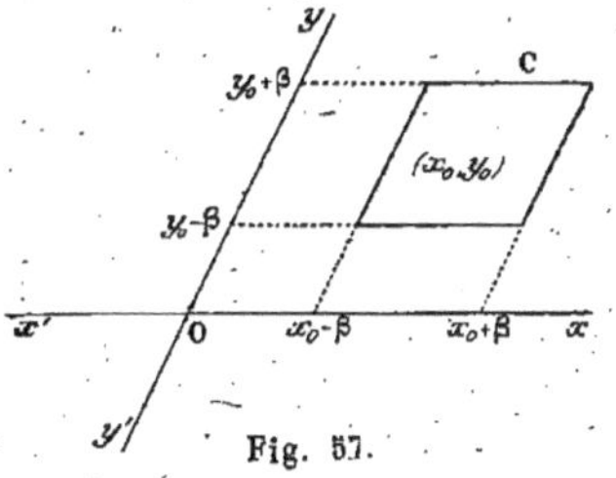


Fig. 57.

Soit A un nombre positif quelconque plus petit que ce nombre; dans le champ C, on a

$$A<|f'_y(x, y)|.$$

En même temps, $|f'_x(x, y)|$ est une fonction continue bornée supérieurement. Soit B un nombre positif plus grand que la borne supérieure; dans le champ C, on a

$$|f'_x(x, y)|<B.$$

Cela posé, soit $(x, y)$ un point du champ C; posons

$$x=x_0+h,\qquad y=y_0+k.$$

Par application de la formule des accroissements finis (§ 211) à la fonction $f(x, y)$, on a, $f(x_0, y_0)$ étant nul,

$$f(x_0+h, y_0+k) = h f'_x(x_0+\theta h, y_0+\theta k) + k f'_y(x_0+\theta h, y_0+\theta k),$$

avec $0 < \theta < 1$. Comme le point $(x_0+\theta h, y_0+\theta k)$ appartient au champ C, on a

$$A|k| < |k f'_y(x_0+\theta h, y_0+k)|,$$
$$|h f'_x(x_0+\theta h, y_0+\theta k)| < B|h|.$$

Si donc $h$ et $k$ sont tels qu'on ait $B|h| < A|k|$, $f(x_0+h, y_0+k)$ a le signe de $k f'_y(x_0+\theta h, y_0+\theta k)$, c'est-à-dire le signe de $k f'_y(x_0, y_0)$.

Soit alors un nombre positif $\alpha$ inférieur à la fois aux deux nombres $\beta$ et $\frac{A}{B}\beta$. Si $h$ appartient à l'intervalle $(-\alpha, +\alpha)$, le point $(x_0+h, y_0+\beta)$ et le point $(x_0+h, y_0-\beta)$ sont des points du champ C; en outre, on a $B|h| < A\beta$. Par suite, $f(x_0+h, y_0+\beta)$ a le signe de $\beta f'_y(x_0, y_0)$ et $f(x_0+h, y_0-\beta)$ a le signe de $-\beta f'_y(x_0, y_0)$. Donc, $f(x_0+h, y_0+\beta)$ et $f(x_0+h, y_0-\beta)$ sont de signes contraires.

Cela posé, $h$ appartenant à l'intervalle $(-\alpha, +\alpha)$, considérons la fonction $f(x_0+h, y)$ de la seule variable $y$, définie dans l'intervalle $(y_0-\beta, y_0+\beta)$. Dans cet intervalle, elle admet une dérivée, $f'_y(x_0+h, y)$, qui conserve un signe constant, celui de $f'_y(x_0, y_0)$. Elle est donc continue, croissante (ou décroissante) dans l'intervalle $(y_0-\beta, y_0+\beta)$, et comme elle prend des valeurs de signes contraires aux extrémités de l'intervalle, elle s'annule une fois et une seule dans l'intervalle. Finalement, $x$ étant un nombre quelconque appartenant à l'intervalle $(x_0-\alpha, x_0+\alpha)$, il existe un nombre $y$ et un seul appartenant à l'intervalle $(y_0-\beta, y_0+\beta)$, tel que l'on ait la relation

$$f(x, y) = 0.$$

En outre, si $x = x_0$, la valeur correspondante de $y$, qui est unique, est nécessairement égale à $y_0$, en vertu de l'égalité $f(x_0, y_0) = 0$. Il existe ainsi une fonction $y$ de $x$ liée à $x$ par la relation $f(x, y) = 0$ et prenant la valeur $y_0$ pour la valeur $x_0$ de $x$. Cette fonction est dite *implicite*.

Montrons que cette fonction a une dérivée. Pour cela, considérons les deux nombres $x$ et $x+\Delta x$ de l'intervalle $(x_0-\alpha, x_0+\alpha)$, les deux valeurs $y$ et $y+\Delta y$ correspondantes de la fonction. On a à la fois

$$f(x, y) = 0, \quad f(x+\Delta x, y+\Delta y) = 0,$$

et, par suite, par application de la formule des accroissements finis

$$0 = x\Delta f'_x(x+\theta\Delta x, y+\theta\Delta y) + \Delta y\, f'_y(x+\theta\Delta x, y+\theta\Delta y),$$

$\theta$ étant compris entre 0 et 1. On en tire

$$\Delta y = -\Delta x \frac{f'_x(x+\theta\Delta x, y+\theta\Delta y)}{f'_y(x+\theta\Delta x, y+\theta\Delta y)}$$

et, par suite,

$$|\Delta y| < \frac{B}{A} |\Delta x|.$$

Cette inégalité montre déjà que si $\Delta x$ tend vers 0, il en est de même de $\Delta y$, autrement dit, que $y$ est une fonction continue de $x$. Mais on a

$$\frac{\Delta y}{\Delta x} = -\frac{f'_x(x+\theta\Delta x, y+\theta\Delta y)}{f'_y(x+\theta\Delta x, y+\theta\Delta y)}.$$

Faisons tendre $\Delta x$ et, par suite, $\Delta y$ vers 0. En vertu de la continuité de $f'_x(x, y)$ et de $f'_y(x, y)$ et de ce fait que $f'_y(x, y)$ n'est pas nul, $\frac{\Delta y}{\Delta x}$ a une limite finie égale à

$$-\frac{f'_x(x, y)}{f'_y(x, y)},$$

qui est la dérivée de $y$.

Dans le calcul pratique, pour retrouver l'expression de cette dérivée, il est commode de se servir du raisonnement suivant, *qui suppose l'existence de la fonction $y$ et de sa dérivée $y'$*.

Si $y$ est la fonction de $x$ liée à $x$ par la relation $f(x, y) = 0$, la fonction $f(x, y)$ est une fonction composée de $x$, par l'intermédiaire des fonctions $x$ et $y$, laquelle d'ailleurs est nulle quel que soit $x$. Or, puisque $f(x, y)$ a des dérivées partielles continues et que $y$ a une dérivée, d'après la règle de dérivation des fonctions composées, $f$ a une dérivée égale à $f'_x + y'f'_y$. Mais $f$, étant nul, a une dérivée nulle. Donc,

$$f'_x + y'f'_y = 0,$$

d'où la valeur de $y'$.

Par une démonstration analogue, on établira le théorème général suivant :

*Étant donnée une fonction $f(x, y, z)$ de plusieurs variables $x, y, z$, définie dans un champ et admettant dans ce champ des dérivées partielles premières continues, s'il existe trois nombres $x_0, y_0, z_0$ tels que l'on ait $f(x_0, y_0, z_0) = 0$ de façon que $f'_z(x_0, y_0, z_0)$ ne soit pas nul, il existe une fonction $z$ de $x$ et de $y$ définie dans un champ contenant le point $(x_0, y_0)$, prenant en ce point la valeur $z_0$, et telle que l'on ait pour chaque point $(x, y)$ et pour la valeur correspondante de $z$ l'égalité $f(x, y, z) = 0$. En outre, $z$ a des dérivées partielles par rapport à $x$ et par rapport à $y$,*

$$z'_x = -\frac{f'_x(x, y, z)}{f'_z(x, y, z)}, \quad z'_y = -\frac{f'_y(x, y, z)}{f'_z(x, y, z)}.$$

Dérivées successives d'une fonction implicite. — Revenons à la fonction $y$ de $x$, définie par la relation $f(x, y)=0$. Si $f$ admet des dérivées partielles premières continues et si $f'_y$ n'est pas nul, $y$ admet une dérivée $y'$, et l'on a

$$y' = -\frac{f'_x}{f'_y}.$$

Supposons que $f(x, y)$ admette des dérivées partielles secondes continues, $f''_{x^2}$, $f''_{xy}$, $f''_{y^2}$. Alors, $f'_x$ et $f'_y$, fonctions composées de $x$ par l'intermédiaire de $x$ et de $y$, admettent des dérivées; il s'ensuit que $y$ admet une dérivée seconde, et l'on a

$$y'' = -\frac{f'_y(f''_{x^2}+y'f''_{xy}) - f'_x(f''_{xy}+y'f''_{y^2})}{f'^2_y},$$

d'où, en remplaçant $y'$ par sa valeur tirée de la première égalité et en simplifiant,

$$y'' = -\frac{f'^2_y f''_{x^2} - 2f'_x f'_y f''_{xy} + f'^2_x f''_{y^2}}{f'^3_y} = \frac{1}{f'^3_y}\begin{vmatrix} f''_{x^2} & f''_{xy} & f'_x \\ f''_{xy} & f''_{y^2} & f'_y \\ f'_x & f'_y & 0 \end{vmatrix}.$$

D'une façon générale, si $f(x, y)$ admet des dérivées partielles continues depuis l'ordre 1 jusqu'à l'ordre $p$, par rapport à tout ensemble de variables, $y$ admet une dérivée d'ordre $p$.

213. **Application de la formule des accroissements finis au calcul approché.** — Soit une fonction $y=f(x)$ admettant une dérivée $f'(x)$. Si $x_0$ est une valeur approchée de $x$, on en déduit une valeur approchée $y_0=f(x_0)$ de $y$. L'erreur commise est égale à $f(x)-f(x_0)$, c'est-à-dire, par application de la formule des accroissements finis, à $(x-x_0)f'(\xi)$, $\xi$ étant un nombre compris entre $x_0$ et $x$. Supposons que, dans un intervalle où se trouvent $x$ et $x_0$, la dérivée soit limitée supérieurement en valeur absolue par le nombre positif A. On a, d'après cela,

$$|f(x)-f(x_0)| < |x-x_0| \mathrm{A}.$$

Si l'on connaît une limite supérieure $\varepsilon$ de la valeur absolue de l'erreur commise sur $x$, on connaît une limite supérieure de la valeur absolue de l'erreur commise sur $f(x)$, égale à $\mathrm{A}\varepsilon$.

Soit de même une fonction $\omega=f(x, y)$ de plusieurs variables $x$ et $y$, admettant des dérivées partielles continues $f'_x$ et $f'_y$. Si $x_0$, $y_0$ sont des valeurs approchées de $x$, $y$, on en déduit une valeur approchée $\omega_0=f(x_0, y_0)$ de $\omega$. L'erreur commise est égale à $f(x, y)-f(x_0, y_0)$, c'est-à-dire, par application de la formule des accroissements finis relative aux fonctions de plusieurs variables, à

$$(x-x_0)\,f'_x(\xi,\eta)+(y-y_0)\,f'_y(\xi,\eta),$$

$\xi$, $\eta$ étant respectivement compris entre $x_0$ et $x$, entre $y_0$ et $y$. Supposons que, dans un champ où se trouvent le point $(x, y)$ et le point $(x_0, y_0)$, les dérivées partielles de $f$ soient limitées supérieurement en valeur absolue respectivement par les nombres positifs A et B. On a, d'après cela,

$$|f(x,y)-f(x_0,y_0)|<\mathrm{A}\,|x-x_0|+\mathrm{B}\,|y-y_0|.$$

Si l'on connaît des limites supérieures $\varepsilon$ et $\varepsilon'$ des valeurs absolues des erreurs commises sur $x$ et sur $y$, on connaît une limite supérieure de la valeur absolue de l'erreur commise sur $f(x, y)$, égale à $\mathrm{A}\varepsilon+\mathrm{B}\varepsilon'$.

## III. — DÉRIVÉES DES FONCTIONS USUELLES

**214. Fonction puissance entière.** — La fonction $y=x$, $x$ étant une variable réelle ou imaginaire, admet une dérivée $y'$ égale à 1, et une infinité de dérivées successives qui, à partir de l'ordre 2, sont nulles.

Si $n$ est un entier positif, la fonction $y=x^n$, $x$ réel ou imaginaire, admet une dérivée $y'$ égale à $nx^{n-1}$; à son tour, $y'$ admet une dérivée $y''$ égale à $n(n-1)x^{n-2}$, et ainsi de suite; $y$ admet une dérivée d'ordre $n$, $y^{(n)}$, égale à $n(n-1)\ldots 3.2.1$, c'est-à-dire à $n!$. Puis, $y$ admet une infinité de dérivées successives d'ordre supérieur à $n$ qui sont toutes nulles.

Si $\alpha$ est un entier négatif, égal à $-n$, la fonction $y=x^\alpha=\frac{1}{x^n}$, $x$ réel ou imaginaire, admet une dérivée $y'$ égale à $\alpha x^{\alpha-1}$, c'est-à-dire à $-\frac{n}{x^{n+1}}$; à son tour, $y'$ admet une dérivée $y''$ égale à $\alpha(\alpha-1)x^{\alpha-2}$, c'est-à-dire $\frac{n(n+1)}{x^{n+2}}$, et ainsi de suite; $y$ admet une infinité de dérivées successives, l'expression de $y^{(p)}$ étant $\alpha(\alpha-1)\ldots(\alpha-p+1)x^{\alpha-p}$, c'est-à-dire $(-1)^p\frac{n(n+1)\ldots(n+p-1)}{x^{n+p}}$.

Soit le monome $\omega=x^n y^p z^q$, $x$, $y$ et $z$ étant des variables réelles ou imaginaires, $n$, $p$, $q$, des entiers positifs ou nuls. Si $n=0$, $\omega$ a une dérivée partielle par rapport à $x$, qui est nulle; si $n>0$, $\omega$ a une dérivée partielle par rapport à $x$, égale à $nx^{n-1}y^p z^q$; c'est un monome entier. On voit, d'après cela, que $\omega$ a une infinité de dérivées partielles par rapport à tous les ensembles de variables prises parmi les variables $x, y, z$. Une dérivée partielle d'ordre $k \leqslant n+p+q$ est ou bien nulle ou bien un monome de degré $n+p+q-k$; une dérivée partielle d'ordre $k > n+p+q$ est nulle.

Il est facile de vérifier l'identité des fonctions $\omega''_{xy}$ et $\omega''_{yx}$.

**215. Fonction exponentielle.** — THÉORÈME. — *Pour toute valeur de $x$, la fonction $a^x$ a une dérivée.*

Donnons à $x$ l'accroissement $h$; le rapport de l'accroissement de la fonction à l'accroissement de la variable s'écrit

$$a^x \frac{a^h - 1}{h}.$$

Il s'agit de prouver que le rapport $\frac{a^h-1}{h}$ a une limite finie quand $h$ tend vers 0.

Pour cela, nous partirons de la double inégalité fondamentale déjà établie (ch. II, § 63)

$$n(a-1) < a^n - 1 < na^n(a-1),$$

$a$ étant supposé différent de 1.

De la seconde partie de cette double inégalité, on tire, en retranchant $n$ aux deux membres,

$$n(a^{n+1} - 1) > (n+1)(a^n - 1).$$

Remplaçons $a$ par $a^{\frac{1}{n(n+1)}}$. Il vient alors

$$n(a^{\frac{1}{n}} - 1) > (n+1)(a^{\frac{1}{n+1}} - 1).$$

Cette inégalité montre que l'expression $n(a^{\frac{1}{n}} - 1)$, où $n$ désigne un entier positif, est une fonction décroissante de $n$.

D'autre part, si $a > 1$, cette expression est positive; il s'ensuit qu'elle a une limite finie $\lambda$ quand $n$ tend vers l'infini. Si $a < 1$, en posant $\frac{1}{a} = a'$, on peut l'écrire $-\frac{n(a'^{\frac{1}{n}} - 1)}{a'^{\frac{1}{n}}}$, et on reconnaît qu'elle a encore une limite finie $\lambda$ quand $n$ tend vers l'infini.

*Je dis que* $\frac{a^x - 1}{x}$ *tend vers $\lambda$ quand $x$ tend vers* 0. En effet, donnons d'abord à $x$ des valeurs positives et plus petites que 1. A toute valeur de $x$ il correspond un entier $n$ tel que l'on ait

$$\frac{1}{n} \geqslant x > \frac{1}{n+1},$$

et quand $x$ tend vers 0, $n$ tend vers l'infini. Que $a$ soit plus grand ou plus petit que 1, $\frac{a^x-1}{x}$ est compris entre les quantités $(n+1)(a^{\frac{1}{n}}-1)$ et $n(a^{\frac{1}{n+1}}-1)$; lesquelles peuvent s'écrire

$$\frac{n+1}{n} \cdot n(a^{\frac{1}{n}}-1) \quad \text{et} \quad \frac{n}{n+1} \cdot (n+1)(a^{\frac{1}{n+1}}-1).$$

Ces deux quantités tendent vers $\lambda$ quand $n$ tend vers $\infty$; par suite, $\frac{a^x-1}{x}$ tend vers $\lambda$ quand $x$ tend vers 0 par valeurs positives.

Donnons ensuite à $x$ des valeurs négatives. Posons $x = -z$. On a

$$\frac{a^x-1}{x} = \frac{a^{-z}-1}{-z} = \frac{1}{a^z} \frac{a^z-1}{z}.$$

Quand $x$ tend 0, $z$ tend vers 0, $a^z$ tend vers 1. Le second membre de l'inégalité tend donc vers $\lambda$, et il en est de même du premier.

Cela posé, si $x$ est une variable quelconque positive ou négative tendant vers 0, $\frac{a^x-1}{x}$ tend encore vers $\lambda$.

*Je dis que $\lambda$ est positif si $a > 1$, négatif si $a < 1$.* En effet, si dans la double inégalité fondamentale, on remplace $a$ par $a^{\frac{1}{n}}$, il vient

$$n(a^{\frac{1}{n}}-1) < a-1 < an(a^{\frac{1}{n}}-1).$$

Faisons tendre $n$ vers l'infini. A la limite, on a $\lambda \leqslant a-1 \leqslant a\lambda$. Si donc $a > 1$, $\lambda$ est positif, si $a < 1$, $\lambda$ est négatif.

Si $a = 1$, il est clair que $\frac{a^x-1}{x}$ a pour limite 0 quand $x$ tend vers 0. On voit ainsi que, quel que soit $x$ et quel que soit $a$, la fonction $a^x$ a une dérivée.

Calcul de la dérivée de $a^x$. Définition du nombre $e$. — A tout nombre positif $a$ il correspond un nombre $\lambda$, défini comme étant la limite de $\frac{a^x-1}{x}$ quand $x$ tend vers 0. Ce nombre apparaît ainsi comme une fonction de $a$, définie pour toute valeur positive de $a$. Désignons cette fonction par $\varphi(a)$.

*Je dis que, $a$ et $b$ étant deux nombres positifs quelconques, $a \neq 1$, on a*

$$\varphi(b) = \varphi(a)\log_a b.$$

En effet, on a $b = a^{\log_a b}$. Par suite, quel que soit $x$ différent de 0, on a

$$\frac{b^x - 1}{x} = \frac{a^{x \log_a b} - 1}{x} = \frac{a^{x\log_a b} - 1}{x \log_a b} \log_a b.$$

Cela posé, faisons tendre $x$ vers 0; $x \log_a b$ tend aussi vers 0. A la limite, on a bien l'égalité énoncée.

*La fonction $\varphi(a)$ est une fonction continue, croissante, tendant vers $+\infty$ quand $a$ tend vers $+\infty$, vers $-\infty$ quand $a$ tend vers 0.*

Prenons en effet un nombre $\alpha > 1$. On a, quel que soit $a$,

$$\varphi(a) = \varphi(\alpha) \log_\alpha a.$$

La quantité $\varphi(\alpha)$ est, nous l'avons vu, positive. Quant à la fonction $\log_\alpha a$, $\alpha$ étant plus grand que 1, elle est continue, croissante, tendant vers $+\infty$ quand $a$ tend vers $+\infty$, vers $-\infty$ quand $a$ tend vers 0. Il en est de même de la fonction $\varphi(a)$.

Cela posé, la fonction $\varphi(a)$, étant continue et variant de $-\infty$ à $+\infty$, passe au moins une fois par la valeur 1. Mais, comme elle est croissante, elle n'y passe qu'une fois. *Il existe donc un nombre et un seul qu'on désigne par la lettre $e$ et qui est tel que l'on ait $\varphi(e) = 1$, c'est-à-dire tel que $\frac{e^x - 1}{x}$ ait pour limite 1 quand $x$ tend vers 0.* Ce nombre est plus grand que 1.

On a $\varphi(a) = \varphi(e) \log_e a = \log_e a$. Le nombre $\log_e a$ prend le nom de *logarithme népérien* de $a$ et se représente par la notation spéciale L$a$. La fonction L$x$ est une fonction croissante de $x$.

D'après cela, *la fonction $a^x$ a une dérivée égale à $a^x$La.*

En particulier, *$e^x$ a pour dérivée $e^x$.*

La fonction $y = a^x$ a une dérivée $y'$ égale à $a^x$La; à son tour, $y'$ admet une dérivée $y''$ égale à $a^x(\mathrm{L}a)^2$, et ainsi de suite. La fonction $y = a^x$ admet une infinité de dérivées successives, et l'on a $y^{(n)} = a^x(\mathrm{L}a)^n$. En particulier, $e^x$ a une infinité de dérivées successives toutes égales à $e^x$.

**216. Fonctions hyperboliques.** — La fonction $e^x$, définie dans l'intervalle $(-\infty, +\infty)$, est la somme d'une fonction paire et d'une fonction impaire (ch. I, § 43); la fonction paire est dite *cosinus hyperbolique de $x$* et se représente par ch $x$, la fonction impaire est dite *sinus hyperbolique de $x$* et se représente par sh $x$; on a

$$e^x = \operatorname{ch} x + \operatorname{sh} x, \qquad e^{-x} = \operatorname{ch} x - \operatorname{sh} x,$$

d'où l'on déduit

$$\text{ch}\,x = \frac{e^x + e^{-x}}{2}, \quad \text{sh}\,x = \frac{e^x - e^{-x}}{2}.$$

Entre ch $x$ et sh $x$, on a la relation

$$\text{ch}^2 x - \text{sh}^2 x = (\text{ch}\,x + \text{sh}\,x)(\text{ch}\,x - \text{sh}\,x) = e^x e^{-x} = 1.$$

On appelle *tangente hyperbolique de $x$* le quotient de sh $x$ par ch $x$, et l'on pose

$$\text{th}\,x = \frac{\text{sh}\,x}{\text{ch}\,x}.$$

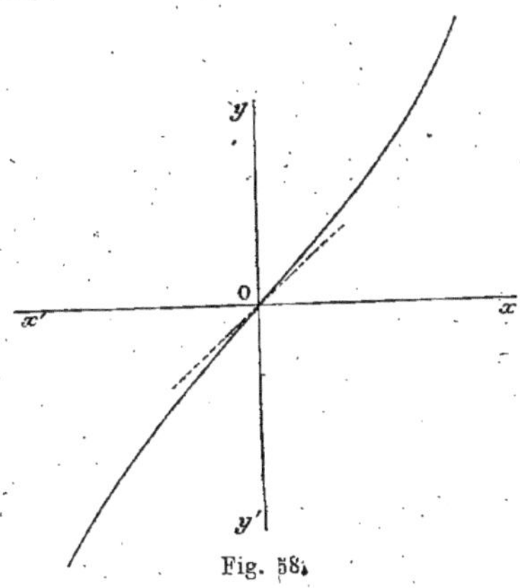

Fig. 58.

Cette fonction est définie dans l'intervalle $(-\infty, +\infty)$, car ch $x$ ne s'annule évidemment pour aucune valeur de $x$; de plus, th $x$ est une fonction impaire.

Considérons d'abord la fonction sh $x$. Elle est continue pour toute valeur de $x$; elle admet une dérivée qui, comme on le voit immédiatement, est ch $x$. Cette dérivée étant positive pour toute valeur de $x$, la fonction sh $x$ est croissante dans tout intervalle fini et, par suite, dans l'intervalle $(-\infty, +\infty)$. Cette fonction s'annule pour $x=0$, elle est positive pour $x>0$. Quand $x$ tend vers $+\infty$, sh $x$ est un infiniment grand positif équivalent à $\frac{e^x}{2}$; $\frac{\text{sh}\,x}{x}$ tend vers $+\infty$. On peut facilement tracer la courbe représentative de la fonction, qui passe par l'origine qu'elle admet comme centre de symétrie; les branches infinies sont paraboliques et ont pour direction asymptotique la droite $y'Oy$. La dérivée de sh $x$ étant égale à 1 pour $x=0$, la tangente à l'origine est la bissectrice de l'angle $xOy$. D'après cela, *sh $x$ est un infiniment petit équivalent à $x$.*

Considérons ensuite la fonction ch $x$. Elle est continue pour toute valeur de $x$; de plus, elle admet une dérivée qui est égale à sh $x$. Cette dérivée étant positive à l'intérieur de l'intervalle $(0, +\infty)$, la fonction ch $x$ est croissante dans cet intervalle. Cette fonction prend la valeur 1 pour $x=0$; elle est donc supérieure à 1 pour $x>0$, et, par suite aussi, la fonction étant paire, pour $x<0$. Quand $x$ tend vers $+\infty$, ch $x$ est un infiniment grand positif équivalent à $\frac{e^x}{2}$; $\frac{\text{ch}\,x}{x}$ tend vers $+\infty$. On peut alors facilement tracer la courbe représentative de la fonction,

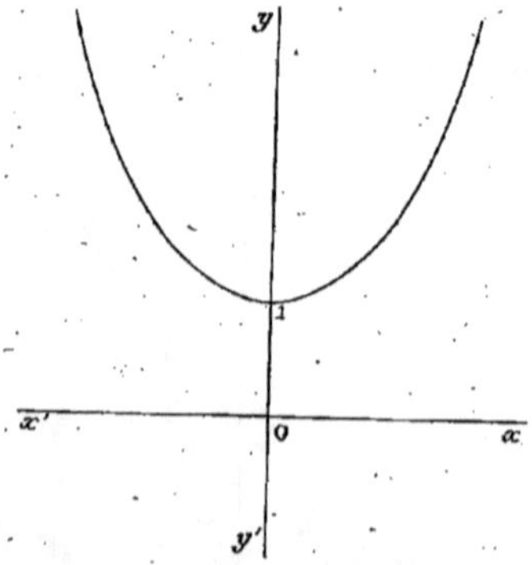

Fig. 59.

qui admet l'axe $y'Oy$ comme axe de symétrie; les branches infinies sont paraboliques et ont pour direction asymptotique la droite $y'Oy$.

Soit enfin la fonction th $x$. Elle est continue pour toute valeur de $x$; de plus, elle admet une dérivée égale à

$$\frac{\text{ch}^2 x - \text{sh}^2 x}{\text{ch}^2 x},$$

c'est-à-dire à $\frac{1}{\text{ch}^2 x}$ ou à $1 - \text{th}^2 x$.

Cette dérivée étant positive, la fonction th $x$ est croissante dans l'intervalle $(-\infty, +\infty)$. Quand $x$ tend vers $+\infty$, sh $x$ et ch $x$ étant des infiniment grands équivalents à $\frac{e^x}{2}$, th $x$ tend vers $+1$; la fonction th $x$, étant impaire, tend, par suite, vers $-1$ quand $x$ tend vers $-\infty$. On peut alors tracer la courbe représentative de la fonction, qui passe par l'origine qu'elle admet comme centre de symétrie; la tangente en ce point est la bissectrice de l'angle $xOy$, et, par suite, th $x$ *est un infiniment petit équivalent à* $x$. La courbe représentative de th $x$ admet les deux droites $y = +1$ et $y = -1$ comme asymptotes.

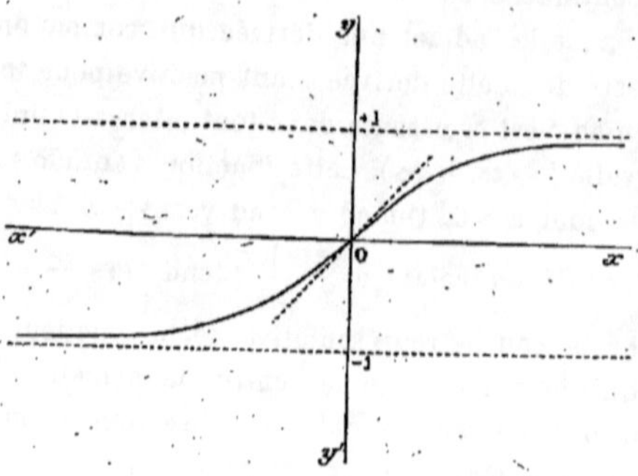

Fig. 60.

FORMULES D'ADDITION. — Les fonctions hyperboliques admettent, comme les fonctions circulaires, des formules d'addition.

On a

$$e^a = \text{ch}\,a + \text{sh}\,a, \quad e^b = \text{ch}\,b + \text{sh}\,b,$$

d'où, par multiplication,

$$e^a e^b = e^{a+b} = \operatorname{ch}(a+b) + \operatorname{sh}(a+b) = (\operatorname{ch} a + \operatorname{sh} a)(\operatorname{ch} b + \operatorname{sh} b),$$

c'est-à-dire

$$\operatorname{ch}(a+b) + \operatorname{sh}(a+b) = (\operatorname{ch} a \operatorname{ch} b + \operatorname{sh} a \operatorname{sh} b) + (\operatorname{sh} a \operatorname{ch} b + \operatorname{sh} b \operatorname{ch} a).$$

Si on change $a$ en $-a$ et $b$ en $-b$, on obtient

$$\operatorname{ch}(a+b) - \operatorname{sh}(a+b) = (\operatorname{ch} a \operatorname{ch} b + \operatorname{sh} a \operatorname{sh} b) - (\operatorname{sh} a \operatorname{ch} b + \operatorname{sh} b \operatorname{ch} a),$$

d'où, par addition et par soustraction,

$$\operatorname{ch}(a+b) = \operatorname{ch} a \operatorname{ch} b + \operatorname{sh} a \operatorname{sh} b, \quad \operatorname{sh}(a+b) = \operatorname{sh} a \operatorname{ch} b + \operatorname{sh} b \operatorname{ch} a.$$

En particulier, on a

$$\operatorname{ch} 2a = \operatorname{ch}^2 a + \operatorname{sh}^2 a = 2\operatorname{ch}^2 a - 1 = 1 + 2\operatorname{sh}^2 a,$$
$$\operatorname{sh} 2a = 2 \operatorname{sh} a \operatorname{ch} a.$$

On en déduit

$$\operatorname{ch} 2a = \frac{\operatorname{ch}^2 a + \operatorname{sh}^2 a}{\operatorname{ch}^2 a - \operatorname{sh}^2 a} = \frac{1 + \operatorname{th}^2 a}{1 - \operatorname{th}^2 a},$$

$$\operatorname{sh} 2a = \frac{2 \operatorname{sh} a \operatorname{ch} a}{\operatorname{ch}^2 a - \operatorname{sh}^2 a} = \frac{2 \operatorname{th} a}{1 - \operatorname{th}^2 a}.$$

On a

$$\operatorname{ch}(a+b) + \operatorname{ch}(a-b) = 2 \operatorname{ch} a \operatorname{ch} b,$$
$$\operatorname{ch}(a+b) - \operatorname{ch}(a-b) = 2 \operatorname{sh} a \operatorname{sh} b,$$
$$\operatorname{sh}(a+b) + \operatorname{sh}(a-b) = 2 \operatorname{sh} a \operatorname{ch} b,$$
$$\operatorname{sh}(a+b) - \operatorname{sh}(a-b) = 2 \operatorname{sh} b \operatorname{ch} a.$$

On tire de là facilement

$$\operatorname{ch} u + \operatorname{ch} v = 2 \operatorname{ch} \frac{u+v}{2} \operatorname{ch} \frac{u-v}{2},$$

$$\operatorname{ch} u - \operatorname{ch} v = 2 \operatorname{sh} \frac{u+v}{2} \operatorname{sh} \frac{u-v}{2},$$

$$\operatorname{sh} u + \operatorname{sh} v = 2 \operatorname{sh} \frac{u+v}{2} \operatorname{ch} \frac{u-v}{2},$$

$$\operatorname{sh} u - \operatorname{sh} v = 2 \operatorname{sh} \frac{u-v}{2} \operatorname{ch} \frac{u+v}{2}.$$

Plus généralement, on a

$$\begin{aligned} \operatorname{ch}(a+b+\ldots+l) + \operatorname{sh}(a+b+\ldots l) &= e^{a+b+\ldots+l} = e^a e^b \ldots e^l \\ &= (\operatorname{ch} a + \operatorname{sh} a)(\operatorname{ch} b + \operatorname{sh} b) \ldots (\operatorname{ch} l + \operatorname{sh} l) \\ = \operatorname{ch} a \operatorname{ch} b \ldots \operatorname{ch} l + \Sigma \operatorname{sh} a \operatorname{ch} b \ldots \operatorname{ch} l &+ \Sigma \operatorname{sh} a \operatorname{sh} b \operatorname{ch} c \ldots \operatorname{ch} l + \ldots \\ &+ \operatorname{sh} a \operatorname{sh} b \ldots \operatorname{sh} l. \end{aligned}$$

En changeant $a$ en $-a$, $b$ en $-b$, ..., $l$ en $-l$, on a

$$\begin{aligned}&\operatorname{ch}(a+b+\ldots+l)-\operatorname{sh}(a+b+\ldots+l)\\&=(\operatorname{ch}a-\operatorname{sh}a)(\operatorname{ch}b-\operatorname{sh}b)\ldots(\operatorname{ch}l-\operatorname{sh}l)\\&=\operatorname{ch}a\operatorname{ch}b\ldots\operatorname{ch}l-\Sigma\operatorname{sh}a\operatorname{ch}b\ldots\operatorname{ch}l+\Sigma\operatorname{sh}a\operatorname{sh}b\operatorname{ch}c\ldots\operatorname{ch}l-\ldots.\end{aligned}$$

Par addition et par soustraction, on obtient finalement

$$\operatorname{ch}(a+b+\ldots+l)=\operatorname{ch}a\operatorname{ch}b\ldots\operatorname{ch}l+\Sigma\operatorname{sh}a\operatorname{sh}b\operatorname{ch}c\ldots\operatorname{ch}l+\ldots,$$

le second membre étant la somme de toutes les sommes $\Sigma$ des produits obtenus en multipliant de toutes les façons possibles $2p$ sinus hyperboliques par $n-2p$ cosinus hyperboliques, $n$ étant le nombre des quantités $a$, $b$, ..., $l$, puis

$$\operatorname{sh}(a+b+\ldots+l)=\Sigma\operatorname{sh}a\operatorname{ch}b\operatorname{ch}c\ldots\operatorname{ch}l+\Sigma\operatorname{sh}a\operatorname{sh}b\operatorname{sh}c\operatorname{ch}d\ldots\operatorname{ch}l+\ldots,$$

le second membre étant la somme de toutes les sommes $\Sigma$ des produits obtenus en multipliant de toutes les façons possibles $2p+1$ sinus hyperboliques par $n-2p-1$ cosinus hyperboliques.

On peut écrire

$$\begin{aligned}\operatorname{ch}(a+b+\ldots+l)&=\operatorname{ch}a\operatorname{ch}b\ldots\operatorname{ch}l\,(1+S_2+S_4+\ldots),\\ \operatorname{sh}(a+b+\ldots+l)&=\operatorname{ch}a\operatorname{ch}b\ldots\operatorname{ch}l\,(S_1+S_3+S_5+\ldots),\end{aligned}$$

en désignant par $S_p$ la somme des produits $p$ à $p$ des nombres $\operatorname{th}a$, $\operatorname{th}b$, ..., $\operatorname{th}l$.

Si on divise ces deux égalités membre à membre, on obtient

$$\operatorname{th}(a+b+\ldots+l)=\frac{S_1+S_3+S_5+\ldots}{1+S_2+S_4+\ldots}.$$

En particulier, si on suppose $a=b=c=\ldots=l$, on obtient

$$\begin{aligned}\operatorname{ch}na&=\operatorname{ch}^n a+C_n^2\operatorname{sh}^2 a\operatorname{ch}^{n-2}a+C_n^4\operatorname{sh}^4 a\operatorname{ch}^{n-4}a+\ldots,\\ \operatorname{sh}na&=C_n^1\operatorname{sh}a\operatorname{ch}^{n-1}a+C_n^3\operatorname{sh}^3 a\operatorname{ch}^{n-3}a+C_n^5\operatorname{sh}^5 a\operatorname{ch}^{n-5}a+\ldots,\end{aligned}$$

$$\operatorname{th}na=\frac{C_n^1\operatorname{th}a+C_n^3\operatorname{th}^3 a+\ldots}{1+C_n^2\operatorname{th}^2 a+C_n^4\operatorname{th}^4 a\ldots}.$$

Pour $n=3$, on a

$$\begin{aligned}\operatorname{ch}3a&=\operatorname{ch}^3 a+3\operatorname{sh}^2 a\operatorname{ch}a=\operatorname{ch}^3 a+3(\operatorname{ch}^2 a-1)\operatorname{ch}a=4\operatorname{ch}^3 a-3\operatorname{ch}a,\\ \operatorname{sh}3a&=3\operatorname{sh}a\operatorname{ch}^2 a+\operatorname{sh}^3 a=3\operatorname{sh}a(1+\operatorname{sh}^2 a)+\operatorname{sh}^3 a=3\operatorname{sh}a+4\operatorname{sh}^3 a.\end{aligned}$$

Voici d'autres relations.

On a

$$\operatorname{ch}a=\frac{e^a+e^{-a}}{2},$$

d'où l'on tire

$$\begin{aligned}\operatorname{ch}^n a &= \frac{1}{2^n}(e^a + e^{-a})^n \\ &= \frac{1}{2^n}(e^{na} + C_n^1 e^{(n-1)a}e^{-a} + C_n^2 e^{(n-2)a}e^{-2a} + \ldots + C_n^{n-2}e^{2a}e^{-(n-2)a} \\ &\qquad + C_n^{n-1}e^a e^{-(n-1)a} + e^{-na}) \\ &= \frac{1}{2^{n+1}}[(e^{na}+e^{-na})+C_n^1(e^{(n-2)a}+e^{-(n-2)a})+C_n^2(e^{(n-4)a}+e^{-(n-4)a})+\ldots],\end{aligned}$$

c'est-à-dire

$$\operatorname{ch}^n a = \frac{1}{2^n}[\operatorname{ch} na + C_n^1 \operatorname{ch}(n-2)a + C_n^2 \operatorname{ch}(n-4)a + \ldots].$$

On a, d'autre part,

$$\operatorname{sh} a = \frac{e^a - e^{-a}}{2},$$

d'où l'on tire

$$\begin{aligned}\operatorname{sh}^n a &= \frac{1}{2^n}(e^a - e^{-a})^n \\ &= \frac{1}{2^n}[e^{na} - C_n^1 e^{(n-1)a}e^{-a} + C_n^2 e^{(n-2)a}e^{-2a} + \ldots + (-1)^{n-2}C_n^{n-2}e^{2a}e^{-(n-2)a} \\ &\qquad + (-1)^{n-1}C_n^{n-1}e^a e^{-(n-1)a} + (-1)^n e^{-na}].\end{aligned}$$

Distinguons deux cas. 1° $n$ est pair. On a alors

$$\operatorname{sh}^n a = \frac{1}{2^{n+1}}[(e^{na}+e^{-na})-C_n^1(e^{(n-2)a}+e^{-(n-2)a})+C_n^2(e^{(n-4)a}+e^{-(n-4)a})+\ldots],$$

c'est-à-dire

$$\operatorname{sh}^n a = \frac{1}{2^n}[\operatorname{ch} na - C_n^1 \operatorname{ch}(n-2)a + C_n^2 \operatorname{ch}(n-4)a + \ldots].$$

2° $n$ est impair. On a alors

$$\operatorname{sh}^n a = \frac{1}{2^{n+1}}[(e^{na}-e^{-na})-C_n^1(e^{(n-2)a}-e^{-(n-2)a})+C_n^2(e^{(n-4)a}-e^{-(n-4)a})+\ldots],$$

c'est-à-dire

$$\operatorname{sh}^n a = \frac{1}{2^n}[\operatorname{sh} na - C_n^1 \operatorname{sh}(n-2)a + C_n^2 \operatorname{sh}(n-4)a - \ldots].$$

En particulier, on a

$$\operatorname{ch}^3 a = \frac{1}{4}\operatorname{ch} 3a + \frac{3}{4}\operatorname{ch} a, \qquad \operatorname{sh}^3 a = \frac{1}{4}\operatorname{sh} 3a - \frac{3}{4}\operatorname{sh} a.$$

**217. Fonction logarithmique.** — Théorème. — *La fonction* $\log_a x$ *a, pour toute valeur positive de* $x$, *une dérivée égale à* $\frac{1}{x \mathrm{L} a}$.

Posons en effet $y = \log_a x$. On en déduit $x = a^y$. D'après un résultat établi (§ 215), $x$ est une fonction de $y$ qui a pour dérivée $a^y La$. Donc, $y$ est une fonction de $x$ qui a une dérivée égale à $\frac{1}{a^y La}$, c'est-à-dire à $\frac{1}{x La}$.

En particulier, *la fonction* $Lx$ *a pour dérivée* $\frac{1}{x}$.

La fonction $y = \log_a x$, admettant une dérivée première égale à $\frac{1}{La}\frac{1}{x}$, admet une infinité de dérivées successives, la dérivée $n^{\text{ième}}$ ayant pour expression $\frac{(-1)^{n-1}}{La} 1.2.3 \ldots (n-1)\frac{1}{x^n}$. En particulier, $Lx$ a une dérivée $n^{\text{ième}}$ égale à $(-1)^{n-1}\frac{(n-1)!}{x^n}$.

**218. Fonction puissance.** — THÉORÈME. — *Pour toute valeur de* $x$ *différente de* 0, *la fonction* $x^\alpha$, $\alpha$ *étant une constante, a une dérivée égale à* $\alpha x^{\alpha-1}$.

1° Supposons $x > 0$. On a $x^\alpha = e^{\alpha Lx}$. Sous cette forme, $x^\alpha$ apparaît comme une fonction de fonction. La règle de dérivation d'une fonction de fonction est applicable et donne une dérivée égale à

$$e^{\alpha Lx}\frac{\alpha}{x} = x^\alpha \frac{\alpha}{x} = \alpha x^{\alpha-1}.$$

2° Supposons $x < 0$. Posons $x = -x'$. Cela exige que $\alpha$ soit rationnel et égal à une fraction irréductible, positive ou négative, de dénominateur impair. Deux cas se présentent. Si le numérateur de $\alpha$ est impair, on a $x^\alpha = -x'^\alpha$. La fonction $-x'^\alpha$ a par rapport à $x'$ une dérivée égale à $-\alpha x'^{\alpha-1}$. Mais, $\alpha - 1$ est une fraction irréductible à dénominateur impair et à numérateur pair. Donc, $x'^{\alpha-1} = x^{\alpha-1}$. La dérivée de $x^\alpha$ par rapport à $x'$ est égale à $-\alpha x^{\alpha-1}$ et la dérivée par rapport à $x$, qui est égal à $-x'$, est égale à $\alpha x^{\alpha-1}$. Si le numérateur de $\alpha$ est pair, on a $x^\alpha = x'^\alpha$. La fonction $x'^\alpha$ a par rapport à $x'$ une dérivée égale à $\alpha x'^{\alpha-1}$. Mais, $\alpha - 1$ est une fraction irréductible à dénominateur impair et à numérateur impair. Donc, $x'^{\alpha-1} = -x^{\alpha-1}$. La dérivée de $x^\alpha$ par rapport à $x'$ est égale à $-\alpha x^{\alpha-1}$ et la dérivée par rapport à $x$ est égale à $\alpha x^{\alpha-1}$.

Pour $x = 0$, $x^\alpha$ a une dérivée, nulle si $\alpha > 1$, égale à 1 si $\alpha = 1$, c'est-à-dire encore, dans ces deux cas, égale à $\alpha x^{\alpha-1}$ pour $x = 0$, infinie si $0 < \alpha < 1$, nulle si $\alpha = 0$.

La fonction $u^\alpha$ a une dérivée égale à $\alpha u^{\alpha-1} u'$.

La fonction $y=x^\alpha$ admettant, pour $x\neq 0$, une dérivée égale à $\alpha x^{\alpha-1}$, admet aussi une dérivée seconde égale à $\alpha(\alpha-1)x^{\alpha-2}$, et ainsi de suite, d'une manière générale, une dérivée d'ordre $n$ égale à $\alpha(\alpha-1)\ldots(\alpha-n+1)x^{\alpha-n}$.

THÉORÈME. — *Si $u$ et $v$ sont des fonctions de $x$ admettant des dérivées, $u$ étant positif, $u^v$ admet une dérivée égale à $vu^{v-1}u'+u^v v'\mathrm{L}u$.*

En effet, on a

$$u^v=e^{v\mathrm{L}u}.$$

D'après la règle de dérivation d'une fonction de fonction, $u^v$ admet une dérivée égale au produit de $e^{v\mathrm{L}u}$ par la dérivée du produit $v\mathrm{L}u$, soit

$$e^{v\mathrm{L}u}\left(v'\mathrm{L}u+v\frac{u'}{u}\right),$$

c'est-à-dire

$$u^v\left(v'\mathrm{L}u+\frac{vu'}{u}\right).$$

On peut aussi calculer cette dérivée par application de la règle de dérivation d'une fonction composée.

**219. Applications au calcul des limites.** — 1° Comme la dérivée de $\mathrm{L}x$, pour $x=1$, est égale à 1, on voit que $\frac{\mathrm{L}x}{x-1}$ a pour limite 1 quand $x$ tend vers 1. Autrement dit, $\mathrm{L}x$ et $x-1$ sont des infiniment petits équivalents. En changeant de notation, on voit aussi que $\mathrm{L}(1+x)$ *et $x$ sont des infiniment petits équivalents.*

D'après cela, considérons l'expression $u^v$, $u$ et $v$ étant des fonctions d'une même variable $u$. On a

$$u^v=e^{v\mathrm{L}u}.$$

Supposons que simultanément $u$ tende vers 1 et $v$ vers l'infini ; $u^v$ prend alors la forme indéterminée $1^\infty$ et $v\mathrm{L}u$ prend la forme $\infty\times 0$. Pour trouver la limite de $v\mathrm{L}u$, on peut remplacer $\mathrm{L}u$ par l'infiniment petit équivalent $u-1$. On a donc l'égalité

$$\lim.\, u^v=e^{\lim.\, v(u-1)}.$$

En particulier, soit l'expression $\left(1+\frac{1}{x}\right)^x$ dans laquelle $x$ tend vers $\infty$. Ici, $u-1=\frac{1}{x}$, $v=x$ et $v(u-1)=1$. On a donc le théorème suivant :

*Quand $x$ tend vers $\infty$, $\left(1+\frac{1}{x}\right)^x$ tend vers $e$.*

Plus généralement, $\left(1+\frac{\alpha}{x}\right)^x$, $\alpha$ étant un nombre fixe, a pour limite $e^\alpha$ quand $x$ tend vers $\infty$.

2° Rappelons que $e^x - 1$ est un infiniment petit équivalent à $x$, que $a^x - 1$ est un infiniment petit en même temps que $x$, ayant pour partie principale $xLa$ quand on prend $x$ comme infiniment petit principal.

3° Enfin, $x^\alpha$ ayant, pour $x > 0$, pour dérivée $\alpha x^{\alpha-1}$, il s'ensuit que $\frac{x^\alpha - 1}{x - 1}$ a pour limite $\alpha$ quand $x$ tend vers 1, autrement dit, que $x^\alpha - 1$ *est un infiniment petit équivalent à* $\alpha(x-1)$.

Comme application, soient deux fonctions $u$ et $v$ d'une même variable $x$, telles que, lorsque $x$ a une limite, $\frac{u}{v}$ ait pour limite 1. On voit que $\left(\frac{u}{v}\right)^\alpha - 1$ est un infiniment petit équivalent à $\alpha\left(\frac{u}{v} - 1\right)$. On en déduit que, $u$ et $v$ étant supposés positifs,

$$\frac{u^\alpha - v^\alpha}{\alpha v^{\alpha-1}(u-v)}$$

a pour limite 1. D'après cela, dans la recherche de la limite d'une fonction de $x$ qui se présente sous la forme d'un rapport de produits et dans la recherche de la partie principale de cette fonction quand elle est infiniment petite ou infiniment grande, on pourra remplacer $u^\alpha - v^\alpha$ par $\alpha v^{\alpha-1}(u-v)$. Par exemple, on pourra remplacer $\sqrt[n]{u} - \sqrt[n]{v}$, $n$ étant entier et positif, par $\frac{u-v}{n\sqrt[n]{v^{n-1}}}$.

**220. Fonctions hyperboliques inverses.** — 1° Fonction arg sh $x$. — Soit un nombre $x$. Puisque sh Y est une fonction de Y qui tend vers $-\infty$ quand Y tend vers $-\infty$ et vers $+\infty$ quand Y tend vers $+\infty$, il existe deux nombres $y_0$ et $y_1$ tels que l'on ait

$$\operatorname{sh} y_0 < x < \operatorname{sh} y_1.$$

La fonction sh Y étant continue dans l'intervalle $(y_0, y_1)$, il existe au moins un nombre $y$ tel que l'on ait $\operatorname{sh} y = x$. Du reste, ce nombre $y$ est unique, car la fonction sh Y est croissante.

Ainsi, à tout nombre $x$ il correspond un nombre $y$ tel que l'on ait $\operatorname{sh} y = x$; $y$ est une fonction de $x$, dite *argument sinus hyperbolique* $x$, et l'on pose

$$y = \operatorname{arg\,sh} x.$$

On a

$$\frac{e^y - e^{-y}}{2} = x,$$

d'où

$$(e^y)^2 - 2xe^y - 1 = 0,$$

c'est-à-dire, en remarquant que $e^y$ est positif,

$$e^y = x + \sqrt{x^2+1},$$

d'où

$$y = \operatorname{argsh} x = L(x + \sqrt{x^2+1}).$$

Cette fonction est impaire : si on a $\operatorname{sh} y = x$, on a $\operatorname{sh}(-y) = -x$, et par suite, si on a $y = \operatorname{argsh} x$, on a $-y = \operatorname{argsh}(-x)$. Cette fonction est continue et croissante dans l'intervalle $(-\infty, +\infty)$ ; elle tend vers $-\infty$ quand $x$ tend vers $-\infty$, vers $+\infty$ quand $x$ tend vers $+\infty$.

Elle admet une dérivée $y'$ égale à l'inverse de la dérivée de $x$ considéré comme fonction de $y$ :

$$y' = \frac{1}{\operatorname{ch} y} = \frac{1}{\sqrt{1+\operatorname{sh}^2 y}} = \frac{1}{\sqrt{1+x^2}}.$$

On a dès lors le tracé de la courbe représentative de la fonction $\operatorname{argsh} x$. Cette courbe passe par l'origine qu'elle admet comme centre de symétrie; la tangente en ce point a pour pente 1 ; c'est la bissectrice de l'angle $xOy$ ; $\operatorname{argsh} x$ *est un infiniment petit équivalent à* $x$. Les branches infinies sont paraboliques et ont pour direction asymptotique la droite $x'Ox$, car $\frac{\operatorname{argsh} x}{x}$, qui est égal à $\frac{y}{\operatorname{sh} y}$, tend vers 0 quand $x$ et $y$ tendent vers $+\infty$ ou vers $-\infty$.

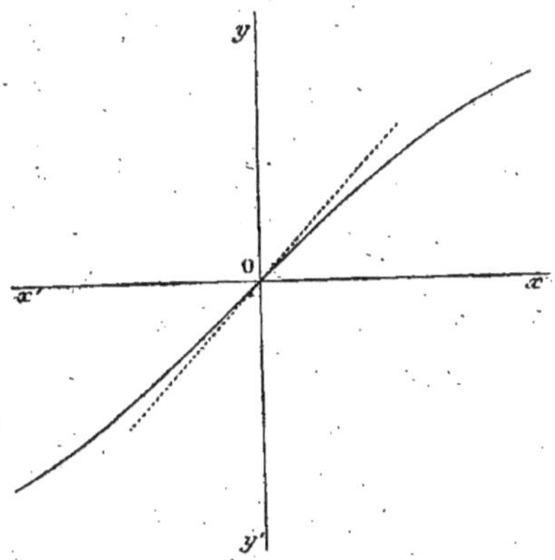


Fig. 61.

2° Fonction $\operatorname{argch} x$. — Soit un nombre $x$, supérieur ou égal à 1. Puisque $\operatorname{ch} Y$ est une fonction de $Y$ qui tend vers $+\infty$ quand $Y$ tend vers $+\infty$, il existe un nombre $y_1$ positif tel que l'on ait

$$\operatorname{ch} y_1 > x \geqslant \operatorname{ch} 0.$$

La fonction ch Y étant continue dans l'intervalle $(0, y_1)$, il existe au moins un nombre $y$ positif ou nul tel que l'on ait $\operatorname{ch} y = x$. Du reste, ce nombre est unique, car la fonction ch Y est croissante dans l'intervalle $(0, +\infty)$.

Ainsi, à tout nombre $x \geqslant 1$ il correspond un nombre $y$ positif ou nul tel que l'on ait $\operatorname{ch} y = x$; $y$ est une fonction de $x$, dite *argument cosinus hyperbolique* $x$, et l'on pose

$$y = \operatorname{arg\,ch} x.$$

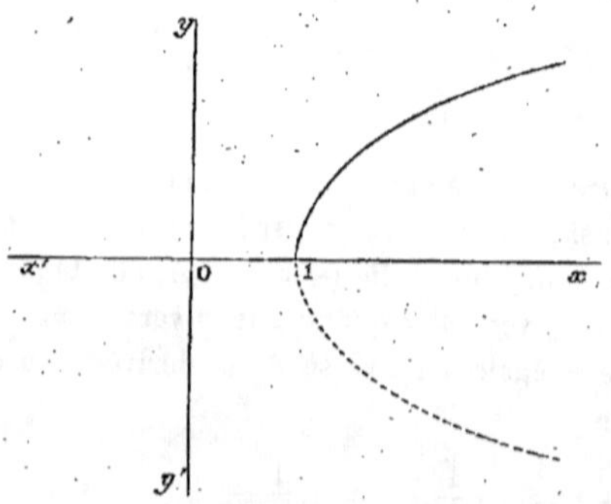

Fig. 62.

On a

$$\frac{e^y + e^{-y}}{2} = x,$$

d'où

$$(e^y)^2 - 2xe^y + 1 = 0,$$

c'est-à-dire, en remarquant que $e^y$ est au moins égal à 1 et est, par suite, la plus grande des racines de cette équation du second degré en $e^y$,

$$e^y = x + \sqrt{x^2 - 1},$$

d'où

$$y = \operatorname{arg\,ch} x = \mathrm{L}\left(x + \sqrt{x^2 - 1}\right).$$

Cette fonction est définie dans l'intervalle $(1, +\infty)$; elle est continue dans cet intervalle, croissante, et elle tend vers $+\infty$ quand $x$ tend $+\infty$. Elle admet une dérivée $y'$ égale à l'inverse de la dérivée de $x$ considéré comme fonction de $y$ :

$$y' = \frac{1}{\operatorname{sh} y} = \frac{1}{\sqrt{\operatorname{ch}^2 y - 1}} = \frac{1}{\sqrt{x^2 - 1}},$$

$x$ étant supposé plus grand que 1.

On a le tracé de la courbe représentative de $\operatorname{arg\,ch} x$. Si l'on prend la symétrique de cette courbe par rapport à $Ox$, on a la courbe représentative de la fonction $-\operatorname{arg\,ch} x$; ces deux courbes se joignent de façon à former la courbe représentative de $x = \operatorname{ch} y$. Les branches infinies sont paraboliques et ont pour direction asymptotique la droite $x'Ox$.

3° Fonction $\operatorname{arg\,th} x$. — Soit un nombre $x$ intérieur à l'intervalle $(-1, +1)$. La fonction th Y tendant vers $-1$ quand Y tend vers $-\infty$

et vers $+1$ quand Y tend vers $+\infty$, il existe deux nombres $y_0$ et $y_1$ tels que l'on ait

$$\operatorname{th} y_0 < x < \operatorname{th} y_1.$$

La fonction th Y étant continue dans l'intervalle $(y_0, y_1)$, il existe au moins un nombre $y$ tel que l'on ait $\operatorname{th} y = x$. D'ailleurs, ce nombre est unique, car la fonction th Y est croissante. Ainsi, à tout nombre $x$ intérieur à l'intervalle $(-1, +1)$ il correspond un nombre $y$ tel que l'on ait $\operatorname{th} y = x$ ; $y$ est une fonction de $x$, dite *argument tangente hyperbolique* $x$, et l'on pose

$$y = \operatorname{arg th} x.$$

On a

$$\frac{e^y - e^{-y}}{e^y + e^{-y}} = x,$$

d'où

$$\frac{e^{2y} - 1}{e^{2y} + 1} = x, \qquad e^{2y} = \frac{1 + x}{1 - x},$$

d'où

$$y = \operatorname{arg th} x = \frac{1}{2} \operatorname{L} \frac{1 + x}{1 - x}.$$

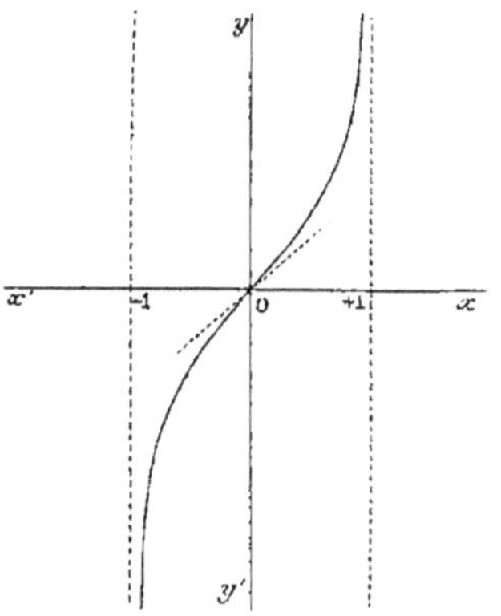

Fig. 63.

Cette fonction est définie, continue et croissante à l'intérieur de l'intervalle $(-1, +1)$. Elle tend vers $+\infty$ quand $x$ tend vers 1, vers $-\infty$ quand $x$ tend vers $-1$. Elle est impaire, car la fonction th Y est impaire. Elle admet une dérivée $y'$ égale à l'inverse de la dérivée de $x$ considéré comme fonction de $y$ :

$$y' = \frac{1}{1 - \operatorname{th}^2 y} = \frac{1}{1 - x^2}.$$

On a dès lors le tracé de la courbe représentative de la fonction arg th $x$. Cette courbe passe par l'origine qu'elle admet comme centre de symétrie; la tangente en ce point a pour pente 1, c'est la bissectrice de l'angle $xOy$; arg th $x$ *est un infiniment petit équivalent à* $x$. La courbe a pour asymptotes les droites parallèles à $y'Oy$ menées par les points d'abscisses $+1$ et $-1$ sur l'axe $x'Ox$.

**221. Fonctions circulaires.** — Théorème. — *Le rapport* $\frac{\sin x}{x}$ *tend vers* 1 *quand* $x$ *tend vers* 0.

Supposons d'abord $x$ positif. Puisque nous le faisons tendre vers 0, nous pouvons le supposer plus petit que $\frac{\pi}{2}$. Soient alors le cercle trigonométrique, A l'origine des arcs et M le point du cercle tel que l'arc AM ait pour longueur $x$. Le sinus et la tangente de $x$ sont positifs. Abaissons de M la perpendiculaire MP sur le rayon OA et menons la tangente au cercle en A jusqu'à la rencontre en T avec OM. On a

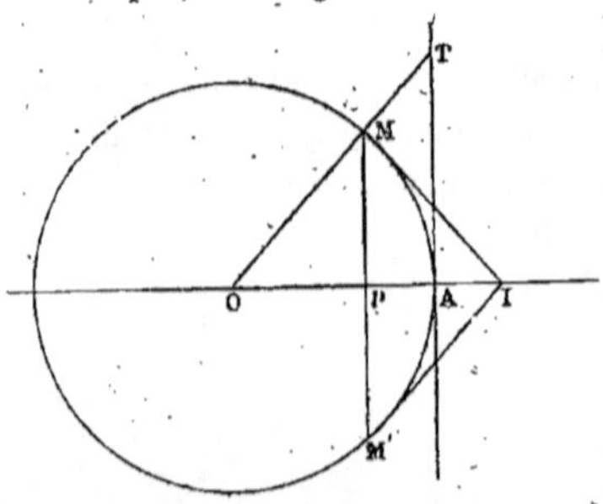

Fig. 64.

$$\sin x = \text{PM}, \quad \text{tg}\, x = \text{AT}.$$

Soit M' le point du cercle trigonométrique symétrique de M par rapport à OA. Les tangentes en M et M' au cercle se coupent en un point I situé sur OA, et il est visible que l'on a $\text{MI} = \text{M'I} = \text{tg}\, x$.

Par définition même, la longueur de l'arc MAM' est la borne supérieure des périmètres des lignes polygonales convexes inscrites et la borne inférieure des périmètres des lignes polygonales convexes circonscrites. Par suite, on a la double inégalité

$$\text{MM'} < \text{arc MAM'} < \text{MI} + \text{IM'},$$

c'est-à-dire

$$2 \sin x < 2x < 2 \,\text{tg}\, x$$

ou

$$\sin x < x < \text{tg}\, x.$$

Divisons par $\sin x$; il vient

$$1 < \frac{x}{\sin x} < \frac{1}{\cos x}.$$

Quand $x$ tend vers 0, $\frac{1}{\cos x}$ tend vers 1. Par suite, $\frac{x}{\sin x}$ a aussi pour limite 1. Il en est de même de $\frac{\sin x}{x}$.

Supposons maintenant $x$ négatif. Si on pose $x = -x'$, on a

$$\frac{\sin x}{x} = \frac{\sin x'}{x'}.$$

Quand $x$ tend vers 0, $x'$ tend vers 0. Le second membre de l'égalité, d'après la démonstration précédente, tend vers 1; il en est de même du premier.

D'après cela, si $x$ tend vers 0 par valeurs positives ou négatives, $\frac{\sin x}{x}$ tend vers 1. Autrement dit, *$x$ et $\sin x$ sont des infiniment petits équivalents.*

D'ailleurs, $\sin x$ et $\operatorname{tg} x$ sont des infiniment petits équivalents, puisque leur rapport, qui est $\cos x$, tend vers 1 quand $x$ tend vers 0. Par suite, *$\operatorname{tg} x$ et $x$ sont aussi des infiniment petits équivalents.*

Si l'on considère les déterminations de arc $\sin x$ et arc $\operatorname{tg} x$ qui sont égales à 0 pour $x = 0$, on a aussi le résultat suivant :

*$x$, arc $\sin x$ et arc $\operatorname{tg} x$ sont trois infiniment petits équivalents.*

Théorème. — *Les fonctions $\sin x$ et $\cos x$ ont, pour toute valeur de $x$, des dérivées respectivement égales à $\cos x$ et à $-\sin x$.*

On a en effet

$$\frac{\sin(x+h)-\sin x}{h}=\frac{2\sin\frac{h}{2}\cos\left(x+\frac{h}{2}\right)}{h}.$$

Faisons tendre $h$ vers 0; $\sin\frac{h}{2}$ est un infiniment petit qui peut être remplacé dans le second membre par l'infiniment petit équivalent $\frac{h}{2}$; le second membre devient alors $\cos\left(x+\frac{h}{2}\right)$, et, comme la fonction $\cos x$ est continue, il tend vers $\cos x$, qui est la dérivée de $\sin x$.

De même, on a

$$\frac{\cos(x+h)-\cos x}{h}=-\frac{2\sin\frac{h}{2}\sin\left(x+\frac{h}{2}\right)}{h}.$$

Remplaçons encore $\sin\frac{h}{2}$ par l'infiniment petit équivalent $\frac{h}{2}$; le second membre se réduit à $-\sin\left(x+\frac{h}{2}\right)$ qui, la fonction $\sin x$ étant continue, a pour limite $-\sin x$ quand $h$ tend vers 0; $-\sin x$ est la dérivée de $\cos x$.

Théorème. — *Les fonctions $\sin x$ et $\cos x$ ont une infinité de dérivées successives.*

Si $y=\sin x$, on a $y'=\cos x=\sin\left(x+\frac{\pi}{2}\right)$. Comme $x+\frac{\pi}{2}$ admet une dérivée égale à 1, la fonction $y'$, définie comme fonction de fonction de $x$ par l'intermédiaire de $x+\frac{\pi}{2}$, admet une dérivée $y''$ égale à $\sin\left(x+\frac{\pi}{2}+\frac{\pi}{2}\right)$, c'est-à-dire à $\sin\left(x+\frac{2\pi}{2}\right)$. De proche en proche, on reconnait que $\sin x$ a une dérivée d'un ordre quelconque $n$ égale à $\sin\left(x+\frac{n\pi}{2}\right)$.

De même, si $y=\cos x$, on a $y'=-\sin x=\cos\left(x+\frac{\pi}{2}\right)$. La fonction $y'$, définie comme fonction de fonction de $x$ par l'intermédiaire de $x+\frac{\pi}{2}$, admet une dérivée $y''$ égale à $\cos\left(x+\frac{2\pi}{2}\right)$. D'une manière générale, $\cos x$ admet une dérivée d'un ordre $n$ quelconque égale à $\cos\left(x+\frac{n\pi}{2}\right)$.

**Dérivée de $\operatorname{tg} x$.** — On a

$$\operatorname{tg} x=\frac{\sin x}{\cos x}.$$

D'après la règle de dérivation d'un quotient, on voit que $\operatorname{tg} x$ a, pour toute valeur de $x$ différente d'un multiple impair de $\frac{\pi}{2}$, une dérivée égale à

$$\frac{\sin^2 x+\cos^2 x}{\cos^2 x},$$

c'est-à-dire à $\frac{1}{\cos^2 x}$ et aussi à $1+\operatorname{tg}^2 x$.

**Dérivées des fonctions circulaires inverses.** — 1° Posons $y=\operatorname{arc}\sin x$, fonction de $x$, définie et continue dans l'intervalle $(-1,+1)$; on a $x=\sin y$, fonction inverse de $y$, définie et continue dans l'intervalle $\left(-\frac{\pi}{2},+\frac{\pi}{2}\right)$. Comme $\sin y$ admet une dérivée égale à $\cos y$, il s'ensuit, par application du théorème relatif à la dérivation des fonctions inverses, que, si $\cos y$ n'est pas nul, autrement dit, si $x$ est compris entre $-1$ et $+1$, $y$, fonction de $x$, admet une dérivée $y'$ égale à $\frac{1}{\cos y}$. Mais, $\cos y$ est positif et son carré est égal à $1-x^2$; donc, $\cos y=\sqrt{1-x^2}$, et, par suite, on a, à l'intérieur de l'intervalle $(-1,+1)$,

$$y'=\frac{1}{\sqrt{1-x^2}}.$$

Pour $x=+1$ ou $-1$, $y$ a une dérivée infinie.

La fonction $y$ a une infinité de dérivées successives. Posons $u=(1+x)^{-\frac{1}{2}}$, $v=(1-x)^{-\frac{1}{2}}$; on a $y'=uv$. D'autre part, on a

$$u^{(p)}=(-1)^p\frac{1.3.5\ldots(2p-1)}{2^p}(1+x)^{-\frac{2p+1}{2}},$$

$$v^{(n-p-1)}=\frac{1.3.5\ldots(2n-2p-3)}{2^{n-p-1}}(1-x)^{-\frac{2n-2p-1}{2}}.$$

Il reste à remplacer $u$ et $v$ et leurs dérivées jusqu'à l'ordre $n-1$ par leurs expressions en fonction de $x$ dans le second membre de l'égalité

$$y^{(n)}=uv^{(n-1)}+C_{n-1}^1u'v^{(n-2)}+\ldots+C_{n-1}^p u^{(p)}v^{(n-p-1)}+\ldots+u^{(n-1)}v.$$

2° Posons $y=\text{arc}\cos x$, fonction de $x$, définie et continue dans l'intervalle $(-1, +1)$; on a $x=\cos y$, fonction inverse de $y$, définie et continue dans l'intervalle $(0, \pi)$. Comme $\cos y$ admet une dérivée égale à $-\sin y$, il s'ensuit, par application du théorème relatif à la dérivation des fonctions inverses, que, si $\sin y$ n'est pas nul, autrement dit, si $x$ est compris entre $-1$ et $+1$, $y$, fonction de $x$, admet une dérivée $y'$ égale à $-\frac{1}{\sin y}$. Mais, $\sin y$ est positif et son carré est égal à $1-x^2$; donc, $\sin y=\sqrt{1-x^2}$, et, par suite, on a, à l'intérieur de l'intervalle $(-1, +1)$,

$$y'=-\frac{1}{\sqrt{1-x^2}}.$$

Pour $x=+1$ ou $-1$, $y$ a une dérivée infinie.

La fonction $y$ a une infinité de dérivées successives, qu'on obtient immédiatement en remarquant que les dérivées $n^{\text{ièmes}}$ de $\text{arc}\cos x$ et de $\text{arc}\sin x$ sont opposées.

3° Posons $y=\text{arc tg}\,x$, fonction de $x$, définie et continue dans l'intervalle $(-\infty, +\infty)$; on a $x=\text{tg}\,y$, fonction inverse de $y$, définie et continue dans l'intervalle $\left(-\frac{\pi}{2}, +\frac{\pi}{2}\right)$. Comme $\text{tg}\,y$ admet une dérivée égale à $1+\text{tg}^2y$, il s'ensuit, par application du théorème relatif à la dérivation des fonctions inverses, que $y$, fonction de $x$, admet une dérivée $y'$ égale à $\frac{1}{1+\text{tg}^2y}$, c'est-à-dire à $\frac{1}{1+x^2}$. Ainsi,

$$y'=\frac{1}{1+x^2}.$$

La fonction arc $\operatorname{tg} x$ admet une infinité de dérivées successives, dont nous allons calculer l'expression générale. On a

$$y' = \frac{1}{1+x^2} = \frac{1}{2i}\left(\frac{1}{x-i} - \frac{1}{x+i}\right) = \frac{1}{2i}[(x-i)^{-1} - (x+i)^{-1}].$$

Posons $(x-i)^{-1} = u$, $(x+i)^{-1} = v$. On a

$$u^{(n-1)} = (-1)^{n-1}(n-1)!(x-i)^{-n}, \quad v^{(n-1)} = (-1)^{n-1}(n-1)!(x+i)^{-n}.$$

Par suite,

$$y^{(n)} = \frac{1}{2i}[u^{(n-1)} - v^{(n-1)}] = \frac{(-1)^{n-1}(n-1)!}{2i}[(x-i)^{-n} - (x+i)^{-n}].$$

On a

$$x - i = \operatorname{tg} y - i = \frac{\sin y - i\cos y}{\cos y} = \frac{\cos\left(\frac{\pi}{2} - y\right) - i\sin\left(\frac{\pi}{2} - y\right)}{\cos y},$$

$$x + i = \operatorname{tg} y + i = \frac{\sin y + i\cos y}{\cos y} = \frac{\cos\left(\frac{\pi}{2} - y\right) + i\sin\left(\frac{\pi}{2} - y\right)}{\cos y},$$

et par suite, par application de la formule de Moivre,

$$(x-i)^{-n} = \frac{\cos n\left(\frac{\pi}{2} - y\right) + i\sin n\left(\frac{\pi}{2} - y\right)}{\cos^{-n} y}, (x+i)^{-n} = \frac{\cos n\left(\frac{\pi}{2} - y\right) - i\sin n\left(\frac{\pi}{2} - y\right)}{\cos^{-n} y},$$

d'où

$$(x-i)^{-n} - (x+i)^{-n} = \frac{2i\sin n\left(\frac{\pi}{2} - y\right)}{\cos^{-n} y} = 2i\cos^n y\sin n\left(\frac{\pi}{2} - y\right).$$

On a finalement

$$y^{(n)} = (-1)^{n-1}(n-1)!\cos^n y\sin n\left(\frac{\pi}{2} - y\right).$$

222. **Polynomes.** — Soit le polynome, où la variable et les coefficients sont réels ou imaginaires,

$$f(x) = A_0 x^n + A_1 x^{n-1} + \ldots + A_p x^{n-p} + \ldots + A_{n-1}x + A_n,$$

$A_0 \neq 0$. Cette fonction, somme de monomes admettant une infinité de dérivées successives, admet aussi une infinité de dérivées successives, la dérivée d'ordre $p$ étant égale à la somme des dérivées d'ordre $p$ de ces monomes. D'après cela, $f(x)$ admet une dérivée première qui est un polynome de degré $n-1$ :

$$f'(x) = nA_0 x^{n-1} + (n-1)A_1 x^{n-2} + \ldots + (n-p)A_p x^{n-p-1} + \ldots + A_{n-1};$$

$f(x)$ admet une dérivée seconde qui est un polynome de degré $n-2$, d'une façon générale, une dérivée d'ordre $p$ $(p \leqslant n)$ qui est un polynome de degré $n-p$; la dérivée d'ordre $n$ est une constante non nulle, $n!A_0$; enfin, les dérivées d'ordre supérieur à $n$ sont nulles.

Soit un polynome $f(x, y, z)$ à plusieurs variables, de degré $n$. Il admet des dérivées partielles d'ordre 1, par rapport à $x, y, z$, qui sont ou bien nulles ou bien des polynomes en $x, y, z$ de degrés au plus égaux à $n-1$, des dérivées partielles d'ordre 2, par rapport à tout ensemble de 2 variables prises parmi les variables $x, y, z$, qui sont ou bien nulles ou bien des polynomes en $x, y, z$ de degrés au plus égaux à $n-2$; d'une manière générale, $f(x, y, z)$ admet des dérivées partielles d'ordre $p$ $(p \leqslant n)$, par rapport à tout ensemble de $p$ variables prises parmi les variables $x, y, z$, qui sont ou bien nulles ou bien des polynomes en $x, y, z$ de degrés au plus égaux à $n-p$; les dérivées partielles d'ordre $n$ sont des constantes nulles ou non nulles. Enfin, $f(x, y, z)$ admet une infinité de dérivées partielles successives d'ordre supérieur à $n$ par rapport à tout ensemble de variables prises parmi les variables $x, y, z$, et ces dérivées sont toutes nulles.

Relativement aux dérivées partielles d'un polynome à variables et à coefficients réels ou imaginaires, remarquons que, puisque dans le cas particulier où ce polynome se réduit à un seul terme, il est possible de changer dans une dérivée l'ordre des dérivations sans changer cette dérivée, il en est de même pour un polynome ayant plusieurs termes, dont on obtient une dérivée partielle en ajoutant les dérivées partielles de ses termes.

FORMULES DE TAYLOR ET DE MAC-LAURIN RELATIVES AUX POLYNOMES A UNE OU A PLUSIEURS VARIABLES RÉELLES OU IMAGINAIRES. — 1° *Cas d'un polynome à une variable.* — Soit le polynome $f(x)$ de degré $n$ ou au plus égal à $n$. Si l'on y remplace $x$ par $x+y$, $x$ et $y$ étant deux variables indépendantes, $f(x)$ devient un polynome $f(x+y)$ en $x$ et $y$ qui est évidemment de degré au plus égal à $n$ par rapport à chacune des variables. On peut donc poser, en ordonnant $f(x+y)$ par rapport aux puissances croissantes de $y$,

$$f(x+y)=f_0(x)+yf_1(x)+y^2f_2(x)+\ldots+y^{p-1}f_{p-1}(x)+y^pf_p(x)+\ldots+y^nf_n(x),$$

$f_0(x), f_1(x), \ldots, f_n(x)$ étant des polynomes en $x$. En faisant dans cette identité $y=0$, on voit tout de suite que $f_0(x)$ est égal à $f(x)$.

Cela posé, dérivons les deux membres de la relation précédente d'abord par rapport à $x$, puis par rapport à $y$. On a, $f'(x+y)$ étant le polynome obtenu en remplaçant $x$ par $x+y$ dans $f'(x)$,

$$f'(x+y)=f'_0(x)+yf'_1(x)+y^2f'_2(x)+\dots+y^{p-1}f'_{p-1}(x)+y^pf'_p(x)+\dots+y^nf'_n(x)$$

et

$$f'(x+y)=f_1(x)+2yf_2(x)+\dots\dots+py^{p-1}f_p(x)+\dots+ny^{n-1}f_n(x).$$

On en déduit les identités

$$\begin{array}{lll} f_1(x)=f'_0(x), & & f_1(x)=f'(x)=\dfrac{f'(x)}{1},\\ 2f_2(x)=f'_1(x), & & f_2(x)=\dfrac{f'_1(x)}{2}=\dfrac{f''(x)}{1.2},\\ 3f_3(x)=f'_2(x), & \text{d'où} & f_3(x)=\dfrac{f'_2(x)}{3}=\dfrac{f'''(x)}{1.2.3},\\ \dots\dots & & \dots\dots\dots\\ pf_p(x)=f'_{p-1}(x), & & f_p(x)=\dfrac{f'_{p-1}(x)}{p}=\dfrac{f^{(p)}(x)}{1.2\dots p},\\ \dots\dots & & \dots\dots\dots\\ nf_n(x)=f'_{n-1}(x), & & f_n(x)=\dfrac{f'_{n-1}(x)}{n}=\dfrac{f^{(n)}(x)}{1.2\dots n},\\ 0=f'_n(x), & & \end{array}$$

et l'on obtient ainsi l'identité suivante, dite *formule de Taylor*,

$$f(x+y)=f(x)+yf'(x)+\frac{y^2}{2!}f''(x)+\dots+\frac{y^p}{p!}f^{(p)}(x)+\dots+\frac{y^n}{n!}f^{(n)}(x).$$

En remplaçant dans cette formule $x$ par $a$ et $y$ par $x-a$, on obtient

$$f(x)=f(a)+\frac{x-a}{1}f'(a)+\frac{(x-a)^2}{2!}f''(a)+\dots+\frac{(x-a)^p}{p!}f^{(p)}(a)+\dots+\frac{(x-a)^n}{n!}f^{(n)}(a),$$

et en faisant ensuite $a=0$, on obtient l'identité, dite *formule de Mac-Laurin*,

$$f(x)=f(0)+xf'(0)+\frac{x^2}{2!}f''(0)+\dots+\frac{x^p}{p!}f^{(p)}(0)+\dots+\frac{x^n}{n!}f^{(n)}(0).$$

2° *Cas d'un polynome à plusieurs variables.* — Soit le polynome $f(x, y, z)$ à plusieurs variables $x, y, z$, de degré $n$. Nous supposerons d'abord les variables et le polynome réels. X, Y, Z, $t$ étant de nouvelles variables, posons

$$u=x+\mathrm{X}t,\quad v=y+\mathrm{Y}t,\quad w=z+\mathrm{Z}t,$$

et considérons $f(u, v, w)$ qui est un polynome en $t$, soit $\mathrm{F}(t)$, dont les coefficients sont des polynomes en $x, y, z$, X, Y, Z. Comme $u, v, w$ sont du premier degré par rapport à $t$, $F(t)$ est de degré au plus égal à $n$ par rapport à $t$. En appliquant à ce polynome, où l'on regarde $x, y, z$, $X, Y, Z$ comme constants, la formule de Mac-Laurin, on obtient

$$F(t) = F(0) + tF'(0) + \frac{t^2}{2!}F''(0) + \ldots + \frac{t^p}{p!}F^{(p)}(0) + \ldots + \frac{t^n}{n!}F^{(n)}(0).$$

Mais, $F(t)$ étant défini comme fonction composée de $t$ par l'intermédiaire des fonctions $u, v, w$ qui sont des polynomes du premier degré en $t$, on a

$$F^{(p)}(t) = (Xf'_u + Yf'_v + Zf'_w)_{(p)},$$

c'est-à-dire

$$F^{(p)}(t) = [Xf'_x(x+Xt, y+Yt, z+Zt) + Yf'_y(x+Xt, y+Yt, z+Zt) + Zf'_z(x+Xt, y+Yt, z+Zt)]_{(p)},$$

d'où l'on déduit

$$F^{(p)}(0) = [Xf'_x(x, y, z) + Yf'_y(x, y, z) + Zf'_z(x, y, z)]_{(p)}.$$

D'après cela, on a

$$F(t) = f(x, y, z) + t(Xf'_x + Yf'_y + Zf'_z) + \ldots + \frac{t^p}{p!}(Xf'_x + Yf'_y + Zf'_z)_{(p)} + \ldots + \frac{t^n}{n!}(Xf'_x + Yf'_y + Zf'_z)_{(n)}.$$

En faisant dans cette relation $t = 1$, on obtient l'identité, dite *formule de Taylor* pour les polynomes à plusieurs variables,

$$f(x+X, y+Y, z+Z) = f(x, y, z) + (Xf'_x + Yf'_y + Zf'_z) + \ldots + \frac{1}{p!}(Xf'_x + Yf'_y + Zf'_z)_{(p)} + \ldots + \frac{1}{n!}(Xf'_x + Yf'_y + Zf'_z)_{(n)}.$$

Supposons ensuite les variables $x, y, z, X, Y, Z$ réelles et le polynome $f$ à coefficients imaginaires. On peut poser

$$f(x, y, z) = \varphi(x, y, z) + i\psi(x, y, z),$$

$\varphi$ et $\psi$ étant à coefficients réels et de degrés au plus égaux à $n$. Soit $p$ un entier quelconque au plus égal à $n$; on a

$$f^{(p)}_{(A)} = \varphi^{(p)}_{(A)} + \psi^{(p)}_{(A)},$$

$(A)$ étant un ensemble quelconque de $p$ variables prises parmi les variables $x, y, z$. En définissant $(Xf'_x + Yf'_y + Zf'_z)_{(p)}$ de la même manière que lorsqu'il s'agit d'un polynome $f$ à coefficients réels, on a

$$(Xf'_x + Yf' + Zf'_z)_{(p)} = (X\varphi'_x + Y\varphi'_y + Z\varphi'_z)_{(p)} + i(X\psi'_x + Y\psi'_y + Z\psi'_z)_{(p)}.$$

Mais, on a simultanément

$$\varphi(x+X, y+Y, z+Z) = \varphi(x, y, z) + \ldots + \frac{1}{p!}(X\varphi'_x + Y\varphi'_y + Z\varphi'_z)_{(p)} + \ldots + \frac{1}{n!}(X\varphi'_x + Y\varphi'_y + Z\varphi'_z)_{(n)},$$

$$\psi(x+X, y+Y, z+Z) = \psi(x, y, z) + \ldots + \frac{1}{p!}(X\psi'_x + Y\psi'_y + Z\psi'_z)_{(p)} + \ldots + \frac{1}{n!}(X\psi'_x + Y\psi'_y + Z\psi'_z)_{(n)}.$$

En ajoutant aux deux membres de la première relation respectivement les deux membres de la seconde multipliés par $i$, on obtient

$$f(x+X, y+Y, z+Z) = f(x, y, z) + \ldots + \frac{1}{p!}(Xf'_x + Yf'_y + Zf'_z)_{(p)} + \ldots + \frac{1}{n!}(Xf'_x + Yf'_y + Zf'_z)_{(n)}.$$

La formule de Taylor s'applique ainsi aux polynomes imaginaires à variables réelles.

Supposons enfin que les variables $x, y, z$, X, Y, Z soient imaginaires et que $f$ soit à coefficients imaginaires. La formule de Taylor est encore applicable. En effet, les deux membres de la relation précédente sont deux polynomes entiers par rapport aux variables réelles $x, y, z$, X, Y, Z. Si dans ces polynomes identiques, on effectue les multiplications indiquées et si, après développement, on fait la réduction des termes semblables, on obtient deux polynomes qui sont formés des mêmes termes. Mais, les propriétés d'égalité relatives à l'addition, à la soustraction, à la multiplication, à l'élévation à une puissance entière et positive effectuées sur des nombres réels sont valables pour les opérations correspondantes effectuées sur des nombres imaginaires. Il s'ensuit que le calcul qui vient d'être effectué sur les deux polynomes aux variables réelles $x, y, z$, X, Y, Z est encore applicable à ces deux polynomes lorsque les variables $x, y, z$, X, Y, Z sont imaginaires. Et ainsi, la formule de Taylor est générale.

On peut transformer le dernier terme du développement de $f(x+X, y+Y, z+Z)$. Le polynome $f$ étant supposé de degré $n$, désignons par $\varphi_n(x, y, z)$ la somme des termes de degré $n$ de ce polynome. Le polynome $\frac{1}{n!}(Xf'_x + Yf'_y + Zf'_z)_{(n)}$ ne contient pas les variables $x, y, z$, puisque les dérivées partielles d'ordre $n$ de $f$ sont des constantes nulles ou non nulles; ce polynome est homogène et de degré $n$ par rapport à X, Y, Z et son expression ne dépend pas des valeurs attribuées à $x, y, z$. Si dans $f(x+X, y+Y, z+Z)$ nous faisons $x=0$, $y=0$, $z=0$, nous obtenons $f(X, Y, Z)$, et la formule de Taylor montre que la somme des termes de degré $n$ de $f(X, Y, Z)$ est $\frac{1}{n!}(Xf'_x + Yf'_y + Zf'_z)_{(n)}$; mais, d'autre part, cette somme est évidemment $\varphi_n(X, Y, Z)$. Donc, finalement, on a

$$\frac{1}{n!}(Xf'_x + Yf'_y + Zf'_z)_{(n)} = \varphi_n(X, Y, Z).$$

Supposons que $f(x, y, z)$ soit homogène et de degré $n$. Les dérivées partielles d'ordre $p$ non nulles sont homogènes et de degré $n-p$. Il s'ensuit que, dans le développement de $f(x+X, y+Y, z+Z)$, le polynome $\frac{1}{p!}(Xf'_x + Yf'_y + Zf'_z)_{(p)}$ est à la fois la somme des termes qui sont de degré $p$ par rapport à l'ensemble des variables X, Y, Z et la somme des termes qui sont de degré $n-p$ par rapport à l'ensemble des variables $x, y, z$. Si l'on remarque que $f(x+X, y+Y, z+Z)$ ne change pas quand on y transpose simultanément $x$ et X, $y$ et Y, $z$ et Z, on voit que l'on a, pour toute valeur entière de $p$ allant de 1 à $n-1$, une identité de la forme

$$\frac{1}{p!}(Xf'_x + Yf'_y + Zf'_z)_{(p)} = \frac{1}{(n-p)!}(xf'_X + yf'_Y + zf'_Z)_{(n-p)}$$

et, en outre,

$$f(x, y, z) = \frac{1}{n!}(xf'_X + yf'_Y + zf'_Z)_{(n)},$$

$$\frac{1}{n!}(Xf'_x + Yf'_y + Zf'_z)_{(n)} = f(X, Y, Z).$$

## IV. — DÉVELOPPEMENTS DES FONCTIONS POURVUES DE DÉRIVÉES

**223. Formule de Taylor pour les fonctions d'une ou de plusieurs variables.** — Dans ce qui suit, nous supposerons qu'il s'agisse uniquement de fonctions réelles de variables réelles.

1° Soit une fonction $f(x)$, définie dans l'intervalle $(a, b)$ ou $(b, a)$, admettant dans cet intervalle des dérivées d'ordres $1, 2, \ldots, n-1$, $n$ et à l'intérieur de cet intervalle une dérivée d'ordre $n+1$. Il existe un nombre H tel que l'on ait l'égalité

$$f(b) - f(a) - \frac{b-a}{1}f'(a) - \frac{(b-a)^2}{2!}f''(a) - \ldots - \frac{(b-a)^p}{p!}f^{(p)}(a) - \ldots - \frac{(b-a)^n}{n!}f^{(n)}(a)$$
$$= H\frac{(b-a)^{n+1}}{(n+1)!}.$$

Nous nous proposons de montrer qu'il existe au moins un nombre $c$ compris entre $a$ et $b$ tel que l'on ait $f^{(n+1)}(c) = H$.

Considérons en effet la fonction

$$\varphi(x) = f(b) - f(x) - \frac{b-x}{1} f'(x) - \ldots - \frac{(b-x)^p}{p!} f^{(p)}(x) - \ldots - \frac{(b-x)^n}{n!} f^{(n)}(x)$$
$$- \mathrm{H} \frac{(b-x)^{n+1}}{(n+1)!}.$$

Cette fonction est évidemment définie dans l'intervalle $(a, b)$ ou $(b, a)$. D'autre part, chaque fonction de la forme $-\frac{(b-x)^p}{p!} f^{(p)}(x), (p = 1, 2, \ldots, n)$, admet à l'intérieur de cet intervalle une dérivée, de la forme

$$\frac{(b-x)^{p-1}}{(p-1)!} f^p(x) - \frac{(b-x)^p}{p!} f^{(p+1)}(x).$$

On voit, d'après cela, que $\varphi(x)$ admet à l'intérieur de l'intervalle considéré une dérivée $\varphi'(x)$, définie par l'égalité

$$\varphi'(x) = -f'(x) + \left[f'(x) - \frac{b-x}{1} f''(x)\right] + \left[\frac{b-x}{1} f''(x) - \frac{(b-x)^2}{2!} f'''(x)\right] + \ldots$$
$$+ \left[\frac{(b-x)^{p-2}}{(p-2)!} f^{(p-1)}(x) - \frac{(b-x)^{p-1}}{(p-1)!} f^{(p)}(x)\right] + \left[\frac{(b-x)^{p-1}}{(p-1)!} f^{(p)}(x) - \frac{(b-x)^p}{p!} f^{(p+1)}(x)\right]$$
$$+ \ldots + \left[\frac{(b-x)^{n-1}}{(n-1)!} f^{(n)}(x) - \frac{(b-x)^n}{n!} f^{(n+1)}(x)\right] + \mathrm{H} \frac{(b-x)^n}{n!},$$

c'est-à-dire, après simplifications,

$$\varphi'(x) = -\frac{(b-x)^n}{n!} f^{(n+1)}(x) + \mathrm{H} \frac{(b-x)^n}{n!} = \frac{(b-x)^n}{n!} [\mathrm{H} - f^{(n+1)}(x)].$$

Or, il est évident que $\varphi(x)$ prend pour $x = a$ la valeur 0, les deux premiers termes se réduisant à 0 et les termes suivants étant nuls; d'autre part, l'égalité qui définit H montre que $\varphi(x)$ prend aussi la valeur 0 pour $x = b$. Donc, par application du théorème de Rolle à la fonction $\varphi(x)$, on voit qu'il existe au moins un nombre $c$, compris entre $a$ et $b$, tel que l'on ait $\varphi'(c) = 0$. On a ainsi

$$\frac{(b-c)^n}{n!} [\mathrm{H} - f^{(n+1)}(c)] = 0,$$

et, comme $b - c$ n'est pas nul, on a bien $\mathrm{H} = f^{(n+1)}(c)$.

Si on pose $\frac{c-a}{b-a} = \theta$, $\theta$ est compris entre 0 et 1; on a $c = a + \theta(b-a)$ et, par suite,

$$\mathrm{H} = f^{(n+1)}[a + \theta(b-a)],$$

$\theta$ étant un nombre compris entre 0 et 1.

Si l'on considère, d'après cela, une fonction $f(x)$ définie dans un intervalle (A, B), admettant dans cet intervalle des dérivées d'ordres $1, 2, \ldots, n-1, n$ et à l'intérieur de cet intervalle une dérivée d'ordre $n+1$, si $a$ est un nombre fixe appartenant à l'intervalle (A, B), on a, pour toute valeur de $x$ appartenant à cet intervalle,

$$f(x)=f(a)+(x-a)f'(a)+\ldots+\frac{(x-a)^p}{p!}f^{(p)}(a)+\ldots+\frac{(x-a)^n}{n!}f^n(a)$$

$$+\frac{(x-a)^{n+1}}{(n+1)!}f^{(n+1)}[a+\theta(x-a)],$$

$\theta$ étant un nombre variable compris entre 0 et 1.

Cette relation est dite la *formule de Taylor* pour la fonction $f(x)$. Le dernier terme du développement de $f(x)$, $\frac{(x-a)^{n+1}}{(n+1)!}f^{(n+1)}[a+\theta(x-a)]$, est dit le *terme complémentaire* ou le *reste*. Quand $f(x)$ est un polynome de degré $n$, $f^{(n+1)}(x)$ est nul, le reste est nul, et on retrouve la formule de Taylor relative aux polynomes à une variable, mais établie ici seulement pour les polynomes à coefficients réels et à variable réelle.

Si l'intervalle (A, B) contient le nombre 0, on peut supposer $a=0$, et la formule de Taylor devient

$$f(x)=f(0)+xf'(0)+\frac{x^2}{2!}f''(0)+\ldots+\frac{x^p}{p!}f^{(p)}(0)+\ldots+\frac{x^n}{n!}f^{(n)}(0)$$

$$+\frac{x^{n+1}}{(n+1)!}f^{(n+1)}(\theta x),$$

$\theta$ étant compris entre 0 et 1. C'est la *formule* dite *de Mac-Laurin*.

2° Soit une fonction $f(x, y, z)$ de plusieurs variables $x$, $y$, $z$, définie dans un champ C et admettant dans ce champ des dérivées partielles continues par rapport à tout ensemble de $p$ variables prises parmi les variables $x, y, z$, $p$ étant égal à $1, 2, 3, \ldots, n, n+1$.

Soient deux points $(x_0, y_0, z_0)$ et $(x_1, y_1, z_1)$ du champ C. Quand $t$ appartient à l'intervalle (0, 1), le point

$$[x_0+t(x_1-x_0), y_0+t(y_1-y_0), z_0+t(z_1-z_0)]$$

est situé dans le champ C. Il s'ensuit que la fonction

$$\varphi(t)=f[x_0+t(x_1-x_0), y_0+t(y_1-y_0), z_0+t(z_1-z_0)]$$

est définie dans l'intervalle (0, 1). Comme les trois fonctions de $t$, $x_0+t(x_1-x_0)$, $y_0+t(y_1-y_0)$, $z_0+t(z_1-z_0)$, sont des polynomes du premier degré en $t$, la fonction $\varphi(t)$ admet une dérivée d'ordre $p$ $(=1, 2, 3, \ldots, n, n+1)$, égale à

$$\left[(x_1-x_0)f'_x[x_0+t(x_1-x_0), y_0+t(y_1-y_0), z_0+t(z_1-z_0]+(y_1-y_0)f'_y+(z_1-z_0)f'_z\right]_{(p)}$$

qui, pour $t=0$, devient

$$\left[(x_1-x_0)f'_x(x_0, y_0, z_0)+(y_1-y_0)f'_y(x_0, y_0, z_0)+(z_1-z_0)f'_z(x_0, y_0, z_0)\right]_{(p)}.$$

Appliquons à la fonction $\varphi(t)$ la formule de Mac-Laurin. On a

$$\varphi(1)=\varphi(0)+\varphi'(0)+\frac{1}{2!}\varphi''(0)+\ldots+\frac{1}{p!}\varphi^{(p)}(0)+\ldots+\frac{1}{n!}\varphi^{(n)}(0)+\frac{1}{(n+1)!}\varphi^{n}(\theta),$$

$\theta$ étant compris entre 0 et 1, c'est-à-dire, en représentant, d'une façon générale, par $f'_X, f'_Y, f'_Z$ les quantités $f'_x(X, Y, Z)$, $f'_y(X, Y, Z)$, $f'_z(X, Y, Z)$,

$$\begin{aligned}f(x_1, y_1, z_1)=f(x_0, y_0, z_0)&+(x_1-x_0)f'_{x_0}+(y_1-y_0)f'_{y_0}+(z_1-z_0)f'_{z_0}\\&+\frac{1}{2!}\left[(x_1-x_0)f'_{x_0}+(y_1-y_0)f'_{y_0}+(z_1-z_0)f'_{z_0}\right]_{(2)}\\&+\ldots\ldots\ldots\ldots\\&+\frac{1}{n!}\left[(x_1-x_0)f'_{x_0}+(y_1-y_0)f'_{y_0}+(z_1-z_0)f'_{z_0}\right]_{(n)}\\&+\frac{1}{(n+1)!}\left[(x_1-x_0)f'_{x_0+\theta(x_1-x_0)}+(y_1-y_0)f'_{y_0+\theta(y_1-y_0)}+(z_1-z_0)f'_{z_0+\theta(z_1-z_0)}\right]_{(n+1)},\end{aligned}$$

$\theta$ étant un nombre compris entre 0 et 1. C'est la *formule de Taylor* pour les fonctions de plusieurs variables. Le dernier terme du développement qui forme le second membre est dit le *terme complémentaire* ou le *reste*; il est nul lorsque $f$ est un polynome de degré $n$.

224. Théorème. — *Si une fonction $f(x)$, définie dans un intervalle, admet $n+1$ dérivées d'ordres $1, 2, \ldots n, n+1$ et si la dérivée d'ordre $n+1$ est continue pour $x=a$, au voisinage de $x=a$ la fonction $f(x)$ admet un développement limité à l'ordre $n$, $f'(x)$, un développement limité à l'ordre $n-1$, $f''(x)$, un développement limité à l'ordre $n-2$, $\ldots$, $f^{(n-1)}(x)$, un développement limité à l'ordre 1, $f^{(n)}(x)$, un développement limité à l'ordre 0.*

En effet, on a

$$f(x)=f(a)+(x-a)f'(a)+\ldots+\frac{(x-a)^p}{p!}f^{(p)}(a)+\ldots+\frac{(x-a)^n}{n!}f^{(n)}(a)+\frac{(x-a)^{n+1}}{(n+1)!}f^{(n+1)}(\xi),$$

$\xi$ étant compris entre $a$ et $x$. Posons

$$\varepsilon=\frac{(x-a)f^{(n+1)}(\xi)}{(n+1)!};$$

le terme complémentaire est égal à $\varepsilon(x-a)^n$. Or, quand $x$ tend vers $a$, $\xi$ tend vers $a$; puisque la dérivée $(n+1)^{\text{ième}}$ de $f$ est continue au point $a$, $f^{(n+1)}(\xi)$ tend vers $f^{(n+1)}(a)$ et, par suite, $\varepsilon$ tend vers 0. On voit bien que $f(x)$ admet un développement limité à l'ordre $n$, au voisinage de $x=a$.

En appliquant la formule de Taylor à $f'(x)$, on a

$$f'(x)=f'(a)+(x-a)f''(a)+\ldots+\frac{(x-a)^{n-1}}{(n-1)!}f^{(n)}(a)+\frac{(x-a)^n}{n!}f^{(n+1)}(\xi_1),$$

$\xi_1$ étant compris entre $a$ et $x$. Le terme complémentaire s'écrit

$$\varepsilon_1(x-a)^{n-1},$$

$\varepsilon_1$ tendant vers 0 quand $x$ tend vers $a$; $f'(x)$ admet donc un développement limité à l'ordre $n-1$. Et ainsi de suite.

Le théorème s'applique, en particulier, pour tout entier $n$ aux fonctions admettant une infinité de dérivées.

225. — Comme conséquence de ce théorème, on voit que, $p$ étant un entier positif au plus égal à $n+1$, la fonction

$$u=f(x)-f(a)-(x-a)f'(a)-\ldots-\frac{(x-a)^{p-1}}{(p-1)!}f^{(p-1)}(a)$$

est infiniment petite en même temps que $x-a$, et que, si l'on suppose $f^{(p)}(a)\neq 0$, cet infiniment petit a pour partie principale $\frac{(x-a)^p}{p!}f^{(p)}(a)$. En même temps, $u'$ est un infiniment petit ayant pour partie principale $\frac{(x-a)^{p-1}}{(p-1)!}f^{(p)}(a)$, $u''$ est un infiniment petit ayant pour partie principale $\frac{(x-a)^{p-2}}{(p-2)!}f^{(p)}(a)$, ..., $u^{(p-1)}$ est un infiniment petit ayant pour partie principale $(x-a)f^{(p)}(a)$.

Si $f(x)$ s'annule pour $x=a$, ainsi que ses $p-1$ premières dérivées, la $p^{\text{ième}}$ étant différente de 0, $f(x)$ est un infiniment petit qui a pour partie principale $\frac{(x-a)^p}{p!}f^{(p)}(a)$. Supposons que $g(x)$ soit une fonction s'annulant pour $x=a$, ainsi que ses $p-1$ premières dérivées, la $p^{\text{ième}}$ étant différente de 0; $g(x)$ est un infiniment petit qui a pour partie principale $\frac{(x-a)^p}{p!}g^{(p)}(a)$. Le rapport $\frac{f(x)}{g(x)}$ qui se présente sous la forme $\frac{0}{0}$ pour $x=a$ a une limite égale à $\frac{f^{(p)}(a)}{g^{(p)}(a)}$ quand $x$ tend vers $a$. Si $f^{(p)}(a)$ est nul, $g^{(p)}(a)$ n'étant pas nul, $f(x)$ est un infiniment petit d'ordre supérieur à $g(x)$, le rapport $\frac{f(x)}{g(x)}$ tend vers 0 quand $x$ tend vers $a$; si $f^{(p)}(a)$ est non nul et si $g^{(p)}(a)$ est nul, $\frac{f(x)}{g(x)}$ tend vers $\infty$ quand $x$ tend vers $a$. Finalement, dans tous les cas, quand $x$ tend vers $a$, $\frac{f(x)}{g(x)}$ a une limite égale à celle de $\frac{f^{(p)}(x)}{g^{(p)}(x)}$, en supposant que $\frac{f^{(p)}(x)}{g^{(p)}(x)}$ ne se présente pas sous la forme $\frac{0}{0}$ pour $x = a$. Ce résultat constitue ce que l'on appelle la *règle de L'Hospital*.

**226. Applications de la formule de Mac-Laurin à quelques fonctions simples.** — 1° FONCTION $a^x$ ET FONCTIONS HYPERBOLIQUES. — La fonction $e^x$ admet une infinité de dérivées successives toutes égales à $e^x$ et prenant toutes la valeur 1 pour $x = 0$. Par suite, $n$ étant un entier quelconque, on a

$$e^x = 1 + \frac{x}{1} + \frac{x^2}{2!} + \ldots + \frac{x^n}{n!} + \varepsilon x^n,$$

$\varepsilon$ tendant vers 0 quand $x$ tend vers 0 et étant égal à $\frac{xe^{\theta x}}{(n+1)!}$, où $\theta$ est un nombre compris entre 0 et 1.

D'après cela, $x$ étant infiniment petit principal, $e^x - 1$ a pour partie principale $x$, $e^x - 1 - x$ a pour partie principale $\frac{x^2}{2!}$, et ainsi de suite.

Pour $a^x$, égal à $e^{x\mathrm{L}a}$, on a

$$a^x = 1 + \frac{x\mathrm{L}a}{1} + \frac{x^2(\mathrm{L}a)^2}{2!} + \ldots + \frac{x^n(\mathrm{L}a)^n}{n!} + \varepsilon' x^n,$$

$\varepsilon'$ tendant vers 0 quand $x$ tend vers 0.

On a

$$e^x = 1 + \frac{x}{1} + \frac{x^2}{2!} + \frac{x^3}{3!} + \frac{x^4}{4!} + \ldots + \frac{x^{2p}}{(2p)!} + \varepsilon_1 x^{2p},$$

et

$$e^{-x} = 1 - \frac{x}{1} + \frac{x^2}{2!} - \frac{x^3}{3!} + \frac{x^4}{4!} - \ldots + \frac{x^{2p}}{(2p)!} + \varepsilon_2 x^{2p},$$

$\varepsilon_1$ et $\varepsilon_2$ étant des fonctions de $x$ qui tendent vers 0 quand $x$ tend vers 0 En ajoutant membre à membre et en divisant par 2, on obtient

$$\mathrm{ch}\, x = 1 + \frac{x^2}{2!} + \frac{x^4}{4!} + \ldots + \frac{x^{2p}}{(2p)!} + \eta x^{2p},$$

$\eta$ tendant vers 0 quand $x$ tend vers 0. On a ainsi un développement limité à l'ordre $2p$ de $\operatorname{ch} x$. D'après cela, $x$ étant infiniment petit principal, $\operatorname{ch} x - 1$ a pour partie principale $\frac{x^2}{2!}$, $\operatorname{ch} x - 1 - \frac{x^2}{2!}$ a pour partie principale $\frac{x^4}{4!}$, et ainsi de suite.

De même, on a

$$e^x = 1 + \frac{x}{1} + \frac{x^2}{2!} + \frac{x^3}{3!} + \dots + \frac{x^{2p+1}}{(2p+1)!} + \varepsilon_3 x^{2p+1}$$

et

$$e^{-x} = 1 - \frac{x}{1} + \frac{x^2}{2!} - \frac{x^3}{3!} + \dots - \frac{x^{2p+1}}{(2p+1)!} + \varepsilon_4 x^{2p+1},$$

$\varepsilon_3$ et $\varepsilon_4$ étant des fonctions de $x$ qui tendent vers 0 quand $x$ tend vers 0. En retranchant membre à membre et en divisant par 2, on obtient

$$\operatorname{sh} x = x + \frac{x^3}{3!} + \frac{x^5}{5!} + \dots + \frac{x^{2p+1}}{(2p+1)!} + \eta_1 x^{2p+1},$$

$\eta_1$ tendant vers 0 quand $x$ tend vers 0. On a ainsi un développement limité à l'ordre $2p+1$ de $\operatorname{sh} x$. D'après cela, $x$ étant infiniment petit principal, $\operatorname{sh} x$ a pour partie principale $x$, $\operatorname{sh} x - x$ a pour partie principale $\frac{x^3}{3!}$, et ainsi de suite.

Cela posé, puisque $\operatorname{sh} x$ et $\operatorname{ch} x$ admettent, au voisinage de $x = 0$, des développements limités à un ordre quelconque $n$, la limite de $\operatorname{ch} x$ pour $x = 0$ étant non nulle, $\operatorname{th} x$ admet aussi, au voisinage de $x = 0$, un développement limité à l'ordre $n$, dont la partie proprement dite s'obtient en effectuant la division de la partie proprement dite du développement de $\operatorname{sh} x$ par la partie proprement dite du développement de $\operatorname{ch} x$, ces deux polynomes étant ordonnés par rapport aux puissances croissantes de $x$ (ch. IV, § 150).

On a ainsi, en particulier, en faisant $n = 5$,

$$\operatorname{th} x = \frac{x + \frac{x^3}{3!} + \dots}{1 + \frac{x^2}{2!} + \dots} = x - \frac{x^3}{3} + \frac{2x^5}{15} + \varepsilon x^5,$$

$\varepsilon$ étant infiniment petit en même temps que $x$. D'après cela, $x$ étant infiniment petit principal, $\operatorname{th} x$ a pour partie principale $x$, $\operatorname{th} x - x$ a pour partie principale $-\frac{x^3}{3}$, $\operatorname{th} x - x + \frac{x^3}{3}$ a pour partie principale $\frac{2x^5}{15}$, et ainsi de suite.

2° FONCTION $L(1+x)$. — A l'intérieur de l'intervalle $(-1, +\infty)$, la fonction est définie et admet une infinité de dérivées successives, la dérivée $n^{\text{ième}}$ ayant pour expression

$$y^{(n)} = (-1)^{n-1}\frac{(n-1)!}{(1+x)^n},$$

et prenant pour $x=0$ la valeur $(-1)^{n-1}(n-1)!$ Il suit de là que, pour toute valeur de $x$ intérieure à l'intervalle $(-1, +\infty)$, on a

$$L(1+x) = \frac{x}{1} - \frac{x^2}{2} + \frac{x^3}{3} - \ldots + (-1)^{n-1}\frac{x^n}{n} + \varepsilon x^n,$$

$\varepsilon$ tendant vers 0 quand $x$ tend vers 0 et ayant pour expression

$$\frac{(-1)^n}{n+1}\,\frac{x}{(1+\theta x)^{n+1}},$$

où $\theta$ est un nombre compris entre 0 et 1. D'après cela, $x$ étant infiniment petit principal, $L(1+x)$ a pour partie principale $x$, $L(1+x)-x$ a pour partie principale $-\frac{x^2}{2}$, et ainsi de suite.

3° FONCTION $(1+x)^\alpha$. — A l'intérieur de l'intervalle $(-1, +\infty)$, la fonction $(1+x)^\alpha$ est définie et admet une infinité de dérivées successives, la dérivée $n^{\text{ième}}$ ayant pour expression

$$y^{(n)} = \alpha(\alpha-1)\ldots(\alpha-n+1)(1+x)^{\alpha-n}$$

et prenant pour $x=0$ la valeur $\alpha(\alpha-1)\ldots(\alpha-n+1)$. Il suit de là que, pour toute valeur de $x$ intérieure à l'intervalle $(-1, +\infty)$, on a

$$(1+x)^\alpha = 1 + \frac{\alpha}{1}x + \frac{\alpha(\alpha-1)}{2!}x^2 + \ldots + \frac{\alpha(\alpha-1)\ldots(\alpha-n+1)}{n!}x^n + \varepsilon x^n,$$

$\varepsilon$ tendant vers 0 quand $x$ tend vers 0 et ayant pour expression $\frac{\alpha(\alpha-1)\ldots(\alpha-n)}{(n+1)!}\cdot\frac{x}{(1+\theta x)^{n+1-\alpha}}$, où $\theta$ est un nombre compris entre 0 et 1.

D'après cela, $x$ étant infiniment petit principal, $(1+x)^\alpha - 1$ a pour partie principale $\alpha x$, $(1+x)^\alpha - 1 - \alpha x$ a pour partie principale $\frac{\alpha(\alpha-1)}{2}x^2$, et ainsi de suite.

De l'existence du développement limité à un ordre $n$ quelconque de $(1+x)^\alpha$ au voisinage de $x=0$, résulte le théorème suivant :

*Si $f(x)$ admet un développement limité à l'ordre $n$ au voisinage de*

$x = x_0$ *ou de* $x = \infty$ *et si, en outre,* $f(x)$ *a une limite non nulle,* $[f(x)]^\alpha$ *admet aussi un développement limité à l'ordre* $n$.

En effet, nous pouvons, en faisant au besoin un changement de variable, supposer que $f(x)$ ait un développement limité au voisinage de $x = 0$. On a ainsi

$$f(x) = a_0 + a_1 x + \ldots + a_n x^n + \varepsilon x^n,$$

$\varepsilon$ tendant vers 0 quand $x$ tend vers 0 et $a_0$ étant différent de 0. Par suite, on a

$$f(x) = a_0\left(1 + \frac{a_1}{a_0}x + \ldots + \frac{a_n}{a_0}x^n + \frac{\varepsilon}{a_0}x^n\right) = a_0(1 + u),$$

si l'on pose

$$u = \frac{a_1}{a_0}x + \ldots + \frac{a_n}{a_0}x^n + \frac{\varepsilon}{a_0}x^n.$$

On en déduit

$$[f(x)]^\alpha = a_0^\alpha (1 + u)^\alpha.$$

Or, $(1 + x)^\alpha$ admet un développement limité à l'ordre $n$ au voisinage de $x = 0$. Si l'on y remplace $x$ par une fonction $u$ de $x$ admettant un développement limité à l'ordre $n$ au voisinage de $x = 0$ et ayant, en outre, une limite nulle pour $x = 0$, on obtient une fonction de fonction de $x$ qui admet un développement limité à l'ordre $n$ au voisinage de $x = 0$ (ch. IV, § 150) : par suite, $[f(x)]^\alpha$ admet aussi un développement limité à l'ordre $n$ au voisinage de $x = 0$, et la démonstration même permet d'en calculer la partie proprement dite.

4° FONCTION $\sin x$. — La fonction $y = \sin x$ admet une infinité de dérivées successives, la dérivée $n^{\text{ième}}$ ayant pour expression $\sin\left(x + \frac{n\pi}{2}\right)$ et prenant pour $x = 0$ la valeur $\sin\frac{n\pi}{2}$. Si $n$ est pair, cette valeur est nulle; si $n$ est impair et égal à $2p + 1$, cette valeur est égale à $(-1)^p$. Il suit de là que, pour toute valeur de $x$, on a

$$\sin x = x - \frac{x^3}{3!} + \frac{x^5}{5!} - \ldots + (-1)^{p-1}\frac{x^{2p-1}}{(2p-1)!} + \varepsilon x^{2p-1},$$

$\varepsilon$ étant une fonction de $x$ qui tend vers 0 quand $x$ tend vers 0, et qui a pour expression $\frac{1}{(2p+1)!}x^2 \sin\left(\theta x + \overline{2p+1}\,\frac{\pi}{2}\right)$, où $\theta$ est un nombre compris entre 0 et 1.

D'après cela, $x$ étant infiniment petit principal, $\sin x$ a pour partie principale $x$, $\sin x - x$ a pour partie principale $-\frac{x^3}{3!}$, et ainsi de suite.

D'autre part, supposons $x > 0$. Si l'on a $0 < x \leqslant \frac{\pi}{2}$, on a, comme on l'a vu, $\sin x < x$; cette inégalité a lieu *a fortiori* si $x > \frac{\pi}{2}$, puisque $\sin x$ est au plus égal à 1. Appliquons à $\sin x$ la formule de Mac-Laurin, en prenant $n = 2$; on trouve

$$\sin x = x + \frac{x^3}{3!} \sin\left(\theta_2 x + \frac{3\pi}{2}\right), \quad 0 < \theta_2 < 1.$$

Comme on a

$$\sin\left(\theta_2 x + \frac{3\pi}{2}\right) \geqslant -1,$$

on obtient l'inégalité

$$\sin x \geqslant x - \frac{x^3}{3!}.$$

Appliquons à $\sin x$ la formule de Mac-Laurin, en prenant $n = 4$; on trouve

$$\sin x = x - \frac{x^3}{3!} + \frac{x^5}{5!} \sin\left(\theta_4 x + \frac{5\pi}{2}\right), \quad 0 < \theta_4 < 1.$$

Comme on a

$$\sin\left(\theta_4 x + \frac{5\pi}{2}\right) \leqslant 1,$$

on obtient l'inégalité

$$\sin x \leqslant x - \frac{x^3}{3!} + \frac{x^5}{5!}.$$

D'une façon générale, $x$ étant positif, on a

$$\sin x \leqslant x - \frac{x^3}{3!} + \frac{x^5}{5!} - \ldots - \frac{x^{4p-1}}{(4p-1)!} + \frac{x^{4p+1}}{(4p+1)!}$$

et

$$\sin x \geqslant x - \frac{x^3}{3!} + \frac{x^5}{5!} - \ldots + \frac{x^{4q+1}}{(4q+1)!} - \frac{x^{4q+3}}{(4q+3)!}.$$

Si $x$ est négatif, on a les inégalités précédentes renversées.

Fonction $\cos x$. — La fonction $y = \cos x$ admet une infinité de dérivées successives, la dérivée $n^{\text{ième}}$ ayant pour expression $\cos\left(x + \frac{n\pi}{2}\right)$ et prenant pour $x = 0$ la valeur $\cos\frac{n\pi}{2}$, qui est nulle si $n$ est impair et qui, si $n$ est pair et égal à $2p$, est égale à $(-1)^p$. Il suit de là que, pour toute valeur de $x$, on a

$$\cos x = 1 - \frac{x^2}{2!} + \frac{x^4}{4!} - \ldots + (-1)^p \frac{x^{2p}}{(2p)!} + \varepsilon x^{2p},$$

$\varepsilon$ étant une fonction de $x$ qui tend vers 0 quand $x$ tend vers 0, et qui a pour expression $\frac{1}{(2p+2)!}x^2 \cos\left(\theta x + \overline{2p+2}\frac{\pi}{2}\right)$, où $\theta$ est un nombre compris entre 0 et 1.

D'après cela, $x$ étant infiniment petit principal, $\cos x - 1$ a pour partie principale $-\frac{x^2}{2}$, $\cos x - 1 + \frac{x^2}{2}$ a pour partie principale $\frac{x^4}{4!}$, et ainsi de suite.

D'autre part, on a $\cos x \leqslant 1$. Appliquons à $\cos x$ la formule de Mac-Laurin, en prenant $n=1$; on trouve

$$\cos x = 1 + \frac{x^2}{2!}\cos\left(\theta_1 x + \frac{2\pi}{2}\right), \qquad 0 < \theta_1 < 1.$$

Comme on a

$$\cos\left(\theta_1 x + \frac{2\pi}{2}\right) \geqslant -1,$$

on obtient l'inégalité

$$\cos x \geqslant 1 - \frac{x^2}{2!}.$$

Appliquons à $\cos x$ la formule de Mac-Laurin, en prenant $n=3$; on trouve

$$\cos x = 1 - \frac{x^2}{2!} + \frac{x^4}{4!}\cos\left(\theta_3 x + \frac{4\pi}{2}\right), \qquad 0 < \theta_3 < 1.$$

Comme on a

$$\cos\left(\theta_3 x + \frac{4\pi}{2}\right) \leqslant 1,$$

on obtient l'inégalité

$$\cos x \leqslant 1 - \frac{x^2}{2!} + \frac{x^4}{4!}.$$

D'une façon générale, on a

$$\cos x \leqslant 1 - \frac{x^2}{2!} + \frac{x^4}{4!} - \dots + \frac{x^{4p}}{(4p)!}$$

et

$$\cos x \geqslant 1 - \frac{x^2}{2!} + \frac{x^4}{4!} - \dots - \frac{x^{4q+2}}{(4q+2)!}.$$

Fonction $\operatorname{tg} x$. — Puisque les fonctions $\sin x$ et $\cos x$ admettent, au voisinage de $x=0$, des développements limités à un ordre quelconque $n$, la limite de $\cos x$ pour $x=0$ étant non nulle, $\operatorname{tg} x$ admet aussi, au voisinage de $x=0$, un développement limité à l'ordre $n$, dont la partie proprement dite s'obtient en effectuant la division de la partie proprement dite du développement de $\sin x$ par la partie proprement dite du développement de $\cos x$, ces deux polynomes étant ordonnés par rapport aux puissances croissantes de $x$.

On a ainsi, en particulier, en faisant $n=5$,

$$\operatorname{tg} x = \frac{x - \frac{x^3}{3!} + \dots}{1 - \frac{x^2}{2!} + \dots} = x + \frac{x^3}{3} + \frac{2x^5}{15} + \varepsilon x^5,$$

$\varepsilon$ tendant vers 0 en même temps que $x$. D'après cela, $x$ étant infiniment petit principal, $\operatorname{tg} x$ a pour partie principale $x$, $\operatorname{tg} x - x$ a pour partie principale $\frac{x^3}{3}$, $\operatorname{tg} x - x - \frac{x^3}{3}$ a pour partie principale $\frac{2x^5}{15}$, et ainsi de suite.

5° Fonctions $L(1+x)$, $\operatorname{arc tg} x$, $\operatorname{arc sin} x$. — Si la fonction $f(x)$ est définie et a une infinité de dérivées successives à l'intérieur de l'intervalle $(-A, +A)$, cette fonction admet, quel que soit $n$, un développement limité à l'ordre $n$ au voisinage de $x=0$ (§ 224). En même temps, la fonction $f'(x)$ admet un développement limité à l'ordre $n-1$ au voisinage de $x=0$, dont la partie proprement dite est la dérivée de la partie proprement dite du développement de $f(x)$ (§ 224). Si donc la partie proprement dite du développement de $f'(x)$ est le polynome

$$\alpha_0 + \alpha_1 x + \alpha_2 x^2 + \dots + \alpha_{n-1} x^{n-1},$$

la partie proprement dite du développement de $f(x)$ sera

$$C + \alpha_0 x + \frac{\alpha_1}{2} x^2 + \frac{\alpha_2}{3} x^3 + \dots + \frac{\alpha_{n-1}}{n} x^n,$$

C étant d'ailleurs égal à la valeur de $f(x)$ pour $x=0$. Voici des applications de cette remarque.

*a*) Soit $f(x) = L(1+x)$. On a

$$f'(x) = \frac{1}{1+x}.$$

En divisant, suivant les puissances croissantes, 1 par $1+x$, on trouve

$$f'(x) = 1 - x + x^2 - x^3 + \dots + (-1)^{n-1} x^{n-1} + \varepsilon x^{n-1},$$

$\varepsilon$ étant une fonction de $x$ qui a pour limite 0 quand $x$ tend vers 0. Comme la fonction $L(1+x)$ est développable suivant la formule de

Mac-Laurin et prend la valeur 0 pour $x=0$, on a l'identité

$$L(1+x)=x-\frac{x^2}{2}+\frac{x^3}{3}-\frac{x^4}{4}+\ldots+(-1)^{n-1}\frac{x^n}{n}+\eta x^n,$$

$\eta$ étant une fonction de $x$ qui tend vers 0 quand $x$ tend vers 0.

*b*) Soit $f(x)=\operatorname{arc\,tg} x$. On a

$$f'(x)=\frac{1}{1+x^2}.$$

En divisant, suivant les puissances croissantes, 1 par $1+x^2$, on trouve

$$f'(x)=1-x^2+x^4-x^6+\ldots+(-1)^n x^{2n}+\varepsilon x^{2n},$$

$\varepsilon$ tendant vers 0 en même temps que $x$. Comme la fonction $\operatorname{arc\,tg} x$ est développable suivant la formule de Mac-Laurin et prend la valeur 0 pour $x=0$, on a l'identité

$$\operatorname{arc\,tg} x=x-\frac{x^3}{3}+\frac{x^5}{5}-\frac{x^7}{7}+\ldots+(-1)^n\frac{x^{2n+1}}{2n+1}+\eta x^{2n+1},$$

$\eta$ tendant vers 0 en même temps que $x$.

Ainsi, quand $x$ est infiniment principal, $\operatorname{arc\,tg} x-x$ est un infiniment petit dont la partie principale est $-\frac{x^3}{3}$.

*c*) Soit enfin $f(x)=\arcsin x$. On a

$$f'(x)=\frac{1}{\sqrt{1-x^2}}=(1-x^2)^{-\frac{1}{2}}.$$

En remplaçant, dans le développement de $(1+x)^\alpha$, $x$ par $-x^2$ et $\alpha$ par $-\frac{1}{2}$, on trouve

$$(1-x^2)^{-\frac{1}{2}}=1+\frac{1}{2}x^2+\frac{1\,.\,3}{2\,.\,4}x^4+\ldots+\frac{1.3.5\ldots(2p-1)}{2.4.6\ldots 2p}x^{2p}+\varepsilon x^{2p},$$

$\varepsilon$ tendant vers 0 en même temps que $x$. Comme $\arcsin x$ est développable suivant la formule de Mac-Laurin et prend la valeur 0 pour $x=0$, on a l'identité

$$\arcsin x=x+\frac{1}{2}\frac{x^3}{3}+\frac{1\,.\,3}{2\,.\,4}\frac{x^5}{5}+\ldots+\frac{1.3.5\ldots(2p-1)}{2.4.6\ldots 2p}\frac{x^{2p+1}}{2p+1}+\eta x^{2p+1},$$

$\eta$ tendant vers 0 en même temps que $x$.

Ainsi, quand $x$ est infiniment principal, $\arcsin x-x$ est un infiniment petit dont la partie principale est $\frac{x^3}{6}$.

6° FONCTIONS $\arg \operatorname{th} x$, $\arg \operatorname{sh} x$. — *a*) Soit $f(x) = \arg \operatorname{th} x$. On a

$$f'(x) = \frac{1}{1 - x^2}.$$

En divisant, suivant les puissances croissantes, 1 par $1 - x^2$, on trouve

$$f'(x) = 1 + x^2 + x^4 + \dots + x^{2n} + \varepsilon x^{2n},$$

$\varepsilon$ tendant vers 0 en même temps que $x$. Comme la fonction $\arg \operatorname{th} x$ est développable suivant la formule de Mac-Laurin et prend la valeur 0 pour $x = 0$, on a l'identité

$$\arg \operatorname{th} x = x + \frac{x^3}{3} + \frac{x^5}{5} + \dots + \frac{x^{2n+1}}{2n+1} + \eta x^{2n+1},$$

$\eta$ tendant vers 0 en même temps que $x$.

Ainsi, quand $x$ est infiniment petit principal, $\arg \operatorname{th} x - x$ est un infiniment petit dont la partie principale est $\frac{x^3}{3}$.

*b*) Soit $f(x) = \arg \operatorname{sh} x$. On a

$$f'(x) = \frac{1}{\sqrt{1 + x^2}} = (1 + x^2)^{-\frac{1}{2}}.$$

En remplaçant, dans le développement de $(1 + x)^\alpha$, $x$ par $x^2$ et $\alpha$ par $-\frac{1}{2}$, on trouve

$$(1 + x^2)^{-\frac{1}{2}} = 1 - \frac{1}{2}x^2 + \dots + (-1)^p \frac{1.3.5 \dots (2p-1)}{2.4.6 \dots 2p} x^{2p} + \varepsilon x^{2p},$$

$\varepsilon$ tendant vers 0 en même temps que $x$. Comme $\arg \operatorname{sh} x$ est développable suivant la formule de Mac-Laurin et prend la valeur 0 pour $x = 0$, on a l'identité

$$\arg \operatorname{sh} x = x - \frac{1}{2}\frac{x^3}{3} + \dots + (-1)^p \frac{1.3.5 \dots (2p-1)}{2.4.6 \dots 2p} \frac{x^{2p+1}}{2p+1} + \eta x^{2p+1},$$

$\eta$ tendant vers 0 en même temps que $x$.

Ainsi, quand $x$ est infiniment petit principal, $\arg \operatorname{sh} x - x$ est un infiniment petit dont la partie principale est $-\frac{x^3}{6}$.

**227. Règles à suivre dans le calcul pratique des limites.** — Le calcul *pratique* des limites des fonctions, notamment quand elles se présentent sous forme indéterminée, et des parties principales de ces fonctions, quand elles sont infiniment petites ou infiniment grandes, repose :

1° Sur les principes relatifs à la substitution des infiniment petits et des infiniment grands équivalents dans un produit, un quotient, une puissance, une somme (ch. I, §§ 40 et 41);

2° Sur les théorèmes relatifs aux développements limités d'une somme, d'un produit, d'un quotient, d'une fonction de fonction et d'une puissance (ch. IV, § 150 et ch. VIII, § 226);

3° Sur la comparaison des infiniment grands et infiniment petits exponentiels, puissances et logarithmiques (ch. II, § 86);

4° Sur la détermination des développements limités des fonctions simples précédentes (ch. VIII, § 226). Notamment, on se rappellera que $e^x - 1$, $L(1+x)$, $\text{sh}\,x$, $\text{th}\,x$, $\text{argsh}\,x$, $\text{argth}\,x$, $\sin x$, $\text{tg}\,x$, $\arcsin x$, $\text{arctg}\,x$ sont des infiniment petits équivalents à $x$. On se rappellera aussi que si $u$ et $v$ sont deux fonctions positives de $x$ dont le rapport tend vers 1, le rapport des fonctions $u^\alpha - v^\alpha$ et $\alpha v^{\alpha-1}(u-v)$, où $\alpha$ est un nombre fixe, tend aussi vers 1 (ch. VIII, § 219).

Rappelons également que pour calculer la limite de $u^v$, où $u$ et $v$ sont des fonctions de $x$, quand $u^v$ prend une forme indéterminée, on pose $u^v = e^{vLu}$, et on calcule la limite de $vLu$ qui prend la forme indéterminée $0 \times \infty$ (ch. II, § 85).

Donnons quelques exemples.

1° *Limite de* $\dfrac{\sin x - x\cos x}{x(1-\cos x)}$ *quand $x$ tend vers* 0.

La fonction prend la forme indéterminée $\dfrac{0}{0}$.

Du développement de $\cos x$ au voisinage de $x = 0$, il résulte que l'infiniment petit $1 - \cos x$ est équivalent à $\dfrac{x^2}{2}$; le dénominateur de la fonction donnée est équivalent à $\dfrac{x^3}{2}$. D'autre part, on a

$$\sin x - x\cos x = \left(x - \frac{x^3}{3!} + \ldots\right) - x\left(1 - \frac{x^2}{2!} + \frac{x^4}{4!} - \ldots\right),$$

étant entendu qu'il s'agit de développements limités à un ordre quelconque. Par suite, on a

$$\sin x - x\cos x = x^3\left(\frac{1}{2!} - \frac{1}{3!}\right) + \ldots = \frac{x^3}{3} + \ldots;$$

$\sin x - x\cos x$ est un infiniment équivalent à $\dfrac{x^3}{3}$. Dans la fonction donnée, on peut remplacer le numérateur par $\dfrac{x^3}{3}$ et le dénominateur par $\dfrac{x^3}{2}$; on obtient ainsi une fraction égale à $\dfrac{2}{3}$, dont la limite est évidemment $\dfrac{2}{3}$. La fonction donnée a pour limite $\dfrac{2}{3}$.

2° *Limite de* $\cot 2x \, \text{tg}\left(x + \dfrac{\pi}{4}\right)$ *quand $x$ tend vers* $\dfrac{\pi}{4}$.

La fonction prend la forme indéterminée $0 \times \infty$. Mais elle s'écrit, si l'on pose $x = \frac{\pi}{4} + z$,

$$\frac{\operatorname{tg}\left(\frac{\pi}{2} + z\right)}{\operatorname{tg}\left(\frac{\pi}{2} + 2z\right)},$$

c'est-à-dire

$$\frac{\operatorname{tg} 2z}{\operatorname{tg} z}.$$

$z$ étant infiniment petit, $\operatorname{tg} 2z$ et $\operatorname{tg} z$ sont des infiniment petits respectivement équivalents à $2z$ et à $z$. Or, la fonction $\frac{2z}{z}$ est égale à 2 et a ainsi pour limite 2. La fonction donnée a pour limite 2.

3° *Limite de* $x - x^2 \mathrm{L}\left(1 + \frac{1}{x}\right)$ *quand* $x$ *tend vers* $+\infty$.

Le terme $x^2 \mathrm{L}\left(1 + \frac{1}{x}\right)$ de la différence donnée peut s'écrire

$$x \frac{\mathrm{L}\left(1 + \frac{1}{x}\right)}{\frac{1}{x}}.$$

Quand $x$ tend vers $+\infty$, $\frac{1}{x}$ tend vers 0, $\mathrm{L}\left(1 + \frac{1}{x}\right)$ et $\frac{1}{x}$ sont des infiniment petits équivalents, leur rapport a pour limite 1; il en résulte que $x^2 \mathrm{L}\left(1 + \frac{1}{x}\right)$ a pour limite $+\infty$. Par suite, la fonction donnée prend la forme indéterminée $\infty - \infty$.

Mais, au voisinage de $x = +\infty$, on a

$$\mathrm{L}\left(1 + \frac{1}{x}\right) = \frac{1}{x} - \frac{1}{2x^2} + \frac{1}{3x^3} - \dots;$$

par suite, on a

$$x - x^2 \mathrm{L}\left(1 + \frac{1}{x}\right) = x - \left(x - \frac{1}{2} + \frac{1}{3x} - \dots\right) = \frac{1}{2} - \frac{1}{3x} + \dots$$

Donc, la fonction donnée a pour limite $\frac{1}{2}$.

4° *Limite de* $\left(\frac{e^x - 1}{x}\right)^{\frac{1}{x}}$ *quand* $x$ *tend vers* 0.

On sait que $\frac{e^x - 1}{x}$ tend vers 1 quand $x$ tend vers 0; par suite, la fonction donnée prend la forme $1^\infty$. On peut l'écrire

$$e^{\frac{1}{x} \mathrm{L} \frac{e^x - 1}{x}}.$$

Il s'agit de déterminer la limite de $\frac{1}{x} \mathrm{L} \frac{e^x - 1}{x}$. Or, $\mathrm{L} \frac{e^x - 1}{x}$ est un infiniment petit équivalent à $\frac{e^x - 1}{x} - 1$; mais on a, au voisinage de $x = 0$,

$$\frac{e^x - 1}{x} - 1 = \frac{x}{2!} + \frac{x^2}{3!} + \dots;$$

$L\frac{e^x-1}{x}$ est donc équivalent à $\frac{x}{2}$; il s'ensuit que $\frac{1}{x}L\frac{e^x-1}{x}$ a pour limite $\frac{1}{2}$. La fonction donnée a pour limite $e^{\frac{1}{2}}$ ou $\sqrt{e}$.

5° *Partie principale de $(1+x)^{\frac{1}{x}}-e$ quand $x$ est infiniment petit principal.* On a

$$(1+x)^{\frac{1}{x}}=e^{\frac{1}{x}L(1+x)};$$

donc,

$$(1+x)^{\frac{1}{x}}-e=e^{\frac{1}{x}L(1+x)}-e=e\left[e^{\frac{1}{x}L(1+x)-1}-1\right].$$

$\frac{1}{x}L(1+x)-1$ tend vers 0 en même temps que $x$. D'autre part, $e^u-1$ est un infiniment petit équivalent à $u$. On peut donc remplacer dans la fonction donnée le facteur entre crochets par $\frac{1}{x}L(1+x)-1$. Mais, au voisinage de $x=0$, on a

$$\frac{1}{x}L(1+x)-1=-\frac{x}{2}+\frac{x^2}{3}-\ldots;$$

le premier membre a donc pour partie principale $-\frac{x}{2}$. Par suite, la fonction donnée a pour partie principale $-\frac{ex}{2}$.

6° *Limite de $[L(1+x)]^x$ quand $x$ tend vers 0.*

Cette fonction prend la forme indéterminée $0^0$. Elle s'écrit

$$e^{xL[L(1+x)]}.$$

Il s'agit de trouver la limite de $xL[L(1+x)]$. Cette fonction peut s'écrire, si l'on pose $L(1+x)=z$, $\frac{x}{z}.zLz$. Or, $\frac{x}{z}$ tend vers 1; d'autre part, $z$ tendant vers 0, $zLz$ tend vers 0; donc, $xL[L(1+x)]$ tend vers 0, et la fonction donnée tend vers 1.

7° *Limite de $(Lx)^{\frac{1}{x}}$ quand $x$ tend vers $+\infty$.* Cette fonction prend la forme indéterminée $\infty^0$. On peut l'écrire

$$e^{\frac{1}{x}L(Lx)}.$$

Il s'agit de trouver la limite de $\frac{1}{x}L(Lx)$. Or, cette dernière fonction s'écrit

$$\frac{L(Lx)}{Lx}\cdot\frac{Lx}{x}.$$

Chacun des deux facteurs de ce produit tend vers 0. Par suite, la fonction donnée tend vers $e^0$, c'est-à-dire vers 1.

## V. — FONCTIONS HOMOGÈNES

**228. Définition des fonctions homogènes.** — Soit d'abord un polynome $f(x, y, z)$ en $x, y, z$, homogène et de degré $m$. Il est clair que si on remplace, dans ce polynome, $x, y, z$ respectivement par $tx, ty, tz$, $t$ étant un nombre quelconque, chaque monome est multiplié par $t^m$; il en est de même du polynome lui-même, et ainsi, $t$ étant quelconque, les deux polynomes en $x, y, z$, $f(tx, ty, tz)$ et $t^m f(x, y, z)$, sont identiques :

$$f(tx, ty, tz) = t^m f(x, y, z).$$

Réciproquement, si, quel que soit $t$, les deux polynomes précédents en $x, y, z$ sont identiques, $f(x, y, z)$ est homogène. En effet, si $f$, mis sous forme réduite, contient le monome $Ax^\alpha y^\beta z^\gamma$, le polynome $t^m f(x, y, z)$ contient le monome $At^m x^\alpha y^\beta z^\gamma$ et le polynome $f(tx, ty, tz)$ contient le monome, semblable à ce monome, $At^{\alpha+\beta+\gamma} x^\alpha y^\beta z^\gamma$. Les monomes semblables des deux polynomes supposés mis sous forme réduite devant avoir les mêmes coefficients, on a

$$At^m = At^{\alpha+\beta+\gamma},$$

c'est-à-dire, puisque A n'est pas nul, $t^m = t^{\alpha+\beta+\gamma}$; comme cette égalité a lieu quel que soit $t$, on a nécessairement $\alpha + \beta + \gamma = m$. Ainsi, tous les monomes de $f$ sont du même degré $m$; $f$ est homogène et de degré $m$.

Si $f(x, y, z)$ est homogène et de degré $m$, on a la relation, dite *identité d'Euler*,

$$mf(x, y, z) = xf'_x(x, y, z) + yf'_y(x, y, z) + zf'_z(x, y, z).$$

Établissons le théorème dans le cas où $f(x, y, z)$ se réduit à un seul monome de degré $m$, $Ax^\alpha y^\beta z^\gamma$. Supposons d'abord que $\alpha, \beta, \gamma$ soient positifs. On a

$$f'_x = \alpha A x^{\alpha-1} y^\beta z^\gamma, \quad f'_y = \beta A x_\alpha y^{\beta-1} z^\gamma, \quad f'_z = \gamma A x^\alpha y^\beta z^{\gamma-1}.$$

On en déduit

$$xf'_x + yf'_y + zf'_z = (\alpha + \beta + \gamma) A x^\alpha y^\beta z^\gamma = mf(x, y, z).$$

Supposons que $\alpha$ soit nul, $\beta$ et $\gamma$ étant positifs. On a alors

$$f'_x = 0, \quad f'_y = \beta A y^{\beta-1} z^{\gamma}, \quad f' = \gamma A y^{\beta} z^{\gamma-1},$$

d'où

$$xf'_x + yf'_y + zf' = (\beta+\gamma) A y^{\beta} z^{\gamma} = mf(x, y, z).$$

La relation se vérifie de la même manière si $\alpha$, $\beta$ sont nuls, $\gamma$ étant positif, et si $\alpha$, $\beta$, $\gamma$ sont tous nuls.

Le théorème est encore vrai quand $f$ est un polynome; il suffit de remarquer que les dérivées partielles, par rapport à $x$, par rapport à $y$, par rapport à $z$, sont les sommes des dérivées, par rapport à $x$, par rapport à $y$, par rapport à $z$, des termes du polynome.

Par généralisation, considérons une fonction réelle $f(x, y, z)$ d'une ou de plusieurs variables réelles, définie à l'intérieur d'un champ C. Il est facile de voir qu'à tout point $(x, y, z)$ intérieur au champ C il correspond un intervalle I appartenant à l'intervalle $(0, +\infty)$ et dont l'intérieur est l'ensemble des nombres positifs $t$ tels que le point $(tx, ty, tz)$ soit intérieur au champ C.

Cela posé, la fonction $f(x, y, z)$ est dite *homogène* si, quel que soit le point $(x, y, z)$ intérieur à C et quel que soit $t$ intérieur à l'intervalle I correspondant au point $(x, y, z)$, on a, $\alpha$ étant un nombre fixe,

$$f(tx, ty, tz) = t^{\alpha} f(x, y, z);$$

le nombre $\alpha$ est dit le *degré d'homogénéité* de la fonction.

En particulier, soit la fonction $f(x) = Ax^{\alpha}$, définie à l'intérieur de l'intervalle $(0, +\infty)$. Quel que soit $t$ positif, on a $f(tx) = t^{\alpha} f(x)$; la fonction $f(x)$ est homogène et de degré d'homogénéité $\alpha$. Réciproquement, soit une fonction $f(x)$, homogène et de degré d'homogénéité $\alpha$, définie à l'intérieur de l'intervalle $(0, +\infty)$. Par définition, quel que soit $t$ positif, on a, pour toute valeur positive de $x$,

$$f(tx) = t^{\alpha} f(x);$$

en particulier, pour $x = 1$, on a

$$f(t) = t^{\alpha} f(1),$$

c'est-à-dire, en changeant de notation,

$$f(x) = x^{\alpha} f(1) = Ax^{\alpha},$$

A étant un nombre fixe égal à $f(1)$.

De la relation qui caractérise l'homogénéité d'une fonction, il résulte immédiatement que : 1° la somme de deux fonctions homogènes et de degré $\alpha$ est homogène et de degré $\alpha$, 2° le produit de deux fonctions homogènes et de degrés $\alpha$ et $\beta$ est homogène et de degré $\alpha+\beta$, 3° le quotient de deux fonctions homogènes et de degrés $\alpha$ et $\beta$ est homogène et de degré $\alpha-\beta$, 4° la puissance $\beta$ d'une fonction homogène de degré $\alpha$ est homogène et de degré $\alpha\beta$.

229. Théorème. — *Si une fonction homogène et de degré $\alpha$ admet une dérivée première ou une dérivée partielle première, cette dérivée est homogène et de degré $\alpha-1$.*

Soient $(x_0, y_0, z_0)$ un point intérieur au champ C et $t$ un nombre intérieur à l'intervalle $I_0$ qui correspond au point $(x_0, y_0, z_0)$. Il est facile de voir qu'il est possible de déterminer un champ $C_1$ intérieur au champ C et contenant $(x_0, y_0, z_0)$ tel que, quel que soit le point $(x, y, z)$ appartenant à $C_1$, le point $(tx, ty, tz)$ soit intérieur à C.

En tout point $(x, y, z)$ du champ $C_1$, on a

$$f(tx, ty, tz) = t^\alpha f(x, y, z).$$

Dans ce champ, $f(x, y, z)$ admet une dérivée par rapport à $x$, $f'_x(x, y, z)$, et, par suite, $t^\alpha f(x, y, z)$ admet une dérivée par rapport à $x$, $t^\alpha f'_x(x, y, z)$. La fonction $f(tx, ty, tz)$ admet aussi une dérivée par rapport à $x$ qui est, par application de la règle de la dérivation d'une fonction de fonction, $tf'_x(tx, ty, tz)$. Donc, dans le champ $C_1$, on a

$$tf'_x(tx, ty, tz) = t^\alpha f'_x(x, y, z)$$

et, par suite, $t$ étant différent de 0,

$$f'_x(tx, ty, tz) = t^{\alpha-1} f'_x(x, y, z);$$

en particulier, on a

$$f'_x(tx_0, ty_0, tz_0) = t^{\alpha-} f'_x(x_0, y_0, z_0),$$

ce qui exprime que $f'_x$ est homogène et de degré $\alpha-1$.

Plus généralement, les dérivées d'ordre $p$ d'une fonction homogène et de degré $\alpha$ sont homogènes et de degré $\alpha-p$. Il suffit d'appliquer le théorème précédent, de proche en proche, aux dérivées successives de la fonction.

**230. Identité d'Euler.** — THÉORÈME. — *Si une fonction $f(x, y, z)$ homogène et de degré $\alpha$ admet des dérivées partielles premières continues, par rapport aux diverses variables $x, y, z$, on a*

$$\alpha f(x, y, z) = xf'_x + yf'_y + zf'_z.$$

En effet, prenons un point $(x, y, z)$ intérieur au champ C. Quel que soit $t$ intérieur à l'intervalle I correspondant, on a

$$f(tx, ty, tz) = t^\alpha f(x, y, z).$$

Le premier membre est une fonction composée de $t$, par l'intermédiaire des fonctions $tx$, $ty$, $tz$, définie à l'intérieur de I. Comme $f(x, y, z)$ admet des dérivées partielles continues par rapport à $x, y, z$, cette fonction de $t$ admet une dérivée égale, en tout point intérieur à I, à

$$xf'_x(tx, ty, tz) + yf'_y(tx, ty, tz) + zf'_z(tx, ty, tz).$$

Le second membre est une fonction de $t$, définie à l'intérieur de I, et qui, en tout point intérieur à cet intervalle, admet une dérivée égale à $\alpha t^{\alpha-1} f(x, y, z)$. On a donc, en tout point $t$ intérieur à I,

$$xf'_x(tx, ty, tz) + yf'_y(tx, ty, tz) + zf'_z(tx, ty, tz) = \alpha t^{\alpha-1} f(x, y, z).$$

Or, l'intervalle I contient 1 à son intérieur, et, pour $t = 1$, on a

$$xf'_x(x, y, z) + yf'_y(x, y, z) + zf'_z(x, y, z) = \alpha f(x, y, z).$$

THÉORÈME RÉCIPROQUE. — *Si une fonction $f(x, y, z)$ définie à l'intérieur d'un champ C admet des dérivées partielles continues et si en tout point on a*

$$\alpha f(x, y, z) = xf'_x(x, y, z) + yf'_y(x, y, z) + zf'_z(x, y, z),$$

*$\alpha$ étant un nombre fixe, la fonction $f(x, y, z)$ est homogène, et son degré d'homogénéité est $\alpha$.*

En effet, prenons un point $(x, y, z)$ intérieur au champ C. Quel que soit $t$ appartenant à l'intervalle I correspondant, on a

$$\alpha f(tx, ty, tz) = txf'_x(tx, ty, tz) + tyf'_y(tx, ty, tz) + tzf'_z(tx, ty, tz).$$

Posons $\varphi(t) = f(tx, ty, tz)$; c'est une fonction de $t$ définie à l'intérieur de I; par application du théorème de la dérivation d'une fonction composée, elle admet une dérivée $\varphi'(t)$, et l'on a

$$\varphi'(t) = xf'_x(tx, ty, tz) + yf'_y(tx, ty, tz) + zf'_z(tx, ty, tz).$$

Par suite, on a

$$\alpha\varphi(t) = t\varphi'(t).$$

Formons la fonction $\frac{\varphi(t)}{t^\alpha}$, qui est définie à l'intérieur de I; quel que soit $t$ intérieur à cet intervalle, elle admet une dérivée égale à

$$\frac{t^\alpha\varphi'(t) - \alpha t^{\alpha-1}\varphi(t)}{t^{2\alpha}} \quad \text{ou} \quad \frac{t\varphi'(t) - \alpha\varphi(t)}{t^{\alpha+1}};$$

d'après la relation précédente, cette dérivée est nulle. Donc, $\frac{\varphi(t)}{t^\alpha}$ a à l'intérieur de I une valeur constante, égale, en particulier, à $\varphi(1)$, valeur que prend la fonction pour $t = 1$. Ainsi,

$$\varphi(t) = t^\alpha\varphi(1),$$

c'est-à-dire

$$f(tx, ty, tz) = t^\alpha f(x, y, z).$$

Le théorème est établi.

## VI. — DIFFÉRENTIELLES

**231. Différentielle d'une fonction d'une variable.** — Soit $y = f(x)$ une fonction admettant une dérivée $f'(x)$. Si on donne à $x$ l'accroissement arbitraire $\Delta x$, on appelle *différentielle* de $y$, et on représente par $dy$ ou $df(x)$, le produit $f'(x)\Delta x$, qui apparaît comme une fonction des deux variables indépendantes $x$ et $\Delta x$ :

$$dy = f'(x)\Delta x :$$

Désignons par $\Delta y$ l'accroissement de $y$ correspondant à l'accroissement $\Delta x$ de $x$. La fonction $y$ étant continue, quand $\Delta x$ tend vers 0, il en est de même de $\Delta y$. On a d'ailleurs

$$\lim. \frac{\Delta y}{\Delta x} = f'(x).$$

Il s'ensuit que si $f'(x)$ n'est pas nul, la différentielle de $f(x)$ est la partie principale de l'accroissement de $f(x)$ quand on prend $\Delta x$ comme infiniment petit principal.

En particulier, on peut considérer $x$ comme fonction de $x$. Cette fonction a une dérivée égale à 1. On a alors $dx = \Delta x$, d'où

$$dy = f'(x)\,dx.$$

On en tire

$$f'(x) = \frac{dy}{dx},$$

ce qui nous donne une nouvelle manière de représenter la dérivée de $y$.

*Par analogie*, étant donnée une fonction $f(x, y, \ldots)$ de plusieurs variables admettant des dérivées partielles, on écrit, par exemple,

$$f'_x(x, y, \ldots) = \frac{\partial f(x, y, \ldots)}{\partial x}.$$

THÉORÈME. — *La relation $dy = f'(x)dx$ qui existe entre les différentielles de $x$ et de $y$, quand $x$ est la variable, existe encore entre les différentielles de $x$ et de $y$, quand $x$ et, par suite, $y$ sont fonctions, pourvues de dérivées, d'une nouvelle variable $t$.*

Posons $x = \varphi(t)$, $\varphi(t)$ ayant une dérivée. On a alors

$$y = f(x) = f[\varphi(t)] = \mathrm{F}(t).$$

La fonction $\mathrm{F}(t)$ admet une dérivée $\mathrm{F}'(t)$, fournie par la règle de dérivation d'une fonction de fonction :

$$\mathrm{F}'(t) = f'(x)\varphi'(t).$$

Soit alors $\Delta t$ l'accroissement arbitraire donné à $t$; $x$ et $y$, considérés comme fonctions de $t$, ont des différentielles $dx$ et $dy$, et l'on a les égalités

$$dx = \varphi'(t)\Delta t, \qquad dy = f'(x)\varphi'(t)\Delta t,$$

d'où l'on déduit

$$dy = f'(x)\,dx,$$

ce qui démontre le théorème.

On peut énoncer ce théorème de la manière suivante : *Quelle que soit la variable indépendante $t$ choisie pour exprimer les variables $x$ et $y$, le rapport $\frac{dy}{dx}$ des différentielles de $y$ et de $x$ est constant et égal à la dérivée de $y$ considéré comme fonction de $x$.*

THÉORÈME. — *Si, entre les différentielles des fonctions $y_1, y_2, \ldots$ de la même variable $x$, il existe une relation de la forme*

$$\mathrm{A}_1 dy_1 + \mathrm{A}_2 dy_2 + \ldots = 0,$$

*$A_1$, $A_2$, ... étant des fonctions de $x$, cette relation existe encore entre les différentielles des fonctions de $t$ que deviennent $y_1$, $y_2$, ... quand on y remplace $x$ par une fonction de $t$ admettant une dérivée.*

En effet, $x$ étant la variable indépendante, on a, en divisant les deux membres de la relation donnée par $dx$,

$$A_1 \frac{dy_1}{dx} + A_2 \frac{dy_2}{dx} + \ldots = 0.$$

Mais, d'après le théorème précédent, $\frac{dy_i}{dx}$ peut être regardé aussi comme le rapport des différentielles de $y_i$ et de $x$, quand $t$ est devenue la variable indépendante. Donc, $t$ étant la variable indépendante, la relation précédente a lieu, d'où, si on multiplie les deux membres par $dx$, la relation

$$A_1 dy_1 + A_2 dy_2 + \ldots = 0,$$

qui a lieu entre les différentielles de $y_1$, $y_2$, ..., considérés comme fonctions de $t$.

Différentielles des fonctions composées. — 1° *Différentielle d'une somme.* — Soient $u$, $v$, $w$ des fonctions de $x$. Considérons la somme

$$y = u + v + w.$$

Si $u$, $v$, $w$ ont des dérivées $u'$, $v'$, $w'$, nous avons

$$y' = u' + v' + w'$$

et, par suite,

$$y' dx = u' dx + v' dx + w' dx,$$

c'est-à-dire

$$dy = du + dv + dw.$$

2° *Différentielle d'un produit.* — Soient $u$, $v$ deux fonctions de $x$. Considérons le produit

$$y = uv.$$

Si $u$, $v$ ont des dérivées $u'$, $v'$, nous avons

$$y' = uv' + vu'$$

et, en multipliant par $dx$,

$$dy = udv + vdu.$$

Si l'on a la fonction $y = u_1 u_2 \ldots u_n$, on a

$$dy = u_2 u_3 \ldots u_n du_1 + u_1 u_3 \ldots u_n du_2 + \ldots + u_1 u_2 \ldots u_{n-1} du_n.$$

3° *Différentielle d'un quotient.* — Soit le quotient

$$y=\frac{u}{v}.$$

Si $u$ et $v$ ont des dérivées $u'$ et $v'$, on a

$$y'=\frac{vu'-uv'}{v^2}$$

et, par suite,

$$dy=\frac{vdu-udv}{v^2}.$$

4° *Différentielle d'une fonction composée quelconque.* — Soit $y=f(u, v, w)$, $u$, $v$, $w$ étant des fonctions de $x$. Si $f$ admet des dérivées partielles continues et si $u$, $v$, $w$ admettent des dérivées $u'$, $v'$, $w'$, on a

$$y'=f'_u u'+f'_v v'+f'_w w',$$

d'où, en multipliant par $dx$,

$$dy=f'_u du+f'_v dv+f'_w dw.$$

D'après un théorème précédent, cette relation subsiste si l'on change de variable indépendante.

Notation différentielle des dérivées successives d'une fonction de $x$ et des dérivées partielles successives d'une fonction de plusieurs variables. — 1° Si on a $y=f(x)$, on a $y'=\frac{dy}{dx}$. De la même manière, on a

$$y''=\frac{dy'}{dx}=\frac{d\left(\frac{dy}{dx}\right)}{dx}.$$

Cette formule conduit à représenter $y''$ par la notation $\frac{d^2y}{dx^2}$.

De même, on a

$$y'''=\frac{dy''}{dx}=\frac{d\left(\frac{d^2y}{dx^2}\right)}{dx},$$

ce qui conduit à représenter $y'''$ par la notation $\frac{d^3y}{dx^3}$. Et ainsi de suite. D'une manière générale, on est conduit à représenter $y^{(n)}$ par la notation $\frac{d^ny}{dx^n}$.

Par analogie, étant donnée une fonction de plusieurs variables, $x$ et $y$, par exemple, on représentera $f''_{x^2}$ par la notation $\frac{\partial^2 f}{\partial x^2}$, $f''_{xy}$ par la notation $\frac{\partial^2 f}{\partial x \partial y}$, d'une manière générale, $f^{(\alpha+\beta)}_{x^\alpha y^\beta}$ par la notation $\frac{\partial^{\alpha+\beta} f}{\partial x^\alpha \partial y^\beta}$.

**232. Différentielle d'une fonction d'une ou de plusieurs variables.** — Soit, plus généralement, $\omega = f(x, y, z)$ une fonction d'une ou de plusieurs variables admettant des dérivées $f'_x, f'_y, f'_z$. Si on donne à $x, y, z$ les accroissements arbitraires $\Delta x$, $\Delta y$, $\Delta z$, on appelle *différentielle* de $f$ et on représente par $d\omega$ ou $df$ l'expression

$$f'_x \Delta x + f'_y \Delta y + f'_z \Delta z.$$

S'il n'y a qu'une seule variable, on a une différentielle ordinaire, au sens antérieurement défini; s'il y a plusieurs variables, on dit qu'on a une *différentielle totale.*

En particulier, on peut considérer $x, y, z$ comme fonctions des variables $x, y, z$. Ces fonctions admettent des dérivées partielles; par exemple, $x$ a pour dérivées partielles, par rapport à $x$, 1, par rapport à $y$, 0 et par rapport à $z$, 0. On a alors $dx = \Delta x$, et, de même, $dy = \Delta y$, $dz = \Delta z$, ce qui nous permet d'écrire

$$d\omega = df = f'_x dx + f'_y dy + f'_z dz.$$

La différentielle $df$ doit être regardée comme une fonction des variables indépendantes suivantes : 1° les variables $x, y, z$ elles-mêmes, 2° les accroissements arbitraires donnés à ces variables.

Il est entendu que, dans ce qui suit, toutes les fois que nous appliquerons la règle de dérivation des fonctions composées, nous admettrons la continuité des dérivées partielles.

THÉORÈME. — *La relation qui existe entre les différentielles de $f$ et de $x, y, z$, quand $x, y, z$ sont variables indépendantes, existe encore entre les différentielles de $f$ et de $x, y, z$ quand $x, y, z$ et, par suite, $f$ sont fonctions d'autres variables* X, Y, ..., *pourvues de dérivées.*

Si $x, y, z$ sont fonctions de X, Y, ..., $f$ devient fonction de X, Y, ... par l'intermédiaire de $x, y, z$. Soit $\omega = f(x, y, z) = F(X, Y, \ldots)$. Donnons à X, Y, ... les accroissements arbitraires $\Delta X$, $\Delta Y$, .... On a

$$dx = \frac{\partial x}{\partial X}\Delta X + \frac{\partial y}{\partial Y}\Delta Y + \ldots,$$

$$dy = \frac{\partial y}{\partial X}\Delta X + \frac{\partial y}{\partial Y}\Delta Y + \ldots,$$

$$dz = \frac{\partial z}{\partial X}\Delta X + \frac{\partial z}{\partial Y}\Delta Y + \ldots.$$

D'autre part, on a

$$d\omega = \frac{\partial F}{\partial X}\Delta X + \frac{\partial F}{\partial Y}\Delta Y + \ldots.$$

Or, par application de la règle de dérivation des fonctions de fonction ou de la règle de dérivation des fonctions composées, on a, les $\partial$ pouvant être remplacés, s'il y a lieu, par des $d$,

$$\frac{\partial F}{\partial X} = \frac{\partial f}{\partial x}\frac{\partial x}{\partial X} + \frac{\partial f}{\partial y}\frac{\partial y}{\partial X} + \frac{\partial f}{\partial z}\frac{\partial z}{\partial X},$$

$$\frac{\partial F}{\partial Y} = \frac{\partial f}{\partial x}\frac{\partial x}{\partial Y} + \frac{\partial f}{\partial y}\frac{\partial y}{\partial Y} + \frac{\partial f}{\partial z}\frac{\partial z}{\partial Y}, \quad \dots.$$

Par suite, on a

$$d\omega = \left(\frac{\partial f}{\partial x}\frac{\partial x}{\partial X} + \frac{\partial f}{\partial y}\frac{\partial y}{\partial X} + \frac{\partial f}{\partial z}\frac{\partial z}{\partial X}\right)\Delta X + \left(\frac{\partial f}{\partial x}\frac{\partial x}{\partial Y} + \frac{\partial f}{\partial y}\frac{\partial y}{\partial Y} + \frac{\partial f}{\partial z}\frac{\partial z}{\partial Z}\right)\Delta Y + \dots,$$

ou, en réunissant les termes en $\frac{\partial f}{\partial x}$, en $\frac{\partial f}{\partial y}$, en $\frac{\partial f}{\partial z}$,

$$d\omega = \frac{\partial f}{\partial x}\left(\frac{\partial x}{\partial X}\Delta X + \frac{\partial x}{\partial Y}\Delta Y + \dots\right) + \frac{\partial f}{\partial y}\left(\frac{\partial y}{\partial X}\Delta X + \frac{\partial y}{\partial Y}\Delta Y + \dots\right) + \frac{\partial f}{\partial z}\left(\frac{\partial z}{\partial X}\Delta X + \frac{\partial z}{\partial Y}\Delta Y + \dots\right),$$

c'est-à-dire

$$d\omega = \frac{\partial f}{\partial x}dx + \frac{\partial f}{\partial y}dy + \frac{\partial f}{\partial z}dz,$$

ce qui démontre le théorème.

On a ainsi, en particulier, $u$, $v$, $w$ étant des fonctions de variables quelconques,

$$d(u + v + w) = du + dv + dw,$$

$$d(uv) = udv + vdu,$$

$$d\left(\frac{u}{v}\right) = \frac{vdu - udv}{v^2}.$$

Théorème. — *Si, étant données plusieurs fonctions $u_1$, $u_2$, ... d'une ou de plusieurs variables $x$, $y$, $z$, admettant des dérivées, il existe entre leurs différentielles une relation de la forme*

$$A_1 du_1 + A_2 du_2 + \dots = 0,$$

*$A_1$, $A_2$, ... étant des fonctions des variables considérées, cette relation existe encore entre les différentielles des fonctions $u_1$, $u_2$, ... quand $x$, $y$, $z$, au lieu d'être variables indépendantes, sont fonctions d'autres variables $X$, $Y$, ....*

Si $x$, $y$, $z$ sont les variables indépendantes, en désignant par $\Delta x$, $\Delta y$, $\Delta z$ les accroissements arbitraires donnés à ces variables, on a

$$du_1 = \frac{\partial u_1}{\partial x}\Delta x + \frac{\partial u_1}{\partial y}\Delta y + \frac{\partial u_1}{\partial z}\Delta z,$$

$$du_2 = \frac{\partial u_2}{\partial x}\Delta x + \frac{\partial u_2}{\partial y}\Delta y + \frac{\partial u_2}{\partial z}\Delta z, \quad \ldots.$$

Par suite, la relation donnée s'écrit

$$\Delta x\left(A_1\frac{\partial u_1}{\partial x} + A_2\frac{\partial u_2}{\partial x} + \ldots\right) + \Delta y\left(A_1\frac{\partial u_1}{\partial y} + A_2\frac{\partial u_2}{\partial y} + \ldots\right)$$
$$+ \Delta z\left(A_1\frac{\partial u_1}{\partial z} + A_2\frac{\partial u_2}{\partial z} + \ldots\right) = 0.$$

Comme elle a lieu quels que soient $\Delta x$, $\Delta y$, $\Delta z$, il s'ensuit qu'on a

$$A_1\frac{\partial u_1}{\partial x} + A_2\frac{\partial u_2}{\partial x} + \ldots = 0,$$

$$A_1\frac{\partial u_1}{\partial y} + A_2\frac{\partial u_2}{\partial y} + \ldots = 0,$$

$$A_1\frac{\partial u_1}{\partial z} + A_2\frac{\partial u_2}{\partial z} + \ldots = 0.$$

Cela posé, considérons $x$, $y$, $z$ non plus comme des variables indépendantes, mais comme des fonctions de X, Y, .... Si $dx$, $dy$, $dz$ sont les différentielles de $x$, $y$, $z$, multiplions les deux membres de la première relation par $dx$, les deux membres de la seconde par $dy$, les deux membres de la troisième par $dz$, et ajoutons par colonnes. Il vient

$$A_1\left(\frac{\partial u_1}{\partial x}dx + \frac{\partial u_1}{\partial y}dy + \frac{\partial u_1}{\partial z}dz\right) + A_2\left(\frac{\partial u_2}{\partial x}dx + \frac{\partial u_2}{\partial y}dy + \frac{\partial u_2}{\partial z}dz\right) + \ldots = 0,$$

c'est-à-dire, d'après le théorème précédent,

$$A_1 du_1 + A_2 du_2 + \ldots = 0.$$

Le théorème est démontré.

Théorème. — *Étant donnée une fonction $u = f(x, y, z)$ des variables indépendantes $x$, $y$, $z$, si l'on a entre les différentielles de $u$, $x$, $y$, $z$ une relation de la forme*

$$du = A dx + B dy + C dz,$$

*on a*

$$A = \frac{\partial u}{\partial x}, \quad B = \frac{\partial u}{\partial y}, \quad C = \frac{\partial u}{\partial z}.$$

En effet, on a en même temps

$$du = \frac{\partial u}{\partial x} dx + \frac{\partial u}{\partial y} dy + \frac{\partial u}{\partial z} dz.$$

Par suite, on a

$$\frac{\partial u}{\partial x} dx + \frac{\partial u}{\partial y} dy + \frac{\partial u}{\partial z} dz = A dx + B dy + C dz.$$

Cette relation a lieu quels que soient $dx$, $dy$, $dz$ qui sont arbitraires, puisque les variables $x$, $y$, $z$ sont indépendantes. En particulier, faisons $dx = 1$, $dy = 0$, $dz = 0$. Il vient

$$A = \frac{\partial u}{\partial x}.$$

De même, on a

$$B = \frac{\partial u}{\partial y}, \quad C = \frac{\partial u}{\partial z}.$$

**233. Application au changement de variables.** — Soient plusieurs fonctions $x$, $y$, $z$ d'un nombre égal de variables X, Y, Z, admettant des dérivées partielles continues; on a les relations

$$x = \varphi_1(X, Y, Z), \quad y = \varphi_2(X, Y, Z), \quad z = \varphi_3(X, Y, Z).$$

Supposons qu'on puisse définir à l'aide de ces relations des fonctions X, Y, Z des variables $x$, $y$, $z$, admettant des dérivées partielles continues :

$$X = \psi_1(x, y, z), \quad Y = \psi_2(x, y, z), \quad Z = \psi_3(x, y, z).$$

Que l'on prenne comme variables indépendantes $x$, $y$, $z$ ou X, Y, Z, on a des relations de la forme

$$(1) \quad \begin{cases} dx = A_1 dX + B_1 dY + C_1 dZ, \\ dy = A_2 dX + B_2 dY + C_2 dZ, \\ dz = A_3 dX + B_3 dY + C_3 dZ, \end{cases}$$

les éléments du déterminant

$$\Delta = \begin{vmatrix} A_1 & B_1 & C_1 \\ A_2 & B_2 & C_2 \\ A_3 & B_3 & C_3 \end{vmatrix}$$

étant les dérivées de $x$, $y$, $z$ par rapport à X, Y, Z. En même temps, $dX$, $dY$, $dZ$ s'expriment par des formes linéaires en $dx$, $dy$, $dz$ dont les coefficients sont les dérivées de X, Y, Z par rapport à $x$, $y$, $z$. En remplaçant $dX$, $dY$, $dZ$ par ces formes linéaires dans les seconds membres des équations (1), on obtient des formes linéaires en $dx$, $dy$, $dz$ qui sont égales respectivement à $dx$, $dy$, $dz$, que l'on prenne $x$, $y$, $z$ ou X, Y, Z comme variables indépendantes. Mais, si on prend $x$, $y$, $z$ comme variables indépendantes, $dx$, $dy$, $dz$ sont arbitraires. Il s'ensuit que ces nouvelles formes linéaires en $dx$, $dy$, $dz$ sont *identiques* à $dx$, $dy$, $dz$. Autrement dit, les expressions de $d\mathrm{X}$, $d\mathrm{Y}$, $d\mathrm{Z}$ en fonction de $dx$, $dy$, $dz$ constituent une solution des équations (1) linéaires en $d\mathrm{X}$, $d\mathrm{Y}$, $d\mathrm{Z}$. Par suite, les seconds membres des relations (1) sont des formes linéaires en $d\mathrm{X}$, $d\mathrm{Y}$, $d\mathrm{Z}$ indépendantes, et le déterminant $\Delta$ est différent de 0. Mais alors, les équations (1) linéaires en $d\mathrm{X}$, $d\mathrm{Y}$, $d\mathrm{Z}$ admettent une solution unique, dans laquelle $d\mathrm{X}$, $d\mathrm{Y}$, $d\mathrm{Z}$ s'expriment par des formes linéaires en $dx$, $dy$, $dz$. D'après ce qui précède, ces formes linéaires ont pour coefficients les dérivées de X, Y, Z par rapport à $x$, $y$, $z$.

Ainsi :

1° *On peut résoudre les relations* (1) *par rapport à* $d\mathrm{X}$, $d\mathrm{Y}$, $d\mathrm{Z}$;

2° *Les coefficients de* $dx$, $dy$, $dz$ *dans les expressions trouvées pour* $d\mathrm{X}$, $d\mathrm{Y}$, $d\mathrm{Z}$ *sont les dérivées de* X, Y, Z *par rapport à* $x$, $y$, $z$.

## EXERCICES

**103.** Calculer les dérivées des fonctions suivantes :

1° $\operatorname{arc\,tg}\frac{1}{x}$, $\operatorname{arc\,tg}\frac{a+x}{1-ax}$, $\operatorname{arc\,tg}\frac{a+b+x-abx}{1-ab-(a+b)x}$, $\operatorname{arc\,tg}\frac{2x}{1-x^2}$, $\operatorname{arc\,tg}\frac{3x-x^3}{1-3x^2}$;

2° $\operatorname{arc\,tg}\frac{\sqrt{1-x^2}}{x}$, $\operatorname{arc\,tg}(\sqrt{1+x^2}-x)$;

3° $\arcsin\frac{2x}{1+x^2}$, $\arcsin(3x-4x^3)$, $\arccos(2x^2-1)$, $\arccos\frac{1-x^2}{1+x^2}$,

4° $\arcsin 2x\sqrt{1-x^2}$, $\arcsin\frac{x}{\sqrt{1+x^2}}$;

5° $\operatorname{arg\,ch}(2x^2-1)$, $\operatorname{arg\,sh}(3x+4x^3)$, $\operatorname{arg\,ch}(4x^3-3x)$;

6° $\operatorname{arg\,sh} 2x\sqrt{1+x^2}$;

7° $\operatorname{arg\,th}\frac{a+x}{1+ax}$, $\operatorname{arg\,th}\frac{a+b+x+abx}{1+ab+(a+b)x}$, $\operatorname{arg\,th}\frac{2x}{1+x^2}$, $\operatorname{arg\,th}\frac{3x+x^3}{1+3x^2}$.

Expliquer chacun des résultats obtenus.

**104.** Toute dérivée d'ordre pair d'une fonction paire est une fonction paire; toute dérivée d'ordre pair d'une fonction impaire est une fonction impaire; toute dérivée d'ordre impair d'une fonction paire est une fonction impaire;

toute dérivée d'ordre impair d'une fonction impaire est une fonction paire.

105. Montrer que si $u$ et $v$ sont des fonctions de $x$ ayant des dérivées $u'$ et $v'$, $\operatorname{arc\,tg}\frac{u+v}{1-uv}$ a une dérivée égale à

$$\frac{u'}{1+u^2}+\frac{v'}{1+v^2}$$

et que $\frac{1}{2}\,\mathrm{L}\,\frac{1+u+v+uv}{1-u-v+uv}$ a une dérivée égale à

$$\frac{u'}{1-u^2}+\frac{v'}{1-v^2}.$$

Expliquer les résultats. Les généraliser.

106. Dérivées d'ordre $n$ des fonctions

$$\cos^2 x,\quad \sin^2 x,\quad \cos^3 x,\quad \sin^3 x,\quad \operatorname{ch}^2 x,\quad \operatorname{sh}^2 x,\quad \operatorname{ch}^3 x,\quad \operatorname{sh}^3 x,$$
$$\cos ax \cos bx \cos cx,\qquad \sin ax \sin bx \sin cx,$$

$a$, $b$, $c$ étant des nombres fixes.

107. Montrer que les dérivées d'ordre $n$ des fonctions

$$e^{x\cos\alpha}\cos(x\sin\alpha)\quad \text{et}\quad e^{x\cos\alpha}\sin(x\sin\alpha),$$

où $\alpha$ est un angle constant, sont respectivement égales à

$$e^{x\cos\alpha}\cos(x\sin\alpha+n\alpha)\quad \text{et}\quad e^{x\cos\alpha}\sin(x\sin\alpha+n\alpha).$$

Déduire de là les dérivées d'ordre $n$ de $e^x\cos x$ et de $e^x\sin x$.

108. De l'identité

$$1+x+x^2+\ldots+x^n=\frac{x^{n+1}-1}{x-1}$$

déduire une expression simple de

$$1+2x+3x^2+\ldots+(n+1)x^n$$

et de

$$1.2+2.3x+\ldots+(n+1)(n+2)x^n.$$

[On procède par dérivation.]

109. De l'identité

$$\sin\frac{2n+1}{2}x-\sin\frac{2n-1}{2}x=2\sin\frac{x}{2}\cos nx,$$

déduire l'identité

$$\frac{1}{2}+\cos x+\cos 2x+\ldots+\cos nx=\frac{\sin\frac{2n+1}{2}x}{2\sin\frac{x}{2}}.$$

Former une expression simple de

$$\sin x+2\sin 2x+\ldots+n\sin nx.$$

110. Montrer que le produit

$$\cos x\cos\frac{x}{2}\cos\frac{x}{2^2}\ldots\cos\frac{x}{2^n}$$

a une limite finie pour $n$ infini.

[On se servira de l'égalité $\cos x = \frac{\sin 2x}{2 \sin x}$.]

111. Montrer que le produit

$$\operatorname{ch} x \operatorname{ch} \frac{x}{2} \operatorname{ch} \frac{x}{2^2} \dots \operatorname{ch} \frac{x}{2^n}$$

a une limite finie pour $n$ infini.

112. Soient deux nombres positifs $a$ et $b$. On pose

$$a_1 = \frac{a+b}{2}, \quad b_1 = \sqrt{a_1 b}, \quad a_2 = \frac{a_1 + b_1}{2}, \quad b_2 = \sqrt{a_2 b_1}, \dots,$$

$$a_n = \frac{a_{n-1} + b_{n-1}}{2}, \quad b_n = \sqrt{a_n b_{n-1}}, \dots.$$

Montrer que les deux suites $a_n$ et $b_n$ ont une limite commune. Cas particulier : $a = \frac{1}{4}$, $b = \frac{1}{2\sqrt{2}}$.

[Si $a < b$, on posera $a = b \cos \alpha$; si $a > b$, on posera $a = b \operatorname{ch} \alpha$.]

113. On pose

$$\varphi = \operatorname{arc tg}(\operatorname{sh} x).$$

Montrer que l'on a

$$\operatorname{sh} x = \operatorname{tg} \varphi, \quad \operatorname{ch} x = \frac{1}{\cos \varphi}, \quad \operatorname{th} x = \sin \varphi,$$

$$\operatorname{th} \frac{x}{2} = \operatorname{tg} \frac{\varphi}{2},$$

$$x = \operatorname{L} \operatorname{tg} \left( \frac{\pi}{4} + \frac{\varphi}{2} \right).$$

Montrer que l'on a

$$\frac{dx}{d\varphi} = \frac{1}{\cos \varphi} = \operatorname{ch} x.$$

($\varphi$ est dit l'*amplitude* de l'argument $x$.)

114. Soit une fonction $f(x)$ pourvue d'une dérivée première et d'une dérivée seconde. Montrer que l'on a

$$f(x+h+k) - f(x+h) - f(x+k) + f(x) = hkf''(x + \theta h + \theta' k),$$

$\theta$ et $\theta'$ étant deux nombres compris entre 0 et 1.

[On appliquera la formule des accroissements finis à la fonction $f(x+h) - f(x)$.]

115. Soit une fonction $f(x)$ pourvue d'une dérivée première et d'une dérivée seconde. Montrer qu'on a

$$f(x+2h) - 2f(x+h) + f(x) = h^2 f''(x + 2\theta h),$$

$\theta$ étant un nombre compris entre 0 et 1.

116. Dérivées partielles d'ordre $n$ de la fonction $\cos^2 x \cos^2 y$, de la fonction $\cos x \cos y \cos z$.

117. On pose

$$x = r \cos \theta, \quad y = r \sin \theta.$$

Démontrer que l'on a

$$\frac{\partial x}{\partial r} = \frac{\partial r}{\partial x}, \quad \frac{\partial y}{\partial r} = \frac{\partial r}{\partial y}.$$

118. Montrer que la fonction

$$V = L\sqrt{(x-a)^2 + (y-b)^2}$$

vérifie la relation

$$\frac{\partial^2 V}{\partial x^2} + \frac{\partial^2 V}{\partial y^2} = 0,$$

et que la fonction

$$V_1 = \frac{1}{\sqrt{(x-a)^2 + (y-b)^2 + (z-c)^2}}$$

vérifie la relation

$$\frac{\partial^2 V_1}{\partial x^2} + \frac{\partial^2 V_1}{\partial y^2} + \frac{\partial^2 V_1}{\partial z^2} = 0.$$

119. Soit $u$ une fonction des variables $x$, $y$, $z$. On pose

$$x = r\cos\theta\cos\varphi, \quad y = r\cos\theta\sin\varphi, \quad z = r\sin\theta,$$

$r$, $\theta$ et $\varphi$ étant trois nouvelles variables. Calculer

$$\frac{\partial^2 u}{\partial x^2} + \frac{\partial^2 u}{\partial y^2} + \frac{\partial^2 u}{\partial z^2}$$

en fonction de $r$, $\theta$, $\varphi$ et des dérivées partielles de $u$ considéré comme fonction des variables $r$, $\theta$, $\varphi$.

120. Soit une fonction $f(x, y)$ des deux variables indépendantes $x$ et $y$, admettant une dérivée partielle première par rapport à $x$. Montrer que si cette dérivée est nulle quel que soit le point $(x, y)$, la fonction considérée est égale à une fonction de $y$.

121. Soit $u$ une fonction des variables indépendantes $x$ et $y$. On pose

$$X = x + y, \quad Y = x - y.$$

Calculer

$$\frac{\partial u}{\partial x}, \quad \frac{\partial u}{\partial y}, \quad \frac{\partial^2 u}{\partial x^2}, \quad \frac{\partial^2 u}{\partial x\,\partial y}, \quad \frac{\partial^2 u}{\partial y^2}$$

en fonction de

$$\frac{\partial u}{\partial X}, \quad \frac{\partial u}{\partial Y}, \quad \frac{\partial^2 u}{\partial X^2}, \quad \frac{\partial^2 u}{\partial X\,\partial Y}, \quad \frac{\partial^2 u}{\partial Y^2}.$$

Déterminer, d'après cela, les fonctions $u$ telles que l'on ait $\frac{\partial u}{\partial x} = \frac{\partial u}{\partial y}$, et les fonctions $u$ telles que l'on ait $\frac{\partial^2 u}{\partial x^2} = \frac{\partial^2 u}{\partial y^2}$.

122. Soit l'équation $f(x, y) = 0$, définissant $y$ comme fonction implicite de $x$. Montrer que si $f(x, y)$ est une fonction homogène, la dérivée de $y$ est égale à $\frac{y}{x}$.

123. On considère le polynome $P_n(x)$ qui, dans l'intervalle $(-1, +1)$, est égal à $\cos(n \operatorname{arc}\cos x)$. Démontrer que l'on a l'identité

$$(1 - x^2)P_n'' - xP_n' + n^2 P_n = 0.$$

Se servir de ce résultat pour déterminer les coefficients du polynome $P_n(x)$.

124. Démontrer la formule

$$\frac{d^n\left(x^{n-1}e^{\frac{1}{x}}\right)}{dx^n} = (-1)^n \frac{e^{\frac{1}{x}}}{x^{n+1}}.$$

(HALPHEN.)

[On pourra la démontrer par induction.]

125. Il n'existe pas d'intervalle dans lequel la fonction

$$Ae^{ax} + Be^{bx} + \ldots + Le^{lx},$$

$a, b, \ldots, l$ étant des nombres fixes inégaux, A, B, ..., L étant des coefficients constants, soit constamment nulle, à moins que les coefficients ne soient tous nuls.

[On considérera les dérivées successives de la fonction.]

126. Déterminer les coefficients constants A, B, C, D, E de façon que la fonction

$$A\cos^2 x + 2B\sin x\cos x + C\sin^2 x + 2D\cos x + 2E\sin x$$

soit constante.

127. Calculer la partie principale de $\sqrt[n]{a} - \sqrt[n+1]{a}$, $a$ étant un nombre fixe positif et différent de 1, quand on prend $n$ comme infiniment grand principal.

128. Calculer les parties principales de

$$e^{2x} - \frac{1+x}{1-x}, \quad \mathrm{L}\cos x + \frac{x^2}{2}, \quad \mathrm{tg}(\sin x) - \sin(\mathrm{tg}x),$$

$x$ étant infiniment petit principal.

[On cherchera des développements limités de ces fonctions suivant les puissances de $x$.]

129. Limites des fonctions suivantes :

$$(\cos\alpha x + m\sin\alpha x)^{\frac{1}{x}}, \quad (\cos\alpha x)^{-2\frac{\cot\alpha x}{x}}, \quad \left(\frac{\sin x}{x}\right)^{\frac{1}{x^2}}, \quad \left(\frac{\mathrm{tg}x}{x}\right)^{\frac{1}{x^2}},$$

quand $x$ tend vers 0.

130. Démontrer que, quand $x$ tend vers $+\infty$,

$$\left[\frac{\mathrm{L}(x+1)}{\mathrm{L}x}\right]^x - 1$$

est un infiniment petit équivalent à $\frac{1}{\mathrm{L}x}$.

131. Limite de

$$\left[\frac{\mathrm{L}(x+1)}{\mathrm{L}x}\right]^{x\mathrm{L}x}$$

quand $x$ tend vers $+\infty$.

132. Calculer les développements limités à l'ordre $2p$, au voisinage de $x=0$, des fonctions $\cos^2 x$, $\cos^3 x$, $\operatorname{ch}^2 x$, $\operatorname{ch}^3 x$, les développements limités à l'ordre $2p+1$, au voisinage de $x=0$, des fonctions $\sin^3 x$ et $\operatorname{sh}^3 x$.

133. Déterminer les développements limités à l'ordre $n$, au voisinage de $x=0$, des fonctions $\frac{L(1+x)}{1+x}$ et $[L(1+x)]^2$.

[On pose $y=\frac{L(1+x)}{1+x}$, d'où $y(1+x)=L(1+x)$, puis on identifie les développements limités des deux membres de l'égalité.]

134. Calculer les développements limités à l'ordre $n$, au voisinage de $x=0$, des fonctions $\frac{\operatorname{arc\,tg} x}{1+x^2}$ et $(\operatorname{arc\,tg} x)^2$.

135. Montrer que si on pose $y=\frac{\operatorname{arc\,sin} x}{\sqrt{1-x^2}}$, on a l'identité

$$y'(1-x^2)-xy=1.$$

Déduire de cette relation le développement limité à l'ordre $2p-1$ de $y$ au voisinage de $x=0$.

Calculer le développement limité à l'ordre $2p$ de $(\operatorname{arc\,sin} x)^2$ au voisinage de $x=0$.

136. Calculer le développement limité à l'ordre $2p-1$ de la fonction $\frac{L(x+\sqrt{1+x^2})}{\sqrt{1+x^2}}$ au voisinage de $x=0$ et le développement limité à l'ordre $2p$ de la fonction $[L(x+\sqrt{1+x^2})]^2$ au voisinage de $x=0$.

137. Soit le déterminant

$$\Delta=\begin{vmatrix} a_1^1 & a_1^2 & \dots & a_1^n \\ \dots & \dots & \dots & \dots \\ a_n^1 & a_n^2 & \dots & a_n^n \end{vmatrix}$$

dont les éléments sont des fonctions de $x$ pourvues de dérivées.

Démontrer que $\Delta$ a une dérivée définie par l'égalité

$$\frac{d\Delta}{dx}=\sum A_p^q \frac{da_p^q}{dx},$$

$A_p^q$ étant le coefficient de $a_p^q$ dans le déterminant $\Delta$, la somme $\Sigma$ s'étendant à tous les éléments de $\Delta$.

Démontrer que cette dérivée est égale à la somme des $n$ déterminants qu'on obtient en remplaçant de toutes les manières possibles dans $\Delta$ les éléments d'une ligne respectivement par leurs dérivées.

Appliquant ce résultat à la dérivée de $\Delta$, trouver une règle simple de formation de la dérivée seconde de $\Delta$.

# CHAPITRE IX

## APPLICATIONS DE LA THÉORIE DES DÉRIVÉES A L'ÉTUDE DES ÉQUATIONS ET DES FONCTIONS

### I. — SÉPARATION DES RACINES DES ÉQUATIONS

234. — Dans ce qui suit, nous ne considérerons que des équations, telles que $f(x)=0$, où $f(x)$ est une fonction définie et continue dans un intervalle (A, B) ou à l'intérieur de cet intervalle, admettant à l'intérieur de (A, B) plusieurs dérivées successives, et plus particulièrement des dérivées de tous les ordres. Nous supposerons de plus que chacune des équations $f(x)=0, f'(x)=0, f''(x)=0, \ldots$ admette à l'intérieur de (A, B) un nombre fini de racines ; dès lors, si $\alpha, \beta, \ldots, \lambda$ sont les racines de l'une quelconque de ces équations, $\varphi(x)=0$, il sera possible de ranger ces racines et les extrémités A et B de l'intervalle considéré dans l'ordre croissant, $A, \alpha, \beta, \ldots, \lambda, B$; les racines $\alpha$ et $\beta$, de même les racines $\beta$ et $\gamma$, ... seront dites *racines consécutives* de l'équation $\varphi(x)=0$.

A l'intérieur d'un intervalle qui a pour extrémités deux racines consécutives, par exemple $\alpha$ et $\beta$, la fonction $\varphi(x)$ a un signe constant ; car, d'une part, $\varphi(x)$ est non nulle entre $\alpha$ et $\beta$; d'autre part, si, pour deux valeurs $x'$ et $x''$ de $x$, comprises entre $\alpha$ et $\beta$, $\varphi(x)$ prenait deux valeurs de signes contraires, cette fonction continue s'annulerait au moins une fois entre $x'$ et $x''$, par suite entre $\alpha$ et $\beta$; $\alpha$ et $\beta$ ne seraient pas des racines consécutives. De la même manière, on reconnaît que $\varphi(x)$ a un signe constant à l'intérieur de l'intervalle $(A, \alpha)$ et aussi un signe constant à l'intérieur de l'intervalle $(\lambda, B)$. D'après cela, étant donné un nombre $u$ de l'ensemble $A, \alpha, \beta, \ldots, \lambda, B$, nous appellerons *signe de* $\varphi(x)$ *à gauche de* $u$ le signe constant de $\varphi(x)$ à l'intérieur de celui des intervalles définis par l'ensemble considéré qui a pour extrémité supérieure $u$ et *signe de* $\varphi(x)$ *à droite de* $u$ le signe constant de $\varphi(x)$ à l'intérieur de celui de ces intervalles qui a pour extrémité inférieure $u$.

On dit que $x_0$ est *racine multiple d'ordre* $p$ (*racine simple si* $p=1$) de l'équation $f(x)=0$ si l'on a

$$f(x_0)=0,\quad f'(x_0)=0,\quad f''(x_0)=0,\quad \ldots,\quad f^{(p-1)}(x_0)=0 \quad \text{et} \quad f^{(p)}(x_0)\neq 0.$$

En appliquant à $f(x)$ la formule de Taylor, on obtient l'égalité $f(x)=\frac{(x-x_0)^p}{p!}f^{(p)}(\xi)$, $\xi$ étant compris entre $x_0$ et $x$. Quand $x$ tend vers $x_0$, $f^{(p)}(\xi)$ tend vers $f^{(p)}(x_0)$ qui n'est pas nul. On voit ainsi que dire que $x_0$ est racine multiple d'ordre $p$ de $f(x)=0$, c'est dire que $f(x)$ est un infiniment petit d'ordre $p$, quand on prend $x-x_0$ comme infiniment petit principal. Il existe un intervalle $(x_0-\varepsilon,\ x_0+\varepsilon)$ dans lequel $f^{(p)}(x)$ a le signe de $f^{(p)}(x_0)$ et dans lequel, par suite, sauf pour $x_0$, $f(x)$ a le signe de $\frac{(x-x_0)^p}{p!}f^{(p)}(x_0)$. D'après cela, les signes de $f(x)$ à gauche et à droite de $x_0$ sont différents si $p$ est impair, et identiques si $p$ est pair : *$f(x)$ ne change pas de signe quand $x$ traverse une racine multiple d'ordre pair et change de signe quand $x$ traverse une racine multiple d'ordre impair.*

Soient deux nombres $x_0$ et $x_1$ intérieurs à l'intervalle (A, B), autres que les racines $a, b, \ldots, l$ de l'équation $f(x)=0$.

Soient $c, d, e, \ldots, g, h$ les racines de l'équation $f(x)=0$ comprises entre $x_0$ et $x_1$, $p, q, r, \ldots, s, t$ leurs ordres de multiplicité. Prenons un nombre $u$ compris entre $c$ et $d$, un nombre $v$ compris entre $d$ et $e$, ..., un nombre $w$ compris entre $g$ et $h$. Si $p$ est pair, $f(u)$ et $f(x_0)$ sont de même signe; si $p$ est impair, ces deux nombres sont de signes contraires; par suite, on a

$$(-1)^p\frac{f(u)}{f(x_0)}>0.$$

De même, on a

$$(-1)^q\frac{f(v)}{f(u)}>0,\quad \ldots,\quad (-1)^t\frac{f(x_1)}{f(w)}>0.$$

En multipliant ces inégalités membre à membre, on obtient

$$(-1)^{p+q+r+\ldots+s+t}\frac{f(x_1)}{f(x_0)}>0.$$

Si donc $f(x_0)$ et $f(x_1)$ sont de même signe, ou bien il n'y a pas de racine comprise entre $x_0$ et $x_1$, ou bien, s'il y a des racines comprises entre $x_0$ et $x_1$, la somme de leurs ordres de multiplicité est un nombre pair. Si $f(x_0)$ et $f(x_1)$ sont de signes contraires, il y a au moins une racine comprise entre $x_0$ et $x_1$, et la somme des ordres de multiplicité des racines comprises entre $x_0$ et $x_1$ est un nombre impair.

235. Théorème. — *Entre deux racines consécutives de l'équation $f(x)=0$, il existe au moins une racine de l'équation $f'(x)=0$; la somme des ordres de multiplicité des racines de $f'(x)=0$ comprises entre les deux racines considérées de l'équation $f(x)=0$ est un nombre impair.*

Soient deux racines consécutives de $f(x)=0$, par exemple $a$ et $b$. Il existe un nombre positif $\varepsilon$ tel que l'on ait $a+\varepsilon<b-\varepsilon$ et que $f'(x)$ ne s'annule ni à l'intérieur de l'intervalle $(a, a+\varepsilon)$, ni à l'intérieur de l'intervalle $(b-\varepsilon, b)$; à l'intérieur de chacun de ces intervalles, $f'(x)$ a un signe constant. Appliquons à $f(x)$ la formule des accroissements finis, en prenant un nombre $x'$ intérieur à l'intervalle $(a, a+\varepsilon)$ et un nombre $x''$ intérieur à l'intervalle $(b-\varepsilon, b)$; on a

$$f(x')-f(a)=(x'-a)f'(\xi') \quad \text{ou} \quad f(x')=(x'-a)f'(\xi');$$

$\xi'$ étant compris entre $a$ et $a+\varepsilon$, et

$$f(x'')-f(b)=(x''-b)f'(\xi'') \quad \text{ou} \quad f(x'')=(x''-b)f'(\xi''),$$

$\xi''$ étant compris entre $b-\varepsilon$ et $b$. Or, $f(x')$ et $f(x'')$ sont de même signe, $x'-a$ et $x''-b$ sont de signes contraires; donc, $f'(\xi')$ et $f'(\xi'')$ sont de signes contraires. Il existe, par suite, au moins une racine de $f'(x)=0$ comprise entre $\xi'$ et $\xi''$, et, par suite, au moins une racine de $f'(x)=0$ comprise entre $a$ et $b$. De plus, la somme des ordres de multiplicité des racines de $f'(x)=0$ qui sont comprises entre $\xi'$ et $\xi''$ et, par suite, entre $a$ et $b$ est un nombre impair.

Théorème. — *Entre deux racines consécutives de l'équation $f'(x)=0$, il existe au plus une racine de l'équation $f(x)=0$; si cette racine existe, elle est simple.*

Soient deux racines consécutives $a'$ et $b'$ de $f'(x)=0$. S'il existait entre $a'$ et $b'$ deux racines $a$ et $b$ de $f(x)=0$, il existerait entre $a$ et $b$ au moins une racine de $f'(x)=0$; une telle racine serait comprise entre $a'$ et $b'$; $a'$ et $b'$ ne seraient donc pas deux racines consécutives. S'il existe entre $a'$ et $b'$ une racine de $f(x)=0$, cette racine est simple, car si elle était multiple, elle serait racine de $f'(x)=0$, ce qui est impossible, puisque $a'$ et $b'$ sont deux racines consécutives de $f'(x) = 0$.

Plusieurs cas se présentent.

1° $f(a')f(b') > 0$. L'équation $f(x) = 0$ n'a pas de racine comprise entre $a'$ et $b'$.

2° $f(a')f(b') < 0$. L'équation $f(x) = 0$ admet une racine et une seule, simple, comprise entre $a'$ et $b'$.

3° L'un des nombres $f(a')$ et $f(b')$ est nul. Supposons, par exemple, que $f(a')$ soit nul. Alors, $f(b')$ ne peut être nul, car si l'on avait à la fois $f(a') = 0$, $f(b') = 0$, l'équation $f'(x) = 0$ aurait au moins une racine comprise entre $a'$ et $b'$, et les nombres $a'$ et $b'$ ne seraient pas des racines consécutives de l'équation $f'(x) = 0$. L'équation $f(x) = 0$ n'a pas de racine comprise entre $a'$ et $b'$; si, en effet, une telle racine $\lambda$ existait, l'équation $f'(x) = 0$ aurait au moins une racine comprise entre $a'$ et $\lambda$ et, par suite, comprise entre $a'$ et $b'$, ce qui est contraire à l'hypothèse. On aboutit à la même conclusion lorsqu'on suppose que c'est $f(b')$ qui est nul, $f(a')$ étant alors nécessairement non nul.

THÉORÈME. — *Si $f(x)$ est définie à l'intérieur de l'intervalle* (A, B), *entre* A *et la plus petite racine de l'équation $f'(x) = 0$, entre la plus grande racine de cette équation et* B, *il existe au plus une racine de l'équation $f(x) = 0$; si cette racine existe, elle est simple.*

Soit $a'$ la plus petite racine de l'équation $f'(x) = 0$. S'il existait entre A et $a'$ deux racines $a$ et $b$ de $f(x) = 0$, il existerait entre $a$ et $b$ au moins une racine de l'équation $f'(x) = 0$, et $a'$ ne serait pas la plus petite racine de cette équation. S'il existe entre A et $a'$ une racine de $f(x) = 0$, cette racine est simple, car si elle était multiple, elle serait racine de $f'(x) = 0$, et $a'$ ne serait pas la plus petite racine de $f'(x) = 0$.

Il existe un nombre $A_1$, compris entre A et $a'$, tel que pour toute valeur de $x$ plus grande que A et inférieure ou au plus égale à $A_1$, $f(x)$ ait un signe constant. 1° Si $f(A_1)f(a')$ est positif, l'équation $f(x) = 0$ n'a pas de racine comprise entre A et $a'$; 2° si $f(A_1)f(a')$ est négatif, l'équation $f(x) = 0$ a une racine et une seule, simple, comprise entre A et $a'$; 3° si $f(a')$ est nul, l'équation $f(x) = 0$ n'a pas de racine comprise entre A et $a'$; si, en effet, une telle racine $\lambda$ existait, l'équation $f'(x) = 0$ aurait au moins une racine comprise entre $\lambda$ et $a'$ et, par suite, comprise entre A et $a'$, ce qui est contraire à l'hypothèse.

Même raisonnement relativement à l'intervalle $(l', B)$, $l'$ étant la plus grande racine de l'équation $f'(x) = 0$. On remplacera $A_1$ par $B_1$ compris entre $l'$ et B.

236. — Étant donnée l'équation $f(x) = 0$, où $f(x)$ est une fonction de $x$ définie à l'intérieur de l'intervalle $(A, B)$, formons la suite, dite *suite de Rolle*,

$$A, a', b', c', \ldots, l', B,$$

$a', b', c', \ldots, l'$ étant les racines de l'équation $f'(x) = 0$, rangées dans l'ordre croissant. Déterminons un nombre $A_1$ compris entre $A$ et $a'$, un nombre $B_1$ compris entre $l'$ et $B$, tels que $f(x)$ ait un signe constant pour toute valeur de $x$ plus grande que $A$ et au plus égale à $A_1$, et ait aussi un signe constant pour toute valeur de $x$ inférieure à $B$ et au moins égale à $B_1$. Déterminons les signes des nombres de la suite

$$f(A_1), \quad f(a'), \quad f(b'), \quad f(c'), \quad \ldots \quad f(l'), \quad f(B_1).$$

Si deux nombres consécutifs de cette suite sont de même signe, il n'y a pas de racine de $f(x) = 0$ comprise entre les nombres correspondants de la suite de Rolle; il y a une racine si ces deux nombres sont de signes contraires. Si un nombre tel que $f(a'), f(b'), \ldots f(l')$ est nul, par exemple $f(b')$, les nombres tels que $f(a')$ et $f(c')$ sont tous deux différents de 0, et il n'y a pas de racine de l'équation $f(x) = 0$ comprise entre $a'$ et $b'$, ni de racine comprise entre $b'$ et $c'$. On détermine ainsi des intervalles à l'intérieur de chacun desquels se trouve au plus une racine simple de l'équation $f(x) = 0$. On dit que les racines simples de $f(x) = 0$ sont *séparées*.

Si une racine $\alpha$ de l'équation $f'(x) = 0$ est d'ordre de multiplicité pair et si elle n'annule pas $f(x)$, il ne peut y avoir simultanément une racine de $f(x) = 0$ à l'intérieur de l'intervalle qui a pour extrémités $\alpha$ et le nombre qui précède $\alpha$ dans la suite de Rolle et une racine de $f(x) = 0$ à l'intérieur de l'intervalle qui a pour extrémités $\alpha$ et le nombre qui suit $\alpha$ dans la suite de Rolle; si, en effet, deux telles racines existaient simultanément, entre ces deux racines consécutives de $f(x) = 0$, il y aurait une et une seule racine de $f'(x) = 0$ ayant un ordre de multiplicité pair, ce qui est impossible. On peut donc supprimer le nombre $\alpha$ dans la suite de Rolle.

*Remarque*. — Tout ce qui précède est relatif à un intervalle $(A, B)$ à l'intérieur duquel $f(x), f'(x), \ldots$ sont définies. Pour appliquer les résultats obtenus à une fonction $f(x)$, il faudra d'abord mettre en évidence des intervalles à l'intérieur desquels $f(x)$ est définie, puis mettre en évidence dans chacun des intervalles obtenus de nouveaux intervalles à l'intérieur de chacun desquels $f'(x)$ est définie, et ainsi de suite.

237. *Applications.* — 1° *Étudier les racines de l'équation* $e^x = ax + b$, *a et b étant deux nombres donnés.*

Posons $f(x) = e^x - ax - b$. Cette fonction est définie dans l'intervalle $(-\infty, +\infty)$, et elle admet dans cet intervalle une dérivée $f'(x)$ égale à $e^x - a$, qui ne s'annule pas si $a$ est négatif ou nul et qui s'annule, si $a$ est positif, pour $x = \text{L}a$. On a les divers cas suivants.

1° $a < 0$. La suite de Rolle est $-\infty, +\infty$. Si $x$ tend vers $-\infty$, $e^x$ est infiniment petit, $ax + b$ est un infiniment grand équivalent à $ax$ qui tend vers $+\infty$. Donc, $f(x)$ tend vers $-\infty$. Si $x$ tend vers $+\infty$, $e^x$ est infiniment grand positif et est d'autre part infiniment grand d'ordre supérieur à $ax + b$; donc, $f(x)$ tend vers $+\infty$. On a le tableau suivant :

| $x$ | $-\infty$ | $+\infty$ |
|---|---|---|
| $f(x)$ | $-$ | $+$ |

On en déduit que l'équation $f(x) = 0$ a une racine et une seule, qui est simple.

2° $a = 0$. L'équation se réduit à $e^x = b$; elle n'a pas de racine, si $b \leqslant 0$; elle a une racine simple égale à $\text{L}b$, si $b > 0$.

3° $a > 0$. L'équation $f'(x) = 0$ a une racine égale à $\text{L}a$. La suite de Rolle est

$$-\infty, \quad \text{L}a \quad +\infty.$$

Quand $x$ tend vers $-\infty$, $ax + b$ tend vers $-\infty$; donc, $f(x)$ tend vers $+\infty$. Quand $x$ tend vers $+\infty$, $f(x)$ tend vers $+\infty$. Formons $f(\text{L}a) = a - a\text{L}a + b$. Si l'on a $b > a(\text{L}a - 1)$, $f(\text{L}a)$ est positif, on a le tableau

| $x$ | $-\infty$ | $\text{L}a$ | $+\infty$ |
|---|---|---|---|
| $f(x)$ | $+$ | $+$ | $+$ |

l'équation donnée n'a pas de racine. Si $b < a(\text{L}a - 1)$, on a le tableau

| $x$ | $-\infty$ | $\text{L}a$ | $+\infty$ |
|---|---|---|---|
| $f(x)$ | $+$ | $-$ | $+$ |

l'équation a deux racines simples séparées par $\text{L}a$. Enfin, supposons que l'on ait $b = a(\text{L}a - 1)$; $f(\text{L}a) = 0$, et $\text{L}a$ est racine multiple de l'équation $f(x) = 0$. L'équation donnée n'a pas de racine autre que $\text{L}a$.

Remarquons que l'équation donnée est l'équation qui a pour racines les abscisses des points d'intersection de la courbe représentative de $e^x$ et de la droite représentative de $ax + b$.

2° *Étudier l'équation* $e^x = \dfrac{x^2}{2}$.

Posons $f(x) = e^x - \dfrac{x^2}{2}$. Cette fonction est définie dans l'intervalle $(-\infty, +\infty)$ et elle y admet une dérivée $f'(x)$ égale à $e^x - x$. Pour étudier l'équation $f(x) = 0$, il faut d'abord étudier l'équation $f'(x) = 0$. La fonction $f'(x)$ est définie dans l'intervalle $(-\infty, +\infty)$ et y admet une dérivée $f''(x)$ égale à $e^x - 1$. L'équation $f''(x) = 0$ admet la seule racine $x = 0$. On a donc pour l'équation $f'(x) = 0$ le tableau suivant :

| $x$ | $-\infty$ | $0$ | $+\infty$ |
|---|---|---|---|
| $f'(x)$ | $+$ | $+$ | $+$ |

L'équation $f'(x)=0$ n'a donc pas de racine. La suite de Rolle pour l'équation $f(x)=0$ se réduit à $-\infty$, $+\infty$, et l'on a le tableau suivant :

| $x$ | $-\infty$ | $+\infty$ |
|---|---|---|
| $f(x)$ | $-$ | $+$ |

L'équation $f(x)=0$ a une racine et une seule.

On peut procéder autrement. L'équation donnée peut s'écrire

$$\frac{x^2}{2}e^{-x}-1=0.$$

Posons $\varphi(x)=\frac{x^2}{2}e^{-x}-1$. Cette fonction est définie dans l'intervalle $(-\infty, +\infty)$, et elle y admet une dérivée $\varphi'(x)$ :

$$\begin{aligned}\varphi'(x)&=xe^{-x}-\frac{x^2}{2}e^{-x}\\&=e^{-x}\left(x-\frac{x^2}{2}\right).\end{aligned}$$

L'équation $\varphi'(x)=0$ admet les racines 0 et 2. La suite de Rolle pour l'équation $\varphi(x)=0$ est donc

$$-\infty \quad 0 \quad 2 \quad +\infty;$$

les substitutions donnent

$$+ \quad - \quad - \quad -.$$

L'équation donnée a donc une racine et une seule qui est négative.

3° *Étudier l'équation* $\sin x+\sqrt{3}\cos x=x\sqrt{2}$.

Posons

$$f(x)=\sin x+\sqrt{3}\cos x-x\sqrt{2}.$$

La fonction $f(x)$ est définie dans l'intervalle $(-\infty, +\infty)$ et elle y admet une dérivée $f'(x)$ égale à $\cos x-\sqrt{3}\sin x-\sqrt{2}$. Résolvons l'équation

$$\cos x-\sqrt{3}\sin x=\sqrt{2}.$$

On a $\sqrt{3}=\operatorname{tg}\frac{\pi}{3}$. L'équation s'écrit donc

$$\cos x-\frac{\sin\frac{\pi}{3}}{\cos\frac{\pi}{3}}\sin x=\sqrt{2},$$

c'est-à-dire

$$\cos\left(x+\frac{\pi}{3}\right)=\sqrt{2}\cos\frac{\pi}{3}=\frac{\sqrt{2}}{2}=\cos\frac{\pi}{4}.$$

L'équation $f'(x)=0$ a donc une infinité de racines ayant pour expression générale $2k\pi-\frac{\pi}{3}\pm\frac{\pi}{4}$, $k$ étant un entier quelconque. Mais remarquons que l'équation donnée peut s'écrire

$$\sin x+\frac{\sin\frac{\pi}{3}}{\cos\frac{\pi}{3}}\cos x=x\sqrt{2},$$

c'est-à-dire

$$\sin\left(x+\frac{\pi}{3}\right)=\frac{x\sqrt{2}}{2}.$$

On voit d'après cela que toute racine de l'équation donnée vérifie la double inégalité $-1 \leqslant \frac{x\sqrt{2}}{2} \leqslant +1$, c'est-à-dire $-\sqrt{2} \leqslant x \leqslant +\sqrt{2}$. On en déduit en particulier que toute racine de l'équation donnée est nécessairement comprise entre $-\pi$ et $+\pi$; nous n'aurons donc à étudier l'équation $f(x)=0$ qu'à l'intérieur de l'intervalle $(-\pi, +\pi)$. Les racines de $f'(x)=0$ intérieures à cet intervalle sont $-\frac{7\pi}{12}$ et $-\frac{\pi}{12}$. La suite de Rolle est alors $-\pi, -\frac{7\pi}{12}, -\frac{\pi}{12}, +\pi$. On a

$$f\left(-\frac{\pi}{12}\right)=-\sin\frac{\pi}{12}+\frac{\sin\frac{\pi}{3}}{\cos\frac{\pi}{3}}\cos\frac{\pi}{12}+\frac{\pi}{12}\sqrt{2}$$

$$=\frac{\sin\frac{\pi}{4}}{\cos\frac{\pi}{3}}+\frac{\pi}{12}\sqrt{2}=\sqrt{2}\left(\frac{\pi}{12}+1\right);$$

$f\left(-\frac{\pi}{12}\right)$ est positif. On a

$$f\left(-\frac{7\pi}{12}\right)=-\frac{\sin\frac{\pi}{4}}{\cos\frac{\pi}{3}}+\frac{7\pi}{12}\sqrt{2}=\sqrt{2}\left(\frac{7\pi}{12}-1\right);$$

$f\left(-\frac{7\pi}{12}\right)$ est positif. On a, d'après cela, le tableau suivant :

| $x$ | $-\pi$ | $-\frac{7\pi}{12}$ | $-\frac{\pi}{12}$ | $+\pi$ |
|---|---|---|---|---|
| $f(x)$ | $+$ | $+$ | $+$ | $-$ |

L'équation a donc une racine et une seule comprise entre $-\frac{\pi}{12}$ et $\pi$. On reconnaît facilement que $f(0)$ est positif et que $f\left(\frac{\pi}{2}\right)$ est négatif; la racine de $f(x)=0$ est donc comprise entre 0 et $\frac{\pi}{2}$.

4° *Étudier l'équation $x^3+px+q=0$, $p$ et $q$ étant deux nombres réels.*

Nous poserons $f(x)=x^3+px+q$. Cette fonction est définie dans l'intervalle $(-\infty, +\infty)$ et elle y admet une dérivée $f'(x)$ égale à $3x^2+p$. L'équation $f'(x)=0$ n'a pas de racine si $p>0$, elle a une racine nulle si $p=0$, elle a deux racines distinctes, opposées, $+\sqrt{\frac{-p}{3}}$ et $-\sqrt{\frac{-p}{3}}$, si $p<0$.

1° $p>0$. On a le tableau suivant :

| $x$ | $-\infty$ | $+\infty$ |
|---|---|---|
| $f(x)$ | $-$ | $+$ |

en remarquant que $f(x)$ est un infiniment grand équivalent à $x^3$. L'équation $f(x)=0$ a une seule racine, simple.

2° $p=0$. L'équation se réduit à $x^3+q=0$. Elle a une seule racine, simple, égale à $-\sqrt[3]{q}$, si $q \neq 0$, une racine triple nulle, si $q=0$.

3° $p<0$. Posons $\alpha=-\sqrt{\frac{-p}{3}}$, $\beta=+\sqrt{\frac{-p}{3}}$. La suite de Rolle est $-\infty$, $\alpha$, $\beta$, $+\infty$. Quand $x$ tend vers $-\infty$, $f(x)$ tend vers $-\infty$, et quand $x$ tend vers $+\infty$, $f(x)$ tend vers $+\infty$.

Cela posé, si $f(\alpha)$ et $f(\beta)$ sont différents de 0 et de même signe, on a ou bien la suite de signes $-, -, -, +$ ou bien la suite de signes $-, +, +, +$ ; dans l'un et l'autre cas, l'équation $f(x)=0$ a une seule racine, simple.

Si $f(\alpha)$ et $f(\beta)$ sont de signes contraires, on a nécessairement $f(\alpha)>0$, $f(\beta)<0$. En effet, en appliquant la formule des accroissements finis, on a

$$f(\beta)-f(\alpha)=(\beta-\alpha)f'(\xi),$$

$\xi$ étant compris entre $\alpha$ et $\beta$. Or, quand $x$ est compris entre les racines $\alpha$ et $\beta$ du polynome du second degré $3x^2+p$, ce polynome est négatif. On a donc $f(\beta)-f(\alpha)<0$, $f(\beta)<f(\alpha)$. Il est donc impossible que l'on ait $f(\alpha)<0$ et $f(\beta)>0$. D'après cela, on a la suite de signes $-, +, -, +$. L'équation a trois racines distinctes, simples, séparées par les nombres $\alpha$ et $\beta$.

Supposons $f(\alpha)=0$. On a encore $f(\beta)-f(\alpha)<0$, par suite, $f(\beta)<0$. L'équation $f(x)=0$ admet la racine $\alpha$ qui, n'annulant pas la dérivée seconde de $f(x)$, égale à $6x$, est racine double. Outre la racine $\alpha$, l'équation $f(x)=0$ admet une racine simple plus grande que $\beta$.

Supposons $f(\beta)=0$. Comme on a $f(\beta)-f(\alpha)<0$, on a $f(\alpha)>0$. L'équation $f(x)=0$ admet la racine double $\beta$. Outre la racine $\beta$, l'équation $f(x)=0$ admet une racine simple plus petite que $\alpha$.

Il ne peut arriver que l'on ait simultanément $f(\alpha)=0$ et $f(\beta)=0$.

De cette discussion, il résulte que la somme des ordres de multiplicité des racines réelles de l'équation $f(x)=0$ est au plus égale à 3. On voit aussi que pour que l'équation admette trois racines distinctes, nécessairement simples, il faut et il suffit que l'on ait : 1° $p<0$, 2° $\alpha$ et $\beta$ étant les racines réelles de l'équation $f'(x)=0$, $f(\alpha)f(\beta)<0$. Or, la condition $f(\alpha)f(\beta)<0$ entraîne la condition $p<0$. Si en effet $p$ était nul, on aurait $\alpha=\beta=0$ ; par suite, on aurait $f(\alpha)f(\beta)=[f(0)]^2$, quantité non négative. Si $p$ était positif, $\alpha$ et $\beta$ seraient deux quantités imaginaires conjuguées ; il en serait de même des quantités $\alpha^3+p\alpha+q$ et $\beta^3+p\beta+q$, où $p$ et $q$ sont des nombres réels, et le produit de ces quantités serait positif ou nul. D'après cela, il suffit d'exprimer la condition $f(\alpha)f(\beta)<0$. Or, on a

$$3f(x)=x(3x^2+p)+2px+3q,$$

d'où

$$3f(\alpha)=2p\alpha+3q, \quad 3f(\beta)=2p\beta+3q,$$

d'où

$$\begin{aligned}9f(\alpha)f(\beta)&=(2p\alpha+3q)(2p\beta+3q)\\&=4p^2\alpha\beta+6pq(\alpha+\beta)+9q^2\\&=\frac{4p^3}{3}+9q^2.\end{aligned}$$

On obtient ainsi la condition $4p^3+27q^2<0$, nécessaire et suffisante pour que l'équation $x^3+px+q=0$ ait trois racines réelles distinctes.

De la discussion, il résulte aussi que pour que l'équation ait une racine multiple, il faut et il suffit que l'on ait soit $p=0, q=0$, soit $p<0, f(\alpha)f(\beta)=0$. On voit que ces conditions reviennent à la condition unique $4p^3+27q^2=0$.

Enfin, la condition $4p^3+27q^2>0$ est la condition nécessaire et suffisante pour que l'équation ait une seule racine réelle simple.

5° *Étudier l'équation* $(x-1)^4-(x+1)^3=0$.

Posons $f(x)=\frac{(x-1)^4}{(x+1)^3}-1$ ; l'équation s'écrit $f(x)=0$. La fonction $f(x)$ est définie à l'intérieur de l'intervalle $(-\infty, -1)$ et à l'intérieur de l'intervalle $(-1, +\infty)$. Nous avons à étudier l'équation $f(x)=0$ successivement dans chacun de ces intervalles. La fonction $f(x)$ admet une dérivée $f'(x)$ égale à $\frac{(x-1)^3(x+7)}{(x+1)^4}$, définie à l'intérieur de chacun des intervalles précédents. Pour le premier intervalle, la suite de Rolle est $-\infty, -7, -1$ ; pour le second intervalle, la suite de Rolle est $-1, +1 +\infty$. On a les deux tableaux suivants.

| $x$ | $-\infty$ | $-7$ | $-1$ | $-1$ | $+1$ | $+\infty$ |
|---|---|---|---|---|---|---|
| $f(x)$ | $-$ | $-$ | $-$ | $+$ | $-$ | $+$ |

L'équation a deux racines, l'une d'elles étant évidemment 0.

## II. — VARIATION DES FONCTIONS

**238. Maximums et minimums relatifs.** — Nous avons déjà obtenu pour une fonction $f(x)$ définie dans un intervalle et pourvue d'une dérivée à l'intérieur de cet intervalle une condition nécessaire et suffisante de croissance ou de décroissance dans l'intervalle, déduite de la considération du signe de la dérivée (§ 207).

Nous allons établir d'autres résultats.

Soit une fonction $f(x)$ définie dans un intervalle (A, B) ou à l'intérieur de l'intervalle (A, B).

On dit que $f(x)$ présente en un point $x_0$ *intérieur* à cet intervalle un *maximum relatif* s'il existe un nombre positif $\varepsilon$ tel que l'intervalle $(x_0-\varepsilon, x_0+\varepsilon)$ soit intérieur à l'intervalle (A, B) et tel que, pour toute valeur de $x$ comprise entre $x_0-\varepsilon$ et $x_0+\varepsilon$, on ait $f(x)\leqslant f(x_0)$ ; si, pour toute valeur de $x$ comprise entre $x_0-\varepsilon$ et $x_0+\varepsilon$, on a $f(x)\geqslant f(x_0)$, on dit que $f(x)$ présente en $x_0$ un *minimum relatif*.

THÉORÈME. — *Si la fonction $f(x)$ présente en $x_0$ un maximum ou un minimum relatif et si elle admet en ce point une dérivée finie, cette dérivée est nulle.*

Supposons qu'il s'agisse d'un maximum relatif. Prenons $x$ quelconque compris entre $x_0 - \varepsilon$ et $x_0$. On a $f(x) \leqslant f(x_0)$ et, par suite,

$$\frac{f(x) - f(x_0)}{x - x_0} \geqslant 0;$$

quand $x$ tend vers $x_0$, le premier membre tend vers la dérivée $\lambda$ de $f(x)$ en $x_0$; on a donc $\lambda \geqslant 0$.

Prenons maintenant $x'$ quelconque compris entre $x_0$ et $x_0 + \varepsilon$. On a $f(x') \leqslant f(x_0)$ et, par suite,

$$\frac{f(x') - f(x_0)}{x' - x_0} \leqslant 0;$$

quand $x'$ tend vers $x_0$, le premier membre tend vers $\lambda$; on a donc $\lambda \leqslant 0$.

Finalement, on a $\lambda = 0$.

Même raisonnement s'il s'agit d'un minimum relatif.

Théorème. — *Soit une fonction $f(x)$, définie à l'intérieur de l'intervalle* (A, B) *et y admettant une dérivée, sauf peut-être pour $x_0$ intérieur à cet intervalle; s'il existe un nombre positif $\varepsilon$ tel que $x_0 - \varepsilon$ et $x_0 + \varepsilon$ soient compris entre* A *et* B, *tel en outre que la fonction $f'(x)$ ait un signe constant à l'intérieur de l'intervalle $(x_0 - \varepsilon, x_0)$ et qu'elle ait un signe constant, contraire du précédent, à l'intérieur de l'intervalle $(x_0, x_0 + \varepsilon)$, la fonction $f(x)$ présente un maximum relatif en $x_0$ si le premier signe est $+$ et le second $-$, elle présente un minimum relatif en $x_0$ si le premier signe est $-$ et le second $+$.*

En effet, si la fonction $f'(x)$ est positive à l'intérieur de l'intervalle $(x_0 - \varepsilon, x_0)$, la fonction $f(x)$ est croissante dans cet intervalle, et, par suite, pour toute valeur de $x$ intérieure à l'intervalle, on a $f(x) < f(x_0)$. Si ensuite $f'(x)$ est négative à l'intérieur de l'intervalle $(x_0, x_0 + \varepsilon)$, la fonction est décroissante dans cet intervalle, et, par suite, pour toute valeur de $x$ intérieure à l'intervalle, on a $f(x) < f(x_0)$. La fonction $f(x)$ présente donc un maximum relatif en $x_0$.

De la même manière, on montrerait que si le premier signe de $f'(x)$ est $-$ et le second $+$, la fonction $f(x)$ présente un minimum relatif en $x_0$.

Théorème. — *Soit une fonction $f(x)$, définie à l'intérieur de l'intervalle* (A, B), *admettant à l'intérieur de cet intervalle $p - 1$ dérivées successives et admettant en outre, à l'intérieur de cet intervalle, sauf peut-être pour $x = x_0$, une dérivée d'ordre $p$. Si l'on a $f'(x_0) = 0$, $f''(x_0) = 0, \ldots, f^{(p-1)}(x_0) = 0$ et si, en outre, il existe un nombre positif $\varepsilon$*

*tel que $f^{(p)}(x)$ ait un signe constant à l'intérieur de $(x_0 - \varepsilon, x_0)$ et ait aussi un signe constant à l'intérieur de $(x_0, x_0 + \varepsilon)$, la fonction $f(x)$ présente un maximum ou un minimum relatif en $x_0$ dans les deux cas suivants :*

*1° $p$ est pair, et les signes de $f^{(p)}(x)$ à droite et à gauche de $x_0$ sont les mêmes; il y a maximum si ces deux signes sont —, minimum si ces deux signes sont +;*

*2° $p$ est impair, et les signes de $f^{(p)}(x)$ à droite et à gauche de $x_0$ sont contraires; il y a maximum si le signe de $f^{(p)}(x)$ à gauche de $x_0$ est + et si le signe de $f^{(p)}(x)$ à droite de $x_0$ est —, minimum si le premier signe est — et le second +.*

En effet, par application de la formule de Taylor, on a

$$f(x) = f(x_0) + \frac{(x - x_0)^p}{p!} f^{(p)}(\xi),$$

$\xi$ étant compris entre $x_0$ et $x$. Si $x$ appartient à l'intervalle $(x_0 - \varepsilon, x_0)$, $\xi$ est intérieur à cet intervalle; de même, si $x$ appartient à l'intervalle $(x_0, x_0 + \varepsilon)$, $\xi$ est intérieur à cet intervalle.

D'après cela, supposons d'abord $p$ pair; $\frac{(x - x_0)^p}{p!}$ est positif pour toute valeur de $x$, autre que $x_0$, appartenant à l'un ou à l'autre des deux intervalles précédents; par suite, $f(x) - f(x_0)$ a le signe de $f^{(p)}(\xi)$. Si le signe de $f^{(p)}(x)$ est le même à droite et à gauche de $x_0$, $f(x) - f(x_0)$ a un signe constant, quel que soit $x$, autre que $x_0$, appartenant à l'intervalle $(x_0 - \varepsilon, x_0 + \varepsilon)$; donc, $f(x)$ présente un maximum ou un minimum relatif en $x_0$, maximum si le signe de $f^{(p)}(x)$ à droite et à gauche de $x_0$ est —, minimum si ce signe est +.

Supposons ensuite $p$ impair; $\frac{(x - x_0)^p}{p!}$ est négatif pour toute valeur de $x$, autre que $x_0$, appartenant à l'intervalle $(x_0 - \varepsilon, x_0)$, positif pour toute valeur de $x$, autre que $x_0$, appartenant à l'intervalle $(x_0, x_0 + \varepsilon)$. Si le signe de $f^{(p)}(x)$ à gauche de $x_0$ est + et si le signe de $f^{(p)}(x)$ à droite de $x_0$ est —, $f(x) - f(x_0)$ est négatif pour toute valeur de $x$, autre que $x_0$, appartenant à l'intervalle $(x_0 - \varepsilon, x_0 + \varepsilon)$; $f(x)$ présente un maximum relatif en $x_0$. Si le signe de $f^{(p)}(x)$ à gauche de $x_0$ est — et si le signe de $f^{(p)}(x)$ à droite de $x_0$ est +, $f(x) - f(x_0)$ est positif pour toute valeur de $x$, autre que $x_0$, appartenant à l'intervalle $(x_0 - \varepsilon, x_0 + \varepsilon)$; $f(x)$ présente un minimum relatif en $x_0$.

THÉORÈME. — *Soit une fonction $f(x)$, définie et admettant plusieurs* *dérivées successives continues à l'intérieur de l'intervalle* (A, B); $x_0$ *étant intérieur à cet intervalle, si l'on a*

$$f'(x_0)=0, \quad f''(x_0)=0, \quad \ldots, \quad f^{(p-1)}(x_0)=0, \quad f^{(p)}(x_0)\neq 0$$

*et si p est un nombre pair, la fonction* $f(x)$ *présente un maximum relatif en* $x_0$ *lorsque le signe de* $f^{(p)}(x_0)$ *est* —, *un minimum relatif en* $x_0$ *lorsque le signe de* $f^{(p)}(x_0)$ *est* +.

En effet, la fonction $f^{(p)}(x)$ étant continue pour $x=x_0$ et n'étant pas nulle pour $x=x_0$, il existe un nombre positif $\varepsilon$ tel que $f^{(p)}(x)$ ait un signe constant dans l'intervalle $(x_0-\varepsilon,\ x_0+\varepsilon)$; $f^{(p)}(x)$ a même signe à droite et à gauche de $x_0$, et, puisque $p$ est supposé pair, $f(x)$ présente un maximum relatif ou un minimum relatif en $x_0$, maximum si $f^{(p)}(x_0)$ est négatif, minimum si $f^{(p)}(x_0)$ est positif.

Si $p$ est impair, $f(x)$ ne présente ni maximum ni minimum relatif en $x_0$.

**239. Croissance ou décroissance.** — Soit une fonction $f(x)$ définie à l'intérieur de l'intervalle (A, B). Supposons qu'à l'intérieur de cet intervalle, sauf peut-être en des points tels que $x'$ en nombre fini, elle admette une dérivée, et que cette dérivée ne s'annule pas ou s'annule en des points tels que $x''$ également en nombre fini. Supposons encore qu'à l'intérieur des intervalles déterminés par les nombres A, B et les nombres $x'$, sauf peut-être en des points en nombre fini, la fonction admette plusieurs dérivées successives. Si nous rangeons dans l'ordre croissant les nombres A, B, les nombres $x'$ et les nombres $x''$, nous déterminons des intervalles à l'intérieur de chacun desquels $f'(x)$ est une fonction définie, continue et a un signe constant. Dans chacun de ces intervalles, $f(x)$ est croissante ou décroissante. Cette fonction ne peut présenter de maximum relatif ou de minimum relatif qu'en un des points tels que $x'$ ou $x''$. Si $x_0$ est un des nombres $x'$ et $x''$, il n'y a de maximum relatif ou de minimum relatif que si les signes de $f'(x)$ à droite et à gauche de $x_0$ sont contraires; quand $x_0$ est un nombre $x''$, il n'y a de maximum relatif ou de minimum relatif que dans les cas suivants :

1° les dérivées de $f(x)$ existent et sont continues pour $x=x_0$ jusqu'à l'ordre $p$ inclusivement, $p$ étant pair, les $p-1$ premières étant nulles en $x_0$ et la $p^{\text{ième}}$ étant non nulle en $x_0$;

2° les dérivées de $f(x)$ existent et sont nulles pour $x=x_0$, jusqu'à l'ordre $p-1$ inclusivement, la dérivée d'ordre $p$ étant définie au voisinage de $x=x_0$ et ayant ou bien même signe à droite et à gauche de $x_0$, avec $p$ pair, ou bien des signes contraires à droite et à gauche de $x_0$, avec $p$ impair.

S'il y a maximum relatif ou minimum relatif en un point $x_0$ où la dérivée s'annule, la courbe représentative de $f(x)$ admet au point d'abscisse $x_0$ une tangente parallèle à $x'Ox$. D'autre part, il arrive souvent, dans les cas simples, que, si $x_0$ est une valeur de $x$ pour laquelle $f'(x)$ n'est pas définie, $f'(x)$ tende vers $\infty$ quand $x$ tend vers $x_0$. Or, on a

$$\frac{f(x)-f(x_0)}{x-x_0}=f'(\xi),$$

$\xi$ étant compris entre $x_0$ et $x$. Si $x$ tend vers $x_0$, $f'(\xi)$ tend vers $\infty$ ; par suite, la fonction $f(x)$ admet une dérivée infinie pour $x=x_0$, et la courbe représentative de $f(x)$ admet au point $M_0$ d'abscisse $x_0$ une tangente parallèle à $y'Oy$. Comme la fonction $f(x)$ présente par hypothèse un maximum (ou minimum) relatif en $x_0$, on voit que la courbe a, au voisinage du point $M_0$ d'abscisse $x_0$, la disposition qu'indique la figure; le point $M_0$ est un point dit de *rebroussement*.

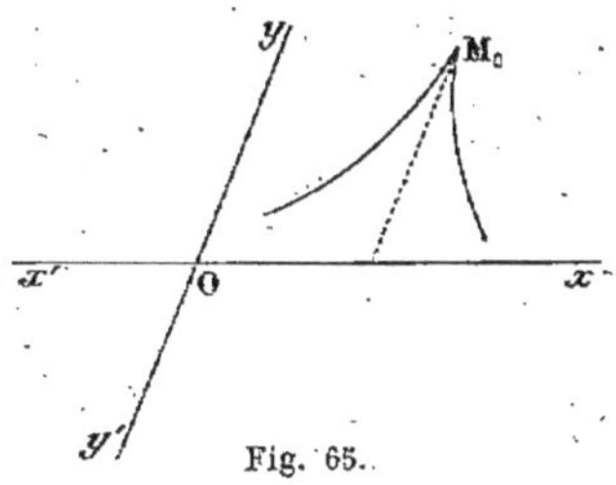


Fig. 65.

240. **Concavité ou convexité.** — Soit la courbe représentative de la fonction $f(x)$, définie à l'intérieur de l'intervalle (A, B) et admettant à l'intérieur de cet intervalle des dérivées successives $f'(x)$, ..., sauf peut-être en des points en nombre fini.

On dit que la courbe est *concave vers les y positifs* (ou *convexe vers les y négatifs*) en un de ses points $M_0$, d'abscisse $x_0$ et d'ordonnée $y_0=f(x_0)$, s'il existe un nombre positif $\alpha$ tel que la portion de la courbe qui correspond à l'intervalle $(x_0-\alpha, x_0+\alpha)$ n'ait aucun point situé, par rapport à la tangente, du même côté que la demi-droite négative de l'axe $y'Oy$, qui a pour origine le point d'intersection de la tangente avec cet axe; si cette portion de courbe n'a aucun point situé, par rapport à la tangente, du même côté que la demi-droite positive de l'axe $y'Oy$ issue du point d'intersection de la tangente avec cet axe, la courbe est dite *concave vers les y négatifs* (ou *convexe vers les y positifs*).

On dit qu'un arc de la courbe est concave vers les $y$ positifs (ou convexe vers les $y$ négatifs) si en tout point de cet arc la courbe est concave vers les $y$ positifs; on dit qu'il est concave vers les $y$ négatifs si en tout point de cet arc la courbe est concave vers les $y$ négatifs.

On dit que le point $M_0$, d'abscisse $x_0$ et d'ordonnée $f(x_0)$, est un *point d'inflexion* de la courbe s'il existe un nombre positif $\alpha$ tel que la portion de la courbe qui correspond à l'intervalle $(x_0-\alpha, x_0)$ ait tous ses points ou sur la tangente en $M_0$ ou d'un même côté de cette tangente et que la portion de la courbe qui correspond à l'intervalle $(x_0, x_0+\alpha)$ ait tous ses points ou sur la tangente en $M_0$ ou d'un même côté de la tangente, opposé au précédent.

THÉORÈME. — *Si $f''(x)$ a le signe $+$ à droite et à gauche de $x_0$, la courbe est concave en $M_0$, d'abscisse $x_0$, vers les $y$ positifs; si $f''(x)$ a le signe $-$ à droite et à gauche de $x_0$, la courbe est concave en $M_0$, d'abscisse $x_0$, vers les $y$ négatifs. Si $f''(x)$ a des signes contraires à droite et à gauche de $x_0$, la courbe présente en $M_0$, d'abscisse $x_0$, une inflexion.*

Menons en effet par le point M de la courbe, d'abscisse $x$, la parallèle à $y'Oy$ rencontrant en P la tangente en M. L'ordonnée de P est $f(x_0)+f'(x_0)(x-x_0)$; celle de M″ étant $f(x)$, la mesure algébrique de PM comptée sur un axe de même sens que $y'Oy$ est égale à

$$f(x)-f(x_0)-(x-x_0)f'(x_0).$$

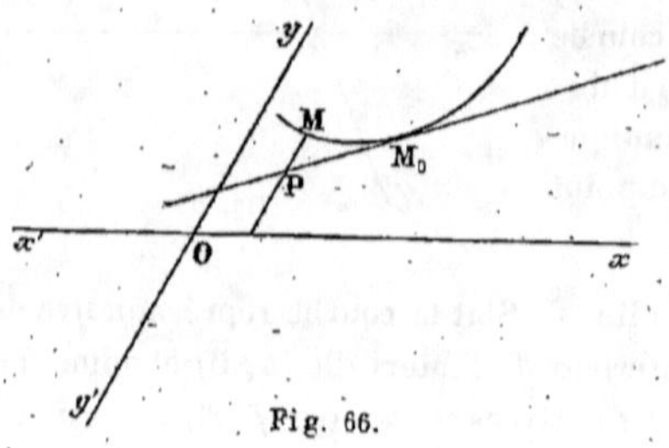

Fig. 66.

Par application de la formule de Taylor, il existe un nombre $\xi$ compris entre $x_0$ et $x$ tel que cette quantité ait pour valeur $\frac{(x-x_0)^2}{2}f''(\xi)$.

1° Supposons qu'il existe un nombre positif $\varepsilon$ tel que pour toute valeur de $x$ intérieure à l'intervalle $(x_0-\varepsilon, x_0)$ et pour toute valeur de $x$ intérieure à l'intervalle $(x_0, x_0+\varepsilon)$, $f''(x)$ ait le signe $+$.

Si $x$ est intérieur à l'un ou à l'autre de ces intervalles, $\xi$ est intérieur au même intervalle; $f''(\xi)$ a donc le signe $+$; par suite, PM est positif, et l'arc de la courbe représentative de $f(x)$ correspondant à l'intervalle $(x_0-\varepsilon, x_0+\varepsilon)$ a tous ses points, sauf $M_0$, situés du côté de la demi-droite positive de $y'Oy$ issue du point d'intersection de $y'Oy$ avec la tangente en $M_0$; la courbe est donc concave en $M_0$ vers les $y$

positifs. Si $f''(x)$ a le signe — à l'intérieur de l'un et de l'autre des intervalles $(x_0 - \varepsilon, x_0)$ et $(x_0, x_0 + \varepsilon)$, la courbe est concave en $M_0$ vers les $y$ négatifs.

2° Supposons qu'il existe un nombre positif $\varepsilon$ tel que, pour toute valeur de $x$ intérieure à l'intervalle $(x_0 - \varepsilon, x_0)$, $f''(x)$ ait un signe constant, et que $f''(x)$ ait aussi un signe constant, contraire du précédent, à l'intérieur de l'intervalle $(x_0, x_0 + \varepsilon)$; $f''(\xi)$ a encore le signe de $f''(x)$; par suite, PM a un signe constant quand $x$ est compris entre $x_0 - \varepsilon$ et $x_0$, et aussi un signe constant, contraire du premier, quand $x$ est compris entre $x_0$ et $x_0 + \varepsilon$; les deux arcs de la courbe représentative de $f(x)$ correspondant aux deux intervalles $(x_0 - \varepsilon, x_0)$ et $(x_0, x_0 + \varepsilon)$ ont, sauf le point $M_0$, l'un, ses points situés du côté des $y$ positifs par rapport à la tangente en $M_0$, l'autre, ses points situés du côté des $y$ négatifs par rapport à cette tangente; la courbe présente en $M_0$ une inflexion.

THÉORÈME. — *La fonction $f''(x)$ étant supposée définie, non nulle et continue pour $x = x_0$, si $f''(x_0)$ est positif, la courbe est concave en $M_0$, d'abscisse $x_0$, vers les $y$ positifs; elle est concave en $M_0$ vers les $y$ négatifs si $f''(x_0)$ est négatif.*

En effet, la fonction $f''(x)$ étant continue et non nulle pour $x = x_0$, il existe un nombre positif $\varepsilon$ tel que $f''(x)$ ait un signe constant, celui de $f''(x_0)$, dans l'intervalle $(x_0 - \varepsilon, x_0 + \varepsilon)$. Si $f''(x_0)$ est positif, $f''(x)$ a le signe + à droite et à gauche de $x_0$, la courbe est concave en $M_0$ vers les $y$ positifs; si $f''(x_0)$ est négatif, $f''(x)$ a le signe — à droite et à gauche de $x_0$, la courbe est concave en $M_0$ vers les $y$ négatifs.

THÉORÈME. — *Les fonctions $f''(x)$, $f'''(x)$, ..., $f^{(p-1)}(x)$ étant supposées définies et nulles pour $x = x_0$, 1° si, $p$ étant pair, $f^{(p)}(x)$ a même signe à droite et à gauche de $x_0$, la courbe est concave en $M_0$, d'abscisse $x_0$, vers les $y$ positifs, quand ce signe est +, vers les $y$ négatifs, quand ce signe est —; 2° si, $p$ étant pair, $f^{(p)}(x)$ a des signes contraires à droite et à gauche de $x_0$, la courbe présente en $M_0$ une inflexion; 3° si, $p$ étant impair, $f^{(p)}(x)$ a même signe à droite et à gauche de $x_0$, la courbe présente en $M_0$ une inflexion; 4° si, $p$ étant impair, $f^{(p)}(x)$ a des signes contraires à droite et à gauche de $x_0$, la courbe est concave en $M_0$, vers les $y$ positifs, quand le signe à gauche est — et le signe à droite +, vers les $y$ négatifs, quand le signe à gauche est + et le signe à droite —.*

En effet, on a, par application de la formule de Taylor,

$$PM = f(x) - f(x_0) - (x - x_0) f'(x_0) = \frac{(x-x_0)^p}{p!} f^{(p)}(\xi),$$

$\xi$ étant compris entre $x_0$ et $x$.

Soit le nombre positif $\varepsilon$ tel qu'à l'intérieur de $(x_0 - \varepsilon, x_0)$ $f^{(p)}(x)$ ait un signe constant, ainsi qu'à l'intérieur de $(x_0, x_0 + \varepsilon)$. Si $x$ est intérieur à l'un ou à l'autre de ces intervalles, il en est de même de $\xi$, et $f^{(p)}(\xi)$ a le signe de $f^{(p)}(x)$.

1° Si $p$ est pair, $\frac{(x-x_0)^p}{p!}$ est positif pour toute valeur de $x$, autre que $x_0$, intérieure à l'un ou à l'autre de ces intervalles. Si le signe de $f^{(p)}(x)$ est $+$, à la fois à gauche et à droite de $x_0$, PM est positif, pour toute valeur de $x$, autre que $x_0$, appartenant à $(x_0 - \varepsilon, x_0 + \varepsilon)$; la courbe est concave en $M_0$ vers les $y$ positifs; si le signe de $f^{(p)}(x)$ est $-$, à la fois à gauche et à droite de $x_0$, la courbe est concave en $M_0$ vers les $y$ négatifs.

2° $p$ étant pair, si les signes de $f^{(p)}(x)$ à gauche et à droite de $x_0$ sont contraires, PM a aussi des signes contraires à gauche et à droite de $x_0$; la courbe présente en $M_0$ une inflexion.

3° Si $p$ est impair, $\frac{(x-x_0)^p}{p!}$ est négatif pour toute valeur de $x$, autre que $x_0$, appartenant à l'intervalle $(x_0 - \varepsilon, x_0)$, positif pour toute valeur de $x$, autre que $x_0$, appartenant à l'intervalle $(x_0, x_0 + \varepsilon)$. Si $f^{(p)}(x)$ a même signe à gauche et à droite de $x_0$, PM a des signes contraires à gauche et à droite de $x_0$; la courbe présente en $M_0$ une inflexion.

4° Si $p$ est impair et si $f^{(p)}(x)$ est négatif à gauche de $x_0$ et positif à droite de $x_0$, PM est positif à gauche et à droite de $x_0$; la courbe est concave en $M_0$ vers les $y$ positifs; si $f^{(p)}(x)$ est positif à gauche de $x_0$ et négatif à droite de $x_0$, PM est négatif à droite et à gauche de $x_0$; la courbe est concave en $M_0$ vers les $y$ négatifs.

Théorème. — *Si, en $x_0$, on a $f''(x_0) = 0$, $f'''(x_0)$, ..., $f^{(p-1)}(x_0) = 0$, $f^{(p)}(x_0) \neq 0$ et si $p$ est pair, la courbe est concave en $M_0$, d'abscisse $x_0$, vers les $y$ positifs, quand $f^{(p)}(x_0)$ est positif, vers les $y$ négatifs, quand $f^{(p)}(x_0)$ est négatif; si $p$ est impair, la courbe présente en $M_0$ une inflexion.*

En effet, la fonction $f^{(p)}(x)$ étant supposée continue pour $x = x_0$ et n'étant pas nulle pour $x = x_0$, il existe un nombre positif $\varepsilon$ tel que $f^{(p)}(x)$ ait un signe constant dans l'intervalle $(x_0 - \varepsilon, x_0 + \varepsilon)$; $f^{(p)}(x)$ a donc même signe à gauche et à droite de $x_0$. Si donc $p$ est pair, la courbe est concave en $M_0$ vers les $y$ positifs ou vers les $y$ négatifs, selon que $f^{(p)}(x_0$

est positif ou négatif; si $p$ est impair, la courbe présente en $M_0$ une inflexion.

THÉORÈME. — *Si, dans l'intervalle $(a, b)$, la fonction $f(x)$ admet une dérivée première et une dérivée seconde, et si la dérivée seconde est positive à l'intérieur de l'intervalle, la courbe représentative de la fonction est située, par rapport à la droite qui joint les points de cette courbe d'abscisses $a$ et $b$, du même côté que la demi-droite négative de l'axe $y'Oy$ issue du point de rencontre de cet axe avec la droite; si la dérivée seconde est négative dans l'intervalle, la courbe représentative est située, par rapport à cette droite, du même côté que la demi-droite positive de l'axe $y'Oy$ issue du point de rencontre de cet axe avec la droite.*

Supposons que pour toute valeur de $x$ comprise entre $a$ et $b$ on ait $f''(x) > 0$. La droite AB qui joint les points d'abscisses $a$ et $b$ de la courbe représentative de $f(x)$ est la courbe représentative du polynome du premier degré $px + q$, où $p$ et $q$ sont définis par les deux équations du premier degré

$$pa + q = f(a), \quad pb + q = f(b).$$

M étant le point d'abscisse $x$ de la courbe représentative de $f(x)$ et M′ le point d'abscisse $x$ de la droite AB, on a

$$M'M = f(x) - px - q,$$

en comptant M′M sur un axe de même sens que $y'Oy$.

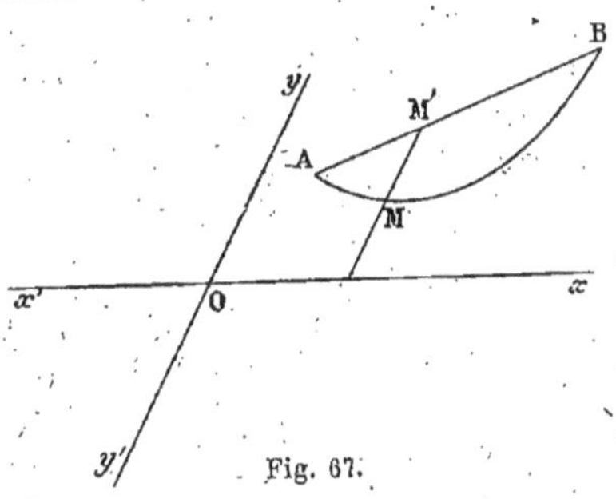

Fig. 67.

La fonction $\varphi(x)$ égale à $f(x) - px - q$ admet dans l'intervalle $(a, b)$ une dérivée première $\varphi'(x)$ égale à $f'(x) - p$ et une dérivée seconde $\varphi''(x)$ égale à $f''(x)$. Comme $f''(x)$ est positif à l'intérieur de $(a, b)$, $\varphi'(x)$ est une fonction croissante dans l'intervalle $(a, b)$. D'autre part, $\varphi(x)$ s'annulant évidemment pour $x = a$ et pour $x = b$, il existe au moins un nombre $c$ compris entre $a$ et $b$ tel que l'on ait $\varphi'(c) = 0$, et comme $\varphi'(x)$ est une fonction croissante, ce nombre $c$ est unique. $\varphi'(x)$ est donc négatif à l'intérieur de l'intervalle $(a, c)$ et positif à l'intérieur de l'intervalle $(c, b)$. Dans le premier intervalle $(a, c)$, $\varphi(x)$ est une fonction décroissante qui, étant nulle pour $x = a$, est négative pour toute valeur de $x$, autre que $a$, appartenant à l'intervalle $(a, c)$;

dans le second intervalle $(c, b)$, $\varphi(x)$ est une fonction croissante qui, étant nulle pour $x = b$, est négative pour toute valeur de $x$, autre que $b$, appartenant à l'intervalle $(c, b)$. Finalement, $\varphi(x)$ est négatif à l'intérieur de l'intervalle $(a, b)$, et le théorème est établi.

Le raisonnement se fait de la même manière si on suppose $f''(x) < 0$ à l'intérieur de $(a, b)$.

**241. Règles pratiques pour l'étude de la variation d'une fonction pourvue de dérivées successives.** — Dans le cas où la fonction $f(x)$ est pourvue de dérivées successives, il est souvent possible et commode de compléter de la façon suivante les règles antérieurement énoncées pour étudier la variation d'une fonction (ch. I, § 53).

1° On détermine les intervalles I dans lesquels ou à l'intérieur desquels la fonction $f(x)$ est définie et continue.

2° On décompose les intervalles I par des nombres tels que $\alpha$, $\beta$, ... en intervalles I' à l'intérieur desquels la fonction $f(x)$ admet une dérivée finie $f'(x)$.

3° On décompose les intervalles I' par des nombres tels que $\alpha'$, $\beta'$, ... en intervalles I'' à l'intérieur desquels la fonction $f'(x)$ a un signe constant et, par suite, dans lesquels la fonction $f(x)$ est ou croissante ou décroissante; ces nombres $\alpha'$, $\beta'$, ... sont racines de l'équation $f'(x) = 0$.

4° On calcule les valeurs de $f(x)$ pour les valeurs telles que $\alpha'$, $\beta'$, ... de $x$; parmi elles, sont les maximums et minimums relatifs de $f(x)$.

5° On calcule les limites de $f(x)$ quand $x$, variant dans les intervalles I, tend vers les extrémités de ces intervalles. On détermine les directions asymptotiques et les asymptotes des branches infinies de la courbe représentative de $f(x)$, puis on étudie les positions des branches infinies par rapport aux asymptotes.

Si, lorsque $x$ tend vers une extrémité finie $x_0$ d'un intervalle I en restant intérieur à cet intervalle, la fonction $y = f(x)$ tend vers une limite finie $y_0$, la courbe représentative de $f(x)$ aboutit au point $M_0$ de coordonnées $(x_0, y_0)$, qui est dit un *point d'arrêt* de la courbe. La pente de la droite $M_0M$ qui joint $M_0$ au point M d'abscisse $x$ de la courbe a pour valeur $\frac{y - y_0}{x - x_0}$. Si cette quantité a une limite quand $x$ tend vers $x_0$, on dit que la courbe admet en $M_0$ une tangente qui est la droite menée par $M_0$ ayant pour pente la limite considérée. On a d'ailleurs

$\frac{y-y_0}{x-x_0}=f'(\xi)$, $\xi$ étant compris entre $x_0$ et $x$. Il suit de là que si $f'(x)$ admet une limite quand $x$ tend vers $x_0$, cette limite est la pente de la tangente au point d'arrêt. Dans la pratique, il est souvent préférable de déterminer cette pente comme limite de $\frac{y-y_0}{x-x_0}$, sans passer par la considération de la dérivée de $f(x)$.

D'autre part, lorsque $x$ tend vers une extrémité, telle que $\alpha$, d'un intervalle I', en restant intérieur à cet intervalle, $f(x)$ a une limite finie $f(\alpha)$. La droite qui joint le point $M_1$ d'abscisse $\alpha$ de la courbe au point M d'abscisse $x$ sur cette courbe a pour pente $\frac{f(x)-f(\alpha)}{x-\alpha}$. Si cette quantité a une limite quand $x$ tend vers $\alpha$, on dit que la courbe a une tangente en $M_1$, qui est la droite menée par $M_1$ ayant pour pente la limite considérée. On voit encore que si $f'(x)$ a une limite quand $x$ tend vers $\alpha$, cette limite est la pente de la tangente en $M_1$.

6° On complète l'étude de la courbe représentative de $f(x)$ par la détermination de la concavité de cette courbe vers les $y$ positifs ou vers les $y$ négatifs, et par la détermination des points d'inflexion; on décompose les intervalles I'' en intervalles à l'intérieur desquels $f''(x)$ a un signe constant.

242. *Applications*. — 1° *Variation de* $y=\frac{x(x^2-9)}{x^2-1}$. La fonction n'existe pas pour $x=-1$ et pour $x=+1$; on est ainsi amené à partager l'intervalle $(-\infty, +\infty)$, par les nombres $-1$ et $+1$, en trois intervalles à l'intérieur de chacun desquels la fonction est définie et continue. D'autre part, la fonction étant impaire, il suffit d'étudier la variation de cette fonction dans l'intervalle $(0, +\infty)$ qu'on partagera en deux intervalles par le nombre 1.

A l'intérieur de chacun de ces intervalles, $y$ admet une dérivée

$$y'=\frac{(x^2+3)^2}{(x^2-1)^2}.$$

Cette dérivée est positive. On a le tableau suivant :

| $x$ | 0 | | 1 | | $+\infty$ |
|---|---|---|---|---|---|
| $y'$ | | $+$ | | $+$ | |
| $y$ | 0 cr. | $+\infty$ | | $-\infty$ cr. | $+\infty$. |

Quand $x$ tend vers 1, $y$ tend vers $+\infty$ si $x<1$, vers $-\infty$ si $x>1$; quand $x$ tend vers $+\infty$, $y$ tend vers $+\infty$, le degré du numérateur étant plus grand que celui du dénominateur.

Quand $x$ tend vers $+\infty$, $\frac{y}{x}$ tend vers 1. La courbe représentative, pour $x \geqslant 0$, a une branche infinie ayant pour direction asymptotique la bissectrice de $\widehat{xOy}$. On a

$$y - x = \frac{-8x}{x^2 - 1};$$

$y - x$ tend vers 0 quand $x$ tend vers $\infty$. La courbe a pour asymptote la droite, bissectrice de $\widehat{xOy}$, représentative de la fonction $x$ de $x$.

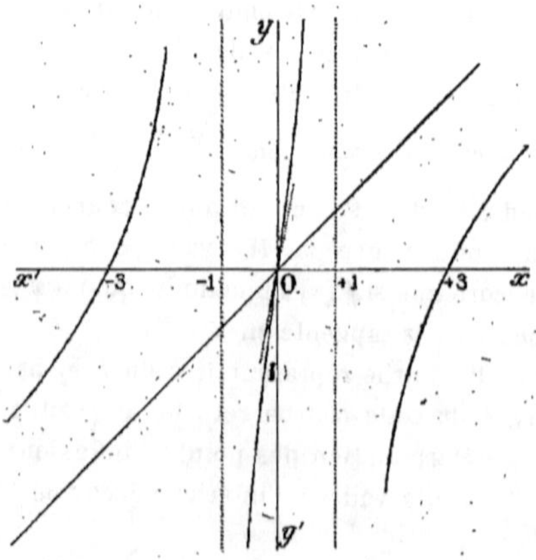


Fig. 68.

La courbe passe par O, la tangente ayant pour pente en ce point 9. Le point O est un centre de symétrie pour la courbe complète.

2° *Variation de* $y = \sqrt[3]{x^2(x-1)}$. La fonction est définie et continue dans l'intervalle $(-\infty, +\infty)$; elle admet, si $x \neq 0$ et si $x \neq 1$, une dérivée

$$y' = \frac{3x^2 - 2x}{3[x^2(x-1)]^{\frac{2}{3}}},$$

qui a même signe que $3x^2 - 2x$. Cette dérivée s'annule pour $x = \frac{2}{3}$. On est ainsi amené à partager l'intervalle $(-\infty, +\infty)$, par les nombres 0, $\frac{2}{3}$ et 1, en intervalles à l'intérieur de chacun desquels la fonction $y'$ est définie et a un signe constant. On a le tableau suivant :

| $x$ | $-\infty$ | | $0$ | | $\frac{2}{3}$ | | $1$ | | $+\infty$ |
|---|---|---|---|---|---|---|---|---|---|
| $y'$ | | $+$ | | $-$ | | $+$ | | $+$ | |
| $y$ | $-\infty$ | cr. | $0$ | déc. | $\frac{-\sqrt[3]{4}}{3}$ | cr. | $0$ | cr. | $+\infty$ |

Quand $x$ est infiniment petit principal, le numérateur de $y'$ est un infiniment petit d'ordre 1, le dénominateur est un infiniment petit d'ordre $\frac{4}{3}$; donc, $y'$ est un infiniment grand d'ordre $\frac{1}{3}$ par rapport à l'infiniment grand $\frac{1}{x}$; on en conclut que la courbe représentative de $y$ passe par le point (0, 0) et admet en ce point pour tangente $y'Oy$. De même, quand $x$ tend vers 1, $y'$ tend vers $\infty$; au point (1, 0), il existe encore une tangente parallèle à $y'Oy$.

Quand $x$ tend vers $\infty$, $\frac{y}{x}$ tend vers $1$; la courbe a une branche infinie qui a pour direction asymptotique la bissectrice de l'angle $\widehat{xOy}$. On a

$$y - x = \sqrt[3]{x^2(x-1)} - x = \sqrt[3]{x^2(x-1)} - \sqrt[3]{x^3}.$$
$$= [x^2(x-1)]^{\frac{1}{3}} - [x^3]^{\frac{1}{3}}.$$

Conformément à un résultat établi (ch. VIII, § 219), pour trouver la limite de $y - x$, nous remplacerons le second membre par

$$\frac{1}{3}(x^3)^{-\frac{2}{3}}[x^2(x-1) - x^3],$$

qui est égal à $-\frac{1}{3}$. Donc, $y - x$ tend vers $-\frac{1}{3}$. La branche infinie a une asymptote qui est la droite représentative de $x - \frac{1}{3}$.

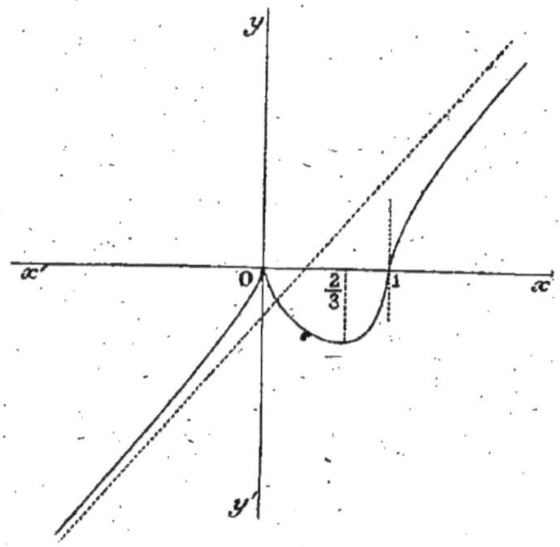

Fig. 69.

Pour étudier la disposition de la branche infinie par rapport à son asymptote, on est conduit à calculer la partie principale de l'infiniment petit

$$\sqrt[3]{x^2(x-1)} - x + \frac{1}{3}.$$

Pour cela, nous en chercherons un développement limité au voisinage de $x$ infini. On a

$$\sqrt[3]{x^2(x-1)} = x\left(1 - \frac{1}{x}\right)^{\frac{1}{3}}.$$

Mais, par application du développement de $(1+z)^\alpha$ au voisinage de $z=0$, on a

$$\left(1 - \frac{1}{x}\right)^{\frac{1}{3}} = 1 - \frac{1}{3}\frac{1}{x} + \frac{\frac{1}{3}\left(\frac{1}{3} - 1\right)}{2}\frac{1}{x^2} + \frac{\varepsilon}{x^2},$$

$\varepsilon$ étant infiniment petit. On a, par suite,

$$\sqrt[3]{x^2(x-1)} - x + \frac{1}{3} = \frac{\frac{1}{3}\left(\frac{1}{3} - 1\right)}{2}\frac{1}{x} + \frac{\varepsilon}{x} = -\frac{1}{9}\frac{1}{x} + \frac{\varepsilon}{x}.$$

La partie principale est $-\frac{1}{9}\frac{1}{x}$. Si $x$ tend vers $+\infty$, elle est négative, et pour des points d'abscisses suffisamment grandes, la branche infinie est par rapport à l'asymptote du côté des $y$ négatifs; si $x$ tend vers $-\infty$, la branche infinie est par rapport à l'asymptote du côté des $y$ positifs.

On a la courbe ci-contre. Le point O est un point de rebroussement.

3° *Variation de la fonction* $y = x^2 Lx$. La fonction n'existe que si $x$ est positif. Elle admet une dérivée

$$y' = x(2Lx + 1).$$

L'équation $2Lx + 1 = 0$, qui s'écrit aussi $Lx = -\frac{1}{2}$, a une racine et une seule, $x = e^{-\frac{1}{2}} = \frac{1}{\sqrt{e}}$; $y'$ est négatif pour $x < \frac{1}{\sqrt{e}}$ et positif pour $x > \frac{1}{\sqrt{e}}$. On a le tableau suivant :

| $x$ | $0$ | | $\frac{1}{\sqrt{e}}$ | | $+\infty$ |
|---|---|---|---|---|---|
| $y'$ | | $-$ | | $+$ | |
| $y$ | $0$ | déc. | $\frac{-1}{2e}$ | cr. | $+\infty$. |

Quand $x$ tend vers $+\infty$, $y$ tend évidemment vers $+\infty$; $\frac{y}{x}$ tend vers $+\infty$, la courbe représentative a une branche infinie parabolique ayant $y'Oy$ comme direction asymptotique. Quand $x$ tend vers 0, $y$ tend vers 0. La courbe représentative part de l'origine, point d'arrêt; $\frac{y}{x}$ tend vers 0; il y a à l'origine une tangente qui est $Ox$. D'où la courbe ci-contre.

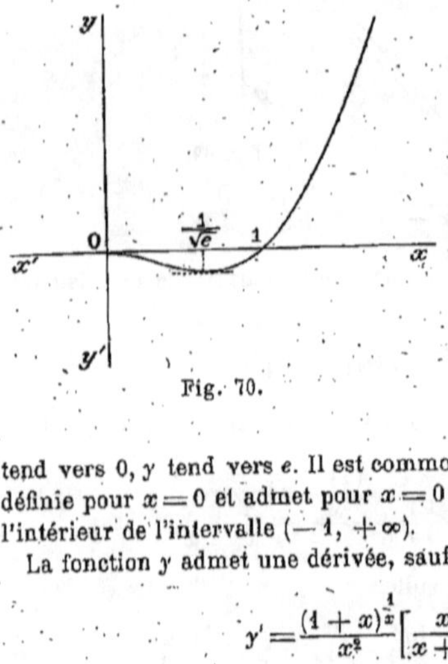

Fig. 70.

4° *Variation de la fonction* $y = (1 + x)^{\frac{1}{x}}$. La fonction $y$ est définie pour toute valeur de $x$ plus grande que $-1$ et autre que 0. Mais, on sait que quand $x$ tend vers 0, $y$ tend vers $e$. Il est commode de dire que la fonction $y$ est encore définie pour $x = 0$ et admet pour $x = 0$ la valeur $e$; de la sorte, $y$ est défini à l'intérieur de l'intervalle $(-1, +\infty)$.

La fonction $y$ admet une dérivée, sauf pour $x = 0$,

$$y' = \frac{(1 + x)^{\frac{1}{x}}}{x^2}\left[\frac{x}{x + 1} - L(x + 1)\right].$$

Pour étudier le signe de la dérivée, nous étudierons la variation de la fonction

$$z = \frac{x}{x + 1} - L(x + 1),$$

définie à l'intérieur de l'intervalle $(-1, +\infty)$. Cette fonction admet une dérivée

$$z' = \frac{1}{(x+1)^2} - \frac{1}{x+1} = \frac{-x}{(x+1)^2}.$$

On a le tableau suivant :

| $x$ | $-1$ | | $0$ | $+$ | $\infty$ |
|---|---|---|---|---|---|
| $z'$ | | $+$ | | $-$ | |
| $z$ | | cr. | $0$ | déc. | |

La fonction $z$ a un maximum égal à $0$ ; donc, à l'intérieur de l'intervalle $(-1, 0)$ et à l'intérieur de l'intervalle $(0, +\infty)$, $z$ est négatif, $y'$ est aussi négatif ; $y$ est décroissant dans chacun de ces intervalles, et comme les valeurs limites de $y$ quand $x$ tend vers $0$ par valeurs intérieures à $(-1, 0)$ et par valeurs intérieures à $(0, +\infty)$ sont égales, on en conclut que la fonction $y$ est décroissante dans l'intervalle $(-1, +\infty)$. On a le tableau suivant :

| $x$ | $-1$ | | $0$ | | $+\infty$ |
|---|---|---|---|---|---|
| $y$ | $+\infty$ | déc. | $e$ | déc. | $1$ |

Pour trouver les limites de $y$ quand $x$ tend vers $-1$ et vers $+\infty$, il est commode de calculer $Ly$ qui est égal à $\frac{L(1+x)}{x}$. Quand $x$ tend vers $-1$, il est clair que $Ly$ tend vers $+\infty$ et, par suite, que $y$ tend vers $+\infty$ ; quand $x$ tend vers $+\infty$, $\frac{L(1+x)}{x}$ a même limite que $\frac{L(1+x)}{1+x}$, $1+x$ et $x$ étant infiniment grands équivalents ; on reconnaît ainsi que $Ly$ tend vers $0$ et, par suite, que $y$ tend vers $1$. D'où la courbe représentative, qui a pour asymptotes les droites qui ont pour équations $x = -1$ et $y = 1$.

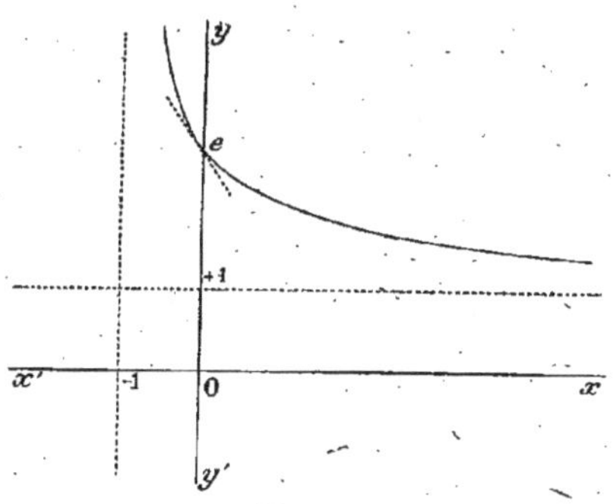


Fig. 71.

La courbe doit être regardée comme provenant de la juxtaposition de deux arcs issus du point $(0, e)$. Montrons qu'il existe une seule et même tangente en ce point pour les deux arcs. Considérons le rapport

$$\frac{(1+x)^{\frac{1}{x}} - e}{x}.$$

Il s'écrit

$$\frac{e^{\frac{1}{x}L(1+x)} - e}{x} = e\,\frac{e^{\frac{1}{x}L(1+x)-1} - 1}{x}.$$

On sait que $e^u - 1$ et $u$ sont infiniment petits simultanés équivalents. On peut donc remplacer le rapport précédent par

$$\frac{e}{x}\left[\frac{1}{x}\mathrm{L}(1+x)-1\right],$$

c'est-à-dire par

$$\frac{e[\mathrm{L}(1+x)-x]}{x^2}.$$

On a vu que $\mathrm{L}(1+x)-x$ a pour partie principale $-\frac{x^2}{2}$. On peut encore remplacer le dernier rapport par $-\frac{e}{x^2}\cdot\frac{x^2}{2}$, qui est égal à $-\frac{e}{2}$. Donc, le rapport $\frac{y-e}{x}$ a pour limite $-\frac{e}{2}$. Il y a donc une tangente et une seule, de pente $-\frac{e}{2}$.

## III. — CALCUL APPROCHÉ DES RACINES D'UNE ÉQUATION

**243. Méthode des substitutions.** — Soit l'équation $f(x)=0$, $f(x)$ étant une fonction définie dans l'intervalle (A, B). Supposons qu'à l'intérieur de cet intervalle l'équation ait une et une seule racine $x_0$, simple, de telle sorte que, pour tout nombre $x$ égal à A ou compris entre A et $x_0$, $f(x)$ ait un signe constant et que, pour tout nombre $x$ compris entre $x_0$ et B ou égal à B, $f(x)$ ait aussi un signe constant contraire du précédent. D'après cela, $x$ étant un nombre compris entre A et B, si $f(x)$ est nul, $x$ est la racine $x_0$ de l'équation $f(x)=0$; si $f(x)$ n'est pas nul, le signe de $f(x)$ permet de reconnaître si $x$ est une valeur de $x_0$ approchée par défaut ou par excès.

Proposons-nous de déterminer les valeurs approchées de $x_0$ à $\frac{1}{10^p}$ près par défaut et par excès, $p$ étant un entier nul ou quelconque positif. Pour cela, nous calculerons successivement les valeurs approchées par défaut et par excès de $x_0$ à 1 près, à $\frac{1}{10}$ près, à $\frac{1}{100}$ près, et ainsi de suite.

S'il n'existe pas de nombre entier intérieur à l'intervalle (A, B), il existe deux entiers consécutifs $a_0$ et $a_0+1$ tels que l'on ait

$$a_0 \leqslant \mathrm{A} < x_0 < \mathrm{B} \leqslant a_0+1;$$

$a_0$ et $a_0+1$ sont les valeurs approchées de $x_0$ à 1 près par défaut et par excès.

S'il existe des entiers intérieurs à l'intervalle (A, B), on calculera, pour $x$ successivement égal à ces nombres, les valeurs de $f(x)$; si une de ces valeurs est nulle, $x_0$ est entier; si aucune d'elles n'est nulle, leurs signes permettent de reconnaître ceux des entiers intérieurs à (A, B) qui sont plus petits que $x_0$ et ceux de ces entiers qui sont plus grands que $x_0$ et, par suite, de déterminer les valeurs $a_0$ et $a_0+1$ approchées de $x_0$ à 1 près par défaut et par excès.

Considérons les nombres

$$a_0,\ a_0+\frac{1}{10},\ a_0+\frac{2}{10},\ \ldots,\ a_0+\frac{9}{10},\ a_0+1.$$

Si aucun de ces nombres n'est intérieur à l'intervalle (A, B), il en existe deux consécutifs $a_1=a_0+\frac{k}{10}$, $a_1+\frac{1}{10}=a_0+\frac{k+1}{10}$ tels que l'on ait

$$a_1\leqslant A<x_0<B\leqslant a_1+\frac{1}{10};$$

$a_1$ et $a_1+\frac{1}{10}$ sont les valeurs approchées de $x_0$ à $\frac{1}{10}$ près par défaut et par excès.

Si, parmi ces nombres, il en existe qui sont intérieurs à l'intervalle (A, B), on calculera, pour $x$ successivement égal à chacun de ceux-ci, les valeurs de $f(x)$; si une de ces valeurs est nulle, $x_0$ est égal à sa valeur approchée à $\frac{1}{10}$ près par défaut; si aucune d'elles n'est nulle, leurs signes permettent de déterminer ceux des nombres considérés qui sont plus petits que $x_0$ et ceux de ces nombres qui sont plus grands que $x_0$ et, parmi eux, les valeurs approchées $a_1$ et $a_1+\frac{1}{10}$ de $x_0$ à $\frac{1}{10}$ près par défaut et par excès.

De même, nous chercherons parmi les nombres

$$a_1,\ a_1+\frac{1}{100},\ a_1+\frac{2}{100},\ \ldots,\ a_1+\frac{9}{100},\ a_1+\frac{1}{10}$$

les valeurs $a_2$ et $a_2+\frac{1}{100}$ approchées de $x_0$ à $\frac{1}{100}$ près par défaut et par excès, puis parmi les nombres

$$a_2,\ a_2+\frac{1}{1000},\ a_2+\frac{2}{1000},\ \ldots,\ a_2+\frac{9}{1000},\ a_2+\frac{1}{100},$$

les valeurs $a_3$ et $a_3+\frac{1}{1000}$ approchées de $x_0$ à $\frac{1}{1000}$ près par défaut et par excès, et ainsi de suite.

Pour calculer par cette méthode la valeur approchée de $x_0$ à $\frac{1}{10^p}$ près par défaut, il faut calculer successivement la partie entière de $x_0$, le premier chiffre décimal, le second chiffre décimal, ...., le $(p-1)^{\text{ième}}$ chiffre décimal, enfin le $p^{\text{ième}}$ chiffre décimal. Dans des cas étendus, il est possible de calculer ce nombre par une suite d'opérations dans chacune d'elles on calcule plusieurs des $p$ premiers chiffres décimaux.

**244. Méthode des parties proportionnelles.** — Soient deux valeurs approchées de $x_0$, l'une $a$ par défaut, l'autre $b$ par excès, appartenant à l'intervalle (A, B). L'arc de la courbe représentative de $f(x)$ obtenu en faisant varier $x$ dans l'intervalle $(a, b)$ rencontre $x'Ox$ en un point I et un seul, ayant pour abscisse $x_0$; il a pour extrémités deux points M et N, respectivement d'abscisses $a$ et $b$, situés de part et d'autre de $x'Ox$. La droite MN est la courbe représentative d'une fonction de la forme $px+q$ qui prend respectivement pour $x=a$ et pour $x=b$ les valeurs de signes contraires $f(a)$ et $f(b)$; cette fonction s'annule donc pour une valeur $x_1$ comprise entre $a$ et $b$, autrement dit, la droite MN rencontre $x'Ox$ en un point J d'abscisse $x_1$ comprise entre $a$ et $b$. La méthode des parties proportionnelles consiste à prendre $x_1$ pour valeur approchée de $x_0$. Calculons $x_1$. Puisque $px+q$ prend les valeurs $f(a)$ et $f(b)$ pour $x=a$ et pour $x=b$, on a

$$pa+q=f(a), \quad pb+q=f(b),$$

d'où l'on tire

$$p=\frac{f(a)-f(b)}{a-b}, \quad q=\frac{bf(a)-af(b)}{b-a}.$$

D'autre part, on a $px_1+q=0$, d'où

$$x_1=-\frac{q}{p}=\frac{bf(a)-af(b)}{f(a)-f(b)},$$

ce qui donne

$$x_1=a-\frac{b-a}{f(b)-f(a)}f(a)=b-\frac{b-a}{f(b)-f(a)}f(b).$$

Supposons que la fonction $f(x)$ admette dans l'intervalle (A, B) une dérivée première $f'(x)$ et, en outre, une dérivée seconde $f''(x)$ ayant un signe constant. Si ce signe est $+$, l'arc MN est concave vers les $y$ positifs; par suite, la parallèle à $y'Oy$ menée par I rencontre la droite MN en un point $I_1$ d'ordonnée positive. Supposons, comme dans le cas de la figure, que $f(a)$ soit positif; alors $I_1$ et N sont de part et d'autre de $x'Ox$; le point J a une abscisse $x_1$ comprise entre $x_0$ et $b$, autrement dit, $x_1$ est approché de $x_0$ dans le même sens que $b$, pour lequel $f(x)$ a le signe —. Si $f(a)$ est négatif, $I_1$ et M sont de part et d'autre de $x'Ox$, $x_1$ est compris entre $a$ et $x_0$, $x_1$ est approché de $x_0$ dans le même sens que $a$, pour lequel $f(x)$ a le signe —. Donc, quand $f''(x)$ a constamment le signe +, $x_1$ est approché de $x_0$ dans le même sens que celui des deux nombres $a$ et $b$, et aussi que celui des deux nombres A et B, pour lequel $f(x)$ a le signe —. On voit de même que quand $f''(x)$ a constamment le signe —, l'arc MN étant concave vers les $y$ négatifs, $x_1$ est approché de $x_0$ dans le même sens que celui des deux nombres $a$ et $b$, et aussi que celui des deux nombres A et B, pour lequel $f(x)$ a le signe +. Finalement, *$x_1$ est approché de $x_0$ dans le même sens que celui des deux nombres* A *et* B *pour lequel $f(x)$ a le signe contraire du signe supposé constant de $f''(x)$ dans l'intervalle* (A, B).

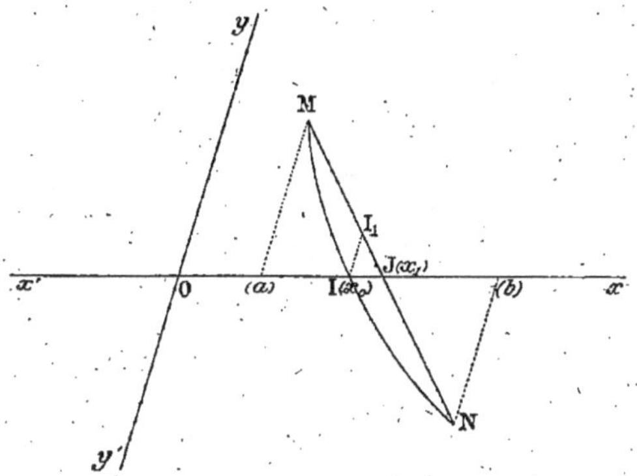

Fig. 72.

Il n'est donc pas nécessaire, dans ce cas, de déterminer par un calcul direct le signe de $f(x_1)$.

Dans la pratique, on prendra comme nombres $a$ et $b$ les valeurs approchées à $\frac{1}{10^p}$ près par défaut et par excès de $x_0$, calculées préalablement par la méthode des substitutions. Si $x_1$ est approché par défaut, on considérera la valeur $a+\frac{k}{10^{p+1}}$ approchée de $x_1$ par défaut à $\frac{1}{10^{p+1}}$ près, puis on substituera dans $f(x)$ successivement les nombres $a+\frac{k+1}{10^{p+1}}$, $a+\frac{k+2}{10^{p+1}}$, ..., jusqu'à ce qu'on obtienne un résultat de signe contraire au signe de $f(a)$; on aura ainsi les valeurs $a_1$ et $b_1$ approchées à

$\frac{1}{10^{p+1}}$ près de $x_0$ par défaut et par excès. Si $x_1$ est approché par excès, on considérera la valeur $a+\frac{k'}{10^{p+1}}$ approchée de $x_1$ par excès à $\frac{1}{10^{p+1}}$ près, puis on substituera dans $f(x)$ successivement les nombres $a+\frac{k'-1}{10^{p+1}}$, $a+\frac{k'-2}{10^{p+1}}$, ..., jusqu'à ce qu'on obtienne un résultat de signe contraire au signe de $f(b)$; on aura ainsi encore les valeurs $a_1$ et $b_1$ approchées à $\frac{1}{10^{p+1}}$ près de $x_0$ par défaut et par excès. La méthode des parties proportionnelles sert à diminuer le nombre des substitutions qu'il y a lieu d'effectuer dans l'application pure et simple de la méthode des substitutions.

On pourra appliquer de nouveau la méthode des parties proportionnelles aux nombres $a_1$ et $b_1$, et ainsi de suite.

**245. Méthode d'approximation de Newton.** — Soit l'équation $f(x)=0$, $f(x)$ étant définie dans l'intervalle (A, B), admettant dans cet intervalle une dérivée première $f'(x)$ non nulle et une dérivée seconde continue $f''(x)$. La fonction $f'(x)$, étant non nulle et continue dans l'intervalle (A, B), a un signe constant dans cet intervalle; la fonction $f(x)$ est donc ou croissante ou décroissante dans l'intervalle (A, B), et l'équation $f(x)=0$ ne peut admettre plus d'une racine comprise entre A et B; pour qu'une telle racine $x_0$ existe, il faut et il suffit que $f(A)$ et $f(B)$ soient de signes contraires.

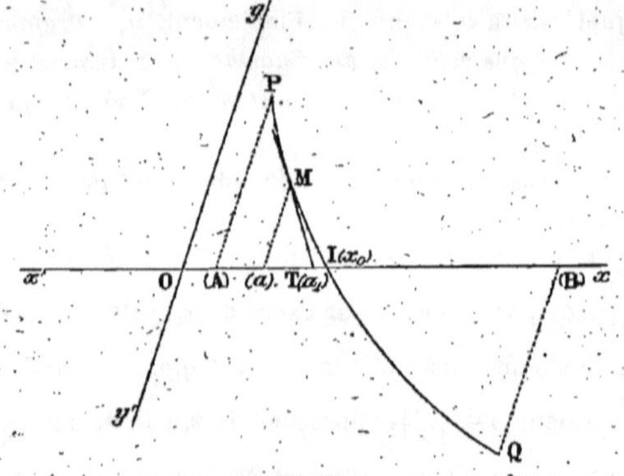

Fig. 73.

S'il en est ainsi, l'arc de la courbe représentative de $f(x)$ obtenu en faisant varier $x$ dans l'intervalle (A, B) rencontre $x'Ox$ en un point I et un seul, ayant pour abscisse $x_0$; il a pour extrémités deux points P et Q, respectivement d'abscisses A et B, situés de part et d'autre de $x'Ox$; il admet en chaque point une tangente non parallèle à $x'Ox$.

Soit un nombre $a$ compris entre A et B que nous prendrons comme valeur approchée initiale de $x_0$. Soient M le point de l'arc PQ qui a pour abscisse $a$ et T le point d'intersection de $x'Ox$ et de la tangente en M à l'arc PQ. L'équation de la tangente en M est

$$y = f(a) + f'(a)(x - a);$$

on en déduit, en y faisant $y = 0$, l'abscisse $a_1$ du point T, soit

$$a_1 = a - \frac{f(a)}{f'(a)}.$$

C'est $a_1$ que nous prendrons comme nouvelle valeur approchée de $x_0$; on l'obtient en ajoutant à la valeur approchée initiale $a$ la *correction* $-\frac{f(a)}{f'(a)}$.

Soit $\varepsilon$ une limite supérieure de la valeur absolue de l'erreur commise en prenant $a$ comme valeur approchée de $x_0$, et proposons-nous de calculer une limite supérieure de la valeur absolue de l'erreur commise en prenant $a_1$ comme nouvelle valeur approchée de $x_0$. On a $f(x_0) = 0$, c'est-à-dire, par application de la formule de Taylor,

$$f(a) + (x_0 - a) f'(a) + \frac{(x_0 - a)^2}{2} f''(\xi) = 0,$$

$\xi$ étant un nombre compris entre $x_0$ et $a$ et, par suite, entre A et B. On a, d'autre part,

$$f(a) + (a_1 - a) f'(a) = 0.$$

En retranchant membre à membre, on obtient

$$(x_0 - a_1) f'(a) + \frac{(x_0 - a)^2}{2} f''(\xi) = 0,$$

d'où

$$x_0 - a_1 = -\frac{(x_0 - a)^2 f''(\xi)}{2f'(a)},$$

et, par suite,

$$|x_0 - a_1| = |x_0 - a|^2 \left| \frac{f''(\xi)}{2f'(a)} \right|.$$

La dérivée seconde $f''(x)$ étant continue dans l'intervalle (A, B), il en est de même de $|f''(x)|$, qui admet, par suite, une borne supérieure positive dans cet intervalle. Supposons qu'on puisse calculer un nombre M, supérieur ou égal à cette borne supérieure; on a $|f''(\xi)| \leqslant$ M. La dérivée première $f'(x)$ étant continue et non nulle dans l'intervalle (A, B), il en est de même de $|f'(x)|$, qui admet, par suite, une borne inférieure positive dans cet intervalle. Supposons qu'on puisse calculer un nombre positif $m$, inférieur ou égal à cette borne inférieure; on a $|f'(a)| \geqslant m$. D'après cela, on a

$$|x_0 - a_1| \leqslant |x_0 - a|^2 \frac{M}{2m} \leqslant \frac{M}{2m}\varepsilon^2.$$

Posons $\frac{M}{2m} = H$, nombre positif. Si $\varepsilon$ est une limite supérieure de la valeur absolue de l'erreur initiale, $H\varepsilon^2$ est une limite supérieure de la valeur absolue de la nouvelle erreur.

Il existe un entier $k$ positif, nul ou négatif, tel que l'on ait

$$10^{k-1} \leqslant H < 10^k.$$

Supposons que, par application préalable de la méthode des substitutions et, s'il y a lieu, de la méthode des parties proportionnelles, nous ayons déterminé la valeur approchée par défaut de $x_0$ à $\frac{1}{10^p}$ près, $p$ étant positif et supérieur à $k+1$. Prenons cette quantité pour valeur approchée initiale $a$ de $x_0$; on peut alors prendre $\frac{1}{10^p}$ comme limite supérieure de la valeur absolue de l'erreur $x_0 - a$; ce qui précède montre qu'une limite supérieure de la valeur absolue de la nouvelle erreur $x_0 - a_1$ est $10^k \frac{1}{10^{2p}}$, c'est-à-dire $\frac{1}{10^{2p-k}}$.

Posons $p_1 = 2p - k$; puisqu'on a $p \geqslant k+1$, on a $p_1 > p+1$. D'autre part, on a

$$a_1 - \frac{1}{10^{p_1}} \leqslant x_0 \leqslant a_1 + \frac{1}{10^{p_1}}.$$

Si dans $a_1$ le chiffre décimal de rang $p_1$ est autre que 0 ou 9, il est immédiat que les nombres $a_1 - \frac{1}{10^{p_1}}$ et $a_1 + \frac{1}{10^{p_1}}$ ont leurs $p_1 - 1$ premiers chiffres décimaux communs; il en résulte que la valeur approchée $a_1'$ de $a_1$ à $\frac{1}{10^{p_1-1}}$ près par défaut, obtenue en supprimant dans l'expression de $a_1$ les chiffres décimaux de rang supérieur à $p_1 - 1$, est la valeur approchée de $x_0$ à $\frac{1}{10^{p_1-1}}$ près par défaut.

Supposons que le chiffre décimal de rang $p_1$ dans $a_1$ soit 0 ou 9. Soit $\alpha_1$ la valeur approchée de $a_1$ à $\frac{1}{10^{p_1}}$ près par défaut; on a

$$\alpha_1 - \frac{1}{10^{p_1}} \leqslant a_1 - \frac{1}{10^{p_1}} < \alpha_1 \leqslant a_1 < \alpha_1 + \frac{1}{10^{p_1}} \leqslant a_1 + \frac{1}{10^{p_1}}.$$

Nous formerons $f(\alpha_1)$ et $f\left(\alpha_1 + \frac{1}{10^p}\right)$ et des signes de ces nombres nous déduirons si $\alpha_1$ et $\alpha_1 + \frac{1}{10^{p_1}}$ sont des valeurs approchées de $x_0$ par défaut ou par excès. Si $\alpha_1$ est une valeur approchée de $x_0$ par excès, on a

$$\alpha_1 - \frac{1}{10^{p_1}} \leqslant a_1 - \frac{1}{10^{p_1}} \leqslant x_0 < \alpha_1,$$

ce qui prouve que $\alpha_1 - \frac{1}{10^{p_1}}$ est la valeur approchée par défaut de $x_0$ à $\frac{1}{10^{p_1}}$ près. Si $\alpha_1 + \frac{1}{10^{p_1}}$ est une valeur approchée de $x_0$ par défaut, on a

$$\alpha_1 + \frac{1}{10^{p_1}} \leqslant x_0 < a_1 + \frac{1}{10^{p_1}} < \alpha_1 + \frac{2}{10^{p_1}},$$

ce qui prouve que $\alpha_1 + \frac{1}{10^{p_1}}$ est la valeur approchée par défaut de $x_0$ à $\frac{1}{10^{p_1}}$ près. Si $\alpha_1$ et $\alpha_1 + \frac{1}{10^{p_1}}$ sont approchés de $x_0$ respectivement par défaut et par excès, $\alpha_1$ est la valeur approchée de $x_0$ à $\frac{1}{10^{p_1}}$ par défaut.

Comme on a $p_1 > p_1 - 1 > p$, on voit que, les $p$ premiers chiffres décimaux de $x_0$ étant supposés préalablement calculés, l'application de la méthode de Newton permet de calculer de nouveaux chiffres décimaux en nombre $\omega$ égal à $p_1 - 1 - p$ ou à $p_1 - p$, c'est-à-dire supérieur ou égal à la différence $\delta = p - (k+1)$.

On voit en outre qu'il n'est pas nécessaire de calculer exactement $a_1$, qu'il suffit d'en calculer la valeur approchée à $\frac{1}{10^{2p-k}}$ près par défaut.

Partons de la valeur approchée de $x_0$ à $\frac{1}{10^{p+\omega}}$ près par défaut et appliquons à ce nombre la méthode de Newton. On a $p + \omega > k + 1$; par conséquent, on obtiendra la valeur approchée de $x_0$ à $\frac{1}{10^{p+\omega+\omega'}}$ près par défaut, $\omega'$ étant un nombre positif supérieur ou égal à

$$\delta' = p + \omega - (k+1) = \delta + \omega,$$

et, par suite, supérieur ou égal à $2\delta$. Comme on a $p + \omega + \omega' > k + 1$, en appliquant la méthode de Newton à la valeur approchée de $x_0$ à

$\frac{1}{10^{p+\omega+\omega'}}$ près par défaut, on obtient la valeur approchée de $x_0$ à $\frac{1}{10^{p+\omega+\omega'+\omega''}}$ près par défaut, $\omega''$ étant un nombre positif supérieur ou égal à $\delta''=p+\omega+\omega'-(k+1)=\delta'+\omega'$, et, par suite, supérieur ou égal à $4\delta$. Et ainsi de suite. On voit ainsi que *les diverses applications de la méthode de Newton permettent de calculer les chiffres décimaux successifs de $x_0$ par nombres de ces chiffres croissant au moins en progression géométrique de raison 2.*

246. *Remarque.* — Dans le cas particulier où $f''(x)$ a un signe constant dans l'intervalle (A, B), il est possible d'avoir des valeurs approchées de $x_0$ par défaut et par excès par application simultanée de la méthode de Newton et de la méthode des parties proportionnelles.

Montrons que si $a$ est approché de $x_0$ dans le même sens que celui des deux nombres A et B pour lequel $f(x)$ a le signe de $f''(x)$ dans l'intervalle (A, B), le nombre $a_1 = a - \frac{f'(a)}{f(a)}$ est compris entre $a$ et $x_0$. En effet, on a

$$x_0 - a_1 = -\frac{(x_0-a)^2}{2}\frac{f''(\xi)}{f'(a)}.$$

D'autre part, $a - a_1 = \frac{f(a)}{f'(a)}$. Par suite,

$$(x_0 - a_1)(a - a_1) = -\frac{(x_0-a)^2 f''(\xi) f(a)}{2[f'(a)]^2}.$$

Or, $f(a)$ et $f''(\xi)$ sont de même signe; le second membre est négatif, et ainsi $(x_0-a_1)(a-a_1)$ est négatif, ce qui montre que $a_1$ est compris entre $a$ et $x_0$.

Cela posé, en prenant un nombre $b$, valeur approchée de $x_0$ dans le sens opposé à $a$, si on applique aux nombres $a$ et $b$ la méthode des parties proportionnelles, on obtient un nombre $x_1$ approché de $x_0$ dans le même sens que celui des deux nombres A et B pour lequel $f(x)$ a le signe contraire de celui de $f''(x)$ dans l'intervalle (A, B). Les nombres $a_1$ et $x_1$ sont approchés de $x_0$ dans deux sens opposés. On pourra appliquer de nouveau la méthode de Newton au nombre $a_1$ et celle des parties proportionnelles aux nombres $a_1$ et $x_1$, et ainsi de suite.

L'application simultanée des méthodes de Newton et des parties proportionnelles permettra de diminuer le nombre des substitutions qu'il y a lieu d'effectuer dans l'application pure et simple de la méthode des substitutions.

*Application numérique.* — Soit l'équation $x^3 + 3x - 1 = 0$. Posons $f(x) = x^3 + 3x - 1$. Étudions les racines positives de l'équation. $f'(x)$, qui est égale à $3(x^2 + 1)$, est positive dans l'intervalle $(0, +\infty)$; $f(x)$ est donc croissante dans cet intervalle et ne peut s'annuler plus d'une fois. D'autre part, $f(0) = -1$, $f\left(\frac{1}{3}\right) = \frac{1}{27}$; donc, l'équation proposée a une racine positive $x$ et une seule, plus petite que $\frac{1}{3}$.

On a $\frac{1}{3} = 0,333\ldots$. Si on pose $b = 0,33$, on voit que l'on a

$$f(b) = 0,33^3 + 0,99 - 1 = 0,33^3 - 0,01,$$

et $f(b)$ est évidemment positif. Donc, $b$ est une valeur approchée par excès de la racine $x$. La dérivée seconde de $f(x)$, qui est égale à $6x$, étant positive dans l'intervalle $\left(0, \frac{1}{3}\right)$, par application de la méthode des parties proportionnelles on obtient une valeur approchée par défaut de $x$; on trouve ainsi

$$a = \frac{1}{3} \cdot \frac{1}{\frac{1}{27} + 1} = \frac{9}{28} = 0,3214\ldots,$$

qu'on peut remplacer par le nombre $a = 0,32$. Ainsi, on a obtenu les valeurs approchées de $x$ à $\frac{1}{100}$ près par défaut et par excès; on a $0,32 < x < 0,33$.

La méthode de Newton, appliquée à $b$, ou, pour plus de simplicité, à $\frac{1}{3}$, donne une valeur approchée par excès de $x$. La correction est en valeur absolue égale à

$$\frac{f\left(\frac{1}{3}\right)}{f'\left(\frac{1}{3}\right)} = \frac{1}{90} = 0,011\ldots.$$

Remarquons que dans l'intervalle $\left(0, \frac{1}{3}\right)$ le maximum M de $f''(x)$ est 2, le minimum $m$ de $f'(x)$ est 3; le nombre $\frac{M}{2m}$ est égal à $\frac{1}{3}$.

Une valeur approchée par excès de $x$ est

$$0,3334 - 0,0111 = 0,3223.$$

Une limite supérieure de la valeur absolue de l'erreur commise est

$$\frac{1}{3}(0,3334 - 0,3214)^2,$$

c'est-à-dire 0,000048. On déduit de là une valeur approchée par défaut de $x$, égale à

$$0,322222 - 0,000048,$$

c'est-à-dire à 0,322174. On a ainsi

$$0,3221 < x < 0,3223,$$

et, par suite, on a obtenu les valeurs approchées à $\frac{1}{1000}$ près par défaut et par excès de $x$ qui sont 0,322 et 0,323.

## EXERCICES

138. Déterminer, suivant les valeurs réelles du paramètre $\lambda$, le nombre des racines réelles de l'équation

$$\frac{4}{(1-2x)^2}+\frac{1}{(1+x)^2}-\lambda=0.$$

139. Séparer les racines de l'équation

$$\sin 2x+2\cos x-2x=0.$$

140. Séparer les racines de l'équation

$$\operatorname{th}\frac{x}{2}+x^2-1=0.$$

141. Discuter, suivant les valeurs de l'angle $\alpha$, le nombre de racines réelles de l'équation

$$e^x=\cos(x-\alpha).$$

142. Séparer les racines des équations

$$\mathrm{L}x=2\operatorname{arc\,tg}x,\qquad 4x\operatorname{arc\,tg}x=x^2-1,$$
$$x\mathrm{L}x=2(x^2+1)\operatorname{arc\,tg}x.$$

143. Étudier l'équation

$$e^{2x}=\frac{k+x}{k-x},$$

et discuter suivant les valeurs de $k$.

144. Étudier l'équation $e^x=2x^2-x+2$. Déterminer les valeurs approchées à 1 près par défaut et par excès des racines.

145. Résoudre l'équation

$$(x-5)2^{x-2}+x+1=0.$$

146. Montrer que l'équation $x-\cos x=0$ a une racine et une seule. Cette racine est comprise entre $\frac{\pi}{6}$ et $\frac{\pi}{4}$. Appliquer la méthode de Newton et la méthode des parties proportionnelles aux deux nombres $\frac{\pi}{6}$ et $\frac{\pi}{4}$ et montrer ainsi que la valeur approchée à $\frac{1}{100}$ près par défaut de la racine est 0,73.

147. Soit $y=e^{-x^2}$.

1° Montrer qu'il existe un polynome $\mathrm{P}_n(x)$, dans lequel le terme de plus haut degré est $(-1)^n 2^n x^n$, tel que l'on ait

$$y^{(n)}=e^{-x^2}\mathrm{P}_n(x)$$

et qu'entre $\mathrm{P}_n$, $\mathrm{P}_{n-1}$ et $\mathrm{P}'_{n-1}$ on ait la relation

$$\mathrm{P}_n=-2x\mathrm{P}_{n-1}+\mathrm{P}'_{n-1}.$$

2° On a l'identité $y' + 2xy = 0$. En dérivant $n - 1$ fois, en déduire l'identité

$$P_n + 2xP_{n-1} + 2(n-1)P_{n-2} = 0.$$

3° Établir l'identité $P'_n = -2nP_{n-1}$, puis l'identité

$$P''_n - 2xP'_n + 2nP_n = 0;$$

se servir de cette dernière identité pour calculer les coefficients du polynome $P_n$.

4° Se servir de la relation qui existe entre $P_n$, $P_{n-1}$ et $P_{n-2}$ pour montrer, par induction, que l'équation $P_n(x) = 0$ a toutes ses racines réelles, simples, séparées par celles de l'équation $P_{n-1}(x) = 0$.

(HERMITE.)

148. Soit $y = e^{\frac{1}{x}}$.

1° Montrer qu'il existe un polynome $P_n(x)$, dans lequel le terme de plus haut degré est $n!\,x^{n-1}$, tel que l'on ait

$$y^{(n)} = (-1)^n P_n \frac{e^{\frac{1}{x}}}{x^{2n}}$$

et montrer qu'on a

$$P_n = [2(n-1)x + 1]P_{n-1} - x^2P'_{n-1}.$$

2° On a l'identité $x^2y' + y = 0$. En dérivant $n - 1$ fois, en déduire l'identité

$$P_n - [2(n-1)x + 1]P_{n-1} + (n-1)(n-2)x^2P_{n-2} = 0.$$

3° Établir l'identité $P'_n = n(n-1)P_{n-1}$, puis l'identité

$$x^2P''_n - [2(n-1)x + 1]P'_n + n(n-1)P_n = 0;$$

se servir de cette dernière identité pour calculer les coefficients du polynome $P_n$.

4° Se servir de la relation qui existe entre $P_n$, $P_{n-1}$ et $P_{n-2}$ pour montrer, par induction, que l'équation $P_n(x) = 0$ a toutes ses racines réelles, simples, séparées par celles de l'équation $P_{n-1}(x) = 0$.

149. Soient deux fonctions $f(x)$ et $g(x)$, définies, continues et admettant des dérivées $f'(x)$ et $g'(x)$ continues, dans l'intervalle (A, B). On suppose que $f(x)$, $g(x)$, $f'(x)$ et $g'(x)$ ne peuvent s'annuler une infinité de fois. Montrer que si la fonction $f(x)\,g'(x) - g(x)\,f'(x)$ ne s'annule pas dans l'intervalle (A, B), 1° les équations $f(x) = 0$ et $g(x) = 0$ ne peuvent avoir que des racines simples, 2° entre deux racines consécutives de chacune de ces équations il existe une racine de l'autre et une seule.

150. Étudier la variation et construire les courbes représentatives des fonctions suivantes :

$$xe^{\frac{1}{x}}, \quad xe^{\frac{x}{x^2-1}}, \quad \frac{Lx}{1 + x - Lx};$$

$x^{\frac{1}{x}}$ (mener par l'origine une tangente à la courbe);

$$\frac{L(1+x)}{x}, \quad \frac{e^x - 1}{x}, \quad \frac{a^x - 1}{x};$$

$\frac{a^x}{x}$ (en déduire les systèmes de logarithmes dans lesquels il existe un nombre égal à son logarithme).

151. Étudier la variation et construire la courbe représentative de la fonction

$$x^2\left(e^{\frac{1}{x}} - 1 - \frac{1}{x}\right).$$

(*Concours de l'École polytechnique*, 1914.

152. Montrer que, quel que soit $x$ positif, on a $\mathrm{L}x \leqslant \frac{x}{e}$.

153. Montrer que, pour toute valeur de $x$, on a

$$0 < \frac{1}{x}\mathrm{L}\frac{e^x - 1}{x} < 1.$$

154. Montrer que, si $x$ est compris entre 0 et 1, on a

$$0 < \frac{a^x - a^{1-x}}{(a-1)(2x-1)} < 1,$$

$a$ étant positif et différent de 1.

# CHAPITRE X

## ÉQUATIONS ENTIÈRES

### I. — THÉORÈME DE D'ALEMBERT ET CONSÉQUENCES

247. Définition. — On appelle *équation entière* toute équation de la forme $f(z) = 0$, où $f(z)$ est un polynome entier à coefficients réels ou imaginaires. Le degré de $f(z)$ est dit le *degré* de l'équation.

248. **Théorème de d'Alembert.** — *Toute équation entière $f(z) = 0$ a au moins une racine réelle ou imaginaire.*

Soit $z_0$ une valeur de $z$. Si $f(z_0)$ est nul, l'équation $f(z) = 0$ admet la racine $z_0$.

Supposons $f(z_0)$ différent de 0. Puisque $f(z)$ tend vers l'infini quand $z$ tend vers l'infini, il existe un nombre positif A tel que pour toute valeur de $z$ dont le module est supérieur à A on ait

$$|f(z)| > |f(z_0)|.$$

Les points qui, dans un plan orienté rapporté à deux axes de coordonnées directement rectangulaires, ont pour affixes les valeurs de $z$ dont le module est supérieur à A sont les points extérieurs au cercle qui a l'origine pour centre et A pour rayon. Construisons le carré circonscrit à ce cercle et dont les côtés sont parallèles aux axes, puis considérons le champ Γ formé par les points situés à l'intérieur et sur le contour de ce carré. En tout point $z$ extérieur à ce champ, on a $|f(z)| > |f(z_0)|$. Il s'ensuit en particulier que $z_0$ appartient au champ.

Si on pose $z = x + iy$, $x$ et $y$ étant les coordonnées du point d'affixe $z$, on a

$$f(z) = P(x, y) + iQ(x, y),$$

P et Q étant des polynomes en $x$ et $y$, et, par suite,

$$|f(z)| = \sqrt{[P(x, y)]^2 + [Q(x, y)]^2}.$$

Il en résulte que $|f(z)|$ est une fonction des variables réelles $x$ et $y$, définie dans le champ $\Gamma$ et continue dans ce champ. Dès lors, parmi les valeurs qu'elle prend dans le champ $\Gamma$, il en existe une, inférieure à toutes les autres, qu'elle prend au moins en un point du champ, d'affixe $\zeta$ (ch. I, § 48). Je dis que l'on a $f(\zeta)=0$.

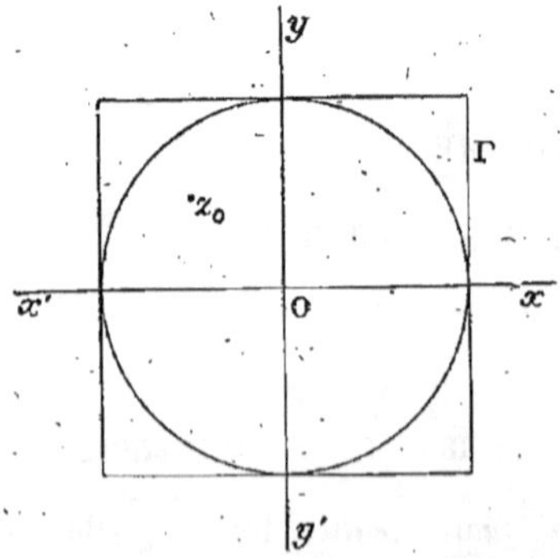


Fig. 74.

Supposons en effet $f(\zeta)\neq 0$. Posons $z=\zeta+h$. Si $n$ est le degré de $f(z)$, $f^{(n)}(z)$ est une constante non nulle; parmi les dérivées successives de $f(z)$, il en existe donc au moins une qui ne s'annule pas pour $z=\zeta$; l'ordre $p$ de la première dérivée qui ne s'annule pas pour $z=\zeta$ est inférieur ou au plus égal à $n$, et l'on a l'identité

$$f(z)=f(\zeta+h)=f(\zeta)+\frac{h^p}{p!}f^{(p)}(\zeta)+\ldots+\frac{h^n}{n!}f^{(n)}(\zeta).$$

Posons

$$f(\zeta)=\mathrm{R}_0(\cos\alpha_0+i\sin\alpha_0),$$
$$\frac{f^{(p)}(\zeta)}{p!}=r_p(\cos\alpha_p+i\sin\alpha_p),$$
$$\frac{f^{(p+1)}(\zeta)}{(p+1)!}=r_{p+1}(\cos\alpha_{p+1}+i\sin\alpha_{p+1}),$$
$$\ldots\ldots\ldots\ldots\ldots\ldots$$
$$\frac{f^{(n)}(\zeta)}{n!}=r_n(\cos\alpha_n+i\sin\alpha_n),$$

$\mathrm{R}_0$ et $r_p$ étant positifs, $r_{p+1},\ldots,r_n$ étant positifs ou nuls.

Posons enfin

$$h=\rho(\cos\varphi+i\sin\varphi),$$

$\rho$ étant le module de $h$.

On a ainsi

$$\begin{aligned}f(z)=\mathrm{R}_0(\cos\alpha_0+i\sin\alpha_0)&+r_p\rho^p[\cos(p\varphi+\alpha_p)+i\sin(p\varphi+\alpha_p)]\\&+\ldots\ldots\ldots\ldots\\&+r_n\rho^n[\cos(n\varphi+\alpha_n)+i\sin(n\varphi+\alpha_n)].\end{aligned}$$

Par suite, si on désigne par R le module de $f(z)$, on a

$$R^2 = [R_0 \cos\alpha_0 + r_p\rho^p \cos(p\varphi + \alpha_p) + \ldots + r_n\rho^n \cos(n\varphi + \alpha_n)]^2$$
$$+ [R_0 \sin\alpha_0 + r_p\rho^p \sin(p\varphi + \alpha_p) + \ldots + r_n\rho^n \sin(n\varphi + \alpha_n)]^2,$$

c'est-à-dire

$$R^2 = R_0^2 + 2R_0 r_p\rho^p \cos(p\varphi + \alpha_p - \alpha_0) + \ldots + r_n^2\rho^{2n}.$$

Posons $p\varphi + \alpha_p - \alpha_0 = \pi$, d'où

$$\varphi = \frac{\pi + \alpha_0 - \alpha_p}{p};$$

$\varphi$ étant ainsi déterminé, on a

$$R^2 - R_0^2 = -2R_0 r_p \rho^p + \ldots + r_n^2 \rho^{2n}.$$

Le second membre est un polynome en $\rho$ ordonné par rapport aux puissances croissantes. On sait qu'on peut choisir $\rho$ positif de façon que ce polynome soit du signe de son premier terme, c'est-à-dire négatif (ch. IV, § 123). Le nombre $h$ qui a pour module le nombre $\rho$ ainsi choisi et pour argument $\varphi$ est tel que l'on ait

$$|f(\zeta + h)| < |f(\zeta)|.$$

Cette inégalité montre que *le point d'affixe* $\zeta + h$ *n'appartient pas au champ* $\Gamma$. Or, puisque le point d'affixe $z_0$ est dans le champ $\Gamma$, on a

$$|f(\zeta)| \leqslant |f(z_0)|;$$

par suite, on a

$$|f(\zeta + h)| < |f(z_0)|;$$

cette inégalité montre que *le point d'affixe* $\zeta + h$ *n'est pas extérieur au champ* $\Gamma$. Il y a donc contradiction. Donc,

$$|f(\zeta)| = 0, \quad f(\zeta) = 0,$$

$\zeta$ est racine de l'équation $f(z) = 0$, et le théorème est établi.

249. Théorème. — *Étant donné le polynome*

$$f(z) = A_0 z^n + A_1 z^{n-1} + \ldots + A_n$$

*de degré* $n$, *il est possible de trouver* $n$ *nombres* $a_1, a_2, \ldots, a_n$, *réels ou imaginaires, distincts ou confondus, tels que l'on ait*

$$f(z) = A_0(z - a_1)(z - a_2) \ldots (z - a_n).$$

En effet, d'après le théorème de d'Alembert, il existe au moins un nombre $a_1$ tel que l'on ait $f(a_1)=0$. Par suite, $f(z)$ est divisible par $z-a_1$, et l'on a

$$f(z)=(z-a_1)f_1(z),$$

$f_1(z)$ étant un polynome de degré $n-1$. De même, il existe au moins un nombre $a_2$ tel que l'on ait

$$f_1(z)=(z-a_2)f_2(z),$$

$f_2(z)$ étant un polynome de degré $n-2$. Et ainsi de suite. Finalement, on considérera un polynome $f_{n-1}(z)$, du premier degré, et il existera un nombre $a_n$ tel que l'on ait

$$f_{n-1}(z)=(z-a_n)f_n(z),$$

$f_n(z)$ étant un polynome de degré 0, c'est-à-dire une constante. En remplaçant dans la première identité $f_1(z)$ par $(z-a_1)f_2(z)$, puis $f_2(z)$ par $(z-a_2)f_3(z), \ldots$, enfin $f_{n-1}(z)$ par $(z-a_n)f_n(z)$, on obtient

$$f(z)=(z-a_1)(z-a_2)\ldots(z-a_n)f_n(z).$$

En égalant les coefficients des termes de degré $n$ dans les deux membres, on trouve que $f_n$ est égal à $A_0$. Le théorème est démontré.

Théorème. — *Il n'est possible que d'une manière de mettre un polynome $f(z)$ sous la forme*

$$A(z-a)(z-b)\ldots(z-l),$$

*$a, b, \ldots, l$ étant des nombres distincts ou confondus.*

Remarquons d'abord que, si $A_0z^n$ est le terme de plus haut degré de $f(z)$, les nombres $a, b, \ldots, l$ sont nécessairement en nombre égal à $n$, et A est nécessairement égal à $A_0$.

Cela posé, soient deux systèmes de $n$ nombres, $a, b, \ldots, l$, d'une part, $a', b', \ldots, l'$, d'autre part, tels que l'on ait l'identité

$$(z-a)(z-b)\ldots(z-l)=(z-a')(z-b')\ldots(z-l').$$

Dans cette identité, faisons $z=a$; il vient

$$0=(a-a')(a-b')\ldots(a-l').$$

Donc, l'un au moins des facteurs du second membre, $a-a'$ par exemple, est nul. Ainsi, on a $a=a'$. Divisons alors les deux membres de l'identité précédente par le facteur commun $z-a$; il vient

$$(z-b)(z-c)\ldots(z-l)=(z-b')(z-c')\ldots(z-l').$$

On voit encore que $b$ est égal à l'un au moins des nombres $b', c', \ldots, l'$, par exemple à $b'$. En divisant alors les deux membres de l'identité par le facteur commun $z - b$, on obtient l'identité

$$(z-c)\ldots(z-l) = (z-c')\ldots(z-l').$$

Et ainsi de suite. On parvient finalement à l'identité

$$z - l = z - l',$$

d'où l'on déduit $l = l'$.

Il est ainsi établi que les nombres des deux systèmes sont égaux deux à deux; le théorème est démontré.

Théorème. — *Étant donné un polynome $f(z)$, de degré $n$, il est possible, d'une manière et d'une seule, de le mettre sous la forme*

$$A(z-a)^{\alpha}(z-b)^{\beta}\ldots(z-l)^{\lambda},$$

*$a, b, \ldots, l$ étant des nombres inégaux, $\alpha, \beta, \ldots, \lambda$ étant des entiers positifs dont la somme est $n$.*

En effet, il est possible, d'une manière et d'une seule, de mettre $f(z)$ sous la forme

$$A(z-a_1)(z-a_2)\ldots(z-a_n),$$

$a_1, a_2, \ldots, a_n$ étant des nombres fixes. D'une manière générale, parmi ces nombres, il en existe $\alpha$ égaux à l'un d'entre eux, $a$; parmi les autres, il en existe $\beta$ égaux à l'un d'entre eux, $b$, différent de $a$, et ainsi de suite. Finalement, il en restera $\lambda$ égaux à un même nombre $l$, et ainsi, on aura

$$f(z) = A(z-a)^{\alpha}(z-b)^{\beta}\ldots(z-l)^{\lambda}.$$

**250. Ordres de multiplicité des racines.** — Théorème. — *A toute racine $a$ d'une équation entière $f(z) = 0$ il correspond un entier positif $\alpha$ et un seul tel que $f(z)$ soit divisible par $(z-a)^{\alpha}$ et que le quotient de la division de $f(z)$ par $(z-a)^{\alpha}$ ne s'annule pas pour $z = a$.*

1° Il existe au moins un tel nombre $\alpha$. En effet, $f(z)$, s'annulant pour $z = a$, est divisible par $z - a$, et l'on peut poser

$$f(z) = (z-a)\,\varphi_1(z),$$

$\varphi_1(z)$ étant un polynome de degré $n-1$, si $n$ est le degré de $f(z)$. Si $\varphi_1(a) \neq 0$, 1 peut être pris comme nombre $\alpha$. Si $\varphi_1(a) = 0$, $\varphi_1(z)$ est divisible par $z - a$, et l'on peut poser

$$\varphi_1(z) = (z-a)\,\varphi_2(z),$$

$\varphi_2(z)$ étant un polynome de degré $n-2$; on en déduit

$$f(z) = (z-a)^2 \varphi_2(z).$$

Si $\varphi_2(a) \neq 0$, 2 peut être pris comme nombre $\alpha$. Si $\varphi_2(a) = 0$, $\varphi_2(z)$ est divisible par $z-a$, et l'on peut poser

$$\varphi_2(z) = (z-a)\,\varphi_3(z),$$

d'où l'on déduit

$$f(z) = (z-a)^3 \varphi_3(z),$$

$\varphi_3(z)$ étant un polynome de degré $n-3$. Et ainsi de suite. D'une manière générale, on forme ainsi une suite de polynomes $\varphi_1(z)$, $\varphi_2(z)$, $\varphi_3(z)$, ..., dont les degrés sont des entiers consécutifs décroissants, à partir de $n-1$. Il existe nécessairement un entier positif $\alpha$, au plus égal à $n$, tel que $\varphi_\alpha(z)$ ne s'annule pas pour $z = a$, $\varphi_\alpha(z)$ se réduisît-il à une constante non nulle; ce nombre $\alpha$ satisfait aux conditions de l'énoncé.

2° Le nombre $\alpha$ est unique. Si, en effet, il existait deux nombres $\alpha$ et $\alpha'$ différents vérifiant les conditions précédentes, on aurait à la fois

$$f(z) = (z-a)^\alpha \varphi(z), \qquad f(z) = (z-a)^{\alpha'} \psi(z),$$

$\varphi(z)$ et $\psi(z)$ étant des polynomes qui ne s'annulent pas pour $z = a$. On aurait alors l'identité

$$(z-a)^\alpha \varphi(z) = (z-a)^{\alpha'} \psi(z).$$

Supposons, par exemple, $\alpha' > \alpha$; alors, $(z-a)^\alpha$ serait un diviseur commun aux deux membres, et l'on aurait l'identité

$$\varphi(z) = (z-a)^{\alpha'-\alpha} \psi(z).$$

Mais on voit ainsi que $\varphi(z)$ s'annulerait pour $z = a$, ce qui est contraire à l'hypothèse. De même, on ne peut pas supposer $\alpha > \alpha'$.

L'entier $\alpha$ défini dans l'énoncé précédent est dit l'*ordre de multiplicité* de la racine $a$. Quand $\alpha$ est égal à 1, la racine est dite *simple*; quand $\alpha$ est plus grand que 1, la racine est dite *multiple*.

Théorème. — *Toute équation entière de degré $n$ admet une ou plusieurs racines et la somme des ordres de multiplicité de ces racines est égale à $n$.*

Soit l'équation entière $f(z) = 0$. Il est possible de mettre $f(z)$ sous la forme

$$A(z-a)^\alpha (z-b)^\beta \ldots (z-l)^\lambda,$$

$a, b, \ldots, l$ étant distincts et $\alpha, \beta, \ldots, \lambda$ étant des entiers positifs dont la somme est $n$. Pour que $f(z)$ soit nul, il faut et il suffit que $z$ soit égal à l'un des nombres $a, b, \ldots, l$; autrement dit, l'équation entière $f(z)=0$ a pour racines $a, b, \ldots, l$ et n'en a pas d'autres. Mais, on a

$$f(z)=(z-a)^\alpha \varphi(z),$$

$\varphi(z)$ étant égal à $A(z-b)^\beta \ldots (z-l)^\lambda$. Comme $\varphi(a)$ est différent de 0, on voit que $a$ est racine d'ordre de multiplicité $\alpha$ de l'équation $f(z)=0$. De même, $b$ est racine d'ordre de multiplicité $\beta, \ldots, l$ est racine d'ordre de multiplicité $\lambda$. La somme des ordres de multiplicité des racines, c'est-à-dire $\alpha+\beta+\ldots+\lambda$, est égale à $n$.

251. Théorème. — *Pour que deux équations entières aient les mêmes racines avec les mêmes ordres de multiplicité, il faut et il suffit que leurs premiers membres soient des polynomes proportionnels.*

1° *La condition est nécessaire.* Si les deux équations entières $f(z)=0$ et $g(z)=0$ ont les racines $a, b, \ldots, l$ respectivement aux ordres de multiplicité $\alpha, \beta, \ldots, \lambda$, on a à la fois

$$f(z)=A(z-a)^\alpha (z-b)^\beta \ldots (z-l)^\lambda,$$
$$g(z)=B(z-a)^\alpha (z-b)^\beta \ldots (z-l)^\lambda,$$

A et B étant des constantes. Par suite, on a, en divisant membre à membre,

$$\frac{f(z)}{g(z)}=\frac{A}{B}=\text{const.},$$

ce qui montre que $f(z)$ et $g(z)$ ont leurs coefficients proportionnels.

2° *La condition est suffisante.* Supposons que l'on ait

$$g(z)=\rho f(z),$$

$\rho$ étant une constante. Soit

$$f(z)=A(z-a)^\alpha (z-b)^\beta \ldots (z-l)^\lambda,$$

$a, b, \ldots, l$ étant les racines de $f(z)=0$, respectivement aux ordres de multiplicité $\alpha, \beta, \ldots, \lambda$. On a

$$g(z)=A\rho(z-a)^\alpha (z-b)^\beta \ldots (z-l)^\lambda,$$

ce qui montre que $a, b, \ldots, l$ sont encore les racines de $g(z)=0$, respectivement aux ordres de multiplicité $\alpha, \beta, \ldots, \lambda$.

252. *Applications*. — 1° Soit $f(z) = az + b$, $a$ non nul. On a

$$f(z) = a\left(z + \frac{b}{a}\right).$$

L'équation du premier degré $f(z) = 0$ admet la racine simple unique $-\frac{b}{a}$.

2° Soit $f(z) = az^2 + bz + c$, $a$ non nul. On a

$$f(z) = a\left(z^2 + \frac{b}{a}z + \frac{c}{a}\right) = a\left[\left(z + \frac{b}{2a}\right)^2 - \frac{b^2 - 4ac}{4a^2}\right].$$

Supposons d'abord $b^2 - 4ac$ non nul. Ce nombre réel ou imaginaire admet deux racines carrées opposées. Si $\sqrt{b^2 - 4ac}$ désigne l'une d'entre elles, on a

$$f(z) = a\left[z + \frac{b + \sqrt{b^2 - 4ac}}{2a}\right]\left[z + \frac{b - \sqrt{b^2 - 4ac}}{2a}\right].$$

L'équation du second degré $f(z) = 0$ admet deux racines simples ayant pour valeurs

$$\frac{-b + \sqrt{b^2 - 4ac}}{2a} \quad \text{et} \quad \frac{-b - \sqrt{b^2 - 4ac}}{2a}.$$

Les coefficients $a, b, c$ étaient supposés réels, si $b^2 - 4ac$ est positif, les deux racines sont réelles et ont pour valeurs

$$\frac{-b + \sqrt{b^2 - 4ac}}{2a} \quad \text{et} \quad \frac{-b - \sqrt{b^2 - 4ac}}{2a},$$

où $\sqrt{b^2 - 4ac}$ désigne la racine carrée, au sens arithmétique, de $b^2 - 4ac$. Si $b^2 - 4ac$ est négatif, les deux racines sont imaginaires conjuguées et ont pour valeurs

$$\frac{-b + i\sqrt{4ac - b^2}}{2a} \quad \text{et} \quad \frac{-b - i\sqrt{4ac - b^2}}{2a},$$

où $\sqrt{4ac - b^2}$ désigne la racine carrée, au sens arithmétique, de $4ac - b^2$.

Supposons ensuite $b^2 - 4ac$ nul. Alors, on a

$$f(z) = a\left(z + \frac{b}{2a}\right)^2.$$

L'équation du second degré $f(z) = 0$ admet une racine double unique égale à $-\frac{b}{2a}$.

3° Soit $f(z) = az^4 + bz^2 + c$, $a$ non nul. On a

$$f(z) = a\left[\left(z^2 + \frac{b}{2a}\right)^2 - \frac{b^2 - 4ac}{4a^2}\right].$$

Supposons d'abord $b^2 - 4ac$ nul. On a

$$f(z) = a\left(z^2 + \frac{b}{2a}\right)^2.$$

Si $b$ n'est pas nul, en désignant par $\sqrt{-\frac{b}{2a}}$ une racine carrée du nombre $-\frac{b}{2a}$, on a

$$f(z)=a\left[z-\sqrt{-\frac{b}{2a}}\right]^2\left[z+\sqrt{-\frac{b}{2a}}\right]^2;$$

l'équation du quatrième degré $f(z)=0$ admet deux racines doubles. Si $b$ est nul, on a $f(z)=az^4$; l'équation admet une racine quadruple.

Supposons ensuite $b^2-4ac$ non nul. En désignant par $\sqrt{b^2-4ac}$ une racine carrée de $b^2-4ac$, on a

$$f(z)=a\left[z^2+\frac{b+\sqrt{b^2-4ac}}{2a}\right]\left[z^2+\frac{b-\sqrt{b^2-4ac}}{2a}\right].$$

Pour que l'un des nombres $b+\sqrt{b^2-4ac}$ et $b-\sqrt{b^2-4ac}$ soit nul, il faut et il suffit que $c$ soit nul.

Soit d'abord $c\neq 0$. En désignant par $z_1$ une racine carrée de $b+\sqrt{b^2-4ac}$ et par $z_2$ une racine carrée de $b-\sqrt{b^2-4ac}$, on a

$$f(z)=a(z-z_1)(z+z_1)(z-z_2)(z+z_2);$$

l'équation $f(z)=0$ a quatre racines simples.

Soit ensuite $c=0$. On a

$$f(z)=az^2\left(z^2+\frac{b}{a}\right).$$

En désignant par $\sqrt{-\frac{b}{a}}$ une racine carrée de $-\frac{b}{a}$, on a

$$f(z)=az^2\left[z-\sqrt{-\frac{b}{a}}\right]\left[z+\sqrt{-\frac{b}{a}}\right];$$

l'équation $f(z)=0$ admet une racine double et deux racines simples.

4° Soit $f(z)=az^n+b$, $a$ non nul. Si $b$ est nul, l'équation $f(z)=0$, de degré $n$, admet une racine multiple d'ordre $n$. Si $b$ n'est pas nul, l'équation $f(z)=0$ admet pour racines les $n$ racines d'indice $n$ du nombre non nul $-\frac{b}{a}$. Si $z_0$ est l'une d'entre elles, leur expression générale est

$$z_0\left(\cos\frac{2k\pi}{n}+i\sin\frac{2k\pi}{n}\right),\qquad k=0,1,2,\ldots,n-1.$$

Ces nombres sont nécessairement des racines simples de l'équation $f(z)=0$, et l'on a

$$\begin{aligned}f(z)&=a\left[z-z_0\right]\left[z-z_0\left(\cos\frac{2\pi}{n}+i\sin\frac{2\pi}{n}\right)\right]\ldots\left[z-z_0\left(\cos\frac{\overline{2n-1}\,\pi}{n}+i\sin\frac{\overline{2n-1}\,\pi}{n}\right)\right]\\&=a\,\Pi_{k=0}^{k=n-1}\left[z-z_0\left(\cos\frac{2k\pi}{n}+i\sin\frac{2k\pi}{n}\right)\right].\end{aligned}$$

**253. Transformations élémentaires.** — 1° *Former l'équation admettant, avec les mêmes ordres de multiplicité, les racines de l'équation $f(z)=0$ augmentées d'un même nombre $\rho$.*

Soit

$$f(z)=\mathrm{A}(z-a)^\alpha(z-b)^\beta\ldots(z-l)^\lambda.$$

L'équation cherchée est, deux racines différentes restant différentes,

$$\mathrm{A}(z-a-\rho)^\alpha(z-b-\rho)^\beta\ldots(z-l-\rho)^\lambda=0.$$

Or, le premier membre de cette équation n'est autre que $f(z-\rho)$. Donc, l'équation cherchée est $f(z-\rho)=0$.

2° *Former l'équation admettant, avec les mêmes ordres de multiplicité, les racines de l'équation $f(z)=0$ multipliées par un même nombre $\rho$ non nul.*

L'équation cherchée est, deux racines différentes restant différentes,

$$\mathrm{A}(z-a\rho)^\alpha(z-b\rho)^\beta\ldots(z-l\rho)^\lambda=0,$$

c'est-à-dire, en divisant les deux membres par $\rho^{\alpha+\beta+\ldots+\lambda}$,

$$\mathrm{A}\left(\frac{z}{\rho}-a\right)^\alpha\left(\frac{z}{\rho}-b\right)^\beta\ldots\left(\frac{z}{\rho}-l\right)^\lambda=0.$$

Or, le premier membre de cette équation n'est autre que $f\left(\frac{z}{\rho}\right)$. Donc, l'équation cherchée est $f\left(\frac{z}{\rho}\right)=0$.

En particulier, si $\rho=-1$, l'équation est $f(-z)=0$.

3° *Former l'équation admettant pour racines, avec les mêmes ordres de multiplicité, les inverses des racines, supposées non nulles, de l'équation $f(z)=0$.*

Cette équation est, deux racines différentes restant différentes,

$$\mathrm{A}\left(z-\frac{1}{a}\right)^\alpha\left(z-\frac{1}{b}\right)^\beta\ldots\left(z-\frac{1}{l}\right)^\lambda=0,$$

c'est-à-dire, en multipliant les deux membres par $a^\alpha b^\beta\ldots l^\lambda$,

$$\mathrm{A}(az-1)^\alpha(bz-1)^\beta\ldots(lz-1)^\lambda=0,$$

c'est-à-dire encore

$$(-1)^{\alpha+\beta+\ldots+\lambda}z^{\alpha+\beta+\ldots+\lambda}\,\mathrm{A}\left(\frac{1}{z}-a\right)^\alpha\left(\frac{1}{z}-b\right)^\beta\ldots\left(\frac{1}{z}-l\right)^\lambda=0.$$

Si $n$ est le degré de l'équation $f(z)=0$, le premier membre de la dernière équation est évidemment $(-1)^n z^n f\left(\frac{1}{z}\right)$. L'équation cherchée est donc $z^n f\left(\frac{1}{z}\right)=0$.

## II. — DIVISIBILITÉ DES POLYNOMES

254. Théorème. — *Pour que le polynome $g(z)$ soit diviseur du polynome $f(z)$, il faut et il suffit que les racines de l'équation $g(z)=0$ soient toutes racines de l'équation $f(z)=0$ et que pour chacune d'elles l'ordre de multiplicité dans l'équation $f(z)=0$ soit supérieur ou égal à l'ordre de multiplicité dans l'équation $g(z)=0$.*

1° *La condition est nécessaire.* Si $g(z)$ divise $f(z)$, on a

$$f(z)=g(z)\,\varphi(z),$$

$\varphi(z)$ étant un polynome. Si $a$ est racine multiple d'ordre $\alpha$ de l'équation $g(z)=0$, on a

$$g(z)=(z-a)^\alpha g_1(z),$$

$g_1(z)$ étant un polynome qui n'est pas nul pour $z=a$.

Par suite, on a

$$f(z)=(z-a)^\alpha g_1(z)\,\varphi(z).$$

Si $\varphi(a)$ n'est pas nul, $a$ est racine d'ordre de multiplicité $\alpha$ de l'équation $f(z)=0$. Si $\varphi(a)=0$, $a$ est racine d'ordre de multiplicité $\alpha'$ de l'équation $\varphi(z)=0$, et, par suite, on a

$$\varphi(z)=(z-a)^{\alpha'}\varphi_1(z),$$

$\varphi_1(z)$ étant un polynome qui ne s'annule pas pour $z=a$. On a, par suite,

$$f(z)=(z-a)^{\alpha+\alpha'} g_1(z)\,\varphi_1(z),$$

$g_1(z)\,\varphi_1(z)$ ne s'annulant pas pour $z=a$. Donc, $a$ est racine de l'équation $f(z)=0$, et elle a pour ordre de multiplicité $\alpha+\alpha'$, supérieur à $\alpha$.

2° *La condition est suffisante.* Soit le polynome $g(z)$ tel que les racines de l'équation $g(z)=0$ soient $a, b, \ldots, l$, respectivement d'ordres de multiplicité $\alpha, \beta, \ldots, \lambda$. On a

$$g(z)=A(z-a)^\alpha(z-b)^\beta\ldots(z-l)^\lambda,$$

A étant une constante. Si $a, b, \ldots, l$ sont racines de l'équation $f(z)=0$ et ont des ordres de multiplicité respectivement supérieurs ou égaux à $\alpha, \beta, \ldots, \lambda$, on a

$$f(z)=(z-a)^{\alpha+\alpha'}(z-b)^{\beta+\beta'}\ldots(z-l)^{\lambda+\lambda'}\varphi(z),$$

$\alpha', \beta', \ldots, \lambda'$ étant des entiers positifs ou nuls et $\varphi(z)$ étant un polynome. On a

$$f(z)=g(z).\frac{1}{A}(z-a)^{\alpha'}(z-b)^{\beta'}\ldots(z-l)^{\lambda'}\varphi(z),$$

c'est-à-dire

$$f(z)=g(z)\psi(z),$$

$\psi(z)$ désignant le polynome

$$\frac{1}{A}(z-a)^{\alpha'}(z-b)^{\beta'}\ldots(z-l)^{\lambda'}\varphi(z).$$

**255. Diviseurs communs à plusieurs polynomes; plus grand commun diviseur. Multiples communs à plusieurs polynomes; plus petit commun multiple.** — Soient plusieurs polynomes en $z$, $f_1(z)$, $f_2(z)$, $\ldots$, $f_n(z)$. D'après ce qui précède, pour que le polynome $\varphi(z)$ en soit un diviseur commun, il faut et il suffit que chaque racine de l'équation $\varphi(z)=0$ soit une racine commune aux équations $f_1(z)=0$, $f_2(z)=0$, $\ldots$, $f_n(z)=0$ et qu'elle ait un ordre de multiplicité au plus égal au plus petit des ordres de multiplicité qu'elle a dans les équations $f_1(z)=0, \ldots, f_n(z)=0$.

Deux cas se présentent.

1° Les équations $f_1(z)=0, \ldots, f_n(z)=0$ n'ont pas de racine commune. Alors, les polynomes $f_1(z), \ldots, f_n(z)$ n'ont aucun diviseur commun; ils sont premiers entre eux.

2° Les équations $f_1(z)=0, \ldots, f_n(z)=0$ admettent les racines communes $a, b, \ldots, l$. On peut poser, $g_1(z), \ldots, g_n(z)$ étant des polynomes,

$$\begin{aligned} f_1(z)&=(z-a)^{\alpha_1}(z-b)^{\beta_1}\ldots(z-l)^{\lambda_1}g_1(z),\\ f_2(z)&=(z-a)^{\alpha_2}(z-b)^{\beta_2}\ldots(z-l)^{\lambda_2}g_2(z),\\ &\ldots\ldots\ldots\ldots\ldots\ldots\\ f_n(z)&=(z-a)^{\alpha_n}(z-b)^{\beta_n}\ldots(z-l)^{\lambda_n}g_n(z). \end{aligned}$$

Pour que $\varphi(z)$ soit un diviseur commun, il faut et il suffit qu'il soit de la forme

$$A(z-a)^{\alpha'}(z-b)^{\beta'}\ldots(z-l)^{\lambda'},$$

A étant un facteur numérique, $\alpha'$ étant zéro ou un entier positif au plus égal au plus petit des entiers $\alpha_1, \alpha_2, \ldots, \alpha_n$, $\beta'$ étant zéro ou un entier positif au plus égal au plus petit des entiers $\beta_1, \beta_2, \ldots, \beta_n$, etc., $(z-a)^0, (z-b)^0, \ldots (z-l)^0$ étant regardés comme égaux à 1.

Parmi les diviseurs communs, il en existe un et un seul $\Delta$, défini à un facteur numérique près, qui est de degré plus grand que les degrés de tous les autres et qu'on obtient en prenant pour $\alpha'$ le plus petit des nombres $\alpha_1, \alpha_2, \ldots, \alpha_n$, pour $\beta'$ le plus petit des nombres $\beta_1, \beta_2, \ldots, \beta_n$, etc. C'est le plus grand commun diviseur des polynomes $f_1(z), f_2(z), \ldots, f_n(z)$.

De même, d'après ce qui précède, pour que le polynome $\psi(z)$ soit un multiple commun des polynomes $f_1(z), \ldots, f_n(z)$, il faut et il suffit que l'une quelconque des racines des équations $f_1(z)=0$, $f_2(z)=0, \ldots, f_n(z)=0$ soit racine de l'équation $\psi(z)=0$ et qu'elle y ait un ordre de multiplicité au moins égal au plus grand des ordres de multiplicité qu'elle a dans les équations $f_1(z)=0, \ldots, f_n(z)=0$.

Parmi les multiples communs, il en existe un et un seul $\mu$, défini à un facteur numérique près, qui est de degré plus petit que ceux de tous les autres et qui est le produit de tous les polynomes de la forme $z-\rho$, où $\rho$ est l'une quelconque des racines des équations $f_1(z)=0, \ldots, f_n(z)=0$, le facteur $z-\rho$ étant élevé à une puissance égale au plus grand des ordres de multiplicité de $\rho$ dans les équations $f_1(z)=0, \ldots, f_n(z)=0$. C'est le plus petit commun multiple des polynomes $f_1(z), \ldots, f_n(z)$.

## III. — RACINES MULTIPLES D'UNE ÉQUATION ENTIÈRE

256. Théorème. — *Pour que a soit racine d'ordre $\alpha$ de multiplicité de l'équation entière $f(z)=0$, il faut et il suffit que l'on ait*

$$f(a)=0,\quad f'(a)=0,\quad \ldots,\quad f^{(\alpha-1)}(a)=0,\quad f^{(\alpha)}(a)\neq 0.$$

En effet, $n$ étant le degré du polynome $f(z)$, on a

$$f(z)=f(a)+(z-a)\frac{f'(a)}{1}+\ldots+(z-a)^{\alpha-1}\frac{f^{(\alpha-1)}(a)}{(\alpha-1)!}$$
$$+(z-a)^{\alpha}\frac{f^{(\alpha)}(a)}{\alpha!}+\ldots+(z-a)^{n}\frac{f^{(n)}(a)}{n!},$$

c'est-à-dire

$$f(z)=(z-a)^{\alpha}Q+R,$$

où l'on pose

$$Q = \frac{f^{(\alpha)}(a)}{\alpha!} + (z-a)\frac{f^{(\alpha+1)}(a)}{(\alpha+1)!} + \dots + (z-a)^{n-\alpha}\frac{f^{(n)}(a)}{n!},$$

$$R = f(a) + (z-a)\frac{f'(a)}{1} + \dots + (z-a)^{\alpha-1}\frac{f^{(\alpha-1)}(a)}{(\alpha-1)!}.$$

R étant identiquement nul ou de degré inférieur à $\alpha$, Q est le quotient de la division de $f(z)$ par $(z-a)^\alpha$ et R est le reste. Pour que $a$ soit racine d'ordre $\alpha$ de multiplicité de l'équation $f(z)=0$, il faut et il suffit que R soit identiquement nul et que la valeur de Q pour $z=a$ ne soit pas nulle. Pour que R soit nul quel que soit $z$, il faut et il suffit qu'il soit nul quel que soit $z-a$, et, par suite, il faut et il suffit que l'on ait

$$f(a)=0, \quad f'(a)=0, \quad \dots, \quad f^{(\alpha-1)}(a)=0;$$

pour que la valeur de Q ne soit pas nulle pour $z=a$, il faut et il suffit que l'on ait $f^{(\alpha)}(a) \neq 0$.

Grâce à ce théorème, la définition particulière que nous avons donnée de l'ordre de multiplicité d'une racine d'une équation entière s'accorde avec celle que nous avons donnée de l'ordre de multiplicité d'une racine réelle d'une équation dont le premier est une fonction de la variable réelle $x$ admettant plusieurs dérivées successives (ch. IX, § 234).

*Remarque.* — Pour que $a$ soit racine d'ordre de multiplicité *au moins* égal à $\alpha$ de l'équation entière $f(z)=0$, il faut et il suffit que l'on ait

$$f(a)=0, \quad f'(a)=0, \quad \dots, \quad f^{(\alpha-1)}(a)=0.$$

Théorème. — *Si $a$ est racine d'ordre $\alpha$ de multiplicité de l'équation entière $f(z)=0$, elle est racine d'ordre $\alpha-1$ de multiplicité de l'équation $f'(z)=0$, racine d'ordre $\alpha-2$ de multiplicité de l'équation $f''(z)=0$, ..., racine simple de l'équation $f^{(\alpha-1)}(z)=0$.*

En effet, puisque l'on a

$$f(a)=0, \quad f'(a)=0, \quad \dots, \quad f^{(\alpha-1)}(a)=0, \quad f^{(\alpha)}(a)\neq 0,$$

on a, en particulier,

$$f'(a)=0, \quad f''(a)=0, \quad \dots, \quad f^{(\alpha-1)}(a)=0, \quad f^{(\alpha)}(a)\neq 0,$$

ce qui exprime que $a$ est racine d'ordre $\alpha-1$ de multiplicité de l'équation $f'(z)=0$. On a aussi

$$f''(a)=0, \quad f'''(a)=0, \quad \dots, \quad f^{(\alpha-1)}(a)=0, \quad f^{(\alpha)}(a)\neq 0,$$

ce qui exprime que $a$ est racine d'ordre $\alpha-2$ de multiplicité de l'équation $f''(z)=0$. Et ainsi de suite.

*Remarque.* — Si $a$ est racine d'ordre de multiplicité au moins égal à $\alpha$ de l'équation entière $f(z)=0$, elle est racine d'ordre de multiplicité au moins égal à $\alpha-1$ de l'équation $f'(z)=0$, etc.

237. Théorème. — *Pour que $a$ soit racine d'ordre de multiplicité au moins égal à $\alpha$ de l'équation entière $f(z)=0$, il faut et il suffit que $a$ annule simultanément les dérivées partielles d'ordre $\alpha-1$ du polynome $u^n f\left(\frac{z}{u}\right)$, dans lesquelles on a remplacé $u$ par 1.*

Posons $F(z, u)=u^n f\left(\frac{z}{u}\right)$, $n$ étant le degré du polynome $f(z)$.

$F(z, u)$ étant homogène et de degré $n$, on a les identités

$$(1) \qquad nF(z, u)=zF'_z(z, u)+uF'_u(z, u),$$

$$(2) \qquad (n-1)F'_z(z, u)=zF''_{z^2}(z, u)+uF''_{uz}(z, u), \quad (n-1)F'_u=zF''_{uz}+uF''_{u^2},$$

. . . . . . . . . . . . . . . . . . . . . . . . . . . . . . . . . . . .

$$(\alpha-1) \qquad (n-\alpha+2)F^{(\alpha-2)}_{z^{(k)}u^{(\alpha-k-2)}}=zF^{(\alpha-1)}_{z^{(k+1)}u^{(\alpha-k-2)}}+uF^{(\alpha-1)}_{z^{(k)}u^{(\alpha-k-1)}},$$

où l'on fait successivement $k=0, 1, 2, \ldots, \alpha-2$. Remplaçons $u$ par 1; alors, $F(z, u)$ et ses dérivées partielles successives sont remplacés par des polynomes en $z$ et, en particulier, $F(z, u)$, $F'_z(z, u)$, $\ldots$, $F^{(\alpha-1)}_{z^{(\alpha-1)}}(z, u)$ sont respectivement remplacés par $f(z)$, $f'(z)$, $\ldots$, $f^{(\alpha-1)}(z)$.

Cela posé, si $a$ est racine d'ordre de multiplicité au moins égal à $\alpha$ de l'équation $f(z)=0$, on a

$$f(a)=0, \; f'(a)=0, \; \ldots, \quad f^{(\alpha-1)}(a)=0.$$

Puisque l'on a $f(a)=0$, $f'(a)=0$, d'après l'identité (1), on a $F'_u(a, 1)=0$. Ainsi, les dérivées partielles premières sont nulles pour $z=a$, $u=1$. Puisque l'on a $f'(a)=0$, $f''(a)=0$, on a, d'après la première identité (2), $F''_{uz}(a, 1)=0$; mais, puisque l'on a

$$F'_u(a, 1)=0, \quad F''_{uz}(a, 1)=0,$$

d'après la seconde identité (2), on a $F''_{u^2}(a, 1)=0$. Ainsi, les dérivées partielles secondes sont nulles pour $z=a$, $u=1$. Et ainsi de suite. Finalement, les dérivées partielles d'ordre $\alpha-1$ sont nulles pour $z=a$, $u=1$. Ajoutons que, si $a$ est d'ordre de multiplicité $\alpha$, l'une au moins des dérivées partielles d'ordre $\alpha$ de $F(z, u)$ n'est pas nulle pour $z=a$, $u=1$, puisque $f^{(\alpha)}(z)$ n'est pas nul pour $z=a$.

Pour démontrer la réciproque, il suffit de reprendre le raisonnement précédent en sens inverse.

258. PROBLÈME. — *Former le plus grand commun diviseur d'un polynome $f(z)$ et de sa dérivée $f'(z)$.* — Soit

$$f(z)=A_0(z-a)^\alpha(z-b)^\beta\ldots(z-l)^\lambda,$$

$A_0$ étant un facteur numérique, $a, b, \ldots, l$ étant les racines distinctes de l'équation $f(z)=0$. Si $\alpha=1$, $a$ n'est pas racine de l'équation $f'(z)=0$; si $\alpha>1$, $a$ est racine d'ordre $\alpha-1$ de multiplicité de l'équation $f'(z)=0$; de même, suivant que $\beta$ est égal ou supérieur à $1$, $b$ n'est pas racine ou est racine d'ordre $\beta-1$ de multiplicité de l'équation $f'(z)=0$, etc. On a donc, $(z-a)^0$, $(z-b)^0$, $\ldots$, $(z-l)^0$ étant regardés comme égaux à $1$,

$$f'(z)=(z-a)^{\alpha-1}(z-b)^{\beta-1}\ldots(z-l)^{\lambda-1}\varphi(z),$$

$\varphi(z)$ étant un polynome tel que l'équation $\varphi(z)=0$ n'ait aucune des racines $a, b, \ldots, l$, c'est-à-dire un polynome premier avec $f(z)$. Il s'ensuit que le plus grand commun diviseur de $f(z)$ et de $f'(z)$ est, à un facteur numérique près,

$$(z-a)^{\alpha-1}(z-b)^{\beta-1}\ldots(z-l)^{\lambda-1}.$$

259. PROBLÈME. — *Étant donnée une équation entière $f(z)=0$, former les équations qui ont respectivement pour racines simples les racines de chaque ordre de multiplicité de l'équation donnée.*

Nous emploierons une méthode due à Lagrange.

Désignons par $Z_\alpha$ le produit des polynomes de la forme $z-a$ où $a$ est l'une quelconque des racines d'ordre $\alpha$ de multiplicité de l'équation $f(z)=0$. Si l'on suppose que le terme de plus haut degré de $f(z)$ a pour coefficient $1$, on a l'identité

$$f(z)=Z_1Z_2^2Z_3^3\ldots Z_p^p,$$

en désignant par $p$ le plus grand ordre de multiplicité d'une racine et en regardant $Z_\alpha$ comme égal à $1$ s'il n'existe pas de racines d'ordre de multiplicité $\alpha$.

Calculons $f'(z)$, puis le plus grand commun diviseur $f_1(z)$ de $f(z)$ et de $f'(z)$. D'après ce qui précède, on a

$$f_1(z) = Z_2 Z_3^2 \ldots Z_p^{p-1}.$$

Calculons ensuite $f_1'(z)$, puis le plus grand commun diviseur $f_2(z)$ de $f_1(z)$ et de $f_1'(z)$. On a

$$f_2(z) = Z_3 Z_4^2 \ldots Z_p^{p-2}.$$

Et ainsi de suite. Le plus grand commun diviseur de $f_{p-2}(z)$ et de sa dérivée est

$$f_{p-1}(z) = Z_p;$$

le plus grand commun diviseur de $f_{p-1}(z)$ et de sa dérivée est

$$f_p(z) = 1.$$

Il existe donc un entier $\mu$ tel que le polynome $f_\mu(z)$, plus grand commun diviseur de $f_{\mu-1}(z)$ et de $f'_{\mu-1}(z)$, soit premier avec sa dérivée. Alors, $\mu = p - 1$, d'où $p = \mu + 1$. On connaît ainsi le plus grand ordre de multiplicité d'une racine de l'équation $f(z) = 0$.

D'autre part, en divisant par $f(z)$ par $f_1(z)$, on obtient un polynome $\varphi_1(z)$ :

$$\varphi_1(z) = \frac{f(z)}{f_1(z)} = Z_1 Z_2 \ldots Z_p;$$

en divisant $f_1(z)$ par $f_2(z)$, on obtient un polynome $\varphi_2(z)$ :

$$\varphi_2(z) = \frac{f_1(z)}{f_2(z)} = Z_2 Z_3 \ldots Z_p,$$

et ainsi de suite; en divisant $f_{p-2}(z)$ par $f_{p-1}(z)$, on obtient un polynome $\varphi_{p-1}(z)$ :

$$\varphi_{p-1}(z) = \frac{f_{p-2}(z)}{f_{p-1}(z)} = Z_{p-1} Z_p;$$

finalement, on a

$$\varphi_p(z) = f_{p-1}(z) = Z_p.$$

Ensuite, en divisant $\varphi_1(z)$ par $\varphi_2(z)$, on obtient comme quotient $Z_1$, en divisant $\varphi_2(z)$ par $\varphi_3(z)$, on obtient comme quotient $Z_2$, et ainsi de suite. Finalement, en divisant $\varphi_{p-1}(z)$ par $\varphi_p(z)$, qui est égal à $Z_p$, on obtient comme quotient $Z_{p-1}$.

Ainsi, *par une suite d'opérations rationnelles effectuées à partir de $f(z)$, on a pu calculer les polynomes $Z_1, Z_2, \ldots, Z_p$.*

Il s'ensuit que les coefficients des polynomes $Z_1, Z_2, \ldots, Z_p$ sont égaux à des expressions rationnelles par rapport aux coefficients du polynome $f(z)$. En particulier, si $f(z)$ a pour coefficients des nombres rationnels, $Z_1, Z_2, \ldots, Z_p$ ont aussi pour coefficients des nombres rationnels. Si l'un de ces polynomes Z est du premier degré, la racine de l'équation $Z=0$ sera donc un nombre rationnel. Ainsi, si un polynome $f(z)$ a pour coefficients des nombres rationnels et si l'équation $f(z)=0$ admet une racine qui soit seule de son ordre de multiplicité, cette racine est un nombre rationnel.

Par exemple, si une équation du troisième degré a des racines multiples, elle ne peut avoir qu'une racine double avec une racine simple ou bien une racine triple; si les coefficients de son premier membre sont des nombres rationnels, les racines seront alors des nombres rationnels.

## IV. — ÉQUATIONS ENTIÈRES A COEFFICIENTS RÉELS

260. Théorème. — *Si une équation entière $f(x)=0$ à coefficients réels admet la racine imaginaire $a+bi$, elle admet aussi la racine $a-bi$, imaginaire conjuguée, et avec le même ordre de multiplicité.*

Soit

$$f(x)=A_0x^n+A_1x^{n-1}+\ldots+A_{n-1}x+A_n,$$

$A_0, A_1, \ldots, A_n$ étant des nombres réels. On a

$$f(a+bi)=A_0(a+bi)^n+A_1(a+bi)^{n-1}+\ldots+A_{n-1}(a+bi)+A_n$$

et

$$f(a-bi)=A_0(a-bi)^n+A_1(a-bi)^{n-1}+\ldots+A_{n-1}(a-bi)+A_n.$$

$(a+bi)^n$ et $(a-bi)^n$ sont imaginaires conjugués; comme $A_0$ est réel, $A_0(a+bi)^n$ et $A_0(a-bi)^n$ sont aussi imaginaires conjugués. Il en est de même de $A_1(a+bi)^{n-1}$ et de $A_1(a-bi)^{n-1}$, ..., de $A_{n-1}(a+bi)$ et de $A_{n-1}(a-bi)$. Donc, $f(a+bi)$ et $f(a-bi)$ sont imaginaires conjugués; comme $f(a+bi)$ est nul, par hypothèse, il en est de même de $f(a-bi)$. Ainsi, $a-bi$ est racine de l'équation $f(x)=0$.

D'autre part, si $\alpha$ est l'ordre de multiplicité de la racine $a+bi$, on a

$$f'(a+bi)=0, \quad f''(a+bi)=0, \quad \ldots, \quad f^{(\alpha-1)}(a+bi)=0.$$

Comme $f'(x)$, $f''(x)$, ..., $f^{(\alpha-1)}(x)$ sont à coefficients réels, on a aussi

$$f'(a-bi)=0, \quad f''(a-bi)=0, \quad \ldots, \quad f^{(\alpha-1)}(a-bi)=0.$$

Enfin, on a $f^{(\alpha)}(a+bi)\neq 0$; il en résulte que $f^{(\alpha)}(a-bi)$ est lui-même différent de 0, car s'il était nul, puisque $f^{(\alpha)}(x)$ est à coefficients réels, $f^{(\alpha)}(a+bi)$ serait nul, ce qui n'est pas. On a ainsi démontré que $\alpha$ est aussi l'ordre de multiplicité de la racine $a-bi$, dans l'équation $f(x)=0$.

*Conséquences.* — La somme I des ordres de multiplicité des racines imaginaires d'une équation entière à coefficients réels est un nombre pair; la somme des ordres de multiplicité des racines réelles d'une équation entière à coefficients réels est de même parité que le degré de cette équation.

261. Théorème. — *Étant donné un polynome $f(x)$ à coefficients réels, il est possible, d'une manière et d'une seule, de le mettre sous la forme*

$$A(x^2+px+q)^{\lambda}(x^2+rx+s)^{\mu}\ldots(x-x_0)^{\lambda'}(x-x_1)^{\mu'}\ldots,$$

*$x_0$, $x_1$, ... étant des nombres réels inégaux, $x^2+px+q$, $x^2+rx+s$, ... étant des polynomes à coefficients réels, non identiques, ne s'annulant pour aucune valeur réelle de $x$, $\lambda$, $\mu$, ..., $\lambda'$, $\mu'$, ... étant des entiers positifs ou nuls.*

Supposons que l'équation $f(x)=0$ ait à la fois des racines réelles et des racines imaginaires. Soient les racines imaginaires $a+bi$ et $a-bi$, d'ordre de multiplicité $\alpha$, $c+di$ et $c-di$, d'ordre de multiplicité $\beta$, ..., les racines réelles $a'$, $b'$, ..., d'ordres de multiplicité respectifs $\alpha'$, $\beta'$, .... On a

$$f(x)=A_0[x-(a+bi)]^{\alpha}[x-(a-bi)]^{\alpha}[x-(c+di)]^{\beta}[x-(c-di)]^{\beta}\ldots (x-a')^{\alpha'}(x-b')^{\beta'}\ldots$$

Or,

$$[x-(a+bi)][x-(a-bi)]=(x-a)^2+b^2,$$
$$[x-(c+di)][x-(c-di)]=(x-c)^2+d^2, \ldots;$$

es polynomes $(x-a)^2+b^2$, $(x-c)^2+d^2$, ... sont du second degré, à coefficients réels et ne s'annulent pour aucune valeur réelle de $x$; deux quelconques d'entre eux ne sont pas identiques. On a

$$f(x)=A_0[(x-a)^2+b^2]^{\alpha}[(x-c)^2+d^2]^{\beta}\ldots(x-a')^{\alpha'}(x-b')^{\beta'}\ldots,$$

ce qui montre qu'il est possible, au moins d'une manière, de mettre $f(x)$ sous la forme énoncée.

Si l'équation $f(x)=0$ n'a que des racines réelles, il suffit de supposer dans ce qui précède $\alpha$, $\beta$, ... simultanément nuls; si cette équation n'a que des racines imaginaires, il suffit de supposer $\alpha'$, $\beta'$, ... simultanément nuls; dans l'un et l'autre cas, $f(x)$ est encore mis sous la forme énoncée.

Reste à montrer que la mise de $f(x)$ sous la forme énoncée n'est possible que d'une seule manière. Supposons que l'on ait

$$f(x)=A(x^2+px+q)^\lambda(x^2+rx+s)^\mu\ldots(x-x_0)^{\lambda'}(x-x_1)^{\mu'}\ldots.$$

Comme on a, en supposant que l'équation $f(x)=0$ ait des racines réelles et des racines imaginaires,

$$f(x)=A_0[(x-a)^2+b^2]^\alpha[(x-c)^2+d^2]^\beta\ldots(x-a')^{\alpha'}(x-b')^{\beta'}\ldots,$$

on a l'identité

$$\begin{aligned}A(x^2+px+q)^\lambda(x^2+rx+s)^\mu\ldots(x-x_0)^{\lambda'}(x-x_1)^{\mu'}\ldots\\ =A_0[(x-a)^2+b^2]^\alpha\ldots(x-a')^{\alpha'}\ldots.\end{aligned}$$

Le premier membre est nul pour $x=x_0$; il en est de même du second. Mais, aucun des polynomes $(x-a)^2+b^2$, $(x-c)^2+d^2$, ... ne s'annule pour $x=x_0$; il faut donc qu'un des binomes $x-a'$, $x-b'$, ... s'annule pour $x=x_0$, c'est-à-dire que $x_0$ soit un des nombres $a'$, $b'$, .... De même, $x_1$ est un des nombres $a'$, $b'$, ..., etc. L'ensemble des nombres $x_0$, $x_1$, ... est contenu dans l'ensemble des nombres $a'$, $b'$, .... De même, l'ensemble des nombres $a'$, $b'$, ... est contenu dans l'ensemble des nombres $x_0$, $x_1$, ...; ces deux ensembles sont ainsi formés des mêmes nombres, et l'on a, par exemple, $x_0=a'$, $x_1=b'$, .... D'autre part, le quotient de $f(x)$ par $(x-x_0)^{\lambda'}$ ne s'annule pas pour $x=x_0$, puisque $x_0$ est différent de $x_1$, de $x_2$, ... et que $x_0$ n'annule aucun des polynomes $x^2+px+q$, $x^2+rx+s$, .... Donc, $x_0$, c'est-à-dire $a'$, est une racine d'ordre de multiplicité $\lambda'$ de l'équation $f(x)=0$; on a $\lambda'=\alpha'$, et, de même, $\mu'=\beta'$, ....

Le premier membre est nul aussi pour $x$ égal à une racine $\xi$ de l'équation $x^2+px+q=0$; il en est de même du second. Mais, aucun des binomes $x-a'$, $x-b'$, ... ne s'annule pour $x$ égal à $\xi$ qui est imaginaire; il faut donc qu'un des polynomes $(x-a)^2+b^2$, $(x-c)^2+d^2$, ... s'annule pour $x$ égal à $\xi$, par exemple $(x-a)^2+b^2$. Mais, si les deux équations $x^2+px+q=0$ et $(x-a)^2+b^2=0$ ont une racine commune imaginaire, elles ont une seconde racine commune imaginaire conjuguée, et, par suite, les polynomes $x^2+px+q$ et $(x-a)^2+b^2$ sont identiques. L'ensemble des polynomes $x^2+px+q$, $x^2+rx+s, \ldots$ est donc contenu dans l'ensemble des polynomes $(x-a)^2+b^2$, $(x-c)^2+d^2, \ldots$. De même, le second de ces ensembles est contenu dans le premier; les deux ensembles sont ainsi formés des mêmes polynomes, et l'on a, par exemple,

$$x^2+px+q=(x-a)^2+b^2, \quad x^2+rx+s=(x-c)^2+d^2, \ \ldots$$

D'autre part, le quotient de $f(x)$ par $(x^2+px+q)^\lambda$ ne s'annule pas pour $x$ égal à une des racines $a+bi$ ou $a-bi$ de l'équation $x^2+px+q=0$ ou $(x-a)^2+b^2=0$. Donc, $a+bi$ et $a-bi$ sont des racines d'ordre de multiplicité $\lambda$ de l'équation $f(x)=0$; on a $\lambda=\alpha$, et de même, $\mu=\beta, \ldots$

Enfin, on a évidemment $A=A_0$.

Le théorème est ainsi établi dans le cas où l'équation $f(x)=0$ a des racines réelles et des racines imaginaires.

Si cette équation n'a que des racines réelles, on a nécessairement $\lambda=0$, $\mu=0, \ldots$, et si elle n'a que des racines imaginaires, on a nécessairement $\lambda'=0$, $\mu'=0, \ldots$; dans l'un et l'autre cas, la mise sous la forme énoncée n'est encore possible que d'une manière.

*Applications.* — 1° Soit le polynome $x^n-1$, où $n$ est un entier impair. L'équation $x^n-1=0$ admet la racine réelle 1 et $n-1$ racines imaginaires conjuguées deux à deux. Ces $n$ racines sont de la forme $\cos\frac{2k\pi}{n}+i\sin\frac{2k\pi}{n}$, où l'on donne à $k$ $n$ valeurs entières consécutives quelconques. Prenons les valeurs

$$-\frac{n-1}{2}, \ -\frac{n-1}{2}+1, \ldots, -1, 0, 1, \ldots, \frac{n-1}{2}-1, \ \frac{n-1}{2}.$$

La racine réelle 1 s'obtient pour $k=0$. Deux racines imaginaires conjuguées s'obtiennent pour deux valeurs de $k$ opposées et non nulles. D'autre part, on a

$$\left(x-\cos\frac{2k\pi}{n}-i\sin\frac{2k\pi}{n}\right)\left(x-\cos\frac{2k\pi}{n}+i\sin\frac{2k\pi}{n}\right)$$
$$=\left(x-\cos\frac{2k\pi}{n}\right)^2+\sin^2\frac{2k\pi}{n}=x^2-2x\cos\frac{2k\pi}{n}+1.$$

Par suite, on a

$$x^n-1=(x-1)\prod_{k=1}^{k=\frac{n-1}{2}}\left(x^2-2x\cos\frac{2k\pi}{n}+1\right).$$

2° Soit le polynome $x^n - 1$, où $n$ est un entier pair. L'équation $x^n - 1 = 0$ admet les racines réelles $-1$ et $+1$ et $n-2$ racines imaginaires conjuguées deux à deux. Ces $n$ racines sont de la forme $\cos\frac{2k\pi}{n} + i\sin\frac{2k\pi}{n}$, où l'on donne à $k$ les $n$ valeurs entières consécutives

$$-\frac{n}{2}+1,\ -\frac{n}{2}+2,\ \ldots,\ -1,\ 0,\ 1,\ \ldots,\ \frac{n}{2}-1,\ \frac{n}{2}.$$

La racine 1 s'obtient pour $k=0$ et la racine $-1$, pour $k=\frac{n}{2}$. On voit ainsi que l'on a

$$x^n - 1 = (x^2-1)\,\Pi_{k=1}^{k=\frac{n}{2}-1}\left(x^2 - 2x\cos\frac{2k\pi}{n} + 1\right).$$

**262.** Théorème. — *Étant donné un polynome $f(x)$ à coefficients réels ne s'annulant ni pour $x=\mathrm{A}$ ni pour $x=\mathrm{B}$, A et B étant réels, si $f(\mathrm{A})f(\mathrm{B})$ est négatif, l'équation $f(x)=0$ admet des racines réelles comprises entre A et B et la somme des ordres de multiplicité de ces racines est un nombre impair; si $f(\mathrm{A})f(\mathrm{B})$ est positif, ou bien l'équation $f(x)=0$ n'admet pas de racine réelle comprise entre A et B, ou bien elle admet des racines réelles comprises entre A et B et la somme des ordres de multiplicité de ces racines est un nombre pair.*

On a

$$f(x) = \mathrm{A}_0(x-x_1)^{\lambda_1}(x-x_2)^{\lambda_2}\ldots(x-x_k)^{\lambda_k}(x^2+px+q)^{\mu}(x^2+p'x+q')^{\mu'}\ldots,$$

$x_1, x_2, \ldots, x_k$ étant les racines réelles, respectivement d'ordres de multiplicité $\lambda_1, \lambda_2, \ldots, \lambda_k$, de l'équation $f(x)=0$, $x^2+px+q$, $x^2+p'x+q'$, ... étant des polynomes à coefficients réels qui sont positifs pour toute valeur réelle de $x$. On peut donc poser

$$f(x) = \mathrm{A}_0(x-x_1)^{\lambda_1}(x-x_2)^{\lambda_2}\ldots(x-x_k)^{\lambda_k}\varphi(x),$$

$\varphi(x)$ étant un polynome, à coefficients réels, positif pour toute valeur réelle de $x$. On a

$$\frac{f(\mathrm{A})}{f(\mathrm{B})} = \left(\frac{\mathrm{A}-x_1}{\mathrm{B}-x_1}\right)^{\lambda_1}\left(\frac{\mathrm{A}-x_2}{\mathrm{B}-x_2}\right)^{\lambda_2}\ldots\left(\frac{\mathrm{A}-x_k}{\mathrm{B}-x_k}\right)^{\lambda_k}\frac{\varphi(\mathrm{A})}{\varphi(\mathrm{B})}.$$

$\frac{\mathrm{A}-x_i}{\mathrm{B}-x_i}$ est négatif si $x_i$ est compris entre A et B, positif si $x_i$ est extérieur à l'intervalle (A, B). Il suit de là que si la somme des ordres de multiplicité des racines réelles comprises entre A et B est un nombre impair, le second membre contient un nombre impair de facteurs négatifs, tels que $\frac{\mathrm{A}-x_i}{\mathrm{B}-x_i}$, distincts ou confondus; par suite,

$\frac{f(A)}{f(B)}$ et $f(A)f(B)$ sont négatifs; s'il n'y a pas de racine réelle comprise entre A et B ou si la somme des ordres de multiplicité des racines réelles comprises entre A et B est un nombre pair, le second membre ou bien ne contient pas de facteur négatif, ou bien contient un nombre pair de facteurs négatifs, tels que $\frac{A - x_i}{B - x_i}$, distincts ou confondus; par suite, $\frac{f(A)}{f(B)}$ et $f(A)f(B)$ sont positifs.

Il en résulte que si $f(A)f(B)$ est négatif, l'équation $f(x) = 0$ admet des racines réelles comprises entre A et B, et la somme des ordres de multiplicité de ces racines est un nombre impair; si $f(A)f(B)$ est positif, l'équation $f(x) = 0$ ou bien n'admet pas de racine réelle comprise entre A et B ou bien admet des racines réelles comprises entre A et B dont les ordres de multiplicité ont pour somme un nombre pair.

Substitutions de $+\infty$ et de $-\infty$ dans un polynome a coefficients réels. — Nous avons établi que le polynome

$$f(x) = A_0x^n + A_1x^{n-1} + \ldots + A_n$$

est un infiniment grand équivalent à $A_0x^n$, quand $x$ est infiniment grand (ch. IV, § 123). Il en résulte qu'il existe un nombre positif $\varepsilon$ tel que pour toute valeur réelle de $x$ vérifiant la condition $|x| > \varepsilon$, $f(x)$ ait le signe de $A_0x^n$.

Par définition, *substituer* $+\infty$ *dans* $f(x)$, c'est substituer un nombre positif $x_0$ tel que pour toute valeur de $x$ supérieure ou égale à $x_0$, $f(x)$ ait le signe de $A_0x^n$, c'est-à-dire le signe de $A_0$, et *substituer* $-\infty$ *dans* $f(x)$, c'est substituer un nombre négatif $x_0$ tel que pour toute valeur de $x$ inférieure ou égale à $x_0$, $f(x)$ ait le signe de $A_0x^n$, c'est-à-dire le signe de $(-1)^nA_0$.

Théorèmes. — 1° *Toute équation entière à coefficients réels qui, n'admettant pas la racine 0, est de degré impair a au moins une racine réelle.*

2° *Toute équation entière à coefficients réels dans laquelle les coefficients des termes de plus haut et de plus bas degré sont de signes contraires a au moins une racine positive.*

3° *Toute équation entière à coefficients réels qui, n'admettant pas la racine 0, est de degré pair, dans laquelle les coefficients des termes de plus haut et de plus bas degré sont de signes contraires, a au moins une racine positive et au moins une racine négative.*

Soit en effet l'équation

$$f(x) = A_0 x^n + A_1 x^{n-1} + \dots + A_n = 0.$$

Si l'équation $f(x) = 0$ n'admet pas la racine 0, $A_n$ est différent de 0. Si $n$ est impair, en substituant $-\infty$ et $+\infty$ dans $f(x)$, on trouve des résultats qui ont respectivement les signes de $-A_0$ et de $A_0$; l'équation a donc au moins une racine réelle; d'une façon plus précise, elle a des racines réelles dont les ordres de multiplicité ont pour somme un nombre impair. Si $n$ est pair et si $A_0$ et $A_n$ sont de signes contraires, en substituant $-\infty$, 0 et $+\infty$ dans $f(x)$, on trouve des résultats qui ont respectivement les signes de $A_0$, $-A_0$ et $A_0$; l'équation a donc des racines négatives dont les ordres de multiplicité ont une somme impaire et des racines positives dont les ordres de multiplicité ont aussi une somme impaire.

Soit, d'autre part, l'équation

$$f(x) = A_0 x^n + A_1 x^{n-1} + \dots + A_{n-p} x^p = 0,$$

dans laquelle $A_0$ et $A_{n-p}$ sont de signes contraires. Si $p$ n'est pas nul, nous poserons $f(x) = x^p \varphi(x)$. En substituant dans $f(x)$, si $p = 0$, ou dans $\varphi(x)$, si $p$ n'est pas nul, les nombres 0 et $+\infty$, on trouve des résultats qui ont respectivement les signes de $A_{n-p}$ et de $A_0$, et qui sont ainsi de signes contraires; donc, l'équation $f(x) = 0$ admet des racines positives dont les ordres de multiplicité ont pour somme un nombre impair.

**263. Variations d'un polynome à coefficients réels.** — Définition. — Soit $f(x)$ un polynome à coefficients réels, mis sous forme réduite et ordonné suivant les puissances décroissantes ou croissantes de $x$. On dit que deux termes consécutifs de $f(x)$ présentent une *variation* quand leurs coefficients sont de signes contraires.

Soient V le nombre des variations de $f(x)$ et V′ le nombre des variations de $f(-x)$.

Si l'on multiplie $f(x)$ par le monome entier $\lambda x^h$, deux termes consécutifs restent consécutifs et leurs coefficients, simultanément multipliés par $\lambda$, simultanément conservent leurs signes ou changent de signe; par suite, le nombre des variations de $F(x) = \lambda x^h f(x)$ est égal à V. De même, le nombre des variations de

$$F(-x) = (-1)^h \lambda x^h f(-x)$$

est égal à V′.

Si $f(x)$ est divisible par le monome entier $\lambda x^h$, le nombre des variations du quotient $\varphi(x)$ est égal à V et le nombre des variations du quotient $\varphi(-x)$ de la division de $f(-x)$ par $(-1)^h\lambda x^h$ est égal à V'.

D'après cela, on peut sans changer les nombres V et V' supposer que $f(x)$ contienne un terme indépendant de $x$.

THÉORÈME. — *Si $n$ est le degré de $f(x)$, on a*

$$V + V' \leqslant n.$$

Nous distinguerons trois cas.

1° Le polynome $f(x)$ de degré $n$ a $n+1$ termes; il est alors dit *complet*. La différence des degrés de deux termes consécutifs quelconques est 1; par suite, lorsqu'on remplace $x$ par $-x$ dans $f(x)$, un seul des coefficients de ces deux termes change de signe. Si donc deux termes consécutifs de $f(x)$ présentent une variation, les deux termes de $f(-x)$ qu'on en déduit en y remplaçant $x$ par $-x$ ne présentent pas de variation; si les deux termes de $f(x)$ ne présentent pas de variation, les deux termes de $f(-x)$ en présentent une. Or, il existe $n$ groupes de deux termes consécutifs dans $f(x)$; à chacun de ces groupes il correspond une variation soit dans $f(x)$, soit dans $f(-x)$; donc,

$$V + V' = n.$$

2° Le polynome $f(x)$ de degré $n$ a moins de $n+1$ termes, mais il admet un terme indépendant de $x$; il est alors dit *incomplet*. Il existe au moins deux termes consécutifs dont les degrés ont une différence supérieure à 1; on dit que $f(x)$ présente une *lacune* entre deux tels termes.

Soient deux termes consécutifs $Ax^p$ et $Bx^q$ entre lesquels $f(x)$ présente une lacune. Intercalons entre ces deux termes un monome quelconque $\lambda x^r$, de degré compris entre $p$ et $q$; $f(x)$ est remplacé ainsi par un polynome $f_1(x)$. Si $Ax^p$ et $Bx^q$ présentent une variation, quel que soit le signe de $\lambda$, il y a dans $f_1(x)$, de $Ax^p$ à $Bx^q$, une seule variation présentée soit par $Ax^p$ et $\lambda x^r$, soit par $\lambda x^r$ et $Bx^q$. Dans ce cas, le nombre $V_1$ des variations de $f_1(x)$ est égal à V. Si $Ax^p$ et $Bx^q$ ne présentent pas de variation et si $\lambda$ a le signe de A et de B, les termes $Ax^p$ et $\lambda x^r$, d'une part, $\lambda x^r$ et $Bx^q$ d'autre part, ne présentent pas de variation dans $f_1(x)$; on a encore $V_1 = V$. Si enfin $Ax^p$ et $Bx^q$ ne présentent pas de variation et si le signe de $\lambda$ est contraire au signe commun de A et de B, les termes $Ax^p$ et $\lambda x^r$ présentent une variation, ainsi que les termes $\lambda x^r$ et

$Bx^q$; on a alors $V_1 = V + 2$. Dans tous les cas, on a $V_1 \geqslant V$, et s'il y a une différence entre $V_1$ et $V$, cette différence est un nombre pair.

Le polynome $f(-x)$ présente une lacune entre les deux termes consécutifs $(-1)^p Ax^p$ et $(-1)^q Bx^q$. Si nous intercalons entre ces deux termes le monome $(-1)^r \lambda x^r$, $f(-x)$ est remplacé par $f_1(-x)$; en désignant par $V'_1$ le nombre des variations de $f_1(-x)$, on a aussi $V'_1 \geqslant V'$, et s'il y a une différence entre $V'_1$ et $V'$, cette différence est aussi un nombre pair.

Par suite, on a $V_1 + V'_1 \geqslant V + V'$, et s'il y a une différence entre $V_1 + V'_1$ et $V + V'$, cette différence est un nombre pair.

Si le polynome $f_1(x)$ est complet, on a $V_1 + V'_1 = n$; par suite, on a $V + V' \leqslant n$, et si $V + V'$ est plus petit que $n$, la différence entre $V + V'$ et $n$ est un nombre pair. Si $f_1(x)$ n'est pas complet, on intercalera un monome entre deux termes consécutifs entre lesquels $f_1(x)$ présente une lacune, de façon à remplacer $f_1(x)$ par le polynome $f_2(x)$. Si $V_2$ et $V'_2$ sont les nombres de variations de $f_2(x)$ et de $f_2(-x)$, on a

$$V_2 + V'_2 \geqslant V_1 + V'_1 \geqslant V + V',$$

et, par suite, $V_2 + V'_2 \geqslant V + V'$, et si $V_2 + V'_2$ est plus grand que $V + V'$, la différence est un nombre pair. Si $f_2(x)$ est complet, $V_2 + V'_2 = n$; par suite, $V + V' \leqslant n$, et si $V + V'$ est plus petit que $n$, la différence est un nombre pair. Si $f_2(x)$ n'est pas complet, on intercalera encore un terme entre deux termes consécutifs de $f_2(x)$ entre lesquels $f_2(x)$ présente une lacune, et ainsi de suite. On forme ainsi une suite de polynomes $f(x)$, $f_1(x)$, ..., $f_k(x)$, et puisque le polynome $f(x)$ a un terme indépendant de $x$, il existe un entier $k$ tel que $f_k(x)$ soit complet. Si $V_k$ et $V'_k$ sont les nombres de variations de $f_k(x)$ et de $f_k(-x)$, on a $V_k + V'_k \geqslant V + V'$ et; d'autre part, $V_k + V'_k = n$. Donc, $V + V' \leqslant n$, et si $V + V'$ est plus petit que $n$, la différence est un nombre pair.

3° Le polynome $f(x)$ de degré $n$ a moins de $n+1$ termes, mais il n'a pas de terme indépendant de $x$; il est encore dit *incomplet*. Il existe un entier $\mu$ tel que l'on ait $f(x) = x^\mu \varphi(x)$, $\varphi(x)$ étant un polynome de degré $n - \mu$ ayant un terme indépendant de $x$. Le nombre des variations de $\varphi(x)$ est égal à $V$ et celui des variations de $\varphi(-x)$ est égal à $V'$; on a

$$V + V' \leqslant n - \mu,$$

et si $V + V$ est plus petit que $n - \mu$, la différence est un nombre pair.

On a, par suite, $V + V' < n$; mais, il n'est pas toujours vrai dans ce cas que la différence entre $n$ et $V + V'$ soit un nombre pair.

Théorème. — *Si* P *est la somme des ordres de multiplicité des racines positives de l'équation* $f(x) = 0$ *et si* N *est la somme des ordres de multiplicité des racines négatives de cette équation*, P *est de même parité que* V *et* N *est de même parité que* V'.

Si l'équation $f(x) = 0$ admet la racine 0 à l'ordre de multiplicité $\mu$, on ne change ni P ni N, ni V, ni V' en divisant $f(x)$ par $x^\mu$; nous pouvons donc supposer que $f(x)$ ait un terme indépendant de $x$; soit

$$f(x) = A_0 x^n + \ldots + A_n,$$

$A_0$ et $A_n$ étant différents de 0.

Il est clair que si $A_0$ et $A_n$ sont de même signe, c'est que V est nul ou égal à un nombre pair, et que si $A_0$ et $A_n$ sont de signes contraires, c'est que V est un nombre impair, et réciproquement. D'autre part, $f(0)$ a pour valeur $A_n$ et $f(+\infty)$ a le signe de $A_0$. Si $A_0$ et $A_n$ sont de même signe, c'est-à-dire si V est nul ou égal à un nombre pair, P est nul ou égal à un nombre pair; si $A_0$ et $A_n$ sont de signes contraires, c'est-à-dire si V est impair, P est impair. Dans tous les cas, V et P sont de même parité.

D'autre part, la somme N des ordres de multiplicité des racines négatives de l'équation $f(x) = 0$ est égale à la somme des ordres de multiplicité des racines positives de l'équation $f(-x) = 0$. En appliquant à l'équation $f(-x) = 0$ le résultat précédent, on voit que V' et N sont de même parité.

**264. Théorème de Descartes.** — Lemme de Segner. — *Si $a$ est un nombre positif, le nombre des variations du polynome $f(x)(x-a)$ est plus grand que le nombre des variations du polynome $f(x)$.*

Remarquons que nous pouvons toujours supposer que le terme de plus haut degré de $f(x)$ ait un coefficient positif; sinon, nous remplacerions $f(x)$ par $-f(x)$ et $f(x)(x-a)$ par $-f(x)(x-a)$, ce qui ne change pas les nombres de variations des polynomes.

La proposition est immédiate si $f(x)$ n'a pas de variation; car, $a$ étant positif, les termes de plus haut et de plus bas degré de $(x-a)f(x)$ ont des coefficients de signes contraires; $(x-a)f(x)$ a donc au moins une variation.

Pour montrer qu'elle est générale, nous montrerons que si on la supposé établie pour un polynome ayant $\alpha - 1$ variations, elle est vraie aussi pour un polynome ayant $\alpha$ variations.

Soit le polynome $f(x)$ ordonné suivant les puissances décroissantes de $x$ et ayant $\alpha$ variations. Supposons que son premier terme $Ax^n$ ait un coefficient positif; soit $-Bx^q$ le premier terme ayant un coefficient négatif. La somme $\varphi(x)$ des termes de $f(x)$ qui précèdent $-Bx^q$ est un polynome qui n'a pas de variations; la somme $\psi(x)$ des autres termes de $f(x)$ est un polynome qui a $\alpha - 1$ variations. On a

$$f(x) = \varphi(x) + \psi(x)$$

et, par suite,

$$(x-a)f(x) = (x-a)\varphi(x) + (x-a)\psi(x).$$

Le polynome $\psi(x)$ ayant $\alpha - 1$ variations, $(x-a)\psi(x)$ a, conformément à l'hypothèse, au moins $\alpha$ variations; d'autre part, $\varphi(x)$ n'ayant pas de variations, $(x-a)\varphi(x)$ en a au moins une.

Le terme de plus haut degré de $(x-a)\psi(x)$ est $-Bx^{q+1}$; son coefficient est négatif. Si $A'x^p$ est le terme de moindre degré de $\varphi(x)$, le terme de moindre degré de $(x-a)\varphi(x)$ est $-aA'x^p$; son coefficient est aussi négatif. D'autre part, on a $p > q$ et, par suite, $p \geqslant q+1$. Si $p$ est plus grand que $q+1$, $-aA'x^p$ et $-Bx^{q+1}$ sont deux termes de la forme réduite de $(x-a)f(x)$ qui ne présentent pas de variation; $(x-a)f(x)$ a d'abord au moins une variation, de son terme de plus haut degré au terme $-aA'x^p$, puis au moins $\alpha$ variations, du terme $-Bx^{q+1}$ à son terme de moindre degré, c'est-à-dire au moins $\alpha+1$ variations. Si $p = q+1$, $-aA'x^p$ et $-Bx^{q+1}$ se réduisent à un seul terme, $-(aA'+B)x^{q+1}$, appartenant à la forme réduite de $f(x)$, et dont le coefficient est négatif. Si on remplace, dans $(x-a)\varphi(x)$, le coefficient $-aA'$ du terme de degré $p$ par le nombre $-(aA'+B)$ qui est négatif comme $-aA'$, on ne change pas les variations de $(x-a)\varphi(x)$. De même, si on remplace dans $(x-a)\psi(x)$ le coefficient $-B$ du terme de degré $q+1$ par le nombre $-(aA'+B)$ qui est négatif comme $-B$, on ne change pas les variations de $(x-a)\psi(x)$. Par suite, $(x-a)f(x)$ a d'abord au moins une variation, de son terme de plus haut degré $Ax^{n+1}$ au terme $-(aA'+B)x^{q+1}$, les coefficients de ces deux termes étant de signes contraires, puis au moins $\alpha$ variations, du terme $-(aA'+B)x^{q+1}$ à son terme de moindre degré, c'est-à-dire encore au moins $\alpha+1$ variations. La proposition est donc générale.

Remarquons que les nombres des variations de $f(x)$ et de $(x-a)f(x)$

sont de parités différentes, car, d'une part, les coefficients des termes de plus haut degré sont égaux et, par suite, de même signe, d'autre part, les coefficients des termes de moindre degré sont de signes contraires, le coefficient du terme de moindre degré de $(x-a)f(x)$ étant égal au produit par le nombre négatif $-a$ du coefficient du terme de moindre degré de $f(x)$.

Ainsi, le nombre des variations de $(x-a)f(x)$ est supérieur d'un nombre impair au nombre des variations de $f(x)$.

Théorème (Descartes). — *La somme P des ordres de multiplicité des racines positives d'une équation entière $f(x)=0$ à coefficients réels est au plus égale au nombre V des variations de son premier membre; la somme N des ordres de multiplicité des racines négatives est au plus égale au nombre V′ des variations de $f(-x)$.*

Soient $a_1, a_2, \ldots, a_P$ les P racines positives de l'équation $f(x)=0$, chacune des racines positives étant répétée un nombre de fois égal à son ordre de multiplicité. On a

$$f(x)=(x-a_1)(x-a_2)\ldots(x-a_P)\varphi(x),$$

$\varphi(x)$ étant un polynome à coefficients réels.

Si U est le nombre des variations de $\varphi(x)$, $(x-a_1)\varphi(x)$ a au moins $U+1$ variations, $(x-a_1)(x-a_2)\varphi(x)$ a au moins $(U+1)+1$, c'est-à-dire $U+2$ variations. Et ainsi de suite. Finalement, $f(x)$ a au moins $U+P$ variations. Donc, on a $V \geqslant U+P$, et, par suite, $V \geqslant P$.

Appliquons ce résultat à l'équation $f(-x)=0$. N est la somme des ordres de multiplicité des racines positives de cette équation; par suite, $V' \geqslant N$.

Rappelons que, si V est plus grand que P, $V-P$ est un nombre pair et que, si V′ est plus grand que N, $V'-N$ est aussi un nombre pair.

En particulier, si $V=0$, $P=0$, ce qui est évident. Si $V=1$, on a $P \leqslant 1$, et comme $V-P$ est nul ou égal à un nombre pair, il faut qu'on ait $P=1$. De même, si $V'=0$, on a $N=0$ et si $V'=1$, on a $N=1$.

**265. Conséquences du théorème de Descartes.** — Théorème. — *Si une équation entière $f(x)=0$ à coefficients réels a toutes ses racines réelles, on a $P=V$ et $N=V'$.*

Nous pouvons débarrasser l'équation $f(x)=0$ de ses racines nulles, s'il en existe, ce qui ne change ni V, ni V′, ni P, ni N. Si $n$ est le degré de l'équation, on a alors

$$P+N=n.$$

Or, on a montré que l'on a

$$V+V'\leqslant n;$$

on a donc

$$V+V'\leqslant P+N,$$

c'est-à-dire

$$(V-P)+(V'-N)\leqslant 0.$$

Comme $V-P$ et $V'-N$ sont positifs ou nuls, l'inégalité précédente prouve que l'on a

$$V-P=0,\ \text{d'où}\ P=V,\ \text{et}\ V'-N=0,\ \text{d'où}\ N=V'.$$

On a aussi

$$V+V'=n.$$

Théorème. — *Étant donné un polynome $f(x)$ à coefficients réels, de degré $n$ et ayant un terme indépendant de $x$, si $V+V'$ est plus petit que $n$, l'équation $f(x)=0$ a au moins $n-(V+V')$ racines imaginaires, chacune d'elles comptant pour un nombre égal à son ordre de multiplicité.*

Soient P, N, I les sommes des ordres de multiplicité respectivement des racines positives, négatives et imaginaires.

Puisque l'équation $f(x)=0$ n'a pas de racines nulles, on a

$$P+N+I=n,$$

d'où

$$I=n-P-N,$$

c'est-à-dire

$$I=[n-(V+V')]+(V-P)+(V'-N).$$

Comme $V-P$ et $V'-N$ sont positifs ou nuls, on a bien

$$I\geqslant n-(V+V').$$

**266. Limitation des racines d'une équation entière à coefficients réels.** — Définitions. — On appelle *limite supérieure* des racines positives d'une équation entière $f(x)=0$ à coefficients réels tout nombre positif tel qu'il n'existe pas de racine réelle de l'équation qui lui soit supérieure ou égale. On appelle *limite inférieure* des racines positives de l'équation $f(x)=0$ tout nombre positif tel qu'il n'existe pas de racine positive qui lui soit inférieure ou égale.

La recherche d'une limite inférieure des racines positives de l'équation $f(x)=0$, de degré $n$, se ramène à la recherche d'une limite supérieure des racines positives de l'équation $x^n f\left(\frac{1}{x}\right)=0$, qui admet pour racines positives les inverses des racines positives de l'équation $f(x)=0$; si A est une limite supérieure des racines positives de l'équation $x^n f\left(\frac{1}{x}\right)=0$, $\frac{1}{A}$ est une limite inférieure des racines positives de l'équation $f(x)=0$.

On appelle *limite inférieure* des racines négatives de l'équation $f(x)=0$ tout nombre négatif tel qu'il n'existe pas de racine réelle de l'équation qui lui soit inférieure ou égale. On appelle *limite supérieure* des racines négatives de l'équation $f(x)=0$ tout nombre négatif tel qu'il n'existe pas de racine négative qui lui soit supérieure ou égale. La recherche de limites inférieure et supérieure des racines négatives de l'équation $f(x)=0$ se ramène à la recherche de limites supérieure et inférieure des racines positives de l'équation $f(-x)=0$, qui admet pour racines positives les nombres opposés aux racines négatives de l'équation $f(x)=0$; si A et B sont des limites supérieure et inférieure des racines positives de l'équation $f(-x)=0$, $-A$ et $-B$ sont des limites inférieure et supérieure des racines négatives de l'équation $f(x)=0$.

Tout revient donc à déterminer une limite supérieure des racines positives d'une équation.

THÉORÈME. — *Soit un polynome $\varphi(x)$ ordonné par rapport aux puissances décroissantes de $x$, dont le premier terme a un coefficient positif et qui n'a qu'une variation. Si, $a$ étant positif, $\varphi(a)$ est positif, $\varphi(x)$ est positif pour tout nombre $x$ plus grand que $a$.*

Soit en effet le polynome

$$\varphi(x)=Ax^n+Bx^p+\ldots+Gx^q-(Hx^r+Kx^s+\ldots+Px^t),$$

ordonné par rapport aux puissances décroissantes de $x$, les nombres A, B, ..., G, H, K, ..., P étant positifs. On a

$$\varphi(x)=x^q\left[Ax^{n-q}+Bx^{p-q}+\ldots+G-\left(\frac{H}{x^{q-r}}+\frac{K}{x^{q-s}}+\ldots+\frac{P}{x^{q-t}}\right)\right].$$

Dans l'intervalle $(a,+\infty)$, le polynome $Ax^{n-q}+Bx^{p-q}+\ldots+G$ est évidemment croissant, la fonction $\frac{H}{x^{q-r}}+\frac{K}{x^{q-s}}+\ldots+\frac{P}{x^{q-t}}$ est évidemment décroissante; la différence entre ce polynome et cette fonction est donc croissante, et comme elle est positive pour $x=a$, elle est positive pour $x$ plus grand que $a$; comme $x^q$ est aussi positif pour $x$ plus grand que $a$, on voit, finalement, que $\varphi(x)$ est positif pour toute valeur de $x$ plus grande que $a$.

MÉTHODE PAR GROUPEMENT. — Étant donné un polynome $f(x)$ ordonné suivant les puissances décroissantes de $x$, ayant des variations, dont le premier terme a un coefficient positif, il est possible de le décomposer en la somme de polynomes $\varphi(x)$, ordonnés suivant les puissances décroissantes de $x$, n'ayant qu'une variation, dont les premiers termes ont des coefficients positifs et, s'il y a lieu, d'un polynome $\psi(x)$ dont tous les termes ont des coefficients positifs. On détermine alors pour les divers polynomes $\varphi(x)$ des valeurs positives de $x$ les rendant respectivement positifs. En vertu du théorème précédent, la plus grande de ces valeurs de $x$, soit $\lambda$, les rend simultanément positifs; toute valeur de $x$ supérieure à $\lambda$ les rend aussi simultanément positifs et, par suite, rend positif le polynome $f(x)$. L'équation $f(x)=0$ n'a donc pas de racines supérieures ou égales à $\lambda$; $\lambda$ est une limite supérieure des racines positives de cette équation.

**267. Racines rationnelles d'une équation à coefficients entiers.** — 1° *Racines entières.* — Soit à déterminer les racines entières de l'équation

$$f(x)=A_0x^n+A_1x^{n-1}+\ldots+A_n=0,$$

$A_0, A_1, \ldots, A_n$ étant des entiers positifs, nuls ou négatifs, $A_0$ et $A_n$ étant non nuls.

*Si $a$ est une racine entière de l'équation, l'entier $|a|$ est diviseur de l'entier $|A_n|$.* En effet, on a

$$A_0a^n+A_1a^{n-1}+\ldots+A_{n-1}a=-A_n,$$

d'où

$$|a|\,|A_0a^{n-1}+A_1a^{n-2}+\ldots+A_{n-1}|=|A_n|.$$

Comme $|A_0a^{n-1}+\ldots+A_{n-1}|$ est un nombre entier, on voit bien que $|a|$ est diviseur de $|A_n|$.

D'autre part, si $a$ est racine de l'équation $f(x)=0$, $f(x)$ est divisible par $x-a$, et l'on a

$$f(x)=(x-a)\,\varphi(x),$$

$\varphi(x)$ étant un polynome dont les coefficients sont successivement

$$A_0, \quad A_0a+A_1, \quad A_0a^2+A_1a+A_2, \quad \ldots.$$

Si $a$ est entier, ces coefficients sont entiers. En supposant que 1 ne soit pas racine de l'équation $f(x)=0$, $f(1)$ et $\varphi(1)$ sont des entiers non nuls, et comme on a

$$f(1)=(1-a)\varphi(1),$$

on reconnaît que $|a-1|$ est diviseur de l'entier $|f(1)|$. De même, en supposant que $-1$ ne soit pas racine de l'équation, $f(-1)$ et $\varphi(-1)$ sont des entiers non nuls, et comme on a

$$f(-1)=(-1-a)\varphi(-1),$$

on reconnaît que $|a+1|$ est diviseur de l'entier $|f(-1)|$.

D'après cela, on procède de la manière suivante :

1° On calcule une limite supérieure des racines positives et une limite inférieure des racines négatives de l'équation $f(x)=0$; on peut aussi calculer une limite inférieure des racines positives et une limite supérieure des racines négatives.

2° On calcule $f(1)$ et $f(-1)$. Si $f(1)$ est nul, on débarrasse l'équation de la racine 1 en divisant autant de fois qu'il est nécessaire $f(x)$ par $x-1$; si $f(-1)$ est nul, on débarrasse l'équation de la racine $-1$ en divisant autant de fois qu'il est nécessaire $f(x)$ par $x+1$. Les divisions ne changent pas le coefficient du terme de plus haut degré ni la valeur absolue du terme indépendant de $x$. On peut ainsi, dans ce qui suit, supposer qu'il s'agisse d'une équation n'admettant ni la racine 1 ni la racine $-1$.

3° On décompose en ses facteurs premiers l'entier $|A_n|$ et de la décomposition on déduit les diviseurs de cet entier, autres que 1. On les affecte successivement du signe $+$ et du signe $-$; on obtient ainsi un ensemble de nombres entiers tels que $a$.

4° On exclut les nombres positifs $a$ qui sont supérieurs ou égaux à la limite supérieure précédemment calculée des racines positives et les nombres positifs $a$ qui sont inférieurs ou égaux à la limite inférieure, supposée calculée, des racines positives. De même, on exclut les nombres négatifs $a$ qui sont soit inférieurs ou égaux à la limite inférieure calculée des racines négatives soit supérieurs ou égaux à la limite supérieure, supposée calculée, des racines négatives.

On exclut ensuite les entiers $a$ tels que $|a-1|$ ne soit pas diviseur de $|f(1)|$ et les entiers $a$ tels que $|a+1|$ ne soit pas diviseur de $|f(-1)|$.

5° On essaie successivement les entiers conservés. Pour cela, $a$ étant un de ces entiers, on ordonne $f(x)$ suivant les puissances croissantes de $x$ et on le divise par $a-x$. La division doit se faire exactement lorsqu'on a obtenu au quotient un terme de degré $n-1$; d'autre part, ce quotient, qui est égal à $-\varphi(x)$, est nécessairement à coefficients entiers. Le premier coefficient est $\frac{A_n}{a}$, nombre entier; pour calculer le second coefficient, on forme le nombre entier $\frac{A_n}{a}+A_{n-1}$ et on le divise par $a$. Si le quotient n'est pas un nombre entier, $a$ n'est pas racine. Si le quotient est un nombre entier, pour calculer le coefficient suivant, on ajoute à cet entier l'entier $A_{n-2}$. Si la somme n'est pas divisible par $a$, $a$ n'est pas racine. Si la somme est divisible par $a$, on ajoute au quotient de la division par $a$ l'entier $A_{n-3}$ et on divise la somme par $a$, et ainsi de suite. Si l'on arrive à un terme de degré $n-1$ au quotient, le dividende partiel qu'on en déduit doit être nul, sinon $a$ n'est pas racine. Si ce dividende partiel est nul, $a$ est racine; on a calculé en même temps le quotient $-\varphi(x)$, et l'on aura à appliquer la même méthode à l'équation $\varphi(x)=0$, en essayant d'abord le nombre $a$ considéré, puis successivement les autres entiers conservés.

2° *Racines fractionnaires.* — Soit à déterminer les racines fractionnaires de l'équation $f(x)=0$.

*Si $\frac{a}{b}$, où les deux termes sont des entiers qui ont pour valeurs absolues des nombres premiers entre eux, est racine de l'équation, l'entier $|a|$ est diviseur de l'entier $|A_n|$ et l'entier $|b|$ est diviseur de l'entier $|A_0|$.* En effet, on a

$$A_0\left(\frac{a}{b}\right)^n+A_1\left(\frac{a}{b}\right)^{n-1}+\ldots+A_{n-1}\left(\frac{a}{b}\right)+A_n=0,$$

d'où

$$A_0a^n+A_1a^{n-1}b+\ldots+A_{n-1}ab^{n-1}+A_nb^n=0.$$

On en déduit

$$a(A_0a^{n-1}+A_1a^{n-2}b+\ldots+A_{n-1}b^{n-1})=-A_nb^n,$$
$$b(A_1a^{n-1}+A_2a^{n-2}b+\ldots+A_nb^{n-1})=-A_0a^n,$$

et, par suite, les deux égalités

$$|a|\,|A_0a^{n-1}+\ldots+A_{n-1}b^{n-1}|=|A_n|\,|b|^n;$$
$$|b|\,|A_1a^{n-1}+\ldots+A_n\quad b^{n-1}|=|A_0|\,|a|^n.$$

La première de ces égalités prouve que $|a|$ est un diviseur de $A_n|\,|b|^n$; or, $|a|$, étant premier avec $|b|$, est premier avec $|b|^n$; donc,

$|a|$ est diviseur de $|A_n|$. La seconde de ces égalités prouve que $|b|$ est un diviseur de $|A_0|\,|a|^n$; or, $|b|$ est premier avec $|a|^n$; donc, $|b|$ est diviseur de $|A_0|$.

D'autre part, si $\frac{a}{b}$ est racine de l'équation $f(x)=0$, $f(x)$ est divisible par $bx-a$ et l'on a

$$f(x)=(bx-a)\,\varphi(x),$$

$\varphi(x)$ étant un polynome dont les coefficients sont des nombres entiers. En effet, si l'on effectue la division de $f(x)$ par $bx-a$, les polynomes étant ordonnés par rapport aux puissances décroissantes de $x$, les coefficients de $\varphi(x)$ sont successivement

$$\frac{A_0}{b},$$

$$\frac{a\frac{A_0}{b}+A_1}{b}=\frac{A_0a+A_1b}{b^2},$$

$$\frac{a\frac{A_0a+A_1b}{b^2}+A_2}{b}=\frac{A_0a^2+A_1ab+A_2b^2}{b^3}, \text{ etc.};$$

le coefficient du terme de degré $n-p$ est de la forme $\frac{E}{b^p}$, E étant un entier.

Si l'on effectue la division de $f(x)$ par $-a+bx$, les polynomes étant ordonnés par rapport aux puissances croissantes de $x$, les coefficients de $\varphi(x)$ sont successivement

$$-\frac{A_n}{a},$$

$$\frac{b\frac{A_n}{a}+A_{n-1}}{-a}=-\frac{A_nb+A_{n-1}a}{a^2},$$

$$\frac{b\frac{A_nb+A_{n-1}a}{a^2}+A_{n-2}}{-a}=-\frac{A_nb^2+A_{n-1}ab+A_{n-2}a^2}{a^3}, \text{ etc.};$$

le coefficient du terme de degré $n-p$ est de la forme $\frac{E'}{a^{n-p+1}}$, E' étant un entier.

On a, d'après cela,

$$\frac{E}{b^p}=\frac{E'}{a^{n-p+1}}$$

et, par suite,

$$\frac{|E|}{|E'|}=\frac{|b|^p}{|a|^{n-p+1}}.$$

Or, $|b|^p$ et $|a|^{n-p+1}$ sont des nombres premiers entre eux, comme $|b|$ et $|a|$. Par suite, $|E|$ est multiple de $|b|^p$; ainsi, $\left|\frac{E}{b^p}\right|$ est un nombre entier, et il en est de même de $\frac{E}{b^p}$. Les coefficients de $\varphi(x)$ sont bien des nombres entiers.

En supposant que 1 ne soit pas racine de l'équation, $f(1)$ et $\varphi(1)$ sont des entiers non nuls, et comme on a

$$f(1) = (b - a)\varphi(1),$$

on reconnaît que $|b - a|$ est diviseur de l'entier $|f(1)|$. De même, en supposant que $-1$ ne soit pas racine de l'équation, $f(-1)$ et $\varphi(-1)$ sont des entiers non nuls, et comme on a

$$f(-1) = -(b + a)\varphi(-1),$$

on voit que $|b + a|$ est diviseur de $|f(-1)|$.

D'après cela, on procède de la manière suivante :

1° Si $A_0 = +1$ ou $-1$, l'équation n'a pas de racines fractionnaires. Supposons $|A_0| \neq 1$. On décompose en leurs facteurs premiers l'entier $|A_n|$ et l'entier $|A_0|$; des décompositions de $|A_n|$ et de $|A_0|$, on déduit les diviseurs de $|A_n|$ et les diviseurs de $|A_0|$, en excluant des diviseurs de $|A_0|$ le nombre 1. On forme toutes les fractions dont le numérateur est un diviseur de $|A_n|$ et dont le dénominateur est un diviseur de $|A_0|$, en excluant celles dont les deux termes ne sont pas premiers entre eux. On affecte ces fractions successivement des signes + et — et on obtient ainsi un ensemble de nombres fractionnaires tels que $\frac{a}{b}$.

2° On exclut les nombres positifs $\frac{a}{b}$ qui sont supérieurs ou égaux à la limite supérieure antérieurement calculée des racines positives et les autres nombres positifs $\frac{a}{b}$ qui sont inférieurs ou égaux à la limite inférieure antérieurement calculée des racines positives. De même, on exclut les nombres négatifs $\frac{a}{b}$ qui sont inférieurs ou égaux à la limite inférieure calculée des racines négatives ou bien supérieurs ou égaux à la limite supérieure calculée des racines négatives.

On exclut ensuite les nombres $\frac{a}{b}$ tels que $|b - a|$ ne soit pas diviseur de $|f(1)|$ ou tels que $|b+a|$ ne soit pas diviseur de $|f(-1)|$.

3° On essaie successivement les nombres fractionnaires conservés. Pour cela, $\frac{a}{b}$ étant un de ces nombres, on ordonne $f(x)$ suivant les puissances décroissantes de $x$ et on le divise par $bx-a$. Le premier coefficient du quotient est $\frac{A_0}{b}$, nombre entier; pour calculer le second coefficient du quotient, on forme le quotient de l'entier $a\frac{A_0}{b}+A_1$ par $b$. Si ce quotient n'est pas entier, $\frac{a}{b}$ n'est pas racine. S'il est entier, pour calculer le troisième coefficient, on ajoute à ce quotient multiplié par $a$ le coefficient $A_2$ de $f(x)$ et on forme le quotient de l'entier ainsi obtenu par $b$. Si ce quotient n'est pas entier, $\frac{a}{b}$ n'est pas racine. Si ce quotient est entier, on calculera le coefficient suivant du quotient, lequel doit être entier, et ainsi de suite. Si l'on arrive à un terme indépendant de $x$ au quotient, le dividende partiel qu'on en déduit doit être nul; sinon, $\frac{a}{b}$ n'est pas racine. Si ce dividende partiel est nul, $\frac{a}{b}$ est racine; on a calculé en même temps le polynome $\varphi(x)$ à coefficients entiers, et l'on aura à appliquer la même méthode à l'équation $\varphi(x)=0$, en essayant d'abord le nombre $\frac{a}{b}$, puis successivement les autres nombres fractionnaires conservés.

## V. — FONCTIONS SYMÉTRIQUES DES RACINES D'UNE OU DE DEUX ÉQUATIONS ENTIÈRES

**268. Fonctions symétriques des racines d'une équation entière.** — Soit l'équation $f(x)=0$ où $f(x)$ est un polynome de degré $n$,

$$f(x)=A_0x^n+A_1x^{n-1}+\ldots+A_n.$$

Cette équation admet $n$ racines distinctes ou confondues, si l'on répète chacune d'elles un nombre de fois égal à son ordre de multiplicité.

On dit qu'une fonction $F(X_1, X_2, \ldots, X_n)$ des $n$ variables $X_1, X_2, \ldots, X_n$ est *symétrique par rapport aux racines* de l'équation $f(x)=0$ ou encore que F est une *fonction symétrique de ces racines* si cette fonction prend toujours la même valeur quand on y remplace $X_1, X_2, \ldots, X_n$ respectivement par les $n$ racines de l'équation, quel que soit l'ordre dans lequel ces racines sont rangées.

Il est clair qu'une fonction $F(X_1, X_2, \ldots, X_n)$ symétrique par rapport aux $n$ variables indépendantes $X_1, X_2, \ldots, X_n$ est symétrique par rapport aux racines de l'équation $f(x)=0$. Mais la réciproque n'est pas vraie. Si l'on considère en effet l'équation $x^2-1=0$ et la fonction $\frac{X_1}{X_2}$, on voit que cette fonction qui n'est pas symétrique par rapport aux variables indépendantes $X_1$ et $X_2$ prend toujours la valeur $-1$ quand on y remplace respectivement $X_1$ et $X_2$ par les racines de l'équation, quel que soit l'ordre dans lequel ces racines $+1$ et $-1$ sont rangées.

Nous nous proposons de calculer, en fonction des coefficients de l'équation $f(x)=0$, la valeur unique que prend une fonction symétrique rationnelle $F(X_1, X_2, \ldots, X_n)$ des $n$ variables indépendantes $X_1, X_2, \ldots, X_n$, quand on y remplace ces variables respectivement par les $n$ racines de l'équation prises dans un ordre quelconque.

Si $a_1, a_2, \ldots, a_n$ sont les $n$ racines de l'équation $f(x)=0$, on a, quel que soit $x$,

$$A_0x^n + A_1x^{n-1} + \ldots + A_n = A_0(x-a_1)(x-a_2)\ldots(x-a_n),$$

d'où l'on déduit, en développant le second membre, en l'ordonnant suivant les puissances décroissantes de $x$ et en égalant dans les deux membres les coefficients des mêmes puissances de $x$,

$$a_1 + a_2 + \ldots + a_n = -\frac{A_1}{A_0},$$

$$a_1a_2 + a_1a_3 + \ldots + a_{n-1}a_n = \frac{A_2}{A_0},$$

$$\ldots\ldots\ldots\ldots\ldots\ldots$$

$$a_1a_2\ldots a_h + \ldots + a_{n-h+1}a_{n-h+2}\ldots a_n = (-1)^h\frac{A_h}{A_0},$$

$$\ldots\ldots\ldots\ldots\ldots\ldots$$

$$a_1a_2\ldots a_n = (-1)^n\frac{A_n}{A_0}.$$

Ces égalités sont dites les *relations entre les coefficients et les racines* de l'équation $f(x)=0$. Si $P_1, P_2, \ldots, P_n$ sont les fonctions symétriques élémentaires des $n$ variables indépendantes $X_1, X_2, \ldots, X_n$, les valeurs de ces fonctions quand on y remplace les variables par les racines de l'équation $f(x)=0$ sont respectivement

$$-\frac{A_1}{A_0}, \quad \frac{A_2}{A_0}, \quad \ldots, \quad (-1)^h\frac{A_h}{A_0}, \quad \ldots, \quad (-1)^n\frac{A_n}{A_0}.$$

Soit un polynome $F(X_1, X_2, \ldots, X_n)$ symétrique. Nous avons montré (ch. v, § 159) qu'il existe un polynome $\Phi(P_1, P_2, \ldots, P_n)$ tel que, quelles que soient les valeurs de $X_1, X_2, \ldots, X_n$, on ait

$$F(X_1, X_2, \ldots, X_n) = \Phi(P_1, P_2, \ldots, P_n).$$

La valeur que prend F quand on y remplace $X_1, X_2, \ldots, X_n$ par les racines de l'équation $f(x)=0$ est égale à

$$\Phi\left(-\frac{A_1}{A_0}, \frac{A_2}{A_0}, \ldots, (-1)^h\frac{A_h}{A_0}, \ldots, (-1)^n\frac{A_n}{A_0}\right).$$

Si la fonction symétrique F est d'ordre $\omega$, $\Phi$ est de degré $\omega$ par rapport à l'ensemble des variables $P_1, P_2, \ldots, P_n$. Il s'ensuit que l'on a une égalité de la forme

$$\Phi\left(-\frac{A_1}{A_0}, \frac{A_2}{A_0}, \ldots, (-1)^h\frac{A_h}{A_0}, \ldots, (-1)^n\frac{A_n}{A_0}\right) = \frac{\Theta(A_0, A_1, \ldots, A_n)}{A_0^\omega},$$

$\Theta$ étant un polynome par rapport à $A_0, A_1, \ldots, A_n$, homogène et de degré $\omega$. Si l'on a

$$\Theta = \Sigma H A_0^{\alpha_0} A_1^{\alpha_1} \ldots A_n^{\alpha_n},$$

quel que soit le terme de $\Theta$ on a

$$\alpha_0 + \alpha_1 + \ldots + \alpha_n = \omega.$$

Si la fonction symétrique F est homogène et de poids $\varpi$, $\Phi$ est tel que, dans chacun de ses termes, la somme des indices des P soit égale à $\varpi$. Il s'ensuit que dans chaque terme de $\Theta$ la somme des indices des A est égale à $\varpi$ :

$$\alpha_1 + 2\alpha_2 + \ldots + n\alpha_n = \varpi.$$

Puisque toute fonction symétrique rationnelle des $n$ variables $X_1, X_2, \ldots, X_n$ est égale au quotient de deux polynomes symétriques, la valeur que prend une telle fonction quand on y remplace les variables par les racines de l'équation $f(x)=0$ est une expression rationnelle par rapport aux coefficients de cette équation.

**269. Fonctions symétriques des racines de deux équations entières.** — Soient, plus généralement, deux équations

$$f(x) = A_0 x^n + A_1 x^{n-1} + \ldots + A_n = 0,$$
$$g(x) = B_0 x^p + B_1 x^{p-1} + \ldots + B_p = 0.$$

Considérons un polynome $F(X_1, X_2, \ldots, X_n, Y_1, Y_2, \ldots, Y_p)$ séparément symétrique par rapport à $X_1, X_2, \ldots, X_n$ et par rapport à $Y_1, Y_2, \ldots, Y_p$. Nous avons montré (ch. v, § 162) que, si $P_1, P_2, \ldots, P_n$ sont les fonctions symétriques élémentaires des X et $Q_1, Q_2, \ldots, Q_p$ les fonctions symétriques élémentaires des Y, il existe un polynome $\Phi(P_1, P_2, \ldots, P_n, Q_1, Q_2, \ldots, Q_p)$ tel que, quelles que soient les valeurs de $X_1, X_2 \ldots, X_n, Y_1, Y_2, \ldots, Y_p$, on ait l'égalité

$$F(X_1, \ldots, X_n, Y_1, \ldots, Y_p) = \Phi(P_1, P_2, \ldots, P_n, Q_1, Q_2, \ldots, Q_p).$$

La valeur que prend F quand on y remplace $X_1, X_2, \ldots, X_n$ par les $n$ racines de l'équation $f(x) = 0$ et $Y_1, Y_2, \ldots, Y_p$ par les $p$ racines de l'équation $g(x) = 0$ est égale à

$$\Phi\left(-\frac{A_1}{A_0}, \frac{A_2}{A_0}, \ldots, (-1)^n \frac{A_n}{A_0}, -\frac{B_1}{B_0}, \frac{B_2}{B_0}, \ldots, (-1)^p \frac{B_p}{B_0}\right).$$

Si F est d'ordre $\omega$ par rapport aux X et d'ordre $\omega'$ par rapport aux Y, $\Phi$ est de degré $\omega$ par rapport à l'ensemble des variables $P_1, P_2, \ldots, P_n$ et de degré $\omega'$ par rapport à l'ensemble des variables $Q_1, Q_2, \ldots, Q_p$. Il s'ensuit que l'on a une égalité de la forme

$$\Phi\left(-\frac{A_1}{A_0}, \ldots, (-1)^n \frac{A_n}{A_0}, -\frac{B_1}{B_0}, \ldots, (-1)^p \frac{B_p}{B_0}\right)$$
$$= \frac{\Theta(A_0, A_1, \ldots, A_n, B_0, B_1, \ldots, B_p)}{A_0^{\omega} B_0^{\omega'}},$$

$\Theta$ étant un polynome par rapport aux coefficients $A_0, A_1, \ldots, A_n$, $B_0, B_1, \ldots, B_p$, homogène et de degré $\omega$ par rapport à $A_0, A_1, \ldots, A_n$, homogène et de degré $\omega'$ par rapport à $B_0, B_1, \ldots, B_p$. Si l'on a

$$\Theta = \Sigma H A_0^{\alpha_0} A_1^{\alpha_1} \ldots A_n^{\alpha_n} B_0^{\beta_0} B_1^{\beta_1} \ldots B_p^{\beta_p},$$

quel que soit le terme de $\Theta$ on a

$$\alpha_0 + \alpha_1 + \ldots + \alpha_n = \omega, \qquad \beta_0 + \beta_1 + \ldots + \beta_p = \omega'.$$

Si F est homogène et de degré $\varpi$, $\Phi$ est tel que, dans chacun de ses termes, la somme des indices des P et des Q soit égale à $\varpi$. Il s'ensuit que dans chaque terme de $\Theta$ la somme des indices des A et des B est égale à $\varpi$ :

$$\alpha_1 + 2\alpha_2 + \ldots + n\alpha_n + \beta_1 + 2\beta_2 + \ldots + p\beta_p = \varpi.$$

270. **Résultant de deux polynomes.** — Soient les deux polynomes $f(x)$ et $g(x)$, respectivement de degrés $n$ et $p$ :

$$f(x) = A_0x^n + A_1x^{n-1} + \ldots + A_n,$$
$$g(x) = B_0x^p + B_1x^{p-1} + \ldots + B_p.$$

Le polynome $\Pi(X_i - Y_j)$ en $X_1, X_2, \ldots, X_n, Y_1, Y_2, \ldots, Y_p$ est séparément symétrique par rapport aux variables $X_1, X_2, \ldots, X_n$ et par rapport aux variables $Y_1, Y_2, \ldots, Y_p$. Nous avons montré (ch. v, § 163) qu'il existe un polynome $\varphi(P_1, P_2, \ldots, P_n, Q_1, Q_2, \ldots, Q_p)$ par rapport aux fonctions symétriques élémentaires $P_1, P_2, \ldots, P_n$ des X et aux fonctions symétriques élémentaires $Q_1, Q_2, \ldots, Q_p$ des Y tel que, quelles que soient les valeurs des X et des Y, on ait

$$\Pi(X_i - Y_j) = \varphi(P_1, P_2, \ldots, P_n, Q_1, Q_2, \ldots, Q_p).$$

La valeur que prend $\Pi(X_i - Y_j)$ quand on y remplace les X par les $n$ racines $a_1, a_2, \ldots, a_n$ de l'équation $f(x) = 0$ et les Y par les $p$ racines $b_1, b_2, \ldots, b_p$ de l'équation $g(x) = 0$ est égale à

$$\varphi\left(-\frac{A_1}{A_0}, \frac{A_2}{A_0}, \ldots, (-1)^n\frac{A_n}{A_0}, -\frac{B_1}{B_0}, \frac{B_2}{B_0}, \ldots, (-1)^p\frac{B_p}{B_0}\right).$$

Le polynome $\varphi$ est de degré $p$ par rapport à l'ensemble des variables $P_1, P_2, \ldots, P_n$, de degré $n$ par rapport à l'ensemble des variables $Q_1, Q_2, \ldots, Q_p$, et il n'existe pas dans $\varphi$ de terme qui soit à la fois de degré $p$ par rapport aux P et de degré $n$ par rapport aux Q; de plus, dans chaque terme de $\varphi$ la somme des indices des P et des Q est égale à $np$. Il s'ensuit qu'on a une égalité de la forme

$$\Pi(a_i - b_j) = \varphi\left(-\frac{A_1}{A_0}, \ldots, (-1)^n\frac{A_n}{A_0}, -\frac{B_1}{B_0}, \ldots, (-1)^p\frac{B_p}{B_0}\right)$$
$$= \frac{R(A_0, A_1, \ldots, A_n, B_0, B_1, \ldots, B_p)}{A_0^p B_0^n},$$

R étant un polynome en $A_0, A_1, \ldots, A_n, B_0, B_1, \ldots, B_p$, homogène et de degré $p$ par rapport à $A_0, A_1, \ldots, A_n$, homogène et de degré $n$ par rapport à $B_0, B_1, \ldots, B_p$, dans lequel un terme quelconque contient au moins soit $A_0$, soit $B_0$ en facteur, la somme des indices des A et des B dans chaque terme étant égale à $np$. Si l'on a

$$R = \Sigma h A_0^{\alpha_0} A_1^{\alpha_1} \ldots A_n^{\alpha_n} B_0^{\beta_0} B_1^{\beta_1} \ldots B_p^{\beta_p},$$

quel que soit le terme de R on a

$$\alpha_0 + \alpha_1 + \ldots + \alpha_n = p, \quad \beta_0 + \beta_1 + \ldots + \beta_p = n,$$
$$\alpha_1 + 2\alpha_2 + \ldots + n\alpha_n + \beta_1 + 2\beta_2 + \ldots + p\beta_p = np,$$

l'un au moins des entiers $\alpha_0$ et $\beta_0$ étant non nul. Le polynome R, par rapport aux coefficients des polynomes $f(x)$ et $g(x)$, est dit le *résultant* de ces deux polynomes.

On a

$$R = A_0^p B_0^n \Pi (a_i - b_j).$$

Comme on a les identités

$$f(x) = A_0(x - a_1)(x - a_2) \ldots (x - a_n),$$
$$g(x) = B_0(x - b_1)(x - b_2) \ldots (x - b_p),$$

on voit que l'on a

$$R = A_0^p g(a_1) g(a_2) \ldots g(a_n)$$
$$= (-1)^{np} B_0^n f(b_1) f(b_2) \ldots f(b_p).$$

Ce résultant dépend de l'ordre dans lequel on donne les polynomes $f(x)$ et $g(x)$. Si l'on transpose les deux polynomes, le résultant est multiplié par $(-1)^{np}$.

La définition précédente du résultant n'est valable que si $n$ et $p$ sont différents de 0. Il est possible de définir le résultant des deux polynomes $f(x)$ et $g(x)$, quand un de ces polynomes se réduit à une constante nulle ou non nulle. Si, par exemple, $g(x)$ se réduit à la constante $B_0$, on posera

$$R = A_0^p g(a_1) g(a_2) \ldots g(a_n) = A_0^p B_0^n;$$

si $f(x)$ se réduit à la constante $A_0$, on posera

$$R = (-1)^{np} B_0^n f(b_1) f(b_2) \ldots f(b_p) = (-1)^{np} B_0^n A_0^p.$$

Nous écartons le cas où les deux polynomes se réduisent simultanément à des constantes.

*Applications.* — 1° Soit à calculer le résultant R des polynomes

$$f(x) = A_0 x^n + A_1 x^{n-1} + \ldots + A_n,$$
$$g(x) = B_0 x + B_1.$$

L'équation $g(x) = 0$ a pour racine $-\frac{B_1}{B_0}$. On a donc

$$R = (-1)^n B_0^n f\left(-\frac{B_1}{B_0}\right)$$
$$= A_0 B_1^n - A_1 B_0 B_1^{n-1} + A_2 B_0^2 B_1^{n-2} - \dots + (-1)^n A_n B_0^n.$$

2° Soit à calculer le résultant R des deux trinomes du second degré

$$f(x) = A_0 x^2 + A_1 x + A_2,$$
$$g(x) = B_0 x^2 + B_1 x + B_2.$$

Si $a_1$ et $a_2$, $b_1$ et $b_2$ sont respectivement les racines des équations $f(x) = 0$ et $g(x) = 0$, on a

$$R = A_0^2 B_0^2 (a_1 - b_1)(a_1 - b_2)(a_2 - b_1)(a_2 - b_2)$$
$$= A_0^2 g(a_1) g(a_2) = B_0^2 f(b_1) f(b_2).$$

On a, quel que soit $x$,

$$A_0 g(x) - B_0 f(x) = (A_0 B_1 - B_0 A_1) x + (A_0 B_2 - B_0 A_2).$$

Par suite, on a

$$A_0 g(a_1) = (A_0 B_1 - B_0 A_1) a_1 + (A_0 B_2 - B_0 A_2),$$
$$A_0 g(a_2) = (A_0 B_1 - B_0 A_1) a_2 + (A_0 B_2 - B_0 A_2),$$

d'où, par multiplication membre à membre,

$$R = (A_0 B_1 - B_0 A_1)^2 a_1 a_2 + (A_0 B_1 - B_0 A_1)(A_0 B_2 - B_0 A_2)(a_1 + a_2)$$
$$+ (A_0 B_2 - B_0 A_2)^2.$$

Mais, on a

$$a_1 a_2 = \frac{A_2}{A_0}, \qquad a_1 + a_2 = -\frac{A_1}{A_0};$$

donc,

$$R = (A_0 B_1 - B_0 A_1)^2 \frac{A_2}{A_0} - (A_0 B_1 - B_0 A_1)(A_0 B_2 - B_0 A_2) \frac{A_1}{A_0}$$
$$+ (A_0 B_2 - B_0 A_2)^2$$
$$= (A_0 B_1 - B_0 A_1) \left[ (A_0 B_1 - B_0 A_1) \frac{A_2}{A_0} - (A_0 B_2 - B_0 A_2) \frac{A_1}{A_0} \right]$$
$$+ (A_0 B_2 - B_0 A_2)^2.$$

La quantité entre crochets se simplifie et devient, toutes réductions faites, $A_2 B_1 - B_2 A_1$. Finalement, on a

$$R = (A_0 B_2 - B_0 A_2)^2 - (A_0 B_1 - B_0 A_1)(A_1 B_2 - B_1 A_2).$$

Calcul pratique du résultant de deux polynomes. — Soient les deux polynomes $f(x)$ et $g(x)$ précédemment considérés, respectivement de degrés $n$ et $p$, et supposons, par exemple, $n \geqslant p$. Effectuons la division de $f(x)$ par $g(x)$; si $Q(x)$ est le quotient et $h(x)$ le reste, on a

$$f(x) = g(x) Q(x) + h(x).$$

Le reste est de degré $q$ inférieur à $p$; soit

$$h(x) = C_0x^q + C_1x^{q-1} + \ldots + C_q.$$

On a

$$R = (-1)^{np}B_0^n f(b_1)f(b_2)\ldots f(b_p);$$

mais, quelle que soit la racine $b$ de l'équation $g(x)=0$, on a

$$f(b) = h(b);$$

par suite, on a

$$R = (-1)^{np}B_0^n h(b_1)h(b_2)\ldots h(b_p).$$

Désignons par $R_1$ le résultant des polynomes $g(x)$ et $h(x)$; on a

$$R_1 = B_0^q h(b_1)h(b_2)\ldots h(b_p).$$

Finalement, on a

$$R = (-1)^{np}B_0^{n-q}R_1.$$

Le calcul du résultant des polynomes $f$ et $g$ est ainsi ramené au calcul du résultant de $g$ et du reste de la division de $f$ par $g$.

De même, le calcul du résultant de $g$ et de $h$ se ramène au calcul du résultant de $h$ et du reste $k$ de la division de $g$ par $h$. Et ainsi de suite. Les polynomes $h$, $k$, ... sont les restes des divisions successives qui conduisent à la détermination du plus grand commun diviseur des polynomes $f$ et $g$. Les degrés de ces restes vont en décroissant, et le dernier de ces restes se réduit à une constante. On est finalement ramené au calcul du résultant d'un polynome de degré positif et d'un polynome réduit à une constante nulle ou non nulle, et, comme nous l'avons vu, ce calcul est immédiat.

271. **Discriminant d'un polynome.** — Soit le polynome $f(x)$ de degré $n$ :

$$f(x) = A_0x^n + A_1x^{n-1} + \ldots + A_n.$$

L'équation $f(x)=0$ admet $n$ racines $a_1, a_2, \ldots, a_n$. Le polynome $\Pi(X_i - X_j)^2$ en $X_1, X_2, \ldots, X_n$ est symétrique et d'ordre $2(n-1)$. Par suite, on a une égalité de la forme

$$\Pi(a_i - a_j)^2 = \frac{\Theta(A_0, A_1, \ldots, A_n)}{A_0^{2(n-1)}},$$

$\Theta$ étant un polynome en $A_0, A_1, \ldots, A_n$, homogène et de degré $2(n-1)$. On désigne sous le nom de *discriminant* $\Delta$ de $f(x)$ le polynome

$$(-1)^{\frac{n(n-1)}{2}}\Theta.$$

*Le discriminant de $f(x)$ est le quotient par $A_0$ du résultant de $f(x)$ et de $f'(x)$.* En effet, le résultant R de $f(x)$ et de $f'(x)$, qui est défini indépendamment de l'ordre dans lequel on considère $f(x)$ et $f'(x)$, puisque $n(n-1)$ est un nombre pair, est donné par la formule

$$R = A_0^{n-1} f'(a_1) f'(a_2) \ldots f'(a_n).$$

Or, on a

$$\frac{1}{A_0} f(x) = (x-a_1)(x-a_2)\ldots(x-a_n),$$

et, par suite,

$$\frac{1}{A_0} f'(x) = (x-a_2)\ldots(x-a_n) + (x-a_1)(x-a_3)\ldots(x-a_n) + \ldots \\ + (x-a_1)(x-a_2)\ldots(x-a_{n-1}).$$

Il s'ensuit qu'on a

$$\frac{1}{A_0} f'(a_1) = (a_1-a_2)(a_1-a_3)\ldots(a_1-a_n),$$

$$\frac{1}{A_0} f'(a_2) = (a_2-a_1)(a_2-a_3)\ldots(a_2-a_n),$$

$$\cdots\cdots\cdots\cdots\cdots\cdots$$

$$\frac{1}{A_0} f'(a_n) = (a_n-a_1)(a_n-a_2)\ldots(a_n-a_{n-1}).$$

Par suite,

$$\frac{1}{A_0^n} f'(a_1) f'(a_2)\ldots f'(a_n) = (-1)^{\frac{n(n-1)}{2}} \Pi(a_i-a_j)^2.$$

On en déduit

$$R = (-1)^{\frac{n(n-1)}{2}} A_0^{2n-1} \Pi(a_i-a_j)^2 = (-1)^{\frac{n(n-1)}{2}} A_0^{2n-1} \frac{\Theta}{A_0^{2(n-1)}} \\ = (-1)^{\frac{n(n-1)}{2}} A_0 \Theta = A_0 \Delta,$$

d'où

$$\Delta = \frac{R}{A_0}.$$

*Applications.* — 1° Si $f(x) = A_0x^2 + A_1x + A_2$, on a

$$\Pi(a_i - a_j)^2 = (a_1-a_2)^2 = (a_1+a_2)^2 - 4a_1a_2 \\ = \frac{A_1^2}{A_0^2} - 4\frac{A_2}{A_0} = \frac{A_1^2 - 4A_0A_2}{A_0^2}.$$

Par suite, $\Theta = A_1^2 - 4A_0A_2$; d'autre part, $(-1)^{\frac{n(n-1)}{2}} = -1$. Donc,

$$\Delta = 4A_0A_2 - A_1^2.$$

2° Soit maintenant

$$f(x) = A_0x^3 + A_1x^2 + A_2x + A_3.$$

Désignons par $b_1$ et $b_2$ les racines de l'équation

$$f'(x)=3A_0x^2+2A_1x+A_2=0.$$

Le résultant R de $f$ et de $f'$ est égal à

$$(3A_0)^3f(b_1)f(b_2).$$

Mais, on a

$$3f(x)=xf'(x)+A_1x^2+2A_2x+3A_3.$$

Par suite, en posant $\varphi(x)=A_1x^2+2A_2x+3A_3$, on a

$$3f(b_1)=\varphi(b_1) \quad \text{et} \quad 3f(b_2)=\varphi(b_2);$$

donc,

$$R=3A_0^3\varphi(b_1)\varphi(b_2).$$

Si l'on désigne par $\rho$ le résultant des deux trinomes du second degré $f'(x)$ et $\varphi(x)$, on a

$$\rho=(3A_0)^2\varphi(b_1)\varphi(b_2);$$

par suite, on a

$$R=\frac{A_0}{3}\rho \quad \text{et} \quad \Delta=\frac{\rho}{3}.$$

en calculant $\rho$ d'après une formule précédemment établie, on trouve

$$\begin{aligned}\Delta&=\frac{1}{3}\left[(9A_0A_3-A_1A_2)^2-(6A_0A_2-2A_1^2)(6A_1A_3-2A_2^2)\right]\\&=\frac{1}{3}\left[(9A_0A_3-A_1A_2)^2-4(3A_0A_2-A_1^2)(3A_1A_3-A_2^2)\right].\end{aligned}$$

## VI. — ÉLIMINATION ENTRE DES ÉQUATIONS ENTIÈRES

272. **Définition de l'élimination.** — Soient plusieurs équations telles que $f=0$, à une ou à plusieurs inconnues telles que $x$, dont les premiers membres sont des fonctions des $x$ dépendant d'un ou de plusieurs paramètres tels que $\lambda$.

Par définition, *éliminer* les inconnues $x$ entre les équations considérées, c'est : 1° déterminer un système d'équations aux inconnues $\lambda$ dont il faut et il suffit que les $\lambda$ forment une solution pour que les équations $f=0$ aient au moins une solution commune, 2° les $\lambda$ étant choisis de façon que les équations $f=0$ aient au moins une solution commune, calculer les solutions communes à ces équations. Remarquons tout de suite qu'il peut arriver que, quelles que soient les valeurs des $\lambda$, les équations $f=0$ aient au moins une solution commune; dans ce cas, le problème de l'élimination n'a plus de sens, ou, si l'on veut, il coïncide avec celui de la résolution du système des équations $f=0$.

273. — Nous supposerons d'abord que l'on ait à éliminer l'inconnue $x$ entre les deux équations entières

$$f(x) = A_0x^n + A_1x^{n-1} + \dots + A_n = 0,$$
$$g(x) = B_0x^p + B_1x^{p-1} + \dots + B_p = 0.$$

Soit R le résultant des deux polynomes $f(x)$ et $g(x)$. On a le théorème suivant :

*La relation* $R = 0$ *exprime la condition nécessaire et suffisante pour que, ou bien les deux équations* $f(x) = 0$ *et* $g(x) = 0$ *aient au moins une racine commune, ou bien* $A_0$ *et* $B_0$ *soient simultanément nuls.*

En effet, on voit d'abord que, puisque chaque terme de R contient soit $A_0$, soit $B_0$ en facteur, si $A_0$ et $B_0$ sont simultanément nuls, R est nul. Supposons que l'un au moins des deux coefficients $A_0$ et $B_0$ ne soit pas nul, par exemple $B_0$. Si $A_0$ n'est pas nul, on a

$$R = (-1)^{np} B_0^n f(b_1) f(b_2) \dots f(b_p),$$

$b_1, b_2, \dots, b_p$ étant les racines de l'équation $g(x) = 0$. Mais il est clair que le polynome entier en $A_0, A_1, \dots, A_n, \dots, B_0, B_1, \dots, B_p$, que l'on obtient en remplaçant $A_0$ dans R par 0 est égal à ce que devient le second membre de l'égalité précédente quand, $A_0$ étant supposé nul, $f(x)$ y est remplacé par le polynome

$$A_1x^{n-1} + A_2x^{n-2} + \dots + A_n,$$

de degré au plus égal à $n - 1$. L'égalité précédente est donc valable, $B_0$ étant supposé non nul, que $A_0$ soit nul ou non nul. Cela posé, pour que R soit nul, puisque $B_0$ n'est pas nul, il faut et il suffit que l'un au moins des facteurs $f(b_1), f(b_2), \dots, f(b_p)$ soit nul, autrement dit, il faut et il suffit que les deux équations $g(x) = 0$, de degré $p$, et $f(x) = 0$, de degré inférieur ou égal à $n$ selon que $A_0$ est nul ou non nul, aient au moins une racine commune.

R étant nul, pour déterminer la ou les racines communes, s'il en existe, on calculera le plus grand commun diviseur $\Delta(x)$ des polynomes $f(x)$ et $g(x)$; les racines communes sont les racines de l'équation $\Delta(x) = 0$. On peut remarquer que les coefficients de $\Delta$ sont des fonctions rationnelles des coefficients de $f(x)$ et de $g(x)$.

*Applications.* — 1° Soit à éliminer $x$ entre les deux équations

$$f(x) = A_0x^n + A_1x^{n-1} + \dots + A_n = 0,$$
$$g(x) = B_0x + B_1 = 0, \quad (B_0 \neq 0).$$

On a d'abord la condition

$$B_0^n f\left(-\frac{B_1}{B_0}\right) = 0$$

pour que les deux équations aient au moins une racine commune. Cette condition étant vérifiée, les deux équations ont une seule racine commune, qui est l'unique racine $-\frac{B_1}{B_0}$ de l'équation $g(x)=0$.

2° Soient les deux équations du second degré

$$f(x)=A_0x^2+A_1x+A_2=0,$$
$$g(x)=B_0x^2+B_1x+B_2=0,$$

$A_0$ et $B_0$ étant supposés différents de 0. Pour que ces deux équations aient au moins une racine commune, on a la condition

$$(A_0B_2-B_0A_2)^2-(A_0B_1-B_0A_1)(A_1B_2-B_1A_2)=0.$$

Cette condition étant vérifiée, toute racine commune aux deux équations $f(x)=0$ et $g(x)=0$ vérifie l'équation

$$A_0g(x)-B_0f(x)=0,$$

c'est-à-dire

$$(A_0B_1-B_0A_1)x+(A_0B_2-B_0A_2)=0.$$

Si donc $A_0B_1-B_0A_1$ n'est pas nul, les deux équations ont une seule racine commune qui est $-\frac{A_0B_2-B_0A_2}{A_0B_1-B_0A_1}$. Si $A_0B_1-B_0A_1$ est nul, nécessairement $A_0B_2-B_0A_2$ est aussi nul; mais alors, $A_0g(x)-B_0f(x)$ est identiquement nul, et les deux équations $f(x)=0$ et $g(x)=0$ ont les mêmes racines avec les mêmes ordres de multiplicité.

3° Soit à exprimer que l'équation

$$f(x)=A_0x^n+A_1x^{n-1}+\ldots+A_n=0$$

admet au moins une racine multiple. C'est exprimer que les équations $f(x)=0$ et $f'(x)=0$ ont au moins une racine commune; pour qu'il en soit ainsi, $A_0$ étant supposé non nul, il faut et il suffit que le discriminant de $f(x)$ soit nul. On peut encore exprimer que les deux équations obtenues en égalant à 0 les dérivées de $z^nf\left(\frac{x}{z}\right)$ par rapport à $x$ et par rapport à $z$, où l'on fait $z$ égal à 1, ont au moins une racine commune.

Par exemple, soit à exprimer que l'équation

$$x^3+px+q=0$$

admet au moins une racine multiple. Les dérivées de $z^3f\left(\frac{x}{z}\right)$ par rapport à $x$ et par rapport à $z$, où l'on fait $z=1$, sont respectivement $3x^2+p$ et $2px+3q$; on a à exprimer que les équations

$$3x^2+p=0, \quad 2px+3q=0$$

ont au moins une racine commune. Si $p$ n'est pas nul, cette racine commune ne peut être que l'unique racine $\frac{-3q}{2p}$ de la seconde équation; il s'agit d'exprimer qu'elle vérifie la première, ce qui donne la condition $4p^3+27q^2=0$. Si cette condition est vérifiée, la racine multiple de l'équation proposée est $\frac{-3q}{2p}$. Si $p$ est nul, il faut que $q$ soit également nul, et c'est ce qu'exprime encore la condition $4p^3+27q^2=0$ qui est ainsi valable que $p$ soit non nul ou nul. Si $p$ et $q$ sont nuls, l'équation a une racine triple égale à 0.

274. Soit encore à éliminer $x$ entre les trois équations entières

$$f(x)=0, \quad g(x)=0, \quad h(x)=0.$$

On exprime d'abord que les deux équations $f(x)=0$ et $g(x)=0$, par exemple, ont au moins une racine commune, en égalant à 0 le résultant R des polynomes $f(x)$ et $g(x)$. La condition $R=0$ étant supposée vérifiée, les polynomes $f(x)$ et $g(x)$ ont, en général, un plus grand commun diviseur D de degré positif, et les racines communes aux équations $f(x)=0$ et $g(x)=0$ sont les racines de l'équation $D=0$. Pour que les trois équations $f(x)=0$, $g(x)=0$, $h(x)=0$ aient au moins une racine commune, il faut et il suffit que les équations $D(x)=0$ et $h(x)=0$ aient au moins une racine commune, à condition que $D(x)$ ne soit pas identiquement nul. On égalera donc à 0 le résultant $R_1$ des polynomes $D(x)$ et $h(x)$; la condition $R_1=0$ étant supposée vérifiée en même temps que la condition $R=0$, si $D(x)$ n'est pas identiquement nul, les deux polynomes $D(x)$ et $h(x)$ ont, en général, un plus grand commun diviseur $\Delta(x)$, et les trois équations considérées ont pour racines communes les racines de l'équation $\Delta(x)=0$.

S'il se trouve que les conditions $R=0$ et $R_1=0$ entraînent l'annulation simultanée des coefficients de $D(x)$, on reprendra, en tenant compte de ces conditions, la recherche du plus grand commun diviseur de $f(x)$ et de $g(x)$; on aura ainsi un polynome $D_1(x)$ et on éliminera $x$ entre les équations $D_1(x)=0$ et $h(x)=0$.

L'extension de la méthode précédente à l'élimination de $x$ entre $p$ équations entières est immédiate.

Par exemple, soit à exprimer que l'équation entière $f(x)=0$ de degré $n$ a au moins une racine multiple d'ordre au moins égal à $p$. On a à éliminer $x$ entre les équations

$$f(x)=0, \quad f'(x)=0, \quad f''(x)=0, \quad \ldots, \quad f^{(p-1)}(x)=0,$$

ou encore entre les $p$ équations obtenues en égalant à 0 les dérivées partielles d'ordre $p-1$ de $z^n f\left(\frac{x}{z}\right)$ dans lesquelles on remplace $z$ par 1.

## VII. — ÉQUATIONS ENTIÈRES A PLUSIEURS INCONNUES

275. — Proposons-nous de déterminer les solutions du système des deux équations

$$f(x, y)=0, \quad g(x, y)=0,$$

dans lesquelles les premiers membres sont des polynomes en $x$ et $y$, respectivement de degrés $n$ et $p$.

Ordonnons les polynomes $f(x, y)$ et $g(x, y)$ suivant les puissances décroissantes de $x$; on a ainsi les identités

$$f(x, y) = A_0 x^{n-h} + A_1 x^{n-h-1} + \ldots + A_{n-h-1} x + A_{n-h},$$
$$g(x, y) = B_0 x^{p-k} + B_1 x^{p-k-1} + \ldots + B_{p-k-1} x + B_{p-k},$$

$h$ et $k$ étant des entiers positifs ou nuls et respectivement inférieurs ou au plus égaux à $n$ et à $p$, chacun des A étant un polynome en $y$ dont le degré est au plus égal à son indice augmenté de $h$, chacun des B étant un polynome en $y$ dont le degré est au plus égal à son indice augmenté de $k$. Le résultant des deux polynomes $f(x, y)$ et $g(x, y)$ considérés comme polynomes en $x$ est un polynome par rapport aux A et par rapport aux B; comme les A et les B sont des polynomes en $y$, le résultant est aussi un polynome en $y$, soit $R(y)$, et l'on a une identité de la forme

$$R(y) = \Sigma \rho A_0^{\alpha_0} A_1^{\alpha_1} \ldots A_{n-h}^{\alpha_{n-h}} B_0^{\beta_0} B_1^{\beta_1} \ldots B_{p-k}^{\beta_{p-k}},$$

les $\rho$ étant des coefficients numériques, les $\alpha$ et les $\beta$ étant des entiers positifs ou nuls. *Nous supposerons d'abord que $R(y)$ n'est pas identiquement nul.*

Cela posé, pour que $y_0$ soit une valeur de $y$ faisant partie d'une solution $(x_0, y_0)$ du système des deux équations données, il faut et il suffit que les deux équations entières en $x$

$$f(x, y_0) = 0, \quad g(x, y_0) = 0$$

aient au moins une racine commune, une des racines communes étant $x_0$. Or, le résultant des polynomes $f(x, y_0)$ et $g(x, y_0)$ est $R(y_0)$. Donc, il faut et, en général, il suffit que $R(y_0)$ soit nul, autrement dit, que $y_0$ soit racine de l'équation dite *résultante*

$$R(y) = 0.$$

Si $y_0$ est racine de cette équation, les deux polynomes $f(x, y_0)$ et $g(x, y_0)$ ont, en général, un plus grand commun diviseur $\Delta(x)$, et les diverses valeurs de $x$, telles que $x_0$, qui constituent avec la valeur $y_0$ de $y$ des solutions du système des équations $f(x, y) = 0$ et $g(x, y) = 0$ sont les racines de l'équation $\Delta(x) = 0$.

276. **Théorème de Bezout.** — *Le nombre des solutions du système des deux équations données, respectivement de degrés $n$ et $p$, est au plus égal à $np$.*

La démonstration comporte deux parties.

1° *Le degré de* R$(y)$ *est au plus égal à* $np$. — En effet, des propriétés antérieurement établies du résultant de deux polynomes, il résulte que, quel que soit le terme de

$$\Sigma \rho A_0^{\alpha_0} A_1^{\alpha_1} \ldots A_{n-h}^{\alpha_{n-h}} B_0^{\beta_0} B_1^{\beta_1} \ldots B_{p-k}^{\beta_{p-k}},$$

on a

$$\alpha_0 + \alpha_1 + \ldots + \alpha_{n-h} = p - k, \quad \beta_0 + \beta_1 + \ldots + \beta_{p-k} = n - h,$$
$$\alpha_1 + 2\alpha_2 + \ldots + (n-h)\alpha_{n-h} + \beta_1 + 2\beta_2 + \ldots + (p-k)\beta_{p-k} = (n-h)(p-k).$$

Mais, le degré de chacun des A par rapport à $y$ étant au plus égal à l'indice augmenté de $h$, le degré de chacun des B par rapport à $y$ étant au plus égal à l'indice augmenté de $k$, le degré par rapport à $y$ du produit

$$\rho A_0^{\alpha_0} A_1^{\alpha_1} \ldots A_{n-h}^{\alpha_{n-h}} B_0^{\beta_0} B_1^{\beta_1} \ldots B_{p-k}^{\beta_{p-k}}$$

est au plus égal à

$$\alpha_0 h + \alpha_1(h+1) + \ldots + \alpha_{n-h}(h+n-h)$$
$$+ \beta_0 k + \beta_1(k+1) + \ldots + \beta_{p-k}(k+p-k).$$

Or, ce nombre s'écrit

$$h(\alpha_0 + \alpha_1 + \ldots + \alpha_{n-h}) + k(\beta_0 + \beta_1 + \ldots + \beta_{p-k})$$
$$+ \alpha_1 + 2\alpha_2 + \ldots + (n-h)\alpha_{n-h} + \beta_1 + 2\beta_2 + \ldots + (p-k)\beta_{p-k};$$

il est donc égal à

$$h(p-k) + k(n-h) + (n-h)(p-k),$$

c'est-à-dire, tous calculs effectués, à $np - hk$. On voit ainsi que R$(y)$ est lui-même d'un degré au plus égal à $np - hk$ et, par suite, au plus égal à $np$.

2° *Si* $\alpha$ *est l'ordre de multiplicité de la racine* $y_0$ *de l'équation résultante* R$(y) = 0$, *il existe au plus* $\alpha$ *valeurs de* $x$ *constituant avec* $y_0$ *des solutions du système des équations données.* — Nous donnerons une démonstration due à Liouville. Soit $\lambda$ un nombre fixe arbitraire, et posons

$$z = y + \lambda x.$$

Si $(x_0, y_0)$ est une solution du système des équations données, posons $z_0 = y_0 + \lambda x_0$. Les nombres $x_0$ et $z_0$ sont des valeurs de $x$ et de $z$ qui forment une solution du système des deux équations

$$f(x, z - \lambda x) = 0, \quad g(x, z - \lambda x) = 0.$$

Considérons $f(x, z-\lambda x)$ et $g(x, z-\lambda x)$ comme des polynomes en $x$; leurs coefficients sont des polynomes en $z$ et $\lambda$. Le résultant de ces deux polynomes est lui-même un polynome en $z$ et $\lambda$, soit $\varphi(z, \lambda)$.

Or, les deux équations en $x$

$$f(x, z_0-\lambda x)=0, \qquad g(x, z_0-\lambda x)=0$$

ont au moins la racine commune $x_0$; on a donc

$$\varphi(z_0, \lambda)=0.$$

Développons $\varphi(z, \lambda)$ suivant les puissances croissantes de $\lambda$; le premier terme du développement est $\varphi(z, 0)$, et c'est le résultant des deux polynomes $f(x, z)$ et $g(x, z)$ en $x$, déduits de $f(x, z-\lambda x)$ et de $g(x, z-\lambda x)$ quand on y fait $\lambda$ égal à 0, c'est-à-dire $R(z)$. On a ainsi l'identité

$$\varphi(z, \lambda)=R(z)+\lambda\psi_1(z)+\lambda^2\psi_2(z)+\ldots,$$

$\psi_1(z)$, $\psi_2(z)$, ... étant des polynomes en $z$. On a, par suite,

$$0=R(z_0)+\lambda\psi_1(z_0)+\lambda^2\psi_2(z_0)+\ldots,$$

c'est-à-dire

$$0=R(y_0+\lambda x_0)+\lambda\psi_1(y_0+\lambda x_0)+\lambda^2\psi_2(y_0+\lambda x_0)+\ldots,$$

c'est-à-dire encore

$$\begin{aligned}0=R(y_0)&+\lambda x_0 R'(y_0)+\frac{\lambda^2 x_0^2}{2!}R''(y_0)+\ldots\\&+\lambda\left[\psi_1(y_0)+\lambda x_0\psi_1'(y_0)+\frac{\lambda^2 x_0^2}{2!}\psi_1''(y_0)+\ldots\right]\\&+\lambda^2[\psi_2(y_0)+\lambda x_0\psi_2'(y_0)+\ldots]\\&+\ldots\end{aligned}$$

ou enfin, en ordonnant par rapport à $\lambda$,

$$0=R(y_0)+\lambda[x_0R'(y_0)+\psi_1(y_0)]+\lambda^2\left[\frac{x_0^2}{2}R''(y_0)+x_0\psi_1'(y_0)+\psi_2(y_0)\right]+\ldots.$$

Or, cette égalité a lieu, quel que soit le nombre $\lambda$ primitivement choisi. On a donc d'abord $R(y_0)=0$, puis

$$x_0R'(y_0)+\psi_1(y_0)=0,$$

$$\frac{x_0^2}{2}R''(y_0)+x_0\psi_1'(y_0)+\psi_2(y_0)=0,$$

. . . . . . . . . . . . . . . . .

Cela posé, supposons que $y_0$ soit racine simple de l'équation $R(y)=0$.

S'il existe un nombre $x_0$, valeur de $x$, qui forme avec $y_0$, valeur de $y$, une solution du système donné, ce nombre est nécessairement racine de l'équation

$$xR'(y_0)+\psi_1(y_0)=0,$$

laquelle admet une racine et une seule, puisque $R'(y_0)$ n'est pas nul. Ainsi, si $\alpha=1$, le nombre des solutions dans lesquelles $y$ a la valeur $y_0$ est au plus égal à 1.

Supposons que $y_0$ soit racine double de l'équation $R(y)=0$. S'il existe un nombre $x_0$, valeur de $x$, qui forme avec $y_0$, valeur de $y$, une solution du système donné, le nombre est nécessairement racine de l'équation

$$\frac{x^2}{2}R''(y_0)+x\psi_1'(y_0)+\psi_2(y_0)=0;$$

cette équation est du second degré, puisque $R''(y_0)$ n'est pas nul; elle admet au plus deux racines distinctes. Ainsi, si $\alpha=2$, le nombre des solutions dans lesquelles $y$ a la valeur $y_0$ est au plus égal à 2.

Et ainsi de suite.

D'après cela, le nombre des solutions du système donné est au plus égal à la somme des ordres de multiplicité des racines de l'équation $R(y)=0$, c'est-à-dire au plus égal au degré de $R(y)$, lequel est au plus égal à $np$. Finalement, le nombre des solutions est au plus égal à $np$.

Remarquons que ce maximum $np$ peut être atteint. Soient en effet les équations

$$f(x, y)=(y-y_1)(y-y_2)\ldots(y-y_n)=0,$$
$$g(x, y)=(x-x_1)(x-x_2)\ldots(x-x_p)=0,$$

les nombres $y_1, y_2, \ldots, y_n$ étant différents, ainsi que les nombres $x_1, x_2, \ldots, x_p$. On obtient une solution du système donné en associant l'un quelconque des $n$ nombres $x_1, x_2, \ldots, x_n$ pris pour valeur de $x$ et l'un quelconque des $p$ nombres $y_1, y_2, \ldots, y_p$ pris pour valeur de $y$. Le nombre des solutions est évidemment $np$.

Les résultats précédents supposent que $R(y)$ n'est pas identiquement nul. Si $R(y)$ est identiquement nul, pour une infinité de valeurs de $y$, les deux équations $f(x, y)=0$ et $g(x, y)=0$ en $x$ ont au moins une racine commune, car $A_0$ et $B_0$ ne sont pas identiquement nuls; par suite, le système des deux équations données $f(x, y)=0$, $g(x, y)=0$ a une infinité de solutions.

De la discussion précédente, il résulte que *si les deux équations* *entières $f(x, y)=0$ et $g(x, y)=0$, respectivement de degrés $n$ et $p$, ont $np+1$ solutions distinctes, elles ont une infinité de solutions.*

## VIII. — TRANSFORMATION DES ÉQUATIONS ENTIÈRES

**277. Transformation à une racine.** — Soit l'équation entière $f(x)=0$, de degré $n$, qui admet les $n$ racines $x_1, x_2, \ldots, x_n$, les différentes racines étant répétées chacune un nombre de fois égal à son ordre de multiplicité. La fonction $\theta(x)$ étant définie pour les diverses valeurs des racines $x_1, x_2, \ldots, x_n$, on appelle *transformée en $\theta(x)$ de l'équation $f(x)=0$* l'équation entière de degré $n$ qui admet pour racines distinctes ou confondues les $n$ nombres $\theta(x_1), \theta(x_2), \ldots, \theta(x_n)$, autrement dit, l'équation

$$[x-\theta(x_1)][x-\theta(x_2)]\ldots[x-\theta(x_n)]=0.$$

Plus particulièrement, supposons que $\theta(x)$ soit une fraction rationnelle *irréductible* $\frac{\varphi(x)}{\psi(x)}$. Pour que $\theta(x)$ soit définie pour les diverses valeurs de $x_1, x_2, \ldots, x_n$ prises comme valeurs de $x$, il faut et il suffit que les polynomes $\psi(x)$ et $f(x)$ soient premiers entre eux. La transformée en $\frac{\varphi(x)}{\psi(x)}$ de l'équation $f(x)=0$ est, par définition, l'équation en $x$

$$\left[x-\frac{\varphi(x_1)}{\psi(x_1)}\right]\left[x-\frac{\varphi(x_2)}{\psi(x_2)}\right]\ldots\left[x-\frac{\varphi(x_n)}{\psi(x_n)}\right]=0;$$

elle peut s'écrire

$$[x\psi(x_1)-\varphi(x_1)][x\psi(x_2)-\varphi(x_2)]\ldots[x\psi(x_n)-\varphi(x_n)]=0.$$

si l'on change de notation, cette transformée est aussi l'équation en $y$

$$[y\psi(x_1)-\varphi(x_1)][y\psi(x_2)-\varphi(x_2)]\ldots[y\psi(x_n)-\varphi(x_n)]=0.$$

Mais, le premier membre de cette équation en $y$ n'est autre, à un facteur numérique près, que le résultant des polynomes, en $x$, $f(x)$ et $y\psi(x)-\varphi(x)$. On a ainsi le théorème suivant :

*La transformée en $\frac{\varphi(x)}{\psi(x)}$ de l'équation $f(x)=0$ s'obtient en égalant à 0 le résultant $R(y)$, polynome en $y$ de degré $n$, des deux polynomes, en $x$, $f(x)$ et $y\psi(x)-\varphi(x)$.*

En outre, si $y'$ est une racine de l'équation $R(y)=0$, les deux polynomes $f(x)$ et $y'\psi(x)-\varphi(x)$ en $x$ ont un plus grand commun diviseur $\Delta$ de degré au moins égal à 1, et si $x'$ est une racine de l'équation $\Delta=0$, on a

$$y'=\frac{\varphi(x')}{\psi(x')}.$$

Pour déterminer $R(y)$, il n'est pas nécessaire de connaître les racines de l'équation $f(x)=0$. D'autre part, la connaissance d'une racine de l'équation $f(x)=0$ entraîne la connaissance d'une racine de l'équation $R(y)=0$, et réciproquement, la connaissance d'une racine de l'équation $R(y)=0$ entraîne la détermination d'une équation entière, pouvant être de degré moindre que $n$, dont les racines sont des racines de l'équation $f(x)=0$.

Si $x'$ est racine d'ordre de multiplicité $\alpha$ de l'équation $f(x)=0$, $\frac{\varphi(x')}{\psi(x')}$ est racine d'ordre de multiplicité égal à $\alpha$ de l'équation $R(y)=0$, à condition qu'il n'existe pas une autre racine $x''$ de l'équation $f(x)=0$ telle que l'on ait

$$\frac{\varphi(x'')}{\psi(x'')}=\frac{\varphi(x')}{\psi(x')}.$$

S'il existe plusieurs racines distinctes $x', x'', \ldots$ de l'équation $f(x)=0$, respectivement d'ordres de multiplicité égaux à $\alpha, \beta, \ldots$, telles que l'on ait

$$\frac{\varphi(x')}{\psi(x')}=\frac{\varphi(x'')}{\psi(x'')}=\ldots,$$

la valeur commune de $\frac{\varphi(x)}{\psi(x)}$ pour les diverses valeurs $x', x'', \ldots$ attribuées à $x$ est racine multiple d'ordre $\alpha+\beta+\ldots$ de l'équation $R(y)=0$.

Transformation homographique. — Soit la fonction homographique

$$\theta(x)=\frac{ax+b}{cx+d},$$

$a, b, c, d$ étant quatre nombres fixes tels que l'on ait $ad-bc\neq 0$. Les valeurs $\theta(x')$ et $\theta(x'')$ de $\theta(x)$ pour deux valeurs distinctes $x'$ et $x''$ de $x$ sont elles-mêmes distinctes, car si l'on avait $\theta(x')=\theta(x'')$, on aurait

$$(ax'+b)(cx''+d)-(ax''+b)(cx'+d)=0,$$

c'est-à-dire, toutes réductions faites,

$$(ad-bc)(x'-x'')=0,$$

ce qui est impossible, puisque $ad-bc$ et $x'-x''$ sont supposés tous deux différents de 0.

Toute transformée de l'équation $f(x)=0$ en une fonction telle que $\theta(x)$, pourvu que $cx+d$ soit premier avec $f(x)$, est une transformée dite *homographique* de l'équation $f(x)=0$. Ce qui précède nous montre que si $x'$ est une racine d'ordre de multiplicité $\alpha$ de l'équation $f(x)=0$, $\theta(x')$ est racine d'ordre de multiplicité égal aussi à $\alpha$ de la transformée en $\theta(x)$ de l'équation $f(x)=0$: *La transformation homographique d'une équation entière conserve l'ordre de multiplicité des racines.*

Le premier membre de la transformée en $\theta(x)$ de $f(x)=0$ est le résultant $R(y)$ de $f(x)$ et de $y(cx+d)-(ax+b)$. Ce dernier polynome en $x$ s'écrit $x(cy-a)+dy-b$; l'équation en $x$

$$x(cy-a)+dy-b=0$$

admet la racine $-\dfrac{dy-b}{cy-a}$. Il s'ensuit que $R(y)$ est égal, à un facteur numérique près, à

$$(cy-a)^n f\left(-\frac{dy-b}{cy-a}\right).$$

La transformée cherchée est donc

$$(cy-a)^n f\left(-\frac{dy-b}{cy-a}\right)=0.$$

Parmi les transformées homographiques de l'équation $f(x)=0$ se trouvent, en particulier, la transformée en $x+a$, la transformée en $ax$ et la transformée en $\dfrac{1}{x}$, $a$ étant un nombre fixe non nul. La transformée en $x+a$ est $f(y-a)=0$; la transformée en $ax$ est $f\left(\dfrac{y}{a}\right)=0$; la transformée en $\dfrac{1}{x}$, pourvu que l'équation $f(x)=0$ n'ait pas 0 pour racine, est $y^n f\left(\dfrac{1}{y}\right)=0$. Ces trois transformées ont été considérées antérieurement (§ 253).

*Transformée en $x^2$.* — Soit à déterminer la transformée en $x^2$ de l'équation $f(x)=0$. Il s'agit de calculer le résultant $R(y)$ des polynomes, en $x$, $f(x)$ et $x^2-y$. Soient $x_1$ et $x_2$ les deux racines distinctes ou confondues de l'équation en $x$

$$x^2-y=0;$$

le résultant cherché est égal à $f(x_1)f(x_2)$. Or, il est possible de mettre $f(x)$ sous la forme

$$F(x^2)+xG(x^2),$$

$F(u)$ et $G(u)$ étant des polynomes en $u$, $F(x^2)$ étant la somme des termes de $f(x)$ qui sont de degré pair, $xG(x^2)$ étant la somme des termes de $f(x)$ qui sont de degré impair.

On a

$$f(x_1) = F(y) + x_1 G(y),$$
$$f(x_2) = F(y) + x_2 G(y) = F(y) - x_1 G(y);$$

par suite, on a

$$R(y) = [F(y)]^2 - x_1^2 [G(y)]^2 = [F(y)]^2 - y[G(y)]^2.$$

La transformée en $x^2$ de l'équation donnée est

$$[F(y)]^2 - y[G(y)]^2 = 0.$$

278. **Transformation à plusieurs racines.** — Soit l'équation entière $f(x) = 0$, précédemment considérée. Soit, d'autre part, une fonction de plusieurs variables; considérons, par exemple, pour simplifier, la fonction $\theta(x, x')$ des deux variables $x$ et $x'$. Supposons que, quels que soient les indices distincts $i$ et $j$, cette fonction soit définie pour $x = x_i$ et $x' = x_j$. On appelle *transformée en* $\theta(x, x')$ *de l'équation* $f(x) = 0$ l'équation entière qui admet pour racines les $n(n-1)$ nombres qu'on obtient en remplaçant dans $\theta(x, x')$ respectivement $x$ et $x'$ par les nombres qui forment un arrangement des $n$ racines $x_1, x_2, \ldots, x_n$ de $f(x) = 0$, prises deux à deux.

Si $\theta(x, x')$ est une fraction rationnelle, $\dfrac{\varphi(x, x')}{\psi(x, x')}$, telle que $\psi(x, x')$ ne s'annule pas quand on y remplace respectivement $x$ et $x'$ par les deux nombres qui forment un arrangement quelconque de $x_1, x_2, \ldots, x_n$, pris deux à deux, le premier membre de la transformée en $\theta(x, x')$ de $f(x) = 0$ est le produit de facteurs de la forme

$$\psi(x_i, x_j)\, y - \varphi(x_i, x_j),$$

$i, j$ constituant un *arrangement* des nombres $1, 2, 3, \ldots n$ deux à deux. Ce produit ne change pas quand on effectue une suite quelconque de transpositions entre deux racines de l'équation $f(x) = 0$; c'est donc un polynome en $y$, de degré $n(n-1)$, dont les coefficients sont des polynomes symétriques en $x_1, x_2, \ldots, x_n$ qui s'expriment rationnellement au moyen des coefficients de $f(x)$.

Un cas particulier intéressant est celui où la fraction rationnelle $\theta(x, x')$ est symétrique; comme nous l'avons vu (ch. v, § 158), nous pouvons supposer que les polynomes $\varphi(x, x')$ et $\psi(x, x')$ sont symétriques. Il s'ensuit que $\psi(x_i, x_j)\, y - \varphi(x_i, x_j)$ ne change pas quand on y transpose $x_i$ et $x_j$. Le premier membre de la transformée en $\theta(x, x')$ de l'équation $f(x)=0$ est donc le carré du produit des facteurs de la forme $\psi(x_i, x_j)\,y-\varphi(x_i, x_j)$, $i, j$ constituant une *combinaison* des nombres $1, 2, 3, \ldots, n$ deux à deux. Ce nouveau produit ne change pas quand on effectue une suite quelconque de transpositions entre deux racines de l'équation $f(x)=0$; c'est donc un polynome en $y$, de degré $\frac{n(n-1)}{2}$, dont les coefficients sont des polynomes symétriques en $x_1, x_2, \ldots, x_n$ qui s'expriment rationnellement au moyen des coefficients de $f(x)$.

Équations aux sommes et aux produits deux a deux des racines d'une équation entière. — Un procédé particulier permet de former une équation ayant pour racines les diverses valeurs que prennent les sommes de deux des $n$ racines, distinctes ou confondues, $x_1, x_2, \ldots, x_n$, de l'équation $f(x)=0$ et une équation ayant pour racines les diverses valeurs que prennent les produits de deux des racines de cette équation.

Si $x_i$ et $x_j$ sont deux des nombres $x_1, x_2, \ldots, x_n$, distincts ou confondus, $f(x)$ est divisible par $(x-x_i)(x-x_j)$, c'est-à-dire par $x^2-(x_i+x_j)x+x_ix_j$, qui est de la forme $x^2-ux+v$. Réciproquement, si $f(x)$ est divisible par $x^2-ux+v$, il existe deux nombres $x_i$ et $x_j$, appartenant aux nombres $x_1, x_2, \ldots, x_n$, tels que l'on ait

$$x_i+x_j=u, \quad x_ix_j=v.$$

D'après cela, $u$ et $v$ étant deux paramètres auxiliaires, exprimons que $f(x)$ est divisible par $x^2-ux+v$. Le reste de la division est un polynome du premier degré en $x$, de la forme $Ax+B$, A et B étant des polynomes entiers par rapport aux coefficients du diviseur, autrement dit, par rapport à $u$ et à $v$ :

$$A=g(u, v), \quad B=h(u, v).$$

Pour que $u'$ et $v'$ soient respectivement la somme et le produit de deux racines de l'équation $f(x)=0$, il faut et il suffit qu'ils forment une solution du système des équations entières $g(u, v)=0$, $h(u, v)=0$. Soient $R(u)$ le résultant de $g(u, v)$ et de $h(u, v)$, considérés comme polynomes en $v$, $S(v)$ le résultant de $g(u, v)$ et de $h(u, v)$, considérés comme polynomes en $u$. Pour que $u'$ soit la somme de deux racines de $f(x)=0$, il faut et il suffit que les équations

$$g(u', v)=0, \quad h(u', v)=0$$

aient au moins une racine commune $v = v'$; autrement dit, il faut et, en général, il suffit que $u'$ soit racine de $R(u) = 0$. Pour que $v'$ soit le produit de deux racines de $f(x) = 0$, il faut et il suffit que les équations

$$g(u, v') = 0, \quad h(u, v') = 0$$

aient au moins une racine commune $u = u'$; autrement dit, il faut et, en général, il suffit que $v'$ soit racine de l'équation $S(v) = 0$. Les équations $R(x) = 0$ et $S(x)$ sont, en général, les équations cherchées.

*Problème. — Étant donnée l'équation $x^3 + px + q = 0$, admettant les racines $a$, $b$, $c$, former l'équation qui a pour racines $(b-c)^2$, $(c-a)^2$, $(a-b)^2$.*

On a

$$\begin{aligned}(b-c)^2 = b^2 + c^2 - 2bc &= a^2 + b^2 + c^2 - a^2 - \frac{2abc}{a} \\ &= -2p - a^2 + \frac{2q}{a} = -\frac{a^3 + 2ap - 2q}{a} \\ &= \frac{3q - ap}{a},\end{aligned}$$

ce qui suppose $a$ différent de 0. On a de même

$$(c-a)^2 = \frac{3q - bp}{b}, \quad (a-b)^2 = \frac{3q - cp}{c},$$

en supposant $b$ et $c$ différents de 0. Si donc $q$ est différent de 0, l'équation cherchée a pour racines les valeurs que prend $\frac{3q - px}{x}$ quand on y remplace successivement $x$ par $a$, $b$, $c$; c'est donc la transformée en $\frac{3q - px}{x}$ de l'équation $x^3 + px + q = 0$. Si l'on pose

$$y = \frac{3q - px}{x},$$

on en déduit

$$x = \frac{3q}{y + p};$$

l'équation cherchée est, par suite,

$$(y + p)^3 \left[ \frac{27q^3}{(y + p)^3} + p \frac{3q}{y + p} + q \right] = 0,$$

c'est-à-dire, en divisant par $q$, supposé non nul, et en ordonnant,

$$y^3 + 6py^2 + 9p^2y + (4p^3 + 27q^2) = 0.$$

Si $q$ est nul, les nombres $a$, $b$, $c$ sont 0, $\sqrt{-p}$, $-\sqrt{-p}$; les nombres $(b-c)^2$, $(c-a)^2$, $(a-b)^2$ sont $-4p$, $-p$, $-p$; l'équation cherchée est

$$(y + 4p)(y + p)^2 = 0,$$

c'est-à-dire

$$y^3 + 6py^2 + 9p^2y + 4p^3 = 0;$$

c'est l'équation précédente, où l'on suppose $q$ égal à 0.

## IX. — ABAISSEMENT DES ÉQUATIONS ENTIÈRES

**279. Définition de l'abaissement.** — On dit qu'une équation entière est *susceptible d'abaissement* quand sa résolution peut être ramenée à celle de plusieurs équations de degrés moindres.

Indiquons quelques cas simples d'abaissement.

1° Si l'équation $f(x)=0$ admet une ou plusieurs racines communes avec l'équation entière $\varphi(x)=0$, on peut abaisser l'équation $f(x)=0$. En effet, $f(x)$ et $\varphi(x)$ ont un plus grand commun diviseur $\Delta$ que l'on sait calculer, de degré au moins égal à 1. Si Q est le quotient de la division de $f(x)$ par $\Delta$, les différentes valeurs des racines de l'équation $f(x)=0$ sont aussi les différentes valeurs des racines des deux équations $\Delta=0$, $Q=0$, qui sont chacune de degré plus petit que $n$.

Par exemple, si l'équation $f(x)=0$ admet une ou plusieurs racines multiples, on peut abaisser l'équation, car elle admet une ou plusieurs racines communes avec l'équation $f'(x)=0$. Nous avons montré antérieurement (ch. x, § 259) qu'il est possible de former, par des opérations rationnelles, les équations entières qui admettent comme racines simples les racines de chaque ordre de multiplicité de l'équation $f(x)=0$.

2° Soit le polynome $\varphi(x, x')$, aux deux variables $x$ et $x'$. Si, parmi les racines $x_1, x_2, \ldots, x_n$, distinctes ou confondues, de l'équation $f(x)=0$, il en existe deux, $x_i$ et $x_j$, telles que l'on ait $\varphi(x_i, x_j)=0$, on peut abaisser l'équation $f(x)=0$. En effet, le système formé des trois équations, aux deux inconnues $x$ et $x'$,

$$f(x)=0, \quad f(x')=0, \quad \varphi(x, x')=0$$

admet la solution $x=x_i$, $x'=x_j$. Soit $R(x)$ le résultant de $f(x')$ et de $\varphi(x, x')$ considéré comme polynome en $x'$ dont les coefficients sont des polynomes en $x$. Les deux équations $f(x')=0$ et $\varphi(x_i, x')=0$ en $x'$ ont une racine commune, $x_j$; par conséquent, on a $R(x_i)=0$. Il s'ensuit que l'équation $f(x)=0$ a une racine commune avec l'équation $R(x)=0$, qu'on sait déterminer. On est ramené ainsi au cas précédent, et l'on peut abaisser l'équation $f(x)=0$.

3° Soit le polynome $\varphi(x, x', x'')$, aux trois variables $x, x', x''$. Si, parmi les racines $x_1, x_2, \ldots, x_n$, distinctes ou confondues, de l'équation $f(x)=0$, il en existe trois, $x_i, x_j, x_h$, telles que l'on ait l'égalité

$\varphi(x_i, x_j, x_h)=0$, on peut abaisser l'équation $f(x)=0$. En effet, le système des quatre équations, aux trois inconnues $x$, $x'$, $x''$,

$$f(x)=0, \quad f(x')=0, \quad f(x'')=0, \quad \varphi(x, x', x'')=0$$

admet la solution $x=x_i$, $x'=x_j$, $x''=x_h$. Soit $R(x, x')$ le résultant, polynome en $x$ et $x'$, de $f(x'')$ et de $\varphi(x, x', x'')$ considéré comme polynome en $x''$ dont les coefficients sont des polynomes en $x$ et $x'$. Les deux équations en $x''$, $f(x'')=0$ et $\varphi(x_i, x_j, x'')=0$ ont une racine commune, $x_h$; par conséquent, on a $R(x_i, x_j)=0$. On est ainsi ramené au cas précédent, et l'on peut abaisser l'équation $f(x)=0$ : si $S(x)$ est le résultant de $f(x')$ et de $R(x, x')$ considéré comme polynome en $x'$ dont les coefficients sont des polynomes en $x$, on a $S(x_i)=0$, l'équation $f(x)=0$ a une racine commune avec l'équation entière $S(x)=0$, qu'on sait déterminer.

Et ainsi de suite.

4° Soit une équation entière $f(x)=0$, $f(x)$ étant un polynome de degré $n$ dont les termes sont tous de degré multiple d'un même entier positif $\alpha$. Si l'on pose $x^\alpha=z$, la résolution de l'équation $f(x)=0$ est ramenée à celle d'une équation $\varphi(z)=0$ de degré $\frac{n}{\alpha}$ et d'équations de la forme $x^\alpha=z'$, $z'$ étant une racine quelconque de l'équation $\varphi(z)=0$.

280. **Équations à racines opposées.** — On dit qu'une équation entière $f(x)=0$ est *à racines opposées* si, quelle que soit la racine $a$, d'ordre de multiplicité $\alpha$, de l'équation, $-a$ est aussi racine de l'équation, l'ordre de multiplicité étant aussi égal à $\alpha$.

Théorème. — *Pour que l'équation entière $f(x)=0$ soit à racines opposées, il faut et il suffit que les termes de $f(x)$ aient des degrés tous de même parité.*

En effet, dire que l'équation $f(x)=0$ est à racines opposées, c'est dire qu'elle a les mêmes racines que sa transformée en $-x$, avec les mêmes ordres de multiplicité; c'est donc dire qu'il existe un nombre non nul $k$ tel que l'on ait l'identité

$$f(x)=kf(-x).$$

Si cette identité a lieu, $k$ est nécessairement égal à $+1$ ou à $-1$. En effet, de cette identité on déduit, en changeant $x$ en $-x$, la nouvelle identité

$$f(-x)=kf(x),$$

d'où, par multiplication membre à membre,

$$f(x)f(-x) = k^2 f(-x)f(x).$$

Comme $f(x)f(-x)$ n'est pas identiquement nul, on voit que l'on a $k^2 = 1$, c'est-à-dire $k = \pm 1$.

Exprimer que l'équation $f(x) = 0$ est à racines opposées, c'est donc exprimer que l'on a ou bien l'identité $f(-x) = f(x)$ ou bien l'identité $f(-x) = -f(x)$.

Posons

$$f(x) = A_0 x^n + A_1 x^{n-1} + A_2 x^{n-2} + \ldots + A_{n-1} x + A_n,$$

$A_0$ étant supposé non nul. On a, par suite,

$$\begin{aligned} f(-x) &= (-1)^n A_0 x^n + (-1)^{n-1} A_1 x^{n-1} + \ldots + (-1) A_{n-1} x + A_n \\ &= (-1)^n [A_0 x^n - A_1 x^{n-1} + A_2 x^{n-2} - \ldots + (-1)^{n-1} A_{n-1} x + (-1)^n A_n]. \end{aligned}$$

Si l'on a l'identité $f(-x) = f(x)$, on a, par suite, $(-1)^n = 1$; $n$ est donc un nombre pair. D'autre part, on a

$$-A_1 = A_1, \quad -A_3 = A_3, \quad \ldots, \quad -A_{n-1} = A_{n-1},$$

c'est-à-dire

$$A_1 = 0, \quad A_3 = 0, \quad \ldots, \quad A_{n-1} = 0.$$

Ainsi, pour que l'identité $f(-x) = f(x)$ ait lieu, il faut et il suffit que $f(x)$ ne contienne que des termes de degré pair.

Si l'on a l'identité $f(-x) = -f(x)$, on a, par suite, $(-1)^n = -1$; $n$ est donc un nombre impair. D'autre part, on a

$$-A_1 = A_1, \quad -A_3 = A_3, \quad \ldots, \quad -A_n = A_n,$$

c'est-à-dire

$$A_1 = 0, \quad A_3 = 0, \quad \ldots, \quad A_n = 0.$$

Aussi, pour que l'identité $f(-x) = -f(x)$ ait lieu, il faut et il suffit que $f(x)$ ne contienne que des termes de degré impair.

*Les équations à racines opposées peuvent être abaissées.*

Si une telle équation est de degré pair, elle est de la forme

$$A_0 x^{2p} + A_1 x^{2p-2} + \ldots + A_{p-1} x^2 + A_p = 0.$$

Pour la résoudre, nous poserons $x^2 = y$. Si $x$ est racine de l'équation précédente, $y$ est racine de l'équation en $y$, de degré $p$,

$$A_0 y^p + A_1 y^{p-1} + \ldots + A_{p-1} y + A_p = 0.$$

Réciproquement, si $y$ est racine de cette équation, il existe deux racines distinctes ou confondues de l'équation en $x$, qui sont les deux racines carrées de $y$. La résolution de l'équation en $x$, de degré $2p$, est ainsi ramenée à la résolution d'une équation en $y$ de degré $p$ et de $p$ équations du second degré telles que $x^2 = y'$, $y'$ étant une racine de l'équation en $y$.

Si l'équation à racines opposées est de degré impair, elle est de la forme

$$A_0x^{2p+1} + A_1x^{2p-1} + \dots + A_{p-1}x^3 + A_px = 0,$$

c'est-à-dire

$$x(A_0x^{2p} + A_1x^{2p-2} + \dots + A_{p-1}x^2 + A_p) = 0.$$

On est ramené à la résolution de l'équation $x = 0$ et d'une équation à racines opposées de degré pair, à laquelle il n'y a qu'à appliquer le procédé d'abaissement précédent.

**281. Équations réciproques.** — On dit qu'une équation entière est *réciproque* si, aucune des racines n'étant nulle, quelle que soit la racine $a$, d'ordre de multiplicité $\alpha$, $\frac{1}{a}$ est aussi racine de l'équation, l'ordre de multiplicité étant aussi égal à $\alpha$.

THÉORÈME. — *Pour que l'équation $f(x) = 0$ soit réciproque, il faut et il suffit que le polynome $f(x)$, supposé mis sous forme réduite et ordonné, contienne un terme non nul indépendant de $x$ et que les coefficients des deux termes équidistants des extrêmes ou bien soient, quels que soient ces termes, égaux, ou bien soient, quels que soient ces termes, opposés.*

En effet, dire que l'équation $f(x) = 0$, de degré $n$, est réciproque, c'est dire qu'elle a les mêmes racines que sa transformée en $\frac{1}{x}$, avec les mêmes ordres de multiplicité; c'est donc dire qu'il existe un nombre non nul $k$ tel que l'on ait l'identité

$$f(x) = kx^n f\left(\frac{1}{x}\right).$$

Si cette identité a lieu, $k$ est nécessairement égal à $+1$ ou à $-1$. En effet, de cette identité on déduit, en changeant $x$ en $\frac{1}{x}$, la nouvelle identité

$$f\left(\frac{1}{x}\right) = \frac{k}{x^n} f(x),$$

d'où, par multiplication membre à membre,

$$f(x)f\left(\frac{1}{x}\right)=k^2 f\left(\frac{1}{x}\right)f(x).$$

Comme il existe au moins une valeur de $x$ pour laquelle $f(x)f\left(\frac{1}{x}\right)$ n'est pas nul, on voit que l'on a $k^2=1$, c'est-à-dire $k=\pm 1$.

Exprimer que l'équation $f(x)=0$ est réciproque, c'est donc exprimer que $f(x)$ n'est pas divisible par $x$ et que l'on a ou bien l'identité $x^n f\left(\frac{1}{x}\right)=f(x)$ ou bien l'identité $x^n f\left(\frac{1}{x}\right)=-f(x)$.

Posons

$$f(x)=A_0x^n+A_1x^{n-1}+\ldots+A_{n-1}x+A_n,$$

$A_0$ et $A_n$ étant supposés non nuls. On a

$$x^n f\left(\frac{1}{x}\right)=A_nx^n+A_{n-1}x^{n-1}+\ldots+A_1x+A_0.$$

Si l'on a l'identité $x^n f\left(\frac{1}{x}\right)=f(x)$, on a

$$A_n=A_0;\quad A_{n-1}=A_1,\quad A_{n-2}=A_2,\quad \ldots,\quad A_1=A_{n-1},\quad A_n=A_0,$$

ce qui exprime que les coefficients de deux termes quelconques de $f(x)$ équidistants des extrêmes sont égaux. Si l'on a l'identité

$$x^n f\left(\frac{1}{x}\right)=-f(x),$$

on a

$$A_n=-A_0,\quad A_{n-1}=-A_1,\quad \ldots,\quad A_1=-A_{n-1},\quad A_n=-A_0,$$

ce qui exprime que les coefficients de deux termes quelconques de $f(x)$ équidistants des extrêmes sont opposés.

Le théorème est donc établi.

Abaissement des équations réciproques. — *Les équations réciproques peuvent être abaissées.*

Remarquons d'abord que l'on peut toujours supposer que l'on a à résoudre une équation réciproque de degré pair dans laquelle les coefficients des termes équidistants des extrêmes sont égaux.

Soit en effet en premier lieu une équation réciproque $f(x)=0$ de degré impair, soit $2p+1$, dans laquelle les coefficients des termes équidistants des extrêmes sont égaux. On a l'identité

$$f(x)=x^{2p+1}f\left(\frac{1}{x}\right).$$

Si on y remplace $x$ par $-1$, on obtient l'égalité

$$f(-1)=(-1)^{2p+1}f(-1),$$

d'où $f(-1)=0$. Ainsi, $-1$ est racine de l'équation $f(x)=0$, $f(x)$ est divisible par $x+1$; si $\varphi(x)$ est le quotient de la division de $f(x)$ par $x+1$, on a l'identité

$$f(x)=(x+1)\,\varphi(x)$$

et, par suite, l'identité

$$f\left(\frac{1}{x}\right)=\left(\frac{1}{x}+1\right)\varphi\left(\frac{1}{x}\right).$$

L'identité

$$f(x)=x^{2p+1}f\left(\frac{1}{x}\right)$$

devient donc

$$(x+1)\,\varphi(x)=x^{2p+1}\left(\frac{1}{x}+1\right)\varphi\left(\frac{1}{x}\right),$$

c'est-à-dire, si l'on divise les deux membres par $x+1$ qui n'est pas identiquement nul,

$$\varphi(x)=x^{2p}\,\varphi\left(\frac{1}{x}\right),$$

ce qui prouve que $\varphi(x)$ est de degré pair et que les coefficients de deux termes quelconques équidistants des extrêmes, dans le polynome $\varphi(x)$ supposé ordonné, sont égaux. D'ailleurs, $\varphi(x)$ admet un terme indépendant de $x$. La résolution de l'équation $f(x)=0$ est ramenée à celle de l'équation $\varphi(x)=0$.

Soit en second lieu une équation réciproque $f(x)=0$, de degré impair, soit $2p+1$, dans laquelle les coefficients des termes équidistants des extrêmes sont opposés. On a l'identité

$$f(x)=-x^{2p+1}f\left(\frac{1}{x}\right).$$

Si on y remplace $x$ par $1$, on obtient l'égalité

$$f(1)=-f(1),$$

d'où $f(1)=0$. Ainsi, $1$ est racine de l'équation $f(x)=0$, $f(x)$ est divisible par $x-1$; si $\varphi(x)$ est le quotient de la division de $f(x)$ par $x-1$, on a l'identité

$$f(x)=(x-1)\,\varphi(x)$$

et, par suite, l'identité

$$f\left(\frac{1}{x}\right)=\left(\frac{1}{x}-1\right)\varphi\left(\frac{1}{x}\right).$$

L'identité

$$f(x)=-x^{2p+1}f\left(\frac{1}{x}\right)$$

devient donc

$$(x-1)\varphi(x)=-x^{2p+1}\left(\frac{1}{x}-1\right)\varphi\left(\frac{1}{x}\right),$$

c'est-à-dire, si l'on divise les deux membres par $x-1$ qui n'est pas identiquement nul,

$$\varphi(x)=x^{2p}\varphi\left(\frac{1}{x}\right),$$

ce qui prouve que $\varphi(x)$ est de degré pair et que les coefficients de deux termes quelconques équidistants des extrêmes, dans $\varphi(x)$ supposé ordonné, sont égaux. La résolution de l'équation $f(x)=0$ est ramenée à celle de l'équation $\varphi(x)=0$.

Soit en dernier lieu une équation réciproque $f(x)=0$, de degré pair, soit $2p$, dans laquelle les coefficients des termes équidistants des extrêmes sont opposés. On a l'identité

$$f(x)=-x^{2p}f\left(\frac{1}{x}\right).$$

Si on y remplace successivement $x$ par $-1$ et par $+1$, on obtient les égalités

$$f(-1)=-f(-1),\qquad f(1)=-f(1),$$

d'où $f(-1)=0$, $f(1)=0$. Ainsi, $-1$ et $+1$ sont racines de l'équation $f(x)=0$, $f(x)$ est divisible par $x^2-1$; si $\varphi(x)$ est le quotient de la division de $f(x)$ par $x^2-1$, on a l'identité

$$f(x)=(x^2-1)\varphi(x)$$

et, par suite, l'identité

$$f\left(\frac{1}{x}\right)=\left(\frac{1}{x^2}-1\right)\varphi\left(\frac{1}{x}\right).$$

L'identité

$$f(x)=-x^{2p}f\left(\frac{1}{x}\right)$$

devient donc

$$(x^2-1)\varphi(x)=-x^{2p}\left(\frac{1}{x^2}-1\right)\varphi\left(\frac{1}{x}\right),$$

c'est-à-dire, si l'on divise les deux membres par $x^2-1$ qui n'est pas identiquement nul,

$$\varphi(x)=x^{2p-2}\,\varphi\left(\frac{1}{x}\right),$$

ce qui prouve que $\varphi(x)$ est de degré pair et que les coefficients de deux termes quelconques équidistants des extrêmes, dans $\varphi(x)$ supposé ordonné, sont égaux. La résolution de l'équation $f(x)=0$ est ramenée à celle de l'équation $\varphi(x)=0$.

Remarquons, d'après cela, que si une équation réciproque n'admet ni la racine 1 ni la racine $-1$, elle est nécessairement de degré pair et les coefficients des termes équidistants des extrêmes, dans le premier membre de cette équation supposé ordonné, sont égaux. En outre, si une équation réciproque $f(x)=0$ admet les racines 1 et $-1$, respectivement aux ordres de multiplicité $\alpha$ et $\beta$, le quotient $Q(x)$ de la division de $f(x)$ par $(x-1)^\alpha(x+1)^\beta$ est aussi le premier membre d'une équation qui est encore réciproque et qui n'admet ni la racine 1, ni la racine $-1$; $Q(x)$ est de degré pair et les coefficients des termes équidistants, dans ce polynome supposé ordonné, sont égaux.

Ce qui précède montre bien qu'en abaissant, si c'est nécessaire, l'équation, on peut toujours supposer qu'on ait à résoudre une équation réciproque de degré pair et dans le premier membre de laquelle les coefficients des termes équidistants des extrêmes sont égaux. Il reste à montrer qu'on peut abaisser une telle équation.

Soit donc l'équation

$$f(x)=A_0x^{2p}+A_1x^{2p-1}+A_2x^{2p-2}+\ldots+A_2x^2+A_1x+A_0=0,$$

$A_0$ étant non nul. Cette équation n'admet pas de racine nulle; ses diverses racines sont les diverses racines de l'équation

$$A_0x^p+A_1x^{p-1}+A_2x^{p-2}+\ldots+A_2\frac{1}{x^{p-2}}+A_1\frac{1}{x^{p-1}}+\frac{A_0}{x^p}=0,$$

qui s'écrit aussi

$$A_0\left(x^p+\frac{1}{x^p}\right)+A_1\left(x^{p-1}+\frac{1}{x^{p-1}}\right)+A_2\left(x^{p-2}+\frac{1}{x^{p-2}}\right)+\ldots+A_p=0.$$

Cela posé, je dis que si l'on pose

$$x+\frac{1}{x}=y,$$

$x^k+\frac{1}{x^k}$ s'exprime par un polynome en $y$ de degré $k$. En effet, on a

$$\left(x+\frac{1}{x}\right)^2=y^2,$$

c'est-à-dire

$$x^2+\frac{1}{x^2}=y^2-2;$$

la proposition est vraie pour $k=2$. On a

$$\left(x^2+\frac{1}{x^2}\right)\left(x+\frac{1}{x}\right)=y(y^2-2)=y^3-2y,$$

c'est-à-dire

$$x^3+\frac{1}{x^3}+x+\frac{1}{x}=y^3-2y,$$

d'où

$$x^3+\frac{1}{x^3}=y^3-3y;$$

la proposition est vraie aussi pour $k=3$. Pour démontrer qu'elle est générale, il suffit de montrer que, si on la suppose vraie jusqu'à $k$ égal à $q$, elle est vraie quand $k$ est égal à $q+1$.

Posons donc, $k$ étant au plus égal à $q$,

$$x^k+\frac{1}{x^k}=V_k(y),$$

$V_k(y)$ étant un polynome en $y$ de degré $k$. On a

$$x^q+\frac{1}{x^q}=V_q(y), \quad x+\frac{1}{x}=y,$$

d'où

$$\left(x^q+\frac{1}{x^q}\right)\left(x+\frac{1}{x}\right)=yV_q(y),$$

c'est-à-dire

$$x^{q+1}+\frac{1}{x^{q+1}}+x^{q-1}+\frac{1}{x^{q-1}}=yV_q(y),$$

d'où

$$x^{q+1}+\frac{1}{x^{q+1}}=yV_q(y)-V_{q-1}(y).$$

Le second membre est bien un polynome en $y$ de degré $q+1$, et l'on a, en étendant la notation $V_k(y)$ à $k$ quelconque,

$$V_{q+1}=yV_q-V_{q-1}.$$

Ajoutons que le coefficient de $y^q$ dans $V_q(y)$ est égal à 1 et que les degrés des différents termes de $V_q(y)$ sont de même parité que $q$; il suffit, pour démontrer ces résultats, de raisonner encore par induction.

D'après cela, si $x$ est racine de l'équation réciproque donnée, la valeur $y$ de $x+\frac{1}{x}$ est racine de l'équation

$$A_0V_p(y)+A_1V_{p-1}(y)+A_2V_{p-2}(y)+\ldots+A_p=0,$$

qui est entière en $y$ et de degré $p$.

Réciproquement, si $y$ est racine de cette équation, il existe deux racines, distinctes ou confondues, de l'équation réciproque qui sont aussi les racines de l'équation

$$x+\frac{1}{x}=y$$

ou

$$x^2-yx+1=0;$$

ces racines sont inverses l'une de l'autre.

Finalement, la résolution de l'équation réciproque de degré $2p$ est ramenée à la résolution d'une équation de degré $p$ et de $p$ équations du second degré.

Si $y_1, y_2, \ldots, y_p$ sont les $p$ racines distinctes ou confondues de l'équation en $y$, on a l'identité

$$A_0V_p(y)+A_1V_{p-1}(y)+\ldots+A_p=A_0(y-y_1)(y-y_2)\ldots(y-y_p).$$

Si l'on remplace $y$ par $x+\frac{1}{x}$, on obtient l'identité

$$A_0\left(x^p+\frac{1}{x^p}\right)+A_1\left(x^{p-1}+\frac{1}{x^{p-1}}\right)+\ldots+A_p=A_0\left(x+\frac{1}{x}-y_1\right)\ldots\left(x+\frac{1}{x}-y_p\right),$$

c'est-à-dire, si l'on multiplie les deux membres par $x^p$,

$$f(x)=A_0(x^2-y_1x+1)(x^2-y_2x+1)\ldots(x^2-y_px+1);$$

$f(x)$ est ainsi décomposé en un produit de polynomes du second degré.

Équations binomes. — Les équations $x^n\pm 1=0$ sont des équations réciproques; elles peuvent être abaissées.

1° Soit l'équation $x^n-1=0$, $n$ étant impair. Elle admet 1 comme racine simple. On a

$$x^n-1=(x-1)(x^{n-1}+x^{n-2}+\ldots+x+1).$$

Si l'on pose $x+\frac{1}{x}=y$ et $n=2p+1$, on est ramené à résoudre l'équation en $y$

$$V_p+V_{p-1}+V_{p-2}+\ldots+V_1+1=0.$$

En particulier, si $n=3$, on a

$$x^3-1=(x-1)(x^2+x+1),$$

et l'équation en $y$ est $y+1=0$.

Si $n=5$, on a

$$x^5-1=(x-1)(x^4+x^3+x^2+x+1);$$

l'équation en $y$ est

$$V_2+V_1+1=0,$$

c'est-à-dire

$$y^2+y-1=0.$$

Cette équation admet les racines $\frac{-1+\sqrt{5}}{2}$ et $\frac{-1-\sqrt{5}}{2}$. Par suite, on a

$$x^5-1=(x-1)\left(x^2+\frac{1-\sqrt{5}}{2}x+1\right)\left(x^2+\frac{1+\sqrt{5}}{2}x+1\right).$$

2° Soit l'équation $x^n+1=0$, $n$ étant impair. Elle admet $-1$ comme racine simple. On a

$$x^n+1=(x+1)(x^{n-1}-x^{n-2}+x^{n-3}-\ldots-x+1).$$

Si l'on pose $x+\frac{1}{x}=y$ et $n=2p+1$, on est ramené à résoudre l'équation en $y$

$$V_p-V_{p-1}+V_{p-2}-\ldots+(-1)^{p-1}V_1+(-1)^p=0.$$

En particulier, si $n=3$, on a

$$x^3+1=(x+1)(x^2-x+1),$$

et l'équation en $y$ est $y-1=0$.

Si $n=5$, on a

$$x^5+1=(x+1)(x^4-x^3+x^2-x+1);$$

l'équation en $y$ est

$$V_2-V_1+1=0,$$

c'est-à-dire

$$y^2-y-1=0.$$

On en déduit l'identité

$$x^5+1=(x+1)\left(x^2-\frac{1-\sqrt{5}}{2}x+1\right)\left(x^2-\frac{1+\sqrt{5}}{2}x+1\right.$$

3° Soit l'équation $x^n - 1 = 0$, $n$ étant pair. Elle admet $+1$ et $-1$ comme racines simples. On a

$$x^n - 1 = (x^2 - 1)(x^{n-2} + x^{n-4} + \dots + x^2 + 1).$$

Si l'on pose $x + \frac{1}{x} = y$ et $n = 2p$, on est ramené à résoudre l'équation en $y$

$$V_{p-1} + V_{p-3} + V_{p-5} + \dots = 0.$$

En particulier, si $n = 4$, on a

$$x^4 - 1 = (x^2 - 1)(x^2 + 1);$$

l'équation en $y$ est $y = 0$.

Si $n = 6$, on a

$$x^6 - 1 = (x^3 - 1)(x^3 + 1) = (x - 1)(x + 1)(x^2 - x + 1)(x^2 + x + 1);$$

l'équation en $y$ est $V_2 + 1 = 0$ ou $y^2 - 1 = 0$; ses racines sont $+1$ et $-1$.

4° Soit l'équation $x^n + 1 = 0$, $n$ étant pair. Si l'on pose $x + \frac{1}{x} = y$ et $n = 2p$, on est ramené à résoudre l'équation en $y$

$$V_p = 0.$$

En particulier, si $n = 4$, l'équation en $y$ est $V_2 = 0$, c'est-à-dire $y^2 - 2 = 0$, dont les racines sont $+\sqrt{2}$ et $-\sqrt{2}$. On a, par suite, l'identité

$$x^4 + 1 = (x^2 - x\sqrt{2} + 1)(x^2 + x\sqrt{2} + 1).$$

Si $n = 6$, l'équation en $y$ est $V_3 = 0$, c'est-à-dire $y^3 - 3y = 0$, dont les racines sont $0$, $+\sqrt{3}$ et $-\sqrt{3}$. On a, par suite, l'identité

$$x^6 + 1 = (x^2 + 1)(x^2 - x\sqrt{3} + 1)(x^2 + x\sqrt{3} + 1).$$

Si $n = 8$, l'équation en $y$ est $V_4 = 0$. Or, on a

$$V_4 = yV_3 - V_2 = y^4 - 4y^2 + 2;$$

les quatre racines de l'équation bicarrée $V_4 = 0$ sont

$$+\sqrt{2+\sqrt{2}}, \quad -\sqrt{2+\sqrt{2}}, \quad +\sqrt{2-\sqrt{2}}, \quad -\sqrt{2-\sqrt{2}}.$$

On a, par suite, l'identité

$$x^8 + 1 = (x^2 - \sqrt{2+\sqrt{2}}\,x + 1)(x^2 + \sqrt{2+\sqrt{2}}\,x + 1)(x^2 - \sqrt{2-\sqrt{2}}\,x + 1)(x^2 + \sqrt{2-\sqrt{2}}\,x + 1).$$

*Remarque.* — Une racine quelconque $x$ de l'équation $x^n-1=0$ ou de l'équation $x^n+1=0$ est une imaginaire de module 1, de la forme $\cos\theta+i\sin\theta$; $\frac{1}{x}$ est égal à $\cos\theta-i\sin\theta$, et, par suite, $x+\frac{1}{x}$ est égal à $2\cos\theta$. Il s'ensuit que les racines des diverses équations en $y$ précédentes sont toutes réelles et intérieures à l'intervalle $(-2, +2)$.

282. **Équations réciproques de deuxième espèce.** — On dit qu'une équation entière est *réciproque de deuxième espèce* si, aucune des racines n'étant nulle, quelle que soit la racine $a$, d'ordre de multiplicité $\alpha$, $-\frac{1}{a}$ est aussi racine de l'équation, l'ordre de multiplicité étant aussi égal à $\alpha$.

Nous nous occuperons uniquement des équations réciproques de deuxième espèce *à coefficients réels*.

Théorème. — *Pour que l'équation $f(x)=0$, à coefficients réels, soit réciproque de deuxième espèce, il faut et il suffit que le polynome $f(x)$, supposé mis sous forme réduite et ordonné, contienne un terme non nul indépendant de $x$ et que les coefficients de deux termes équidistants des extrêmes soient alternativement égaux et opposés.*

En effet, dire que l'équation $f(x)=0$, de degré $n$, est réciproque de deuxième espèce, c'est dire qu'elle a les mêmes racines que sa transformée en $-\frac{1}{x}$, avec les mêmes ordres de multiplicité; c'est donc dire qu'il existe un nombre non nul $k$ tel que l'on ait l'identité

$$f(x)=kx^n f\left(-\frac{1}{x}\right).$$

Si cette identité a lieu, $n$ est nécessairement pair et $k$ est nécessairement égal à $+1$ ou à $-1$. En effet, de cette identité on déduit, en changeant $x$ en $-\frac{1}{x}$, la nouvelle identité

$$f\left(-\frac{1}{x}\right)=\frac{(-1)^n k}{x^n}f(x),$$

d'où, par multiplication membre à membre,

$$f(x)f\left(-\frac{1}{x}\right)=(-1)^n k^2 f\left(-\frac{1}{x}\right)f(x).$$

Comme il existe au moins une valeur de $x$ pour laquelle $f(x)f\left(-\frac{1}{x}\right)$ n'est pas nul, on voit que l'on a

$$(-1)^n k^2=1.$$

Or, $f(x)$ étant supposé à coefficients réels, $k$ est réel; donc, $(-1)^n$ est positif et, par suite, $n$ est pair. D'autre part, on a $k^2=1$, d'où $k=\pm 1$.

Exprimer que l'équation $f(x)=0$, à coefficients réels, est réciproque de deuxième espèce, c'est donc exprimer que $f(x)$ est de degré pair, non divisible par $x$ et que l'on a ou bien l'identité $x^n f\left(-\frac{1}{x}\right)=f(x)$ ou bien l'identité $x^n f\left(-\frac{1}{x}\right)=-f(x)$.

Posons, $n$ étant égal à $2p$,

$$f(x)=A_0x^{2p}+A_1x^{2p-1}+\ldots+A_{2p-1}x+A_{2p},$$

$A_0$ et $A_{2p}$ étant supposés non nuls. On a

$$x^{2p}f\left(-\frac{1}{x}\right)=A_{2p}\,x^{2p}-A_{2p-1}\,x^{2p-1}+\ldots-A_1x+A_0.$$

Si l'on a l'identité $x^{2p}f\left(-\frac{1}{x}\right)=-f(x)$, on a

$$A_{2p}=A_0,\quad -A_{2p-1}=A_1,\quad A_{2p-2}=A_2,\quad \ldots,\quad -A_1=A_{2p-1},\quad A_0=A_{2p},$$

ce qui exprime que les coefficients de deux termes équidistants des extrêmes sont alternativement égaux et opposés, les coefficients des termes extrêmes étant égaux.

Si l'on a l'identité $x^{2p}f\left(-\frac{1}{x}\right)=f(x)$, on a

$$A_{2p}=-A_0,-A_{2p-1}=-A_1,A_{2p-2}=-A_2,\ldots,-A=-A_{2p-1},A_0=-A_{2p},$$

ce qui exprime que les coefficients de deux termes équidistants des extrêmes sont alternativement égaux et opposés, les coefficients des termes extrêmes étant opposés.

Le théorème est donc établi.

Abaissement des équations réciproques de deuxième espèce. — *Les équations réciproques de deuxième espèce peuvent être abaissées.*

Remarquons d'abord que l'on peut toujours supposer que l'on a à résoudre soit une équation réciproque de deuxième espèce de degré pairement pair, dans laquelle les coefficients des termes extrêmes sont égaux, soit une équation réciproque de deuxième espèce de degré impairement pair, dans laquelle les coefficients des termes extrêmes sont opposés.

Soit en effet en premier lieu une équation réciproque $f(x)=0$ de degré impairement pair, dans laquelle les coefficients des termes extrêmes sont égaux. On a en posant $n=4q+2$, l'identité

$$f(x)=x^{4q+2}f\left(-\frac{1}{x}\right).$$

Si on y remplace $x$ par $i$, on obtient l'égalité

$$f(i)=-f(i),$$

d'où $f(i)=0$. De même, on a $f(-i)=0$. Ainsi, $i$ et $-i$ sont racines de l'équation $f(x)=0$, $f(x)$ est divisible par $x^2+1$; si $\varphi(x)$ est le quotient de la division de $f(x)$ par $x^2+1$, on a l'identité

$$f(x)=(x^2+1)\,\varphi(x)$$

et, par suite, l'identité

$$f\left(-\frac{1}{x}\right)=\left(\frac{1}{x^2}+1\right)\varphi\left(-\frac{1}{x}\right).$$

L'identité

$$f(x)=x^{4q+2}f\left(-\frac{1}{x}\right)$$

devient donc

$$(x^2+1)\,\varphi(x)=x^{4q+2}\left(\frac{1}{x^2}+1\right)\varphi\left(-\frac{1}{x}\right),$$

c'est-à-dire, si l'on divise les deux membres par $x^2+1$ qui n'est pas identiquement nul,

$$\varphi(x)=x^{4q}\varphi\left(-\frac{1}{x}\right),$$

ce qui prouve que l'équation $\varphi(x)=0$ est une équation réciproque de deuxième espèce de degré pairement pair, dans laquelle les coefficients des termes extrêmes sont égaux. La résolution de l'équation $f(x)=0$ est ramenée à celle de l'équation $\varphi(x)=0$.

Soit en second lieu une équation réciproque de deuxième espèce $f(x)=0$ de degré pairement pair, dans laquelle les coefficients des termes extrêmes sont opposés.

On a, en posant $n=4q$, l'identité

$$f(x)=-x^{4q}f\left(-\frac{1}{x}\right).$$

Si on y remplace $x$ par $i$, on obtient l'égalité

$$f(i)=-f(i),$$

d'où $f(i)=0$. De même, on a $f(-i)=0$. Ainsi, $i$ et $-i$ sont racines de l'équation $f(x)=0$, $f(x)$ est divisible par $x^2+1$; si $\varphi(x)$ est le quotient de la division de $f(x)$ par $x^2+1$, on a l'identité

$$f(x) = (x^2+1)\varphi(x),$$

et, par suite, l'identité

$$f\left(-\frac{1}{x}\right) = \left(\frac{1}{x^2}+1\right)\varphi\left(-\frac{1}{x}\right).$$

L'identité

$$f(x) = -x^{4q} f\left(-\frac{1}{x}\right)$$

devient donc

$$(x^2+1)\varphi(x) = -x^{4q}\left(\frac{1}{x^2}+1\right)\varphi\left(-\frac{1}{x}\right),$$

c'est-à-dire, si l'on divise les deux membres par $x^2+1$,

$$\varphi(x) = -x^{4q-2}\varphi\left(-\frac{1}{x}\right),$$

ce qui prouve que l'équation $\varphi(x)=0$ est une équation réciproque de deuxième espèce de degré impairement pair, dans laquelle les coefficients des termes extrêmes sont opposés. La résolution de l'équation $f(x)=0$ est ramenée à celle de l'équation $\varphi(x)=0$.

Remarquons d'après cela que si une équation réciproque de deuxième espèce n'admet pas les racines $i$ et $-i$, elle est nécessairement ou bien de degré pairement pair, les coefficients des termes extrêmes étant égaux, ou bien de degré impairement pair, les coefficients des termes extrêmes étant opposés. En outre, si une équation réciproque de deuxième espèce $f(x)=0$ admet les racines $i$ et $-i$ à l'ordre de multiplicité $\alpha$, $Q(x)$ étant le quotient de $f(x)$ par $(x^2+1)^\alpha$, l'équation $Q(x)=0$ est une équation réciproque de deuxième espèce de l'une ou de l'autre de ces deux formes.

Ce qui précède montre qu'en abaissant, si c'est nécessaire, l'équation, on peut toujours supposer qu'on a à résoudre une équation réciproque de deuxième espèce de l'une ou de l'autre des deux formes précédentes.

1° Soit l'équation

$$f(x) = A_0x^{4q} + A_1x^{4q-1} + A_2x^{4q-2} + \ldots + A_2x^2 - A_1x + A_0 = 0,$$

$A_0$ étant non nul. Cette équation n'admet pas de racine nulle; ses diverses racines sont les diverses racines de l'équation

$$A_0x^{2q} + A_1x^{2q-1} + A_2x^{2q-2} + \ldots + A_2\frac{1}{x^{2q-2}} - A_1\frac{1}{x^{2q-1}} + A_0\frac{1}{x^{2q}} = 0,$$

qui s'écrit aussi

$$A_0\left(x^{2q}+\frac{1}{x^{2q}}\right)+A_1\left(x^{2q-1}-\frac{1}{x^{2q-1}}\right)+A_2\left(x^{2q-2}+\frac{1}{x^{2q-2}}\right)+\ldots+A_{2q}=0.$$

Cela posé, je dis que si l'on pose

$$x-\frac{1}{x}=y,$$

$x^k+(-1)^k\frac{1}{x^k}$ s'exprime par un polynome en $y$ de degré $k$.

En effet, on a

$$\left(x-\frac{1}{x}\right)^2=y^2,$$

c'est-à-dire

$$x^2+\frac{1}{x^2}=y^2+2;$$

la proposition est vraie pour $k=2$. On a

$$\left(x^2+\frac{1}{x^2}\right)\left(x-\frac{1}{x}\right)=(y^2+2)\,y=y^3+2y,$$

c'est-à-dire

$$x^3-\frac{1}{x^3}-\left(x-\frac{1}{x}\right)=y^3+2y,$$

d'où

$$x^3-\frac{1}{x^3}=y^3+3y;$$

la proposition est vraie aussi pour $k=3$. Raisonnons par induction et supposons-la vraie jusqu'à $k$ égal à $r$. Posons donc, $k$ étant au plus égal à $r$,

$$x^k+(-1)^k\frac{1}{x^k}=W_k(y),$$

$W_k(y)$ étant un polynome en $y$ de degré $k$. On a

$$x^r+(-1)^r\frac{1}{x^r}=W_r(y),\quad x-\frac{1}{x}=y,$$

d'où

$$\left[x^r+(-1)^r\frac{1}{x^r}\right]\left[x-\frac{1}{x}\right]=y\,W_r(y),$$

c'est-à-dire

$$x^{r+1}+(-1)^{r+1}\frac{1}{x^{r+1}}-\left[x^{r-1}+(-1)^{r-1}\frac{1}{x^{r-1}}\right]=y\,W_r(y),$$

d'où

$$x^{r+1}+(-1)^{r+1}\frac{1}{x^{r+1}}=y\,W_r(y)+W_{r-1}(y).$$

Le second membre est bien un polynome en $y$ de degré $r+1$, et l'on a, en étendant la notation $W_k(y)$ à $k$ quelconque,

$$W_{r+1} = y\,W_r + W_{r-1}.$$

Ajoutons que le coefficient de $y^r$ dans $W_r(y)$ est égal à $1$ et que les degrés des différents termes de $W_r(y)$ sont de même parité que $r$; il suffit, pour le voir, de raisonner encore par induction.

D'après cela, si $x$ est racine de l'équation $f(x)=0$, la valeur $y$ de $x-\frac{1}{x}$ est racine de l'équation

$$A_0 W_{2q}(y) + A_1 W_{2q-1}(y) + A_2 W_{2q-2}(y) + \ldots + A_{2q} = 0,$$

qui est entière en $y$ et de degré $2q$.

Réciproquement, si $y$ est racine de cette équation, il existe deux racines, distinctes ou confondues, de l'équation $f(x)=0$, qui sont aussi les racines de l'équation

$$x-\frac{1}{x}=y$$

ou

$$x^2-yx-1=0;$$

ces deux racines ont pour produit $-1$.

Finalement, la résolution de l'équation $f(x)=0$, de degré $4q$, est ramenée à la résolution d'une équation de degré $2q$ et de $2q$ équations du second degré.

Si $y_1, y_2, \ldots, y_{2q}$ sont les $2q$ racines distinctes ou confondues de l'équation en $y$, on a

$$f(x) = A_0(x^2-y_1x-1)(x^2-y_2x-1)\ldots(x^2-y_{2q}x-1).$$

2° Soit ensuite l'équation

$$f(x) = A_0x^{4q+2} + A_1x^{4q+1} + A_2x^{4q} + \ldots - A_2x^2 + A_1x - A_0 = 0,$$

$A_0$ étant non nul. Ses diverses racines sont les diverses racines de l'équation

$$A_0\left(x^{2q+1}-\frac{1}{x^{2q+1}}\right) + A_1\left(x^{2q}+\frac{1}{x^{2q}}\right) + A_2\left(x^{2q-1}-\frac{1}{x^{2q-1}}\right) + \ldots + A_{2q+1} = 0.$$

En reprenant les notations précédentes, on voit que si $x$ est racine de $f(x)=0$, la valeur $y$ de $x-\frac{1}{x}$ est racine de l'équation

$$A_0W_{2q+1}+A_1W_{2q}+A_2W_{2q-1}+\ldots+A_{2q+1}=0,$$

qui est entière en $y$ et de degré $2q+1$.

Réciproquement, si $y$ est racine de cette équation, il existe deux racines, distinctes ou confondues, de l'équation $f(x)=0$ qui sont aussi les racines de l'équation

$$x-\frac{1}{x}=y$$

ou

$$x^2-yx-1=0;$$

ces deux racines ont pour produit $-1$.

Finalement, la résolution de l'équation $f(x)=0$ de degré $4q+2$ est ramenée à la résolution d'une équation de degré $2q+1$ et de $2q+1$ équations du second degré.

Si $y_1, y_2, \ldots, y_{2q+1}$ sont les racines de l'équation en $y$, on a encore l'identité

$$f(x)=A_0(x^2-y_1x-1)(x^2-y_2x-1)\ldots(x^2-y_{2q+1}x-1).$$

## X. — DIVISION DES ANGLES

283. Problème. — *Sachant qu'un angle $a$ a pour cosinus un nombre $b$ appartenant à l'intervalle $(-1, +1)$, calculer le cosinus de l'angle $\frac{a}{n}$, $n$ étant un entier positif.*

De la relation

$$\left(\cos\frac{a}{n}+i\sin\frac{a}{n}\right)^n=\cos a+i\sin a,$$

nous avons tiré l'égalité (ch. vii, § 194)

$$\cos a=\cos^n\frac{a}{n}-C_n^2\cos^{n-2}\frac{a}{n}\sin^2\frac{a}{n}+C_n^4\cos^{n-4}\frac{a}{n}\sin^4\frac{a}{n}-\ldots;$$

on en déduit, en posant $\cos a=b$ et $\cos\frac{a}{n}=x$,

$$b=x^n-C_n^2x^{n-2}(1-x^2)+C_n^4x^{n-4}(1-x^2)^2-\ldots.$$

Le second membre est un polynome à coefficients entiers que nous désignerons par $\varphi(x)$; il est de degré $n$, le coefficient de $x^n$ étant égal à $1+C_n^2+C_n^4+\ldots$, c'est-à-dire à $2^{n-1}$. Il est clair que pour tout nombre $x$ appartenant à l'intervalle $(-1, +1)$ on a l'égalité

$$\varphi(x)=\cos(n\arccos x).$$

Pour calculer $x$, nous avons à résoudre l'équation $\varphi(x) - b = 0$. Nous allons montrer que, $b$ *appartenant à l'intervalle* $(-1, +1)$, *cette équation a toutes ses racines réelles.*

En effet, posons $\alpha = \text{arc} \cos b$. Il existe une infinité d'angles $a$ ayant pour cosinus $b$; ils ont pour expression générale $2k\pi \pm \alpha$, $k$ étant un entier quelconque. Les diverses valeurs de $\cos\left(\frac{2k\pi}{n} + \frac{\alpha}{n}\right)$ et de $\cos\left(\frac{2k\pi}{n} - \frac{\alpha}{n}\right)$ sont évidemment racines de l'équation $\varphi(x) - b = 0$. Considérons le cercle trigonométrique de centre O et les diamètres A'A et B'B définis et orientés comme il a été dit dans la théorie des fonctions circulaires. Les arcs de ce cercle qui ont pour origine A et qui ont des mesures de la forme $\frac{2k\pi}{n} + \frac{\alpha}{n}$ ont pour extrémités les sommets tels que M d'un polygone régulier convexe P de $n$ côtés. Si l'on projette orthogonalement les points M sur le diamètre AA' en des points tels que H, les diverses valeurs de $\cos\left(\frac{2k\pi}{n} + \frac{\alpha}{n}\right)$ sont les diverses mesures algébriques des segments OH sur le diamètre A'A orienté. Comme les extrémités des arcs $\frac{\alpha}{n}$ et $-\frac{\alpha}{n}$ d'origine A sont symétriques par rapport à A'A, les extrémités des arcs qui ont pour origine A et qui ont des mesures de la forme $\frac{2k\pi}{n} - \frac{\alpha}{n}$ sont les sommets d'un polygone P' symétrique de P par rapport à A'A; les projections de ces points sur A'A sont les points H précédents. Il suffit donc de considérer les différentes valeurs de $\cos\left(\frac{2k\pi}{n} + \frac{\alpha}{n}\right)$.

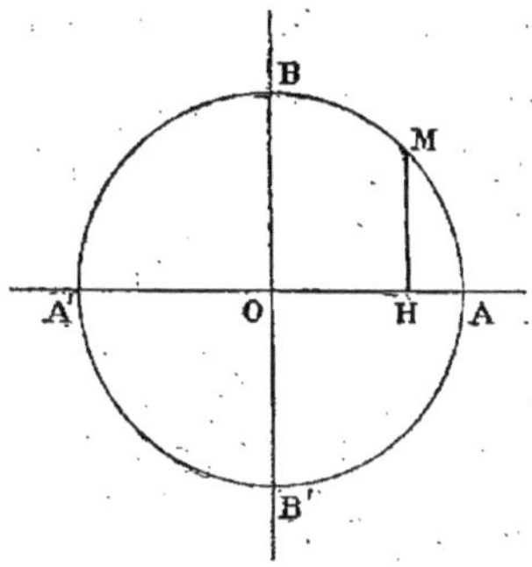

Fig. 75.

Pour que $\cos\left(\frac{2k\pi}{n} + \frac{\alpha}{n}\right)$ soit susceptible de $n$ valeurs distinctes, il faut et il suffit qu'il n'y ait pas deux sommets de P se projetant sur A'A au même point, c'est-à-dire que P ne soit pas symétrique par rapport à A'A. S'il existe deux sommets de P symétriques par rapport à A'A, il existe trois entiers $k$, $k'$ et $h$ tels que l'on ait

$$\left(\frac{2k\pi}{n}+\frac{\alpha}{n}\right)+\left(\frac{2k'\pi}{n}+\frac{\alpha}{n}\right)=2h\pi$$

d'où l'on déduit

$$\alpha=\pi(nh-k-k'),$$

d'où

$$b=\cos\alpha=+1 \text{ ou } -1.$$

I. Si donc on a $-1 < b < +1$, $\cos\left(\frac{2k\pi}{n}+\frac{\alpha}{n}\right)$ est susceptible de $n$ valeurs distinctes toutes racines de l'équation $\varphi(x)-b=0$; cette équation a toutes ses racines réelles, simples, appartenant à l'intervalle $(-1, +1)$. Quand $n$ est pair, l'équation ne contient que des termes de degré pair; en posant $x^2=y$, on ramène sa résolution à celle d'une équation en $y$ de degré $\frac{n}{2}$.

II. Supposons ensuite $b=1$. On a $\alpha=0$, et, par suite, $\frac{\alpha}{n}=0$. Le polygone P a un sommet en A et il est symétrique par rapport à A'A.

1° Si $n$ est impair, P n'a pas de sommet en A'; les sommets autres que A sont symétriques deux à deux par rapport à A'A; $\cos\left(\frac{2k\pi}{n}+\frac{\alpha}{n}\right)$ admet la valeur $+1$ et $\frac{n-1}{2}$ autres valeurs distinctes comprises entre $-1$ et $+1$; ce sont des racines de l'équation $\varphi(x)-1=0$.

On peut montrer que ces $\frac{n-1}{2}$ dernières valeurs de $\cos\left(\frac{2k\pi}{n}+\frac{\alpha}{n}\right)$ sont des racines multiples. En effet, à l'intérieur de l'intervalle $(-1, +1)$, on a

$$\varphi(x)=\cos(n \operatorname{arc}\cos x),$$

d'où

$$\varphi'(x)=\frac{n}{\sqrt{1-x^2}}\sin(n\operatorname{arc}\cos x);$$

on en déduit l'identité

$$(1-x^2)\varphi'^2+n^2(\varphi^2-1)=0,$$

et il en résulte évidemment que toute racine comprise entre $-1$ et $+1$ de l'équation $\varphi-1=0$ vérifie l'équation $\varphi'=0$. L'équation $\varphi(x)=1$ admet $\frac{n-1}{2}$ racines multiples, et comme la somme de leurs ordres de multiplicité ne peut dépasser $n-1$, ces racines sont doubles. Ainsi, *quand $n$ est impair, l'équation $\varphi(x)=1$ admet la racine simple 1 et $\frac{n-1}{2}$*

*racines doubles distinctes comprises entre* $-1$ *et* $+1$. Si l'on débarrasse l'équation $\varphi(x)=1$ de la racine 1, il reste une équation de degré $n-1$, dont le premier membre est le carré d'un polynome de degré $\frac{n-1}{2}$, que l'on calculera en formant le plus grand commun diviseur du polynome de degré $n-1$ et de la dérivée de ce polynome. On ramène ainsi la résolution de l'équation $\varphi(x)=1$ à la résolution d'une équation de degré $\frac{n-1}{2}$, à coefficients entiers.

2° Si $n$ est pair, P a un sommet en A et un sommet en A'; les sommets autres que A et A' sont symétriques deux à deux par rapport à A'A; $\cos\left(\frac{2k\pi}{n}+\frac{\alpha}{n}\right)$ admet les valeurs $+1$ et $-1$ et $\frac{n-2}{2}$ autres valeurs distinctes comprises entre $-1$ et $+1$; ces diverses valeurs sont des racines de l'équation $\varphi(x)=1$.

L'identité

$$(1-x^2)\varphi'^2+n^2(\varphi^2-1)=0$$

prouve encore que les valeurs de $\cos\left(\frac{2k\pi}{n}+\frac{\alpha}{n}\right)$ autres que $+1$ et $-1$ sont des racines multiples, nécessairement doubles, de l'équation $\varphi(x)=1$. Ainsi, *quand $n$ est pair, l'équation $\varphi(x)=1$ admet les racines simples $+1$ et $-1$ et $\frac{n-2}{2}$ racines doubles distinctes comprises entre $-1$ et $+1$.* Si l'on débarrasse l'équation $\varphi(x)=1$ des racines $+1$ et $-1$, il reste une équation de degré $n-2$ dont le premier membre est le carré d'un polynome de degré $\frac{n-2}{2}$, que l'on calculera comme plus grand commun diviseur du polynome de degré $n-2$ et de la dérivée de ce polynome.

Si $n$ n'est pas multiple de 4, les points H sont distincts de O et deux à deux symétriques par rapport à O. Le polynome de degré $\frac{n-2}{2}$ ne contient que des termes de degré pair; si l'on pose $x^2=y$, on ramène la résolution de l'équation $\varphi(x)=1$, de degré $n$, à la résolution d'une équation en $y$ de degré $\frac{n-2}{4}$; cette équation est à coefficients entiers. Si $n$ est multiple de 4, un des points H est en O; l'équation $\varphi(x)=1$ admet une racine double nulle; le polynome de degré $\frac{n-2}{2}$ contient

$x$ en facteur; le quotient de la division par $x$ est un polynome de degré $\frac{n-1}{2}$ qui ne contient que des termes de degré pair. En posant $x^2=y$, on est ramené à la résolution d'une équation en $y$, à coefficients entiers, de degré $\frac{n-1}{4}$.

III. Supposons enfin $b=-1$. On a $\alpha=\pi$, les arcs $\frac{2k\pi}{n}+\frac{\alpha}{n}$ ont pour expression générale $\frac{(2k+1)\pi}{n}$. Le polygone P est symétrique par rapport à A′A, car les arcs $\frac{\pi}{n}$ et $-\frac{\pi}{n}$ obtenus pour $k=0$ et pour $k=-1$ ont leurs extrémités symétriques par rapport à A′A. Le polygone P ne peut avoir de sommet en A; sinon, il existerait deux entiers $k$ et $h$ tels que l'on eût

$$\frac{(2k+1)\pi}{n}=2h\pi, \quad \text{ou} \quad 2k+1=2nh,$$

ce qui est impossible, les deux membres de l'égalité étant des entiers de parités différentes.

1° Si $n$ est impair, P a un sommet en A′; les autres sommets de P sont symétriques deux à deux par rapport à A′A, $\cos\frac{(2k+1)\pi}{n}$ admet la valeur $-1$ et $\frac{n-1}{2}$ autres valeurs distinctes comprises entre $-1$ et $+1$. Ces $\frac{n-1}{2}$ dernières valeurs de $\cos\frac{(2k+1)\pi}{n}$ sont des racines multiples, nécessairement doubles, de l'équation $\varphi(x)=-1$, comme le prouve encore l'identité

$$(1-x^2)\varphi'^2+n^2(\varphi^2-1)=0.$$

Ainsi, *quand $n$ est impair, l'équation $\varphi(x)=-1$ admet la racine simple $-1$ et $\frac{n-1}{2}$ racines doubles distinctes comprises entre $-1$ et $+1$.* On peut ramener la résolution de l'équation à celle d'une équation de degré $\frac{n-1}{2}$, à coefficients entiers.

2° Si $n$ est pair, P n'a de sommet ni en A ni en A′; les sommets sont deux à deux symétriques par rapport à A′A, $\cos\frac{(2k+1)\pi}{n}$ admet $\frac{n}{2}$

valeurs distinctes. D'après cela, *quand n est pair, l'équation* $\varphi(x) = -1$ *admet* $\frac{n}{2}$ *racines doubles distinctes comprises entre* $-1$ et $+1$.

Le polynome $\varphi(x)+1$ est le carré d'un polynome de degré $\frac{n}{2}$. Si $n$ n'est pas multiple de 4, l'un des points H est en O, les points H autres que O sont symétriques deux à deux par rapport à O. Le polynome de degré $\frac{n}{2}$ contient $x$ en facteur; le quotient de la division par $x$ est un polynome de degré $\frac{n-2}{2}$ qui ne contient que des termes de degré pair. En posant $x^2 = y$, on est ramené à la résolution d'une équation en $y$, à coefficients entiers, de degré $\frac{n-2}{4}$. Si $n$ est multiple de 4, les points H sont distincts de O et sont symétriques deux à deux par rapport à O. En posant $x^2 = y$, on est ramené à la résolution d'une équation en $y$, à coefficients entiers, de degré $\frac{n}{4}$.

284. Problème. — *Sachant qu'un angle a a pour sinus un nombre b appartenant à l'intervalle* $(-1, +1)$, *calculer le sinus de l'angle* $\frac{a}{n}$, *n étant un entier positif.*

De la relation

$$\left(\cos\frac{a}{n} + i\sin\frac{a}{n}\right)^n = \cos a + i\sin a,$$

nous avons tiré (ch. VII, § 194)

$$\sin a = C_n^1 \cos^{n-1}\frac{a}{n}\sin\frac{a}{n} - C_n^3\cos^{n-3}\frac{a}{n}\sin^3\frac{a}{n} + \ldots.$$

I. *Supposons d'abord n impair.* En posant $\sin a = b$ et $\sin\frac{a}{n} = x$, de l'égalité précédente on déduit l'équation

$$b = C_n^1 x(1-x^2)^{\frac{n-1}{2}} - C_n^3 x^3(1-x^2)^{\frac{n-3}{2}} + \ldots.$$

Le second membre est un polynome à coefficients entiers que nous désignerons par $\psi(x)$; il est de degré $n$, le coefficient de $x^n$ étant égal à $(-1)^{\frac{n-1}{2}}(C_n^1 + C_n^3 + \ldots)$, c'est-à-dire à $(-1)^{\frac{n-1}{2}} 2^{n-1}$. Il est clair que, pour tout nombre $x$ appartenant à l'intervalle $(-1, +1)$, on a l'égalité

$$\psi(x) = \sin(n \operatorname{arc}\sin x).$$

Pour calculer $x$, nous avons à résoudre l'équation $\psi(x)-b=0$. Nous allons montrer que, *$b$ appartenant à l'intervalle $(-1, +1)$, cette équation a toutes ses racines réelles.*

En effet, posons $\alpha = \text{arc}\sin b$. Il existe une infinité d'angles $\alpha$ ayant pour sinus $b$; ils sont de la forme $2k\pi+\alpha$ ou de la forme $(2k+1)\pi-\alpha$, $k$ étant un entier quelconque. Les différentes valeurs de $\sin\left(\frac{2k\pi}{n}+\frac{\alpha}{n}\right)$ et de $\sin\left[\frac{(2k+1)\pi}{n}-\frac{\alpha}{n}\right]$ sont évidemment racines de l'équation $\psi(x)-b=0$. Considérons le cercle trigonométrique de centre O et les diamètres A'A et B'B précédemment définis. Les extrémités des arcs d'origine A qui ont des mesures de la forme $\frac{2k\pi}{n}+\frac{\alpha}{n}$ sont les sommets M d'un polygone régulier convexe P de $n$ côtés. Si l'on projette orthogonalement les sommets M en des points K sur B'B, les différentes valeurs de $\sin\left(\frac{2k\pi}{n}+\frac{\alpha}{n}\right)$ sont les différentes mesures algébriques des segments OK sur le diamètre B'B orienté. Les extrémités des arcs d'origine A qui ont des mesures de la forme $\frac{(2k+1)\pi}{n}-\frac{\alpha}{n}$ sont les sommets M' d'un polygone régulier convexe P' de $n$ côtés. Parmi les nombres $\frac{2k\pi}{n}+\frac{\alpha}{n}$, se trouve $\frac{\alpha}{n}$, obtenu pour $k=0$, et parmi les nombres $\frac{(2k+1)\pi}{n}-\frac{\alpha}{n}$, se trouve $\pi-\frac{\alpha}{n}$, obtenu pour $k=\frac{n-1}{2}$. Les extrémités des deux arcs $\frac{\alpha}{n}$ et $\pi-\frac{\alpha}{n}$ sont symétriques par rapport à B'B; il en est de même des polygones P et P'; les projections des sommets M' de P' sur B'B sont les points K précédents. Il suffit donc de considérer les différentes valeurs de $\sin\left(\frac{2k\pi}{n}+\frac{\alpha}{n}\right)$.

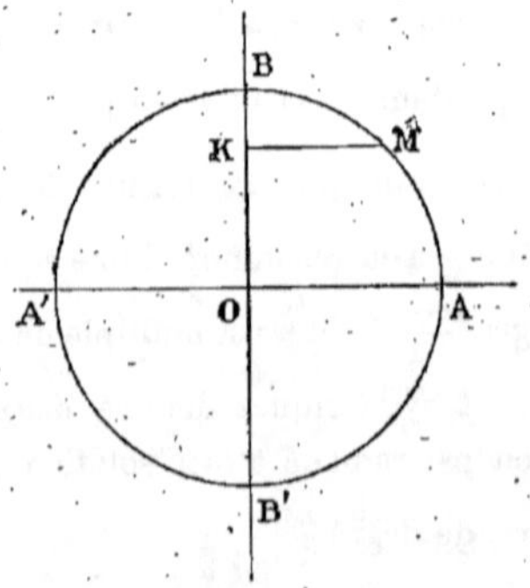

Fig. 76.

Pour que $\sin\left(\frac{2k\pi}{n}+\frac{\alpha}{n}\right)$ soit susceptible de $n$ valeurs distinctes, il faut et il suffit qu'il n'y ait pas deux sommets de P se projetant sur B'B au même point K. S'il existe deux sommets de P symétriques par rapport à B'B, il existe trois entiers $k$, $k'$ et $h$ tels que l'on ait

$$\left(\frac{2k\pi}{n}+\frac{\alpha}{n}\right)+\left(\frac{2k'\pi}{n}+\frac{\alpha}{n}\right)=(2h+1)\pi,$$

d'où l'on déduit

$$\alpha=\frac{\pi}{2}[n(2h+1)-2k-2k'].$$

Comme $n$ est impair, il en est de même de $n(2h+1)$. De l'égalité précédente, on déduit $b=\sin\alpha=+1$ ou $-1$.

1° Si donc on a $-1<b<+1$, $\sin\left(\frac{2k\pi}{n}+\frac{\alpha}{n}\right)$ est susceptible de $n$ valeurs distinctes toutes racines de l'équation $\psi(x)-b=0$; cette équation a toutes ses racines réelles, simples, comprises entre $-1$ et $+1$.

2° Supposons ensuite $b=1$. Alors, $\alpha=\frac{\pi}{2}$; les arcs $\frac{2k\pi}{n}+\frac{\alpha}{n}$ ont pour expression $\frac{4k+1}{n}\frac{\pi}{2}$. Si le nombre pair $n-1$ est multiple de 4, l'un de ces arcs est $\frac{\pi}{2}$, obtenu pour $k=\frac{n-1}{4}$. Le polygone P a un sommet en B, mais n'a pas de sommet en B'; il est symétrique par rapport au diamètre B'B; $\sin\left(\frac{2k\pi}{n}+\frac{\alpha}{n}\right)$ admet la valeur $+1$ et $\frac{n-1}{2}$ autres valeurs distinctes comprises entre $-1$ et $+1$; ce sont des racines de l'équation $\psi(x)=1$. Si le nombre pair $n-1$ n'est pas multiple de 4, l'un des arcs $\frac{4k+1}{n}\frac{\pi}{2}$ est égal à $-\frac{\pi}{2}$, obtenu pour $k=-\frac{n+1}{4}$. Le polygone P a un sommet en B', mais n'a pas de sommet en B; il est symétrique par rapport à B'B; $\sin\left(\frac{2k\pi}{n}+\frac{\alpha}{n}\right)$ admet la valeur $-1$ et $\frac{n-1}{2}$ autres valeurs distinctes comprises entre $-1$ et $+1$; ce sont des racines de l'équation $\psi(x)=1$. On peut montrer que, dans l'un et l'autre cas, les $\frac{n-1}{2}$ valeurs de $\sin\left(\frac{2k\pi}{n}+\frac{\alpha}{n}\right)$ comprises entre $-1$ et $+1$ sont des racines multiples. En effet, à l'intérieur de l'intervalle $(-1,+1)$, on a

$$\psi(x)=\sin(n\arcsin x),$$

d'où

$$\psi'(x)=\frac{n}{\sqrt{1-x^2}}\cos(n\arcsin x).$$

On en déduit l'identité

$$(1-x^2)\psi'^2+n^2(\psi^2-1)=0,$$

et il en résulte évidemment que toute racine comprise entre $-1$ et $+1$ de l'équation $\psi-1=0$ vérifie l'équation $\psi'=0$. L'équation $\psi(x)=1$ admet $\frac{n-1}{2}$ racines multiples, et comme la somme de leurs ordres de multiplicité ne peut dépasser $n-1$, ces racines sont doubles. Ainsi, *l'équation $\psi(x)=1$ admet la racine simple $+1$ ou $-1$ et $\frac{n-1}{2}$ racines doubles comprises entre $-1$ et $+1$.* Si l'on débarrasse l'équation $\psi(x)=1$ de la racine $+1$ ou $-1$, il reste une équation de degré $n-1$, dont le premier membre est le carré d'un polynome de degré $\frac{n-1}{2}$, que l'on calculera comme plus grand commun diviseur du polynome de degré $n-1$ et de la dérivée de ce polynome. On ramène ainsi la résolution de l'équation $\psi(x)=1$ à la résolution d'une équation de degré $\frac{n-1}{2}$, à coefficients entiers.

3° Supposons $b=-1$. Alors, $\alpha=-\frac{\pi}{2}$; les arcs $\frac{2k\pi}{n}+\frac{\alpha}{n}$ ont pour expression $\frac{4k-1}{n}\frac{\pi}{2}$. Si le nombre $n-1$ est multiple de 4, l'un de ces arcs est $-\frac{\pi}{2}$, obtenu pour $k=-\frac{n-1}{4}$. Le polygone P a un sommet en B'; mais n'a pas de sommet en B; il est symétrique par rapport à B'B; $\sin\left(\frac{2k\pi}{n}+\frac{\alpha}{n}\right)$ admet la valeur $-1$ et $\frac{n-1}{2}$ autres valeurs distinctes comprises entre $-1$ et $+1$; ce sont des racines de l'équation $\psi(x)=-1$. Si le nombre $n-1$ n'est pas multiple de 4, l'un des arcs $\frac{4k-1}{n}\frac{\pi}{2}$ est $+\frac{\pi}{2}$, obtenu pour $k=\frac{n+1}{4}$. Le polygone P a un sommet en B, mais n'a pas de sommet en B'; il est symétrique par rapport à B'B; $\sin\left(\frac{2k\pi}{n}+\frac{\alpha}{n}\right)$ admet la valeur $+1$ et $\frac{n-1}{2}$ autres valeurs distinctes comprises entre $-1$ et $+1$; ce sont des racines de l'équation $\psi(x)=-1$.

L'identité

$$(1-x^2)\psi'^2+n^2(\psi^2-1)=0$$

montre que toute racine de l'équation $\psi(x)=-1$ comprise entre $-1$

et $+1$ vérifie l'équation $\psi' = 0$. *L'équation* $\psi(x) = -1$ *admet la racine simple* $+1$ *ou* $-1$ *et* $\frac{n-1}{2}$ *racines doubles comprises entre* $-1$ *et* $+1$. On peut encore ramener sa résolution à celle d'une équation de degré $\frac{n-1}{2}$, à coefficients entiers.

II. *Supposons n pair*. On a l'égalité

$$\sin a = \cos\frac{a}{n}\left(C_n^1 \cos^{n-2}\frac{a}{n}\sin\frac{a}{n} - C_n^3 \cos^{n-4}\frac{a}{n}\sin^3\frac{a}{n} + \dots\right),$$

d'où

$$\sin^2 a = \cos^2\frac{a}{n}\left(C_n^1 \cos^{n-2}\frac{a}{n}\sin\frac{a}{n} - C_n^3 \cos^{n-4}\frac{a}{n}\sin^3\frac{a}{n} + \dots\right)^2.$$

En posant $\sin a = b$ et $\sin\frac{a}{n} = x$, on obtient l'équation

$$b^2 = (1-x^2)\left[C_n^1 x(1-x^2)^{\frac{n-2}{2}} - C_n^3 x^3 (1-x^2)^{\frac{n-4}{2}} + \dots\right]^2.$$

Le second membre est un polynome à coefficients entiers que nous désignerons par $\theta(x)$; il est de degré $2n$, le coefficient de $x^{2n}$ étant égal à $-(C_n^1 + C_n^3 + \dots)^2$, c'est-à-dire à $-2^{2n-2}$. Il est clair que, pour tout nombre $x$ appartenant à l'intervalle $(-1, +1)$, on a l'égalité

$$\theta(x) = \sin^2(n \arcsin x).$$

Pour calculer $x$, nous avons à résoudre l'équation $\theta(x) - b^2 = 0$. Nous allons montrer que, *b appartenant à l'intervalle* $(-1, +1)$, *l'équation a toutes ses racines réelles*.

En effet, posons $\alpha = \arcsin b$. Il existe une infinité d'angles $a$ ayant pour sinus $b$; ils sont de la forme $2k\pi + \alpha$ ou de la forme $(2k+1)\pi - \alpha$, $k$ étant un entier quelconque. Les différentes valeurs de $\sin\left(\frac{2k\pi}{n} + \frac{\alpha}{n}\right)$ et de $\sin\left[\frac{(2k+1)\pi}{n} - \frac{\alpha}{n}\right]$ sont évidemment racines de l'équation $\theta(x) - b^2 = 0$. Considérons le cercle trigonométrique de centre O et les diamètres A'A et B'B précédemment définis. Les extrémités des arcs d'origine A qui ont des mesures de la forme $\frac{2k\pi}{n} + \frac{\alpha}{n}$ sont les sommets M d'un polygone régulier convexe P de $n$ côtés. Si l'on projette orthogonalement les sommets M en des points K sur B'B, les différentes valeurs de $\sin\left(\frac{2k\pi}{n} + \frac{\alpha}{n}\right)$ sont les différentes mesures algébriques des segments OK sur le diamètre B'B orienté. Les extrémités des arcs d'origine A qui ont des mesures de la forme $\frac{(2k+1)\pi}{n} - \frac{\alpha}{n}$ sont les sommets M' d'un polygone régulier convexe P' de $n$ côtés, se projetant orthogonalement sur B'B en des points K', et les différentes valeurs de sin $\left[\frac{(2k+1)\pi}{n} - \frac{\alpha}{n}\right]$ sont les différentes mesures algébriques des segments OK' sur B'B orienté.

Pour que sin $\left(\frac{2k\pi}{n} + \frac{\alpha}{n}\right)$ soit susceptible de $n$ valeurs distinctes, il faut et il suffit qu'il n'y ait pas deux sommets de P symétriques par rapport à B'B. S'il existe deux sommets symétriques par rapport à B'B, il existe trois entiers $k$, $k'$ et $h$ tels que l'on ait

$$\left(\frac{2k\pi}{n} + \frac{\alpha}{n}\right) + \left(\frac{2k'\pi}{n} + \frac{\alpha}{n}\right) = (2h+1)\pi,$$

d'où l'on déduit

$$\alpha = \pi\left[\frac{n}{2}(2h+1) - k - k'\right].$$

De cette égalité, on déduit $\alpha = 0$, $b = 0$.

En remplaçant dans le calcul précédent $\alpha$ par $\pi - \alpha$, on voit que si le polygone P' est symétrique par rapport à B'B, $\pi - \alpha$ est multiple de $\pi$, et, par suite encore, $b = 0$. Si donc $b$ n'est pas nul, ni P ni P' n'est symétrique par rapport à B'B.

$b$ étant supposé non nul, pour que les $n$ valeurs de sin$\left(\frac{2k\pi}{n} + \frac{\alpha}{n}\right)$ et les $n$ valeurs de sin $\left[\frac{(2k+1)\pi}{n} - \frac{\alpha}{n}\right]$ soient distinctes, il faut et il suffit que P et P' ne soient pas confondus ou ne soient pas symétriques l'un de l'autre par rapport à B'B. Or, *il ne peut arriver que* P *et* P' *soient symétriques par rapport à* B'B. Si en effet P et P' étaient symétriques par rapport à B'B, il existerait trois entiers $k$, $k'$, $h$ tels que l'on eût

$$\frac{2k\pi}{n} + \frac{\alpha}{n} + \frac{(2k'+1)\pi}{n} - \frac{\alpha}{n} = (2h+1)\pi,$$

d'où

$$2k + 2k' + 1 = n(2h+1);$$

or, les deux membres de cette égalité sont des entiers de parités différentes, ce qui est absurde.

D'autre part, si P et P' sont confondus, c'est qu'il existe trois entiers $k$, $k'$ et $h$ tels que l'on ait

$$\frac{2k\pi}{n}+\frac{\alpha}{n}-\left[\frac{(2k'+1)\pi}{n}-\frac{\alpha}{n}\right]=2h\pi,$$

d'où

$$\alpha=\frac{\pi}{2}(2nh-2k+2k'+1)$$

d'où

$$\alpha=\pm\frac{\pi}{2}, \qquad b=\pm 1.$$

1° Supposons donc $b$ non nul et différent à la fois de $+1$ et de $-1$. Dans ce cas, il existe $2n$ valeurs distinctes de $\sin\left(\frac{2k\pi}{n}+\frac{\alpha}{n}\right)$ et de $\sin\left[\frac{(2k+1)\pi}{n}-\frac{\alpha}{n}\right]$. L'équation $\theta(x)-b^2=0$ admet $2n$ racines réelles simples comprises entre $-1$ et $+1$. D'ailleurs, le polynome $\theta(x)-b^2$ n'admet que des termes de degré pair; en posant $x^2=y$, on ramène la résolution de l'équation à celle d'une équation de degré $n$.

2° Supposons $b=\pm 1$. Alors, $\alpha=\pm\frac{\pi}{2}$; les arcs $\frac{2k\pi}{n}+\frac{\alpha}{n}$ et $\frac{(2k+1)\pi}{n}-\frac{\alpha}{n}$ ont pour expression $\frac{4k'\pm 1}{n}\frac{\pi}{2}$. Les polygones P et P′ sont confondus; mais le polygone P n'est pas symétrique par rapport à B′B; $\sin\left(\frac{2k\pi}{n}+\frac{\alpha}{n}\right)$ est susceptible de $n$ valeurs distinctes comprises entre $-1$ et $+1$, racines de l'équation $\theta(x)-1=0$. On peut montrer que ce sont des racines doubles de l'équation. En effet, à l'intérieur de l'intervalle $(-1, +1)$, on a

$$\theta(x)=\sin^2(n\arc\sin x),$$

d'où

$$\theta'(x)=\frac{2n}{\sqrt{1-x^2}}\sin(n\arc\sin x)\cos(n\arc\sin x);$$

on en déduit facilement l'identité

$$(1-x^2)\theta'^2+4n^2\theta(\theta-1)=0,$$

d'où il résulte que toute racine de l'équation $\theta(x)=1$ vérifie l'équation $\theta'=0$. Ainsi, l'équation $\theta(x)=1$ admet $n$ racines doubles réelles, comprises entre $-1$ et $+1$.

Le polynome $\theta(x)-1$ est le carré d'un polynome $U(x)$ de degré $n$, que l'on calculera comme plus grand commun diviseur de $\theta(x)-1$ et de $\theta'(x)$. Comme $\theta(x)-1$ ne contient que des termes de degré pair, l'équation $\theta(x)-1=0$ a ses racines deux à deux opposées; il en est de même de l'équation $U(x)=0$, ce qui prouve que $U(x)$ ne contient que des termes de degré pair; ce polynome ne s'annule pas pour $x=0$.

En posant $x^2 = y$, on ramène la résolution de l'équation $\theta(x) = 1$ à la résolution d'une équation entière en $y$ de degré $\frac{n}{2}$.

3° Supposons $b = 0$. Alors, $\alpha = 0$; les arcs $\frac{2k\pi}{n} + \frac{\alpha}{n}$ et $\frac{(2k+1)\pi}{n} - \frac{\alpha}{n}$ ont pour expression générale commune $\frac{k'\pi}{n}$ ou $\frac{2k'\pi}{2n}$. Les extrémités de ces arcs sont les sommets d'un polygone régulier convexe de $2n$ côtés inscrit dans le cercle trigonométrique, ayant des sommets en A et en A', en B et en B'; $\sin \frac{k'\pi}{n}$ est susceptible de $n$ valeurs distinctes appartenant à l'intervalle $(-1, +1)$, parmi lesquelles se trouvent les nombres $-1$, 0 et $+1$.

L'identité

$$(1 - x^2)\theta'^2 + 4n^2\theta(\theta - 1) = 0$$

montre que les valeurs de $\sin \frac{k'\pi}{n}$, autres que $-1$ et $+1$, annulant $\theta$ et n'annulant pas $1 - x^2$, annulent $\theta'$; ce sont des racines multiples de l'équation $\theta = 0$. Cette équation admet les racines simples $-1$ et $+1$ et $n - 2$ racines doubles parmi lesquelles est la racine 0. Si l'on débarrasse l'équation $\theta = 0$ des racines $-1$, 0 et $+1$, il reste une équation de degré $2n - 4$, dont le premier membre est le carré d'un polynome $U(x)$ de degré $n - 2$, que l'on calculera comme plus grand diviseur du polynome de degré $2n - 4$ et de sa dérivée. Comme $\theta$ ne contient que des termes de degré pair, l'équation $\theta = 0$ a ses racines deux à deux opposées; il en est de même de l'équation $U(x) = 0$, ce qui prouve que $U(x)$, qui d'ailleurs ne s'annule pas pour $x = 0$, ne contient que des termes de degré pair en $x$. En posant $x^2 = y$, on ramène la résolution de l'équation $\theta(x) = 0$ à la résolution d'une équation entière en $y$ de degré $\frac{n}{2} - 1$.

285. Problème. — *Sachant qu'un angle $a$ a pour tangente un nombre $b$, calculer la tangente de l'angle $\frac{a}{n}$, $n$ étant un entier positif.*

On a à la fois

$$\sin a = C_n^1 \cos^{n-1}\frac{a}{n} \sin\frac{a}{n} - C_n^3 \cos^{n-3}\frac{a}{n} \sin^3\frac{a}{n} + \dots$$

et

$$\cos a = \cos^n\frac{a}{n} - C_n^2 \cos^{n-2}\frac{v}{n} \sin^2\frac{a}{n} + \dots;$$

on en déduit, par division membre à membre,

$$\operatorname{tg} a = \frac{C_n^1 \operatorname{tg}\frac{a}{n} - C_n^3 \operatorname{tg}^3\frac{a}{n} + \ldots}{1 - C_n^2 \operatorname{tg}^2\frac{a}{n} + C_n^4 \operatorname{tg}^4\frac{a}{n} - \ldots}.$$

Posons $\operatorname{tg} a = b$, $\operatorname{tg}\frac{a}{n} = x$; on obtient l'équation

$$b = \frac{C_n^1 x - C_n^3 x^3 + C_n^5 x^5 - \ldots}{1 - C_n^2 x^2 + C_n^4 x^4 - \ldots}.$$

Posons

$$\varphi(x) = C_n^1 x - C_n^3 x^3 + C_n^5 x^5 - \ldots,$$
$$\psi(x) = 1 - C_n^2 x^2 + C_n^4 x^4 - \ldots.$$

L'équation précédente s'écrit $\varphi(x) - b\psi(x) = 0$. Si $n$ est impair, cette équation est, quel que soit $b$, de degré $n$; si $n$ est pair, elle est de degré $n$ si $b$ est différent de 0 et de degré $n-1$ si $b$ est égal à 0. Nous allons montrer que, dans tous les cas, *elle a toutes ses racines réelles et simples.*

En effet, posons $\alpha = \operatorname{arc\,tg} b$. Il existe une infinité d'angles $a$ ayant pour tangente $b$; ils ont pour expression générale $k\pi + \alpha$, $k$ étant un entier quelconque. Les diverses valeurs de $\operatorname{tg}\left(\frac{k\pi}{n} + \frac{\alpha}{n}\right)$ sont évidemment racines de l'équation $\varphi(x) - b\psi(x) = 0$. Considérons le cercle trigonométrique de centre O, les diamètres AA′ et BB′ antérieurement définis, la tangente en A orientée comme il a été dit à propos de la définition de la fonction $\operatorname{tg} x$. Les arcs qui ont pour origine A et qui ont des mesures de la forme $\frac{k\pi}{n} + \frac{\alpha}{n}$ ont pour extrémités les sommets tels que M d'un polygone régulier convexe P de $2n$ côtés. Si l'on prend les points d'intersection tels que T des $n$ diamètres de ce polygone avec la tangente en A, les diverses valeurs de $\operatorname{tg}\left(\frac{k\pi}{n} + \frac{\alpha}{n}\right)$ sont les diverses mesures algébriques des segments AT sur la tangente en A orientée.

Si un diamètre de P est parallèle à la tangente en A, les points B et B′ sont parmi les points M; il existe alors deux entiers $h$ et $k$ tels que l'on ait

$$\frac{k\pi}{n} + \frac{\alpha}{n} = (2h+1)\frac{\pi}{2},$$

d'où

$$\alpha = n(2h+1)\frac{\pi}{2} - k\pi.$$

Si $n$ était impair, $\alpha$ serait égal à un multiple impair de $\frac{\pi}{2}$, ce qui n'est pas, puisque $\alpha$ est compris entre $-\frac{\pi}{2}$ et $+\frac{\pi}{2}$; il faut donc que $n$ soit pair; mais alors $\alpha$ est égal à un multiple de $\pi$, il est donc nul; par suite, $n$ est pair et $b$ est nul, et l'équation en $x$ est de degré $n-1$.

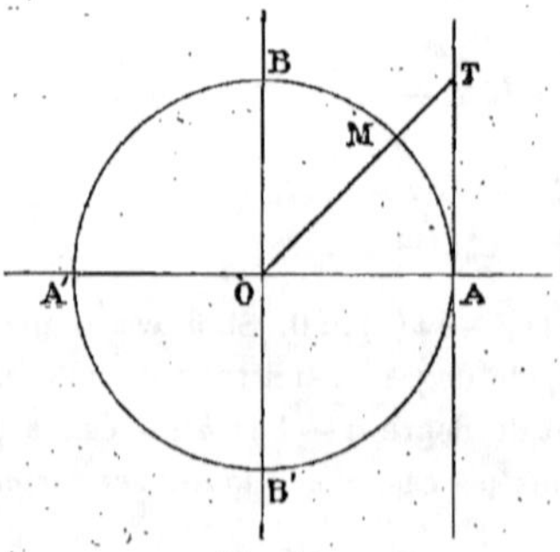

Fig. 77.

Si donc l'équation en $x$ est de degré $n$, les $n$ diamètres du polygone P rencontrent la tangente en A en des points T distincts; l'équation a $n$ racines réelles distinctes qui sont les $n$ mesures algébriques des segments AT. Si l'équation en $x$ est de degré $n-1$, $n$ est pair et $b$ est nul, les arcs $\frac{k\pi}{n}+\frac{\alpha}{n}$ ont pour expression générale $\frac{k\pi}{n}$, et l'un d'eux, correspondant à $k$ égal à $\frac{n}{2}$, a pour valeur $\frac{\pi}{2}$; le point B est un sommet du polygone P qui a un diamètre parallèle à la tangente en A; les $n-1$ autres diamètres rencontrent la tangente en A en $n-1$ points T distincts; l'équation en $x$ a $n-1$ racines réelles distinctes qui sont les mesures algébriques des $n-1$ segments AT. Il est commode de regarder le diamètre BB' comme rencontrant la tangente en A en un point T à l'infini, et l'équation de degré $n-1$ en $x$ comme une équation de degré $n$ admettant une racine infinie.

D'autre part, il est commode de regarder un angle égal à un multiple impair de $\frac{\pi}{2}$ comme ayant une tangente infinie; dans ces conditions, on pourra supposer aussi $b$ infini. L'équation en $x$ précédente est alors remplacée par $\psi(x)=0$, qui est de degré $n$ ou de degré $n-1$ suivant que $n$ est pair ou impair. Cette équation a encore toutes ses racines réelles et simples, qui sont les diverses valeurs de $\operatorname{tg}\left(\frac{k\pi}{n}+\frac{\pi}{2n}\right)$; si elle est de degré $n-1$, il sera encore commode de la regarder comme une équation de degré $n$ ayant une racine infinie.

D'après cela, *l'équation* $\varphi(x) - b\psi(x) = 0$, *considérée comme étant de degré* $n$, $b$ *étant fini ou infini, a dans tous les cas* $n$ *racines réelles, simples, finies ou infinies.*

*Remarque.* — Supposons $n$ pair. Le nombre des sommets du polygone P est alors multiple de 4; il s'ensuit que les diamètres de ce polygone sont deux à deux rectangulaires. Si deux diamètres rectangulaires rencontrent la tangente en A au cercle trigonométrique en T et T', on a $AT \,.\, AT' = -1$. Par suite, si l'équation $\varphi(x) - b\psi(x) = 0$ admet la racine finie et non nulle $x$, elle admet aussi la racine finie et non nulle $-\frac{1}{x}$. Si le polygone P admet le diamètre AA', il admet aussi le diamètre BB', et inversement. Par suite, si l'équation précédente admet la racine 0, elle a une racine infinie, autrement dit, elle est de degré $n-1$, et inversement; pour qu'il en soit ainsi, il faut et il suffit que l'on aît $b = 0$.

D'après cela, si $b$ est différent de 0, fini ou infini, autrement dit, si l'équation est de degré $n$, cette équation n'a pas de racine nulle; à la racine simple $x$, il correspond la racine, également simple, $-\frac{1}{x}$; l'équation est réciproque de seconde espèce, et, en posant $x - \frac{1}{x} = y$, on ramène la résolution de cette équation à celle d'une équation de degré $\frac{n}{2}$ en $y$ et de $\frac{n}{2}$ équations du second degré en $x$. Si $b$ est nul, l'équation, qui se réduit à $\varphi(x) = 0$, est de degré $n-1$; elle admet la racine 0, comme racine simple; si on divise $\varphi(x)$ par $x$, on obtient une équation réciproque de seconde espèce de degré $n-2$, dont, en posant encore $x - \frac{1}{x} = y$, on ramène la résolution à celle d'une équation de degré $\frac{n}{2} - 1$ en $y$ et de $\frac{n}{2} - 1$ équations du second degré en $x$.

## XI. — DÉCOMPOSITION DES FRACTIONS RATIONNELLES

**286. Pôles d'une fraction rationnelle.** — Soit une fraction rationnelle $\frac{f(x)}{g(x)}$ *que nous supposerons irréductible*, les deux termes étant des polynomes à coefficients réels ou imaginaires par rapport à la variable imaginaire $x$. Si $g(x)$ se réduit à une constante non nulle, la fonction $\frac{f(x)}{g(x)}$ est un polynome en $x$ et est définie pour toute valeur de $x$. Si $g(x)$ est un polynome de degré positif, il existe des valeurs de $x$ pour lesquelles la fonction $\frac{f(x)}{g(x)}$ n'est pas définie; ce sont les racines, telles que $x_0$, de l'équation $g(x)=0$. Pour une telle valeur de $x$, $f(x)$ n'est pas nul; il s'ensuit que $\frac{f(x)}{g(x)}$ tend vers $\infty$ quand $x$ tend vers une de ces valeurs de $x$. Chacune des racines de l'équation $g(x)=0$ est dite un *pôle* de la fraction rationnelle; si $x_0$ est racine multiple d'ordre $p$ de l'équation $g(x)=0$, $x_0$ est dit *pôle multiple d'ordre* $p$. Pour qu'une fraction rationnelle soit égale à un polynome, il faut et il suffit qu'elle n'ait pas de pôles.

THÉORÈME. — *Si $x_0$ est un pôle multiple d'ordre $p$ de la fraction rationnelle $\frac{f(x)}{g(x)}$, il existe un polynome* $U(x)$ *et un seul, dénué de terme indépendant de $x$, tel que $\frac{f(x)}{g(x)} - U\left(\frac{1}{x-x_0}\right)$ tende vers une limite finie quand $x$ tend vers $x_0$. Ce polynome est de degré $p$.*

En effet, on a $g(x)=(x-x_0)^p\varphi(x)$, $\varphi(x)$ étant un polynome en $x$ tel que l'on ait $\varphi(x_0)\neq 0$. On a, par suite,

$$\frac{f(x)}{g(x)}=\frac{1}{(x-x_0)^p}\,\frac{f(x)}{\varphi(x)}.$$

La fonction rationnelle $\frac{f(x)}{\varphi(x)}$ est définie au point $x_0$ et admet en ce point la valeur non nulle $\frac{f(x_0)}{\varphi(x_0)}$. Si nous y remplaçons $x$ par $x_0+y$, nous obtenons la fonction $\frac{f(x_0+y)}{\varphi(x_0+y)}$, rationnelle en $y$, définie et ayant une valeur non nulle pour $y=0$. Cette fonction admet un développement limité à l'ordre $p-1$ au voisinage de $y=0$, dont on obtient la partie proprement dite en divisant le polynome $f(x_0+y)$ par le polynome $\varphi(x_0+y)$, ces deux polynomes étant ordonnés par rapport aux puissances croissantes de $y$; le reste de la division contient en facteur $y^p$, et l'on a l'identité

$$\frac{f(x_0+y)}{\varphi(x_0+y)}=u_0+u_1y+u_2y^2+\ldots+u_{p-1}y^{p-1}+\frac{y^p\theta(y)}{\varphi(x_0+y)},$$

où $u_0$ est égal à $\frac{f(x_0)}{\varphi(x_0)}$. De cette identité, on déduit, en y remplaçant $y$ par $x-x_0$,

$$\frac{f(x)}{\varphi(x)}=u_0+u_1(x-x_0)+u_2(x-x_0)^2+\ldots+u_{p-1}(x-x_0)^{p-1}+\frac{(x-x_0)^p\theta(x-x_0)}{\varphi(x)},$$

d'où, en divisant les deux membres par $(x-x_0)^p$,

$$\frac{f(x)}{g(x)}=\frac{u_0}{(x-x_0)^p}+\frac{u_1}{(x-x_0)^{p-1}}+\ldots+\frac{u_{p-1}}{x-x_0}+\frac{\theta(x-x_0)}{\varphi(x)}.$$

Si nous posons $U(x)=u_0x^p+u_1x^{p-1}+\ldots+u_{p-1}x$, on a

$$\frac{f(x)}{g(x)}-U\left(\frac{1}{x-x_0}\right)=\frac{\theta(x-x_0)}{\varphi(x)}.$$

$U(x)$ est dénué de terme indépendant de $x$ et le second membre de l'identité précédente a une limite finie $\frac{\theta(0)}{\varphi(x_0)}$ quand $x$ tend vers $x_0$. $U(x)$ satisfait donc aux conditions de l'énoncé; d'autre part, $u_0$ n'étant pas nul, ce polynome est bien de degré $p$.

Reste à montrer que le polynome $U(x)$ est unique. Supposons qu'il existe un autre polynome $U_1(x)$ dénué de terme indépendant de $x$ tel que $\frac{f(x)}{g(x)}-U_1\left(\frac{1}{x-x_0}\right)$ ait une limite finie quand $x$ tend vers $x_0$. Il s'ensuit que la fonction

$$\frac{f(x)}{g(x)}-U\left(\frac{1}{x-x_0}\right)-\left[\frac{f(x)}{g(x)}-U_1\left(\frac{1}{x-x_0}\right)\right]$$

a une limite finie quand $x$ tend vers $x_0$. Cette fonction est égale à

$$U_1\left(\frac{1}{x-x_0}\right)-U\left(\frac{1}{x-x_0}\right),$$

c'est-à-dire, si nous posons $S(x)=U_1(x)-U(x)$, polynome non identiquement nul, égale à $S\left(\frac{1}{x-x_0}\right)$. Or, $S(x)$ est, comme $U(x)$ et $U_1(x)$, dénué de terme indépendant de $x$; il admet donc un degré plus grand que 0 et, par suite, il tend vers $\infty$ quand $x$ tend vers $\infty$; il s'ensuit que $S\left(\frac{1}{x-x_0}\right)$ tend vers $\infty$ quand $x$ tend vers $x_0$. On aboutit à une contradiction; il est donc impossible que le polynome $U(x)$ ne soit pas unique.

Nous donnerons à la fraction rationnelle $U\left(\frac{1}{x-x_0}\right)$ le nom de *partie infinie de la fraction rationnelle au voisinage du pôle* $x_0$, et à $U(x)$ le nom de *polynome générateur de cette partie infinie.*

Le coefficient du terme du premier degré dans le polynome $U(x)$ est dit le ***résidu*** de la fraction rationnelle relatif au pôle $x_0$.

**287. Décomposition en fractions simples.** — Soit la fraction rationnelle $\frac{f(x)}{g(x)}$ admettant les pôles $a, b, \ldots, l$, respectivement aux ordres de multiplicité $\alpha, \beta, \ldots, \lambda$. Si $U_a(x), U_b(x), \ldots, U_l(x)$ sont les polynomes générateurs des parties infinies de la fraction rationnelle respectivement au voisinage des pôles $a, b, \ldots, l$, ces parties infinies sont

$$U_a\left(\frac{1}{x-a}\right), \quad U_b\left(\frac{1}{x-b}\right), \quad \ldots, \quad U_l\left(\frac{1}{x-l}\right).$$

Considérons la fonction

$$\psi(x) = \frac{f(x)}{g(x)} - U_a\left(\frac{1}{x-a}\right) - U_b\left(\frac{1}{x-b}\right) - \ldots - U_l\left(\frac{1}{x-l}\right);$$

c'est une fraction rationnelle. Soit $x_0$ un nombre quelconque et faisons tendre $x$ vers $x_0$. Si $x_0$ n'est pas un pôle de $\frac{f(x)}{g(x)}$, $\frac{f(x)}{g(x)}$ tend vers une limite finie; d'autre part, $\frac{1}{x-a}, \frac{1}{x-b}, \ldots, \frac{1}{x-l}$ tendent respectivement vers les limites finies $\frac{1}{x_0-a}, \frac{1}{x_0-b}, \ldots, \frac{1}{x_0-l}$, et, par suite, $U_a\left(\frac{1}{x-a}\right), U_b\left(\frac{1}{x-b}\right), \ldots, U_l\left(\frac{1}{x-l}\right)$ tendent simultanément vers des limites finies. Par conséquent, $\psi(x)$ tend aussi vers une limite finie. Si $x_0$ est un pôle de $\frac{f(x)}{g(x)}$, par exemple $a$, $U_b\left(\frac{1}{x-b}\right), \ldots, U_l\left(\frac{1}{x-l}\right)$ tendent vers des limites finies; d'autre part,

$$\frac{f(x)}{g(x)} - U_a\left(\frac{1}{x-a}\right)$$

tend vers une limite finie, et il en est de même de $\psi(x)$. Finalement, la fraction rationnelle $\psi(x)$ est définie, au sens étendu, pour toute valeur de $x$; cette fraction rationnelle n'a pas de pôles, elle est égale à un polynome.

Cela posé, faisons tendre $x$ vers $\infty$; $\frac{1}{x-a}$, $\frac{1}{x-b}$, ..., $\frac{1}{x-l}$ tendent vers 0, et, comme les polynomes $U_a(x)$, $U_b(x)$, ..., $U_l(x)$ sont dénués de terme indépendant de $x$, $U_a\left(\frac{1}{x-a}\right)$, $U_b\left(\frac{1}{x-b}\right)$, ..., $U_l\left(\frac{1}{x-l}\right)$ tendent vers 0. On voit ainsi que la fraction rationnelle $\frac{f(x)}{g(x)}-\psi(x)$ tend vers 0 quand $x$ tend vers $\infty$; par conséquent, le polynome $\psi(x)$ n'est autre que la partie entière $E(x)$ de la fraction rationnelle $\frac{f(x)}{g(x)}$ (ch. IV, § 146). On a l'identité

$$\frac{f(x)}{g(x)}=E(x)+U_a\left(\frac{1}{x-a}\right)+U_b\left(\frac{1}{x-b}\right)+\dots+U_l\left(\frac{1}{x-l}\right).$$

THÉORÈME. — *$H_0(x)$, $H_1(x)$, ... étant des polynomes en $x$, dénués de terme indépendant de $x$, $Q(x)$ étant un polynome en $x$ et $x_0$, $x_1$, ... étant des nombres distincts, si l'on a l'identité*

$$\frac{f(x)}{g(x)}=Q(x)+H_0\left(\frac{1}{x-x_0}\right)+H_1\left(\frac{1}{x-x_1}\right)+\dots,$$

*$x_0$, $x_1$, ... sont les pôles de la fraction rationnelle $\frac{f(x)}{g(x)}$, $H_0(x)$, $H_1(x)$, ... sont les polynomes générateurs des parties infinies de cette fonction respectivement au voisinage des pôles $x_0$, $x_1$, ..., $Q(x)$ est la partie entière de la fraction rationnelle.*

Quand $x$ tend vers $x_0$, $\frac{1}{x-x_1}$, $\frac{1}{x-x_2}$, ... tendent vers des limites finies, et il en est de même de $H_1\left(\frac{1}{x-x_1}\right)$, $H_2\left(\frac{1}{x-x_2}\right)$, ...; $Q(x)$ tend aussi vers une limite finie. D'autre part, $\frac{1}{x-x_0}$ tend vers $\infty$, et, puisque $H_0(x)$ est dénué de terme indépendant de $x$ et est, par suite, de degré positif, $H_0\left(\frac{1}{x-x_0}\right)$ tend aussi vers $\infty$. Par conséquent, $\frac{f(x)}{g(x)}$ tend vers $\infty$, et $x_0$ est un pôle de $\frac{f(x)}{g(x)}$. Ainsi, les nombres $x_0$, $x_1$, ... sont des pôles de $\frac{f(x)}{g(x)}$.

Réciproquement, tout pôle de $\frac{f(x)}{g(x)}$, $a$, par exemple, est parmi les nombres $x_0, x_1, \ldots$ En effet, si $a$ était distinct à la fois de $x_0$, de $x_1, \ldots,$ $x$ tendant vers $a$, $\frac{1}{x-x_0}, \frac{1}{x-x_1}, \ldots$ tendraient vers des limites finies, $H_0\left(\frac{1}{x-x_0}\right)$, $H_1\left(\frac{1}{x-x_1}\right)$, ... tendraient vers des limites finies; $Q(x)$ tendrait aussi vers une limite finie; finalement, $\frac{f(x)}{g(x)}$ tendrait vers une limite finie, ce qui est absurde. Ainsi, l'ensemble des nombres $x_0, x_1, \ldots$ est l'ensemble des pôles de $\frac{f(x)}{g(x)}$.

Cela posé, on a

$$\frac{f(x)}{g(x)} - H_0\left(\frac{1}{x-x_0}\right) = Q(x) + H_1\left(\frac{1}{x-x_1}\right) + \ldots.$$

Quand $x$ tend vers le pôle $x_0$, $Q(x)$, $H_1\left(\frac{1}{x-x_1}\right), \ldots$ tendent vers des limites finies; le second membre de l'identité précédente tend vers une limite finie; il en est de même du premier, ce qui montre que $H_0\left(\frac{1}{x-x_0}\right)$ est la partie infinie de $\frac{f(x)}{g(x)}$ au voisinage de $x_0$. Ainsi, $H_0\left(\frac{1}{x-x_0}\right)$, $H_1\left(\frac{1}{x-x_1}\right)$, ... sont les parties infinies de $\frac{f(x)}{g(x)}$ au voisinage de ses divers pôles.

Enfin, on a

$$\frac{f(x)}{g(x)} - Q(x) = H_0\left(\frac{1}{x-x_0}\right) + H_1\left(\frac{1}{x-x_1}\right) + \ldots.$$

Quand $x$ tend vers $\infty$, $\frac{1}{x-x_0}, \frac{1}{x-x_1}, \ldots$ tendent simultanément vers 0, et, les polynomes $H_0(x)$, $H_1(x)$, ... étant dénués de terme indépendant de $x$, $H_0\left(\frac{1}{x-x_0}\right)$, $H_1\left(\frac{1}{x-x_1}\right)$, ... tendent aussi vers 0; le second membre de l'identité précédente tend vers 0; il en est de même du premier, ce qui montre que $Q(x)$ est la partie entière de $\frac{f(x)}{g(x)}$.

Quand on a mis la fraction rationnelle $\frac{f(x)}{g(x)}$ sous la forme indiquée dans l'énoncé du théorème précédent, on dit qu'*on a décomposé la fraction rationnelle en fractions simples*. Ce qui précède montre qu'une telle décomposition est possible et qu'elle ne l'est que d'une manière.

**288. Calcul des termes de la décomposition.** — La démonstration même de la possibilité de la décomposition donne un moyen de calculer les termes de cette décomposition; pour calculer la partie entière de $\frac{f(x)}{g(x)}$, on a à effectuer une division de polynomes ordonnés par rapport aux puissances décroissantes, et pour calculer les parties infinies de $\frac{f(x)}{g(x)}$ au voisinage des divers pôles, on a à effectuer des divisions de polynomes ordonnés par rapport aux puissances croissantes.

On peut apporter quelques modifications au calcul.

1° Supposons qu'on ait calculé la partie entière $E(x)$ de la fraction rationnelle; on obtient en même temps le reste $R(x)$ de la division de $f(x)$ par $g(x)$. Or, on a

$$\frac{f(x)}{g(x)} - E(x) = \frac{R(x)}{g(x)}$$

et, par suite,

$$\frac{R(x)}{g(x)} = U_a\left(\frac{1}{x-a}\right) + U_b\left(\frac{1}{x-b}\right) + \ldots + U_l\left(\frac{1}{x-l}\right),$$

ce qui prouve que $\frac{R(x)}{g(x)}$ a aussi pour pôles $a, b, \ldots, l$ et que les parties infinies de $\frac{f(x)}{g(x)}$ au voisinage de $a, b, \ldots, l$ sont respectivement égales aux parties infinies de $\frac{R(x)}{g(x)}$ au voisinage de $a, b, \ldots, l$. Par suite, dans le calcul des parties infinies de $\frac{f(x)}{g(x)}$, on pourra remplacer $\frac{f(x)}{g(x)}$ par $\frac{R(x)}{g(x)}$.

2° Supposons qu'on ait calculé la partie infinie de $\frac{f(x)}{g(x)}$ au voisinage du pôle $a$. Pour cela, on a posé $g(x) = (x-a)^\alpha \varphi(x)$, $\alpha$ étant l'ordre de multiplicité du pôle $a$, puis on a divisé $f(a+z)$ par $\varphi(a+z)$, ces deux polynomes étant ordonnés par rapport aux puissances croissantes de $z$. On a ainsi obtenu une identité de la forme

$$\frac{f(a+z)}{\varphi(a+z)} = A_0 + A_1 z + A_2 z^2 + \ldots + A_{\alpha-1} z^{\alpha-1} + \frac{z^\alpha \theta(z)}{\varphi(a+z)},$$

$z^\alpha \theta(z)$ étant le reste de la division. On en déduit

$$\frac{f(x)}{g(x)} = U_a\left(\frac{1}{x-a}\right) + \frac{\theta(x-a)}{\varphi(x)},$$

et, par suite,

$$\frac{\theta(x-a)}{\varphi(x)} = \mathrm{E}(x) + \mathrm{U}_b\left(\frac{1}{x-b}\right) + \ldots + \mathrm{U}_l\left(\frac{1}{x-l}\right),$$

ce qui prouve que la fraction rationnelle $\frac{\theta(x-a)}{\varphi(x)}$ admet les pôles $b, c, \ldots, l$, les parties infinies au voisinage de ces pôles étant respectivement égales aux parties infinies de la fraction rationnelle $\frac{f(x)}{g(x)}$, et qu'elle admet pour partie entière la partie entière de $\frac{f(x)}{g(x)}$. Par suite, dans le calcul de la partie entière et des parties infinies autres que la partie infinie au voisinage du pôle $a$, on peut remplacer la fraction rationnelle $\frac{f(x)}{g(x)}$ par $\frac{\theta(x-a)}{g(x)}$.

3° Pour calculer la partie infinie de $\frac{f(x)}{g(x)}$, au voisinage du pôle $a$, d'ordre de multiplicité $\alpha$, on peut ne pas effectuer la division de $f(a+z)$ par $\varphi(a+z)$. D'abord, $\mathrm{A}_0$ est égal à $\frac{f(a)}{\varphi(a)}$; pour calculer $\mathrm{A}_0$, on pourra multiplier $\frac{f(x)}{g(x)}$ par $(x-a)^\alpha$, ce qui donne, après division des deux termes par $(x-a)^\alpha$, $\frac{f(x)}{\varphi(x)}$, et, dans cette dernière fraction rationnelle, remplacer $x$ par $a$. $\mathrm{A}_0$ étant calculé, formons la fraction rationnelle

$$\frac{f(x)}{g(x)} - \frac{\mathrm{A}_0}{(x-a)^\alpha},$$

qui est égale à

$$\frac{f(x) - \mathrm{A}_0\varphi(x)}{(x-a)^\alpha\varphi(x)}.$$

Si $\mathrm{V}(x)$ désigne le polynome $\mathrm{U}_\alpha(x) - \mathrm{A}_0 x^\alpha$, on a

$$\frac{f(x)}{g(x)} - \mathrm{U}_a\left(\frac{1}{x-a}\right) = \frac{f(x) - \mathrm{A}_0\varphi(x)}{(x-a)^\alpha\varphi(x)} - \mathrm{V}\left(\frac{1}{x-a}\right).$$

Cette identité montre que, si $\mathrm{V}(x)$ est non nul et d'un degré $\alpha_1$ nécessairement plus petit que $\alpha$, la fraction rationnelle $\frac{f(x) - \mathrm{A}_0\varphi(x)}{(x-a)^\alpha\varphi(x)}$ admet $a$ comme pôle d'ordre de multiplicité $\alpha_1$ et que sa partie infinie au voisinage de $a$ est $\mathrm{V}\left(\frac{1}{x-a}\right)$. Il en résulte que le numérateur de cette fraction rationnelle est de la forme $(x-a)^{\omega}f_1(x)$, $f_1(x)$ étant un polynome non nul pour $x=a$, $\varpi$ étant un entier égal à $\alpha-\alpha_1$, et que la fraction rationnelle considérée peut s'écrire $\frac{f_1(x)}{(x-a)^{\alpha_1}\varphi(x)}$.

Le coefficient du premier terme de $V(x)$ supposé ordonné par rapport aux puissances décroissantes, c'est-à-dire le coefficient du second terme de $U_a(x)$ supposé ordonné aussi par rapport aux puissances décroissantes, est égal à $\frac{f_1(a)}{\varphi(a)}$; on l'obtient en multipliant la fraction rationnelle précédente par $(x-a)^{\alpha_1}$, ce qui donne, après division du numérateur et du dénominateur par $(x-a)^{\alpha_1}$, $\frac{f_1(x)}{\varphi(x)}$, et en remplaçant dans cette dernière fraction rationnelle $x$ par $a$. Le second terme de $U_a\left(\frac{1}{x-a}\right)$ étant ainsi calculé, on le retranchera de $\frac{f_1(x)}{(x-a)^{\alpha_1}\varphi(x)}$, et ainsi de suite.

4° Supposons que la fraction rationnelle $\frac{f(x)}{g(x)}$ ait une partie entière nulle, et qu'elle ait pour pôles $a, b, \ldots, l$, aux ordres de multiplicité $\alpha, \beta, \ldots, \lambda$. Les polynomes $U_a(x), U_b(x), \ldots, U_l(x)$ générateurs des parties infinies de $\frac{f(x)}{g(x)}$ au voisinage de ces pôles sont respectivement de la forme $A_0x^\alpha + A_1x^{\alpha-1} + \ldots + A_{\alpha-1}$, $B_0x^\beta + B_1x^{\beta-1} + \ldots + B_{\beta-1}$, ..., $L_0x^\lambda + L_1x^{\lambda-1} + \ldots + L_{\lambda-1}$, les coefficients étant nuls ou non nuls. Pour calculer ces coefficients, on pourra se servir de l'identité

$$\frac{f(x)}{g(x)} = U_a\left(\frac{1}{x-a}\right) + U_b\left(\frac{1}{x-b}\right) + \ldots + U_l\left(\frac{1}{x-l}\right),$$

en y remplaçant $x$ par des nombres $x_0, x_1, \ldots$, autres que les pôles de $\frac{f(x)}{g(x)}$. De l'identité on déduit ainsi des relations linéaires entre les coefficients des polynomes $U_a(x), U_b(x), \ldots, U_l(x)$, et, pour calculer ces coefficients, on sera ramené à la résolution d'un système d'équations du premier degré.

On pourra aussi employer cette méthode d'identification après avoir calculé plusieurs coefficients des polynomes $U_a(x), U_b(x), \ldots, U_l(x)$ par application des procédés précédents.

5° Si la fraction rationnelle $\frac{f(x)}{g(x)}$ est paire, c'est-à-dire si elle ne change pas quand on y change $x$ en $-x$, ou impaire, c'est-à-dire si elle se change en la fonction opposée quand on y change $x$ en $-x$, ses pôles sont deux à deux opposés. Supposons que 0 soit pôle, et soit $U_0(x)$ le polynome générateur de la partie infinie de $\frac{f(x)}{g(x)}$ au voisinage de 0; $\frac{f(x)}{g(x)} - U_0\left(\frac{1}{x}\right)$ tend vers une limite finie quand $x$ tend vers 0, et il en est de même de $\frac{f(-x)}{g(-x)} - U_0\left(-\frac{1}{x}\right)$. Si $\frac{f(x)}{g(x)}$ est une fonction paire, $\frac{f(x)}{g(x)} - U_0\left(-\frac{1}{x}\right)$ tend vers une limite finie quand $x$ tend vers 0; $U_0\left(-\frac{1}{x}\right)$ est donc la partie infinie de $\frac{f(x)}{g(x)}$ au voisinage de 0; par suite, $U_0(-x)$ est égal à $U_0(x)$, et $U_0(x)$ ne contient que des termes de degré pair. Si $\frac{f(x)}{g(x)}$ est une fonction impaire, $\frac{f(x)}{g(x)} + U_0\left(-\frac{1}{x}\right)$ tend vers une limite finie quand $x$ tend vers 0; par suite, $U_0(-x)$ est opposé à $U_0(x)$, et $U_0(x)$ ne contient que des termes de degré impair.

Soient d'autre part deux pôles opposés non nuls, $a$ et $-a$, de $\frac{f(x)}{g(x)}$, $U_a(x)$ et $U_{-a}(x)$ les polynomes générateurs des parties infinies de $\frac{f(x)}{g(x)}$ respectivement au voisinage de ces pôles. $\frac{f(x)}{g(x)} - U_a\left(\frac{1}{x-a}\right)$ tend vers une limite finie quand $x$ tend vers $a$; par suite, $\frac{f(-x)}{g(-x)} - U_a\left(-\frac{1}{x+a}\right)$ tend vers une limite finie quand $x$ tend vers $-a$. Si $\frac{f(x)}{g(x)}$ est une fonction paire, $\frac{f(x)}{g(x)} - U_a\left(-\frac{1}{x+a}\right)$ tend vers une limite finie quand $x$ tend vers $-a$; $U_a\left(-\frac{1}{x+a}\right)$ est donc la partie infinie de $\frac{f(x)}{g(x)}$ au voisinage de $x=-a$; par suite, $U_a(-x)$ est égal à $U_{-a}(x)$, et les coefficients des termes de même degré dans ces deux polynomes sont égaux. Si $\frac{f(x)}{g(x)}$ est impaire, $U_a(-x)$ est opposé à $U_{-a}(x)$, et les coefficients des termes de même degré dans ces deux polynomes sont opposés.

On voit ainsi qu'il suffit de calculer la partie infinie de $\frac{f(x)}{g(x)}$ au voisinage de l'un des pôles $a$ et $-a$. D'autre part, si l'on applique la méthode d'identification, ces résultats donnent des relations entre les coefficients des polynomes générateurs des parties infinies de la fraction rationnelle, paire ou impaire, au voisinage de ses divers pôles.

**289.** Théorème. — *Une fraction rationnelle* $\frac{f(x)}{g(x)}$ *a pour dérivée une fraction rationnelle; cette dérivée a pour pôles les pôles de* $\frac{f(x)}{g(x)}$, *les ordres de multiplicité étant respectivement augmentés de* 1; *les parties infinies de la dérivée au voisinage de ses pôles sont les dérivées des parties infinies de* $f(x)$; *la partie entière de la dérivée est la dérivée de la partie entière de* $\frac{f(x)}{g(x)}$. *Enfin, les résidus de la dérivée relatifs à ses divers pôles sont tous nuls.*

En effet, on a

$$\frac{f(x)}{g(x)} = \mathrm{E}(x) + \mathrm{U}_a\left(\frac{1}{x-a}\right) + \mathrm{U}_b\left(\frac{1}{x-b}\right) + \ldots + \mathrm{U}_l\left(\frac{1}{x-l}\right).$$

On en déduit

$$\left[\frac{f(x)}{g(x)}\right]' = \mathrm{E}'(x) - \frac{1}{(x-a)^2}\mathrm{U}'_a\left(\frac{1}{x-a}\right) - \frac{1}{(x-b)^2}\mathrm{U}'_b\left(\frac{1}{x-b}\right) - \ldots - \frac{1}{(x-l)^2}\mathrm{U}'_l\left(\frac{1}{x-l}\right).$$

Posons

$$\mathrm{V}_a(x) = -x^2\,\mathrm{U}'_a(x), \quad \ldots, \quad \mathrm{V}_l(x) = -x^2\,\mathrm{U}'_l(x).$$

$\mathrm{V}_a(x)$ est un polynome dénué de terme indépendant de $x$, de degré supérieur de 1 au degré de $\mathrm{U}_a(x)$, ...; il s'ensuit que la dérivée de $\frac{f(x)}{g(x)}$ admet comme pôles les nombres $a, b, \ldots, l$, les ordres de multiplicité étant supérieurs de 1 aux ordres de multiplicité dans $\frac{f(x)}{g(x)}$. $\mathrm{V}_a\left(\frac{1}{x-a}\right)$, dérivée de $\mathrm{U}_a\left(\frac{1}{x-a}\right)$, est la partie infinie de la dérivée au voisinage du pôle $a$. D'autre part, $\mathrm{E}'(x)$ est la partie entière de la dérivée.

Enfin, les coefficients des termes du premier degré dans les polynomes $\mathrm{V}_a(x), \ldots, \mathrm{V}_l(x)$ sont tous nuls; les résidus de la dérivée relatifs à ses divers pôles sont nuls.

**290. Identités d'Euler.** — Soit la fraction rationnelle

$$\frac{f(x)}{(x-a)(x-b)\ldots(x-k)(x-l)},$$

$a, b, \ldots, k, l$ étant des nombres distincts, en nombre égal à $n$, n'annulant pas le polynome $f(x)$. Les parties infinies de la fraction rationnelle au voisinage des pôles simples $a, b, \ldots, k, l$ ne contiennent qu'un seul terme. Si le degré de $f(x)$ est inférieur à $n$, on a une identité de la forme

$$\frac{f(x)}{(x-a)(x-b)\ldots(x-k)(x-l)}=\frac{A}{x-a}+\frac{B}{x-b}+\ldots+\frac{K}{x-k}+\frac{L}{x-l}.$$

Pour calculer A, multiplions la fraction rationnelle par $x-a$, et, après division du numérateur et du dénominateur par $x-a$, remplaçons $x$ par $a$; on obtient ainsi

$$A=\frac{f(a)}{(a-b)(a-c)\ldots(a-l)}$$

et de même

$$B=\frac{f(b)}{(b-a)(b-c)\ldots(b-l)},$$

$$\ldots\ldots\ldots\ldots$$

$$L=\frac{f(l)}{(l-a)(l-b)\ldots(l-k)}.$$

De l'identité précédente, on tire

$$f(x)=A(x-b)(x-c)\ldots(x-l)+\ldots+L(x-a)(x-b)\ldots(x-k).$$

1° Supposons que $f(x)$ soit égal à $x^p$, $p$ étant au plus égal à $n-2$; si on égale les coefficients des termes qui contiennent $x^{n-1}$ en facteur dans les deux membres, on obtient

$$A+B+\ldots+L=0,$$

c'est-à-dire

$$\frac{a^p}{(a-b)(a-c)\ldots(a-l)}+\frac{b^p}{(b-a)(b-c)\ldots(b-l)}+\ldots$$
$$+\frac{l^p}{(l-a)(l-b)\ldots(l-k)}=0,$$

pour $p$ égal à l'un quelconque des entiers $0, 1, 2, \ldots, n-2$.

2° Supposons que $f(x)$ soit égal à $x^{n-1}$; si on égale les coefficients des termes de degré $n-1$ dans les deux membres de l'identité précédente, on obtient

$$A+B+\ldots+L=1,$$

c'est-à-dire

$$\frac{a^{n-1}}{(a-b)(a-c)\ldots(a-l)}+\frac{b^{n-1}}{(b-a)(b-c)\ldots(b-l)}+\ldots$$
$$+\frac{l^{n-1}}{(l-a)(l-b)\ldots(l-k)}=1.$$

Ces relations, dites *identités d'Euler*, entre $n$ nombres distincts non nuls $a, b, \ldots, l$ sont encore valables quand l'un d'eux est nul.

**291. Formule d'interpolation de Lagrange.** — Nous allons montrer qu'il existe un polynome $f(x)$ et un seul identiquement nul ou de degré au plus égal à $n$ et prenant $n+1$ valeurs données $u_0, u_1, \ldots, u_n$ pour $n+1$ valeurs données, distinctes, $x_0, x_1, \ldots, x_n$ attribuées à $x$.

Supposons d'abord que $u_0, u_1, \ldots, u_n$ soient tous non nuls. Si un tel polynome $f(x)$ existe, on a une identité de la forme

$$\frac{f(x)}{(x-x_0)(x-x_1)\ldots(x-x_n)} = \frac{A_0}{x-x_0} + \frac{A_1}{x-x_1} + \ldots + \frac{A_n}{x-x_n}.$$

Par application d'un calcul précédent, on a

$$A_0 = \frac{f(x_0)}{(x_0-x_1)(x_0-x_2)\ldots(x_0-x_n)} = \frac{u_0}{(x_0-x_1)(x_0-x_2)\ldots(x_0-x_n)}$$

et de même

$$A_1 = \frac{u_1}{(x_1-x_0)(x_1-x_2)\ldots(x_1-x_n)},$$

$$\ldots\ldots\ldots\ldots\ldots\ldots$$

$$A_n = \frac{u_n}{(x_n-x_0)(x_n-x_1)\ldots(x_n-x_{n-1})},$$

d'où l'on déduit l'identité, dite *formule d'interpolation de Lagrange*,

$$\begin{aligned} f(x) = {} & u_0\frac{(x-x_1)(x-x_2)\ldots(x-x_n)}{(x_0-x_1)(x_0-x_2)\ldots(x_0-x_n)} \\ & + u_1\frac{(x-x_0)(x-x_2)\ldots(x-x_n)}{(x_1-x_0)(x_1-x_2)\ldots(x_1-x_n)} \\ & + \ldots\ldots\ldots\ldots\ldots\ldots \\ & + u_n\frac{(x-x_0)(x-x_1)\ldots(x-x_{n-1})}{(x_n-x_0)(x_n-x_1)\ldots(x_n-x_{n-1})}. \end{aligned}$$

Réciproquement, le polynome défini par l'identité précédente est bien un polynome identiquement nul ou de degré au plus égal à $n$ et il est facile de vérifier qu'il prend bien les valeurs $u_0, u_1, \ldots, u_n$ quand on y remplace $x$ respectivement par $x_0, x_1, \ldots, x_n$. Ce résultat est encore valable si les nombres $u_0, u_1, \ldots, u_n$ ne sont pas tous non nuls.

D'autre part, un tel polynome est, dans tous les cas, unique, car s'il existait un polynome $f_1(x)$ non identique à $f(x)$ satisfaisant aux mêmes conditions, le polynome non identiquement nul $f_1(x) - f(x)$ serait de degré au plus égal à $n$ et s'annulerait pour les $n+1$ valeurs distinctes $x_0, x_1, \ldots, x_n$ attribuées à $x$, ce qui est impossible.

292. *Exemples.* — 1° Soit à décomposer la fraction rationnelle

$$\frac{x(x^2+x+1)}{x^2-1}.$$

La fraction rationnelle a une partie entière non nulle; en divisant, suivant les puissances décroissantes, le numérateur par le dénominateur, on obtient l'identité

$$x(x^2+x+1) = (x^2-1)(x+1) + 2x + 1,$$

d'où

$$\frac{x(x^2+x+1)}{x^2-1} = x+1+\frac{2x+1}{x^2-1}.$$

Reste à décomposer la fraction rationnelle $\frac{2x+1}{x^2-1}$ qui admet les pôles simples $+1$ et $-1$. On peut poser

$$\frac{2x+1}{x^2-1} = \frac{2x+1}{(x-1)(x+1)} = \frac{A}{x-1} + \frac{B}{x+1},$$

A et B étant des constantes. Pour calculer A, multiplions les deux membres de l'identité précédente par $x-1$ et faisons tendre ensuite $x$ vers 1. On obtient l'égalité

$$\frac{3}{2} = A.$$

Pour calculer B, multiplions les deux membres de l'identité par $x+1$ et faisons tendre ensuite $x$ vers $-1$. On obtient ainsi

$$\frac{1}{2} = B.$$

Ainsi, on a

$$\frac{x(x^2+x+1)}{x^2-1} = x+1+\frac{3}{2}\frac{1}{x-1}+\frac{1}{2}\frac{1}{x+1}.$$

2° Soit à décomposer la fraction rationnelle

$$\frac{x^2+1}{x^2(x-1)^3}.$$

Il n'y a pas de partie entière. Calculons les parties infinies de la fraction rationnelle relatives au pôle double 0 et au pôle triple 1.

Pour la première de ces deux parties principales, divisons, suivant les puissances croissantes, $x^2+1$ par $(x-1)^3$ et calculons, au quotient, les termes jusqu'au degré 1 inclusivement. On trouve

$$-1-3x+\ldots.$$

La partie infinie relative au pôle 0 est donc

$$-\frac{1}{x^2}-\frac{3}{x}.$$

Pour la seconde, posons $x = 1 + y$, d'où

$$x^2 + 1 = 2 + 2y + y^2, \quad x^2 = 1 + 2y + y^2.$$

Divisons, suivant les puissances croissantes, $2 + 2y + y^2$ par $1 + 2y + y^2$ et calculons, au quotient, les termes jusqu'au degré 2 inclusivement. On trouve ainsi

$$2 - 2y + 3y^2 + \dots.$$

La partie infinie relative au pôle 1 est donc

$$\frac{2}{(x-1)^3} - \frac{2}{(x-1)^2} + \frac{3}{x-1}.$$

Ainsi, on a l'identité

$$\frac{x^2+1}{x^2(x-1)^3} = -\frac{1}{x^2} - \frac{3}{x} + \frac{2}{(x-1)^3} - \frac{2}{(x-1)^2} + \frac{3}{x-1}.$$

**293. Autre décomposition des fractions rationnelles à coefficients réels.** — Soit une fraction rationnelle $\frac{f(x)}{g(x)}$ dont les deux termes sont à coefficients réels. Cette fraction rationnelle peut admettre des pôles réels; elle peut admettre aussi des pôles imaginaires, mais, l'équation $g(x) = 0$ étant à coefficients réels, si la fraction rationnelle admet un pôle imaginaire à l'ordre de multiplicité $\alpha$, elle admet comme pôle le nombre imaginaire conjugué, au même ordre de multiplicité $\alpha$. Si $a$ est un pôle réel, il est clair que le polynome $U_a(x)$ générateur de la partie infinie au voisinage de $a$ est à coefficients réels; il n'en est plus nécessairement de même si $a$ est un pôle imaginaire.

Remarquons que, si $a$ et $a_0$ sont deux pôles imaginaires conjugués, les coefficients des termes de même degré dans $U_a(x)$ et $U_{a_0}(x)$ sont imaginaires conjugués. En effet, soit $H(x)$ le polynome qu'on déduit de $U_a(x)$ en y remplaçant les coefficients respectivement par les imaginaires conjuguées. La fonction

$$\frac{f(x)}{g(x)} - U_a\left(\frac{1}{x-a}\right)$$

tend vers une limite finie quand $x$ tend vers $a$. Si $x_0$ est l'imaginaire conjuguée de $x$, tendant vers $a_0$ quand $x$ tend vers $a$, $\frac{f(x_0)}{g(x_0)}$ est l'imaginaire conjuguée de $\frac{f(x)}{g(x)}$, puisque $f(x)$ et $g(x)$ sont à coefficients réels; d'autre part, $H\left(\frac{1}{x_0 - a_0}\right)$ est l'imaginaire conjuguée de $U_a\left(\frac{1}{x-a}\right)$. Il s'ensuit que $\frac{f(x_0)}{g(x_0)} - \mathrm{H}\left(\frac{1}{x_0 - a_0}\right)$ tend vers une limite finie, imaginaire conjuguée de la précédente, quand $x_0$ tend vers $a_0$; autrement dit, $\mathrm{H}\left(\frac{1}{x - a_0}\right)$ est la partie infinie de la fraction rationnelle $\frac{f(x)}{g(x)}$ au voisinage du pôle $a_0$; $\mathrm{H}(x)$ est donc bien identique à $\mathrm{U}_{a_0}(x)$.

Nous allons définir, relativement aux fractions rationnelles à coefficients réels, un autre mode de décomposition.

Soient les deux pôles imaginaires conjugués $a = u + vi$, $a_0 = u - vi$, ($u$ et $v$ réels), tous deux d'ordre de multiplicité $\alpha$. Posons

$$x^2 + px + q = (x - u - vi)(x - u + vi) = (x - u)^2 + v^2,$$

$p$ et $q$ étant deux nombres réels tels que l'on ait $\frac{p^2}{4} < q$.

Théorème. — *Il existe deux nombres réels non simultanément nuls* P *et* Q *tels que la fraction rationnelle*

$$\frac{f(x)}{g(x)} - \frac{\mathrm{P}x + \mathrm{Q}}{(x^2 + px + q)^\alpha}$$

*ou bien n'admette pas les pôles $a$ et $a_0$, ou bien les admette à un ordre de multiplicité plus petit que $\alpha$.*

En effet, on a une identité de la forme

$$g(x) = (x^2 + px + q)^\alpha \varphi(x),$$

$\varphi(x)$ étant un polynome à coefficients réels qui ne s'annule ni pour $x = a$, ni pour $x = a_0$. Quels que soient les nombres réels P et Q, on a

$$\frac{f(x)}{g(x)} - \frac{\mathrm{P}x + \mathrm{Q}}{(x^2 + px + q)^\alpha} = \frac{f(x) - (\mathrm{P}x + \mathrm{Q})\varphi(x)}{(x^2 + px + q)^\alpha \varphi(x)}.$$

Pour que cette dernière fraction rationnelle n'admette pas les pôles $a$ et $a_0$ ou les admette à un ordre de multiplicité plus petit que $\alpha$, il faut et il suffit que son numérateur soit divisible par $x^2 + px + q$, et, pour cela, puisqu'il est à coefficients réels, il faut et il suffit qu'il s'annule pour $x = a = u + vi$, autrement dit, que l'on ait

$$f(u + vi) = [\mathrm{P}(u + vi) + \mathrm{Q}]\, \varphi(u + vi),$$

c'est-à-dire, puisque $\varphi(u + vi)$ n'est pas nul,

$$\mathrm{P}(u + vi) + \mathrm{Q} = \frac{f(u + vi)}{\varphi(u + vi)}.$$

$\frac{f(u+vi)}{\varphi(u+vi)}$ est un nombre connu $A+Bi$, A et B étant réels. L'égalité précédente devient

$$Pu+Q+Pvi=A+Bi,$$

d'où l'on déduit

$$Pu+Q=A, \quad Pv=B,$$

équations du premier degré en P et Q qui déterminent P et Q, puisque $v$ n'est pas nul. Les valeurs de P et de Q ne sont pas simultanément nulles, car $f(u+vi)$ n'est pas nul et, par suite, A et B ne sont pas simultanément nuls.

THÉORÈME. — *Il existe une fonction $\Sigma$, somme de fractions rationnelles de la forme $\frac{Mx+N}{(x^2+px+q)^\mu}$, M et N étant réels, telle que $\frac{f(x)}{g(x)}-\Sigma$ ait une limite finie quand $x$ tend vers $a$ et aussi une limite finie quand $x$ tend vers $a_0$, autrement dit, n'admette ni $a$ ni $a_0$ comme pôle.*

En effet, il existe deux nombres réels P et Q non simultanément nuls tels que la fraction rationnelle $\frac{f_1(x)}{g_1(x)}$ égale à

$$\frac{f(x)}{g(x)}-\frac{Px+Q}{(x^2+px+q)^\alpha}$$

ou bien n'admette pas les pôles $a$ et $a_0$ ou bien les admette avec un ordre de multiplicité $\alpha_1$ plus petit que $\alpha$. Si $\frac{f_1(x)}{g_1(x)}$ n'admet pas les pôles $a$ et $a_0$, il suffit de poser

$$\Sigma=\frac{Px+Q}{(x^2+px+q)^\alpha}.$$

Si $\frac{f_1(x)}{g_1(x)}$ admet les pôles $a$ et $a_0$ avec l'ordre de multiplicité $\alpha_1$, il existe deux nombres réels $P_1$ et $Q_1$ non simultanément nuls tels que la fraction rationnelle $\frac{f_2(x)}{g_2(x)}$ égale à

$$\frac{f_1(x)}{g_1(x)}-\frac{P_1x+Q_1}{(x^2+px+q)^{\alpha_1}}$$

c'est-à-dire à

$$\frac{f(x)}{g(x)}-\frac{Px+Q}{(x^2+px+q)^\alpha}-\frac{P_1x+Q_1}{(x^2+px+q)^{\alpha_1}},$$

n'admette pas les pôles $a$ et $a_0$ ou bien les admette avec un ordre de multiplicité $\alpha_2$ plus petit que $\alpha_1$. Si cette fraction rationnelle n'admet pas les pôles $a$ et $a_0$, il suffit de poser

$$\Sigma = \frac{Px+Q}{(x^2+px+q)} + \frac{P_1x+Q_1}{(x^2+px+q)^{\alpha_1}}.$$

Si elle admet les pôles $a$ et $a_0$ avec l'ordre de multiplicité $\alpha_2$, on formera une troisième fraction $\frac{P_2x+Q_2}{(x^2+px+q)^{\alpha_2}}$ telle que $\frac{f_2(x)}{g_2(x)} - \frac{P_2x+Q_2}{(x^2+px+q)^{\alpha_2}}$ ou bien n'admette pas les pôles $a$ et $a_0$ ou bien les admette avec un ordre de multiplicité $\alpha_3$ plus petit que $\alpha_2$. Et ainsi de suite. Les entiers $\alpha$, $\alpha_1, \alpha_2, \alpha_3, \ldots$ étant décroissants, il existe nécessairement une fonction $\Sigma$ de la forme

$$\frac{Px+Q}{(x^2+px+q)^{\alpha}} + \ldots + \frac{P_kx+Q_k}{(x^2+px+q)^{\alpha_k}}$$

telle que $\frac{(fx)}{g(x)} - \Sigma$ n'admette pas les pôles $a$ et $a_0$.

Théorème. — *Une fonction $\Sigma_1$, somme de fractions élémentaires de la forme $\frac{Mx+N}{(x^2+px+q)^{\mu}}$ (M et N réels), telle que $\frac{f(x)}{g(x)} - \Sigma_1$ n'admette pas les pôles $a$ et $a_0$, est nécessairement composée des mêmes fractions élémentaires que la fonction $\Sigma$.*

Remarquons en effet d'abord que si les deux fractions $\frac{Mx+N}{(x^2+px+q)^{\mu}}$ et $\frac{M_1x+N_1}{(x^2+px+q)^{\mu}}$ n'ont pas même numérateur, leur différence est une fraction rationnelle de même forme, $\frac{(M-M_1)x+N-N_1}{(x^2+px+q)^{\mu}}$. Il s'ensuit que si $\Sigma$ et $\Sigma_1$ ne sont pas composées des mêmes fractions élémentaires, $\Sigma - \Sigma_1$ est aussi une somme de telles fractions élémentaires, et l'on peut poser

$$\Sigma - \Sigma_1 = \frac{M'x+N'}{(x^2+px+q)^{\mu'}} + \frac{M''x+N''}{(x^2+px+q)^{\mu''}} + \ldots,$$

les entiers $\mu', \mu'', \ldots$ étant décroissants, $M'$ et $N'$ n'étant pas simultanément nuls. On en déduit

$$(x^2+px+q)^{\mu'}(\Sigma-\Sigma_1) = M'x+N' + (x^2+px+q)^{\mu'-\mu''}(M''x+N'') + \ldots.$$

Quand $x$ tend vers $a$, le second membre de cette identité tend vers $Ma'+N'$, qui n'est pas nul, sinon l'équation $M'x+N=0$ à coefficients réels aurait une racine imaginaire $a$, elle serait donc indéterminée,

$M'$ et $N'$ seraient donc simultanément nuls. Ainsi, $(x^2+px+q)^{\mu'}(\Sigma-\Sigma_1)$ tend vers une limite non nulle quand $x$ tend vers $a$; comme $x^2+px+q$ tend vers 0, il faut que $\Sigma-\Sigma_1$ tende vers $\infty$ quand $x$ tend vers $a$. Or, $\frac{f(x)}{g(x)}-\Sigma$ et $\frac{f(x)}{g(x)}-\Sigma_1$ tendent chacun vers une limite finie quand $x$ tend vers $a$; il en est de même de leur différence $\Sigma-\Sigma_1$. Il y a donc contradiction et il est absurde de supposer que $\Sigma_1$ et $\Sigma$ ne soient pas composées des mêmes fractions élémentaires. *La somme $\Sigma$ est unique.*

*La fonction $\Sigma$ est la somme des parties infinies $U_a\left(\frac{1}{x-a}\right)$ et $U_{a_0}\left(\frac{1}{x-a_0}\right)$ de la fraction rationnelle $\frac{f(x)}{g(x)}$ au voisinage des pôles $a$ et $a_0$.*

Considérons en effet la fraction rationnelle

$$\Sigma-U_a\left(\frac{1}{x-a}\right)-U_{a_0}\left(\frac{1}{x-a_0}\right).$$

Elle tend vers une limite finie quand $x$ tend vers un nombre autre que $a$ et $a_0$. D'autre part, elle peut se mettre sous la forme

$$\left[\frac{f(x)}{g(x)}-U_a\left(\frac{1}{x-a}\right)\right]-U_{a_0}\left(\frac{1}{x-a_0}\right)-\left[\frac{f(x)}{g(x)}-\Sigma\right]$$

et, ainsi, il apparaît qu'elle admet aussi une limite finie quand $x$ tend vers $a$. Elle admet de même une limite finie quand $x$ tend vers $a_0$. Par suite, cette fraction rationnelle n'admet pas de pôles; c'est donc un polynome. Mais ce polynome tend vers 0 quand $x$ tend vers $\infty$, puisque dans chacune des fractions qui constituent $\Sigma$, $U_a\left(\frac{1}{x-a}\right)$ et $U_{a_0}\left(\frac{1}{x-a_0}\right)$, le degré du numérateur est plus petit que le degré du dénominateur; par conséquent, ce polynome est identiquement nul, et ainsi l'on a

$$\Sigma=U_a\left(\frac{1}{x-a}\right)+U_{a_0}\left(\frac{1}{x-a_0}\right).$$

Décomposition d'une fraction rationnelle à coefficients réels. — Soit la fraction rationnelle $\frac{f(x)}{g(x)}$ à coefficients réels, admettant les pôles imaginaires conjugués $a$ et $a_0$, d'ordre $\alpha$, $b$ et $b_0$, d'ordre $\beta$, ..., les pôles réels $a'$, d'ordre $\alpha'$, $b'$, d'ordre $\beta'$, .... Posons

$$x^2+px+q=(x-a)(x-a_0), \qquad x^2+rx+s=(x-b)(x-b_0), \quad \ldots$$

On a l'identité

$$\frac{f(x)}{g(x)} = \mathrm{E}(x) + \mathrm{U}_{a'}\left(\frac{1}{x-a'}\right) + \mathrm{U}_{b'}\left(\frac{1}{x-b'}\right) + \dots$$
$$+ \mathrm{U}_a\left(\frac{1}{x-a}\right) + \mathrm{U}_{a_0}\left(\frac{1}{x-a_0}\right) + \mathrm{U}_b\left(\frac{1}{x-b}\right) + \mathrm{U}_{b_0}\left(\frac{1}{x-b_0}\right) + \dots.$$

Mais, d'autre part, on a des identités de la forme

$$\mathrm{U}_a\left(\frac{1}{x-a}\right) + \mathrm{U}_{a_0}\left(\frac{1}{x-a_0}\right)$$
$$= \frac{\mathrm{P}x+\mathrm{Q}}{(x^2+px+q)^\alpha} + \frac{\mathrm{P}_1x+\mathrm{Q}_1}{(x^2+px+q)^{\alpha-1}} + \dots + \frac{\mathrm{P}_{\alpha-1}x+\mathrm{Q}_{\alpha-1}}{x^2+px+q},$$
$$\mathrm{U}_b\left(\frac{1}{x-b}\right) + \mathrm{U}_{b_0}\left(\frac{1}{x-b_0}\right) = \frac{\mathrm{R}x+\mathrm{S}}{(x^2+rx+s)^\beta} + \dots + \frac{\mathrm{R}_{\beta-1}x+\mathrm{S}_{\beta-1}}{x^2+rx+s},$$
$$\dots\dots\dots\dots\dots\dots\dots\dots\dots\dots,$$

$\mathrm{P}, \mathrm{Q}, \mathrm{P}_1, \mathrm{Q}_1, \dots, \mathrm{P}_{\alpha-1}, \mathrm{Q}_{\alpha-1}, \mathrm{R}, \mathrm{S}, \dots, \mathrm{R}_{\beta-1}, \mathrm{S}_{\beta-1}, \dots$ étant des nombres réels, ..., P et Q n'étant pas simultanément nuls, non plus que R et S, .... Par suite, on a

$$\frac{f(x)}{g(x)} = \mathrm{E}(x) + \sum \mathrm{U}_{a'}\left(\frac{1}{x-a'}\right)$$
$$+ \sum\left[\frac{\mathrm{P}x+\mathrm{Q}}{(x^2+px+q)^\alpha} + \dots + \frac{\mathrm{P}_{\alpha-1}x+\mathrm{Q}_{\alpha-1}}{x^2+px+q}\right],$$

la première sommation s'étendant à tous les pôles réels, la seconde à tous les couples de pôles imaginaires conjugués.

Théorème. — *Si l'on a une identité de la forme précédente, la fraction rationnelle* $\frac{f(x)}{g(x)}$ *admet comme partie entière* $\mathrm{E}(x)$; *ses pôles réels sont les nombres* $a'$, $b'$, ..., *les parties infinies étant respectivement, au voisinage de ces pôles,* $\mathrm{U}_{a'}\left(\frac{1}{x-a'}\right)$, $\mathrm{U}_{b'}\left(\frac{1}{x-b'}\right)$, ...; *ses pôles imaginaires conjugués deux à deux sont les racines des équations* $x^2+px+q=0$, $x^2+rx+s=0$, ..., *où l'on a* $\frac{p^2}{4}<q$, $\frac{r^2}{4}<s$, ..., *les fonctions* $\Sigma$ *relatives à ces divers couples de pôles étant respectivement* $\frac{\mathrm{P}x+\mathrm{Q}}{(x^2+px+q)^\alpha} + \dots + \frac{\mathrm{P}_{\alpha-1}x+\mathrm{Q}_{\alpha-1}}{x^2+px+q}$, ....

En effet, il est clair d'abord que $\mathrm{E}(x)$ est la partie entière de $\frac{f(x)}{g(x)}$, puisque les diverses fractions élémentaires du second membre tendent vers 0 quand $x$ tend vers $\infty$.

En second lieu, tout pôle réel de $\frac{f(x)}{g(x)}$ est parmi les nombres $a'$, $b'$, .... Si, en effet, un tel pôle $x_0$ n'était pas parmi les nombres $a'$, $b'$, ..., aucun des dénominateurs $x-a'$, $x-b'$, ..., ne s'annulerait pour $x=x_0$; comme aucun des dénominateurs $x^2+px+q$, $x^2+rx+s$, ... ne s'annule quand on y remplace $x$ par un nombre réel, chacune des fractions élémentaires du second membre de l'identité aurait une limite finie pour $x=x_0$, et il en serait de même de $\frac{f(x)}{g(x)}$, ce qui est absurde. Réciproquement, les nombres $a'$, $b'$, ... sont des pôles réels de $\frac{f(x)}{g(x)}$, les parties infinies au voisinage de ces pôles étant $U_{a'}\left(\frac{1}{x-a'}\right)$, .... En effet, $\frac{f(x)}{g(x)}-U\left(\frac{1}{x-a'}\right)$ admet une limite finie quand $x$ tend $a'$, aucun des dénominateurs des fractions élémentaires qui entrent dans le second membre de l'identité autres que celles qui constituent $U_{a'}\left(\frac{1}{x-a'}\right)$ ne s'annulant pour $x=a'$. Comme $U_{a'}\left(\frac{1}{x-a'}\right)$ tend vers $\infty$ quand $x$ tend vers $a'$, il faut qu'il en soit de même de $\frac{f(x)}{g(x)}$; $\frac{f(x)}{g(x)}$ admet donc $a'$ comme pôle, la partie infinie correspondante étant $U_{a'}\left(\frac{1}{x-a'}\right)$.

En troisième lieu, tout pôle imaginaire de $\frac{f(x)}{g(x)}$ est parmi les racines des équations $x^2+px+q=0$, $x^2+rx+s=0$, .... Si en effet un tel pôle $x_0$ n'était pas parmi ces nombres, aucun des dénominateurs $x^2+px+q$, $x^2+rx+s$, ... ne s'annulerait pour $x=x_0$; comme aucun des dénominateurs $x-a'$, $x-b'$, ... ne s'annule quand on y remplace $x$ par un nombre imaginaire, chacune des fractions élémentaires du second membre de l'identité aurait une limite finie pour $x=x_0$, et il en serait de même de $\frac{f(x)}{g(x)}$, ce qui est absurde. Réciproquement, les racines $a$ et $a_0$, $b$ et $b_0$, ..., imaginaires conjuguées, des équations $x^2+px+q=0$, $x^2+rx+s=0$, ... sont des pôles imaginaires de $\frac{f(x)}{g(x)}$, les fonctions $\Sigma$ correspondant aux divers couples $a$ et $a_0$, $b$ et $b_0$, ... étant respectivement $\frac{Px+Q}{(x^2+px+q)^\alpha}+\dots+\frac{P_{\alpha-1}x+Q_{\alpha-1}}{x^2+px+q}$, ....

Montrons d'abord que la fonction

$$\Phi(x) = \frac{f(x)}{g(x)} - \frac{Px + Q}{(x^2 + px + q)^\alpha} - \ldots - \frac{P_{\alpha-1}\,x + Q_{\alpha-1}}{x^2 + px + q},$$

par exemple, admet une limite finie quand $x$ tend vers $a$ et aussi quand $x$ tend vers $a_0$. En effet, aucun des dénominateurs $x - a'$, $x - b'$, ... ne s'annule pour $x = a$ ni pour $x = a_0$; aucun des dénominateurs $x^2 + rx + s$, ... ne s'annule pour $x = a$ ni pour $x = a_0$, car si $x^2 + rx + s$, par exemple, s'annulait pour $x$ égal à un des deux nombres imaginaires conjugués $a$ et $a_0$, il s'annulerait pour $x$ égal à l'autre et $x^2 + rx + s$ serait identique à $x^2 + px + q$, ce qui n'est pas. D'après cela, la fonction $\Phi(x)$ est égale à la somme de fractions élémentaires qui ont chacune une limite finie quand $x$ tend vers $a$ et aussi quand $x$ tend vers $a_0$. Comme, par application d'un résultat précédemment établi, la somme $\frac{Px + Q}{(x^2 + px + q)^\alpha} + \ldots + \frac{P_{\alpha-1}\,x + Q_{\alpha-1}}{x^2 + px + q}$ admet une limite infinie quand $x$ tend vers $a$ et quand $x$ tend vers $a_0$, il faut qu'il en soit de même de $\frac{f(x)}{g(x)}$; $\frac{f(x)}{g(x)}$ admet donc les pôles $a$ et $a_0$ et la somme $\frac{Px + Q}{(x^2 + px + q)^\alpha} + \ldots + \frac{P_{\alpha-1}x + Q_{\alpha-1}}{x^2 + px + q}$ est la somme $\Sigma$ relative à ces deux pôles.

On voit ainsi que la décomposition, dite encore *en fractions simples*, que traduit l'identité considérée n'est possible que d'une manière.

**294. Calcul des termes de la décomposition.** — La démonstration même de l'existence de la décomposition précédente donne un moyen de calculer les coefficients des numérateurs des fractions qui la constituent, outre la partie entière de la fraction rationnelle.

On peut employer aussi une méthode d'identification. En supposant qu'il s'agisse d'une fraction rationnelle sans partie entière, on posera une identité dont le premier membre est la fraction rationnelle $\frac{f(x)}{g(x)}$ et dont le second membre est une somme composée : 1° de toutes les fractions rationnelles possibles de la forme $\frac{A}{(x - a')^\lambda}$, où A est un coefficient indéterminé, réel, $a'$ un pôle réel quelconque, $\lambda$ l'un quelconque des entiers positifs qui sont au plus égaux à l'ordre de multiplicité du pôle $a'$; 2° de toutes les fractions rationnelles possibles de la forme $\frac{Mx+N}{(x^2+px+q)^\mu}$, où M et N sont des coefficients indéterminés réels, $x^2+px+q$ l'un quelconque des polynomes du second degré à coefficients réels qui s'annulent pour deux pôles imaginaires conjugués, $\mu$ l'un quelconque des entiers positifs qui sont au plus égaux à l'ordre de multiplicité commun de ces deux pôles.

Dans l'identité ainsi posée, on remplacera $x$ par des nombres $x_0, x_1, \ldots$ réels ou imaginaires, autres que les pôles de $\frac{f(x)}{g(x)}$. De l'identité on déduira ainsi des relations linéaires entre les coefficients tels que A et les coefficients tels que M et N; pour calculer ces coefficients, on sera ramené à la résolution d'un système d'équations du premier degré.

On peut n'employer cette méthode qu'après avoir calculé par d'autres procédés plusieurs coefficients de la décomposition.

Si la fraction rationnelle $\frac{f(x)}{g(x)}$ est paire ou impaire, les pôles imaginaires sont deux à deux opposés. Supposons d'abord qu'il existe un pôle purement imaginaire $vi$; le pôle imaginaire conjugué $-vi$ lui est opposé. Soit $\Sigma(x)$ la somme des fractions élémentaires relatives à ces deux pôles; $\frac{f(x)}{g(x)}-\Sigma(x)$ tend vers une limite finie quand $x$ tend vers $vi$ et quand $x$ tend vers $-vi$; il en est de même de $\frac{f(-x)}{g(-x)}-\Sigma(-x)$. Si $\frac{f(x)}{g(x)}$ est une fonction paire, $\frac{f(x)}{g(x)}-\Sigma(-x)$ tend donc vers une limite finie quand $x$ tend vers $vi$ et quand $x$ tend vers $-vi$; par suite, les deux sommes $\Sigma(x)$ et $\Sigma(-x)$ sont formées des mêmes fractions élémentaires; les numérateurs de ces fractions sont des constantes. Si $\frac{f(x)}{g(x)}$ est une fonction impaire, $\frac{f(x)}{g(x)}+\Sigma(-x)$ tend vers une limite finie quand $x$ tend vers $vi$ et quand $x$ tend vers $-vi$; les termes des deux sommes $\Sigma(x)$ et $\Sigma(-x)$ sont deux à deux opposés; les numérateurs des fractions qui constituent $\Sigma(x)$ contiennent tous $x$ en facteur.

Supposons ensuite qu'il existe les deux pôles imaginaires et non purement imaginaires $u+vi$ et $u-vi$; il existe aussi les deux pôles $-(u+vi)$ et $-(u-vi)$. Soient $\Sigma_1(x)$ et $\Sigma_2(x)$ les sommes des fractions élémentaires relatives à chacun de ces couples de pôles imaginaires conjugués. $\frac{f(x)}{g(x)}-\Sigma_1(x)$ tend vers une limite finie quand $x$ tend vers $u+vi$ ou vers $u-vi$; par suite, $\frac{f(-x)}{g(-x)}-\Sigma_1(-x)$ tend vers une limite finie quand $x$ tend vers $-(u+vi)$ ou vers $-(u-vi)$. Si $\frac{f(x)}{g(x)}$ est une fonction paire, $\frac{f(-x)}{g(-x)}-\Sigma_1(-x)$ est égal à $\frac{f(x)}{g(x)}-\Sigma_1(-x)$; il en résulte que $\Sigma_1(-x)$ et $\Sigma_2(x)$ sont composés des mêmes fractions élémentaires; les numérateurs des fractions de ces deux sommes dont les dénominateurs sont de même degré sont égaux. Si $\frac{f(x)}{g(x)}$ est une fonction impaire, $\Sigma_1(-x)$ et $\Sigma_2(x)$ sont formés de termes deux à deux opposés; les numérateurs des fractions de ces deux sommes dont les dénominateurs sont de même degré sont opposés. On voit ainsi qu'il suffit de calculer la somme $\Sigma_1(x)$ relative aux pôles $u \pm vi$.

Si l'on applique la méthode d'identification, les résultats précédents fournissent des relations entre les coefficients indéterminés de la décomposition d'une fraction rationnelle paire ou impaire.

295. *Exemples.* — 1° Soit à décomposer la fraction rationnelle

$$\frac{1}{x^4+1}.$$

On a

$$x^4+1=(x^2+1)^2-2x^2=(x^2+x\sqrt{2}+1)(x^2-x\sqrt{2}+1).$$

On peut donc poser

$$\frac{1}{x^4+1}=\frac{Ax+B}{x^2+x\sqrt{2}+1}+\frac{Cx+D}{x^2-x\sqrt{2}+1},$$

A, B, C, D étant des constantes.

Le premier membre ne change pas quand on y change $x$ en $-x$; le second membre devient

$$\frac{-Ax+B}{x^2-x\sqrt{2}+1}+\frac{-Cx+D}{x^2+x\sqrt{2}+1};$$

comme la décomposition n'est possible que d'une manière, on a nécessairement l'identité

$$Cx+D=-Ax+B.$$

Par suite, on a

$$\frac{1}{x^4+1}=\frac{Ax+B}{x^2+x\sqrt{2}+1}+\frac{-Ax+B}{x^2-x\sqrt{2}+1}.$$

Si l'on fait $x=0$, on obtient

$$1=2B, \quad B=\frac{1}{2}$$

et si l'on fait $x=1$, on obtient

$$\frac{1}{2}=\frac{A+B}{2+\sqrt{2}}+\frac{-A+B}{2-\sqrt{2}}=\frac{-2\sqrt{2}A+4B}{2}$$
$$=\frac{-2\sqrt{2}A+2}{2},$$

d'où

$$A = \frac{1}{2\sqrt{2}}.$$

Finalement, on a

$$\frac{1}{x^4+1} = \frac{\frac{x}{2\sqrt{2}} + \frac{1}{2}}{x^2 + x\sqrt{2} + 1} + \frac{\frac{-x}{2\sqrt{2}} + \frac{1}{2}}{x^2 - x\sqrt{2} + 1}.$$

2° Soit à décomposer la fraction rationnelle

$$\frac{1}{x(x^2+x+1)^2}.$$

On peut poser

$$\frac{1}{x(x^2+x+1)^2} = \frac{A}{x} + \frac{Bx+C}{(x^2+x+1)^2} + \frac{Dx+E}{x^2+x+1},$$

A, B, C, D, E étant des constantes.

Pour calculer A, multiplions les deux membres par $x$ et faisons tendre $x$ vers 0; on obtient ainsi $A = 1$.

Pour calculer B et C, multiplions les deux membres par $(x^2+x+1)^2$ et faisons tendre $x$ vers $\alpha$, racine de l'équation $x^2+x+1=0$. On obtient ainsi

$$\frac{1}{\alpha} = B\alpha + C.$$

Mais, on a $\alpha^2+\alpha+1=0$ et, par suite,

$$\frac{1}{\alpha} = -\alpha - 1;$$

donc, on a

$$-\alpha - 1 = B\alpha + C.$$

De même, si $\beta$ est la seconde racine de l'équation $x^2+x+1=0$, on a

$$-\beta - 1 = B\beta + C.$$

Il s'ensuit que $Bx + C$ est identique à $-x-1$.

Pour calculer D et E, retranchons de la fraction rationnelle donnée la fraction élémentaire $\frac{-x-1}{(x^2+x+1)^2}$. On a ainsi

$$\frac{1}{x(x^2+x+1)^2} + \frac{x+1}{(x^2+x+1)^2} = \frac{x^2+x+1}{x(x^2+x+1)^2} = \frac{1}{x(x^2+x+1)}$$
$$= \frac{A}{x} + \frac{Dx+E}{x^2+x+1} = \frac{1}{x} + \frac{Dx+E}{x^2+x+1}.$$

Multiplions les deux membres par $x^2+x+1$ et faisons tendre $x$ vers $\alpha$. On a ainsi

$$\frac{1}{\alpha} = D\alpha + E = -\alpha - 1.$$

De même, on a

$$D\beta + E = -\beta - 1.$$

Par suite, on a l'identité

$$Dx + E = -x - 1.$$

Ainsi, on a la formule de décomposition

$$\frac{1}{x(x^2+x+1)^2}=\frac{1}{x}-\frac{x+1}{(x^2+x+1)^2}-\frac{x+1}{x^2+x+1}.$$

## EXERCICES

**155.** Montrer que pour qu'un polynome $f(x)$ du troisième degré soit le cube d'un polynome du premier degré, il faut et il suffit que le polynome $f(x)f''(x)-\frac{2}{3}f'^2(x)$ soit identiquement nul.

**156.** Montrer que pour qu'un polynome $f(x)$ du quatrième degré soit le carré d'un polynome du second degré, il faut et il suffit que le polynome $f(x)f''(x)-\frac{3}{4}f'^2(x)$, qui est du quatrième degré, soit proportionnel à $f(x)$.

**157.** Montrer que si une équation entière $f(x)=0$ à coefficients rationnels admet la racine $a+\sqrt{b}$, $a$ et $b$ étant deux nombres rationnels, à l'ordre de multiplicité $\alpha$, elle admet aussi la racine $a-\sqrt{b}$, au même ordre de multiplicité $\alpha$.

**158.** Soit l'équation $f(x)=0$ entière à coefficients réels. Si, $a$ étant un nombre positif, le produit $f(x)(x-a)$ a $2k+1$ variations de plus que le polynome $f(x)$, l'équation $f(x)=0$ a au moins $2k$ racines imaginaires.

**159.** Soit le polynome $f(x)$ à coefficients réels; $a$ étant un nombre positif, le nombre des variations de $f(x)(x+a)$ est au plus égal au nombre des variations de $f(x)$, et ces deux nombres sont de même parité; si le premier est inférieur de $2k$ unités au second, l'équation $f(x)=0$ a au moins $2k$ racines imaginaires.

**160.** Soit le polynome $f(x)$ à coefficients réels. S'il admet trois termes dont les degrés sont des entiers consécutifs et dont les coefficients sont en progression géométrique, l'équation $f(x)=0$ a des racines imaginaires.

[Ces trois termes étant ordonnés suivant les puissances décroissantes, si $r$ est la raison de la progression géométrique, on formera le polynome $f(x)(x-r)$, qui admet une lacune.]

**161.** Racines rationnelles de l'équation $x^3-3x+2=0$.

**162.** Résoudre l'équation $(x-2)^3+27x=0$.

**163.** Étudier la réalité et la multiplicité des racines de l'équation

$$3x^5-5x^3+2=0.$$

**164.** Racines rationnelles de l'équation

$$18x^4+21x^3-31x^2+4=0.$$

**165.** Calculer avec quatre décimales exactes la racine positive de l'équation

$$x^3-3x-3=0.$$

**166.** Discuter, suivant les valeurs réelles des coefficients $p$ et $q$, la réalité et la multiplicité des racines de l'équation

$$x^5+px+q=0.$$

167. Discuter, suivant les valeurs du paramètre réel $\lambda$, la réalité et la multiplicité des racines de l'équation

$$x^4 - 4x^3 + 5x^2 + \lambda(x-1) = 0.$$

[On pourra résoudre par rapport à $\lambda$.]

168. Résoudre un triangle connaissant les distances $\alpha$, $\beta$, $\gamma$ du centre du cercle circonscrit aux trois côtés.

[On calculera le rayon R du cercle circonscrit en se servant de la relation

$$\cos^2 A + \cos^2 B + \cos^2 C + 2\cos A \cos B \cos C = 1$$

entre les angles du triangle. On discutera en distinguant le cas où le triangle est acutangle et le cas où le triangle est obtusangle.]

169. L'équation

$$1 + \frac{x}{1} + \frac{x^2}{2!} + \frac{x^3}{3!} + \dots + \frac{x^n}{n!} = 0$$

n'a pas de racine réelle si $n$ est pair, a une et une seule racine réelle si $n$ est impair.

170. Soit le polynome du troisième degré

$$f(x) = ax^3 + bx^2 + cx + d.$$

Montrer que l'équation

$$f'^2(x) - 2f(x)f''(x) = 0$$

a au plus deux racines réelles distinctes.

171. Si l'équation entière $f(x) = 0$ a toutes ses racines réelles et simples, il en est de même de l'équation $f'(x) = 0$.

Déduire de là que les équations

$$f(x) - af'(x) = 0, \quad f(x) - (a+b)f'(x) + abf''(x) = 0,$$

$a$, $b$ étant des nombres réels, ont leurs racines toutes réelles et simples.

Si l'équation $A_0 x^p + A_1 x^{p-1} + \dots + A_p = 0$ a toutes ses racines réelles, simples ou multiples, l'équation

$$A_0 f(x) + A_1 f'(x) + A_2 f''(x) + \dots + A_p f^{(p)}(x) = 0$$

a toutes ses racines réelles et simples.

(HERMITE.)

172. Un polynome $f(x)$ de degré $n$ vérifie l'identité

$$nf(x) = (x-a)f'(x) + bf''(x).$$

1° Chercher les coefficients de $f(x)$ ordonné suivant les puissances de $x - a$.

2° Chercher les conditions de réalité des racines de l'équation $f(x) = 0$.

3° Prouver que si $b_0$ est la valeur absolue de $b$, les racines de $f(x) = 0$ sont comprises entre

$$a - \sqrt{\frac{n(n-1)}{2} b_0} \quad \text{et} \quad a + \sqrt{\frac{n(n-1)}{2} b_0}.$$

(*Concours de l'École normale supérieure*, 1888.)

173. Montrer qu'il existe une fonction réelle $y$ de la variable réelle $x$, définie, continue et admettant une dérivée dans l'intervalle $(-\infty, +\infty)$ telle qu'entre $x$ et $y$ on ait, quel que soit $x$, la relation

$$4y^3 - 3y - x^2 - 1 = 0.$$

Décomposer l'intervalle $(-\infty, +\infty)$ en intervalles à l'intérieur de chacun desquels la dérivée de $y$ a un signe constant. Tracer la courbe représentative de la fonction $y$.

174. Soit $f(x)$ un polynome en $x$ de degré $n$, et soient $a_1, a_2, \ldots, a_n$ les $n$ racines simples ou répétées de l'équation $f(x) = 0$.

1° Démontrer l'identité

$$\frac{f'(x)}{f(x)} = \frac{1}{x - a_1} + \frac{1}{x - a_2} + \ldots + \frac{1}{x - a_n}.$$

2° Se servir de cette identité pour calculer les quantités

$$\sum \frac{1}{x_0 - a_i}, \quad \sum \frac{1}{(x_0 - a_i)^2}, \quad \sum \frac{1}{(x_0 - a_i)(x_0 - a_j)},$$

$x_0$ étant un nombre donné autre que $a_1, a_2, \ldots, a_n$.

3° Démontrer que si l'équation $f(x) = 0$ a toutes ses racines réelles et simples, l'équation $f(x) f''(x) - f'^2(x)$ a toutes ses racines imaginaires.

4° Supposons que l'équation $f(x) = 0$ ait toutes ses racines réelles et simples : $a_1 < a_2 < \ldots < a_i < a_{i+1} < \ldots < a_n$. Montrer qu'entre $a_i$ et $a_{i+1}$ l'équation $f'(x) = 0$ admet une racine et une seule, qui est simple. Montrer qu'elle est comprise entre

$$a_i + \frac{a_{i+1} - a_i}{n} \quad \text{et} \quad a_{i+1} - \frac{a_{i+1} - a_i}{n}.$$

(Ce résultat est dû à Laguerre.)

5° La fraction rationnelle $\frac{f'(x)}{f(x)}$ admet un développement limité à l'ordre $n$ au voisinage de $x$ infini. Démontrer que, $S_\alpha$ désignant la somme des puissances $\alpha$ des racines de l'équation $f(x) = 0$, les coefficients de la partie proprement dite du développement limité sont successivement $n, S_1, S_2, \ldots, S_{n-1}$. Si aucune des racines de l'équation $f(x) = 0$ n'est nulle, la fraction rationnelle considérée admet aussi un développement limité à l'ordre $n$ au voisinage de $x = 0$. Démontrer que les coefficients successifs de la partie proprement dite sont $S_{-1}, S_{-2}, \ldots, S_{-(n+1)}$.

175. Déterminer un polynome $f(x)$ de la forme $x^3 + px^2 + qx + r$, connaissant la somme des racines, la somme des carrés des racines, la somme des cubes des racines de l'équation $f(x) = 0$.

176. Déterminer un polynome $f(x)$ de degré $n$, connaissant le quotient de la division, suivant les puissances décroissantes, de $x^{n+1} f'(x)$ par $f(x)$.

177. Soit $f(x)$ un polynome du troisième degré. Si $a, b, c$ sont les racines de l'équation $f(x) = 0$, démontrer l'égalité

$$f'(a) + f'(b) + f'(c) + 3f'\left(\frac{a + b + c}{3}\right) = 0.$$

(Maillard.)

178. Soit $f(x)$ un polynome du quatrième degré. Si $a, b, c, d$ sont les racines de l'équation $f(x) = 0$, démontrer l'égalité

$$f'(a) + f'(b) + f'(c) + f'(d) + 8f'\left(\frac{a + b + c + d}{4}\right) = 0.$$

(Maillard.)

179. Former le carré du déterminant de Vandermonde relatif aux quantités $a, b, \ldots, l$, en introduisant les sommes de leurs puissances semblables.

Calculer d'après cela le produit des carrés des différences des racines : 1° de l'équation $x^3 + px + q = 0$, 2° de l'équation $x^n - 1 = 0$.

180. Soit l'équation $x^3 + px + q = 0$ admettant trois racines non nulles $a, b, c$.

1° Former l'équation du troisième degré qui a pour racines

$$\frac{a}{b} + \frac{b}{a}, \quad \frac{b}{c} + \frac{c}{b}, \quad \frac{c}{a} + \frac{a}{c}.$$

2° Déduire de cette équation l'équation du sixième degré qui a pour racines les six rapports des racines $a, b, c$ de l'équation proposée prises deux à deux de toutes les façons possibles.

3° Montrer que les six racines de cette équation sont égales à des expressions rationnelles par rapport à l'une quelconque d'entre elles.

181. Soient $f(x) = 0$ et $g(x) = 0$ deux équations du troisième degré ayant chacune trois racines distinctes. Montrer qu'il est possible, de six manières différentes, de déterminer, à un facteur de proportionnalité non nul près, quatre nombres $\alpha, \beta, \gamma, \delta$ vérifiant la condition $\alpha\delta - \beta\gamma \neq 0$, tels que l'équation $g(x) = 0$ soit la transformée en $\dfrac{\alpha x + \beta}{\gamma x + \delta}$ de l'équation $f(x) = 0$.

182. 1° Montrer que le polynome $x^2y + y^2z + z^2x$ prend au plus deux valeurs distinctes quand on y remplace $x, y, z$ de toutes les façons possibles par trois nombres donnés $a, b, c$. Dans quels cas le polynome prend-il deux valeurs distinctes ? Dans quels cas le polynome ne prend-il qu'une seule valeur ?

2° On suppose que $a, b, c$ sont les racines de l'équation $x^3 + px + q = 0$. Former l'équation du second degré ayant pour racines simples les deux valeurs supposées distinctes du polynome $x^2y + y^2z + z^2x$ ou pour racine double la valeur supposée unique de ce polynome.

3° Les nombres $p$ et $q$ étant supposés réels, que peut-on dire relativement à la réalité des racines de l'équation $x^3 + px + q = 0$ suivant que l'équation du second degré a deux racines distinctes réelles ou imaginaires conjuguées ?

183. Soient $a, b, c$ les racines supposées distinctes de l'équation $x^3 + px + q = 0$.

Il existe un polynome $\varphi_1(x)$ de degré au plus égal à 2 prenant pour $x = a$, $x = b$, $x = c$ respectivement les valeurs $b, c, a$, et un polynome $\varphi_2(x)$ de degré au plus égal à 2 prenant pour $x = a$, $x = b$, $x = c$ respectivement les valeurs $c, a, b$.

Montrer que la somme de ces polynomes est égale à $-x$. En déduire que ces deux polynomes sont simultanément du second degré ou du premier degré.

Calculer les différences $\varphi_1(x) - \varphi_2(x)$ et $\varphi_2(x) - \varphi_1(x)$. Montrer que les coefficients de ces deux polynomes s'expriment rationnellement en fonction de $p, q, \sqrt{-(4p^3 + 27q^2)}$.

Déduire de là les expressions de $\varphi_1(x)$ et de $\varphi_2(x)$. Dans quels cas ces polynomes sont-ils du premier degré ?

184. On donne quatre quantités $a, b, c, d$ différentes entre elles. Soit

$$f(x) = (x - a)(x - b)(x - c)(x - d).$$

1° Déterminer un polynome $\varphi_1(x)$ du troisième degré tel que l'on ait

$$\varphi_1(a) = b, \quad \varphi_1(b) = c, \quad \varphi_1(c) = d, \quad \varphi_1(d) = a.$$

2° Si on permute, dans $\varphi_1(x)$, $a$, $b$, $c$, $d$ de toutes les manières possibles, on trouve six polynomes différents : $\varphi_1(x)$, $\varphi_2(x)$; $\varphi_3(x)$; $\varphi_4(x)$, $\varphi_5(x)$, $\varphi_6(x)$. Soit $F(x)$ la somme de ces six polynomes. Former le polynome

$$f(x) + \frac{1}{2} x^3 F(x).$$

(*Concours de l'École polytechnique*, 1907.)

185. Résoudre les systèmes

$$\text{I} \begin{cases} x^2 - y^2 - 4x - 6y - 8 = 0, \\ xy + 3x - 2y - 8 = 0; \end{cases}$$

$$\text{II} \begin{cases} x^2 + y^2 - 4 = 0, \\ 2x^2 - xy - y^2 - x + 5y - 6 = 0. \end{cases}$$

186. Résoudre le système d'équations

$$x^3 - 3xy^2 - 1 = 0,$$
$$3x^2y - y^3 - \sqrt{3} = 0.$$

187. Résoudre le système

$$x + y + z = 2,$$
$$x^2 + y^2 + z^2 = 6,$$
$$x^3 + y^3 + z^3 = 8.$$

188. Déterminer trois nombres réels $x$, $y$, $z$ tels que l'on ait

$$x^2 + y^2 + z^2 = 2,$$
$$x^3 + y^3 + z^3 = 2,$$
$$x^4 + y^4 + z^4 = 2.$$

189. Résoudre le système

$$x + y = 3,$$
$$xz + yt = -1,$$
$$xz^2 + yt^2 = -3,$$
$$xz^3 + yt^3 = -4.$$

190. Soient les trois équations aux inconnues $x$, $y$, $z$

$$A(x + y)^2 + 2B(x + y)xy + Cx^2y^2 + 2D(x + y) + 2Exy + F = 0,$$
$$A(y + z)^2 + 2B(y + z)yz + Cy^2z^2 + 2D(y + z) + 2Eyz + F = 0,$$
$$A(z + x)^2 + 2B(z + x)zx + Cz^2x^2 + 2D(z + x) + 2Ezx + F = 0,$$

A, B, C, D, E, F étant des constantes. Pour que ce système d'équations admette une solution, il faut et il suffit que l'on ait la condition

$$A^2 - 4BD + 2AE + CF = 0.$$

Si cette condition est remplie, le système admet une infinité de solutions, dépendant d'un paramètre arbitraire. Former l'équation du troisième degré, dépendant de ce paramètre, qui admet pour racines les trois valeurs de $x$, $y$, $z$ qui constituent une solution quelconque du système précédent.

191. Soit l'équation $x^3 + ax^2 + bx + c = 0$. Trouver la condition nécessaire et suffisante pour que les racines soient en progression arithmétique.

192. Soit l'équation $x^3 + ax^2 + bx + c = 0$. Condition nécessaire et suffisante pour que les racines soient en progression géométrique.

193. Déterminer le nombre $\lambda$ de façon que l'équation

$$x^4 - 4x^3 + 2x^2 - x + \lambda = 0$$

ait deux racines dont le produit soit égal à 1.

194. 1° Soit l'équation $x^3 + ax^2 + bx + c = 0$, à coefficients réels ou imaginaires. Quelle relation doit-il exister entre $a$, $b$, $c$ pour que les racines de l'équation soient les affixes des sommets d'un triangle équilatéral? Montrer que cette relation exprime qu'entre les racines $x_1$, $x_2$, $x_3$ de l'équation il existe soit la relation $x_1 + \alpha x_2 + \alpha^2 x_3 = 0$, soit la relation $x_1 + \alpha^2 x_2 + \alpha x_3 = 0$, $\alpha$ et $\alpha^2$ étant les racines cubiques imaginaires de 1.

2° Soient deux points A et B dont les affixes sont racines de l'équation $x^2 + px + q = 0$, $p$ et $q$ étant réels ou imaginaires. Former l'équation du second degré qui admet pour racines les affixes des deux points C et C' tels que les triangles ABC et ABC' soient équilatéraux. Former l'équation du second degré qui admet pour racines les affixes des deux points D et D' tels que les triangles DD'A et DD'B soient équilatéraux.

195. Déterminer une transformation homographique qui transforme toute équation réciproque du quatrième degré en une équation bicarrée.

196. Décomposer le polynome

$$x^4 - 4x^3 \cos a \cos b + 2x^2(1 + \cos 2a + \cos 2b) - 4x \cos a \cos b + 1$$

en un produit de deux polynomes du second degré à coefficients réels.

197. On pose $x + \frac{1}{x} = z$. On sait que $x^n + \frac{1}{x^n}$, où $n$ est un entier positif, est égal à un polynome $P_n(z)$ de degré $n$ en $z$ et que, $n$ étant au moins égal à 2, on a la relation

$$(1) \qquad P_n - zP_{n-1} + P_{n-2} = 0.$$

1° Calculer la valeur de $P_n(z)$ quand $z$ est égal à $2\cos\varphi$. Se servir des résultats trouvés pour établir que $P_n(z)$ vérifie la relation

$$(2) \qquad (4 - z^2)P''_n - zP'_n + n^2P_n = 0.$$

2° Calculer, à l'aide de la relation (2), les coefficients de $P_n(z)$.

3° Montrer que l'équation $P_n(z) = 0$ a toutes ses racines réelles, simples, comprises entre $-2$ et $+2$. Montrer, en se servant de la relation (1) et en raisonnant par induction, que les racines de l'équation $P_n(z) = 0$ sont séparées par celles de l'équation $P_{n-1}(z) = 0$.

4° On pose $Q_0(z) = 1$, et, pour $n$ entier et positif,

$$Q_n(z) = 1 + P_1(z) + P_2(z) + \ldots + P_n(z).$$

Calculer la valeur de $Q_n(z)$ quand $z$ est égal à $2\cos\varphi$.

Montrer que l'équation $Q_n(z) = 0$ a toutes ses racines réelles, simples, comprises entre $-2$ et $+2$. Établir la relation

$$Q_n - zQ_{n-1} + Q_{n-2} = 0,$$

ú $n$ est un entier au moins égal à 2, et se servir de cette relation pour montrer, par induction, que les racines de l'équation $Q_n(z) = 0$ sont séparées par celles de $Q_{n-1}(z) = 0$.

5° Montrer que l'équation $Q_n(z) = 1$ a toutes ses racines réelles, distinctes, appartenant à l'intervalle $(-2, +2)$. Y a-t-il une racine égale à $+2$ ou à $-2$?

198. Démontrer que la forme la plus générale du polynome entier $F(x)$ satisfaisant aux relations

$$F(1-x) = F(x), \quad x^m F\left(\frac{1}{x}\right) = F(x)$$

est

$$F(x) = (x^2 - x)^{2p}(x^2 - x + 1)^q \left\{ \begin{array}{l} A_0(x^2 - x + 1)^{3n} + A_1(x^2 - x + 1)^{3(n-1)}(x^2 - x)^2 \\ + \ldots + A_n(x^2 - x)^{2n} \end{array} \right\},$$

$p$, $q$, $n$ étant des entiers positifs, $A_0$, $A_1$, ..., $A_n$, des constantes quelconques (*Concours général*, 1874.)

199. Décomposer en un produit de deux trinomes du second degré à coefficients réels le polynome

$$x^4 + 4x^3 + 8x^2 + 4x + 1.$$

[On fera apparaître dans ce polynome le carré de $x^2 + 2x + \lambda$, $\lambda$ étant un nombre dont on disposera de façon que le polynome se mette sous la forme d'une différence de deux carrés.]

200. Démontrer les identités

$$x^4 + 1 = (x^2 + x\sqrt{2} + 1)(x^2 - x\sqrt{2} + 1),$$

$$x^8 + 1 = (x^2 + \sqrt{2+\sqrt{2}}\,x + 1)(x^2 + \sqrt{2-\sqrt{2}}\,x + 1),$$

$$(x^2 - \sqrt{2-\sqrt{2}}\,x + 1)(x^2 - \sqrt{2+\sqrt{2}}\,x + 1).$$

D'une façon générale, décomposer $x^{2^n} + 1$ en un produit de polynomes du second degré à coefficients réels.

201. Déterminer $\cos\frac{\pi}{5}$ comme racine d'une équation du second degré à coefficients entiers, en se servant de l'équation qui donne $\cos\frac{x}{5}$ quand on connaît la valeur de $\cos x$.

Déterminer $\operatorname{tg}\frac{\pi}{5}$ comme racine d'une équation du second degré à coefficients entiers, en se servant de l'équation qui donne $\operatorname{tg}\frac{x}{5}$ quand on connaît la valeur de $\operatorname{tg} x$. Déterminer de la même manière $\operatorname{tg}\frac{2\pi}{5}$.

Déduire des valeurs de $\operatorname{tg}\frac{\pi}{5}$ et de $\operatorname{tg}\frac{2\pi}{5}$ celles de $\operatorname{tg}\frac{\pi}{15}$, $\operatorname{tg}\frac{4\pi}{15}$, $\operatorname{tg}\frac{\pi}{60}$.

[On écrira $\frac{1}{15} = \frac{2}{5} - \frac{1}{3}$, $\frac{4}{15} = \frac{3}{5} - \frac{1}{3}$, $\frac{1}{60} = \frac{4}{15} - \frac{1}{4}$.]

202. Résoudre l'équation $\cos x \cos 2x = \frac{1}{4}$, et évaluer en degrés les angles compris entre 0° et 180° qui vérifient cette équation.

203. Démontrer l'égalité

$$\cos\frac{2\pi}{7} + \cos\frac{4\pi}{7} + \cos\frac{6\pi}{7} = -\frac{1}{2}.$$

204. Démontrer l'identité

$$\cos(n \arccos x) - 1 = 2^{n-1}(x-1)\left(x - \cos\frac{2\pi}{n}\right)\left(x - \cos\frac{4\pi}{n}\right)\ldots\left(x - \cos\frac{2(n-1)\pi}{n}\right).$$

En déduire l'égalité

$$\left(1 - \cos\frac{2\pi}{n}\right)\left(1 - \cos\frac{4\pi}{n}\right)\ldots\left(1 - \cos\frac{2(n-1)\pi}{n}\right) = \frac{n^2}{2^{n-1}},$$

puis l'égalité

$$\sin\frac{\pi}{n}\sin\frac{2\pi}{n}\ldots\sin\frac{(n-1)\pi}{n} = \frac{n}{2^{n-1}}.$$

Démontrer l'égalité

$$\sin\frac{\pi}{2n+1}\sin\frac{2\pi}{2n+1}\ldots\sin\frac{n\pi}{2n+1} = \frac{\sqrt{2n+1}}{2^n}.$$

205. On pose

$$f(x) = C_n^1 x - C_n^3 x^3 + C_n^5 x^5 - \ldots,$$
$$g(x) = 1 - C_n^2 x^2 + C_n^4 x^4 - \ldots,$$

$n$ étant un entier positif.

Établir les identités suivantes :

(1) $$[f(x)]^2 + [g(x)]^2 = (1 + x^2)^n,$$

(2) $$[f^{(p)}(x)]^2 + [g^{(p)}(x)]^2 = n^2(n-1)^2(n-2)^2 \ldots (n-p+1)^2(1+x^2)^{n-p},$$

(3) $$f'(x)g(x) - g'(x)f(x) = n(1 + x^2)^{n-1},$$

(4) $$f^{(p)}(x)g^{(p-1)}(x) - g^{(p)}(x)f^{(p-1)}(x) = n^2(n-1)^2 \ldots (n-p+2)^2(n-p+1)(1+x^2)^{n-p}.$$

Démonfrer, en se servant de l'identité (3), que les équations

$$f(x) = 0 \quad \text{et} \quad g(x) = 0$$

ont toutes leurs racines réelles et simples, de façon qu'entre deux racines consécutives de l'une il y ait une racine et une seule de l'autre. Démontrer de même, en se servant de l'identité (4), que les équations $f^{(p-1)}(x) = 0$ et $g^{(p-1)}(x) = 0$, $(p < n-1)$, n'ont que des racines réelles et simples, de façon qu'entre deux racines consécutives de l'une il y ait une racine de l'autre et une seule.

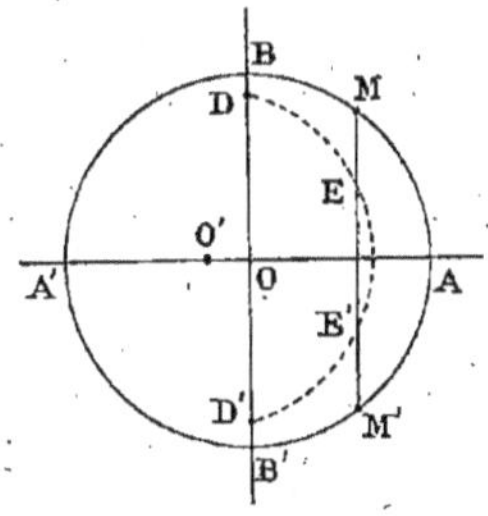

Fig. 78.

206. Soit un cercle de centre O et de diamètre AA'. Sur le rayon OA' on considère le point O' tel que $OO' = \frac{OA'}{6}$. Sur le diamètre BB' perpendiculaire à AA' on prend les points D et D' tels que OD et OD' soient égaux à l'apothème de l'hexagone régulier inscrit dans le cercle considéré. De O' comme

centre avec O'D comme rayon; on décrit l'arc de cercle DD' situé du même côté que A par rapport à BB'. On partage ensuite cet arc de cercle en trois parties égales par les points E et E'. La corde EE' rencontrant le cercle donné en M et M', démontrer que l'arc AM et l'arc AM' sont égaux à la septième partie de la circonférence de centre O.

(MATTHEW COLLINS.)

207. Soit $X_n$ le polynome de degré $n$ en $x$ qui, pour tout nombre $x$ appartenant à l'intervalle $(-1, +1)$, est égal à $\cos(n \text{ arc} \cos x)$; on posera en outre $X_0 = 1$.

Montrer que tout polynome $f(x)$, de degré $n$, peut se mettre, d'une manière et d'une seule, sous la forme

$$AX_n + BX_p + \ldots + KX_r + LX_s,$$

A, B, ..., K, L étant des constantes non nulles, $n, p, \ldots, r, s$ étant des entiers positifs ou nuls rangés dans l'ordre décroissant. On a en même temps

$$f(-x) = (-1)^n AX_n + (-1)^p BX_p + \ldots + (-1)^r KX_r + (-1)^s LX_s.$$

Montrer que si A, B, ..., L sont tous de même signe, l'équation $f(x) = 0$ n'a pas de racines réelles supérieures ou égales à 1.

208. Décomposer en fractions simples la fraction rationnelle $\dfrac{1}{x^n(1-x)^n}$, $n$ étant entier et positif.

209. Décomposer en fractions simples à coefficients réels la fraction rationnelle $\dfrac{1}{x^n - 1}$, $n$ étant un entier positif.

210. $a, b, c$ étant des nombres inégaux, démontrer les identités

$$\frac{(b+c)(x-b)(x-c)}{(a-b)(a-c)} + \frac{(c+a)(x-c)(x-a)}{(b-c)(b-a)} + \frac{(a+b)(x-a)(x-b)}{(c-a)(c-b)} = a+b+c-x;$$

$$\frac{(b^2+c^2)(x-b)(x-c)}{(a-b)(a-c)} + \frac{(c^2+a^2)(x-c)(x-a)}{(b-c)(b-a)} + \frac{(a^2+b^2)(x-a)(x-b)}{(c-a)(c-b)}$$
$$= a^2 + b^2 + c^2 - x^2.$$

[On se servira de la formule d'interpolation de Lagrange.]

211. Démontrer l'identité

$$\frac{1}{a}\frac{(x-b)(x-c)}{(a-b)(a-c)} + \frac{1}{b}\frac{(x-c)(x-a)}{(b-c)(b-a)} + \frac{1}{c}\frac{(x-a)(x-b)}{(c-a)(c-b)} = \frac{(x-a)(x-b)(x-c)+abc}{abcx},$$

$a, b, c$ étant des nombres inégaux et non nuls.

212. Soit $f(x) = 0$ une équation entière de degré $n$ ayant toutes ses racines simples, $a, b, \ldots, l$. On considère le polynome $\varphi(x)$; soit $R(x)$ le reste de la division de $\varphi(x)f'(x)$ par $f(x)$. Démontrer que la somme

$$\varphi(a) + \varphi(b) + \ldots + \varphi(l)$$

est égale au coefficient du terme en $x^{n-1}$ dans le polynôme $R(x)$, divisé par le coefficient du terme en $x^n$ dans $f(x)$.

[On se servira des identités d'Euler.]

213. Soit un polynome $f(x)$ de degré $n$ tel que l'équation $f(x)=0$ ait toutes ses racines simples et non nulles, $a, b, \ldots, l$. Décomposer en fractions simples la fraction rationnelle $\frac{1}{xf(x)}$. Calculer les coefficients en fonction des valeurs de $f(x)$ et de $f'(x)$ pour $x=0, a, b, \ldots, l$. Déduire de là la valeur de la somme

$$\frac{1}{af'(a)}+\frac{1}{bf'(b)}+\cdots+\frac{1}{lf'(l)}.$$

214. Soit $f(x)$ un polynome tel que l'équation $f(x)=0$ ait toutes ses racines simples et non nulles $a, b, \ldots, l$. Démontrer que, $p$ étant un entier positif, la somme

$$\frac{1}{a^p f'(a)}+\frac{1}{b^p f'(b)}+\cdots+\frac{1}{l^p f'(l)}$$

a pour valeur le coefficient du terme de degré $p-1$ obtenu au quotient dans la division, suivant les puissances croissantes, de 1 par $f(x)$.

215. Soit $f(x)=(x-a)(x-b)\ldots(x-l)$, $a, b, \ldots, l$ étant des nombres inégaux, en nombre égal à $n$.

$\varphi(x)$ étant un polynome de degré $2n-1$ au plus et premier avec $f(x)$, décomposer la fraction rationnelle $\frac{\varphi(x)}{[f(x)]^2}$ en fractions simples et calculer les coefficients en fonction des valeurs de $f, f', f''$, $\varphi$ et $\varphi'$ pour $x=a, b, \ldots, l$.

Se servir de l'identité ainsi obtenue pour démontrer l'existence et pour déterminer l'expression d'un polynome unique $\varphi(x)$, de degré $2n-1$ au plus, prenant $n$ valeurs données A, B, $\ldots$, L et dont la dérivée prend aussi $n$ valeurs données A′, B′, $\ldots$, L′ pour $x=a, b, \ldots, l$.

216. Déterminer un polynome du 5ᵉ degré au plus, sachant que pour $x=a$ et pour $x=b$, $a$ et $b$ étant différents, le polynome prend des valeurs A et B, sa dérivée première, des valeurs A′ et B′, sa dérivée seconde, des valeurs A″ et B″.

[On se servira de la décomposition en fractions simples de la fraction rationnelle $\frac{\varphi(x)}{(x-a)^3(x-b)^3}$, $\varphi(x)$ étant le polynome cherché.]

217. Il n'existe pas d'intervalle dans lequel la fonction $Lx$ ou la fonction $\operatorname{arctg} x$ soit constamment égale à une fraction rationnelle.

# CHAPITRE XI

# CALCUL INTÉGRAL

## I. — INTÉGRALE DÉFINIE

**296. Définition de l'intégrale définie.** — Soit une fonction $f(x)$ définie dans un intervalle fini $(a, b)$, et *continue* dans cet intervalle.

Théorème. — *A tout partage* P *de l'intervalle* $(a, b)$ *en intervalles partiels par des nombres* $x_0 = a, x_1, x_2, \ldots, x_{n-1}, x_n = b$, *rangés dans l'ordre croissant, faisons correspondre les deux sommes*

$$s_{\mathrm{P}} = \sum_{i=1}^{i=n} m_i(x_i - x_{i-1}), \quad S_{\mathrm{P}} = \sum_{i=1}^{i=n} M_i(x_i - x_{i-1}),$$

$m_i$ *et* $M_i$ *étant les bornes inférieure et supérieure de* $f(x)$ *dans l'intervalle de rang* $i$ *qui a pour extrémités* $x_{i-1}$ *et* $x_i$. *Il existe un nombre formant coupure entre l'ensemble des nombres* $s$ *et l'ensemble des nombres* S.

Nous avons deux points à établir.

1° *Tout* $s$ *est au plus égal à tout* S.

C'est immédiat si $s$ et S correspondent au même partage P de l'intervalle $(a, b)$, car on a

$$S_{\mathrm{P}} - s_{\mathrm{P}} = \sum_{i=1}^{i=n} (M_i - m_i)(x_i - x_{i-1});$$

or, chacun des nombres $x_i - x_{i-1}$ est positif et chacun des nombres $M_i - m_i$ est positif ou nul; donc, chaque produit $(M_i - m_i)(x_i - x_{i-1})$ est positif ou nul, la différence $S_{\mathrm{P}} - s_{\mathrm{P}}$ est elle-même positive ou nulle, et l'on a bien $s_{\mathrm{P}} \leqslant S_{\mathrm{P}}$.

Reste à démontrer qu'étant donnés deux partages différents quelconques P et P′ de l'intervalle $(a, b)$ respectivement par les nombres $x_0 = a, x_1, x_2, \ldots, x_{n-1}, x_n = b$ et $x'_0 = a, x'_1, x'_2, \ldots, x'_{n'-1}, x'_{n'} = b$, on a $s_{\mathrm{P}} \leqslant S_{\mathrm{P'}}$.

Rangeons en effet dans l'ordre croissant les valeurs distinctes des nombres $a, x_1, x_2, \ldots, x_{n-1}, x'_1, x'_2, \ldots, x'_{n'-1}, b$; nous obtenons ainsi les nombres $z_0 = a, z_1, z_2, \ldots, z_{p-1}, z_p = b$, qui définissent un troisième partage Q de l'intervalle $(a, b)$. Quel que soit $\alpha$, l'intervalle $(z_{\alpha-1}, z_\alpha)$ provenant du partage Q est contenu dans un et un seul intervalle provenant du partage P et il est contenu dans un et un seul intervalle provenant du partage P'. Si $l_\alpha$ est la borne inférieure de $f(x)$ dans l'intervalle provenant du partage P et si $L_\alpha$ est la borne supérieure de $f(x)$ dans l'intervalle provenant du partage P', on a $l_\alpha \leqslant L_\alpha$; en effet, $\xi$ étant un nombre de l'intervalle $(z_{\alpha-1}, z_\alpha)$, comme il appartient à l'intervalle provenant du partage P, on a $l_\alpha \leqslant f(\xi)$, et comme il appartient à l'intervalle provenant du partage P', on a $f(\xi) \leqslant L_\alpha$, d'où il résulte que l'on a $l_\alpha \leqslant L_\alpha$.

Cela posé, chaque intervalle $(x_{i-1}, x_i)$ provenant du partage P contient un ou plusieurs intervalles tels que $(z_{\alpha-1}, z_\alpha)$ provenant du partage Q; $x_i - x_{i-1}$ est égal à la somme de différences telles que $z_\alpha - z_{\alpha-1}$, et le terme correspondant $m_i(x_i - x_{i-1})$ de $s_P$ est égal à la somme de produits tels que $m_i(z_\alpha - z_{\alpha-1})$, c'est-à-dire tels que $l_\alpha(z_\alpha - z_{\alpha-1})$. Par suite, on a

$$s_P = \sum_{\alpha=1}^{\alpha=p} l_\alpha (z_\alpha - z_{\alpha-1}).$$

De même, chaque intervalle $(x'_{i'-1}, x'_{i'})$ provenant du partage P contient un ou plusieurs intervalles tels que $(z_{\alpha-1}, z_\alpha)$ provenant du partage Q; $x'_{i'} - x'_{i'-1}$ est égal à la somme de différences telles que $z_\alpha - z_{\alpha-1}$, et le terme correspondant $M'_{i'}(x'_{i'} - x'_{i'-1})$ de $S_{P'}$ est égal à la somme de produits tels que $M'_{i'}(z_\alpha - z_{\alpha-1})$, c'est-à-dire tels que $L_\alpha(z_\alpha - z_{\alpha-1})$. Par suite, on a

$$S_{P'} = \sum_{\alpha=1}^{\alpha=p} L_\alpha (z_\alpha - z_{\alpha-1}).$$

Il s'ensuit que l'on a

$$S_{P'} - s_P = \sum_{\alpha=1}^{\alpha=p} (L_\alpha - l_\alpha)(z_\alpha - z_{\alpha-1});$$

or, chacune des différences $z_\alpha - z_{\alpha-1}$ est positive; chacune des différences $L_\alpha - l_\alpha$ est positive ou nulle; $S_{P'} - s_P$ est donc positif ou nul, et l'on a bien $s_P \leqslant S_{P'}$.

2° *Quel que soit le nombre positif* $\varepsilon$, *il est possible de trouver un* S *et un* $s$ *tels que leur différence soit en valeur absolue plus petite que* $\varepsilon$.

Soit en effet un partage P de l'intervalle $(a, b)$; on a

$$\begin{aligned} S_P - s_P &= \sum_{i=1}^{i=n} (M_i - m_i)(x_i - x_{i-1}) \\ &= \sum_{i=1}^{i=n} \omega_i (x_i - x_{i-1}), \end{aligned}$$

$\omega_i$ étant l'oscillation de la fonction $f(x)$ dans l'intervalle $(x_{i-1}, x_i)$. Étant donné le nombre positif $\frac{\varepsilon}{b-a}$, il est possible de déterminer un nombre positif $\eta$ tel que, quels que soient les deux nombres $x'$ et $x''$ de l'intervalle $(a, b)$ vérifiant $0 < x'' - x' < \eta$, l'oscillation de $f(x)$ dans l'intervalle $(x', x'')$ soit plus petite que $\frac{\varepsilon}{b-a}$ (ch. I, § 49). Il est possible de déterminer un partage P tel que, quel que soit $i$, la différence $x_i - x_{i-1}$ soit plus petite que $\eta$; il suffit, par exemple, de diviser l'intervalle $(a, b)$ en $n$ parties égales, $n$ étant plus grand que $\frac{b-a}{\eta}$. Pour un tel partage, chacun des nombres $\omega_i$ est plus petit que $\frac{\varepsilon}{b-a}$. Il s'ensuit alors que l'on a

$$S_P - s_P < \frac{\varepsilon}{b-a} \sum_{i=1}^{i=n} (x_i - x_{i-1}),$$

c'est-à-dire

$$S_P - s_P < \frac{\varepsilon}{b-a}(b-a), \qquad S_P - s_P < \varepsilon.$$

Des deux points établis, il résulte immédiatement qu'il existe un nombre I formant coupure entre l'ensemble des $s$ et l'ensemble des S.

THÉORÈME. — *Soit* $P_1, P_2, \ldots, P_m, \ldots$ *une suite de partages de l'intervalle* $(a, b)$ *telle que la plus grande des divisions de l'intervalle* $(a, b)$ *par* $P_m$ *tende vers* 0 *quand* $m$ *tend vers* $\infty$. *Si* $\xi_i$ *désigne un nombre quelconque appartenant à l'intervalle de rang* $i$ *provenant du partage* $P_m$, *la somme*

$$\sum_m (x_i - x_{i-1}) f(\xi_i),$$

*dépendant de l'entier* $m$, *a pour limite* I *quand* $m$ *tend vers* $\infty$.

Soit le nombre positif $\varepsilon$. Il existe un nombre positif $\eta$ tel que, quels que soient les nombres $x'$ et $x''$ de l'intervalle $(a, b)$ vérifiant

$0 < x'' - x' < \eta$, l'oscillation de la fonction $f(x)$ dans l'intervalle $(x', x'')$ soit plus petite que $\frac{\varepsilon}{b-a}$. Mais, puisque la plus grande des divisions de $P_m$ tend vers 0 quand $m$ tend vers $\infty$, étant donné le nombre positif $\eta$, il existe un entier $p$ tel que pour tout intervalle partiel $(x_{i-1}, x_i)$ provenant de tout partage $P_m$ de rang plus grand que $p$, on ait $x_i - x_{i-1} < \eta$; dans chacun de ces intervalles partiels, l'oscillation de $f(x)$ est plus petite que $\frac{\varepsilon}{b-a}$. Il s'ensuit que pour tout partage $P_m$ de rang plus grand que $p$, on a

$$S_{P_m} - s_{P_m} < \varepsilon.$$

Comme $\varepsilon$ est arbitraire, on voit que $S_{P_m} - s_{P_m}$ tend vers 0 quand $m$ tend vers $\infty$. Puisqu'on a

$$s_{P_m} \leqslant I \leqslant S_{P_m},$$

il s'ensuit que, quand $m$ tend vers $\infty$, $s_{P_m}$ et $S_{P_m}$ tendent tous deux vers I.

Mais, relativement au partage $P_m$, on a, quel que soit $i$,

$$m_i \leqslant f(\xi_i) \leqslant M_i$$

et, par suite,

$$s_{P_m} \leqslant \sum_m (x_i - x_{i-1}) f(\xi_i) \leqslant S_{P_m};$$

$\sum_m (x_i - x_{i-1}) f(\xi_i)$, qui dépend de l'entier $m$, étant compris entre deux nombres variables qui tendent vers I, tend aussi vers I, quand $m$ tend vers $\infty$.

Définitions. — Le nombre I précédemment défini se représente par la notation

$$\int_a^b f(x)\,dx.$$

Par définition, on pose

$$\int_a^a f(x)\,dx = 0,$$

et, $a$ étant supposé plus grand que $b$,

$$\int_a^b f(x)\,dx = -\int_b^a f(x)\,dx.$$

D'après cela, la notation $\int_a^b f(x)\,dx$ a un sens pourvu que $a$ et $b$ appartiennent à un intervalle dans lequel la fonction $f(x)$ soit définie et continue ; elle s'énonce *somme de $a$ à $b$ de $f(x)dx$*, et le nombre qu'elle représente est dit l'*intégrale définie de la fonction $f(x)$ de $a$ à $b$.*

Grâce aux définitions précédentes, quels que soient $a$ et $b$, on a

$$\int_a^b f(x)\,dx + \int_b^a f(x)\,dx = 0 \quad \text{et} \quad \int_a^b f(x)\,dx = -\int_b^a f(x)\,dx.$$

297. Théorème. — *Quels que soient $a$, $b$, $c$, on a*

$$\int_a^b f(x)\,dx + \int_b^c f(x)\,dx + \int_c^a f(x)\,dx = 0.$$

Il suffit d'établir le théorème quand les trois nombres $a$, $b$, $c$ sont inégaux.

Supposons d'abord qu'on ait $a < b < c$. Soit un partage P de l'intervalle $(a, b)$ auquel il correspond les deux nombres $s_P$ et $S_P$ antérieurement définis (§ 296) ; soit également un partage P′ de l'intervalle $(b, c)$ auquel il correspond de même deux nombres $s'_{P'}$ et $S'_{P'}$. Les points de division du partage P, les points de division du partage P′ et le point $b$ définissent un partage P″ de l'intervalle $(a, c)$ auquel il correspond de même les deux nombres $s''_{P''}$ et $S''_{P''}$. On a évidemment

$$s''_{P''} = s_P + s'_{P'} \quad \text{et} \quad S''_{P''} = S_P + S'_{P'}.$$

L'ensemble des nombres $s_P$ correspondant à tous les partages P possibles de l'intervalle $(a, b)$ et l'ensemble des nombres $s'_{P'}$ correspondant à tous les partages possibles de l'intervalle $(b, c)$ ont respectivement pour bornes supérieures

$$\int_a f(x)\,dx \quad \text{et} \quad \int_b^c f(x)\,dx;$$

il s'ensuit que l'ensemble des nombres $s''_{P''}$ a pour borne supérieure

$$\int_a^b f(x)\,dx + \int_b^c f(x)\,dx;$$

mais, quels que soient les partages P et P′, on a

$$s''_{P''} \leqslant \int_a^c f(x)\,dx;$$

par suite, on a

$$\int_a^b f(x)\,dx + \int_b^c f(x)\,dx \leqslant \int_a^c f(x)\,dx.$$

De même, l'ensemble des nombres $S''_{P''}$ a pour borne inférieure

$$\int_a^b f(x)\,dx + \int_b^c f(x)\,dx$$

et comme, quels que soient P et P', on a

$$S''_{P''} \geqslant \int_a^c f(x)\,dx,$$

on a

$$\int_a^b f(x)\,dx + \int_b^c f(x)\,dx \geqslant \int_a^c f(x)\,dx.$$

On a donc l'égalité

$$\int_a^b f(x)\,dx + \int_b^c f(x)\,dx = \int_a^c f(x)\,dx.$$

c'est-à-dire

$$\int_a^b f(x)\,dx + \int_b^c f(x)\,dx = -\int_c^a f(x)\,dx,$$

d'où

$$\int_a^b f(x)\,dx + \int_b^c f(x)\,dx + \int_c^a f(x)\,dx = 0.$$

On reconnaît tout de suite que le premier membre de cette égalité ne change pas quand on y remplace $a$, $b$, $c$ respectivement par $b$, $c$, $a$, puis par $c$, $a$, $b$. D'autre part, chacun des termes est remplacé par le nombre opposé quand on transpose les deux nombres $a$ et $b$; il s'ensuit que la relation précédente ne change pas quand on y remplace $a$, $b$, $c$ respectivement par $b$, $a$, $c$, puis, successivement, par $a$, $c$, $b$ et par $c$, $b$, $a$. Finalement, la relation énoncée est valable quel que soit l'ordre de grandeur des trois nombres $a$, $b$, $c$.

Cette relation peut s'écrire

$$\int_a^b f(x)\,dx + \int_b^c f(x)\,dx = \int_a^c f(x)\,dx.$$

THÉORÈME. — *Quels que soient $a$, $b$, $c$, ..., $h$, $k$, $l$, on a*

$$\int_a^b f(x)\,dx + \int_b^c f(x)\,dx + \dots + \int_h^k f(x)\,dx + \int_k^l f(x)\,dx = \int_a^l f(x)\,dx$$

*et*

$$\int_a^b f(x)\,dx + \int_b^c f(x)\,dx + \dots + \int_h^k f(x)\,dx + \int_k^l f(x)\,dx + \int_l^a f(x)\,dx = 0.$$

On a en effet

$$\int_a^b f(x)\,dx + \int_b^c f(x)\,dx = \int_a^c f(x)\,dx.$$

Par suite, on a

$$\int_a^b f(x)\,dx + \int_b^c f(x)\,dx + \int_c^d f(x)\,dx = \int_a^c f(x)\,dx + \int_c^d f(x)\,dx$$
$$= \int_a^d f(x)\,dx,$$

et ainsi de suite, de proche en proche.

298. Théorème. — *Si $\lambda$ est un nombre fixe, on a*

$$\int_a^b [\lambda f(x)]\,dx = \lambda \int_a^b f(x)\,dx.$$

Cette égalité est évidente si l'on a $a = b$. Supposons donc $a \neq b$.

1° $a < b$. Soit un partage $P_m$ de l'intervalle $(a, b)$, dépendant de l'entier $m$, tel que la plus grande de ses divisions tende vers 0, quand $m$ tend vers $\infty$. La somme

$$\sum_m (x_i - x_{i-1})\,f(\xi_i)$$

antérieurement définie tend, quand $m$ tend vers $\infty$, vers l'intégrale définie de $f(x)$ de $a$ à $b$; par suite, la somme

$$\sum_m (x_i - x_{i-1})\,\lambda f(\xi_i)$$

tend vers le produit par $\lambda$ de cette intégrale définie. Mais, d'autre part, cette somme tend vers l'intégrale définie de $\lambda f(x)$ de $a$ à $b$. On a donc bien

$$\int_a^b [\lambda f(x)]\,dx = \lambda \int_a^b f(x)\,dx.$$

2° $a > b$. Alors, on a $b < a$ et, par suite,

$$\int_b^a [\lambda f(x)]\,dx = \lambda \int_b^a f(x)\,dx;$$

en transposant $a$ et $b$, on remplace chacun des deux membres par le nombre opposé, et l'on obtient la relation énoncée

Théorème. — *Si l'on a*

$$f(x) = \varphi_1(x) + \varphi_2(x),$$

*$\varphi_1(x)$ et $\varphi_2(x)$ étant des fonctions continues, on a*

$$\int_a^b f(x)\,dx = \int_a^b \varphi_1(x)\,dx + \int_a^b \varphi_2(x)\,dx.$$

Le théorème est évident si l'on a $a = b$. Supposons donc $a \neq b$.

1° $a < b$. Si nous considérons le partage $P_m$ défini dans la démonstration du théorème précédent, la somme

$$\sum_m (x_i - x_{i-1})\, f(\xi_i)$$

est la somme des deux sommes partielles

$$\sum_m (x_i - x_{i-1})\, \varphi_1(\xi_i) \quad \text{et} \quad \sum_m (x_i - x_{i-1})\, \varphi_2(\xi_i)$$

qui, lorsque $m$ tend vers $\infty$, tendent respectivement vers

$$\int_a^b \varphi_1(x)\,dx \quad \text{et} \quad \int_a^b \varphi_2(x)\,dx.$$

D'autre part, la première somme tend vers l'intégrale définie de $f(x)$ de $a$ à $b$. On a donc bien

$$\int_a^b f(x)\,dx = \int_a^b \varphi_1(x)\,dx + \int_a^b \varphi_2(x)\,dx.$$

2° $a > b$. Alors, on a $b < a$ et, par suite,

$$\int_b^a f(x)\,dx = \int_b^a \varphi_1(x)\,dx + \int_b^a \varphi_2(x)\,dx;$$

en transposant $a$ et $b$, on remplace le premier membre et chacun des termes du second respectivement par les nombres opposés, et l'on obtient la relation énoncée.

Plus généralement, si l'on a

$$f(x) = \varphi_1(x) + \varphi_2(x) + \ldots + \varphi_n(x),$$

$\varphi_1(x), \varphi_2(x), \ldots, \varphi_n(x)$ étant des fonctions continues, on a

$$\int_a^b f(x)\,dx = \int_a^b \varphi_1(x)\,dx + \int \varphi_2(x)\,dx + \ldots + \int^b \varphi_n(x)\,dx.$$

Il s'ensuit que si l'on a

$$f(x) = \lambda_1\psi_1(x) + \lambda_2\psi_2(x) + \ldots + \lambda_n\psi_n(x),$$

$\psi_1, \psi_2, \ldots, \psi_n$ étant des fonctions continues, $\lambda_1, \lambda_2, \ldots, \lambda_n$ étant des constantes, on a

$$\int_a^b f(x)\,dx = \lambda_1 \int_a^b \psi_1(x)\,dx + \lambda_2 \int_a^b \psi_2(x)\,dx + \ldots + \lambda_n \int_a^b \psi_n(x)\,dx.$$

**299. Théorème de la moyenne.** — *Supposant $a$ différent de $b$, on a*

$$\int_a^b f(x)\,dx = (b-a)f(\xi),$$

*$\xi$ étant un nombre compris entre $a$ et $b$.*

Supposons d'abord $a < b$. Soient $m$ et M les bornes inférieure et supérieure de $f(x)$ dans l'intervalle $(a, b)$. L'intégrale définie de $f(x)$ de $a$ à $b$ a été définie comme formant coupure entre un ensemble de nombres $s$ parmi lesquels se trouve le nombre $m(b-a)$ et un ensemble de nombres S parmi lesquels se trouve le nombre $\mathrm{M}(b-a)$. On a, d'après cela,

$$m(b-a) \leqslant \int_a^b f(x)\,dx \leqslant \mathrm{M}(b-a)$$

et, par suite,

$$m \leqslant \frac{\int_a^b f(x)\,dx}{b-a} \leqslant \mathrm{M}.$$

Comme la fonction continue $f(x)$ prend, lorsque $x$ varie dans l'intervalle $(a, b)$, toute valeur comprise entre $m$ et M (ch. I, § 50), il s'ensuit qu'il existe un nombre $\xi$ compris entre $a$ et $b$ tel que l'on ait

$$\frac{\int_a^b f(x)\,dx}{b-a} = f(\xi)$$

et, par suite,

$$\int_a^b f(x)\,dx = (b-a)f(\xi).$$

Supposons ensuite $a > b$. Alors, on a $b < a$ et, par suite, en vertu de ce qui précède,

$$\int_b^a f(x)\,dx = (a-b)f(\xi),$$

$\xi$ étant compris entre $a$ et $b$. En transposant $a$ et $b$, on remplace chacun des deux membres par le nombre opposé et l'on obtient l'égalité énoncée.

*Conséquences.* — 1° Si l'on a $a < b$ et si, pour toute valeur de $x$ appartenant à l'intervalle $(a, b)$, on a $f(x) \geqslant 0$, on a

$$\int_a^b f(x)\,dx \geqslant 0.$$

En effet, on a

$$\int_a^b f(x)\,dx = (b-a)f(\xi),$$

$\xi$ étant compris entre $a$ et $b$. Le second membre est le produit de $b-a$ qui est positif et de $f(\xi)$ qui est positif ou nul.

De même, si l'on a $a < b$ et si, dans l'intervalle $(a, b)$, on a $f(x) \leqslant 0$, on a

$$\int_a^b f(x)\,dx \leqslant 0.$$

Les inégalités changent de sens si l'on suppose $a > b$.

2° Si l'on a $a < b$ et si, pour toute valeur de $x$ appartenant à l'intervalle $(a, b)$, on a $f(x) \leqslant g(x)$, on a

$$\int_a^b f(x)\,dx \leqslant \int_a^b g(x)\,dx.$$

En effet, on a, pour toute valeur de $x$ appartenant à l'intervalle $(a, b)$, $f(x) - g(x) \leqslant 0$. Par suite, $a$ étant plus petit que $b$, on a

$$\int_a^b [f(x) - g(x)]\,dx \leqslant 0,$$

c'est-à-dire

$$\int_a^b f(x)\,dx - \int_a^b g(x)\,dx \leqslant 0,$$

c'est-à-dire enfin

$$\int_a^b f(x)\,dx \leqslant \int_a^b g(x)\,dx.$$

L'inégalité change de sens quand on suppose $a > b$.

En particulier, $a$ étant supposé plus petit que $b$, on a

$$-\int_a^b |f(x)|\,dx \leqslant \int_a^b f(x)\,dx \leqslant +\int_a^b |f(x)|\,dx.$$

300. Théorème. — *Le nombre variable* $\int_a^X f(x)\,dx$ *est une fonction de la variable* X *qui est continue et qui admet une dérivée égale à* $f(X)$.

Nous supposons que la fonction $f(x)$ est définie et continue dans un intervalle contenant $a$ et que X varie dans cet intervalle. A tout nombre X de cet intervalle il correspond l'intégrale définie de $f(x)$ de $a$ à X, qui est ainsi une fonction de X définie dans l'intervalle considéré. Posons

$$F(X)=\int_a^X f(x)\,dx.$$

$X+h$ appartenant à l'intervalle précédent, on a

$$F(X+h)-F(X)=\int_a^{X+h} f(x)\,dx-\int_a^X f(x)\,dx=\int_X^{X+h} f(x)\,dx,$$

et, en vertu du théorème de la moyenne, il existe un nombre $\xi$ compris entre X et $X+h$ tel que l'on ait

$$F(X+h)-F(X)=hf(\xi).$$

Si $h$ tend vers 0, $\xi$ tend vers X et $f(\xi)$ tend vers $f(X)$; le second membre tend vers 0; par suite, F(X) est une fonction continue. De plus,

$$\frac{F(X+h)-F(X)}{h}$$

tend vers $f(X)$; donc, F(X) admet une dérivée, et cette dérivée est $f(X)$.

*Conséquence.* — *Toute fonction définie et continue dans un intervalle est la dérivée d'une autre fonction définie dans cet intervalle.*

Théorème. — *Le nombre variable* $\int_X^a f(x)\,dx$ *est une fonction de la variable* X *qui est continue et qui admet une dérivée égale à* $-f(X)$.

En effet, on a

$$\int_X^a f(x)\,dx=-\int_a^X f(x)\,dx=-F(X).$$

La fonction $-F(X)$ est continue comme la fonction F(X), et elle admet une dérivée égale à $-F'(X)$, c'est-à-dire à $-f(X)$.

**301. Extension de la notion d'intégrale définie.** — La définition de l'intégrale définie de la fonction $f(x)$ de $a$ à $b$ suppose que $a$ et $b$ soient finis et que la fonction $f(x)$ soit définie et continue dans l'intervalle qui a pour extrémités $a$ et $b$.

On peut étendre dans certains cas le sens de la notation

$$\int_a^b f(x)\,dx.$$

1° *Supposons que la fonction $f(x)$ soit définie et continue dans un intervalle, sauf peut-être pour une extrémité finie ou infinie de cet intervalle, l'autre extrémité de l'intervalle étant finie.*

Soit l'intervalle ayant pour extrémité finie $a$ et pour extrémité finie ou infinie $b$. Supposons que la fonction $f(x)$ soit définie et continue dans cet intervalle, sauf peut-être pour $x=b$. Considérons un nombre variable X appartenant à l'intervalle.

Si $f(x)$ est définie et continue pour $x=b$, nécessairement fini, $\int_a^X f(x)dx$ a, quand X tend vers $b$, une limite finie égale à $\int_a^b f(x)dx$.

Si $f(x)$ est définie pour $x=b$, nécessairement fini, mais n'est pas continue et si $f(x)$ a une limite finie quand $x$ tend vers $b$, $\int_a^X f(x)dx$ a une limite finie quand $x$ tend vers $b$. Il suffit en effet de remarquer que $\int_a^X f(x)dx$ est l'intégrale définie de $a$ à X de la fonction $f_1(x)$, définie et continue dans l'intervalle qui a pour extrémités $a$ et $b$, égale, pour toute valeur de $x$ autre que $b$, à $f(x)$ et pour $x=b$, à la limite de $f(x)$ quand $x$ tend vers $b$. Par suite, $\int_a^X f(x)dx$ a pour limite $\int_a^b f_1(x)dx$. Cette limite est dite *intégrale définie de a à b de la fonction $f(x)$*; on représente cette limite par la notation $\int_a^b f(x)dx$.

Supposons que $f(x)$ soit définie pour $x=b$, mais n'admette pas de limite finie quand $x$ tend vers $b$ (par exemple, elle tend vers $\infty$ quand $x$ tend vers $b$), ou bien que $f(x)$ ne soit pas définie pour $x=b$. Si $\int_a^X f(x)dx$ a une limite finie quand X tend vers $b$, cette limite est dite encore *intégrale définie de a à b de $f(x)$*; on la représente encore par la notation $\int_a^b f(x)dx$.

Dans tous les cas précédents, on dit que la notation $\int_a^b f(x)dx$ *a un sens*.

Si $\int_a^X f(x)dx$ a une limite finie quand X tend vers $b$, $\int_X^a f(x)dx$ a aussi, quand X tend vers $b$, une limite finie égale à $-\int_a^b f(x)dx$; on la représente par la notation $\int_b^a f(x)dx$, et l'on dit que cette notation *a un sens*.

Au sens strict ou au sens étendu, on a l'égalité

$$\int_a^b f(x)dx + \int_b^a f(x)dx = 0.$$

Remplaçons le nombre fini $a$ par un autre nombre fini $a'$, différent de $b$, de telle façon que $b$ ne soit pas compris entre $a$ et $a'$ et que la fonction $f(x)$ soit définie et continue, sauf peut-être pour $x=b$, dans l'intervalle qui a pour extrémités $a'$ et $b$.

Si X est un nombre variable tendant vers $b$, mais situé du même côté que $a$ et $a'$ par rapport à $b$, on a

$$\int_{a'}^{X} f(x)dx = \int_{a'}^{a} f(x)dx + \int_a^X f(x)dx;$$

cette égalité montre que si $\int_a^b f(x)dx$ a un sens, il en est de même de $\int_{a'}^b f(x)dx$. On a alors

$$\int_{a'}^b f(x)dx = \int_{a'}^a f(x)dx + \int_a^b f(x)dx$$

et

$$\int_b^{a'} f(x)dx = \int_a^{a'} f(x)dx + \int_b^a f(x)dx.$$

Si $\int_a^b f(x)dx$ n'a pas de sens, il en est de même de $\int_{a'}^b f(x)dx$.

2° *Supposons que la fonction $f(x)$ soit définie et continue dans un intervalle, sauf peut-être pour les deux extrémités finies ou infinies de cet intervalle.*

Soient $a$ et $b$ les extrémités de l'intervalle. $c$ étant compris entre $a$ et $b$, supposons que $\int_a^c f(x)dx$ et $\int_c^b f(x)dx$ aient un sens. Si on remplace $c$ par un autre nombre $c'$ compris entre $a$ et $b$, $\int_a^{c'} f(x)dx$ et $\int_{c'}^b f(x)dx$ ont aussi un sens.

La somme

$$\int_a^c f(x)dx + \int_c^b f(x)dx$$

a une valeur indépendante de $c$. En effet, on a

$$\int_a^c f(x)dx = \int_a^{c'} f(x)dx + \int_{c'}^c f(x)dx$$

et

$$\int_c^b f(x)\,dx = \int_c^{c'} f(x)\,dx + \int_{c'}^b f(x)\,dx,$$

d'où, en ajoutant membre à membre et en remarquant que la somme

$\int_c^{c'} f(x)\,dx + \int_{c'}^c f(x)\,dx$ est égale à 0,

$$\int_a^c f(x)\,dx + \int_c^b f(x)\,dx = \int_a^{c'} f(x)\,dx + \int_{c'}^b f(x)\,dx.$$

La valeur constante de cette somme, quand $c$ varie à l'intérieur de l'intervalle $(a, b)$, est dite l'*intégrale définie de $a$ à $b$ de la fonction $f(x)$* et se représente par la notation $\int_a^b f(x)\,dx$. On dit encore que cette notation *a un sens*.

Si $\int_a^b f(x)dx$ a un sens, il en est de même de $\int_b^a f(x)dx$, et l'on a

$$\int_a^b f(x)dx + \int_b^a f(x)\,dx = 0.$$

3° *Supposons que la fonction $f(x)$ soit définie et continue dans l'intervalle qui a pour extrémités $a$ et $b$, sauf peut-être aux extrémités finies ou infinies $a$ et $b$ et en des points $c_1, c_2, \ldots, c_n$ intérieurs à cet intervalle, rangés dans l'ordre croissant ou dans l'ordre décroissant.*

Si les notations $\int_a^{c_1} f(x)dx$, $\int_{c_1}^{c_2} f(x)\,dx$, ..., $\int_{c_n}^b f(x)\,dx$ ont chacune un sens, on pose

$$\int_a^b f(x)\,dx = \int_a^{c_1} f(x)\,dx + \int_{c_1}^{c_2} f(x)\,dx + \ldots + \int_{c_n}^b f(x)\,dx.$$

On dit que la notation $\int_a^b f(x)\,dx$ *a un sens*. La notation $\int_b^a f(x)\,dx$ a en même temps un sens, et l'on a

$$\int_a^b f(x)\,dx + \int_b^a f(x)\,dx = 0.$$

De ces définitions, il résulte que l'on a, dans tous les cas, qu'il s'agisse d'intégrales définies prises au sens strict ou d'intégrales définies prises au sens étendu,

1° $\int_a^b f(x)\,dx = -\int_b^a f(x)\,dx$,

2° $\int_a^l f(x)\,dx = \int_a^b f(x)\,dx + \int_b^c f(x)\,dx + \ldots + \int_k^l f(x)\,dx$,

3° $\int_a^b \lambda f(x)\,dx = \lambda \int_a^b f(x)\,dx$, $\lambda$ étant une constante,

4° $\int_a^b [\varphi_1(x) + \varphi_2(x) + \ldots]\,dx = \int_a^b \varphi_1(x)\,dx + \int_a^b \varphi_2(x)\,dx + \ldots.$

En outre, si l'on a $a < b$, et si, pour toute valeur de $x$ intérieure à l'intervalle $(a, b)$, on a $f(x) \geqslant 0$, on a

$$\int_a^b f(x)\,dx \geqslant 0.$$

Si, pour toute valeur de $x$ intérieure à l'intervalle $(a, b)$, on a $f(x) \leqslant g(x)$, on a

$$\int_a^b f(x)\,dx \leqslant \int_a^b g(x)\,dx.$$

Enfin, dans tous les cas, si X tend vers $b$, $\int_a^X f(x)\,dx$ tend vers $\int_a^b f(x)\,dx$, et $\int_X^a f(x)\,dx$ tend vers $\int_b^a f(x)\,dx$.

## II. — CALCUL DES PRIMITIVES ET DES INTÉGRALES DÉFINIES

**302. Primitives d'une fonction.** — Soit une fonction $f(x)$ définie dans un intervalle (A, B). On dit qu'une fonction $F(x)$, définie dans cet intervalle, est une *primitive* de $f(x)$ si, quel que soit $x$ appartenant à l'intervalle, $F(x)$ a une dérivée égale à $f(x)$.

Une fonction $f(x)$ n'admet pas toujours une primitive. Mais si elle admet une primitive, elle en admet une infinité, et ces primitives se déduisent de l'une quelconque d'entre elles par addition d'une constante arbitraire.

En effet, soit $F(x)$ une primitive de $f(x)$. $F(x)$ ayant pour dérivée $f(x)$, il en est de même de $F(x) + C$, C étant une constante quelconque. Quel que soit C, $F(x) + C$ est une primitive de $f(x)$.

Réciproquement, $F_1(x)$ étant une primitive de $f(x)$, la fonction $F_1(x) - F(x)$ a une dérivée égale à $f(x) - f(x)$, c'est-à-dire à 0. Il s'ensuit que $F_1(x) - F(x)$ est égale à une constante C, et l'on a ainsi

$$F_1(x) = F(x) + C;$$

il n'y a donc pas d'autres primitives que les fonctions de la forme $F(x)+C$.

Le raisonnement précédent s'applique à une primitive *quelconque* $F(x)$ de $f(x)$; par suite, toutes les primitives se déduisent de l'une *quelconque* d'entre elles par addition d'une constante quelconque.

Parmi les primitives de $f(x)$, si elles existent, il en existe une et une seule qui prend une valeur donnée $\alpha$ pour une valeur $x_0$ de $x$ appartenant à l'intervalle (A, B). En effet, si $F(x)+C$ est l'expression générale des primitives de $f(x)$, il faut et il suffit que l'on ait

$$F(x_0)+C=\alpha,$$

d'où

$$C=\alpha-F(x_0);$$

la primitive cherchée est $F(x)-F(x_0)+\alpha$. En particulier, il existe une primitive et une seule s'annulant pour $x=x_0$; c'est la fonction $F(x)-F(x_0)$, $F(x)$ étant d'ailleurs une primitive quelconque de $f(x)$.

Cas d'une fonction continue. — Nous avons établi que si la fonction $f(x)$, définie dans l'intervalle (A, B), est continue dans cet intervalle, elle admet une infinité de primitives, dans l'intervalle (A, B). La fonction de $x$

$$\int_a^x f(z)\,dz,$$

où $a$ est un nombre fixe appartenant à l'intervalle (A, B), est la primitive de $f(x)$ qui s'annule pour $x=a$. Il s'ensuit que si $F(x)$ est une primitive quelconque de $f(x)$, on a

$$\int_a^x f(z)\,dz=F(x)-F(a).$$

Quand $a$ varie dans l'intervalle (A, B), $\int_a^x f(z)\,dz$ est l'expression générale des primitives de $f(x)$ qui s'annulent au moins pour une valeur de $x$ appartenant à l'intervalle (A, B). Mais cette expression ne représente pas nécessairement toutes les primitives de $f(x)$.

Remarquons qu'il n'y a pas à craindre d'ambiguïté si dans l'expression $\int_a^x f(z)\,dz$ on remplace $z$ par $x$. Les primitives de $f(x)$ qui s'annulent dans l'intervalle (A, B) auront dès lors pour expression $\int_a^x f(x)\,dx$. Si $F(x)$ est une primitive de $f(x)$, on aura ainsi, quel que soit $x$ appartenant à l'intervalle (A, B),

$$\int_a^x f(x)\,dx=F(x)-F(a).$$

On est, d'après cela, amené aux conventions suivantes :

Une primitive quelconque de $f(x)$ est dite une *intégrale indéfinie* de $f(x)$ et est représentée par la notation $\int f(x)dx$, qui s'énonce *somme de* $f(x)dx$. Si $F(x)$ est une primitive particulière de $f(x)$, on a

$$\int f(x)\,dx = F(x) + C,$$

C étant une constante arbitraire.

L'expression $f(x)dx$ est dite *l'élément différentiel* de l'intégrale indéfinie.

Dans la suite, nous supposerons qu'il s'agisse de fonctions $f(x)$ définies et continues dans un intervalle et des primitives de telles fonctions, définies dans cet intervalle.

Si les fonctions $f(x)$ et $g(x)$ ont pour primitives $F(x)$ et $G(x)$, la fonction imaginaire $F(x) + iG(x)$ de la variable réelle $x$ a pour dérivée $f(x) + ig(x)$. C'est ce qu'on exprime en disant que $F(x) + iG(x)$ est une *primitive* de $f(x) + ig(x)$. La fonction $F(x) + iG(x) + C$, C étant une constante réelle ou imaginaire, est aussi une primitive de $f(x) + ig(x)$. On représente les diverses fonctions $F(x) + iG(x) + C$ par la notation

$$\int [f(x) + ig(x)]\,dx,$$

qui est dite *intégrale indéfinie* de $f(x) + ig(x)$. On a, d'après cela, la formule

$$\int [f(x) + ig(x)]dx = \int f(x)\,dx + i\int g(x)\,dx.$$

303. **Procédés d'intégration.** — Pour le calcul des intégrales indéfinies et des intégrales définies, on utilise les procédés généraux suivants :

I. Formule de multiplication. — Si on multiplie $(x)$ par le nombre fixe $\lambda$, l'intégrale indéfinie et toute intégrale définie sont multipliées par $\lambda$. En effet, si $F(x)$ a pour dérivée $f(x)$, $\lambda F(x)$ a pour dérivée $\lambda F(x)$.

On a d'après cela les égalités

$$\int \lambda f(x)\,dx = \lambda \int f(x)\,dx, \qquad \int_a^x \lambda f(x)\,dx = \lambda \int_a^x f(x)\,dx.$$

Remarquons que cette dernière égalité a été établie directement comme propriété de l'intégrale définie (§ 298).

Toute intégrale définie prise au sens étendu est aussi multipliée par $\lambda$.

II. Formule de décomposition. — Si l'on a

$$f = \varphi_1 + \varphi_2 + \ldots + \varphi_n,$$

$\varphi_1, \varphi_2, \ldots, \varphi_n$ étant des fonctions continues, on a

$$\int f dx = \int \varphi_1 dx + \int \varphi_2 dx + \ldots + \int \varphi_n dx.$$

En effet, le premier membre a pour dérivée $f$; le second membre a pour dérivée $\varphi_1 + \varphi_2 + \ldots + \varphi_n$, c'est-à-dire $f$. Les deux membres, ayant même dérivée, sont égaux, à une constante additive près.

Relativement aux intégrales définies, on a

$$\int_a^x f dx = \int_a^x \varphi_1 dx + \int_a^x \varphi_2 dx + \ldots + \int_a^x \varphi_n dx.$$

En effet, les deux membres ont, quel que soit $x$, une différence constante et, comme ils sont tous deux nuls pour $x = a$, cette différence est nulle, quel que soit $x$. Cette égalité a été établie directement comme propriété de l'intégrale définie (§ 298).

Plus généralement, si l'on a

$$f = \lambda_1 \varphi_1 + \lambda_2 \varphi_2 + \ldots + \lambda_n \varphi_n,$$

$\varphi_1, \varphi_2, \ldots, \varphi_n$ étant des fonctions continues, $\lambda_1, \lambda_2, \ldots, \lambda_n$ étant des constantes, on a

$$\int f dx = \lambda_1 \int \varphi_1 dx + \lambda_2 \int \varphi_2 dx + \ldots + \lambda_n \int \varphi_n dx,$$

$$\int_a^x f dx = \lambda_1 \int_a^x \varphi_1 dx + \lambda_2 \int_a^x \varphi_2 dx + \ldots + \lambda_n \int_a^x \varphi_n dx.$$

III. Changement de variable. — Soit la fonction $f(x)$ définie et continue dans l'intervalle (A, B) et soit, d'autre part, une fonction $\varphi(x)$, définie, continue et admettant une dérivée dans cet intervalle. Si $F_1(u)$ est une fonction de la variable $u$, définie et admettant une dérivée $f_1(u)$ dans un certain intervalle, telle que l'on puisse définir dans l'intervalle (A, B) la fonction de fonction $F_1[\varphi(x)]$, telle en outre que l'on ait, quel que soit $x$ appartenant à l'intervalle (A, B),

$$f(x) = f_1[\varphi(x)]\varphi'(x),$$

c'est-à-dire, en multipliant les deux membres par $dx$,

$$f(x)\,dx = f_1[\varphi(x)]\,d\varphi(x),$$

$F_1[\varphi(x)]$ est une primitive de $f(x)$.

En effet, si l'on pose

$$F(x) = F_1[\varphi(x)],$$

on a, par application de la règle de dérivation d'une fonction de fonction,

$$F'(x) = f_1[\varphi(x)]\,\varphi'(x),$$

c'est-à-dire, d'après l'hypothèse,

$$F'(x) = f(x);$$

$F(x)$ est donc bien une primitive de $f(x)$.

On a

$$F_1(u) = \int f_1(u)\,du;$$

convenons de représenter $F_1[\varphi(x)]$ par la notation

$$\int f_1(\varphi)\,d\varphi;$$

on voit, d'après cela, que l'égalité

$$f(x)\,dx = f_1(\varphi)\,d\varphi$$

entraîne l'égalité

$$\int f(x)\,dx = \int f_1(\varphi)\,d\varphi.$$

On dit qu'on a *appliqué le changement de variable* $\varphi(x) = u$ à $\int f(x)dx$.

Soit ensuite à calculer $\int_a^b f(x)\,dx$.

Désignons par $u_0$ et $u_1$ les valeurs de $\varphi(x)$ respectivement pour $x = a$ et pour $x = b$. On a

$$\int_a^b f(x)\,dx = F(b) - F(a) = F_1[\varphi(b)] - F_1[\varphi(a)] = F_1(u_1) - F_1(u_0),$$

et, par suite,

$$\int_a^b f(x)\,dx = \int_{u_0}^{u_1} f_1(u)\,du.$$

Cette égalité établie entre des intégrales prises au sens strict s'applique aux intégrales prises au sens étendu, à la condition de prendre pour $u_0$ et pour $u_1$ les limites de $\varphi(x)$ quand $x$ tend vers $a$ et vers $b$, en restant compris entre $a$ et $b$.

On dit qu'on a *appliqué le changement de variable* $\varphi(x)=u$ *à l'intégrale définie* $\int_a^b f(x)\,dx$.

On a relativement aux intégrales définies le résultat suivant :

Soit la fonction $f(x)$ définie et continue dans l'intervalle (A, B) et soit, d'autre part, une fonction $\varphi(t)$, définie, continue et admettant une dérivée dans un certain intervalle, telle qu'il soit possible de définir dans cet intervalle la fonction de fonction $f[\varphi(t)]$. Si, pour les valeurs $t$ et $t_1$ de $t$ appartenant à l'intervalle, $\varphi(t)$ prend respectivement les valeurs $a$ et $b$, on a

$$\int_a^b f(x)\,dx = \int_{t_0}^{t_1} f[\varphi(t)]\varphi'(t)\,dt.$$

Pour établir cette égalité, il suffit d'appliquer les résultats précédents à la fonction $f_1(t)=f[\varphi(t)]\varphi'(t)$, en effectuant le changement de variable $x=\varphi(t)$.

*Applications du changement de variable.* — 1° $k$ étant une constante non nulle, si $F(x)$ est une primitive de $f(x)$, $\frac{1}{k}F(kx)$ est une primitive de $f(kx)$. En outre, on a

$$\int_a^b f(kx)\,dx = \frac{1}{k}\int_{ka}^{kb} f(x)\,dx;$$

car, si l'on pose $kx=t$, on a

$$f(kx)\,dx = \frac{1}{k}f(t)\,dt$$

et, par suite,

$$\int_a^b f(kx)\,dx = \int_{ka}^{kb}\frac{1}{k}f(t)\,dt = \frac{1}{k}\int_{ka}^{kb} f(t)\,dt = \frac{1}{k}\int_{ka}^{kb} f(x)\,dx.$$

En particulier, supposons $k=-1$. Si $F(x)$ est une primitive de $f(x)$, $-F(-x)$ est une primitive de $f(-x)$. En outre, on a

$$\int_a^b f(-x)\,dx = -\int_{-a}^{-b} f(x)\,dx.$$

Supposons que $f(x)$ soit une fonction paire. On a

$$\int_{-a}^{a} f(x)\,dx = \int_{-a}^{0} f(x)\,dx + \int_0^a f(x)\,dx;$$

mais, par application de la formule précédente, on a

$$\int_{-a}^{0} f(x)\,dx = -\int_{a}^{0} f(-x)\,dx = -\int_{a}^{0} f(x)\,dx = \int_{0}^{a} f(x)\,dx;$$

par suite,

$$\int_{-a}^{a} f(x)\,dx = 2\int_{-a}^{0} f(x)\,dx = 2\int_{0}^{a} f(x)\,dx.$$

Supposons que $f(x)$ soit une fonction impaire. On a

$$\int_{-a}^{a} f(x)\,dx = \int_{-a}^{0} f(x)\,dx + \int_{0}^{a} f(x)\,dx;$$

mais, on a

$$\int_{-a} f(x)\,dx = -\int_{a}^{0} f(-x)\,dx = \int_{a}^{0} f(x)\,dx = -\int_{0}^{a} f(x)\,dx;$$

par suite, on a

$$\int_{-a}^{a} f(x)\,dx = 0.$$

2° $h$ étant une constante, si $F(x)$ est une primitive de $f(x)$, $F(x+h)$ est une primitive de $f(x+h)$. En outre, on a

$$\int_{a}^{b} f(x+h)\,dx = \int_{a+h}^{b+h} f(x)\,dx;$$

car, si l'on pose $x+h=t$, on a

$$f(x+h)\,dx = f(t)\,dt$$

et, par suite,

$$\int_{a}^{b} f(x+h)\,dx = \int_{a+h}^{b+h} f(t)\,dt = \int_{a+h}^{b+h} f(x)\,dx.$$

D'après cela, soit $f(x)$ une fonction admettant la période $\alpha$, c'est-à-dire telle que l'on ait, quel que soit $x$, $f(x+\alpha)=f(x)$. Nous allons montrer que l'intégrale définie

$$\int_{x_0}^{x_0+\alpha} f(x)\,dx$$

a une valeur indépendante de $x_0$. En effet, on a

$$\int_{x_0}^{x_0+\alpha} f(x)\,dx = \int_{x_0}^{x_1} f(x)\,dx + \int_{x_1}^{x_1+\alpha} f(x)\,dx + \int_{x_1+\alpha}^{x_0+\alpha} f(x)\,dx;$$

mais, on a

$$\int_{x_0}^{x_1} f(x)\,dx = \int_{x_0}^{x_1} f(x+\alpha)\,dx = \int_{x_0+\alpha}^{x_1+\alpha} f(x)\,dx = -\int_{x_1+\alpha}^{x_0+\alpha} f(x)\,dx\,;$$

par suite, on a

$$\int_{x_0}^{x_0+\alpha} f(x)\,dx = \int_{x_1}^{x_1+\alpha} f(x)\,dx.$$

IV. Intégration par parties. — Si $u$ et $v$ sont deux fonctions de $x$, admettant des dérivées, on a

$$(uv)' = u'v + v'u\,;$$

par suite, on a, en prenant les primitives des deux membres,

$$uv = \int u'v\,dx + \int v'u\,dx,$$

d'où

$$\int uv'dx = uv - \int vu'dx.$$

Le calcul des primitives de $uv'$ se trouve ainsi ramené à celui des primitives de $vu'$.

Comme on a $dv = v'dx$ et $du = u'dx$, on convient de poser

$$\int uv'dx = \int u\,dv, \quad \int vu'dx = \int v\,du\,;$$

on a ainsi la formule

$$\int u\,dv = uv - \int v\,du.$$

Relativement aux intégrales définies, on a

$$\int_a^b uv'dx = \Big[uv\Big]_a^b - \int_a^b vu'dx.$$

**304. Primitives élémentaires.** — A toute formule élémentaire de dérivation, il correspond une formule élémentaire d'intégration. Le calcul des primitives des fonctions usuelles consiste à exprimer ces primitives au moyen des primitives élémentaires, par application des procédés généraux d'intégration.

On a le tableau suivant :

1° $\int x^\alpha dx = \frac{x^{\alpha+1}}{\alpha+1}, \quad (\alpha \neq -1);$

2° $\int \frac{dx}{x} = \begin{cases} \mathrm{L}x, & (x > 0), \\ \mathrm{L}(-x), & (x < 0); \end{cases}$

3° $\int e^x dx = e^x;$

4° $\int \sin x\, dx = -\cos x, \quad \int \cos x\, dx = \sin x;$

5° $\int \frac{dx}{\cos^2 x} = \operatorname{tg} x, \quad \int \frac{dx}{\sin^2 x} = -\cot x;$

6° $\int \frac{dx}{\sqrt{1-x^2}} = \arcsin x;$

7° $\int \frac{dx}{1+x^2} = \operatorname{arc\,tg} x;$

8° $\int \frac{dx}{\sqrt{1+x^2}} = \operatorname{arg\,sh} x = \mathrm{L}(x+\sqrt{x^2+1});$

9° $\int \frac{dx}{\sqrt{x^2-1}} = \mathrm{L}|x+\sqrt{x^2-1}|;$

10° $\int \frac{dx}{1-x^2} = \begin{cases} \frac{1}{2}\mathrm{L}\frac{1+x}{1-x} = \operatorname{arg\,th} x, & (|x| < 1), \\ \frac{1}{2}\mathrm{L}\frac{x+1}{x-1}, & (x < -1 \quad \text{ou} \quad x > 1). \end{cases}$

Dans les formules précédentes, le premier membre désigne une primitive particulière. Si l'on entend qu'il désigne une primitive quelconque, il convient alors d'ajouter au second membre une constante C arbitraire. En particulier, si $\int \frac{dx}{x}$ désigne une primitive quelconque de $\frac{1}{x}$, on a

$$\int \frac{dx}{x} = \mathrm{L}(\mathrm{C}x),$$

C étant une constante arbitraire qu'on prendra positive si $x$ est intérieur à l'intervalle $(0, +\infty)$; négative si $x$ est intérieur à l'intervalle $(-\infty, 0)$.

Au tableau précédent, il est commode d'adjoindre le tableau complémentaire suivant :

1° $$\int \frac{dx}{\sin x} = \mathrm{L}\left(\mathrm{C}\operatorname{tg}\frac{x}{2}\right), \quad \int \frac{dx}{\cos x} = \mathrm{L}\left[\mathrm{C}\operatorname{tg}\left(\frac{\pi}{4}+\frac{x}{2}\right)\right],$$

$$\int \operatorname{tg} x\, dx = -\mathrm{L}(\mathrm{C}\cos x), \quad \int \cot x\, dx = \mathrm{L}(\mathrm{C}\sin x);$$

2° $$\int \frac{dx}{\sqrt{a^2-x^2}} = \arcsin\frac{x}{|a|} + \mathrm{C}, \quad \int \frac{dx}{x^2+a^2} = \frac{1}{a}\operatorname{arc\,tg}\frac{x}{a} + \mathrm{C},$$

$$\int \frac{dx}{a^2-x^2} = \frac{1}{2a}\mathrm{L}\left(\mathrm{C}\frac{a+x}{a-x}\right),$$

C étant positif si $|x| < |a|$, négatif si $|x| > |a|$,

$$\int \frac{dx}{\sqrt{x^2+\alpha}} = \mathrm{L}\left|x+\sqrt{x^2+\alpha}\right| + \mathrm{C}.$$

Dans ces formules, C désigne une constante arbitraire.

**305. Intégration des fractions rationnelles.** — 1° *La fonction $f(x)$ est un polynome :*

$$f(x) = \mathrm{A}_0 x^n + \mathrm{A}_1 x^{n-1} + \ldots + \mathrm{A}_n.$$

On a immédiatement

$$\int f(x)dx = \frac{\mathrm{A}_0 x^{n+1}}{n+1} + \frac{\mathrm{A}_1 x^n}{n} + \ldots + \frac{\mathrm{A}_{n-1}x^2}{2} + \mathrm{A}_n x + \mathrm{C}.$$

2° *La fonction $f(x)$ est une fraction de la forme $\frac{\mathrm{A}}{x-a}$, A et a étant deux constantes.*

On a

$$\int \frac{\mathrm{A}}{x-a}dx = \mathrm{AL}[\mathrm{C}(x-a)],$$

C étant une constante, positive si $x$ varie à l'intérieur de l'intervalle $(a, +\infty)$, négative si $x$ varie à l'intérieur de l'intervalle $(-\infty, a)$.

3° *La fonction $f(x)$ est une fraction rationnelle de la forme $\frac{\mathrm{A}}{(x-a)^\alpha}$, $\alpha$ étant un entier positif, autre que 1, A et a étant deux constantes.*

On a

$$\int \frac{\mathrm{A}}{(x-a)^\alpha}dx = -\frac{\mathrm{A}}{\alpha-1}\frac{1}{(x-a)^{\alpha-1}} + \mathrm{C}.$$

Remarquons que cette formule est encore valable quand A et $a$ sont des nombres imaginaires.

4° *La fonction* $f(x)$ *est de la forme* $\frac{Mx+N}{(x^2+px+q)^\alpha}$, M, N, $p$, $q$ *étant des constantes,* $\alpha$ *étant un entier positif,* $x^2+px+q$ *ne s'annulant pour aucune valeur réelle de* $x$.

Divisons $Mx+N$ par la dérivée $2x+p$ de $x^2+px+q$. On a

$$Mx+N=\frac{M}{2}(2x+p)+N-\frac{Mp}{2};$$

par suite, on a

$$\int\frac{(Mx+N)\,dx}{(x^2+px+q)^\alpha}=\frac{M}{2}\int\frac{(2x+p)\,dx}{(x^2+px+q)^\alpha}+\left(N-\frac{Mp}{2}\right)\int\frac{dx}{(x^2+px+q)^\alpha}.$$

Si $\alpha\neq1$, on a

$$\int\frac{(2x+p)dx}{(x^2+px+q)^\alpha}=-\frac{1}{\alpha-1}\,\frac{1}{(x^2+px+q)^{\alpha-1}}+C;$$

si $\alpha=1$, on a

$$\int\frac{(2x+p)dx}{x^2+px+q}=L(x^2+px+q)+C.$$

Reste à calculer $\int\frac{dx}{(x^2+px+q)^\alpha}$. Posons cette intégrale indéfinie égale à $I_\alpha$. Nous allons ramener la détermination de $I_\alpha$ à celle de $I_{\alpha-1}$.

On a

$$x^2+px+q-\frac{1}{4}(2x+p)^2=q-\frac{p^2}{4}=\delta;$$

par suite, on a

$$I_\alpha=\frac{1}{\delta}\int\frac{(x^2+px+q)-\frac{1}{4}(2x+p)^2}{(x^2+px+q)^\alpha}dx$$

$$=\frac{1}{\delta}I_{\alpha-1}-\frac{1}{4\delta}\int\frac{(2x+p)^2}{(x^2+px+q)^\alpha}dx.$$

Or, on a, en intégrant par parties,

$$\int\frac{(2x+p)^2dx}{(x^2+px+q)^\alpha}=\int(2x+p)\frac{(2x+p)\,dx}{(x^2+px+q)^\alpha}$$

$$=-\frac{1}{\alpha-1}\frac{2x+p}{(x^2+px+q)^{\alpha-1}}+\frac{2}{\alpha-1}\int\frac{dx}{(x^2+px+q)^{\alpha-1}}.$$

Finalement, on a

$$I_\alpha = \frac{1}{\delta} I_{\alpha-1} + \frac{1}{4(\alpha-1)\delta} \frac{2x+p}{(x^2+px+q)^{\alpha-1}} - \frac{1}{2(\alpha-1)\delta} I_{\alpha-1}$$
$$= \frac{1}{4(\alpha-1)\delta} \frac{2x+p}{(x^2+px+q)^{\alpha-1}} + \frac{1}{\delta}\frac{2\alpha-3}{2\alpha-2} I_{\alpha-1}.$$

Cette relation de récurrence permet de ramener, de proche en proche, le calcul de $I_\alpha$ au calcul de $I_1$. Or, on a, $q-\frac{p^2}{4}$ étant positif,

$$I_1 = \int \frac{dx}{x^2+px+q} = \int \frac{d\left(x+\frac{p}{2}\right)}{\left(x+\frac{p}{2}\right)^2 + q - \frac{p^2}{4}}$$

$$= \frac{1}{\sqrt{q-\frac{p^2}{4}}} \operatorname{arc\,tg} \frac{x+\frac{p}{2}}{\sqrt{q-\frac{p^2}{4}}} + C.$$

*Applications.* — 1° Posons $I_n = \int \frac{dx}{(x^2+a^2)^n}$. On a

$$I_n = \frac{1}{a^2}\int \frac{(x^2+a^2)-x^2}{(x^2+a^2)^n}dx = \frac{1}{a^2} I_{n-1} - \frac{1}{a^2}\int x \frac{xdx}{(x^2+a^2)^n},$$

d'où, en intégrant par parties,

$$I_n = \frac{1}{a^2} I_{n-1} + \frac{1}{2(n-1)a^2}\frac{x}{(x^2+a^2)^{n-1}} - \frac{1}{2(n-1)a^2} I_{n-1},$$

c'est-à-dire, finalement,

$$I_n = \frac{1}{2(n-1)a^2}\frac{x}{(x^2+a^2)^{n-1}} + \frac{1}{a^2}\frac{2n-3}{2n-2} I_{n-1}.$$

2° Posons

$$J_n = \int_{-\infty}^{+\infty} \frac{dx}{(x^2+px+q)^n}.$$

On a, en désignant par $\delta$ le nombre $q-\frac{p^2}{4}$,

$$J_n = \frac{1}{4(n-1)\delta}\left[\frac{2x+p}{(x^2+px+q)^{n-1}}\right]_{-\infty}^{+\infty} + \frac{1}{\delta}\frac{2n-3}{2n-2} J_{n-1}.$$

Comme $\frac{2x+p}{(x^2+px+q)^{n-1}}$ tend vers 0 quand $x$ tend vers $-\infty$ ou vers $+\infty$, on voit que l'on a

$$J_n = \frac{1}{\delta}\frac{2n-3}{2n-2} J_{n-1}.$$

D'autre part, on a

$$J_1 = \frac{1}{\sqrt{\delta}}\left[\operatorname{arc\,tg}\frac{x+\frac{p}{2}}{\sqrt{\delta}}\right]^{+\infty} = \frac{\pi}{\sqrt{\delta}}.$$

D'après cela, on a successivement

$$J_1 = \frac{\pi}{\sqrt{\delta}},$$

$$J_2 = \frac{1}{\delta}\frac{1}{2}J_1,$$

$$J_3 = \frac{1}{\delta}\frac{3}{4}J_2,$$

$$\cdots\cdots\cdots$$

$$J_n = \frac{1}{\delta}\frac{2n-3}{2n-2}J_{n-1}.$$

Par substitution de proche en proche, on obtient finalement la formule

$$J_n = \frac{\pi}{\delta^{n-\frac{1}{2}}}\frac{1.3.5\ldots(2n-3)}{2.4.6\ldots(2n-2)}.$$

En particulier, on a

$$\int_0^{+\infty}\frac{dx}{(x^2+1)^n} = \frac{1}{2}\int_{-\infty}^{+\infty}\frac{dx}{(x^2+1)^n} = \frac{\pi}{2}\frac{1.3.5\ldots(2n-3)}{2.4.6\ldots(2n-2)}.$$

5° *La fonction $f(x)$ est une fraction rationnelle quelconque.*

Nous avons vu qu'il est possible de la mettre sous la forme d'une somme d'un polynome, de fractions rationnelles de la forme $\frac{A}{(x-a)^\alpha}$, $\alpha$ étant égal à 1 ou différent de 1, et de fractions rationnelles de la forme

$$\frac{Mx+N}{(x^2+px+q)^\alpha},$$

$\alpha$ étant égal à 1 ou différent de 1, le trinome $x^2+px+q$ ne s'annulant pour aucune valeur réelle de $x$. Or, nous savons déterminer une primitive de chacune des parties de cette somme; une primitive de la fraction rationnelle donnée est égale à la somme des primitives de ces diverses parties.

On peut procéder d'une autre manière. Distinguons trois cas.

1) *Les résidus de la fraction rationnelle $f(x)$ relatifs à ses divers pôles réels ou imaginaires sont tous nuls.* On peut alors poser

$$f(x) = E(x) + \sum\frac{A}{(x-a)^\alpha},$$

$E(x)$ étant un polynome, les nombres tels que A et $a$ étant réels ou imaginaires, les entiers positifs tels que $\alpha$ étant tous différents de 1. Il est immédiat que la fraction rationnelle

$$\int E(x)dx - \sum \frac{A}{(\alpha-1)(x-a)^{\alpha-1}}$$

a pour dérivée $f(x)$. Dans ce cas, la fraction rationnelle a pour primitives des fractions rationnelles, et l'expression précédente donne la décomposition de chacune de ces primitives en fractions simples.

Nous avons vu antérieurement (ch. X, § 289) que la dérivée d'une fraction rationnelle est une fraction rationnelle dont les résidus relatifs à ses divers pôles sont tous nuls. Nous avons ainsi le théorème suivant :

*Pour qu'une fraction rationnelle $f(x)$ ait pour primitives des fractions rationnelles, il faut et il suffit que les résidus de $f(x)$ relatifs à ses divers pôles soient tous nuls.*

2) *Les résidus de $f(x)$ relatifs à ses pôles imaginaires sont tous nuls.* On peut alors poser

$$f(x) = E(x) + \sum \frac{A}{x-a} + \sum \frac{B}{(x-b)^{\beta}},$$

$E(x)$ étant un polynome, les nombres tels que A et $a$ étant réels, les nombres tels que B et $b$ étant réels ou imaginaires, les entiers positifs tels que $\beta$ étant tous plus grands que 1. L'expression générale des primitives de $f(x)$ est

$$\int E(x)dx + \sum A L|x-a| - \sum \frac{B}{(\beta-1)(x-b)^{\beta-1}}.$$

3) *Les résidus de $f(x)$ relatifs à ses pôles imaginaires ne sont pas tous nuls.* Soient A et $A_0$ les résidus imaginaires conjugués et non nuls de $f(x)$ relatifs aux pôles imaginaires conjugués distincts $a$ et $a_0$. On peut poser

$$f(x) = f_1(x) + \sum \left(\frac{A}{x-a} + \frac{A_0}{x-a_0}\right),$$

$f_1(x)$ étant une fraction rationnelle dont les résidus relatifs à ses pôles imaginaires sont tous nuls, la somme $\Sigma$ s'étendant à tous les couples de pôles imaginaires conjugués de $f(x)$ pour lesquels les résidus sont différents de 0. Nous savons calculer les primitives de $f_1(x)$. Il reste donc à calculer une primitive de

$$\Sigma\left(\frac{A}{x-a}+\frac{A_0}{x-a_0}\right).$$

Il suffit d'additionner des primitives des diverses parties de la somme. Or, on a

$$\frac{A}{x-a}+\frac{A_0}{x-a_0}=\frac{(A+A_0)x-(Aa_0+A_0a)}{(x-a)(x-a_0)}.$$

$A+A_0$ et $Aa_0+A_0a$ sont des nombres réels; le trinome $(x-a)(x-a_0)$ ne s'annule pour aucune valeur réelle de $x$; on a ainsi

$$\frac{A}{x-a}+\frac{A_0}{x-a_0}=\frac{Mx+N}{x^2+px+q},$$

$\frac{p^2}{4}-q$ étant plus petit que 0. Or, on sait calculer une primitive du second membre; on a

$$\int\frac{(Mx+N)dx}{x^2+px+q}=\frac{M}{2}L(x^2+px+q)+\left(N-\frac{Mp}{2}\right)\frac{1}{\sqrt{q-\frac{p^2}{4}}}\operatorname{arc\,tg}\frac{x+\frac{p}{2}}{\sqrt{q-\frac{p^2}{4}}}.$$

On sait, par suite, calculer les primitives de $f(x)$.

*Cas particuliers.* — Dans certains cas particuliers, on peut simplifier le calcul.

I. Soit une fraction rationnelle de la forme $\frac{1}{x}\frac{\varphi(x^p)}{\psi(x^p)}$, $\varphi$ et $\psi$ étant des polynomes en $x^p$. L'élément différentiel s'écrit

$$\frac{1}{x}\frac{\varphi(x^p)}{\psi(x^p)}dx=\frac{\varphi(x^p)x^{p-1}dx}{x^p\psi(x^p)};$$

on pose alors $x^p=u$, d'où $px^{p-1}dx=du$; on a ainsi

$$\int\frac{\varphi(x^p)}{x\psi(x^p)}dx=\frac{1}{p}\int\frac{\varphi(u)du}{u\psi(u)}.$$

La décomposition de la fraction rationnelle $\frac{\varphi(u)}{u\psi(u)}$ en fractions simples est plus facile à effectuer que celle de $\frac{\varphi(x^p)}{x\psi(x^p)}$.

Une application importante de ce qui précède est relative aux fractions rationnelles impaires.

Soit une fraction rationnelle $f(x)$ impaire. On a

$$f(x)=\frac{\varphi_1(x^2)+x\varphi_2(x^2)}{\psi_1(x^2)+x\psi_2(x^2)}=-\frac{\varphi_1(x^2)-x\varphi_2(x^2)}{\psi_1(x^2)-x\psi_2(x^2)},$$

$\varphi_1(x^2)$, $\varphi_2(x^2)$, $\psi_1(x^2)$, $\psi_2(x^2)$ étant des polynomes en $x^2$. Si $\psi_1(x^2)$ n'est pas identiquement nul, on a

$$f(x)=\frac{\varphi_1(x^2)+x\varphi_2(x^2)}{\psi_1(x^2)+x\psi_2(x^2)}=\frac{-\varphi_1(x^2)+x\varphi_2(x^2)}{\psi_1(x^2)-x\psi_2(x^2)}=\frac{x\varphi_2(x^2)}{\psi_1(x^2)},$$

d'où

$$f(x)=\frac{1}{x}\,\frac{x^2\varphi_2(x^2)}{\psi_1(x^2)};$$

si $\psi_2(x^2)$ n'est pas identiquement nul, on a

$$f(x)=\frac{\varphi_1(x^2)}{x\psi_2(x^2)}.$$

Dans l'un et l'autre cas, on a

$$f(x)=\frac{1}{x}\,\frac{\varphi(x^2)}{\psi(x^2)},$$

$\varphi(x^2)$ et $\psi(x^2)$ étant des polynomes en $x^2$.

Si l'on pose $x^2=u$, on obtient

$$\int f(x)\,dx=\frac{1}{2}\int\frac{\varphi(u)\,du}{u\psi(u)}.$$

II. Nous avons utilisé la méthode d'intégration par parties pour le calcul des primitives des fractions rationnelles de la forme $\frac{1}{(x^2+px+q)^\alpha}$, $x^2+px+q$ ne s'annulant pour aucune valeur réelle de $x$, $\alpha$ étant un entier plus grand que 1. Le calcul s'étend au cas où $x^2+px+q$ s'annule pour deux valeurs de $x$ réelles et distinctes, $a$ et $b$. En posant

$$I_\alpha=\int\frac{dx}{(x^2+px+q)^\alpha},$$

on a encore la formule de récurrence

$$I_\alpha=\frac{1}{4(\alpha-1)\delta}\,\frac{2x+p}{(x^2+px+q)^{\alpha-1}}+\frac{1}{\delta}\,\frac{2\alpha-3}{2\alpha-2}I_{\alpha-1},\quad\left(\delta=q-\frac{p^2}{4}\right),$$

qui permet de ramener le calcul de $I_\alpha$ à celui de $I_1$. Or, on a

$$I_1=\int\frac{dx}{(x-a)(x-b)}=\frac{1}{a-b}L\left(C\frac{x-a}{x-b}\right),$$

C étant une constante, formule que l'on obtient en décomposant $\frac{1}{(x-a)(x-b)}$ en fractions simples.

La méthode d'intégration par parties s'applique avec avantage à des cas plus étendus.

Soit à calculer

$$I_n = \int \frac{dx}{(x^k+1)^n},$$

$k$ et $n$ étant des entiers plus grands que 1. On a

$$I_n = \int \frac{x^k+1-x^k}{(x^k+1)^n}\,dx = I_{n-1} - \int \frac{x^k\,dx}{(x^k+1)^n};$$

or, on a, en intégrant par parties,

$$\int \frac{x^k dx}{(x^k+1)^n} = \int x \frac{x^{k-1}\,dx}{(x^k+1)^n} = -\frac{1}{k(n-1)}\,\frac{x}{(x^k+1)^{n-1}} + \frac{1}{k(n-1)}\,I_{n-1};$$

on a, par suite,

$$I_n = \frac{1}{k(n-1)}\,\frac{x}{(x^k+1)^n} + \frac{k(n-1)-1}{k(n-1)}\,I_{n-1},$$

formule de récurrence qui permet de ramener, de proche en proche, le calcul de $I_n$ à celui de $I_1$, primitive de la fraction rationnelle $\frac{1}{x^k+1}$ dont tous les pôles sont simples. On appliquera ensuite à cette fonction rationnelle la méthode de décomposition.

*Exemples.* — Reprenons les fractions rationnelles particulières dont nous avons antérieurement effectué la décomposition (ch. X, § 292).

1° On a

$$\frac{x(x^2+x+1)}{x^2-1} = x+1+\frac{3}{2}\frac{1}{x-1}+\frac{1}{2}\frac{1}{x+1}.$$

Par suite, on a

$$\int \frac{x(x^2+x+1)}{x^2-1}\,dx = \frac{x^2}{2}+x+\frac{3}{2}\mathrm{L}\,|x-1|+\frac{1}{2}\mathrm{L}\,|x+1|+\mathrm{C},$$

$$= \frac{x^2}{2}+x+\frac{1}{2}\mathrm{L}[\mathrm{C}_1(x-1)^3(x+1)],$$

C et $C_1$ étant des constantes, $C_1$ étant positif si $|x|>1$, négatif si $|x|<1$.

2° On a

$$\frac{x^2+1}{x^2(x-1)^3} = -\frac{1}{x^2}-\frac{3}{x}+\frac{2}{(x-1)^3}-\frac{2}{(x-1)^2}+\frac{3}{x-1}.$$

Par suite, on a

$$\int\frac{(x^2+1)dx}{x^2(x-1)^3}=\frac{1}{x}-3\mathrm{L}\,|\,x\,|-\frac{1}{(x-1)^2}+\frac{2}{x-1}+3\mathrm{L}\,|\,x-1\,|+\mathrm{C},$$
$$=\frac{1}{x}-\frac{1}{(x-1)^2}+\frac{2}{x-1}+\mathrm{L}\left[\mathrm{C}_1\frac{(x-1)^3}{x^3}\right],$$
$$=\frac{3x^2-5x+1}{x(x-1)^2}+\mathrm{L}\left[\mathrm{C}_1\frac{(x-1)^3}{x^3}\right],$$

C et $\mathrm{C}_1$ étant des constantes.

3° On a

$$\frac{1}{x^4+1}=\frac{1}{2\sqrt{2}}\frac{x+\sqrt{2}}{x^2+x\sqrt{2}+1}-\frac{1}{2\sqrt{2}}\frac{x-\sqrt{2}}{x^2-x\sqrt{2}+1}.$$

On a

$$\int\frac{x+\sqrt{2}}{x^2+\sqrt{2}+1}dx=\frac{1}{2}\int\frac{(2x+\sqrt{2})+\sqrt{2}}{x^2+x\sqrt{2}+1}dx,$$
$$=\frac{1}{2}\mathrm{L}(x^2+x\sqrt{2}+1)+\frac{\sqrt{2}}{2}\int\frac{dx}{x^2+x\sqrt{2}+1}.$$

Mais, on a

$$\int\frac{dx}{x^2+x\sqrt{2}+1}=\int\frac{dx}{\left(x+\frac{\sqrt{2}}{2}\right)^2+\frac{1}{2}}=\sqrt{2}\operatorname{arc\,tg}(x\sqrt{2}+1)+\mathrm{C},\ (\mathrm{C}=\text{const.}).$$

Par suite, on a

$$\int\frac{x+\sqrt{2}}{x^2+x\sqrt{2}+1}dx=\frac{1}{2}\mathrm{L}(x^2+x\sqrt{2}+1)+\operatorname{arc\,tg}(x\sqrt{2}+1)+\mathrm{C}_1,$$

$\mathrm{C}_1$ étant une constante.

De même, on a

$$\int\frac{x-\sqrt{2}}{x^2-x\sqrt{2}+1}dx=\frac{1}{2}\mathrm{L}(x^2-x\sqrt{2}+1)+\operatorname{arc\,tg}(-x\sqrt{2}+1)+\mathrm{C}_2,$$

$\mathrm{C}_2$ étant une constante.

Il vient ainsi la formule

$$\int\frac{dx}{x^4+1}=\frac{1}{4\sqrt{2}}\mathrm{L}\frac{x^2+x\sqrt{2}+1}{x^2-x\sqrt{2}+1}+\frac{1}{2\sqrt{2}}[\operatorname{arc\,tg}(x\sqrt{2}+1)-\operatorname{arc\,tg}(-x\sqrt{2}+1)]+\mathrm{C}_2,$$
$$=\frac{1}{4\sqrt{2}}\mathrm{L}\frac{x^2+x\sqrt{2}+1}{x^2-x\sqrt{2}+1}+\frac{1}{2\sqrt{2}}\operatorname{arc\,tg}\frac{x\sqrt{2}}{1-x^2}+\mathrm{C}_3,$$

$\mathrm{C}_2$ et $\mathrm{C}_3$ étant des constantes.

4° On a

$$\frac{1}{x(x^2+x+1)^2}=\frac{1}{x}-\frac{x+1}{(x^2+x+1)^2}-\frac{x+1}{x^2+x+1}.$$

On a

$$\frac{x+1}{(x^2+x+1)^2}=\frac{1}{2}\,\frac{2x+1}{(x^2+x+1)^2}+\frac{1}{2}\,\frac{1}{(x^2+x+1)^2};$$

par suite, on a

$$\int\frac{x+1}{(x^2+x+1)^2}\,dx=-\frac{1}{2(x^2+x+1)}+\frac{1}{2}\int\frac{dx}{(x^2+x+1)^2}.$$

D'autre part, on a

$$x^2+x+1-\frac{1}{4}(2x+1)^2=\frac{3}{4};$$

par suite,

$$\int\frac{dx}{(x^2+x+1)^2}=\frac{4}{3}\int\frac{(x^2+x+1)-\frac{1}{4}(2x+1)^2}{(x^2+x+1)^2}\,dx$$
$$=\frac{4}{3}\int\frac{dx}{x^2+x+1}-\frac{1}{3}\int\frac{(2x+1)^2dx}{(x^2+x+1)^2}.$$

Or, en intégrant par parties, on a

$$\int\frac{(2x+1)^2dx}{(x^2+x+1)^2}=\int(2x+1)\,\frac{(2x+1)dx}{(x^2+x+1)^2}$$
$$=-\frac{2x+1}{x^2+x+1}+2\int\frac{dx}{x^2+x+1}.$$

On a donc

$$\int\frac{x+1}{(x^2+x+1)^2}\,dx=-\frac{1}{2(x^2+x+1)}+\frac{1}{6}\,\frac{2x+1}{x^2+x+1}+\frac{1}{3}\int\frac{dx}{x^2+x+1}$$
$$=\frac{1}{3}\,\frac{x-1}{x^2+x+1}+\frac{1}{3}\int\frac{dx}{x^2+x+1}.$$

D'autre part, on a

$$\int\frac{x+1}{x^2+x+1}\,dx=\frac{1}{2}\int\frac{(2x+1)+1}{x^2+x+1}\,dx=\frac{1}{2}\mathrm{L}(x^2+x+1)+\frac{1}{2}\int\frac{dx}{x^2+x+1}.$$

D'après cela, on a

$$\int\frac{dx}{x(x^2+x+1)^2}=\mathrm{L}\,|x|-\frac{1}{3}\,\frac{x-1}{x^2+x+1}-\frac{1}{2}\mathrm{L}(x^2+x+1)-\frac{5}{6}\int\frac{dx}{x^2+x+1}.$$

Mais,

$$\int\frac{dx}{x^2+x+1}=\int\frac{dx}{\left(x+\frac{1}{2}\right)^2+\frac{3}{4}}=\frac{2}{\sqrt{3}}\,\mathrm{arc\,tg}\,\frac{2x+1}{\sqrt{3}}+\mathrm{C}.$$

Finalement, on a

$$\int\frac{dx}{x(x^2+x+1)^2}=-\frac{1}{3}\,\frac{x-1}{x^2+x+1}+\mathrm{L}\left[\mathrm{C}_1\frac{x}{\sqrt{x^2+x+1}}\right]-\frac{5\sqrt{3}}{9}\,\mathrm{arc\,tg}\,\frac{2x+1}{\sqrt{3}}.$$

C et $\mathrm{C}_1$ sont des constantes.

**306. Intégration de quelques fonctions irrationnelles.** — I. La fonction à intégrer est de la forme

$$R\left[x, \left(\frac{ax+b}{cx+d}\right)^{\alpha}, \left(\frac{ax+b}{cx+d}\right)^{\alpha'}, \ldots\right],$$

R étant une fonction rationnelle des variables entre crochets, $\alpha$, $\alpha'$, ... étant des nombres rationnels, $a$, $b$, $c$, $d$ étant des constantes telles que l'on ait $ad - bc \neq 0$.

Il existe un entier positif $n$ tel que l'on ait

$$\alpha = \frac{p}{n}, \quad \alpha' = \frac{p'}{n}, \quad \ldots,$$

$p$, $p'$, ... étant des entiers positifs ou négatifs, de façon que les nombres $n$, $|p|$, $|p'|$, ... soient premiers entre eux dans leur ensemble. Posons

$$\frac{ax+b}{cx+d} = t^n,$$

d'où

$$x = \frac{dt^n - b}{a - ct^n}, \quad dx = \frac{n(ad - bc)t^{n-1}}{(a - ct^n)^2}dt.$$

D'autre part, on a

$$\left(\frac{ax+b}{cx+d}\right)^{\alpha} = \left(\frac{ax+b}{cx+d}\right)^{\frac{p}{n}} = t^p, \quad \left(\frac{ax+b}{cx+d}\right)^{\alpha'} = t^{p'}, \ldots$$

Au moyen du changement de variable, l'élément différentiel devient

$$n(ad - bc)R\left[\frac{dt^n - b}{a - ct^n}, t^p, t^{p'}, \ldots\right]\frac{t^{n-1}dt}{(a - ct^n)^2}.$$

On voit que l'on est ramené à intégrer une fraction rationnelle en $t$.

II. La fonction à intégrer est de la forme

$$R\left[x, \left(\frac{au+b}{cu+d}\right)^{\alpha}, \left(\frac{au+b}{cu+d}\right)^{\alpha'}, \ldots\right],$$

où l'on a $u = \sqrt[p]{\frac{a'x+b'}{c'x+d'}}$, R étant une fonction rationnelle des variables entre crochets, $\alpha$, $\alpha'$, ... étant des nombres rationnels, $a$, $b$, $c$, $d$, $a'$, $b'$, $c'$, $d'$ étant des constantes telles que l'on ait

$$ad - bc \neq 0, \quad a'd' - b'c' \neq 0.$$

On a

$$\frac{a'x+b'}{c'x+d'} = u^p,$$

d'où

$$x = \frac{d'u^p - b'}{a' - c'u^p}, \qquad dx = \frac{p(a'd' - b'c')u^{p-1}du}{(a' - c'u^p)^2}.$$

D'après cela, on a

$$\mathrm{R}\left[x, \left(\frac{au+b}{cu+d}\right)^\alpha, \left(\frac{au+b}{cu+d}\right)^{\alpha'}, \ldots\right] dx$$

$$= p(a'd' - b'c')\mathrm{R}\left[\frac{d'u^p - b'}{a' - c'u^p}, \left(\frac{au+b}{cu+d}\right)^\alpha, \left(\frac{au+b}{cu+d}\right)^{\alpha'}, \ldots\right] \frac{u^{p-1}du}{(a' - c'u^p)^2}.$$

On est ramené au cas précédent.

III. La fonction à intégrer est de la forme

$$\mathrm{R}(x, \sqrt{ax^2 + bx + c}),$$

R étant une fonction rationnelle des variables entre crochets, $a$, $b$, $c$ étant des constantes, $a$ étant non nul. Nous écartons le cas où, $a$ étant positif, l'équation $ax^2 + bx + c = 0$ a une racine double; dans ce cas, la fonction à intégrer est rationnelle.

On peut ramener l'intégration de la fonction considérée à celle d'une fraction rationnelle. Pour le montrer, nous distinguerons trois cas.

1) *a est positif.* Posons

$$\sqrt{ax^2 + bx + c} = x\sqrt{a} + t.$$

On en déduit

$$ax^2 + bx + c = ax^2 + 2tx\sqrt{a} + t^2,$$

c'est-à-dire

$$x = \frac{t^2 - c}{b - 2\sqrt{a}\,t},$$

et, par suite,

$$dx = 2\frac{-\sqrt{a}\,t^2 + bt - c\sqrt{a}}{(b - 2\sqrt{a}\,t)^2}dt.$$

On a, d'autre part,

$$\sqrt{ax^2 + bx + c} = \sqrt{a}\frac{t^2 - c}{b - 2\sqrt{a}\,t} + t = \frac{-\sqrt{a}\,t^2 + bt - c\sqrt{a}}{b - 2\sqrt{a}\,t}.$$

Il s'ensuit que l'on a

$$\mathrm{R}(x, \sqrt{ax^2 + bx + c})dx$$

$$= 2\mathrm{R}\left[\frac{t^2 - c}{b - 2\sqrt{a}\,t}, \frac{-\sqrt{a}\,t^2 + bt - c\sqrt{a}}{b - 2\sqrt{a}\,t}\right] \frac{-\sqrt{a}\,t^2 + bt - c\sqrt{a}}{(b - 2\sqrt{a}\,t)^2} dt.$$

On est bien ramené à l'intégration d'une fraction rationnelle.

2) *c est positif.* Posons

$$\sqrt{ax^2+bx+c}=\sqrt{c}+tx.$$

On en déduit

$$ax^2+bx+c=c+2t\sqrt{c}\,x+t^2x^2,$$

c'est-à-dire

$$x=\frac{b-2\sqrt{c}\,t}{t^2-a},$$

et, par suite,

$$dx=2\,\frac{\sqrt{c}\,t^2-bt+a\sqrt{c}}{(t^2-a)^2}\,dt.$$

On a, d'autre part,

$$\sqrt{ax^2+bx+c}=\sqrt{c}+t\frac{b-2\sqrt{c}\,t}{t^2-a}=-\frac{\sqrt{c}t^2-bt+a\sqrt{c}}{t^2-a}.$$

Il s'ensuit que l'on a

$$\begin{aligned}&R(x,\ \sqrt{ax^2+bx+c})\,dx\\&=2R\left[\frac{b-2\sqrt{c}\,t}{t^2-a},\ -\frac{\sqrt{c}\,t^2-bt+a\sqrt{c}}{t^2-a}\right]\frac{\sqrt{c}\,t^2-bt+a\sqrt{c}}{(t^2-a)^2}dt.\end{aligned}$$

On est ramené à l'intégration d'une fraction rationnelle.

3) *L'équation $ax^2+bx+c=0$ a deux racines réelles et distinctes $\alpha$ et $\beta$.* On a ainsi

$$\sqrt{ax^2+bx+c}=\sqrt{a(x-\alpha)(x-\beta)}.$$

Posons

$$\sqrt{ax^2+bx+c}=t(x-\alpha).$$

On en déduit

$$a(x-\alpha)(x-\beta)=t^2(x-\alpha)^2,\qquad a(x-\beta)=t^2(x-\alpha),$$

c'est-à-dire

$$x=\frac{a\beta-\alpha t^2}{a-t^2},$$

et, par suite,

$$dx=\frac{2a(\beta-\alpha)t\,dt}{(a-t^2)^2}.$$

On a, d'autre part,

$$\sqrt{ax^2+bx+c}=t(x-\alpha)=t\,\frac{a(\beta-\alpha)}{a-t^2}.$$

Il s'ensuit que l'on a

$$R(x,\ \sqrt{ax^2+bx+c})dx=2R\left[\frac{a\beta-\alpha t^2}{a-t^2},\ \frac{a(\beta-\alpha)t}{a-t^2}\right]\frac{a(\beta-\alpha)t}{(a-t^2)^2}dt.$$

On est ramené à l'intégration d'une fraction rationnelle.

Remarquons que toute fonction de la forme considérée rentre dans l'un au moins des trois cas précédents. En effet, si $a$ est négatif, l'équation $ax^2+bx+c=0$ a nécessairement ses racines réelles et distinctes; sinon, le trinome $ax^2+bx+c$ serait négatif quel que soit $x$, et la fonction considérée ne serait pas réelle.

*Cas particulier.* — Si la fonction à intégrer est de la forme

$$x\,\mathrm{R}(x^2, \sqrt{ax^2+c})dx,$$

R étant une fonction rationnelle par rapport aux variables $x^2$ et $\sqrt{ax^2+c}$, on posera

$$\sqrt{ax^2+c}=t,$$

d'où

$$x^2=\frac{t^2-c}{a}, \qquad xdx=\frac{tdt}{a};$$

l'élément différentiel devient

$$\mathrm{R}\left(\frac{t^2-c}{a}, t\right)\frac{tdt}{a};$$

on est ramené à intégrer une fraction rationnelle.

*Exemples.* — 1° Soit à calculer l'intégrale définie

$$\int\frac{dx}{\sqrt{x^2+a}}.$$

Posons

$$\sqrt{x^2+a}=x+t.$$

On en déduit

$$x^2+a=x^2+2tx+t^2,$$

$$x=\frac{a-t^2}{2t}, \qquad \sqrt{x^2+a}=\frac{a+t^2}{2t},$$

$$dx=-\frac{t^2+a}{2t^2}dt.$$

L'intégrale donnée devient

$$-\int\frac{dt}{t}=-\mathrm{L}(\mathrm{C}t)=-\mathrm{L}[\mathrm{C}(\sqrt{x^2+a}-x)],$$

c'est-à-dire

$$\mathrm{L}[\mathrm{C}_1(x+\sqrt{x^2+a})],$$

C et $\mathrm{C}_1$ étant deux constantes arbitraires.

2° Soit à calculer l'intégrale

$$\int\frac{dx}{(1-x^2)^{\frac{3}{2}}}.$$

Posons

$$\sqrt{1-x^2}=\sqrt{(1-x)(1+x)}=t(1+x).$$

On en déduit

$$\frac{1-x}{1+x}=t^2, \quad x=\frac{1-t^2}{1+t^2},$$

$$\sqrt{1-x^2}=\frac{2t}{1+t^2}, \quad dx=-\frac{4t\,dt}{(1+t^2)^2}.$$

L'intégrale à calculer devient

$$-\frac{1}{2}\int\frac{1+t^2}{t^2}dt=-\frac{1}{2}\left(-\frac{1}{t}+t\right)+C=\frac{1-t^2}{2t}+C$$

ou encore

$$\frac{2x}{1+x}\;\frac{1}{2\sqrt{\frac{1-x}{1+x}}}+C=\frac{x}{\sqrt{1-x^2}}+C,$$

C étant une constante.

3° Soit à calculer

$$\int\frac{x\sqrt{1+x^2}}{1-x^2}dx.$$

Posons

$$\sqrt{1+x^2}=t,$$

d'où

$$x^2=t^2-1, \quad 1-x^2=2-t^2, \quad x\,dx=t\,dt.$$

L'intégrale à calculer devient

$$\int\frac{t^2dt}{2-t^2}=\int\frac{t^2-2+2}{2-t^2}dt=-t+2\int\frac{dt}{2-t^2}$$

$$=-t+\frac{1}{\sqrt{2}}\mathrm{L}\left(\mathrm{C}\frac{t+\sqrt{2}}{t-\sqrt{2}}\right)$$

ou encore

$$-\sqrt{1+x^2}+\frac{1}{\sqrt{2}}\mathrm{L}\left(\mathrm{C}\frac{\sqrt{1+x^2}+\sqrt{2}}{\sqrt{1+x^2}-\sqrt{2}}\right),$$

C étant une constante arbitraire.

Dans certains cas, il est possible de ramener directement l'intégration aux formules élémentaires, sans passer par l'intégration d'une fraction rationnelle.

1° Soit à calculer

$$\int\frac{dx}{\sqrt{ax^2+bx+c}}, \quad a\neq 0.$$

On a

$$ax^2+bx+c=a\left(x+\frac{b}{2a}\right)^2+\frac{4ac-b^2}{4a}.$$

Si $a$ est positif, posons

$$\sqrt{a}\left(x+\frac{b}{2a}\right)=t,$$

d'où $\sqrt{a}\,dx = dt$. L'intégrale devient

$$\frac{1}{\sqrt{a}}\int \frac{dt}{\sqrt{t^2+\frac{4ac-b^2}{4a}}} = \frac{1}{\sqrt{a}}\,\mathrm{L}\left[\mathrm{C}\left(t+\sqrt{t^2+\frac{4ac-b^2}{4a}}\right)\right]$$

ou

$$\frac{1}{\sqrt{a}}\,\mathrm{L}\left[\mathrm{C}\sqrt{a}\left(x+\frac{b}{2a}\right)+\mathrm{C}\sqrt{ax^2+bx+c}\right],$$

C étant une constante arbitraire.

Si $a$ est négatif, posons

$$\sqrt{-a}\left(x+\frac{b}{2a}\right)=t,$$

d'où $\sqrt{-a}\,dx = dt$. Remarquons que $\frac{4ac-b^2}{4a}$ est nécessairement positif. L'intégrale devient

$$\frac{1}{\sqrt{-a}}\int \frac{dt}{\sqrt{\frac{4ac-b^2}{4a}-t^2}} = \frac{1}{\sqrt{-a}}\arcsin\frac{t}{\sqrt{\frac{4ac-b^2}{4a}}}+\mathrm{C}$$

ou

$$\frac{1}{\sqrt{-a}}\arcsin\frac{\sqrt{-a}\left(x+\frac{b}{2a}\right)}{\sqrt{\frac{4ac-b^2}{4a}}}+\mathrm{C}.$$

2° Soit à calculer

$$\int\sqrt{x^2+a}\,dx.$$

Intégrons par parties. Il vient

$$\int\sqrt{x^2+a}\,dx = x\sqrt{x^2+a}-\int\frac{x^2dx}{\sqrt{x^2+a}}.$$

Mais, on a

$$\int\frac{x^2dx}{\sqrt{x^2+a}} = \int\frac{x^2+a}{\sqrt{x^2+a}}\,dx-\int\frac{a\,dx}{\sqrt{x^2+a}}$$

$$=\int\sqrt{x^2+a}\,dx-a\,\mathrm{L}[\mathrm{C}(x+\sqrt{x^2+a})].$$

On en déduit

$$\int\sqrt{x^2+a}\,dx = \frac{x\sqrt{x^2+a}}{2}+\frac{a}{2}\,\mathrm{L}[\mathrm{C}(x+\sqrt{x^2+a})],$$

$$\int\frac{x^2dx}{\sqrt{x^2+a}} = \frac{x\sqrt{x^2+a}}{2}-\frac{a}{2}\,\mathrm{L}[\mathrm{C}(x+\sqrt{x^2+a})],$$

C étant une constante arbitraire.

De la même manière, on démontrerait les formules

$$\int \sqrt{a^2 - x^2}\,dx = \frac{x\sqrt{a^2 - x^2}}{2} + \frac{a^2}{2} \operatorname{arc\,sin} \frac{x}{|a|} + C,$$

$$\int \frac{x^2 dx}{\sqrt{a^2 - x^2}} dx = -\frac{x\sqrt{a^2 - x^2}}{2} + \frac{a^2}{2} \operatorname{arc\,sin} \frac{x}{|a|} + C,$$

C étant une constante arbitraire.

3° Soit à calculer

$$I_n = \int \frac{x^n dx}{\sqrt{1 - x^2}},$$

$n$ étant un entier positif, négatif ou nul.

On a, en intégrant par parties,

$$I_n = \int x^{n-1} \frac{x dx}{\sqrt{1 - x^2}} = -x^{n-1}\sqrt{1 - x^2} + (n-1)\int x^{n-2}\sqrt{1 - x^2}\,dx.$$

Mais, on a

$$\int x^{n-2}\sqrt{1 - x^2}\,dx = \int \frac{x^{n-2}(1 - x^2)}{\sqrt{1 - x^2}} dx = I_{n-2} - I_n.$$

On a ainsi la formule de récurrence

$$I_n = -x^{n-1}\sqrt{1 - x^2} + (n-1)I_{n-2} - (n-1)I_n,$$

c'est-à-dire,

$$I_n = \frac{n-1}{n} I_{n-2} - \frac{1}{n} x^{n-1}\sqrt{1 - x^2}.$$

Si $n$ est positif et pair, cette formule ramène, de proche en proche, le calcul de $I_n$ à celui de $I_0$ qui est égal à $\operatorname{arc\,sin} x + C$, C étant une constante. Si $n$ est positif et impair, elle ramène le calcul de $I_n$ à celui de $I_1$ qui est égal à $-\sqrt{1 - x^2} + C$, C étant une constante.

Si $n$ est négatif, on écrira la formule précédente sous la forme

$$I_{n-2} = \frac{n}{n-1} I_n + \frac{1}{n-1} x^{n-1}\sqrt{1 - x^2},$$

qui ramène, de proche en proche, le calcul de $I_n$ à celui de $I_0$ si $n$ est pair, à celui de $I_{-1}$ si $n$ est impair.

Pour calculer $I_{-1}$, posons $x = \frac{1}{z}$, d'où $dx = -\frac{dz}{z^2}$.

Supposons d'abord $x$ positif. On a

$$L_1 = \int \frac{dx}{x\sqrt{1-x^2}} = -\int \frac{dz}{\sqrt{z^2-1}} = -L(z+\sqrt{z^2-1}) + C$$
$$= -L\left(\frac{1}{x} + \sqrt{\frac{1}{x^2}-1}\right) + C = -L\frac{1+\sqrt{1-x^2}}{x} + C,$$

C étant une constante.

Supposons ensuite $x$ négatif. On a

$$L_1 = \int \frac{dx}{x\sqrt{1-x^2}} = +\int \frac{dz}{\sqrt{z^2-1}} = L(-z-\sqrt{z^2-1}) + C$$
$$= L\left(-\frac{1}{x} - \sqrt{\frac{1}{x^2}-1}\right) + C = L\left(\frac{-1+\sqrt{1-x^2}}{x}\right) + C.$$

Mais, on a

$$\frac{-1+\sqrt{1-x^2}}{x} \cdot \frac{-1-\sqrt{1-x^2}}{x} = 1\,;$$

par suite, on a

$$L_1 = -L\left(-\frac{1+\sqrt{1-x^2}}{x}\right) + C,$$

C étant une constante.

On a dans tous les cas

$$L_1 = -L\left(C\frac{1+\sqrt{1-x^2}}{x}\right),$$

C étant une constante arbitraire, positive si $x$ est positif, négative si $x$ est négatif.

On calculera de la même manière les intégrales

$$\int \frac{x^n dx}{\sqrt{a^2-x^2}} \quad \text{et} \quad \int \frac{x^n dx}{\sqrt{x^2+a}},$$

$n$ étant un entier positif, nul ou négatif.

Aux intégrales précédentes se rattachent les intégrales

$$\int x^n \sqrt{x^2+a}\,dx \quad \text{et} \quad \int x^n \sqrt{a^2-x^2}\,dx,$$

$n$ étant entier.

On a

$$\int x^n \sqrt{x^2+a}\,dx = \int \frac{x^n(x^2+a)}{\sqrt{x^2+a}}\,dx$$

$$= \int \frac{x^{n+2}dx}{\sqrt{x^2+a}} + a\int \frac{x^n dx}{\sqrt{x^2+a}},$$

$$\int x^n \sqrt{a^2-x^2}\,dx = \int \frac{x^n(a^2-x^2)}{\sqrt{a^2-x^2}}\,dx$$

$$= a^2\int \frac{x^n dx}{\sqrt{a^2-x^2}} - \int \frac{x^{n+2}dx}{\sqrt{a^2-x^2}}.$$

IV. La fonction à intégrer est de la forme

$$R(x, \sqrt{ax+b}, \sqrt{cx+d}),$$

R étant une fonction rationnelle des variables entre parenthèses, $a$, $b$, $c$, $d$ étant des constantes, $c$ et $d$ n'étant pas proportionnels à $a$ et $b$.

Posons $\sqrt{ax+b} = t$, d'où

$$x = \frac{t^2-b}{a}, \quad dx = \frac{2t\,dt}{a}, \quad cx+d = c\,\frac{t^2-b}{a}+d = \frac{c}{a}t^2 + \frac{ad-bc}{a};$$

on a d'après cela

$$R(x, \sqrt{ax+b}, \sqrt{cx+d})\,dx = R\left(\frac{t^2-b}{a},\ t,\ \sqrt{\frac{c}{a}t^2+\frac{ad-bc}{a}}\right)\frac{2t\,dt}{a}.$$

On est ainsi ramené au cas précédent. Un nouveau changement de variable permettra de ramener l'intégration de la fonction donnée à celle d'une fraction rationnelle.

V. La fonction à intégrer est de la forme

$$R(x, y),$$

où $y$ désigne une fonction de $x$ définie par la relation $\varphi(x, y) = 0$ qui est, en coordonnées cartésiennes, l'équation d'une courbe algébrique unicursale.

Dire que la courbe algébrique qui a pour équation $\varphi(x, y) = 0$ est une courbe unicursale, c'est dire qu'il est possible d'exprimer simultanément les coordonnées d'un point courant de cette courbe en fonction rationnelle d'une variable auxiliaire $t$. Il existe donc un changement de variable défini par une équation de la forme $x = \psi(t)$, $\psi$ étant rationnel en $t$, tel que $y$ soit une fonction rationnelle de $t$ : $y = \theta(t)$. D'autre part, en général, les deux équations en $t$, $x = \psi(t)$, $y = \theta(t)$, ont une seule racine commune qui est une fonction rationnelle de $x$ et de $y$ : $t = H(x, y)$.

Si l'on pose $x = \psi(t)$, on a

$$dx = \psi'(t)dt, \qquad y = \theta(t);$$

l'élément différentiel $R(x, y)dx$ devient

$$R[\psi(t), \theta(t)]\psi'(t)dt.$$

$\psi$, $\theta$ et $\psi'$ étant rationnels en $t$, on voit qu'on est ramené à l'intégration d'une fraction rationnelle.

Ce cas général comprend plusieurs des cas précédents.

Supposons que la fonction à intégrer soit de la forme

$$R\left(x, \sqrt[n]{\frac{ax+b}{cx+d}}\right),$$

R étant rationnel par rapport aux variables entre parenthèses; on voit que la courbe qui a pour équation

$$y^n = \frac{ax+b}{cx+d}$$

est une courbe algébrique unicursale; $x$ et $y$ s'expriment rationnellement en fonction de $y$.

Supposons que la fonction à intégrer soit de la forme

$$R(x, \sqrt{ax^2+bx+c}),$$

R étant rationnel par rapport aux variables entre parenthèses; on voit que la courbe qui a pour équation

$$y^2 = ax^2 + bx + c$$

est, comme toute courbe du second degré, unicursale. Pour exprimer $x$ et $y$ rationnellement en fonction d'une variable auxiliaire $t$, un procédé consiste à déterminer le point variable d'intersection de la courbe du second degré avec une droite variable, dépendant rationnellement de $t$, passant par un point fixe de la courbe du second degré, à distance finie ou à l'infini.

Si $a$ est positif, la courbe du second degré est une hyperbole, dont les directions asymptotiques ont pour pentes $+\sqrt{a}$ et $-\sqrt{a}$. Nous chercherons l'intersection de l'hyperbole avec la droite variable qui a pour équation

$$y = \varepsilon x\sqrt{a} + t, \qquad (\varepsilon = \pm 1),$$

parallèle à la direction asymptotique de pente $\varepsilon\sqrt{a}$. Ainsi, nous sommes conduits au changement de variable défini par l'équation

$$\sqrt{ax^2+bx+c} = \varepsilon x\sqrt{a}+t.$$

Si $c$ est positif, la courbe du second degré rencontre l'axe des $y$ aux deux points d'ordonnées $+\sqrt{c}$ et $-\sqrt{c}$. Nous chercherons l'intersection de la courbe du second degré avec la droite variable qui a pour équation

$$y = \varepsilon\sqrt{c}+tx, \quad (\varepsilon = \pm 1),$$

passant par le point de la courbe du second degré qui a pour coordonnées 0 et $\varepsilon\sqrt{c}$. Ainsi, nous sommes conduits au changement de variable défini par l'équation

$$\sqrt{ax^2+bx+c} = \varepsilon\sqrt{c}+tx.$$

Si l'équation $ax^2+bx+c=0$ a deux racines distinctes $\alpha$ et $\beta$, la courbe du second degré rencontre l'axe des $x$ aux deux points d'abscisses $\alpha$ et $\beta$. Nous cherchons l'intersection de la courbe du second degré avec la droite variable qui a pour équation

$$y = t(x-\alpha)$$

passant par le point de la courbe du second degré qui a pour coordonnées $\alpha$ et 0. Ainsi, nous sommes conduits au changement de variable défini par l'équation

$$\sqrt{ax^2+bx+c} = t(x-\alpha).$$

**307. Intégration des fractions rationnelles en $\sin x$ et $\cos x$.** — Soit à intégrer la fonction

$$\mathrm{R}(\sin x, \cos x),$$

R étant rationnel en $\sin x$ et $\cos x$.

La méthode générale consiste à poser

$$\mathrm{tg}\frac{x}{2} = t.$$

On en déduit

$$\sin x = \frac{2t}{1+t^2}, \quad \cos x = \frac{1-{}^2}{1+t^2}$$

puis

$$\frac{1}{2}\left(1+\mathrm{tg}^2\frac{x}{2}\right)dx = dt,$$

c'est-à-dire

$$dx = \frac{2\,dt}{1+t^2},$$

l'élément différentiel devient

$$R\left(\frac{2t}{1+t^2}, \frac{1-t^2}{1+t^2}\right)\frac{2\,dt}{1+t^2},$$

on est ainsi ramené à l'intégration d'une fraction rationnelle en $t$.

*Exemple.* — Soit à calculer

$$\int \frac{dx}{\sin x}.$$

Si l'on pose $\operatorname{tg}\frac{x}{2} = t$, l'intégrale à calculer devient

$$\int \frac{dt}{t} = L(Ct),$$

C étant une constante. On a ainsi

$$\int \frac{dx}{\sin x} = L\left(C \operatorname{tg}\frac{x}{2}\right).$$

L'intégrale $\int \frac{dx}{\cos x}$ se ramène à la précédente, grâce au changement de variable $z = \frac{\pi}{2} + x$. On a ainsi

$$\int \frac{dx}{\cos x} = \int \frac{dz}{\sin z} = L\left(C \operatorname{tg}\frac{z}{2}\right) = L\left[C \operatorname{tg}\left(\frac{\pi}{4} + \frac{x}{2}\right)\right],$$

C étant une constante.

Dans des cas étendus, il est possible d'employer d'autres changements de variable ramenant encore à l'intégration d'une fraction rationnelle, mais conduisant le plus souvent à des calculs plus simples.

1) La fonction à intégrer est de la forme

$$R(\operatorname{tg} x),$$

R étant rationnel en $\operatorname{tg} x$.

Dans ce cas, on posera $\operatorname{tg} x = t$, d'où l'on déduit

$$dx = \frac{dt}{1+t^2};$$

l'élément différentiel devient

$$R(t)\,\frac{dt}{1+t^2};$$

on est ramené à l'intégration d'une fraction rationnelle en $t$.

On a le théorème suivant :

*Pour qu'une fonction rationnelle de* $\sin x$ *et de* $\cos x$ *soit égale à une fonction rationnelle de* $\operatorname{tg} x$, *il faut et il suffit qu'elle se change en une fonction égale quand on y change* $x$ *en* $\pi + x$.

La condition est évidemment nécessaire; il reste à montrer qu'elle est suffisante.

Soit la fonction rationnelle en $\sin x$ et en $\cos x$

$$f(x) = \frac{P(\sin x, \cos x)}{Q(\sin x, \cos x)},$$

P et Q étant des polynomes en $\sin x$ et en $\cos x$. On a $\sin x = \cos x \operatorname{tg} x$. Il s'ensuit que l'on a

$$P(\sin x, \cos x) = P_1(\cos x, \operatorname{tg} x), \qquad Q(\sin x, \cos x) = Q_1(\cos x, \operatorname{tg} x),$$

$P_1$ et $Q_1$ étant des polynomes en $\cos x$ et en $\operatorname{tg} x$. En séparant dans $P_1$ et $Q_1$ les termes de degré pair et les termes de degré impair par rapport à $\cos x$, on voit que $f(x)$ se met sous la forme

$$f(x) = \frac{\varphi_1(\cos^2 x, \operatorname{tg} x) + \cos x\, \varphi_2(\cos^2 x, \operatorname{tg} x)}{\psi_1(\cos^2 x, \operatorname{tg} x) + \cos x\, \psi_2(\cos^2 x, \operatorname{tg} x)},$$

$\varphi_1$, $\varphi_2$, $\psi_1$, $\psi_2$ étant des polynomes en $\cos^2 x$ et en $\operatorname{tg} x$. Par hypothèse, on a $f(\pi + x) = f(x)$; par suite, on a

$$f(x) = \frac{\varphi_1(\cos^2 x, \operatorname{tg} x) + \cos x\, \varphi_2(\cos^2 x, \operatorname{tg} x)}{\psi_1(\cos^2 x, \operatorname{tg} x) + \cos x\, \psi_2(\cos^2 x, \operatorname{tg} x)}$$
$$= \frac{\varphi_1(\cos^2 x, \operatorname{tg} x) - \cos x\, \varphi_2(\cos^2 x, \operatorname{tg} x)}{\psi_1(\cos^2 x, \operatorname{tg} x) - \cos x\, \psi_2(\cos^2 x, \operatorname{tg} x)}.$$

Supposons que $\psi_1(\cos^2 x, \operatorname{tg} x)$ ne soit pas nul quel que soit $x$. Alors, on a

$$f(x) = \frac{\varphi_1(\cos^2 x, \operatorname{tg} x)}{\psi_1(\cos^2 x, \operatorname{tg} x)}$$

et comme on a $\cos^2 x = \dfrac{1}{1 + \operatorname{tg}^2 x}$, on voit que $f(x)$ est une fonction rationnelle de $\operatorname{tg} x$.

Supposons que $\psi_2(\cos^2 x, \operatorname{tg} x)$ ne soit pas nul quel que soit $x$. Alors, on a

$$f(x) = \frac{\cos x\, \varphi_2(\cos^2 x, \operatorname{tg} x)}{\cos x\, \psi_2(\cos^2 x, \operatorname{tg} x)} = \frac{\varphi_2(\cos^2 x, \operatorname{tg} x)}{\psi_2(\cos^2 x, \operatorname{tg} x)},$$

et l'on voit que $f(x)$ est encore une fonction rationnelle de $\operatorname{tg} x$.

*Exemples.* — 1° Soit à calculer

$$\int \frac{dx}{\cos^2 x + a \sin^2 x},$$

$a$ étant une constante. La fonction à intégrer ne change pas quand on remplace $x$ par $\pi + x$; nous poserons donc $\operatorname{tg} x = t$. On en déduit

$$\cos^2 x = \frac{1}{1+t^2}, \quad \sin^2 x = \frac{t^2}{1+t^2}, \quad dx = \frac{dt}{1+t^2};$$

l'intégrale devient

$$\int \frac{dt}{1+at^2}.$$

1) *$a$ est positif.* On a

$$\int \frac{dt}{1+at^2} = \frac{1}{\sqrt{a}} \int \frac{d(\sqrt{a}t)}{1+(\sqrt{a}t)^2} = \frac{1}{\sqrt{a}} \operatorname{arc} \operatorname{tg}(\sqrt{a}t) + C = \frac{1}{\sqrt{a}} \operatorname{arc} \operatorname{tg}(\sqrt{a} \operatorname{tg} x) + C.$$

2) *$a$ est négatif.* On a

$$\int \frac{dt}{1+at^2} = \frac{1}{\sqrt{-a}} \int \frac{d(\sqrt{-a}t)}{1-(\sqrt{-a}t)^2} = \frac{1}{2\sqrt{-a}} L\left(C \frac{1+\sqrt{-a}t}{1-\sqrt{-a}t}\right)$$

$$= \frac{1}{2\sqrt{-a}} L\left(C \frac{1+\sqrt{-a} \operatorname{tg} x}{1-\sqrt{-a} \operatorname{tg} x}\right).$$

3) *$a$ est nul.* L'intégrale donnée est égale à $\operatorname{tg} x + C$.

C est une constante arbitraire.

2° Soit à calculer

$$\int \operatorname{tg}^n x \, dx,$$

$n$ étant un entier positif. Nous poserons $\operatorname{tg} x = t$, d'où

$$dx = \frac{dt}{1+t^2};$$

l'intégrale à calculer devient

$$\int \frac{t^n}{1+t^2} dt.$$

Si $n$ est pair, on a

$$\frac{t^n}{t^2+1} = t^{n-2} - t^{n-4} + t^{n-6} - \ldots - (-1)^{\frac{n}{2}} + \frac{(-1)^{\frac{n}{2}}}{t^2+1};$$

par suite, on a

$$\int \operatorname{tg}^n x \, dx = \frac{\operatorname{tg}^{n-1} x}{n-1} - \frac{\operatorname{tg}^{n-3} x}{n-3} + \ldots - (-1)^{\frac{n}{2}} \operatorname{tg} x + (-1)^{\frac{n}{2}} x + C;$$

C étant une constante.

Si $n$ est impair, on a

$$\frac{t^n}{t^2+1} = t^{n-2} - t^{n-4} + t^{n-6} - \ldots - (-1)^{\frac{n-1}{2}} t + \frac{(-1)^{\frac{n-1}{2}} t}{t^2+1};$$

par suite, on a

$$\int \operatorname{tg}^n x\, dx = \frac{\operatorname{tg}^{n-1}x}{n-1} - \frac{\operatorname{tg}^{n-3}x}{n-3} + \ldots - (-1)^{\frac{n-1}{2}} \frac{\operatorname{tg}^2 x}{2} - (-1)^{\frac{n-1}{2}} \mathrm{L}(\mathrm{C} \cos x),$$

C étant une constante.

2) La fonction à intégrer est de la forme

$$\mathrm{R}(\cos x) \sin x,$$

R étant rationnel en $\cos x$.

Dans ce cas, on posera $\cos x = t$, d'où l'on déduit

$$-\sin x\, dx = dt;$$

l'élément différentiel devient

$$-\mathrm{R}(t)\, dt;$$

on est ramené à l'intégration d'une fraction rationnelle en $t$.

On a le théorème suivant :

*Pour qu'une fonction rationnelle de* $\sin x$ *et de* $\cos x$ *soit égale à une fonction de la forme précédente* $\mathrm{R}(\cos x) \sin x$, *il faut et il suffit qu'elle se change en la fonction opposée quand on y change* $x$ *en* $-x$.

La condition est évidemment nécessaire; il reste à montrer qu'elle est suffisante.

Soit la fonction rationnelle en $\sin x$ et en $\cos x$

$$f(x) = \frac{\mathrm{P}(\sin x, \cos x)}{\mathrm{Q}(\sin x, \cos x)},$$

P et Q étant des polynomes en $\sin x$ et en $\cos x$. En séparant dans P et Q les termes de degré pair et les termes de degré impair par rapport à $\sin x$, on voit que $f(x)$ se met sous la forme

$$f(x) = \frac{\varphi_1(\sin^2 x, \cos x) + \sin x\, \varphi_2(\sin^2 x, \cos x)}{\psi_1(\sin^2 x, \cos x) + \sin x\, \psi_2(\sin^2 x, \cos x)},$$

$\varphi_1$ $\varphi_2$, $\psi_1$, $\psi_2$ étant des polynomes en $\sin^2 x$ et en $\cos x$. Par hypothèse, on a $f(-x) = -f(x)$; par suite, on a

$$f(x) = \frac{\varphi_1(\sin^2 x, \cos x) + \sin x\, \varphi_2(\sin^2 x, \cos x)}{\psi_1(\sin^2 x, \cos x) + \sin x\, \psi_2(\sin^2 x, \cos x)}$$
$$= \frac{-\varphi_1(\sin^2 x, \cos x) + \sin x\, \varphi_2(\sin^2 x, \cos x)}{\psi_1(\sin^2 x, \cos x) - \sin x\, \psi_2(\sin^2 x, \cos x)}.$$

Supposons que $\psi_1$ ne soit pas nul quel que soit $x$. Alors, on a

$$f(x) = \frac{\sin x\, \varphi_2(\sin^2 x, \cos x)}{\psi_1(\sin^2 x, \cos x)} = \frac{\varphi_2(1 - \cos^2 x, \cos x)}{\psi_1(1 - \cos^2 x, \cos x)} \sin x;$$

$f(x)$ est bien le produit par $\sin x$ d'une fonction rationnelle de $\cos x$.

Supposons que $\psi_2$ ne soit pas nul quel que soit $x$. Alors, on a

$$f(x) = \frac{\varphi_1(\sin^2 x, \cos x)}{\sin x\, \psi_2(\sin^2 x, \cos x)} = \frac{\varphi_1(1 - \cos^2 x, \cos x)}{(1 - \cos^2 x)\psi_2(\cos^2 x, \cos x)} \sin x;$$

$f(x)$ est encore le produit par $\sin x$ d'une fonction rationnelle de $\cos x$.

*Exemple.* — Soit à calculer

$$\int \frac{\cos^2 x}{\sin x}\, dx.$$

La fonction $\frac{\cos^2 x}{\sin x}$ se change en la fonction opposée quand on y change $x$ en $-x$. Nous poserons $\cos x = t$, d'où l'on déduit $-\sin x\, dx = dt$. Or, on a

$$\frac{\cos^2 x}{\sin x} = \frac{\cos^2 x}{\sin^2 x} \sin x = \frac{\cos^2 x}{1 - \cos^2 x} \sin x.$$

L'intégrale devient ainsi

$$\int \frac{-t^2 dt}{1 - t^2} = \int \frac{(1 - t^2 - 1)dt}{1 - t^2} = t - \int \frac{dt}{1 - t^2} = t - \frac{1}{2} \mathrm{L}\left(\mathrm{C}\frac{1 + t}{1 - t}\right),$$

c'est-à-dire

$$\cos x - \frac{1}{2} \mathrm{L} \frac{1 + \cos x}{1 - \cos x} + \mathrm{C}_1,$$

c'est-à-dire encore

$$\cos x + \mathrm{L}\left(\mathrm{C}_2 \operatorname{tg} \frac{x}{2}\right),$$

C, $\mathrm{C}_1$, $\mathrm{C}_2$ étant des constantes arbitraires.

3) La fonction à intégrer est de la forme

$$\mathrm{R}(\sin x) \cos x,$$

R étant rationnel en $\sin x$.

Dans ce cas, on posera $\sin x = t$, d'où l'on déduit

$$\cos x\, dx = dt;$$

l'élément différentiel devient

$$\mathrm{R}(t)dt;$$

on est ramené à l'intégration d'une fraction rationnelle en $t$.

On a le théorème suivant :

*Pour qu'une fonction rationnelle de* $\sin x$ *et de* $\cos x$ *soit égale à une fonction de la forme précédente* $R(\sin x)\cos x$, *il faut et il suffit qu'elle se change en la fonction opposée quand on y change* $x$ *en* $\pi - x$.

La condition est évidemment nécessaire; il reste à montrer qu'elle est suffisante.

Soit la fonction

$$f(x) = \frac{P(\sin x, \cos x)}{Q(\sin x, \cos x)},$$

P et Q étant des polynomes en $\sin x$ et en $\cos x$. On voit que cette fonction se met sous la forme

$$f(x) = \frac{\varphi_1(\sin x, \cos^2 x) + \cos x\,\varphi_2(\sin x, \cos^2 x)}{\psi_1(\sin x, \cos^2 x) + \cos x\,\psi_2(\sin x, \cos^2 x)},$$

$\varphi_1, \varphi_2, \psi_1, \psi_2$ étant des polynomes en $\sin x$ et en $\cos^2 x$. Par hypothèse, on a $f(\pi - x) = -f(x)$; par suite, on a

$$f(x) = \frac{\varphi_1(\sin x, \cos^2 x) + \cos x\,\varphi_2(\sin x, \cos^2 x)}{\psi_1(\sin x, \cos^2 x) + \cos x\,\psi_2(\sin x, \cos^2 x)}$$

$$= \frac{-\varphi_1(\sin x, \cos^2 x) + \cos x\,\varphi_2(\sin x, \cos^2 x)}{\psi_1(\sin x, \cos^2 x) - \cos x\,\psi_2(\sin x, \cos^2 x)}.$$

Si $\psi_1$ n'est pas nul quel que soit $x$, on a

$$f(x) = \frac{\cos x\,\varphi_2(\sin x, \cos^2 x)}{\psi_1(\sin x, \cos^2 x)} = \frac{\varphi_2(\sin x, 1 - \sin^2 x)}{\psi_1(\sin x, 1 - \sin^2 x)}\cos x.$$

Si $\psi_2$ n'est pas nul quel que soit $x$, on a

$$f(x) = \frac{\varphi_1(\sin x, \cos^2 x)}{\cos x\,\psi_2(\sin x, \cos^2 x)} = \frac{\varphi_1(\sin x, 1 - \sin^2 x)}{(1 - \sin^2 x)\,\psi_2(\sin x, 1 - \sin^2 x)}\cos x.$$

Dans l'un et l'autre cas, $f(x)$ est le produit par $\cos x$ d'une fonction rationnelle de $\sin x$.

*Exemple.* — Soit à calculer

$$\int \frac{dx}{\sin^2 x \cos x}.$$

La fonction à intégrer se change en la fonction opposée quand on y change $x$ en $\pi - x$. Nous poserons $\sin x = t$; d'où l'on déduit $\cos x\, dx = dt$. Or, on a

$$\frac{1}{\sin^2 x \cos x} = \frac{\cos x}{\sin^2 x \cos^2 x} = \frac{\cos x}{\sin^2 x\,(1 - \sin^2 x)}.$$

L'intégrale devient ainsi

$$\int \frac{dt}{t^2(1 - t^2)}.$$

Mais, on a

$$\frac{1}{t^2(1-t^2)} = \frac{1}{t^2} + \frac{1}{1-t^2};$$

par suite, on a

$$\int \frac{dt}{t^2(1-t^2)} = -\frac{1}{t} + \frac{1}{2} \mathrm{L}\left(\mathrm{C}\frac{1+t}{1-t}\right).$$

L'intégrale donnée est donc égale à

$$-\frac{1}{\sin x} + \frac{1}{2} \mathrm{L} \frac{1+\sin x}{1-\sin x} + \mathrm{C}_1,$$

c'est-à-dire à

$$-\frac{1}{\sin x} + \mathrm{L}\left[\mathrm{C}_2 \operatorname{tg}\left(\frac{\pi}{4} + \frac{x}{2}\right)\right],$$

$\mathrm{C}$, $\mathrm{C}_1$, $\mathrm{C}_2$ étant des constantes arbitraires.

*Cas particuliers.* — Dans certains cas particuliers, d'autres méthodes d'intégration sont applicables.

I. Soit à calculer

$$\mathrm{I}_n = \int \cos^n x \, dx,$$

$n$ étant un entier positif, nul ou négatif.

1) *$n$ est nul.* On a évidemment $\mathrm{I}_0 = x + \mathrm{C}$.

2) *$n$ est positif.* On a, en intégrant par parties,

$$\mathrm{I}_n = \int \cos^{n-1} x \cos x \, dx = \sin x \cos^{n-1} x + (n-1) \int \cos^{n-2} x \sin^2 x \, dx.$$

Mais, on a

$$\int \cos^{n-2} x \sin^2 x \, dx = \int \cos^{n-2} x (1 - \cos^2 x) \, dx = \mathrm{I}_{n-2} - \mathrm{I}_n;$$

par suite, on a

$$\mathrm{I}_n = \sin x \cos^{n-1} x + (n-1)(\mathrm{I}_{n-2} - \mathrm{I}_n),$$

d'où

$$\mathrm{I}_n = \frac{n-1}{n} \mathrm{I}_{n-2} + \frac{1}{n} \sin x \cos^{n-1} x.$$

Cette formule de récurrence permet de ramener de proche en proche le calcul de $\mathrm{I}_n$ à celui de $\mathrm{I}_0$ si $n$ est pair, à celui de $\mathrm{I}_1$ si $n$ est impair. On a $\mathrm{I}_0 = x$, $\mathrm{I}_1 = \sin x + \mathrm{C}$, $\mathrm{C}$ étant une constante.

En particulier, si l'on pose

$$\mathrm{J}_n = \int_0^{\frac{\pi}{2}} \cos^n x \, dx,$$

on a

$$\mathrm{J}_n = \frac{n-1}{n} \mathrm{J}_{n-2}.$$

D'autre part, on a $J_0 = \frac{\pi}{2}$, $J_1 = 1$. Par suite, si $n$ est pair, on a

$$J_n = \frac{1.3.5\ldots(n-1)}{2.4.6\ldots n}\frac{\pi}{2};$$

si $n$ est impair, on a

$$J_n = \frac{2.4.6\ldots(n-1)}{1.3.5\ldots n}.$$

Pour calculer $I_n$, on peut encore transformer $\cos^n x$ en une somme algébrique de cosinus d'arcs multiples de $x$ (ch. VII, § 195). On est ramené, par application de la méthode de décomposition, au calcul d'intégrales de la forme

$$\int \cos px\, dx,$$

$p$ étant un entier positif. On a

$$\int \cos px\, dx = \frac{1}{p}\sin px + C.$$

*Exemples.* — 1° Soit à calculer

$$\int \cos^2 x\, dx.$$

On a

$$\cos^2 x = \frac{1+\cos 2x}{2};$$

par suite,

$$\int \cos^2 x\, dx = \frac{x}{2} + \frac{\sin 2x}{4} + C, \qquad (C = \text{const.}).$$

2° Soit à calculer

$$\int \cos^3 x\, dx.$$

On a

$$\cos^3 x = \frac{3}{4}\cos x + \frac{1}{4}\cos 3x;$$

par suite, on a

$$\int \cos^3 x\, dx = \frac{3}{4}\sin x + \frac{1}{12}\sin 3x + C, \qquad (C = \text{const.}).$$

3) *$n$ est négatif et pair, égal à* $-2p$. On a

$$I_n = I'_{2p} = \int \frac{dx}{\cos^{2p} x}.$$

Posons $\operatorname{tg} x = t$; on a

$$dt = \frac{dx}{\cos^2 x};$$

par suite, on a

$$I'_{2p} = \int (1 + t^2)^{p-1} dt;$$

on est ramené à intégrer un polynome en $t$.

4) *$n$ est négatif et impair, égal à* $-(2p+1)$. On a

$$I_n = I'_{2p+1} = \int \frac{dx}{\cos^{2p+1} x} = \int \frac{\cos^2 x + \sin^2 x}{\cos^{2p+1} x} dx$$
$$= I'_{2p-1} + \int \frac{\sin^2 x}{\cos^{2p+1} x} dx.$$

Mais on a, en intégrant par parties,

$$\int \frac{\sin^2 x}{\cos^{2p+1} x} dx = \int \sin x \frac{\sin x \, dx}{\cos^{2p+1} x} = \frac{\sin x}{2p \cos^{2p} x} - \frac{1}{2p} I'_{2p-1};$$

par suite, on a

$$I'_{2p+1} = \frac{2p-1}{2p} I'_{2p-1} + \frac{\sin x}{2p \cos^{2p} x}.$$

Cette formule de récurrence permet de ramener de proche en proche le calcul de $I'_{2p+1}$ à celui de $I'_1$. On a

$$I'_1 = \int \frac{dx}{\cos x} = L\left[C \operatorname{tg}\left(\frac{\pi}{4} + \frac{x}{2}\right)\right],$$

C étant une constante.

On traitera de la même manière l'intégrale

$$\int \sin^n x \, dx,$$

$n$ étant un entier positif, nul ou négatif.

Si $n$ est négatif et pair, on posera $\cot x = t$, d'où l'on déduit

$$dt = -\frac{dx}{\sin^2 x};$$

si $n$ est négatif et impair, on se servira de la formule

$$\int \frac{dx}{\sin x} = L\left[C \operatorname{tg}\frac{x}{2}\right],$$

C étant une constante.

Si $n$ est positif, on pourra employer ou bien a méthode d'intégration par parties qui conduit à une formule de récurrence, ou bien la méthode de décomposition en remplaçant $\sin^n x$, suivant la parité de $n$, par une somme algébrique de cosinus ou une somme algébrique de sinus d'arcs multiples de $x$ (ch. VII, § 195). On a

$$\int \cos px\, dx = \frac{1}{p} \sin px + C, \quad \int \sin qx\, dx = -\frac{1}{q} \cos qx + C,$$

C étant une constante.

II. Soit à calculer

$$I_{p,q} = \int \cos^p x \sin^q x\, dx,$$

$p$ et $q$ étant deux entiers positifs, nuls ou négatifs.

Nous avons déjà traité le cas où l'un des deux entiers $p$ et $q$ est nul.

1) *$p$ et $q$ sont positifs.* — Si $q$ est impair, on pose $\cos x = t$, d'où $-\sin x\, dx = dt$. Alors, on a

$$I_{p,q} = -\int t^p (1 - t^2)^{\frac{q-1}{2}} dt;$$

on est ramené à l'intégration d'un polynome.

Si $p$ est impair, on pose $\sin x = t$, d'où $\cos x\, dx = dt$. Alors, on a

$$I_{p,q} = \int t^q (1 - t^2)^{\frac{p-1}{2}} dt;$$

on est ramené à l'intégration d'un polynome.

Supposons que $p$ et $q$ soient tous deux pairs. Alors, on peut employer la méthode d'intégration par parties, qui donne

$$I_{p,q} = \int \cos^{p-1} x \sin^q x . \cos x\, dx$$

$$= \sin^{q+1} x \cos^{p-1} x - \int \sin x \left[ q \sin^{q-1} x \cos^p x - (p-1) \sin^{q+1} x \cos^{p-2} x \right] dx$$

$$= \sin^{q+1} x \cos^{p-1} x + (p-1) \int \cos^{p-2} x \sin^{q+2} x\, dx - q \int \cos^p x \sin^q x\, dx,$$

c'est-à-dire

$$I_{p,q} = \sin^{q+1} x \cos^{p-1} x + (p-1) \int \cos^{p-2} x \sin^q x (1 - \cos^2 x) dx - q \int \cos^p x \sin^q x dx,$$

c'est-à-dire enfin

$$(p+q) I_{p,q} = \cos^{p-1} x \sin^{q+1} x + (p-1) I_{p-2,q}.$$

Cette formule de récurrence permet de ramener, de proche en proche, le calcul de $I_{p,q}$ à celui de

$$I_{0,q} = \int \sin^q x dx,$$

intégrale déjà calculée.

On a aussi, en échangeant les rôles de $\cos x$ et de $\sin x$, la formule de récurrence

$$(p+q)\mathrm{I}_{p,q} = -\cos^{p+1}x\sin^{q-1}x + (q-1)\mathrm{I}_{p,q-2},$$

qui permet de ramener le calcul de $\mathrm{I}_{p,q}$ à celui de

$$\mathrm{I}_{p,0} = \int \cos^p x\,dx,$$

intégrale déjà calculée.

On peut aussi employer la méthode de décomposition en écrivant $\cos^p x \sin^q x$ sous la forme $\cos^p x \cos^q\left(\frac{\pi}{2} - x\right)$ et en transformant ce produit de cosinus en une somme algébrique de cosinus d'arcs qui sont des sommes algébriques de $p$ arcs égaux à $x$ et de $q$ arcs égaux à $\frac{\pi}{2} - x$. On est ainsi ramené au calcul d'intégrales de la forme

$$\int \cos mx\,dx, \qquad \int \sin nx\,dx,$$

$m$ et $n$ étant des entiers positifs ou nuls.

2) *$p$ est positif et $q$ est négatif.* — 1° Si $p$ est impair, on pose $\sin x = t$, d'où $\cos x\,dx = dt$. Alors, on a

$$\mathrm{I}_{p,q} = \int \frac{(1-t^2)^{\frac{p-1}{2}}}{t^{-q}}\,dt;$$

on est ramené à l'intégration d'une fraction rationnelle dont la décomposition en fractions simples est immédiate.

2° Si $p$ est pair, on emploie la méthode d'intégration par parties qui conduit à la formule, valable quels que soient les entiers $p$ et $q$,

$$(p+q)\mathrm{I}_{p,q} = \cos^{p-1}x\sin^{q+1}x + (p-1)\mathrm{I}_{p-2,q}.$$

$\alpha$) Si $q$ est impair, $p+q$ n'est pas nul; la formule ramène le calcul de $\mathrm{I}_{p,q}$ à celui de $\mathrm{I}_{p-2,q}$; si on remplace $p$ par $p-2$, $p+q-2$ n'étant pas nul, on ramènera le calcul de $\mathrm{I}_{p-2,q}$ à celui de $\mathrm{I}_{p-4,q}$; et ainsi de suite. Finalement, on sera ramené au calcul de

$$\mathrm{I}_{0,q} = \int \frac{dx}{\sin^{-q}x},$$

intégrale déjà calculée.

$\beta$) Si $q$ est pair, plusieurs cas sont à distinguer.

$p+q=0$. Alors, on a

$$I_{p,q}=\int \operatorname{tg}^q x\,dx,$$

intégrale qu'on ramène à une intégrale déjà calculée en posant

$$x=\frac{\pi}{2}-x'.$$

$p+q>0$. La formule de récurrence précédente ramène le calcul de $I_{p,q}$ à celui de $I_{p-2,q}$. Si $p+q-2$ est nul, on est ramené au calcul de $\int \operatorname{tg}^q x\,dx$; sinon, la formule de récurrence dans laquelle on remplace $p$ par $p-2$ ramène le calcul de $I_{p-2,q}$ à celui de $I_{p-4,q}$; et ainsi de suite. Finalement, on est ramené au calcul de $\int \operatorname{tg}^q x\,dx$.

$p+q<0$. La formule de récurrence ramène le calcul de $I_{p,q}$ à celui de $I_{p-2,q}$; $p+q-2$ est négatif, et la formule de récurrence dans laquelle on remplace $p$ par $p-2$ ramène le calcul de $I_{p-2,q}$ à celui de $I_{p-4,q}$; et ainsi de suite. Finalement, on est ramené au calcul de $I_{0,q}$, intégrale déjà calculée.

3) *$p$ est négatif et $q$ est positif.* — Discussion analogue.

4) *$p$ et $q$ sont négatifs.* — On a, en intégrant par parties,

$$(p-1)I_{p-2,q}=(p+q)I_{p,q}-\cos^{p-1}x\sin^{q+1}x,$$

d'où, en remplaçant $p$ par $p+2$,

$$(p+1)I_{p,q}=(p+q+2)I_{p+2,q}-\cos^{p+1}x\sin^{q+1}x.$$

Si $p$ est pair, les nombres $p+1$, $p+3, \ldots$ sont différents de 0. La formule précédente permet de ramener, de proche en proche, le calcul de $I_{p,q}$ à celui de $I_{0,q}$, intégrale déjà calculée. Si $p$ est impair, cette formule permet de ramener le calcul de $I_{p,q}$ à celui de $I_{-1,q}$ :

$$I_{-1,q}=\int \frac{dx}{\cos x \sin^{-q} x}.$$

D'autre part, on a la formule, valable quels que soient $p$ et $q$,

$$(p+q)I_{p,q}=-\cos^{p+1}x\sin^{q-1}x+(q-1)I_{p,q-2},$$

d'où, en remplaçant $p$ par $-1$,

$$(q-1)I_{-1,q}=-\sin^{q-1}x+(q-1)I_{-1,q-2},$$

d'où, en remplaçant $q$ par $q+2$,

$$(q+1)I_{-1,q}=\sin^{q+1}x+(q+1)I_{-1,q+2}.$$

Si $q$ est pair, cette formule ramène le calcul de $I_{-1,q}$ à celui de

$$I_{-1,0}=\int\frac{dx}{\cos x}=L\left[C\operatorname{tg}\left(\frac{\pi}{4}+\frac{x}{2}\right)\right],\qquad (C=\text{const.});$$

si $q$ est impair, elle ramène le calcul de $I_{-1,q}$ à celui de

$$I_{-1,-1}=\int\frac{dx}{\cos x\sin x}=L(C\operatorname{tg}x),\qquad (C=\text{const.}).$$

III. Soit à intégrer un produit de $n$ cosinus ou sinus d'arcs linéaires en $x$, de la forme $ax+b$, $a$ et $b$ étant des constantes.

On appliquera la méthode de décomposition, de la manière suivante : on transforme le produit de deux des $n$ facteurs en une somme algébrique de cosinus ou de sinus d'arcs linéaires en $x$; on décompose ainsi le produit donné en une somme algébrique de deux produits de $n-1$ cosinus ou sinus d'arcs linéaires en $x$. Sur chacun de ces produits on effectue la même transformation; on décompose ainsi le produit donné en une somme algébrique de quatre produits de $n-2$ cosinus ou sinus d'arcs linéaires en $x$. Et ainsi de suite. Finalement, on met le produit donné sous la forme d'une somme algébrique de $2^{n-1}$ cosinus ou sinus d'arcs linéaires en $x$ (ch. III, § 121). On est ramené au calcul d'intégrales de la forme

$$\int\cos(\alpha x+\beta)dx,\qquad \int\sin(\alpha' x+\beta')dx.$$

On a

$$\int\cos(\alpha x+\beta)dx=\frac{1}{\alpha}\sin(\alpha x+\beta),\quad \int\sin(\alpha' x+\beta')dx=-\frac{1}{\alpha'}\cos(\alpha' x+\beta').$$

Application de l'intégration des fonctions rationnelles de $\cos x$ et de $\sin x$ a celle des fractions rationnelles et de quelques fonctions irrationnelles. — La méthode générale d'intégration des fonctions rationnelles de $\sin x$ et de $\cos x$ a pour objet de ramener l'intégration de ces fonctions à celle des fractions rationnelles.

Dans certains cas simples, en raison de ce qu'il existe des cas où il est possible d'intégrer une fonction rationnelle de $\sin x$ et de $\cos x$ sans passer par les fractions rationnelles, il est possible d'intégrer certaines fractions rationnelles et même certaines fonctions irrationnelles qui s'y ramènent au moyen des fonctions rationnelles de $\sin x$ et de $\cos x$. Nous indiquerons quelques exemples.

1° Soit à calculer

$$I_n = \int \frac{dx}{(x^2+1)^n},$$

$n$ étant un entier positif. Posons $x = \operatorname{tg} t$, d'où

$$dx = \frac{dt}{\cos^2 t}, \quad 1 + x^2 = \frac{1}{\cos^2 t};$$

on a ainsi

$$I_n = \int \cos^{2n-2} t \, dt.$$

Nous avons indiqué deux méthodes pour le calcul d'une telle intégrale : 1° la méthode d'intégration par parties, et cela revient à appliquer directement la méthode d'intégration par parties à l'intégrale donnée en $x$; 2° la méthode de décomposition, consistant à mettre $\cos^{2n-2} t$ sous la forme d'une somme algébrique de cosinus d'arcs multiples de $t$.

2° Soit à calculer

$$\int \sqrt{a^2 - x^2}\, dx, \quad (a > 0).$$

En remarquant que l'on a nécessairement $|x| \leqslant a$, posons $x = a \sin t$, $t$ étant compris entre $-\frac{\pi}{2}$ et $+\frac{\pi}{2}$. On en déduit

$$dx = a \cos t \, dt, \quad \sqrt{a^2 - x^2} = a \cos t;$$

par suite, on a

$$\begin{aligned}\int \sqrt{a^2 - x^2}\, dx &= a^2 \int \cos^2 t \, dt = a^2\left(\frac{t}{2} + \frac{\sin 2t}{4}\right) + C \\ &= \frac{a^2}{2}(t + \sin t \cos t) + C \\ &= \frac{a^2}{2}\left(\arcsin\frac{x}{a} + \frac{x}{a}\sqrt{1 - \frac{x^2}{a^2}}\right) + C \\ &= \frac{a^2}{2}\arcsin\frac{x}{a} + \frac{1}{2}x\sqrt{a^2 - x^2} + C, \quad (C = \text{const.}).\end{aligned}$$

3° Soit à calculer

$$\int \frac{dx}{\sqrt{x^2 + a^2}}, \quad (a > 0).$$

Posons $x = a \operatorname{tg} t$, $t$ étant compris entre $-\frac{\pi}{2}$ et $+\frac{\pi}{2}$. On en déduit

$$dx = \frac{a\, dt}{\cos^2 t}, \quad \sqrt{x^2 + a^2} = \frac{a}{\cos t};$$

par suite, on a

$$\int \frac{dx}{\sqrt{x^2 + a^2}} = \int \frac{dt}{\cos t} = L\left[C \operatorname{tg}\left(\frac{\pi}{4} + \frac{t}{2}\right)\right],$$

C étant une constante positive, puisque $\frac{\pi}{4}+\frac{t}{2}$ est compris entre 0 et $\frac{\pi}{2}$.

Or, on a

$$\operatorname{tg}\left(\frac{\pi}{2}+t\right)=-\frac{a}{x}=\frac{2\operatorname{tg}\left(\frac{\pi}{4}+\frac{t}{2}\right)}{1-\operatorname{tg}^2\left(\frac{\pi}{4}+\frac{t}{2}\right)};$$

par suite, on a

$$\operatorname{tg}^2\left(\frac{\pi}{4}+\frac{t}{2}\right)-2\frac{x}{a}\operatorname{tg}\left(\frac{\pi}{4}+\frac{t}{2}\right)-1=0,$$

d'où

$$\operatorname{tg}\left(\frac{\pi}{4}+\frac{t}{2}\right)=\frac{x}{a}+\sqrt{\frac{x^2}{a^2}+1}=\frac{x+\sqrt{x^2+a^2}}{a}.$$

Finalement, on a

$$\int\frac{dx}{\sqrt{x^2+a^2}}=\mathrm{L}(x+\sqrt{x^2+a^2})+\mathrm{C}_1, \quad (\mathrm{C}_1=\text{const.}).$$

308. **Intégration des fonctions rationnelles de sinus et de cosinus d'angles de la forme $\frac{p}{q}x$, $p$ et $q$ étant des entiers positifs.** — Si l'on réduit les diverses fractions $\frac{p}{q}$ à leur plus petit dénominateur commun $\mu$, de façon que l'on ait des égalités telles que $\frac{p}{q}=\frac{\alpha}{\mu}$, $\alpha$ étant entier, et si l'on pose $x=\mu z$, on est ramené à intégrer une fonction rationnelle de sinus et de cosinus d'arcs tels que $\alpha z$. Or, $\cos\alpha z$ et $\sin\beta z$, où $\alpha$ et $\beta$ sont entiers, s'expriment par des polynomes en $\cos z$ et en $\sin z$; une fonction rationnelle de sinus et de cosinus d'arcs tels que $\alpha z$ est donc elle-même une fonction rationnelle de $\sin z$ et de $\cos z$. On est donc ramené au cas précédent.

309. **Intégration de quelques fonctions irrationnelles de $\sin x$ et de $\cos x$.** — Soit une fonction de la forme

$$\mathrm{R}\left(\sin x,\ \cos x,\ \sqrt[p]{\varphi(x)}\right),$$

$\varphi(x)$ étant une fonction rationnelle de $\sin x$ et de $\cos x$. On peut intégrer cette fonction si, en posant, d'une manière générale, $\operatorname{tg}\frac{x}{2}=t$, ou, dans certains cas, $\operatorname{tg}x=t$, $\cos x=t$, $\sin x=t$, on est ramené à intégrer une fonction de $t$,

$$\mathrm{R}_1\left(t,\ \sqrt[p]{\psi(t)}\right),$$

$R_1$ étant rationnel par rapport aux variables entre parenthèses, $\psi(t)$ étant rationnel en $t$, qui rentre dans les formes précédemment considérées de fonctions irrationnelles dont l'intégration se ramène à celle des fractions rationnelles.

*Exemple.* — Soit à calculer

$$\int \frac{dx}{\sin x \sqrt{\cos x}}.$$

Posons $\sqrt{\cos x} = t$, d'où

$$\cos x = t^2, \qquad -\sin x\, dx = 2t\, dt, \qquad \sin^2 x = 1 - t^4.$$

On a, par suite,

$$\int \frac{dx}{\sin x \sqrt{\cos x}} = \int \frac{\sin x\, dx}{\sin^2 x \sqrt{\cos x}} = -2\int \frac{dt}{1 - t^4}.$$

Or, on a

$$\frac{2}{1 - t^4} = \frac{1}{1 + t^2} + \frac{1}{1 - t^2};$$

par suite, on a

$$\int \frac{dx}{\sin x \sqrt{\cos x}} = -\operatorname{arc\,tg}(\sqrt{\cos x}) - \frac{1}{2} \mathrm{L} \frac{1 + \sqrt{\cos x}}{1 - \sqrt{\cos x}} + \mathrm{C}, \qquad (\mathrm{C} = \text{const.}).$$

310. **Intégration des fonctions rationnelles de $e^x$.** — Soit à intégrer une fonction de la forme

$$\mathrm{R}(e^x),$$

R étant rationnel en $e^x$.

La méthode générale consiste à poser

$$e^x = t;$$

on en déduit

$$e^x dx = dt, \qquad dx = \frac{dt}{t};$$

l'élément différentiel devient

$$\frac{\mathrm{R}(t)}{t} dt;$$

on est ainsi ramené à l'intégration d'une fraction rationnelle en $t$.

En particulier, les fonctions $\operatorname{ch} x$, $\operatorname{sh} x$, $\operatorname{th} x$ étant rationnelles en $e^x$, toute fonction rationnelle de $\operatorname{ch} x$, $\operatorname{sh} x$ et $\operatorname{th} x$ est rationnelle en $e^x$. On pourra intégrer une telle fonction en posant $e^x = t$. On peut aussi poser $\operatorname{th} \frac{x}{2} = t$, en remarquant que l'on a

$$dx = \frac{2dt}{1 - t^2}, \qquad \operatorname{sh} x = \frac{2t}{1 - t^2}, \qquad \operatorname{ch} x = \frac{1 + t^2}{1 - t^2}.$$

Mais, dans certains cas particuliers, d'autres changements de variable conduisent le plus souvent à des calculs plus simples.

1) La fonction à intégrer est de la forme

$$R(\operatorname{th} x),$$

R étant rationnel en $\operatorname{th} x$.

Dans ce cas, on posera $\operatorname{th} x = t$, d'où l'on déduit

$$dx = \frac{dt}{1 - t^2};$$

l'élément différentiel devient

$$\frac{R(t)\,dt}{1 - t^2};$$

on est ramené à l'intégration d'une fraction rationnelle en $t$.

2) La fonction à intégrer est de la forme

$$R(\operatorname{ch} x)\operatorname{sh} x,$$

R étant rationnel en $\operatorname{ch} x$.

On posera alors $\operatorname{ch} x = t$, d'où

$$\operatorname{sh} x\, dx = dt;$$

l'élément différentiel devient

$$R(t)\,dt;$$

on est ramené à l'intégration d'une fraction rationnelle.

3) La fonction à intégrer est de la forme

$$R(\operatorname{sh} x)\operatorname{ch} x\, dx,$$

R étant rationnel en $\operatorname{sh} x$.

On posera alors $\operatorname{sh} x = t$, d'où

$$\operatorname{ch} x\, dx = dt;$$

l'élément différentiel devient

$$R(t)\,dt;$$

on est ramené à l'intégration d'une fraction rationnelle.

Il existe des procédés d'intégration des fonctions de la forme $\operatorname{ch}^n x$, $\operatorname{sh}^n x$, $\operatorname{ch}^p x \operatorname{sh}^q x$, $n$, $p$, $q$ étant des entiers positifs ou négatifs, analogues à ceux que nous avons développés pour les fonctions $\cos^n x$, $\sin^n x$, $\cos^p x \sin^q x$. Nous ne les exposerons pas. On est conduit au calcul des intégrales

$$\int \frac{dx}{\operatorname{sh} x} \quad \text{et} \quad \int \frac{dx}{\operatorname{ch} x}.$$

Si l'on pose $e^x = t$, on a

$$\int \frac{dx}{\operatorname{sh} x} = \int \frac{2dx}{e^x - e^{-x}} = \int \frac{2dt}{t^2 - 1} = \mathrm{L}\left(\mathrm{C}\frac{t-1}{t+1}\right)$$
$$= \mathrm{L}\left(\mathrm{C}\frac{e^x - 1}{e^x + 1}\right) = \mathrm{L}\left(\mathrm{C}\operatorname{th}\frac{x}{2}\right), \quad \mathrm{C} = \mathrm{const.}$$

On a aussi

$$\int \frac{dx}{\operatorname{ch} x} = \int \frac{2dx}{e^x + e^{-x}} = \int \frac{2dt}{t^2 + 1} = 2 \operatorname{arc} \operatorname{tg} e^x + \mathrm{C},$$

C étant une constante.

On peut se servir des fonctions hyperboliques pour l'intégration des fonctions rationnelles et de certaines fonctions irrationnelles. En voici des exemples.

1° Soit à calculer

$$\int \sqrt{x^2 - 1}\, dx.$$

Posons $x = \varepsilon \operatorname{ch} t$, $t$ variant de 0 à $+\infty$, $\varepsilon$ étant égal à $+1$ ou à $-1$ selon que $x$ est positif ou négatif. On en déduit

$$\sqrt{x^2 - 1} = \operatorname{sh} t, \quad dx = \varepsilon \operatorname{sh} t\, dt;$$

par suite, on a

$$\int \sqrt{x^2 - 1}\, dx = \varepsilon \int \operatorname{sh}^2 t\, dt = \frac{\varepsilon}{2} \int (\operatorname{ch} 2t - 1) dt$$
$$= \frac{\varepsilon}{2}\left(\frac{\operatorname{sh} 2t}{2} - t\right) + \mathrm{C} = \frac{\varepsilon}{2}(\operatorname{sh} t \operatorname{ch} t - t) + \mathrm{C}$$
$$= \frac{1}{2}\left[x\sqrt{x^2 - 1} - \mathrm{L}\left|x + \sqrt{x^2 - 1}\right|\right] + \mathrm{C},$$

C étant une constante.

2° Soit à calculer

$$\int \frac{dx}{\sqrt{x^2 + 1}}.$$

Posons $x = \operatorname{sh} t$, d'où

$$\sqrt{x^2 + 1} = \operatorname{ch} t, \quad dx = \operatorname{ch} t\, dt;$$

par suite, on a

$$\int \frac{dx}{\sqrt{x^2 + 1}} = \int dt = t + \mathrm{C} = \arg \operatorname{sh} x + \mathrm{C}$$
$$= \mathrm{L}(x + \sqrt{x^2 + 1}) + \mathrm{C}, \quad (\mathrm{C} = \mathrm{const.})$$

**311. Intégration de quelques fonctions irrationnelles en $e^x$.** — Soit à intégrer une fonction de la forme

$$R\left(e^x, \sqrt[p]{\varphi(e^x)}\right),$$

R étant rationnel par rapport aux variables entre parenthèses, $\varphi(e^x)$ étant rationnel en $e^x$. On posera $e^x = t$. L'élément différentiel devient

$$R\left(t, \sqrt[p]{\varphi(t)}\right)\frac{dt}{t}.$$

Si la fonction de $t$ ainsi obtenue

$$\frac{1}{t}R\left(t, \sqrt[p]{\varphi(t)}\right)$$

rentre dans les formes de fonctions irrationnelles dont l'intégration se ramène à celle des fonctions rationnelles, on sait intégrer la fonction en $x$ donnée.

*Exemple.* — Soit à calculer

$$\int\frac{dx}{\sqrt{e^x - 1}}.$$

Posons $\sqrt{e^x - 1} = t$, d'où l'on déduit

$$e^x = 1 + t^2, \quad dx = \frac{2t\,dt}{1 + t^2}.$$

Par suite, on a

$$\int\frac{dx}{\sqrt{e^x - 1}} = 2\int\frac{dt}{1 + t^2} = 2 \operatorname{arc\,tg} t + C$$
$$= 2 \operatorname{arc\,tg} \sqrt{e^x - 1} + C,$$

C étant une constante.

**312. Intégrales diverses.** — 1° Soit à calculer

$$I = \int x^n \arcsin x\,dx,$$

$n$ étant un entier autre que $-1$.

Intégrons par parties. On a

$$I = \frac{x^{n+1}}{n+1}\arcsin x - \frac{1}{n+1}\int\frac{x^{n+1}}{\sqrt{1 - x^2}}dx;$$

l'intégration de $\frac{x^{n+1}}{\sqrt{1 - x^2}}$ se ramène à celle d'une fraction rationnelle.

2° Soit à calculer

$$I = \int x^n \operatorname{arc\,tg} x \, dx,$$

$n$ étant un entier autre que $-1$.

Intégrons par parties. On a

$$I = \frac{x^{n+1}}{n+1} \operatorname{arc\,tg} x - \frac{1}{n+1} \int \frac{x^{n+1}}{1+x^2} dx;$$

on est ramené à l'intégration d'une fraction rationnelle.

3° Soit à calculer

$$I = \int x^n Lx \, dx,$$

$n$ étant un entier.

Si $n$ est autre que $-1$, intégrons par parties. Il vient

$$\begin{aligned} I &= \frac{x^{n+1}}{n+1} Lx - \frac{1}{n+1} \int \frac{x^{n+1}}{x} dx \\ &= \frac{x^{n+1}}{n+1} Lx - \frac{x^{n+1}}{(n+1)^2} + C, \quad (C = \text{const.}). \end{aligned}$$

Si $n$ est égal à $-1$, on a

$$I = \int \frac{Lx}{x} dx = \frac{(Lx)^2}{2} + C, \quad (C = \text{const.}).$$

4° Soit à calculer

$$I_n = \int x^n e^x \, dx,$$

$n$ étant un entier positif ou nul.

Intégrons par parties; on a

$$I_n = x^n e^x - n \int x^{n-1} e^x dx,$$

c'est-à-dire

$$I_n = x^n e^x - n I_{n-1};$$

cette formule de récurrence ramène, de proche en proche, le calcul de $I_n$ à celui de

$$I_0 = \int e^x dx = e^x + C, \quad (C = \text{const.}).$$

5° Soit à calculer

$$I_n = \int x^n \cos x \, dx,$$

$n$ étant un entier positif ou nul.

Intégrons par parties; on a

$$I_n = x^n \sin x - n \int x^{n-1} \sin x \, dx.$$

En intégrant de nouveau par parties, on a

$$\int x^{n-1}\sin x\,dx = -x^{n-1}\cos x + (n-1)\int x^{n-2}\cos x\,dx;$$

par conséquent, on a

$$I_n = x^n \sin x + nx^{n-1}\cos x - n(n-1)I_{n-2}.$$

Cette formule de récurrence ramène le calcul de $I_n$ à celui de $I_0$ si $n$ est pair, de $I_1$ si $n$ est impair. On a

$$I_0 = \int \cos x\,dx = \sin x + C,$$

$$I_1 = x\sin x - \int \sin x\,dx = x\sin x + \cos x + C,$$

C étant une constante.

De la même manière, on calculerait

$$J_n = \int x^n \sin x\,dx.$$

On a

$$J_0 = -\cos x + C;$$

$$J_1 = \int x\sin x\,dx = -x\cos x + \int \cos x\,dx = -x\cos x + \sin x + C.$$

C étant une constante.

6° Soit à calculer

$$I = \int e^{ax}\cos bx\,dx,$$

$a$ et $b$ étant des constantes non nulles.

On a, en intégrant par parties,

$$\int e^{ax}\cos bx\,dx = \frac{1}{a}e^{ax}\cos bx + \frac{b}{a}\int e^{ax}\sin bx\,dx.$$

Intégrons de nouveau par parties; il vient

$$\int e^{ax}\sin bx\,dx = \frac{1}{a}e^{ax}\sin bx - \frac{b}{a}\int e^{ax}\cos bx\,dx.$$

On obtient ainsi

$$I = \frac{1}{a}e^{ax}\cos bx + \frac{b}{a^2}e^{ax}\sin bx - \frac{b^2}{a^2}I,$$

d'où

$$I = \frac{e^{ax}(a\cos bx + b\sin bx)}{a^2+b^2}.$$

On traiterait de même l'intégrale

$$J = \int e^{ax} \sin bx\, dx,$$

rencontrée d'ailleurs dans le calcul précédent. On a

$$J = \frac{e^{ax}(a \sin bx - b \cos bx)}{a^2 + b^2}.$$

313. **Valeur moyenne d'une fonction continue dans un intervalle fini.** — Soit la fonction $f(x)$ définie et continue dans l'intervalle fini $(a, b)$. Divisons cet intervalle en $n$ parties égales par les nombres

$$x_0 = a, \quad x_1, \quad x_2, \quad \ldots, \quad x_{n-1}, \quad x_n = b;$$

$x_i - x_{i-1}$ est égal à $\frac{b-a}{n}$. Prenons les nombres $\xi_1, \xi_2, \ldots, \xi_n$ appartenant respectivement aux $n$ intervalles partiels précédents $(x_0, x_1)$, $(x_1, x_2)$, $\ldots$, $(x_{n-1}, x_n)$ et considérons la moyenne arithmétique des valeurs de $f(x)$ pour ces $n$ valeurs de $x$, soit

$$\frac{f(\xi_1) + f(\xi_2) + \ldots + f(\xi_n)}{n}.$$

Montrons que ce nombre admet une limite finie quand $n$ tend vers $\infty$. En effet, on peut l'écrire

$$\frac{1}{b-a}\left[\frac{b-a}{n} f(\xi_1) + \frac{b-a}{n} f(\xi_2) + \ldots + \frac{b-a}{n} f(\xi_n)\right],$$

c'est-à-dire

$$\frac{1}{b-a}[(x_1 - x_0) f(\xi_1) + (x_2 - x_1) f(\xi_2) + \ldots + (x_n - x_{n-1}) f(\xi_n)].$$

Comme $x_i - x_{i-1}$ ou $\frac{b-a}{n}$ tend vers 0 quand $n$ tend vers $\infty$, a somme entre crochets tend, quand $n$ tend vers $\infty$, vers

$$\int_a^b f(x)\, dx.$$

Par conséquent, la moyenne arithmétique des $n$ valeurs $f(\xi_1)$, $\ldots$, $f(\xi_n)$ de $f(x)$ a une limite égale à

$$\frac{1}{b-a} \int_a^b f(x)\, dx,$$

quand $n$ tend vers $\infty$.

On donne à cette limite le nom de *valeur moyenne de la fonction* $f(x)$ *dans l'intervalle* $(a, b)$.

Du théorème de la moyenne (§ 292), il résulte qu'il existe un nombre $\alpha$ appartenant à l'intervalle $(a, b)$ tel que la valeur moyenne de $f(x)$ soit égale à $f(\alpha)$.

En particulier, les nombres variables

$$\frac{f(a)+f(x_1)+\ldots+f(x_{n-1})}{n},$$

$$\frac{f(x_1)+f(x_2)+\ldots+f(x_n)}{n},$$

$$\frac{f\left(\frac{a+x_1}{2}\right)+f\left(\frac{x_1+x_2}{2}\right)+\ldots+f\left(\frac{x_{n-1}+x_n}{2}\right)}{n}$$

ont pour limite, quand $n$ tend vers $\infty$, la valeur moyenne de $f(x)$.

Changement de variable. — Soit $\varphi(t)$ une fonction continue et croissante de $t$ dans l'intervalle $(t_0, t_1)$ et prenant respectivement les valeurs $a$ et $b$ pour $t=t_0$ et $t=t_1$. Si l'on pose $x=\varphi(t)$, $f(x)$ devient une fonction de fonction de $t$ définie dans l'intervalle $(t_0, t_1)$. Cette fonction de $t$ admet dans l'intervalle $(t_0, t_1)$ une valeur moyenne égale à

$$\frac{1}{t_1-t_0}\int_{t_0}^{t_1} f[\varphi(t)]\,dt.$$

Cette valeur moyenne est en général différente de la valeur moyenne de $f(x)$ dans l'intervalle $(a, b)$, qui est égale à

$$\frac{1}{\varphi(t_1)-\varphi(t_0)}\int_{t_0}^{t_1} f[\varphi(t)]\varphi'(t)\,dt.$$

Cela tient à ce que si l'on divise l'intervalle $(t_0, t_1)$ en $n$ parties égales, les valeurs de $x$ correspondant aux points de division ne divisent pas en général l'intervalle $(a, b)$ en $n$ parties égales, de sorte que si $\theta_0=t_0$, $\theta_1, \ldots, \theta_{n-1}, \theta_n=t_1$ sont des valeurs de $t$ appartenant respectivement aux $n$ intervalles égaux provenant de la division de l'intervalle $(t_0, t_1)$, les valeurs $\xi_0=a, \xi_1, \ldots, \xi_{n-1}, \xi_n=b$ correspondantes de $x$ n'appartiennent pas en général respectivement aux $n$ intervalles provenant de la division en $n$ parties égales de l'intervalle $(a, b)$.

Nous pouvons faire une remarque analogue dans le cas où $\varphi(t)$ est une fonction décroissante dans l'intervalle $(t_0, t_1)$.

Cependant, si $\varphi(t)$ est de la forme $\lambda t+\mu$, $\lambda$ et $\mu$ étant des constantes, à des accroissements égaux de $t$ correspondent des accroissements égaux de $\varphi(t)$; il s'ensuit que *le changement de variable* $x = \lambda t + \mu$ *ne change pas la valeur moyenne de la fonction* $f(x)$. On peut d'ailleurs vérifier directement ce résultat. On a en effet

$$\frac{1}{\varphi(t_1)-\varphi(t_0)}\int_{t_0}^{t_1} f[\varphi(t)]\varphi'(t)\,dt = \frac{1}{\lambda(t_1-t_0)}\int_{t_0}^{t_1} f[\varphi(t)]\lambda\,dt = \frac{1}{t_1-t_0}\int_{t_0}^{t_1} f[\varphi(t)]\,dt.$$

*Applications.* — 1° Proposons-nous de montrer que

$$S_n = \frac{1}{n+1} + \frac{1}{n+2} + \ldots + \frac{1}{2n}$$

a une limite finie pour $n$ infini.

En effet, on a

$$\frac{1}{n+1} + \frac{1}{n+2} + \ldots + \frac{1}{2n} = \frac{1}{n}\left[\frac{1}{1+\frac{1}{n}} + \frac{1}{1+\frac{2}{n}} + \ldots + \frac{1}{1+\frac{n}{n}}\right].$$

Les nombres $0, \frac{1}{n}, \frac{2}{n}, \ldots, \frac{n}{n}$ divisent l'intervalle $(0, 1)$ en $n$ parties égales; les $n$ termes de la somme entre crochets sont les valeurs, pour les valeurs de $x$ égales à $\frac{1}{n}, \frac{2}{n}, \ldots, \frac{n}{n}$, de la fonction $\frac{1}{1+x}$. Il s'ensuit que $S_n$ a, pour $n$ infini, une limite égale à la valeur moyenne de la fonction $\frac{1}{1+x}$ dans l'intervalle $(0, 1)$. Cette limite est égale à

$$\int_0^1 \frac{dx}{1+x} = \Big[L(1+x)\Big]_0^1 = L2.$$

2° Proposons-nous de montrer que

$$S'_n = \frac{1}{2n+1} + \frac{1}{2n+3} + \ldots + \frac{1}{4n-1}$$

a une limite finie pour $n$ infini.

En effet, on a

$$\frac{1}{2n+1} + \frac{1}{2n+3} + \ldots + \frac{1}{4n-1} = \frac{1}{n}\left[\frac{1}{2+\frac{1}{n}} + \frac{1}{2+\frac{3}{n}} + \ldots + \frac{1}{2+\frac{2n-1}{n}}\right].$$

Les nombres $\frac{1}{n}, \frac{3}{n}, \ldots, \frac{2n-1}{n}$ appartiennent respectivement aux intervalles $\left(0, \frac{2}{n}\right), \left(\frac{2}{n}, \frac{4}{n}\right), \ldots, \left(\frac{2n-2}{n}, 2\right)$ qui proviennent de la division de l'intervalle $(0, 2)$ en $n$ parties égales. On voit ainsi que $S'_n$ a, pour $n$ infini, une limite égale à la valeur moyenne de la fonction $\frac{1}{2+x}$ dans l'intervalle $(0, 2)$. Cette valeur moyenne est

$$\frac{1}{2}\int_0^2 \frac{dx}{2+x} = \frac{1}{2}\Big[L(x+2)\Big]_0^2 = \frac{1}{2}(L4 - L2) = \frac{1}{2}L2.$$

3° Soit le demi-cercle ayant pour centre O, pour extrémités A et B, de rayon R. Soit à déterminer la valeur moyenne de la distance MP d'un point M du demi-cercle au diamètre AB, cette distance étant considérée comme fonction du segment OP.

Si l'on oriente le diamètre AB positivement de A vers B et si l'on pose $OP = x$, on a

$$MP = y = \sqrt{R^2 - x^2}.$$

La valeur moyenne cherchée est

$$\frac{1}{2R}\int_{-R}^{+R}\sqrt{R^2 - x^2}\,dx.$$

Pour calculer cette valeur moyenne, posons $x = R\sin t$, $t$ variant de $-\frac{\pi}{2}$ à $+\frac{\pi}{2}$. On a

$$\sqrt{R^2 - x^2} = R\cos t, \qquad dx = R\cos t\,dt.$$

On a, par suite,

$$\frac{1}{2R}\int_{-R}^{+R}\sqrt{R^2 - x^2}\,dx = \frac{R}{2}\int_{-\frac{\pi}{2}}^{+\frac{\pi}{2}}\cos^2 t\,dt = R\int_0^{\frac{\pi}{2}}\cos^2 t\,dt$$

$$= \frac{R}{2}\left[t + \frac{\sin 2t}{2}\right]_0^{\frac{\pi}{2}} = \frac{\pi R}{4}.$$

4° Étant donné le demi-cercle précédent, calculer la valeur moyenne de MP considéré comme fonction de l'abscisse curviligne de M sur le demi-cercle.

Posons $\widehat{BOM} = \theta$, $\theta$ variant de 0 à $\pi$. L'accroissement de l'abscisse curviligne de M est proportionnel à l'accroissement de l'angle $\theta$ correspondant au point M. La valeur moyenne de MP ne change pas si on regarde MP comme fonction de $\theta$ au lieu de le regarder comme fonction de l'abscisse curviligne de M.

On a $MP = R\sin\theta$. La valeur moyenne cherchée est donc

$$\frac{1}{\pi}\int_0^{\pi} R\sin\theta\,d\theta,$$

c'est-à-dire

$$-\frac{R}{\pi}\Big[\cos\theta\Big]_0^{\pi} = \frac{2R}{\pi}.$$

**314. Calcul approché des intégrales définies. Méthode des trapèzes.** — Qu'il soit possible ou non de déterminer une expression explicite de l'intégrale définie

$$I = \int_a^b f(x)\,dx,$$

nous allons exposer une méthode permettant de calculer une valeur approchée de cette intégrale définie de façon que la valeur absolue de l'erreur commise soit plus petite qu'un nombre positif donné à l'avance.

Nous supposerons que $a$ et $b$ sont finis ; il est clair que nous pouvons supposer $a < b$.

Partageons l'intervalle $(a, b)$ en $n$ parties égales par les nombres

$$x_0 = a, \ x_1, \ x_2, \ \ldots, \ x_{n-1}, \ x_n = b.$$

Si l'on pose

$$h = \frac{b-a}{n},$$

on a

$$x_1 - x_0 = x_2 - x_1 = \ldots = x_i - x_{i-1} = \ldots = x_n - x_{n-1} = h.$$

Considérons les sommes

$$\begin{aligned} s &= (x_1 - x_0) f(x_0) + (x_2 - x_1) f(x_1) + \ldots + (x_n - x_{n-1}) f(x_{n-1}) \\ &= h[f(a) + f(x_1) + \ldots + f(x_{n-1})] \end{aligned}$$

et

$$\begin{aligned} S &= (x_1 - x_0) f(x_1) + (x_2 - x_1) f(x_2) + \ldots + (x_n - x_{n-1}) f(x_n) \\ &= h[f(x_1) + f(x_2) + \ldots + f(b)]. \end{aligned}$$

Quand $n$ tend vers $\infty$, les deux sommes $s$ et S tendent vers I. Il en est de même de $\frac{S+s}{2}$, que nous prendrons comme valeur approchée de I ; il est clair qu'on pourra toujours disposer de $n$ de façon que l'erreur

$$I - \frac{S+s}{2}$$

ait une valeur absolue plus petite qu'un nombre positif donné.

On a

$$\begin{aligned} \frac{S+s}{2} &= h\left[\frac{f(a)+f(x_1)}{2} + \frac{f(x_1)+f(x_2)}{2} + \ldots + \frac{f(x_{n-1})+f(b)}{2}\right] \\ &= h\left[\frac{f(a)+f(b)}{2} + f(x_1) + f(x_2) + \ldots + f(x_{n-1})\right]. \end{aligned}$$

Supposons que la fonction $f(x)$ soit positive dans l'intervalle $(a, b)$ et considérons la courbe représentative de $f(x)$ dans l'intervalle $(a, b)$, en coordonnées rectangulaires. Soient $P_{i-1}$ et $P_i$ les points de l'axe des $x$ qui ont pour abscisses $x_{i-1}$ et $x_i$, $M_{i-1}$ et $M_i$ les points de la courbe qui se projettent en $P_{i-1}$ et $P_i$ sur l'axe des $x$. Menons la corde $M_{i-1}M_i$. Le trapèze convexe $P_{i-1}M_{i-1}M_iP_i$ a une aire, définie en géométrie élémentaire, égale à

$$P_{i-1}P_i \frac{M_{i-1}P_{i-1} + M_iP_i}{2},$$

c'est-à-dire à

$$h\frac{f(x_{i-1})+f(x_i)}{2}.$$

Il suit de là que $\frac{S+s}{2}$ est la somme des aires des divers trapèzes $P_{i-1}M_{i-1}M_iP_i$, $i$ variant de 1 à $n$. Pour cette raison, la méthode d'approximation qui consiste à remplacer I par $\frac{S+s}{2}$ est dite *méthode des trapèzes.*

Nous allons déterminer une limite supérieure de la valeur absolue de l'erreur

$$I-\frac{S+s}{2}.$$

Désignons par $F(x)$ une primitive de $f(x)$. On a

$$\begin{aligned}I&=F(b)-F(a)=F(x_n)-F(x_0)\\&=[F(x_1)-F(x_0)]+\ldots+[F(x_i)-F(x_{i-1})]+\ldots+[F(x_n)-F(x_{n-1})].\end{aligned}$$

Comme on a

$$\frac{S+s}{2}=h\left[\frac{f(x_0)+f(x_1)}{2}\right]+\ldots+h\left[\frac{f(x_i)+f(x_{i-1})}{2}\right]+\ldots+h\left[\frac{f(x_n)+f(x_{n-1})}{2}\right],$$

on voit que l'on a

$$\begin{aligned}I-\frac{S+s}{2}&=\sum_{i=1}^{i=n}\left[F(x_i)-F(x_{i-1})-h\frac{f(x_i)+f(x_{i-1})}{2}\right]\\&=\sum_{i=1}^{i=n}\left[F(x_{i-1}+h)-F(x_{i-1})-h\frac{f(x_{i-1}+h)+f(x_{i-1})}{2}\right].\end{aligned}$$

Considérons la fonction de X

$$\varphi(X)=F(\alpha+X)-F(\alpha)-X\frac{f(\alpha+X)+f(\alpha)}{2},$$

$\alpha$ étant une constante. Elle est infiniment petite en même temps que X. En supposant que $f(x)$ admette des dérivées successives continues jusqu'au troisième ordre, nous allons montrer que $\varphi(X)$ est un infiniment petit du troisième ordre par rapport à X. Calculons pour cela les dérivées successives de $\varphi(X)$ pour $X=0$. On a

$$\varphi'(X)=\frac{f(\alpha+X)-f(\alpha)}{2}-\frac{X}{2}f'(\alpha+X),\qquad \varphi'(0)=0,$$

$$\varphi''(X)=-\frac{X}{2}f''(\alpha+X),\qquad \varphi''(0)=0,$$

$$\varphi'''(X)=-\frac{1}{2}f''(\alpha+X)-\frac{X}{2}f'''(\alpha+X),\qquad \varphi'''(0)=-\frac{1}{2}f''(\alpha);$$

en appliquant à $\varphi(X)$ la formule de Mac-Laurin, on voit que $\varphi(X)$ est un infiniment petit qui a pour partie principale $-\frac{X^3}{12}f''(\alpha)$.

Posons $\frac{\varphi(h)}{h^3}=A$ et cherchons une autre expression de A.

Considérons la fonction

$$\psi(X)=\varphi(X)-AX^3;$$

on a

$$\psi'(X)=\varphi'(X)-3AX^2,$$

$$\psi''(X)=-\frac{X}{2}f''(\alpha+X)-6AX=-\frac{X}{2}[f''(\alpha+X)+12A].$$

La fonction $\psi(X)$ s'annule pour $X=0$ et pour $X=h$. Donc, $\psi'(X)$ s'annule pour $X=h'$, $h'$ étant compris entre 0 et $h$. Or, $\psi'(X)$ s'annule aussi pour $X=0$. Par conséquent, $\psi''(X)$ s'annule pour $X=h''$, $h''$ étant compris entre 0 et $h'$ et, par suite, entre 0 et $h$. On a, d'après cela,

$$f''(\alpha+h'')+12A=0,$$

d'où

$$A=-\frac{1}{12}f''(\alpha+h''), \qquad 0<h''<h.$$

Par suite, on a

$$\varphi(h)=-\frac{h^3}{12}f''(\alpha+h'').$$

On en déduit que l'erreur commise $I-\frac{S+s}{2}$ peut se mettre sous la forme

$$-\frac{h^3}{12}\sum_{i=1}^{i=n}f''(x_{i-1}+\theta_i h),$$

$\theta_1, \theta_2, \ldots, \theta_n$ étant des nombres compris entre 0 et 1.

La fonction $f''(x)$ étant continue dans l'intervalle $(a, b)$, il en est de même de $|f''(x)|$. Par suite, il existe un nombre positif M tel que, quel que soit $x$ appartenant à l'intervalle $(a, b)$, on ait

$$|f''(x)|\leqslant M.$$

Or, on a

$$\left|I-\frac{S+s}{2}\right|\leqslant\frac{h^3}{12}\sum_{i=1}^{i=n}|f''(x_{i-1}+\theta_i h)|;$$

on a donc *a fortiori*

$$\left|I-\frac{S+s}{2}\right|\leqslant\frac{nMh^3}{12},$$

c'est-à-dire

$$\left| I - \frac{S+s}{2} \right| \leqslant \frac{h^2(b-a)M}{12}.$$

Le second membre de cette inégalité tend vers 0 quand $h$ tend vers 0; il est possible de déterminer $n$ de façon qu'il soit plus petit qu'un nombre positif $\varepsilon$ donné.

Remarquons que si $f''(x)$ est constamment positif dans l'intervalle $(a, b)$, $\frac{S+s}{2}$ est une valeur approchée par excès de I; si $f''(x)$ est constamment négatif dans l'intervalle $(a, b)$, $\frac{S+s}{2}$ est une valeur approchée par défaut de I.

*Application.* — Soit à calculer par la méthode des trapèzes

$$L2 = \int_1^2 \frac{dx}{x},$$

avec une erreur de valeur absolue moindre que $\frac{1}{100}$.

On a $f(x) = \frac{1}{x}$, $f''(x) = \frac{2}{x^3}$. La valeur fournie par la méthode des trapèzes est approchée par excès. On peut prendre pour limite supérieure M de $|f''(x)|$ le nombre 2. Une limite supérieure de la valeur absolue de l'erreur est donc

$$\frac{h^2}{6} = \frac{1}{6n^2}.$$

Nous sommes ainsi conduits à poser

$$\frac{1}{6n^2} < \frac{1}{100};$$

le plus petit des entiers $n$ qui vérifient cette inégalité est 5.

Prenons $n = 5$; une limite supérieure de la valeur absolue de l'erreur est alors $\frac{1}{150}$.

On a, pour $n = 5$,

$$\begin{aligned} \frac{S+s}{2} &= \frac{1}{5}\left(\frac{3}{4} + \frac{5}{6} + \frac{5}{7} + \frac{5}{8} + \frac{5}{9}\right) \\ &= \frac{1}{5}\left(\frac{3}{4} + \frac{5}{8}\right) + \left(\frac{1}{6} + \frac{1}{7} + \frac{1}{9}\right) \\ &= 0{,}275 + \left(\frac{1}{6} + \frac{1}{7} + \frac{1}{9}\right). \end{aligned}$$

Il suffit de calculer la somme $\frac{1}{6} + \frac{1}{7} + \frac{1}{9}$ avec une erreur négative de valeur absolue plus petite que $\frac{1}{100} - \frac{1}{150} = \frac{1}{300}$; il suffit pour cela de calculer chacun des nombres $\frac{1}{6}$, $\frac{1}{7}$, $\frac{1}{9}$ avec une erreur négative de valeur absolue plus petite que $\frac{1}{900}$. Nous n'avons dès lors qu'à calculer les valeurs approchées par excès de $\frac{1}{6}$, $\frac{1}{7}$, $\frac{1}{9}$ à $\frac{1}{1000}$ près. On a, approximativement,

$$\frac{1}{6}=0,167, \quad \frac{1}{7}=0,143, \quad \frac{1}{9}=0,112.$$

On trouve ainsi comme valeur approchée de L2

$$0,275+0,167+0,143+0,112=0,697.$$

Cette valeur est approchée par excès; on a

$$0,687<\mathrm{L}2<0,697.$$

Il s'ensuit que 0,69 est la valeur approchée de L2 à $\frac{1}{100}$ près, soit par défaut, soit par excès.

## EXERCICES

218. Calculer les intégrales indéfinies

$$\int x^3e^x dx, \quad \int x^2\cos x\,dx, \quad \int e^x\cos^2 x\,dx, \quad \int x^2e^x\cos^2 x\,dx,$$

$$\int \mathrm{L}\frac{1-x^2}{1+x^2}dx, \quad \int \operatorname{arc\,tg}\frac{1-x^2}{1+x^2}dx, \quad \int x\operatorname{arc\,tg}\sqrt{\frac{1-x}{1+x}}\,dx,$$

$$\int \mathrm{L}(x+\sqrt{1+x^2})dx, \quad \int (\mathrm{L}x)^2dx, \quad \int (\operatorname{arc\,sin} x)^2dx, \quad \int\frac{dx}{x\mathrm{L}x},$$

$$\int\frac{x^2+\alpha x-1}{(x^2+1)^2}\mathrm{L}x\,dx, \quad \int\frac{x^2+\alpha x-1}{(x^2+1)^2}\operatorname{arc\,tg} x\,dx, \quad (\alpha=\text{const.}),$$

$$\int\frac{\cos x\,dx}{a\cos x+b\sin x}, \quad \int\frac{\sin x\,dx}{a\cos x+b\sin x}, \quad a \text{ et } b \text{ étant constants},$$

$$\int\frac{dx}{\cos x+\sin x}, \quad \int\frac{\cos^2 x\,dx}{\cos x+\sin x}, \quad \int\frac{\sin^2 x\,dx}{\cos x+\sin x},$$

$$\int\frac{dx}{\sin^2 x+\alpha\cos^2 x}, \quad (\alpha=\text{const.}),$$

$$\int\frac{dx}{\sin x+\cos x+\sqrt{2}}, \quad \int\frac{\sin x+\cos x-\sqrt{2}}{\sin x+\cos x+\sqrt{2}}dx,$$

$$\int\frac{\sin x-\cos x}{\sin x+\cos x+\sqrt{2}}dx, \quad \int\frac{dx}{\cos^3 x+\sin^3 x-1},$$

$$\int\sqrt{\operatorname{tg} x}\,dx, \quad \int\frac{\sin x\,dx}{\sqrt{\cos 2x}}, \quad \int\frac{\cos x\,dx}{\sqrt{\cos 2x}}, \quad \int\frac{x\,dx}{\cos^{2n} x}, \quad (n \text{ entier positif ou nul}),$$

$$\int\frac{dx}{\operatorname{sh} x}, \quad \int\frac{dx}{\operatorname{ch} x}, \quad \int\frac{dx}{\operatorname{ch}^3 x+\operatorname{sh}^3 x},$$

$$\int\frac{dx}{\operatorname{sh} x-\operatorname{sh} a}, \quad \int\frac{dx}{\operatorname{ch} x-\operatorname{ch} a}, \quad \int\frac{dx}{\operatorname{th} x-\operatorname{th} a}, \quad (a=\text{const.}),$$

$$\int\sqrt{\operatorname{th} x}\,dx, \quad \int\frac{e^{\frac{x}{2}}dx}{\sqrt{\operatorname{ch} x}},$$

$$\int \frac{\sqrt{x}}{\sqrt{x}+1}dx, \quad \int \frac{dx}{x+\sqrt{x}}, \quad \int \frac{dx}{x(\sqrt[3]{x}+1)},$$
$$\int \frac{\sqrt{x+1}}{x}dx, \quad \int \frac{dx}{\sqrt{x}+\sqrt[3]{x}},$$
$$\int \sqrt{x^2-2x\cos\varphi+1}\,dx, \quad \int \frac{dx}{x+\sqrt{x^2+1}}, \quad \int \frac{dx}{\sqrt{1+x}+\sqrt{1-x}},$$
$$\int \frac{dx}{\sqrt{1-x}+\sqrt{1+x}+\sqrt{1-x^2}},$$
$$\int \frac{dx}{(1-\cos x)^3}, \quad \int \frac{dx}{(1+\cos x)^3}, \quad \int \frac{dx}{(1-\sin x)^3}, \quad \int \frac{dx}{(1+\sin x)^3}.$$

**219.** Calculer

$$\int \frac{x^4}{1+x^2}\,\text{arc tg}\, x\, dx.$$

Plus généralement, calculer

$$\int \frac{f(x^2)}{1+x^2}\,\text{arc tg}\, x\, dx,$$

$f(x^2)$ étant un polynome en $x^2$.

(*Concours de l'École des Ponts et Chaussées*, 1911.)

**220.** Calculer les intégrales définies

$$\int_a^b x\sqrt{\frac{b-x}{x-a}}\,dx, \quad \int_a^b \frac{dx}{\sqrt{(b-x)(x-a)}}.$$
$$\int_0^{2\pi} \frac{dx}{2+\cos x}, \quad \int_0^{\frac{\pi}{6}} \frac{dx}{1-2\cos x}, \quad \int_0^{\frac{\pi}{4}} \frac{dx}{\sqrt{3}-\text{tg}\, x},$$
$$\int_0^1 \frac{dx}{x^4-4x-1},$$
$$\int_0^1 \frac{\sqrt{1-x}\,dx}{\sqrt{2}+\sqrt{1+x}}, \quad \int_0^1 \frac{\sqrt{1+x}-\sqrt{1-x}}{\sqrt{1+x}+\sqrt{1-x}+\sqrt{2}}dx, \quad \int_{-1}^{+1} \frac{dx}{\sqrt{1-2x\cos\varphi+x^2}},$$
$$\int_0^1 \text{sh}^n x\, dx, \quad \int_0^{\frac{\pi}{4}} \text{tg}^n x\, dx, \ (n \text{ entier positif ou nul}),$$
$$\int_{-\infty}^{+\infty} \frac{dx}{1+x^4}, \quad \int_{-\infty}^{+\infty} \frac{x^4 dx}{(1+x^2)^3},$$
$$\int_0^{+\infty} \frac{x\text{L}x}{(1+x^2)^3}dx.$$

**221.** On pose

$$\text{I}_{n,p} = \int_0^1 x^n(1-x)^p dx,$$

$n$ et $p$ étant deux entiers positifs ou nuls.

Démontrer la relation

$$\text{I}_{n,p} = \frac{n}{p+1}\text{I}_{n-1,p+1}.$$

Calculer d'après cela $\text{I}_{n,p}$.

222. On pose

$$I_{m,n} = \int_0^{\frac{\pi}{2}} \sin^m x \cos^n x \, dx,$$

$m$ et $n$ étant deux entiers positifs.

Établir les égalités

$$I_{m,n} = \frac{m-1}{n+1} I_{m-2,n+2} = \frac{n-1}{m+1} I_{m+2,n-2},$$

$$I_{m,n} = \frac{m-1}{m+n} I_{m-2,n} = \frac{n-1}{m+n} I_{m,n-2}.$$

223. On pose

$$I_n = \int \frac{\sin(2n+1)x}{\sin x} dx,$$

$n$ étant un entier positif ou nul. Calculer $I_n - I_{n-1}$, puis $I_n$. Établir l'égalité

$$\int_0^{\frac{\pi}{2}} \frac{\sin(2n+1)x}{\sin x} dx = \frac{\pi}{2}.$$

224. Montrer que

$$\int_0^{\frac{\pi}{2}} (a\cos^2 x + b\sin^2 x)^n dx,$$

$a$ et $b$ étant deux nombres fixes et $n$ un entier positif ou nul, peut être mis sous la forme $\pi f(a, b)$, $f(a, b)$ étant un polynome homogène en $a$ et $b$ à coefficients rationnels. Calculer $f(a, b)$.

225. Résoudre l'équation en $u$

$$\int_0^u \sin^3 x \, dx = \frac{2}{3}.$$

(*Concours de l'École des Ponts et Chaussées*, 1908.)

226. Calculer, par application de la méthode des trapèzes, l'intégrale

$$\int_0^1 \frac{dx}{1+x^2}$$

en divisant l'intervalle (0,1) en dix parties égales. Chercher une limite supérieure de la valeur absolue de l'erreur commise. Déterminer, d'après cela, une valeur approchée de $\pi$.

227. Soit l'intégrale $\int_0^{2\pi} \cos px \cos qx \, dx$, où $p$ et $q$ sont deux entiers positifs. Montrer qu'elle est nulle quand $p$ et $q$ sont inégaux, égale à $\pi$ quand $p$ et $q$ sont égaux.

En conclure que si la fonction

$$A_0 + A_1 \cos x + \ldots + A_n \cos nx,$$

où $A_0, A_1, \ldots, A_n$ sont des constantes, est nulle quel que soit $x$, $A_0, A_1, \ldots, A_n$ sont nécessairement nuls.

228. Soient $u$ et $v$ deux fonctions de $x$ admettant des dérivées jusqu'à l'ordre $n+1$. Demontrer l'identité

$$\int uv^{(n+1)}dx = uv^{(n)} - u'v^{(n-1)} + u''v^{(n-2)} - \ldots + (-1)^n u^{(n)}v - (-1)^n \int u^{(n+1)}v\,dx.$$

229. Étant donnés une fonction $f(x)$ définie dans l'intervalle (A, B) et admettant dans cet intervalle $n$ dérivées successives continues et un nombre $a$ appartenant à cet intervalle, déterminer une fonction $\varphi(x)$ admettant $n-1$ dérivées successives dans l'intervalle (A, B), s'annulant ainsi que ses $n-2$ premières dérivées pour $x=a$ et dont la dérivée $(n-1)^{\text{ième}}$ soit égale à $(x-a)f^{(n)}(x)$.

Montrer, d'après cela, que $b$ étant un nombre de l'intervalle (A, B), il existe un nombre $c$ compris entre $a$ et $b$ tel que l'on ait

$$\begin{aligned}(n-1)[f(b)-f(a)] = (b-a)f'(b) &+ (n-2)(b-a)f'(a)\\ &+ (n-3)\frac{(b-a)^2}{2}f''(a)\\ &+ \ldots\ldots\ldots\\ &+ (n-p-1)\frac{(b-a)^p}{p!}f^{(p)}(a)\\ &+ \ldots\ldots\ldots\\ &+ \frac{(b-a)^{n-2}}{(n-2)!}f^{(n-2)}(a) - \frac{(b-a)^n}{n!}f^{(n)}(c).\end{aligned}$$

230. Soient deux variables $x$ et $y$, fonctions continues inverses l'une de l'autre, ayant les valeurs correspondantes particulières $x_0$ et $y_0$ :

$$y = f(x), \qquad x = \varphi(y).$$

Démontrer l'égalité

$$\int_{x_0}^{x_1} f(x)\,dx + \int_{y_0}^{y} \varphi(y)\,dy = xy - x_0y_0.$$

231. Soit une fonction $f(x, y)$, définie et continue, pour tout point $(x, y)$ appartenant au champ $[(a, b); (c, d)]$. On considère un partage quelconque P du champ défini par deux partages simultanés des intervalles $(a, b)$ et $(c, d)$ respectivement par les nombres rangés dans l'ordre croissant $x_0 = a$, $x_1$, $x_2, \ldots, x_{n-1}$, $x_n = b$, et $y_0 = c$, $y_1, y_2, \ldots, y_{p-1}$, $y_p = b$. Soient $m_{i,j}$ et $M_{i,j}$ les bornes inférieure et supérieure de $f(x, y)$ dans le champ $[(x_{i-1}, x_i); (y_{j-1}, y_j)]$. On forme les sommes

$$s_P = \sum_{i=1}^{i=n}\sum_{j=1}^{j=p} m_{i,j}(x_i - x_{i-1})(y_j - y_{j-1})$$

et

$$S_P = \sum_{i=1}^{i=n}\sum_{j=1}^{j=p} M_{i,j}(x_i - x_{i-1})(y_j - y_{j-1}).$$

1° Montrer qu'il existe un nombre I formant coupure entre l'ensemble des nombres $s_P$ et l'ensemble des nombres $S_P$.

2° Montrer que, $(\xi_{i,j}, \eta_{i,j})$ étant un point du champ $[(x_{i-1}, x_i); (y_{j-1}, y_j)]$, si l'on fait dépendre le partage P d'un entier $\mu$ de façon que lorsque $\mu$ tend vers l'infini, simultanément le plus grand des nombres $(x_i - x_{i-1})$ et le grand des nombres $(y_j - y_{j-1})$ tendent vers 0, la somme

$$\sum_{i=1}^{i=n} \sum_{j=1}^{j=p} f(\xi_{i,j}, \eta_{i,j})(x_i - x_{i-1})(y_j - y_{j-1})$$

tend vers I.

3° Démontrer que si l'on pose

$$F(x) = \int_c^d f(x, y)dy; \quad G(y) = \int_a^b f(x, y)dx,$$

on a

$$I = \int_a^b F(x)dx = \int_c^d G(y)dy.$$

4° Démontrer qu'il existe au moins un point $(\xi, \eta)$ du champ tel que l'on ait

$$I = (b - a)(d - c)f(\xi, \eta).$$

5° Montrer que si l'on a $f(x, y) = A_1 f_1(x, y) + A_2 f_2(x, y)$, $A_1$ et $A_2$ étant des constantes, $f_1(x, y)$ et $f_2(x, y)$ étant des fonctions continues, on a

$$I(f) = A_1 I(f_1) + A_2 I(f_2).$$

6° Montrer que si l'on a $f(x, y) = \varphi(x)\psi(y)$, $\varphi(x)$ étant définie et continue dans l'intervalle $(a, b)$, $\psi(y)$ étant définie et continue dans l'intervalle $(c, d)$, on a

$$I = \int_a^b \varphi(x)dx \times \int_c^d \psi(y)dy.$$

232. Montrer que

$$\frac{\sqrt{1} + \sqrt{2} + \sqrt{3} + \ldots + \sqrt{n}}{n\sqrt{n}}$$

tend vers $\frac{2}{3}$ quand l'entier $n$ tend vers $+\infty$.

233. Montrer que, $a$ étant un nombre fixe positif,

$$\frac{a^{\frac{1}{n}} + a^{\frac{2}{n}} + \ldots + a^{\frac{n-1}{n}} + a^{\frac{n}{n}}}{n}$$

a une limite finie quand l'entier $n$ tend vers $+\infty$.

En déduire que $n\left(\sqrt[n]{a} - 1\right)$ a une limite finie quand $n$ tend vers $+\infty$.

[Ce résultat permet d'établir que la fonction continue $a^x$ a une dérivée finie pour toute valeur de $x$.]

234. Soit $f(x)$ une fonction de $x$, définie, continue et positive dans l'intervalle $(0, 1)$. Démontrer que

$$\sqrt[n]{f\left(\frac{1}{n}\right)f\left(\frac{2}{n}\right)\cdots f\left(\frac{n}{n}\right)}$$

a une limite finie quand l'entier $n$ tend vers $+\infty$. Calculer cette limite pour

$$f(x) = 1 + x.$$

235. 1° Soit le demi-cercle de diamètre AB. On partage le diamètre en $n$ segments égaux sur chacun desquels on prend un point P. Les perpendiculaires à AB aux divers points P rencontrent le demi-cercle en des points tels que M. Limite, pour $n$ infini, de la moyenne arithmétique des cubes des longueurs MP.

2° On partage le demi-cercle en $n$ arcs égaux sur chacun desquels on prend un point M. Les perpendiculaires à AB menées par les divers points M rencontrent AB en des points tels que P. Limite, pour $n$ infini, de la moyenne arithmétique des cubes des longueurs MP.

## CHAPITRE XII

# APPLICATIONS GÉOMÉTRIQUES DU CALCUL INTÉGRAL

### I. — AIRES PLANES

315. **Aires planes en coordonnées rectilignes.** — I. Soit la fonction $f(x)$ définie, continue et positive dans l'intervalle $(a, b)$. Traçons, en coordonnées rectangulaires, la courbe AB représentative de la fonction $f(x)$ dans l'intervalle $(a, b)$, et menons par les extrémités A et B de cette

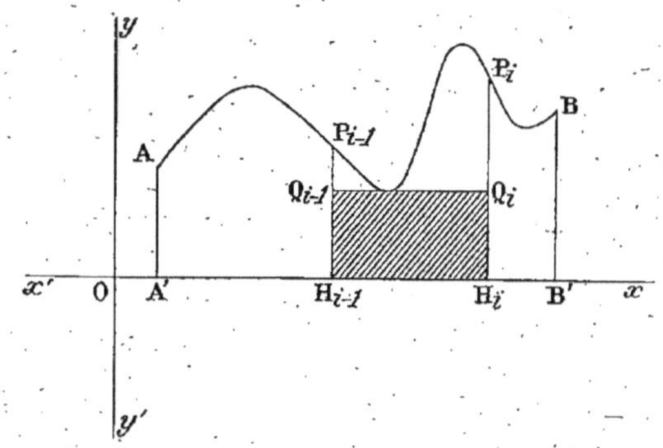


Fig. 79.

courbe les parallèles AA′ et BB′ à l'axe des $y$, rencontrant l'axe des $x$ en A′ et B′.

Considérons l'ensemble des points du plan dont les coordonnées $x$ et $y$ vérifient les conditions

$$a \leqslant x \leqslant b, \quad 0 \leqslant y \leqslant f(x);$$

nous dirons que c'est un *domaine* ayant pour *contour* la ligne fermée constituée par la courbe AB et par le contour polygonal AA′B′B et nous le désignerons sous le nom de *domaine* AA′B′BA.

Soient les nombres $x_0 = a$, $x_1$, $x_2$, ..., $x_{n-1}$, $x_n = b$ rangés dans l'ordre croissant. Soit $P_i$ le point de la courbe AB qui a pour abscisse $x_i$. Menons par les points $P_i$ les perpendiculaires $P_iH_i$ à l'axe des $x$; nous partageons ainsi le domaine considéré en $n$ domaines élémentaires $P_{i-1}H_{i-1}H_iP_iP_{i-1}$. Soit $m_i$ la borne inférieure de la fonction $f(x)$ dans l'intervalle $(x_{i-1}, x_i)$. Remplaçons dans l'intervalle $(x_{i-1}, x_i)$ la fonction $f(x)$ par la constante $m_i$; nous remplaçons ainsi le domaine $P_{i-1}H_{i-1}H_iP_iP_{i-1}$ par le domaine rectangulaire obtenu en menant par un point de l'arc $P_{i-1}P_i$ qui a pour ordonnée $m_i$ la parallèle à l'axe des $x$ rencontrant en $Q_{i-1}$ et $Q_i$ les droites $P_{i-1}H_{i-1}$ et $P_iH_i$. Ce domaine rectangulaire a une aire, définie en géométrie élémentaire, égale à $m_i(x_i - x_{i-1})$. La somme des aires des domaines rectangulaires $Q_{i-1}H_{i-1}H_iQ_iQ_{i-1}$ est égale à

$$\sum_{i=1}^{i=n} m_i(x_i - x_{i-1}).$$

Si l'on fait dépendre le partage de l'intervalle $(a, b)$ d'un entier de telle façon que le plus grand des nombres $x_i - x_{i-1}$ tende vers 0 quand cet entier tend vers $\infty$, la somme précédente a une limite finie, qui est

$$\int_a^b f(x)\,dx;$$

cette limite est dite l'*aire du domaine* AA'B'BA.

Soit $M_i$ la borne supérieure de $f(x)$ dans l'intervalle $(x_{i-1}, x_i)$. Le domaine rectangulaire qui remplace le domaine $P_{i-1}H_{i-1}H_iP_iP_{i-1}$ quand la fonction $f(x)$ est remplacée dans l'intervalle $(x_{i-1}, x_i)$ par la constante $M_i$ a une aire égale à $M_i(x_i - x_{i-1})$. La somme

$$\sum_{i=1}^{i=n} M_i(x_i - x_{i-1})$$

des aires des domaines rectangulaires ainsi formés tend vers l'aire du domaine AA'B'BA, quand l'entier dont dépend le partage de l'intervalle $(a, b)$ par les nombres $a$, $x_1$, $x_2$, ..., $x_{n-1}$, $b$ tend vers $\infty$.

EXTENSIONS DE LA DÉFINITION PRÉCÉDENTE. — 1° La fonction $f(x)$ est définie, continue, positive *ou nulle* dans l'intervalle $(a, b)$. Nous appellerons *aire du domaine formé par les points* $(x, y)$ *tels que l'on ait*

$$a \leqslant x \leqslant b, \quad 0 \leqslant y \leqslant f(x)$$

l'intégrale définie, positive ou nulle,

$$\int_a^b f(x)\,dx.$$

2° La fonction $f(x)$ est définie, continue, positive ou nulle à l'intérieur d'un intervalle $(a, b)$ fini ou infini et admet des limites finies ou infinies, nécessairement positives ou nulles, quand $x$, intérieur à l'intervalle $(a, b)$, tend vers $a$ et vers $b$. Nous considérerons l'ensemble ou *domaine* formé par les points $(x, y)$ tels que l'on ait

$$a < x < b, \quad 0 \leqslant y \leqslant f(x)$$

et aussi, suivant les cas, par les points $(x, y)$ tels que l'on ait $x = a$, si $a$ est fini, et $0 \leqslant y \leqslant A$, A étant la limite de $f(x)$ quand $x$ tend vers $a$, et par les points $(x, y)$ tels que l'on ait $x = b$, si $b$ est fini, et $0 \leqslant y \leqslant B$, B étant la limite de $f(x)$ quand $x$ tend vers $b$. Nous dirons que ce domaine a une *aire* égale à $\int_a^b f(x)\,dx$, si cette intégrale définie a un sens. L'aire est un nombre positif ou nul.

Si dans les diverses conditions précédentes, la fonction $f(x)$ est, non positive ou nulle, mais négative ou nulle, on définira des domaines analogues en remplaçant l'axe des $y$ par l'axe opposé et $f(x)$ par $-f(x)$. L'expression de l'aire d'un tel domaine sera

$$\int_a^b [-f(x)]\,dx = -\int_a^b f(x)\,dx.$$

Nous avons supposé dans tout ce qui précède les coordonnées rectangulaires. Si nous supposons les coordonnées obliques, nous remplacerons les rectangles que nous avons considérés par des parallélogrammes. Si $\theta$ est l'angle aigu formé par les deux axes de coordonnées, l'aire d'un de ces parallélogrammes est égale au produit des mesures de ses deux côtés multiplié par $\sin\theta$. Il suffira de remplacer dans les définitions précédentes $\int_a^b f(x)\,dx$ par

$$\sin\theta \int_a^b f(x)\,dx.$$

Changement de variable. — Soient deux fonctions $\varphi(t)$ et $\psi(t)$, définies et continues dans l'intervalle fini $(t_0, t_1)$. Considérons l'ensemble, ou *courbe* Γ, formé par les points du plan qui, en coordonnées rectilignes (l'angle aigu des axes de coordonnées étant égal à $\theta$), ont pour abscisse $x = \varphi(t)$ et pour ordonnée $y = \psi(t)$, $t$ appartenant à l'intervalle $(t_0, t_1)$. Nous supposerons que $\psi(t)$ soit une fonction positive ou nulle et que

$\varphi(t)$ soit une fonction croissante ou décroissante dans l'intervalle $(t_0, t_1)$.

1° La fonction $\varphi(t)$ est croissante. Soient $a$ et $b$ les valeurs de $\varphi(t)$ pour $t=t_0$ et pour $t=t_1$. La relation $x=\varphi(t)$ définit $t$ dans l'intervalle $(a, b)$ comme fonction continue et croissante de $x$; il s'ensuit que la relation $y=\psi(t)$ définit $y$ dans l'intervalle $(a, b)$ comme fonction de fonction de $x$ par l'intermédiaire de $t$; cette fonction $f(x)$ est continue.

Considérons le domaine formé par les points dont les coordonnées $x$ et $y$ vérifient les conditions

$$a \leqslant x \leqslant b, \quad 0 \leqslant y \leqslant f(x);$$

il admet une aire égale à

$$\sin\theta \int_a^b f(x)\,dx.$$

Si l'on suppose que $\varphi(t)$ admette dans l'intervalle $(t_0, t_1)$ une dérivée $\varphi'(t)$, on a, en posant $x=\varphi(t)$,

$$f(x)\,dx = \psi(t)\varphi'(t)\,dt.$$

Par suite, l'aire a pour expression

$$\sin\theta \int_{t_0}^{t_1} \psi(t)\varphi'(t)\,dt,$$

que l'on peut écrire sous la forme suivante :

$$\sin\theta \int_{t_0}^{t_1} \left(y\frac{dx}{dt}\right)dt,$$

$x$ et $y$ étant les coordonnées d'un point de la courbe $\Gamma$ exprimées en fonction de $t$.

2° La fonction $\varphi(t)$ est décroissante. Si $a$ et $b$ sont les valeurs de $\varphi(t)$ pour $t=t_0$ et pour $t=t_1$, on considérera le domaine formé par les points dont les coordonnées $x$ et $y$ vérifient les conditions

$$b \leqslant x \leqslant a, \quad 0 \leqslant y \leqslant f(x);$$

il admet une aire égale à

$$\sin\theta \int_b^a f(x)\,dx = -\sin\theta \int_a^b f(x)\,dx.$$

En appliquant à l'intégrale définie le changement de variable $x=\varphi(t)$, on trouve comme nouvelle expression de l'aire

$$-\sin\theta \int_{t_0}^{t_1} \psi(t)\varphi'(t)\,dt,$$

c'est-à-dire

$$-\sin\theta \int_{t_0}^{t_1} \left(y\frac{dx}{dt}\right)dt,$$

$x$ et $y$ étant les coordonnées d'un point de la courbe $\Gamma$.

Dans ce qui précède, nous avons supposé que la fonction $\psi(t)$ était positive ou nulle. Si cette fonction était négative ou nulle, on remplacerait l'axe des $y$ par l'axe opposé et la fonction $\psi(t)$ par la fonction $-\psi(t)$.

Ces considérations s'étendent au cas où les fonctions $\varphi(t)$ et $\psi(t)$ sont définies et continues à l'intérieur d'un intervalle fini ou infini $(t_0, t_1)$ et admettent des limites finies ou infinies quand $t$ tend vers $t_0$ et vers $t_1$. Il suffit que l'intégrale définie

$$\int_{t_0}^{t_1} \left(y\frac{dx}{dt}\right) dt$$

ait un sens.

II. Soient les deux fonctions $f(x)$ et $g(x)$, définies et continues dans l'intervalle fini $(a, b)$. Supposons que, quel que soit $x$ appartenant à l'intervalle $(a, b)$, on ait $g(x) > f(x)$. Traçons en coordonnées rectilignes, l'angle aigu des axes de coordonnées étant $\theta$, les courbes représentatives des fonctions $f(x)$ et $g(x)$, limitées par les points A, B et C, D, d'abscisses $a$ et $b$. Considérons l'ensemble des points dont les coordonnées $x$ et $y$ vérifient les conditions

$$a \leqslant x \leqslant b, \quad f(x) \leqslant y \leqslant g(x);$$

nous dirons que c'est un *domaine* $\Delta$ ayant pour *contour* la ligne fermée constituée par la courbe CD, la courbe AB et les segments de droite AC et BD.

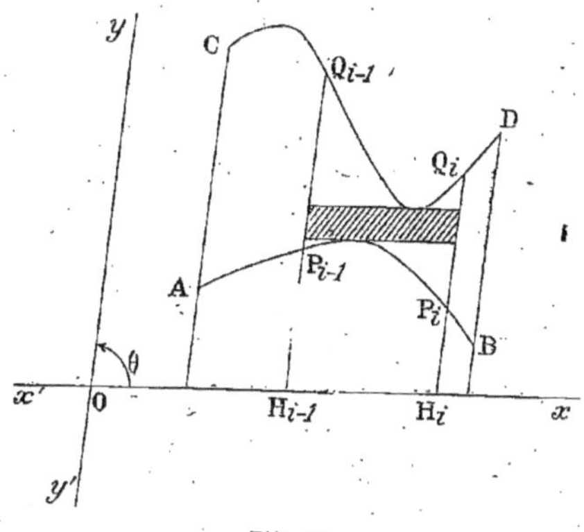


Fig. 80.

Soient les nombres $x_0 = a$, $x_1$, $x_2$, ..., $x_{n-1}$, $x_n = b$ rangés dans l'ordre croissant. Soit $H_i$ le point de l'axe des $x$ qui a pour abscisse $x_i$; menons par $H_i$ la parallèle à l'axe des $y$, rencontrant la courbe AB en $P_i$ et la courbe CD en $Q_i$. Nous partageons le domaine considéré en $n$ domaines élémentaires ayant pour contours les diverses lignes fermées $P_{i-1}Q_{i-1}Q_iP_iP_{i-1}$. Soient $M_i$ la borne supérieure de la fonction $f(x)$ et $m'_i$ la borne inférieure de la fonction $g(x)$ dans l'intervalle $(x_{i-1}, x_i)$ ; on a $M_i < m'_i$. Remplaçons dans l'intervalle $(x_{i-1}, x_i)$ la fonction $f(x)$ par la constante $M_i$ et la fonction $g(x)$ par la constante $m'_i$ ; nous remplaçons ainsi le domaine $P_{i-1}Q_{i-1}Q_iP_iP_{i-1}$ par le parallélogramme dont les côtés sont les parallèles à l'axe des $y$ menées par les points $H_{i-1}$ et $H_i$ et les parallèles à l'axe des $x$ menées respectivement par un point de l'arc $P_{i-1}P_i$ ayant pour ordonnée $M_i$ et par un point de l'arc $Q_{i-1}Q_i$ ayant pour ordonnée $m'$. Ce parallélogramme a une aire égale à

$$(m'_i - M_i)(x_i - x_{i-1}) \sin\theta.$$

La somme des aires des divers parallélogrammes ainsi obtenus est égale à

$$\sin\theta \sum_{i=1}^{i=n} (m'_i - M_i)(x^i - x_{i-1}),$$

c'est-à-dire à

$$\sin\theta \left[\sum_{i=1}^{i=n} m'_i(x_i - x_{i-1}) - \sum_{i=1}^{i=n} M_i(x_i - x_{i-1})\right].$$

Si l'on fait dépendre le partage de l'intervalle $(a, b)$ d'un entier de telle façon que le plus grand des nombres $x_i - x_{i-1}$ tende vers 0 quand cet entier tend vers $\infty$, l'expression précédente a une limite finie, qui est

$$\sin\theta \left[\int_a^b g(x)\,dx - \int_a^b f(x)\,dx\right],$$

c'est-à-dire

$$\sin\theta \int_a^b [g(x) - f(x)]\,dx;$$

cette limite est dite l'*aire du domaine* $\Delta$.

Extensions de la définition précédente. — 1° Au lieu de supposer que l'on ait $f(x) < g(x)$, on peut, plus généralement, supposer que l'on ait $f(x) \leqslant g(x)$, et considérer le *domaine* formé par les points dont les coordonnées $x$ et $y$ vérifient les conditions

$$a \leqslant x \leqslant b, \qquad f(x) \leqslant y \leqslant g(x);$$

par définition, nous dirons que ce domaine a une aire égale à

$$\sin\theta \int_a^b [g(x) - f(x)]\,dx,$$

nombre positif ou nul.

2° Au lieu de supposer que les fonctions $f(x)$ et $g(x)$ soient définies et continues dans l'intervalle fini $(a, b)$, on peut supposer qu'elles soient définies et continues à l'intérieur d'un intervalle fini ou infini $(a, b)$ et qu'elles admettent des limites finies ou infinies quand $x$ tend vers $a$ et vers $b$. On considérera le *domaine* formé par les points dont les coordonnées $x$ et $y$ vérifient les conditions

$$a < x < b, \qquad f(x) \leqslant y \leqslant g(x)$$

et aussi, suivant les cas, par les points $(x, y)$ tels que l'on ait $x = a$, si $a$ est fini, et $A \leqslant y \leqslant A'$, $A$ et $A'$ étant les limites de $f(x)$ et de $g(x)$ quand $x$ tend vers $a$, et par les points $(x, y)$ tels que l'on ait $x = b$, si $b$ est fini, et $B \leqslant y \leqslant B'$, $B$ et $B'$ étant les limites de $f(x)$ et de $g(x)$ quand $x$ tend vers $b$. Nous dirons que ce domaine a une *aire* égale à

$$\sin\theta \int_a^b [g(x) - f(x)]\,dx,$$

nombre positif ou nul, si l'intégrale définie a un sens.

III. Soient deux fonctions $\varphi(t)$ et $\psi(t)$ définies et continues dans l'intervalle $(t_0, t_1)$, telles que l'on ait

$$\varphi(t_1) = \varphi(t_0), \qquad \psi(t_1) = \psi(t_0).$$

Considérons la courbe *fermée* $\Gamma$, lieu des points M du plan qui, en coordonnées rectilignes (l'angle aigu des axes de coordonnées étant égal à $\theta$), ont pour abscisse $x = \varphi(t)$ et pour ordonnée $y = \psi(t)$, $t$ appartenant à l'intervalle $(t_0, t_1)$.

Supposons que l'on puisse partager l'intervalle $(t_0, t_1)$ par le nombre $t'$ en deux intervalles tels que dans l'intervalle $(t_0, t')$ la fonction $\varphi(t)$ soit croissante et que dans l'intervalle $(t', t_1)$ elle soit décroissante. Il est alors possible de partager la courbe $\Gamma$ en deux arcs, l'un $\Gamma_1$ lieu des points M du plan qui ont pour coordonnées $\varphi(t)$ et $\psi(t)$, $t$ appartenant à l'intervalle $(t_0, t')$, l'autre $\Gamma_2$, lieu des points M du plan qui ont pour coordonnées $\varphi(t)$ et $\psi(t)$, $t$ appartenant à l'intervalle $(t', t_1)$. Ces deux arcs ont pour extrémités communes le point A correspondant à $t = t_0$ et le point B correspondant à $t = t'$. Si nous posons $\varphi(t_0) = a$, $\varphi(t') = b$, toute parallèle à l'axe des $y$ menée par un point de l'axe des $x$ dont l'abscisse appartient à l'intervalle $(a, b)$ rencontre l'arc $\Gamma_1$ en un et un seul point $M_1$, l'arc $\Gamma_2$ en un et un seul point $M_2$.

Supposons que l'ordonnée de $M_2$ soit constamment supérieure ou égale à celle de $M_1$.

Quand $t$ varie dans l'intervalle $(t_0, t')$, la relation $x = \varphi(t)$ définit $t$ comme fonction continue et croissante de $x$ dans l'intervalle $(a, b)$ et, dans cet intervalle $(a, b)$, la relation $y = \psi(t)$ définit, par l'intermédiaire de $t$, $y$ comme fonction de $x$, soit $y = f(x)$. De même, quand $t$ varie

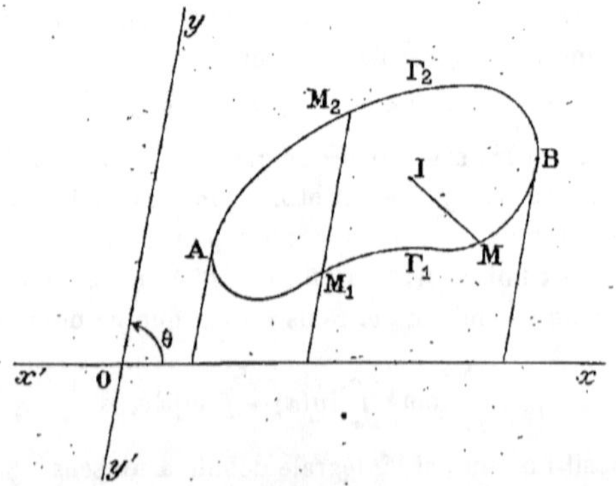


Fig. 81.

dans l'intervalle $(t', t_1)$, la relation $x = \varphi(t)$ définit $t$ comme fonction continue et décroissante de $x$ dans l'intervalle $(a, b)$ et, dans cet intervalle $(a, b)$, la relation $y = \psi(t)$ définit, par l'intermédiaire de $t$, $y$ comme fonction de $x$, soit $y = g(x)$. Quel que soit $x$ appartenant à l'intervalle $(a, b)$, on a $g(x) \geqslant f(x)$.

Les deux arcs de courbe $\Gamma_1$ et $\Gamma_2$ constituent le contour d'un domaine $\Delta$ qui admet une aire égale à

$$\sin\theta \int_a^b [g(x) - f(x)]\, dx,$$

c'est-à-dire à

$$\sin\theta \left[\int_a^b g(x)\, dx - \int_a^b f(x)\, dx\right].$$

Appliquons aux deux intégrales définies entre crochets le changement de variable $x = \varphi(t)$, en supposant que $\varphi(t)$ admette dans l'intervalle $(t_0, t_1)$ une dérivée $\varphi'(t)$. L'aire du domaine $\Delta$ est égale à

$$\sin\theta \left[\int_{t_1}^{t'} \psi(t)\varphi'(t)\, dt - \int_{t_0}^{t'} \psi(t)\varphi'(t)\, dt\right]$$

c'est-à-dire à

$$-\sin\theta \left[\int_{t_0}^{t'} \psi(t)\varphi'(t)\, dt + \int_{t'}^{t_1} \psi(t)\varphi'(t)\, dt\right]$$

c'est-à-dire encore à

$$-\sin\theta\int_{t_0}^{t_1}\psi(t)\varphi'(t)dt \quad \text{ou} \quad -\sin\theta\int_{t_0}^{t_1}\left(y\frac{dx}{dt}\right)dt,$$

$x$ et $y$ étant les coordonnées d'un point M de la courbe $\Gamma$ exprimées en fonction de $t$.

Si l'on suppose que l'ordonnée de $M_2$ soit constamment inférieure ou égale à celle de $M_1$, l'aire du domaine est

$$+\sin\theta\int_{t_0}^{t_1}\left(y\frac{dx}{dt}\right)dt.$$

Orientons le plan de façon que l'angle $(Ox, Oy)$ soit compris entre 0 et $\pi$. En supposant que $M_2$ ne coïncide avec $M_1$ que lorsque $M_1$ est en A ou en B, prenons un point I du domaine $\Delta$ non situé sur la courbe $\Gamma$. Si l'ordonnée de $M_2$ est constamment supérieure à celle de $M_1$ (sauf lorsque $M_1$ est en A ou en B), on voit que lorsque $t$ croît de $t_0$ à $t_1$, la demi-droite d'origine I qui passe par le point M de paramètre $t$ sur la courbe $\Gamma$ tourne constamment dans le sens positif autour du point I; nous dirons que *le point* M *parcourt la courbe* $\Gamma$ *dans le sens positif*. Si, au contraire, l'ordonnée de $M_2$ est constamment inférieure à celle de $M_1$, la rotation de la demi-droite IM a constamment lieu dans le sens négatif; nous dirons que *le point* M *parcourt la courbe* $\Gamma$ *dans le sens négatif*. L'aire du domaine $\Delta$ est

$$-\varepsilon\sin\theta\int_{t_0}^{t_1}\left(y\frac{dx}{dt}\right)dt,$$

$\varepsilon$ étant égal à $+1$ dans le premier cas, à $-1$ dans le second.

Ce dernier résultat s'applique si, au lieu de supposer que la fonction $\varphi(t)$ soit d'abord croissante dans l'intervalle $(t_0, t')$, puis décroissante dans l'intervalle $(t', t_1)$, on suppose qu'elle soit d'abord décroissante, puis croissante.

Si l'on change l'orientation du plan, on voit facilement qu'il suffit de remplacer $\varepsilon$ par $-\varepsilon$. Dans tous les cas, l'aire du domaine $\Delta$ est égale à

$$-\varepsilon\sin(Ox, Oy)\int_{t_0}^{t_1}\left(y\frac{dx}{dt}\right)dt,$$

$\varepsilon$ étant égal à $+1$ si le contour $\Gamma$ est parcouru dans le sens positif, à $-1$ si le contour $\Gamma$ est parcouru dans le sens négatif.

Supposons que les fonctions $\varphi(t)$ et $\psi(t)$ soient des fonctions périodiques de même période $a$, égale à $t_1 - t_0$. La fonction $y\frac{dx}{dt}$ admet elle-même la période $a$. Il s'ensuit que l'on a

$$\int_{t_0}^{t_1}\left(y\frac{dx}{dt}\right)dt = \int_{\alpha}^{\alpha+a}\left(y\frac{dx}{dt}\right)dt,$$

$\alpha$ étant un nombre quelconque.

Posons

$$\int_{\Gamma} ydx = \int_{\alpha}^{\alpha+a}\left(y\frac{dx}{dt}\right)dt,$$

$\alpha$ étant un nombre arbitraire. L'aire du domaine $\Delta$ est alors

$$-\varepsilon \sin(Ox, Oy)\int_{\Gamma} ydx.$$

Supposons que l'on puisse échanger dans les hypothèses précédentes les rôles des fonctions $\varphi(t)$ et $\psi(t)$. On est alors conduit à définir l'aire du domaine $\Delta$ comme étant égale à

$$-\varepsilon \sin(Oy, Ox)\int_{\Gamma} xdy.$$

Il faut montrer que ce nombre est égal au précédent. On a en effet

$$x\frac{dy}{dt} + y\frac{dx}{dt} = \frac{d(xy)}{dt},$$

d'où, en intégrant de $\alpha$ à $\alpha + a$,

$$\int_{\Gamma} xdy + \int_{\Gamma} ydx = \Big[xy\Big]_{\alpha}^{\alpha+a} = 0.$$

Il résulte de là que l'on peut donner à l'aire de $\Delta$ l'expression

$$\frac{1}{2}\varepsilon \sin(Ox, Oy)\int_{\Gamma}(xdy - ydx) = \frac{1}{2}\varepsilon \sin(Ox, Oy)\int_{\alpha}^{\alpha+a}\left(x\frac{dy}{dt} - y\frac{dx}{dt}\right)dt.$$

**316.** *Applications.* — 1° Considérons l'ellipse définie, en coordonnées rectangulaires, par l'équation

$$\frac{x^2}{a^2} + \frac{y^2}{b^2} - 1 = 0.$$

L'arc ABA′ de cette courbe qui est situé du côté des $y$ positifs a pour équation

$$y = \frac{b}{a}\sqrt{a^2 - x^2}.$$

Soient $M_0$ et $M_1$ les deux points de cet arc d'ellipse qui ont pour abscisses $x_0$ et $x_1$, $x_0 < x_1$, $H_0$ et $H_1$ les projections orthogonales de $M_0$ et de $M_1$ sur l'axe des $x$. Le domaine $M_0H_0H_1M_1M_0$ a pour aire

$$\int_{x_0}^{x_1}\frac{b}{a}\sqrt{a^2 - x^2}\,dx = \frac{b}{a}\int_{x_0}^{x_1}\sqrt{a^2 - x^2}\,dx.$$

L'abscisse $x$ d'un point M variable de l'arc ABA' varie dans l'intervalle $(-a, +a)$. Il est possible de poser $x = a\cos\varphi$, $\varphi$ appartenant à l'intervalle $(0, \pi)$. On a

$$\sqrt{a^2 - x^2} = a\sin\varphi, \qquad dx = -a\sin\varphi\, d\varphi.$$

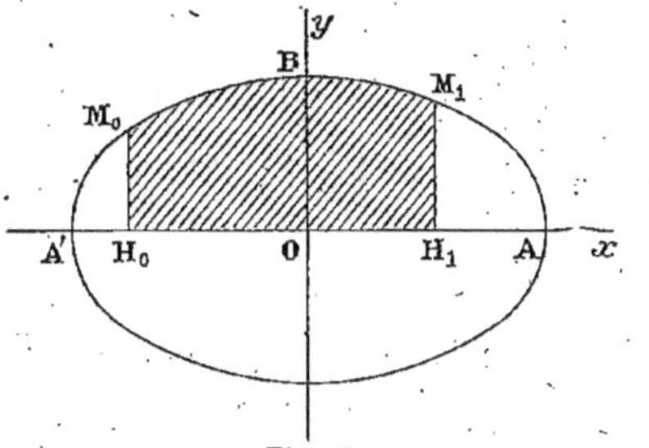


Fig. 82.

Par suite, si $\varphi_0$ et $\varphi_1$ sont les valeurs de $\varphi$ qui correspondent aux points $M_0$ et $M_1$, on a

$$\int_{x_0}^{x_1} \sqrt{a^2 - x^2}\, dx = -a^2 \int_{\varphi_0}^{\varphi_1} \sin^2\varphi\, d\varphi = -\frac{a^2}{2}\int_{\varphi_0}^{\varphi_1} (1 - \cos 2\varphi)\, d\varphi$$
$$= \frac{a^2}{2}\left(\varphi_0 - \varphi_1 + \frac{1}{2}\sin 2\varphi_1 - \frac{1}{2}\sin 2\varphi_0\right).$$

Si $y$ est l'ordonnée d'un point M variable de l'arc ABA' ayant pour abscisse $x$, on a $y = b\sin\varphi$. Soient $y_0$ et $y_1$ les ordonnées des points $M_0$ et $M_1$. On a

$$\varphi_0 = \text{arc cos}\,\frac{x_0}{a}, \qquad \varphi_1 = \text{arc cos}\,\frac{x_1}{a};$$
$$\frac{1}{2}\sin 2\varphi_0 = \sin\varphi_0\cos\varphi_0 = \frac{x_0 y_0}{ab}, \qquad \frac{1}{2}\sin 2\varphi_1 = \frac{x_1 y_1}{b}.$$

On voit ainsi que l'aire du domaine $M_0H_0H_1M_1M_0$ est égale à

$$\frac{ab}{2}\left(\text{arc cos}\,\frac{x_0}{a} - \text{arc cos}\,\frac{x_1}{a}\right) + \frac{1}{2}(x_1y_1 - x_0y_0).$$

Si, en particulier, on fait $x_0 = 0$, $x_1 = a$, on voit que l'aire d'un quadrant de l'ellipse est $\frac{\pi ab}{4}$; l'aire de l'ellipse est $\pi ab$.

Si l'on suppose $a = b = R$, l'ellipse devient un cercle de rayon R. L'aire de ce cercle est $\pi R^2$.

2° Considérons l'hyperbole définie, en coordonnées rectangulaires, par l'équation

$$\frac{x^2}{a^2} - \frac{y^2}{b^2} - 1 = 0.$$

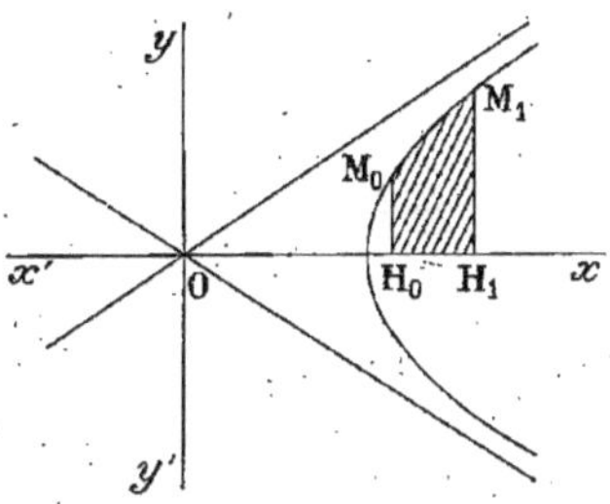


Fig. 83.

Considérons l'arc d'hyperbole qui est situé à la fois du côté des $x$ positifs et du côté des $y$ positifs. Soient $M_0$ et $M_1$ les deux points de cet arc qui ont pour abscisses $x_0$ et $x_1$, $x_0 < x_1$, $H_0$ et $H_1$ les projections orthogonales de $M_0$ et de $M_1$ sur l'axe des $x$. Le domaine $M_0H_0H_1M_1M_0$ a pour aire

$$\frac{b}{a}\int_{x_0}^{x_1} \sqrt{x^2-a^2}\,dx.$$

Soient $x$ et $y$ les coordonnées d'un point M de l'arc d'hyperbole, $x_0$ et $y_0$, $x_1$ et $y_1$ les coordonnées des points $M_0$ et $M_1$. Posons $y = b\,\mathrm{sh}\,\varphi$, $\varphi$ variant de 0 à $+\infty$ quand M varie sur l'arc considéré. On a

$$\frac{b}{a}\sqrt{x^2-a^2} = b\,\mathrm{sh}\,\varphi,$$

d'où

$$x = a\,\mathrm{ch}\,\varphi, \qquad dx = a\,\mathrm{sh}\,\varphi\,d\varphi.$$

Par suite, on a

$$\frac{b}{a}\int_{x_0}^{x_1} \sqrt{x^2-a^2}\,dx = ab\int_{\varphi_0}^{\varphi_1} \mathrm{sh}^2\varphi\,d\varphi = \frac{ab}{2}\int_{\varphi_0}^{\varphi_1} (\mathrm{ch}\,2\varphi - 1)\,d\varphi$$
$$= \frac{ab}{2}\left(\varphi_0 - \varphi_1 + \frac{1}{2}\,\mathrm{sh}\,2\varphi_1 - \frac{1}{2}\,\mathrm{sh}\,2\varphi_0\right).$$

On a

$$\varphi_0 = \arg\mathrm{ch}\frac{x_0}{a}, \qquad \varphi_1 = \arg\mathrm{ch}\frac{x_1}{a},$$

$$\frac{1}{2}\,\mathrm{sh}\,2\varphi_0 = \mathrm{sh}\,\varphi_0\,\mathrm{ch}\,\varphi_0 = \frac{x_0y_0}{ab}, \qquad \frac{1}{2}\,\mathrm{sh}\,2\varphi_1 = \frac{x_1y_1}{ab}.$$

On voit ainsi que l'aire du domaine $M_0H_0H_1M_1M_0$ est

$$\frac{ab}{2}\left(\arg\mathrm{ch}\frac{x_0}{a} - \arg\mathrm{ch}\frac{x_1}{a}\right) + \frac{1}{2}(x_1y_1 - x_0y_0).$$

3° Soit l'hyperbole qui, rapportée à ses asymptotes, a pour équation

$$xy = k^2,$$

et considérons la branche de l'hyperbole qui est située du côté des $x$ positifs. Soient $M_0$ et $M_1$ les deux points de cette branche qui ont pour abscisses $x_0$ et $x_1$, $x_0 < x_1$, $H_0$ et $H_1$ les points où les parallèles à l'axe des $y$ menées par

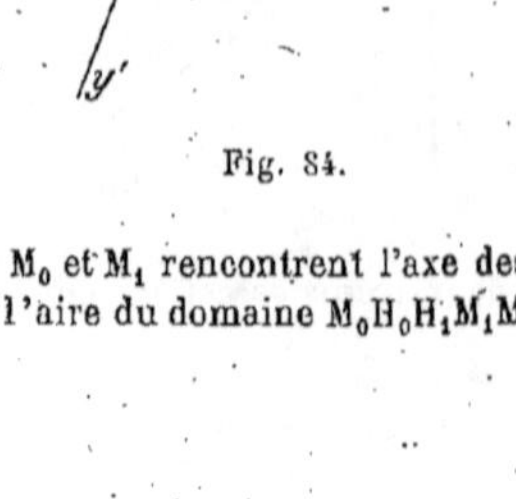

Fig. 84.

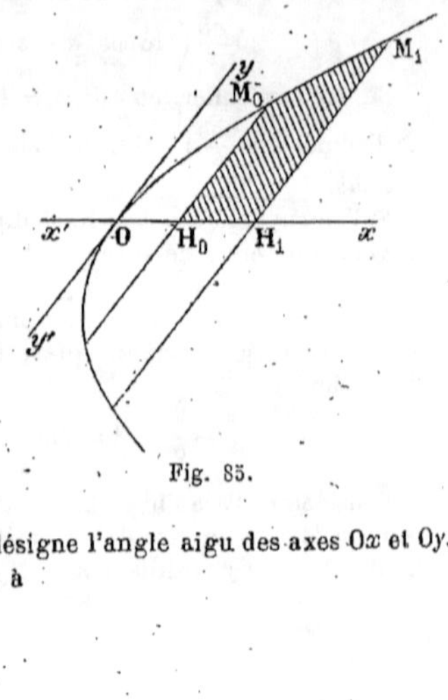

Fig. 85.

$M_0$ et $M_1$ rencontrent l'axe des $x$. Si $\theta$ désigne l'angle aigu des axes $Ox$ et $Oy$, l'aire du domaine $M_0H_0H_1M_1M_0$ est égale à

$$\sin\theta\int_{x_0}^{x_1} y\,dx = \sin\theta\int_{x_0}^{x_1}\frac{k^2\,dx}{x} = k^2\sin\theta\,\mathrm{L}\frac{x_1}{x_0}.$$

4° Soit la parabole définie, en coordonnées rectilignes ($\theta$ étant l'angle aigu des axes), par l'équation

$$y^2 = 2p'x.$$

Considérons l'arc de cette parabole qui est situé du côté des $y$ positifs. Soient $M_0$ et $M_1$ les deux points de cet arc qui ont pour abscisses $x_0$ et $x_1$, $x_0 < x_1$, $H_0$ et $H_1$ les points de rencontre avec l'axe des $x$ des parallèles à l'axe des $y$ menées par $M_0$ et $M_1$. L'aire du domaine $M_0H_0H_1M_1M_0$ est égale à

$$\sin\theta\int_{x_0}^{x_1} y\,dx = \sin\theta\int_{x_0}^{x_1}\sqrt{2p'x}\,dx = \frac{1}{3}\sin\theta\sqrt{p'}\left[(2x_1)^{\frac{3}{2}} - (2x_0)^{\frac{3}{2}}\right]$$
$$= \frac{2}{3}\sin\theta\,(x_1y_1 - x_0y_0).$$

En particulier, en supposant que $M_0$ soit en O, on voit que l'aire $OH_1M_1$ est égale à $\frac{2}{3}x_1y_1\sin\theta$, c'est-à-dire aux deux tiers de l'aire du parallélogramme $OH_1M_1P_1$, $P_1$ étant le point de rencontre de l'axe $Oy$ avec la parallèle à $Ox$ menée par $M_1$.

**317. Aires en coordonnées polaires.** — Soit dans un plan orienté l'axe $x'Ox$, passant par le point O. Menons le vecteur OP; $\Delta$ étant un axe choisi sur la droite OP, posons

$$(Ox, \Delta) = \omega, \qquad OP = \rho;$$

$\rho$ et $\omega$ sont dits respectivement le *rayon vecteur* et l'*angle polaire* du point P.

Supposons que $\omega$ varie dans l'intervalle $(\alpha, \beta)$ et que $\rho$ soit une fonction de $\omega$, définie, continue et positive dans cet intervalle : $\rho = f(\omega)$. Le point P décrit un arc AB, A et B ayant respectivement pour angles polaires $\alpha$ et $\beta$. Considérons l'ensemble des points des divers vecteurs OP qui correspondent aux diverses positions de P sur l'arc AB. Nous désignerons cet ensemble sous le nom de *domaine* OAB; la ligne formée par l'arc AB, le segment OA et le segment OB sera dite le *contour* du domaine.

Nous nous proposons de définir l'*aire* du domaine OAB.

Dans le cas particulier où l'on a $f(\omega) = \text{const.} = R$, le domaine OAB est dit un *secteur circulaire*. En géométrie élémentaire, on est amené à définir l'*aire* de ce secteur circulaire comme étant égale à $\frac{1}{2}R^2$ angle AOB, c'est-à-dire à $\frac{1}{2}R^2(\beta - \alpha)$.

Passons au cas général. Divisons l'intervalle $(\alpha, \beta)$ en $n$ intervalles par les nombres $\omega_0 = \alpha, \omega_1, \omega_2, \ldots, \omega_{n-1}, \omega_n = \beta$, rangés dans l'ordre croissant. Soient $P_0 = A$, $P_1, P_2, \ldots, P_{n-1}$, $P_n = B$ les points de l'arc AB qui ont respectivement pour angles polaires $\omega_0, \omega_1, \ldots, \omega_{n-1}, \omega_n$. Menons les rayons vecteurs $OP_0, OP_1, \ldots, OP_{n-1}, OP_n$. Dans l'intervalle $(\omega_{i-1}, \omega_i)$, la fonction $f(\omega)$ a une borne inférieure positive $m_i$ et une borne supérieure $M_i$. Traçons les arcs de cercle qui ont pour centre O, pour rayons $m_i$ et $M_i$ et qui sont limités respectivement en $Q_{i-1}$ et $Q_i$, en $R_{i-1}$ et $R_i$ aux deux droites $OP_{i-1}$ et $OP_i$. Le domaine

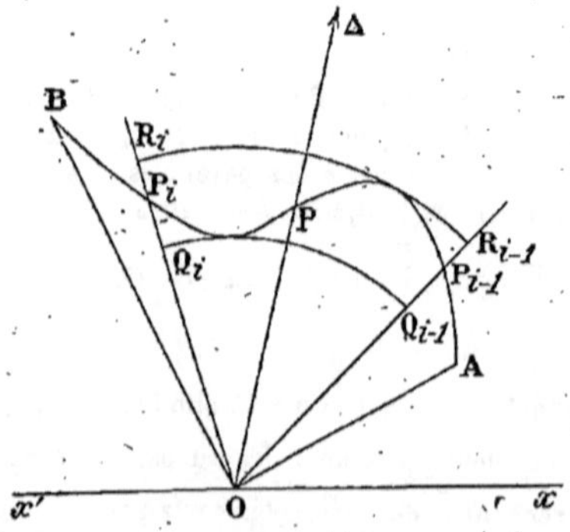

Fig. 86.

$OP_{i-1}P_i$ contient le secteur circulaire $OQ_{i-1}Q_i$ qui a pour aire $\frac{1}{2}m_i^2(\omega_i - \omega_{i-1})$ et est contenu dans le secteur circulaire $OR_{i-1}R_i$ qui a pour aire $\frac{1}{2}M^2(\omega_i - \omega_{i-1})$.

La somme des aires des secteurs circulaires $OQ_{i-1}Q_i$ est égale à

$$\frac{1}{2}\sum_{i=1}^{i=n} m_i^2(\omega_i - \omega_{i-1});$$

celle des aires des secteurs circulaires $OR_{i-1}R_i$ est égale à

$$\frac{1}{2}\sum_{i=1}^{i=n} M_i^2(\omega_i - \omega_{i-1}).$$

Faisons dépendre le partage de l'intervalle $(\alpha, \beta)$ d'un entier $\mu$, de telle façon que, lorsque cet entier tend vers $+\infty$, le plus grand des nombres $\omega_i - \omega_{i-1}$ tende vers 0. Si l'on remarque que dans l'intervalle $(\omega_{i-1}, \omega_i)$ la fonction $[f(\omega)]^2$ a une borne inférieure égale à $m_i^2$ et une borne supérieure égale à $M_i^2$, on voit que, lorsque $\mu$ tend vers $+\infty$, les deux sommes précédentes tendent simultanément vers

$$\frac{1}{2}\int_\alpha^\beta [f(\omega)]^2\, d\omega \quad \text{ou} \quad \frac{1}{2}\int_\alpha^\beta \rho^2\, d\omega.$$

C'est cette limite qui est dite l'*aire du domaine* OAB. Cette définition généralise celle de l'aire du secteur circulaire.

*Remarque.* — Si la fonction $f(\omega)$ était négative dans l'intervalle $(\alpha, \beta)$, on remplacerait $f(\omega)$ par $-f(\omega)$, positive dans cet intervalle. L'expression de l'aire du domaine OAB ne serait pas changée, $f(\omega)$ n'entrant sous le signe d'intégration que par son carré.

## II. — LONGUEUR D'UN ARC DE COURBE

318. **Définition de la longueur d'un arc de courbe.** — Soient dans l'espace trois axes de coordonnées rectangulaires et considérons l'ensemble (ou *courbe*) formé par les points M dont les coordonnées $x$, $y$, $z$ sont définies par les équations

$$x = f(t), \quad y = g(t), \quad z = h(t),$$

$f(t)$, $g(t)$, $h(t)$ étant des fonctions d'une même variable $t$ définies dans l'intervalle $(\alpha, \beta)$. Nous supposerons que ces fonctions soient continues et qu'elles soient pourvues de dérivées elles-mêmes continues.

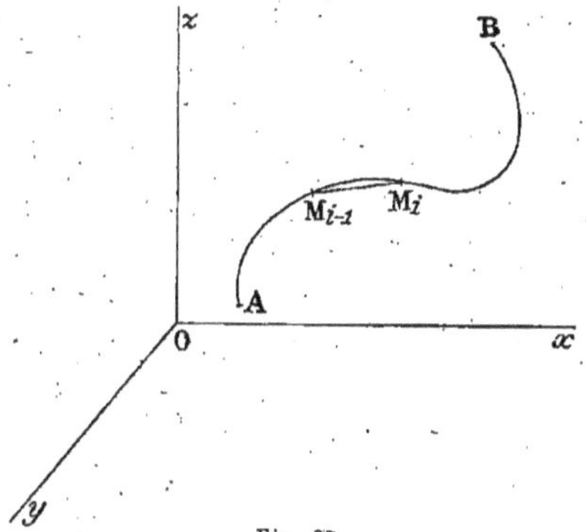

Fig. 87.

Soient A et B les positions de M pour $t = \alpha$ et pour $t = \beta$, et proposons-nous de définir la *longueur* de l'arc de courbe AB.

Partageons l'intervalle $(\alpha, \beta)$ par les nombres $t_0 = \alpha$, $t_1$, $t_2$, ..., $t_{n-1}$, $t_n = \beta$ rangés dans l'ordre croissant. Soient $M_0 = A$, $M_1$, $M_2$, ..., $M_{n-1}$, $M_n = B$ les points de l'arc AB correspondant aux valeurs $t_0 = \alpha$, $t_1$, ..., $t_{n-1}$, $t_n = \beta$ du paramètre $t$, et considérons la ligne polygonale $AM_1M_2 \ldots M_{n-1}B$. Si $x_i$, $y_i$, $z_i$ sont les coordonnées du point $M_i$, la longueur du côté $M_{i-1}M_i$ de cette ligne est

$$c_i = M_{i-1}M_i = \sqrt{(x_i - x_{i-1})^2 + (y_i - y_{i-1})^2 + (z_i - z_{i-1})^2}.$$

Or, en appliquant la formule des accroissements finis, on a

$$x_i - x_{i-1} = f(t_i) - f(t_{i-1}) = (t_i - t_{i-1}) f'(\theta_i),$$
$$y_i - y_{i-1} = g(t_i) - g(t_{i-1}) = (t_i - t_{i-1}) g'(\theta'_i),$$
$$z_i - z_{i-1} = h(t_i) - h(t_{i-1}) = (t_i - t_{i-1}) h'(\theta''_i),$$

$\theta_i, \theta'_i, \theta''_i$ étant trois nombres compris entre $t_{i-1}$ et $t_i$. Par suite, on a

$$c_i = (t_i - t_{i-1}) \sqrt{f'^2(\theta_i) + g'^2(\theta'_i) + h'^2(\theta''_i)}.$$

Considérons la fonction des trois variables indépendantes $u$, $v$, $w$

$$\varphi(u, v, w) = \sqrt{f'^2(u) + g'^2(v) + h'^2(w)},$$

qui est définie et continue dans le champ

$$\alpha \leqslant u \leqslant \beta, \quad \alpha \leqslant v \leqslant \beta, \quad \alpha \leqslant w \leqslant \beta.$$

D'après un théorème établi sur les fonctions continues (ch. I, § 49), étant donné un nombre positif $\varepsilon$, il est possible d'y faire correspondre un nombre positif $\eta$ tel que pour tout couple de points $(u', v', w')$ et $(u'', v'', w'')$ appartenant au champ précédent et vérifiant les conditions

$$|u'' - u'| < \eta, \quad |v'' - v'| < \eta, \quad |w'' - w'| < \eta$$

on ait

$$|\varphi(u'', v'', w'') - \varphi(u', v', w')| < \varepsilon.$$

Par suite, si le partage de l'intervalle $(\alpha, \beta)$ par les points $t_0, t_1, \ldots, t_{n-1}, t_n$ est tel que le plus grand des nombres $t_i - t_{i-1}$ soit plus petit que $\eta$, on aura

$$\left|\sqrt{f'^2(\theta_i) + g'^2(\theta'_i) + h'^2(\theta''_i)} - \sqrt{f'^2(t_{i-1}) + g'^2(t_{i-1}) + h'^2(t_{i-1})}\right| < \varepsilon.$$

On en déduit l'inégalité

$$\left|\sum_{i=1}^{i=n} c_i - \sum_{i=1}^{i=n} (t_i - t_{i-1}) \sqrt{f'^2(t_{i-1}) + g'^2(t_{i-1}) + h'^2(t_{i-1})}\right|$$
$$< \varepsilon \sum_{i=1}^{i=n} (t_i - t_{i-1}) \quad \text{ou} \quad \varepsilon(\beta - \alpha).$$

Il s'ensuit immédiatement que si le partage de l'intervalle $(\alpha, \beta)$ par les nombres $t_0, t_1, \ldots, t_{n-1}, t_n$ dépend d'un entier de telle façon que le plus grand des nombres $t_i - t_{i-1}$ tende vers 0 quand cet entier tend vers $+\infty$, la différence

$$\sum_{i=1}^{i=n} c_i - \sum_{i=1}^{i=n} (t_i - t_{i-1}) \sqrt{f'^2(t_{i-1}) + g'^2(t_{i-1}) + h'^2(t_{i-1})}$$

tend en même temps vers 0. Or, le second terme de cette différence tend vers

$$\int_\alpha^\beta \sqrt{f'^2(t)+g'^2(t)+h'^2(t)}\,dt;$$

il en est donc de même de la longueur de la ligne polygonale $AM_1M_2 \ldots M_{n-1}B$.

Remarquons que si H désigne la borne supérieure, nécessairement positive, de la fonction $\varphi(u, v, w)$ dans le champ

$$\alpha \leqslant u \leqslant \beta, \quad \alpha \leqslant v \leqslant \beta, \quad \alpha \leqslant w \leqslant \beta,$$

on a

$$c_i \leqslant H(t_i - t_{i-1});$$

par suite, si le plus grand des nombres $t_i - t_{i-1}$ tend vers 0, il en est de même du plus grand des côtés $c_i$ de la ligne $AM_1M_2 \ldots M_{n-1}B$.

C'est la limite de la longueur de cette ligne polygonale qu'on désigne sous le nom de *longueur de l'arc* AB et qu'on représente par la notation arc AB.

Lorsque la courbe AB est tout entière dans le plan $xOy$, on a, quel que soit $t$, $h(t)=0$ et, par suite, $h'(t)=0$. La longueur de l'arc AB est alors égale à

$$\int_\alpha^\beta \sqrt{f'^2(t)+g'^2(t)}\,dt.$$

En particulier, soit la courbe AB représentative de la fonction $f(x)$ dans l'intervalle fini $(a, b)$, les coordonnées étant rectangulaires. On a

$$x = x, \qquad y = f(x);$$

par suite, on a

$$\text{arc}\,AB = \int_a^b \sqrt{1+y'^2}\,dx.$$

La définition de la longueur de l'arc AB généralise celles de la longueur d'un segment de droite (ch. I, § 20) et de la longueur d'un arc de cercle (ch. III, § 90).

**319. Propriétés de la longueur d'un arc de courbe.** — 1° Soient $C_1$, $C_2$, ..., $C_k$ des positions successives du point M de l'arc AB pour des valeurs de $t$, $\gamma_1, \gamma_2, \ldots, \gamma_k$, rangées dans l'ordre croissant et comprises entre $\alpha$ et $\beta$. On a

$$\int_\alpha^\beta \sqrt{f'^2+g'^2+h'^2}\,dt = \int_\alpha^{\gamma_1} \sqrt{f'^2+g'^2+h'^2}\,dt$$
$$+ \int_{\gamma_1}^{\gamma_2} \sqrt{f'^2+g'^2+h'^2}\,dt + \ldots + \int_{\gamma_k}^{\beta} \sqrt{f'^2+g'^2+h'^2}\,dt,$$

c'est-à-dire

$$\text{arc AB} = \text{arc AC}_1 + \text{arc C}_1\text{C}_2 + \ldots + \text{arc C}_k\text{B}.$$

2° En géométrie élémentaire, on démontre que l'on a

$$AB \leqslant AM_1 + M_1M_2 + \ldots + M_{n-1}B,$$

l'égalité n'ayant lieu que si les points $M_1$, $M_2$, ..., $M_{n-1}$ sont sur la droite AB. Il s'ensuit que, à la limite, on a

$$AB \leqslant \text{arc AB}.$$

Du reste, l'égalité n'a lieu que si la courbe AB coïncide avec la corde AB. En effet, si la courbe AB ne coïncide pas avec la corde AB, C étant un point de cette courbe non situé sur la droite AB, on a

$$AB < AC + CB;$$

mais, d'autre part, on a

$$AC \leqslant \text{arc AC}, \quad CB \leqslant \text{arc CB};$$

par suite, on a

$$AB < AC + CB \leqslant \text{arc AC} + \text{arc CB},$$

et, comme on a

$$\text{arc AC} + \text{arc CB} = \text{arc AB},$$

on voit bien que l'on a $AB < \text{arc AB}$.

De là résulte que l'on a

$$AM_1 + M_1M_2 + \ldots + M_{n-1}B \leqslant \text{arc AB},$$

l'égalité n'ayant lieu que si la courbe AB coïncide avec la corde AB.

3° Soit M un point variable de l'arc AB correspondant au paramètre $t$. Posons

$$s = \text{arc AM} = \int_\alpha^t \sqrt{f'^2 + g'^2 + h'^2}\, dt;$$

$s$ est une fonction croissante de $t$ qui a pour dérivée $\sqrt{f'^2 + g'^2 + h'^2}$; $x$, $y$, $z$ étant les coordonnées du point M exprimées en fonction de $t$, on a

$$s' = \sqrt{x'^2 + y'^2 + z'^2}.$$

Dans ce qui précède, nous avons supposé $\alpha < \beta$. Si on suppose $\alpha > \beta$, on a

$$s = \text{arc AM} = \int_t^\alpha \sqrt{f'^2 + g'^2 + h'^2}\, dt$$
$$= -\int_\alpha^t \sqrt{f'^2 + g'^2 + h'^2}\, dt;$$

il s'ensuit qu'on a

$$s' = -\sqrt{f'^2 + g'^2 + h'^2} = -\sqrt{x'^2 + y'^2 + z'^2};$$

$s$ est alors une fonction décroissante de $t$.

Dans l'un et l'autre cas, on a

$$s'^2 = f'^2 + g'^2 + h'^2 = x'^2 + y'^2 + z'^2$$

ou

$$\left(\frac{ds}{dt}\right)^2 = \left(\frac{dx}{dt}\right)^2 + \left(\frac{dy}{dt}\right)^2 + \left(\frac{dz}{dt}\right)^2,$$

d'où

$$ds^2 = dx^2 + dy^2 + dz^2.$$

4° Supposons $\alpha < \beta$. Soit M′ un point de l'arc AB correspondant au paramètre $t + \Delta t$ et ayant pour coordonnées $x + \Delta x$, $y + \Delta y$, $z + \Delta z$. On a

$$\text{arc MM}' = \text{val. abs.} \int_t^{t+\Delta t} \sqrt{f'^2 + g'^2 + h'^2}\,dt,$$

d'où, en appliquant le théorème de la moyenne (ch. XI, § 299),

$$\text{arc MM}' = |\Delta t| \sqrt{f'^2(\theta) + g'^2(\theta) + h'^2(\theta)},$$

$\theta$ étant un nombre compris entre $t$ et $t + \Delta t$. D'autre part, on a

$$\text{corde MM}' = \sqrt{\Delta x^2 + \Delta y^2 + \Delta z^2} = |\Delta t| \sqrt{\left(\frac{\Delta x}{\Delta t}\right)^2 + \left(\frac{\Delta y}{\Delta t}\right)^2 + \left(\frac{\Delta z}{\Delta t}\right)^2};$$

il s'ensuit qu'on a

$$\frac{\text{arc MM}'}{\text{corde MM}'} = \frac{\sqrt{f'^2(\theta) + g'^2(\theta) + h'^2(\theta)}}{\sqrt{\left(\frac{\Delta x}{\Delta t}\right)^2 + \left(\frac{\Delta y}{\Delta t}\right)^2 + \left(\frac{\Delta z}{\Delta t}\right)^2}}.$$

Quand $\Delta t$ tend vers 0, $\theta$ tend vers $t$, le numérateur et le dénominateur du second membre tendent simultanément vers $\sqrt{f'^2(t) + g'^2(t) + h'^2(t)}$; il s'ensuit que, si l'on suppose que les fonctions $f'(t)$, $g'(t)$, $h'(t)$ ne soient pas nulles simultanément au point M, le second membre tend vers 1. On a ainsi

$$\lim. \frac{\text{arc MM}'}{\text{corde MM}'} = 1,$$

ce qu'on exprime en disant que *l'arc et la corde qui le sous-tend sont des infiniment petits équivalents.*

**320. Arcs en coordonnées cylindriques.** — On passe du système de coordonnées rectilignes rectangulaires $x$, $y$, $z$ au système de coordonnées cylindriques $r$, $\theta$, $z$ par les formules

$$x = r\cos\theta, \quad y = r\sin\theta, \quad z = z.$$

On en déduit, entre les différentielles des fonctions $x$, $y$, $r$, $\theta$ de la variable $t$, les relations

$$dx = dr\cos\theta - r\sin\theta\, d\theta, \quad dy = dr\sin\theta + r\cos\theta\, d\theta;$$

on a, par suite,

$$dx^2 + dy^2 = dr^2 + r^2 d\theta^2,$$

d'où

$$ds^2 = dr^2 + r^2 d\theta^2 + dz^2.$$

Si la courbe AB est dans le plan $xOy$, on a $dz = 0$ et, par suite,

$$ds^2 = dr^2 + r^2 d\theta^2.$$

321. *Applications.* — 1° Soit la parabole qui, rapportée à son axe et à sa tangente au sommet, a pour équation

$$y^2 = 2px,$$

c'est-à-dire

$$x = \frac{y^2}{2p}.$$

On en déduit

$$dx = \frac{y\,dy}{p},$$

$$ds^2 = dx^2 + dy^2 = dy^2\left(1 + \frac{y^2}{p^2}\right) = \frac{(y^2 + p^2)\,dy^2}{p^2}.$$

Soit M le point, d'ordonnée $y$, de l'arc de parabole situé du côté des $y$ positifs. O étant le sommet de la parabole, on a

$$\text{arc OM} = \frac{1}{p}\int_0^y \sqrt{y^2 + p^2}\,dy.$$

En intégrant par parties, on a

$$\int_0^y \sqrt{y^2 + p^2}\,dy = y\sqrt{y^2 + p^2} - \int_0^y \frac{y^2}{\sqrt{y^2 + p^2}}\,dy$$
$$= y\sqrt{y^2 + p^2} - \int_0^y \frac{(y^2 + p^2) - p^2}{\sqrt{y^2 + p^2}}\,dy.$$

On en déduit

$$2\int_0^y \sqrt{y^2 + p^2}\,dy = y\sqrt{y^2 + p^2} + p^2\int_0^y \frac{dy}{\sqrt{y^2 + p^2}}.$$

Mais, on a

$$\int_0^y \frac{dy}{\sqrt{y^2 + p^2}} = \left[\mathrm{L}(y + \sqrt{y^2 + p^2})\right]_0^y = \mathrm{L}\left(\frac{y + \sqrt{y^2 + p^2}}{p}\right).$$

On a finalement

$$\text{arc}\,OM = \frac{y\sqrt{y^2+p^2}}{2p} + \frac{p}{2}L\left(\frac{y+\sqrt{y^2+p^2}}{p}\right).$$

2° Soit la *chaînette* qui, rapportée à sa droite de base et à son axe de symétrie, a pour équation

$$y = a\,\text{ch}\frac{x}{a},$$

$a$ étant positif.

On a

$$dy = \text{sh}\frac{x}{a}dx;$$

$$ds^2 = dx^2 + dy^2 = \left(1+\text{sh}^2\frac{x}{a}\right)dx^2 = \text{ch}^2\frac{x}{a}dx^2.$$

O étant le sommet de la chaînette et M étant le point d'abscisse $x$ sur l'arc de chaînette situé du côté des $x$ positifs, on a

$$\text{arc}\,OM = \int_0^x \text{ch}\frac{x}{a}dx = a\,\text{sh}\frac{x}{a}.$$

3° Soit, en coordonnées rectangulaires, l'*hélice* lieu des points dont les coordonnées $x$, $y$, $z$ sont définies par les équations

$$x = a\cos t, \quad y = a\sin t, \quad z = kt,$$

$a$ et $k$ étant deux constantes. On a

$$dx = -a\sin t\,dt, \quad dy = a\cos t\,dt, \quad dz = k\,dt.$$

Par suite, on a

$$ds^2 = (a^2+k^2)\,dt^2.$$

L'arc d'hélice qui a pour extrémités les points $M_0$ et $M_1$ de paramètres $t_0$ et $t_1$ ($t_0 < t_1$) a pour longueur

$$\int_{t_0}^{t_1}\sqrt{a^2+k^2}\,dt = \sqrt{a^2+k^2}\,(t_1-t_0).$$

Si $z_0$ et $z_1$ sont les *cotes* des points $M_0$ et $M_1$, on a

$$\text{arc}\,M_0M_1 = \sqrt{a^2+k^2}\left|\frac{z_1-z_0}{k}\right| = \sqrt{1+\frac{a^2}{k^2}}\,|z_1-z_0|.$$

## III. — AIRE D'UNE SURFACE DE RÉVOLUTION

322. — Soit d'abord un segment de droite AB. Quand il tourne autour d'un axe $\Delta$ qui lui est parallèle, il engendre une surface cylindrique dont l'aire a été définie en géométrie élémentaire. Si $r$ est la distance de AB à $\Delta$ et si $l$ est la longueur de AB, cette aire est égale à $2\pi rl$.

Quand le segment AB tourne autour d'un axe $\Delta$ situé dans un même plan avec AB et ne rencontrant pas AB, il engendre, en général, la surface latérale d'un tronc de cône de révolution. Si $r$ est la distance du milieu de AB à l'axe $\Delta$, l'aire de cette surface, définie en géométrie

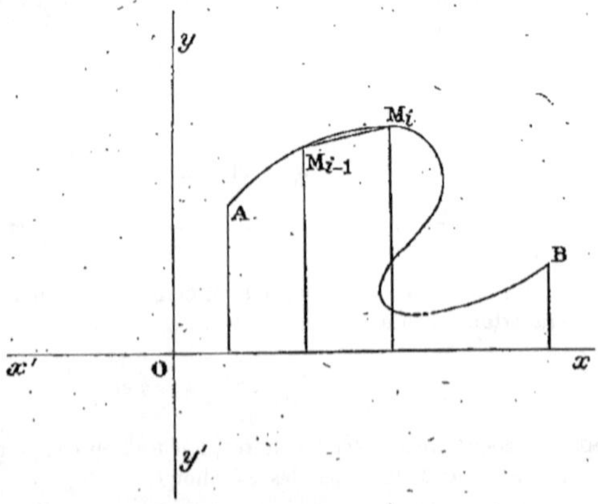


Fig. 88.

élémentaire, est égale à $2\pi rl$. Cette formule contient la précédente comme cas particulier; elle est également applicable au cas où AB est perpendiculaire à $\Delta$.

Cela posé, soit dans un plan, rapporté à deux axes de coordonnées rectangulaires $Ox$ et $Oy$, une courbe C située du côté des $y$ positifs, décrite par un point M dont les coordonnées sont $x = f(t)$, $y = g(t)$, $f(t)$ et $g(t)$ étant des fonctions d'une variable $t$ définies et continues dans l'intervalle $(\alpha, \beta)$, pourvues de dérivées elles-mêmes continues. Soient A et B les positions de M pour $t = \alpha$ et pour $t = \beta$.

Partageons l'intervalle $(\alpha, \beta)$ par les nombres

$$t_0 = \alpha, t_1, t_2, \ldots, t_{n-1}, t_n = \beta$$

rangés dans l'ordre croissant. Soient $M_0 = A$, $M_1$, ..., $M_{n-1}$, $M_n = B$ les points de l'arc AB correspondant aux valeurs

$$t_0 = \alpha, t_1, \ldots, t_{n-1}, t_n = \beta$$

du paramètre $t$ et considérons la ligne polygonale $AM_1M_2 \ldots M_{n-1}B$. Soient $x_i$ et $y_i$ les coordonnées de $M_i$.

Quand la courbe AB tourne autour de $Ox$, le côté $M_{i-1}M_i$ de la ligne polygonale considérée engendre une surface de révolution dont l'aire est

$$a_i = 2\pi\left(y_{i-1} + \frac{y_i - y_{i-1}}{2}\right)M_{i-1}M_i$$
$$= 2\pi y_{i-1}M_{i-1}M_i + \pi(y_i - y_{i-1})M_{i-1}M_i.$$

On a

$$\sum_{i=1}^{i=n} a_i = 2\pi \sum_{i=1}^{i=n} y_{i-1}M_{i-1}M_i + \pi \sum_{i=1}^{i=n}(y_i - y_{i-1})M_{i-1}M_i.$$

Faisons dépendre le partage de l'intervalle $(\alpha, \beta)$ par les nombres $t_0, t_1, \ldots, t_{n-1}, t_n$ d'un entier $\mu$, de telle façon que, quand cet entier tend vers $+\infty$, le plus grand des nombres $t_i - t_{i-1}$ tende vers 0. Il en résulte que le plus grand des côtés $M_{i-1}M_i$ tend aussi vers 0.

Comme on a $|y_i - y_{i-1}| \leqslant M_{i-1}M_i$, on voit que, quand $\mu$ tend vers $+\infty$, le plus grand des nombres $|y_i - y_{i-1}|$ tend vers 0. Par suite, étant donné un nombre positif $\varepsilon$ quelconque, il existe un entier $\mu_0$ tel que pour tout entier $\mu$ plus grand que $\mu_0$, on ait, pour $i = 1, 2, \ldots, n$,

$$|y_i - y_{i-1}| < \varepsilon.$$

On a alors

$$\left|\sum_{i=1}^{i=n}(y_i - y_{i-1})M_{i-1}M_i\right| < \varepsilon \sum_{i=1}^{i=n} M_{i-1}M_i < \varepsilon \text{ arc AB};$$

ces inégalités montrent que

$$\sum_{i=1}^{i=n}(y_i - y_{i-1})M_{i-1}M_i$$

a pour limite 0.

D'autre part, on a

$$\sum_{i=1}^{i=n} y_{i-1}M_{i-1}M_i = \sum_{i=1}^{i=n} y_{i-1} \text{ arc } M_{i-1}M_i - \sum_{i=1}^{i=n} y_{i-1} (\text{arc } M_{i-1}M_i - M_{i-1}M_i).$$

Soit H la borne supérieure, positive, de la fonction $y = g(t)$ dans l'intervalle $(\alpha, \beta)$. On a

$$0 \leqslant y_{i-1}(\text{arc } M_{i-1}M_i - M_{i-1}M_i) \leqslant H(\text{arc } M_{i-1}M_i - M_{i-1}M_i);$$

par suite, on a

$$0 \leqslant \sum_{i=1}^{i=n} y_{i-1}(\text{arc } M_{i-1}M_i - M_{i-1}M_i) \leqslant H\left(\text{arc AB} - \sum_{i=1}^{i=n} M_{i-1}M_i\right).$$

Le dernier membre de cette double inégalité tend vers 0; il en est donc de même de

$$\sum_{i=1}^{i=n} y_{i-1}(\text{arc } M_{i-1}M_i - M_{i-1}M_i).$$

Posons

$$s = \text{arc AM} = \theta(t);$$

c'est une fonction croissante de $t$. Cette relation définit $t$ comme fonction continue et croissante de $s$ dans l'intervalle (0, arc AB); il s'ensuit que $y$ est une fonction continue de $s$, par l'intermédiaire de $t$. Si l'on pose $s_i = \text{arc AM}_i$, on a

$$\sum_{i=1}^{i=n} y_{i-1} \text{ arc } M_{i-1}M_i = \sum_{i=1}^{i=n} y_{i-1}(s_i - s_{i-1});$$

le second membre a pour limite

$$\int_0^l y ds,$$

si on désigne par $l$ la longueur de l'arc AB.

De tout ce qui précède, il résulte que la somme des aires des surfaces de révolution engendrées par les côtés de la ligne polygonale $AM_1M_2 \ldots M_{n-1}B$ tournant autour de $Ox$ a une limite égale à

$$2\pi \int_0^l y\,ds = 2\pi \int_\alpha^\beta \left(y\frac{ds}{dt}\right) dt = 2\pi \int_\alpha^\beta g(t)\sqrt{f'^2(t) + g'^2(t)}\,dt.$$

Cette limite est dite l'*aire de la surface de révolution* engendrée par la courbe AB tournant autour de $Ox$; nous la désignerons par aire AB.

Soient $C_1, C_2, \ldots, C_k$ des positions successives du point M de l'arc AB pour des valeurs de $t$ rangées dans l'ordre croissant et comprises entre $\alpha$ et $\beta$. On voit immédiatement que l'on a

$$\text{aire AB} = \text{aire AC}_1 + \text{aire C}_1\text{C}_2 + \ldots + \text{aire C}_k\text{B}.$$

*Cas particulier.* — Supposons que la courbe C soit un arc de cercle ayant pour centre O, de rayon R, situé du côté des $y$ positifs. Si $x$ et $y$ sont les coordonnées d'un point M de cet arc, on a

$$x = R\cos t, \quad y = R\sin t,$$

en posant $(Ox, OM) = t$, le plan étant orienté de façon que $(Ox, Oy)$ soit égal à $+\frac{\pi}{2}$. On peut supposer que $t$ appartienne à l'intervalle $(0, \pi)$. Soient $\alpha$ et $\beta$ les valeurs de $t$ correspondant aux extrémités A et B de l'arc, $\alpha$ étant supposé plus petit que $\beta$.

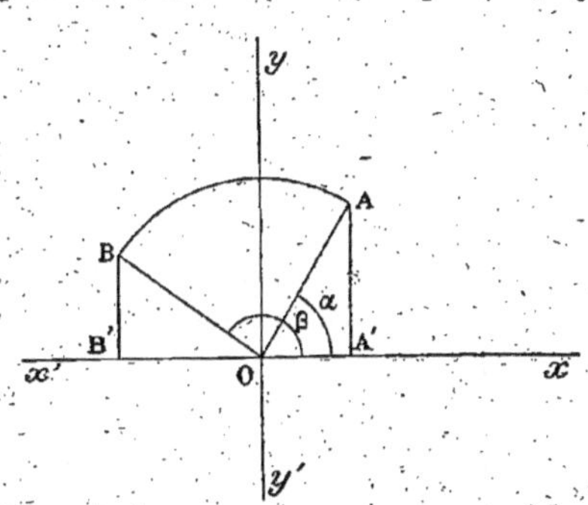

Fig. 89.

En posant

$f(t) = \mathrm{R}\cos t, \quad g(t) = \mathrm{R}\sin t,$

on a

$$\sqrt{f'^2(t) + g'^2(t)} = \mathrm{R}.$$

La surface de révolution engendrée par l'arc AB tournant autour de $Ox$ a une aire égale à

$$2\pi \int_\alpha^\beta \mathrm{R}\sin t \,.\, \mathrm{R}\,dt = 2\pi\mathrm{R}^2 \int_\alpha^\beta \sin t\,dt$$

$$= 2\pi\mathrm{R}^2(\cos\alpha - \cos\beta) = 2\pi\mathrm{R}(\mathrm{R}\cos\alpha - \mathrm{R}\cos\beta).$$

Soient A′ et B′ les projections orthogonales de A et B sur l'axe de révolution; on a

$$\mathrm{B'A'} = \mathrm{OA'} - \mathrm{OB'} = \mathrm{R}\cos\alpha - \mathrm{R}\cos\beta;$$

il s'ensuit que l'aire de la surface de révolution est égale à $2\pi\mathrm{R}\,.\,\mathrm{B'A'}$.

La surface de révolution considérée est dite une *zone* de la sphère de centre O et de rayon R, limitée par les circonférences décrites par A et B dans la rotation de AB autour de $Ox$.

La distance des plans de ces deux circonférences est dite la *hauteur* de la zone; elle est égale à A′B′. L'aire d'une zone sphérique est ainsi égale au produit de la longueur d'un grand cercle de la sphère par la hauteur de la zone.

En particulier, si l'arc AB est une demi-circonférence dont les extrémités A et B sont sur $Ox$, la surface engendrée par cet arc tournant autour de $Ox$ est la sphère de centre O et de rayon R. Alors $\mathrm{B'A'} = 2\mathrm{R}$. On en déduit que l'aire de la sphère est égale à $4\pi\mathrm{R}^2$, c'est-à-dire à quatre fois l'aire d'un de ses grands cercles.

## IV. — VOLUMES

323. — Soit dans un plan $\Pi_0$ un domaine $\Delta_0$, tel que ceux qui ont été considérés antérieurement, admettant une aire S. Par le point $M_0$ variable sur le contour $C_0$ de $\Delta_0$ menons le vecteur $M_0M_1$ équipollent à un vecteur donné. Le point $M_1$ décrit le contour $C_1$ d'un domaine $\Delta_1$ situé dans un plan $\Pi_1$ parallèle à $\Pi_0$. Un point M de $M_0M_1$ tel que le vecteur $M_0M$ soit équipollent à un vecteur fixe décrit le contour C d'un domaine $\Delta$ situé dans un plan $\Pi$ parallèle aux plans $\Pi_0$ et $\Pi_1$. L'ensemble des points des domaines $\Delta$ correspondant aux divers points M du vecteur $M_0M_1$ est dit un *domaine cylindrique* ayant pour *bases* les domaines plans $\Delta_0$ et $\Delta_1$. L'ensemble des points des contours C de ces domaines $\Delta$ est dit la *surface latérale* du domaine cylindrique. Tout domaine $\Delta$ admet une aire, égale à S.

Par extension des définitions posées en géométrie élémentaire, nous appellerons *volume* V *du domaine cylindrique* le produit de S par la distance $h$ des plans de base $\Pi_0$ et $\Pi_1$ : $V = Sh$; $h$ est dit la *hauteur* du domaine cylindrique.

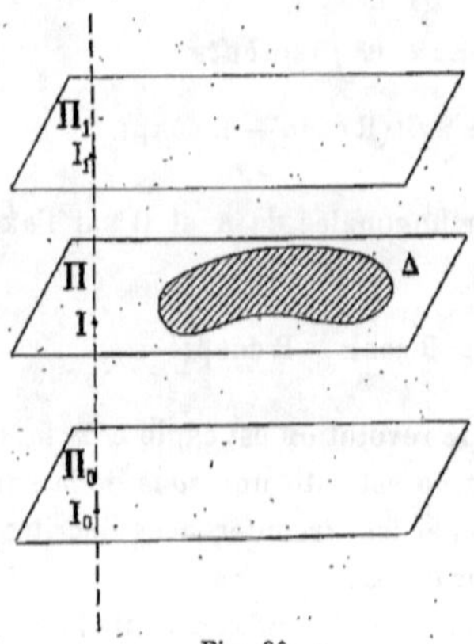

Fig. 90.

Soient, plus généralement, deux plans parallèles $\Pi_0$ et $\Pi_1$. Menons un axe $z'z$ perpendiculaire à ces deux plans et les rencontrant respectivement aux points $I_0$ et $I_1$. A tout plan $\Pi$ parallèle aux plans $\Pi_0$ et $\Pi_1$ et mené par un point I du segment $I_0I_1$ faisons correspondre un domaine $\Delta$ situé dans ce plan, tel que ceux qui ont été antérieurement considérés, de contour C, admettant une aire S. L'ensemble des points des domaines $\Delta$ correspondant aux divers points I du segment $I_0I_1$ est dit un *domaine solide* ayant pour *bases* les domaines $\Delta_0$ et $\Delta_1$ correspondant aux plans $\Pi_0$ et $\Pi_1$. L'ensemble des points des contours C de ces domaines $\Delta$ est dit la *surface latérale* du domaine solide.

Soit sur l'axe $z'z$ une origine O; désignons par $z$ la mesure du vecteur OI, par $z_0$ et $z_1$ les mesures des vecteurs $OI_0$ et $OI_1$. L'aire S du domaine $\Delta$ est fonction de $z$; *nous supposerons que* S *soit une fonction* $\varphi(z)$ *continue.*

Supposons $z_0 < z_1$. Partageons l'intervalle $(z_0, z_1)$ en $n$ parties par les nombres $\zeta_0 = z_0, \zeta_1, \zeta_2, \ldots, \zeta_{n-1}, \zeta_n = z_1$, rangés dans l'ordre croissant. Par les points $J_0 = I_0, J_1, \ldots, J_{n-1}, J_n = I_1$ de l'axe $z'z$ qui ont respectivement pour abscisses à partir de O sur cet axe $\zeta_0, \zeta_1, \ldots, \zeta_{n-1}, \zeta_n$, menons les plans $P_0 = \Pi_0, P_1, P_2, \ldots, P_{n-1}, P_n = \Pi_1$ parallèles aux plans $\Pi_0$ et $\Pi_1$. Le domaine solide D qui vient d'être défini est partagé par ces plans en $n$ domaines solides élémentaires; nous désignerons par $d_i$ celui de ces $n$ domaines qui a pour plans de base $P_{i-1}$ et $P_i$. Par un point $J'_i$ du segment $J_{i-1}J_i$, d'abscisse $\zeta'_i$ sur l'axe $z'z$, menons le plan $\Pi'_i$ parallèle aux plans $\Pi_0$ et $\Pi_1$; remplaçons le domaine solide $d_i$ par le domaine cylindrique qui a pour bases les projections orthogonales sur les plans $P_{i-1}$ et $P_i$ du domaine plan $\Delta'_i$ d'intersection du domaine solide D par le plan $\Pi'_i$. Ce domaine cylindrique a un volume égal à $(\zeta_i - \zeta_{i-1})\varphi(\zeta'_i)$.

La somme des volumes des $n$ domaines cylindriques ainsi formés est

$$\sum_{i=n}^{i=1}(\zeta_i - \zeta_{i-1})\varphi(\zeta'_i).$$

Faisons dépendre le partage de l'intervalle $(z_0, z_1)$ d'un entier $\mu$, de telle façon que, lorsque cet entier tend vers l'infini, le plus grand des nombres $\zeta_i - \zeta_{i-1}$ tende vers 0. Quand $\mu$ tend vers $\infty$, la somme précédente a une limite égale à

$$\int_{z_0}^{z_1} \varphi(z)\,dz\,;$$

cette limite est dite le *volume du domaine solide* D.

Cette définition généralise évidemment celle du volume d'un domaine cylindrique.

Si l'on suppose $z_1 < z_0$, le volume du domaine D est

$$\int_{z_1}^{z_0} \varphi(z)\,dz.$$

En supposant $z_0 < z_1$ et en faisant usage de notations déjà expliquées, on a

$$\int_{z_0}^{z_1} \varphi(z)\,dz = \int_{z_0}^{\zeta_1} \varphi(z)\,dz + \int_{\zeta_1}^{\zeta_2} \varphi(z)\,dz + \ldots + \int_{\zeta_{n-1}}^{z_1} \varphi(z)\,dz,$$

c'est-à-dire

$$\text{vol. } D = \text{vol. } d_1 + \text{vol. } d_2 + \ldots + \text{vol. } d_n.$$

**324. Règle des trois niveaux.** — Supposons que l'on ait

$$\varphi(z) = az^3 + bz^2 + cz + d,$$

$a$, $b$, $c$, $d$ étant des constantes non simultanément nulles.

Faisons le changement de variable

$$z = \frac{z_0 + z_1}{2} + Z;$$

on a

$$\varphi(z) = \varphi\left(\frac{z_0 + z_1}{2} + Z\right) = AZ^3 + BZ^2 + CZ + D = \Phi(Z),$$

A, B, C, D étant des constantes non simultanément nulles.

Supposons $z_0 < z_1$ et posons $z_1 - z_0 = h$; la distance $h$ des deux plans de base $\Pi_0$ et $\Pi_1$ du solide D est dite la *hauteur* de ce solide. On a

$$\begin{aligned}\int_{z_0}^{z_1} \varphi(z)\,dz &= \int_{-\frac{h}{2}}^{+\frac{h}{2}} (AZ^3 + BZ^2 + CZ + D)\,dZ \\ &= \left[\frac{A}{4}Z^4 + \frac{B}{3}Z^3 + \frac{C}{2}Z^2 + DZ\right]_{-\frac{h}{2}}^{+\frac{h}{2}} \\ &= 2\left(\frac{B}{3}\frac{h^3}{8} + D\frac{h}{2}\right) = \frac{h}{6}\left(B\frac{h^2}{2} + 6D\right).\end{aligned}$$

D'autre part, on a

$$\varphi(z_0) = \Phi\left(-\frac{h}{2}\right), \quad \varphi(z_1) = \Phi\left(\frac{h}{2}\right), \quad \varphi\left(\frac{z_0 + z_1}{2}\right) = \Phi(0).$$

Par suite, on a

$$\begin{aligned}\varphi(z_0) + \varphi(z_1) &= \Phi\left(-\frac{h}{2}\right) + \Phi\left(\frac{h}{2}\right) \\ &= 2\left(B\frac{h^2}{4} + D\right) = B\frac{h^2}{2} + 2D,\end{aligned}$$

d'où

$$\varphi(z_0) + \varphi(z_1) + 4\varphi\left(\frac{z_0 + z_1}{2}\right) = B\frac{h^2}{2} + 6D.$$

On voit ainsi que l'on a

$$\int_{z_0}^{z_1} \varphi(z)\,dz = \frac{z_1 - z_0}{6}\left[\varphi(z_0) + \varphi(z_1) + 4\varphi\left(\frac{z_1 + z_0}{2}\right)\right].$$

Soient V le volume du domaine D, $S_0$ et $S_1$ les aires de ses bases, $S'$ l'aire de la section du domaine D par le plan parallèle aux plans de base et équidistant de ces deux plans. Si $h$ est la hauteur du domaine D, on a l'égalité

$$V = \frac{h}{6}(S_0 + S_1 + 4S').$$

Applications. — 1° *Cône*. — Soit dans un plan $\Pi_0$ un domaine $\Delta_0$, de contour $C_0$, ayant une aire égale à $S_0$. O étant un point non situé dans le plan $\Pi_0$, menons la droite qui passe par O et par un point $M_0$ variable de $C_0$. Soit M un point du vecteur $OM_0$ tel que le rapport $\frac{OM}{OM_0}$ soit égal à une constante $k$ appartenant à l'intervalle (0, 1). Ce point décrit le contour C d'un domaine $\Delta$ situé dans un plan $\Pi$ parallèle au plan $\Pi_0$. Le domaine $\Delta$ est homothétique du domaine $\Delta_0$ par rapport à O, dans le rapport $k$. Or, deux domaines polygonaux homothétiques dans le rapport $k$ ont des aires dont le rapport est $k^2$. Comme l'aire de $\Delta_0$ est la limite de l'aire d'un domaine polygonal variable $P_0$, $\Delta$ a une aire S, limite de l'aire d'un domaine polygonal variable P, homothétique de $P_0$ par rapport à O dans le rapport $k$, et l'on a

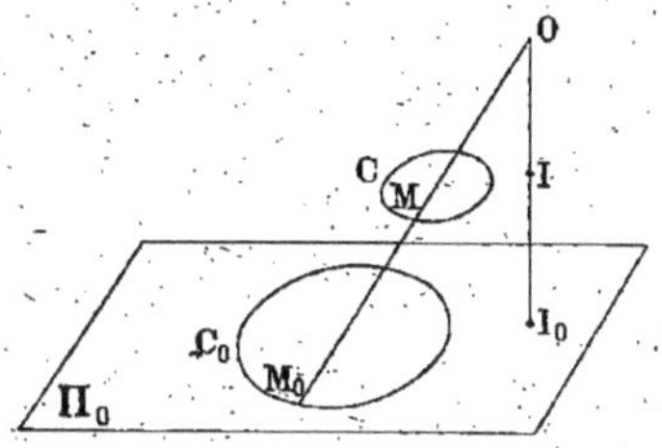

Fig. 91.

$$S = k^2 S_0.$$

L'ensemble des points des domaines $\Delta$ qui correspondent aux valeurs de $k$ appartenant à l'intervalle (0, 1) est dit un *domaine conique*, ou *cône*, ayant pour *sommet* le point O et pour *base* le domaine $\Delta_0$.

Menons par O la perpendiculaire au plan $\Pi_0$, rencontrant ce plan en $I_0$ et le plan $\Pi$ du domaine $\Delta$ en I. Soit $z'Oz$ l'axe, situé sur cette droite, dont la demi-droite positive $Oz$ contient les points $I_0$ et I. Posons $OI = z$, $OI_0 = h$; $h$ est dit la *hauteur* du domaine conique. On a

$$\frac{z}{h} = k;$$

par suite, on a

$$\frac{S}{S_0} = \left(\frac{z}{h}\right)^2,$$

d'où

$$S = \frac{S_0}{h^2} z^2.$$

On peut, par suite, appliquer au domaine conique la règle des trois niveaux, en regardant ce domaine comme ayant pour bases le domaine $\Delta_0$ et le domaine $\Delta_1$ réduit au point O dans le plan $\Pi_1$ passant par O et parallèle au plan $\Pi_0$. L'aire $S_1$ de ce domaine $\Delta_1$ est égale à 0. L'aire S' du domaine $\Delta'$ d'intersection du cône par le plan $\Pi'$ parallèle aux plans $\Pi_0$ et $\Pi_1$ et équidistant de ces deux plans est donnée par la relation

$$\frac{S'}{S_0} = \frac{\left(\frac{h}{2}\right)^2}{h^2} = \frac{1}{4},$$

d'où l'on tire

$$S' = \frac{S_0}{4}.$$

Il en résulte que, V désignant le volume du cône, on a

$$V = \frac{h}{6}\left(S_0 + 4\frac{S_0}{4}\right) = \frac{hS_0}{3}.$$

Le volume d'un cône est égal au tiers du produit de l'aire de la base par la hauteur.

2° *Tronc de cône.* — Soit le cône de sommet O et de base $\Delta_0$ dans le plan $\Pi_0$. Coupons ce cône par le plan $\Pi_1$ parallèle au plan $\Pi_0$, suivant un domaine $\Delta_1$. Le domaine solide formé des domaines $\Delta_0$ et $\Delta_1$ et des points du cône compris entre $\Pi_0$ et $\Pi_1$ est dit un *domaine tronconique* ou *tronc de cône*, ayant pour bases les domaines $\Delta_0$ et $\Delta_1$.

Menons par O la perpendiculaire aux plans $\Pi_0$ et $\Pi_1$, rencontrant respectivement $\Pi_0$ et $\Pi_1$ en $I_0$ et $I_1$. Soit $z'Oz$ l'axe situé sur cette droite dont la demi-droite positive $Oz$ contient $I_0$ et $I_1$. Posons $OI_0 = z_0$, $OI_1 = z_1$. Si $h$ est la hauteur du tronc de cône, c'est-à-dire la distance des plans de base, on a $z_1 - z_0 = h$. Soient $S_0$ et $S_1$ les aires des bases $\Delta_0$ et $\Delta_1$.

Considérons un plan $\Pi$ parallèle aux plans $\Pi_0$ et $\Pi_1$ et rencontrant $z'Oz$ en un point I appartenant au segment $I_0I_1$. Si S est l'aire du domaine $\Delta$ d'intersection du tronc de cône par ce plan et si l'on pose $z = OI$, on a

$$S = \frac{S_0}{z_0^2} z^2.$$

On peut, par suite, appliquer au tronc de cône la règle des trois niveaux. Soit $S'$ l'aire du domaine $\Delta'$ d'intersection du tronc de cône par le plan $\Pi'$ parallèle aux plans de base mené par le point $I'$, milieu de $I_0I_1$. On a

$$\frac{S_0}{z_0^2} = \frac{S_1}{z_1^2} = \frac{S'}{\left(\frac{z_0+z_1}{2}\right)^2},$$

d'où

$$\frac{\sqrt{S_0}}{z_0} = \frac{\sqrt{S_1}}{z_1} = \frac{2\sqrt{S'}}{z_0+z_1}.$$

On en déduit

$$2\sqrt{S'} = \sqrt{S_0} + \sqrt{S_1},$$

d'où, en élevant au carré,

$$4S' = S_0 + S_1 + 2\sqrt{S_0 S_1}.$$

Si $V$ est le volume du tronc de cône, on a

$$V = \frac{h}{6}(S_0 + S_1 + 4S') = \frac{h}{3}(S_0 + S_1 + \sqrt{S_0 S_1}).$$

3° *Sphère*. — Soit une sphère de centre O et de rayon R. Menons un axe quelconque $z'Oz$ ayant pour origine le point O, rencontrant la sphère en deux points, l'un $I_0$ sur la demi-droite négative $Oz'$, l'autre $I_1$, sur la demi-droite positive $Oz$. Soit I un point du segment $I_0I_1$; posons $OI = z$. Le plan $\Pi$ mené par I perpendiculairement à $z'Oz$ rencontre la sphère suivant un cercle qui a pour centre I et pour rayon $\sqrt{R^2 - z^2}$. L'aire de ce cercle est

$$S = \pi(R^2 - z^2);$$

c'est un polynome du second degré en $z$.

On peut, par suite, appliquer à la sphère la règle des trois niveaux, en la regardant comme ayant pour plans de base les plans $\Pi_0$ et $\Pi_1$ menés respectivement par $I_0$ et $I_1$ perpendiculairement à $z'Oz$. En reprenant des notations déjà employées, on a

$$S_0 = 0, \quad S_1 = 0, \quad S' = \pi R^2, \quad h = 2R;$$

par suite, on a

$$V = \frac{4}{3}\pi R^3.$$

4° *Segment sphérique*. — C'est le domaine formé des points des cercles d'intersection d'une sphère par deux plans parallèles $\Pi_0$ et $\Pi_1$ et des points de cette sphère compris entre les deux plans.

Menons le diamètre de la sphère perpendiculaire aux plans $\Pi_0$ et $\Pi_1$, rencontrant ces deux plans respectivement en $I_0$ et $I_1$. Choisissons sur ce diamètre un axe ayant pour origine le centre O de la sphère. Posons $OI_0 = z_0$, $OI_1 = z_1$. Soit I un point de $I_0I_1$; posons $OI = z$. Le cercle d'intersection de la sphère par le plan $\Pi$ perpendiculaire en I au diamètre OI a pour aire

$$S = \pi(R^2 - z^2),$$

R étant le rayon de la sphère.

On peut appliquer, par suite, au segment sphérique la règle des trois niveaux. Supposons $z_1 > z_0$; si $h$ est la hauteur du segment, on a $h = z_1 - z_0$. Avec les notations déjà employées, on a

$$S_0 = \pi(R^2 - z_0^2), \qquad S_1 = \pi(R^2 - z_1^2),$$

$$S' = \pi\left[R^2 - \left(\frac{z_0 + z_1}{2}\right)^2\right].$$

Mais, on a

$$\left(\frac{z_0 + z_1}{2}\right)^2 + \left(\frac{z_1 - z_0}{2}\right)^2 = \frac{1}{2}(z_0^2 + z_1^2),$$

d'où

$$\left(\frac{z_0 + z_1}{2}\right)^2 = \frac{1}{2}(z_0^2 + z_1^2) - \frac{h^2}{4}.$$

Il s'ensuit qu'on a

$$S' = \pi\left(R^2 - \frac{z_0^2}{2} - \frac{z_1^2}{2} + \frac{h^2}{4}\right) = \pi\left(\frac{R^2 - z_0^2}{2} + \frac{R^2 - z_1^2}{2} + \frac{h^2}{4}\right)$$

$$= \frac{1}{2}(S_0 + S_1) + \frac{\pi h^2}{4}.$$

Si l'on porte dans l'expression du volume V cette valeur de S', on trouve

$$V = \frac{h}{6}(3S_0 + 3S_1 + \pi h^2)$$

$$= \frac{\pi h^3}{6} + \frac{hS_0}{2} + \frac{hS_1}{2}.$$

Le volume d'un segment sphérique est égal au volume d'une sphère ayant pour diamètre la hauteur du segment, augmenté de la demi-somme des volumes de deux cylindres ayant pour hauteur commune la hauteur du segment et pour bases les bases du segment.

## V. — MASSES ET MOMENTS D'INERTIE

**325. Intégrales relatives à un domaine solide.** — Soit un domaine solide $\Delta$ admettant un volume V. A tout point M de ce domaine faisons correspondre un nombre $\rho$; nous dirons que $\rho$ est une *fonction du point* M définie dans le domaine $\Delta$.

Soient $M_0$ un point de $\Delta$ et $\rho_0$ le nombre qui lui correspond. Nous dirons que la fonction $\rho$ du point M est *continue au point* $M_0$ si à tout nombre positif $\varepsilon$ il est possible de faire correspondre un nombre positif $\alpha$ tel que, pour tout point M de $\Delta$ dont la distance $M_0M$ au point $M_0$ est plus petite que $\alpha$, on ait $|\rho - \rho_0| < \varepsilon$; cette définition est indépendante du choix de l'unité de longueur. Nous dirons que la fonction $\rho$ est *continue dans le domaine* $\Delta$ si elle est continue en tout point de $\Delta$.

Soient dans l'espace trois axes de coordonnées rectangulaires $Ox$, $Oy$, $Oz$. Si $x$, $y$, $z$ sont les coordonnées du point M, il est clair que la fonction $\rho$ du point M est une fonction de $x$, $y$, $z$ : $\rho = f(x, y, z)$. Si $x_0$, $y_0$, $z_0$ sont les coordonnées d'un point $M_0$ de $\Delta$, il existe un champ décrit par le point $(x, y, z)$, contenant le point $(x_0, y_0, z_0)$ et dans lequel la fonction $f(x, y, z)$ est définie. Si la fonction $\rho$ de M est continue au point $M_0$, la fonction $f(x, y, z)$ est continue au point $(x_0, y_0, z_0)$.

Effectuons le partage P du solide $\Delta$ en $n$ solides $\delta_1, \delta_2, \ldots, \delta_n$ admettant des volumes que nous désignerons respectivement par $v_1, v_2, \ldots, v_n$. Il est possible de choisir un nombre positif $l$ tel que chacun des solides $\delta_1, \delta_2, \ldots, \delta_n$ puisse être tout entier contenu dans un domaine sphérique de rayon $l$. Soient $M_1, M_2, \ldots, M_n$ $n$ points pris respectivement dans les $n$ solides partiels, $\rho_1, \rho_2, \ldots, \rho_n$ les valeurs de $\rho$ qui correspondent à ces $n$ points; formons la somme $\rho_1 v_1 + \rho_2 v_2 + \ldots + \rho_n v_n$.

Faisons dépendre le partage P et le nombre $l$ d'un entier positif $m$, de façon que $l$ tende vers 0 quand $m$ tend vers $+\infty$. En étendant au cas des fonctions continues de trois variables la démonstration relative à l'existence de l'intégrale définie d'une fonction continue d'une variable définie dans un intervalle fini, on voit que la somme précédente a une limite finie I indépendante des états successifs du partage P. Cette limite est dite *l'intégrale définie de la fonction* $\rho$ *dans le domaine* $\Delta$; on la représente par la notation

$$\int_\Delta \rho\, dv,$$

qui s'énonce *somme dans* $\Delta$ *de* $\rho dv$.

On a les théorèmes suivants qui correspondent à des théorèmes relatifs à l'intégrale définie d'une fonction continue d'une variable dans un intervalle fini et qui se démontrent d'une manière analogue.

1° Si $\rho$ est constant dans le domaine $\Delta$, on a

$$\int_\Delta \rho\, dv = \rho V.$$

2° Si, quel que soit le point M de $\Delta$, on a

$$a \leqslant \rho \leqslant b,$$

$a$ et $b$ étant deux nombres fixes, on a

$$aV \leqslant \int_\Delta \rho\, dv \leqslant bV;$$

si on a

$$a < \rho < b,$$

on a

$$aV < \int_\Delta \rho\, dv < bV.$$

3° Si l'on partage le domaine $\Delta$ en plusieurs domaines $\delta, \delta', \delta'', \ldots$, admettant respectivement des volumes $v, v', v'', \ldots$, on a

$$\int_\Delta \rho\, dv = \int_\delta \rho\, dv + \int_{\delta'} \rho\, dv + \int_{\delta''} \rho\, dv + \ldots.$$

4° Si l'on a, quel que soit le point M, $\rho = a\varphi$, $a$ étant un nombre fixe et $\varphi$ étant une fonction continue du point M définie dans le domaine $\Delta$, on a

$$\int_\Delta \rho\, dv = a \int_\Delta \varphi\, dv.$$

5° Si l'on a, quel que soit le point M,

$$\rho = \varphi_1 + \varphi_2 + \varphi_3 + \ldots,$$

$\varphi_1, \varphi_2, \varphi_3, \ldots$ étant des fonctions de M définies et continues dans le domaine $\Delta$, on a

$$\int_\Delta \rho\, dv = \int_\Delta \varphi_1 dv + \int_\Delta \varphi_2 dv + \int_\Delta \varphi_3 dv + \ldots.$$

6° Si $\rho_1$ et $\rho_2$ sont deux fonctions continues de M définies dans $\Delta$ telles que, quel que soit M, on ait $\rho_1 \leqslant \rho_2$, on a

$$\int_\Delta \rho_1 dv \leqslant \int_\Delta \rho_2 dv;$$

si, quel que soit M, on a $\rho_1 < \rho_2$, on a

$$\int_\Delta \rho_1 dv < \int_\Delta \rho_2 dv.$$

**326. Masses.** — En physique, étant donné un domaine solide matériel $\Delta$, on est amené à faire correspondre à tout point M de $\Delta$ un nombre *positif* $\rho$, fonction continue de M dans $\Delta$, qu'on désigne sous le nom de *densité de* $\Delta$ *au point* M. Lorsque la densité en un point quelconque de $\Delta$ est constante, $\Delta$ est dit *homogène*.

On appelle *masse* de $\Delta$ l'intégrale définie $\mu$ de la densité $\rho$ en un point dans le domaine $\Delta$ :

$$\mu = \int_\Delta \rho\, dv.$$

La masse $\mu$ d'un solide matériel a les propriétés suivantes :

1° Elle est positive.

2° Si le solide est homogène, elle est égale au produit du volume par la densité.

3° Si, quel que soit le point M de $\Delta$, on a

$$a < \rho < b,$$

$a$ et $b$ étant deux nombres fixes positifs, on a

$$aV < \mu < bV,$$

V étant le volume de $\Delta$.

4° Si l'on partage $\Delta$ en plusieurs domaines ayant des masses, la masse de $\Delta$ est égale à la somme des masses des domaines partiels.

**327. Moments d'inertie.** — Soit un domaine solide matériel $\Delta$. Si $\rho$ est la densité de $\Delta$ au point M et si $r$ est la distance de M soit à un point fixe O, soit à une droite fixe L, soit à un plan fixe $\Pi$, on appelle *moment d'inertie* I de $\Delta$ soit *par rapport à* O, soit *par rapport à* L, soi *par rapport à* $\Pi$, l'intégrale définie dans $\Delta$ de la fonction $\rho r^2$ du point M, qui est continue comme $\rho$ et $r$ :

$$I = \int_\Delta \rho r^2 dv.$$

Qu'il s'agisse du moment d'inertie par rapport à O, du moment d'inertie par rapport à L, du moment d'inertie par rapport à $\Pi$, on a les résultats suivants :

1° Si $\Delta$ est homogène et de densité $\rho$, on a

$$I = \rho \int_\Delta r^2 dv.$$

2° Si, quel que soit le point M de $\Delta$, on a

$$a \leqslant r \leqslant b,$$

$a$ et $b$ étant deux nombres fixes positifs, on a

$$a^2 \int_\Delta \rho\, dv \leqslant I \leqslant b^2 \int_\Delta \rho\, dv,$$

c'est-à-dire

$$a^2 \mu \leqslant I \leqslant b^2 \mu,$$

$\mu$ étant la masse de $\Delta$.

Soient trois axes de coordonnées rectangulaires $Ox$, $Oy$, $Oz$. Désignons par $x$, $y$, $z$ les coordonnées d'un point M quelconque de $\Delta$. Si $r$ est la distance de M à O, on a

$$r^2 = x^2 + y^2 + z^2;$$

on en déduit

$$\int_\Delta \rho r^2 dv = \int_\Delta \rho x^2 dv + \int_\Delta \rho y^2 dv + \int_\Delta \rho z^2 dv,$$

d'où résulte le théorème suivant : *le moment d'inertie de $\Delta$ par rapport à un point est égal à la somme des moments d'inertie de $\Delta$ par rapport à trois plans rectangulaires passant par le point.*

Si $r_1$ est la distance de M à la droite $Oz$, on a

$$r_1^2 = x^2 + y^2;$$

on en déduit

$$\int_\Delta \rho r_1^2 dv = \int_\Delta \rho x^2 dv + \int_\Delta \rho y^2 dv,$$

d'où résulte le théorème suivant : *le moment d'inertie de $\Delta$ par rapport à une droite est égal à la somme des moments d'inertie de $\Delta$ par rapport à deux plans rectangulaires passant par la droite.*

Exemples. — 1° *Cylindre de révolution homogène.* — Soit à calculer le moment d'inertie I par rapport à son axe d'un cylindre droit de révolution homogène, de densité 1, connaissant la hauteur $h$ et le rayon R de ce cylindre.

Fixons l'axe du cylindre, les deux plans de section droite et, par suite, $h$; puis, faisons varier R. Le moment d'inertie I est une fonction de R définie à l'intérieur de l'intervalle $(0, +\infty)$. Il en est de même du volume V du cylindre qui, comme on sait, est égal à $\pi R^2 h$.

Soient I et I' les moments d'inertie, V et V' les volumes des deux cylindres qui ont respectivement pour rayons R et R'. Si l'on a $R' > R$, $I' - I$ est le moment d'inertie, par rapport à l'axe commun des deux cylindres, de la couche cylindrique limitée par les deux plans de base communs et les surfaces latérales des deux cylindres. Si $r$ est la distance à l'axe d'un point M quelconque de cette couche cylindrique, on a évidemment

$$R \leqslant r \leqslant R';$$

d'autre part, le volume de la couche cylindrique est égal à $V' - V$; par suite, on a

$$R^2(V' - V) \leqslant I' - I \leqslant R'^2(V' - V),$$

c'est-à-dire

$$R^2 \frac{V' - V}{R' - R} \leqslant \frac{I' - I}{R' - R} \leqslant R'^2 \frac{V' - V}{R' - R}.$$

Fixons R et faisons tendre R' vers R; $\frac{V' - V}{R' - R}$ tend vers la dérivée de V considéré comme fonction de R, soit $2\pi R h$. Les deux membres extrêmes de la double inégalité précédente tendent simultanément vers $2\pi R^3 h$; il en est évidemment de même de $\frac{I' - I}{R' - R}$.

Si l'on a $R' < R$, d'après ce qui précède, on a

$$R'^2(V - V') \leqslant I - I' \leqslant R^2(V - V'),$$

c'est-à-dire

$$R'^2 \frac{V - V'}{R - R'} \leqslant \frac{I - I'}{R - R'} \leqslant R^2 \frac{V - V'}{R - R'},$$

c'est-à-dire

$$R'^2 \frac{V' - V}{R' - R} \leqslant \frac{I' - I}{R' - R} \leqslant R^2 \frac{V' - V}{R' - R}.$$

On voit comme précédemment que si R' tend vers R, $\frac{I' - I}{R' - R}$ tend encore vers $2\pi R^3 h$.

En définitive, I est une fonction de R définie à l'intérieur de l'intervalle $(0, +\infty)$ qui, pour toute valeur de R, admet une dérivée égale à $2\pi R^3 h$. Il en résulte que l'on a

$$I = \frac{\pi R^4 h}{2} + C,$$

C étant indépendant de R.

Pour déterminer C, faisons tendre R vers 0. Comme tout point du cylindre est à une distance de l'axe au plus égale à R, on a évidemment $I \leqslant R^2 V$. Cette égalité montre que I tend vers 0 quand R tend vers 0; d'autre part, I tend vers C; donc, $C = 0$ et, ainsi, on a

$$I = \frac{\pi R^4 h}{2}.$$

2° *Sphère homogène*. — Soit à calculer le moment d'inertie I par rapport à son centre d'une sphère homogène, de densité 1, connaissant le rayon R de cette sphère.

Fixons le centre O de la sphère et faisons varier le rayon R. Le moment d'inertie I par rapport à O est une fonction du rayon R, définie à l'intérieur de l'intervalle $(0, +\infty)$. Il en est de même du volume V de la sphère qui, comme on sait, est égal à $\frac{4}{3}\pi R^3$.

Soient I et I′ les moments d'inertie, V et V′ les volumes des deux sphères qui ont respectivement pour rayons R et R′. Si l'on a $R' > R$, $I' - I$ est le moment d'inertie, par rapport au centre commun des deux sphères, de la couche sphérique limitée par les surfaces des deux sphères. Si $r$ est la distance à O d'un point M quelconque de la couche sphérique, on a évidemment

$$R \leqslant r \leqslant R';$$

d'autre part, le volume de la couche sphérique est égal à $V' - V$; par suite, on a

$$R^2(V' - V) \leqslant I' - I \leqslant R'^2(V' - V),$$

c'est-à-dire

$$R^2 \frac{V' - V}{R' - R} \leqslant \frac{I' - I}{R' - R} \leqslant R'^2 \frac{V' - V}{R' - R}.$$

Fixons R et faisons tendre R′ vers R; $\frac{V' - V}{R' - R}$ tend vers la dérivée de V considéré comme fonction de R, soit $4\pi R^2$. Les deux membres extrêmes de la double inégalité précédente tendent simultanément vers $4\pi R^4$; il en est de même évidemment de $\frac{I' - I}{R' - R}$.

Si l'on a $R' < R$, on a

$$R'^2 \frac{V' - V}{R' - R} \leqslant \frac{I' - I}{R' - R} \leqslant R^2 \frac{V' - V}{R' - R},$$

et, si l'on fait tendre R′ vers R, on voit que $\frac{I' - I}{R' - R}$ tend encore vers $4\pi R^4$.

En définitive, I est une fonction de R définie à l'intérieur de l'intervalle $(0, +\infty)$ qui, pour toute valeur de R, admet une dérivée égale à $4\pi R^4$. Il en résulte que l'on a

$$I = \frac{4}{5}\pi R^5 + C,$$

C étant indépendant de R.

Pour déterminer C, faisons tendre R vers 0. On a l'égalité $I \leqslant R^2 V$.

qui montre que I tend vers 0 quand R tend vers 0. D'autre part, I tend vers C; donc, $C=0$, et, ainsi, on a

$$I=\frac{4}{5}\pi R^5.$$

Les moments d'inertie d'une sphère homogène par rapport à deux plans passant par son centre sont évidemment égaux. Il en résulte que le moment d'inertie d'une sphère de rayon R, homogène et de densité 1, par rapport à un plan passant par le centre est égal à $\frac{4}{15}\pi R^5$ et que le moment d'inertie de cette sphère par rapport à un de ses diamètres est égal à $\frac{8}{15}\pi R^5$.

3° *Parallélépipède droit homogène.* — Soit à calculer le moment d'inertie I par rapport au plan Π d'une de ses faces, d'un parallélépipède droit homogène et de densité 1, connaissant les longueurs $a$ et $b$ des côtés de la face située dans le plan Π et la longueur $c$ des arêtes du parallélépipède perpendiculaires au plan Π.

Fixons la face du parallélépipède située dans le plan Π et faisons varier $c$. Le moment d'inertie I est une fonction de $c$ définie à l'intérieur de l'intervalle $(0, +\infty)$. Il en est de même du volume V du parallélépipède, qui, comme on sait, est égal à $abc$.

Soient I et I' les moments d'inertie, V et V' les volumes des deux parallélépipèdes qui ont respectivement pour hauteurs $c$ et $c'$. Si l'on a $c'>c$, $I'-I$ est le moment d'inertie par rapport au plan Π du domaine, limité par les surfaces des deux parallélépipèdes, dont l'intérieur est formé des points qui sont à la fois intérieurs au parallélépipède de hauteur $c'$ et extérieurs au parallélépipède de hauteur $c$. Si $r$ est la distance au plan Π d'un point quelconque M de ce domaine, on a évidemment

$$c\leqslant r\leqslant c';$$

d'autre part, le volume de ce domaine est égal à $V'-V$, c'est-à-dire à $ab(c'-c)$; par suite, on a

$$c^2ab(c'-c)\leqslant I'-I\leqslant c'^2ab(c'-c),$$

c'est-à-dire

$$abc^2\leqslant\frac{I'-I}{c'-c}\leqslant abc'^2.$$

Fixons $c$ et faisons tendre $c'$ vers $c$; $abc'^2$ tend vers $abc^2$ et il en est évidemment de même de $\frac{I'-I}{c'-c}$.

Si l'on a $c' < c$, on a

$$abc'^2 \leqslant \frac{I' - I}{c' - c} \leqslant abc^2,$$

et, si l'on fait tendre $c'$ vers $c$, on voit que $\frac{I' - I}{c' - c}$ tend encore vers $abc^2$.

En définitive, I est une fonction de $c$, définie à l'intérieur de l'intervalle $(0, +\infty)$, qui, pour toute valeur de $c$, admet une dérivée égale à $abc^2$. Il en résulte que l'on a

$$I = \frac{abc^3}{3} + C,$$

C étant indépendant de $c$.

Pour déterminer C, faisons tendre $c$ vers 0. On a l'inégalité $I \leqslant c^2 V$ qui montre que I tend vers 0 quand $c$ tend vers 0. D'autre part, I tend vers C; donc, $C = 0$, et, ainsi, on a

$$I = \frac{abc^3}{3}.$$

Le moment d'inertie du parallélépipède considéré par rapport à une de ses arêtes est égal à la somme des moments d'inertie du parallélépipède par rapport aux plans des deux faces qui admettent cette arête comme côté. Par suite, le moment d'inertie par rapport à une arête de longueur $c$ est égal à

$$\frac{acb^3}{3} + \frac{bca^3}{3},$$

c'est-à-dire à

$$\frac{abc}{3}(a^2 + b^2).$$

Cela posé, soit à calculer le moment d'inertie du parallélépipède précédent par rapport à l'axe L qui passe par les centres des deux faces dont les plans sont perpendiculaires aux arêtes de longueur $c$. Considérons les deux plans P et P′ menés par L parallèlement aux arêtes de longueur $a$ et aux arêtes de longueur $b$. Ces deux plans partagent le parallélépipède donné en quatre parallélépipèdes dont une arête est située sur l'axe L. Le moment d'inertie du parallélépipède donné est égal à la somme des moments d'inertie des parallélépipèdes partiels. Par application de la formule précédente, le moment d'inertie de chacun des parallélépipèdes partiels est égal à

$$\frac{abc(a^2 + b^2)}{3.2^4};$$

par suite, le moment d'inertie par rapport à l'axe L du parallélépipède donné est égal à

$$\frac{4abc(a^2+b^2)}{3.2^4},$$

c'est-à-dire à

$$\frac{abc(a^2+b^2)}{12}.$$

## EXERCICES

236. On considère la courbe représentative, en coordonnées rectangulaires, de la fonction $y = Lx$. Calculer la longueur de l'arc qui a pour extrémités le point d'ordonnée 0 et le point d'ordonnée 1.

237. On considère la courbe représentative, en coordonnées rectangulaires, de la fonction $3x^{\frac{4}{3}}$ dans l'intervalle $(0, 1)$. Calculer l'aire comprise entre la courbe, l'axe des $x$ et l'ordonnée du point d'abscisse 1; calculer la longueur de cette courbe et l'aire de la surface de révolution engendrée par cette courbe tournant autour de l'axe des $x$.

238. On considère la courbe représentative, en coordonnées rectangulaires, de la fonction $y = \cos x$ dans l'intervalle $\left(-\frac{\pi}{2}, +\frac{\pi}{2}\right)$. Calculer : 1° l'aire comprise entre cette courbe et l'axe des $x$; 2° le volume engendré par cette aire tournant autour de $Ox$; 3° l'aire engendrée par la courbe tournant autour de $Oy$.

239. On considère la courbe représentative de la fonction $y = x\sqrt{\frac{x}{1-x}}$, en coordonnées rectangulaires d'origine O.

1° Calculer l'aire limitée par l'axe des $x$, l'ordonnée MP d'un point M de la courbe et l'arc OM, et montrer qu'il existe une aire finie comprise entre l'axe des $x$, la courbe considérée et son asymptote.

2° Calculer l'arc $s$ limité par O et M et montrer que $s - y$ a une limite finie quand le point M s'éloigne indéfiniment sur la courbe; calculer cette limite.

240. On considère la courbe définie, en coordonnées rectangulaires, par les équations

$$y = 2x^3, \quad z = x^4.$$

Montrer que l'arc de cette courbe, compté à partir de l'origine des coordonnées jusqu'au point dont l'abscisse est le nombre positif $x$, est compris entre $x + \frac{18}{5}x^5$ et $x + \frac{18}{5}x^5 + \frac{8}{7}x^7$ pour les valeurs suffisamment petites de $x$; on prouvera que cet arc est toujours inférieur à la seconde limite, et qu'il est certainement supérieur à la première pour $0 < x < \frac{2}{9}$.

(*Concours de l'École normale supérieure*, 1906.)

241. On pose

$$x = 3t - t^3, \quad y = 1 - 3t^2$$

et on considère la courbe décrite par le point M dont les coordonnées rectangulaires sont $x$ et $y$, quand $t$ varie de $-\sqrt{3}$ à $+\sqrt{3}$. Cette courbe est fermée; calculer sa longueur et son aire.

242. Soit le point M de coordonnées polaires $\rho$ et $\omega$, $\rho$ et $\omega$ vérifiant l'équation $\rho = 1 + \cos 3\omega$. On considère la courbe décrite par le point M quand $\omega$ varie de $-\frac{\pi}{3}$ à $+\frac{\pi}{3}$. 1° Calculer l'aire de la portion de plan limitée par cette courbe; 2° calculer la longueur de cette courbe.

243. Soit l'arc d'ellipse décrit par le point M ayant pour coordonnées, par rapport aux axes rectangulaires $Ox$ et $Oy$, $x = a \cos t$, $y = b \sin t$, $a$ et $b$ étant deux nombres fixes positifs, $t$ étant un paramètre variant de 0 à $\frac{\pi}{2}$. Si A est le point de cet arc situé sur $Ox$, B le point de cet arc situé sur $Oy$ et si I est le point de cet arc pour lequel $t$ est égal à arc tg $\sqrt{\frac{b}{a}}$, on a arc IB $-$ arc IA $= a - b$.

244. On donne un hémisphère de rayon R; on coupe cet hémisphère par un plan parallèle au plan de base, à une distance $d$ de ce plan. Déterminer le rapport $\frac{d}{R}$ de façon que les deux segments sphériques ainsi déterminés aient même volume.

245. Une surface $\Sigma$, rapportée à des axes rectangulaires, est coupée par chaque plan parallèle au plan $xOy$ suivant une courbe fermée. L'aire S de cette courbe est une fonction déterminée, $S = f(z)$, de la cote $z$ de tous ses points. On suppose que la surface $\Sigma$ est continue et on suppose que la fonction $f(z)$ admet des dérivées continues jusqu'au cinquième ordre inclusivement.

Déterminer quelle doit être la forme la plus générale de la fonction $f(z)$ pour que le volume compris entre la surface $\Sigma$ et les plans de cotes $z_0$ et $z$ soit donné, quels que soient $z_0$ et $z > z_0$, par la formule

$$V = \frac{z - z_0}{6}\left[f(z) + f(z_0) + 4f\left(\frac{z + z_0}{2}\right)\right].$$

(*Concours de l'École normale supérieure*, 1910.)

246. On donne un volume V rapporté à trois axes de coordonnées rectangulaires $Ox$, $Oy$, $Oz$, limité au plan $z = 0$ et au plan $z = h$, tel que la section par le plan parallèle au plan $xOy$ et de cote $z$ ait pour aire

$$\varphi(z) = az^5 + bz^4 + cz^3 + dz^2 + ez + f,$$

$a$, $b$, ..., $f$ étant des nombres fixes. Montrer qu'il existe six nombres $\alpha$, $\beta$, $\gamma$, $\lambda$, $\mu$, $\nu$, indépendants de $a$, $b$, $c$, $d$, $e$, $f$ tels que si X, Y, Z désignent les aires des sections de V par les plans parallèles au plan $xOy$ de cotes $\lambda h$, $\mu h$, $\nu h$, on ait

$$V = h(\alpha X + \beta Y + \gamma Z).$$

247. Soient

$$x = t - \sin t, \quad y = 1 - \cos t.$$

On considère la courbe (*cycloïde*) décrite par le point M, de coordonnées rectangulaires $x$ et $y$, quand $t$ varie de 0 à $\pi$.

1° Calculer la longueur de cette courbe; 2° calculer l'aire comprise entre la courbe et l'axe des $x$; 3° calculer l'aire de la surface de révolution engendrée par la courbe tournant autour de l'axe des $x$; 4° calculer le volume de la portion de l'espace intérieure à cette surface de révolution.

On partage la courbe en $n$ arcs de même longueur et on prend sur chacun de ces arcs un point M que l'on projette orthogonalement en P sur l'axe des $x$. Limite de la moyenne arithmétique des longueurs MP, quand $n$ tend vers l'infini.

248. Étudier la variation de la fonction $y = e^{-x} \sin x$.

Représenter cette variation par une courbe rapportée à deux axes rectangulaires $Ox$ et $Oy$. Déterminer les points d'inflexion de cette courbe.

Calculer l'intégrale $I_n = \int_0^{n\pi} e^{-x} \sin x \, dx$, où $n$ désigne un entier positif et indiquer la signification géométrique de cette intégrale.

Déterminer la limite de $I_n$ pour $n$ infini.

(*Concours de l'École normale supérieure*, 1907.)

# CHAPITRE XIII

## SÉRIES NUMÉRIQUES

### I. — SÉRIES A TERMES RÉELS. GÉNÉRALITÉS

**328. Séries à termes réels. Convergence et divergence.** — Soit la suite

$$u_1, u_2, \ldots, u_n, \ldots,$$

$u_n$ étant réel quel que soit $n$. On appelle *série de terme général* $u_n$, ou simplement *série* $u_n$, la suite

$$u_1, \quad u_1+u_2, \quad u_1+u_2+u_3, \quad \ldots, \quad u_1+u_2+\ldots+u_n, \quad \ldots$$

qui a pour terme général $S_n = u_1+u_2+\ldots+u_n$; $S_n$ est dit la *somme des $n$ premiers termes de la série*. On représente la série de terme général $u_n$ par la notation

$$u_1+u_2+u_3+\ldots+u_n+\ldots.$$

On dit que la série $u_n$ est *convergente* si la suite $S_n$ a une limite finie S quand $n$ tend vers l'infini. Cette limite S est dite la *somme* de la série, et l'on pose l'égalité

$$S = u_1+u_2+\ldots+u_n+\ldots.$$

Si la série $u_n$ n'est pas convergente, elle est dite *divergente*; alors, ou bien $S_n$ tend vers l'infini ou bien $S_n$ n'a pas de limite, quand $n$ tend vers l'infini.

Le problème fondamental est le suivant : reconnaître si une série est convergente ou divergente.

Un moyen de le résoudre consiste à déterminer, quand c'est possible, une expression simple de $S_n$ et à chercher sur cette expression si $S_n$ a une limite finie pour $n$ infini.

1° Soit, par exemple, la série

$$\frac{1}{1.2}+\frac{1}{2.3}+\ldots+\frac{1}{n(n+1)}+\ldots.$$

Le terme de rang $n$ s'écrit $\frac{1}{n}-\frac{1}{n+1}$. Par suite, on a

$$S_n=\left(\frac{1}{1}-\frac{1}{2}\right)+\left(\frac{1}{2}-\frac{1}{3}\right)+\ldots+\left(\frac{1}{n}-\frac{1}{n+1}\right)=1-\frac{1}{n+1}.$$

$S_n$ a évidemment pour limite 1 quand $n$ tend vers $\infty$. La série est convergente et a pour somme 1.

2° Soit encore la série

$$L\left(1+\frac{1}{1}\right)+L\left(1+\frac{1}{2}\right)+\ldots+L\left(1+\frac{1}{n}\right)+\ldots.$$

Le terme général s'écrit $L\frac{n+1}{n}$, c'est-à-dire $L(n+1)-Ln$. Par suite, on a

$$S_n=(L2-L1)+(L3-L2)+\ldots+[L(n+1)-Ln]=L(n+1).$$

Quand $n$ tend vers $\infty$, $S_n$ tend vers $+\infty$. La série est divergente.

3° Soit enfin la série $u_n=(-1)^n$. On a

$$S_1=1,\ S_2=0,\ S_3=1,\ \ldots,\ S_{2p-1}=1,\ S_{2p}=0,\ \ldots.$$

On voit ainsi que $S_n$ n'a pas de limite quand $n$ tend vers $\infty$. La série est divergente.

D'autres moyens, d'une application plus étendue, résultent de quelques théorèmes que nous allons établir. Les remarques suivantes nous seront utiles.

1° *Si $a$ est un nombre différent de 0, la série $au_n$ est convergente ou divergente comme la série $u_n$.* Si en effet $S_n$ est la somme des $n$ premiers termes de la série $u_n$, $aS_n$ est la somme des $n$ premiers termes de la série $au_n$. Si l'un des deux nombres $S_n$ et $aS_n$ a une limite finie pour $n$ infini, il en est de même de l'autre; si donc l'une des séries est convergente, l'autre est convergente, et, par suite, si l'une des séries est divergente, l'autre est divergente.

Si la série convergente $u_n$ a pour somme S, la série convergente $au_n$ a pour somme $aS$.

2° *Si, dans une série, on supprime un ou plusieurs termes, on obtient une nouvelle série, qui est convergente ou divergente comme la première.*

Désignons en effet par $S_n$ la somme des $n$ premiers termes de la série donnée, par $\Sigma_n$ la somme des $n$ premiers termes de la nouvelle série et par $s$ la somme des termes supprimés en nombre égal à $k$. Si $n$ est supérieur au rang du terme supprimé du rang le plus élevé, on a l'égalité

$$\Sigma_n = S_{n+k} - s,$$

qui montre que si l'un des nombres $\Sigma_n$ et $S_{n+k}$ a une limite finie pour $n$ infini, il en est de même de l'autre.

Si les deux séries sont convergentes et ont respectivement pour sommes S et $\Sigma$, on a l'égalité

$$\Sigma = S - s.$$

En particulier, soit la série convergente

$$u_1 + u_2 + \ldots + u_n + u_{n+1} + \ldots,$$

ayant pour somme S. La série

$$u_{n+1} + u_{n+2} + \ldots$$

est convergente, et, si l'on pose

$$S_n = u_1 + u_2 + \ldots + u_n,$$

la somme de cette série est égale à $S - S_n$; ce nombre est égal à l'erreur que l'on commet sur la valeur de S quand on prend comme valeur approchée $S_n$; on donne à cette erreur le nom de *reste* relatif au rang $n$.

**329. Condition nécessaire de convergence.** — Théorème. — *Si la série $u_n$ est convergente, $u_n$ tend vers 0 quand n tend vers l'infini.*

Soient en effet $S_n$ la somme des $n$ premiers termes de la série et S la somme de la série supposée convergente. On a l'égalité

$$u_n = S_n - S_{n-1};$$

quand $n$ tend vers $\infty$, $S_n$ tend vers S; en même temps, $n-1$ tend vers $\infty$ et, par suite, $S_{n-1}$ tend vers S. Il s'ensuit que $S_n - S_{n-1}$, c'est-à-dire $u_n$, tend vers 0.

D'après cela, si $u_n$ ne tend pas vers 0, autrement dit, si $u_n$ a une limite non nulle ou n'a pas de limite quand $n$ tend vers $\infty$, la série $u_n$ est divergente.

Si $u_n$ a pour limite 0 pour $n$ infini, la série $u_n$ n'est pas nécessairement convergente. Considérons, par exemple, la série $L\left(1+\frac{1}{n}\right)$; quand $n$ tend vers $\infty$, $1+\frac{1}{n}$ tend vers 1 et, par suite, $L\left(1+\frac{1}{n}\right)$ tend vers 0; d'autre part, nous avons vu précédemment que cette série est divergente (§ 328).

330. **Séries à termes de même signe. Séries à termes de signes quelconques.** — Pour abréger le langage, nous dirons qu'une série est *à termes positifs* si tous ses termes sont positifs ou nuls, qu'elle est *à termes négatifs* si tous ses termes sont négatifs ou nuls, qu'elle est *à termes de même signe* si elle est à termes positifs ou à termes négatifs.

Si une série a un nombre fini de termes positifs ou nuls ou bien un nombre fini de termes négatifs ou nuls, en supprimant ces termes on obtient une série à termes de même signe qui est convergente ou divergente comme la série donnée. D'autre part, si l'on a une série à termes négatifs, en multipliant ses termes par $-1$; on obtient une série à termes positifs qui est convergente ou divergente en même temps que la série donnée.

On voit ainsi comment l'étude des séries à termes négatifs et des séries qui ont un nombre fini de termes positifs ou nuls se ramène à celle des séries à termes positifs.

Nous dirons qu'une série est *à termes de signes quelconques* si elle a une infinité de termes positifs et une infinité de termes négatifs.

Relativement aux séries à termes positifs, on a les résultats suivants :

Si la série $u_n$ est à termes positifs, la suite qui a pour terme général la somme $S_n$ des $n$ premiers termes de la série est constante ou croissante. Si donc la série est convergente et a pour somme S, on a, quel que soit $n$, $S_n \leqslant S$, et même, à moins que les termes de la série ne soient tous nuls à partir d'un rang $p$, on a $S_n < S$.

Étant donnée la série $u_n$ à termes positifs, s'il existe un nombre A tel que, quel que soit $n$, la somme $S_n$ des $n$ premiers termes soit au plus égale à A, la série est convergente et a une somme S elle-même au plus égale à A.

Si la série $u_n$ à termes positifs est divergente, $S_n$ tend vers $+\infty$ quand $n$ tend vers $+\infty$.

THÉORÈMES DE COMPARAISON. — 1° *Étant données deux séries à termes positifs*, $u_n$ *et* $v_n$, *si, quel que soit* $n$, *à partir d'un certain rang, on a*

*$v_n \leqslant u_n$ et si la série $u_n$ est convergente, la série $v_n$ est elle-même convergente.*

Sans changer la convergence ou la divergence de chacune des séries $u_n$ et $v_n$, nous pouvons supprimer dans chacune des séries des termes, de façon que l'inégalité $v_n \leqslant u_n$ ait lieu à partir du premier rang. D'après cela, si $S_n$ et $S'_n$ sont respectivement les sommes des $n$ premiers termes des séries $u_n$ et $v_n$, on a, quel que soit $n$,

$$S'_n \leqslant S_n.$$

Mais, la série $u_n$ étant convergente et ayant une somme égale à S, on a, quel que soit $n$,

$$S_n \leqslant S;$$

par suite, on a

$$S'_n \leqslant S,$$

ce qui prouve que la série $v_n$ est convergente.

Si l'inégalité $v_n \leqslant u_n$ a lieu à partir du premier rang et si les deux séries supposées convergentes $u_n$ et $v_n$ ont respectivement pour sommes S et S', on a $S' \leqslant S$. D'une manière plus précise, s'il existe un entier $q$ tel que l'on ait $v_q < u_q$, on a $S' < S$. En effet, remplaçons dans la série $v_n$ le terme $v_q$ par un nombre $\alpha$ compris entre $v_q$ et $u_q$; nous remplaçons ainsi la série $v_n$ par une autre série $w_n$ qui est encore convergente et qui a pour somme $S' + \alpha - v_q$. Mais, quel que soit $n$, on a $w_n \leqslant u_n$. Par suite, on a

$$S' + \alpha - v_q \leqslant S,$$

ce qui montre, puisque $\alpha - v_q$ est positif, que S' est plus petit que S.

Plus généralement, si l'on a $v_n \leqslant a u_n$, $a$ étant un nombre positif fixe, et si la série $u_n$ est convergente, il en est de même de la série $v_n$. Il suffit de remarquer que la série à termes positifs $a u_n$ est convergente.

2° *Étant données deux séries à termes positifs, $u_n$ et $v_n$, si, quel que soit n, à partir d'un certain rang, on a $v_n \geqslant u_n$ et si la série $u_n$ est divergente, la série $v_n$ est elle-même divergente.*

En effet, si la série $v_n$ était convergente, d'après le théorème précédent, la série $u_n$ serait elle-même convergente, ce qui est contraire à l'hypothèse.

Plus généralement, si l'on a $v_n \geqslant a u_n$, $a$ étant un nombre positif fixe, et si la série $u_n$ est divergente, il en est de même de la série $v_n$. Il suffit de remarquer que la série à termes positifs $a u_n$ est divergente.

APPLICATIONS. — 1° *Étant données deux séries à termes positifs, $u_n$ et*

*$v_n$, $u_n$ étant, quel que soit $n$, différent de 0, s'il existe deux nombres positifs $a$ et $b$ tels qu'à partir d'un certain rang on ait*

$$a < \frac{v_n}{u_n} < b,$$

*les deux séries sont simultanément convergentes ou divergentes.*

En effet, supposons la série $u_n$ convergente; on a, à partir d'un certain rang, l'inégalité $v_n < bu_n$; donc, la série $v_n$ est convergente. Supposons la série $u_n$ divergente; on a, à partir d'un certain rang, l'inégalité $v_n > au_n$; donc, la série $v_n$ est divergente.

2° *Soient deux séries à termes positifs, $u_n$ et $v_n$, $u_n$ étant, quel que soit $n$, différent de 0. Si $\frac{v_n}{u_n}$ a une limite non nulle quand $n$ tend vers $\infty$ et si la série $u_n$ est divergente, la série $v_n$ est aussi divergente. Si $\frac{v_n}{u_n}$ a une limite non infinie et si la série $u_n$ est convergente, la série $v_n$ est aussi convergente. Enfin, si $\frac{v_n}{u_n}$ a une limite non nulle et non infinie, les deux séries sont simultanément convergentes ou divergentes.*

Supposons que la série $u_n$ soit divergente et que $\frac{v_n}{u_n}$ ait une limite non nulle pour $n$ infini. Étant donné un nombre positif $a$ plus petit que cette limite, il existe un rang à partir duquel on a

$$\frac{v_n}{u_n} > a,$$

c'est-à-dire $v_n > au_n$. La série $v_n$ est donc divergente comme la série $u_n$.

Supposons que la série $u_n$ soit convergente et que $\frac{v_n}{u_n}$ ait une limite non infinie pour $n$ infini. Étant donné un nombre positif $b$ plus grand que cette limite, il existe un rang à partir duquel on a

$$\frac{v_n}{u_n} < b,$$

c'est-à-dire $v_n < bu_n$. La série $v_n$ est donc convergente comme la série $u_n$.

Supposons que $\frac{v_n}{u_n}$ ait une limite non nulle et non infinie. Si $a$ et $b$ sont deux nombres positifs respectivement plus petit et plus grand que cette limite, il existe un rang à partir duquel on a

$$a < \frac{v_n}{u_n} < b;$$

par suite, les deux séries sont simultanément convergentes ou divergentes.

*Cas particulier.* — Étant données deux séries à termes positifs $u_n$ et $v_n$, si $u_n$ et $v_n$ sont, quand $n$ est infiniment grand, des infiniment petits équivalents, les deux séries $u_n$ et $v_n$ sont simultanément convergentes ou divergentes.

**331. Séries des valeurs absolues des termes d'une série.** — DÉFINITION. — Étant donnée la série $u_n$, on appelle *série des valeurs absolues* des termes de cette série la série $|u_n|$. C'est une série à termes positifs. Si la série $u_n$ est à termes positifs, elle est identique à la série des valeurs absolues; si la série $u_n$ est à termes négatifs, elle se déduit de la série des valeurs absolues par multiplication des termes de celle-ci par $-1$.

THÉORÈME. — *Étant donnée la série $u_n$, si la série $|u_n|$ est convergente, la série $u_n$ est aussi convergente. En outre, si S est la somme de la série $u_n$ et $\Sigma$ la somme de la série $|u_n|$, on a $|S| \leqslant \Sigma$.*

Posons

$$S_n = u_1 + u_2 + \ldots + u_n,$$
$$\Sigma_n = |u_1| + |u_2| + \ldots + |u_n|.$$

Par hypothèse, $\Sigma_n$ a une limite finie $\Sigma$ pour $n$ infini, et l'on a, quel que soit $n$, $\Sigma_n \leqslant \Sigma$.

On a

$$\Sigma_n - S_n = (|u_1| - u_1) + (|u_2| - u_2) + \ldots + (|u_n| - u_n).$$

Mais, quel que soit $n$, on a

$$|u_n| - u_n \leqslant 2|u_n|;$$

par suite, on a

$$\Sigma_n - S_n \leqslant 2\Sigma_n \leqslant 2\Sigma.$$

Or, la suite $\Sigma_n - S_n$ est constante ou croissante, puisque $|u_n| - u_n$ est positif ou nul. Comme $\Sigma_n - S_n$ est limité supérieurement par $2\Sigma$, il s'ensuit que $\Sigma_n - S_n$ a une limite finie pour $n$ infini. Comme $\Sigma_n$ a une limite finie pour $n$ infini, il en est de même de $S_n$; et la série $u_n$ est convergente.

D'autre part, on a

$$|S_n| \leqslant \Sigma_n \leqslant \Sigma.$$

Si S est la somme de la série $u_n$, $|S_n|$ tend vers $|S|$, et comme on a, quel que soit $n$, $|S_n| \leqslant \Sigma$, il s'ensuit que l'on a

$$|S| \leqslant \Sigma.$$

La réciproque du théorème précédent n'est pas vraie. Il peut arriver qu'une série $u_n$ soit convergente et que la série $|u_n|$ soit divergente; nous en donnerons plus loin des exemples.

On dit qu'une série convergente est *absolument convergente* si la série des valeurs absolues est convergente. On dit qu'une série convergente est *semi-convergente* si la série des valeurs absolues est divergente.

Une série convergente à termes de même signe est absolument convergente.

## II. — SÉRIES A TERMES RÉELS. OPÉRATIONS

**332. Addition.** — THÉORÈME. — *Si les deux séries $u_n$ et $v_n$ sont convergentes et ont respectivement pour sommes* U *et* V, *la série $u_n + v_n$ est convergente et a pour somme* U + V.

Posons

$$U_n = u_1 + u_2 + \dots + u_n,$$
$$V_n = v_1 + v_2 + \dots + v_n.$$

On en déduit

$$U_n + V_n = (u_1 + v_1) + (u_2 + v_2) + \dots + (u_n + v_n);$$

$U_n + V_n$ est la somme des $n$ premiers termes de la série $u_n + v_n$. Si $U_n$ et $V_n$ ont respectivement pour limites U et V pour $n$ infini, $U_n + V_n$ a pour limite U + V, ce qui exprime que la série $u_n + v_n$ est convergente et a pour somme U + V.

Plus généralement, $a$ et $b$ étant deux nombres fixes, la série $au_n + bv_n$ est convergente et a pour somme $aU + bV$; c'est ainsi que la série $u_n - v_n$ est convergente et a pour somme U — V.

On a un énoncé analogue relatif à des séries convergentes en nombre quelconque.

*Remarques.* — 1° Si les deux séries $u_n$ et $v_n$ sont absolument convergentes, la série $au_n + bv_n$ est absolument convergente. En effet, on a

$$|au_n + bv_n| \leqslant |a||u_n| + |b||v_n|.$$

Mais, par hypothèse, $|u_n|$ et $|v_n|$ sont les termes de rang $n$ de deux séries convergentes; d'après le théorème précédent, la série de terme général $|a||u_n| + |b||v_n|$ est convergente, et, d'après un théorème de comparaison, il en est de même de la série $|au_n + bv_n|$.

2° Si la série $u_n$ est absolument convergente et si la série $v_n$ est semi-convergente, la série $au_n + bv_n$, $b$ étant une constante non nulle, est semi-convergente. En effet, on a

$$v_n = \frac{au_n + bv_n}{b} - \frac{a}{b}u_n.$$

D'après cela, si la série $au_n + bv_n$ était absolument convergente, la série $\frac{au_n + bv_n}{b}$ le serait aussi, et comme la série $-\frac{a}{b}u_n$ est absolument convergente, la série $v_n$ serait, d'après la remarque précédente, absolument convergente, ce qui est contraire à l'hypothèse.

3° Si la série $u_n$ est convergente et si la série $v_n$ est divergente, la série $au_n + bv_n$, $b$ étant une constante non nulle, est divergente. En effet, on a

$$v_n = \frac{au_n + bv_n}{b} - \frac{a}{b}u_n.$$

Si la série $au_n + bv_n$ était convergente, cette égalité montre que, d'après le théorème précédent, la série $v_n$ serait convergente, ce qui est contraire à l'hypothèse.

**333. Multiplication.** — THÉORÈME DE CAUCHY. — *Si les deux séries*

$$u_0 + u_1 + \ldots + u_n + \ldots,$$
$$v_0 + v_1 + \ldots + v_n + \ldots$$

*sont absolument convergentes et ont respectivement pour sommes* U *et* V, *la série qui a pour termes successifs*

$$w_0 = u_0 v_0,$$
$$w_1 = u_0 v_1 + u_1 v_0,$$
$$\ldots\ldots\ldots\ldots$$
$$w_n = u_0 v_n + u_1 v_{n-1} + \ldots + u_{n-1} v_1 + u_n v_0,$$
$$\ldots\ldots\ldots\ldots\ldots\ldots\ldots\ldots$$

*est absolument convergente et a pour somme* UV.

Posons

$$U_n = u_0 + u_1 + \ldots + u_n,$$
$$V_n = v_0 + v_1 + \ldots + v_n,$$
$$W_n = w_0 + w_1 + \ldots + w_n,$$

et formons le tableau T suivant :

$$\begin{matrix} u_0 v_0 & u_0 v_1 & \ldots & u_0 v_n & \ldots & u_0 v_{2n} \\ u_1 v_0 & u_1 v_1 & \ldots & u_1 v_n & \ldots & u_1 v_{2n} \\ \ldots & \ldots & \ldots & \ldots & \ldots & \ldots \\ u_n v_0 & u_n v_1 & \ldots & u_n v_n & \ldots & u_n v_{2n} \\ \ldots & \ldots & \ldots & \ldots & \ldots & \ldots \\ u_{2n} v_0 & u_{2n} v_1 & \ldots & u_{2n} v_n & \ldots & u_{2n} v_{2n} \end{matrix}$$

1° Supposons que les termes des deux séries $u_n$ et $v_n$ soient tous positifs ou nuls.

On voit que $W_n$ est la somme des éléments du tableau T qui sont contenus dans le triangle qui a pour sommets les éléments $u_0v_0$, $u_0v_n$, $u_nv_0$, que $U_nV_n$ est la somme des éléments du tableau T qui sont contenus dans le carré qui a pour sommets les éléments $u_0v_0$, $u_0v_n$, $u_nv_0$, $u_nv_n$, enfin que $W_{2n}$ est la somme des éléments du tableau T qui sont contenus dans le triangle qui a pour sommets $u_0v_0$, $u_0v_{2n}$, $u_{2n}v_0$. Il en résulte que l'on a

$$W_n \leqslant U_nV_n \leqslant W_{2n}.$$

Cela posé, les séries $u_n$ et $v_n$ étant à termes positifs ou nuls et ayant respectivement pour sommes U et V, on a

$$0 \leqslant U_n \leqslant U, \quad 0 \leqslant V_n \leqslant V$$

et, par suite,

$$U_nV_n \leqslant UV;$$

*a fortiori*, on a

$$W_n \leqslant UV.$$

La série $w_n$ étant à termes positifs ou nuls, $W_n$, qui est limité supérieurement par UV, admet, pour $n$ infini, une limite finie W; la série $w_n$ est convergente.

Quand $n$ tend vers $\infty$, $W_n$ et $W_{2n}$ tendent simultanément vers W; il s'ensuit que $U_nV_n$ tend aussi vers W. Mais, $U_nV_n$ tend vers UV. On a donc finalement

$$W = UV.$$

2° Supposons que les séries $u_n$ et $v_n$ soient deux séries quelconques absolument convergentes.

Posons, d'une façon générale,

$$u'_n = |u_n|, \quad v'_n = |v_n|, \quad w'_n = u'_0v'_n + u'_1v'_{n-1} + \ldots + u'_nv'_0,$$

et

$$\begin{aligned} U'_n &= u'_0 + u'_1 + \ldots + u'_n, \\ V'_n &= v'_0 + v'_1 + \ldots + v'_n, \\ W'_n &= w'_0 + w'_1 + \ldots + w'_n. \end{aligned}$$

Tous les éléments du tableau T qui entrent dans le développement de $W_n$ entrent dans le développement de $U_nV_n$. Considérons la différence $U_nV_n - W_n$. La somme des valeurs absolues des éléments du tableau T qui entrent dans le développement de cette différence est égale à $U'_n V'_n - W'_n$. Ainsi, on a

$$|U_n V_n - W_n| \leqslant U'_n V'_n - W'_n.$$

Les séries $u_n$ et $v_n$ étant supposées absolument convergentes, $U'_n$ et $V'_n$ ont respectivement des limites finies $U'$ et $V'$. D'après la première partie de la démonstration, $W'_n$ a pour limite $U'V'$; $U'_n V'_n - W'_n$ a donc pour limite 0, et *a fortiori* $U_n V_n - W_n$ a aussi pour limite 0. Les séries $u_n$ et $v_n$ ayant pour sommes respectivement U et V, $U_n V_n$ a pour limite UV, et $W_n$, qui est égal à $U_n V_n - (U_n V_n - W_n)$, a aussi pour limite UV. Ainsi, la série $w_n$ est convergente et a pour somme UV.

D'autre part, on a évidemment, quel que soit $n$,

$$|w_n| \leqslant w'_n;$$

la série $w'_n$ étant convergente et ayant pour somme $U'V'$, la série $|w_n|$ est elle-même convergente, et ainsi la série $w_n$ est absolument convergente.

## III. — SÉRIES ALTERNÉES

334. Définition. — On dit qu'une série $u_n$ est *alternée* si, à partir d'un certain rang, les termes successifs sont alternativement positifs et négatifs.

Dans l'étude de telles séries, selon une remarque faite, nous pouvons supposer que les termes soient alternativement positifs ou négatifs à partir du premier rang, et même nous pouvons supposer que le premier terme soit positif. Ainsi, en désignant par $a_n$ la valeur absolue du terme $u_n$ de rang $n$, la série alternée $u_n$ s'écrira

$$a_1 - a_2 + a_3 - \ldots + (-1)^{n-1} a_n + (-1)^n a_{n+1} + \ldots.$$

335. Théorème. — *Si, dans la série alternée* $(-1)^{n-1} a_n$, *la suite* $a_n$ *est décroissante et si* $a_n$ *tend vers* 0, *la série est convergente.*

Nous pouvons supposer que la suite $a_n$ soit décroissante à partir du premier rang. Désignons par $S_n$ la somme des $n$ premiers termes de la série.

1° *La suite* $S_{2p}$ *est croissante.* En effet, on a

$$S_{2p+2} = S_{2p} + (a_{2p+1} - a_{2p+2}).$$

Comme $a_{2p+1} - a_{2p+2}$ est positif ou nul, on a $S_{2p+2} \geqslant S_{2p}$, et comme on n'a pas constamment à partir d'un certain rang $a_{2p+1} = a_{2p+2}$, on n'a pas non plus constamment à partir d'un certain rang $S_{2p+2} = S_{2p}$. La suite $S_{2p}$ est donc bien croissante.

2° *La suite $S_{2p+1}$ est décroissante.* En effet, on a

$$S_{2p+1} = S_{2p-1} - (a_{2p} - a_{2p+1}).$$

Comme $a_{2p} - a_{2p+1}$ est positif ou nul, on a $S_{2p+1} \leqslant S_{2p-1}$, et comme on n'a pas constamment à partir d'un certain rang $a_{2p} = a_{2p+1}$, on n'a pas non plus constamment à partir d'un certain rang $S_{2p+1} = S_{2p-1}$. La suite $S_{2p+1}$ est donc bien décroissante.

3° *La suite $S_{2p}$ est limitée supérieurement par un terme quelconque de la suite $S_{2p+1}$*; autrement dit, quels que soient $p$ et $q$, on a

$$S_{2p} < S_{2q+1}.$$

En premier lieu, supposons $p = q$; on a

$$S_{2p+1} = S_{2p} + a_{2p+1};$$

donc, $S_{2p} < S_{2p+1}$.

En second lieu, si $p < q$, on a

$$S_{2p} \leqslant S_{2q} < S_{2q+1};$$

donc, $S_{2p} < S_{2q+1}$.

En troisième lieu, si $p > q$, on a

$$S_{2p} < S_{2p+1} \leqslant S_{2q+1};$$

donc, $S_{2p} < S_{2q+1}$.

Cela posé, la suite $S_{2p}$ est croissante et est limitée supérieurement par $S_1$; elle admet donc une limite S, et l'on a, quel que soit $p$, $S_{2p} < S$. La suite $S_{2p+1}$ est décroissante et est limitée inférieurement par $S_2$; elle admet donc une limite S′ et l'on a, quel que soit $p$, $S_{2p+1} > S'$.

D'autre part, on a

$$S_{2p+1} - S_{2p} = a_{2p+1}$$

et comme $a_{2p+1}$ tend vers 0, $S_{2p+1} - S_{2p}$, qui tend vers $S' - S$, tend aussi vers 0. Donc, $S' - S = 0$, $S' = S$. La suite $S_n$ a pour limite S; la série alternée est convergente et a pour somme S.

Calcul de la somme. — Nous allons montrer, en nous plaçant dans les hypothèses faites dans la démonstration précédente, que *l'erreur commise sur la somme de la série quand on prend pour valeur approchée $S_n$ est inférieure en valeur absolue au terme de rang $n+1$ et a le signe de ce terme.*

La somme S de la série est supérieure à tout terme de la suite $S_{2p}$ et inférieure à tout terme de la suite $S_{2p+1}$; elle est donc comprise entre deux S d'indices consécutifs quelconques, et l'on a

$$|S - S_n| < |S_{n+1} - S_n|,$$

c'est-à-dire

$$|S - S_n| < |u_{n+1}|.$$

Si $n$ est pair, $S - S_n$ est positif, ainsi que $u_{n+1}$; si $n$ est impair, $S - S_n$ et $u_{n+1}$ sont tous deux négatifs. Dans l'un et l'autre cas, $S - S_n$ et $u_{n+1}$ sont de même signe.

*Exemple.* — Soit la série, dite *harmonique alternée*,

$$\frac{1}{1} - \frac{1}{2} + \frac{1}{3} - \ldots + \frac{(-1)^{n-1}}{n} + \ldots.$$

La suite $\frac{1}{n}$ est décroissante et a pour limite 0; donc, la série harmonique alternée est convergente. La série des valeurs absolues de cette série est la série dite *harmonique*, qui, comme nous le verrons, est divergente (§ 340). On a ainsi un exemple d'une série semi-convergente.

## IV. — SÉRIES A TERMES RÉELS. COMPARAISON AVEC UNE SÉRIE GÉOMÉTRIQUE

**336. Série géométrique.** — On appelle *série géométrique* toute série dans laquelle le premier terme n'est pas nul et un terme quelconque est égal au produit du terme précédent par un nombre fixe $k$ quelconque qu'on appelle la *raison* de la série. Si $u_1$ est le premier terme de la série, on a $u_n = u_1 k^{n-1}$, et ainsi toute série géométrique est de la forme

$$u_1 + u_1 k + \ldots + u_1 k^{n-1} + \ldots.$$

Si $k$ est positif, la série est à termes de même signe.

THÉORÈME. — *Pour qu'une série géométrique de raison $k$ soit convergente, il faut et il suffit que l'on ait $|k| < 1$.*

1° Supposons $k \neq 1$. En désignant par $S_n$ la somme des $n$ premiers termes, on a

$$S_n = u_1 \frac{k^n - 1}{k - 1}.$$

Si $|k| < 1$, $|k|^n$ et, par suite, $k^n$ tendent vers 0; $S_n$ tend vers $\frac{u_1}{1-k}$; la série est convergente et a pour somme $\frac{u_1}{1-k}$.

Si $|k| > 1$, $|k|^n$ tend vers $+\infty$ et, par suite, $k^n$ tend vers $\infty$ ; $S_n$ tend vers $\infty$ ; la série est divergente.

Si $|k| = 1$, c'est-à-dire si $k = -1$, suivant que $n$ est pair ou impair, $S_n$ est égal à 0 ou à $2u_1$ ; $S_n$ n'a donc pas de limite quand $n$ tend vers $\infty$ ; la série est divergente.

2° Supposons $k = 1$. On a alors $S_n = nu_1$, qui tend vers $+\infty$ ou vers $-\infty$, suivant le signe de $u_1$, quand $n$ tend vers $\infty$ ; la série est divergente.

La condition $|k| < 1$ est donc une condition nécessaire et suffisante de convergence.

**337. Règle de d'Alembert.** — Théorème. — *Si, dans une série $u_n$ à termes positifs, à partir d'un certain rang, $u_n$ n'étant pas nul, le rapport $\frac{u_{n+1}}{u_n}$ d'un terme au précédent est constamment plus petit qu'un nombre fixe positif $k$ plus petit que 1, la série est convergente; si à partir d'un certain rang, $u_n$ n'étant pas nul, $\frac{u_{n+1}}{u_n}$ est constamment supérieur ou égal à 1, la série $u_n$ est divergente.*

Nous pouvons, sans altérer la convergence ou la divergence de la série, y supprimer, s'il y a lieu, des termes en nombre fini de façon que les conditions énoncées aient lieu à partir du premier rang.

D'après cela, dans la première hypothèse, on a, quel que soit $n$,

$$\frac{u_{n+1}}{u_n} < k,$$

c'est-à-dire successivement

$$\frac{u_2}{u_1} < k, \quad \frac{u_3}{u_2} < k, \quad \ldots, \quad \frac{u_n}{u_{n-1}} < k,$$

d'où, en multipliant membre à membre,

$$u_n < u_1 k^{n-1}.$$

Le second membre de l'inégalité est le terme de rang $n$ d'une série géométrique à termes positifs de raison $k$ comprise entre 0 et 1, laquelle est donc convergente. La série $u_n$ est, par suite, elle-même convergente, d'après le premier théorème de comparaison.

Dans la seconde hypothèse, on a, quel que soit $n$,

$$\frac{u_{n+1}}{u_n} \geqslant 1,$$

c'est-à-dire successivement

$$\frac{u_2}{u_1} \geqslant 1, \quad \frac{u_3}{u_2} \geqslant 1, \quad \ldots, \quad \frac{u_n}{u_{n-1}} \geqslant 1,$$

d'où, en multipliant membre à membre,

$$u_n \geqslant u_1.$$

Par suite, $u_n$ ne tend pas vers 0 quand $n$ tend vers $\infty$. La série $u_n$ est donc divergente.

*Remarque.* — Si à partir du rang $n$ le rapport d'un terme au précédent est plus petit que le nombre fixe $k$ plus petit que 1, il est possible de calculer une limite supérieure de l'erreur commise sur la somme de la série quand on prend pour valeur approchée (par défaut) la somme des $n$ premiers termes.

On a

$$u_{n+1} < ku_n, \quad u_{n+2} < ku_{n+1} < k^2 u_n, \quad \ldots;$$

par suite, en désignant par $\varepsilon_n$ l'erreur considérée, on a

$$\varepsilon_n = u_{n+1} + u_{n+2} + \ldots < ku_n(1 + k + k^2 + \ldots),$$

c'est-à-dire

$$\varepsilon_n < u_n \frac{k}{1-k}.$$

Théorème. — *Si, dans une série $u_n$ à termes positifs, $u_n$ est différent de 0 à partir d'un certain rang, et si $\frac{u_{n+1}}{u_n}$ a, quand $n$ tend vers $\infty$, une limite plus petite que 1, la série est convergente; si $\frac{u_{n+1}}{u_n}$ a une limite plus grande que 1, la série est divergente.*

1° Si $\frac{u_{n+1}}{u_n}$ a une limite finie $\lambda$, étant donné un nombre positif quelconque $\varepsilon$, il existe un rang à partir duquel on a, quel que soit $n$,

$$\lambda - \varepsilon < \frac{u_{n+1}}{u_n} < \lambda + \varepsilon.$$

Si l'on a $0 \leqslant \lambda < 1$, on peut choisir $\varepsilon$ de façon que $\lambda + \varepsilon$ soit plus petit que 1. Il existe alors un rang à partir duquel $\frac{u_{n+1}}{u_n}$ est plus petit que le nombre fixe $\lambda + \varepsilon$, plus petit lui-même que 1. La série est convergente.

Si l'on a $\lambda > 1$, on peut choisir $\varepsilon$ de façon que $\lambda - \varepsilon$ soit plus grand que 1. Il existe alors un rang à partir duquel $\frac{u_{n+1}}{u_n}$ est plus grand que 1. La série est divergente.

2° Si $\frac{u_{n+1}}{u_n}$ a pour limite $+\infty$, $a$ étant un nombre positif, il existe un rang à partir duquel on a $\frac{u_{n+1}}{u_n} > a$. La série est divergente.

*Remarque.* — Si $\frac{u_{n+1}}{u_n}$ a pour limite 1, la série $u_n$ peut être convergente ou divergente, comme des exemples le montreront. Toutefois, si $\frac{u_{n+1}}{u_n}$ tend vers 1 de façon qu'à partir d'un certain rang il soit constamment supérieur ou égal à 1, la série $u_n$ est divergente, d'après le théorème qui précède celui que nous venons de démontrer.

THÉORÈME. — *Si, dans une série $u_n$ à termes de même signe ou à termes de signes quelconques, à partir d'un certain rang, $u_n$ étant différent de 0, $\left|\frac{u_{n+1}}{u_n}\right|$ est plus petit qu'un nombre positif fixe $k$ plus petit que 1, la série est absolument convergente; si, à partir d'un certain rang, $u_n$ étant différent de 0, $\left|\frac{u_{n+1}}{u_n}\right|$ est supérieur ou égal à 1, la série est divergente.*

Dans la première hypothèse, on a, à partir d'un certain rang,

$$\left|\frac{u_{n+1}}{u_n}\right| < k < 1 \quad \text{ou} \quad \frac{|u_{n+1}|}{|u_n|} < k < 1.$$

Il s'ensuit que la série $|u_n|$ est convergente; la série $u_n$ est absolument convergente.

Dans la seconde hypothèse, on a, à partir d'un certain rang,

$$\frac{|u_{n+1}|}{|u_n|} \geqslant 1.$$

Il s'ensuit que $|u_n|$ ne tend pas vers 0 quand $n$ tend vers $\infty$; il en est de même de $u_n$, et la série $u_n$ est divergente.

THÉORÈME. — *Si, dans une série $u_n$ à termes de même signe ou à termes de signes quelconques, $u_n$ n'est pas nul à partir d'un certain rang, et si $\frac{u_{n+1}}{u_n}$ a, quand $n$ tend vers $\infty$, une limite $\lambda$ telle que l'on ait $|\lambda| < 1$, la série est absolument convergente; si $\frac{u_{n+1}}{u_n}$ a une limite $\lambda$, finie ou infinie, telle que l'on ait $|\lambda| > 1$, la série est divergente.*

Si $\frac{u_{n+1}}{u_n}$ a pour limite $\lambda$, $\frac{|u_{n+1}|}{|u_n|}$ a pour limite $|\lambda|$.

Si $|\lambda| < 1$, la série $|u_n|$ est convergente et la série $u_n$ est absolument convergente ; si $|\lambda| > 1$, $|u_n|$ ne tend pas vers 0, il en est de même de $u_n$, et la série $u_n$ est divergente.

Si $|\lambda| = 1$, la série peut être convergente ou divergente. Nous donnerons plus loin des exemples de convergence et des exemples de divergence.

**338. Règle de Cauchy.** — THÉORÈME. — *Si, dans une série $u_n$ à termes positifs, $\sqrt[n]{u_n}$ est, à partir d'un certain rang, plus petit qu'un nombre fixe positif $k$ plus petit que 1, la série est convergente; si, à partir d'un certain rang, $\sqrt[n]{u_n}$ est supérieur ou égal à 1, la série est divergente.*

1° Si l'on a $\sqrt[n]{u_n} < k$, on a $u_n < k^n$. Le second membre de l'inégalité est le terme général d'une série géométrique de raison $k$ comprise entre 0 et 1, qui est convergente. La série $u_n$ est donc elle-même convergente.

2° Si l'on a $\sqrt[n]{u_n} \geqslant 1$, on a $u_n \geqslant 1$. Donc, $u_n$ ne tend pas vers 0 quand $n$ tend vers $\infty$. La série $u_n$ est, par suite, divergente.

*Remarque.* — Si à partir du rang $p+1$ on a $\sqrt[n]{u_n} < k < 1$, on peut calculer une limite supérieure de l'erreur $\varepsilon_p$ commise sur la somme de la série convergente $u_n$ quand on prend pour valeur approchée (par défaut) la somme des $p$ premiers termes. On a

$$\begin{aligned}\varepsilon_p &= u_{p+1} + u_{p+2} + \dots \\ &< k^{p+1}(1 + k + k^2 + \dots),\end{aligned}$$

c'est-à-dire

$$\varepsilon_p < \frac{k^{p+1}}{1-k}.$$

THÉORÈME. — *Si, dans une série $u_n$ à termes positifs, $\sqrt[n]{u_n}$ a pour $n$ infini une limite $\lambda$ plus petite que 1, la série est convergente; si $\sqrt[n]{u_n}$ a une limite $\lambda$ plus grande que 1, la série est divergente.*

1° Si $\sqrt[n]{u_n}$ a une limite finie $\lambda$, étant donné un nombre positif $\varepsilon$ quelconque, il existe un rang à partir duquel on a, quelque soit $n$,

$$\lambda - \varepsilon < \sqrt[n]{u_n} < \lambda + \varepsilon.$$

Si l'on a $0 \leqslant \lambda < 1$, on peut choisir $\varepsilon$ de façon que $\lambda + \varepsilon$ soit plus petit que 1. Il existe alors un rang à partir duquel $\sqrt[n]{u_n}$ est plus petit que $\lambda + \varepsilon$, plus petit lui-même que 1. La série est convergente.

Si l'on a $\lambda > 1$, on peut choisir $\varepsilon$ de façon que $\lambda - \varepsilon$ soit plus grand que 1. Il existe alors un rang à partir duquel $\sqrt[n]{u_n}$ est plus grand que 1. La série est divergente.

2° Si $\sqrt[n]{u_n}$ a pour limite $+\infty$, il existe un rang à partir duquel $\sqrt[n]{u_n}$ est plus grand que 1. La série est divergente.

*Remarque.* — Si $\sqrt[n]{u_n}$ a pour limite 1, la série peut être convergente ou divergente, comme des exemples le montreront. Toutefois, si $\sqrt[n]{u_n}$ tend vers 1 de façon qu'à partir d'un certain rang il soit constamment supérieur ou égal à 1, la série $u_n$ est divergente; si, plus généralement, $\sqrt[n]{u_n}$ tend vers 1 de façon que, quel que soit l'entier $p$, il existe un entier $n$ plus grand que $p$ pour lequel $\sqrt[n]{u_n}$ est supérieur ou égal à 1, la série $u_n$ est divergente. Dans l'un et l'autre cas en effet, $u_n$ ne tend pas vers 0.

THÉORÈME. — *Si, dans une série $u_n$ à termes de même signe ou à termes de signes quelconques, $\sqrt[n]{|u_n|}$ est à partir d'un certain rang plus petit qu'un nombre positif fixe $k$ plus petit que 1, la série est absolument convergente; si $\sqrt[n]{|u_n|}$ est supérieur ou égal à 1, la série est divergente.*

En effet, dans la première hypothèse, la série $|u_n|$, d'après un théorème antérieur, est convergente; la série donnée est donc absolument convergente. Dans la seconde hypothèse, on a, à partir d'un certain rang, $|u_n| > 1$; par suite, $|u_n|$ n'a pas pour limite 0 quand $n$ tend vers $\infty$ ; il en est de même de $u_n$, et la série est divergente.

THÉORÈME. — *Si, dans une série $u_n$ à termes de même signe ou à termes de signes quelconques, $\sqrt[n]{|u_n|}$ a, quand $n$ tend vers $\infty$, une limite $\lambda$ plus petite que 1, la série est absolument convergente; si $\sqrt[n]{|u_n|}$ a une limite $\lambda$ plus grande que 1, la série est divergente.*

Dans la première hypothèse, la série $|u_n|$ est convergente; par suite, la série $u_n$ est absolument convergente. Dans la seconde hypothèse, $|u_n|$ n'a pas pour limite 0; il en est de même de $u_n$, et la série $u_n$ est divergente.

*Remarque.* — Si $\sqrt[n]{|u_n|}$ a pour limite 1, la série $u_n$ peut être convergente ou divergente, comme des exemples le montreront. Toutefois, si $\sqrt[n]{|u_n|}$ tend vers 1 de façon qu'à partir d'un certain rang il soit constamment supérieur ou égal à 1, la série $u_n$ est divergente, car $u_n$ ne tend pas vers 0. Si, plus généralement, $\sqrt[n]{|u_n|}$ tend vers 1 de façon que, quel que soit l'entier $p$, il existe un entier $n$ plus grand que $p$ pour lequel $\sqrt[n]{|u_n|}$ est supérieur ou égal à 1, la série $u_n$ est divergente.

**339. Comparaison de la règle de d'Alembert et de la règle de Cauchy.** — Théorème. — *Si, dans une série $u_n$ dont tous les termes, à partir d'un certain rang, sont positifs, $\frac{u_{n+1}}{u_n}$ et $\sqrt[n]{u_n}$ ont, pour $n$ infini, des limites finies ou infinies, ces limites sont égales.*

Supposons que $\frac{u_{n+1}}{u_n}$ et $\sqrt[n]{u_n}$ aient respectivement les limites, finies ou infinies, $\lambda$ et $\mu$. Considérons la série dont le terme général $v_n$ est égal à $u_n x^n$, $x$ étant un nombre positif. Nous avons

$$\frac{v_{n+1}}{v_n} = \frac{u_{n+1}}{u_n} x, \qquad \sqrt[n]{v_n} = x\sqrt[n]{u_n}.$$

Si $\lambda$ et $\mu$ sont simultanément finis, simultanément, pour $n$ infini, $\frac{v_{n+1}}{v_n}$ a pour limite $\lambda x$ et $\sqrt[n]{v_n}$ a pour limite $\mu x$. Si $\lambda$ et $\mu$ étaient inégaux et non nuls, il serait possible de choisir $x$ compris entre $\frac{1}{\lambda}$ et $\frac{1}{\mu}$; alors, l'un des deux nombres $\lambda x$ et $\mu x$ serait plus grand que 1, l'autre serait plus petit que 1; par suite, par application de l'une des deux règles de d'Alembert et de Cauchy, la série $v_n$ serait convergente, et par application de l'autre règle, la série $v_n$ serait divergente; il y aurait donc contradiction. De même, si $\lambda$ et $\mu$ étaient inégaux, l'un étant nul et l'autre non nul, $x$ étant un nombre positif choisi plus grand que l'inverse de celui des deux nombres $\lambda$ et $\mu$ qui n'est pas nul, l'un des deux nombres $\lambda x$ et $\mu x$ serait nul et, par suite, plus petit que 1, l'autre serait plus grand que 1; par application de l'une des deux règles de d'Alembert et de Cauchy, la série $v_n$ serait convergente, et par application de l'autre, la série $v_n$ serait divergente; il y aurait encore contradiction.

Si $\lambda$ et $\mu$ étaient inégaux, l'un étant infini, l'autre étant fini, l'un des nombres variables $\frac{v_{n+1}}{v_n}$ et $\sqrt[n]{v_n}$ aurait une limite infinie et, par suite, plus grande que 1, l'autre aurait une limite finie que, en choisissant convenablement $x$, si c'est nécessaire, l'on peut supposer plus petite que 1; l'application des deux règles de d'Alembert et de Cauchy à la série $v_n$ conduirait encore à une contradiction.

Finalement, $\lambda$ et $\mu$ sont égaux.

THÉORÈME. — *Si, dans une série $u_n$ dont tous les termes, à partir d'un certain rang, sont positifs,* $\frac{u_{n+1}}{u_n}$ *a, pour $n$ infini, une limite finie ou infinie,* $\sqrt[n]{u_n}$ *a aussi une limite, et les deux limites sont égales.*

Nous pouvons supposer que $u_n$ soit positif à partir du premier rang.

1° Supposons que $\frac{u_{n+1}}{u_n}$ ait une limite $\lambda$ à la fois non nulle et non infinie.

Soit un nombre positif $\varepsilon$ plus petit que $\lambda$. Puisque $\frac{u_{n+1}}{u_n}$ a pour limite $\lambda$, il existe un entier $p$ tel que pour tout rang $n$ supérieur ou égal à $p$ on ait

$$\lambda - \frac{\varepsilon}{2} < \frac{u_{n+1}}{u_n} < \lambda + \frac{\varepsilon}{2}.$$

On a ainsi les doubles inégalités successives

$$\lambda - \frac{\varepsilon}{2} < \frac{u_{p+1}}{u_p} < \lambda + \frac{\varepsilon}{2},$$

$$\lambda - \frac{\varepsilon}{2} < \frac{u_{p+2}}{u_{p+1}} < \lambda + \frac{\varepsilon}{2},$$

$$\cdots\cdots\cdots\cdots\cdots\cdots$$

$$\lambda - \frac{\varepsilon}{2} < \frac{u_n}{u_{n-1}} < \lambda + \frac{\varepsilon}{2},$$

$n$ étant un entier quelconque supérieur à $p$. On en déduit

$$\left(\lambda - \frac{\varepsilon}{2}\right)^{n-p} < \frac{u_n}{u_p} < \left(\lambda + \frac{\varepsilon}{2}\right)^{n-p},$$

d'où

$$\left(\lambda - \frac{\varepsilon}{2}\right)^{1-\frac{p}{n}} (u_p)^{\frac{1}{n}} < \sqrt[n]{u_n} < \left(\lambda + \frac{\varepsilon}{2}\right)^{1-\frac{p}{n}} (u_p)^{\frac{1}{n}}.$$

Quand $n$, supérieur à $p$, tend vers $+\infty$, $(u_p)^{\frac{1}{n}}$ tend vers 1, $\left(\lambda - \frac{\varepsilon}{2}\right)^{1-\frac{p}{n}}$ tend vers $\lambda - \frac{\varepsilon}{2}$ et $\left(\lambda + \frac{\varepsilon}{2}\right)^{1-\frac{p}{n}}$ tend vers $\lambda + \frac{\varepsilon}{2}$; par suite,

$$\left(\lambda - \frac{\varepsilon}{2}\right)^{1-\frac{p}{n}} (u_p)^{\frac{1}{n}} \quad \text{et} \quad \left(\lambda + \frac{\varepsilon}{2}\right)^{1-\frac{p}{n}} (u_p)^{\frac{1}{n}}$$

tendent respectivement vers $\lambda - \frac{\varepsilon}{2}$ et $\lambda + \frac{\varepsilon}{2}$. Il existe donc un entier $q$, que l'on peut supposer plus grand que $p$, tel que pour toute valeur de $n$ supérieure à $q$ on ait simultanément

$$\left(\lambda - \frac{\varepsilon}{2}\right) - \frac{\varepsilon}{2} < \left(\lambda - \frac{\varepsilon}{2}\right)^{1-\frac{p}{n}} (u_p)^{\frac{1}{n}} < \left(\lambda - \frac{\varepsilon}{2}\right) + \frac{\varepsilon}{2}$$

et

$$\left(\lambda+\frac{\varepsilon}{2}\right)-\frac{\varepsilon}{2}<\left(\lambda+\frac{\varepsilon}{2}\right)^{1-\frac{p}{n}}(u_p)^{\frac{1}{n}}<\left(\lambda+\frac{\varepsilon}{2}\right)+\frac{\varepsilon}{2},$$

et, par suite,

$$\lambda-\varepsilon<\sqrt[n]{u_n}<\lambda+\varepsilon.$$

Comme $\varepsilon$ est un nombre positif arbitraire plus petit que $\lambda$, on voit bien que $\sqrt[n]{u_n}$ a une limite pour $n$ infini et que cette limite est $\lambda$.

2° Supposons que $\frac{u_{n+1}}{u_n}$ ait pour limite 0. On répétera la démonstration précédente, $\varepsilon$ étant un nombre positif quelconque, en ne conservant que les inégalités de droite dans les doubles inégalités précédentes : $\sqrt[n]{u_n}$ a une limite, et cette limite est 0.

3° Supposons que $\frac{u_{n+1}}{u_n}$ ait pour limite $+\infty$. Posons $\frac{1}{u_n}=v_n$; $\frac{v_{n+1}}{v_n}$, qui est égal à $\frac{u_n}{u_{n+1}}$, a pour limite 0. Donc, $\sqrt[n]{v_n}$ a une limite, qui est 0; donc, $\sqrt[n]{u_n}$, qui est égal à $\frac{1}{\sqrt[n]{v_n}}$, a une limite, et cette limite est $+\infty$; elle est égale à celle de $\frac{u_{n+1}}{u_n}$.

*Remarques.* — 1° Si $\frac{u_{n+1}}{u_n}$ a pour limite 1, $\sqrt[n]{u_n}$ a aussi pour limite 1. Si donc on ne peut conclure quant à la convergence ou à la divergence de la série $u_n$ lorsqu'on applique la règle de d'Alembert, on ne peut conclure non plus en général lorsqu'on applique la règle de Cauchy.

2° Si $\sqrt[n]{u_n}$ a une limite, il n'est pas toujours vrai que $\frac{u_{n+1}}{u_n}$ en ait une. Il suffit de le montrer par un exemple.

$a$ et $b$ étant deux nombres positifs inégaux, soit la série

$$a,\ ab,\ a^2b,\ a^2b^2,\ \ldots,\ a^pb^p,\ a^{p+1}b^p,\ \ldots$$

dans laquelle le terme de rang $2p$ est égal à $a^pb^p$ et le terme de rang $2p+1$ est égal à $a^{p+1}b^p$.

$\sqrt[n]{u_n}$ est égal à $a^{\frac{1}{2}}b^{\frac{1}{2}}$ si $n=2p$, il est égal à $a^{\frac{p+1}{2p+1}}b^{\frac{p}{2p+1}}$, c'est-à-dire à $a^{\frac{1}{2}}b^{\frac{1}{2}}\left(\frac{a}{b}\right)^{\frac{1}{2(2p+1)}}$, si $n=2p+1$. Comme $\left(\frac{a}{b}\right)^{\frac{1}{2(2p+1)}}$ tend vers 1 quand $p$ tend vers $\infty$, on voit que $\sqrt[n]{u_n}$ tend vers $\sqrt{ab}$ quand $n$ tend vers $\infty$.

D'autre part, $\frac{u_{n+1}}{u_n}$ est égal à $a$ si $n=2p$, à $b$ si $n=2p+1$; il en résulte que $\frac{u_{n+1}}{u_n}$ n'a pas de limite quand $n$ tend vers $\infty$.

## V. — SÉRIES A TERMES RÉELS. COMPARAISON AVEC LA SÉRIE $\frac{1}{n^\alpha}$.

340. Théorème. — *Pour que la série $\frac{1}{n^\alpha}$, $\alpha$ étant un nombre fixe, soit convergente, il faut et il suffit que $\alpha$ soit supérieur à 1.*

Soit la série

$$\frac{1}{1^\alpha}+\frac{1}{2^\alpha}+\ldots+\frac{1}{n^\alpha}+\ldots$$

et désignons par $S_n$ la somme des $n$ premiers termes.

1° Je dis que *si $\alpha$ est plus grand que 1, la série est convergente.* En effet, on a

$$S_{2n}-S_n=\frac{1}{(n+1)^\alpha}+\frac{1}{(n+2)^\alpha}+\ldots+\frac{1}{(2n)^\alpha}.$$

Les termes du second membre sont tous plus petits que $\frac{1}{n^\alpha}$. On a, par suite, quel que soit $n$, l'inégalité

$$S_{2n}-S_n<\frac{n}{n^\alpha} \quad \text{ou} \quad S_{2n}-S_n<\frac{1}{n^{\alpha-1}}.$$

Donnons à $n$ successivement les valeurs $1, 2, 2^2, \ldots, 2^{p-1}$. On a

$$S_2-S_1<1,$$
$$S_{2^2}-S_2<\frac{1}{2^{\alpha-1}},$$
$$\ldots\ldots\ldots\ldots\ldots$$
$$S_{2^p}-S_{2^{p-1}}<\frac{1}{(2^{p-1})^{\alpha-1}} \quad \text{ou} \quad \frac{1}{(2^{\alpha-1})^{p-1}}.$$

Ajoutons membre à membre; il vient

$$S_{2^p}-S_1<1+\frac{1}{2^{\alpha-1}}+\frac{1}{(2^{\alpha-1})^2}+\ldots+\frac{1}{(2^{\alpha-1})^{p-1}}.$$

Le second membre est la somme des $p$ premiers termes d'une série géométrique dont la raison est $\frac{1}{2^{\alpha-1}}$; cette raison étant plus petite que 1, la série géométrique est convergente et a pour somme

$$\frac{2^{\alpha-1}}{2^{\alpha-1}-1}.$$

On a donc, quel que soit $p$, l'inégalité

$$S_{2^p} < S_1 + \frac{2^{\alpha-1}}{2^{\alpha-1}-1},$$

c'est-à-dire

$$S_{2^p} < \frac{2^\alpha - 1}{2^{\alpha-1}-1}.$$

Or, $n$ étant un entier quelconque positif, il existe un entier $p$ tel que l'on ait $2^p > n$; on a donc, quel que soit $n$,

$$S_n < \frac{2^\alpha - 1}{2^{\alpha-1}-1}.$$

La série à termes positifs $\frac{1}{n^\alpha}$ est donc convergente et a une somme S telle que l'on ait

$$S < \frac{2^\alpha - 1}{2^{\alpha-1}-1}.$$

Quand $\alpha$ est plus grand que 1, la série $\frac{1}{n^\alpha}$ donne l'exemple d'une série convergente dans laquelle le rapport $\frac{u_{n+1}}{u_n}$ d'un terme au précédent, égal à $\frac{1}{\left(1+\frac{1}{n}\right)^\alpha}$, a pour limite 1 quand $n$ tend vers $\infty$ (§ 337).

2° Je dis que *si $\alpha$ est égal à 1, la série est divergente.* En effet, on a

$$S_{2n} - S_n = \frac{1}{n+1} + \frac{1}{n+2} + \ldots + \frac{1}{2n}.$$

Les termes du second membre sont au moins égaux à $\frac{1}{2n}$. On a, par suite, quel que soit $n$, l'inégalité

$$S_{2n} - S_n \geqslant \frac{n}{2n} \quad \text{ou} \quad S_{2n} - S_n \geqslant \frac{1}{2},$$

l'égalité n'ayant lieu d'ailleurs que pour $n = 1$.

Cela posé, si la série $\frac{1}{n}$ était convergente, S étant la somme de cette série, $S_n$ aurait pour limite S pour $n$ infini. Mais $2n$ tend vers $\infty$ quand $n$ tend vers $\infty$; par suite, $S_{2n}$ aurait aussi pour limite S. $S_{2n} - S_n$ aurait donc pour limite 0 et ne pourrait être, quel que soit $n$, au moins égal à $\frac{1}{2}$. Il y aurait contradiction. La série $\frac{1}{n}$ est, par suite, divergente.

La série $\frac{1}{n}$ est dite la *série harmonique.* Elle donne l'exemple d'une série divergente dans laquelle le terme général a pour limite 0 (§ 329). Elle donne aussi l'exemple d'une série divergente dans laquelle le rapport d'un terme au précédent a pour limite 1 (§ 337).

3° Je dis que *si $\alpha$ est plus petit que 1, la série $\frac{1}{n^\alpha}$ est divergente.*

En effet, dans cette hypothèse, on a, quel que soit $n$, $\frac{1}{n^\alpha} \geqslant \frac{1}{n}$. Le second membre est le terme général d'une série divergente; la série $\frac{1}{n^\alpha}$ est donc elle-même divergente.

Le rapport $\frac{u_{n+1}}{u_n}$ a encore pour limite 1 pour $n$ infini.

341. Théorème. — *Étant donnée une série $u_n$ à termes de même signe ou à termes de signes quelconques, s'il existe un nombre fixe $\alpha$ plus grand que 1 tel qu'à partir d'un certain rang on ait $n^\alpha|u_n| < k$, $k$ étant un nombre fixe positif, la série $u_n$ est absolument convergente.*

En effet, à partir d'un certain rang, on a

$$|u_n| < \frac{k}{n^\alpha}.$$

Puisque $\alpha$ est grand que 1, le second membre est le terme général d'une série convergente; il en est de même du premier, et la série $u_n$ est bien absolument convergente.

Théorème. — *Étant donnée une série $u_n$ à termes de même signe ou à termes de signes quelconques, s'il existe un nombre fixe $\alpha$ plus grand que 1 tel que $n^\alpha u_n$ ait une limite finie pour $n$ infini, la série $u_n$ est absolument convergente.*

En effet, si $n^\alpha u_n$ a pour limite $\lambda$, $n^\alpha|u_n|$ a pour limite $|\lambda|$. Par suite, il existe un rang à partir duquel on a

$$n^\alpha|u_n| < |\lambda| + \varepsilon,$$

$\varepsilon$ étant un nombre positif. D'après le théorème précédent, la série $u_n$ est absolument convergente.

Par exemple, si $u_n$ est un infiniment petit d'ordre supérieur à un nombre $\alpha$ plus grand que 1 par rapport à l'infiniment petit $\frac{1}{n}$, la série $u_n$ est absolument convergente. En effet, $\frac{u_n}{\left(\frac{1}{n}\right)^\alpha}$, c'est-à-dire $n^\alpha u_n$, a pour limite 0.

Si $u_n$ est un infiniment petit d'un ordre $\alpha$ plus grand que 1 par rapport à l'infiniment petit principal $\frac{1}{n}$, la série $u_n$ est absolument convergente. En effet, $\frac{u_n}{\left(\frac{1}{n}\right)^\alpha}$, c'est-à-dire $n^\alpha u_n$, a une limite finie (et non nulle).

Théorème. — *Étant donnée une série $u_n$ à termes positifs, s'il existe un nombre fixe $\alpha$ inférieur ou égal à 1 tel qu'à partir d'un certain rang on ait $n^\alpha u_n > k$, $k$ étant un nombre fixe positif, la série $u_n$ est divergente.*

En effet, à partir d'un certain rang, on a

$$u_n > \frac{k}{n^\alpha}.$$

Le second membre est le terme général d'une série divergente à termes positifs; il en est donc de même du premier.

Théorème. — *Étant donnée une série $u_n$ à termes positifs, s'il existe un nombre fixe $\alpha$ inférieur ou égal à 1 tel que $n^\alpha u_n$ ait une limite non nulle pour $n$ infini, la série $u_n$ est divergente.*

En effet, si $n^\alpha u_n$ a une limite finie, mais non nulle, ou une limite infinie, étant donné un nombre $k$ positif plus petit que la limite de $n^\alpha u_n$, il existe un rang à partir duquel on a

$$n^\alpha u_n > k;$$

il en résulte, d'après le théorème précédent, que la série $u_n$ est divergente.

En particulier, si $u_n$ est un infiniment petit d'un ordre $\alpha$ au plus égal à 1 par rapport à l'infiniment petit principal $\frac{1}{n}$, la série $u_n$ est divergente. En effet, $\frac{u_n}{\left(\frac{1}{n}\right)^\alpha}$, c'est-à-dire $n^\alpha u_n$, a une limite finie et non nulle.

342. *Remarques.* — 1° *Étant donnée la série $u_n$, si $u_n$ est un infiniment petit qui a un ordre $\alpha$ par rapport à l'infiniment principal $\frac{1}{n}$, il est inutile, en général, d'appliquer à la série la règle de d'Alembert ou celle de Cauchy.*

En effet, par hypothèse, $n^\alpha u_n$ a une limite $\lambda$ non nulle et non infinie; $n^\alpha |u_n|$ et $(n+1)^\alpha |u_{n+1}|$ ont donc pour limite commune $|\lambda|$. Par suite, $\frac{(n+1)^\alpha |u^{n+}{}_1|}{n^\alpha |u_n|}$, c'est-à-dire $\left(1+\frac{1}{n}\right)^\alpha \left|\frac{u_{n+1}}{u_n}\right|$ a pour limite 1, et comme

$\left(1+\frac{1}{n}\right)^\alpha$ a pour limite 1, il s'ensuit que $\left|\frac{u_{n+1}}{u_n}\right|$ a pour limite 1, ce qui montre que, en général, l'application de la règle de d'Alembert ne permet pas de conclure. $\sqrt[n]{|u_n|}$ a aussi pour limite 1, et, en général, l'application de la règle de Cauchy ne permet pas non plus de conclure.

2° Soit, inversement, une série $u_n$ dont on peut reconnaître la convergence par application de la règle de d'Alembert ou de la règle de Cauchy. Dans l'un ou l'autre cas, il existe un rang à partir duquel on a

$$|u_n| < ak^n,$$

$a$ et $k$ étant deux nombres positifs et $k$ étant plus petit que 1. Soit $\alpha$ un nombre fixe quelconque plus grand que 1. On a

$$0 < n^\alpha |u_n| < a\frac{n^\alpha}{\left(\frac{1}{k}\right)^n}.$$

Comme $\frac{1}{k}$ est plus grand que 1, $\frac{n^\alpha}{\left(\frac{1}{k}\right)^n}$ a pour limite 0 pour $n$ infini. Il en est de même, par suite, de $n^\alpha|u_n|$, ce qui montre que, quel que soit $\alpha$ plus grand que 1, la comparaison de la série $|u_n|$ à la série $\frac{1}{n^\alpha}$ permet de reconnaître la convergence de la série $|u_n|$.

Cette seconde remarque montre que, théoriquement, la règle de convergence déduite de la comparaison avec la série $\frac{1}{n^\alpha}$, lorsque cette série est convergente, est plus puissante que les règles de convergence de d'Alembert et de Cauchy; toutefois, l'application de la première règle peut, pratiquement, être moins facile que celle des deux dernières.

## VI. — SÉRIES A TERMES RÉELS. COMPARAISON AVEC UNE INTÉGRALE DÉFINIE.

343. Théorème. — *Soit la fonction $\varphi(x)$ définie, positive, décroissante et continue dans l'intervalle $(1, +\infty)$. Pour que la série*

$$\varphi(1) + \varphi(2) + \ldots + \varphi(n) + \ldots$$

*soit convergente, il faut et il suffit que $\int_1^{+\infty} \varphi(x)\,dx$ ait un sens.*

En effet, dans l'intervalle $(p, p+1)$, $p$ étant un entier positif ou nul, la borne supérieure de la fonction $\varphi(x)$ est $\varphi(p)$ et sa borne inférieure est $\varphi(p+1)$. Il résulte de la définition de l'intégrale définie de 1 à $n$ de la fonction $\varphi(x)$ que l'on a la double inégalité

$$\varphi(2)+\varphi(3)+\ldots+\varphi(n)<\int_1^n \varphi(x)\,dx<\varphi(1)+\varphi(2)+\ldots+\varphi(n-1).$$

1° Si la série $\varphi(n)$ est convergente et a pour somme S, on a, quel que soit $n$,

$$\varphi(1)+\varphi(2)+\ldots+\varphi(n-1)<S$$

et *a fortiori*

$$\int_1^n \varphi(x)\,dx<S.$$

Soit X une variable définie dans l'intervalle $(1, +\infty)$ et tendant vers $+\infty$. La fonction $\int_1^X \varphi(x)\,dx$ de la variable X est définie et croissante dans l'intervalle $(1, +\infty)$. Si $n$ est un entier plus grand que X, on a

$$\int_1^X \varphi(x)\,dx<\int_1^n \varphi(x)\,dx,$$

et, par suite, quel que soit X,

$$\int_1^X \varphi(x)\,dx<S.$$

La fonction $\int_1^X \varphi(x)\,dx$ de la variable X est croissante dans l'intervalle $(1, +\infty)$ et est limitée supérieurement dans cet intervalle; par conséquent, elle a une limite finie quand X tend vers $+\infty$; autrement dit, $\int_1^{+\infty} \varphi(x)\,dx$ a un sens; sa valeur est inférieure à S.

2° Réciproquement, supposons que $\int_1^{+\infty} \varphi(x)\,dx$ ait un sens. Comme $\int_1^X \varphi(x)\,dx$ est une fonction croissante de X qui admet pour limite $\int_1^{+\infty} \varphi(x)\,dx$ pour X infini, on a, quel que soit X,

$$\int_1^X \varphi(x)\,dx<\int_1^{+\infty} \varphi(x)\,dx$$

et, par suite, pour tout entier positif $n$,

$$\int_1^n \varphi(x)\,dx<\int_1^{+\infty} \varphi(x)\,dx.$$

*A fortiori*, on a

$$\varphi(2)+\varphi(3)+\ldots+\varphi(n)<\int_1^{+\infty} \varphi(x)\,dx,$$

d'où

$$\varphi(1)+\varphi(2)+\ldots+\varphi(n)<\varphi(1)+\int_1^{+\infty} \varphi(x)\,dx.$$

La somme des $n$ premiers termes de la série $\varphi(n)$ est donc, quel que soit $n$, limitée supérieurement; comme les termes de cette série sont positifs, il s'ensuit que la série est convergente. Elle a une somme S inférieure à

$$\varphi(1) + \int_1^{+\infty} \varphi(x)\,dx.$$

Ainsi, on a

$$S - \varphi(1) < \int_1^{+\infty} \varphi(x)\,dx < S$$

et

$$\int_1^{+\infty} \varphi(x)\,dx < S < \varphi(1) + \int_1^{+\infty} \varphi(x)\,dx.$$

On peut se servir de ce théorème de deux manières : ou bien on sait que $\int_1^{+\infty} \varphi(x)\,dx$ a un sens, et on en déduit que la série $\varphi(n)$ est convergente; ou bien on sait que la série $\varphi(n)$ est convergente, et on en déduit que $\int_1^{+\infty} \varphi(x)\,dx$ a un sens.

*Applications.* — 1° Soit la fonction $\frac{1}{x^\alpha}$, $\alpha$ étant un nombre fixe positif. Cette fonction est définie, positive, décroissante dans l'intervalle $(1, +\infty)$. Formons $\int_1^X \frac{dx}{x^\alpha}$, X étant positif.

Si $\alpha = 1$, on a

$$\int_1^X \frac{dx}{x} = LX.$$

LX tend vers $+\infty$ quand X tend vers $+\infty$ ; par suite, $\int_1^{+\infty} \frac{dx}{x}$ n'a pas de sens; la série $\frac{1}{n}$ est donc divergente.

Supposons $\alpha \neq 1$. On a alors

$$\int_1^X \frac{dx}{x^\alpha} = \frac{1}{1-\alpha}\left(\frac{1}{X^{\alpha-1}} - 1\right) = \frac{1}{1-\alpha}(X^{1-\alpha} - 1).$$

Si $\alpha > 1$, $\frac{1}{X^{\alpha-1}}$ tend vers 0 quand X tend vers $+\infty$ ; par suite, $\int_1^{+\infty} \frac{dx}{x^\alpha}$ a un sens et est égal à $\frac{1}{\alpha-1}$ ; donc la série

$$1 + \frac{1}{2^\alpha} + \dots + \frac{1}{n^\alpha} + \dots$$

est convergente, et sa somme S est comprise entre $\frac{1}{\alpha-1}$ et $\frac{\alpha}{\alpha-1}$. Si $\alpha < 1$, $X^{1-\alpha}$ tend vers $+\infty$ ; par suite, $\int_1^{+\infty} \frac{dx}{x}$ n'a pas de sens, et la série $\frac{1}{n^\alpha}$ est dans ce cas divergente.

2° Soit encore la fonction $\frac{1}{x(\mathrm{L}x)^\alpha}$, $\alpha$ étant un nombre fixe positif. Cette fonction est définie, positive et continue à l'intérieur de l'intervalle $(1, +\infty)$. Elle a une dérivée égale à $-\frac{(\alpha+\mathrm{L}x)}{x^2(\mathrm{L}x)^{\alpha+1}}$ et, par suite, négative; la fonction donnée est donc décroissante. Il est vrai que cette fonction n'est pas définie pour $x=1$; mais dans l'énoncé du théorème précédent, on peut supposer qu'il s'agisse d'une fonction $\varphi(x)$ définie dans l'intervalle $(k, +\infty)$, $k$ étant un entier positif, et de la série

$$\varphi(k)+\varphi(k+1)+\ldots+\varphi(n)+\ldots.$$

Formons $\int_2^{\mathrm{X}}\frac{dx}{x(\mathrm{L}x)^\alpha}$, X étant plus grand que 1. Si $\alpha=1$, on a

$$\int_2^{\mathrm{X}}\frac{dx}{x\mathrm{L}x}=\mathrm{L}\frac{\mathrm{LX}}{\mathrm{L}2}.$$

Quand X tend vers $+\infty$, LX et, par suite, $\mathrm{L}\frac{\mathrm{LX}}{\mathrm{L}2}$ tendent vers $+\infty$; $\int_2^{+\infty}\frac{dx}{x\mathrm{L}x}$ n'a pas de sens; la série $\frac{1}{n\mathrm{L}n}$ est divergente.

Supposons $\alpha\neq 1$. On a alors

$$\int_2^{\mathrm{X}}\frac{dx}{x(\mathrm{L}x)^\alpha}=\frac{1}{1-\alpha}[(\mathrm{LX})^{1-\alpha}-(\mathrm{L}2)^{1-\alpha}].$$

Si $\alpha>1$, le second membre a une limite finie; par suite, $\int_2^{+\infty}\frac{dx}{x(\mathrm{L}x)^\alpha}$ a un sens et la série $\frac{1}{n(\mathrm{L}n)^\alpha}$ est convergente. Si $\alpha<1$, le second membre tend vers $+\infty$, la série $\frac{1}{n(\mathrm{L}n)^\alpha}$ est divergente.

344. Théorème. — *La fonction $\varphi(x)$ étant définie, positive, décroissante et continue dans l'intervalle $(1, +\infty)$, si la série $\varphi(n)$ est divergente, la différence $\Delta_n$ égale à*

$$\varphi(1)+\varphi(2)+\ldots+\varphi(n)-\int_1^{n+1}\varphi(x)\,dx$$

*est une fonction positive et croissante de n et a une limite finie quand n tend vers $\infty$.*

On a en effet

$$\Delta_{n+1}-\Delta_n=\varphi(n+1)-\left[\int_1^{n+2}\varphi(x)\,dx-\int_1^{n+1}\varphi(x)\,dx\right]$$
$$=\varphi(n+1)-\int_{n+1}^{n+2}\varphi(x)\,dx.$$

Mais $\varphi(n+1)$ est dans l'intervalle $(n+1, n+2)$ la borne supérieure de la fonction $\varphi(x)$; donc, le second membre est positif. Par suite, $\Delta_{n+1}$ est plus grand que $\Delta_n$, et $\Delta_n$ est une fonction croissante de $n$.

En outre, on a

$$\varphi(2)+\varphi(3)+\ldots+\varphi(n+1)<\int_1^{n+1}\varphi(x)\,dx<\varphi(1)+\varphi(2)+\ldots+\varphi(n),$$

d'où l'on déduit

$$0<\varphi(1)+\varphi(2)+\ldots+\varphi(n)-\int_1^{n+1}\varphi(x)\,dx<\varphi(1)-\varphi(n+1)<\varphi(1).$$

La fonction $\Delta_n$ est donc positive. D'autre part, elle est limitée supérieurement par $\varphi(1)$; comme elle est croissante, elle admet une limite comprise entre 0 et $\varphi(1)$, et elle est constamment plus petite que sa limite.

*Conséquence.* — Soit la fonction $\varphi(x)$ considérée dans l'énoncé précédent. Considérons la somme

$$\varphi(n+1)+\varphi(n+2)+\ldots+\varphi(n+p),$$

$n$ étant un entier positif et $p$ un second entier positif fonction de $n$. Cette somme peut s'écrire

$$\Delta_{n+p}-\Delta_n+\int_1^{n+p}\varphi(x)\,dx-\int_1^{n}\varphi(x)\,dx,$$

c'est-à-dire

$$\Delta_{n+p}-\Delta_n+\int_n^{n+p}\varphi(x)\,dx.$$

Quand $n$ tend vers $+\infty$, $n+p$ tend vers $+\infty$, $\Delta_n$ et $\Delta_{n+p}$ ont une même limite finie; par suite, $\Delta_{n+p}-\Delta_n$ tend vers 0. De là résulte que si $\int_n^{n+p}\varphi(x)\,dx$ a une limite finie, la somme considérée a aussi une limite finie, et l'on a

$$\lim.\,[\varphi(n+1)+\varphi(n+2)+\ldots+\varphi(n+p)]=\lim.\int_n^{n+p}\varphi(x)\,dx.$$

*Applications.* — 1° Soit la fonction $\varphi(x)=\frac{1}{x}$. On a

$$\int_1^{n+1}\frac{dx}{x}=\mathrm{L}(n+1).$$

On a ainsi le résultat suivant :

$$1+\frac{1}{2}+\ldots+\frac{1}{n}-\mathrm{L}(n+1)$$

est une fonction positive et croissante de $n$ qui admet une limite C comprise entre 0 et 1. Cette limite est dite *constante d'Euler*.

2° Considérons la somme

$$\frac{1}{n+1}+\frac{1}{n+2}+\ldots+\frac{1}{2n}.$$

On a

$$\int_n^{2n} \frac{dx}{x} = \mathrm{L}(2n) - \mathrm{L}n = \mathrm{L}2.$$

Par suite, la somme considérée a pour limite L2 quand $n$ tend vers $+\infty$.

## VII. — SÉRIES A TERMES IMAGINAIRES

**345. Définition d'une série à termes imaginaires. Convergence et divergence.** — Soit la suite dont le terme général est l'imaginaire $u_n = a_n + b_n i$, $a_n$ et $b_n$ étant les termes généraux de deux suites réelles. On appelle *série de terme général* $u_n$ ou simplement *série* $u_n$ la suite $S_n = u_1 + u_2 + \ldots + u_n = (a_1 + a_2 + \ldots + a_n) + (b_1 + b_2 + \ldots + b_n)i$.

$S_n$ est dit la *somme des $n$ premiers termes de la série*. On représente la série $u_n$ par la notation

$$u_1 + u_2 + \ldots + u_n + \ldots.$$

On dit que la série $u_n$ est *convergente* si la suite $S_n$ a une limite finie $S = A + Bi$ quand $n$ tend vers l'infini. Cette limite S est dite la *somme* de la série, et l'on pose l'égalité

$$S = u_1 + u_2 + \ldots + u_n + \ldots$$

Ces définitions et conventions généralisent les définitions et conventions antérieurement posées relativement aux séries à termes réels.

Comme nous l'avons vu (ch. VII, § 197), dire que $S_n$ a une limite finie, $A + Bi$, c'est dire que les suites

$$A_n = a_1 + a_2 + \ldots + a_n \quad \text{et} \quad B_n = b_1 + b_2 + \ldots + b_n$$

ont respectivement des limites finies, A et B. Donc, *pour que la série $a_n + b_n i$ soit convergente, il faut et il suffit que les séries $a_n$ et $b_n$, à termes réels, soient simultanément convergentes; si les séries $a_n$ et $b_n$ ont respectivement pour sommes A et B, la série $a_n + b_n i$ a pour somme $A + Bi$.*

D'après cela, si la série $a_n + b_n i$ est convergente, $a_n$ et $b_n$ tendent simultanément vers 0, autrement dit, $a_n + b_n i$ tend vers 0, quand $n$ tend vers $\infty$.

Si une série à termes imaginaires n'est pas convergente, elle est dite *divergente*.

**346. Série des modules.** — On appelle *série des modules* de la série

$a_n + b_n i$ la série $\sqrt{a_n^2 + b_n^2}$, dont le terme général est le module du terme général de la série $a_n + b_n i$. C'est une série à termes réels positifs ou nuls.

Dans le cas particulier où la série $a_n + b_n i$ est à termes réels, $b_n$ étant nul quel que soit $n$, la série des modules coïncide avec la série antérieurement définie sous le nom de *série des valeurs absolues*.

Théorème. — *Étant donnée la série $u_n = a_n + b_n i$, si la série $|u_n| = \sqrt{a_n^2 + b_n^2}$ est convergente, la série $a_n + b_n i$ est aussi convergente. En outre, si $S$ est la somme de la série $u_n$ et $\Sigma$ la somme de la série $|u_n|$, on a $|S| \leqslant \Sigma$.*

En effet, comme on a à la fois

$$|a_n| \leqslant \sqrt{a_n^2 + b_n^2}, \quad |b_n| \leqslant \sqrt{a_n^2 + b_n^2},$$

si la série $\sqrt{a_n^2 + b_n^2}$ est convergente, il en est de même des séries $|a_n|$ et $|b_n|$. Par suite, les séries $a_n$ et $b_n$ sont convergentes, et la série $a_n + b_n i$ est elle-même convergente.

Soient d'autre part $S_n$ la somme des $n$ premiers termes de la série $u_n$, $\Sigma_n$ la somme des $n$ premiers termes de la série $|u_n|$. On a $|S_n| \leqslant \Sigma_n$ et, comme on a $\Sigma_n \leqslant \Sigma$, on a $|S_n| \leqslant \Sigma$. Or, quand $n$ tend vers $\infty$, $|S_n|$ a pour limite $|S|$; comme $|S_n|$ est limité supérieurement par $\Sigma$, on a $|S| \leqslant \Sigma$.

Remarquons que, dans ce cas, les deux séries $a_n$ et $b_n$ sont absolument convergentes. Réciproquement, si les deux séries $a_n$ et $b_n$ sont absolument convergentes, la série $\sqrt{a_n^2 + b_n^2}$ est convergente. En effet, on a

$$\sqrt{a_n^2 + b_n^2} \leqslant |a_n| + |b_n|;$$

comme $|a_n|$ et $|b_n|$ sont les termes de rang $n$ de deux séries convergentes, la série $|a_n| + |b_n|$ est une série convergente, et il en est de même de la série $\sqrt{a_n^2 + b_n^2}$.

Ce qui précède montre que, relativement aux séries convergentes à termes imaginaires, il est possible de distinguer deux cas :

1° La série $a_n + b_n i$ est convergente et la série $\sqrt{a_n^2 + b_n^2}$ est aussi convergente. Pour qu'il en soit ainsi, il faut et il suffit que les deux séries à termes réels $a_n$ et $b_n$ soient absolument convergentes.

2° La série $a_n + b_n i$ est convergente et la série $\sqrt{a_n^2 + b_n^2}$ est divergente. Pour qu'il en soit ainsi, il faut et il suffit que les deux séries $a_n$ et $b_n$ soient convergentes et que l'une au moins soit semi-convergente.

Par extension de dénominations adoptées pour les séries convergentes à termes réels, nous dirons dans le premier cas que la série $a_n + b_n i$ est *absolument convergente* et dans le second cas que cette série est *semi-convergente*.

**347. Règles de d'Alembert et de Cauchy.** — On a, relativement aux séries à termes imaginaires, les théorèmes suivants, déjà énoncés sous une forme particulière relativement aux séries à termes réels.

*Si, dans une série $u_n$ à terme imaginaires, à partir d'un certain rang, $u_n$ n'étant pas nul, $\left|\frac{u_{n+1}}{u_n}\right|$ est constamment plus petit qu'un nombre fixe positif $k$ plus petit que* 1, *la série est absolument convergente; si, à partir d'un certain rang, $u_n$ n'étant pas nul, $\left|\frac{u_{n+1}}{u_n}\right|$ est constamment supérieur ou égal à* 1, *la série $u_n$ est divergente.*

*Si, dans une série $u_n$ à termes imaginaires, $u_n$ n'étant pas nul à partir d'un certain rang, $\frac{u_{n+1}}{u_n}$ a, pour $n$ infini, une limite $\lambda$ telle que l'on ait $|\lambda| < 1$, la série est absolument convergente; si $\frac{u_{n+1}}{u_n}$ a une limite $\lambda$, finie ou infinie, telle que l'on ait $|\lambda| > 1$, la série est divergente.*

*Si, dans une série $u_n$ à termes imaginaires, $\sqrt[n]{|u_n|}$ est, à partir d'un certain rang, plus petit qu'un nombre positif fixe $k$ plus petit que* 1, *la série est absolument convergente; si, à partir d'un certain rang, $\sqrt[n]{|u_n|}$ est supérieur ou égal à* 1, *la série est divergente.*

*Si, dans une série $u_n$ à termes imaginaires, $\sqrt[n]{|u_n|}$ a, pour $n$ infini, une limite $\lambda$ plus petite que* 1, *la série est convergente; si $\sqrt[n]{|v_n|}$ a une limite $\lambda$, finie ou infinie, plus grande que* 1, *la série est divergente.*

Les démonstrations faites pour les séries à termes réels s'étendent sans modifications aux séries à termes imaginaires.

**348. Opérations sur les séries à termes imaginaires.** — Les théorèmes établis relativement à l'addition des séries à termes réels convergentes et à la multiplication des séries à termes réels absolument convergentes sont valables sans modifications pour les séries à termes imaginaires. Il suffira de remarquer que, de même que la valeur absolue d'une somme de nombres réels est au plus égale à la somme des valeurs absolues de ces nombres, de même le module d'une somme de nombres imaginaires est au plus égal à la somme des modules de ces nombres.

## EXERCICES

249. Reconnaître la convergence ou la divergence de la série de terme général $x^{\mathrm{L}n}$.

250. Reconnaître, suivant les valeurs de $x$ positives, nulle ou négatives, la convergence ou la divergence des séries ayant pour termes généraux

$$\frac{x^n+n}{nx^n+1}, \quad \frac{x^n \mathrm{L}n}{n}, \quad \frac{x^n}{n^{n+1}}, \quad x^{\frac{2n^2}{n+1}}, \quad \frac{x^{n^2}}{n}, \quad nx^{\sqrt{n}}, \quad x^{\sqrt{\mathrm{L}n}}.$$

251. Reconnaître, suivant les valeurs de $x$ positives, nulle ou négatives, la convergence ou la divergence de la série de terme général $\frac{x^n}{x^{2n}+1}$.

252. Reconnaître, suivant les valeurs de $x$ positives, nulle ou négatives, la convergence ou la divergence de la série de terme général $x^n(\sqrt[n]{n}-1)$.

253. Reconnaître, suivant les valeurs des nombres $x$ et $y$, la convergence ou la divergence de la série

$$u_n = \left(\frac{n+x}{n+y}\right)^{n^2}.$$

254. Reconnaître la convergence ou la divergence des séries dont les termes généraux sont

$$\left(\cos\frac{x}{n}\right)^{n^3}, \quad \left(n \sin\frac{1}{n}\right)^{n^3}.$$

255. Démontrer que, quel que soit l'entier positif $n$, on a

$$\left(\frac{n+1}{n}\right)^n < e < \left(\frac{n+1}{n}\right)^{n+1}.$$

Étudier, quel que soit $x$, les séries de termes généraux $\frac{n!\,x^n}{n^n}$ et $\frac{n^{n+1}x^n}{n!}$.

[On pourra se servir de la variation de la fonction $(1+x)^{\frac{1}{x}}$.]

256. Étudier, suivant les valeurs du nombre réel $x$, les séries qui ont respectivement pour termes généraux

$$x^n \sin(\pi\sqrt{n^2+1}) \quad \text{et} \quad x^n \operatorname{tg}(\pi\sqrt{n^2+1}).$$

257. Reconnaître la convergence de la série

$$\frac{1}{1.2}+\frac{1}{2.3}+\dots+\frac{1}{n(n+1)}+\dots$$

et de la série

$$\frac{1}{1.2.3}+\frac{1}{2.3.4}+\dots+\frac{1}{n(n+1)(n+2)}+\dots.$$

Calculer les sommes de ces deux séries.

[On se servira des identités

$$\frac{1}{n(n+1)}=\frac{1}{n}-\frac{1}{n+1}, \quad \frac{1}{n(n+1)(n+2)}=\frac{1}{2}\left[\frac{1}{n(n+1)}-\frac{1}{(n+1)(n+2)}\right].]$$

258. $x$ étant différent de $\pm 1$, reconnaître la convergence de la série

$$\frac{x}{1-x^2}+\frac{x^2}{1-x^4}+\ldots+\frac{x^{2^n}}{1-x^{2^{n+1}}}+\ldots$$

et calculer sa somme.

[On part de l'identité

$$\frac{1}{1-u}=\frac{u}{1-u^2}+\frac{1}{1-u^2}.]$$

259. Reconnaître la convergence de la série

$$\frac{1}{1.3}+\frac{1}{2.4}+\ldots+\frac{1}{n(n+2)}+\ldots$$

et calculer sa somme.

260. Reconnaître la convergence et calculer la somme de la série

$$\frac{1}{2.4}+\frac{1.3}{2.4.6}+\ldots+\frac{1.3.5\ldots(2n-1)}{2.4.6\ldots 2n(2n+2)}+\ldots.$$

[Si $u_n$ désigne le terme de rang $n$, on remarquera que l'on a

$$\frac{1}{2}u_n=(n+2)u_{n+1}-(n+1)u_n.]$$

261. Reconnaître la convergence et calculer la somme de la série

$$\frac{1.2}{3.4.5.6}+\frac{2.3}{4.5.6.7}+\ldots+\frac{n(n+1)}{(n+2)(n+3)(n+4)(n+5)}+\ldots.$$

[On se servira de la décomposition de la fraction rationnelle

$$\frac{x(x+1)}{(x+2)(x+3)(x+4)(x+5)}$$

en fractions simples.]

262. Soit $F(x)$ une fraction rationnelle. Reconnaître, suivant les valeurs de $x$, la convergence ou la divergence de la série

$$F(0)+xF(1)+x^2F(2)+\ldots+x^nF(n)+\ldots.$$

263. Soit une série convergente dans laquelle le terme général $u_n$ est positif et fonction décroissante de $n$. Démontrer que $nu_n$ tend vers 0 quand $n$ tend vers $\infty$.

264. Si la série $u_n$ est à termes positifs, elle est convergente ou divergente en même temps que la série $\frac{u_n}{1-u_n}$.

265. Si la série $u_n$ à termes positifs est convergente, le produit

$$P_n=(1+u_1)(1+u_2)\ldots(1+u_n)$$

tend vers une limite finie quand $n$ tend vers $\infty$. Si la série $u_n$ est divergente, $P_n$ tend vers $\infty$.

[On remarquera que l'on a $1+u_n<e^{u_n}$ et $P_n>u_1+u_2+\ldots+u_n$.]

266. Si la série $u_n$ à termes positifs plus petits que 1 est divergente, le produit

$$Q_n=(1-u_1)(1-u_2)\ldots(1-u_n)$$

tend vers 0 quand $n$ tend vers $\infty$.

Si la série $u_n$ à termes positifs est convergente, le produit $Q_n$ tend, quand $n$ tend vers $\infty$, vers une limite finie et non nulle si aucun des nombres $u_n$ n'est égal à 1.

[On a $\frac{1}{1-u_n} = 1 + \frac{u_n}{1-u_n}$.]

267. Soit un nombre fixe $\alpha$, inférieur ou égal à 1. Montrer que l'expression

$$\varphi(n) = 1^\alpha + 2^\alpha + \dots + n^\alpha - n^\alpha\left(\frac{n}{\alpha+1} + \frac{1}{2}\right)$$

admet une limite finie quand l'entier $n$ tend vers $+\infty$.

[On montrera que la série qui a pour terme général $\varphi(n+1) - \varphi(n)$ est convergente.]

# CHAPITRE XIV

## SÉRIES ENTIÈRES

### I. — SÉRIES ENTIÈRES. PROPRIÉTÉS GÉNÉRALES

**349. Définition d'une série entière.** — Étant données une suite de nombres réels ou imaginaires

$$a_0,\ a_1,\ a_2,\ \ldots,\ a_n,\ \ldots$$

et la variable $x$, réelle et définie dans l'intervalle $(-\infty, +\infty)$ ou bien imaginaire et définie dans tout le plan, la série

$$a_0 + a_1x + a_2x^2 + \ldots + a_nx^n + \ldots$$

est dite *série entière en $x$*.

Nous nous proposons de reconnaître pour quelles valeurs de $x$ cette série est convergente ou divergente, ensuite, quand la série est convergente, d'étudier les propriétés de sa somme considérée comme fonction de $x$.

Nous supposerons d'abord que la suite $a_n$ soit à termes réels et que la variable $x$ soit réelle.

**350. Lemme d'Abel.** — *Si, pour $x = x_0$ non nul, $|a_nx^n|$ est, quel que soit $n$, au plus égal à un nombre fixe positif* A, *la série entière est absolument convergente pour toute valeur de $x$ dont la valeur absolue est plus petite que celle de $x_0$.*

En effet, on a, par hypothèse, quel que soit $n$,

$$|a_nx_0^n| \leqslant A;$$

d'autre part, on a

$$|a_nx^n| = |a_nx_0^n| \left|\frac{x}{x_0}\right|^n;$$

par suite, on a, quel que soit $n$,

$$|a_nx^n| \leqslant A \left|\frac{x}{x_0}\right|^n.$$

Si l'on a $|x| < |x_0|$, le second membre de l'inégalité précédente est le terme de rang $n$ d'une série géométrique à termes positifs de raison plus petite que 1; c'est donc le terme de rang $n$ d'une série convergente. Il en est, par suite, de même du premier membre, ce qui prouve que la série $a_n x^n$ est absolument convergente.

*Cas particulier. — Si la série entière est convergente pour $x = x_0$ non nul, elle est absolument convergente pour toute valeur de $x$ dont la valeur absolue est plus petite que celle de $x_0$.*

En effet, soit un nombre positif $\varepsilon$ quelconque. La série $a_n x_0^n$ étant convergente, $a_n x_0^n$ a pour limite 0 pour $n$ infini; il existe donc un entier $p$ tel que, pour toute valeur de $n$ supérieure à $p$, on ait

$$|a_n x_0^n| < \varepsilon.$$

Désignons par A le plus grand des nombres

$$|a_0|, \ |a_1 x_0|, \ |a_2 x_0^2|, \ \ldots, \ |a_p x_0^p|, \ \varepsilon;$$

il est clair que, quel que soit $n$, on a

$$|a_n x_0^n| \leqslant A.$$

Par suite, $x_0$ n'étant pas nul, la série entière en $x$ est absolument convergente pour toute valeur de $x$ dont la valeur absolue est plus petite que celle de $x_0$.

**351. Rayon de convergence. Intervalle de convergence.** — Il existe un ensemble E formé par toutes les valeurs de $x$ pour lesquelles la série $a_n x^n$ est convergente, cet ensemble contenant au moins le nombre 0. Désignons par E′ l'ensemble des valeurs absolues des nombres de l'ensemble E; c'est un ensemble de nombres contenant 0 et admettant pour borne inférieure 0. Que l'ensemble E′ soit limité ou illimité supérieurement, il admet une borne supérieure R, positive ou nulle, finie ou infinie. C'est ce nombre R qu'on désigne sous le nom de *rayon de convergence* de la série $a_n x^n$.

Cette dénomination est justifiée par le théorème suivant :

THÉORÈME. — *Si R n'est pas nul, qu'il soit fini ou infini, la série entière est absolument convergente pour toute valeur de $x$ dont la valeur absolue est plus petite que R. Si R n'est pas infini, qu'il soit nul ou non nul, la série entière est divergente pour toute valeur de $x$ dont la valeur absolue est plus grande que R.*

1° Supposons R non nul. Soit un nombre $x'$ tel que l'on ait $|x'| < R$.

Par définition même de la borne supérieure R de l'ensemble E', il existe un nombre de cet ensemble qui est plus grand que $|x'|$; autrement dit, il existe un nombre $x_0$ de l'ensemble E tel que l'on ait $|x'| < |x_0|$. La série $a_n x^n$, étant convergente pour $x = x_0$, est, d'après le lemme d'Abel, absolument convergente pour $x = x'$.

2° Supposons R non infini. Soit un nombre $x'$ tel que l'on ait $|x'| > R$. La série $a_n x^n$ est divergente pour $x = x'$; en effet, si elle était convergente, $x'$ appartiendrait à l'ensemble E, $|x'|$ appartiendrait à l'ensemble E' et l'on aurait $|x'| \leqslant R$, ce qui est contraire à l'hypothèse.

Si R n'est pas nul, on appelle *intervalle de convergence* l'intervalle $(-R, +R)$.

Trois cas, dont nous rencontrerons des exemples, se présentent :

1° Si $R = 0$, la série $a_n x^n$ est absolument convergente pour $x = 0$, elle est divergente pour toute autre valeur de $x$.

2° Si R est non nul et non infini, la série est absolument convergente pour toute valeur de $x$ intérieure à l'intervalle de convergence, divergente pour toute valeur de $x$ extérieure à cet intervalle. La série peut être convergente ou divergente aux extrémités de l'intervalle de convergence.

3° Si R est infini, la série est absolument convergente pour toute valeur de $x$.

THÉORÈME. — *S'il existe un nombre positif $\rho$ tel que pour toute valeur de $x$ vérifiant la condition $|x| < \rho$ la série $a_n x^n$ soit convergente et que pour toute valeur de $x$ vérifiant la condition $|x| > \rho$ la série $a_n x^n$ soit divergente, $\rho$ est le rayon de convergence de cette série.*

En effet, R désignant le rayon de convergence, il n'est pas possible qu'on ait $R < \rho$; sinon, $x$ étant un nombre tel que l'on ait $R < |x| < \rho$, la série $a_n x^n$ serait divergente, $|x|$ étant plus grand que R, et elle serait convergente, $|x|$ étant plus petit que $\rho$; il y aurait contradiction. Il n'est pas possible non plus qu'on ait $\rho < R$; sinon, $x$ étant tel qu'on ait $\rho < |x| < R$, la série $a_n x^n$ serait divergente, $|x|$ étant plus grand que $\rho$, et elle serait convergente, $|x|$ étant plus petit que R; il y aurait encore contradiction.

THÉORÈME. — *Le coefficient $a_n$ étant non nul à partir d'un certain rang, si $\frac{a_{n+1}}{a_n}$ a, pour $n$ infini, une limite non nulle et non infinie $\lambda$, la série $a_n x^n$ a pour rayon de convergence $\frac{1}{|\lambda|}$; si $\frac{a_{n+1}}{a_n}$ a pour limite 0, la* *série $a_n x^n$ a un rayon de convergence infini; enfin, si $\frac{a_{n+1}}{a_n}$ a pour limite $\infty$, le rayon de convergence est égal à 0.*

1° Supposons que $\frac{a_{n+1}}{a_n}$ ait une limite $\lambda$ non nulle et non infinie. Alors, $\frac{a_{n+1}x^{n+1}}{a_n x^n}$, $x$ étant non nul, a pour limite $\lambda x$. Si $|\lambda x| < 1$, autrement dit, si $|x| < \frac{1}{|\lambda|}$, la série est convergente; si $|x| > \frac{1}{|\lambda|}$, la série est divergente. Donc, d'après le théorème précédent, le rayon est égal à $\frac{1}{|\lambda|}$.

2° Supposons que $\frac{a_{n+1}}{a_n}$ ait pour limite 0. Alors, quel que soit $x$ non nul, $\frac{a_{n+1}x^{n+1}}{a_n x^n}$ a pour limite 0; donc, quel que soit $x$, la série $a_n x^n$ est convergente; autrement dit, le rayon de convergence est infini.

3° Supposons que $\frac{a_{n+1}}{a_n}$ ait pour limite $\infty$. Alors, quel que soit $x$ non nul, $\frac{a_{n+1}x^{n+1}}{a_n x^n}$ a pour limite $\infty$; donc, quel que soit $x$ non nul, la série $a_n x^n$ est divergente; autrement dit, le rayon de convergence est nul.

Théorème. — *Si $\sqrt[n]{|a_n|}$ a une limite non nulle et non infinie $\lambda$ pour $n$ infini, la série $a_n x^n$ a pour rayon de convergence $\frac{1}{\lambda}$; si $\sqrt[n]{|a_n|}$ a pour limite 0, le rayon de convergence est infini; si $\sqrt[n]{|a_n|}$ a pour limite $\infty$, le rayon de convergence est nul.*

Il suffit d'appliquer la règle de Cauchy à la série $a_n x^n$. La démonstration est analogue à celle du théorème précédent.

**352. Séries dérivées. Série primitive.** — Soit la série entière

$$a_0 + a_1 x + a_2 x^2 + \ldots + a_n x^n + \ldots.$$

On appelle *série dérivée première* ou simplement *série dérivée* de cette série la série

$$a_1 + 2a_2 x + \ldots + n a_n x^{n-1} + \ldots,$$

$n a_n x^{n-1}$ étant la dérivée de la fonction $a_n x^n$ de la variable $x$.

On appelle *série dérivée seconde* de la série donnée la série dérivée première de la série dérivée première de la série donnée, soit

$$1.2\, a_2 + 2.3\, a_3 x + \ldots + (n-1)n a_n x^{n-2} + \ldots.$$

De proche en proche, on définira la *série dérivée d'ordre p* de la série donnée.

On appelle *série primitive* de la série donnée toute série entière qui admet la série donnée comme série dérivée première et qui est, par suite, de la forme

$$C + a_0 x + \frac{a_1 x^2}{2} + \frac{a_2 x^3}{3} + \ldots + \frac{a_n x^{n+1}}{n+1} + \ldots,$$

C étant une constante arbitraire.

THÉORÈME. — *Une série entière, ses séries dérivées successives et sa série primitive ont même rayon de convergence.*

Il suffit de démontrer qu'une série entière et sa série dérivée première ont même rayon de convergence.

Pour cela, nous établirons d'abord les deux points suivants :

1° Si la série $a_n x^n$ est convergente pour $x = x_0$ non nul, la série $n a_n x^{n-1}$ est absolument convergente pour toute valeur de $x$ dont la valeur absolue est plus petite que celle de $x_0$.

En effet, la série $a_n x_0^n$ étant convergente, il existe un nombre positif fixe A tel que, quel que soit $n$, on ait

$$|a_n x_0^n| \leqslant A;$$

d'autre part, on a

$$|n a_n x^{n-1}| = |a_n x_0^n| \cdot \frac{n}{|x_0|} \cdot \left|\frac{x}{x_0}\right|^{n-1};$$

par suite, on a, quel que soit $n$,

$$|n a_n x^{n-1}| \leqslant \frac{nA}{|x_0|} \cdot \left|\frac{x}{x_0}\right|^{n-1}.$$

Si l'on a $0 < |x| < |x_0|$, la série à termes positifs qui a pour terme général le second membre de l'inégalité précédente est convergente, car le rapport de ce terme au précédent, étant égal à

$$\frac{n}{n-1} \cdot \left|\frac{x}{x_0}\right|,$$

a, pour $n$ infini, une limite, $\left|\frac{x}{x_0}\right|$, plus petite que 1. Le premier membre de l'inégalité est donc le terme général d'une série convergente à termes positifs; autrement dit, $|x|$ étant plus petit que $|x_0|$, la série $n a_n x^{n-1}$ est absolument convergente.

2° Si la série $n a_n x^{n-1}$ est convergente pour $x = x_0$ non nul, la série $a_n x^n$ est absolument convergente pour toute valeur de $x$ dont la valeur absolue est plus petite que celle de $x_0$.

En effet, la série $na_nx_0^{n-1}$ étant convergente, il existe un nombre positif fixe A tel que, quel que soit $n$, on ait

$$|na_nx_0^{n-1}| \leqslant A;$$

d'autre part, $n$ étant supposé non nul, on a

$$|a_nx^n| = |na_nx_0^{n-1}| \cdot \frac{|x_0|}{n} \cdot \left|\frac{x}{x_0}\right|^n;$$

par suite, on a, quel que soit $n$ non nul,

$$|a_nx^n| \leqslant \frac{A|x_0|}{n} \cdot \left|\frac{x}{x_0}\right|^n$$

et *a fortiori*

$$|a_nx^n| \leqslant A|x_0| \cdot \left|\frac{x}{x_0}\right|^n.$$

Si l'on a $0 < |x| < |x_0|$, la série à termes positifs qui a pour terme général le second membre de l'inégalité précédente est une série géométrique dont la raison $\left|\frac{x}{x_0}\right|$ est plus petite que 1; elle est donc convergente. Il en est, par suite, de même de la série $|a_nx^n|$; autrement dit, $|x|$ étant plus petit que $|x_0|$, la série $a_nx^n$ est absolument convergente.

Cela posé, soient R et R′ les rayons de convergence des deux séries $a_nx^n$ et $na_nx^{n-1}$. Si l'on avait $R < R'$, on pourrait trouver deux nombres $x_0$ et $x$ tels que l'on eût

$$R < |x| < |x_0| < R';$$

$|x_0|$ étant plus petit que R′, la série $na_nx_0^{n-1}$ serait convergente; $|x|$ étant plus petit que $|x_0|$, la série $a_nx^n$ serait convergente, ce qui est impossible, puisque $|x|$ est plus grand que R. Si l'on avait $R' < R$, on pourrait trouver deux nombres $x_0$ et $x$ tels que l'on eût

$$R' < |x| < |x_0| < R;$$

$|x_0|$ étant plus petit que R, la série $a_nx_0^n$ serait convergente; $|x|$ étant plus petit que $|x_0|$, la série $na_nx^{n-1}$ serait convergente, ce qui est impossible, puisque $|x|$ est plus grand que R′.

Donc, on a $R = R'$, la valeur commune des deux rayons de convergence étant finie ou infinie, nulle ou non nulle.

Si R est différent de 0, la série $a_nx^n$, ses séries dérivées successives, sa série primitive sont absolument convergentes à l'intérieur de leur intervalle commun de convergence. Si en outre R est fini, les séries considérées sont simultanément divergentes à l'extérieur de l'intervalle commun de convergence. Ces diverses séries ne se comportent pas du reste nécessairement de la même manière aux extrémités $-R$ et $+R$ de l'intervalle de convergence.

353. **Fonctions développables en série entière.** — Soit une série entière

$$a_0 + a_1x + a_2x^2 + \ldots + a_nx^n + \ldots,$$

de rayon de convergence R non nul. A tout nombre $x_0$ intérieur à l'intervalle de convergence $(-R, +R)$ il correspond un nombre égal à la somme de la série convergente $a_nx_0^n$. Il existe ainsi une fonction de $x$ définie à l'intérieur de l'intervalle $(-R, +R)$ et égale, pour chaque valeur de $x$, à la somme correspondante de la série entière $a_nx^n$. Nous la désignerons par $f(x)$ et nous poserons, $x$ étant compris entre $-R$ et $+R$,

$$f(x) = a_0 + a_1x + \ldots + a_nx^n + a_{n+1}x^{n+1} + \ldots.$$

Si l'on multiplie les coefficients $a_n$ par le nombre fixe $\lambda$ non nul, le rayon de convergence R n'est pas changé, et la fonction $f(x)$ est multipliée par $\lambda$.

La série

$$a_{n+1}x^{n+1} + a_{n+2}x^{n+2} + \ldots$$

est convergente, en même temps que la série donnée, à l'intérieur de l'intervalle $(-R, +R)$; quand cette série est convergente, sa somme est une fonction de $x$, définie, comme $f(x)$, à l'intérieur de l'intervalle $(-R, +R)$. Nous désignerons cette fonction par $R_n(x)$, et, si l'on désigne par $S_n(x)$ le polynome $a_0 + a_1x + \ldots + a_nx^n$, on a, $x$ étant compris entre $-R$ et $+R$,

$$f(x) = S_n(x) + R_n(x);$$

$R_n(x)$ est dit le *reste* de la série entière, relatif au rang $n$.

On dit qu'une fonction $f(x)$, définie à l'intérieur d'un intervalle $(-A, +A)$, *est développable en série entière à l'intérieur de cet intervalle* s'il existe une série entière convergente à l'intérieur de l'intervalle $(-A, +A)$ et ayant, en chaque point $x$ intérieur à cet intervalle, pour somme $f(x)$.

354. **Opérations sur les séries entières.** — ADDITION. — THÉORÈME. — *Si les deux séries entières*

$$a_0 + a_1x + \ldots + a_nx^n + \ldots$$

*et*

$$b_0 + b_1x + \ldots + b_nx^n + \ldots$$

*ont respectivement les rayons de convergence* R *et* R', (0 < R ⩽ R'), *la série entière*

$$(a_0 + b_0) + (a_1 + b_1)x + \ldots + (a_n + b_n)x^n + \ldots$$

*a un rayon de convergence au moins égal à* R, *et si les deux premières séries ont respectivement pour sommes à l'intérieur de leurs intervalles de convergence les fonctions* $f(x)$ *et* $g(x)$, *la troisième série a pour somme, en chaque point* $x$ *intérieur à l'intervalle* (— R, + R), *la fonction* $f(x) + g(x)$.

En effet, si l'on a $-R < x_0 < R$, les deux séries $a_nx_0^n$ et $b_nx_0^n$ sont simultanément convergentes et ont respectivement pour sommes $f(x_0)$ et $g(x_0)$. Par suite, la série qui a pour terme général $a_nx_0^n + b_nx_0^n$, c'est-à-dire $(a_n + b_n)x_0^n$, est convergente et a pour somme $f(x_0) + g(x_0)$. Il s'ensuit que la série entière $(a_n + b_n)x^n$ a un rayon de convergence R'' supérieur ou égal à R et qu'en outre, cette série a pour somme, à l'intérieur de l'intervalle (— R'', + R''), une fonction de $x$ qui, à l'intérieur de l'intervalle (— R, + R) contenu dans l'intervalle précédent, est identique à la fonction $f(x) + g(x)$.

On a aussi le théorème suivant :

*Si deux fonctions* $f(x)$ *et* $g(x)$ *définies à l'intérieur d'un intervalle* (— A, + A) *sont développables en série entière à l'intérieur de cet intervalle, les termes généraux des développements étant* $a_nx^n$ *et* $b_nx^n$, *la fonction* $\lambda f(x) + \mu g(x)$, — $\lambda$ *et* $\mu$ *étant deux constantes, est aussi développable en série entière à l'intérieur de l'intervalle considéré, le terme général du développement étant* $(\lambda a_n + \mu b_n)x^n$.

On a des énoncés analogues relatifs à des fonctions en nombre quelconque.

*Remarque.* — Si l'on a R < R', R'' est égal à R. Si, en effet, R'' était plus grand que R, il existerait un nombre $x_1$ tel que l'on eût

$$R < x_1 < R', \quad R < x_1 < R''.$$

Les deux séries $b_nx_1^n$ et $(a_n + b_n)x_1^n$ seraient convergentes; par suite, la série $(a_n + b_n)x_1^n - b_nx_1^n$, c'est-à-dire $a_nx_1^n$, serait convergente. Mais, d'autre part, $x_1$ étant plus grand que R, la série $a_n x_1^n$ serait divergente. Il y aurait donc contradiction.

Si l'on a $R = R'$, $R''$ peut être plus grand que R.

Multiplication. — Théorème. — *Si les deux séries entières*

$$a_0 + a_1 x + \ldots + a_n x^n + \ldots$$

*et*

$$b_0 + b_1 x + \ldots + b_n x^n + \ldots$$

*ont respectivement les rayons de convergence* R *et* R', $(0 < R \leqslant R')$, *la série entière*

$$c_0 + c_1 x + \ldots + c_n x^n + \ldots$$

*où l'on a, d'une manière générale,*

$$c_n = a_0 b_n + a_1 b_{n-1} + \ldots + a_{n-1} b_1 + a_n b_0$$

*a un rayon de convergence au moins égal à* R, *et si les deux premières séries ont respectivement pour sommes à l'intérieur de leurs intervalles de convergence les fonctions* $f(x)$ *et* $g(x)$, *la troisième série a pour somme, pour tout nombre* $x$ *intérieur à l'intervalle* $(-R, +R)$, *la fonction* $f(x)g(x)$.

En effet, si l'on a $-R < x_0 < +R$, les séries $a_n x_0^n$ et $b_n x_0^n$ sont absolument convergentes et ont respectivement pour sommes $f(x_0)$ et $g(x_0)$. Par suite, la série qui a pour terme général

$$a_0 . b_n x_0^n + a_1 x_0 . b_{n-1} x_0^{n-1} + \ldots + a_{n-1} x_0^{n-1} . b_1 x_0 + a_n x_0^n . b_0,$$

c'est-à-dire $c_n x_0^n$, est absolument convergente et a pour somme $f(x_0) g(x_0)$. Il s'ensuit que la série $c_n x^n$ a un rayon de convergence $R''$ supérieur ou égal à R, et qu'en outre cette série a pour somme, à l'intérieur de l'intervalle $(-R'', +R'')$, une fonction de $x$ qui, à l'intérieur de l'intervalle $(-R, +R)$ contenu dans l'intervalle précédent, est identique à la fonction $f(x)\, g(x)$.

On a aussi l'énoncé suivant :

*Si deux fonctions* $f(x)$ *et* $g(x)$ *définies à l'intérieur d'un intervalle* $(-A, +A)$ *sont développables en série entière à l'intérieur de cet intervalle, les termes généraux des développements étant* $a_n x^n$ *et* $b_n x^n$, *la fonction* $f(x)\, g(x)$ *est aussi développable en série entière à l'intérieur de l'intervalle considéré, le terme général du développement étant*

$$(a_0 b_n + a_1 b_{n-1} + \ldots + a_{n-1} b_1 + a_n b_0) x^n.$$

Plus généralement, si plusieurs fonctions sont développables en série entière, il en est de même de leur produit.

**355. Continuité des séries entières.** — Théorème. — *La somme $f(x)$ de la série entière*

$$a_0 + a_1 x + \ldots + a_n x^n + \ldots,$$

*$x$ étant intérieur à l'intervalle de convergence $(-R, +R)$, est une fonction continue à l'intérieur de cet intervalle.*

Soit $x_0$ un nombre quelconque intérieur à l'intervalle $(-R, +R)$; $x$ étant intérieur à cet intervalle, il s'agit de montrer que $f(x) - f(x_0)$ tend vers 0 quand $x$ tend vers $x_0$.

Soit $\rho$ un nombre fixe positif compris entre $|x_0|$ et R. Puisque l'on fait tendre $x$ vers $x_0$, on peut ne prendre comme valeurs de $x$ que les nombres de l'intervalle $(-\rho, +\rho)$ qui contient à son intérieur le nombre $x_0$.

$x$ étant compris entre $-R$ et $+R$, posons

$$f(x) = S_n(x) + R_n(x),$$

$S_n(x)$ étant le polynome $a_0 + a_1 x + \ldots + a_n x^n$ et $R_n(x)$ étant le reste relatif au rang $n$.

Quel que soit l'entier $n$, si $x$ appartient à l'intervalle $(-\rho, +\rho)$, la série

$$a_{n+1}x^{n+1} + a_{n+2}x^{n+2} + \ldots + a_{n+p}x^{n+p} + \ldots$$

est absolument convergente. Entre sommes de séries convergentes, on a l'inégalité

$$|R_{n+1}(x)| \leqslant |a_{n+1}| . |x|^{n+1} + |a_{n+2}| . |x|^{n+2} + \ldots + |a_{n+p}| . |x|^{n+p} + \ldots,$$

et, *a fortiori*, l'inégalité

$$|R_{n+1}(x)| \leqslant |a_{n+1}| \rho^{n+1} + |a_{n+2}| \rho^{n+2} + \ldots + |a_{n+p}| \rho^{n+p} + \ldots.$$

Pour simplifier l'écriture, nous représenterons le second membre de cette dernière inégalité par $\theta_n$.

D'autre part, on a

$$\begin{aligned} f(x) - f(x_0) &= S_n(x) + R_n(x) - S_n(x_0) - R_n(x_0) \\ &= [S_n(x) - S_n(x_0)] + R_n(x) - R_n(x_0) \end{aligned}$$

et, par suite,

$$|f(x) - f(x_0)| \leqslant |S_n(x) - S_n(x_0)| + |R_n(x)| + |R_n(x_0)|,$$

d'où, *a fortiori*,

$$|f(x)-f(x_0)| \leqslant |S_n(x)-S_n(x_0)|+2\theta_n.$$

Or, la série

$$|a_0|+|a_1|\rho+|a_2|\rho^2+\ldots+|a_n|\rho^n+|a_{n+1}|\rho^{n+1}+\ldots$$

étant convergente, il est possible, étant donné le nombre positif $\varepsilon$, de choisir $n$ de façon que l'on ait

$$\theta_n<\frac{\varepsilon}{3}.$$

$n$ étant ainsi fixé, le polynome $S_n(x)$ est une fonction continue; par suite, il est possible de trouver un nombre positif $\alpha$ tel que la condition $|x-x_0|<\alpha$ entraîne l'inégalité

$$|S_n(x)-S_n(x_0)|<\frac{\varepsilon}{3}.$$

Il s'ensuit que, quel que soit $x$ vérifiant la condition $|x-x_0|<\alpha$, on a

$$|f(x)-f(x_0)|<\frac{\varepsilon}{3}+\frac{2\varepsilon}{3},$$

c'est-à-dire

$$|f(x)-f(x_0)|<\varepsilon.$$

Le nombre positif $\alpha$ existant quel que soit le nombre positif $\varepsilon$, on voit bien que la fonction $f(x)$ est continue pour $x=x_0$, et, par suite, à l'intérieur de l'intervalle $(-R, +R)$.

D'après cela, si une fonction $f(x)$, définie à l'intérieur d'un intervalle $(-A, +A)$, est développable en série entière, elle est continue à l'intérieur de l'intervalle $(-A, +A)$.

Théorème. — *Étant donnée la série entière*

$$a_0+a_1x+a_2x^2+\ldots+a_nx^n+\ldots,$$

*de rayon de convergence* R *non nul, dans laquelle les coefficients* $a_n$ *ne sont pas tous nuls, il existe au moins une valeur de* $x$, *comprise entre* $-R$ *et* $+R$, *et de valeur absolue plus petite qu'un nombre positif donné* $\alpha$, *pour laquelle la somme* $f(x)$ *de la série est différente de* 0. *En outre, si l'on a*

$$a_0=0,\quad a_1=0,\quad a_2=0,\quad \ldots,\quad a_{p-1}=0,\quad a_p\neq 0,$$

*la fonction* $f(x)$ *est infiniment petite en même temps que* $x$, *et elle a, par rapport à l'infiniment petit principal* $x$, *une partie principale égale à* $a_px^p$.

En effet, d'abord si $a_0$ est différent de 0, la fonction $f(x)$ prend une

valeur non nulle, $a_0$, pour $x=0$. Supposons ensuite $a_0=0$, $a_1=0$, $a_2=0, \ldots, a_{p-1}=0$, $a_p \neq 0$, $p$ étant un entier positif. On a, à l'intérieur de l'intervalle $(-R, +R)$,

$$f(x)=a_p x^p+a_{p+1} x^{p+1}+\ldots+a_{p+q} x^{p+q}+\ldots$$

$$=a_p x^p\left(1+\frac{a_{p+1}}{a_p} x+\frac{a_{p+1}}{a_p} x^2+\ldots+\frac{a_{p+q}}{a_p} x^q+\ldots\right),$$

la série entière entre parenthèses étant, comme la série donnée, convergente à l'intérieur de l'intervalle $(-R, +R)$. Si $\varphi(x)$ est la somme de cette série à l'intérieur de l'intervalle $(-R, +R)$, on a, à l'intérieur de cet intervalle,

$$f(x)=a_p x^p \varphi(x).$$

La fonction $\varphi(x)$ est continue; prenant la valeur 1 pour $x=0$, elle tend vers 1 quand $x$ tend vers 0. Étant dès lors donné un nombre $\varepsilon$ positif et plus petit que 1, il est possible de déterminer un nombre positif $\eta$ tel que pour tout nombre $x$ compris entre $-\eta$ et $+\eta$, $\varphi(x)$ soit compris entre $1-\varepsilon$ et $1+\varepsilon$ et soit, par suite, positif. Il s'ensuit que pour tout nombre $x$, autre que 0, compris entre $-\eta$ et $+\eta$, $f(x)$ est, comme $a_p x^p$, différent de 0. Or, il existe des valeurs de $x$ comprises entre $-\eta$ et $+\eta$ qui sont comprises en outre entre $-\alpha$ et $+\alpha$. Pour ces valeurs de $x$, $f(x)$ n'est pas nul.

En outre, on voit que

$$\frac{f(x)}{a_p x^p}$$

tend vers 1 quand $x$ tend vers 0; autrement dit, $f(x)$ est infiniment petit en même temps que $x$ et a une partie principale égale à $a_p x^p$, $x$ étant infiniment petit principal.

Théorème. — *Si une fonction $f(x)$ définie et développable en série entière à l'intérieur de l'intervalle $(-A, +A)$ est nulle quel que soit $x$ pris à l'intérieur de cet intervalle, les coefficients de la série entière sont tous nuls.*

Si, en effet, les coefficients de la série entière n'étaient pas tous nuls, d'après le théorème précédent, il existerait au moins une valeur de $x$ comprise entre $-A$ et $+A$ pour laquelle la fonction $f(x)$ ne serait pas nulle, ce qui est contraire à l'hypothèse.

Théorème. — *Si une fonction $f(x)$ définie à l'intérieur de l'intervalle $(-A, +A)$ est développable en série entière à l'intérieur de cet intervalle, le développement est unique.*

Si, en effet, à l'intérieur de l'intervalle $(-A, +A)$, on a à la fois

$$f(x) = a_0 + a_1 x + \ldots + a_n x^n + \ldots$$

et

$$f(x) = b_0 + b_1 x + \ldots + b_n x^n + \ldots,$$

on a aussi, d'après le théorème sur l'addition des séries entières,

$$0 = (a_0 - b_0) + (a_1 - b_1)x + \ldots + (a_n - b_n)x + \ldots$$

et, par suite, d'après le théorème précédent,

$$a_0 - b_0 = 0, \quad a_1 - b_1 = 0, \quad \ldots, \quad a_n - b_n = 0, \ldots,$$

c'est-à-dire

$$a_0 = b_0, \quad a_1 = b_1, \quad \ldots, \quad a_n = b_n, \quad \ldots.$$

S'il existe un développement en série entière de la fonction $f(x)$, ce développement est donc unique.

Théorème. — *Si une fonction $f(x)$ définie à l'intérieur de l'intervalle $(-A, +A)$ est développable en série entière à l'intérieur de cet intervalle, elle admet, quel que soit $n$, un développement limité à l'ordre $n$, au voisinage de $x = 0$.*

Supposons que l'on ait, à l'intérieur de l'intervalle considéré,

$$f(x) = a_0 + a_1 x + \ldots + a_n x^n + a_{n+1} x^{n+1} + \ldots.$$

Soit $R_n(x)$ le reste de la série entière, relatif au rang $n$. On a

$$\begin{aligned} R_n(x) &= a_{n+1}x^{n+1} + a_{n+2}x^{n+2} + \ldots + a_{n+p}x^{n+p} + \ldots \\ &= x^n(a_{n+1}x + a_{n+2}x^2 + \ldots + a_{n+p}x^p + \ldots), \end{aligned}$$

la série entière entre parenthèses étant convergente en même temps que la série donnée. La somme $\theta_n(x)$ de cette série à l'intérieur de l'intervalle $(-A, +A)$ est une fonction continue de $x$ qui, prenant la valeur 0 pour $x = 0$, tend vers 0 quand $x = 0$; il s'ensuit que la fonction $f(x)$ admet un développement limité à l'ordre $n$ au voisinage de $x = 0$, la partie proprement dite de ce développement étant $a_0 + a_1 x + \ldots + a_n x^n$.

**356. Dérivation et intégration des séries entières.** — Théorème. — *La somme $f(x)$ de la série entière*

$$a_0 + a_1 x + a_2 x^2 + \ldots + a_n x^n + \ldots,$$

*$x$ étant intérieur à l'intervalle de convergence $(-R, +R)$, admet, à*

*l'intérieur de cet intervalle, une dérivée égale à la somme $f_1(x)$ de la série dérivée*

$$a_1 + 2a_2x + \ldots + na_nx^{n-1} + \ldots.$$

Soit $x_0$ un nombre quelconque compris entre $-\mathrm{R}$ et $+\mathrm{R}$; $x$ étant intérieur à l'intervalle $(-\mathrm{R}, +\mathrm{R})$, il s'agit de montrer que

$$\frac{f(x)-f(x_0)}{x-x_0} - f_1(x_0)$$

tend vers 0 quand $x$ tend vers $x_0$.

Soit $\rho$ un nombre fixe positif compris entre $|x_0|$ et R. Puisque l'on fait tendre $x$ vers $x_0$, on peut ne prendre comme valeurs de $x$ que les nombres de l'intervalle $(-\rho, +\rho)$ qui contient à son intérieur le nombre $x_0$.

Posons

$$a_0 + a_1x + a_2x^2 + \ldots + a_nx^n = \mathrm{S}_n(x);$$

on en déduit

$$a_1 + 2a_2x + \ldots + na_nx^{n-1} = \mathrm{S}'_n(x),$$

$\mathrm{S}'_n(x)$ étant la dérivée du polynome $\mathrm{S}_n(x)$.

D'après le théorème sur l'addition des séries convergentes, $x$ étant compris entre $-\rho$ et $+\rho$, on a

$$\frac{f(x)-f(x_0)}{x-x_0} - f_1(x_0) = \frac{\mathrm{S}_n(x)-\mathrm{S}_n(x_0)}{x-x_0} - \mathrm{S}'_n(x_0)$$
$$+a_{n+1}\left[\frac{x^{n+1}-x_0^{n+1}}{x-x_0}-(n+1)x_0^n\right]+a_{n+2}\left[\frac{x^{n+2}-x_0^{n+2}}{x-x_0}-(n+2)x_0^{n+1}\right]+\ldots,$$

la seconde ligne étant la somme d'une série absolument convergente, comme les séries qui ont pour sommes $f(x)$, $f(x_0)$ et $f_1(x_0)$.

Pour simplifier l'écriture, nous poserons

$$\varphi_p = \frac{x^{n+p}-x_0^{n+p}}{x-x_0} - (n+p)x_0^{n+p-1}.$$

On a

$$\frac{x^{n+p}-x_0^{n+p}}{x-x_0} = x^{n+p-1} + x_0x^{n+p-2} + \ldots + x_0^{n+p-1};$$

par suite, $|x|$ et $|x_0|$ étant au plus égaux à $\rho$, on a

$$\left|\frac{x^{n+p}-x_0^{n+p}}{x-x_0}\right| \leqslant (n+p)\rho^{n+p-1},$$

et, comme on a

$$|\varphi_p| \leqslant \left|\frac{x^{n+p}-x_0^{n+p}}{x-x_0}\right| + (n+p)|x_0|^{n+p-1},$$

on voit que l'on a

$$|a_{n+p}|\,|\varphi_p| \leqslant 2(n+p)\,|a_{n+p}|\,\rho^{n+p-1}.$$

La série $na_nx^{n-1}$ est absolument convergente à l'intérieur de l'intervalle $(-R, +R)$; par suite, la série $n|a_n|\rho^{n-1}$ est convergente. Entre sommes de séries convergentes, on a l'inégalité

$$|a_{n+1}\varphi_1 + a_{n+2}\varphi_2 + \ldots| \leqslant |a_{n+1}|\,|\varphi_1| + |a_{n+2}|\,|\varphi_2| + \ldots$$

et, *a fortiori*,

$$|a_{n+1}\varphi_1 + a_{n+2}\varphi_2 + \ldots| \leqslant 2[(n+1)\,|a_{n+1}|\,\rho^n + (n+2)\,|a_{n+2}|\,\rho^{n+1} + \ldots].$$

Mais, on a

$$\left|\frac{f(x)-f(x_0)}{x-x_0} - f_1(x_0)\right|$$
$$\leqslant \left|\frac{S_n(x)-S_n(x_0)}{x-x_0} - S'_n(x_0)\right| + \left|a_{n+1}\varphi_1 + a_{n+2}\varphi_2 + \ldots\right|;$$

il s'ensuit que, $x$ appartenant à l'intervalle $(-\rho, +\rho)$, on a

$$\left|\frac{f(x)-f(x_0)}{x-x_0} - f_1(x_0)\right| \leqslant \left|\frac{S_n(x)-S_n(x_0)}{x-x_0} - S'_n(x_0)\right|$$
$$+ 2[(n+1)]\,a_{n+1}|\,\rho^n + (n+2)\,|a_{n+2}|\,\rho^{n+1} + \ldots].$$

La série $n|a_n|\rho^{n-1}$ étant convergente, la somme

$$(n+1)\,|a_{n+1}|\,\rho^n + (n+2)\,|a_{n+2}|\,\rho^{n+1} + \ldots$$

tend vers 0 quand $n$ tend vers $+\infty$. Il s'ensuit qu'étant donné le nombre positif $\varepsilon$, il existe un entier $n$ tel que cette somme soit plus petite que $\frac{\varepsilon}{3}$. L'entier $n$ étant ainsi déterminé, le polynome $S_n(x)$ a pour $x = x_0$ une dérivée égale à $S'_n(x_0)$; autrement dit,

$$\frac{S_n(x)-S_n(x_0)}{x-x_0} - S'_n(x_0)$$

tend vers 0 quand $x$ tend $x_0$. Il existe, par suite, un nombre positif $\alpha$ tel que la condition $|x - x_0| < \alpha$ entraîne l'inégalité

$$\left|\frac{S_n(x)-S_n(x_0)}{x-x_0} - S'_n(x_0)\right| < \frac{\varepsilon}{3}.$$

On voit ainsi que pour toute valeur de $x$ comprise entre $x_0 - \alpha$ et $x_0 + \alpha$, $\alpha$ pouvant être supposé assez petit pour que $x_0 - \alpha$ et $x_0 + \alpha$ soient compris entre $-\rho$ et $+\rho$, on a

$$\left|\frac{f(x)-f(x_0)}{x-x_0} - f_1(x_0)\right| < \frac{\varepsilon}{3} + \frac{2\varepsilon}{3},$$

c'est-à-dire

$$\left|\frac{f(x)-f(x_0)}{x-x_0}-f_1(x_0)\right|<\varepsilon.$$

Comme $\varepsilon$ est un nombre positif quelconque, on voit bien que

$$\frac{f(x)-f(x_0)}{x-x_0}-f_1(x_0)$$

tend vers 0 quand $x$ tend vers $x_0$; autrement dit, la fonction $f(x)$ admet, pour $x=x_0$, une dérivée égale à $f_1(x_0)$. A l'intérieur de l'intervalle $(-\mathrm{R}, +\mathrm{R})$, $f(x)$ admet une dérivée $f'(x)$ égale à $f_1(x)$.

On a ainsi à la fois, $x$ étant compris entre $-\mathrm{R}$ et $+\mathrm{R}$,

$$f(x)=a_0+a_1x+a_2x^2+\ldots+a_nx^n+\ldots,$$
$$f'(x)=a_1+2a_2x+\ldots+na_nx^{n-1}+\ldots.$$

En appliquant le théorème précédent à la série dérivée première, on voit que la fonction $f(x)$ admet une dérivée seconde $f''(x)$ égale à la somme de la dérivée seconde :

$$f''(x)=1.2a_2+2.3a_3x+\ldots+(n-1)na_nx^{n-2}+\ldots$$

Et ainsi de suite. La fonction $f(x)$ admet, à l'intérieur de l'intervalle $(-\mathrm{R}, +\mathrm{R})$, une infinité de dérivées successives qui sont égales aux sommes des séries dérivées successives de la série proposée.

En appliquant d'autre part le théorème précédent à la série entière

$$a_0x+\frac{a_1x^2}{2}+\ldots+\frac{a_nx^{n+1}}{n+1}+\ldots$$

qui admet la série proposée comme série dérivée première, on voit que l'on a

$$\int_0^x f(x)\,dx=a_0x+\frac{a_1x^2}{2}+\ldots+\frac{a_nx^{n+1}}{n+1}+\ldots,$$

pour tout nombre $x$ compris entre $-\mathrm{R}$ et $+\mathrm{R}$.

357. Théorème. — *Pour qu'une fonction $f(x)$ définie à l'intérieur d'un intervalle $(-\mathrm{A}, +\mathrm{A})$ soit développable en série entière à l'intérieur de cet intervalle, il faut et il suffit que cette fonction admette à l'intérieur de l'intervalle considéré une infinité de dérivées successives et que, si l'on applique à la fonction $f(x)$ la formule de Mac-Laurin limitée à l'ordre $n$, le terme complémentaire tende, quel que soit $x$ compris entre $-\mathrm{A}$ et $+\mathrm{A}$, vers 0 quand $n$ tend vers $+\infty$.*

En effet, supposons que l'on ait, à l'intérieur de l'intervalle considéré $(-A, +A)$,

$$f(x) = a_0 + a_1 x + \ldots + a_n x^n + \ldots.$$

D'après le théorème précédent, $f(x)$ admet une infinité de dérivées successives, et l'on a

$$f'(x) = a_1 + 2a_2 x + \ldots + n a_n x^{n-1} + \ldots,$$
$$f''(x) = 2a_2 + \ldots + (n-1) n a_n x^{n-2} + \ldots,$$
$$\ldots\ldots\ldots\ldots\ldots\ldots\ldots\ldots$$
$$f^{(n)}(x) = n!\, a_n + 2.3 \ldots (n+1) a_{n+1} x + \ldots,$$
$$\ldots\ldots\ldots\ldots\ldots\ldots\ldots\ldots$$

Il en résulte les égalités

$$f(0) = a_0, \quad f'(0) = a_1, \quad f''(0) = 2a_2, \quad \ldots, \quad f^{(n)}(0) = n!\, a_n, \ldots,$$

d'où

$$a_0 = f(0), \quad a_1 = f'(0), \quad a_2 = \frac{f''(0)}{2!}, \quad \ldots, \quad a_n = \frac{f^{(n)}(0)}{n!}, \ldots;$$

par suite, on a

$$f(x) = f(0) + x f'(0) + \ldots + \frac{x^n}{n!} f^{(n)}(0) + \ldots.$$

$x$ étant compris entre $-A$ et $+A$, la fonction $f(x)$ admet une infinité de dérivées successives dans l'intervalle $(0, x)$; on peut donc appliquer à cette fonction la formule de Mac-Laurin, et l'on a ainsi

$$f(x) = f(0) + x f'(0) + \ldots + \frac{x^n}{n!} f^{(n)}(0) + \frac{x^{n+1}}{(n+1)!} f^{(n+1)}(\theta x),$$

$\theta$ étant compris entre 0 et 1. On en déduit

$$f(0) + x f'(0) + \ldots + \frac{x^n}{n!} f^{(n)}(0) = f(x) - \frac{x^{n+1}}{(n+1)!} f^{(n+1)}(\theta x).$$

Mais la série

$$f(0) + x f'(0) + \ldots + \frac{x^n}{n!} f^{(n)}(0) + \ldots$$

est convergente et a pour somme $f(x)$; il en résulte que

$$f(x) - \frac{x^{n+1}}{(n+1)!} f^{(n+1)}(\theta x)$$

tend vers $f(x)$ quand $n$ tend vers $\infty$ ; autrement dit, quand $n$ tend vers $\infty$, le terme complémentaire de la formule de Mac-Laurin tend vers 0. Les conditions énoncées sont donc bien nécessaires.

Réciproquement, supposons que la fonction $f(x)$ admette une infinité de dérivées successives à l'intérieur de l'intervalle $(-A, +A)$. On peut alors, quel que soit $x$ compris entre $-A$ et $+A$, appliquer à $f(x)$ la formule de Mac-Laurin :

$$f(x)=f(0)+xf'(0)+\ldots+\frac{x^n}{n!}f^{(n)}(0)+\frac{x^{n+1}}{(n+1)!}f^{(n+1)}(\theta x), \quad (0<\theta<1).$$

Si, quel que soit $x$ compris entre $-A$ et $+A$, le terme complémentaire de cette formule tend vers 0 quand $n$ tend vers $\infty$, la somme des $n+1$ premiers termes de la série

$$f(0)+xf'(0)+\ldots+\frac{x^n}{n!}f^{(n)}(0)+\ldots$$

tend vers $f(x)$ quand $n$ tend vers $\infty$ ; autrement dit, la série précédente est, quel que soit $x$ compris entre $-A$ et $+A$, convergente et a pour somme $f(x)$. La fonction $f(x)$ est développable en série entière; les conditions énoncées sont suffisantes.

THÉORÈME. — *Étant donnée une fonction $f(x)$ définie et admettant une infinité de dérivées successives à l'intérieur de l'intervalle* $(-A, +A)$, *si, quel que soit $x$ compris entre $-A$ et $+A$ et quel que soit l'entier positif $n$, on a* $|f^{(n)}(x)|\leqslant M$, *M étant un nombre positif fixe, la fonction $f(x)$ est développable en série entière à l'intérieur de l'intervalle* $(-A, +A)$.

On peut appliquer à la fonction $f(x)$ la formule de Mac-Laurin limitée à l'ordre $n$. Le terme complémentaire est $\frac{x^{n+1}}{(n+1)!}f^{(n+1)}(\theta x)$, $(0<\theta<1)$. Si $x$ est compris entre $-A$ et $+A$, il en est de même de $\theta x$; par suite, on a

$$\left|\frac{x^{n+1}}{(n+1)!}f^{(n+1)}(\theta x)\right|\leqslant M\frac{|x|^{n+1}}{(n+1)!}.$$

Le théorème sera établi si nous démontrons que le second membre de cette inégalité tend, quel que soit $x$, vers 0 quand $n$ tend vers $\infty$. Supposons $x\neq 0$ et regardons ce second membre comme le terme général d'une série. Le rapport d'un terme au précédent, qui est égal à $\frac{|x|}{n+1}$, tend vers 0 quand $n$ tend vers $\infty$ ; la série est donc convergente, et son terme général a, par suite, pour limite 0.

358. — Nous pouvons, plus généralement, considérer une série de la forme

$$a_0+a_1z+a_2z^2+\ldots+a_nz^n+\ldots,$$

dont les coefficients $a_0$, $a_1$, ..., $a_n$, ... sont imaginaires, $z$ étant une variable imaginaire. Une telle série est dite encore *série entière*.

Plusieurs des résultats obtenus relativement aux séries entières à coefficients et à variable réels s'étendent aux séries entières à coefficients et à variable imaginaires; il suffit d'y remplacer les mots *valeur absolue* par le mot *module*. Les démonstrations sont valables dans les deux cas.

C'est ainsi que le lemme d'Abel est applicable à la série $a_n z^n$. Il en résulte qu'il existe un nombre réel R, dit *rayon de convergence*, positif ou nul, fini ou infini, ayant les propriétés suivantes :

Si R est non nul, la série $a_n z^n$ est absolument convergente pour tout nombre $z$ tel que l'on ait $|z| < R$; si R est non infini, la série $a_n z^n$ est divergente pour tout nombre $z$ tel que l'on ait $|z| > R$.

Si l'on représente géométriquement l'imaginaire $z$ par un point d'un plan rapporté à deux axes de coordonnées rectangulaires $Ox$ et $Oy$, on voit que si R est à la fois non nul et non infini, la série $a_n z^n$ est absolument convergente en tous les points $z$ intérieurs à un cercle de centre O et de rayon R et divergente en tous les points extérieurs à ce cercle. Elle peut d'ailleurs être convergente ou divergente en un point quelconque de ce cercle. Ce cercle prend le nom de *cercle de convergence*. Si R est infini, la série $a_n z^n$ est absolument convergente en tous les points du plan ; si $R = 0$, la série $a_n z^n$ est divergente en tous les points du plan, sauf à l'origine, pour laquelle elle est convergente.

On peut aussi définir les séries dérivées successives et la série primitive de la série $a_n z^n$; toutes ces séries ont même rayon de convergence.

Étant donnée une série $a_n z^n$ de rayon de convergence non nul, pour tous les points situés à l'intérieur du cercle de convergence, si R est fini, ou pour tous les points du plan, si R est infini, la somme de la série est une fonction continue de $z$, admettant une infinité de dérivées successives qui sont égales aux sommes des séries dérivées successives de la série donnée.

359. **Développement en série entière d'une fonction paire ou d'une fonction impaire.** — Soit une fonction $f(x)$ définie à l'intérieur de l'intervalle $(-A, +A)$. Si elle est développable en série entière à l'intérieur de cet intervalle, on a

$$f(x) = a_0 + a_1 x + a_2 x^2 + \dots + a_n x^n + \dots.$$

Si la fonction $f(x)$ est paire, on a en même temps

$$f(-x)=f(x)=a_0-a_1x+a_2x^2+\ldots+(-1)^n a_n x^n+\ldots.$$

Comme le développement de la fonction $f(x)$ est unique, on a nécessairement $a_1=-a_1$, c'est-à-dire $a_1=0$, et, d'une manière générale, $a_{2p+1}=0$. Réciproquement, si, dans la série $a_n x^n$, les $a$ d'indice impair sont tous nuls, la somme de cette série, à l'intérieur de son intervalle ou cercle de convergence, est une fonction paire de $x$.

La fonction $f(x)$ étant paire, on a donc

$$f(x)=a_0+0x_1+a_2x^2+0x^3+\ldots+a_{2p}x^{2p}+0x^{2p+1}+\ldots$$

Considérons la série

$$a_0+a_2x^2+\ldots+a_{2p}x^{2p}+\ldots;$$

si on pose

$$S_n(x)=a_0+a_1x+\ldots+a_nx^n$$

et

$$\Sigma_n(x)=a_0+a_2x^2+\ldots+a_{2n}x^{2n},$$

on voit que l'on a

$$S_{2p}(x)=S_{2p+1}(x)=\Sigma_p(x).$$

On en déduit facilement que la série $a_{2n}x^{2n}$ est convergente en même temps que la série $a_nx^n$ et que les sommes de ces deux séries sont égales, quel que soit $x$. On est ainsi conduit à poser

$$f(x)=a_0+a_2x^2+\ldots+a_{2p}x^{2p}+\ldots.$$

Si la fonction $f(x)$ est impaire, on a à la fois

$$f(x)=a_0+a_1x+a_2x^2+\ldots+a_nx^n+\ldots$$

et

$$f(-x)=-f(x)=a_0-a_1x+a_2x^2+\ldots+(-1)^n a_nx^n+\ldots.$$

Comme le développement de $f(x)$ est unique, on a nécessairement $a_0=-a_0$, c'est-à-dire $a_0=0$, et, d'une manière générale, $a_{2p}=0$. Réciproquement, si, dans la série $a_nx^n$, les $a$ d'indice pair sont tous nuls, la somme de cette série, à l'intérieur de son intervalle ou cercle de convergence, est une fonction impaire de $x$.

La fonction $f(x)$ étant impaire, on a donc

$$f(x)=0+a_1x+0x^2+a_3x^3+\ldots+0x^{2p}+a_{2p+1}x^{2p+1}+\ldots,$$

et il est facile de voir, en raisonnant comme dans le cas précédent, que l'on peut poser

$$f(x)=a_1x+a_3x^3+\ldots+a_{2p+1}x^{2p+1}+\ldots.$$

Comme la dérivée de $0x^n$ est 0, on voit que si l'on a

$$f(x) = a_0 + a_2x^2 + \ldots + a_{2p}x^{2p} + \ldots,$$

on a

$$f'(x) = 2a_2x + 4a_4x^3 + \ldots + 2pa_{2p}x^{2p-1} + \ldots;$$

la fonction $f'(x)$ est une fonction impaire. Si l'on a

$$f(x) = a_1x + a_3x^3 + \ldots + a_{2p+1}x^{2p+1} + \ldots,$$

on a

$$f'(x) = a_1 + 3a_3x^2 + \ldots + (2p+1)a_{2p+1}x^{2p} + \ldots;$$

$f'(x)$ est alors une fonction paire.

Si l'on a

$$f(x) = a_0 + a_2x^2 + \ldots + a_{2p}x^{2p} + \ldots,$$

les coefficients $a_{2p}$ et la variable $x$ étant réels, on a

$$\int_0^x f(x)\,dx = a_0x + \frac{a_2x^3}{3} + \ldots + \frac{a_{2p}\,x^{2p+1}}{2p+1} + \ldots;$$

si l'on a

$$f(x) = a_1x + a_3x^3 + \ldots + a_{2p+1}\,x^{2p+1} + \ldots,$$

les $a$ et $x$ étant réels, on a

$$\int_0^x f(x)\,dx = \frac{a_1x^2}{2} + \frac{a_3x^4}{4} + \ldots + \frac{a_{2p+1}\,x^{2p+2}}{2p+2} + \ldots$$

Ces résultats, réserve faite de ceux qui sont relatifs à l'intégration, s'appliquent aussi aux fonctions paires ou impaires d'une variable imaginaire développables en série entière.

360. **Séries entières en $x - x_0$ et en $\frac{1}{x}$.** — 1° Soit une série de la forme

$$a_0 + a_1(x - x_0) + \ldots + a_n(x - x_0)^n + \ldots,$$

où les coefficients $a_n$ sont réels, $x_0$ étant un nombre fixe réel et $x$ étant une variable réelle.

Si l'on pose $x = x_0 + x'$, la série devient

$$a_0 + a_1x' + \ldots + a_nx'^n + \ldots.$$

Si la série entière en $x'$ admet un rayon de convergence R non nul, elle est absolument convergente pour tout nombre $x'$ compris entre $-$R et $+$R, et, à l'intérieur de l'intervalle ($-$R, $+$R), elle a pour somme une fonction de $x'$ qui est continue et qui admet une dérivée égale à la somme de la série dérivée

$$a_1 + 2a_2x' + \ldots + na_nx'^{n-1} + \ldots.$$

Il s'ensuit que la série $a_n(x-x_0)^n$ est absolument convergente pour tout nombre $x$ compris entre $x_0-R$ et $x_0+R$ (entre $-\infty$ et $+\infty$, si R est infini) et qu'à l'intérieur de l'intervalle $(x_0-R, x_0+R)$, elle a pour somme une fonction $f(x)$ de $x$ qui est continue et qui admet une dérivée égale à la somme de la série, dite *série dérivée* de la série donnée,

$$a_1+2a_2(x-x_0)+\ldots+na_n(x-x_0)^{n-1}+\ldots.$$

Cette fonction admet d'ailleurs une infinité de dérivées successives qui sont les sommes des séries obtenues en dérivant par rapport à $x$ successivement terme à terme la série proposée.

On a, à l'intérieur de l'intervalle $(x_0-R, x_0+R)$,

$$f(x)=f(x_0)+(x-x_0)f'(x_0)+\ldots+\frac{(x-x_0)^n f^{(n)}(x_0)}{n!}+\ldots.$$

On a aussi, quel que soit $x$ compris entre $x_0-R$ et $x_0+R$,

$$\int_{x_0}^{x} f(x)dx=a_0(x-x_0)+\frac{a_1(x-x_0)^2}{2}+\ldots+\frac{a_n(x-x_0)^{n+1}}{n+1}+\ldots.$$

Dans ce qui précède, sauf en ce qui concerne l'intégration de la fonction $f(x)$, on peut supposer que les coefficients $a_n$, le nombre $x_0$ et la variable $x$ sont imaginaires. Au lieu de considérer les nombres réels intérieurs à l'intervalle $(x_0-R, x_0+R)$, on considérera les affixes des points du plan qui sont intérieurs au cercle ayant pour centre le point d'affixe $x_0$ et pour rayon R.

2° Soit une série de la forme

$$a_0+\frac{a_1}{x}+\frac{a_2}{x^2}+\ldots+\frac{a_n}{x^n}+\ldots,$$

où les coefficients $a_n$ sont réels, $x$ étant une variable réelle non nulle.

Si l'on pose $x=\frac{1}{x'}$, la série devient

$$a_0+a_1x'+a_2x'^2+\ldots+a_nx'^n+\ldots.$$

Si la série entière en $x'$ admet un rayon de convergence R non nul, elle est absolument convergente pour tout nombre $x'$ compris entre $-R$ et $+R$, et à l'intérieur de l'intervalle $(-R, +R)$, elle a pour somme une fonction $\varphi(x')$ qui est continue et qui admet une dérivée égale à la somme de la série

$$a_1+2a_2x'+\ldots+na_nx'^{n-1}+\ldots.$$

Il s'ensuit que la série $\frac{a_n}{x^n}$ est absolument convergente pour tout nombre $x$ tel que l'on ait $|x| > \frac{1}{R}$ $\left(\frac{1}{R}\right.$ étant remplacé par 0 si R est infini$\left.\right)$. Pour les divers nombres $x$ vérifiant cette condition, la somme est une fonction $f(x)$ de $x$ égale à $\varphi\left(\frac{1}{x}\right)$. Comme $\varphi(x')$ est une fonction continue de $x'$ et comme $x'$, égal à $\frac{1}{x}$, est une fonction continue de $x$, $x$ étant non nul, $\varphi\left(\frac{1}{x}\right)$ est une fonction continue de $x$. D'autre part, $\varphi(x')$ admet une dérivée $\varphi'(x')$ par rapport à $x'$ :

$$\varphi'(x') = a_1 + 2a_2 x' + \ldots + n a_n x'^{n-1} + \ldots ;$$

comme $x'$, égal à $\frac{1}{x}$, a une dérivée par rapport à $x$, égale à $-\frac{1}{x^2}$, il s'ensuit que $f(x)$ a une dérivée par rapport à $x$, égale à $-\frac{1}{x^2}\varphi'(x')$, c'est-à-dire égale à la somme de la série

$$-\frac{a_1}{x^2} - \frac{2a_2}{x^3} - \ldots - \frac{n a_n}{x^{n+1}} - \ldots .$$

On a ainsi le théorème suivant :

*Pour toute valeur de $x$ telle que l'on ait $|x| > \frac{1}{R}$, la somme $f(x)$ de la série convergente*

$$a_0 + \frac{a_1}{x} + \frac{a_2}{x^2} + \ldots + \frac{a_n}{x^n} + \ldots$$

*a une dérivée $f'(x)$ égale à la somme de la série convergente*

$$-\frac{a_1}{x^2} - \frac{2a_2}{x^3} - \ldots - \frac{n a_n}{x^{n+1}} - \ldots ,$$

*qui se déduit de la première par dérivation terme à terme.*

Dans ce qui précède, on peut supposer que les coefficients $a_n$ et la variable non nulle $x$ sont imaginaires; on a alors à considérer les affixes des points du plan extérieurs au cercle de rayon $\frac{1}{R}$ qui a pour centre l'origine O des coordonnées rectangulaires.

## II. — DÉVELOPPEMENTS EN SÉRIE DES FONCTIONS USUELLES

**361. Développement d'une fraction rationnelle en série entière.** — 1° *Un polynome en $x$ est développable en série entière.* En effet, si l'on a

$$f(x)=a_0+a_1x+a_2x^2+\ldots+a_nx^n,$$

on a aussi, quel que soit $x$,

$$f(x)=a_0+a_1x+a_2x^2+\ldots+a_nx^n+0x^{n+1}+0x^{n+2}+\ldots,$$

et le second membre est une série entière de rayon de convergence infini.

2° *Une fraction rationnelle de la forme $\frac{A}{x-a}$, A et $a$ étant deux constantes non nulles, est développable en série entière, le rayon de convergence étant $|a|$.*

Il suffit de raisonner sur la fraction rationnelle $\frac{1}{a-x}$.

Elle admet un développement limité à un ordre $n$ quelconque, au voisinage de $x=0$, que l'on obtient en divisant, suivant les puissances croissantes, 1 par $a-x$. On a ainsi

$$\frac{1}{a-x}=\frac{1}{a}+\frac{x}{a^2}+\frac{x^2}{a^3}+\ldots+\frac{x^n}{a^{n+1}}+\frac{x^{n+1}}{a^{n+1}(a-x)}.$$

Si $\frac{1}{a-x}$ est développable en série entière, la partie proprement dite du développement limité précédent est la somme des $n+1$ premiers termes de la série entière. Par suite, le développement en série de $\frac{1}{a-x}$, s'il est possible, ne peut être que

$$\frac{1}{a}+\frac{x}{a^2}+\frac{x^2}{a^3}+\ldots+\frac{x^n}{a^{n+1}}+\ldots.$$

C'est une série géométrique de raison $\frac{x}{a}$; si $|x|$ est plus petit que $|a|$, la série est convergente; si $|x|$ est plus grand que $|a|$, la série est divergente. Le rayon de convergence de cette série entière est donc $|a|$.

D'après cela, supposons $|x|<|a|$. La somme des $n+1$ premiers termes de la série entière précédente est égale à la différence

$$\frac{1}{a-x}-\frac{x^{n+1}}{a^{n+1}(a-x)};$$

$|x|$ étant plus petit que $|a|$, le second terme de la différence tend vers 0 quand $n$ tend vers $\infty$ ; par conséquent, le développement en série est valable : si $|x|$ est plus petit que $|a|$, on a

$$\frac{1}{a-x}=\frac{1}{a}+\frac{x}{a^2}+\frac{x^2}{a^3}+\ldots+\frac{x^n}{a^{n+1}}+\ldots$$

3° *Une fraction rationnelle de la forme* $\frac{A}{(x-a)^\alpha}$, A *et* $a$ *étant deux constantes non nulles et* $\alpha$ *étant un entier plus grand que* 1, *est développable en série entière, le rayon de convergence étant* $|a|$.

Appliquons au développement en série entière de la fonction $\frac{1}{a-x}$ le théorème relatif à la dérivation des séries entières. On obtient ainsi, sous la condition $|x|<|a|$,

$$\frac{1.2\ldots(\alpha-1)}{(a-x)^\alpha}=\frac{1.2\ldots(\alpha-1)}{a^\alpha}+\frac{2.3\ldots\alpha}{a^{\alpha+1}}x+\frac{3.4\ldots(\alpha+1)}{a^{\alpha+2}}x^2+\ldots$$
$$+\frac{(n+1)(n+2)\ldots(n+\alpha-1)}{a^{\alpha+n}}x^n+\ldots,$$

la série ayant pour rayon de convergence $|a|$.

4° *Toute fraction rationnelle, autre qu'un polynome, qui est définie pour* $x=0$, *est développable en série entière, le rayon de convergence étant égal au plus petit des divers modules des pôles de la fraction rationnelle.*

Soit en effet la fraction rationnelle $\frac{f(x)}{g(x)}$ admettant pour pôles les nombres non nuls $a, b, \ldots, l$, et supposons que l'on ait $|a|\leqslant|b|\leqslant|c|\leqslant\ldots\leqslant|l|$. Cette fraction rationnelle est la somme d'un polynome en $x$, qui est développable en série entière de rayon de convergence infini, de fonctions de la forme $\frac{A}{(x-a)^\alpha}$, qui sont développables en séries entières de rayon de convergence $|a|$, de fonctions de la forme $\frac{B}{(x-b)^\beta}$, qui sont développables en séries entières de rayon de convergence $|b|$, ..., de fonctions de la forme $\frac{L}{(x-l)^\lambda}$, qui sont développables en séries entières de rayon de convergence $|l|$. Toutes ces séries sont convergentes en tout point $x$ intérieur au cercle de centre O et de rayon $|a|$. En les additionnant terme à terme, on obtient, d'après le théorème relatif à l'addition des séries entières, une série entière

$$u_0+u_1x+u_2x^2+\ldots+u_nx^n+\ldots$$

qui, à l'intérieur du cercle de centre O et de rayon $|a|$, est convergente et a pour somme $\frac{f(x)}{g(x)}$.

Cette série entière a un rayon de convergence au moins égal à $|a|$. Il s'agit de montrer que ce rayon de convergence R est égal à $|a|$. Si, en effet, on avait $R > |a|$, la série $u_n x^n$ aurait, pour tous les points $x$ tels que l'on ait $|x| < R$, une somme $\varphi(x)$, fonction continue de $x$, qui serait, en particulier, définie et continue pour $x = a$. Donc, la variable $x$ tendant vers $a$ par valeurs de modules plus petits que $|a|$, la fonction $\varphi(x)$ tendrait vers une limite finie $\varphi(a)$; d'autre part, étant, pour tout nombre $x$ de module plus petit que $|a|$, égale à $\frac{f(x)}{g(x)}$, elle tendrait vers $\infty$, puisque $a$ est pôle de $\frac{f(x)}{g(x)}$. Il y aurait ainsi contradiction. Le rayon de convergence de la série $u_n x^n$ est donc $|a|$.

La fonction $\frac{f(x)}{g(x)}$ admet, au voisinage de $x = 0$, un développement limité à l'ordre $n$, dont la partie proprement dite est

$$u_0 + u_1 x + \ldots + u_n x^n;$$

mais, d'autre part, on sait que cette partie proprement dite du développement limité à l'ordre $n$ de $\frac{f(x)}{g(x)}$ n'est autre que le quotient, limité au degré $n$, de la division, suivant les puissances croissantes, de $f(x)$ par $g(x)$; on voit ainsi que, pour calculer les termes successifs du développement de $\frac{f(x)}{g(x)}$ en série entière, il suffit de diviser suivant les puissances croissantes $f(x)$ par $g(x)$, le calcul des termes successifs du quotient étant effectué indéfiniment.

Extension des résultats précédents. — 1° Soit une fraction rationnelle $\frac{f(x)}{g(x)}$, définie pour $x = x_0$. Si l'on pose $x = x_0 + x'$, la fraction rationnelle donnée devient une fraction rationnelle en $x'$, définie pour $x' = 0$. Si $\frac{f(x)}{g(x)}$ admet les pôles $a, b, \ldots, l$, autres que $x_0$, la fraction rationnelle en $x'$ admet les pôles $a - x_0$, $b - x_0$, $\ldots$, $l - x_0$, autres que 0. Il existe donc une série entière en $x'$ qui admet pour rayon de convergence le plus petit des modules de $a - x_0, b - x_0, \ldots, l - x_0$ et qui, pour tout point intérieur à son cercle de convergence, a une somme égale à la fraction rationnelle en $x'$. Si dans cette série on remplace $x'$ par $x - x_0$, on obtient une série de la forme

$$u_0 + u_1(x - x_0) + u_2(x - x_0)^2 + \ldots + u_n(x - x_0)^n + \ldots$$

qui est convergente en tout point $x$ intérieur au cercle de centre $x_0$ et de rayon égal à la plus petite des distances de $x_0$ aux pôles $a, b, \ldots, l$ de $\frac{f(x)}{g(x)}$; qui est divergente en tout point extérieur à ce cercle, et qui, à l'intérieur du cercle considéré, a une somme égale à $\frac{f(x)}{g(x)}$.

2° Soit une fraction rationnelle $\frac{f(x)}{g(x)}$ admettant une limite finie quand $x$ tend vers $\infty$. Si l'on pose $x = \frac{1}{x'}$, cette fonction devient une fraction rationnelle définie pour $x' = 0$.

Si $\frac{f(x)}{g(x)}$ admet, outre, peut-être, le pôle 0, les pôles non nuls $a, b, \ldots, l$, la fraction rationnelle en $x'$ admet comme pôles

$$\frac{1}{a}, \frac{1}{b}, \ldots, \frac{1}{l}.$$

Il existe donc une série entière en $x'$ qui admet pour rayon de convergence l'inverse du plus grand des modules des pôles de $\frac{f(x)}{g(x)}$ et qui, pour tout point intérieur à son cercle de convergence, a une somme égale à la fraction rationnelle en $x'$. Si, dans cette série, on remplace $x'$ par $\frac{1}{x}$, on obtient une série de la forme

$$u_0 + \frac{u_1}{x} + \frac{u_2}{x^2} + \ldots + \frac{u_n}{x^n} + \ldots$$

qui est convergente en tout point $x$ extérieur au cercle de centre O et de rayon égal au plus grand des modules des pôles de $\frac{f(x)}{g(x)}$, qui est divergente en tout point intérieur à ce cercle et qui, à l'extérieur du cercle considéré, a une somme égale à $\frac{f(x)}{g(x)}$.

On calculera les termes du développement de $\frac{f(x)}{g(x)}$ suivant les puissances croissantes de $\frac{1}{x}$ en divisant, suivant les puissances décroissantes, $f(x)$ par $g(x)$, la division fournissant les parties proprement dites des développements limités aux divers ordres de la fonction $\frac{f(x)}{g(x)}$ au voisinage de $x$ infini.

**362. Développements en série entière de $L(1+x)$, $L(1-x)$, $L\frac{1+x}{1-x}$.** — 1° La fonction $L(1+x)$ n'est définie qu'à l'intérieur de l'intervalle $(-1, +\infty)$. A l'intérieur de cet intervalle, la fonction admet une dérivée égale à $\frac{1}{1+x}$. Or, comme nous l'avons vu, $\frac{1}{1+x}$ est développable en série entière, à l'intérieur de l'intervalle $(-1, +1)$ contenu dans l'intervalle précédent; on a

$$\frac{1}{1+x}=1-x+x^2-x^3+\dots+(-1)^n x^n+\dots.$$

En intégrant de 0 à $x$, $x$ étant compris entre $-1$ et $+1$, on obtient

$$L(1+x)=x-\frac{x^2}{2}+\frac{x^3}{3}-\frac{x^4}{4}+\dots+(-1)^n\frac{x^{n+1}}{n+1}+\dots, (-1<x<+1).$$

On peut démontrer que l'égalité précédente a encore lieu quand $x$ est égal à 1. En effet, en divisant, suivant les puissances croissantes, 1 par $1+x$, on obtient

$$\frac{1}{1+x}=1-x+x^2-x^3+\dots+(-1)^n x^n+(-1)^{n+1}\frac{x^{n+1}}{1+x},$$

d'où, en intégrant de 0 à 1,

$$L2=1-\frac{1}{2}+\frac{1}{3}-\frac{1}{4}+\dots+(-1)^n\frac{1}{n+1}+(-1)^{n+1}\int_0^1\frac{x^{n+1}}{1+x}dx.$$

Or, dans l'intervalle (0, 1), on a

$$0\leqslant\frac{x^{n+1}}{1+x}\leqslant x^{n+1};$$

par suite, on a

$$0\leqslant\int_0^1\frac{x^{n+1}}{1+x}dx\leqslant\int_0^1 x^{n+1}\,dx,$$

c'est-à-dire

$$0\leqslant\int_0^1\frac{x^{n+1}}{1+x}dx\leqslant\frac{1}{n+2}.$$

Quand $n$ tend vers $\infty$, $\frac{1}{n+2}$ tend vers 0; par suite, $\int_0^1\frac{x^{n+1}}{1+x}dx$ tend vers 0. La somme des $n$ premiers termes de la série $(-1)^{n-1}\frac{1}{n}$ a donc, quand $n$ tend vers $\infty$, pour limite L2, et, ainsi, on a l'égalité

$$L2=1-\frac{1}{2}+\frac{1}{3}-\frac{1}{4}+\dots+\frac{(-1)^{n-1}}{n}+\dots.$$

*La série harmonique alternée est convergente et a pour somme L2.*

2° La fonction $L(1-x)$ n'est définie qu'à l'intérieur de l'intervalle $(-\infty, 1)$; comme elle se déduit de la fonction $L(1+x)$ par le changement de $x$ en $-x$, on voit qu'elle est développable en série entière à l'intervalle $(-1, +1)$; on a

$$L(1-x)=-x-\frac{x^2}{2}-\frac{x^3}{3}-\ldots-\frac{x^n}{n}-\ldots, \quad (-1\leqslant x<+1).$$

3° La fonction $L\frac{1+x}{1-x}$ n'est définie que si l'on a $\frac{1+x}{1-x}>0$, c'est-à-dire $(1+x)(1-x)>0$; autrement dit, elle n'est définie qu'à l'intérieur de l'intervalle $(-1, +1)$. On a alors

$$L\frac{1+x}{1-x}=L(1+x)-L(1-x).$$

Comme on a, $x$ étant compris entre $-1$ et $+1$,

$$L(1+x)=\quad x-\frac{x^2}{2}+\frac{x^3}{3}-\frac{x^4}{4}+\ldots-\frac{x^{2p}}{2p}+\frac{x^{2p+1}}{2p+1}-\ldots,$$

$$L(1-x)=-x-\frac{x^2}{2}-\frac{x^3}{3}-\frac{x^4}{4}-\ldots-\frac{x^{2p}}{2p}-\frac{x^{2p+1}}{2p+1}-\ldots,$$

on en déduit, en retranchant membre à membre et en se servant d'un résultat antérieurement établi sur le développement en série entière d'une fonction impaire,

$$L\frac{1+x}{1-x}=2\left(\frac{x}{1}+\frac{x^3}{3}+\frac{x^5}{5}+\ldots+\frac{x^{2p+1}}{2p+1}+\ldots\right), \quad (-1<x<+1).$$

On en déduit

$$\operatorname{arg\,th} x=\frac{x}{1}+\frac{x^3}{3}+\frac{x^5}{5}+\ldots+\frac{x^{2p+1}}{2p+1}+\ldots, \quad (-1<x<+1).$$

**363. Développement en série de arc tg$x$.** — La fonction arc tg$x$ a une dérivée égale à $\frac{1}{1+x^2}$. Cette dérivée, qui est une fraction rationnelle de pôles $i$ et $-i$, est développable en série entière, le rayon de convergence étant 1; en utilisant un résultat relatif au développement en série entière d'une fonction paire, on a, $x$ étant compris entre $-1$ et $+1$,

$$\frac{1}{1+x^2}=1-x^2+x^4-x^6+\ldots+(-1)^p x^{2p}+\ldots$$

En intégrant de 0 à $x$, $x$ étant compris entre $-1$ et $+1$, on obtient

$$\operatorname{arc\,tg} x = x - \frac{x^3}{3} + \frac{x^5}{5} - \frac{x^7}{7} + \ldots + (-1)^p \frac{x^{2p+1}}{2p+1} + \ldots.$$

On peut démontrer que l'égalité précédente a encore lieu quand $x$ est égal à 1 et quand $x$ est égal à $-1$. La fonction $\operatorname{arc\,tg} x$ étant impaire, il suffit de démontrer ce résultat pour $x = 1$. En divisant, suivant les puissances croissantes, 1 par $1 + x^2$, on obtient

$$\frac{1}{1+x^2} = 1 - x^2 + x^4 - x^6 + \ldots + (-1)^p x^{2p} + (-1)^{p+1} \frac{x^{2p+2}}{1+x^2},$$

d'où, en intégrant de 0 à 1,

$$\operatorname{arc\,tg} 1 = \frac{\pi}{4} = 1 - \frac{1}{3} + \frac{1}{5} - \frac{1}{7} + \ldots + \frac{(-1)^p}{2p+1} + (-1)^{p+1} \int_0^1 \frac{x^{2p+2}}{1+x^2} dx.$$

Or, dans l'intervalle (0, 1), on a

$$0 \leqslant \frac{x^{2p+2}}{1+x^2} \leqslant x^{2p+2};$$

par suite, on a

$$0 \leqslant \int_0^1 \frac{x^{2p+2}}{1+x^2} dx \leqslant \int_0^1 x^{2p+2} dx,$$

c'est-à-dire

$$0 \leqslant \int_0^1 \frac{x^{2p+2}}{1+x^2} dx \leqslant \frac{1}{2p+3}.$$

Quand $p$ tend vers $\infty$, $\frac{1}{2p+3}$ et, par suite, $\int_0^1 \frac{x^{2p+2}}{1+x^2} dx$ tendent vers 0. On voit ainsi que l'on a

$$\frac{\pi}{4} = 1 - \frac{1}{3} + \frac{1}{5} - \frac{1}{7} + \ldots + \frac{(-1)^p}{2p+1} + \ldots.$$

**364. Développements en série entière de $e^x$ et de $a^x$.** — 1° Dans l'intervalle $(0, x)$, la fonction $e^X$ admet une infinité de dérivées successives, toutes égales à $e$; la fonction et ses dérivées prennent toutes la valeur 1 pour $x = 0$. D'autre part, dans l'intervalle considéré, la fonction $e^X$ et ses dérivées sont toutes comprises entre 1 et $e^x$; si donc M est un nombre fixe plus grand que 1 et que $e^x$, la valeur absolue de la dérivée d'ordre $n$ de $e^X$ est, quel que soit X dans l'intervalle $(0, x)$ et quel que soit $n$, plus petit que M. Il s'ensuit que la fonction $e^X$ est développable en série entière dans l'intervalle $(0, x)$, et, en particulier, pour $X = x$, on a

$$e^x = 1 + \frac{x}{1} + \frac{x^2}{2!} + \ldots + \frac{x^n}{n!} + \ldots.$$

Le rayon de convergence de la série entière placée dans le second membre est égal à $+\infty$.

En particulier, pour $x=1$ et pour $x=-1$, on a

$$e=1+\frac{1}{1}+\frac{1}{2!}+\frac{1}{3!}+\ldots+\frac{1}{n!}+\ldots,$$

$$\frac{1}{e}=1-\frac{1}{1}+\frac{1}{2!}-\frac{1}{3!}+\ldots+\frac{(-1)^n}{n!}+\ldots.$$

2° On a, quel que soit $x$, $a^x=e^{x\mathrm{L}a}$. Par suite, on a

$$a^x=1+\frac{x\mathrm{L}a}{1}+\frac{x^2(\mathrm{L}a)^2}{2!}+\ldots+\frac{x^n(\mathrm{L}a)^n}{n!}+\ldots,$$

le rayon de convergence de la série entière étant $+\infty$.

*Autre méthode.* — Si on pose $y=e^x$, on a $y'=e^x$ et, par suite, la relation, dite *différentielle*,

$$y'=y.$$

Cherchons, d'après cela, une fonction $z$, développable en série entière, telle que l'on ait $z'=z$.

Posons

$$z=a_0+a_1x+a_2x^2+\ldots+a_{n-1}x^{n-1}+a_nx^n+\ldots,$$

la série $a_nx^n$ ayant un rayon de convergence non nul. On a

$$z'=a_1+2a_2x+\ldots+na_nx^{n-1}+\ldots.$$

Le développement d'une fonction en série entière n'étant possible que d'une manière, pour que l'on ait $z'=z$, il faut et il suffit que l'on ait les égalités

$$a_1=a_0,\quad 2a_2=a_1,\quad \ldots,\quad na_n=a_{n-1},\quad \ldots,$$

de façon en outre que la série $a\,x^n$ ait un rayon de convergence non nul. Des égalités précédentes, on déduit

$$a_1=\frac{a_0}{1},\quad a_2=\frac{a_1}{2},\quad \ldots,\quad a_n=\frac{a_{n-1}}{n},$$

d'où, en substituant de proche en proche,

$$a_n=\frac{a_0}{n!};$$

on a ainsi la série entière

$$a_0\left(1+\frac{x}{1}+\frac{x^2}{2}+\ldots+\frac{x^n}{n!}+\ldots\right).$$

Cherchons le rayon de convergence de la série $\frac{x^n}{n!}$. Le rapport d'un coefficient au précédent est égal à $\frac{1}{n}$ et il a pour limite 0 pour $n$ infini. La série est donc convergente quel que soit $x$; le rayon de convergence est infini. On peut donc poser

$$z = a_0\left(1 + \frac{x}{1} + \dots + \frac{x^n}{n!} + \dots\right),$$

$a_0$ étant une constante arbitraire, $z$ étant une fonction de $x$ définie dans l'intervalle $(-\infty, +\infty)$, telle que l'on ait $z' = z$.

Si $e^x$ est développable en série entière, son développement est nécessairement de la forme

$$a_0\left(1 + \frac{x}{1} + \dots + \frac{x^n}{n!} + \dots\right);$$

comme $e^x$ a la valeur 1 pour $x = 0$, il faut en outre prendre $a_0 = 1$.

Il s'agit de montrer que la fonction

$$u = 1 + \frac{x}{1} + \dots + \frac{x^n}{n!} + \dots$$

est égale à $e^x$. Considérons la fonction $\frac{u}{e^x} = ue^{-x}$, définie dans l'intervalle $(-\infty, +\infty)$. Elle admet une dérivée égale à $e^x(u' - u)$, c'est-à-dire à 0; elle est donc constante dans tout intervalle fini et, par suite, dans l'intervalle $(-\infty, +\infty)$. Or, elle prend la valeur 1 pour $x = 0$; par conséquent, elle est égale à 1 quel que soit $x$; autrement dit, on a, quel que soit $x$,

$$e^x = u = 1 + \frac{x}{1} + \frac{x^2}{2!} + \dots + \frac{x^n}{n!} + \dots.$$

**365. Développements en série entière de** $\operatorname{ch} x$ **et de** $\operatorname{sh} x$. — On a, quel que soit $x$,

$$e^x = 1 + \frac{x}{1} + \frac{x^2}{2!} + \frac{x^3}{3!} + \dots + \frac{x^{2p}}{(2p)!} + \frac{x^{2p+1}}{(2p+1)!} + \dots$$

et

$$e^{-x} = 1 - \frac{x}{1} + \frac{x^2}{2!} - \frac{x^3}{3!} + \dots + \frac{x^{2p}}{(2p)!} - \frac{x^{2p+1}}{(2p+1)!} + \dots.$$

En appliquant le théorème relatif à l'addition des séries entières et en utilisant un résultat établi relativement au développement en série entière d'une fonction paire, on obtient, par addition membre à membre des égalités précédentes,

$$\operatorname{ch} x = \frac{e^x + e^{-x}}{2} = 1 + \frac{x^2}{2!} + \frac{x^4}{4!} + \dots + \frac{x^{2p}}{(2p)!} + \dots.$$

De même, par soustraction membre à membre, on obtient

$$\operatorname{sh} x = \frac{e^x - e^{-x}}{2} = x + \frac{x^3}{3!} + \frac{x^5}{5!} + \ldots + \frac{x^{2p+1}}{(2p+1)!} + \ldots.$$

Les rayons de convergence de ces deux séries entières sont tous deux infinis.

**366. Développements en série entière de $\cos x$ et de $\sin x$.** — 1° Posons $f(X) = \cos X$. La fonction $\cos X$ est définie et admet une infinité de dérivées successives dans l'intervalle $(0, x)$. On a

$$f^{(n)}(X) = \cos\left(X + \frac{n\pi}{2}\right).$$

Par suite, dans l'intervalle considéré, on a, quels que soient X et $n$, $|f^{(n)}(X)| \leqslant 1$. Il en résulte que la fonction $\cos X$ est développable en série entière. Calculons les termes de la série pour $X = x$. On a

$$f^{(n)}(0) = \cos\frac{n\pi}{2},$$

d'où l'on déduit

$$f(0) = 1, \quad f'(0) = 0, \quad f''(0) = -1, \quad f'''(0) = 0,$$

et, d'une manière générale, $p$ étant un entier positif ou nul quelconque,

$$f^{(4p)}(0) = 1, \quad f^{(4p+1)}(0) = 0, \quad f^{(4p+2)}(0) = -1, \quad f^{(4p+3)}(0) = 0.$$

Il s'ensuit que l'on a, quel que soit $x$, en utilisant un résultat relatif au développement en série entière d'une fonction paire,

$$\cos x = 1 - \frac{x^2}{2!} + \frac{x^4}{4!} - \frac{x^6}{6!} + \ldots + \frac{x^{4p}}{(4p)!} - \frac{x^{4p+2}}{(4p+2)!} + \ldots;$$

le rayon de convergence de la série entière est infini.

2° Posons $f(X) = \sin X$. La fonction $\sin X$ est définie et admet une infinité de dérivées successives dans l'intervalle $(0, x)$. On a

$$f^{(n)}(X) = \sin\left(X + \frac{n\pi}{2}\right).$$

Par suite, dans l'intervalle considéré, on a, quels que soient X et $n$, $|f^{(n)}(X)| \leqslant 1$. Il en résulte que la fonction $\sin X$ est développable en série entière. Calculons les termes de la série pour $X = x$. On a

$$f^{(n)}(0) = \sin\frac{n\pi}{2},$$

d'où l'on déduit

$$f(0) = 0, \quad f'(0) = 1, \quad f''(0) = 0, \quad f'''(0) = -1,$$

et, d'une manière générale, $p$ étant un entier positif ou nul quelconque,

$$f^{(4p)}(0)=0, \quad f^{(4p+1)}(0)=1, \quad f^{(4p+2)}(0)=0, \quad f^{(4p+3)}(0)=-1.$$

Il s'ensuit que l'on a, quel que soit $x$, en utilisant un résultat relatif au développement en série entière d'une fonction impaire,

$$\sin x = x - \frac{x^3}{3!} + \ldots + \frac{x^{4p+1}}{(4p+1)!} - \frac{x^{4p+3}}{(4p+3)!} + \ldots;$$

le rayon de convergence de la série entière est infini.

367. **Développement en série entière de $(1+x)^\alpha$.** — *Nous supposerons que $\alpha$ est autre qu'un entier non négatif.*

A l'intérieur de l'intervalle $(-1, +\infty)$, la fonction $y=(1+x)^\alpha$ est définie et admet une dérivée $y'=\alpha(1+x)^{\alpha-1}$. On a, par suite, la relation *différentielle*

$$(1+x)y' = \alpha y.$$

Cherchons, d'après cela, une fonction $z$, développable en série entière, telle que l'on ait

$$(1+x)z' = \alpha z.$$

Posons

$$z = a_0 + a_1 x + a_2 x^2 + \ldots + a_{n-1}x^{n-1} + a_n x^n + \ldots,$$

la série $a_n x^n$ ayant un rayon de convergence non nul. On a

$$z' = a_1 + 2a_2 x + \ldots + na_n x^{n-1} + (n+1)a_{n+1}x^n + \ldots.$$

On en déduit

$$(1+x)z' = a_1 + (2a_2 + a_1)x + \ldots + [(n+1)a_{n+1} + na_n]x^n + \ldots.$$

Le développement d'une fonction en série entière n'étant possible que d'une manière, pour que l'on ait $(1+x)z' = \alpha z$, il faut et il suffit que l'on ait

$$a_1 = \alpha a_0, \quad 2a_2 + a_1 = \alpha a_1, \quad \ldots, \quad (n+1)a_{n+1} + na_n = \alpha a_n, \quad \ldots,$$

de façon, en outre, que la série $a_n x^n$ ait un rayon de convergence non nul. Des égalités précédentes on déduit

$$a_1 = \frac{\alpha}{1}a_0, \quad a_2 = \frac{\alpha-1}{2}a_1, \quad \ldots, \quad a_n = \frac{\alpha-n+1}{n}a_{n-1},$$

d'où, en substituant de proche en proche,

$$a_n = \frac{\alpha(\alpha-1)\ldots(\alpha-n+1)}{n!}a_0;$$

on a ainsi la série entière

$$a_0\left[1+\frac{\alpha}{1}x+\frac{\alpha(\alpha-1)}{2!}x^2+\ldots+\frac{\alpha(\alpha-1)\ldots(\alpha-n+1)}{n!}x^n+\ldots\right].$$

Cherchons le rayon de convergence de la série entre crochets. Le rapport d'un coefficient au précédent est $\frac{\alpha-n+1}{n}$; il a pour limite $-1$ pour $n$ infini. Si donc $|x|$ est plus petit que 1, la série est convergente; si $|x|$ est plus grand que 1, la série est divergente; le rayon de convergence est, par suite, égal à 1. On peut donc poser

$$z=a_0\left[1+\frac{\alpha}{1}x+\frac{\alpha(\alpha-1)}{2!}x^2+\ldots+\frac{\alpha(\alpha-1)\ldots(\alpha-n+1)}{n!}x^n+\ldots\right],$$

$a_0$ étant une constante arbitraire, $z$ étant une fonction de $x$ définie à l'intérieur de l'intervalle $(-1, +1)$ telle que l'on ait $(1+x)z'=\alpha z$.

Si $(1+x)^\alpha$ est développable en série entière, c'est nécessairement à l'intérieur de l'intervalle $(-1, +1)$, et le développement est nécessairement de la forme

$$a_0\left[1+\frac{\alpha}{1}x+\frac{\alpha(\alpha-1)}{2!}x^2+\ldots+\frac{\alpha(\alpha-1)\ldots(\alpha-n+1)}{n!}x^n+\ldots\right];$$

comme $(1+x)^\alpha$ a la valeur 1 pour $x=0$, il faut en outre prendre $a_0=1$.

Il s'agit de montrer que la fonction

$$u=1+\frac{\alpha}{1}x+\frac{\alpha(\alpha-1)}{2!}x^2+\ldots+\frac{\alpha(\alpha-1)\ldots(\alpha-n+1)}{n!}x^n+\ldots$$

est égale, à l'intérieur de l'intervalle $(-1, +1)$, à $(1+x)^\alpha$. Considérons la fonction $\frac{u}{(1+x)^\alpha}=u(1+x)^{-\alpha}$, définie à l'intérieur de l'intervalle $(-1, +1)$. Elle admet une dérivée égale à

$$(1+x)^{-\alpha-1}[-\alpha u+(1+x)u'],$$

c'est-à-dire à 0; elle est donc constante dans tout intervalle intérieur à l'intervalle $(-1, +1)$ et, par suite, à l'intérieur de l'intervalle $(-1, +1)$. Or, elle prend la valeur 1 pour $x=0$; par conséquent, elle est constamment égale à 1, et l'on a

$$(1+x)^\alpha=1+\frac{\alpha}{1}x+\frac{\alpha(\alpha-1)}{2!}x^2+\ldots+\frac{\alpha(\alpha-1)\ldots(\alpha-n+1)}{n!}x^n+\ldots,\quad(-1<x<1).$$

**Développement en série entière de arc sin $x$.** — La fonction arc sin $x$ est définie dans l'intervalle $(-1, +1)$, et elle admet, à l'intérieur de cet intervalle, une dérivée égale à $\frac{1}{\sqrt{1-x^2}}$, c'est-à-dire à $(1-x^2)^{-\frac{1}{2}}$. En remplaçant dans le développement de $(1+x^2)^{-\frac{1}{2}}$, donné par une formule précédente, $x$ par $-x^2$ qui est, comme $x$, compris entre $-1$ et $+1$, on obtient l'égalité

$$\frac{1}{\sqrt{1-x^2}} = 1 + \frac{1}{2}x^2 + \frac{1.3}{2.4}x^4 + \ldots + \frac{1.3.5\ldots(2p-1)}{2.4.5\ldots 2p}x^{2p} + \ldots.$$

En intégrant de 0 à $x$, $x$ étant compris entre $-1$ et $+1$, et en utilisant un résultat relatif au développement en série entière d'une fonction impaire, on obtient

$$\text{arc sin } x = \frac{x}{1} + \frac{1}{2}\frac{x^3}{3} + \frac{1.3}{2.4}\frac{x^5}{5} + \ldots + \frac{1.3.5\ldots(2p-1)}{2.4.6\ldots 2p}\frac{x^{2p+1}}{2p+1} + \ldots.$$

369. **Développement en série entière de arg sh $x = \mathrm{L}(x + \sqrt{1+x^2})$.** — La fonction arg sh $x$ est définie dans l'intervalle $(-\infty, +\infty)$ et elle admet une dérivée égale à $\frac{1}{\sqrt{1+x^2}}$, c'est-à-dire à $(1+x^2)^{-\frac{1}{2}}$. Cette dérivée est développable en série entière à l'intérieur de l'intervalle $(-1, +1)$, et l'on a, à l'intérieur de cet intervalle,

$$\frac{1}{\sqrt{1+x^2}} = 1 - \frac{1}{2}x^2 + \frac{1.3}{2.4}x^4 - \ldots + (-1)^p \frac{1.3.5\ldots(2p-1)}{2.4.6\ldots 2p}x^{2p} + \ldots,$$

le rayon de convergence de la série placée dans le second membre étant 1.

En intégrant de 0 à $x$, $x$ étant intérieur à l'intervalle $(1, +1)$, et en utilisant un résultat relatif au développement d'une fonction impaire en série entière, on obtient

$$\mathrm{L}(x + \sqrt{1+x^2}) = \frac{x}{1} - \frac{1}{2}\frac{x^3}{3} + \frac{1.3}{2.4}\frac{x^5}{5} + \ldots + (-1)^p \frac{1.3.5\ldots(2p-1)}{2.4.6\ldots 2p}\frac{x^{2p+1}}{2p+1} + \ldots,$$

le rayon de convergence de la série placée dans le second membre étant égal à 1.

370. **Fonction exponentielle pour les valeurs imaginaires de la variable.** — Soit $z = x + yi$ un nombre imaginaire quelconque. Considérons la série à termes imaginaires

$$1 + \frac{z}{1} + \frac{z^2}{2!} + \ldots + \frac{z^n}{n!} + \ldots.$$

Si $\rho$ désigne le module de $z$, la série des modules est

$$1+\frac{\rho}{1}+\frac{\rho^2}{2!}+\ldots+\frac{\rho^n}{n!}+\ldots;$$

cette série est convergente quel que soit $\rho$ et a pour somme $e^\rho$. On en déduit que la série $\frac{z^n}{n!}$ est absolument convergente quel que soit $z$. Il existe, par suite, une fonction de $z$, définie dans tout le plan qui sert à représenter géométriquement les nombres imaginaires, et égale, pour chaque nombre $z$, à la somme correspondante de la série $\frac{z^n}{n!}$. Or, quand $z$ est réel, cette fonction est égale à $e^z$. Il n'y a donc pas contradiction à la représenter, quel que soit $z$ réel ou imaginaire, par la notation $e^z$, de façon qu'on ait, pour tout nombre $z$, l'égalité

$$e^z=1+\frac{z}{1}+\frac{z^2}{2!}+\ldots+\frac{z^n}{n!}+\ldots.$$

THÉORÈME. — *Quels que soient $z$ et $z'$, on a*

$$e^z e^{z'}=e^{z+z'}.$$

En effet, on a

$$e^z=1+\frac{z}{1}+\frac{z^2}{2!}+\ldots+\frac{z^n}{n!}+\ldots,$$

$$e^{z'}=1+\frac{z'}{1}+\frac{z'^2}{2!}+\ldots+\frac{z'^n}{n!}+\ldots.$$

Appliquons à ces deux séries absolument convergentes le théorème relatif à la multiplication des séries. Le produit $e^z e^{z'}$ des sommes des deux séries est égal à la somme d'une série absolument convergente dont le premier terme est 1 et dont le $(n+1)^{\text{ième}}$ terme est

$$\frac{z^n}{n!}+\frac{z^{n-1}}{(n-1)!}\frac{z'}{1}+\frac{z^{n-2}}{(n-2)!}\frac{z'^2}{2!}+\ldots+\frac{z^{n-k}}{(n-k)!}\frac{z'^k}{k!}+\ldots+\frac{z'^n}{n!}.$$

Ce terme s'écrit

$$\frac{1}{n!}\left[z^n+\frac{n!}{1.(n-1)!}z^{n-1}z'+\ldots+\frac{n!}{k!(n-k)!}z^{n-k}z'^k+\ldots+z'^n\right],$$

et l'on voit qu'il est égal à $\frac{(z+z')^n}{n!}$.

Ainsi, l'on a

$$\begin{aligned}e^z e^{z'}&=1+\frac{(z+z')}{1}+\frac{(z+z')^2}{2!}+\ldots+\frac{(z+z')^n}{n!}+\ldots\\&=e^{z+z'}.\end{aligned}$$

*Conséquences.* — 1° On a

$$e^{z_1}e^{z_2}\ldots e^{z_n}=e^{z_1+z_2+\ldots+z_n}.$$

Il suffit d'appliquer le théorème précédent de proche en proche.

2° On a

$$e^{z}e^{-z}=e^{0}=1,\quad \text{d'où}\quad e^{-z}=\frac{1}{e^{z}}.$$

3° Si $n$ est entier et positif, on a

$$(e^{z})^{n}=e^{nz}.$$

Il suffit de supposer, dans une égalité précédente,

$$z_1=z_2=\ldots=z_n=z.$$

Si $n$ est entier et négatif, l'égalité a encore lieu. En effet, posons $=-n'$, $n'$ étant entier et positif. On a

$$(e^{z})^{n}=\frac{1}{(e^{z})^{n'}}=\frac{1}{e^{n'z}}=e^{-n'z}=e^{nz}.$$

Module et argument de $e^{z}$. — Soit $z=x+yi$, $x$ et $y$ étant réels. On a

$$e^{z}=e^{x+yi}=e^{x}e^{yi}.$$

On a, d'autre part,

$$e^{yi}=1+\frac{yi}{1}-\frac{y^2}{2!}-\frac{y^3i}{3!}+\frac{y^4}{4!}+\ldots+(-1)^p\frac{y^{2p}}{(2p)!}+(-1)^p\frac{y^{2p+1}i}{(2p+1)!}+\ldots.$$

Les sommes

$$1-\frac{y^2}{2!}+\frac{y^4}{4!}-\ldots+(-1)^p\frac{y^{2p}}{(2p)!}$$

et

$$\frac{yi}{1}-\frac{y^3i}{3!}+\frac{y^5i}{5!}-\ldots+(-1)^p\frac{y^{2p+1}i}{(2p+1)!}$$

ont respectivement pour limites $\cos y$ et $i\sin y$ quand $p$ tend vers $\infty$. La somme

$$1+\frac{yi}{1}-\frac{y^2}{2!}-\frac{y^3i}{3!}+\frac{y^4}{4!}+\ldots+(-1)^p\frac{y^{2p}}{(2p)!}+(-1)^p\frac{y^{2p+1}i}{(2p+1)!}$$

a donc pour limite $\cos y+i\sin y$ quand $p$ tend vers $\infty$. Mais la série $\frac{(yi)^n}{n!}$ étant convergente et ayant pour somme $e^{yi}$, il s'ensuit que la somme précédente a aussi pour limite $e^{yi}$. Ainsi, l'on a

$$e^{yi}=\cos y+i\sin y.$$

Par suite, on a

$$e^{z}=e^{x+yi}=e^{x}(\cos y+i\sin y).$$

Comme $e^x$ est positif, l'égalité précédente montre que le module de $e^z$ est $e^x$ et que l'argument de $e^z$ est $y$, à un multiple de $2\pi$ près.

Périodicité de $e^z$. — De ce qui précède, résulte l'égalité

$$e^{2ki\pi} = 1,$$

$k$ étant un entier quelconque. On a, par suite,

$$e^{z+2ki\pi} = e_z\, e^{2ki\pi} = e^z.$$

Ainsi, la fonction $e^z$ reprend les mêmes valeurs quand on ajoute à $z$ un nombre de la forme $2ki\pi$; les nombres de la forme $2ki\pi$ sont dits des *périodes* de la fonction $e^z$.

Nous allons montrer qu'il n'existe pas d'autres nombres ayant la même propriété. Si $a$ est un tel nombre, on a

$$e^{z+a} = e^z,$$

c'est-à-dire

$$e^z e^a = e^z$$

ou, $e^z$ n'étant pas nul,

$$e^a = 1.$$

Posons $a = \alpha + \beta i$, $\alpha$ et $\beta$ étant réels; on a donc

$$e^{\alpha+\beta i} = 1 = e^\alpha (\cos\beta + i \sin\beta);$$

il en résulte qu'on a $e^\alpha = 1$, c'est-à-dire $\alpha = 0$, et $\beta = 2k\pi$. On voit que l'on a $a = 2ki\pi$, $k$ étant un entier quelconque.

Remarquons en outre que l'on a, $k$ étant un entier quelconque,

$$e^{(2k+1)i\pi} = -1$$

et, par suite, quel que soit $z$,

$$e^{z+(2k+1)i\pi} = -e^z.$$

Continuité. Dérivée. — Des propriétés générales des séries entières, il résulte que la fonction $e^z$ est une fonction continue en tout point $z$ du plan et qu'elle admet une dérivée égale à la somme de la série dérivée de la série $\frac{z^n}{n!}$. Or, la dérivée de $\frac{z^n}{n!}$ est $\frac{z^{n-1}}{(n-1)!}$. Il s'ensuit que la série dérivée de la série $\frac{z^n}{n!}$ coïncide avec la série elle-même. Ainsi, *$e^z$ admet une dérivée égale à $e^z$.*

On en conclut que $e^z$ admet une infinité de dérivées successives, toutes égales à $e^z$.

D'après cela, soit une fonction de la forme $e^u$, $u$ étant une fonction d'une variable $x$, réelle ou imaginaire. Si la fonction $u$ admet une dérivée $u'$, $e^u$, fonction de fonction de $x$, par l'intermédiaire de $u$, admet une dérivée égale à $u'e^u$.

Par exemple, soit la fonction $e^{ax}$, $a$ étant un nombre fixe imaginaire, $x$ étant une variable réelle. $ax$ a, par rapport à $x$, une dérivée égale à $a$; par suite, $e^{ax}$ a, par rapport à $x$, une dérivée égale à $ae^{ax}$.

De la continuité de la somme d'une série entière, on déduit en particulier que $e^z$ tend vers 1 quand $z$ tend vers 0 et que $e^z - 1$ est un infiniment petit équivalent à $z$.

**371. Fonctions circulaires pour les valeurs imaginaires de la variable.** — Soit $z = x + yi$ un nombre imaginaire quelconque. Considérons les séries à termes imaginaires

$$1 - \frac{z^2}{2!} + \frac{z^4}{4!} - \ldots + (-1)^p \frac{z^{2p}}{(2p)!} + \ldots,$$

$$z - \frac{z^3}{3!} + \frac{z^5}{5!} - \ldots + (-1)^p \frac{z^{2p+1}}{(2p+1)!} + \ldots.$$

Si $\rho$ désigne le module de $z$, les séries des modules sont respectivement

$$1 + \frac{\rho^2}{2!} + \frac{\rho^4}{4!} + \ldots + \frac{\rho^{2p}}{(2p)!} + \ldots,$$

$$\rho + \frac{\rho^3}{3!} + \frac{\rho^5}{5!} + \ldots + \frac{\rho^{2p+1}}{(2p+1)!} + \ldots;$$

ces séries sont convergentes quel que soit $\rho$ et ont pour sommes respectivement $\operatorname{ch}\rho$ et $\operatorname{sh}\rho$. On en déduit que les séries à termes imaginaires considérées sont absolument convergentes quel que soit $z$. Il existe, par suite, deux fonctions de $z$, définies dans tout le plan qui sert à représenter géométriquement les nombres imaginaires, et égales respectivement, pour chaque nombre $z$, aux sommes correspondantes des séries $(-1)^p \frac{z^{2p}}{(2p)!}$ et $(-1)^p \frac{z^{2p+1}}{(2p+1)!}$. Or, quand $z$ est réel, ces fonctions sont respectivement égales à $\cos z$ et à $\sin z$. Il n'y a donc pas contradiction à les représenter respectivement, quel que soit $z$ réel ou imaginaire, par les notations $\cos z$ et $\sin z$, de façon que, pour tout nombre $z$, on ait les égalités

$$\cos z = 1 - \frac{z^2}{2!} + \frac{z^4}{4!} - \ldots + (-1)^p \frac{z^{2p}}{(2p!)} + \ldots,$$

$$\sin z = z - \frac{z^3}{3!} + \frac{z^5}{5!} - \ldots + (-1)^p \frac{z^{2p+1}}{(2p+1)!} + \ldots.$$

On a évidemment

$$\cos(-z) = \cos z, \quad \sin(-z) = -\sin z;$$

a fonction $\cos z$ est paire, la fonction $\sin z$ est impaire.

Formules d'Euler. — On a, quel que soit $z$,

$$e^{iz} = 1 + \frac{iz}{1} - \frac{z^2}{2!} - \frac{iz^3}{3!} + \frac{z^4}{4!} + \frac{iz^5}{5!} - \ldots + (-1)^p \frac{z^{2p}}{(2p)!} + (-1)^p \frac{iz^{2p+1}}{(2p+1)!} + \ldots.$$

Les sommes

$$1 - \frac{z^2}{2!} + \frac{z^4}{4!} - \ldots + (-1)^p \frac{z^{2p}}{(2p)!},$$

$$\frac{iz}{1} - \frac{iz^3}{3!} + \frac{iz^5}{5!} - \ldots + (-1)^p \frac{iz^{2p+1}}{(2p+1)!}$$

ont respectivement pour limites $\cos z$ et $i \sin z$, quand $p$ tend vers $\infty$. La somme

$$1 + \frac{iz}{1} - \frac{z^2}{2!} - \frac{iz^3}{3!} + \ldots + (-1)^p \frac{z^{2p}}{(2p)!} + (-1)^p \frac{iz^{2p+1}}{(2p+1)!}$$

a donc pour limite $\cos z + i \sin z$ quand $p$ tend vers $\infty$. Mais la série $\frac{(iz)^n}{n!}$ étant convergente et ayant pour somme $e^{iz}$, il s'ensuit que la somme précédente a aussi pour limite $e^{iz}$. Ainsi, l'on a

$$e^{iz} = \cos z + i \sin z.$$

Cette relation, valable quel que soit $z$, subsiste quand on y change $z$ en $-z$; on a donc aussi

$$e^{-iz} = \cos z - i \sin z.$$

Par addition et soustraction, on obtient les formules suivantes, dites *formules d'Euler*, qui ramènent les fonctions circulaires à la fonction exponentielle :

$$\cos z = \frac{e^{iz} + e^{-iz}}{2}, \quad \sin z = \frac{e^{iz} - e^{-iz}}{2i}.$$

En particulier, si l'on a $z = ix$, $x$ étant réel, on a

$$\cos ix = \frac{e^{-x} + e^{x}}{2} = \operatorname{ch} x, \quad \sin ix = \frac{e^{-x} - e^{x}}{2i} = i \operatorname{sh} x.$$

Formules d'addition. — On a

$$e^{i(z+z')} = e^{iz} e^{iz'},$$

c'est-à-dire

$$\cos(z + z'( + i \sin(z + z') = (\cos z + i \sin z)(\cos z' + i \sin z').$$

d'où

$$\cos(z+z')+i\sin(z+z')=(\cos z\cos z'-\sin z\sin z')+i(\sin z\cos z'+\sin z'\cos z).$$

En changeant $z$ en $-z$ et $z'$ en $-z'$, on obtient

$$\cos(z+z')-i\sin(z+z')=(\cos z\cos z'-\sin z\sin z')-i(\sin z\cos z'+\sin z'\cos z).$$

Par addition et soustraction, on déduit des relations précédentes les *formules d'addition*

$$\cos(z+z')=\cos z\cos z'-\sin z\sin z',$$
$$\sin(z+z')=\sin z\cos z'+\sin z'\cos z.$$

En y changeant $z'$ en $-z'$, on obtient

$$\cos(z-z')=\cos z\cos z'+\sin z\sin z',$$
$$\sin(z-z')=\sin z\cos z'-\sin z'\cos z.$$

Si, dans l'expression de $\cos(z-z')$, on fait $z'=z$, on obtient la relation

$$\cos^2 z+\sin^2 z=1.$$

Plus généralement, on a

$$e^{i(z_1+z_2+\ldots+z_n)}=e^{iz_1}e^{iz_2}\ldots e^{iz_n},$$

c'est-à-dire

$$\cos(z_1+z_2+\ldots+z_n)+i\sin(z_1+z_2+\ldots+z_n)$$
$$=(\cos z_1+i\sin z_1)(\cos z_2+i\sin z_2)\ldots(\cos z_n+i\sin z_n),$$

d'où

$$\cos(z_1+z_2+\ldots+z_n)+i\sin(z_1+z_2+\ldots+z_n)$$
$$=\cos z_1\cos z_2\ldots\cos z_n-\Sigma\sin z_1\sin z_2\cos z_3\ldots\cos z_n+\ldots$$
$$+i(\Sigma\sin z_1\cos z_2\ldots\cos z_n-\Sigma\sin z_1\sin z_2\sin z_3\cos z_4\ldots\cos z_n+\ldots).$$

En changeant $z_1, z_2, \ldots, z_n$ respectivement en $-z_1, -z_2, \ldots, -z_n$, on obtient

$$\cos(z_1+z_2+\ldots+z_n)-i\sin(z_1+z_2+\ldots+z_n)$$
$$=\cos z_1\cos z_2\ldots\cos z_n-\Sigma\sin z_1\sin z_2\cos z_3\ldots\cos z_n+\ldots$$
$$-i(\Sigma\sin z_1\cos z_2\ldots\cos z_n-\Sigma\sin z_1\sin z_2\sin z_3\cos z_4\ldots\cos z_n+\ldots).$$

Par addition et soustraction, on déduit des relations précédentes les formules d'addition générales

$$\cos(z_1+z_2+\ldots+z_n)=\cos z_1\cos z_2\ldots\cos z_n-\Sigma\sin z_1\sin z_2\cos z_3\ldots\cos z_n+\ldots,$$
$$\sin(z_1+z_2+\ldots+z_n)=\Sigma\sin z_1\cos z_2\ldots\cos z_n-\Sigma\sin z_1\sin z_2\sin z_3\cos z_4\ldots\cos z_n+\ldots.$$

Dans l'expression de $\cos(z_1+z_2+\ldots+z_n)$ entrent, précédées alternativement des signes $+$ et $-$, toutes les sommes $\Sigma$ dont les termes contiennent un nombre pair de sinus; dans celle de $\sin(z_1 + z_2 + \ldots + z_n)$ entrent, précédées alternativement des signes + et —, toutes les sommes $\Sigma$ dont les termes contiennent un nombre impair de sinus.

Ainsi se trouvent étendues au cas où les variables $z_1, z_2, \ldots, z_n$ sont imaginaires des relations déjà établies dans le cas où ces variables sont réelles (ch. VII, § 194).

En particulier, si on suppose $z_1 = z_2 = \ldots = z_n = z$, on a les *formules* dites *de Moivre*

$$(\cos z + i \sin z)^n = \cos nz + i \sin nz,$$
$$(\cos z - i \sin z)^n = \cos nz - i \sin nz,$$

$n$ étant un entier positif. Les formules sont encore valables si $n$ est un entier négatif. Posons en effet $n = -n'$. On a

$$\begin{aligned}(\cos z + i \sin z)^n &= \frac{1}{(\cos z + i \sin z)^{n'}} = \frac{1}{\cos n'z + i \sin n'z} \\ &= \frac{\cos n'z - i \sin n'z}{(\cos n'z + i \sin n'z)(\cos n'z - i \sin n'z)} \\ &= \cos n'z - i \sin n'z = \cos nz + i \sin nz;\end{aligned}$$

en changeant $z$ en $-z$, on a aussi

$$(\cos z - i \sin z)^n = \cos nz - i \sin nz.$$

Si, dans les formules d'addition générales, on suppose

$$z_1 = z_2 = \ldots = z_n = z,$$

on obtient

$$\cos nz = \cos^n z - C_n^2 \cos^{n-2} z \sin^2 z + C_n^4 \cos^{n-4} z \sin^4 z - \ldots,$$
$$\sin nz = C_n^1 \cos^{n-1} z \sin z - C_n^3 \cos^{n-3} z \sin^3 z + C_n^5 \cos^{n-5} z \sin^5 z - \ldots.$$

Parties réelles et parties imaginaires de $\cos z$ et de $\sin z$. — Soit $z = x + yi$, $x$ et $y$ étant réels. On a

$$\begin{aligned}\cos z &= \cos(x + yi) = \cos x \cos yi - \sin x \sin yi \\ &= \cos x \operatorname{ch} y - i \sin x \operatorname{sh} y, \\ \sin z &= \sin(x + yi) = \sin x \cos yi + \cos x \sin yi \\ &= \sin x \operatorname{ch} y + i \cos x \operatorname{sh} y.\end{aligned}$$

Périodicité des fonctions $\cos z$ et $\sin z$. — Si $k$ est un entier quelconque, on a

$$\cos(z + 2k\pi) = \cos z \cos 2k\pi - \sin z \sin 2k\pi = \cos z,$$
$$\sin(z + 2k\pi) = \sin z \cos 2k\pi + \cos z \sin 2k\pi = \sin z.$$

Les fonctions $\cos z$ et $\sin z$ reprennent les mêmes valeurs quand on ajoute à $z$ un nombre de la forme $2k\pi$; les nombres de la forme $2k\pi$ sont dits des *périodes* des deux fonctions.

Montrons qu'il n'y a pas d'autres nombres ayant les mêmes propriétés. Si $a$ est un tel nombre, on a

$$\cos(z+a)=\cos z,$$

c'est-à-dire

$$\cos z\cos a-\sin z\sin a=\cos z;$$

en changeant $z$ en $-z$, on a aussi

$$\cos z\cos a+\sin z\sin a=\cos z.$$

On en déduit

$$\sin z\sin a=0,\quad \cos z(\cos a-1)=0.$$

Cette dernière relation doit avoir lieu quel que soit $z$, en particulier pour $z=0$; on a ainsi

$$\cos a=1,$$

c'est-à-dire

$$\frac{e^{ia}+e^{-ia}}{2}=1,$$

d'où

$$e^{2ia}-2e^{ia}+1=0,$$

c'est-à-dire

$$(e^{ia}-1)^2=0,\quad e^{ia}=1.$$

Un calcul fait relativement à la fonction exponentielle montre que l'on a $ia=2ki\pi$, c'est-à-dire $a=2k\pi$, $k$ étant un entier quelconque.

De même, si on a

$$\sin(z+a)=\sin z,$$

on a

$$\sin z\cos a+\sin a\cos z=\sin z$$

et, par suite, en changeant $z$ en $-z$,

$$-\sin z\cos a+\sin a\cos z=-\sin z,$$

d'où

$$\sin a\cos z=0,\quad \sin z(\cos a-1)=0.$$

Cette dernière relation doit avoir lieu quel que soit $z$, en particulier pour $z=\frac{\pi}{2}$; on a ainsi $\cos a=1$, d'où, en vertu du calcul précédent,

$$a=2k\pi.$$

Remarquons en outre que l'on a

$$\cos[(2k+1)\pi+z]=-\cos z,\quad \sin[(2k+1)\pi+z]=-\sin z,$$

$$\cos\left(\frac{\pi}{2}-z\right)=\sin z,\quad \sin\left(\frac{\pi}{2}-z\right)=\cos z,\ \text{etc.}$$

CONTINUITÉ. DÉRIVÉE. — Des propriétés générales des séries entières, il résulte que les fonctions $\cos z$ et $\sin z$ sont des fonctions continues de $z$ en tout point du plan et qu'elles admettent des dérivées respectivement égales aux sommes des séries dérivées des séries $(-1)^p \frac{z^{2p}}{(2p)!}$ et $(-1)^p \frac{z^{2p+1}}{(2p+1)!}$. Or la dérivée de $(-1)^p \frac{z^{2p}}{(2p)!}$ est $-(-1)^{p-1} \frac{z^{2p-1}}{(2p-1)!}$, et la dérivée de $(-1)^p \frac{z^{2p+1}}{(2p+1)!}$ est $(-1)^p \frac{z^{2p}}{(2p)!}$. Il s'ensuit que la dérivée de $\cos z$ est $-\sin z$ et que la dérivée de $\sin z$ est $\cos z$.

On en conclut que $\cos z$ admet une infinité de dérivées successives de la forme générale $\cos\left(z + \frac{n\pi}{2}\right)$ et que $\sin z$ admet une infinité de dérivées successives de la forme générale $\sin\left(z + \frac{n\pi}{2}\right)$.

De la continuité de la somme d'une série entière, on déduit en particulier que $\sin z$ est infiniment petit en même temps que $z$ et que ces deux infiniment petits sont équivalents, que $\cos z$ tend vers 1 quand $z$ tend vers 0, que $\cos z - 1$ est un infiniment équivalent à $-\frac{z^2}{2}$, etc.

DÉFINITIONS DE $\operatorname{tg} z$ ET DE $\operatorname{cotg} z$. — Montrons d'abord que les racines de l'équation $\cos z = 0$ sont les nombres de la forme $(2k+1)\frac{\pi}{2}$, $k$ étant entier, et que celles de l'équation $\sin z = 0$ sont les nombres de la forme $k\pi$.

Si l'on a en effet $\cos z = 0$, on a

$$\frac{e^{iz} + e^{-iz}}{2} = 0,$$

d'où

$$e^{2iz} = -1.$$

Si on pose $z = x + yi$, $x$ et $y$ étant réels, on a

$$e^{2iz} = e^{-2y+2ix} = e^{-2y}(\cos 2x + i \sin 2x).$$

Si $e^{2iz}$ est égal à $-1$, on a $e^{-2y} = 1$, d'où $y = 0$, et $2x = (2k+1)\pi$, d'où $x = (2k+1)\frac{\pi}{2}$. Ainsi, $z = (2k+1)\frac{\pi}{2}$.

Si on a $\sin z = 0$, on a

$$\frac{e^{iz} - e^{-iz}}{2i} = 0,$$

d'où

$$e^{2iz} = 1,$$

c'est-à-dire

$$e^{-2y}(\cos 2x + i \sin 2x) = 1\,;$$

on en déduit $y = 0$, $2x = 2k\pi$, d'où $x = k\pi$. Ainsi, $z = k\pi$.

Cela posé, pour tout nombre $z$ non de la forme $(2k+1)\frac{\pi}{2}$, on pose

$$\operatorname{tg} z = \frac{\sin z}{\cos z}$$

et pour tout nombre $z$ non de la forme $k\pi$, on pose

$$\cot z = \frac{\cos z}{\sin z}.$$

On a

$$\cot z = \frac{1}{\operatorname{tg} z}, \qquad \operatorname{tg}(-z) = -\operatorname{tg} z, \qquad \cot(-z) = -\cot z.$$

En particulier, si on a $z = ix$, $x$ étant réel, on a

$$\operatorname{tg} z = \operatorname{tg} ix = \frac{\sin ix}{\cos ix} = \frac{i \operatorname{sh} x}{\operatorname{ch} x} = i \operatorname{th} x.$$

En tout point $z$ où les fonction $\operatorname{tg} z$ et $\cot z$ sont définies, elle sont continues et admettent une dérivée. La dérivée de $\operatorname{tg} z$ est $1 + \operatorname{tg}^2 z$ ou $\frac{1}{\cos^2 z}$, celle de $\cot z$ est $-\frac{1}{\sin^2 z}$.

Quand $z$ tend vers 0, $\operatorname{tg} z$ tend aussi vers 0; les infiniment petits $z$ et $\operatorname{tg} z$ sont équivalents.

Quand $z$ tend vers $(2k+1)\frac{\pi}{2}$, $\operatorname{tg} z$ tend vers $\infty$ ; quand $z$ tend vers $k\pi$, $\cot z$ tend vers $\infty$.

Les formules d'addition relatives à $\operatorname{tg} z$ établies lorsque les variables sont réelles s'étendent au cas où les variables sont imaginaires. Il suffit en effet de remarquer que ces formules se déduisent des formules d'addition relatives à $\sin z$ et à $\cos z$ par un calcul indépendant de la nature des variables qui entrent dans ces formules.

On a

$$\operatorname{tg}(z + k\pi) = \operatorname{tg} z, \quad \operatorname{tg}\left(\frac{\pi}{2} - z\right) = \frac{1}{\operatorname{tg} z}, \quad \operatorname{tg}\left(\frac{\pi}{2} + z\right) = -\frac{1}{\operatorname{tg} z}, \text{ etc.}$$

Si on a $z = x + yi$, $x$ et $y$ étant réels, on a

$$\operatorname{tg} z = \operatorname{tg}(x + yi) = \frac{\operatorname{tg} x + \operatorname{tg} yi}{1 - \operatorname{tg} x \operatorname{tg} yi} = \frac{\operatorname{tg} x + i \operatorname{th} y}{1 - i \operatorname{tg} x \operatorname{th} y}.$$

## III. — APPLICATIONS NUMÉRIQUES

**372. Calcul approché de *e*.** — Nous avons établi l'égalité

$$e = 1 + \frac{1}{1} + \frac{1}{2!} + \dots + \frac{1}{n!} + \dots.$$

Cherchons une limite supérieure simple de l'erreur positive $\varepsilon_n$ commise quand on prend pour valeur approchée par défaut de $e$ la somme des $n+1$ premiers termes de la série précédente. On a

$$\varepsilon_n = \frac{1}{(n+1)!} + \frac{1}{(n+2)!} + \frac{1}{(n+3)!} + \dots$$
$$= \frac{1}{(n+1)!}\left[1 + \frac{1}{n+2} + \frac{1}{(n+2)(n+3)} + \dots\right].$$

Les termes de la série entre crochets sont respectivement plus petits que les termes de même rang de la série géométrique convergente

$$1 + \frac{1}{n+1} + \frac{1}{(n+1)^2} + \dots,$$

dont la somme est

$$\frac{1}{1 - \dfrac{1}{n+1}} = \frac{n+1}{n}.$$

On a, d'après cela, l'inégalité

$$\varepsilon_n < \frac{1}{(n+1)!}\,\frac{n+1}{n},$$

c'est-à-dire

$$\varepsilon_n < \frac{1}{n.n!}.$$

Posons $\theta_n = \varepsilon_n . n . n!$; c'est un nombre compris entre 0 et 1. On a ainsi l'égalité

$$e = 1 + \frac{1}{1} + \frac{1}{2!} + \dots + \frac{1}{n!} + \frac{\theta_n}{n.n!}.$$

Nous pouvons en déduire que *e est un nombre irrationnel.*

Si, en effet, $e$ était rationnel, il serait égal à $\frac{p}{q}$, $p$ et $q$ étant deux entiers positifs, et l'on aurait l'égalité

$$\frac{p}{q} = 1 + \frac{1}{1} + \frac{1}{2!} + \dots + \frac{1}{q!} + \frac{\theta_q}{q.q!}, \qquad (0 < \theta_q < 1).$$

En multipliant les deux membres par $q.\,q!$, on aurait

$$p.\,q! = q.\,q! + q\frac{q!}{1} + q\frac{q!}{2!} + \dots + q + \theta_q.$$

Or, les nombres $\frac{q!}{1}, \frac{q!}{2!}, \frac{q!}{3!}, \ldots, \frac{q!}{(q-1)!}, \frac{q!}{q!}$ sont évidemment entiers. L'égalité précédente prouverait que $\theta_q$ est un nombre entier, ce qui est absurde, puisque $\theta_q$ est compris entre 0 et 1.

Ce théorème nous amène à calculer la valeur approchée par défaut de $e$ à $\frac{1}{10^p}$ près, $p$ étant un entier positif donné. Pour cela, il suffira, en général, de chercher d'abord une fraction décimale approchée par défaut, de façon que l'erreur, positive, soit plus petite que $\frac{1}{10^{p+1}}$.

Si l'on prend pour valeur approchée de $e$

$$S_n = 1 + \frac{1}{1} + \frac{1}{2!} + \cdots + \frac{1}{n!},$$

on commet une erreur positive plus petite que $\frac{1}{n.n!}$. Mais, les termes de $S_n$, sauf les trois premiers, contenant le facteur 3 en dénominateur, ne sont pas des fractions décimales exactes; si donc on remplace dans S chacun de ces termes par sa valeur approchée par défaut à $\frac{1}{10^q}$ près, on obtient une valeur approchée par défaut de $S_n$, l'erreur positive commise étant plus petite que $\frac{n-2}{10^q}$. Si l'on prend cette valeur approchée de $S_n$ comme valeur approchée de $e$, on commet une erreur positive plus petite que

$$\frac{n-2}{10^q} + \frac{1}{n.n!}.$$

Il suffit de choisir $n$ et $q$ de façon que l'on ait

$$\frac{n-2}{10^q} + \frac{1}{n.n!} < \frac{1}{10^{p+1}}.$$

Par exemple, on pourra prendre $n$ et $q$ de façon que l'on ait

$$\frac{1}{n.n!} < \frac{1}{10^{p+2}}, \qquad \frac{n-2}{10^q} < \frac{9}{10^{p+2}},$$

c'est-à-dire

$$n.n! > 10^{p+2}, \qquad 10^q > \frac{(n-2)\,10^{p+2}}{9}.$$

On résoudra la première de ces inégalités en calculant les valeurs successives de $n.n!$ pour les valeurs successives à partir de 1 de l'entier $n$, la fonction $n.n!$ étant croissante et tendant vers $+\infty$ pour $n$

infini; $n$ étant calculé, la seconde inégalité fournit la plus petite valeur de $q$.

Par exemple, soit $p = 5$. Les inégalités sont

$$n.n! > 10^7, \quad 10^q > \frac{(n-2)\,10^7}{9}.$$

La première inégalité est vérifiée pour $n = 10$. La seconde devient alors

$$10^q > \frac{8}{9}\,10^7;$$

elle est vérifiée pour $q = 7$.

On a d'après cela le calcul suivant :

$$1 + \frac{1}{1} + \frac{1}{2!} = 2{,}5000000,$$

$$\frac{1}{3!} = 0{,}1666666,$$

$$\frac{1}{4!} = 0{,}0416666,$$

$$\frac{1}{5!} = 0{,}0083333,$$

$$\frac{1}{6!} = 0{,}0013888,$$

$$\frac{1}{7!} = 0{,}0001984,$$

$$\frac{1}{8!} = 0{,}0000248,$$

$$\frac{1}{9!} = 0{,}0000027,$$

$$\frac{1}{10!} = 0{,}0000002.$$

En ajoutant, on obtient 2,7182814, valeur approchée par défaut de $e$, l'erreur étant plus petite que $\frac{1}{10^6}$. On a la double inégalité

$$2{,}7182814 < e < 2{,}7182824.$$

La valeur approchée par défaut de $e$ à $\frac{1}{10^5}$ près est 2,71828.

**373. Calcul approché de $\pi$.** — L'égalité

$$\frac{\pi}{4} = 1 - \frac{1}{3} + \frac{1}{5} - \frac{1}{7} + \ldots$$

donne un moyen de calculer des valeurs de plus en plus approchées par défaut et par excès de $\frac{\pi}{4}$ et, par suite, de $\pi$. Or, la série placée dans le second membre est alternée; si l'on prend comme valeur approchée de $\frac{\pi}{4}$

$$1-\frac{1}{3}+\frac{1}{5}-\frac{1}{7}+\ldots+\frac{(-1)^{n-1}}{2n-1},$$

tout ce qu'on peut dire de la valeur absolue de l'erreur commise, c'est qu'elle est plus petite que $\frac{1}{2n+1}$. Pour être sûr que l'erreur commise est plus petite en valeur absolue que $\frac{1}{1000}$, par exemple, il est nécessaire de prendre pour $n$ la valeur 500, autrement dit, de calculer les 500 premiers termes de la série. Ce procédé de calcul est impraticable.

En voici un autre. Il repose sur l'égalité

$$\frac{\pi}{4}=4 \operatorname{arc} \operatorname{tg}\frac{1}{5}-\operatorname{arc} \operatorname{tg}\frac{1}{239}$$

que nous allons établir.

Posons à cet effet

$$\alpha=\operatorname{arc} \operatorname{tg}\frac{1}{5};$$

on a

$$\operatorname{tg}\alpha=\frac{1}{5}$$

et, par suite,

$$\operatorname{tg}2\alpha=\frac{2\operatorname{tg}\alpha}{1-\operatorname{tg}^2\alpha}=\frac{\frac{2}{5}}{1-\frac{1}{25}}=\frac{5}{12}.$$

On en déduit

$$\operatorname{tg}4\alpha=\frac{2\operatorname{tg}2\alpha}{1-\operatorname{tg}^2 2\alpha}=\frac{\frac{10}{12}}{1-\frac{25}{144}}=\frac{120}{119}.$$

On voit ainsi que $4\alpha$ est compris entre $\frac{\pi}{4}$ et $\frac{\pi}{2}$. On peut poser

$$\beta=4\alpha-\frac{\pi}{4},$$

$\beta$ étant positif et plus petit que $\frac{\pi}{4}$. On a

$$\operatorname{tg}\beta=\operatorname{tg}\left(4\alpha-\frac{\pi}{4}\right)=\frac{\operatorname{tg}4\alpha-1}{\operatorname{tg}4\alpha+1}=\frac{\frac{120}{119}-1}{\frac{120}{119}+1}=\frac{1}{239}$$

et, par suite,

$$\beta = \operatorname{arc\,tg} \frac{1}{239},$$

d'où résulte l'égalité cherchée.

En se servant du développement en série de $\operatorname{arc\,tg} x$ où l'on fait $x = \frac{1}{5}$ et $x = \frac{1}{239}$, on obtient, d'après cela, l'égalité

$$\frac{\pi}{4} = 4\left(\frac{1}{5} - \frac{1}{3}\frac{1}{5^3} + \frac{1}{5}\frac{1}{5^5} - \frac{1}{7}\frac{1}{5^7} + \frac{1}{9}\frac{1}{5^9} - \dots\right) - \left(\frac{1}{239} - \frac{1}{3}\frac{1}{239^3} + \dots\right)$$

Prenons, comme valeur approchée de $\frac{\pi}{4}$,

$$a = 4\left(\frac{1}{5} - \frac{1}{3}\frac{1}{5^3} + \frac{1}{5}\frac{1}{5^5} - \frac{1}{7}\frac{1}{5^7}\right) - \frac{1}{239}.$$

Cette valeur est par défaut et l'erreur, positive, est plus petite que

$$\theta = 4\,\frac{1}{9}\frac{1}{5^9} + \frac{1}{3}\frac{1}{239^3} = \frac{4.2^9}{9.10^9} + \frac{1}{3.239^3}.$$

On a

$$\frac{4.2^9}{9.10^9} < \frac{228}{10^9}, \qquad \frac{1}{3.239^3} < \frac{1}{3.250^3} < \frac{22}{10^9};$$

donc, on a

$$\theta < \frac{25}{10^8}.$$

Cherchons une valeur approchée par défaut de $a$. On a

$$\frac{1}{5} = 0{,}2, \qquad \frac{1}{5}\frac{1}{5^5} = \frac{1}{5^6} = \frac{2^6}{10^6} = 0{,}000064;$$

remplaçons les nombres

$$-\frac{1}{3}\frac{1}{5^3}, \qquad -\frac{1}{7}\frac{1}{5^7}, \qquad -\frac{1}{239}$$

par leurs valeurs approchées par défaut à $\frac{1}{10^9}$ près; On a ainsi, approximativement,

$$-\frac{1}{3}\frac{1}{5^3} = -0{,}002666667,$$

$$-\frac{1}{7}\frac{1}{5^7} = -0{,}000001829,$$

$$-\frac{1}{239} = -0{,}004184101.$$

On obtient, par suite, comme valeur approchée de $a$ le nombre

0,785397915. Si on prend ce nombre comme valeur approchée par défaut de $\frac{\pi}{4}$, l'erreur commise est plus petite que

$$\frac{250}{10^9}+4\frac{3}{10^9}$$

c'est-à-dire $\frac{262}{10^9}$. En multipliant par 4 le nombre obtenu comme valeur approchée de $\frac{\pi}{4}$, on obtient comme valeur approchée par défaut de $\pi$ le nombre

$$3,14159166 ;$$

l'erreur commise est plus petite que $\frac{262\times 4}{10^9}$, c'est-à-dire $\frac{1\,068}{10^9}$; elle est *a fortiori* plus petite que $\frac{11}{10^7}$. On a, par suite, la double inégalité

$$3,14159166 < \pi < 3,14159276.$$

La valeur approchée par défaut de $\pi$ à $\frac{1}{10^5}$ près est 3,14159.

374. **Calcul approché des logarithmes vulgaires.** — Soit à calculer le logarithme dans le système de base 10 (logarithme vulgaire) d'un nombre positif quelconque A. On peut toujours supposer qu'il s'agisse d'un nombre A vérifiant la double inégalité

$$10^k \leqslant A \leqslant 10^{k+1},$$

$k$ étant un entier positif donné. En effet, tout nombre positif A peut être mis sous la forme $10^\alpha A'$, $\alpha$ étant un entier quelconque, $A'$ vérifiant la double inégalité

$$10^k \leqslant A' \leqslant 10^{k+1};$$

l'égalité

$$\log A = \alpha + \log A'$$

permet de ramener le calcul de $\log A$ à celui de $\log A'$.

Cela posé, formons d'abord la table des logarithmes des nombres entiers successifs, de $10^k$ à $10^{k+1}$, en procédant de proche en proche. De $\log n$, supposé calculé, on déduit $\log(n+1)$ en ajoutant à $\log n$ la *différence tabulaire* $\log(n+1)-\log n$, c'est-à-dire $\log\frac{n+1}{n}$.

Cherchons un nombre $x$ tel que l'on ait

$$\frac{1+x}{1-x}=\frac{n+1}{n};$$

on trouve $x=\frac{1}{2n+1}$, compris entre 0 et 1. M désignant le module absolu du système des logarithmes vulgaires $\left(M=\frac{1}{L10}\right)$, on a

$$\log\frac{n+1}{n}=ML\frac{n+1}{n}=ML\frac{1+\frac{1}{2n+1}}{1-\frac{1}{2n+1}},$$

ou

$$\log\frac{n+1}{n}=2M\left[\frac{1}{2n+1}+\frac{1}{3(2n+1)^3}+\frac{1}{5(2n+1)^5}+\ldots\right].$$

On a $M=\frac{1}{L10}$. Il faut calculer L10. On a

$$L10=L2+L5;$$

mais, on a

$$L2=2\left(\frac{1}{3}+\frac{1}{3.3^3}+\frac{1}{5.3^5}+\ldots\right)$$

et

$$L5=2L2+2\left(\frac{1}{9}+\frac{1}{3.9^3}+\frac{1}{5.9^5}+\ldots\right),$$

d'où

$$L10=6\left(\frac{1}{3}+\frac{1}{3.3^3}+\frac{1}{5.3^5}+\ldots\right)+2\left(\frac{1}{9}+\frac{1}{3.9^3}+\frac{1}{5.9^5}+\ldots\right)\ (^1).$$

Quand on prend pour valeur approchée par défaut de la somme de la série

$$\frac{1}{2n+1}+\frac{1}{3(2n+1)^3}+\frac{1}{5(2n+1)^5}+\ldots$$

la somme des $p$ premiers termes, on commet une erreur plus petite que

$$\frac{1}{(2p+1)(2n+1)^{2p+1}}\left[1+\frac{1}{(2n+1)^2}+\frac{1}{(2n+1)^4}+\ldots\right],$$

c'est-à-dire

$$\frac{1}{4n(n+1)(2p+1)(2n+1)^{2p-1}}.$$

Si $n$ est plus grand que $10^k$, l'erreur est plus petite *a fortiori* que

$$\frac{1}{2^{2p+1}(2p+1)10^{k(2p+1)}}.$$

On saura d'après cela calculer une limite supérieure de la valeur absolue de l'erreur commise quand on remplace les sommes des

(1) On a $M=0,43429448\ldots$.

diverses séries qui entrent dans l'expression de $\log \frac{n+1}{n}$ par les sommes de leurs premiers termes calculés, avec une approximation donnée, jusqu'à un certain rang. On saura aussi calculer le nombre des termes qu'il convient de prendre dans chaque série et déterminer l'approximation avec laquelle il convient de calculer chacun de ces termes pour que la limite supérieure précédente soit plus petite qu'un nombre positif quelconque donné à l'avance.

Dans le calcul de proche en proche de $\log n$ à partir de $\log 10^k$ égal à $k$, les erreurs, positives, commises sur les différences tabulaires successives s'ajoutent. Pour éviter cet inconvénient, on calcule directement les logarithmes de certains entiers, notamment de ceux qui se décomposent en facteurs premiers pris parmi les nombres 2, 3, 5, le logarithme d'un tel nombre se calculant au moyen de $\log 2$, de $\log 3$ et de $\log 5$; on aura à déterminer ces trois logarithmes avec une approximation particulièrement grande, en appliquant du reste le procédé général.

Ayant ainsi établi la table des logarithmes vulgaires des nombres entiers successifs de $10^k$ à $10^{k+1}$, proposons-nous de calculer le logarithme d'un nombre de la forme $n+h$, compris entre deux entiers consécutifs $n$ et $n+1$ dont les logarithmes font partie de la table. Pour cela, nous remplacerons dans l'intervalle $(n, n+1)$ la fonction $\log x$ par la fonction $\log n + (x-n)[\log(n+1) - \log n]$ qui prend les mêmes valeurs que $\log x$ aux extrémités de l'intervalle; géométriquement, cela revient à remplacer l'arc de la courbe représentative de $\log x$ correspondant à l'intervalle $(n, n+1)$ par la corde qui joint les deux extrémités de cet arc. Nous prendrons comme valeur approchée de $\log(n+h)$ la valeur pour $x = n+h$ de la fonction qui remplace $\log x$, soit

$$\log n + h[\log(n+1) - \log n].$$

La courbe représentative de $\log x$ étant concave vers les $y$ négatifs, la valeur approchée de $\log(n+h)$ est approchée par défaut. L'erreur commise est positive et égale à

$$\log(n+h) - \log n - h[\log(n+1) - \log n],$$

c'est-à-dire

$$\log\left(1+\frac{h}{n}\right) - h\log\left(1+\frac{1}{n}\right).$$

En appliquant à $\log(1+x)$ la formule des accroissements finis de 0 à $x$, on a

$$\log(1+x)=\frac{Mx}{1+\theta x}, \qquad (0<\theta<1).$$

On a, par suite,

$$\log\left(1+\frac{h}{n}\right)=\frac{M\frac{h}{n}}{1+\theta_1\frac{h}{n}}=\frac{Mh}{n+\theta_1 h}, \qquad (0<\theta_1<1),$$

$$\log\left(1+\frac{1}{n}\right)=\frac{M}{n+\theta_2}, \qquad (0<\theta_2<1).$$

L'erreur commise est donc égale à

$$Mh\left(\frac{1}{n+\theta_1 h}-\frac{1}{n+\theta_2}\right);$$

elle est positive et plus petite que

$$Mh\left(\frac{1}{n}-\frac{1}{n+1}\right),$$

c'est-à-dire que

$$\frac{Mh}{n(n+1)}.$$

Elle est *a fortiori* plus petite que $\frac{M}{n(n+1)}$. Si $n$ est plus grand que $10^k$, l'erreur est plus petite que $\frac{M}{10^{2k}}$. A cette erreur s'ajoute celle qui est commise sur la valeur approchée elle-même.

## EXERCICES

268. Montrer que la série entière

$$\frac{x}{1}+\frac{2^p x^2}{2!}+\frac{3^p x^3}{3!}+\ldots+\frac{n^p x^n}{n!}+\ldots,$$

où $p$ est un entier positif, est convergente dans l'intervalle $(-\infty, +\infty)$. Calculer la somme de cette série, dans les deux cas suivants :

$$p=2, \qquad p=3.$$

[On mettra $n^2$ sous la forme $n(n-1)+n$ et $n^3$ sous la forme

$$n(n-1)(n-2)+3n(n-1)+n,$$

puis on se servira du développement en série de $e^x$.]

269. On considère la série entière

$$1-3x+5x^2-7x^3+\ldots+(-1)^n(2n+1)x^n+\ldots.$$

Déterminer l'intervalle de convergence et calculer la somme.

[On remarquera que, $a_n$ désignant le coefficient du terme de degré $n$ en $x$, on a

$$a_{n-1}+2a_n+a_{n+1}=0.]$$

270. On considère la série entière

$$(1)\qquad 1+4x+9x^2+\ldots+(n+1)^2x^n+\ldots.$$

1° Déterminer pour quelles valeurs de $x$ elle est convergente.

2° Démontrer qu'un coefficient quelconque s'exprime en fonction linéaire et homogène des trois coefficients qui le précèdent.

3° Calculer la somme des $n$ premiers termes de la série (1), puis la somme de cette série supposée convergente.

4° Établir, à l'aide des paramètres $a_0$, $a_1$, $a_2$, l'expression générale des fonctions développables en série entière de la forme

$$a_0+a_1x+a_2x^2+\ldots+a_nx^n+\ldots$$

telle qu'entre quatre coefficients consécutifs quelconques $a_n$, $a_{n+1}$, $a_{n+2}$, $a_{n+3}$ il existe la même relation linéaire et homogène qu'entre quatre coefficients consécutifs de la série (1). Donner l'expression générale de $a_n$ en fonction de $n$ et de $a_0$, $a_1$, $a_2$ qui restent arbitraires.

5° Démontrer qu'il est possible, étant donnés $a_0$ et $a_1$, de déterminer $a_2$ de façon qu'un coefficient quelconque de la série primitive

$$a_0x+\frac{a_1}{2}x^2+\ldots+\frac{a_n}{n+1}x^{n+1}+\ldots$$

s'exprime en fonction linéaire et homogène des *deux* coefficients qui le précèdent.

271. On considère la suite $u_0$, $u_1$, ..., $u_n$, ..., dans laquelle on a $u_0=1$, $u_1=2$ et, pour toute valeur de $n$ supérieure à 2, $u_n=u_{n-2}+u_{n-1}$; $x$ étant une variable, on forme la série

$$(1)\qquad u_0+u_1x+\ldots+u_nx^n+\ldots.$$

1° Montrer que $u_0+u_1x+\ldots+u_nx^n$ est la partie proprement dite du développement limité à l'ordre $n$ au voisinage de $x=0$ d'une fraction rationnelle en $x$, indépendante de $n$.

2° En se servant de la décomposition de cette fraction rationnelle en fractions simples, démontrer l'égalité

$$u_n=\frac{(1+\sqrt{5})^{n+2}-(1-\sqrt{5})^{n+2}}{2^{n+2}\sqrt{5}}.$$

3° Déterminer l'intervalle de convergence de la série (1), et, à l'intérieur de l'intervalle de convergence, calculer la somme de cette série.

272. Reconnaître la convergence et calculer la somme de la série

$$\frac{1}{1.2.3}+\frac{1}{3.4.5}+\ldots+\frac{1}{(2n-1)2n(2n+1)}+\ldots.$$

[On se servira de la décomposition en fractions simples de la fraction rationnelle $\frac{1}{(2x-1)2x(2x+1)}$ et on introduira la série harmonique alternée dont la somme est L2.]

273. Démontrer que si l'on a $y = [L(1+x)]^2$, on a

$$y''(1+x) + y' = \frac{2}{1+x}.$$

Déduire de là le développement en série entière de la fonction $y$.

274. Montrer que si l'on a $y = (\text{arc tg}\, x)^2$, on a

$$y''(1+x^2) + 2xy' = \frac{2}{1+x^2}.$$

Déduire de là le développement en série entière de la fonction $y$.

275. Montrer que la fonction $y = [\text{arc} \sin x]^2$ est développable en série entière dans l'intervalle $(-\infty, +\infty)$. Vérifier que cette fonction satisfait à la relation

$$(1-x^2)y'' - xy' - 2 = 0.$$

Déduire de là les coefficients du développement en série.

276. Calculer avec 3 décimales exactes la somme de la série convergente

$$1 + \frac{1}{2.2!} + \frac{1}{3.3!} + \dots + \frac{1}{n.n!} + \dots$$

[On procédera comme pour le calcul approché de $e$ effectué dans le texte.]

277. Montrer, en partant de l'égalité

$$\frac{1}{e} = 1 - \frac{1}{1!} + \frac{1}{2!} - \frac{1}{3!} + \dots + \frac{(-1)^n}{n!} + \dots,$$

que $e$ est un nombre irrationnel.

278. Montrer que la partie entière de $n!e$ est de même parité que $n+1$ et que l'excès de $n!e$ sur sa partie entière est une fonction décroissante de $n$ tendant vers 0 quand $n$ tend vers $+\infty$.

Déduire de là que la série ayant pour terme général $\sin(n!e\pi)$ est convergente.

279. Montrer que l'on peut poser une égalité de la forme

$$\frac{n!}{e} = E_n + (-1)^{n+1}\theta_n,$$

$E_n$ étant un entier positif de même parité que $n+1$, $\theta_n$ étant un nombre compris entre 0 et 1, fonction décroissante de $n$ et tendant vers 0 quand $n$ tend vers $+\infty$. Montrer que la partie entière de $\frac{n!}{e}$ est toujours un nombre pair.

Déduire de là que la série ayant pour terme général $\text{tg}\left(\frac{n!\pi}{e}\right)$ est convergente.

280. Montrer que les fonctions $e^x \cos x$ et $e^x \sin x$ sont développables en série entière dans l'intervalle $(-\infty, +\infty)$, et calculer le terme général du développement de chacune de ces fonctions.

[On remarquera que l'on a

$$e^x \cos x + ie^x \sin x = e^{(1+i)x}.]$$

281. Montrer que les fonctions

$$e^{x \cos \theta} \cos(x \sin \theta) \quad \text{et} \quad e^{x \cos \theta} \sin(x \sin \theta)$$

sont développables en série entière dans l'intervalle $(-\infty, +\infty)$ et calculer les développements de ces fonctions.

282. Déterminer les racines réelles ou imaginaires de l'équation

$$\sin^3 x + \cos^3 x = 1.$$

# CHAPITRE XV

# ÉQUATIONS DIFFÉRENTIELLES

## I. — GÉNÉRALITÉS

375. — On appelle *équation différentielle* toute relation entre une variable $x$, une ou plusieurs fonctions $y, z, \ldots$ de $x$ et les dérivées successives de ces fonctions jusqu'à un certain ordre. Nous allons étudier plus particulièrement les équations différentielles entre une variable réelle $x$, une seule fonction $y$ de $x$ et les dérivées successives de $y$ jusqu'à un certain ordre. La variable $x$, la fonction $y$, une ou plusieurs dérivées successives de $y$ peuvent ne pas figurer dans l'équation différentielle; mais il est nécessaire qu'il y figure au moins une des dérivées successives de $y$. L'ordre maximum des dérivées successives de $y$ qui figurent dans l'équation différentielle est dit l'*ordre* de l'équation différentielle. Une équation différentielle d'ordre $n$ peut être mise sous la forme générale

$$f(x, y, y', y'', \ldots, y^{(n)}) = 0.$$

*Intégrer* une équation différentielle dans un intervalle donné $(a, b)$, c'est déterminer les diverses fonctions $y$ de $x$, définies dans l'intervalle et admettant dans cet intervalle des dérivées successives $y', y'', \ldots, y^{(n)}$ telles que la fonction $f(x, y, y', y'', \ldots, y^{(n)})$ composée de $x$, par l'intermédiaire de $x, y, y', y'', \ldots, y^{(n)}$, soit nulle quel que soit $x$ appartenant à l'intervalle $(a, b)$. Une telle fonction $y$ est dite une *intégrale* de l'équation différentielle; la courbe représentative de cette fonction est dite *courbe intégrale*. Dans les cas simples, il est possible de définir $y$ soit explicitement en fonction de $x$ : $y = \varphi(x)$, soit implicitement en fonction de $x$ par une relation de la forme $\psi(x, y) = 0$. Il peut arriver aussi qu'on définisse une courbe intégrale en exprimant les coordonnées $x$ et $y$ d'un point en fonction d'une variable auxiliaire.

376. — Les diverses fonctions $y$ d'une variable $x$ que l'on obtient en remplaçant dans une fonction $\varphi(x, C_1, C_2, \ldots, C_n)$ de $x$ et des variables $C_1, C_2, \ldots, C_n$, définie dans un champ, les variables C par des nombres fixes arbitraires sont, dans l'intervalle de variation relatif à $x$, intégrales d'une équation différentielle d'ordre $n$. En effet, on a, quels que soient $C_1, C_2, \ldots, C_n$, entre $x, y, y', \ldots, y^{(n)}$, les relations

$$
\begin{aligned}
y &= \varphi(x, C_1, C_2, \ldots, C_n), \\
y' &= \varphi'(x, C_1, C_2, \ldots, C_n), \\
&\ldots\ldots\ldots\ldots\ldots \\
y^{(n)} &= \varphi^{(n)}(x, C_1, C_2, \ldots, C_n),
\end{aligned}
$$

les seconds membres étant les dérivées partielles successives de $\varphi$ par rapport à la seule variable $x$. Des $n$ premières relations, on peut tirer, en général, $C_1, C_2, \ldots, C_n$ en fonction de $x, y, y', \ldots, y^{(n-1)}$; en remplaçant dans la $(n+1)^{\text{ième}}$ relation $C_1, C_2, \ldots, C_n$ par les fonctions ainsi obtenues de $x, y, y', \ldots, y^{(n-1)}$, on obtient une relation entre $x, y, y', \ldots, y^{(n-1)}, y^{(n)}$, dans laquelle figure $y^{(n)}$. Cette équation différentielle d'ordre $n$ est vérifiée, quel que soit $x$, par l'une quelconque des fonctions

$$y = \varphi(x, C_1, C_2, \ldots, C_n)$$

de la variable $x$.

Réciproquement, dans des cas importants, une équation différentielle d'ordre $n$ admet, dans un intervalle, une infinité d'intégrales dépendant de $n$ constantes arbitraires. D'une manière plus précise, dans ces cas, une équation différentielle d'ordre $n$ admet, dans un intervalle, une intégrale $y$ et une seule ayant une infinité de dérivées successives, telle, en outre, qu'elle-même et ses $n-1$ premières dérivées, pour une valeur donnée $x_0$ de la variable dans l'intervalle considéré, prennent respectivement $n$ valeurs données $y_0, y_0', y_0'', \ldots, y_0^{(n-1)}$.

Un procédé général pour démontrer l'existence de cette intégrale et pour la calculer est le suivant :

Soit une équation différentielle d'ordre $n$ et supposons qu'on puisse la mettre sous la forme

$$y^{(n)} = f(x, y, y', \ldots, y^{(n-1)}), \tag{1}$$

$f$ étant une fonction qui admet des dérivées partielles de tous les ordres. Une intégrale quelconque de cette équation vérifie aussi l'équation différentielle d'ordre $n+1$ que l'on obtient en dérivant par rapport à $x$ les deux membres de l'équation considérée, soit

$$(2) \quad y^{(n+1)} = \frac{\partial f}{\partial x} + \frac{\partial f}{\partial y} y' + \frac{\partial f}{\partial y'} y'' + \ldots + \frac{\partial f}{\partial y^{(n-1)}} y^{(n)} = f_1(x, y, \ldots, y^{(n)}).$$

Elle vérifie aussi l'équation différentielle d'ordre $n+2$ que l'on obtient en dérivant par rapport à $x$ les deux membres de cette nouvelle équation, soit

$$(3) \quad y^{(n+2)} = \frac{\partial f_1}{\partial x} + \frac{\partial f_1}{\partial y} y' + \frac{\partial f_1}{\partial y'} y'' + \ldots + \frac{\partial f_1}{\partial y^{(n)}} y^{(n+1)} = f_2(x, y, \ldots, y^{(n+1)});$$

et ainsi de suite.

Si l'on donne, pour $x = x_0$, les valeurs $y_0, y'_0, \ldots, y_0^{(n-1)}$ de $y, y', \ldots, y^{(n-1)}$, l'équation (1) permet de calculer la valeur $y_0^{(n)}$ de $y^{(n)}$ :

$$y_0^{(n)} = f(x_0, y_0, y'_0, \ldots, y_0^{(n-1)});$$

l'équation (2) permet de calculer la valeur $y_0^{(n+1)}$ de $y^{(n+1)}$ :

$$y_0^{(n+1)} = f_1(x_0, y_0, y'_0, \ldots, y_0^{(n)});$$

l'équation (3) permet de calculer la valeur $y_0^{(n+2)}$ de $y^{(n+2)}$ pour $x = x_0$ et ainsi de suite, de proche en proche, indéfiniment.

Si la fonction $y$ est développable en série procédant suivant les puissances croissantes entières et positives de $x - x_0$, le développement en série ne peut être que

$$y_0 + y'_0(x - x_0) + \frac{y''_0(x - x_0)^2}{2!} + \ldots + \frac{y_0^{(p)}(x - x_0)^p}{p!} + \ldots;$$

il s'agit alors de déterminer l'intervalle à l'intérieur duquel $x$ doit varier pour que cette série soit convergente et, lorsque $x$ varie dans cet intervalle, de démontrer que la somme de cette série est intégrale de l'équation (1).

Pour former la série précédente, on peut aussi partir d'une série entière en $x - x_0$ :

$$a_0 + a_1(x - x_0) + \ldots + a_p(x - x_0)^p + \ldots,$$

à coefficients indéterminés, remplacer dans les deux membres de l'équation (1) $y, y', \ldots, y^{(n)}$ respectivement par cette série et ses $n$ séries dérivées successives, puis écrire que les deux développements ainsi obtenus en série entière en $x - x_0$ sont identiques. On obtient ainsi des relations entre les coefficients $a_0, a_1, \ldots,$ qui permettent, en général, de calculer $a_n, a_{n+1}, \ldots$ en fonction de $a_0, a_1, \ldots, a_{n-1}$.

Nous avons déjà employé ce procédé pour déterminer les développements en série des fonctions $e^x$ et $(1+x)^\alpha$ (ch. XIV, §§ 364 et 367).

On appelle *intégrale générale* d'une équation différentielle d'ordre $n$ une fonction $y = \varphi(x, C_1, C_2, \ldots, C_n)$ de la variable $x$, dépendant de $n$ constantes arbitraires $C_1, C_2, \ldots, C_n$, qui vérifie l'équation différentielle, quelles que soient les valeurs des constantes. Il est possible de disposer de ces constantes de façon que la fonction $\varphi$ et ses $n-1$ premières dérivées prennent les valeurs données $y_0, y'_0, \ldots, y_0^{(n-1)}$ pour la valeur donnée $x_0$ de $x$. Les valeurs des constantes forment une solution des $n$ équations aux $n$ inconnues $C_1, C_2, \ldots, C_n$

$$\begin{aligned} y_0 &= \varphi(x_0, C_1, C_2, \ldots, C_n), \\ y'_0 &= \varphi'(x_0, C_1, C_2, \ldots, C_n), \\ &\cdots\cdots\cdots \\ y_0^{(n-1)} &= \varphi^{(n)}(x_0, C_1, C_2, \ldots, C_n). \end{aligned}$$

On appelle *intégrale particulière* de l'équation différentielle une fonction que l'on obtient en remplaçant dans l'intégrale générale les constantes arbitraires $C_1, C_2, \ldots, C_n$ par des nombres donnés.

Il peut arriver que l'équation différentielle admette une intégrale qu'on ne peut définir comme une intégrale particulière. Une telle intégrale est dite *singulière*.

Nous allons étudier plusieurs cas simples, d'une application étendue, dans lesquels il est possible de ramener la détermination de l'intégrale générale au calcul de plusieurs primitives de fonctions de $x$; lorsqu'il en est ainsi, on dit que l'équation différentielle *se ramène aux quadratures*. (On appelle *quadrature* l'opération qui fait passer d'une fonction de $x$ à ses primitives.)

## II. — ÉQUATIONS DIFFÉRENTIELLES DU PREMIER ORDRE

**377. L'équation est de la forme $P(x, y)dx + Q(x, y)dy = 0$.** — Soit une équation différentielle du premier ordre de la forme

$$P(x, y) + y' Q(x, y) = 0,$$

qui peut encore s'écrire, si l'on y remplace $y'$ par $\dfrac{dy}{dx}$,

$$P(x, y)dx + Q(x, y)dy = 0.$$

1° Supposons que $P(x, y)$ et $Q(x, y)$ soient respectivement les dérivées partielles par rapport à $x$ et par rapport à $y$ d'une même fonction $F(x, y)$. Nous allons démontrer que l'équation de la courbe intégrale générale est $F(x, y) = C$, C étant une constante arbitraire. En effet, étant donnée la fonction $F(x, y)$ des deux variables $x$ et $y$, regardons-y $y$ comme une fonction de $x$; $F(x, y)$ devient ainsi une fonction composée de $x$, par l'intermédiaire de $x$ et de $y$; cette fonction composée admet une dérivée égale à $\frac{\partial F}{\partial x} + y' \frac{\partial F}{\partial y}$, c'est-à-dire, d'après les hypothèses, à $P(x, y) + y' Q(x, y)$. Dire que $y$ est une intégrale de l'équation différentielle donnée, c'est dire que $y$ est une fonction de $x$ telle que la fonction composée $F(x, y)$ de $x$ ait une dérivée nulle; c'est donc dire que $y$ est une fonction de $x$ telle que la fonction composée $F(x, y)$ de $x$ ait une valeur constante C. On voit bien ainsi que pour que $y$ soit une intégrale, il faut et il suffit que $y$ soit défini en fonction de $x$ par une équation de la forme $F(x, y) = C$, C étant une constante arbitraire, qui est l'équation de la courbe intégrale générale. Il existe une courbe intégrale passant par un point $(x_0, y_0)$ du plan; elle a pour équation $F(x, y) - F(x_0, y_0) = 0$.

Si on regarde $x$ et $y$ comme des variables indépendantes, le premier membre de l'équation différentielle

$$P(x, y)dx + Q(x, y)dy = 0$$

est la différentielle totale de $F(x, y)$; on dit qu'il est une *différentielle exacte.*

En général, une expression de la forme $P(x, y)dx + Q(x, y)dy$ n'est pas une différentielle exacte. S'il existe une fonction $F(x, y)$ telle que l'on ait

$$\frac{\partial F}{\partial x} = P, \quad \frac{\partial F}{\partial y} = Q,$$

on a aussi

$$\frac{\partial^2 F}{\partial x \partial y} = \frac{\partial P}{\partial y}, \quad \frac{\partial^2 F}{\partial y \partial x} = \frac{\partial Q}{\partial x};$$

par suite, pour que $Pdx + Qdy$ soit une différentielle exacte, il est nécessaire que l'on ait

$$\frac{\partial P}{\partial y} = \frac{\partial Q}{\partial x}.$$

Nous allons montrer comment, *pratiquement*, on peut reconnaîtr que cette condition est suffisante et déterminer $F(x, y)$, quand cette condition est vérifiée.

Supposons qu'on ait, quels que soient $x$ et $y$, $\frac{\partial P}{\partial y}=\frac{\partial Q}{\partial x}$, et soit à déterminer une fonction $F(x, y)$ telle que l'on ait

$$\frac{\partial F}{\partial x}=P(x, y), \quad \frac{\partial F}{\partial x}=Q(x, y).$$

La fonction P étant supposée continue, on peut définir, quel que soit $y$, $\int_{x_0}^{x} P(x, y)\,dx$, $x_0$ étant un nombre fixe choisi arbitrairement et $x$ étant un nombre variable; cette intégrale définie, qui dépend à la fois de $x$ et de $y$, est une fonction de $x$ et de $y$, soit $U(x, y)$. Cette fonction a une dérivée partielle par rapport à $x$, qui est $P(x, y)$. Admettons qu'elle ait une dérivée partielle par rapport à $y$. (De fait, on peut établir l'existence d'une telle dérivée; dans la pratique, il suffit de reconnaître cette existence pour chaque cas particulier.) Posons alors

$$F(x, y)=U(x, y)+\varphi(x, y).$$

Pour déterminer F, il suffit de déterminer $\varphi$. On a

$$\frac{\partial F}{\partial x}=\frac{\partial U}{\partial x}+\frac{\partial \varphi}{\partial x}=P, \quad \frac{\partial F}{\partial y}=\frac{\partial U}{\partial y}+\frac{\partial \varphi}{\partial y}=Q,$$

c'est-à-dire

$$\frac{\partial \varphi}{\partial x}=0, \quad \frac{\partial \varphi}{\partial y}=Q-\frac{\partial U}{\partial y}.$$

Dire que $\frac{\partial \varphi}{\partial x}$ est nul quels que soient $x$ et $y$, c'est dire que, quelle que soit la valeur $y_0$ attribuée à $y$, $\varphi(x, y_0)$ a une valeur indépendante de $x$, qui ne peut dépendre que de $y_0$; c'est donc dire que $\varphi(x, y)$ est fonction de la seule variable $y$; on posera $\varphi(x, y)=\theta(y)$, et pour déterminer $\theta(y)$, on aura la relation

$$\frac{d\theta}{dy}=Q-\frac{\partial U}{\partial y}.$$

La fraction $Q-\frac{\partial U}{\partial y}$ ne dépend pas de la variable $x$ : en raisonnant comme nous venons de le faire, nous n'avons qu'à montrer que la dérivée partielle par rapport à $y$ est nulle quels que soient $x$ et $y$. Cette dérivée est égale à

$$\frac{\partial Q}{\partial x}-\frac{\partial^2 U}{\partial x \partial y};$$

puisque l'on a $\frac{\partial U}{\partial x} = P$, on a $\frac{\partial^2 U}{\partial x \partial y} = \frac{\partial P}{\partial y}$; la dérivée précédente est donc égale à

$$\frac{\partial Q}{\partial x} - \frac{\partial P}{\partial y},$$

c'est-à-dire à 0, par hypothèse. On peut donc poser

$$Q - \frac{\partial U}{\partial y} = \psi(y),$$

$\psi(y)$ étant une fonction calculée au moyen des données. On voit alors qu'il existe une infinité de fonctions $\theta(y)$, de la forme $\int_{y_0}^{y} \psi(y)dy + C$, $y_0$ étant un nombre fixe arbitrairement choisi et C étant une constante arbitraire. Il existe, par suite, une infinité de fonctions $F(x, y)$, de la forme

$$U(x, y) + \int_{y_0}^{y} \left(Q - \frac{\partial U}{\partial y}\right) dy + C;$$

elles se déduisent toutes de l'une quelconque d'entre elles par addition d'une constante arbitraire.

Ainsi, nous avons pu reconnaître l'existence d'une fonction $F(x, y)$ et en même temps calculer toutes les fonctions $F(x, y)$.

2° Si $Pdx + Qdy$ n'est pas une différentielle exacte, on est conduit à chercher s'il est possible de déterminer une fonction $\lambda(x, y)$ telle que $\lambda Pdx + \lambda Qdy$ soit une différentielle exacte. D'après ce qui précède, pour qu'il en soit ainsi, il faut et il suffit que l'on ait

$$\frac{\partial(\lambda P)}{\partial y} = \frac{\partial(\lambda Q)}{\partial x},$$

c'est-à-dire

$$P\frac{\partial \lambda}{\partial y} - Q\frac{\partial \lambda}{\partial x} + \lambda\left(\frac{\partial P}{\partial y} - \frac{\partial Q}{\partial x}\right) = 0.$$

Si l'on sait déterminer une fonction $\lambda$ vérifiant cette condition, l'équation différentielle donnée se ramène aux quadratures.

*Applications.* — 1° Soit l'équation $y + xy' = 0$, qui s'écrit aussi $ydx + xdy = 0$. On voit immédiatement que $y$ et $x$ sont respectivement les dérivées partielles de $xy$ par rapport à $x$ et par rapport à $y$. L'intégrale générale est définie par l'équation $xy = C$, C étant une constante arbitraire.

2° Soit l'équation

$$(2xy + y^2)dx + (2xy + x^2)dy = 0.$$

Si l'on pose

$$P = 2xy + y^2, \quad Q = 2xy + x^2,$$

on voit que l'on a

$$\frac{\partial P}{\partial y} = \frac{\partial Q}{\partial x} = 2(x+y).$$

On est ainsi conduit à chercher une fonction $F(x, y)$ telle que l'on ait

$$\frac{\partial F}{\partial x} = 2xy + y^2, \qquad \frac{\partial F}{\partial y} = 2xy + x^2.$$

De la première équation, on déduit

$$F = x^2y + y^2x + \theta(y)$$

et, en se servant de la seconde équation, on trouve

$$2xy + x^2 + \theta'(y) = 2xy + x^2,$$

c'est-à-dire $\theta'(y) = 0$, $\theta(y) = C$, C étant une constante arbitraire. Ainsi, on a

$$F = xy(x^2 + y^2) + C.$$

Par suite, l'intégrale générale de l'équation différentielle est définie par l'équation

$$xy(x^2 + y^2) = C,$$

C étant une constante arbitraire.

3° Soit l'équation $xdy - ydx = 0$. Si on l'écrit sous la forme

$$\frac{xdy - ydx}{x^2} = 0,$$

on voit que le premier membre est la différentielle totale de $\frac{y}{x}$. Il en résulte que l'intégrale générale est définie par l'équation $\frac{y}{x} = C$, ou $y = Cx$, C étant une constante arbitraire. Les courbes intégrales sont les diverses droites qui passent par l'origine.

Séparation des variables. — On dit qu'une équation différentielle du premier ordre est *à variables séparées* lorsqu'elle est de la forme

$$\varphi(x) + y'\psi(y) = 0$$

ou

$$\varphi(x)\,dx + \psi(y)\,dy = 0.$$

Si $\Phi(x)$ et $\Psi(y)$ sont respectivement des primitives de $\varphi(x)$ et de $\psi(y)$, on voit que le premier membre est la différentielle totale de la fonction $\Phi(x) + \Psi(y)$. L'intégrale générale est donc définie par l'équation

$$\Phi(x) + \Psi(y) = C,$$

C étant une constante arbitraire. La courbe intégrale qui passe par le point $(x_0, y_0)$ a pour équation

$$\int_{x_0}^{x} \varphi(x)\,dx + \int_{y_0}^{y} \psi(y)\,dy = 0.$$

*Applications.* — 1° Soit l'équation $x + yy' = 0$, qui s'écrit $xdx + ydy = 0$. Les variables sont séparées; l'intégrale générale est définie par l'équation $x^2 + y^2 = C$, C étant une constante arbitraire.

2° Soit l'équation $xdy - ydx = 0$, qui s'écrit $\frac{dx}{x} - \frac{dy}{y} = 0$. Les variables sont séparées. L'intégrale générale est donnée par l'équation $L|x| - L|y| = C$, C étant une constante. Cette équation est équivalente à $\frac{y}{x} = C'$, C' étant une constante arbitraire.

378. **L'équation est de la forme $f(x, y') = 0$.** — 1° Supposons qu'on puisse résoudre l'équation par rapport à $y'$, autrement dit, qu'on puisse la mettre sous la forme

$$y' = \varphi(x) \quad \text{ou} \quad dy = \varphi(x)\, dx.$$

Cette équation est à variables séparées, et son intégrale générale est

$$y = \int \varphi(x)\, dx + C.$$

Les courbes intégrales se déduisent de l'une quelconque d'entre elles par toutes les translations parallèles à l'axe des $y$. Réciproquement, les courbes qui se déduisent de la courbe $y = \psi(x)$ par toutes les translations parallèles à l'axe des $y$ ont une équation générale de la forme $y = \psi(x) + C$, C étant une constante arbitraire; ce sont les courbes intégrales de l'équation $y' = \psi'(x)$, dans laquelle ne figure pas $y$.

2° Plus généralement, supposons qu'on sache exprimer simultanément les variables $x$ et $y'$ liées par la relation $f(x, y') = 0$ en fonction d'une variable auxiliaire $t$ :

$$x = \varphi(t), \quad y' = \psi(t).$$

C'est le cas qui se présente quand, les variables $x$ et $y'$ étant regardées pour un instant comme les coordonnées d'un point, la courbe définie par l'équation $f(x, y') = 0$ est unicursale; il est alors possible d'exprimer simultanément $x$ et $y'$ en fonction rationnelle d'une variable auxiliaire $t$.

Pour déterminer les courbes intégrales, comme l'abscisse $x$ d'un point d'une telle courbe est exprimée en fonction de $t$, il suffit d'exprimer l'ordonnée $y$ de ce point en fonction de $t$. On a $dy = \psi(t)\, dx$. Mais, on a $dx = \varphi'(t)\, dt$. Par conséquent, on a

$$dy = \psi(t)\, \varphi'(t)\, dt,$$

d'où

$$x = \varphi(t), \quad y = \int \psi(t)\,\varphi'(t)\,dt + C.$$

Une courbe intégrale est définie par ces deux équations où entre une constante arbitraire C. Ces équations montrent que les courbes intégrales se déduisent de l'une d'entre elles par toutes les translations parallèles à l'axe des $y$.

Un cas particulier remarquable est celui dans lequel on peut résoudre l'équation $f(x, y') = 0$ par rapport à $x$, de façon qu'on puisse mettre l'équation sous la forme $x = \varphi(y')$. Alors, si on pose $y' = t$, $x$ et $y'$ sont exprimés simultanément en fonction de $t$.

**379. L'équation est de la forme** $f(y, y') = 0$. — Ce cas se ramène au précédent, si l'on permute les rôles des variables simultanées $x$ et $y$.

1° Supposons qu'on puisse résoudre l'équation par rapport à $y'$, autrement dit, la mettre sous la forme

$$y' = \varphi(y) \quad \text{ou} \quad \frac{dy}{\varphi(y)} = dx.$$

Cette équation est à variables séparées, et son intégrale générale est définie par l'équation

$$x = \int \frac{dy}{\varphi(y)} + C.$$

Les courbes intégrales se déduisent de l'une quelconque d'entre elles par toutes les translations parallèles à l'axe des $x$. Réciproquement, les courbes qui se déduisent de la courbe $x = \psi(y)$ par toutes les translations parallèles à l'axe des $x$ ont pour équation générale $x = \psi(y) + C$, C étant une constante arbitraire; ce sont les courbes intégrales de l'équation $1 = \psi'(y).y'$, dans laquelle ne figure pas $x$.

2° Plus généralement, supposons qu'on sache exprimer les variables $y$ et $y'$ simultanément en fonction d'une variable auxiliaire $t$ :

$$y = \varphi(t), \quad y' = \psi(t).$$

C'est ce qui se présente notamment quand, $y$ et $y'$ étant regardés pour un instant comme les coordonnées d'un point, la courbe définie par l'équation $f(y, y') = 0$ est unicursale; alors, on pourra exprimer $y$ et $y'$ simultanément en fonction rationnelle d'une variable auxiliaire $t$.

Pour déterminer les courbes intégrales, comme l'ordonnée $y$ d'un point courant est exprimée en fonction de $t$, il suffit d'exprimer en fonction de $t$ son abscisse $x$. On a $dy = \psi(t)dx$. Mais, on a $dy = \varphi'(t)dt$. Par suite, on a

$$dx = \frac{\varphi'(t)}{\psi(t)}\,dt,$$

d'où

$$x = \int \frac{\varphi'(t)}{\psi(t)}dt + C, \qquad y = \varphi(t).$$

Une courbe intégrale est définie par ces deux équations où entre une constante arbitraire C. Ces équations montrent que les courbes intégrales se déduisent de l'une d'entre elles par toutes les translations parallèles à l'axe des $x$.

Un cas particulier remarquable est celui dans lequel on peut résoudre l'équation $f(y, y') = 0$ par rapport à $y'$, de façon à la mettre sous la forme $y = \varphi(y')$. Alors, $y$ et $y'$ sont exprimés simultanément en fonction de $y'$.

380. **Équations homogènes.** — On dit qu'une équation différentielle du premier ordre est *homogène* si elle est de la forme

$$f\left(\frac{y}{x}, y'\right) = 0.$$

1° Supposons qu'on puisse résoudre l'équation par rapport à $y'$, autrement dit, la mettre sous la forme

$$y' = \varphi\left(\frac{y}{x}\right) \quad \text{ou} \quad dy = \varphi\left(\frac{y}{x}\right)dx.$$

Posons $\frac{y}{x} = t$, ou $y = tx$. On a

$$dy = tdx + xdt \quad \text{et} \quad dy = \varphi(t)\,dx,$$

d'où, en éliminant $dy$,

$$tdx + xdt = \varphi(t)\,dx,$$

c'est-à-dire

$$[\varphi(t) - t]\,dx = x\,dt \quad \text{ou} \quad \frac{dx}{x} = \frac{dt}{\varphi(t) - t},$$

$\varphi(t)$ étant supposé non identique à $t$. L'équation est à variables séparées. Son intégrale générale est définie par l'équation

$$\mathrm{L}\frac{x}{\mathrm{C}} = \int \frac{dt}{\varphi(t) - t} = \mathrm{H}(t),$$

d'où

$$x = \mathrm{C}e^{\mathrm{H}(t)}, \qquad y = \mathrm{C}t\,e^{\mathrm{H}(t)},$$

C étant une constante arbitraire. Ce sont les expressions d'un point d'une courbe intégrale en fonction du paramètre $t$.

Les courbes intégrales se déduisent de l'une d'entre elles par toutes les homothéties ayant pour centre l'origine des coordonnées. Réciproquement, l'équation d'une courbe donnée pouvant toujours se mettre sous la forme $x = \psi\left(\frac{y}{x}\right)$, les courbes qui s'en déduisent par toutes les homothéties ayant pour centre l'origine des coordonnées ont une équation générale de la forme $Cx = \psi\left(\frac{y}{x}\right)$, C étant une constante arbitraire. En éliminant C entre cette équation et l'équation qu'on obtient en dérivant les deux membres de cette équation par rapport à $x$,

$$C = \psi'\left(\frac{y}{x}\right)\left(\frac{y'}{x} - \frac{y}{x^2}\right),$$

on obtient l'équation différentielle

$$\psi\left(\frac{y}{x}\right) = \psi'\left(\frac{y}{x}\right)\left(y' - \frac{y}{x}\right),$$

qui est homogène et qui admet les courbes considérées comme courbes intégrales.

2° Plus généralement, supposons qu'on sache exprimer $\frac{y}{x}$ et $y'$ simultanément en fonction d'une variable auxiliaire $t$ :

$$\frac{y}{x} = \varphi(t), \quad y' = \psi(t).$$

C'est ce qui arrive notamment quand, $\frac{y}{x}$ et $y'$ étant regardés pour un instant comme les coordonnées d'un point, la courbe définie par l'équation $f\left(\frac{y}{x}, y'\right) = 0$ est unicursale ; alors, on pourra exprimer $\frac{y}{x}$ et $y'$ simultanément en fonction rationnelle d'une variable auxiliaire $t$.

On a

$$y = x\varphi(t),$$

d'où

$$dy = dx\,\varphi(t) + x\varphi'(t)\,dt,$$

et, comme on a

$$dy = \psi(t)\,dx,$$

on en déduit

$$dx\,\varphi(t) + x\varphi'(t)\,dt = \psi(t)\,dx,$$

d'où, en supposant $\psi(t)$ non identique à $\varphi(t)$,

$$\frac{dx}{x} = \frac{\varphi'(t)\,dt}{\psi(t) - \varphi(t)}.$$

L'équation est à variables séparées. Son intégrale générale est définie par l'équation

$$L\frac{x}{C}=\int\frac{\varphi'(t)\,dt}{\psi(t)-\varphi(t)}=H(t),$$

C étant une constante arbitraire, d'où

$$x=Ce^{H(t)},\quad y=C\varphi(t)e^{H(t)};$$

ce sont les équations paramétriques des courbes intégrales.

*Remarque.* — Ce qui précède s'applique à toute équation homogène autre que l'équation $y'=\frac{y}{x}$, déjà intégrée (§ 377), qui est un cas particulier de l'équation de Clairaut, étudiée plus loin (§ 383).

**381. Équations linéaires.** — On dit qu'une équation différentielle du premier ordre est *linéaire* lorsqu'elle est de la forme

$$y'+Py=Q,$$

P et Q étant deux fonctions de $x$.

Nous supposerons que P et Q sont définies et continues dans l'intervalle (A, B) et nous nous proposons d'intégrer l'équation différentielle dans cet intervalle.

Quand Q est nul quel que soit $x$, l'équation est dite *sans second membre*; quand Q n'est pas nul, l'équation est dite *avec second membre*.

1° *L'ÉQUATION EST SANS SECOND MEMBRE.* — Soit l'équation

$$y'+Py=0.$$

Soit $\int P\,dx$ une primitive de P, définie, comme P, dans l'intervalle (A, B). L'équation donnée peut s'écrire

$$y'e^{\int P\,dx}+Py\,e^{\int P\,dx}=0.$$

Or, le premier membre de cette équation est la dérivée de $ye^{\int P\,dx}$. On voit donc que pour que $y$ soit une intégrale, il faut et il suffit que l'on ait

$$ye^{\int P\,dx}=C,$$

c'est-à-dire

$$y=Ce^{-\int P\,dx},$$

C étant une constante arbitraire.

Si C n'est pas nul, $y$ n'est nul pour aucune valeur de $x$ appartenant à l'intervalle (A, B). Si C est nul, $y$ est nul quel que soit $x$. Si $u$ est une intégrale particulière non nulle, correspondant à la valeur $C_0$ non nulle de C, on a

$$u = C_0 e^{-\int P dx};$$

par suite, pour une intégrale quelconque $y$, on a

$$y = \frac{C}{C_0} u = C' u,$$

C' étant, comme C, une constante arbitraire.

On peut intégrer l'équation de la manière suivante. Elle s'écrit

$$dy + Py\, dx = 0,$$

c'est-à-dire, $y$ étant supposé non nul,

$$\frac{dy}{y} + P dx = 0.$$

Cette équation est à variables séparées. L'intégrale générale est donc définie par l'équation

$$L\frac{y}{C} + \int P dx = 0,$$

C étant une constante arbitraire, $\int P dx$ étant une primitive déterminée de P. On en déduit

$$y = Ce^{-\int P dx}.$$

Il faut retenir cette méthode comme procédé pratique; au point de vue théorique, elle présente ce défaut de supposer que $y$ n'est pas nul dans l'intervalle (A, B), ce qui a été démontré, pour toute intégrale autre que 0, dans la première méthode d'intégration.

2° *L'ÉQUATION EST AVEC SECOND MEMBRE.* — Soit l'équation

$$y' + Py = Q,$$

Q étant non nul pour tout nombre $x$ de l'intervalle (A, B).

Considérons une intégrale $u$, autre que 0, de l'équation sans second membre $y' + Py = 0$, que l'on a ramenée à une quadrature. Posons $y = uY$. Pour déterminer les fonctions $y$, il suffit de déterminer les fonctions Y. On a

$$y = uY, \qquad y' = uY' + u'Y.$$

En portant ces expressions de $y$ et de $y'$ dans l'équation différentielle, on obtient

$$uY' + u'Y + PuY = Q,$$

c'est-à-dire

$$uY' + Y(u' + Pu) = Q,$$

c'est-à-dire enfin, puisque $u$ est intégrale de l'équation sans second membre,

$$uY' = Q.$$

On en déduit

$$Y' = \frac{Q}{u},$$

d'où

$$Y = \int \frac{Q}{u} dx + C,$$

C étant une constante arbitraire.

L'intégrale générale de l'équation différentielle avec second membre Q est donc

$$y = u \int \frac{Q}{u} dx + Cu.$$

Par chaque point du plan, il passe une courbe intégrale.

L'équation linéaire générale peut donc être ramenée à deux quadratures.

Théorème. — *Si l'on a déterminé une intégrale particulière de l'équation linéaire avec second membre, on obtient l'intégrale générale, par une seule quadrature, en ajoutant à cette intégrale particulière l'intégrale générale de l'équation obtenue en remplaçant le second membre par* 0.

Soit en effet $y_0$ une intégrale particulière de l'équation

$$y' + Py = Q;$$

on a

$$y'_0 + Py_0 = Q.$$

Posons $y = y_0 + z$. Pour déterminer les diverses fonctions $y$ intégrales de l'équation, il suffit de déterminer les fonctions $z$ correspondantes. On a

$$y = y_0 + z, \quad y' = y'_0 + z'.$$

En portant ces expressions de $y$ et de $y'$ dans l'équation différentielle, on obtient

$$y'_0 + z' + P(y_0 + z) = Q,$$

c'est-à-dire

$$(y'_0 + Py_0) + (z' + Pz) = Q,$$

c'est-à-dire encore

$$z' + Pz = 0.$$

Aux notations près, cette équation est l'équation différentielle déduite de l'équation donnée quand on y remplace le second membre par 0. Le théorème est établi.

THÉORÈME. — *Si l'on a déterminé deux intégrales particulières de l'équation linéaire avec second membre, on peut former sans quadrature l'intégrale générale de cette équation.*

Soient $y_0$ et $y_1$ ces deux intégrales particulières. On a

$$y_0' + Py_0 = Q,$$
$$y_1' + Py_1 = Q,$$

d'où, par soustraction membre à membre,

$$(y_0' - y_1') + P(y_0 - y_1) = 0.$$

Cette relation exprime que $y_0 - y_1$ est intégrale non nulle de l'équation sans second membre $y' + Py = 0$. L'intégrale générale de cette équation est donc $C(y_0 - y_1)$, C étant une constante arbitraire, et, d'après le théorème précédent, l'intégrale générale de l'équation avec second membre est

$$y_0 + C(y_0 - y_1).$$

THÉORÈME. — *Les diverses fonctions de la forme $u + Cv$, $u$ et $v$ étant deux fonctions de $x$ et C étant une constante arbitraire, sont intégrales d'une équation linéaire du premier ordre.*

En effet, on a

$$y = u + Cv, \quad y' = u' + Cv',$$

d'où, en éliminant la constante C,

$$vy' - v'y = vu' - v'u,$$

équation linéaire.

*Application.* — Soit l'équation $xy' - y = \dfrac{x}{x^2+1}$.

L'équation sans second membre s'écrit

$$\frac{dy}{y} = \frac{dx}{x};$$

l'intégrale générale de cette équation est définie par la relation

$$L\frac{y}{C} = L|x|,$$

C étant une constante, d'où l'on déduit $y = Cx$. Une intégrale particulière est $x$.

Posons alors $y = xY$. On en déduit

$$y' = xY' + \ldots;$$

(il est inutile d'écrire le terme qui contient Y en facteur, les termes en Y se réduisant à 0 dans l'équation en Y). Portons $y$ et $y'$ dans l'équation différentielle donnée. Il vient

$$x^2 Y' = \frac{x}{x^2+1},$$

c'est-à-dire

$$Y' = \frac{1}{x(x^2+1)}.$$

On en déduit

$$Y = \int \frac{dx}{x(x^2+1)}.$$

Décomposons la fraction rationnelle $\frac{1}{x(x^2+1)}$ en fractions simples. On a

$$\frac{1}{x(x^2+1)} = \frac{1}{x} - \frac{x}{x^2+1},$$

par suite,

$$\int \frac{dx}{x(x^2+1)} = \mathrm{L}\frac{Cx}{\sqrt{x^2+1}},$$

C étant une constante arbitraire.

L'intégrale générale de l'équation linéaire donnée est donc

$$y = x\mathrm{L}\frac{Cx}{\sqrt{x^2+1}}.$$

382. **Équation de Bernoulli.** — Cette équation est de la forme

$$y' + Py + Qy^\alpha = 0,$$

$\alpha$ étant un nombre fixe différent de 1, P et Q étant deux fonctions de $x$.

Elle s'écrit

$$y'y^{-\alpha} + Py^{-\alpha+1} + Q = 0.$$

Posons $z = y^{-\alpha+1}$; on en déduit $z' = (-\alpha+1)y^{-\alpha}y'$, d'où

$$y'y^{-\alpha} = \frac{z'}{-\alpha+1}.$$

L'équation donnée devient

$$\frac{z'}{-\alpha+1} + Pz + Q = 0,$$

équation linéaire. D'une intégrale $z$ de cette équation, on déduit une intégrale $y$ de l'équation donnée, égale à $z^{\frac{1}{-\alpha+1}}$.

383. **Équation de Clairaut.** — Cette équation est de la forme

$$y - xy' = \varphi(y').$$

Pour l'intégrer, posons $y' = t$, d'où $dy = t\,dx$. L'équation de Clairaut devient alors

$$y = tx + \varphi(t),$$

d'où

$$dy = t\,dx + x\,dt + \varphi'(t)dt.$$

En éliminant $dy$ entre cette équation et l'équation $dy = t\,dx$, on obtient

$$0 = [x + \varphi'(t)]dt.$$

Deux cas sont à distinguer.

1° $dt = 0$, d'où $t = C$, C étant une constante arbitraire, d'où

$$y = Cx + \varphi(C);$$

c'est l'intégrale générale de l'équation. Les courbes intégrales sont des droites.

2° $x + \varphi'(t) = 0$, d'où $x = -\varphi'(t)$ et, par suite,

$$y = -t\varphi'(t) + \varphi(t).$$

On a ainsi les équations paramétriques d'une courbe intégrale qui ne fait pas partie de la famille des courbes intégrales précédentes. Cette courbe définit une intégrale *singulière* de l'équation donnée.

Si l'on a à la fois

$$x = -\varphi'(t), \qquad y = -t\varphi'(t) + \varphi(t),$$

on a

$$dx = -\varphi''(t)dt, \qquad dy = -t\varphi''(t)dt.$$

La pente de la tangente au point de la courbe intégrale singulière qui a pour paramètre $t$ est, par suite, égale à $t$. On en déduit que l'équation de la tangente, qui est

$$Y - y'X = y - xy',$$

s'écrit

$$Y - tX = \varphi(t).$$

On obtient ainsi la courbe intégrale particulière correspondant à $C = t$. Ainsi, les courbes intégrales sont formées d'une courbe intégrale singulière et des diverses tangentes à cette courbe qui constituent l'intégrale générale.

**384. Équation de Lagrange.** — Cette équation est de la forme

$$y = x\varphi(y') + \psi(y');$$

c'est une généralisation de l'équation de Clairaut.

Posons, pour l'intégrer, $y' = t$, d'où $dy = t\,dx$. L'équation de Lagrange devient alors

$$y = x\varphi(t) + \psi(t),$$

d'où l'on déduit

$$dy = \varphi(t)\,dx + [x\varphi'(t) + \psi'(t)]\,dt.$$

Par suite, on a

$$t\,dx = \varphi(t)\,dx + [x\varphi'(t) + \psi'(t)]\,dt,$$

c'est-à-dire

$$[\varphi(t) - t]\frac{dx}{dt} + x\varphi'(t) + \psi'(t) = 0.$$

Si $\varphi(t) = t$, l'équation de Lagrange se réduit à celle de Clairaut. Si $\varphi(t) - t$ est non nul quel que soit $t$, on est ramené à intégrer une équation linéaire. On obtient ainsi pour $x$ une expression de la forme

$$f(t) + Cg(t),$$

C étant une constante arbitraire. Les équations paramétriques des courbes intégrales sont

$$x = f(t) + Cg(t),$$
$$y = [f(t) + Cg(t)]\varphi(t) + \psi(t).$$

## III. — ÉQUATIONS DIFFÉRENTIELLES DU SECOND ORDRE

**385. L'équation est de la forme $f(x, y', y'') = 0$.** — Pour intégrer l'équation, on pose $y' = z$; on a alors $y'' = z'$, et l'équation devient

$$f(x, z, z') = 0;$$

c'est une équation du premier ordre. Supposons qu'on puisse déterminer son intégrale générale, définie par l'équation

$$\varphi(x, z, C) = 0,$$

C étant une constante arbitraire. On a, d'après cela,

$$\varphi(x, y', C) = 0,$$

nouvelle équation du premier ordre, qu'il suffit d'intégrer. Son intégrale générale est définie par une équation de la forme

$$\psi(x, y, C, C') = 0,$$

C' étant une nouvelle constante arbitraire. On voit ainsi que l'intégrale générale de l'équation du second ordre dépend de deux constantes arbitraires.

386. **L'équation est de la forme** $f(y, y', y'')=0$. — Pour intégrer l'équation, on pose $y'=p$; on a alors

$$y''=\frac{dp}{dx}=\frac{dp}{dy}\frac{dy}{dx}=p\frac{dp}{dy},$$

et l'équation donnée devient

$$f\left(y, p, p\frac{dp}{dy}\right)=0;$$

c'est une équation du premier ordre. Supposons qu'on puisse déterminer son intégrale générale, définie par l'équation

$$\varphi(y, p, C)=0,$$

C étant une constante arbitraire. On a d'après cela

$$\varphi(y, y', C)=0,$$

nouvelle équation du premier ordre qu'il suffit d'intégrer. Son intégrale générale est définie par une équation de la forme

$$\psi(x, y, C, C')=0,$$

C′ étant une nouvelle constante arbitraire. L'intégrale générale de l'équation du second ordre dépend des deux constantes C et C′.

387. **Équations linéaires.** — On dit qu'une équation différentielle du second ordre est *linéaire* lorsqu'elle est de la forme

$$y''+Py'+Qy=R,$$

P, Q et R étant des fonctions de $x$.

Nous supposerons que les fonctions P, Q, R sont des fonctions définies et continues de $x$ dans l'intervalle (A, B) et nous nous proposons, dans des cas étendus, d'intégrer l'équation différentielle dans cet intervalle.

Quand R est nul quel que soit $x$, l'équation est dite *sans second membre*; quand R n'est pas nul, l'équation est dite *avec second membre*.

1° *L'ÉQUATION EST SANS SECOND MEMBRE.* — Soit l'équation

$$y''+Py'+Qy=0.$$

On a relativement à l'intégration d'une telle équation différentielle les théorèmes suivants.

THÉORÈME. — *Si $y$ est une intégrale, $Cy$, où C est une constante arbitraire, est aussi une intégrale.*

En effet, si on multiplie $y$ par la constante C, $y'$ et $y''$ sont aussi multipliés par C; $y''+Py'+Qy$ est donc multiplié par C et, comme il était nul, il reste nul.

Théorème. — *Si $y_1$ et $y_2$ sont deux intégrales, $y_1+y_2$ est aussi une intégrale.*

En effet, on a

$$y_1''+Py_1'+Qy_1=0,$$
$$y_2''+Py_2'+Qy_2=0,$$

d'où, par addition membre à membre,

$$(y_1''+y_2'')+P(y_1'+y_2')+Q(y_1+y_2)=0,$$

ce qui exprime que $y_1+y_2$ est une intégrale.

Théorème. — *Si $y_1$ et $y_2$ sont deux intégrales, $C_1y_1+C_2y_2$, où $C_1$ et $C_2$ sont deux constantes arbitraires, est aussi une intégrale.*

En effet, d'après le premier théorème, $C_1y_1$ et $C_2y_2$ sont des intégrales; d'après le second théorème, $C_1y_1+C_2y_2$ est aussi une intégrale.

Théorème. — *Si $y_1$ et $y_2$ sont deux intégrales, on a*

$$y_1y_2'-y_2y_1'=Ce^{-\int Pdx},$$

*C étant une constante, $\int Pdx$ étant une primitive déterminée de P.*

En effet, on a

$$y_1''+Py_1'+Qy_1=0,$$
$$y_2''+Py_2'+Qy_2=0,$$

d'où, en multipliant par $-y_2$ les deux membres de la première relation et par $y_1$ les deux membres de la seconde relation, puis en ajoutant membre à membre,

$$y_1y_2''-y_2y_1''+P(y_1y_2'-y_2y_1')=0.$$

$\int Pdx$ étant une primitive déterminée de P, on a

$$e^{\int Pdx}(y_1y_2''-y_2y_1'')+Pe^{\int Pdx}(y_1y_2'-y_2y_1')=0.$$

Si on remarque que $y_1y_2''-y_2y_1''$ est la dérivée de $y_1y_2'-y_2y_1'$ et que $Pe^{\int Pdx}$ est la dérivée de $e^{\int Pdx}$, on voit que le premier membre est la dérivée de $e^{\int Pdx}(y_1y_2'-y_2y_1')$. Cette dérivée étant nulle, il existe une constante C telle que l'on ait

$$e^{\int Pdx}(y_1y_2'-y_2y_1')=C,$$

d'où

$$y_1y_2'-y_2y_1'=Ce^{-\int Pdx}.$$

D'après cela, deux cas se présentent.

1° $C=0$; autrement dit, quel que soit $x$, $y_1y_2'-y_2y_1'$ est nul; pour qu'il en soit ainsi, il faut et il suffit que, pour quelque valeur de $x$, la fonction $y_1y_2'-y_2y_1'$ soit nulle. C'est ce qui arrive lorsque l'une des intégrales est le produit de l'autre par une constante. Soit, par exemple, $y_2=ky_1$, $k$ étant une constante; on a $y_2'=ky_1'$ et, par suite,

$$y_1y_2'=ky_1y_1'=y_1'y_2,$$

d'où

$$y_1y_2'-y_1'y_2=0.$$

Inversement, si $y_1$ n'est pas nul dans l'intervalle (A, B) et si l'on a, quel que soit $x$, $y_1y_2'-y_2y_1'=0$, on a $y_2=ky_1$, $k$ étant une constante. Considérons en effet la fonction $\frac{y_2}{y_1}$ définie dans l'intervalle (A, B); elle admet une dérivée qui est égale à

$$\frac{y_1y_2'-y_2y_1'}{y_1^2}$$

et qui, par suite, d'après l'hypothèse, est nulle. Donc, la fonction $\frac{y_2}{y_1}$ est constante dans l'intervalle (A, B), et l'on peut poser $y_2=ky_1$, $k$ étant une constante.

2° C n'est pas nul; alors, quel que soit $x$, la fonction $y_1y_2'-y_2y_1'$ n'est pas nulle; pour qu'il en soit ainsi, il faut et il suffit que cette fonction ne soit pas nulle pour quelque valeur de $x$.

Théorème. — *Si $y_1$ et $y_2$ sont deux intégrales telles que $y_1y_2'-y_2y_1'$ soit différent de 0, toute intégrale est de la forme $C_1y_1+C_2y_2$, $C_1$ et $C_2$ étant deux constantes.*

Si $y$ est une intégrale de l'équation différentielle, on a à la fois

$$\begin{aligned} y''+Py'+Qy&=0,\\ y_1''+Py_1'+Qy_1&=0,\\ y_2''+Py_2'+Qy_2&=0.\end{aligned}$$

Ces trois relations regardées comme des équations du premier degré en P et Q ont, quel que soit $x$, une solution. Il s'ensuit que, quel que soit $x$, on a

$$\Delta=\begin{vmatrix} y'' & y' & y\\ y_1'' & y_1' & y_1\\ y_2'' & y_2' & y_2\end{vmatrix}=0.$$

Cela posé, considérons les deux équations du premier degré en $C_1$ et $C_2$

$$(1) \qquad \begin{aligned} y &= C_1 y_1 + C_2 y_2, \\ y' &= C_1 y_1' + C_2 y_2'. \end{aligned}$$

Le déterminant $y_1 y_2' - y_2 y_1'$ des coefficients de $C_1$ et de $C_2$ est, par hypothèse, différent de 0, quel que soit $x$. Les deux équations ont donc, quel que soit $x$, une solution; elles définissent deux fonctions $C_1$ et $C_2$ de $x$, dont les expressions sont données par les formules de Cramer. Ces fonctions sont évidemment continues et pourvues de dérivées.

Nous allons montrer que les fonctions $C_1$ et $C_2$ sont des constantes; pour cela, il suffit d'établir que leurs dérivées sont nulles, quel que soit $x$.

Tout d'abord, le déterminant $\Delta$ étant nul, quel que soit $x$, la solution en $C_1$ et $C_2$ tirée des équations (1) vérifie aussi l'équation

$$(2) \qquad y'' = C_1 y_1'' + C_2 y_2''.$$

Dérivons alors par rapport à $x$ les deux membres des équations (1). Il vient

$$y' = C_1 y_1' + C_2 y_2' + \frac{dC_1}{dx} y_1 + \frac{dC_2}{dx} y_2,$$

$$y'' = C_1 y_1'' + C_2 y_2'' + \frac{dC_1}{dx} y_1' + \frac{dC_2}{dx} y_2',$$

c'est-à-dire, en tenant compte des équations (1) et de l'équation (2),

$$\frac{dC_1}{dx} y_1 + \frac{dC_2}{dx} y_2 = 0,$$

$$\frac{dC_1}{dx} y_1' + \frac{dC_2}{dx} y_2' = 0.$$

On obtient ainsi deux équations linéaires et homogènes en $\frac{dC_1}{dx}$ et $\frac{dC_2}{dx}$; comme le déterminant des coefficients de $\frac{dC_1}{dx}$ et de $\frac{dC_2}{dx}$, qui est $y_1 y_2' - y_2 y_1'$, est différent de 0, quel que soit $x$, ces deux équations n'ont pas d'autre solution, quel que soit $x$, que la solution nulle; quel que soit $x$, on a

$$\frac{dC_1}{dx} = 0, \quad \frac{dC_2}{dx} = 0;$$

en d'autres termes, $C_1$ et $C_2$ sont des constantes. Le théorème est établi.

Pour déterminer $C_1$ et $C_2$, il suffit de connaître les valeurs de l'intégrale $y$ et de sa dérivée $y'$ pour $x = x_0$. En remplaçant dans les équations (1) $x$ par $x_0$, on obtient deux équations du premier degré en $C_1$ et $C_2$, dont on tire une valeur et une seule pour $C_1$ et aussi pour $C_2$. On voit ainsi que *l'équation différentielle donnée admet une intégrale et une seule telle qu'elle-même et sa dérivée prennent des valeurs données pour une valeur $x_0$ donnée de $x$.* En particulier, si les valeurs de $y$ et de $y'$, pour $x = x_0$, sont simultanément nulles, l'intégrale $y$ est nulle quel que soit $x$.

Ce qui précède suppose qu'il existe deux intégrales $y_1$ et $y_2$ telles que $y_1 y_2' - y_2 y_1'$ soit différent de 0.

THÉORÈME. — *Si $y_1$ est une intégrale non nulle dans l'intervalle* (A, B), *l'équation différentielle admet aussi l'intégrale*

$$y_2 = y_1 \int \frac{e^{-\int P dx}}{y_1^2} dx,$$

*et l'on peut dans l'intervalle* (A, B) *intégrer l'équation au moyen de deux quadratures.*

On a, par hypothèse,

$$y_1'' + P y_1' + Q y_1 = 0.$$

Comme $y_1$ n'est pas nul dans l'intervalle (A, B), l'équation différentielle donnée est dans cet intervalle équivalente à l'équation

$$y_1(y'' + Py' + Qy) - y(y_1'' + Py_1' + Qy_1) = 0,$$

c'est-à-dire à

$$(y_1 y'' - y y_1'') + P(y_1 y' - y y_1') = 0,$$

et cette équation est, comme nous l'avons vu, équivalente à l'équation

$$(y_1 y' - y y_1') e^{\int P dx} = C,$$

$\int P dx$ étant une primitive déterminée de P et C étant une constante arbitraire. Il s'ensuit que toute intégrale de l'équation du premier ordre

$$(y_1 y' - y y_1') e^{\int P dx} = 1$$

ou

$$y_1 y' - y y_1' = e^{-\int P dx}.$$

est aussi intégrale de l'équation différentielle du second ordre donnée

Or, $y_1$ n'étant pas nul, cette équation du premier ordre s'écrit aussi

$$\frac{y_1 y' - y y_1'}{y_1^2} = \frac{e^{-\int P dx}}{y_1^2},$$

c'est-à-dire

$$\left(\frac{y}{y_1}\right)' = \frac{e^{-\int P dx}}{y_1^2},$$

d'où l'on tire

$$\frac{y}{y_1} = \int \frac{e^{-\int P dx}}{y_1^2}\, dx + k,$$

$k$ étant une constante arbitraire, le second membre contenant une primitive déterminée de $\frac{e^{-\int P dx}}{y_1^2}$. On voit ainsi qu'une intégrale particulière $y_2$ de l'équation du second ordre est

$$y_2 = y_1 \int \frac{e^{-\int P dx}}{y_1^2}\, dx.$$

D'autre part, on a

$$y_1 y_2' - y_2 y_1' = e^{-\int P dx} \neq 0.$$

Donc, d'après le théorème précédent, l'équation du second ordre n'admet pas dans l'intervalle (A, B) d'autres intégrales que les fonctions de la forme $C_1 y_1 + C_2 y_2$, $C_1$ et $C_2$ étant deux constantes arbitraires.

On peut présenter comme il suit l'intégration de l'équation différentielle du second ordre.

$y_1$ étant une intégrale non nulle dans l'intervalle (A, B), posons $y = y_1 Y$. Pour déterminer les diverses fonctions $y$, il suffit de déterminer les fonctions correspondantes Y. On a

$$y' = y_1 Y' + y_1' Y, \quad y'' = y_1 Y'' + 2y_1' Y' + y_1'' Y.$$

En portant les expressions de $y$, $y'$, $y''$ dans l'équation du second ordre, on obtient

$$y_1 Y'' + 2y_1' Y' + y_1'' Y + P(y_1 Y' + y_1' Y) + Q y_1 Y = 0,$$

c'est-à-dire

$$y_1 Y'' + (2y_1' + P y_1) Y' + (y_1'' + P y_1' + Q y_1) Y = 0,$$

c'est-à-dire

$$y_1 Y'' + (2y_1' + P y_1) Y' = 0.$$

Cette équation s'écrit

$$\frac{Y''}{Y'} = -\frac{2y_1' + P y_1}{y_1} = -P - \frac{2y_1'}{y_1},$$

d'où, en intégrant,

$$L\frac{Y'}{C} = -\int P dx - L y_1^2,$$

d'où

$$Y' = C\frac{e^{-\int P dx}}{y_1^2},$$

C étant une constante.

On en déduit, en intégrant de nouveau,

$$Y = C\int \frac{e^{-\int P dx}}{y_1^2} dx + C',$$

C' étant une nouvelle constante. On obtient d'après cela toutes les intégrales $y$ de l'équation du second ordre au moyen de deux quadratures.

2° *L'ÉQUATION EST AVEC SECOND MEMBRE.* — Soit l'équation

$$y'' + Py' + Qy = R.$$

On a relativement à l'intégration d'une telle équation différentielle les théorèmes suivants.

THÉORÈME. — *Si on a déterminé une intégrale particulière, on obtient toutes les intégrales en ajoutant à cette intégrale particulière l'intégrale générale de l'équation différentielle déduite de l'équation donnée en remplaçant* R *par* 0.

Soit en effet $y_0$ une intégrale particulière; on a

$$y_0'' + Py_0' + Qy_0 = R.$$

Posons $y = y_0 + z$. Pour déterminer les diverses fonctions $y$, il suffit de déterminer les fonctions $z$ correspondantes. On a

$$y = y_0 + z, \quad y' = y_0' + z', \quad y'' = y_0'' + z''.$$

En portant ces expressions de $y$, $y'$, $y''$ dans l'équation donnée, on obtient

$$y_0'' + z'' + P(y_0' + z') + Q(y_0 + z) = R,$$

c'est-à-dire

$$z'' + Pz' + Qz + (y_0'' + Py_0' + Qy_0) = R,$$

c'est-à-dire encore

$$z'' + Pz' + Qz = 0.$$

Aux notations près, cette équation est l'équation différentielle déduite de l'équation donnée quand on y remplace le second membre par 0. Le théorème est établi.

Si $z_1$ et $z_2$ sont deux intégrales de l'équation $z''+Pz'+Qz=0$, telles que $z_1z_2'-z_2z_1'$ soit différent de 0, les intégrales de l'équation avec second membre ont la forme générale

$$y_0+C_1z_1+C_2z_2,$$

$C_1$ et $C_2$ étant deux constantes arbitraires.

On peut disposer, d'une manière unique, de $C_1$ et de $C_2$ de façon que l'intégrale $y$ et sa dérivée $y'$ prennent des valeurs données pour une valeur donnée de $x$; on est conduit à résoudre deux équations du premier degré dans lesquelles le déterminant des coefficients de $C_1$ et de $C_2$ est différent de 0.

Théorème. — *Si l'on a*

$$R=\lambda_1R_1+\lambda_2R_2+\ldots+\lambda_pR_p,$$

$R_1, R_2, \ldots, R_p$ *étant des fonctions de* $x$, $\lambda_1, \lambda_2, \ldots, \lambda_p$ *étant des constantes, si, d'autre part,* $u_1, u_2, \ldots, u_p$ *sont respectivement des intégrales particulières des équations différentielles qu'on déduit de l'équation donnée quand on y remplace* R *par* $R_1, R_2, \ldots, R_p$, *la fonction*

$$\lambda_1u_1+\lambda_2u_2+\ldots+\lambda_pu_p$$

*est une intégrale particulière de l'équation donnée.*

Posons

$$y=\lambda_1u_1+\lambda_2u_2+\ldots+\lambda_pu_p;$$

on a

$$y'=\lambda_1u_1'+\lambda_2u_2'+\ldots+\lambda_pu_p',$$
$$y''=\lambda_1u_1''+\lambda_2u_2''+\ldots+\lambda_pu_p''.$$

D'autre part, on a

$$u_1''+Pu_1'+Qu_1=R_1,$$
$$u_2''+Pu_2'+Qu_2=R_2,$$
$$\ldots\ldots\ldots\ldots$$
$$u_p''+Pu_p'+Qu_p=R_p,$$

d'où, en multipliant les deux membres de ces équations respectivement par $\lambda_1, \lambda_2, \ldots, \lambda_p$ et en ajoutant membre à membre,

$$y''+Py'+Qy=\lambda_1R_1+\lambda_2R_2+\ldots+\lambda_pR_p=R.$$

Ainsi, $y$ est une intégrale particulière de l'équation donnée.

Théorème. — *Si l'on a déterminé une intégrale* $y_1$ *de l'équation*

$$y''+Py'+Qy=0,$$

*non nulle dans l'intervalle* (A, B), *on peut intégrer dans cet intervalle l'équation avec second membre* $y'' + Py' + Qy = R$ *au moyen de trois quadratures.*

En effet, on a, quel que soit $x$, dans l'intervalle (A, B),

$$y_1'' + Py_1' + Qy_1 = 0.$$

Puisque $y_1$ n'est pas nul, l'équation avec second membre a mêmes intégrales que l'équation

$$y_1(y'' + Py' + Qy - R) - y(y_1'' + Py_1' + Qy_1) = 0,$$

qui s'écrit

$$y_1y'' - yy_1'' + P(y_1y' - yy_1') = Ry_1.$$

$\int Pdx$ étant une primitive de P, définie, comme P, dans l'intervalle (A, B), cette nouvelle équation s'écrit aussi

$$(y_1y'' - yy_1'')e^{\int Pdx} + (y_1y' - yy_1')Pe^{\int Pdx} = Ry_1e^{\int Pdx},$$

et, en intégrant, on peut écrire celle-ci sous la forme

$$(y_1y' - yy_1')e^{\int Pdx} = \int \left(Ry_1e^{\int Pdx}\right)dx + C,$$

C étant une constante arbitraire. Sous une autre forme, on a

$$y_1y' - yy_1' = e^{-\int Pdx}\int \left(Ry_1e^{\int Pdx}\right)dx + Ce^{-\int Pdx};$$

c'est-à-dire

$$\frac{y_1y' - yy_1'}{y_1^2} = \left(\frac{y}{y_1}\right)' = \frac{e^{-\int Pdx}}{y_1^2}\int \left(Ry_1e^{\int Pdx}\right)dx + C\frac{e^{-\int Pdx}}{y_1^2}.$$

Par une dernière quadrature, on obtient une expression de $\frac{y}{y_1}$ contenant une nouvelle constante arbitraire C'; on obtient ainsi, au moyen de trois quadratures, l'expression générale des intégrales $y$, dans laquelle entrent deux constantes arbitraires C et C'.

On peut présenter l'intégration comme il suit.

Posons $y = y_1Y$; pour déterminer l'intégrale $y$, il suffit de déterminer Y. On a

$$y' = y_1Y' + y_1'Y, \quad y'' = y_1Y'' + 2y_1'Y' + y_1''Y.$$

En portant ces expressions de $y, y', y''$ dans l'équation différentielle avec second membre, on obtient

$$y_1Y'' + (2y_1' + Py_1)Y' = R.$$

Si l'on pose $Y' = u$, on obtient l'équation linéaire du premier ordre

$$y_1 u' + (2y_1' + Py_1)u = R,$$

qui se ramène à deux quadratures. On obtient alors une expression de $u$ contenant une constante arbitraire C; de $u$, on déduit, par une troisième quadrature, Y, contenant une nouvelle constante arbitraire C'; de Y, on déduit $y$.

**388. Équations linéaires du second ordre à coefficients constants.** — On dit qu'une équation linéaire du second ordre est *à coefficients constants* si elle est de la forme

$$y'' + ay' + by = f(x),$$

$a$ et $b$ étant deux nombres fixes.

1° *L'ÉQUATION EST SANS SECOND MEMBRE.* — Soit l'équation

$$y'' + ay' + by = 0.$$

Nous allons chercher si l'équation admet une intégrale de la forme $e^{rx}$, $r$ étant un nombre fixe. Posons à cet effet $y = e^{rx}$; on en déduit

$$y' = re^{rx}, \quad y'' = r^2 e^{rx}.$$

En portant ces expressions de $y$, $y'$, $y''$ dans l'équation différentielle, on obtient

$$e^{rx}(r^2 + ar + b) = 0.$$

Pour que $e^{rx}$ soit une intégrale, il faut et il suffit que, $r$ étant réel, l'on ait

$$r^2 + ar + b = 0,$$

équation du second degré en $r$, à coefficients réels, dite *équation caractéristique*.

Nous sommes ainsi conduits à distinguer trois cas.

1) *L'équation caractéristique a deux racines réelles et distinctes $r_1$ et $r_2$.* L'équation différentielle admet les deux intégrales

$$y_1 = e^{r_1 x}, \quad y_2 = e^{r_2 x}.$$

On a

$$y_1 y_2' - y_2 y_1' = (r_2 - r_1)e^{(r_1 + r_2)x} \neq 0.$$

Il s'ensuit que l'intégrale générale de l'équation différentielle est

$$y = C_1 e^{r_1 x} + C_2 e^{r_2 x},$$

$C_1$ et $C_2$ étant des constantes arbitraires.

2) *L'équation caractéristique a une racine double $r_1$.*

Posons
$$y = e^{r_1x}Y;$$
on en déduit
$$y' = e^{r_1x}Y' + r_1e^{r_1x}Y,$$
$$y'' = e^{r_1x}Y'' + 2r_1e^{r_1x}Y' + r_1^2e^{r_1x}Y.$$

Transportons ces expressions de $y, y', y''$ dans l'équation différentielle. Il vient
$$e^{r_1x}[Y'' + (2r_1 + a)Y' + (r_1^2 + ar_1 + b)Y] = 0.$$

Mais, $r_1$ étant racine double de l'équation caractéristique, on a
$$r_1^2 + ar_1 + b = 0, \quad 2r_1 + a = 0.$$

L'équation en Y se réduit donc à $Y'' = 0$. On en déduit
$$Y = C_1 + C_2x,$$
$C_1$ et $C_2$ étant des constantes arbitraires. Par suite, l'intégrale générale de l'équation donnée est
$$e^{r_1x}(C_1 + C_2x).$$

3) *L'équation caractéristique a deux racines imaginaires conjuguées $r_1 = \alpha + \beta i$ et $r_2 = \alpha - \beta i$, $\alpha$ et $\beta$ étant réels.*

Si l'on pose
$$y_1 = e^{r_1x} = e^{(\alpha+\beta i)x} = e^{\alpha x}(\cos\beta x + i\sin\beta x),$$
on peut définir une dérivée première $y_1'$ et une dérivée seconde $y_1''$ de $y_1$, et l'on a
$$y_1' = r_1e^{r_1x}, \quad y_1'' = r_1^2e^{r_1x};$$
comme on a $r_1^2 + ar_1 + b = 0$, on voit encore que l'on a
$$y_1'' + ay_1' + by_1 = 0.$$

De même, si l'on pose $y_2 = e^{r_2x} = e^{\alpha x}(\cos\beta x - i\sin\beta x)$, on a
$$y_2'' + ay_2' + by_2 = 0.$$

On en déduit, par addition et soustraction membre à membre, puis par division respectivement par 2 et par $2i$,
$$\frac{y_1'' + y_2''}{2} + a\frac{y_1' + y_2'}{2} + b\frac{y_1 + y_2}{2} = 0,$$
$$\frac{y_1'' - y_2''}{2i} + a\frac{y_1' - y_2'}{2i} + b\frac{y_1 - y_2}{2i} = 0.$$

Ces relations montrent que l'équation différentielle donnée admet les intégrales

$$u_1 = e^{\alpha x} \cos \beta x, \quad u_2 = e^{\alpha x} \sin \beta x.$$

Or, on a

$$u_1 u_2' - u_2 u_1' = e^{2\alpha x} \cos \beta x (\alpha \sin \beta x + \beta \cos \beta x) - e^{2\alpha x} \sin \beta x (\alpha \cos \beta x - \beta \sin \beta x)$$
$$= \beta e^{2\alpha x} \neq 0.$$

Par conséquent, l'intégrale générale de l'équation donnée est

$$e^{\alpha x}(C_1 \cos \beta x + C_2 \sin \beta x),$$

$C_1$ et $C_2$ étant deux constantes arbitraires.

*Application.* — Soit l'équation $y'' + ay = 0$, $a$ étant une constante.
L'équation caractéristique est $r^2 + a = 0$.

1° $a < 0$. L'équation caractéristique a deux racines réelles, distinctes, $+\sqrt{-a}$ et $-\sqrt{-a}$. L'intégrale générale de l'équation différentielle est

$$C_1 e^{\sqrt{-a}\,x} + C_2 e^{-\sqrt{-a}\,x}.$$

2° $a > 0$. L'équation caractéristique a deux racines imaginaires conjuguées, $i\sqrt{-a}$ et $-i\sqrt{-a}$. L'intégrale générale de l'équation différentielle est

$$C_1 \cos(\sqrt{-a}\,x) + C_2 \sin(\sqrt{-a}\,x).$$

3° $a = 0$. L'équation caractéristique a une racine double nulle. L'intégrale générale est

$$C_1 + C_2 x.$$

2° *L'ÉQUATION EST AVEC SECOND MEMBRE.* — Soit l'équation

$$y'' + ay' + by = f(x).$$

Puisque l'on sait intégrer l'équation $y'' + ay' + by = 0$, on voit que l'on peut ramener l'équation avec second membre à trois quadratures.

Mais, dans certains cas simples que nous allons examiner, on peut déterminer une intégrale particulière de l'équation avec second membre; on aura alors l'intégrale générale de cette équation en ajoutant à l'intégrale particulière l'intégrale générale de l'équation sans second membre.

1) *Le second membre est un polynome de degré n. — L'équation différentielle avec second membre admet comme intégrale particulière, si 0 n'est pas racine de l'équation caractéristique de l'équation sans second membre, un polynome de degré n, si 0 est racine simple de l'équation caractéristique, le produit par x d'un polynome de degré n, si 0 est*

*racine double de l'équation caractéristique, le produit par $x^2$ d'un polynome de degré $n$.*

Soit $f(x) = A_0x^n + A_1x^{n-1} + \ldots + A_n$.

Dire que 0 n'est pas racine de l'équation caractéristique, c'est dire que $b$ n'est pas nul. Posons alors

$$y = \lambda_0x^n + \lambda_1x^{n-1} + \ldots + \lambda_n,$$

et remplaçons $y$ par ce polynome dans l'équation différentielle. Le premier membre $y'' + ay' + by$ devient un polynome au plus de degré $n$. En écrivant que ce polynome est identique à $f(x)$, on obtient, pour déterminer $\lambda_0, \lambda_1, \ldots, \lambda_n$, les équations

$$\begin{aligned}
&b\lambda_0 = A_0,\\
&b\lambda_1 + na\lambda_0 = A_1,\\
&b\lambda_2 + (n-1)a\lambda_1 + n(n-1)\lambda_0 = A_2,\\
&\ldots\ldots\ldots\ldots\ldots\ldots\ldots\ldots\\
&b\lambda_n + a\lambda_{n-1} + 2\lambda_{n-2} = A_n.
\end{aligned}$$

Puisque $b$ n'est pas nul, la première équation détermine $\lambda_0$; $\lambda_0$ étant calculé, la seconde équation détermine $\lambda_1$, et ainsi de suite, de proche en proche.

Dire que 0 est racine simple de l'équation caractéristique, c'est dire que l'on a $b = 0$, $a \neq 0$. Posons $y' = z$; l'équation différentielle devient

$$z' + az = f(x).$$

Soit alors

$$z = \lambda_0x^n + \lambda_1x^{n-1} + \ldots + \lambda_n,$$

d'où

$$z' = n\lambda_0x^{n-1} + (n-1)\lambda_1x^{n-2} + \ldots + \lambda_{n-1}.$$

Portons dans l'équation en $z$ les expressions de $z$ et de $z'$; le premier membre devient un polynome; écrivons qu'il est identique à $f(x)$. On a ainsi les équations

$$\begin{aligned}
&a\lambda_0 = A_0,\\
&a\lambda_1 + n\lambda_0 = A_1,\\
&\ldots\ldots\ldots\ldots\\
&a\lambda_n + \lambda_{n-1} = A_n,
\end{aligned}$$

qui permettent de déterminer, de proche en proche, $\lambda_0, \lambda_1, \ldots \lambda_n$. L'équation en $y$ admet comme intégrale le polynome

$$\frac{\lambda_0x^{n+1}}{n+1} + \frac{\lambda_1x^n}{n} + \ldots + \frac{\lambda_{n-1}x^2}{2} + \lambda_nx,$$

qui est le produit par $x$ d'un polynome de degré $n$.

Dire que 0 est racine double de l'équation caractéristique, c'est dire que l'équation différentielle est $y'' = f(x)$. L'intégrale générale s'obtient par une première quadrature qui permet de passer de $y''$ à $y'$, puis par une seconde quadrature qui permet de passer de $y'$ à $y$. Il s'ensuit que, parmi les intégrales de l'équation, se trouve

$$\frac{A_0 x^{n+2}}{(n+1)(n+2)} + \frac{A_1 x^{n+1}}{n(n+1)} + \ldots + \frac{A_{n-1} x^3}{2.3} + \frac{A_n x^2}{1.2},$$

qui est le produit par $x^2$ d'un polynome de degré $n$.

2) *Le second membre est le produit d'une exponentielle $e^{\alpha x}$ par un polynome de degré $n$, $\alpha$ étant un nombre fixe réel. — L'équation différentielle avec second membre admet comme intégrale particulière, si $\alpha$ n'est pas racine de l'équation caractéristique de l'équation sans second membre, le produit de $e^{\alpha x}$ par un polynome de degré $n$, si $\alpha$ est racine simple de l'équation caractéristique, le produit de $xe^{\alpha x}$ par un polynome de degré $n$, si $\alpha$ est racine double de l'équation caractéristique, le produit de $x^2 e^{\alpha x}$ par un polynome de degré $n$.*

Soit $f(x) = e^{\alpha x}(A_0 x^n + A_1 x^{n-1} + \ldots + A_n) = e^{\alpha x} P(x)$.

Posons $y = z e^{\alpha x}$. Pour déterminer $y$, il suffit de déterminer $z$. En remplaçant $y$ par $z e^{\alpha x}$ dans l'équation différentielle, on obtient, en vertu d'un calcul déjà fait,

$$e^{\alpha x}[z'' + (2\alpha + a)z' + (\alpha^2 + a\alpha + b)z] = e^{\alpha x} P(x),$$

c'est-à-dire

$$z'' + (2\alpha + a)z' + (\alpha^2 + a\alpha + b)z = P(x);$$

nous sommes ramenés au cas précédent.

Si $\alpha$ n'est pas racine de l'équation caractéristique, le coefficient de $z$ n'est pas nul; il existe donc comme intégrale particulière de l'équation en $z$ un polynome de degré $n$, que l'on déterminera par identification. L'équation en $y$ admet, par suite, comme intégrale particulière le produit par $e^{\alpha x}$ d'un polynome de degré $n$.

Si $\alpha$ est racine simple de l'équation caractéristique, le coefficient de $z$ est nul, celui de $z'$ n'est pas nul. L'équation en $z$ admet comme intégrale particulière le produit par $x$ d'un polynome de degré $n$, et l'équation en $y$ admet comme intégrale particulière le produit par $xe^{\alpha x}$ d'un polynome de degré $n$.

Si $\alpha$ est racine double de l'équation caractéristique, les coefficients de $z$ et de $z'$ sont nuls. L'équation en $z$ admet comme intégrale particulière le produit par $x^2$ d'un polynome de degré $n$; l'équation en $y$ admet comme intégrale particulière le produit par $x^2e^{\alpha x}$ d'un polynome de degré $n$.

3) *Le second membre est de la forme*

$$f(x) = e^{\alpha x}[P(x)\cos\beta x + Q(x)\sin\beta x],$$

$P(x)$ *et* $Q(x)$ *étant des polynomes à coefficients réels au plus de degré* $n$, *l'un au moins d'entre eux étant de degré* $n$, $\alpha$ *et* $\beta$ *étant des constantes réelles.* — *L'équation différentielle donnée admet comme intégrale particulière, si* $\alpha + \beta i$ *et* $\alpha - \beta i$ *ne sont pas racines de l'équation caractéristique de l'équation sans second membre, une fonction de la forme*

$$e^{\alpha x}[\varphi(x)\cos\beta x + \psi(x)\sin\beta x],$$

$\varphi(x)$ *et* $\psi(x)$ *étant des polynomes au plus de degré* $n$, *l'un au moins d'entre eux étant de degré* $n$, *si* $\alpha + \beta i$ *et* $\alpha - \beta i$ *sont racines de l'équation caractéristique, une fonction de la forme*

$$xe^{\alpha x}[\varphi(x)\cos\beta x + \psi(x)\sin\beta x],$$

$\varphi(x)$ *et* $\psi(x)$ *étant des polynomes au plus de degré* $n$, *l'un au moins d'entre eux étant de degré* $n$.

En effet, on a

$$\cos\beta x = \frac{e^{i\beta x} + e^{-i\beta x}}{2}, \qquad \sin\beta x = \frac{e^{i\beta x} - e^{-i\beta x}}{2i}.$$

Il s'ensuit qu'on a

$$f(x) = e^{(\alpha+\beta i)x}\left[\frac{P(x)}{2} + \frac{Q(x)}{2i}\right] + e^{(\alpha-\beta i)x}\left[\frac{P(x)}{2} - \frac{Q(x)}{2i}\right].$$

Remarquons que les résultats énoncés dans les deux premiers cas sont valables si le second membre de l'équation différentielle est un polynome à coefficients imaginaires ou le produit d'un tel polynome par $e^{rx}$, $r$ étant un nombre imaginaire.

D'après cela, $\frac{P(x)}{2} + \frac{Q(x)}{2i}$ étant un polynome de degré $n$, si $\alpha + \beta i$ n'est pas racine caractéristique, il existe une fonction $y_1$ de la forme $e^{(\alpha+\beta i)x}U_1(x)$, $U_1(x)$ étant un polynome de degré $n$, telle que l'on ait

$$(1) \qquad y_1'' + ay_1' + by_1 = e^{(\alpha+\beta i)x}\left[\frac{P(x)}{2} + \frac{Q(x)}{2i}\right].$$

Il s'ensuit que si l'on pose

$$y_2 = e^{(\alpha-\beta i)x}U_2(x),$$

$U_2(x)$ étant le polynome de degré $n$ dont les coefficients sont respectivement imaginaires conjugués de ceux de $U_1(x)$, on a

$$(2) \qquad y_2'' + ay_2' + by_2 = e^{(\alpha-\beta i)x}\left[\frac{P(x)}{2} - \frac{Q(x)}{2i}\right].$$

En ajoutant membre à membre les identités (1) et (2), on voit que la fonction $y_1 + y_2$ est une intégrale de l'équation différentielle donnée. On a

$$\begin{aligned} y_1 + y_2 &= e^{(\alpha+\beta i)x}U_1(x) + e^{(\alpha-\beta i)x}U_2(x) \\ &= e^{\alpha x}[(U_1 + U_2)\cos\beta x + i(U_1 - U_2)\sin\beta x]. \end{aligned}$$

Les polynomes $\varphi(x) = U_1 + U_2$ et $\psi(x) = i(U_1 - U_2)$ sont à coefficients réels, ils sont au plus de degré $n$, l'un au moins d'entre eux étant de degré $n$.

Si $\alpha + \beta i$ est racine de l'équation caractéristique, cette racine est nécessairement simple. Il faut alors remplacer dans le calcul précédent $U_1(x)$ et $U_2(x)$ par $xV_1(x)$ et $xV_2(x)$, $V_1(x)$ et $V_2(x)$ étant des polynomes de degré $n$, de coefficients respectivement imaginaires conjugués. Il existe dans ce cas une intégrale particulière de l'équation donnée qui est de la forme $xe^{\alpha x}[\varphi(x)\cos\beta x + \psi(x)\sin\beta x]$, si l'on pose $\varphi(x) = V_1 + V_2$, $\psi(x) = i(V_1 - V_2)$.

Dans la pratique, pour déterminer l'intégrale particulière considérée, on peut procéder par identification. Il faut alors appliquer la remarque suivante : P, Q, $P_1$, $Q_1$ étant des polynomes en $x$, si, quel que soit $x$, on a

$$P\cos\beta x + Q\sin\beta x = P_1\cos\beta x + Q_1\sin\beta x,$$

on a nécessairement $P = P_1$ et $Q = Q_1$ quel que soit $x$; en effet, les polynomes P et $P_1$ prennent des valeurs égales pour tous les nombres de la forme $\frac{k\pi}{\beta}$, les polynomes Q et $Q_1$ prennent des valeurs égales pour tous les nombres de la forme $\frac{(2k+1)\pi}{2\beta}$, $k$ étant un entier quelconque.

4) *Le second membre est de la forme* $e^{\alpha x}P(x)\Theta(x)$, $\alpha$ *étant une constante réelle,* $P(x)$ *étant un polynome à coefficients réels et* $\Theta(x)$ *étant une fonction obtenue en remplaçant dans un polynome à plusieurs variables à coefficients réels ces variables par des fonctions telles que* $\cos(px + p')$, $\sin(px + p')$, $\cos(qx + q')$, $\sin(qx + q')$, $\ldots$, $p$, $p'$, $q$, $q'$, $\ldots$, *étant des constantes réelles.*

Nous avons établi antérieurement (ch. III, § 121) une formule qui permet de transformer un produit de sinus et de cosinus de plusieurs arcs en une somme algébrique de cosinus ou de sinus dont les arguments sont des sommes algébriques de ces arcs. Si les arcs sont de la forme $px + p'$, $qx + q'$, ..., toute somme algébrique de ces arcs est un polynome du premier degré en $x$, de la forme $\beta x + \beta'$; d'autre part, $\cos(\beta x + \beta')$ et $\sin(\beta x + \beta')$ sont linéaires et homogènes en $\cos \beta x$ et $\sin \beta x$. Il résulte de là que $\Theta(x)$ est égal à une somme algébrique de cosinus et de sinus d'arcs tels que $\beta x$, $\gamma x$, .....Le second membre de l'équation différentielle est décomposable en une somme de fonctions de la forme

$$e^{\alpha x} P(x) (A \cos \beta x + B \sin \beta x),$$

A et B étant des constantes. On sait déterminer une intégrale particulière $u$ de l'équation différentielle déduite de l'équation donnée quand on y remplace le second membre par chacun des termes de la somme précédente. La somme des fonctions $u$ correspondant aux divers termes de cette somme est une intégrale particulière de l'équation donnée.

*Applications.* — 1° Soit l'équation $y'' - y = x$.

L'équation sans second membre, $y'' - y = 0$, a pour équation caractéristique $r^2 - 1 = 0$, dont les racines sont $+1$ et $-1$. L'intégrale générale de l'équation sans second membre est donc $C_1 e^x + C_2 e^{-x}$, $C_1$ et $C_2$ étant deux constantes. D'autre part, l'équation avec second membre admet comme intégrale un polynome du premier degré, lequel est évidemment $-x$. Par conséquent, l'intégrale générale de l'équation donnée est

$$C_1 e^x + C_2 e^{-x} - x.$$

2° Soit l'équation $y'' - y = xe^x$.

L'équation sans second membre admet comme intégrale générale

$$C_1 e^x + C_2 e^{-x}.$$

Comme le coefficient de $x$ dans l'exposant de $e^x$ est racine simple de l'équation caractéristique, l'équation avec second membre admet une intégrale de la forme $xe^x(px + q)$, $p$ et $q$ étant deux constantes.

Posons $y = xe^x(px + q) = e^x(px^2 + qx)$. On en déduit

$$\begin{aligned} y' &= e^x(px^2 + qx + 2px + q) = e^x[px^2 + (2p + q)x + q], \\ y'' &= e^x[px^2 + (2p + q)x + q + 2px + (2p + q)] \\ &= e^x[px^2 + (4p + q)x + 2(p + q)]. \end{aligned}$$

Si $y$ est intégrale de l'équation donnée, on a l'identité

$$px^2 + (4p + q)x + 2(p + q) - (px^2 + qx) = x,$$

c'est-à-dire

$$4px + 2(p + q) = x,$$

d'où $4p = 1$, $2(p+q) = 0$, c'est-à-dire $p = \frac{1}{4}$, $q = -\frac{1}{4}$. L'intégrale particulière cherchée est $\frac{1}{4}xe^x(x-1)$ et l'intégrale générale est

$$C_1 e^x + C_2 e^{-x} + \frac{1}{4}x(x-1)e^x.$$

3° Soit l'équation $y'' + y = x \cos x$.

L'équation sans second membre, $y'' + y = 0$, a pour équation caractéristique $r^2 + 1 = 0$, dont les racines sont $i$ et $-i$. L'intégrale générale de l'équation sans second membre est donc $C_1 \cos x + C_2 \sin x$, $C_1$ et $C_2$ étant deux constantes. D'autre part, l'équation avec second membre admet une intégrale particulière de la forme $x[(px+q)\cos x + (p_1 x + q_1)\sin x]$, $p$, $q$, $p_1$, $q_1$ étant des constantes.

Posons

$$y = x[(px+q)\cos x + (p_1 x + q_1)\sin x] = (px^2 + qx)\cos x + (p_1 x^2 + q_1 x)\sin x;$$

on en déduit

$$y' = -(px^2+qx)\sin x + (2px+q)\cos x + (p_1x^2+q_1x)\cos x + (2p_1x+q_1)\sin x,$$

$$y'' = -(px^2+qx)\cos x - 2(2px+q)\sin x + 2p\cos x$$
$$-(p_1x^2+q_1x)\sin x + 2(2p_1x+q_1)\cos x + 2p_1 \sin x.$$

En portant les expressions de $y$ et de $y''$ dans l'équation différentielle donnée, on a la relation

$$-2(2px+q)\sin x + 2p\cos x + 2(2p_1x+q_1)\cos x + 2p_1 \sin x = x\cos x.$$

Écrivons que, dans le premier membre, le coefficient de $\sin x$ est identiquement nul et que le coefficient de $\cos x$ est identique à $x$. On a ainsi les équations du premier degré en $p$, $q$, $p_1$, $q_1$

$$p = 0, \quad p_1 = q, \quad 4p_1 = 1, \quad p + q_1 = 0,$$

d'où l'on tire

$$p = 0, \quad q = \frac{1}{4}, \quad p_1 = \frac{1}{4}, \quad q_1 = 0.$$

Par suite, une intégrale particulière de l'équation avec second membre est

$$\frac{x}{4}(\cos x + x\sin x).$$

L'intégrale générale est

$$C_1 \cos x + C_2 \sin x + \frac{x}{4}(\cos x + x \sin x).$$

4° Soit l'équation $y'' + y = \cos^3 x$.

L'équation $y'' + y = 0$ a pour intégrale générale $C_1 \cos x + C_2 \sin x$, $C_1$ et $C_2$ étant des constantes. Déterminons une intégrale particulière de l'équation avec second membre. On a

$$\cos^3 x = \frac{1}{4}\cos 3x + \frac{3}{4}\cos x;$$

nous remplacerons le second membre successivement par $\frac{1}{4}\cos 3x$ et $\frac{3}{4}\cos x$.

L'équation

$$y'' + y = \frac{1}{4}\cos 3x$$

admet une intégrale particulière de la forme $p\cos 3x + q\sin 3x$, $p$ et $q$ étant des constantes. Posons

$$y = p\cos 3x + q\sin 3x;$$

on en déduit

$$y'' = -9p\cos 3x - 9q\sin 3x.$$

En portant les expressions de $y$ et de $y''$ dans l'équation différentielle considérée, on obtient

$$-8p\cos 3x - 8q\sin 3x = \frac{1}{4}\cos 3x,$$

d'où l'on déduit, en identifiant, $p = -\frac{1}{32}$, $q = 0$. L'équation considérée admet donc comme intégrale particulière la fonction $-\frac{1}{32}\cos 3x$.

L'équation

$$y'' + y = \frac{3}{4}\cos x$$

admet une intégrale particulière de la forme $x(p_1\cos x + q_1\sin x)$, $p_1$ et $q_1$ étant des constantes. Posons

$$y = x(p_1\cos x + q_1\sin x);$$

on en déduit

$$y' = x(-p_1\sin x + q_1\cos x) + p_1\cos x + q_1\sin x,$$
$$y'' = -x(p_1\cos x + q_1\sin x) + 2(-p_1\sin x + q_1\cos x).$$

En portant les expressions de $y$ et de $y''$ dans l'équation considérée, on obtient

$$2(-p_1\sin x + q_1\cos x) = \frac{3}{4}\cos x,$$

d'où l'on tire, en identifiant, $p_1 = 0$, $q_1 = \frac{3}{8}$. L'équation considérée admet comme intégrale particulière la fonction $\frac{3}{8}x\sin x$.

Il en résulte qu'une intégrale particulière de l'équation donnée $y'' + y = \cos^3 x$ est

$$-\frac{1}{32}\cos 3x + \frac{3}{8}x\sin x,$$

et que l'intégrale générale de cette équation est

$$C_1\cos x + C_2\sin x - \frac{1}{32}\cos 3x + \frac{3}{8}x\sin x.$$

## EXERCICES

283. On pose $r = \sqrt{x^2 + y^2}$. Déterminer une fonction $U = f(r)$ telle que l'on ait

$$\frac{\partial^2 U}{\partial x^2} + \frac{\partial^2 U}{\partial y^2} = 0.$$

On pose $r=\sqrt{x^2+y^2+z^2}$. Déterminer une fonction $U=f(r)$ telle que l'on ait

$$\frac{\partial^2 U}{\partial x^2}+\frac{\partial^2 U}{\partial y^2}+\frac{\partial^2 U}{\partial z^2}=0.$$

284. On pose $r=\sqrt{x^2+y^2+z^2}$. Déterminer une fonction $U=f(r)$ vérifiant l'équation

$$\frac{\partial^2 U}{\partial x^2}+\frac{\partial^2 U}{\partial y^2}+\frac{\partial^2 U}{\partial z^2}+U=0.$$

285. Intégrer l'équation

$$y'(1+x^2)=1+y^2.$$

Montrer que $y$ est une fonction rationnelle de $x$.

286. Intégrer l'équation

$$(y+ax)dx+(y-ax)dy=0,$$

$a$ étant une constante donnée.

287. Démontrer qu'il existe une fonction de $x$ et de $y$ dont la différentielle totale est

$$\frac{(x-y)dx+(x+y)dy}{x^2+y^2}.$$

Intégrer d'après cela l'équation différentielle

$$(x-y)dx+(x+y)dy=0.$$

288. Déterminer une fonction de la forme $f(x+y)$ telle que

$$f(x+y)(y^2dx+x^2dy)$$

soit la différentielle totale d'une fonction des deux variables $x$ et $y$.

289. Intégrer les équations différentielles du premier ordre

$$1+y'^2+2xy'=0,$$

$$y'=y^4+1,\quad yy'=\sqrt{y^4+1},\quad y'=\frac{\sqrt{y^2+1}}{x},$$

$$xdy-ydx=0,\quad \sin x\,dy-\sin y\,dx=0,$$

$$y'=e^{x+y},$$

$$dy\cos(x-y)+a\,dx=0,\ (a=\text{const.}),$$

$$y^2+y'^2=2y',\quad y^2+\frac{y'^2}{y^2}=1,\quad y^2y'^2+\frac{y^2}{y'^2}=1,$$

$$y'^4-y'^2+y^2=0,$$

$$y'^3-3yy'+y^3=0,\quad y'^3-3xy'+x^3=0,$$

$$y'^2+\frac{y^2}{x^2}=2y',\quad y'^2+\frac{y^2}{x^2y'^2}=1,$$

$$y^3+x^3y'^3-3x^2yy'=0,$$

$$\frac{y}{x}=\frac{2y'}{1+y'^2},\quad \frac{y}{x}=\frac{2y'}{1-y'^2},\quad \frac{y}{x}=\frac{3y'-y'^3}{1-3y'^2},$$

$$y'=\frac{2xy}{x^2-y^2},\quad y'=\frac{2xy}{x^2+y^2},$$

$$2x(1-2x^2)+2(2-3x^2)y+x(x^2-1)y'=0,$$

$$(x^2-1)y'-xy=1,$$
$$x(x^2-1)y'-(2x^2-1)y+x^3=0,$$
$$xy'-y=\frac{x^2+x+1}{x}, \quad x^2y'+y=\frac{x^2+1}{x^2},$$
$$y'\cos x-y\sin x=\sin^2 x,$$
$$y'\cos x-y=\cos^2 x,$$
$$y'+y=x^2y^2, \quad y'-y=x\sqrt{y},$$
$$(1-x^2)y'=xy+x^2y^2,$$
$$xyy'=x^2+y^2+x,$$
$$(y^2+x)y'=y,$$
$$(y^2+x^2+1)y'=xy,$$
$$(x^2-y^2+1)y'=2xy.$$

290. Intégrer l'équation différentielle

$$(x^2+y^2)(xdx+ydy)=xdx-ydy.$$

[On posera $x=r\cos\theta$, $y=r\sin\theta$.]

291. Démontrer que toute fonction $f(x)$ qui vérifie l'identité

$$f(x)-f(-x)=\frac{x}{3}[f'(x)+f'(-x)+4f'(0)]$$

est de la forme $\varphi(x)+ax^2+b$, $\varphi(x)$ étant une fonction impaire quelconque, $a$ et $b$ étant deux constantes quelconques.

(B. NIEWENGLOWSKI.)

292. Soit l'équation différentielle

$$(x-\alpha)y'-y=\frac{x^2+px+q}{(x-\beta)^2},$$

$\alpha$ et $\beta$ étant deux nombres fixes inégaux, $p$ et $q$ étant deux paramètres. Intégrer l'équation et montrer qu'il suffit d'établir entre les paramètres $p$ et $q$ une seule relation pour que toutes les intégrales soient des fractions rationnelles.

293. Intégrer les équations différentielles du second ordre

$$yy''=y'^2, \quad y^3y''=-1,$$
$$2yy''+y'^2=1.$$

294. Intégrer l'équation différentielle

$$y'^4+y'^2-ayy''=0,$$

$a$ étant une constante non nulle. Les courbes intégrales sont algébriques lorsque $a$ est un entier positif impair et lorsque $a$ est un entier négatif pair.

295. Former les intégrales générales des équations différentielles suivantes :

$$y''+y=e^x, \quad y''+y=\cos^2 x, \quad y''+y=\sin x,$$
$$y''-y=\operatorname{ch} x, \quad y''-y=\operatorname{sh}^2 x, \quad y''-y=xe^x,$$
$$y''-2y'+2y=\operatorname{ch} x\cos x,$$
$$y''+y=\sin mx, \quad y''-m^2y=e^x, \quad (m=\text{const.})$$

296. Intégrer l'équation

$$y''+y=\frac{1}{\cos^2 x}.$$

[On posera $y = z \sin x$ ou $z \cos x$.]

**297.** Intégrer l'équation

$$(y''' + y')\cos x - (y'' + y)\sin x = 0.$$

**298.** Intégrer l'équation

$$\int_0^x xy\,dx = kx\int_0^x y\,dx,$$

$k$ étant une constante.

**299.** Intégrer l'équation

$$\int_0^x x\sqrt{1+y'^2}\,dx = \frac{x}{3}\int_0^x \sqrt{1+y'^2}\,dx.$$

**300.** Intégrer l'équation

$$y'\int_0^x x\sqrt{1+y'^2}\,dx = (xy' - y)\int_0^x \sqrt{1+y'^2}\,dx.$$

**301.** Soit l'équation différentielle

$$x^2y'' + axy' + by = 0.$$

On pose $x = e^t$. Former l'équation différentielle vérifiée par les intégrales de la première équation considérées comme fonction de $t$. Déduire du résultat obtenu l'intégrale générale de l'équation proposée.

**302.** On considère l'équation différentielle

$$(1) \qquad (1-x^2)\frac{d^2y}{dx^2} - x\frac{dy}{dx} + \alpha^2 y = 0,$$

$\alpha$ étant une constante non nulle.

On pose $x = \cos t$. Former l'équation différentielle vérifiée par les intégrales de l'équation (1) considérées comme fonction de $t$.

Déterminer, d'après cela, les intégrales de l'équation (1) qui sont définies dans l'intervalle $(-1, +1)$, et en déduire toutes les intégrales de l'équation (1).

**303.** On considère l'équation différentielle

$$x(x^2-1)y'' + (5x^2-3)y' + 4xy = 0.$$

1° Chercher une fonction développable en série entière qui soit intégrale de cette équation.

2° Intégrer complètement l'équation dans l'intervalle de convergence de la série précédente, puis intégrer l'équation dans tout intervalle où il existe une intégrale générale.

**304.** Démontrer que l'équation

$$x\frac{d^2y}{dx^2} - (x+p+q)\frac{dy}{dx} + py = 0$$

où $p$ et $q$ sont des entiers positifs, a pour intégrale un polynome. En déduire qu'elle a une autre intégrale de la forme $e^x P(x)$, où P est un polynome.

(*Licence, Paris*, 1903.)

305. Montrer que la fonction

$$y = \frac{d^{n-1}(1-x^2)^{n-\frac{1}{2}}}{dx^{n-1}}.$$

est intégrale de l'équation différentielle

$$(1-x^2)y'' - xy' + n^2y = 0$$

et en déduire que l'on a

$$\frac{d^{n-1}(1-x^2)^{n-\frac{1}{2}}}{dx^{n-1}} = (-1)^{n-1}\frac{1.3.5\ldots(2n-1)}{n}\sin(n \arccos x).$$

Montrer que la fonction

$$z = \frac{d^{n-1}(x^2-1)^{n-\frac{1}{2}}}{dx^{n-1}}, \qquad (x \geqslant 1),$$

est aussi intégrale de cette équation différentielle et en déduire que l'on a

$$\frac{d^{n-1}(x^2-1)^{n-\frac{1}{2}}}{dx^{n-1}} = \frac{1.3.5\ldots(2n-1)}{n}\,\mathrm{sh}(n \,\mathrm{arg\,ch}\, x).$$

306. Si $u$, $v$, $w$ sont des fonctions de $x$ telles que l'on ait identiquement

$$\begin{vmatrix} u & v & w \\ u' & v' & w' \\ u'' & v'' & w'' \end{vmatrix} = 0,$$

$u'$, ..., $u''$, ... désignant les dérivées premières et secondes de $u$, ..., il existe trois constantes A, B, C non simultanément nulles telles que l'on ait identiquement

$$Au + Bv + Cw = 0.$$

307. Si $y_1$, $y_2$, $y_3$, $y_4$ sont des fonctions de $x$ telles que le déterminant

$$\begin{vmatrix} 1 & 1 & 1 & 1 \\ y_1 & y_2 & y_3 & y_4 \\ y'_1 & y'_2 & y'_3 & y'_4 \\ y''_1 & y''_2 & y''_3 & y''_4 \end{vmatrix}$$

soit identiquement nul, il existe quatre constantes $A_1$, $A_2$, $A_3$, $A_4$ non toutes nulles, dont la somme est nulle, telles que

$$A_1y_1 + A_2y_2 + A_3y_3 + A_4y_4$$

soit identiquement nul.

308. Montrer que pour que les deux équations du second ordre à coefficients constants

$$A\frac{d^2y}{dx^2} + B\frac{dy}{dx} + Cy = 0,$$

$$A'\frac{d^2y}{d^2x} + B'\frac{dy}{dx} + C'y = 0$$

aient une intégrale commune (autre que 0), il faut et il suffit que les deux équations

$$Ar^2 + Br + C = 0,$$
$$A'r^2 + B'r + C' = 0$$

aient une racine commune.

309. Déterminer une fonction $f(x)$, définie, continue et admettant une dérivée première dans un intervalle, telle que, quels que soient $x$ et $x'$, on ait

$$f(x + x') = \frac{f(x) + f(x')}{1 - f(x)f(x')}.$$

[On dérivera la relation par rapport à $x$, puis par rapport à $x'$.]

310. Déterminer une fonction $f(x)$, définie et admettant des dérivées première et seconde dans l'intervalle $(-\infty, +\infty)$, telle que, quels que soient $x$ et $x'$, on ait

$$\frac{f(x') - f(x)}{x' - x} = f'\left(\frac{x + x'}{2}\right).$$

311. Déterminer une fonction $f(x)$, définie dans l'intervalle $(-\infty, +\infty)$ et admettant dans cet intervalle une dérivée première et une dérivée seconde, telle que, quels que soient $x$ et $x'$, on ait

$$f(x + x') + f(x - x') = 2f(x)f(x').$$

[On dérivera deux fois cette relation par rapport à $x$, puis par rapport à $x'$.]

312. On considère toutes les suites de la forme

$$u_0, u_1, \ldots, u_n, \ldots$$

dans lesquelles on a, pour toute valeur de l'entier $n$ au moins égale à 2, la relation $u_n = au_{n-1} + bu_{n-2}$, $a$ et $b$ étant deux nombres fixes donnés et $b$ n'étant pas nul.

Montrer que si l'équation $x^2 - ax - b = 0$ a deux racines distinctes $x'$ et $x''$, toutes ces suites sont de la forme

$$C' + C'', \quad C'x' + C''x'', \quad \ldots, \quad C'x'^n + C''x''^n, \quad \ldots,$$

$C'$ et $C''$ étant deux constantes arbitraires.

Montrer que si l'équation $x^2 - ax - b = 0$ a une racine double $x'$, toutes ces suites sont de la forme

$$C, \quad x'(C + C'), \quad \ldots, \quad x'^n(C + C'n), \quad \ldots,$$

$C$ et $C'$ étant deux constantes arbitraires.

# EXERCICES DIVERS

1. On considère la fonction de la variable $x$

$$\varphi(x) = c\frac{x-a}{x-b},$$

où $a$ et $b$ sont deux nombres inégaux, $b$ non nul, et $c$ un paramètre non nul.

1° $x_0$ étant une valeur attribuée à $x$, on pose

$$x_1 = \varphi(x_0), \quad x_2 = \varphi(x_1), \quad \ldots, \quad x_n = \varphi(x_{n-1}), \quad \ldots.$$

Montrer qu'il est possible de déterminer $c$ de façon que, quel que soit $x_0$, il existe dans la suite $x_0, x_1, \ldots, x_n, \ldots$ deux nombres $x_k$ et $x_{k+3}$ qui soient égaux. Discuter le nombre des solutions.

2° Si $c$ est une telle solution, deux termes quelconques de la suite $x_0, x_1, \ldots, x_n, \ldots$, qui ont des indices différant par un multiple de 3 ont, quel que soit $x_0$, des valeurs égales et deux termes dont les indices ont une différence non multiple de 3 ont des valeurs inégales, sauf quand $x_0$ prend l'une ou l'autre de deux valeurs exceptionnelles.

3° $c$ étant toujours une solution du problème posé au § 1, on pose

$$\varphi_1(x) = \varphi[\varphi(x)].$$

Montrer que l'on a

$$\varphi_1(x) = b\frac{x - \dfrac{ac}{b}}{x-c}$$

et que, quel que soit $x$, on a

$$\varphi(x) = \varphi_1[\varphi_1(x)].$$

4° $c$ étant le nombre choisi dans les questions précédentes, montrer qu'il existe une infinité d'équations du troisième degré que transforme en elles-mêmes la substitution définie par la relation $y = \varphi(x)$. Démontrer qu'il est possible de les écrire sous la forme

$$x + \varphi(x) + \varphi_1(x) = \alpha, \tag{1}$$

$\alpha$ étant une quantité arbitraire. Ces équations peuvent-elles avoir toutes leurs racines simples? Peuvent-elles avoir des racines multiples? La substitution $y = \varphi_1(x)$ les transforme aussi en elles-mêmes. Existe-t-il d'autres substitutions de même forme ayant la même propriété?

5° Montrer qu'il est possible de choisir $a$ et $b$ réels de façon que $c$ défini au § 1 soit réel et que les valeurs exceptionnelles de $x_0$ définies au § 2 soient imaginaires. Montrer qu'alors, quel que soit le nombre réel $\alpha$, l'équation (1) a trois racines réelles, simples et séparées par $b$ et $c$. Montrer que si l'on considère deux équations de la forme (1) correspondant à des valeurs réelles et distinctes de $\alpha$, les racines de l'une séparent les racines de l'autre.

II. On donne la parabole qui a pour équation en coordonnées rectangulaires $y^2=2px$; soient O son sommet et F son foyer. Un point M se déplace sur la partie de cette parabole qui est située au-dessus de $Ox$.

1° Calculer en fonction de l'ordonnée $y$ de M la longueur de l'arc OM et celle du rayon vecteur FM.

2° On pose

$$t=\mathrm{L}\left(\frac{y}{p}+\sqrt{1+\frac{y^2}{p^2}}\right).$$

Calculer en fonction de $t$ le rapport $u=\frac{\text{arc OM}}{\text{FM}}$. Étudier les variations de $u$ considéré comme fonction de $t$. Construire la courbe représentative.

3° Cette fonction présente un maximum relatif pour une valeur $\alpha$ de $t$ qui est racine de l'équation

$$t=\frac{1}{\operatorname{th} t};$$

calculer les parties entières de $\alpha$ et du maximum de $u$.

$t_0$ étant un nombre positif, on pose successivement

$$t_1=\frac{1}{\operatorname{th} t_0},\quad t_2=\frac{1}{\operatorname{th} t_1},\quad \ldots,\quad t_n=\frac{1}{\operatorname{th} t_{n-1}},\ \ldots;$$

montrer que $t_n$ tend vers $\alpha$, quand $n$ tend vers $+\infty$.

4° Déterminer sur la portion de la parabole donnée située au-dessus de $Ox$ un point M tel que l'on ait arc OM $= k$FM, $k$ étant un rapport positif donné. Discuter le problème suivant les valeurs de $k$.

En particulier, quel que soit $\theta \geqslant 0$, il existe un point M et un seul tel que l'on ait arc OM $=$ FM th $\theta$. Étudier les variations de l'ordonnée $y$ de M considérée comme fonction de $\theta$; construire la courbe représentative et déterminer la pente de la tangente à cette courbe à l'origine.

III. 1° Soit l'équation

$$\operatorname{tg} x - x = 0.$$

Montrer que cette équation a une infinité de racines positives $x_1$, $x_2$, ..., $x_n$, ..., la racine $x_n$ étant comprise entre $n\pi$ et $(2n+1)\frac{\pi}{2}$.

2° On pose

$$u_n=(2n+1)\frac{\pi}{2}-x_n.$$

Montrer que $u_n$ est une fonction décroissante de $n$ et tend vers 0 quand $n$ tend vers $+\infty$.

3° Montrer que $(2n+1)\frac{\pi}{2}u_n$ a pour limite 1 quand $n$ tend vers $+\infty$. La série $u_n$ est divergente et la série de terme général

$$v_n = (2n+1)\frac{\pi}{2} - x_n - \frac{1}{(2n+1)\frac{\pi}{2}}$$

est convergente.

4° Étudier, suivant les valeurs du nombre fixe $\alpha$, la convergence de la série

$$\cos^\alpha x_1 + \cos^\alpha x_2 + \ldots + \cos^\alpha x_n + \ldots.$$

IV. 1° Montrer que si $x$ est positif, on a l'égalité

$$L(1+x) = x - \theta\frac{x^2}{2},$$

$\theta$ étant compris entre 0 et 1.

2° On considère la série ayant pour terme général $u_n$ :

$$u_n = \frac{1}{n} - L\left(1+\frac{1}{n}\right).$$

Montrer qu'elle est convergente. En déduire que

$$1 + \frac{1}{2} + \frac{1}{3} + \ldots + \frac{1}{n} - Ln$$

a une limite finie pour $n$ infini. Reconnaître que cette limite est comprise entre 0 et 1.

3° Montrer que

$$1 + \frac{1}{3} + \frac{1}{5} + \ldots + \frac{1}{2p+1} - \left(\frac{1}{2} + \frac{1}{4} + \ldots + \frac{1}{2q}\right)$$

a pour limite $L2 + \frac{1}{2}L\left(\lim.\frac{p}{q}\right)$ quand les entiers $p$ et $q$ tendent vers $+\infty$ de façon que leur quotient ait une limite finie et non-nulle.

V. Soient un demi-cercle de centre O ayant pour extrémités A et B ($AB = 2a$), et, sur ce demi-cercle, un point M variable ($\widehat{AOM} = \theta$). On porte sur la tangente en A, du même côté que le demi-cercle par rapport au diamètre AB, la longueur AP égale à l'arc AM; soit I le point d'intersection de la droite PM avec la droite AB.

1° Déterminer la position limite $I_0$ du point I quand le point M varie sur le demi-cercle en tendant vers le point A. Démontrer que I est toujours compris entre B et $I_0$ et que, H désignant le pied de la perpendiculaire menée de M sur AB, $HI_0$ est un infiniment petit équivalent à $\frac{1}{5}$ AH.

2° Soit sur le diamètre AB, du même côté que $I_0$ par rapport à A, le point I' tel que l'on ait

$$AI' = AI_0 - \frac{1}{5}AH.$$

Désignons par P' le point d'intersection de la tangente en A et de la droite I'M. Démontrer que arcAM — AP' est un infiniment petit du 7° ordre par rapport à $\theta$; calculer sa partie principale, $\theta$ étant l'infiniment petit principal. Montrer, en se servant des développements limités à l'ordre 6 de $\sin\theta$ et de $\cos\theta$ au voisinage de $\theta = 0$, que AP' est une valeur approchée par défaut de arcAM et que l'erreur commise quand on remplace arcAM par AP' est plus petite que

$$\frac{\theta^7}{210(3+2\cos\theta)}.$$

3° Déterminer une expression de la forme

$$\theta - \frac{\alpha+\beta\cos\theta}{\gamma+\delta\cos\theta}\sin\theta,$$

où $\alpha$, $\beta$, $\gamma$, $\delta$ sont des quantités constantes, de façon qu'elle soit un infiniment petit de l'ordre le plus élevé possible par rapport à $\theta$, et reconnaître qu'elle est alors proportionnelle à arcAM — AP'.

4° Calculer AP' pour $\theta = \frac{\pi}{6}$ et en déduire que 3,1416 est une valeur approchée de $\pi$ avec une erreur de valeur absolue moindre que $\frac{1}{10^4}$.

VI. 1° On pose

$$x = \frac{1-y}{1+y}, \quad (-1 < y < +1).$$

Établir les relations

$$\frac{L(1+x)}{1+x^2}dx - \frac{L(1+y)}{1+y^2}dy = \frac{dx}{1+x^2}L2 = -\frac{dy}{1+y^2}L2$$

et les relations

$$\frac{\operatorname{arc\,tg} x}{1+x}dx - \frac{\operatorname{arc\,tg} y}{1+y}dy = \frac{\pi}{4}\frac{dx}{1+x} = -\frac{\pi}{4}\frac{dy}{1+y}.$$

2° Se servir des relations précédentes pour calculer les deux intégrales définies

$$\int_0^1 \frac{L(1+x)}{1+x^2}dx \quad \text{et} \quad \int_0^1 \frac{\operatorname{arc\,tg} x}{1+x}dx.$$

3° Calculer

$$\int_0^1 \frac{x \operatorname{arc\,tg} x}{(1+x)^2}dx.$$

VII. 1° Soit la fonction $f(x)$ définie et continue dans l'intervalle $(a, b)$. On sait que

$$\frac{f(a)+f(a+h)+\ldots+f(a+\overline{n-1}\,h)}{n}$$

tend vers $\frac{1}{b-a}\int_a^b f(x)\,dx$ quand $n$ tend vers $+\infty$.

Montrer que l'expression

$$f(a)+f(a+h)+\ldots+f(a+\overline{n-1}\,h) - \frac{n}{b-a}\int_a^b f(x)\,dx$$

tend vers

$$-\frac{1}{2}[f(b)-f(a)]$$

quand $n$ tend vers $+\infty$.

2° Montrer que

$$L\left(1+\frac{1}{n}\right)+L\left(1+\frac{2}{n}\right)+\ldots+L\left(1+\frac{n}{n}\right)$$

tend vers $L\frac{4}{e}$ quand $n$ tend vers $+\infty$, que

$$L\left(1+\frac{1}{n}\right)+L\left(1+\frac{2}{n}\right)+\ldots+L\left(1+\frac{n}{n}\right)-nL\frac{4}{e}$$

tend vers $\frac{1}{2}L2$, quand $n$ tend vers $+\infty$.

Montrer que

$$\frac{4^n n^n}{e^n(n+1)(n+2)\ldots 2n}$$

a une limite finie et non nulle pour $n$ infini.

VIII. 1° Reconnaître que l'expression

$$\frac{x+2}{2x}L(1+x)-1$$

est infiniment petite en même temps que $x$. Calculer sa partie principale quand $x$ est infiniment petit principal.

2° On considère la série ayant pour terme général $u_n$ :

$$u_n=\left(n+\frac{1}{2}\right)L\left(1+\frac{1}{n}\right)-1.$$

Montrer que cette série est convergente. En déduire que l'expression

$$\varphi(n)=\frac{n!}{e^{-n}n^{n+\frac{1}{2}}}$$

a une limite finie et non nulle quand $n$ tend vers $+\infty$.

3° On considère la série de terme général $v_n$ :

$$v_n=\frac{(n+1)^n}{n!}x^n,$$

$x$ étant une quantité fixe quelconque. Pour quelles valeurs de $x$ cette série est-elle convergente ou divergente?

IX. On pose

$$I_n=\int_0^{\frac{\pi}{2}}\sin^n x\,dx,$$

$n$ désignant un entier positif ou nul.

1° On a

$$I_0=\frac{\pi}{2},\qquad I_1=1.$$

2° Si $n$ est au moins égal à 2, on a

$$I_n=\frac{n-1}{n}I_{n-2}.$$

Déduire de cette relation l'expression de $I_{2p}$ et celle de $I_{2p+1}$, $p$ étant un entier positif ou nul.

3° On a

$$I_{n-1} < I_n < I_{n+1}.$$

Déduire de là que le produit

$$\frac{2}{1}\cdot\frac{2}{3}\cdot\frac{4}{3}\cdot\frac{4}{5}\cdots\frac{2p-2}{2p-1}\cdot\frac{2p}{2p-1}$$

a pour limite $\frac{\pi}{2}$ quand $p$ tend vers $+\infty$ (*Wallis*).

4° On pose

$$\varphi(n) = \frac{n!}{e^{-n}\, n^{n+\frac{1}{2}}}.$$

Montrer que l'expression

$$\frac{[\varphi(n)]^2}{\varphi(2n)}$$

a pour limite $\sqrt{2\pi}$ pour $n$ infini. En conclure que la limite de $\varphi(n)$ est $\sqrt{2\pi}$ pour $n$ infini (*Stirling*).

X. 1° Construire la courbe représentative de la fonction

$$y = \frac{\sin x}{x}.$$

Reconnaître qu'elle touche en une infinité de points chacune des courbes représentatives des fonctions $\frac{1}{x}$ et $-\frac{1}{x}$.

2° Supposons $x \geqslant 0$. La portion correspondante de la courbe précédente forme une infinité d'*arches* situées alternativement au-dessus et au-dessous de $Ox$, chacune de ces arches représentant la fonction $y$ dans chacun des intervalles de la forme $[k\pi,\ (k+1)\pi]$, $k$ étant un entier positif ou nul. On pose

$$u_1 = \int_0^{\pi} \frac{\sin x}{x}\,dx, \quad \ldots, \quad u_n = \int_{(n-1)\pi}^{n\pi} \frac{\sin x}{x}\,dx, \quad \ldots$$

Montrer que la série de terme général $u_n$ est convergente. Déduire de là que

$$\int_0^{+\infty} \frac{\sin x}{x}\,dx$$

a un sens.

3° La fonction $y$ présente pour $x \geqslant 0$ une infinité de maximums et de minimums. Si $y_n$ est le maximum ou le minimum qui correspond à une valeur de $x$ comprise entre $n\pi$ et $(n+1)\pi$, montrer que la série

$$y_1 + y_2 + \ldots + y_n + \ldots$$

est convergente.

XI. On donne la fonction $y = \sqrt[3]{x^2(x-6)}$.

1° Étudier la variation de cette fonction et la représenter par une courbe.

2° Calculer l'intégrale indéfinie $\int y\,dx$.

3° Soit $F(x)$ l'une quelconque des fonctions primitives de $y$. Trouver trois constantes $p$, $q$, $r$ telles que

$$\varphi(x) = F(x) - px^2 - qx - r\,L|x|$$

reste finie quand $x$ devient infini, et prouver qu'il n'y a qu'un système de valeurs pour $p$, $q$, $r$.

4° $p$, $q$, $r$ étant déterminées par les conditions précédentes et $F(x)$ étant égal à $\int_3^x y\,dx$, déterminer ce que devient $\varphi(x)$ pour $x$ infini.

(*Concours de l'École polytechnique*, 1909.)

XII. 1° On considère l'intégrale

$$\int_a^x (x-a)^{n-1}(x-b)^{n-1}dx,$$

où $a$ et $b$ sont des nombres inégaux et $n$ un entier positif.

Montrer qu'elle est de la forme

$$(x-a)^n f(x),$$

$f(x)$ étant un polynome de degré $n-1$.

2° Calculer les valeurs de ce polynome pour $x=a$ et pour $x=b$.

3° Montrer que l'équation $f(x)=0$ n'a pas de racine réelle si $n$ est pair, et qu'elle a une et une seule racine réelle, simple, si $n$ est impair. Déterminer la position de cette racine par rapport aux nombres $a$ et $b$.

4° Établir l'identité

$$(x-a)^n f(x) + (b-x)^n f(a+b-x) = (b-a)^n f(b).$$

Montrer comment cette identité permet de déterminer les couples de polynomes $\varphi(x)$ et $\theta(x)$ tels que l'on ait

$$(x-a)^n \varphi(x) + (x-b)^n \theta(x) = 1.$$

XIII. 1° Montrer que si deux fonctions $f(x)$ et $\varphi(x)$ vérifient les identités

$$(1)\qquad \begin{cases} [f(x)]^2 + [\varphi(x)]^2 = (1+x^2)^\alpha, \\ [f'(x)]^2 + [\varphi'(x)]^2 = \alpha^2(1+x^2)^{\alpha-1}, \end{cases}$$

où $\alpha$ est un nombre fixe, elles vérifient aussi l'identité

$$f(x)\varphi'(x) - \varphi(x)f'(x) = \pm\alpha(1+x^2)^{\alpha-1}.$$

Déduire de là les relations

$$\frac{(x^2+1)f''(x) - 2(\alpha-1)xf'(x)}{f(x)} = \frac{(x^2+1)\varphi''(x) - 2(\alpha-1)x\varphi'(x)}{\varphi(x)} = -\alpha(\alpha-1).$$

2° Former tous les systèmes de fonctions $f(x)$ et $\varphi(x)$ vérifiant les relations (1). Montrer que si $f_0(x)$ et $\varphi_0(x)$ constituent une solution quelconque, toute autre solution est définie par les formules

$$f(x) = f_0(x)\cos\theta - \varphi_0(x)\sin\theta,$$
$$\varphi(x) = f_0(x)\sin\theta + \varphi_0(x)\cos\theta,$$

$\theta$ étant un paramètre variable appartenant à l'intervalle $(0, 2\pi)$.

Parmi ces solutions, il en existe une et une seule pour laquelle on a simultanément $f(0)=1$, $\varphi'(0)=\alpha$. Nous la désignerons sous le nom de *solution principale relative à* $\alpha$ et nous y représenterons la fonction $f(x)$ par $F(x, \alpha)$ et la fonction $\varphi(x)$ par $\Phi(x, \alpha)$. $F(x, \alpha)$ est une fonction paire, $\Phi(x, \alpha)$ est une fonction impaire.

3° Montrer que toute fonction $f(x)$ ou $\varphi(x)$ est développable en série entière en $x$. Quel est l'intervalle de convergence? Calculer en particulier les développements de la solution principale. On examinera le cas où $\alpha$ est un entier positif.

4° Montrer que l'on a

$$F'_x(x, \alpha)=-\alpha\Phi(x, \alpha-1), \qquad \Phi'_x(x, \alpha)=\alpha F(x, \alpha-1).$$

Déduire de ces identités les relations

$$[f^{(n)}(x)]^2+[\varphi^{(n)}(x)]^2=[\alpha(\alpha-1)\ldots(\alpha-n+1)]^2(1+x^2)^{\alpha-n},$$

$$f^{(n-1)}(x)\varphi^{(n)}(x)-\varphi^{(n-1)}(x)f^{(n)}(x)=\pm\alpha^2(\alpha-1)^2\ldots(\alpha-n+2)^2(\alpha-n+1)(1+x^2)^{\alpha-n}.$$

5° Établir les identités

$$F(x, \alpha+\beta)=F(x, \alpha)F(x, \beta)-\Phi(x, \alpha)\Phi(x, \beta),$$
$$\Phi(x, \alpha+\beta)=\Phi(x, \alpha)F(x, \beta)+\Phi(x, \beta)F(x, \alpha).$$

XIV. 1° La série entière

$$1+\frac{x^3}{3!}+\frac{x^6}{6!}+\ldots+\frac{x^{3n}}{(3n)!}+\ldots$$

définit une fonction $f(x)$ dans l'intervalle $(-\infty, +\infty)$.

Si $\omega$ et $\omega^2$ sont les racines cubiques imaginaires de 1, on a les relations

$$f(x)+f'(x)+f''(x)=e^x,$$
$$f(x)+\omega^2f'(x)+\omega f''(x)=e^{\omega x},$$
$$f(x)+\omega f'(x)+\omega^2f''(x)=e^{\omega^2 x}.$$

Calculer, d'après cela, $f(x)$, $f'(x)$ et $f''(x)$. Étudier la variation de $f(x)$. Construire la courbe représentative et montrer qu'elle est tangente en une infinité de points aux courbes représentatives des fonctions

$$\frac{e^x+2e^{-\frac{x}{2}}}{2} \quad \text{et} \quad \frac{e^x-2e^{-\frac{x}{2}}}{2}.$$

2° Les fonctions $f(x)$, $f'(x)$ et $f''(x)$ vérifient les équations différentielles

$$y'''=y,$$
$$y^3+y'^3+y''^3-3yy'y''=1.$$

Montrer que ces deux équations différentielles ont une infinité d'intégrales communes et que l'expression générale de ces intégrales est

$$Af(x)+Bf'(x)+Cf''(x),$$

A, B, C étant trois quantités constantes soumises à la seule condition de vérifier la relation

$$A^3+B^3+C^3-3ABC=1.$$

3° Les fonctions $f(x), f'(x), f''(x)$ admettent les *formules d'addition* suivantes :

I. $$f(a+b+c+\ldots+l) = \sum f^{(\alpha)}(a)f^{(\beta)}(b)\ldots f^{(\lambda)}(l),$$

les nombres $\alpha, \beta, \ldots, \lambda$ étant pris parmi les entiers 0, 1, 2 et représentant des indices de dérivation, avec la condition que $f(x)$ soit regardé comme $f^{(0)}(x)$, la sommation $\sum$ s'étendant à tous les termes pour lesquels $\alpha+\beta+\ldots+\lambda$ est multiple de 3 ;

II. $$f'(a+b+\ldots+l) = \sum f^{(\alpha)}(a)f^{(\beta)}(b)\ldots f^{(\lambda)}(l),$$

$\alpha+\beta+\ldots+\lambda$ étant égal à un multiple de 3 augmenté de 1 ;

III. $$f''(a+b+\ldots+l) = \sum f^{(\alpha)}(a)f^{(\beta)}(b)\ldots f^{(\lambda)}(l),$$

$\alpha+\beta+\ldots+\lambda$ étant égal à un multiple de 3 augmenté de 2.

XV. On considère l'équation différentielle

$$(x-1)y' - y = 3x^4 - 12x^3 + 17x^2 - 10x.$$

1° Former l'intégrale générale de cette équation en la faisant dépendre de sa valeur pour $x=0$ prise comme paramètre variable.

2° Discuter, suivant les valeurs du paramètre, la réalité des racines de l'équation obtenue en égalant l'intégrale générale à 0.

3° Lieu des points d'inflexion des courbes intégrales C.

4° Construire les diverses formes des courbes intégrales C ; en particulier, on construira les courbes C qui sont tangentes à $Ox$.

XVI. On donne l'équation différentielle

$$\sin 2x \frac{dy}{dx} = (3 + 2\cos x - 2\sin x + \cos 2x)y + a\sin x + b\cos x + 6.$$

1° Procéder à la recherche des intégrales de cette équation. Déterminer les valeurs que doivent prendre les constantes $a$ et $b$ pour que toutes les fonctions $y$ de la variable $x$ qui vérifient cette équation soient des fonctions rationnelles de $\sin x$ et de $\cos x$. Dans ce cas seulement, achever la recherche de l'intégrale générale de l'équation différentielle proposée.

2° Les fonctions $y$ comprises dans la formule trouvée peuvent être représentées par des courbes K. Combien passe-t-il de ces courbes par un point quelconque du plan ? Points exceptionnels. Montrer que certains de ces points jouissent de la propriété suivante : les courbes K qui passent en un tel point ont, pour ce point, le même centre de courbure.

(*Concours de l'École polytechnique*, 1912.)

XVII. 1° Déterminer les intégrales de l'équation différentielle

$$2xy' + y = \frac{1}{1-x},$$

et reconnaître que les courbes qui les représentent constituent trois familles d'arcs continus recouvrant trois portions distinctes du plan, de façon que par un point quelconque intérieur à chacune de ces portions il passe un arc et un seul de la famille correspondante.

2° Montrer qu'il existe une fonction $f(x)$ définie, continue et admettant une dérivée pour toute valeur de $x$ plus petite que 1 et qui vérifie l'équation différentielle donnée. Construire la courbe représentative de cette fonction.

3° Démontrer qu'il existe une et une seule fonction développable en série entière qui vérifie l'équation différentielle donnée et qu'il existe un intervalle à l'intérieur duquel elle coïncide avec $f(x)$.

Faire voir que la fonction $f(x)$ a une infinité de dérivées successives pour toute valeur de $x$ plus petite que 1.

4° On considère les intégrales définies

$$I_0 = \int_0^1 \frac{dt}{1 - t^2 x}, \quad \ldots, \quad I_n = \int_0^1 \frac{t^{2n}dt}{(1 - t^2 x)^{n+1}},$$

qui ont un sens quand le paramètre $x$ qui y entre est plus petit que 1.

Montrer que l'on a $I_0 = f(x)$. Trouver une relation de récurrence entre $I_n$ et $I_{n-1}$ et en déduire l'expression de la dérivée d'ordre $n$ de $f(x)$ au moyen de $I_n$.

XVIII. 1° Donner, suivant les valeurs de $x$, les diverses formes de l'intégrale de l'équation différentielle

$$y'(1 - x^2) - xy = 1.$$

2° Démontrer qu'il existe une fonction $f(x)$, définie, continue et admettant une dérivée pour tout nombre $x$ plus petit que 1 et qui vérifie l'équation différentielle donnée. Construire la courbe représentative de cette fonction.

3° Démontrer que $f(x)$ est développable en série à l'intérieur de l'intervalle $(-1, +1)$ et calculer les coefficients de son développement.

4° Démontrer que la fonction $f(x)$ peut se mettre sous la forme de l'intégrale définie

$$\int_{-\frac{1}{2}}^{+\frac{1}{2}} \frac{dt}{1 + \frac{x+1}{2}(t^2 - 1)},$$

$x$ étant plus petit que 1.

5° Posons $\frac{x+1}{2} = X$. En se servant de l'identité

$$\frac{1}{1 + X(t^2 - 1)} = 1 + X(1 - t^2) + \ldots + X^n(1 - t^2)^n + \frac{X^{n+1}(1 - t^2)^{n+1}}{1 + X(t^2 - 1)},$$

montrer qu'il est possible de mettre $f(x)$ sous la forme

$$A_0 + A_1 \frac{1+x}{2} + \ldots + A_n \left(\frac{1+x}{2}\right)^n + \ldots,$$

la série étant convergente pour toute valeur de $x$ comprise entre $-3$ et $+1$.

Déduire de là que la fonction $f(x)$ a une infinité de dérivées successives pour $x = -1$.

XIX. On considère la fonction

$$y = (x + \sqrt{1 + x^2})^\alpha,$$

$\alpha$ étant un nombre fixe non nul.

1° Étudier ses variations et discuter suivant les valeurs de $\alpha$. La courbe représentative admet au plus un point d'inflexion; pour quelles valeurs de $\alpha$ ce point existe-t-il?

2° Calculer l'aire comprise entre l'axe $Oy$, l'axe $Ox$, la courbe et l'ordonnée du point d'inflexion, lorsque ce point existe.

3° Montrer que $y$ vérifie l'équation différentielle

$$(1 + x^2)y'' + xy' - \alpha^2 y = 0.$$

4° Développer $y$ en série entière; donner l'expression du terme général du développement et déterminer l'intervalle de convergence.

5° Former l'intégrale générale de l'équation différentielle précédente. Pour quelles valeurs de $\alpha$ existe-t-il parmi les intégrales de cette équation un polynome?

XX. Désignant par arc cos $x$ l'un quelconque des arcs dont le cosinus est égal à $x$, on considère la relation

$$y = \cos\left(\frac{2}{3} \operatorname{arc} \cos x\right).$$

1° Montrer qu'il est possible, à l'aide de cette relation, de définir trois fonctions continues de $x$, dans l'intervalle $(-1, +1)$. Exprimer ces fonctions au moyen de celle d'entre elles qui correspond à la détermination de arc cos $x$ appartenant à l'intervalle $(0, \pi)$.

2° Vérifier que ces trois fonctions sont intégrales de l'équation différentielle

$$(1 - x^2)y'' - xy' + \frac{4}{9}y = 0.$$

Montrer que, à l'intérieur de l'intervalle $(-1, +1)$, elles sont développables en série entière. Calculer leurs développements.

3° Montrer que les courbes représentatives de ces trois fonctions se raccordent de façon à former une seule et même ligne L appartenant à une courbe algébrique dont on déterminera l'équation.

4° Il existe des points de cette courbe en dehors de l'arc L. Exprimer l'ordonnée $y$ d'un tel point en fonction de son abscisse $x$.

XXI. On donne l'équation

$$a\frac{d^2y}{dx^2} - x\frac{dy}{dx} + by = 0, \tag{1}$$

où $a$ et $b$ désignent deux constantes réelles.

1° Trouver une série entière $\lambda_0 + \lambda_1 x + \lambda_2 x^2 + \ldots$ qui vérifie l'équation (1) et s'assurer qu'elle est convergente.

2° Constater : 1° que les coefficients $\lambda_0$ et $\lambda_1$ demeurent arbitraires, 2° que la série peut s'écrire $\lambda_0 \varphi(x, a, b) + \lambda_1 \psi(x, a, b)$, $\varphi$ et $\psi$ désignant deux séries entières en $x$ dont les coefficients sont des fonctions de $a$ et de $b$, 3° que les fonctions $\varphi$ et $\psi$ satisfont à l'équation (1), 4° que leurs dérivées $\varphi'_x$ et $\psi'_x$ satisfont chacune à une équation de même forme.

3° Exprimer $\varphi'_x(x, a, b)$ et $\psi'_x(x, a, b)$ en fonction de $\varphi(x, a, b-1)$ et de $\psi(x, a, b-1)$.

4° Quand $b$ est un entier positif, suivant qu'il est pair ou impair, la série $\varphi$ ou $\psi$ devient un polynome.

5° Discuter, d'après le signe de $a$, la réalité des racines de ces polynomes $\varphi$ ou $\psi$, suivant la parité de $b$.

(*Concours de l'École polytechnique*, 1911.)

XXII. 1° Trouver une série entière en $x$ qui satisfasse à l'équation différentielle

$$\text{(E)} \qquad 9(1-x^2)\frac{d^2y}{dx^2} - 9x\frac{dy}{dx} + y = 0$$

et aux conditions initiales suivantes : pour $x = 0$, la série doit prendre la valeur 1 et sa dérivée doit prendre la valeur $-\frac{1}{3}$.

2° Déterminer l'intervalle de convergence de la série trouvée. La fonction de $x$ que définit cette série dans son intervalle de convergence sera désignée par $f(x)$.

3° Montrer qu'il existe une infinité de changements de la variable indépendante de la forme $t = \varphi(x)$ qui transforment identiquement l'équation (E) en une équation linéaire à coefficients constants; trouver tous ces changements de variable.

4° L'un des changements de variable précédents est $x = \cos 3t$. Partant de là, prouver que les formules

$$x = \cos 3t, \qquad y = \cos t + \sin t$$

définissent, en coordonnées cartésiennes rectangulaires, le même arc de courbe que l'équation $y = f(x)$, pourvu que $t$ varie dans un intervalle qu'on déterminera.

5° Les équations paramétriques précédentes représentent, quand on n'y limite pas la variabilité du paramètre, une courbe C. Montrer que cette courbe est coupée par une droite $y = h$ en deux points au plus et que ces points existent pour toutes les valeurs de la constante $h$ qui sont comprises entre deux certains nombres $\alpha$ et $\beta$. Ces points seront désignés par M et M'.

6° On imagine qu'on divise le segment de droite MM' en trois parties égales ; soient P et P' les points de division. Calculer l'aire comprise entre les arcs de courbe que décrivent P et P' quand $h$ varie de $\alpha$ à $\beta$.

(*Concours de l'École polytechnique*, 1910.)

XXIII. 1° Étant donnée la fonction

$$u = \frac{1}{(1-x)^n},$$

où $n$ est un entier positif, démontrer qu'il existe un polynome $f(x)$ et un seul, de degré au plus égal à $n-1$, tel que la différence $u - f(x)$ soit un infiniment petit d'ordre au moins égal à $n$ par rapport à l'infiniment petit principal $x$. Calculer les coefficients de $f(x)$ et la partie principale de $u - f(x)$.

2° Démontrer que $f(x)$ vérifie une identité de la forme

$$(1-x)f'(x) - nf(x) = Ax^{n-1},$$

A étant une quantité numérique. Se servir de cette identité pour montrer que l'équation $f(x) = 0$ n'a pas de racine réelle si $n$ est impair, a une et une seule racine réelle, simple, si $n$ est pair.

3° Démontrer l'identité

$$(1-x)^n f(x) + x^n f(1-x) = 1.$$

4° Montrer que $f(x)$ est intégrale de l'équation différentielle

$$x(x-1)y'' + (2x+n-1)y' - n(n-1)y = 0.$$

Reconnaître que la fonction $u$ est aussi intégrale de cette équation. Déduire de là que cette équation différentielle admet, à un facteur numérique près, une et une seule intégrale de la forme $x^n\varphi(x)$, $\varphi(x)$ étant développable en série entière.

XXIV. On considère l'équation différentielle

$$(1) \qquad (x^2 - x)y'' + [(\alpha+\beta+1)x - \gamma]y' + \alpha\beta y = 0,$$

où $\alpha$, $\beta$, $\gamma$ sont trois nombres fixes quelconques.

1° Démontrer que si $\alpha$, $\beta$, $\gamma$ sont simultanément autres que des entiers négatifs ou nuls, il existe une infinité de fonctions développables en série entière qui vérifient l'équation donnée; leur expression générale est $\lambda\varphi(x)$, $\lambda$ étant un coefficient arbitraire, $\varphi(x)$ étant celle de ces fonctions qui prend la valeur 1 pour $x = 0$.

Calculer le coefficient du terme général du développement de $\varphi(x)$ et déterminer l'intervalle de convergence de ce développement.

2° Démontrer que, quels que soient $\alpha$, $\beta$, $\gamma$, il existe toujours, à un facteur numérique arbitraire près, au moins un polynome entier en $x$ ou une fonction développable en série entière qui vérifie l'équation différentielle donnée. Discuter, suivant les valeurs de $\alpha$, $\beta$, $\gamma$.

En particulier, montrer que pour que l'équation (1) n'admette comme intégrales que des polynomes, il faut et il suffit qu'elle soit de la forme

$$(2) \qquad (x^2 - x)y'' - [(m+p-1)x - n]y' + mpy = 0,$$

$m$, $n$, $p$, étant trois entiers satisfaisant aux conditions

$$0 \leqslant m \leqslant n < p.$$

3° Montrer que parmi les polynomes qui sont intégrales de l'équation (2), il en existe un et un seul, à un facteur numérique près, qui est de degré $m$, tous les autres étant de degré $p$. Ce polynome de degré $m$ n'admet ni la racine 0 ni la racine 1 et toutes ses racines sont simples.

4° Parmi ces polynomes, il en existe un et un seul, à un facteur numérique près, qui admet la racine 0. Quel est alors l'ordre de multiplicité de cette racine? Ce polynome n'admet pas la racine 1 et toutes ses racines autres que 0 sont simples. — Parmi ces polynomes, il en existe un et un seul, à un facteur numérique près, qui admet la racine 1. Quel est alors l'ordre de multiplicité de cette racine? Ce polynome n'admet pas la racine 0 et toutes ses racines autres que 1 sont simples.

5° Intégrer en particulier l'équation (2), dans le cas où l'on a

$$m > 0, \quad n = m, \quad p = m + 1.$$

Réalité des racines des divers polynomes intégrales de l'équation.

XXV. 1° On donne l'équation différentielle

$$(1) \qquad xy'' + ay' - y = 0,$$

où $a$ est une quantité constante.

Montrer qu'il existe une valeur $a_0$ de $a$ pour laquelle il existe un changement de variable $x = \varphi(t)$ tel que l'équation différentielle linéaire qui relie $y$ à la nouvelle variable $t$ soit à coefficients constants.

Donner pour cette valeur particulière $a_0$ de $a$, suivant les valeurs de $x$, l'intégrale générale de l'équation (1).

2° Pour $a = a_0$, l'équation (1) admet une intégrale $\varphi(x)$ développable en série entière et prenant la valeur 1 pour $x = 0$. Calculer le terme général de son développement. Déduire des résultats obtenus au paragraphe précédent une expression simple de $\varphi(x)$.

3° Étudier la variation de $\varphi(x)$. La représenter par une courbe dont on étudiera les points d'inflexion. Cette courbe forme avec $Ox$ une infinité d'arches correspondant aux entiers 1, 2, ..., $n$, .... Calculer l'aire de l'arche de rang $n$.

4° Montrer que les dérivées des intégrales de l'équation (1) vérifient une équation différentielle de même forme. Intégrer, d'après cela, les équations différentielles

$$(2) \qquad xy'' + \frac{3}{2}y' - y = 0,$$

$$(3) \qquad xy'' - \frac{1}{2}y' - y = 0.$$

Montrer, plus généralement, que l'on peut intégrer toute équation différentielle de la forme

$$xy'' + \frac{2n+1}{2}y' - y = 0,$$

où $n$ désigne un entier quelconque, positif, nul ou négatif.

XXVI. 1° On considère l'équation différentielle

$$(1) \qquad x(x^2+1)y'' - 2(2x^2+3)y' + 6xy = 0.$$

Montrer qu'elle a pour intégrale un polynome P. Calculer les coefficients de ce polynome défini à un facteur numérique près.

2° Montrer que pour que la fonction $y$ de $x$ soit intégrale de l'équation (1), il faut et il suffit que l'on ait la relation

$$Py' - P'y = C\frac{x^6}{x^2+1},$$

C étant une constante arbitraire.

D'après cela, reconnaître que l'équation (1) admet une intégrale de la forme

$$P \operatorname{arc\,tg} x + Q,$$

Q étant un nouveau polynome. Former l'intégrale générale de l'équation (1).

3° Montrer que la fonction

$$\operatorname{arc\,tg} x + \frac{Q}{P}$$

est un infiniment petit du septième ordre par rapport à $x$.

Trouver une limite supérieure simple de la valeur absolue de l'erreur commise quand, $x$ appartenant à l'intervalle $(-l, +l)$, on prend comme valeur approchée de arc tg$x$ la fraction rationnelle $-\frac{Q}{P}$.

Sachant que $\operatorname{tg}\frac{\pi}{12}$ a pour valeur $2-\sqrt{3}$, calculer $\pi$ avec trois décimales exactes.

4° Trouver toutes les fractions rationnelles de la forme

$$\frac{ax + bx^2 + cx^3}{1 + \alpha x + \beta x^3}$$

telle que leur différence avec tg$x$ soit un infiniment petit du septième ordre par rapport à $x$.

XXVII. 1° Soit le polynome

$$f(x) = (x - x_1)(x - x_2) \ldots (x - x_n),$$

$x_1, x_2, \ldots, x_n$ étant des nombres inégaux, autres que les racines $\alpha$ et $\beta$ supposées distinctes de l'équation $x^2 + px + q = 0$. La fraction rationnelle

$$\frac{(x^2 + px + q)^n}{[f(x)]^2}$$

peut se mettre sous la forme

$$1 + \frac{A_1}{(x - x_1)^2} + \frac{A'_1}{x - x_1} + \ldots + \frac{A_n}{(x - x_n)^2} + \frac{A'_n}{x - x_n},$$

$A_1, A'_1, A_2, A'_2, \ldots, A_n, A'_n$ étant des quantités constantes. Calculer, en fonction de $x_k$, les coefficients $A_k$ et $A'_k$.

2° Déterminer le polynome $f(x)$ de façon que les coefficients $A'_1, A'_2, \ldots, A'_n$ soient simultanément nuls. Montrer que $f(x)$ est dans ce cas intégrale de l'équation différentielle

$$(x^2 + px + q)y'' - n(2x + p)y' + n(n + 1)y = 0.$$

Vérifier que cette équation a pour intégrale particulière $(x - \alpha)^{n+1}$ et $(x - \beta)^{n+1}$. Déduire de là l'expression de $f(x)$ et reconnaître que l'équation $f(x) = 0$ a bien toutes ses racines simples et autres que $\alpha$ et $\beta$.

En supposant $p$ et $q$ réels, discuter la réalité des racines de l'équation

$$f(x) = 0.$$

3° Montrer que la fraction rationnelle

$$\frac{(x^2 + px + q)^n}{[f(x)]^2},$$

dans laquelle $f(x)$ est le polynome déterminé au paragraphe précédent, a pour primitive une fraction rationnelle de la forme $\frac{\varphi(x)}{f(x)}$, $\varphi(x)$ étant un polynome, premier avec $f(x)$, dont le terme de plus haut degré est $x^{n+1}$. Montrer que $\varphi(x)$ est intégrale de l'équation différentielle précédente. Déduire de là l'expression de $\varphi(x)$; cette expression est-elle entièrement déterminée?

XXVIII. 1° Soit le polynome

$$f(x) = (x - x_1)(x - x_2) \dots (x - x_n),$$

$x_1, x_2, \dots, x_n$ étant des nombres inégaux et autres que $-1$ et $+1$. La fraction rationnelle

$$\frac{1}{(x^2-1)[f(x)]^2}$$

peut se mettre sous la forme

$$\frac{\alpha}{x-1} + \frac{\beta}{x+1} + \frac{A_1}{(x-x_1)^2} + \frac{A'_1}{x-x_1} + \dots + \frac{A_n}{(x-x_n)^2} + \frac{A'_n}{x-x_n},$$

$\alpha, \beta, A_1, A'_1, \dots, A_n, A'_n$ étant des quantités constantes. Calculer, en fonction de $x_k$, les coefficients $A_k$ et $A'_k$.

2° Déterminer le polynome $f(x)$ de façon que $A'_1, A'_2, \dots, A'_n$ soient simultanément nuls. Montrer que $f(x)$ est dans ce cas intégrale de l'équation différentielle

$$(1) \qquad (x^2-1)y'' + 2xy' - n(n+1)y = 0.$$

Vérifier que cette équation a pour intégrale la dérivée d'ordre $n$ de $(x^2-1)^n$. Déduire de là l'expression de $f(x)$ et reconnaître que l'équation $f(x) = 0$ a bien toutes ses racines simples et autres que $-1$ et $+1$. Démontrer que toutes ces racines sont réelles et comprises entre $-1$ et $+1$.

3° Montrer qu'une seconde solution de l'équation (1) est

$$f(x) \int \frac{dx}{(x^2-1)[f(x)]^2}$$

et qu'on peut la mettre sous la forme

$$\alpha f(x) \mathrm{L} \left| \frac{x+1}{x-1} \right| + \varphi(x),$$

$\alpha$ étant une constante, $\varphi(x)$ étant un polynome de degré $n-1$.

Montrer que l'équation $\varphi(x) = 0$ a toutes ses racines réelles, simples, comprises entre $-1$ et $+1$.

4° Établir la relation

$$(x^2-1)(\varphi' f - \varphi f') - f^2 = \text{const.}$$

En conclure que la fonction

$$\frac{1}{2} \mathrm{L} \left| \frac{x+1}{x-1} \right| + \frac{\varphi(x)}{f(x)}$$

est un infiniment petit d'ordre $2n+1$ par rapport à l'infiniment petit $\frac{1}{x}$.

XXIX. 1° Si on pose $\cos z = x$, $\cos nz$, où $n$ est entier et positif, est égal à un polynome $F(x)$ de degré $n$. Le terme de plus haut degré de ce polynome a pour coefficient $2^{n-1}$ et le degré d'un terme quelconque est de même parité que $n$.

2° L'équation $F(x) = 0$ a toutes ses racines réelles et simples, comprises entre $-1$ et $+1$. En déduire que pour toute valeur de $x$ plus grande que 1 on a une identité de la forme

$$\frac{F'(x)}{F(x)} = \frac{n}{x} + \frac{\alpha_1}{x^2} + \ldots + \frac{\alpha_n}{x^{n+1}} + \ldots,$$

le second membre, où $\alpha_1, \alpha_2, \ldots, \alpha_n, \ldots$ sont fixes, étant la somme d'une série convergente.

3° Le polynome $F(x)$ vérifie l'équation différentielle

$$(1 - x^2)y'' - xy' + n^2 y = 0.$$

$x$ étant supposé supérieur à 1, on pose $x = \operatorname{ch} t$, $t$ étant positif. Transformer l'équation différentielle précédente en une équation différentielle liant la fonction $y$ à la variable $t$ et déduire du résultat obtenu que $F(x)$ est alors égal à $\operatorname{ch} nt$.

4° Montrer que l'expression

$$\left[\frac{1}{\sqrt{x^2 - 1}} - \frac{1}{n}\frac{F'(x)}{F(x)}\right] x^{2n+1},$$

où l'on suppose $x > 1$, a une limite finie et non nulle quand $x$ tend vers $+\infty$. En déduire que pour $x > 1$ on a une identité de la forme

$$\frac{1}{\sqrt{x^2 - 1}} - \frac{1}{n}\frac{F'(x)}{F(x)} = \frac{a_0}{x^{2n+1}} + \frac{a_1}{x^{2n+2}} + \ldots,$$

le second membre étant la somme d'une série convergente, $a_0, a_1, \ldots$ étant fixes.

En désignant par $S_\mu$ la somme des puissances $\mu$ des racines de l'équation $F(x) = 0$, calculer les valeurs de $S_\mu$ pour $\mu = 1, 2, \ldots, 2n$.

5° Montrer que si deux polynomes $f(x)$ et $g(x)$ respectivement de degrés $n - 1$ et $n$ sont tels que pour $x$ suffisamment grand on ait une identité de la forme

$$\frac{1}{\sqrt{x^2 - 1}} - \frac{f(x)}{g(x)} = \frac{\lambda_0}{x^{2n+1}} + \frac{\lambda_1}{x^{2n+2}} + \ldots,$$

on a nécessairement

$$g(x) = kF(x), \quad f(x) = \frac{k}{n}F'(x),$$

$k$ étant un facteur numérique arbitraire.

XXX. 1° Soit le polynome $F(x) = (x^2 - 1)^n$, $n$ étant entier et positif. Démontrer que l'équation $F^{(n)}(x) = 0$ a toutes ses racines réelles et simples, comprises entre $-1$ et $+1$.

Montrer que $F^{(n)}(x)$ prend pour $x = 1$ et pour $x = -1$ respectivement les valeurs $2 . 4 . 6 \ldots 2n$ et $(-1)^n 2 . 4 . 6 \ldots 2n$.

2° On pose

$$f(x)=\frac{F^{(n)}(x)}{2.4.6\ldots 2n}.$$

Montrer que $f(x)$ vérifie l'équation différentielle

$$(x^2-1)y''+2xy'-n(n+1)y=0. \tag{1}$$

3° Démontrer qu'il existe, défini à un facteur numérique près, un développement procédant suivant les puissances croissantes et positives de $\frac{1}{x}$, convergent pour toute valeur de $x$ supérieure en valeur absolue à 1, dont la somme vérifie l'équation différentielle précédente.

4° En supposant $|x|>1$, on pose

$$y=\frac{1}{2}f(x)\,\mathrm{L}\frac{x+1}{x-1}+z.$$

Former l'équation différentielle qui lie $x$ et $z$. Montrer que cette équation admet comme intégrale un polynome $\varphi(x)$ de degré $n-1$. Exprimer l'intégrale générale de l'équation (1) au moyen des polynomes $f(x)$ et $\varphi(x)$.

5° Établir la relation

$$(x^2-1)(\varphi' f-\varphi f')-f^2=\text{const.}$$

En déduire que la fraction $\frac{\varphi}{f}$ est irréductible.

6° Montrer que pour toute valeur de $x$ supérieure à 1 en valeur absolue, on a une identité de la forme

$$\frac{1}{2}\mathrm{L}\frac{x+1}{x-1}+\frac{\varphi(x)}{f(x)}=\frac{A_0}{x^{2n+1}}+\frac{A_1}{x^{2n+2}}+\ldots,$$

le second membre, où $A_0, A_1, A_2, \ldots, A_n, \ldots$ sont fixes, étant la somme d'une série convergente.

Montrer que si $\varphi_1(x)$ et $f_1(x)$ sont deux polynomes respectivement de degrés au plus égaux à $n-1$ et à $n$ vérifiant une identité de la forme

$$\frac{1}{2}\mathrm{L}\frac{x+1}{x-1}-\frac{\varphi_1(x)}{f_1(x)}=\frac{B_0}{x^{2n+1}}+\frac{B_1}{x^{2n+2}}+\ldots,$$

on a nécessairement

$$f_1=kf,\qquad \varphi_1=-k\varphi,$$

$k$ étant un facteur numérique arbitraire.

XXXI. 1° On considère l'équation différentielle

$$xy''+(x-2n)y'-ny=0,$$

où $n$ est un entier positif donné.

Démontrer qu'elle admet pour intégrale un polynome $f(x)$ de la forme

$$x^n+a_1x^{n-1}+a_2x^{n-2}+\ldots+a_n.$$

Calculer les coefficients $a_1, a_2, \ldots, a_n$ de ce polynome et reconnaître que l'équation $f(x)=0$ n'admet ni racine nulle ni racine négative.

2° Démontrer que l'équation différentielle admet aussi comme intégrale $f(-x)e^{-x}$.

3° Déduire de ce qui précède que le polynome $f(x)$ vérifie l'identité

$$f(x)f(-x)+f(x)f'(-x)+f(-x)f'(x)=(-1)^n x^{2n}.$$

Se servir de cette identité pour montrer : 1° que l'équation $f(x)=0$ n'a pas de racine multiple; 2° que cette équation a au plus une racine réelle positive.

4° Montrer que les fonctions

$$x-\mathrm{L}\frac{f(-x)}{f(x)} \quad \text{et} \quad e^x-\frac{f(-x)}{f(x)}$$

sont des infiniment petits d'ordre $2n+1$ par rapport à l'infiniment petit principal $x$.

5° Montrer qu'il existe une infinité de polynomes $\mathrm{F}(x)$ de degré $n$ tels que le produit $e^x\mathrm{F}(x)$ puisse être mis sous la forme de la somme d'un polynome de degré au plus égal à $n$ et d'une fonction de la forme $x^{2n+1}\theta(x)$, $\theta(x)$ étant développable en série entière, et que l'on a nécessairement

$$\mathrm{F}(x)=kf(x),$$

$f(x)$ étant le polynome précédemment défini.

6° Montrer qu'en désignant par $\mathrm{S}_\alpha$ la somme des puissances $\alpha$ des racines de l'équation $f(x)=0$, on a

$$\mathrm{S}_{-1}=\frac{1}{2}, \quad \mathrm{S}_{-3}=0, \quad \mathrm{S}_{-5}=0, \quad \ldots, \quad \mathrm{S}_{-(2n-1)}=0.$$

XXXII. 1° Intégrer l'équation différentielle

$$(\mathrm{E}) \qquad 2x(x-1)y'+(2x-1)y+1=0, \qquad \left(y'=\frac{dy}{dx}\right).$$

Une intégrale étant déterminée par la valeur qu'elle prend pour une valeur particulière de $x$, dans quel intervalle de variation de $x$ cette intégrale demeure-t-elle définie? Que devient l'intégrale aux limites de cet intervalle?

2° Faire dans l'équation (E) le changement de variables

$$x=\frac{(1+u)^2}{4u}, \qquad y=\frac{2uv}{1+u^2};$$

déduire du résultat de ce calcul une représentation paramétrique des intégrales de l'équation (E). Cette représentation est-elle valable pour toutes les valeurs réelles de $x$? La comparer au résultat de l'intégration directe de l'équation (E).

3° On propose de satisfaire à l'équation (E) par un développement de la forme

$$y=\varphi(x)+\frac{1}{\sqrt{|x|}}\psi(x),$$

où $\varphi(x)$ et $\psi(x)$ sont deux séries entières en $x$ et où $|x|$ désigne la valeur absolue de $x$. Trouver les séries $\varphi(x)$ et $\psi(x)$. Dans quel intervalle le nouveau mode de représentation des intégrales ainsi obtenu est-il valable? Le comparer au résultat de l'intégration directe.

4° Forme de la courbe $y=\varphi(x)$. Forme des diverses courbes intégrales.

(*Concours de l'École polytechnique*, 1916.)

# TABLE DES MATIÈRES

## CHAPITRE IV

### POLYNOMES. FRACTIONS RATIONNELLES. DÉVELOPPEMENTS LIMITÉS



## CHAPITRE V

### ANALYSE COMBINATOIRE. BINOME DE NEWTON. FONCTIONS SYMÉTRIQUES RATIONNELLES



## CHAPITRE VI

### DÉTERMINANTS. ÉQUATIONS LINÉAIRES. FORMES LINÉAIRES



## CHAPITRE VII

### NOMBRES IMAGINAIRES



## CHAPITRE VIII

### DÉRIVÉES ET DIFFÉRENTIELLES

## CHAPITRE IX

### APPLICATIONS DE LA THÉORIE DES DÉRIVÉES A L'ÉTUDE DES ÉQUATIONS ET DES FONCTIONS



## CHAPITRE X

### ÉQUATIONS ENTIÈRES



## CHAPITRE XI

### CALCUL INTÉGRAL



## CHAPITRE XII

### APPLICATIONS GÉOMÉTRIQUES DU CALCUL INTÉGRAL



## CHAPITRE XIII

### SÉRIES NUMÉRIQUES

## CHAPITRE XIV

### SÉRIES ENTIÈRES



## CHAPITRE XV

### ÉQUATIONS DIFFÉRENTIELLES





241-14. — Coulommiers. Imp. PAUL BRODARD. — 11-16.

www.ingramcontent.com/pod-product-compliance
Lightning Source LLC
LaVergne TN
LVHW020958300926
849160LV00007B/184